口絵 1　ルリボシカミキリ *Rosalia batesi*。佐藤岳彦氏撮影。

口絵 2　地衣類を採取し，団子にして運搬するコウグンシロアリ属の一種 *Hospitalitermes* sp. の職蟻。佐藤岳彦氏撮影。

i

口絵3　イエシバンムシ *Anobium punctatum* (De Geer)。

口絵4　マツザイシバンムシ *Ernobius mollis* (Linnaeus)。

口絵5　ヒラタキクイムシ *Lyctus brunneus* (Stephens)。

口絵6　アフリカヒラタキクイムシ *Lyctus africanus* Lesne。

口絵7　ケヤキヒラタキクイムシ *Lyctus sinensis* Lesne。

口絵8　ケブトヒラタキクイムシ *Minthea rugicollis* (Walker)。

口絵9　アメリカカンザイシロアリ *Incisitermes minor*（レイビシロアリ科）。職蟻（上），兵蟻（下）。

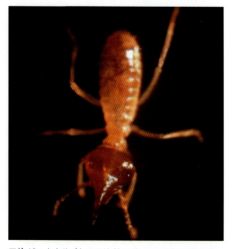
口絵10　タカサゴシロアリ *Nasutitermes takasagoensis*。

口絵 11 スギカミキリ *Semanotus japonicus* (Lacordaire)。

口絵 12 ヒメスギカミキリ *Callidiellum rufipenne* (Motschulsky)。雄（左），雌（右）。

口絵 13 スギノアカネトラカミキリ *Anaglyptus subfasciatus*。

口絵 15 白色腐朽菌カワラタケ *Trametes versicolor* に冒されたブナ枯枝。木部が白っぽくなり，樹皮には子実体が見える。

口絵 14 トカラマンマルコガネ *Madrasostes kazumai*。

口絵 16 カラマツ丸太樹皮下のカラマツヤツバキクイムシ *Ips subelongatus* の成虫母孔（軸方向の直線状の坑道）とこれより放射状に伸びた幼虫食痕。

口絵17　ブナ生木に生じた木部暴露と心材腐朽。

口絵18　アオモリトドマツ風倒木の樹皮下に見られたヒゲナガカミキリ *Monochamus grandis* 幼虫の食痕とフラス。

口絵19　アカマツのマツ材線虫病による枯損。

口絵20　スズカケノキ樹幹のゴマダラカミキリ *Anoplophora malasiaca* 幼虫穿孔による被害。

木質昆虫学序説
Introduction to Xyloentomology

岩田隆太郎
Ryûtarô Iwata

九州大学出版会

―― ［幕末期の長崎の英国人商人］グラバーは前庭の見事な老松に因んで，その邸宅を"Ipponmatsu"（一本松）と呼んだ。……明治38（1905）年，老松が病気のために切り倒された後もこの邸宅は「一本松」と呼ばれ続けた。

Burke-Gaffney (2003)

―― 明治三十八九年頃ヨリ長崎市内ニ於ケル松樹秋期ニ至リテ点々ト枯死スルモノアリ漸次其ノ数ト範囲トヲ増加セルヲ以テ……

矢野（1913）

―― Several pine damage which was recorded at Nagasaki city in Nagasaki prefecture from 1905 closely resembled pine wood nematode damage.
（長崎県長崎市において1905年（明治38年）以降，若干のマツ枯損被害が報告されているが，これはマツノザイセンチュウによる被害に非常によく似たものであった。）

Kishi (1995)

―― As early as 1350 B.C., the Rig Vedas referred in Sanskrit to "ghuna" as destroyers of wood, and these were probably termites.
（早くも紀元前1350年に，リグ・ヴェーダは梵語（サンスクリット）で木材劣化生物として「グーナ」に言及しているが，これは恐らくシロアリのことであろう。）

Snyder (1956)

―― Unter dem schädlichen Ungeziefer sind die vornehmsten, die durch ganz Indien so-genanten* weißen Ameisen.... Von den Japanern werden sie do Toos, das ist Durch-bohrer genant*, weil sie alles, was ihnen vorkomt*, außer Erz und Stein, in wenigen Stunden durchfressen, und die kostbaresten Waren in den Pakhäusern* der Kaufleute verderben. (*18世紀の文献にて現代ドイツ語と一部綴りが異なる)
（害虫の中で最も重要なのはインド全土に見られる，いわゆる白蟻である。……日本人はこの害虫を "do Toos"，すなわち「穴あけ虫」と呼んでいる。というのは，この虫は目前の物は金属と石以外何でも短期間に穿孔し，商人たちが所有する蔵の中の非常に高価な商品を台無しにするからである。）

Kaempfer (1777)

Burke-Gaffney, B.（平 幸雪，訳）(2003): グラバー家の人々：花と霜．長崎文献社，長崎

Kaempfer, E. (1777): Geschichte und Beschreibung von Japan, Erster Band. Verlag der Meyerschen Buchhandlung, Lemgo.

Kishi, Y. (1995): The pine wood nematode and the Japanese pine sawyer (Forest Pests in Japan, (1)). Thomas Company, Tokyo. 11+302pp.

Snyder, T.E. (1956): Annotated, subject-heading bibliography of termites 1350 B.C. to A.D. 1954. *Smithsonian Miscellaneous Collections*, **130**: 0-305.

矢野宗幹 (1913): 長崎県下松樹枯死原因調査．山林公報, (4): 付録1-14.

目 次 Contents

第 I 部　木質昆虫学の基礎

- 002　1. 緒言
- 005　2. 木質の定義と基礎
  - 005　2.1. 木材構造
  - 010　2.2. 木質の化学成分
    - 010　2.2.1. その概要
    - 012　2.2.2. セルロース
    - 015　2.2.3. ヘミセルロース
    - 017　2.2.4. リグニン
    - 021　2.2.5. リグニン・炭水化物複合体
    - 023　2.2.6. 3 成分の存在形態の伝統的単純モデルと強度
    - 023　2.2.7. 木質のマイナーな化学成分
  - 029　2.3. 木材細胞壁の微細構造
  - 030　2.4. 含水率
  - 037　2.5. 木材の基本的性質
- 038　3. 穿孔・食害・被害
  - 038　3.1. 用語とその定義
  - 041　3.2. 木質中の昆虫の検知
- 044　4. 木質と昆虫の関係・相互作用
  - 044　4.1. 相互作用における主体
  - 046　4.2. 一次性種の場合
  - 049　4.3. 二次性種の場合
  - 050　4.4. 心材：生きた樹木の中の死んだ器官
  - 050　4.5. 樹木の防御システム：その本質
  - 053　4.6. 樹木の部位と食材性昆虫・木質依存性昆虫
- 055　5. 食材性昆虫の食性等の型類
- 064　6. 木質とその周辺
- 070　7. 木質依存性昆虫・食材性昆虫・木材穿孔性昆虫
- 072　8. 食材性昆虫・木質依存性昆虫に影響を及ぼす木材の巨視的，微視的および化学的性質
- 075　9. 林産昆虫学
- 076　10. 森林昆虫学
- 080　11. 食材性昆虫・木質依存性昆虫・木材穿孔性昆虫のいろいろ
  - 080　11.1. ゴキブリ目 Blattaria（シロアリ下目 Isoptera を除く）

081		11.2. ゴキブリ目 Blattaria- シロアリ下目（旧：シロアリ目＝等翅目）Isoptera
083		11.3. 鞘翅目（甲虫目）Coleoptera
083		11.3.1. 概要
083		11.3.2. 始原亜目 Archostemata
084		11.3.3. 食肉亜目 Adephaga
084		11.3.4. 多食亜目 Polyphaga
084		11.3.4.1. コガネムシ上科 Scarabaeoidea
085		11.3.4.2. タマムシ上科 Buprestoidea
086		11.3.4.3. コメツキムシ上科 Elateroidea
086		11.3.4.4. ナガシンクイムシ上科 Bostrichoidea
088		11.3.4.5. ツツシンクイ上科 Lymexylonoidea
088		11.3.4.6. ヒラタムシ上科 Cucujoidea（広義）
089		11.3.4.7. ハムシ上科 Chrysomeloidea
090		11.3.4.8. ゾウムシ上科 Curculionoidea
093		11.3.5. 鞘翅目のその他のマイナーな諸科
094		11.4. 鱗翅目（蝶目）Lepidoptera
095		11.5. 双翅目（ハエ目）Diptera
097		11.6. 膜翅目（ハチ目）Hymenoptera
098		11.7. その他のグループ
099		11.8. 食材性昆虫・木質依存性昆虫の総体

第II部　木質と昆虫の関わり

12. 食材性昆虫・木質依存性昆虫の一次性・二次性 （102）

102	12.1. 一次性と二次性
103	12.2. 樹木の防御システム：その多様性と具体例
111	12.3. 樹木と食材性昆虫・木質依存性昆虫の関係における糖類の関与
117	12.4. 一次性穿孔虫
122	12.5. 一次性と二次性の狭間
127	12.6. カミキリムシ，ゾウムシ等の成虫の後食
129	12.7. ナガシンクイムシ成虫の後食
130	12.8. シロアリは樹木害虫か？
138	12.9. 二次性種，その多様性
146	12.10. 二次性種の多様性の原因の要：樹木の防御物質
154	12.11. 細胞壁成分との関連
155	12.12. 解毒酵素

13. 食材性昆虫の食性分析 （156）

14. 食材性昆虫の木材成分利用，その様式と類別 （158）

158	14.1. 食材性昆虫の木材成分利用：その概観
160	14.2. カミキリムシ科の木材成分利用
165	14.3. ゾウムシ科の木材成分利用

165	14.3.1. 樹皮下穿孔性キクイムシ亜科
167	14.3.2. 木部穿孔養菌性キクイムシ亜科
167	14.3.3. ナガキクイムシ亜科
168	14.3.4. キクイムシ亜科・ナガキクイムシ亜科を除く食材性ゾウムシ科
168	14.4. ナガシンクイムシ科の木材成分利用
170	14.5. シバンムシ科の木材成分利用
171	14.6. コガネムシ上科の木材成分利用
174	14.7. タマムシ科の木材成分利用
175	14.8. シロアリの木材成分利用
176	14.9. 獲得酵素説とその真偽

15. 窒素などの栄養素をめぐる苦闘 — 178

178	15.1. 動物の餌としての木材の「ひどさ」
179	15.2. 木質形成と窒素含有
181	15.3. 木材のC／N比とその改変・空気窒素固定
186	15.4. デンプンおよび利用可能な可溶性糖類
186	15.5. 食害部位と栄養
188	15.6. シロアリ等による腐朽材の利用の意味
191	15.7. 食材性昆虫の窒素分への貪欲さ
195	15.8. ミネラル分との関連
198	15.9. ビタミン類等微量有機栄養素との関連

16. 木が決める木を喰う虫の生きざま — 199

199	16.1. 食材性昆虫の形態的適応
203	16.2. Hanksの法則：カミキリムシ類の揮発性性フェロモン
204	16.3. ゾウムシ科−キクイムシ亜科の2群の空間利用と栄養摂取様式
204	16.4. 恐るべきキクイムシたち
212	16.5. 食材性甲虫類における生態系エンジニアの例
219	16.6. 同一ギルド内の驚異の種間関係
220	16.7. マツ等樹木の枯死と穿孔虫の感知
224	16.8. 樹木の一計，キクイムシの一計：権謀術策の世界
226	16.9. カミキリムシの喰い方に見る可塑性
227	16.10. 成虫体長のバラツキの意味
228	16.11. 食材性甲虫類の保全の問題
228	16.12. 宿主(しゅくしゅ)樹と一次性穿孔性甲虫のセミオケミカル
229	16.13. シロアリの社会性と木質の存在様式
230	16.14. 呼吸と木質の存在様式
231	16.15. 分布拡張と木質
232	16.16. 閉鎖空間としての木質
233	16.17. 木材物理と食材性昆虫・木質依存性昆虫（I）：音
235	16.18. 木材を穿孔する昆虫の眼
237	16.19. 木材物理と食材性昆虫・木質依存性昆虫（II）：硬さ・熱伝導度

- 238　16.20. シロアリの総合防除
- 239　16.21. シロアリと土
- 240　16.22. サバンナも枯木のにぎわい
- 240　16.23. 閉鎖空間居住者であるシロアリの感覚毛
- 241　16.24. シロアリ類の一貫性
- 241　16.25. シロアリの巣の幾何学
- 241　16.26. シロアリの体表面炭化水素組成
- 242　16.27. 食材性昆虫・木材穿孔性昆虫の捕食者としてのキツツキ類等の脊椎動物

244　17. 木を喰う虫が手を加える木の状態

247　18. リグノセルロースと食材性昆虫をめぐる地球生態学：リグニンが支える地球の緑

- 247　18.1. 木質バイオマス
- 247　18.2. リグノセルロースの分解
- 250　18.3. 穿孔性甲虫類によるリグノセルロースの分解・利用
- 252　18.4. シロアリによるリグノセルロースの分解・利用
- 255　18.5. リグニン分解とLCCの問題
- 256　18.6. 安部・東(ひがし)の理論とその拡張

258　19. 自然界および都市における木質の推移とそれに付随する生物の遷移

- 258　19.1. 木質の推移とそれに付随する昆虫の遷移
- 267　19.2. 木材構造・木材化学に見る木質の推移
- 267　19.3. 木質の推移と昆虫
- 268　19.4. 推移系列のはずれもの
- 270　19.5. 食材性昆虫・木質依存性昆虫の遷移と「前提性」

272　20. 木質生態系とその周辺

第III部　木質昆虫学における他の生物の関連

274　21. 食材性昆虫・木質依存性昆虫と細菌類

- 274　21.1. 食材性昆虫・木質依存性昆虫と細菌類
- 274　21.2. カミキリムシと細菌
- 277　21.3. その他の食材性甲虫類・木質依存性甲虫類と細菌
- 280　21.4. シロアリと細菌
- 282　21.5. キバチと細菌

283　22. 食材性昆虫・木質依存性昆虫と真菌類

- 283　22.1. 食材性昆虫・木質依存性昆虫と木材腐朽菌の違い・関係性
- 283　22.2. 食材性昆虫・木質依存性昆虫に対する真菌類の影響
- 292　22.3. 真菌類と食材性昆虫の相性：クワガタムシとシロアリを代表例として
- 295　22.4. 微生物に対する食材性昆虫・木質依存性昆虫の影響
- 296　22.5. 植物病原体と食材性昆虫・木質依存性昆虫：媒介の問題
- 299　22.6. 食材性昆虫・木質依存性昆虫と酵母菌

303	22.7. 食材性昆虫・木質依存性昆虫と真菌類の間の高度な共生
307	**23. 食材性昆虫・木質依存性昆虫と原生生物**
310	**24. 木材食害虫と線虫**

第IV部　木質昆虫学の展開

314	**25. 二次性を含めた食材性昆虫の応用生物学的意義**
317	**26. 乾材食害性甲虫の特異性**
319	**27. 害虫種の特異性**
319	27.1. 食材性昆虫・木質依存性昆虫の応用昆虫学的カテゴリー分け
319	27.2. 森林害虫・樹木害虫
320	27.3. 林産害虫・家屋害虫
322	**28. シロアリ：この不思議な生き物**
322	28.1. 家屋害虫としてのシロアリ
323	28.2. キノコシロアリ亜科の意外な側面：おいしいキノコと「治水害虫」
323	28.3. シロアリ学の諸相
324	28.4. シロアリの栄養生理と消化共生
325	28.5. シロアリの社会性・生態の類型化
326	28.6. シロアリ共生系
329	28.7.「生態系エンジニア」としてのシロアリ：シロアリの余技
334	28.8. 食材性昆虫におけるシロアリの特異性と食材性・木質依存性甲虫類に見られる社会性
336	28.9. 構造物および生態系としてのシロアリの巣
341	**29. 食材性の延長**
341	29.1. 食材性とその周辺
343	29.2. 食竹性
345	29.3. 枯草食性
347	29.4. 果実食性と種子食性
347	29.5. 土食性
348	29.6. 食糞性
349	29.7. 地衣食性
350	29.8. 食炭性
351	**30. 食材性昆虫・木質依存性昆虫の進化**
353	**31. 食材性昆虫・木質依存性昆虫の古生物学**
357	**32. 木質を利用する昆虫の可塑性・前適応**
361	**33. 害虫としての食材性昆虫・木質依存性昆虫の防除の生物学的基礎**
363	**34. 食材性昆虫・木質依存性昆虫の生物地理学と外来種問題**
363	34.1. 食材性昆虫・木質依存性昆虫の生物地理学
364	34.2. 外来種：その基本
366	34.3. 一次性穿孔性甲虫類の外来種

- 367　34.4. 二次性穿孔性甲虫類の外来種
- 368　34.5. シロアリの外来種
- 369　34.6. 分布域の自然拡張
- 370　34.7. イエシロアリの日本における分布の問題

372　**35. 食材性昆虫・木質依存性昆虫の防除法の新しい地平**

374　**36. 木質昆虫学と地球環境問題**

第Ⅴ部　木質昆虫学の未来

378　**37. 木質昆虫学の展望とあとがき**

381　引用文献

475　索　引

第Ⅰ部
木質昆虫学の基礎

　「木質昆虫学」は典型的な境界領域の学問分野である。ここでは木質科学と昆虫学という2つの基本領域の解説を木質昆虫学の解説のラインに沿って展開し，後半では関連学問領域の解説とあわせて，木質昆虫学の基本を生態学的，分類学的に展開する。

1. 緒　言

　地球上には様々な動物群，動物ギルドが存在する。陸上で最も幅を利かす樹木の幹や枝およびその関連バイオマスを餌として利用する昆虫群もそのひとつ。後述するようにこれは，量的に非常に重要なバイオマス（木質）を利用する，多様性の点で非常に重要な動物群（昆虫）である。昆虫の多様性と，木質バイオマスの量的重要性。この二面の交叉により何かしら途方もない世界がそこに展開していることが予感される。生きた樹木の太い幹の中心部を穿孔して糧とする昆虫もいれば，枯れた樹木の細い枝を糧とする昆虫，枯枝の樹皮の直下に潜る昆虫，地表にころがる朽木を糧とする昆虫もいる。針葉樹のマツ科にのみ依存する昆虫もいれば，広葉樹のブナ科にのみ依存する昆虫もいる。こういった性質は，昆虫種により相互排除的であることもあれば，広くまたがることもある。かくして陸上では，実に様々な局面で実に様々な昆虫が，実に様々なスペクトルを見せながら生活している。これらの昆虫の木質にまつわる生理・生態は，やはり多様であり，その解明にはマルティディシプリナリーなアプローチが必要となる。

　地球上の生物現象，天然資源利用に関わるソフト・サイエンスに従事する者にとって，この時節，あらゆる意味で避けて通れないのが，多方面においてわきおこっている環境問題であろう。これは，人類の文明の発祥以来綿々と続けられてきた，人類居住環境への直接・間接の影響の指数関数的増加からの当然の帰結である。

　ここで十分考慮されてしかるべきは，人類活動の初期段階においては個々に独立していたはずの，様々な地域・局面・知的活動分野・現象の間に見られる，意外なつながり・相互影響・関係の顕在化である。ボーダーレス化は，経済・情報のみならず，自然現象を扱う学問分野においても生じている。学際的研究が威力を発揮し，いわゆる学際研究・境界領域がプロミシングなものとして，新分野の発展の核となる。学術世界における「断続平衡説」で表される局面の非平衡点である。

　生態学，生物資源科学の分野においては，近年これまでになかった概念が提唱され，ほどなく多くの研究者の関与するところとなってきている。木質バイオマス，生物多様性はその中の2つであり，ともにマスコミの頻繁に取り上げるところとなっている。

　木質バイオマスの実体は，セルロース，ヘミセルロース，リグニンより成るリグノセルロースという植物由来の天然高分子の非均一的混合物であり，これはとりもなおさず地球上に存在するバイオマスの中で量的に見て最重要な存在であり，その有効利用は生物資源科学における最重要課題のひとつとされる。

　木質バイオマスは地球上でターンオーバーを見せる。すなわちそれは木本植物によって形成され，その一方で消費・燃焼・物理的劣化（風化など）で消失してゆく。この消失過程の中で，生物による消費，特に木材腐朽菌などの微生物・菌類およびシロアリや甲虫類幼虫などの昆虫によるものが，プロセスとしては量的に重要である（Cornwell *et al.*, 2009）が，同時にこれらの生物要因による消費・消失は，非生物要因による消失と比べプロセスそのものが顕著な多様性を有するのが特徴である。一方，消失プロセスに関連する木質バイオマスの地球上での存在形態における最大のものは，木本植物が枯死して生じる粗大木質残滓（CWD；6. 参照）であるが，これらは表面積÷体積の値が他の植物バイオマス（枯草や枯葉など）と比べて小さく，これは微生物や昆虫などの分解要因のアクセスの悪さを意味し，それだけ分解されにくく，自

然界で長持ちするバイオマスということになる（Cornwell *et al.*, 2009）。食材性昆虫・木質依存昆虫はこの状況に難渋するどころか，むしろハビタートの安定性を得てこれを享受しているように見える。

　一方生物多様性，特に種多様性も生態学，環境問題，ひいては遺伝子資源の保護と利用における最重要概念となりつつある。ここで地球全体において，種多様性の大半に寄与している生物群は昆虫類，すなわち節足動物門の昆虫綱であり，遺伝子資源としてのその潜在的にして計り知れない重要性は，まことに不十分ながら最近指摘されるところとなっている。

　以上の2つの重要概念の接点が，木材を食するあるいは食性に限り木質をベースとしている昆虫群である。これらが依存するバイオマスはその巨大さにおいて，さらにはこれら自身もその多様性において，上述のように他の同格的二位（例えば泥炭質，線虫類）をはるかに凌駕する。かくして，地球生態系におけるこれら「木質依存昆虫類」の存在意義は恐るべきものであり，技術的なその利用の可能性も無限の広がりが予想されるといえる。

　これら木質依存昆虫を扱う分野として，「木質昆虫学」"xyloentomology"を提唱・定義する。これは従来の木材保存（家屋害虫），森林保護（林業害虫），森林生態（有機物分解者）などの研究成果を統合し，そこに昆虫の利用という面も模索する新しい分野である。

　日本における松枯れ病の猖獗（しょうけつ），シロアリ防除剤の環境残留汚染。これらはいずれも木質依存昆虫がからむ著名な20世紀後半に固有の問題であり，そこには様々な産業，学問分野が複雑にからみあってきていた。しかし，以下に展開される本分野の様々な新しい視点は，過去のこういった問題を包括すると同時に，未知の方向性，局面をも萌芽的に包括している。

　樹木を加害する昆虫，森林内での枯木やリターの分解者，家屋内の用材の害虫はすべて木材食害虫，木質穿孔虫，木質依存昆虫であり，これらは恐らくは数万の種を擁する地球上の巨大なグループである。樹木から用材まで様々な状態の木質とその加害昆虫に関する解説（Coulson & Lund, 1973），森林内での新鮮な枯木から朽木，腐植に関する同様の解説（Dajoz, 1974）は見られるが，変化の流れに沿ったすべての木質に関わる解説は試みられていない。本書の最大のねらいとチャレンジはこの点にある。

　さらに，木質，木材，樹木幹枝部はその特有構成成分と特有組織を有し，これに関連する昆虫の形態，生理，生態はこれらに密接に関連している。その全体像を包括的に明らかにすることも試みられていない。本稿のねらいの2番目はこの点にある。

　3番目は地球生態系，人類文明の中での木質と位置づけと昆虫との関わりである。

　さらに，こういった根本課題の周辺に無数の関連項目が散在し，それらを見る目の統合は全体の理解の上に不可欠であるが，これまで顧みられていなかった。上の3点との関連で可能な限りの重要な話題を盛り込み，木質と昆虫との関連性の全体像の提示を試みることとする。

　ここで扱われる話題の中心は「自然誌」である。これに次ぐフィールドである害虫防除については，それが木質と昆虫の関連性に直接関連する場合にのみ言及した。松くい虫・家屋加害性シロアリなどの害虫の防除法や，希少種・生物多様性の保全といった応用的なことにのみ関心のある読者は，それぞれの分野の専門書などを参照されたい。ただし，これらの既存書に言及されていないまったく新しい防除法・保全法へのヒントは，本書の中にあるかもしれない。

　何分大きな領域を扱う本書の関係上，引用文献は相当の数にのぼる。それゆえ引用文献は，原則として厳選したものである。ただし，筆者が力説したい点，論旨上の重要な点については，引用文献はそれに直接関連したものの枚挙に近い。また，1つの文献が本書で言及する複数の

トピックを含む場合は，なるべくすべての当該箇所で引用表示を行った。以上により，大方の専門書におけると同様に，本書の引用文献リストは本書の扱う分野のセレクテッド・ビブリオグラフィーとしても機能すると考える次第である。

2. 木質の定義と基礎

　木質を形成する木本植物が生きている場合は，木質はその生きた植物の一部（というよりは質量的にはその大部分）であり，その植物が枯死した場合，木質は生態学的には生物遺体バイオマスとなり，その難分解性を人間が利用して材料となる。これらすべてが木質である。
　ここでこの分野の研究対象となるものの定義を論じてみよう。

2.1. 木材構造

　木材の内部構造，すなわちその細胞構成と配列等は，林産学の中では木質と他の生物との関係性を論ずる際に最も重要な領域である。幸いこの分野については優れた教科書（島地・他，1976；他）が出版されており，参考になる。
　「樹木」，すなわち「木本植物」は，「草本植物」と相対する存在であり（ただしこの二者は分類学におけるタクソン（分類群）ではなく類型であり，1つのタクソン，例えばマメ科に木本と草本が混在している），草本が短命かつ小型なのに対して木本は長寿で大型であり，それはひとえにその最大の特徴たる「木部」の形成によるものである。すなわち木本植物は，肥大成長に資する細胞分裂の現場である形成層の内側に木部を形成し，これが細胞分裂の現場である形成層そのものを四方に外側へ押し出す形で肥大していき，物理的限界がなければ基本的に無限に成長し続けるシステムである。その際，暖温帯などでは四季の気温変動に沿って，肥大成長の盛んな春季には細胞壁の薄い（すなわち低密度の）早材（＝春材）が，肥大成長の鈍る夏季～秋季には細胞壁の厚い（すなわち高密度の）晩材（＝夏材＝秋材）が形成され，冬季は肥大成長が止み，以上で一年輪が形成される。また年間で生長時期に渇水や食葉性昆虫食害などで生長が滞ると「擬年輪」が形成される。
　生きた樹木（生木）は，地球上の全生物の中で特に巨大なものであり，種・個体によっては動物のクジラやゾウをはるかに凌駕し，総体として地球上で最大のバイオマスであるリグノセルロース（2.2.1. 参照）より成るバイオマスを形成している。生命体としての樹体の維持・成長は，根からの水分および栄養素の吸収と辺材部（下記参照）を通した重力に逆らう上向き移送（樹液），葉における大気中の二酸化炭素の吸収による糖分の合成（光合成），内樹皮（下記参照）を通したその再配分のための下向き移送（師部流）などの生理活動でなされている。ここで，樹木にとっての最大の生命線は水分吸収である。辺材部の導管が何らかの事情で閉塞されると，水分の吸い上げがままならなくなり，これは樹木の死をもたらす。この点は，マツノマダラカミキリ *Monochamus alternatus*（鞘翅目 – カミキリムシ科）によって媒介されるマツノザイセンチュウ *Bursaphelenchus xylophilus* によるマツ属樹木の枯損（10., 12.2., 16.5., 16.7., 22.2., 22.5. および 24. 参照）や，カシノナガキクイムシ *Platypus quercivorus*（鞘翅目 – ゾウムシ科 – ナガキクイムシ亜科）によって媒介される病害性糸状菌 *Raffaelea quercivora*（「ナラ菌」）によるミズナラ・コナラの枯損（4.5., 10. および 34.2. 参照）などにおける樹木枯死のメカニズムの理解に必須の事項である。
　こういった樹木は，その円筒形の形状，およびその肥大成長パターンなどにより，基本的に

切断面に 3 つの類型がある。円筒形の樹木をその中心軸に対して垂直に切った場合（金太郎飴や輪切り大根の切り方），その切り口を木口あるいは木口面，中心軸を含む面で樹木を縦に二等分した場合（薪割りの最初の一撃），その切り口を柾目あるいは柾目面，中心軸を含まない面で縦に切った場合（すなわち特定の年輪に接する面で切った場合），その面の中心線付近を板目あるいは板目面という。木材構造は，この互いに直交する 3 つの面（木口，柾目，板目）に現れる細胞配列とその顕微鏡レベルの形状により記載され，材鑑プレパラート標本は必ずこの 3 切片を含む。

　木部はその構成細胞の多くが軸方向に配列した細長い細胞であり，針葉樹（裸子植物）では仮導管，広葉樹では導管要素（これが縦につながって導管を形成）と木繊維がこれにあたる。これらの軸方向細胞は形成直後にその内容物を失い，死組織を形成する。これらの木部軸方向死細胞は，樹体の機械的支持機能の他，主として辺材部において水分の根から樹冠方向への吸い上げの際の「動脈」として機能している（M.H. Zimmermann, 1963）。さらに，辺材部に限り細胞内容物を保持して生存している柔細胞・柔組織，すなわち放射方向の放射柔細胞（針葉樹では一部の樹種で樹脂細胞として機能）と，軸方向の軸方向柔細胞（束になって軸方向柔組織を形成）が走る。これら放射柔組織および軸方向柔組織は内樹皮の柔組織とともに，柔細胞間壁孔という連絡窓口を介して密接に連絡し合い，柔組織三次元ネットワークを形成，死細胞がやたらと多い樹木の中でこれはまさに生命線となっており，食材性昆虫が利用する重要栄養素もこれに局在している（Höll, 2000）。

　木部の外層を「辺材」，内部を「心材」と呼ぶ（図 2-1）。樹木はその上方，樹冠部に葉群（フォリエージ）を擁し，これは同化作用を司るが，この同化部を物理的・生理的に支えるのが非生産部たる木部で，一定の量の葉はそれと直結した下方の木部の部分とセットで「単位パイプ系」を成し，樹木はこの単位パイプ系が束になってまとまった集合体と解される（パイプモデ

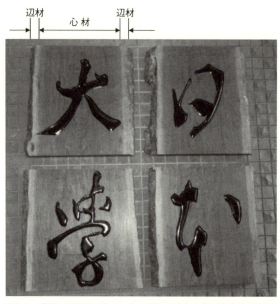

図 2-1　ブビンガ Guibourtia sp.（マメ科；アフリカ産）の辺材（樹皮に近い色の薄い部分）と心材（材の中心部の色の濃い部分）。日本大学生物資源科学部本館の玄関に据え付けられた看板。

ル；Shinozaki *et al.*, 1964)。このモデルにおいては，上方の枝が枯れるとそれに直結していた下部の木部は用なしとなり，通導機能を失って木部の奥に封入される。厳密な対応関係は論じられていないが，この封入された木部はほぼ心材に相当するものと考えられる。木部の外側の部分に相当する辺材は，放射・軸方向の両柔組織がいまだその細胞内容物を失っていない，あるいは形成層から内部へ向かい徐々にこれを失って死に向かいつつある部分であるのに対し，心材ではすべての細胞がその内容物を失って完全に死んだ組織となり（ヒトのからだでいうと爪や髪の毛に相当する），さらに心材物質（≒抽出成分）が大量に沈着して辺材より濃色の状態となるが，樹種によっては濃色化しないものもある（Frey-Wyssling & Bosshard, 1959)。また，広葉樹で樹種によっては明瞭な心材が形成されず，樹幹中心部でもデンプンなどを保持し続けるものもある（A.V. Thomas & Browne, 1950)。なお，柔細胞の死滅，デンプンや脂質などの細胞内容物の消失，原料の移送と代謝による心材物質の沈着という3つの出来事は「心材形成」に際してほぼ同時に起こり，これによりそれまで辺材に属していた年輪が心材に属するようになる（Frey-Wyssling & Bosshard, 1959；Higuchi *et al.*, 1967；Spicer, 2005；今井, 2012；他)。しかし樹種によってはこれら3つの出来事が特有の順序でバラバラに起こり，その結果デンプンを依然保持した心材柔細胞とか，デンプンを失った辺材柔細胞というような変則的な状況が見られる場合がある（Wilson, 1933；Chattaway, 1952)。また，シナノキ属 *Tilia* のようにそもそも心材を形成しないという樹木も見られ，この場合デンプンは原則樹体内部まで分布している（Höll, 2000)。一方，樹木の伐採後，時間をかけて徐々に丸太の自然乾燥を行うと，材内のデンプン粒が消費されて消失し，辺材にデンプンを含まない（従ってこれに依存するヒラタキクイムシ類などの乾材害虫の食害を受けない）材が得られ，一部のデンプンは心材形成における代謝のように死んだ材の中でタンニン系などの抽出成分に化けるという（Wilson, 1935)。辺材から心材への移行，すなわち心材形成は，辺材と心材の境界付近に相当する「移行帯」で行われ，これには様々な生化学反応が関与する関係で，移行帯は生化学的にやや特異な活動を示す部分であるとされている（Chattaway, 1952；Higuchi *et al.*, 1967；Higuchi *et al.*, 1969；Shain & Hillis, 1973；近藤民雄, 1975；今井, 2012；他)。しかし食材性昆虫にとっての移行帯は，シロアリの食害程度などで見る限り単に辺材と心材の中間以外の何ものでもないようである（Konemann *et al.*, 2014)。

　樹木生理上で辺材の最も重要な役割は，根からの水分・無機養分の吸い上げ機能であり，これは非常に強い上向きの流れを作り（M.H. Zimmermann, 1963)，この流れが場合によっては時計回りもしくは反時計回りの螺旋状となって最終的に梢にまで水分・養分を送り届けるが，心材はこの機能を欠いている（Rudinsky & Vité, 1959；Kozlowski & Winget, 1963)。この木部は，材料に対する名称としての「（狭義の）木材」に相当し，収穫後は木造建築や紙・パルプなどの形で，ヒトの文明をその中核として長きにわたって支えてきていた。

　なお広葉樹では木口面で見た導管の分布様式が多様で，環孔状，半環孔状，散孔状，放射孔状といった類別がなされ（島地・他, 1976)，材はそれぞれ環孔材，半環孔材，散孔材，放射孔材と呼ばれている。年輪界に沿って非常に太い導管が並ぶナラカシ属 *Quercus*（図2-2）などの環孔材では，辺材中の水分通導などの生理的活動域（最外層）が他の類別の広葉樹や針葉樹と比べて狭く（Hacke & Sperry, 2001)，これにより樹皮下（後述）の穿孔虫害を受けやすいという（Haack & Slansky, 1987)。元来樹木の導管は根からの水分を樹冠まで押し上げるという相当大変な役割を持ち，このためには導管は太いほどよい。しかし温帯以北の氷点下

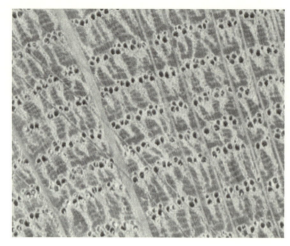

図 2-2 ヨーロッパナラ Quercus robur（ブナ科；欧州産）の辺材の木口面。導管が年輪界に密集して左右に帯状に並び，「環孔材」となっている。またこの帯に直交する形で放射柔組織が上下に走り，これに加えて色の薄い軸方向柔細胞の束が導管に随伴して，さらには年輪を横断する形で連なって生じている（Wikimedia Commons より）。

を経験する地では，太い導管は冬季凍結後の解凍に際して水分中の気体成分が微小気泡となって現れ，これが核になって導管中にエンボリズム（導管内に気泡が生じ導管液が送れなくなる現象）が生じ，これが高じると枯死につながる。病原性真菌類や線虫などのイヤな連中が侵入して移動・繁殖しやすいのもこういった太い導管を有する樹種である。これらを避けるためには導管（または針葉樹における仮導管を含めた通導管類一般）は細いほどよいとされる。すなわち広葉樹では導管径に関してこのようなトレードオフが見られ（M.H. Zimmermann & Milburn, 1982；Hacke & Sperry, 2001），これが木材構造の多様性につながっているようである。一方木口面で見た軸方向柔組織についても存在様式は多様で，広葉樹ではこれが導管に随伴し，もしくは導管を取り囲むように生じる場合があり，「随伴柔組織」と呼ばれる（島地・他, 1976）。ヒラタキクイムシ類（ナガシンクイムシ科－ヒラタキクイムシ亜科）などの食材性甲虫類などがこれに産卵すると，孵化幼虫はすぐに栄養豊富な柔組織にありついて都合がよいはずであるが，そういった観察・考察はなされていない。

形成層を境として，木部の外側には（広義の）師部（＝篩部）phloem（＝（広義の）樹皮 bark）が形成される。師部の範囲は，広義には次に述べる {内樹皮＋外樹皮}，狭義には内樹皮のみ（この場合，外樹皮は単に樹皮（狭義）と呼ぶ）であるが，元来内樹皮と外樹皮は起源を同じくする関係で，広義の方が植物発生学的には正しいものと考えられ，本書ではこの広義の方を用いる。食材性昆虫との関連では，最も栄養価に富む形成層付近を穿孔する種が多く，この性質を「樹皮下穿孔性」と呼ぶ（4.6.；5.(B) 参照）が，形成層の外側にあたる内樹皮を専ら穿孔する場合もあり，これはその外側の外樹皮（「師部」を狭義に使用する場合は単に「樹皮」）の下に位置することからそういう意味で「樹皮下穿孔性」と呼ぶと解釈する向きもあり，このあたりは用語の定義上曖昧さが見られる。しかし繰り返すが，本書では師部＝樹皮を広義に用い，「樹皮下穿孔性」は形成層付近，すなわち {内樹皮最内層＋形成層＋辺材最外層} を穿孔する性質と定義する。形成層の前後の組織を，その複雑な呼称とともに図 2-3 に示した。

師部の外層は絶えず外界に露出している関係で劣化・離脱が顕著な「外樹皮」（＝粗皮）と呼ばれる組織となっている。この外樹皮は「ビクともしない厚い鉄仮面」のような死んだ組織というイメージが強いが，生物学的には決して面白くない組織というわけではない。まず外樹皮は，最外層の表皮，その内部の周皮と分けられ，さらに後者は外側から内側にコルク層，コ

ルク形成層（これが最も狭い細胞層），コルク皮層と分けられ，複雑かつダイナミックな構造を持ち，外界からの樹木への攻撃・干渉に対処している（Mullick, 1977）。外樹皮は，最も富栄養的な内樹皮と隣接することもあり，またその内部にコルク形成層を含むこともあり，栄養分は一般に考えられているほどには貧弱ではない。しかし外樹皮は煮ても焼いても食えないリグニンやタンニンやスベリンが多いなど，どうやら栄養的に非常にバランスの悪い組織のようであり（12.10. 参照），南欧産のコルクガシ Quercus suber のようにコルクが異様に発達している樹種の場合はシロアリに穿孔されることがある（French et al., 1986；Gallardo et al., 2010）ものの，基本的に食材性昆虫はほとんど見向きもせず，これを称して「木質の最不味部」ということになる。一方，最外層の表皮には皮目（lenticel）という「目」のような斑紋が形成されるが，これは一次性（生きた樹木への加害）と二次性（衰弱〜枯死した樹木への加害）を行き来する樹皮下穿孔性キクイムシにとっての入口として働き，カイロモンとしての樹体内揮発性成分がここから放出され，また栄養的にもやや優れ，とりつく島のないように見える外樹皮の，まさにそのとりつける「島」となっているようである（Rosner & Führer, 2002）。李会平（H. Li）・他（2004）による中国での観察では，ポプラで皮目の大きな交配品種はツヤハダゴマダラカミキリ Anoplophora glabripennis（カミキリムシ科-フトカミキリ亜科）の食害を受けやすいという。ただしこの報告は，同時に他の木材組織学的および木材成分化学的諸要因をこの昆虫の食害に対する感受性・抵抗性と関連づけているが，これら要因の相互関連性，主要因・従属要因関係は吟味されていないので，そのまま受け入れるわけにはいかない。

　師部の内層は樹木の幹・枝で最も生命力に満ちあふれた部分で，「内樹皮」（＝靱皮）と呼ばれ，葉などで光合成の結果合成された糖類を樹体内で再配分する際の幹線道でもある。越冬中の獣や冬山で飢餓に陥ったヒトが樹木を見て口にするのはこの部分である。

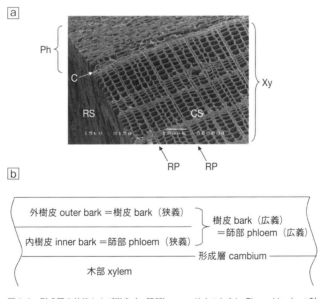

図 2-3　形成層の前後および樹皮（＝師部）。　a. ドイツトウヒ Picea abies（マツ科；欧州産）の形成層（C）を含む木口面（CS）の走査電子顕微鏡写真。形成層の上に見えるのは師部（Ph），下は木部（Xy）。整然と並ぶ四角い細胞は仮導管。放射柔組織（RP）が走る。左には柾目面（RS）も見える。スケールは 0.1mm（Wikimedia Commons より）。b. 樹皮・師部の用語のまとめ。

昆虫にとって（そしてまたそれ以外の動物にとっても），木材の栄養的価値は概ね形成層＞内樹皮＞辺材＞心材＞外樹皮の順となり（Haack & Slansky, 1987），マツ材におけるオウシュウイエカミキリ *Hylotrupes bajulus*（カミキリ亜科）の成長でも，辺材外部＞辺材内部＞心材という結果が出ており（Schuch, 1937b），この順に虫の好むところとなっている。ただし樹種，成育状況，栄養成分測定法などによっては外樹皮が相当栄養分を含んでいて辺材より富栄養的との報告もあり（Schowalter *et al*., 1992；Schowalter *et al*., 1998），また，心材と外樹皮のここでの順位づけにも異論があろう。しかし，ここでは外樹皮，特に周皮とコルク層がスベリンという超撥水性の有機物を含有していて，これが相当虫に毛嫌いされるという状況を斟酌している。ここで栄養の具体的内容は，タンパク質（または有機窒素）と可溶性糖類であり，両者は概ねその含有量が平行し，さらにこれらに付随・平行してビタミン類が，そしてこれらに付随・平行したりしなかったりするミネラル分がある。ただし，タンパク質（または有機窒素）とデンプンの含有量はまったく平行せず，形成層は多量のタンパク質（または有機窒素），ミネラル分，スクロース，ペクチンを含むにもかかわらず，デンプン量は非常に少なく，これが辺材外層で目立って多くなるということが知られており（Allsopp & Misra, 1940），樹木の形成層～辺材最外層における材質形成と成分変化は興味ある生物現象といえる。

　一方針葉樹の場合，木材のこういった基本構造に加え，木部を中心に樹脂道という特殊な組織が見られ，軸方向と放射方向の2種を擁して両者が連携し，樹種によっては元来これを備えず虫害・菌害・物理的外傷に際して形成され，あるいは無被害材で既にこれが形成され，数年でチロソイドという閉塞構造が形成されて通導機能が失われる（Shrimpton, 1978）。これが針葉樹にとって最大の外敵防御手段としての樹脂（ヤニ）を分泌し，虫や菌といった外敵に対抗する。

　「木質」とは，狭義には木部とほぼ同義，やや広義には木部に加えて師部をも含み，さらに定義を拡げるとこれらに由来する物質・材料（ファイバーボードなどの木質材料，紙・パルプ，など），さらにはこれと成分的に類似の草本植物（特にタケ類）の材質が含まれ，本書における「木質」は一応ここまで対象を拡げたものとしたい。実は「木質」の最広義は，リグノセルロース（2.2.1. 参照）と呼びうる植物バイオマス全般であり，枯葉などが中心の林床や陸水系内のリター，綿，バガス，等々をも含むこととなる。しかし木材とリターでは，生物分解に関連するファウナは随分異なり，林床リターの生物分解にはミミズ，ササラダニ，ヤスデなどの非昆虫土壌動物が重要な役割を持ち，本書の扱う生物の中核をなす穿孔性昆虫とはまったく異なった世界がそこには見られる。ということで，枯葉が中心の林床および陸水系内のリターは，本書における「木質」の範疇からは一応除外する。

2.2. 木質の化学成分

2.2.1. その概要

　植物の光合成で作られる炭素系バイオマスは年間生産量が50億tにのぼり，これはデンプン，タンパク質，脂質，可溶性糖類より成る「栄養系バイオマス」と，セルロース，ヘミセルロース，リグニンより成る「燃料系バイオマス」（全体の60％）に分けられる。前者は人間が口にして直接利用できる資源であるが，後者は燃料。それも生体燃料のことではなく，文字通

りかまどや薪ストーブの燃料のこと。生物の利用する資源としては難物である（Sasaki, 1982）。木材とはまさにこの難物が中心の燃料系中心のバイオマスであり，窒素分（15.7.で詳述），ミネラル分（15.8.で詳述）などの栄養系バイオマス成分は含有量が非常に少なく，この状態は分解過程にある森林内の粗大木質残渣（CWD；大部分が腐朽材；6.で詳述）でもあまり変わらず，枯葉などからなる他のリター類と比べても救いようのない貧栄養性バイオマスである（Laiho & Prescott, 2004）。なお後述するが，木材中の栄養系バイオマスのほとんどはその内樹皮と辺材に局在し，特にその中の柔細胞中にその内容物として存在し，「貯蔵物質」と呼ばれる（2.2.7.参照）。葉緑体で光合成して得られた糖類は生体エネルギー源および生体構築原料として利用される。枝葉や根の展開などで利用する前に植物は，これらを一時的にそのまま，あるいは可逆的に形を脂質に変えて貯蔵するが，この貯蔵物質の内容，すなわちデンプンが多いか脂質が多いかにより，樹木はデンプン樹と脂肪樹に分けられる（Höll, 2000）。

　木質の主要化学的成分は，由来植物の細胞壁構成成分，すなわち，(1) セルロース（グルコースのβ-1,4結合による鎖状高分子），(2) ヘミセルロース（セルロース以外の雑多な鎖状および分岐性多糖類），(3) リグニン（プロピルベンゼン誘導体が重合単位の不規則高分子）（前二者をまとめて「ホロセルロース」，三者をまとめて「リグノセルロース」という）であり，いずれも自然界における難分解性高分子である。木材の化学組成測定値はPettersen (1984)など多くの具体例があるが，三大成分（セルロース，ヘミセルロース，リグニン）の割合は，針葉樹では38〜52%：16〜27%：26〜36%，広葉樹では37〜57%：20〜37%：17〜30%で（Shimizu, 1991），結局木材の半分弱がセルロース，残りがヘミセルロースとリグニンといえる。

　ところで近年，エネルギー危機や地球温暖化問題に際して，ガソリンなどに代わるバイオエタノールが燃料として脚光を浴びている。特にその中でもトウモロコシにおけるような農耕地生産とは無縁の廃材利用によるバイオエタノール生産は，様々な点で問題が少なく，近年その生産技術の進展がめざましい（Rubin, 2008；他）。これはとりもなおさず，①リグノセルロースの酵素分解による単糖（セルロースからのグルコース，および②ヘミセルロースからのペントースおよびグルコースを含むヘキソース）の生産と，その発酵によるエタノール生産であり，本稿で扱う木質分解に関する知見は，この前半①に寄与するはずである（18.4., 25.および28.6.参照）。

　なお木質形成のバリエーションのひとつとして，樹木が傾いて生えている場合の幹や，積雪などの加重がかかった枝の場合，その傾きの下側と上側では，材組織がそれぞれ圧縮応力，引張応力のもとで形成され，その結果，針葉樹では傾きの下側に「圧縮アテ材」，広葉樹では傾きの上側に「引張アテ材」という，正常材とは化学組成や物性が著しく異なった材が，それぞれ部分的に形成される。こういった「アテ材」の虫害との関連はほとんど研究されておらず，わずかにシトカトウヒ *Picea sitchensis* の材におけるイエシバンムシ *Anobium punctatum*（シバンムシ科）（図2-4）の成育において，圧縮アテ材と正常材で成育等に違いは見られないとの報告（Bletchly & Taylor, 1964）があるのみである。広葉樹の引張アテ材については，複数の層より成る木部繊維細胞（2.3.参照）の内肛にゼラチン層（G層）というほとんどセルロースのみより成る特殊な層が加わり，その分細胞内肛が狭まることが知られる（島地・他, 1976）が，この材部は細胞内容物由来のデンプンなどの栄養系バイオマスが少なく，デンプンなどから作られる抽出成分（12.10.参照）もそれゆえ少なくなるようであり（Hillis *et al.*, 1962），こういった成分上の特徴は当然食材性昆虫の発生・発育に影響するはずである。

図2-4 イエシバンムシ Anobium punctatum (De Geer) 成虫。ニュージーランド産標本。体長 4.5mm。（口絵 3）

2.2.2. セルロース

セルロース（= β-1,4-グルカン）（図2-5a）は，グルコースの β-1,4 結合による高重合度の多糖類で，これら三者の中で唯一化学的に定義できるほぼ純粋な生物由来の物質（バイオマス）で，純粋バイオマス物質としては地球上で最大の現存量を誇り，単に「バイオマス」といえば木質バイオマス，さらにはその量的最重要成分のセルロースを指す場合が多い。植物のセルロースは，分子鎖が整然と並んだ状態（図2-5b）の結晶領域の基本単位フィブリル（複数）を，分子鎖の並び方がやや不規則な非晶領域が取り囲む形で存在し（Frey-Wyssling, 1954；他），前者は分解困難，後者は何とか分解可能とされる。従って純粋物質とはいうものの，分子ごとに重合度（従って分子量）が異なり，また結晶領域ではその結晶性に多様な存在形態があり，I_α，I_β，II，III_I，III_{II}，IV_I，IV_{II} の 7 種の結晶が知られ，天然セルロースは主として I_α（図2-5b）であるとされる（Klemm et al., 2002；他）。こういう結晶セルロースが特に分解されにくいことに関係して，昆虫などのセルロース分解能の検査には実験の都合上，セルロースを可溶化したカルボキシメチルセルロース（CMC；セルロースの水酸基の一部にカルボキシメチル基（$-CH_2-COOH$）を結合させたもの）がしばしば使用される。しかし，ある昆虫試料でCMCに対する分解能が示されたとしても，それがセルロースを非晶領域のみならず結晶領域まですべからく分解できるということにはならず，このことは別途結晶セルロースで調べなければならない。しかしそういった考慮はなされないことが多い。

木本植物の木部細胞壁の屋台骨であるセルロース・フィブリルは，後述（2.2.4.）するように木本植物の木部オントジェニーの第 1 イベントたる形成層での始原細胞の分裂により形成される。ここでの材料，すなわちセルロース・フィブリルを煉瓦壁に喩えれば個々の煉瓦に相当するものは，セルロースの単量体たるグルコースであるが，これは樹冠の葉群（フォリエージ）がせっせと光合成して空気中の CO_2 を取り込んで合成したものである。しかしこのものが直接形成層に送られてそこで直ちに組み立て作業が行われると思いきや，そうではないようで，針葉樹では秋季〜冬季にグルコース等の単糖類が形成層に大量に移送され，その後春先までここでいったんデンプンの形で形成層に保持され，春からこれを材料として形成層で細胞が形成されるという（Parkerson & Whitmore, 1972）。煉瓦はバラバラで運ばれ，そのまま煉瓦壁になるのではなく，早めに納品され，いったん束ねてくくられ倉庫に収められるのである。これを食材性昆虫の立場から見ると，秋から冬の樹木の形成層はまことにおいしいものということになる。

このセルロースを分解するには3種の分解酵素が必要とされる。すなわち、(1) セルロース分子を内部から切断する「エンド-グルカナーゼ」(エンド-β-1,4-グルカナーゼ＝C_x-セルラーゼ)(EC 3.2.1.4)、(2) 糖鎖の還元末端または非還元末端から分解してセロビオース（グルコースのβ-1,4-結合二量体）を遊離する「エクソ-グルカナーゼ」(エクソ-β-1,4-グルカナーゼ＝C_1-セルラーゼ＝セロビオヒドロラーゼ)(EC 3.2.1.91)、そして (3) セロビオースを2分子のグルコースに分解する「セロビアーゼ」(β-グルコシダーゼ＝β-1,4-グルコシダーゼ)(EC 3.2.1.21)(Norkrans, 1967；Terra & Ferreira, 1994；Béguin & Aubert, 1994；Watanabe & Tokuda, 2010；他)。これら3種をまとめて「セルラーゼ」(広義)、あるいは「セルラーゼ複合」といい、また昆虫学などでは「セルラーゼ」は (1) エンド-グルカナーゼのみ（最狭義）、あるいは (1) エンド-グルカナーゼ＋(2) エクソ-グルカナーゼ（狭義）を意味する場合もしばしば見られる。本書では「セルラーゼ」は原則として広義の意味で用いる。このうち (2) エクソ-グルカナーゼは結晶性セルロースの結晶をほどいて非晶性にする役割があり、この酵素を最も大量に作り出す生物は *Trichoderma viride* などの木材腐朽菌であるが、(2) がなくとも結晶を解く操作はボールミリングなどで工業的に可能とされ (Sasaki, 1982)、実際昆虫はこの戦術（すなわち口器による徹底的摩砕）をとっているようであり (Watanabe & Tokuda, 2010；Fujita *et al.*, 2010)、この物理戦術には唾液腺で分泌されるエンド-グルカナーゼなどの酵素による化学戦術が効果的・共力的に関わっているようである (Ke *et al.*, 2012)。（ただし 18.2. 参照。）また (3) セロビアーゼは、(1) と (2) がなくとも備えている昆虫が多く（例えばコガネムシ科など）、これはセルロース分解ではなくヘミセルロース分解の最終仕上げ、および糖とタンパク質の結合体（グリコタンパク質）の分解に用いるもののようである (Terra & Ferreira, 1994)。この他、ミゾガシラシロアリ科においてそのラミナリビオース分解活性から病原性菌類に対する防御の役割が想定されたり (Scharf *et al.*, 2010)、同科でこの酵素そのものが「卵認知フェロモン」として働いたり (Matsuura *et al.*, 2009)(22.3. 参照)、レイビシロアリ科においてこの酵素の生産に関連すると考えられる遺伝子が階級分化抑制にも関連する (Korb *et al.*, 2009) など、

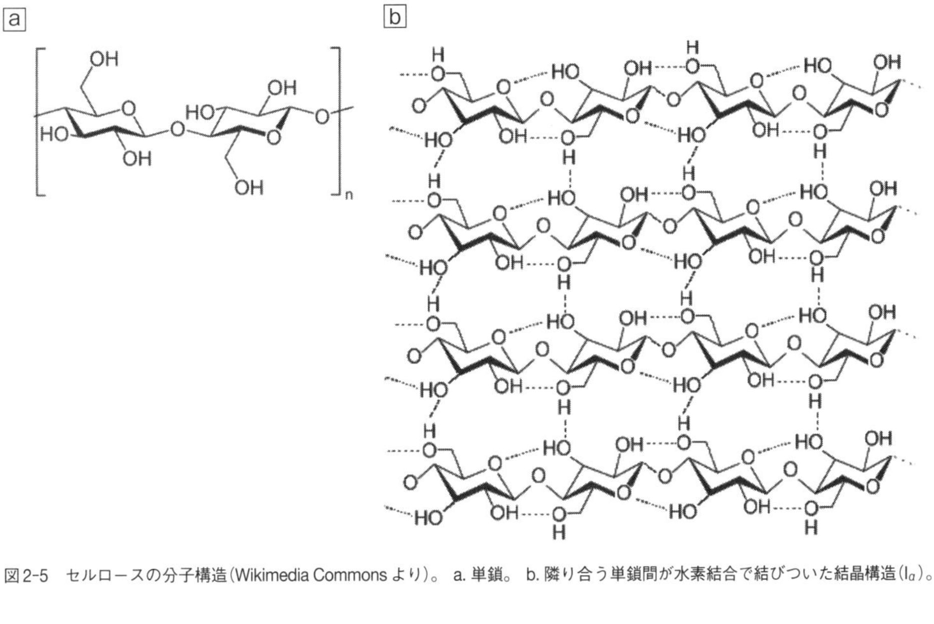

図2-5　セルロースの分子構造(Wikimedia Commons より)。 a. 単鎖。 b. 隣り合う単鎖間が水素結合で結びついた結晶構造(I_α)。

2. 木質の定義と基礎

驚くべき多機能性が明らかとなりつつある。かくしてセロビアーゼ（β-1,4-グルコシダーゼ）は，幼若ホルモンが多機能な昆虫ホルモンであるように，昆虫などの生物にとって相当使いでのある酵素ではある。

なお，セルロース分解においてこのように，「ブチ切り」，「端からのみじん切り」，「こま切り」といった酵素に関する役割分担と手順が見られるが，これはセルロース分解に限ったことではなく，ヘミセルロース，デンプン，タンパク質といった他の高分子の分解でも事情はほぼ同様のようである（Terra & Ferreira, 1994）。

なお食葉性，雑食性などの非食材性昆虫の中には，ヘミセルロースはおろか，セルロースまで分解できるものが見られる。その典型はゴキブリ目の雑食性ゴキブリ類（ゴキブリ科）であり，重要な家屋害虫種ワモンゴキブリ *Periplaneta americana* などでは，セルロース・ヘミセルロースの消化分解と自前の消化酵素の保有が報告されている（Wharton *et al.*, 1965；Bignell, 1977；Scrivener *et al.*, 1998）。この事実は，同目のキゴキブリ類との関連，さらには強力なセルロース分解者であるシロアリ類の系統発生の関連で注目される。これに近い目ではエンマコオロギ *Teleogryllus emma*（直翅目－コオロギ科）で消化管全長にわたって活性を見せる自前の C_x-セルラーゼの存在が報告されている（N. Kim *et al.*, 2008）。一方，無変態の下等昆虫であるシミ科（総尾目）でも自前のセルラーゼが検出されている（Lasker & Giese, 1956；Zinkler *et al.*, 1986；Treves & Martin, 1994）（29.1. 参照）。そして食葉性昆虫における例としては，アブラナ科の害虫カラシナハムシ *Phaedon cochleariae*（ハムシ科）で C_x-セルラーゼ，β-グルコシダーゼに加えてキシラナーゼが（Girard & Jouanin, 1999），ウリ科の害虫 *Aulacophora foveicollis*（ハムシ科）で C_x-セルラーゼが（Sami & Shakoori, 2008），マメ科植物の害虫 *Epilachna varivestis*（テントウムシ科）では C_x-セルラーゼ，C_1-セルラーゼ，β-グルコシダーゼの三点セットが（E.C. Taylor, 1985），それぞれ揃っており，*E. varivestis* などは食材性昆虫顔負けの仰々しい装備である。また後述（2.2.7.）のように貯穀物害虫のコクヌストモドキ *Tribolium castaneum* がエンド-グルカナーゼを保持しているとの報告も見られる（Willis *et al.*, 2011）。また，食葉性昆虫のみならず吸汁性昆虫でもセルラーゼが検出されている。アブラムシ科諸種はその口吻で植物を刺して吸汁するが，その際唾液腺から C_x-セルラーゼを分泌して口吻を通しやすくし，グルコースができればこれも栄養にするようである（J.B. Adams & Drew, 1965）。変わったところでは，発光性にしてブラジル中央部の平原のシロアリ蟻塚に棲息して自らの光でシロアリ有翅虫などをおびき寄せて捕食するヒカリコメツキ *Pyrearinus termitilluminans*（コメツキムシ科）の幼虫（28.9. 参照）が，その中腸組織と内容物になぜか「セルラーゼ」（エンド-グルカナーゼ）と β-グルコシダーゼを恐らくは「遺存的」に保持し，しかもこの昆虫は口器から消化液を出して体外消化を行うという（Colepicolo *et al.*, 1986）（3.1. 参照）。その他，昆虫でセルラーゼを保持するものは意外と多く（M.M. Martin, 1983；Watanabe & Tokuda, 2010），Watanabe & Tokuda（2001）はその無脊椎動物における普遍性の可能性を論じている。しかし動物界でセルラーゼ保有・機能の最たるものは，カタツムリやナメクジなどの陸棲軟体動物（Hartenstein, 1982；他）を別にすれば，食材性昆虫にあることは論をまたない。

さらに付け加えるに，食材性昆虫でセルラーゼを持たないものが存在する。ナガシンクイムシ科（ヒラタキクイムシ亜科を含む）のすべて，アオスジカミキリ *Xystrocera globosa*（カミキリ亜科）などのごく一部のカミキリムシ科，そしてゾウムシ科－キクイムシ亜科のすべての種

がこれに該当する（14. 参照）。

　以上見てきたように，木材穿孔性・食材性ではないのにセルラーゼを保持する昆虫もあれば，木材穿孔性・食材性にしてセルラーゼを欠く昆虫もあり，木材穿孔性・食材性昆虫とセルラーゼ保有昆虫は必ずしも一致しないことに留意する必要がある。

　セルラーゼの生物による生産・保有は興味深い問題ではあるが，まだまだわからないことが多い。セルラーゼは，そのアミノ酸配列から様々な「グリコシド・ヒドロラーゼ・ファミリー」(GHF) に分類され（Watanabe & Tokuda, 2010），同時にその配列情報から起源が論じられ，生物全般における本来の普遍的な存在（25. 参照）や，生物間での生産遺伝子の水平伝播の可能性（18.2. 参照）なども論じられ，それ自体で非常に興味ある「生態生化学」の一分野を形成している。これは，地球上のバイオマスにおけるセルロースの圧倒的な存在量を如実に反映したものであろう。

2.2.3. ヘミセルロース

　ヘミセルロースとはセルロースを除く非水溶性の多糖類の総称で，セルロースと比べると分子量が低く，ほとんどが非晶性，またリグニンと化学結合する点が重要で，キシランはセルロースなどのヘキソザンよりも分解されやすいようである（N.S. Thompson, 1983）。

　主要な単糖構成要素はD-キシロース⑤，D-マンノース⑥，D-グルコース⑥，D-ガラクトース⑥，L-アラビノース⑤，L-ラムノース⑤，4-O-メチル-D-グルクロン酸⑥，D-グルクロン酸⑥，D-ガラクツロン酸⑥（⑤はC_5骨格のペントース；⑥はC_6骨格のヘキソース）で，キシロースの重合体はキシラン（図2-6），マンノースの重合体はマンナン，グルコースとマンノースの共重合体はグルコマンナン，といった様々なものから成り，それぞれがこれまたセルロースと同じように分子ごとに重合度を異にする多糖類となっている（Shimizu, 1991）。この重合鎖には枝分かれも見られる。また針葉樹・広葉樹間の成分の違い，同じ樹種内での部位による成分のバリエーションなど，相当の多様性を示す一群である。

　針葉樹と広葉樹ではヘミセルロースの内容が大きく異なる（N.S. Thompson, 1983；Shimizu, 1991；他）。すなわち広葉樹のヘミセルロースは主にキシラン（詳しくはO-アセチル-(4-O-メチルグルクロノ)-キシラン）で，これに少量のグルコマンナンが加わり，一方針葉樹のヘミセルロースは主にグルコマンナン（詳しくはO-アセチル-ガラクトグルコマンナン）で，

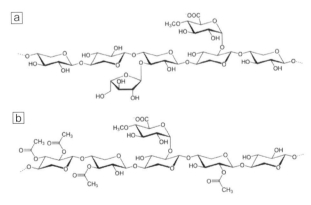

図2-6　キシランの分子構造 (Wikimedia Commonsより)。　a. 針葉樹キシラン。b. 広葉樹キシラン。

これに少量のアラビノ-(4-O-メチルグルクロノ)-キシランが加わり，針葉樹材でアセチル化するのがグルコマンナン，ガラクトグルコマンナンのマンノース（ヘキソース）なのに対し，広葉樹材でアセチル化するのはキシロース（ペントース）である。単子葉類のヘミセルロースもキシロースが主要構成要素とされる（N.S. Thompson, 1983）。また，針葉樹のうちでカラマツ属 *Larix* の心材のみアラビノガラクタンが多く，針葉樹のアテ材（圧縮アテ材）と広葉樹のアテ材（引張アテ材）（材形成時に樹木が傾いていたことによる張力が原因の変質材；2.2.1. 参照）ではガラクタンが多い（Shimizu, 1991）といった特殊なケースも見られる。またアラビノガラクタンは水可溶性で，心材形成時に形成されて細胞内肛に沈着するなどの過程でタンパク質と結合するという特殊性があり（Keegstra *et al*., 1973；N.S. Thompson, 1983；Shimizu, 1991），他の細胞壁構成性ヘミセルロースとは性格が若干異なる。

　広い意味でヘミセルロースに入るが，通常はこれには含まれないペクチン質は，α結合のガラクツロナン（ガラクツロン酸重合体）で，一部のカルボキシル基がメチルエステル化し（エステル化されたものは「ペクチン」，エステル化されていないものは「ペクチン酸」），また単量体として他にラムノース等を含み，細胞壁内での分布は特異で，細胞間層や一次壁（木化に伴う本格的な細胞壁肥厚の前段階で形成される細胞壁）に多いとされ（Darvill *et al*., 1980；Aspinall, 1980；N.S. Thompson, 1983），細胞壁への沈着，というよりは細胞壁への組み込みは木質高分子の中で最も早く，その後の細胞壁肥厚には関与せず，むしろ減少する（Thornber & Northcote, 1961a；Thornber & Northcote, 1961b）。しかしペクチン質は化学的に意外と強健で，木材の劣化分解（特に嫌気的な長期にわたる劣化）の際にも，リグニンほどではないが，セルロースや通常のヘミセルロースよりも分解されにくく，2500年経過の土中の材でもあまり劣化せずに残存していることが示されている（Hedges *et al*., 1985）。なお，ペクチン質は細胞壁中にあってアラビノガラクタンを仲介としてタンパク質と結合することも知られており（Keegstra *et al*., 1973），昆虫や腐朽菌などの木質分解者にとって重要な存在である可能性がある。

　食材性昆虫におけるペクチンの分解・利用については知見があまり多くなく，カミキリムシ科のノコギリカミキリ亜科とフトカミキリ亜科（14.2. 参照），樹皮下穿孔性キクイムシ類（14.3.1. 参照），キクイムシ類以外の食材性ゾウムシ科（14.3.4. 参照），食材性タマムシ科（14.7. 参照）などで若干の報告があるにとどまっている。しかし何しろ，ペクチンは箱に相当する木質細胞の間の接着剤の役割を持つゆえ（ただし生成・沈着の順序は箱よりも接着剤の方が早い），これをほどかないことにはセルロースなどの分解もままならず，これの分解能は食材性昆虫でかなり普遍的に見られることが予想される。また特筆すべきは，養菌性シロアリ（22.3., 22.7. で詳述）の *Macrotermes gilvus*（シロアリ科-キノコシロアリ亜科）の共生性真菌 *Termitomyces* において，ペクチン分解に関わる顕著な遺伝子が検出されていることである（Johjima *et al*., 2006）。

　多様な化合物を包含するヘミセルロースを分解する酵素群は，その基質と同様まとめて「ヘミセルラーゼ」と総称される（Terra & Ferreira, 1994；他）。概ねL-アラビナナーゼ類，D-ガラクタナーゼ類，D-マンナナーゼ類，(1→3)-β-D-キシラナーゼ類，(1→4)-β-D-キシラナーゼ類に分けられ，菌類や植物組織での研究は進んでいるが，総じて昆虫における研究は遅れている（Dekker & Richards, 1976）。なお，こういったヘミセルラーゼに若干関連することとして，ヤマトシロアリ属 *Reticulitermes*（ミゾガシラシロアリ科）の職蟻で体表面から検出されるβ-1,3-グルカナーゼは，シロアリ体表面寄生性病原性真菌に対する防御手段として用いられ

ることが示唆されていて（C. Hamilton *et al.*, 2011），非常に興味深い。

　一方このヘミセルロースの中で重合度が低いものはオリゴ糖と呼ばれ，これがダイエット関連でヒトの第4の栄養素として脚光を浴びている。対応する分解酵素は，キシランならばキシラナーゼ，マンナンならマンナーゼとバラバラで，一通りのヘミセルロースをほぼすっかり分解するには相当数の酵素が必要と考えられ，また木材腐朽菌によるセルロース分解におけるセルラーゼと同様，個々のヘミセルロースの分解にも複数の酵素の協力が必要と考えられている（Swift, 1977a；Saha, 2003）。

　なおセルロース，ヘミセルロースの生分解は，最終的には単位糖への加水分解であり，分解の順序が必ずしも単糖1個ずつの分離ではない点を除いて，およそ生合成の逆の過程と考えて差し支えない。またキシランはセルロースと立体構造が似ているので，同じ酵素が両者を分解できる場合があり（Dekker & Richards, 1976；Shimizu, 1991），そもそもキシラナーゼとセルラーゼは，両者間に一線を画することがやや困難という側面もある（T. Collins *et al.*, 2005）。

2.2.4. リグニン

　これもいわば総称であり，光合成で生産した炭水化物が二次代謝でフェニルプロパン構造の単量体を産み出し，これが不規則的ラジカル重合を起こして生じた巨大なバイオマス高分子，一種の高分子ポリフェノールである（図2-7）（Freudenberg, 1965）。これは，地上で重力に逆らっ

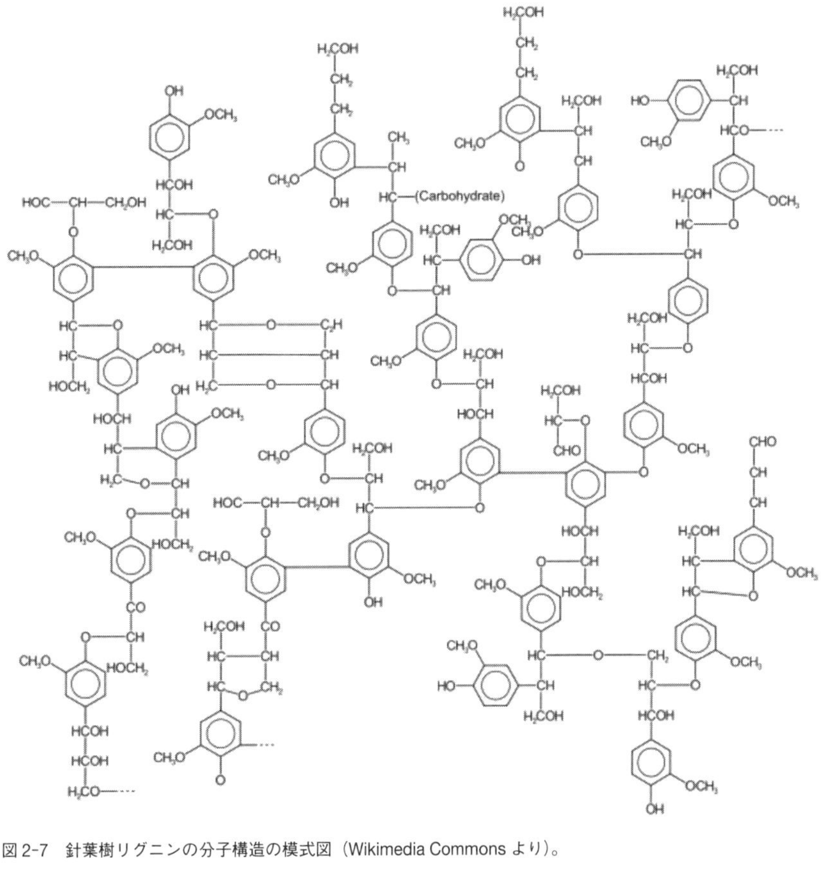

図2-7　針葉樹リグニンの分子構造の模式図（Wikimedia Commons より）。

て伸長する際の植物体全体の力学的支持に資すると同時に，草本においては病原性真菌の侵入に対する抵抗力にも資する成分でもある（Grisebach, 1977）。またこの代物は，その生合成反応が非酵素的ラジカル重合に基づくため非常に不規則ゆえに，ヘミセルロースのはるかに上を行く多様性を持ち，分子構造が一定していない。それゆえその分解には相当の種類の酵素が必要で，分解反応も複雑を極め，「煮ても焼いても食えない」バイオマス物質の最たるものとなっている。その「しぶとさ」の例として，米国・New York 州の森林における倒木の分解に際して，褐色腐朽菌による分解ゆえにリグニンが喰い残され，そのため腐植層に 100 年以上を経た塊状木質が多く見られ，それらの多くはリグニン由来の残滓であるという（McFee & Stone, 1966）。さらに，万年～百万年単位の長きにわたって嫌気的条件下で土中などに保存された木材，あるいはフミン質さらには石炭質となった木材はセルロース・ヘミセルロースが嫌気的分解を受ける一方，リグニンは残存し，その含有量が非常に高くなっているとされる（Hatcher *et al.*, 1981；Hedges *et al.*, 1985）。そして，何と 2 億年を経た珪化木（ジュラ紀）にもリグニンが残存するという（Sigleo, 1978）。このように，この一群の天然高分子はなかなか分解されにくく，後述（本節，18.2., 18.3. および 18.4. 参照）するように，特に微生物や昆虫はある程度の分解はできても，セルロースやヘミセルロースのような「たいらげ」的消費は無理である。しかし，自然の摂理はよくしたもので，リグニンは非生物的な分解を受ける。それは太陽光に含まれる紫外線による分解であり，草本リグニンに関する研究ではこれで相当量が可溶化・溶脱されるとされ（Henry *et al.*, 2008），木本リグニンでも同様のことが生じているものと思われる。

　リグニンには色がある。褐色である。基本的に木材を解繊して作られるパルプは，その製造過程で「脱リグニン」が行われると白っぽい色となる。これからもう一度水の中で繊維をほどいて作られる紙も基本的に白い。これはセルロースの色。しかし経済的な理由などで脱リグニンを手加減すると，若干リグニンが残留した低コスト・低クオリティーの紙が得られ，これは段ボールなどに加工される。段ボール紙が茶色っぽいのはそのためである。また褐色腐朽菌はセルロース・ヘミセルロースのみを選択的に分解し，褐色腐朽材はリグニン含有量が高くなる（本節後述；5. 参照）。ここにいう褐色とはリグニンの色なのである。

　基本的に形成層で細胞分裂により誕生した軸方向通導機能性木部細胞（針葉樹では仮導管，広葉樹では導管と木繊維）は，誕生後ほどなく（細胞層数にして数列目に）細胞がアポトーシス的に死を迎えて細胞内容物を一掃し，以後心材形成に至るまで（すなわち辺材構成細胞である間），軸方向のホース（水分通導装置）として機能する（ただし広葉樹の導管は辺材形成に際してチロースにより閉塞される）。この際，細胞壁の高分子多糖類鎖の隙間に，その「ホース化」の最終仕上げとして防水性物質をもって塗り固め，その物理的機能を高める。この物質がリグニンである。そしてこの工程を「木化」（lignification）と称する（近藤民雄, 1982）。木化は従ってリグニン沈着である。形成層における細胞分裂による組織形成を木材組織のオントジェニーの開始点すなわち第 1 イベントとすると，細胞内容物喪失と木化はその直後に起こる第 2 イベント。第 1 イベントと第 2 イベントはあっという間に続けて起こり，リグノセルロースの塊が成立する。そして第 3 の最後のイベントは心材形成である。心材形成を経て木材は栄養物をほとんど失うこととなる（Spicer, 2005）。そして木化（第 2 イベント）と心材形成（第 3 イベント）は，辺材幅に相当する年数で随分離れていて別々のイベントながら，一連の流れとして解釈することが可能とされ（近藤民雄, 1982），実際そこで形成される成分（第 2 イベントがリグニン，第 3 イベントが各種抽出成分）の生合成過程も互いに関連し，一部共通経

路も存在するようである（Higuchi, 1976）。第2と第3イベントの連続性と恐らくは関連するであろうが，心材形成に際してペクチン質が減少し，細胞壁に新たに多糖類が付加されるともされる（Thornber & Northcote, 1961b）。面白いことに一部の針葉樹（マツ属－複維管束亜属 *Pinus* (*Diploxylon*)）では，柔細胞壁と仮導管の有縁壁孔（水分通導のために仮導管間を連絡する特殊構造の孔；島地・他，1976）は第1イベントではなく，第2イベントすなわち心材形成時に木化するという（Bauch *et al.*, 1974）。このことは，この亜属に属するアカマツやクロマツの辺材は，別の亜属（単維管束亜属 *Pinus* (*Haploxylon*)）に属するゴヨウマツなどの辺材と比べて，食材性昆虫や木材腐朽菌などの分解者にとって柔細胞中のデンプンなどの栄養物を若干得やすいということになる。しかしそのような報告は目下のところ見られない。

　ところでリグニンは真性維管束植物の細胞壁に見られ，フェニルプロパン（鎖状のC-C-C-というプロパン骨格とメトキシル基（-OCH$_3$）が0～2個付いたベンゼン核（C$_6$H$_6$））を構成単位とする不規則高分子である。ベンゼン核にメトキシル基ゼロなのが［0］クマリルアルコール骨格，ベンゼン核の*p*位にメトキシル基1個が［1］コニフェリルアルコール骨格（グアヤシルプロパン），ベンゼン核の*p*位にメトキシル基2個が［2］シナピルアルコール骨格（シリンギルプロパン）と呼ばれる（図2-8）。ヘミセルロースのようにリグニンも針葉樹と広葉樹で異なり（Higuchi, 1976；Grisebach, 1977），針葉樹では［1］が80%以上で［0］や［2］は少量なのに対し，広葉樹では大部分が［1］と［2］（ただし［2］≧［1］）となる。そして単子葉植物の草本（イネ科などのいわゆるグラミノイド）にも独自のリグニンが見られ，ここでは［0］と［1］と［2］の3種が構成単位である（双子葉植物の草本のリグニンは基本的に広葉樹と同じ）。木本ではいずれの場合もまず［1］が形成され，その後成熟過程で［2］が付加されるという（Higuchi, 1990；C.A. Reddy, 1984）。針葉樹と広葉樹におけるリグニンのこのような基本単位の違いは，これら合成単位の生合成段階でのメトキシル基転移酵素（OMT）の基質特異性の違いに帰せられている（Higuchi, 1976）。なおここにいうイネ科草本には，タケ類が含まれることに留意すべきである。

　一方リグニンの微生物による生分解に際しては，すんなりと分解されてまたフェニルプロパン構造単位に戻るということはまったくなく（この点が単量体に意味のある多糖類の生分解と異なる），構造単位間の結合よりも前に構造単位内の結合がほどかれる（煉瓦の壁の崩壊に喩えると，煉瓦と煉瓦の継ぎ目とは関係なくヒビが入る）など，相当複雑かつ不規則な過程を経るものと考えられている（Higuchi, 1982）。なお，針葉樹材と広葉樹材のリグニンはシロアリ消化管の通過では後者の方がわずかながら分解されやすいとされ（Garnier-Sillam *et al.*, 1992），

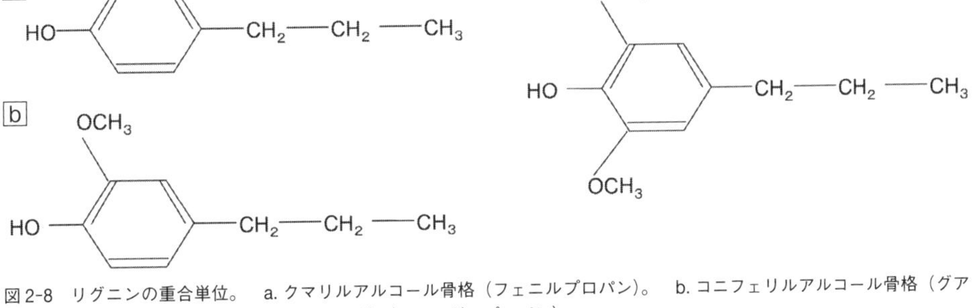

図2-8　リグニンの重合単位。　a. クマリルアルコール骨格（フェニルプロパン）。　b. コニフェリルアルコール骨格（グアヤシルプロパン）。　c. シナピルアルコール骨格（シリンギルプロパン）。

これは恐らくシリンギル核の方がグアヤシル核よりもメトキシル基が1個多く，その分リグニン単量体としてのラジカル反応性が殺がれて単量体間結合が少なくなることが原因と考えられ，木材腐朽菌による本格的分解でも事情は同じ，あるいはその差がより顕著と推測される。

このようにまことに「しぶとい」物質たるリグニン。地球上の木質分解者の中でこれを本格的に分解できる生物は，フェノールオキシダーゼを大量に出す白色腐朽菌（真菌類）のみで，褐色腐朽菌や軟腐朽菌のリグニン分解能は非常に限定的である（Kirk & Highley, 1973；G. Becker, 1974；Abdullah & Zafar, 1999；Lundell *et al*., 2010；他）（18.2. で詳述）。白色腐朽菌の中には，広葉樹リグニンを選択的にせっせと分解して最終的にその含有量を最低1%台にまで低下させる *Ganoderma* spp. という殊勝な菌も存在し，これにはチリ南部の低温多湿な気候が寄与し，腐朽の末期の材（"palo podrido"）はセルロース含有量が高く，何と牛馬の餌になるという（Zadražil *et al*., 1982；Agosin *et al*., 1990）。しかし普通の白色腐朽菌はリグニンのみでは生きていけず，炭素源として多糖類などの糖類が必要である。ということは，白色腐朽菌によるリグニン分解は「粉砕」というような徹底したものでは決してなく，とりあえずリグニンという不規則煉瓦壁をバラバラの「破片」（フェニールプロパン単量体の1〜数個分相当）にする程度。この破片は，放っておくと積もり重なって地球は大変なことになる。しかしこういったリグニンの不規則破片も立派な有機バイオマスであり，これらを掃除する生物がちゃんと存在する。それは細菌である（C.A. Reddy, 1984；W. Zimmermann, 1990；R. Kirby, 2006；Bugg *et al*., 2011）。その中でも特に *Sphingomonas paucimobilis* という細菌は，一通りの低分子リグニン破片を一応すべて処理して資化する能力があることが示されている（Masai *et al*., 2007）。かくして，高等植物が作り出した天然高分子界最大のトリックスターであるリグニンは，完全にミネラライズされ，最後は CO_2 と H_2O となる。この他，真菌に属する酵母菌 *Candida* spp. などでもリグニン分解能が報告されている（Dennis, 1972；Clayton & Srinivasan, 1981）が，これらの自然界でのリグニン分解における関与は明らかでない。

このようにまことに奇妙なバイオマス有機高分子物質のリグニンであるが，その植物における機能として，紫外線・病原菌・傷害からの細胞・組織の保護，組織形成初期における防水機能，細胞の接着と強度付与，衝撃緩和機能，等々が指摘されている（寺島, 2013）。元来不要なフェノール系物質を植物がこのような機能のために巧みに利用して不規則高分子化し，これにより巨体化が実現して植物界が繁栄できたといえる。

針葉樹材と広葉樹材でリグニンの内容が異なることは上述したが，針葉樹リグニンでフェニルプロパン単位のベンゼン核に付くメトキシル基の数が少ない（＝水酸基の数が多い）ということは，その分ベンゼン核同士が縮合する機会が多く，そうでなくても難分解性のリグニンがますます難分解性となる。高等植物の進化の過程で，分解がおぼつかない裸子植物（＝針葉樹）バイオマスが木材腐朽菌未分化の古生代には分解されずに石炭として大量に残存し，種子の萌芽による生殖と世代交代を阻害して進化が滞る。ここでリグニンがシリンギル化してベンゼン核の縮合の度合いが緩和され「ほどほどに難分解性」の木部を持つ広葉樹へと進化し，バイオマスの停滞が緩和されて世代交代が進み，進化が加速されたという（寺島, 2013）。このように地球生態系とその景観において，リグニンはこれまで考えられてきた以上に重要なキー・バイオマス物質といえる。類似の視点における考察は 18.6. においても述べる。

リグニンは食材性昆虫との関連では，ただただ「煮ても焼いても食えない」代物ゆえに，ちょうど空気中の窒素分子のように，単に存在するだけの「上げ底成分」との位置づけ・理解が

なされているきらいがある。実際そうであろうが，例外的に樹皮下穿孔性キクイムシ類に関して，興味深くかつ相反する知見がわずかながら得られている。まず広葉樹（ニレ属 *Ulmus*）樹皮下穿孔性キクイムシにしてニレの立枯れ病菌媒介性のセスジキクイムシ *Scolytus multistriatus*（22.5. 参照）の成虫は，リグニン関連化合物であるバニリンおよびシリングアルデヒドに誘引され，かつこれらが摂食刺激物質としても作用するとされている（Meyer & Norris, 1967；Meyer & Norris, 1974）。これはリグニンが分解されている状況を好む，あるいは樹木・木材の存在の指標として揮発性の若干あるこれらの化合物を利用している，といった様々な解釈が可能であろうが，決定打はない。さらに，同じニレの立枯れ病でも近縁の別種の病原菌と別種の媒介性キクイムシの取り合わせの場合，全然別の情報化学物質が働くようで（McLeod *et al.*, 2005）（17. 参照），話は単純ではない。一方，針葉樹樹皮下穿孔性キクイムシの一種であるエゾマツオオキクイムシ *Dendroctonus micans* は，宿主樹のトウヒ属 *Picea* の内樹皮中に，本来は師部には少ないはずのリグニンが極めて豊富に含まれる「石細胞」という特殊な細胞が存在するため産卵や幼虫発育などに支障が出るとされ，リグニンが樹木の「防虫成分」として機能していることが示されている（Wainhouse *et al.*, 1990）。同様の話は食材性のゾウムシ（アナアキゾウムシ亜科）でも見られる（J.N. King *et al.*, 2011）。そして広葉樹でも同様の話が，ポプラ類の一交配種とツヤハダゴマダラカミキリ *Anoplophora glabripennis*（カミキリムシ科－フトカミキリ亜科）の間で見られるという（王瑞勤（Wang, R.）・他，1993）。

2.2.5. リグニン・炭水化物複合体

後にも述べる（18.5.）ように，煮ても焼いても食えないリグニンは，さらに念の入ったことにこれが主としてヘミセルロースと共有結合して「リグニン・炭水化物複合体」（LCC）を作ることが知られ，ただでさえ食えない代物であるリグノセルロースをさらに食いにくくしている。

リグニン・炭水化物複合体におけるリグニンと多糖類の結合は，リグニンのフェニルプロパン単位の *α* 位炭素（ベンゼン核に一番近い炭素原子）に付く水酸基に対して，ヘミセルロース内のウロン酸のカルボキシル基がエステル結合し，もしくは糖の水酸基がエーテル結合することで生じ，さらにペクチン質もリグニンとエステル結合・エーテル結合することでヘミセルロースとリグニンの結合を間接的に助長，リグニンの構成単位（フェニルプロパン）100個ごとに約3個のこのような多糖類との結合が存在し，いかなる既知の酵素もこういった結合を直接分断することはできないとされるのである（Higuchi, 1990；Jeffries, 1990）。こういった事実からリグニン分解は，これをホロセルロース分解とともにリグノセルロース分解として一体的にとらえた方が実際的かつ効率的であるといえる（Scharf & Tartar, 2008）。

リグニン・多糖類複合体（LCC）は従来，このようにリグニンとヘミセルロースとの結合を意味していたが，セルロースとリグニンの間の結合の可能性も排除できないとされる（Fengel & Wegener, 1984）。リグニン類と同じポリフェノール系物質であるタンニン類もタンパク質の他にセルロース，ヘミセルロース，ペクチンなどの多糖類と共有結合するようで（Zucker, 1983），これは一種のアナロジー，参考資料的事実といえる。そして実際，広葉樹・針葉樹ともに（特に広葉樹では）ヘミセルロースのみならずセルロースもリグニンと結合しているとする実験結果とモデルも提出されている（Bach Tuyet *et al.*, 1985）。さらに近年，これとは逆に針葉樹ではセルロースの約半分がリグニンと結合しているのに対し，広葉樹ではセルロース

の $1/6$ のみリグニンと結合を持つとの報告も出ている（Z. Jin *et al.*, 2006）。しかしこの結論は，セルロースの多くがミクロフィブリルとして結晶化して存在するという事実と相容れず，うなずけない。結局リグニンは，細胞壁構成性多糖類（セルロース・ヘミセルロース）ではヘミセルロースの方と結合するのが基本と考えて差し支えなかろう。そうした中，木材細胞の化学構造と電子顕微鏡的微細構造の間を埋めるモデルとして，針葉樹と構造が類似したイチョウ *Ginkgo biloba* の仮導管の S_2 層（多層微細構造の細胞壁の中で最も厚い層）における3成分の存在形態が提示された（Terashima *et al.*, 2009）。これによると，四角柱状の結晶セルロース鎖の束がまるで並べた割り箸のように上下に整然と並び，それらの表面をマンナン鎖が覆い，そのマンナン鎖の層で薄く包まれたセルロースミクロフィブリルの四角柱をあたかも針金が前後左右に固定するかのようにキシラン鎖が直交して走ってマンナン鎖と接し，最後にそうしてできた構造物の隙間にあたかもセメントを注入するかのように，リグニンが不規則にくまなく埋め尽くし，ここで前後左右に走るキシラン鎖はリグニン塊と接して結合し，モジュールを形成している。一方生態学や土壌学などの分野でしばしば言及される「リグニン・セルロース複合体」"lignin-cellulose complex" は，用語としては曖昧で，リグニンとセルロースが直接結合しているという誤解を招きやすいので，「リグノセルロース」と言い換えるべきであろう。結局木材は上の Terashima *et al.* (2009) のモデルによると，セルロースがヘミセルロースに包まれ，ヘミセルロースとリグニンが接して結合し，3成分はあたかも太い鉄筋，これを固定する針金網，それらを覆うセメントという古典的な喩えに従うようにして存在している。「リグノセルロース」という用語にはこの含蓄がある。そしてこれが細菌類，真菌類，昆虫類といった分解者にとって手強い相手であることも容易に想像がつく。

　ちなみに単子葉植物などの草本類におけるリグニン・炭水化物複合体（LCC）は，草食獣による細胞壁多糖類消化にとってプラスにもマイナスにもなるという。すなわち，飼料へのリグニン単独添加は炭水化物消化分解を妨げないが，LCC は多糖類分解酵素の細胞壁多糖類へのアクセスを妨げ，その一方で，LCC が分解で可溶化されて放出されると，リグニンによる細胞壁多糖類の覆い隠し効果を軽減するという（Cornu *et al.*, 1994）。しかし木材細胞壁の真菌類や昆虫類による分解に関しては，リグニンがこのようにホロセルロースの分解を邪魔するというストーリーの具体例は，樹皮下穿孔性キクイムシ類（セルラーゼを持たない穿孔虫）またはその共生菌による針葉樹への定着と木質分解に関連するわずかなデータ（Wainhouse *et al.*, 1990；Bonello *et al.*, 2003）以外知られていないようである。しかし下等シロアリによるリグノセルロース分解に際しては，口器による粉砕と唾液腺からの酵素の作用で相当量の LCC が分解されて非常に効率的なリグノセルロース分解が実現していることが，その分解産物の検出から示されている（Ke *et al.*, 2012）。

　結局リグニンがセルロースの分解を阻害するのは両者間の化学結合が原因ではなく，リグニンがヘミセルロースと化学結合すること，およびリグニンが骨組みとしてのホロセルロースをセメントとしてどっぷり覆い尽くすという現象が原因と考えられるのである。

　なお面白いエピソードとして，ヤマトシロアリ *Reticulitermes speratus*（ミゾガシラシロアリ科）において LCC の分解物が階級分化と産卵を促進するという報告（Itakura *et al.*, 2008）がある。これの意味するところは明らかではない。

2.2.6. 3成分の存在形態の伝統的単純モデルと強度

　上に述べたように（2.2.5.），木材におけるセルロース，ヘミセルロース，リグニンというこれらの三大成分はそれぞれ構造上の役割があり，木材細胞壁を鉄筋コンクリートに喩える伝統的単純モデルでは，セルロースが太い鉄筋，ヘミセルロースが鉄筋に付随する細い針金の網，そしてリグニンがセメントとなる。そしてリグニンとヘミセルロースの間に結合ができてLCCを形成し，こういう結合の存在は，細胞壁を化学的にも物理的にもさらに強固なものにしている。喰う対象物を鉄やセメントなどの無機物になぞらえることがもうひとつピンと来ないという向きには，昔の日本の屋敷に見られる竹筋入り土塀を思い浮かべればよい。ここでセルロース，ヘミセルロースが竹筋，リグニンが土となる。そしてLCC状態は鉄筋や竹筋がその表面に凹凸を持ち，この凹部にセメントや土が入り込んで固まり，少々の地震でもこれらの構造が崩壊しないという状態を思い浮かべて頂きたい。

　なお，植物組織の物理的強さは，「硬さ」（hardness）と「靱性」（toughness）の2つに区別され，靱性はヒビ割れの進展の容易さに関連する物理変数で，枝の折れやすさなどがこれに関係する（Lucas et al., 2000）。LCCの形成は靱性に寄与することは容易に想像がつく。そして食材性昆虫・木材穿孔性昆虫は，木質に直接穿孔してこれをひたすら齧ることをなりわいとしており，彼らの関心事は木質の靱性よりはむしろ硬さの方であろう。

2.2.7. 木質のマイナーな化学成分

　木質中のマイナーな化学成分は，上述（2.2.1.）の栄養系バイオマスたるデンプン，タンパク質，脂質，可溶性糖類などが昆虫との関連で重要であるが，樹木が「防腐防虫剤」としてデンプン・可溶性糖類から作り出し，主として心材部に沈着させているいわゆる「抽出成分」（スチルベンやフラボノイドを含む低分子ポリフェノール類，テルペン類，等）（Hanover, 1975；Higuchi, 1976；近藤民雄, 1982）も，逆の意味で重要である。このカテゴリーは木本植物における化学的多様性の最たるものにて，樹種ごとに実に多様で（今村博之・安江, 1983；今井, 2012），単一樹木内でも部位・状況による多様性が見られる（Hillis & Inoue, 1968；4.5. 参照）。このカテゴリーはしばしば「心材物質」，「心材成分」と言われるが，辺材にも存在し（Higuchi, 1976），それなりの役割を果たしているものと考えられる。その中でも特に針葉樹との関連で重要なのは，基本骨格がC_{5n}（特に$n = 2, 3, 4$）のテルペン類（より拡張したカテゴリーとしてしばしば「テルペノイド」とも称される）。生態学的に特に重要な低分子有機化合物の一群である（Gershenzon & Dudareva, 2007）。これについては12.2. において，食材性昆虫，特に樹皮下穿孔性キクイムシ類との関連で詳述する。

　一方，デンプン，アミノ酸，タンパク質，脂質（特に「トリアシルグリセロール」という用語で定義されるいわゆる「脂肪」），可溶性糖類（四糖はスタキオース，三糖はラフィノース，二糖はスクロースとマルトース，単糖はグルコースとフルクトースがその代表）といった栄養系バイオマスは内樹皮と辺材部の柔細胞にほとんど局在し（Höll, 2000），食材性昆虫類にとって極めて重要で，流石の彼らも好きこのんでセルロースばかりを喰っているわけではなく，同じ喰うならこういったおいしい成分をたらふく喰いたいと願っているかもしれない。しかし木材という貧栄養性餌をニッチとして選んだ初心の建前上，食葉性昆虫のようにおいしいサラダを毎日喰うといった贅沢な生活には戻れず，万一そういう状況に置かれれば，例えば下等シロアリでは共生原生生物相が破壊され，今度は本当に元の食材性に戻れなくなってしまうようで

ある（23.参照）。実はこの考え方にはひとつ例外がある。それは欧州（および北米など世界各地）で重要な針葉樹乾材害虫となっているオウシュウイエカミキリ *Hylotrupes bajulus*（カミキリムシ科－カミキリ亜科－スギカミキリ族）である。この種に関しては，セルロースやヘミセルロースの分解活性が示されている（Parkin, 1940；Deschamps, 1945）（14.2.参照）が，可溶性糖類については他の種と同様これを喜んで受け入れるものと思いきや，そうではなく，可溶性デンプンやグルコースの添加は発育に影響しない（G. Becker, 1938），あるいは，飼育材にグルコースなどを添加すると，他種と異なり幼虫発育が遅延する（G. Becker, 1943a）という報告がある。そして Höll *et al.* (2002) および S. Grünwald & Höll (2006) は，この種がオウシュウアカマツ *Pinus sylvestris* の辺材を受け入れるに際して，材内の可溶性糖類はこの種の利用するところではなく，材の乾燥およびこれと平行して生じる材内での可溶性糖類（デンプンを含む）の自然分解と消失がむしろ必要ではないかと考え，さらに酵素活性試験に基づき，この種の幼虫にとって可溶性糖類とデンプンは栄養素としては下位に置かれるものであり，利用する炭水化物はセルロースとヘミセルロースが中心とした（ただし Chiappini *et al.* (2010) は別の見解）。

一方，食材性甲虫の中にはヒラタキクイムシ類（図2-9）をはじめとするナガシンクイムシ科（ヒラタキクイムシ亜科およびその他の亜科）各種のように，炭水化物源としてセルロース，および大方のヘミセルロースがまったくダメという「軟弱」なタクソンも見られ，こういったグループは広葉樹辺材，および竹材の最内層にのみ発生する（Wilson, 1933；岩田，1990；他）。ヒラタキクイムシ類の被害材はそのフラス（虫糞＋噛りカス）を排出し，排出箇所の真下にこれが積もって"powder-posting"（無理に訳せば「粉柱」）と呼ばれる状態のものとなる（図2-10a）が，この粒を電子顕微鏡で拡大すると，その細胞壁が手つかずのままで写っている（図2-10b）。これはヒトの行為に喩えると，サトウキビの茎を噛んでしゃぶるようなものである。そしてこういった栄養生理学的背景のもと，この科から何と貯穀物害虫が出現するに至っている（後述）。サトウキビを噛んでしゃぶるという行為の関連では，広葉樹一次性のシロスジカミキリ *Batocera lineolata*（フトカミキリ亜科－シロスジカミキリ族）の幼虫は，穿孔に際して通常の微粉末状フラスをほとんど排出せず，いわゆる"excelsior"タイプの排出物（シュ

図2-9　ヒラタキクイムシ類（ナガシンクイムシ科－ヒラタキクイムシ亜科）の成虫。　a. ヒラタキクイムシ *Lyctus brunneus* (Stephens)。　b. アフリカヒラタキクイムシ *Lyctus africanus* Lesne。　c. ケヤキヒラタキクイムシ *Lyctus sinensis* Lesne。　d. ケブトヒラタキクイムシ *Minthea rugicollis* (Walker)。（口絵 5 ～ 8）

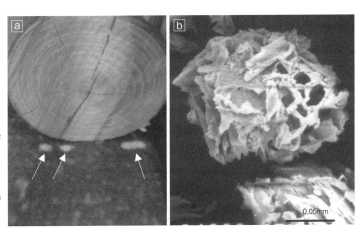

図2-10 ヒラタキクイムシ類（ナガシンクイムシ科−ヒラタキクイムシ亜科）の広葉樹被害材からのフラス。 a. ケヤキ丸太からのケヤキヒラタキクイムシ *Lyctus sinensis* Lesne の幼虫フラス排出と堆積（パウダーポスティング；矢印）。 b. コナラ材から排出されたヒラタキクイムシ *Lyctus brunneus* (Stephens) の幼虫フラス（SEMによる拡大写真）。

レッダーから出てきた紙のような細長く扁平な木屑）のみを出し，このような「サトウキビしゃぶり」式の食害を行っていることが示唆されている（小島俊文, 1929；工藤周二, 2000）。しかし同族の他種幼虫はセルラーゼセットを完備し（14.2.），さらに同属の他種幼虫からキシラン分解酵素を持つ細菌が検出されている（Jp. Zhou et al., 2009；Jp. Zhou et al., 2010）。従ってこの種の場合，炭水化物源としてデンプンと可溶性糖類に依存する割合は高いものの，セルロース消化分解も行い，何らかの特殊な穿孔様式・採餌戦略をとっている可能性がある。同様の「サトウキビしゃぶり式」あるいは「チューイング式」の摂食は，パレスチナ（イスラエル）産の *Capnodis* spp.（タマムシ科−ルリタマムシ亜科）の幼虫（広葉樹樹皮下穿孔性）でも指摘され，餌の材とフラスを分析すると［可溶性］糖類の減少が見られ，同時に材中のセルロースの分解も示されている（Rivnay, 1946）。

なお食材性甲虫類で，燃料系バイオマスたるセルロース・ヘミセルロース（細胞壁成分）が分解・利用できるか，これができずに栄養系バイオマスたるデンプン（細胞内容物）に頼らざるをえないかの違いが幼虫の大顎の形態に反映し，前者では歯状の切れ込みを，後者では鑿状の切削縁を有するとする見解がある（Ciappini & Nicoli Aldini, 2011）。この見方の是非については，より多くの例の検証が必要と考えられる。というのは両者いずれも細胞内容物たるタンパク質を利用しているという事実が，この見解では考慮されていないからである。

樹木の辺材（および竹材）におけるデンプン含有量の季節変化（および可変的関係にある可溶性糖類の季節変化）については植物生理学の立場からの研究が多く見られ，こういった知見は，ヒラタキクイムシ類などのデンプン依存性穿孔虫（26.参照）の食害抑制の観点からも重要である。針葉樹・広葉樹辺材（12.3.）および竹材（29.2.）におけるデンプン含有量の季節変化については別途論じる。

ところでここにいう「栄養系バイオマス」のうちで，多糖類たるデンプンと低分子の可溶性糖類のどちらが重要かという問いも当然のことながら生じる。これに答えうる研究はほとんど見られず，唯一，熱帯産の竹類の材とこれを穿孔するチビタケナガシンクイ *Dinoderus minutus*（ナガシンクイムシ科−タケナガシンクイ亜科）において，単糖のグルコースより多糖のデンプンの方が食害発生に重要との知見（Boodle & Dallimore, 1920；Beeson & Bhatia, 1937）があるのみ。しかしこれは額面通りには受け取れず，デンプンとグルコースの植物生理学的互換性，あるいは競合性分解微生物との関連，安定性・溶脱抵抗性，有機窒素分の併存といったこ

図2-11 コクヌストモドキ *Tribolium castaneum* (Herbst)（ゴミムシダマシ科）成虫（Wikimedia Commons より）。

とも考慮しなければならないだろう。

　これに関連して面白い観察事例がある。デンプン含有量の非常に高い広葉樹辺材では，ヒラタキクイムシ類が発生してこれをさんざん喰い荒らし，その結果材は表面の薄皮一枚を残して完全に粉砕され，その下には大量のフラスが詰まっているが，ヒラタキクイムシ幼虫は食害材から完全にデンプンなどの栄養系バイオマスを利用し尽くして排糞するわけではなく，そのフラスには実はデンプンなどの栄養素が吸収されずに結構残存している。フラスの電子顕微鏡写真（図2-10b）はこのことと符合する。こういったボロボロの材に，小麦粉などの乾燥粉体に潜ってこれを喰うという生活に適応したコクヌストモドキ *Tribolium castaneum*（図2-11）をはじめとするコクヌストモドキ類 *Tribolium* spp.（ゴミムシダマシ科）が発生することがある（Iwata, 1988a）。貯穀物害虫としても重要なコクヌストモドキは，何と同時発生する他の貯穀物害虫（例えばタバコシバンムシ *Lasioderma serricorne*（シバンムシ科））の卵・若齢幼虫・蛹を捕食することがあるらしく（LeCato, 1978），ヒラタキクイムシもあるいは犠牲になっている可能性があるが，ヒラタキクイムシのフラス中に残存する栄養素を利用している可能性，あるいは捕食と残存栄養物利用の両方の可能性もある。さらに驚くべきことに，コクヌストモドキ *T. castaneum* では培養細胞と幼虫においてエンド-グルカナーゼの合成遺伝子と活性が検出されており（Willis *et al.*, 2011），木粉の細胞壁分解まで行っている可能性がある。ヒラタキクイムシ類とコクヌストモドキ類が外見上類似していることも相まって，話は非常にややこしい。ヒラタキクイムシ類は幼虫が木部穿孔に適応した口器を伴った食材性なのにセルラーゼを持たず，そのフラスをスカベンジする非食材性コクヌストモドキ類が，木部穿孔に適する口器を持たないのにセルラーゼを備えているというのは，自然におけるひとつの皮肉であろうか。ヒラタキクイムシ類とは全然似ていないが，これと同じナガシンクイムシ科に属する，貯穀物害虫にして広葉樹木部穿孔性種の *Prostephanus truncatus* がトウモロコシを食害する場合も同様に，そのフラスに *Tribolium* や同じゴミムシダマシ科の *Gnatocerus* が発生するという（Hill *et al.*, 2002）。またインド・Kerala 州ではこのナガシンクイムシに近縁の貯穀物害虫コナナガシンクイ *Rhyzopertha dominica* が，他の穿孔虫の食坑道でそのフラスを食する可能性が示唆されている（G. Mathew, 1987）。

　なお木材中のデンプンの存在は，ミクロトームによる切片（この場合主として木口切片）をヨウ素・デンプン反応を利用してヨウ素・ヨウ化カリウム水溶液で染色して可視化することで，

検出が可能である（Wargo, 1975；他）。また乾燥木材・竹材の場合，ヨウ素・ヨウ化カリウム水溶液を滑らかな材表面に刷毛で塗布することにより，意外と容易に材中のデンプンの存在を簡易検出できる（Wilson, 1933；Gardner, 1945；森八郎, 1976）。この場合，デンプンの染まり具合とその具体的濃度値の関係は，切片染色の文献（Wargo, 1975；他）における記述が目安となる。

　タンパク質・有機窒素分についてはC／N比というパラメーターとともに後に詳述するが，材中の利用可能な有機窒素分（アミノ酸／タンパク質）の含有量は微々たるものながら，その最大含有量は何といっても樹木の幹や枝の命に相当する部分，すなわち細胞が活発に分裂活動している形成層において見られる（Allsopp & Misra, 1940）。これが，木材穿孔性昆虫が樹皮下（内樹皮のすぐ内側，内樹皮と辺材の境界）に集中する最大の理由であろう。

　タンパク質・有機窒素分の材内での分布，具体的含有量値については意外と報告が少ない。ここではマツ類に関して，米国での内樹皮の含有量測定データ（Hodges *et al.*, 1968a），英国での辺材最外層の含有量測定データ（Bletchly, 1969b），スウェーデンでの内樹皮と辺材最外層の遊離アミノ酸同定結果（Nordin *et al.*, 2001）を例示する。Hodges *et al.* (1968a) によると，テーダマツ *Pinus taeda* の内樹皮の遊離アミノ酸含有量は (A) 新鮮丸太末口 > (B) 2週間暗所貯蔵丸太末口 > (C) 2週間暗所貯蔵丸太元口の順に多く，タンパク質構成性アミノ酸の含有量は1桁多い量で逆に (A) < (B) < (C) の順に少なく，暗所貯蔵で内樹皮の遊離アミノ酸がタンパク質に化け，またタンパク質は元口で多いという傾向が出ている。このように樹木1本，試料1片をとってみても含有量は一様ではない。また Bletchly (1969b) によると，オウシュウアカマツ *Pinus sylvestris* の辺材最外層の窒素含有量はおよそ 0.07〜0.10% で，早春にやや多いという。さらに Nordin *et al.* (2001) によると，オウシュウアカマツの内樹皮は基本的にアルギニンが多く，硝酸アンモニウムで施肥するとグルタミンが増え，辺材最外層は基本的にグルタミンが多く，施肥するとアルギニンが増えるという対称的な現象が見られ，その他のアミノ酸は量的に少ないという。ヤツバキクイムシ欧州産基亜種 *Ips typographus typographus* の発生の関連でドイツトウヒ *Picea abies* の内樹皮を分析した結果でも，アミノ酸種ごとで多寡に独自の傾向が出ている（Mattanovich *et al.*, 2001）。木質における遊離アミノ酸の存在形態はこのように意外と偏ったもののようで，これを利用する昆虫や微生物などは，必要に応じて不足するアミノ酸の取り揃えを図らなければならない。そういった生化学的能力は昆虫よりも微生物（真菌類や細菌類）の方がどう見ても長けており，このあたりにも昆虫が微生物に依存する必要性が見てとれる。

　栄養としての有機窒素は，その存在形態の問題もある。これには遊離アミノ酸，それらのオリゴマーとしてのペプチド，それらの高分子としてのタンパク質といったバリエーションがあり，また後述（12.10., 18.4.）するようにこれらはポリフェノール類，リグニンといった「難物」と容易に結合し，これをいかに「解放」するかが，その利用者にとって問題となる。食材性昆虫に関してこういった問題に単刀直入に迫った研究は少ない。タンパク質か遊離アミノ酸かという比較的単純な問題については，米国においてアオナガタマムシ基亜種 *Agrilus planipennis planipennis* の幼虫の人工飼料飼育により，この幼虫にとって遊離アミノ酸またはタンパク質のいずれか一方の飼料への配合で十分との知見があるのみである（Y. Chen *et al.*, 2011）。

　少し面白い研究として，ラジアータマツ *Pinus radiata*（針葉樹）とユーカリノキ属の一種 *Eucalyptus goniocalyx*（広葉樹）における，正常材，アテ材（針葉樹では圧縮アテ材，広葉樹で

は引張アテ材；2.2.1. 参照），アテ材の反対側の材についてのタンパク質構成アミノ酸含有量の比較がある（Scurfield & Nicholls, 1970）。これによると，針葉樹・広葉樹ともに，アテ材の反対側の材で含有量が高いとの結果となっている。もちろん，この傾向と虫害との関連性は未知である。この場合，針葉樹と広葉樹でアテ材の位置と内容がまったく異なるので，両者の結果を単純にまとめて論ずることはできない。

　木材中のタンパク質・有機窒素に関連しては，広葉樹辺材を乾材害虫ヒラタキクイムシ類「被害性」から「無害性」（これらの用語については 3.1. 参照）に変える加工法として加熱蒸気処理が行われるが，この際蒸気で溶脱する成分はかつてデンプンと考えられてきたのが，実はタンパク質であることが判明している（Cymorek, 1966）。その意味からも木材中のタンパク質は，その含有量の低さにもかかわらず木質昆虫学的に極めて重要な成分である。

　タンパク質・アミノ酸では窒素の他にもうひとつ別の元素が関わっている。それはいわゆる含硫アミノ酸における硫黄（S）である。木質中のこの元素の含有量と食材性昆虫との関係についてはほとんど研究がなく，わずかにヤツバキクイムシ欧州産基亜種の発生の関連でドイツトウヒの内樹皮での硫黄（S）や硫酸塩（SO_4^{2-}）の定量がなされている（Mattanovich et al., 2001）のみである。含硫アミノ酸のひとつメチオニンと食材性昆虫との関係については別途論じる（14.1.）。

　タンパク質等の有機窒素分の昆虫一般にとっての栄養的重要性と栄養バランスの問題については後述する（14.1.）。

　脂質（≒脂肪）については，一般に生物は炭水化物からこれを合成できるとされるが，その鎖状分子の炭素数や二重結合位置が多様で，一部のものは昆虫にとって必須栄養素になっている。食材性昆虫では唯一，乾材害虫のアメリカヒラタキクイムシ *Lyctus planicollis*（ナガシンクイムシ科－ヒラタキクイムシ亜科）の幼虫でリノール酸が必須とされる報告（Mauldin et al., 1971）があるのみである。一方シロアリでは米国産下等シロアリ *Reticulitermes flavipes* について，健全材と腐朽材を喰わせた場合の体軀全体の脂肪酸の比較に関連し，体軀の脂肪酸組成は材のそれを反映するわけではないとの結果が出ている（Carter et al., 1972）。いずれにせよ脂肪，脂肪酸については，その食材性昆虫における必須性や代謝の研究は少ない。

　木質のマイナーな成分の中でも，昆虫一般に自らが合成できず重要必須栄養素となっているものにステロール類がある（15.9. も参照）。これは栄養成分として相当重要であるが，これまで食材性昆虫との関連では，人工飼料の中に配合される必須成分として（例えば Rasmussen (1958) によるオウシュウイエカミキリ）以外，具体的にはあまり語られてはいない。実はステロール類は，木部中において他の栄養素とは異なった分布パターンを示し，ドイツトウヒ *Picea abies* においては辺材中で合成されて生理活性を発揮した後，心材になっても分解されずに残留することが報告されている（Höll & Goller, 1982）。この残留傾向の食材性昆虫に対する影響は不明である。食材性昆虫では，乾材害虫のアメリカヒラタキクイムシ *L. planicollis* の幼虫でステロール類が必須とされ（Mauldin et al., 1971），またヒラタキクイムシ *L. brunneus* の広葉樹辺材木片を用いた飼育において，ユーカリノキ属の一種 *Eucalyptus obliqua* の材の飼育成績は同じデンプン含有量でも元口材が末口材を凌駕し，これはステロール類の含有量に関連する可能性が示唆されている（Rosel, 1962）。また，針葉樹一次性穿孔虫の *Hylobius pales*（ゾウムシ科－アナアキゾウムシ亜科）の完全人工飼料飼育において，正常な成育と羽化に必要なステロール類の総含有量は 0.5〜1.0% で，コレステロール＋β-シトステロールあわせて 0.54%

の場合が成育と生存率の双方で最適との結果が出ている（J.A. Richmond & Thomas, 1975）。一方，樹皮下穿孔性のキクイムシ類では *Dendroctonus ponderosae* と *D. rufipennis* でその共生真菌がステロール類の供給に役立っているとする報告（Bentz & Six, 2006）もある（22.2. 参照）。逆に，マツ科針葉樹を幼虫が穿孔するノクティリオキバチ *Sirex noctilio*（膜翅目－キバチ科）では，その共生真菌がステロール類の供給に役立っていないとする報告（B.M. Thompson *et al.*, 2013）もある。

2.3. 木材細胞壁の微細構造

木材の組織構造に加え，その細胞壁は内部の微細構造が詳しく調べられており，針葉樹仮導管では ML または I（中間層），P（一次壁），S_1（二次壁外層），S_2（二次壁中層；これが最大量），S_3（二次壁内層）または T（三次壁）といった複数の層の存在が認められている（Klemm *et al.*, 2002；他）（図2-12）。前述のセルロース（2.2.2.），ヘミセルロース（2.2.3.）がこういった細胞壁の層の中でどういった配向で存在しているかについてはいまだ不明な点が多いが，鎖内の糖単位間および鎖間での水素結合が極めて重要な役割を果たしていることは確かである（R.D. Preston, 1979）。

木材腐朽菌などによる攻撃に際し，針葉樹の仮導管の細胞壁 S_3 層は広葉樹木部繊維細胞のそれと比べて分解されにくく，これに対する攻撃は白色腐朽菌よりも褐色腐朽菌の方が得意とされる。その関係で針葉樹材は褐色腐朽菌が，逆に広葉樹材は白色腐朽菌が取りつきやすく，針葉樹腐朽材は褐色腐朽，広葉樹腐朽材は白色腐朽であることが多いようである（Schwarze *et al.*, 1997）（5. 参照）。

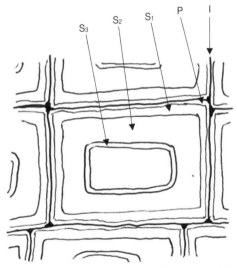

図2-12　針葉樹仮導管の細胞壁の模式図（木口面）。I：中間層，P：一次壁，S_1：二次壁外層，S_2：二次壁中層，S_3：二次壁内層。

2.4. 含水率

　木材は吸湿し，また排湿し，周辺の大気中の相対湿度と木材の含水率は平衡状態を保ち得る（Simpson, 1983）。このように木材は人類が利用する加工材料の中で唯一含水率が日常的に大幅に変化するものである。木材の含水率の変化は，吸湿（増加）と排湿（減少）より成り，これはその直近の雰囲気の相対湿度の減少と増加を引き起こす。木造家屋が鉄筋家屋よりも調湿作用の点で優れているのはこのためである。

　林産学では含水率 M は，その木材の重量 w ではなく，その絶乾状態の重量 w_0 をベースとした％値（乾量基準含水率）で表す慣わしである（中田, 2014；他）。すなわち：

$M = \{(w - w_0) / w_0\} \times 100\%$

通常の木材含水率計で表示されるのもこの値である。従って生立木におけるように絶乾状態の木材の2.00倍の量の水分がその材内に含まれる場合，その材の含水率は2.00すなわち200％となり（Simpson, 1983），実際カナダ産のバルサムモミ *Abies balsamea* では含水率が300％を超えることもあり（Gibbs, 1935），さらに広葉樹白色腐朽材（5.(A) 参照）では腐朽初期に50〜180％なのが，腐朽末期で何と最大1200％にまで達するという（Y. Furukawa *et al.*, 2009）。俗に言う「ジュクジュクの白腐れ材」である。

　M のかわりに，水分込みの材重 w をベースとした次の式で定義される値（湿量基準含水率）も稀に林産学（特に紙・パルプ工学）で使用される（中田, 2014）。混乱を防ぐため，木材ではその使用を控えるべきことを強調して，ここではこれを「擬含水率」と仮称する。すなわち：

$M' = \{(w - w_0) / w\} \times 100\%$

なお，M と M' の間の換算式は次の通り：

$M = M' / (1 - M')$

　基本的に樹木の木部は生立木状態では，上述のように含水率が100％近い値，場合によっては200％以上の高い値をとる（中田, 2014）。後述（12.2.）するようにこれが樹木の穿孔虫に対する防御手段のひとつとなっている。ただしこれは辺材における話である。面白いことに，ドイツトウヒ *Picea abies*（針葉樹）生木の幹では辺材と比べて心材は著しく含水率が低く，一方ヨーロッパナラ *Quercus robur*（広葉樹）生木の幹では心材含水率にそのような著しく低い値は見られないという（Fromm *et al.*, 2001）。一般に針葉樹では，本来含水率が低いはずの心材で辺材より含水率が高くなるという現象が樹種によって散見され，広葉樹では辺材・心材間で含水率にさほど差がない一方，心材が高い含水率値をとる樹種も一部で見られるようである（中田, 2014）。

　樹木が樹病や虫害などが原因で萎凋したり，人の手により伐採されたりすると，直ちに材（木部・師部）の含水率値は下降を始める（Caird, 1935；A.V. Thomas & Browne, 1950；井上, 1954；Cachan, 1957；Gaumer & Gara, 1967；N.E. Johnson & Zingg, 1969；Chararas, 1981a；小林正秀・他, 2003）。ここで含水率の下降は，樹皮下穿孔性キクイムシ類の加害のある方がない方よりも（J.W. Webb & Franklin, 1978），日向の方が日陰より（N.E. Johnson & Zingg, 1969），伐採木の枝葉が多い方が少ない方より（N.E. Johnson & Zingg, 1969），衰弱立木では末口（幹の上部）や枝が元口（幹の下部）より（Lu *et al.*, 2011b），丸太が短い方が長い方より（小林正秀・他, 2003），顕著となる。さらに含水率の下降は，当然のこととして干魃による樹木の枯死でも生じ，オーストラリア東部の干魃におけるユーカリノキ属 *Eucalyptus*

では，二次性樹皮下穿孔性カミキリムシ類が発生するような枯死もしくは枯死一歩手前の樹の細枝で 10～53%，太枝下部で 44～77% という実測値がある（Pook et al., 1966）。また干魃ではなく虫害による枯死についても，米国における殺樹性樹皮下穿孔性キクイムシ（16.4. および 22.2. 参照）の一種 Dendroctonus frontalis の被害マツ属樹木で含水率は 22～53% もの下降を 1 カ月で見せ，大体 35～50% となるという（E.H. Barron, 1971）。そして，自然乾燥・人工乾燥を問わず材が木材工学的に乾燥されて木造家屋や家具などの一部となると，すなわち「用材」化されると，細胞内肛の自由水が蒸発し尽くし，水分は細胞壁内に含まれてセルロースやヘミセルロースの水酸基と水素結合する分（結合水）のみの平衡状態となっている。従って，我々が日常生活で接する材木（用材）は言ってみれば樹木の「ミイラ」であり，その含水率値は繊維飽和点（FSP）以下の値となっている。置かれた環境の大気相対湿度と木材の平衡含水率の間にヒステレシス（履歴現象）が見られるなど，木材の含水率は扱いがやや厄介な物理因子ではあるが，FSP は数値的には概ね 28% 前後とされ，またその類似概念である細胞壁飽和限界（CWS）の値は，樹種で異なるが 25～46% という幅を持って示されている（Gibbs, 1935；Simpson, 1983；Babiak & Kúdela, 1995）。こういった用材における乾燥状態は木材工学では気乾材，俗に乾材と呼ばれ，従っていわゆる乾材害虫と呼ばれる穿孔虫は 28% 以下の含水率を要求する種といえる。木材腐朽菌を含む真菌類は食材性昆虫以上に木材の水分を要求する生物であり，種によって閾値は異なるが，概ね含水率 20% 以下だと菌類は一切発生しないとされている（Dajoz, 1974）。

　個々の食材性昆虫種が具体的にどの程度の含水率値を要求するかはデータが少ない。典型的な乾材害虫であるヒラタキクイムシ類（ナガシンクイムシ科－ヒラタキクイムシ亜科）の場合，ヒラタキクイムシ Lyctus brunneus（図 2-9a）では最適が 16%，許容範囲は 7%～繊維飽和点という値が得られており（Parkin, 1943；Cymorek, 1966），アメリカヒラタキクイムシ L. planicollis の場合，ナラ Quercus またはヒッコリー Carya の材を用いた飼育で含水率 8%，12%，15%，18% ではこの順に次世代産出数が増加するとされ（R.H. Smith, 1955），この種およびアシブトヒラタキクイムシ Trogoxylon parallelopipedum の 2 種ともに許容範囲は 6～32% とされている（Christian, 1941）。また木材ではないが，竹材における発生に関して，ヒラタキクイムシ亜科と，同科－タケナガシンクイ亜科 Dinoderinae のタケナガシンクイ属 Dinoderus を比べると，前者が後者よりも乾燥した状態の竹材に発生するという（Gardner, 1945）。貯穀物害虫にして広葉樹木部穿孔性種でもある Prostephanus truncatus（ナガシンクイムシ科－タケナガシンクイ亜科；26. 参照）は，含水率 9.9～18.5% の広葉樹で発生したとの記録がある（Nang'ayo et al., 2002）。一方西アフリカでは，Apate spp.（ナガシンクイムシ科－ナガシンクイ亜科 Bostrichinae）が広葉樹の衰弱木や枯死木といった未乾燥の枯木に発生し（T. Jones, 1959），またインドネシア・Java 島では，枯死過程にあるマメ科などの科の広葉樹の幹や枝が Sinoxylon spp.（S. anale など）（同亜科）の穿孔を受けるようで（Kalshoven, 1963），これらはカミキリムシ科とほとんど変わらない生態を示している。というわけで，ナガシンクイムシ科の中ではヒラタキクイムシ亜科が最も乾燥に適応し，それ以外の亜科のものはヒラタキクイムシ亜科よりも発生材の含水率値が若干高い方にずれるようである。またオウシュウイエカミキリ Hylotrupes bajulus（カミキリムシ科－カミキリ亜科；乾材害虫）は，マツ材が 8～24% の範囲の含水率ではこの値が高いほど発育量と材消費量と消化効率が増加し（Schuch, 1937a），また 1 齢幼虫は含水率 10% 以下では生存できない（Vongkaluang et al., 1982）とされている。

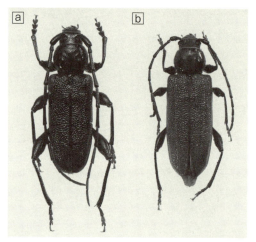

図 2-13 ヒメスギカミキリ Callidiellum rufipenne (Motschulsky)（カミキリムシ科－カミキリ亜科）成虫。 a. 雄。（口絵 12 左） b. 雌。（口絵 12 右）

かわって非乾材穿孔性の種では，スギ丸太に飛来する二次性穿孔虫ヒメスギカミキリ Callidiellum rufipenne（カミキリ亜科－スギカミキリ族）（図 2-13）の場合，伐採直後の生丸太が含水率 200 ～ 250% なのに対し，成虫の飛来には 120 ～ 200% が適切とのデータ（M. Ueda & Shibata, 2007）がある。この値は生丸太としては低め，用材としては高すぎの値である。ヒメスギカミキリは乾燥耐性の「準乾材害虫」である（Iwata et al., 2007）が，産卵以降成虫羽化脱出まで含水率がひたすら低下するとの前提では，最初はこれぐらいの高さが必要なのであろう。同じスギカミキリ族の北米産種 Semanotus litigiosus では，宿主材コロラドモミ Abies concolor の辺材に成熟幼虫が蛹室を作る頃には辺材含水率は 32% 前後にまで落ち，成虫が越冬する頃にはこれがさらに 10% にまで落ち，食害材が家屋にインストールされて後に羽化脱出するという（Wickman, 1968）。これは後述（19.1.）する「遷移ユニット超越」の例であり，こうなればもはや「準乾材害虫」といってよかろう。

衰弱木～枯死木に発生する二次性穿孔虫類，特に樹皮下穿孔性甲虫類については，まずゾウムシ科ではマツキボシゾウムシ Pissodes nitidus のストローブマツ Pinus strobus の苗木における発生において，擬含水率 60%（含水率換算で 150%）では幼虫発育ができず，擬含水率 40 ～ 50%（含水率換算で 67 ～ 100%）で正常な発育が認められている（西口，1968）。類似の値は二次性木部（辺材）穿孔性のオオゾウムシ Sipalinus gigas（オサゾウムシ亜科）でも見られ，雌成虫の産卵と幼虫の穿孔が見られたアカマツ製材品は最低，最高含水率がそれぞれ 63%，135% であったという（岡田充弘・中村，2008）。一方，英国の海岸で海水に漬かった針葉樹材・広葉樹材に発生している Pselactus spadix（キクイゾウムシ亜科）は，発生材の含水率許容範囲が広く，最低 17%，最高 256% であったとされる（Oevering et al., 2001）。

発生材含水率のキクイムシ類・ナガキクイムシ類との関連では，A.V. Thomas & Browne (1950) および Browne (1952) はマラヤ半島産の広葉樹二次性の木部穿孔養菌性キクイムシ類について，丸太の辺材の含水率が 40% にまで下がるとほとんど攻撃がなくなり，30% 以下では繁殖が不可能となり，20 ～ 25% では成虫も死滅するとし，Browne (1952) はさらに，この類の昆虫については，こういった値は種や地域で異なるとしても，攻撃に必要な含水率は

繁殖に必要な含水率を必ず上回るとしている。このことは，この類の昆虫が食材性昆虫・木材穿孔性昆虫の遷移系列の最初期に属し，かつ生木を伐採するとその含水率はただひたすら下降するという上述の事実（Chararas, 1981a）と見事に符合する。熱帯アフリカのコートジボアールにおける Cachan (1957) の観察でも，伐採直後から *Macrolobium*（マメ科）の丸太が水分を失っていく過程で，この地のゾウムシ科－ナガキクイムシ亜科（木部穿孔養菌性）の一種 *Platyscapulus auricomus* の1世代の生活史が丸太の含水率減少に沿って進行する（すなわち，発育に伴い乾燥耐性が増す）ことが示されている。ただしこの昆虫はあくまでその共生菌に依存した生態であり，共生菌も菌類なので材が乾燥すると死滅し，共倒れとなる。従って，その菌の含水率閾値にまで含水率が下降するまでに1世代が完了する必要がある。同じ科で同じ木部穿孔養菌性ながら一次性にもなる点で異なるカシノナガキクイムシ *Platypus quercivorus* の場合も，60% を下回る含水率では共生菌も育たず繁殖できなくなることが示されている（小林正秀・他, 2003）。

　一方，同じキクイムシ類でも樹皮下穿孔性種の場合，発生材の含水率はより高い値が必要で，例えば北海道において，エゾキクイムシ *Polygraphus jezoensis*，ヤツバキクイムシ *Ips typographus japonicus*，アカエゾキクイムシ *P. gracilis*，トドマツノキクイムシ *P. proximus* の成虫穿孔に適するトウヒ属 *Picea*・モミ属 *Abies* の辺材部含水率はそれぞれ138〜175%，53〜116%，39〜76%，45〜145% であり（井上, 1954），またヤツバキクイムシ成虫が穿孔したばかりの6月のアカエゾマツ *Picea glehnii* 丸太内樹皮の場合，平均含水率は200%強であったという（原秀穂, 2001）。さらにカナダ・British Columbia 州では，*Dendroctonus ponderosae*（= *D. monticolae*）の産卵雌成虫は宿主樹（マツ属）の内樹皮含水率が133%以上で産卵坑を掘り始め，105%以下ではこれを止めて退去態勢となり，被害木の平均含水率は内樹皮が125%前後，辺材最外層が61%前後で，これはともに無被害健全木の値より明らかに低いとの観察・測定結果がある（R.W. Reid, 1962）。同じマツ属内樹皮に発生する同属の *D. frontalis* でも同様の値が報告されている（Wagner et al., 1979）。これらから，樹皮下穿孔性キクイムシが発生すると含水率が低下し（上述），内樹皮は辺材よりも含水率がはるかに高くなるということがわかる。この含水率の低下については，樹皮下穿孔性キクイムシの場合その共生菌が関わっているとの説もある（22.2. 参照）。また旧ソ連における広葉樹樹皮下穿孔性キクイムシ *Scolytus ratzeburgii* の研究（Melnikova, 1964）において，成虫が樹液による子世代の過湿死を防ぐため，食坑道に排気穴を多数開け，内樹皮と辺材の含水率を調整するということも示されている。いずれにせよ新しい丸太を穿孔する甲虫の場合，齢が増すに従って許容含水率範囲が下方に移行するまたは拡大することが予想され，これは極めて適応的な戦略と考えられる。しかし，北米の各種ナラカシ属樹種 *Quercus* spp. の樹皮下穿孔虫 *Agrilus bilineatus*（タマムシ科－ナガタマムシ亜科－ナガタマムシ属；一次性と二次性の間）は，宿主樹が剥皮で内樹皮まで損傷されるとこれに誘引されて産卵し，最後はこの虫害で木は枯れる一方，剥皮で形成層を越えて辺材まで損傷されると同様の誘引と加害が起こるものの，木が早々に枯死してしまい，含水率が足りなくなってタマムシの方も死滅してしまうという（Dunn et al., 1986）。このように非適応的な生態もありうるのであろうか。同じ樹皮下穿孔性ナガタマムシ属でも原産地（極東）で二次性，侵入先の北米で一次性となっているアオナガタマムシ基亜種 *A. planipennis planipennis* の幼虫は，含水率150%（擬含水率60%）が最適で，それ以上でも以下でも生存率が低下するという（Y. Chen et al., 2011）。一方，広葉樹丸太を人工的に水没・吸水させ，ゾウムシ科－ナガキクイム

図2-14 ノクティリオキバチ *Sirex noctilio* (Fabricius)（キバチ科）成虫，ニュージーランド産標本。前翅両端間は 5.0cm と大型。 a. 雄。 b. 雌。

シ亜科の種の誘引性を増加させた実験例もあり（Elliott *et al.*, 1983），同様の状況を無作為に生じさせたために木部穿孔養菌性キクイムシ類の攻撃を誘発してしまったというややコミカルな「事故」例も見られる（野淵輝, 1979；野淵輝, 1990）（12.5. 参照）。

　キクイムシ類は木部穿孔養菌性種のみならず樹皮下穿孔性種も結構共生真菌類に依存しており（Francke-Grosmann, 1967；他），これらの菌類がダウンすると彼らの生存もおぼつかなくなる関係上，発生材の含水率は相当重要な要因となっている。なお，殺樹性樹皮下穿孔性キクイムシ（16.4., 22.2. などで詳述）の一種 *Dendroctonus frontalis* の場合，そのマツ属宿主樹への攻撃に際し共生性真菌類（青変菌の一種）が宿主の侵入箇所に接種され，この菌が宿主樹木部の水分通導を阻害して含水率を繊維飽和点近くまで下げることでこのキクイムシの内樹皮への定着が可能となるという説明が古くからなされている（Nelson, 1934）。これは後述（12.2.）する広葉樹による一次性穿孔虫の溺殺と一脈通じる話ではあるが，針葉樹でもこういうことがあるか否かは再検討が必要かもしれない。発生材の含水率が重要なのは，真菌類と共生関係にあるキバチ類（膜翅目－キバチ科）でも事情は同じである。例えば，ニュージーランドでラジアータマツ *Pinus radiata* などのマツ科針葉樹を幼虫が穿孔するノクティリオキバチ *Sirex noctilio*（膜翅目－キバチ科）（図2-14）の場合，成虫産卵には材の含水率が 40～75% の範囲内にあることが必要で，60% が最適とされるが，成虫が含水率 15% の材から脱出した例もあるという（Morgan & Stewart, 1966）。最後の例は単に，幼虫の蛹化後に材が乾燥しても成虫は平気であったというだけの話であろう。

　一方，湿潤腐朽材穿孔性の *Stictoleptura rubra*（ハナカミキリ亜科－ハナカミキリ族）幼虫の代謝は材の含水率に左右され，含水率が不足の場合，消費量が変わらず代謝速度が低下するようである（Walczyńska, 2009）。

　腐朽材を選好する穿孔虫については，その材は腐朽している状態，すなわち木材腐朽菌が繁殖している状態にあるわけで，菌類一般に高含水率，すなわち湿潤状態がその発生の基本要件である関係で，こういう昆虫も湿潤状態が発生基本要件となる。というわけで，腐朽材選好性ということは自動的に湿潤材選好性を意味するはずである。これは当たり前のことのようであるが，意外と語られない事実である。一例として，オーストラリア・Tasmania 州のユーカリノキ属を中心とする硬葉性広葉樹林におけるクワガタムシ類（典型的な腐朽木部穿孔性）の発生の比較で，湿潤林と乾燥林では前者が後者より種数も個体数も多いという結果が出て

いる（Michaels & Bornemissza, 1999）。ところが，シバンムシ科の一種 *Xestobium rufovillosum* は乾燥した腐朽材に発生するという性質を持つ種で，乾材状態の建築材がいったん湿潤化して腐朽菌にやられ，その後乾燥したという経過の材を好む種ということになる（14.5. および 22.2. で詳述）。こういった材は一見あまりありそうにないものとの印象もある。しかし自然界では，木部が露出した生立木や立枯れ木の内部の心材は，その「樹洞」の上部などが雨ざらしの状態を免れ，腐朽と乾燥という相矛盾する変質を同時に受けているものが見られる（亀澤，2013）。また都市部の用材にしても，北海道などで家屋床下材などがナミダタケ *Serpula lacrymans* により激しく腐朽し（土居・西本，1986），これがその後の通風改善で乾燥することもありうる。米国でも建築物の屋根裏などの木造部が雨漏りや水分凝結で一時的に湿潤状態となって腐朽することもありうる。こういった状態がまさにこのシバンムシの好む材の状態といえよう（Birch & Menendez, 1991）。北米産のシバンムシである *Coelostethus quadrulus* も同様の「乾燥腐朽材」に発生するとされている（Spencer, 1958）。そうした中，栃木県日光市の寺院の梁や床下のケヤキ，ツガ，ヒバといった樹種の古材が，同科のオオナガシバンムシ *Priobium cylindricum* に激しく加害されているのが発見され，同時にカタツムリかナメクジの這い痕とハナカミキリ（湿材穿孔性）の一種の死骸も見出され，かつてこれが湿潤状態にあったことが強く示唆された（小峰・他，2009）（12.9. および 22.2. も参照）。こういった状況が，シバンムシ科の複数の種に共通する発生要件となっているものと考えられる。

　こういった食材性昆虫・木質依存性昆虫はその生理・生態に関して，発生木材の含水率の値から多大な影響を受けている。その一例として，ノルウェー産のカミキリムシ科・ハムシ科成虫の耐冬性の比較研究（Zachariassen *et al.*, 2008）があり，含水率値の低い木材に発生するカミキリムシ科の成虫の方が水分の損失には吝嗇で，このため組織の凍結を避ける戦略をとり，対して比較的水分量の多い植物葉を食べているハムシ科の成虫は逆に水分の損失に寛容で，このため組織の凍結を許容する戦略をとり，両者の越冬生理は対照的であるという。

　一方シロアリ類は，乾材シロアリ類（レイビシロアリ科）を除いて水分欠乏に弱く（17. 参照），自ら水分を採取して運搬する能力を持つとされるイエシロアリ *Coptotermes formosanus*（ミゾガシラシロアリ科）でも，①準絶乾状態（含水率0〜3%），②低含水率（22〜24%），③中庸含水率（70〜90%），④高含水率（125〜150%）の材をシャーレ内で与えると，④が最適で，③ではやや不十分，①②ではほとんど摂食・生存できないという報告がある（Gautam & Henderson, 2011）。

　以上は木質の含水率がそれに発生する食材性昆虫・木質依存性昆虫の命運を左右するという話であったが，逆に昆虫の方が生立木の木質含水率を変えてしまうという例をひとつ。それは青変菌と共生してヒロヨレハマツ *Pinus contorta* var. *latifolia* の樹皮下を一次穿孔する殺樹性キクイムシ *Dendroctonus ponderosae*（= *D. monticolae*）で，これに加害されない立木では辺材最外層の含水率は85〜165%なのに対し，加害されて1年が経過した立木ではこれが最低16%にまで低下し，これはキクイムシの共生青変菌の働きによるとされている（R.W. Reid, 1961）。

　含水率は木質とその組織内の水分との兼ね合いに関係する物理量なので，同じ生立木，材片であってもその部位や状況によって値に著しい違いが生じる。まず針葉樹生立木では，ヒロヨレハマツの辺材最外層の含水率は85〜165%なのに対し，心材最内部は30%とされ（R.W. Reid, 1961），樹木の生命線である形成層がいかに「潤って」いるかがわかる。また後述（12.2.）するように，広葉樹における形成層付近の高い含水率は，一次性樹皮下穿孔虫に

対する広葉樹の講じる防御手段（溺殺作用）の点で重要である。また生立木はその巨体の存立を賭けた強力な水分の吸い上げにより，樹冠・末口方向の方が地際・元口方向よりも含水率が高くなる（Nelson, 1934）。水分は当然のことながら重力で下降するので，萎凋立木では逆に地際方向が樹冠方向より含水率が高くなる（井上，1954）。このことと同じ現象ともとれるが，*Dendroctonus frontalis* の共生青変菌が蔓延し，水分通導に支障をきたして枯死へと向かうマツ属宿主樹では，健全樹とは逆に地際方向の方が樹冠方向よりも含水率が高くなるとされている（Nelson, 1934；E.H. Barron, 1971）。また当然のこととして，横倒しの丸太ではその下部（接地部）が上部よりも含水率は高くなる（Chesters, 1950；Iwata *et al.*, 2007）。また材の辺縁部よりは中心部が含水率が高くなる（Cachan, 1957）など，様々な偏りが生じる。日当たりや呼吸に寄与する枝葉の量もその後の含水率に影響する（N.E. Johnson & Zingg, 1969）。また，屋外丸太の含水率は季節変化も著しい（原秀穂，2001）。丸太や立枯れ木の乾燥の程度は直径や長さが影響し，太いあるいは長いほど乾燥しにくくなる（原秀穂，2001）。立枯れ木の場合，重力と直径の影響があいまって，枝，幹，地際，根部の順に含水率が高くなるはずである。こういった含水率の変化は当然，中に棲まう昆虫にも影響する（N.E. Johnson & Zingg, 1969）。枯れた細枝に発生するカミキリムシの種は太い枯幹に発生する種よりも乾燥に強いことが予想される。

含水率は木材の非常に重要な因子であり，すべての物理因子に影響する。昆虫が木材を穿孔する際，材から抵抗を受け，これは林産機械による切削における切削抵抗と基本的に同じものである。この値が高いと昆虫の方ではその分生態学的な意味でのコストがかかることになる。では含水率と切削抵抗（または切削所要エネルギー）の関係はどうなっているかといえば，Noguchi *et al.* (1965) によると，含水率が0%（絶乾状態）から増加すると切削所要エネルギーは増加するが，繊維飽和点の少し手前の段階で最大値に達し，その後この値は減少するという。これを昆虫の立場で解釈すると，いわゆる乾材害虫，すなわち繊維飽和点より少し低い含水率の材に発生する昆虫は，よりによって，自然界では見出しにくい，一番切削抵抗の高い状態の材を好んで発生していることになる。恐らく彼らは，このコストは承知の上で，高い含水率における *Beauveria* などの病原性寄生菌のリスクを低下させることに主眼を置いているのであろう。

食材性昆虫・木質依存性昆虫の生活に関連して，含水率が著しく影響するもうひとつの物理項目は音響である。針葉樹材を用いた実験（James, 1961）によると，材中の音速は含水率が高いほど低い値となり，常温下では音の減衰率は材の含水率が10%前後で最低値を示し，これより低いあるいは高い含水率では減衰率が増加する（すなわち含水率10%前後で材は最もよく響く）という。また，各種針葉樹・各種広葉樹を用いた超音波の実験（H. Sakai *et al.*, 1990；酒井春江・髙木，1993）によると，材中の超音波音速は含水率が高いほど低い値となり（ただし繊維飽和点またはこれを少々上回る値を超えると低下は著しく鈍る），超音波の減衰率は繊維飽和点を少々下回る値までは一定の低い値で，これを超えると減衰率は増加する（すなわち乾材はよく響く）という。これは，日本のオーケストラの打楽器奏者がウッドブロックやシロホンなどの木製打楽器の響き具合に関して経験すること（梅雨時は著しく響きが悪い）と一致する。このことは，気乾状態の木材を穿孔するいわゆる乾材穿孔虫は，その他の穿孔虫と比べて音によるコミュニケーションに適したニッチにあるということを意味している。しかしその観点での研究・言及はほとんど見られない。

なお，丸太や製材品の乾燥については，"drying" と "seasoning" という異なる2つの英語の用語が見られ，どちらかといえば前者は剥皮丸太や製材品の人工乾燥，後者は未剥皮丸太の自然乾燥を暗示するものである（ただし決して厳密には使い分けられてはいない）。この場合後者では，徐々に時間をかけて乾燥させ，かろうじて生き残っている辺材柔細胞のデンプン粒を消失させるという過程が盛り込まれていることが多い（12.3. 参照）。しかし虫害との関連でこの違いについて言及している文献は，Wilson (1935) によるもの以外にはほとんどない。

2.5. 木材の基本的性質

木材の物質，材料，他の生命の発生基質としての基本的性質は，(1) 円筒状に成育する植物の遺体であること，(2) 細胞構造物であること，(3) セルロース，ヘミセルロース，リグニンという高分子より成ることがあり，これらより，(α) 分子の局所構造（ポリマーの単量体レベル）→分子のグロス構造（ポリマー，特にセルロースの結晶・非結晶の別）→細胞壁微細構造→細胞形態→組織→木目という観察レベルの多様性，(β) 比重の割に高い圧縮・引っ張り・曲げなどの強度，(γ) 小さい熱伝導度・電気伝導度，(δ) 加工の容易性，(ε) 生物劣化を受けやすく燃えやすいこと，(ζ) 吸湿・脱湿とそれに伴う変形性，(η) 材の異質性・異方性，(θ) 自然界における塊状，ランダムかつ刹那的な分布と存在様式，といった諸性質が派生する。これらは菌や昆虫による餌資源としての利用，昆虫や脊椎動物による生活基質としての利用，ヒトによる材料としての利用において，重大な影響を与える。

木本植物はこのように，虎の子のエネルギー源である糖類を，エネルギー源そのものとして素直に利用する他，こともあろうにβ重合とリグニン沈着という画期的発明によって自身のからだの鉄筋コンクリート素材としても利用し，その結果巨大化と堅牢化という大変身を成し遂げた。これは地球上の生物における最大の奇策のひとつである。その結果，木本植物の骨格たるリグノセルロースは，エネルギー源としての潜在性を秘めながら，その方向での利用をそう易々とは許さない「天の岩戸」的状況を作り出した。この「天の岩戸」を開けることで，その分解生物は巨大な財宝を手にすることができるが，それはβ結合とリグニンが阻んでいる。β結合はある程度何とかなるにしても，リグニンの方はいかんともしがたい代物である。この二重の鍵を開けることが容易でないことは，木本植物の巨大化と堅牢化に直接寄与し，これが緑の惑星たる地球の陸上景観の本質でもある。この手強い体制に果敢にアタックする生物が細菌類，真菌類と節足動物であり，彼らはその意味で「挑戦者」でもある。

米国・Rocky山脈のアメリカヤマナラシ *Populus tremuloides* では，地上部バイオマスの1割を葉と小枝が占め，残りの9割を主枝・樹皮・幹が占めて N, P, Na, K, Ca, Mg, Zn の各総量の 80～90% を擁する（Bartos & Johnston, 1978）。従って現存量で見ると，植物資源の分解利用者にとって，食葉性よりは食材性の方が餌の確保の点で確実な戦略ともいえる。

本論は，そういった木質分解に関与する動物の中で最大の多様性を誇る昆虫類を扱い，地球の陸上生態系の中で量的・質的に最大の重要性を持つ生物学的局面のひとつを解き明かすことを目的としている。

3. 穿孔・食害・被害

3.1. 用語とその定義

　食材性昆虫・木質依存性昆虫が膨大な種多様性を持つことから，木材に対する昆虫の食害も実に多種多様である。こういった食材性昆虫・木質依存性昆虫の食害パターンを広範囲に論じたものは，実用的見地から生木・生丸太・準乾材・用材（建築材や家具などになっている乾材）に対するものは見られる（Snyder, 1927；他）。しかし自然界における樹木や枯木（特に腐朽材）に対する食害パターンを広範囲かつ総体的に扱った文献は見られない。

　ところで，木質昆虫学における重要用語である「穿孔」，「食害」，「被害」は，それぞれ別物である。まず穿孔は単に木質に穴をあけるという意味であり，通常この場合穿孔されて粉砕された木質はそのまま嚥下されて食害へとつながる。

　ところが，ゾウムシ科のナガキクイムシ亜科ならびにキクイムシ亜科木部穿孔養菌性種（図3-1）では，穿孔は共生菌の栽培に先立ついわば耕耘作業のようなものであり，直接の食害を意味しない。通常の木材穿孔虫では木材食害ステージは幼虫であるのに対し，これらの昆虫では穿孔（ただし嚥下・摂食はほとんどなし）は成虫が行い，幼虫は穿孔せず坑道内壁にびっしり繁茂した共生菌をただひたすらむさぼり喰うという，非常に奇妙な生態となる（Beaver, 1989；Farrell *et al.*, 2001）。米国・New York州でピグナットヒッコリー *Carya glabra*（クルミ科）の衰弱木の枝に木部穿孔養菌性キクイムシ類の *Xyleborus celsus* が多数穿孔すると，そのせいで枝折れが生じるとされ（Blackman & Stage, 1924），また米国・California州において樹病で枯死したナラカシ属の一種 *Quercus agrifolia* の樹幹に木部穿孔養菌性キクイムシ類の *Monothrum scutellare* が穿孔すると，木材腐朽菌の侵入と木部の腐朽を許すという（Švihra & Kelly, 2004）が，これらは森林内での枯死木の分解過程の話であり，これら木部穿孔養菌性キクイムシ類の穿孔のみで材がボロボロになるということは基本的にはなく，材の強度低下を引き起こすことも少ない。そして，野外でも人目につかないところに材を使用する場合，実被害はないに等しいようである。穿孔材を鉄道の枕木に使用する場合などでは，これらの穿孔は木材保存剤の注入処理に際してかえって益になることもあり（Fougerousse, 1969），さらにこれら木部穿孔養菌性種の食坑道内壁は菌の発生で黒く汚れ，また菌が蔓延して木部組織を筋状に黒く染める場合も

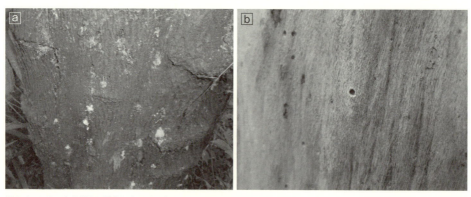

図3-1　ムクノキ立枯れに発生したアイノキクイムシ *Euwallacea interjectus*（キクイムシ科；木部穿孔養菌性）。（神奈川県藤沢市，2010年）。　a. 樹皮上の排出木屑。　b. 露出木部の侵入母孔。

あり，これが装飾上の価値を生み出してかえって好まれる場合もあるという（Snyder, 1927；N.E. Johnson & Zingg, 1969）。しかし丸太を製材して材表面に無数の黒っぽい筋や点刻が現れる場合，材の価値の著しい下落を引き起こし，この経済的インパクトは相当な値ともなりうる（McLean, 1985）ので，林業では悪者扱いとなる。

ところでナガシンクイムシ科－タケナガシンクイ亜科の種では幼虫が竹材を穿孔食害するのが主要生態であるが，乾燥塊根質，貯穀物，同粉体，広葉樹材にも発生して繁殖し，さらに奇妙なことに成虫が広葉樹材，さらには驚くべきことに針葉樹材にも繁殖に結びつかない穿孔行動を稀に見せる（野淵輝, 1984b；岩田, 1997；Sittichaya *et al.*, 2009）。この成虫針葉樹材穿孔行動の意味は不明である。

元来木材穿孔虫は，木部穿孔養菌性種も含めて，他の食性の昆虫と比べ，自らの発生する基質・資源たる木材を相当贅沢に消費する傾向にある。この傾向は木部穿孔性種で著しい。すなわち彼らは，樹木の木部を，あるいは形成層付近を，最初は縦横無尽に穿孔しまくり，後にやってくる虫は余った部分を同様に可能な限り縦横無尽に穿孔するが，後になるほどその自由度は減じていく。そしてまず樹皮下に関してもう喰い尽くす箇所が残っておらず，資源としてもはや適さなくなった木片は樹皮が脱落して打ち捨てられ，その後はひたすら木材腐朽菌と朽木穿孔性昆虫による分解にゆだねられ，これも喰い尽くされて食入の余地がなくなるとバラバラになり，最後は腐植質となって土に還り，木材腐朽菌と土壌動物（熱帯では特に土食性・腐植食性のシロアリ）が最後の分解を引き受ける。ところで木質の分解の初期では，樹皮下にしても木部にしても，彼らが穿孔したあとは必ずその周囲に木質が残っており，これが食坑道の内壁を形成する。この場合，食坑道の外壁たる木質が残っているので，これは「もったいない」とて残らず喰い尽くすべきかというと，さにあらず。後述（16.1.）するように，木材穿孔虫は基本的に自らの食坑道の内壁をからだの支えとして穿孔を続けていき，いったんこの食坑道から遊離するともはや穿孔状態に戻ることは難しい。従って，木材穿孔性という性質は，それ自体「もったいない」喰い方，完全に喰い尽くすことができない喰い方としての性質を内在しているといえる。木材穿孔虫のこの贅沢な性質は，その餌資源にして発生基質である木材・木質が相当量現存しているという地球生態学的事実に立脚しているといえる。これはこれまであまり注目されてこなかったが，木材穿孔虫・材性昆虫の生態，および木質の分解過程にとって非常に重要な点である。

こういった木材穿孔虫・食材性昆虫に加えて，木材を営巣にのみ利用する昆虫も見られる。膜翅目のクマバチ属 *Xylocopa*（ミツバチ科）（Beeson, 1938；Barrows, 1980；奥谷, 1980）（図 3-2）などがその好例である。これらは木質依存昆虫ではあるが，食材性昆虫ではなく，その穿孔は食害ではない。なおクマバチの場合，成虫が分泌する諸々の生理活性物質（Gerling *et al.*, 1989）が木質成分由来のもののようにも見え，そのソースに興味がもたれる。

木質依存昆虫でも食材性昆虫でもないのに，成虫または幼虫のいずれかが硬い固形物に対する穿孔能力を有している関係で木材を穿孔加害してしまったというケースが稀に見られる。コクヌスト *Tenebroides mauritanicus*（コクヌスト科）（Cymorek, 1982），カドマルカツオブシムシ *Dermestes haemorrhoidalis*, ハラジロカツオブシムシ *D. maculatus*, 等のカツオブシムシ科諸種（吉田正義・他, 1965；野淵輝, 1982；Grace, 1985；奥村, 2014），ヒョウホンムシ科諸種（Grace, 1985），ジンサンシバンムシ *Stegobium paniceum*（シバンムシ科）（Eichler, 1940）等々がそれにあたり，これらは食品，飼料，天井裏の脊椎動物の死体，等に発生したものが，これ

図3-2 クマバチ *Xylocopa appendiculata circumvolans* (Smith)（膜翅目－ミツバチ科）の成虫による木造建築物のアカマツ材への穿孔害（長野県，2010年）。

に接する状態あるいはこれの近傍にあった木材までも穿孔してしまったというケースである。

　一方生物の世界には想像を絶する奇妙な存在が散見されるが，食材性昆虫の中にもそういったものが見られる。スギの内樹皮に幼虫が発生するスギザイノタマバエ *Resseliella odai*（双翅目－タマバエ科）の場合，幼虫による内樹皮組織の消化は何と体外消化であり，幼虫の口器の機能は液体摂取のみのようである（吉田成章・讃井，1979）。この種の場合寄生された樹木が枯れることはなく，材質劣化を引き起こすのみで，こういうものは「材質劣化害虫」と呼ばれる。この手の体外消化は同じ双翅目のハエ類の幼虫（蛆）を想起させるが，何と同じようなことを行う甲虫の幼虫が存在する。コメツキダマシ科の幼虫の多くは頭部ではなく鋸歯状構造を備えた前胸部を前面に出して穿孔し，頭部は退化し，特に口器は前胸内に完全に潜り込んだ状態となって穿孔にはまったく使用しないとされ（Striganova, 1967），彼らは消化酵素を体外に分泌し，これで半ば液化した木材を飲むように食し，しかもそこでの主要な栄養源は木材腐朽菌の菌糸であるという（Muona & Teräväinen, 2008）。そしてこの科の成虫が消化管を退化させている可能性が示唆され（Dodelin *et al.*, 2005），幼虫におけるこういった状況は成虫にまで影響しているようである。ということでこれは，食材性には口器による穿孔性は必要条件ではないという実例である。実はこの科の近縁とされるコメツキムシ科の捕食性幼虫でも，消化管から口器経由でセルロース分解酵素を含む消化液を出し，体外消化しているとする報告（Colepicolo *et al.*, 1986）があり，あるいはこの奇妙な生理生態は，コメツキダマシ科とコメツキムシ科に共通のものかもしれない。木質への穿孔活動はするもののこれを嚥下・消化せず，共生真菌由来の液状餌を「飲む」という生態は，ノクティリオキバチ *Sirex noctilio*（膜翅目－キバチ科）（図2-14）で見られる（B.M. Thompson *et al.*, 2014）。

　図3-3に木質依存性昆虫，食材性昆虫，木材穿孔性昆虫などの用語の包括関係をまとめて示した。結局これら三概念は，一致するようでしないといえる。

　食害と被害も内容的に一致しない。森林内の枯木に対する昆虫の穿孔は植物にもその所持者である森林オーナーにも何の被害も与えない。また後述するように，被害は植物の適応度の低下と，経済的価値の下落の2つの意味があり，この両者も必ずしも一致するわけではない。

　ところで，生きた樹木がある種の病原菌，病原性線虫，食害虫（例えば一次性穿孔虫）に取りつかれやすいこと，やられて被害が生じやすいことを「感受性」"susceptibility"，逆に取りつかれにくく被害が生じにくいことを「免疫性」"immunity"という。一方，例えばある樹種

の丸太や製材品が二次性穿孔虫の食害を受けやすいことと，受けにくいことも，英語でそれぞれ"susceptibility"，"immunity"というが，これの訳語として「感受性」，「免疫性」は，主体が生物遺体ゆえに違和感があり不適切である。筆者はかつてこれに対して「サセプティビリティー」，「イミューニティー」という安易な訳語（?）を使ったことがあるが，これらも長すぎて違和感がある。そこでここでは，丸太・製材品の虫害の受けやすさ，受けにくさに対して，「被害性」，「無害性」という新しい述語を提案したい。「被害性」とは「食害を被りやすいこと」，「無害性」とは「食害が無いこと」を意味するということで，語の違和感は少ないであろう。

3.2. 木質中の昆虫の検知

昆虫学の中でも木質昆虫学は，木質という固体の中に巣喰う昆虫がその対象であるが，木質の中でのそれらの活動，特に幼虫等による穿孔活動は直接にはうかがい知ることができない。これは様々な論文や総説などで繰り返し述べられているほどに重要にして当然の事実である。直接見ようとすればそれらが巣喰う木質を破壊して検査しなければならないが，そうするとその試料はもはやさらなる観察には使えない。これは木質昆虫学研究における最大の足かせとなっている。しかし実は木質の中を巣喰う昆虫を非破壊的に検査する方法はある。それは，かつて日本で最初に考案されたX線（レントゲン）を用いる方法である（Yaghi, 1924；

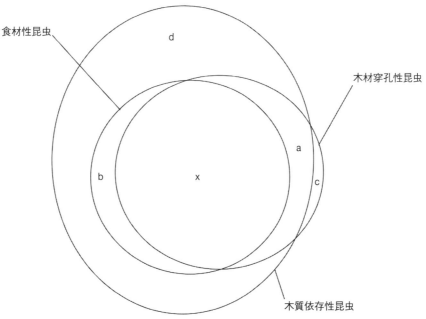

図3-3　木質依存性・木材穿孔性・食材性の昆虫ギルドの包括関係。木質依存性かつ木材穿孔性にして食材性でないもの（a）にキクイムシ科木部穿孔養菌性種とナガキクイムシ科（まとめてアンブロシア甲虫類），およびクマバチ属やオオアリ属などの木質営巣者が，食材性にして木材穿孔性でないもの（b）にコガネムシ科などの土壌性リター分解者が，木材穿孔性にして木質依存性でないもの（c）にカツオブシムシなどの非日常的穿孔虫が，木質依存性にして木材穿孔性でも食材性でもないもの（d）にサルノコシカケなどを穿孔する食菌性昆虫，および食材性昆虫の特異的捕食者・捕食寄生者が，それぞれ含まれ，中央の3ギルド共通部分（x）にはシロアリ目，カミキリムシ科，樹皮下穿孔性キクイムシ亜科などのメジャーな分類群が含まれる。

Ha. Yuasa, 1928；S.R. Jones & Ritchie, 1937；R.C. Fisher & Tasker, 1940；Berryman & Stark, 1962；Bletchly & Baldwin, 1962；Amman & Rasmussen, 1969；他）。基本的に高エネルギー電磁波たるX線は固体を透過し，その透過率は，透過する固体の密度の他に，これを構成する物質の元素の原子番号で決まり，密度／比重の低い物質や原子番号の小さい元素（例えばH，C，N，O）のみから成る物質の場合，X線は高い率で透過しX線ネガ写真は黒くなり，密度／比重の高い物質や原子番号の大きい元素（例えばFe，Zn）から成る物質が多いとX線はより透過しにくく，X線ネガ写真はより白くなる。木材は従って，晩材が早材よりも若干白く，その中の昆虫は，ミネラルを摂取してこれを濃縮する関係で周囲の木材よりも白くX線ネガ写真に写る（S.R. Jones & Ritchie, 1937）。そして透過試料の厚さ，同含水率，透過X線装置の加速電圧（kV）や電流（mA）を適宜調節することで，木材の内部の昆虫について，その棲息密度，ステージなど，意外と多くの情報が得られる（Berryman & Stark, 1962；Amman & Rasmussen, 1969）。そしてこの技術は誕生して間もなく，木材片から生立木へと展開する（Maloy & Wilsey, 1930）。

　一方CTスキャンはこのX線透過による観察を連続切片で行い，これをコンピューターで処理する方法であり，立体構造物の任意の断面図とこれの総体としての立体情報が得られる。食材性昆虫・木質依存性昆虫の関連では，マテバシイ丸太にカシノナガキクイムシ *Platypus quercivorus*（ゾウムシ科‐ナガキクイムシ亜科；木部穿孔養菌性）を加害させたもの（曽根・他，1995），オオナガシバンムシ *Priobium cylindricum* が加害している栃木県日光市の寺社の江戸時代由来の古材（木川・他，2009），カナダ・Québec 州の森林火災被害針葉樹丸太に *Monochamus scutellatus*（カミキリムシ科‐フトカミキリ亜科‐ヒゲナガカミキリ族）を発生・穿孔させたもの（Bélanger *et al.*, 2013），および針葉樹材中の乾材シロアリ（レイビシロアリ科）のコロニー（A. Fuchs *et al.*, 2004；Himmi *et al.*, 2014）でこれが試みられている。カシノナガキクイムシ穿孔材（曽根・他，1995）の場合，マテバシイの材は比較的堅く，軟弱な虫体とのコントラストが強すぎて直接観察がしづらいとの結果となっており，今後の技術的進展が望まれた。そうした中，最近小型のCTスキャン装置が開発され，観察の精度がやや向上し，クビナガキバチ科幼虫の穿孔がこれで見事に視覚化されている（Jennings & Austin, 2011）。さらなる技術の進展が期待される。このCTスキャン法は木材内部の状況調査以外に，シロアリの巣の内部構造解析などにも利用されている（Perna *et al.*, 2008b；Himmi *et al.*, 2014）。

　さらに非破壊検査には，X線（電磁波）の他，音波の一種である超音波を照射することで木材表面の温度変化を引き起こし，これをセンサーで読み取って可視化し，内部の昆虫食坑道を検出する方法がある（大塚・川上，2012）。さらに最新の技術として，検出に際して機器と検体の直接接触が不要の，レーザードップラー振動計による木材穿孔虫の検出も試みられている（Zorović & Čokl, 2015）。

　X線などによる透視の他，準非破壊的な検出法として，ドリルを樹幹に挿入し，その物理抵抗値の違いで樹冠内の空洞を検出するレジストグラフ法があり，これを用いて生木樹幹内のイエシロアリ坑道を検出する試みも行われている（Osbrink & Lax, 2002）。この機械がフラスの詰まった穿孔虫食坑道に対していかほどの検出能力を持つかについては，興味が持たれる。より安価な方法として，ドリルで穴をあけこれにファイバースコープなどを挿入するだけでも生木樹幹内のシロアリの検出が可能である（Zorzenon & Campos, 2014）。

　この他，材内昆虫の特殊な非破壊的検出法として，訓練したイヌによる昆虫の匂いの検出が

あり，シロアリとカミキリムシで実用化されている（Brooks et al., 2003；Hoyer-Tomiczek & Sauseng, 2013）。

　次に，樹皮下穿孔虫の摂食・発育・変態の直接観察法。「樹皮下」とはいえこれらは事実上内樹皮穿孔性であることが多く（5. 参照），辺材からある程度の厚さの内樹皮を形成層を境に剝ぎ取り，この内樹皮の形成層面に硬化性樹脂を流し込んで固め，内樹皮＋透明樹脂塊という飼育観察キットを作り，これに若齢幼虫を移植すると，その後の幼虫発育・蛹化・羽化が透明樹脂を通して面白いように直接観察できるという（Paim & Beckel, 1960）。同じ発想で，宿主樹内樹皮の板を樹脂やガラスなどの透明な板でサンドイッチする方法（Hopping, 1961；Kinn & Miller, 1981）も用いられている。

　音およびAE（アコースティックエミッション）による食材性昆虫・木質依存性昆虫の検出については，後に詳述する（16.17.）。

　穿孔虫の食坑道の立体的検知と再現については，堅固な固体としての木材中のことゆえ技術的に容易ではないが，食坑道中のフラス（虫糞＋齧りカス）を取り除けば，これに融点の低い溶けた鉛や合金（Schwarz & Reusch, 1940；Geistlinger & Taylor, 1962），あるいはシリコン石膏（K. Ikeda, 1979）などを流し込んでかたどって食坑道の立体的レプリカを作ることができ，食坑道の可視化や体積測定などが可能となる。

　さらに，直径数cm以下の比較的細い生枝の樹皮下を一次性穿孔虫が穿孔している場合，この枝を20〜30分間ほどオートクレーブにかけることで，木部から生きた師部（樹皮）を剝ぎ取って，形成層上の食坑道を容易に露出させることができる（Skelly & Kearby, 1969）。生木樹皮下の食坑道の手軽な検出法のひとつである。

4. 木質と昆虫の関係・相互作用

4.1. 相互作用における主体

　木質はあくまで物質・材料としての名称であり，その生体バイオマスとしての姿は生きた樹木に求められ，これはその存在を脅かす昆虫や菌類の侵入を跳ね返す主体性を伴った生物である。さらにこれらの遺体としての木質も地球上には多く存在し，これは遺体ゆえに主体性は失われており，それを食物や構造物として利用・分解する生物（すなわち菌類や昆虫）の主体性の延長線上にある棲息環境・資源としてとらえられる。ヒトの文明はこの遺体としての木質の生物劣化との戦いとしての側面を有してきており，特にシロアリの記述は文献上でも 3300 年以上遡ることができる（Snyder, 1956）。木造建築物や紙でできた膨大な文書は，その植物由来という事実とは裏腹に，ヒトという生物の主体の延長線上にあると言うこともできる。

　昆虫は生物主体である。一方木質はバイオマスであるが，それ自体は生物主体ではなく，木本植物の構成要素にすぎない。従って食材性昆虫・木質依存性昆虫のカウンターパートは，それが二次性の（枯れたあるいは枯れつつある植物を喰う）場合は木質そのものであるが，それが一次性である（生きた植物を喰う）場合，樹木全体となる（一次性・二次性については 4.2., 4.3. および 5. を参照）。二次性と一次性の間には喰う相手が反応するか否かの違いがあるわけである。樹木が生きている場合，その主体性が発揮され，樹木は環境（水条件，気温など）に反応し，この場合は環境と樹木と穿孔虫という三者関係となり，話は非常に複雑になる。その結果，一次性穿孔虫と樹木の間の法則性はなかなか立てにくいこととなる（Lorio, 1993）。

　木質と昆虫の相互作用を考える場合，二次性であれ一次性であれ，基本的に木質が昆虫に及ぼす影響は非常に大きく，これがこれらの昆虫の生活史・生理・形態などの多くの側面を規定しているといえる。これに対し昆虫が木質に及ぼす影響は，昆虫が一次性でその木質が生きた樹木の場合，樹木の主体性（A.M. Taylor et al., 2002）が作用して，樹木という生物の戦略の一環としての「材質形成」という場で見られる。虫が木を変えるわけである。これらは「おじゃま虫」としての昆虫の穿孔に対する樹木の対抗策であるが，傷害樹脂道は昆虫に限らず傷一般に対する樹木の対抗策である（Blanchette, 1992）。これを含めて虫が木を変える例としては，殺樹性キクイムシ Dendroctonus ponderosae に侵入・穿孔されたヒロヨレハマツ Pinus contorta var. latifolia における樹脂道の反応や二次樹脂道の形成（Shrimpton, 1978），スギカミキリ Semanotus japonicus（鞘翅目 – カミキリムシ科 – カミキリ亜科）（図 4-1）の幼虫によるスギ生木の樹皮下穿孔が刺激となった内樹皮での傷害樹脂道の形成（南光・他, 1984；K. Ito, 1998），これと同居するヒノキカワモグリガ Epinotia granitalis（ハマキガ科）幼虫の穿孔が刺激となった傷害樹脂道の形成（とそのスギカミキリへの影響）（Kato, 2009），スギカミキリ幼虫の穿孔に対する擬心材形成と回復組織としての「ハチカミ」の形成（大森, 1958），北米における針葉樹細枝一次性穿孔虫 Pissodes strobi（ゾウムシ科）成虫によるカナダトウヒ Picea glauca の細枝に対する後食と産卵に際する木部での傷害樹脂道の形成（Alfaro, 1995），欧州～北海道産のキボシマダラカミキリ Saperda populnea（カミキリムシ科 – フトカミキリ亜科）の食害に対するヤナギ属生木小枝の組織形成反応（虫瘤形成）と幼虫によるその利用（Boas, 1900），米国東部におけるレジノーサマツ Pinus resinosa の幹樹皮下における Ips grandicollis などの殺樹性樹皮下穿孔性キクイムシの攻撃が最終的に不成功に終わった場合の食痕と傷害樹脂塊の残

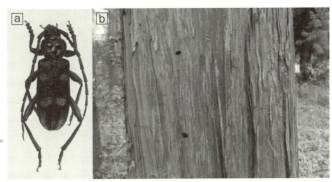

図4-1 スギカミキリ *Semanotus japonicus* (Lacordaire)（カミキリムシ科－カミキリ亜科）。　a. 雄成虫。（口絵11）　b. スギ生立木樹幹上の成虫脱出孔（横浜市緑区長津田町, 2010年）。

留（Kulman, 1964b），ヒラタモグリガ科（鱗翅目），ハモグリバエ科（双翅目），ゾウムシ科（鞘翅目）の非キクイムシ亜科，同科－キクイムシ亜科樹皮下穿孔性種の類の幼虫による各種広葉樹の形成層穿孔に際する辺材部でのピスフレックの形成（Greene, 1914；Snyder, 1927；Kulman, 1964a；Hanson & Benjamin, 1967；Gregory & Wallner, 1979；石浜・他，1993），一次性樹皮下穿孔虫の枝や幹などの食害箇所の形成層露出を避けるための樹皮の接線方向伸長と巻き込み（Struble, 1957；Iwata *et al.*, 1998b），などがある。多くの場合これらは木材利用の観点からは材質劣化現象と見なされ，樹木が助かってもそれを用材として使用する林業の立場からは忌み嫌われる。これらはいずれも，材質形成の現場である形成層とその前後での反応である。このうち，木材利用のみならず林木保護の観点からも，さらには鑑賞対象樹の美観維持の観点からも最も重要なものは，穿孔虫食害や外傷に対処するべく樹木が行う，樹皮の接線方向伸長と傷口の巻き込みによる木部露出状態の解消（Neely, 1970）である。スギカミキリ幼虫の穿孔に起因する「ハチカミ」の形成は，この特殊なケースと考えてよい。

　樹木の反応の変わったところでは，スリランカにおいて木部穿孔養菌性キクイムシ類の一種シイノコキクイムシ *Xylosandrus compactus* がコーヒーノキ *Coffea* spp.（アカネ科）やアボカド *Persea* sp.（クスノキ科）などを，ナガキクイムシ類の一種がマンゴー *Mangifera indica*（ウルシ科）を加害する場合，その穿入孔周辺に滲出液が出てシュウ酸カルシウムが沈着するという現象が知られる（Speyer, 1923）。これがいかなるメカニズムと意義に基づくものかは明らかではないが，キクイムシたちには明らかに不利となろう（12.10. 参照）。さらに特異なものとしては，ジュラ紀の針葉樹化石木にあけられた微小な甲虫とおぼしきものの食坑道の内壁が，柔細胞で覆われていたという報告（Z. Zhou & Zhang, 1989）があり（31. 参照），これはピスフレックと同じ性格ながら，現生の樹木には見られないものである。

　一方樹木が負けた場合，単なる枯死という結果が生じるのみとなる。

　二次性，すなわち衰弱木や枯木を喰う昆虫の場合，喰われる方の植物は死んでいる，あるいは死につつあるので，これに対抗する主体性は失われ，反応はゼロとなる。一方生きた樹木の中心部である心材部を昆虫が穿孔する場合は，この部分は植物細胞学的には完全に死んだ組織であり，これを穿孔する昆虫に対する樹木側の反応は，喰われる組織そのもの（心材）においてはゼロとなるが，この食害が間接的にその生組織（特に形成層）に影響を及ぼせば，何らかの反応が生じることが期待される。しかしそのような報告は今のところ見られない。一方Janzen（1976）は，熱帯の樹木に心材腐朽と空洞化が多く，これは樹木が巨木になると無脊椎動物や菌類などの侵入生物とのせめぎあいがなくなり，非利用空間としての心材部の侵入生物

への住処の提供と，鳥獣排泄物などの蓄積による富栄養化による樹木自身の利益といったことが要因となり，樹木と侵入生物との間に一種の共生関係が成り立つ情景であることを示唆した。シロアリと樹木の間の関係に関する筆者の後述の理論（12.8.）はこれと矛盾せず，むしろ軌を一にするものである。

　なお，生木が一次穿孔虫の食害を生き延びて存続する場合，形成層は食害でダメージを受けた部分を除いて引き続き分裂活動を行い，肥大成長が続く。そして過去の食痕は樹幹の奥の方へと封じ込められる。この場合，樹皮下穿孔でも木部穿孔でも木部には穿孔虫の食痕がはっきりと残り（ただし形成層に極めて近い辺材最外層を穿孔する場合はカルス形成などで食坑道が閉塞される），後にこれを伐採するとその木口面の年輪解析で食害歴が明らかとなる（Iwata *et al.*, 1997；Fierke & Stephen, 2010；Sabbatini Peverieri *et al.*, 2012；Siegert *et al.*, 2014）。いわゆる"dendroentomology"（年輪解析昆虫学）の手法である。これはあくまで一次性穿孔虫の食害を樹木が生き延びることが前提であったが，樹木が多数枯死するような穿孔虫大発生でこれが生き残った樹木の年輪に影響を与える場合がある。すなわち，殺樹性樹皮下穿孔性キクイムシ（16.4. 参照）で大径木のみを選択的に加害する種の場合，そのせいで大径木が枯れると林分全体にギャップを多数生み，これにより加害されなかった小径木が一種の間伐効果で一挙に成長率が跳ね上がる。これはちゃんと年輪に記録され，過去の殺樹性キクイムシの大発生の検出が可能となる（Veblen *et al.*, 1991b）。同じことは日本の殺樹性の木部穿孔養菌性種カシノナガキクイムシ *Platypus quercivorus*（16.4. 参照）でも応用できそうである。

4.2. 一次性種の場合

　一般に穿孔虫の種数は，広葉樹二次性＞針葉樹二次性＞広葉樹一次性＞針葉樹一次性と考えられる。広葉樹＞針葉樹という原則は樹木そのものの種多様性に由来しよう。また針葉樹一次性種が少ないのは，健全な針葉樹が樹脂を滲出し，これがいわば鉄壁の守りとなっていることによるものと考えられる（Saint-Germain *et al.*, 2007a；他）。

　一次性樹皮下穿孔性昆虫の場合，針葉樹ならば樹脂滲出（Vité, 1961；Shibata, 1995；他），広葉樹ならば樹液滲出とカルス形成（Heering, 1956；他）といった抵抗を受け，そこに喰われる植物と喰う昆虫の間の激しい駆け引きが繰り広げられる。なお広葉樹の中でもユーカリノキ属 *Eucalyptus*（フトモモ科）は針葉樹に似て，刺激に応じて滲出組織（「キノ道」）を木部または内樹皮に形成して粘稠な樹脂「キノ」を滲出し（Tippett, 1986），*Ailanthus excelsa*（ニガキ科；インド産）も同様の樹脂道状のものを刺激に応じて作り出す（Babu *et al.*, 1987）など，針葉樹に似た防御機構が見られ，一次性の樹皮下穿孔性種や木部穿孔養菌性種にとってはこれの滲出が最大の試練となっているようである。後述するように，固化して坑道を閉塞したキノを除去する作業は，真社会性の木部穿孔養菌性種 *Austroplatypus incompertus*（ゾウムシ科－ナガキクイムシ亜科）の非生殖性成虫にとって最重要の労務のひとつと考えられる（J.A. Harris *et al.*, 1976；Kent & Simpson, 1992）。後述（31.）するように，キクイムシ類が樹幹に穿孔することが樹脂滲出を招くことは太古の昔からの事実で，これが固化して生じる琥珀の生成にこれら穿孔虫が深く関わっているものと推定されている（McKellar *et al.*, 2011）。

　カルス（callus）とは，高等植物における正常な器官形成・組織分化能力を伴わない腫瘍状

組織のことであり，切り刻まれた植物体や傷口などが形成し，植物にとっては一種の非常手段で，傷口では穴埋めの性格も有する。穿孔虫や外傷などによる傷口に形成される組織はカルスの定義に本当に合致するかどうかが不明確で，このためより正確を期するべく「カルス」のかわりに「傷害部形成材」wound wood という言い方も用いられ，柔細胞の割合が高く，ポリフェノール系などの防御物質も豊富である（Eyles et al., 2003；他）。このカルスの形成は，広葉樹で穿孔虫や木材腐朽菌に対抗する目立つ防御手段である（Blanchette, 1992）が，針葉樹でも加害箇所の巻き込み被覆による治癒において重要な役割を持ち（N.E. Johnson & Shea, 1963；R.W. Reid et al., 1967；Berryman, 1969），その後のさらなる害虫侵入加害の防止に寄与している。しかし食葉性昆虫と植物の間で見られるような「虫瘤」（＝「ゴール」）という両者間の妥協の産物も稀に見られる。この虫瘤，その進化の行き着く所は，植物が「俺を喰わないでほしいが，そんなに喰いたければ，特別な場所を用意するから，その部分だけにしておいてくれ」という趣旨のもので，食害昆虫は植物との「協定」に基づき食害部位を限定する。元来木本植物では木化，すなわち組織の固定化がなされるため，これを食する食材性昆虫が同時に虫瘤形成性昆虫とはなかなかなりえないという事情はある。従って食材性昆虫におけるこの例は少なく，わずかに欧州〜北海道産のキボシマダラカミキリ Saperda populnea（カミキリムシ科－フトカミキリ亜科－トホシカミキリ族；ヤナギ属 Salix を食害）（Boas, 1900；Postner, 1954），北米産の同属の S. inornata（アメリカヤマナラシ Populus tremuloides を食害）（Nord & Knight, 1972；N.A. Anderson et al., 1976），沖縄におけるコゲチャサビカミキリ Mimectatina meridiana ohirai（カミキリムシ科－フトカミキリ亜科－アラゲカミキリ族；蔓性草本に発生）（源河, 2012），東南アジア産のフェモラータオオモモブトハムシ Sagra femorata（ハムシ科；マメ科，侵入先の日本ではクズの木質化した茎を食害）（秋田・他, 2011），などが見られるのみで，しかもこれらの発生は木本の新条，草本の木質化部など，食材性昆虫の穿孔対象の典型とはややはずれたものである。この場合，昆虫と植物の両者の適応度の保持を図る戦略が実現し，昆虫のみならず植物の方の主体性が実感できる例となっている。しかし，キボシマダラカミキリとヤナギ類の場合は昆虫による木質組織形成への介入・改変という性格が強く（Boas, 1900），また S. inornata とアメリカヤマナラシの場合，食害を受けて虫瘤が形成された枝は枯れ，さらに別の樹病も媒介して幹までが枯れてしまい（N.A. Anderson et al., 1976），その意味で S. inornata が重要害虫であることに変わりはない。

　両方の主体性が発揮される同様の例に，スギとスギカミキリ Semanotus japonicus（カミキリムシ科－カミキリ亜科）（一次性樹皮下穿孔性）（図4-1）の関係があり（Shibata, 1995；Shibata, 2000；柴田, 2002），この場合樹木とカミキリムシは真剣勝負を繰り広げている。スギカミキリの場合，春早くスギ生木の幹に産み付けられた卵から孵化した軟弱にして微弱な若齢幼虫は，その段階でスギの対抗反応としての樹脂滲出が季節柄少なく，これで辛うじて助かるとされる（Shibata, 1995）。またスギカミキリ幼虫は元来，傷害樹脂道形成箇所で樹脂にからめとられるのを避けるべく，なるべくそういう箇所を迂回しながら穿孔するという戦略を持っているようである（在原, 2001）。

　広葉樹でも針葉樹の樹脂滲出と同様の防御戦略が見られ，例えば欧州におけるヨーロッパブナ Fagus sylvatica のヤナギナガタマムシ Agrilus viridis（タマムシ科－ナガタマムシ亜科－ナガタマムシ属）との間の関係では樹液滲出やカルス形成がそれに相当するとされ，またこのタマムシの幼虫は，樹木のこの戦術に対し，樹液排出口やジグザグ式または樹幹周回式食坑

道を形成するなどして対抗するという（Heering, 1956）。しかしこういった相互作用が広葉樹とその一次性穿孔性昆虫の間で普遍的に見られるものかどうか，といったことは未解明である。同じナガタマムシ属でも，トネリコ属 Fraxinus の樹皮下を食害するアオナガタマムシ基亜種 Agrilus planipennis planipennis の場合，宿主樹の防御戦略は組織内に見られる防御物質としてのポリフェノール類とされている（Eyles et al., 2007 ; Y. Chen et al., 2011 ; Chakraborty et al., 2014）（12.10. 参照）。ということで，次に述べるのはまさにこの防御物質（≒抽出成分＝心材物質）である。

　針葉樹，広葉樹ともに，葉と並んで内樹皮・辺材部・心材部における防虫剤の整備に余念がない。これは抽出成分といわれるものである（今村博之・安江，1983）。植物の防御物質を (i) 質的防御物質（少量で効力を発揮する毒物）と (ii) 量的防御物質（効力は低いが大量に生産されることで防御に寄与する物質）に分けた場合，前者（少量で効力を発揮する毒物）に相当するものである（Cates & Alexander, 1982）。諺に曰く，「山椒は小粒でもぴりりと辛い」。これは特に針葉樹において顕著であり，テルペン類や低分子ポリフェノール類などがその代表格で，心材に多く含まれ，同時に内樹皮から滲出するオレオレジン（ヤニ；樹脂）にも関連した成分である（Hanover, 1975）。広葉樹でも，内樹皮に含まれる低分子ポリフェノール類がタマムシによる被害の有無に関連することが示唆され（Eyles et al., 2007）（12.10. 参照），内容的にはむしろ針葉樹よりも多様と考えられる（今村博之・安江，1983）。実際，針葉樹の抽出成分の代表格であるモノテルペン類にしても，決して針葉樹の占有物というわけではなく，広葉樹（例えばナラカシ属 Quercus；Holzinger et al., 2000 ; 他）もこれを保持・揮発させているという。豪州産のユーカリノキ属 Eucalyptus の近縁属でもその内樹皮にこのテルペン類が見られ，一次穿孔性の Phoracantha solida（カミキリムシ科－カミキリ亜科）の被害性の異なる宿主樹間で組成・含有量の微妙な違いが見られるという（R.A. Hayes et al., 2014）。また，ヤナギ属の幹木部を一次穿孔しているツヤハダゴマダラカミキリ Anoplophora glabripennis（カミキリムシ科－フトカミキリ亜科）（丁 (Ding)・他，2009），およびエンジュ Styphnolobium japonicum の幹木部を一次穿孔している Apriona swainsoni（カミキリムシ科－フトカミキリ亜科）（姜 (Jiang)・他，2010）の幼虫の排出虫糞は，由来は不明ながら，豊富にモノテルペン類・セスキテルペン類を含むという。またマレー半島産の Dipterocarpus kerrii（フタバガキ科）の材は，化学的に不安定でシロアリに有毒なセスキテルペン類を含んでいるという（D.P. Richardson et al., 1989）。熱帯の広葉樹が，温帯～亜寒帯の針葉樹に倣っているわけである。質的防御物質にはこの他，タンパク質分解酵素阻害剤などが含まれ，これは応用昆虫学的に極めて重要である。

　一次性穿孔性種が食害することでその宿主樹木個体が枯死するか否かは，複数の要因が複雑にからむ問題で，穿孔虫種と樹種の取り合わせで，上述のアオナガタマムシの例に見られるように，枯死に至る外来樹種は防御手段を欠き，元来それと同じ属の樹種を宿主とするその地の二次性穿孔虫が一次性穿孔虫となって牙をむくという傾向が認められる（12.10.；34.4. 参照）ものの，枯死の要因解析はそう簡単ではない。しかし枯死か否かではなく，種子生産が落ちるか否か（これは樹木の方では適応度に直接からみ，資源として利用する人間の方ではさほど重要ではない問題），成長量が落ちるか否か，木部の材質が劣化するか否か（これは，資源として利用する人間の方では重要にして，樹木の方では適応度に直接関係せずさほど重要ではない問題）という観点での査定は容易である。一例としてフィンランドでは，ポプラ類 Populus spp. とその交配種に対する欧州産一次性穿孔性カミキリムシ Saperda carcharias（フト

カミキリ亜科）の食害では，被害樹木は太さは影響ないものの樹高が落ちるという（Välimäki & Heliövaara, 2007）。

いずれにせよ一次性穿孔性昆虫は樹木の進化の重要な要因となっており，昆虫と樹木では生活環が相当違う（当然昆虫が短い）ため，樹木にとっては昆虫の進化に追いつくべく，自らの進化を最大限に展開するべく淘汰圧を受けているものと考えられる。

4.3. 二次性種の場合

二次性の穿孔虫は概ね樹皮下穿孔性であるが，一部木部穿孔性も見られ，微生物による分解が進んだ材に依存する腐朽材穿孔性，さらには腐食性までバラエティーが見られる。また共生菌の栽培というとんでもない方向に進化した木部穿孔養菌性の一群（ゾウムシ科－キクイムシ亜科の一部＋同科－ナガキクイムシ亜科の大部分）がある。一方樹皮下穿孔虫であっても，概ね若齢幼虫期は一番おいしい内樹皮を，齢が進むと形成層付近からその内側の辺材最外層を穿孔し，そのまま辺材内層〜心材へと「材入」して蛹室形成へと至るパターンが多い。例として *Monochamus*（カミキリムシ科－フトカミキリ亜科）がある（F. Kobayashi *et al*., 1984；Schoeman *et al*., 1998）。Schoeman *et al*. (1998) は *M. leuconotus* 幼虫について，内樹皮・形成層穿孔期と辺材穿孔期が走性などの点で明瞭に区別されるとしている。

二次性種の場合，喰われる植物は死体にて主体性は喪失しているので，昆虫の主体性のみが表に出てくる。しかし稀に亡霊のように植物の主体性が表に出てくる場合がある。それは枯死体としての木質とその元の持主としての植物個体の対応関係が明瞭，かつ枯死部分がその植物個体の主体性の延長として働く場合である。例として，心材穿孔性一次性昆虫（スギノアカネトラカミキリ *Anaglyptus subfasciatus*（カミキリムシ科－カミキリ亜科），イエシロアリ *Coptotermes formosanus*（ミゾガシラシロアリ科），等）とその宿主樹の関係がある。この場合，植物自体はその適応度をあまり減じないが，その樹木の持主である林業家の資産は減じ，この点が応用昆虫学上の問題点となる（岩田・児玉，2006）。一方，オーストラリアにおけるユーカリノキ属 *Eucalyptus* 等の樹木に対する *Coptotermes* 等のシロアリの穿孔被害は，機械的な傷や火傷，腐朽などが原因で過熟個体の心材部に生ずるのみで，樹木はその後も存続が可能で，空洞化した心材は通常「粘土状蟻土」("mudgut") で満たされ，これが分解過程で消失してはじめて実際の空洞ができ，これは当地での野生鳥獣の住処として非常に重要で，オーストラリアのユーカリノキ林においてシロアリは害虫ではなく，その生態系の不可欠な要素であるとする意見もある（Ewart, 1991）。シロアリの心材穿孔が植物の適応度にプラスに影響し得ると考えられる場合がある。それは巨木樹種とその心材空洞化シロアリの関係に見られ，これが樹木への施肥ともなるという（Janzen, 1976）。一方，オーストラリアにおけるユーカリノキ属等の樹木とイエシロアリ属の種との間の関係，マレーシアにおけるマングローブとイエシロアリ属の種との関係では，樹木の適応度が少々減じる可能性もあるようであり（Putz & Chan, 1986；P.A. Werner & Prior, 2007；P.A. Werner *et al*., 2008），結論は出そうにない。

普通の二次性種が寄主植物の生木に対して与えるインパクトは，森林生態系内での物質循環への寄与という意味以外には見出しにくい。しかしこれ以外に意外なインパクトが見出される可能性もあり，予断を許さない。

4.4. 心材：生きた樹木の中の死んだ器官

　ここで樹木における心材の意義に触れてみたい。心材とは木部の中央部に髄を取り囲む形で形成された部分で，樹種によっては木部の大部分を占める。心材は構成細胞が完全に死滅した状態にあり，柔細胞中の栄養系バイオマス（デンプン，可溶性糖類，脂質，等）が化けた抽出成分を豊富に含み，柔細胞が生存してこれらの栄養系バイオマスを保持している辺材とこの点で根本的に異なる（Frey-Wyssling & Bosshard, 1959；Bamber, 1976）。針葉樹の若い苗木の木部は辺材のみより成り，心材形成はいまだ開始していない状態にある（Sellin, 1991）。辺材にはデンプンが多く，心材にはほとんど見られず，木材組織中のデンプンは柔細胞の中に存在するが，辺材の繊維（仮導管などの軸方向細胞）の中にも少量のデンプンが存在し，辺材から心材への変化と区別は着色に基づき（伝統林業では辺材は「白太」，心材は「赤太」という），デンプン消失，広葉樹導管におけるチロース形成などもその区別点となりうる（Frey-Wyssling & Bosshard, 1959；T. Nobuchi et al., 1982；Bamber & Fukazawa, 1985；Spicer, 2005）。ここにいうチロースとは導管閉塞構造であり，柔細胞からの導管要素内肛への細胞内容物のはみ出しとその固化構造に他ならない（Gerry, 1914；貴島，1966）。心材形成に際し，形成層方面から移送された（あるいは一部柔細胞中に残存している）栄養系バイオマス，すなわちデンプンや脂質やスクロース等の可溶性糖類から低分子ポリフェノール類・テルペン類などの抽出成分が形成され，木部組織に沈着する（Hillis, 1968；Higuchi et al., 1969；Higuchi, 1976；近藤民雄，1982；Magel, 2000）。栄養系バイオマスが一種「毒」であるこれらの抽出成分に「変身」することについては，広葉樹のカツラと針葉樹のスギについて間接的にその過程が観察されている（H. Ohashi et al., 1988；H. Ohashi et al., 1990）。こういった心材形成の過程には，植物ホルモンのひとつであるエチレンが関与し（Shain & Hillis, 1973），また，放射柔細胞の細胞内容物・DNA・細胞内小器官の変化・退化・消失が観察されている（Frey-Wyssling & Bosshard, 1959；Higuchi et al., 1967；T. Nobuchi & Harada, 1968）。また心材形成に伴う既存の木化細胞壁へのさらなるフェノール系物質の結合と，それによる見かけ上のリグニン含有量の増加（擬木化）も報告されている（Magel, 2000）。心材化には辺材の維持コストの軽減手段としての意義も唱えられ，導管閉塞構造としての「固まった泡」のようなチロースは，菌糸の侵入阻止，抽出成分の流出阻止といった意義も唱えられている（A.M. Taylor et al., 2002）。

　スベリンという奇妙な物質が外樹皮に多く含まれ，樹木の顔（といってもいわば鉄仮面）たる外樹皮の堅固さの象徴的物質となっている（Haack & Slansky, 1987；Laks, 1988）。菌や昆虫などが木部に侵入すると，その部位の周囲を取り囲むように細胞壁にスベリンが沈着し，さらに広葉樹の心材の導管内のチロースにもスベリン沈着が見られるという（Biggs, 1985；R.B. Pearce, 1996）。樹木はかかしのようにじっと立ったままの生物にて，こういった秘密兵器を隠し持つことがやはりその生存への必須条件なのであろう。秘密兵器はまだまだある。

4.5. 樹木の防御システム：その本質

　樹木の侵入生物に対する防御手段は実に様々であり，化学的なものから物理的なものまで，常備的なものからアドホック的なものまで(12.2. 参照)，局部的なものから広範囲的なものまで，

と多岐にわたる（Nebeker *et al.*, 1993；R.B. Pearce, 1996；Paine *et al.*, 1997；Lieutier, 2002；Franceschi *et al.*, 2005；Bonello *et al.*, 2006）。この中で最も目に見えやすいものは擬心材形成であろう。

　樹体に木材腐朽菌や一次性穿孔虫といった「あつかましい」連中が侵入すると「擬心材」（「変色部」等様々な呼称あり）が形成される。心材と擬心材の形成メカニズム（植物ホルモンであるエチレンの関与，抽出成分の形成）は類似し（Shain & Hillis, 1972；Shain & Hillis, 1973），擬心材形成は樹木の侵入者に対する対抗反応の一環である。ただしこの擬心材形成は，強力な病原性を発揮する真菌類などに対しては反応が後手後手にまわり，あまり効き目がないようである。本州においてカシノナガキクイムシ *Platypus quercivorus*（ゾウムシ科-ナガキクイムシ亜科；木部穿孔養菌性）が媒介するナラ類病害性菌 *Raffaelea quercivora* がナラ類に侵入した場合（黒田慶子・山田, 1996；K. Kuroda, 2001；Moungsrimuangdee *et al.*, 2011）がその好例であろう。そしてこの場合，カシノナガキクイムシ成虫による辺材部穿孔活動が素早いことにより，樹木はその対応で食害部を片っ端から擬心材化してしまい，これは大型導管の閉塞をもたらして水分通道能力が樹木全体で損なわれ，枯死に至るとされている（黒田慶子・山田, 1996）。

　一方樹木は，擬心材形成と同時に防御システム（抗菌物質生産を伴う反応帯と病原菌の物理的遮断を伴う防衛帯）を発揮し，罹患部の隔離（コンパートメント化, compartmentalization）を行うとする「CODIT理論」が提唱されている（Shigo & Hillis, 1973；Shigo, 1984；Blanchette, 1992；A.M. Taylor *et al.*, 2002）。当然隔離された部分は樹木にとっては用無しとなる。これはさしずめ樹木の「忍者業」。この隔離部のサイズは当然小さければ小さいほどよい。一定の加害に対して，元気な樹木個体はこれに抵抗して被害を最小限にとどめ，隔離部は小さくてすむのに対し，衰弱した樹木個体は抵抗が不十分で隔離部が大きくなり，樹皮が傷口を覆い隠して治癒が完了するまでの時間も長くなる。一次性穿孔性昆虫の食害に対抗する樹木のコンパートメント化反応については記述・記録は少ないが，後述（12.2.）する北米産ナラ類の一次性穿孔虫である *Enaphalodes rufulus*（カミキリ亜科）の幼虫が *Quercus rubra* を穿孔する場合，その被害部に由来する隔離部分の上下サイズと治癒完了までにかかる時間が被害樹木個体の健全度（すなわち穿孔被害に対する抵抗度）の指標となることが示されている（Haavik & Stephen, 2011）。

　そもそも植物は動物と異なり，その構造がフラクタル性（部分 P が全体 T に類似して T を代表する性質）を呈し，従って P や $T-P$ が T に取って代わること（すなわち T からの P の独立や，T からの P の除去）も可能，すなわち部分が全体となり得る。同時に部分が全体から排除されても全体は万全である。こういうことが隔離という戦略の背景にあるものと考えられるのである（Shigo, 1982）。樹木木部のこういった反応は，昆虫から樹木への働きかけの結果となり得，事実木材の多くの欠陥点・材質劣化は，菌類・昆虫を問わず樹木への刺激と樹木によるその反応の結果と言える（Shigo, 1982；Shigo, 1984）。その結果，木材腐朽菌侵入の場合，樹木は心材などが少々ボロボロになっても辺材は概ねこれを跳ね返すことができ，見かけにかかわらず樹木は結構平気である。生立木の腐朽部は罹患部隔離作用で切り捨てられた部分なので，「心材腐朽は樹木の病気ではない」（Shigo, 1984）とまでいわれる。

　このCODIT理論では，樹皮に穴などが開けられて樹幹内に菌類などの侵入があった場合，樹木は "Wall 1"（侵入部位の真上；兜に相当），"Wall 2"（侵入部位の奥側；背中の鎧に相当），"Wall 3"（侵入部位の左右；脇腹の鎧に相当），"Wall 4"（侵入部位の外側；前面の盾に相当）

という性格の異なる4種類の防御壁を設けて、侵入者・病原体を封じ込めようとするとされる（R.B. Pearce, 1996）。また樹木は、こういった木部の隔離作用に加え、師部（樹皮、ここでは内樹皮）も同様に、否それ以上に、あるいはそれに先んじて、菌や昆虫といった侵入者に対して反応・対処し、被害部を隔離しようとするらしい（Biggs et al., 1984）。

そして抽出成分。これは木材成分の中ではヘミセルロースをはるかに上回る多様性を伴ったカテゴリーである（今村博之・安江、1983）が、樹種間のみならず、単一樹木内でもその多様性が、ラジアータマツ Pinus radiata において報告されている（Hillis & Inoue, 1968）。これによると、抽出成分は辺材にもあり、正常辺材、傷害木辺材、ノクティリオキバチ Sirex noctilio（膜翅目－キバチ科；図2-14）（およびその共生菌 Amylostereum）の被害木辺材、心材、節部材でその組成は多様であったという。キバチ被害木における抽出成分の変化の直接原因は不明ながら、各成分は運ばれたのではなくその場で合成されたもので、ピノシルビンなどの低分子ポリフェノール類を含むこれらの物質は「擬心材成分」に相当するものと考えられた。北米と欧州の針葉樹では、こういった低分子ポリフェノール類もモノテルペン類と並んで樹皮下穿孔性キクイムシ類とその共生菌の侵入に際して有効な防御となっているようで（Lieutier, 2004）、広葉樹でも低分子ポリフェノール類がタマムシによる被害と関連することが示唆されている（Eyles et al., 2007）（12.10. 参照）。こういった抽出成分の多くは非水溶性であることが予想されるが、広葉樹や針葉樹の外樹皮（または木部）などから成る各種マルチ材（園芸またはエクステリア資材）をイエシロアリや Reticulitermes flavipes に餌として与える前に水処理や野外暴露処理すると、生存率増加や体重減少量の軽減が見られるという報告（Pinzon et al., 2006；J.-Z. Sun, 2007）もあり、有害な抽出成分が溶脱していることが示唆される。

抽出成分は樹木が枯れても心材に残る。これが実は樹木の「秘策」の中でも木質昆虫学、林産工学の双方の観点からも最も留意すべきものといえる。一方抽出成分およびそれと類似のものは、針葉樹が一次性樹皮下穿孔性甲虫などに加害された時に、その刺激が引き金となって、形成層や辺材部に二次的に武器として合成・放出される（Berryman, 1972）。これは木材組織学的には擬心材形成と関連する。心材の抽出成分が地雷なら、この新規合成成分は迫撃砲に相当する。上述の常備的な防御手段とアドホック的な防御手段というのも、それぞれこれらに対応している。

もうひとつの秘策は後述するように、樹液（針葉樹の場合は樹脂）の滲出である（Vité, 1961；Shibata, 1995；他）。これは特に針葉樹の場合（樹脂）、抽出成分と成分的に関連したものである。樹木は菌の侵入には罹病部の閉鎖で、昆虫の侵入には樹脂や樹液で対抗し、これを跳ね返す。この2つの秘策も、食葉性昆虫による葉の食害などで光合成が滞ったりして樹勢が衰えるとままならなくなり、二次性穿孔虫の餌食となってしまう（Wallin & Raffa, 2001）。

広葉樹のさらなる秘策はカルス形成と障壁ゾーン形成（Blanchette, 1992）。一次性穿孔虫や木材腐朽菌に対する防御手段としては樹液滲出と並んで重要であるが、穿孔虫関連の研究はほとんどない。

結局、木質と昆虫の相互作用という観点では、木質は大いに昆虫に影響を与えるが、昆虫が木質に影響を与えることは、近視眼的には見出しにくい現象であるものの、より広い目で見ると無視できないものといえよう。

さらに以上の点に関連して、「木材保存は樹木の防御システムに学ぶところが多い」という主張（Laks, 1988）も説得力がある。

4.6. 樹木の部位と食材性昆虫・木質依存性昆虫

　以上のように樹木はそれ自体完結した生物であり，また個体単位で見て動物界のクジラやゾウを上回るバイオマス，背の高さと寿命を擁するものもあり，そういった「巨木」はまさに地球上の生物の王者の名にふさわしい存在である。背の高さは空間を演出し，その空間に生きる昆虫などの無脊椎動物は樹幹上を頻繁に行き来し，生木樹皮はさながら幹線道の様相を呈する（Moeed & Meads, 1983）。そして，陸上で樹木が集団で生育する森林という環境下では，非常に多様なニッチが形成され，これは地球上で最も顕著な環境多様性となる。枝の先，葉の表，葉の裏，太い幹の樹皮の隙間，土壌に接した根，幹の中のウロと，実に様々な環境がそこには生み出されている。昆虫全体の驚くべき種多様性は元来，こういった様々な森林内環境に対応したものであり，昆虫は樹木の周辺の様々なニッチに適応して思いっきり分化を遂げて，現在の種多様性が出現したと考えられている（岩田，2002）。食材性昆虫・木質依存性昆虫に限定しても，その立場から見れば1本の樹木に様々な部位があり，後述するようにこれにその他の様々な物理的・化学的要因がからみあってさらに多様なニッチが出現し，こういった状況の総体が食材性昆虫・木質依存性昆虫の種多様性に対応している。かたや樹木の方でも，元来その生活環が昆虫と比べて長いというハンディーがある（「桃栗三年，柿八年」）ものの，昆虫の進化に負けまいと，その巨大バイオマスをもてあますことなくそれなりのフル回転の進化を展開しているはずである。

　そういう樹木における部位の基本は，垂直的座標軸では {細根部，主根部，幹，太枝，細枝}，水平的座標軸では {外樹皮，内樹皮，形成層，辺材，心材，髄} という区分がなされる。生物主体としての生きた樹木は，こういった様々な部位（例えば，幹の形成層）において，侵入者である菌類や昆虫類の攻撃に立ち向かい，自己防衛にいそしんでいる。しかしこの樹木が枯死するとその主体性は失われ，菌や虫の「なすがまま」ということになる。

　ここで，生きた樹木を攻撃してこれを食する昆虫のうち，食葉性昆虫は食材性昆虫・木質依存性昆虫より種多様性が高く，その作用の視覚的インパクトは食材性昆虫・木質依存性昆虫よりもはるかに高い。アメリカシロヒトリ *Hyphantria cunea*（ヒトリガ科）やモンクロシャチホコ *Phalera flavescens*（シャチホコガ科）といった害虫が日本の都市で大発生して街路樹を丸坊主にしている光景は，これまでにしばしば見かけるところであり，場合によってはこれで樹木が枯死することもあろう。しかしこれは大集団の仕業であり，また植物の葉群(フォリエージ)は元来補償性があり，少々葉がむしられても樹木は結構これを生き延びることができる。しかるに，樹皮下穿孔性の一次性穿孔性甲虫の幼虫が1頭，幼樹の樹皮下を穿孔するといった状況（例えば，スギカミキリ *Semanotus japonicus* vs. ヒノキ，あるいはオオトラカミキリ *Xylotrechus villioni* vs. トドマツ）では，そのたった1頭が樹幹を一周することでその木を枯死させることが可能であり，これはいわゆる「環状剥皮」，すなわち生木の樹幹の樹皮をナタなどの刃物で横に剥いで一周し，さらにその内部の辺材最外層をも（従って形成層をも）傷つける行為に相当し，しかも穿孔虫幼虫のこの所行は外見的には感知しにくい。環状剥皮により樹木はその樹幹内樹皮の養分通導機能が全方位で破壊され，生き残るケースもまま見られるが，概ね徐々にではあるが枯死に至るとされる（Noel, 1968；Noel, 1970）。実際たった2頭という少数のオオトラカミキリの幼虫の穿孔により，トドマツが枯死する例が北海道で報告されている（上条・鈴木，1973）。そういう意味において，一次性穿孔虫の食害に関しては，主体たる樹木に対す

る外見上ではなく実際上のインパクトは，食葉性昆虫に比べてはるかに高いといえる。

　垂直部位に関しては，関連種の種数やポピュラリティーの関係で，幹と太枝に対する食害の記述が本書ではその中心となっている。しかしその他の垂直部位に関しても話題は尽きない。細根部は主として土壌動物の加害対象であり，コガネムシ科食葉群（スジコガネ亜科およびコフキコガネ亜科）の幼虫がそれに該当する。しかし彼らの大きさと細根の形状からして彼らを穿孔虫とは呼びにくい。主根部には，二次性・木部穿孔性のクロカミキリ *Spondylis buprestoides*（クロカミキリ亜科）などのカミキリムシ（Butovitsch, 1939；Polozhentzev, 1929）や樹皮下穿孔性の *Hylastes* spp. などのキクイムシ類（Blackman, 1941；Zethner-Møller & Rudinsky, 1967；Reay *et al.*, 2001）が見られるが，一次性となると甲虫では米国産の *Prionus laticollis*（ノコギリカミキリ亜科）（Agnello *et al.*, 2011）など，例は少なくなる。かわってシロアリ類が一次性根部害虫として重要となり，根部から幹の心材へと食害部が拡大し，樹木全体の枯死につながる（後述）。

　枝は独自の穿孔虫相を形成する。マツ科針葉樹では，*Tomicus* spp.（ゾウムシ科－キクイムシ亜科；特にマツノキクイムシ *T. piniperda*；幼虫は基本的に二次性にして時に一次性；幹や太枝の樹皮下穿孔性）の成虫は新条を激しく後食し（Långström, 1983a），中国・雲南省のウンナンショウ *Pinus yunnanensis* を宿主とする *T. armandii*（X. Li *et al.*, 2010）では，新条に対する成虫の後食が幼虫による幹の一次性樹皮下穿孔による宿主樹の弱体化に輪をかけることが報告されている（Lieutier *et al.*, 2003）。日本におけるトウヒ属 *Picea* やモミ属 *Abies* の一次性樹皮下・木部穿孔性害虫であるオオトラカミキリ *Xylotrechus villioni* では，幼虫は幹の他に枝も穿孔し，多雪地帯では雪の重みで枝が折れ，その際材料力学的に見て枝の付け根が最も弱く，この箇所はしばしばこのカミキリムシの蛹室が形成され，枝折れで老熟幼虫が飛び出す事故も見られている（Iwata *et al.*, 1998b）。サクキクイムシ *Xylosandrus crassiusculus* などの木部穿孔養菌性キクイムシ類（一次性および二次性）は各種広葉樹（および一部針葉樹）の小枝を好んで穿孔する（Kirkendall & Ødegaard, 2007）。またバラ科広葉樹の新条には，リンゴカミキリ *Oberea japonica*（フトカミキリ亜科）の幼虫が発生してこれを加害し（工藤周二，1997），同属の種には同様に広葉樹の新条を穿孔加害する種が見られる（J.C. Nielsen, 1903；Webster, 1904；他）。クスノキ科広葉樹では，同属のヒメリンゴカミキリ *O. hebescens* が新条を先端近くから下方へ穿孔・加害し（工藤周二，1997），九州ではシロダモ *Neolitsea sericea* の隣り合った新条がこの種に同時に加害された場合，その分岐点に先に到達した個体が勝ってトーナメント式の種内競争が繰り広げられるという（湯川，1977）。この他，小枝を環状剥皮して枯らせ，その箇所の前後に産卵するというカミキリムシなども見受けられ（後述），また鱗翅目のいわゆる小蛾類で新条を穿孔する種が多く，これらは「新条髄芯穿孔性」と呼ばれ，用語自体は髄の食害を示唆している。しかし小枝は，それゆえに心材形成にはいまだ至らず，内樹皮・形成層・辺材・髄といういずれも栄養的に悪くない部分のみから成り，これを穿孔する昆虫がそのうちのどの部分をねらって穿孔しているかは実際のところ不明瞭である。キクイムシ類にも髄穿孔性の種が見られ（Atkinson & Equihua-Martinez, 1986），恐らくはこれらの発生は小枝に限定されるものと思われる。

5. 食材性昆虫の食性等の型類

　食材性昆虫の木質に依存するパターンは実に様々である。以下，その類型分けを試みるが，その一部に関しては食材性昆虫に加え，木部穿孔養菌性種（ゾウムシ科－キクイムシ亜科の一部，および同科－ナガキクイムシ亜科の大部分）についても適用できる。
　まず，木質を資化する全生物については，次に示すその生態学的類型化（Swift, 1977a；一部改変）が考えられている：
[1.] 木材必須生活者（樹種種特異的）
　　[1.1.] 細胞壁分解者
　　　　[1.1.1.] 一次性摂食者・新鮮死組織摂食者
　　　　　　（根腐れ菌，一次性〜二次性カミキリムシ等穿孔虫，樹木侵入シロアリ）
　　　　[1.1.2.] 二次性腐食者
　　　　　　[1.1.2.1.] 強力分解者（白色腐朽菌，褐色腐朽菌，シロアリ一般）
　　　　　　[1.1.2.2.] 非強力分解者（二次性カミキリムシ等穿孔虫）
　　[1.2.] 細胞内容物依存者
　　　　[1.2.1.] 一次性摂食者・新鮮死組織摂食者（樹皮下穿孔性キクイムシ類）
　　　　[1.2.2.] 二次性腐食者（青変菌，樹皮分解菌，細菌）
[2.] 木材任意生活者（樹種非種特異的）
　　[2.1.] 細胞壁分解者（軟腐朽菌）
　　[2.2.] 二次性摂食者（土壌真菌，土壌細菌，分解性土壌動物）
　　[2.3.] 捕食性土壌動物

　また木材の分解には①入植段階，②分解段階，③土壌化段階の3段階があり，入植段階は取りつきのきっかけ（風害，虫害，人工的傷つけによる傷）が重要とされている（Swift, 1977a）。
　一方これらの類型化は，これを木質関連昆虫に適用しようとした場合，その膨大な多様性ゆえに，個々の昆虫種あるいは昆虫群の性格付けには不十分といわざるをえない。そこでこれらの食材性昆虫を様々な角度から分類し，最終的にそれらの要因を組み合わせて特定の生態を表すシステムの構築を試みることとする。
　以下，(A) 生きた木か枯れた木か，(B) 外樹皮・内樹皮・辺材・心材・髄のどの部分か，(P) 加害材の位置，(C) 炭水化物の利用様式，(N) 有機窒素の利用様式，(R) 栄養共生，(S) 社会性，(E) 摂食するステージ，(D) 休眠性，(H) 宿主(しゅくしゅ)特異性といった性格付け・類型分けの諸要因とその類型を挙げ，後に食材性昆虫・木質依存性昆虫の分類群別解説（11.）でこの性格付けを記号で示した。ただしこれら食材性昆虫・木質依存性昆虫のすべてにおいてこれらすべての諸要因の性格付け・類型が確定しているわけではなく，表にすれば不明による空欄の方がむしろ多かろう。
　なお，以下の (A)，(B)，(P) の区分に関しては，Bouget *et al.* (2005) の類別と用語法が示唆的で参考になるが，事実上区別の困難な項目も見受けられる。

(A) 一次性，二次性，その他：生きた木か枯れた木か

　定義としては，一次性昆虫とは健全な植物，二次性昆虫とは衰弱～枯死した植物を攻撃するものということになっている。後述するように，宿主植物が生きているか死んでいる（および死にかかっている）かは，食害虫に対する植物の反作用の有無の点で非常に重要である。しかし植物，特に巨体を擁する樹木の場合，動物などとは異なり，その個体の生死は二者択一概念ではなく連続概念でその間に無数の中間状態がある。また昆虫の方でもある種が一次性か二次性かというのは非常に微妙な場合が多く，一線を画することができない場合が多い（Kangas, 1950）。さらに厄介なことに樹木は，個体の部分部分で生死状態が異なるという複雑な様相を呈する。罹患部隔離作用（compartmentalization）（Shigo, 1984）はその一環である。この一線を越えるといずれは枯死するという樹木にとっての生死の境は，一応存在するはずであるが，これに穿孔虫などの加害生物がからむとこの境は容易に動いてしまう。というわけで，生きている植物を喰う一次性と，死んだあるいは死にかかった植物を喰う二次性は，実は連続概念にして相対的概念であり，一線を画し難い。同様のことは二次性と朽木性の間にも見られる。以下これを十分御承知おき願いたい。なお，以下の一次性・二次性といった概念は，食材性昆虫の他に木部穿孔養菌性種（ゾウムシ科‐キクイムシ亜科の一部，および同科‐ナガキクイムシ亜科の大部分）についても適用でき，かつそれが必要である。

- A_1：一次性。生きた樹木の幹，枝，太い根を加害する場合である。この場合，針葉樹ならば樹脂（ヤニ）の滲出，広葉樹ならば樹液噴出とカルス形成といった樹木からの反撃が生じ，これにいかに対処するかが生存の鍵となる。しかし生きた植物組織ゆえに栄養は豊富である。

- A_2：二次性。枯れたまたは衰弱した（枯れかかった）樹木の幹，枝，太い根を加害する場合である。この場合，植物の反撃はなく安心であるが，栄養価は低く，特に腐朽菌による分解を受けると当初は一挙に栄養価が下がる。しかしその一方で，腐朽菌そのものあるいはこれの発生に付随する細菌類の発生で，特に有機窒素分の含有量が徐々に上昇して栄養価が上がる場合も見られ，状況は複雑である。

- $A_{1.5}$：一次性と二次性の境界領域（その1）。この場合，外見的には弱っていないように見えても実は衰弱が激しく，虫害に対する抵抗性をほとんど失っているような「一見したところ健全で実は死に体」の樹木があり，これに対する食害は一次性（A_1）なのか二次性（A_2）なのか区別は困難で，「1.5次性」といわざるをえないような状況もあるとされる（Shibata, 1995；Shibata, 2000）。しかしこういったケースは多くの場合あえて A_2 として差し支えないものが多く，詳しくは後述（12.2.）するが，例えば針葉樹のヤニ（樹脂）の滲出度の観察やその滲出圧力の測定（Vité & Wood, 1961；小田，1967；Futai & Takeuchi, 2008；他），広葉樹の形成層帯の電気抵抗値の計測（Wargo & Skutt, 1975；Shortle et al., 1977）などで客観的に宿主樹の異常が査定・数値化でき，まさに健全と枯死寸前の間の状態，「生死の境」の前後にあることが明瞭となった場合，これにのみ対応した昆虫が定義できる場合もありそうである。ただし，そもそもこういった生死の境というのは一種の非平衡点で長続きせず，真の $A_{1.5}$ が存在するかどうかは難しい問題ではある。実際この状態の樹木は昆虫との関連で "stressed tree" という一定のカテゴリーとして扱われているが，同時に "weakened tree" というカテゴリーも見られ（Hanks, 1999；他），それとの区別や各々の定義がはっきりしない点が問題ではある。これらに対応すると思われる「被圧

木」,「衰弱木」という日本語もあるが,用語の使われる文脈から同順対応を鵜呑みにできない。ともあれこれらを一括するものとして,実用的見地から,この $A_{1.5}$ という類型は残したい。

- $A_{1\searrow2}$：一次性と二次性の境界領域(その2)。同じ二次性でも,端から端まで真性の枯木のみを喰う純粋の二次性の他,生きた木の枯死部や心材,生きた木に付いた枯枝のみを喰う中途半端な二次性まで,様々な二次性が見られる。こういった連中は,生態的には一次性,生理的には二次性と見なし,ここでは「$A_{1\searrow2}$」としておこう。乾材シロアリ類(レイビシロアリ科)の場合,用材,枯死木の他,生木の心材や生木の枯死部を穿孔するが,生木に付随した枯木や心材を穿孔する場合,生きた樹木からの水分供給が重要との指摘(S.F. Light, 1934)もあり,このあたりがその存在理由となっていよう。カミキリムシ科-カミキリ亜科のスギノアカネトラカミキリ *Anaglyptus subfasciatus*(図 5-1a)は,生きた樹木の枯枝からこれに直接連なる心材へと侵入する「長旅」を克服して心材を食害する(図 5-1b)。なおこういった生木の枯死部を昆虫が穿孔すると,必ずこの樹木に青変菌や木材腐朽菌などの侵入をもたらし,いずれの場合も木材利用の観点からは困りものとなる。

- A_3：朽木性。朽木とは,主として森林林床に見られる木材腐朽菌による分解の進んだ枯死材のことで,腐朽材とほぼ同義語である。こういった材を好んで穿孔する昆虫は,従って木材腐朽菌との関連性が想定され,腐朽菌そのものを栄養にするため,菌種特有の代謝産物がそれに関連する甲虫種を誘引する可能性も示されている(Leather *et al.*, 2014)。ここに木材腐朽とは,次の異なるタイプの木材腐朽菌が引き起こす3つのタイプの現象である(Norkrans, 1967;深澤,2013;他)。すなわち,(a) 細胞壁多糖類(セルロースおよびヘミセルロース)とリグニンを両方分解できる(従って地球上でリグニンを唯一本格的に分解できる)**白色腐朽菌**による**白色腐朽材**(繊維方向に材組織が裂けやすく白っぽい状態となるのが特徴;広葉樹材に多い)(図 5-2),(b) 細胞壁多糖類のみを本格的に分解できる**褐色腐朽菌**による**褐色腐朽材**(繊維方向に対して垂直にひびが入って材が直方体状に分解し,リグニンの色彩である褐色を呈するのが特徴;針葉樹材に多い)(図 5-3),(c) 高含水率材を中心に細胞壁多糖類を分解してリグニンを残す**軟腐朽菌**による**軟腐朽材**(表面が泥状に軟化するのが特徴)(Rayner & Todd, 1979;Schwarze *et al.*, 1997;他)。これらの3タイプの真菌類はタクソン(分類群)ではなく,生活型,エコタイプであり,分類学的にまとまってはおらず,白色腐朽菌にして場合によっては軟腐朽菌的な振る舞いを見せる

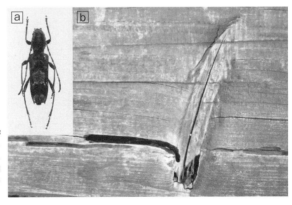

図 5-1 スギノアカネトラカミキリ *Anaglyptus subfasciatus*(カミキリ亜科-トガリバアカネトラカミキリ族)。 a. 雌成虫。(口絵 13) b. ベンチのスギ材表面に表れた幼虫の食痕(愛知県設楽町,2010 年)。幼虫は枯枝から樹体内の心材に入り,飛び腐れを引き起こす。

図 5-2　白色腐朽菌カワラタケ Trametes versicolor に冒されたブナ枯枝（群馬県みなかみ町日大演習林，2010 年 8 月）。木部が白っぽくなり，樹皮には子実体が見える。（口絵 15）

図 5-3　褐色腐朽菌に冒された公園の木製ベンチの針葉樹材（神奈川県大和市，2008 年 4 月）。材の繊維方向に対して垂直にひびが入り，材が直方体状に分解するのが特徴。

図 5-4　ブナ生木に生じた木部暴露と心材腐朽（群馬県みなかみ町日大演習林，2010 年 8 月）。（口絵 17）

図 5-5　ケブカヒラタカミキリ Nothorhina muricata (Dalman)（カミキリムシ科－クロカミキリ亜科）。a. 雄成虫。　b. アカマツ生立木樹幹上の成虫脱出孔（矢印）（神奈川県藤沢市日大湘南キャンパス，2010 年）。　c. 同樹から剥がした外樹皮の裏側の幼虫食痕（矢印）。

図 5-6　自然公園施設のベンチの針葉樹材に見られたヒメスギカミキリ Callidiellum rufipenne（カミキリ亜科－スギカミキリ族）幼虫の食痕（群馬県みなかみ町，2008 年 9 月）。食痕が側面の縁を越えていないので，設置当初は樹皮が付いていて，樹皮下がこの種の激しい食害を受けて樹皮が脱落したことが，これにより推察される。

図 5-7　ヒノキ丸太樹皮下のヒノキノキクイムシ Phloeosinus rudis（キクイムシ亜科）の成虫母孔（軸方向の直線状の坑道）とこれより放射状に伸びた幼虫食痕（愛知県設楽町，2010 年）。

というような種もある（Schwarze et al., 1997）。上述のように白色腐朽が広葉樹材に，褐色腐朽が針葉樹材に多いという傾向は確かにあるが，その逆の組み合わせ，特に褐色腐朽菌が広葉樹材に発生するケースは稀ではないようである(Highley, 1978)。そしてこういった特定のタイプの腐朽菌の発生が特定の食材性昆虫（あるいは実際にはそうではなくて食菌性昆虫 ?!）やその他様々な生物の発生を左右している（深澤, 2013）。

- $A_{1\diagdown 3}$：一次性と朽木性の境界領域。例えば一見健康そうな広葉樹古木で，その心材が虫害と腐朽材の双方により腐朽して，甚だしい場合中空となることがあり，一部の樹皮が剥げて木部が露出する場合（図5-4），そういった部分は「生きた樹木中のアクセス可能な朽木」となり，こういった部分に発生する昆虫は，生態的には一次性，生理的には朽木性という，二股かけた性格となる。こういう連中をここでは「$A_{1\diagdown 3}$」としておこう。
- A_5：リター分解性。このカテゴリーは木質依存性である前に，土壌動物としての性格が著しく，その中に木質依存性がやや強いタクサが見られる。中でもシロアリ類（特に高等シロアリ）が重要といえる。

(B) 外樹皮・内樹皮・辺材・心材・髄のどの部分を食うか

- B_0：外樹皮穿孔性。外樹皮は樹木の木質部の中で最も栄養価の低い部分であり，よりによってこういった部分を好む奇特な昆虫は非常に少なく，例えばおよそ750種を擁する日本産カミキリムシ科の中でも，アカマツ幹に発生するケブカヒラタカミキリ Nothorhina muricata（クロカミキリ亜科－マルクビカミキリ族）（図5-5）(Kangas, 1940；新里, 1980）など，わずか数種のみである。しかしもしこのような貧栄養的ニッチで栄養生理的にこのハンディーを克服できたならば，その昆虫は競合者が少なく，その分他種との生存競争の点で有利となる。樹皮下穿孔性甲虫類の多くは蛹化する前に「材入」し，この局面のみ木部穿孔性（B_3）となるが，北米産キクイムシ類の殺樹性樹皮下穿孔性種 Dendroctonus frontalis では，終齢である4齢幼虫になると逆に外樹皮へと移動し(Goldman & Franklin, 1977)，この局面のみ外樹皮穿孔性となる。
- B_1：内樹皮穿孔性／● B_{1+2}：樹皮下穿孔性（図5-6；図5-7；図5-8）／● B_2：辺材穿孔性（図5-9）。内樹皮は木質の中で最も栄養素の豊富な部位であり，これを求めて極めて多くの穿孔虫がこの部分に発生する。ただし内樹皮は若い枝の場合非常に薄く，また樹種によっても幹で内樹皮が薄いものもあり，虫体がある程度の大きさになるとこの層をはみ出してしまう。外にはみ出すと不味い外樹皮となるので，勢い内側にはみ出す。そうすれば形成層を，さらにはその内側の辺材最外層を喰わざるを得ない。これがまさに樹皮下穿孔性である。実際のところ，穿孔虫が孵化直後から樹皮下穿孔性なのか，最初は内樹皮穿孔性で成長に伴い樹皮下穿孔性となるのか，また蛹化前の老熟幼虫が依然樹皮下穿孔性なのか，その時点で樹皮脱落の危険性が増しそれを背景に木部穿孔性（といっても辺材最外層）に転じているのかといったことは，決定しにくい微妙な事柄である。実際，樹皮下穿孔性と考えられているヒゲナガカミキリ属 Monochamus（フトカミキリ亜科－ヒゲナガカミキリ族）（図5-8）の幼虫の場合でも蛹化の前に木部深くに「材入」し（例えば Gardiner (1957)；他），これが摂食を伴うものなのか，純粋に蛹化のみのためのものなのかはやや不明瞭である。また木部穿孔性のトラカミキリ属 Xylotrechus（カミキリ亜科－トラカミキリ族）の場合でも材が樹皮を伴っている場合，孵化幼虫は樹皮下穿孔性を示すようである

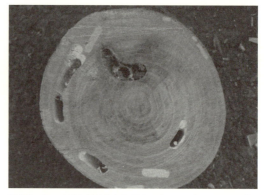

図 5-9 ヨツスジトラカミキリ *Chlorophorus quinquefasciata*（カミキリ亜科−トラカミキリ族）の発生したケヤキ材の木口面における幼虫食痕（神奈川県藤沢市）。木部穿孔性の典型で，食痕は主として辺材に位置しているので，辺材穿孔性ともいえる。一部の食坑道はフラス（糞）が密に詰まっている。

図 5-8 アオモリトドマツの風倒木の樹皮下に見られたヒゲナガカミキリ *Monochamus grandis*（フトカミキリ亜科−ヒゲナガカミキリ族）幼虫の食痕とフラス（山梨県鳴沢村富士山麓，2010 年）。細長い線状の食痕（下部）は樹皮下穿孔性キクイムシ類によるもの。（口絵 18）

（例えば Gardiner (1957)；他）。米国・California 産の樹皮下穿孔性キクイムシ類の一種 *Ips plastographus* は宿主樹ヨレハマツ *Pinus contorta* の内樹皮ないし樹皮下を穿孔する一方で，恐らくは高温または低温からの避難のために未成熟成虫が辺材部まで潜入することがあるとされ（Lanier, 1967），食痕を見ただけでは坑道がどのステージによるものかがわからず，これは純粋の樹皮下穿孔性種とはいえないということにもなりかねない。さらに，アフリカ産の樹皮下穿孔性キクイムシ類の種で，幼虫が成熟するに従い徐々に木部穿孔性へと移行するものが見られるといい，こちらは正真正銘の「B_{1+2} → B_2 移行種」といえる（Schedl, 1958）。また北米産ハモグリバエ科の一種 *Phytobia setosa* の幼虫はピスフレックの原因となる種で樹皮下穿孔性とされるが，これの穿孔は実際には形成層からわずかに木部側に偏り，これはこの幼虫にとって宿主樹の抵抗が少なく栄養的にも優れた部分であることによるものとされる（Gregory & Wallner, 1979）（17. 参照）。いずれにせよ B_1，B_{1+2}，B_2 の三者をまとめると，これは種数で食材性昆虫の大半を占める大カテゴリーである。原木丸太の産地において虫害を防ぐのに剝皮が有効というのは，まさにこのカテゴリーが関係する事柄である。基本的にこのカテゴリーは甲虫類が中心のものであるが，シロアリ類でも，種多様性が高いブラジル・Amazonia の熱帯降雨林では，専ら樹皮内や樹皮下を穿孔して営巣すべく特化したシロアリ科−シロアリ亜科の *Planicapritermes* や *Cylindrotermes* が見られ，前者はこれに対する適応でその名の通り扁平な体型を呈している（Constantino, 1992）。さらに，面白いことに昆虫のみならず真菌類にも，同じ栄養摂取事情を背景に，樹皮下を棲息場所とするものが見られるという（Rayner & Todd, 1979）。

● B_3：木部穿孔性（心材も含む）。カミキリムシ科−ハナカミキリ亜科−ハナカミキリ族の大半，カミキリムシ科−カミキリ亜科の一部（ルリボシカミキリ族，トラカミキリ族，等）では，産卵時に既に樹皮を欠いた材に雌成虫が産卵し，幼虫はいきなり材内部に向けて穿孔する。クワガタムシ科の幼虫も主に腐朽材を直接穿孔する。これらはいずれも材での発

生に樹皮を必要としないグループである。これらはその栄養要求性により基本的には辺材を好み，心材は避けるが，ルリボシカミキリ属 *Rosalia* などでは心材でも平気で穿孔する。樹皮下穿孔性と一線を画しにくいことは前項で述べたが，カミキリムシ科では若齢幼虫が樹皮下穿孔性，中齢〜老熟幼虫が木部穿孔性という種も見られ，これは幼虫の栄養要求性の個体発生に伴う変化の反映と考えられる。いずれにせよこのあたりのことは詳しいことは調べられていない。シバンムシ科（ただしマツザイシバンムシ *Ernobius mollis* を除く），ナガシンクイムシ科（ヒラタキクイムシ亜科を含む）も木部穿孔性で，発生に樹皮を必要としない。ナガシンクイムシ科では発生は（主に広葉樹の）辺材に限られる。ゾウムシ科では，オオゾウムシ *Sipalinus gigas*（オサゾウムシ亜科）が日本では非常に目立つ針葉樹木部穿孔虫であり，樹皮のない材に産卵する（岡田充弘・中村，2008）。ゾウムシ科－ナガキクイムシ亜科の大部分，ならびに同科－キクイムシ亜科の木部穿孔養菌性種（図3-1）（いわゆるアンブロシア甲虫類）は，その餌である共生菌の培養のために成虫が材を穿孔するが，この穿孔行動はあくまで菌栽培のための耕耘作業のようなもの。材を嚥下しないので，辺材と心材の区別はしないとされ，また樹皮の存在は彼らにとって邪魔物以外の何物でもなく，原木丸太の産地においては丸太の剝皮をしないことが発生を抑制するという（Browne, 1950；Fougerousse, 1957；T. Jones, 1959；Fougerousse, 1969）。このことは前項における丸太剝皮方針と真っ向から対立し，現場においてアンブロシア甲虫類と樹皮下穿孔性甲虫類（特にゾウムシ科－キクイムシ亜科，カミキリムシ科）のいずれが多いかを勘案して二者択一的方針決定をすることが求められるようである。なお，木部穿孔養菌性のナガキクイムシ類の中でも，西アフリカ産の *Trachyostus* spp. はこの原則とは逆で，純粋の一次性の種のみならず二次性の種でも，樹皮は加害に必須のようである（H. Roberts, 1968）。

- B_4：髄穿孔性。後述するように，髄は心材の中にあって心材よりもわずかに栄養価が高いが，太枝や幹の場合穿孔虫がこれをあてにして心材の中心まで食い進むということはまずありえない。しかし細い枝の場合は少し食い進めばすぐに髄なので，非常に薄い内樹皮はあてにせず，枝の芯に相当する辺材と髄（細い枝の場合心材は未発達）をまとめて穿孔することはある。いわゆる新条髄芯穿孔性がこれにあたる。髄穿孔性のほとんどはこの新条髄芯穿孔性と考えられるが，栄養摂取の観点からのこの食性の穿孔虫に関する研究はほとんどない。

(P) 加害材の位置はどうか
- P_1：幹穿孔性
- P_2：枝穿孔性
- P_3：根部穿孔性

(C) 炭水化物の利用様式はどうか
- C_0：可溶性糖類依存性
- C_1：デンプン・可溶性糖類依存性
- C_2：デンプン・可溶性糖類・ヘミセルロース依存性
- C_3：デンプン・可溶性糖類・ヘミセルロース・セルロース依存性

(N) 有機窒素の利用様式はどうか
- N_1：宿主植物窒素依存性
- N_2：空気窒素固定微生物依存性

(R) 栄養共生はどうか
- R_1：共生微生物欠如型
- R_2：消化管外微生物共生型
    - R_{2-1}：木材腐朽菌依存型
    - R_{2-2}：共生糸状菌体外依存型
- R_3：消化管内微生物共生型
    - R_{3-1}：消化管内共生微生物遊離型
        - R_{3-1-1}：細菌共生型
        - R_{3-1-2}：原生生物共生型
        - R_{3-1-3}：酵母菌共生型
    - R_{3-2}：消化管内共生微生物固着型
        - R_{3-2-1}：細菌共生型
        - R_{3-2-2}：酵母菌共生型
    - R_{3-3}：消化管細胞内共生細菌保持型

(S) 社会性はどうか
- S_1：前社会性
- S_2：亜社会性
- S_3：真社会性
    - S_{3-1}：巣と餌材がワンピース型
    - S_{3-2}：巣と餌材が中間型
    - S_{3-3}：巣と餌材がセパレート型

S_3 内の以上 3 類型については，Abe (1987) 参照。詳しくは後述する（16.13.；23.；28.5.）。

(E) 摂食するステージはどうか
- E_1：食材性は幼虫のみ
- E_2：食材性は幼虫の他成虫も

(D) 休眠性はあるか
- D_1：冬季または乾期休眠性（主として材内で）
- D_2：非休眠性／無季節性

(H) 宿主特異性はどうか
- H_1：単食性〜狭食性／スペシャリスト
- H_2：広食性〜汎食性／ジェネラリスト

ここに単食性とは宿主植物種が単一のもの，狭食性とは宿主植物種が同一科（あるいは目）内の複数種のもの，広食性とは宿主植物種が複数目（あるいは綱）にまたがるもの（食材性昆虫・木質依存性昆虫の場合，「針葉樹全般」あるいは「広葉樹全般」はこれに相当），汎食性とは宿主植物種が何でもよいもの（食材性昆虫・木質依存性昆虫の場合「針葉樹・広葉樹を問わず木質全般」がこれに相当）を表す。これらの区別やその多寡については，ゾウムシ科－キクイムシ亜科ではSchedl (1958)，カミキリムシ科ではLinsley (1959) の記述がある。また，スウェーデンにおける木質依存性甲虫類の希少種・絶滅危惧種に関する樹種別宿主解析結果（ナラカシ属が最重要；Jonsell $et\ al.$, 1998）は，同じ旧北区に属する日本における状況の理解の一助となる。また，こういった具体的情報によらずとも食材性甲虫における (H) 宿主特異性は，(A) 一次性・二次性・朽木性の別，(B) 食害部位の別と密接な関連性が見られることは容易に気づく事実である。すなわちジェネラリスト (H_2) → スペシャリスト (H_1) の推移系列は，(A_3) → (A_2) → (A_1) なる推移系列や (B_2) → (B_1) なる推移系列と概ね平行している。カミキリムシ科－フトカミキリ亜科－ヒゲナガカミキリ族でも祖先的に A_2 かつ H_2 だったものが，A_1 かつ H_1 へと進化して派生する傾向が指摘されている（Toki & Kubota, 2010）。一方高等シロアリにおいては，(A_3) → (A_5) という，甲虫とは逆の進化系列が出現したことは特筆される（16.21. で詳述）。

(W) 水分との関連はどうか
- W_1：耐乾性／非耐湿性
- W_2：非耐乾性

(T) 気温との関連はどうか
- T_1：耐寒性
- T_2：耐暑性

(G) 二酸化炭素との関連はどうか
- G_1：二酸化炭素抵抗性
- G_2：二酸化炭素感受性

これらの各類型間には多くの場合，中間型が存在する。
ところで，以上の類別はあくまで特定タクソンの特定ステージ（甲虫の場合は特に幼虫）に対する判定にかかるものである。そして，タクソンによってはステージ（幼虫に対する成虫）で食性がまったく異なる場合があることを忘れてはならない。そしてその場合成虫食性（後食食性）は食材性とは限らない。その顕著な例として，カミキリムシ科－ハナカミキリ亜科（成虫の餌は花の蜜と花粉が中心），クワガタムシ科（成虫の餌は樹液）がある（Bouget $et\ al.$, 2005）。昆虫の成虫摂食（後食）は基本的に性的成熟と寿命延長が目的で，成育と無縁であることを忘れてはならない。
また本章で示した類型分けは，そのタクソンの木質昆虫学的性格付けに重要なものであるがゆえに，実際各タクソンに関する明示が現在のところ困難な類型分けであっても，あえて加えたものもある。こういったものは，11章における各タクソンの枚挙と提示に際して類型分けの言及に乏しいが，それは将来の課題であることも示唆している。

6. 木質とその周辺

　昆虫が依存する木質は，自然界ではどのような存在形態をしているであろうか？
　まず (1) 木本植物の生体。そして (2) 木本植物生体に付着した枯枝。(3) 枯死した木本植物。これには太い枯幹から細い枯枝まで，様々な太さのものが見られる。このうち，(3a) 枯幹（図 6-1）や太い枯枝は「粗大木質残滓」(coarse woody debris; CWD) と呼ばれ，生態系の種多様性関連重要構成要素，森林生産重要構成要素として最近注目され（Hagan & Grove, 1999），特に Palm (1959) による甲虫類に関する包括的な先駆的研究が成された北欧を中心に，甲虫類や菌類の関連でその種多様性保持機能などが近年盛んに研究されている（Hanula, 1996; Ehnström, 2001; Siitonen, 2001; Grove, 2002; Heilmann-Clausen & Christensen, 2004）。たかが枯木と侮るなかれ。例えば日本においては，鳥取県の山地のエゾエノキの 1 本の立枯れは，その細枝から根元の幹に至るまで数年間にカミキリムシ科だけで少なくとも 19 種を発生させていたとのギネス的記録（黒田祐一, 1984）がある。その他の科も含めると，この 1 本に発生していた食材性昆虫は丼勘定で 50 種，全昆虫では恐らく 200 種は下らなかったはずである。
　CWD の分解速度は様々な要因に左右されるが，樹種，特に針葉樹か広葉樹かという区別はなかんずく重要であり，針葉樹材の方が広葉樹材よりも分解されにくいとされ，これには次のことが要因として関係している（Weedon et al., 2009; 他）。まず，(1) 枯死材では広葉樹の方がデンプンなどの栄養系バイオマス（2.2.1. 参照）の含有量が高く（12.3. 参照），これが木材腐朽菌の発生と分解作用を促進していること，(2) 針葉樹腐朽材は褐色腐朽，広葉樹腐朽材は白色腐朽であることが多く（2.3. および 5. 参照），その結果針葉樹の褐色腐朽材では，褐色腐朽菌がリグニン分解能を欠くことによりリグニンが残留し，一向に分解が進まないこと，(3) 針葉樹は特に樹脂の成分としてテルペン類などの抽出成分を大量に含んでおり（12.2. 参照），これが樹体枯死後も材内に残存して引き続き「防腐防虫剤」として機能し，分解を遅らせること，(4) 針葉樹は寒帯〜亜寒帯〜温帯に繁栄しており，もともと寒冷で分解があまり進まない土地であること。
　CWD は樹木の部位（外樹皮，内樹皮，辺材，心材）によっても分解速度が異なり，内樹皮

図 6-1　アオモリトドマツ風倒木（山梨県鳴沢村富士山麓, 2010 年）。粗大木質残滓（CWD）の典型。

はその栄養価が最高である関係で分解が最も早く，一方広葉樹の辺材と心材を比べると，意外にも後者の方が最初は分解が早いとの報告が見られ（Schowalter, 1992），これは生木で木材腐朽菌が心材の方にとりつきやすいことと関係があるものと思われる．

またCWDは，立っているか（いわゆる「立枯れ木」），横に寝ているか（いわゆる「倒木」）で昆虫・微生物との関係性などが異なる．例えばカミキリムシ科では，ハナカミキリ亜科は腐朽材に，従って倒木に発生し，その関係から立枯れ木を模した円筒形の縦型誘引器では捕獲されにくく，逆にカミキリ亜科はやや乾燥した材に，従って立枯れ木に発生し，その関係からこのタイプの誘引器で捕獲されやすいという（Holland, 2006）．

基本的にCWDの寿命は劣化に寄与する微生物等の活動の度合いに左右され，これは気温と湿度の関数である．寒冷なほど，赤道から離れて両極へ向かうほど，そして乾燥状態ほど寿命は長くなり，温暖なほど，赤道へ近づくほど，そして湿潤なほど，劣化が促進されて寿命は短くなる（ただし寒冷地での水浸しは劣化を停滞させる）．熱帯であるパナマにおける観察では，10年という年月で枯死→倒木化→腐朽分解→腐植化が起こり，跡形もほとんど残らないことがあるという（Lang & Knight, 1979）．筆者の経験では立枯れは倒木より長持ちするようで，本州の暖帯林では樹木が立枯れてから倒れて倒木となるまでに数年，これが朽ち果てるのにさらに2〜3年という大まかな目安を持っている．その一方で筆者は，日本最寒の地である北海道空知支庁幌加内町北端付近で1982年7月に立っていてセアカハナカミキリ *Macroleptura thoracica* やアイヌホソコバネカミキリ *Necydalis major aino* の成虫を呼び寄せていた古いダケカンバ巨木の立枯れは，その9年後の1991年8月にも依然としてそこにそびえ立っているのを見出して驚いたことがある．同様の寒冷地である米国・Oregon州中央部，標高1675mのヨレハマツ *Pinus contorta* の森林において，殺樹性キクイムシによってヨレハマツが枯死して後，その立枯れ幹の半数が倒れるまでに要する年数（ET_{50}）を調べた研究（R.G. Mitchell & Preisler, 1998）では，胸高直径20cmの間伐林で6.1年，同40cmの間伐林で7.9年，同20cmの放置林で9.2年という結果が出ている．また米国・Colorado州とUtah州の山岳地において殺樹性の樹皮下穿孔性キクイムシの一種 *Dendroctonus rufipennis* （*D. engelmanni* として）が引き起こしたエンゲルマントウヒ *Picea engelmannii* の大量枯損では，枯損木は恐らくは特殊な条件により20年，あるいは数十年にわたって腐朽を免れて立ち続けるという報告（Mielke, 1950）がある．やはり寒冷地では立枯れはしぶとく残存するようである．倒木となった後は，微生物や土壌動物がCWDをせっせと分解して土に還してくれている．と思いきや，ヨーロッパでは倒木の分解は10年単位の現象とされ（Speight, 1989），また米国西海岸の森林では，針葉樹の倒木CWDで何と200年以上経過したものが報告されており（Sollins *et al.*, 1987），非熱帯地域の森林ではCWDの寿命は，特に水分含有量が適度でない場合は相当長くなるようである．

CWDの典型的な発生形態は森林中の立枯れ，風倒木，そして立枯れ後の倒木であり，この場合生態学的にはCWDの発生に加えて，鬱閉状態の林冠における日当たりを伴う「穴」（gap）の形成が重要で，これが昆虫を中心とした生物多様性に寄与しているとされる（Bouget & Duelli, 2004）．CWDの存在形態，いわゆる「幾何学的要因」については，立枯れと倒木，すなわち縦か横かで比較すると，縦に立った立枯れには食材性の穿孔性甲虫が，横に寝た倒木には食菌性甲虫が豊富との結果がスウェーデンで出ている（Franc, 2007）．スロバキアではドイツトウヒ *Picea abies* の倒木の根の部分が地面と接しているか否かでキクイムシの発生が異な

ることが報告されている（Jakuš, 1998b）。横倒しの丸太に関して，それに枝が付いている場合と枝がカットされた場合では，材中のエタノール（樹木の枯死の指標；後述）の濃度と含水率は，後者の方が前者より高く，その分木部穿孔養菌性キクイムシ類の発生密度が高くなり，これは幹に付随する枯枝が水分やエタノールの拡散・蒸散を助けていることによるものと説明されている（R.G. Kelsey, 1994b）。ここでは言及されていないが，筆者はこれに関しては材の表面積（あるいは表面積÷体積）が重要な因子であると考えている。最後に丸太などの材の太さ。これは後述（12.9.）するように種間の棲み分けにおける重要な要因のひとつであり，太い木と細い木でそれに食入する甲虫相が異なることが知られる（Brin et al., 2011）。しかしそれに加えて，何と昆虫種内で，カミキリムシ類では雌が太い材に（Starzyk & Witkowski, 1986），樹皮下穿孔性キクイムシ類では雌が細い材に（Amman & Pace, 1976），それぞれ雄より多く発生する，すなわち太さに関して性比に偏りが生じるとする報告が見られる。これがいかなるメカニズムによるものかは不明瞭ながら，産卵母成虫の産み分け，発育基質の栄養や含水率等の違いに対する雌雄の反応（および／または生存率）の違い，さらにはこれらの組み合わせが考えられ，今後の研究課題である。

　CWD の諸因子が食材性昆虫・木質依存性昆虫に与える影響はこのように計り知れないが，そういった要因の中でも巨視的なもののひとつに，森林内における CWD の分布様式がある。この点については，それのみで森林生態学の一部門を形成するほどの知見の蓄積があろうが，食材性昆虫との関連で興味深い例をひとつ。一般に CWD の森林内での分布は熱帯でやや一様分布，亜熱帯・暖帯でやや集中分布することが知られるが，同じイエシロアリ属 Coptotermes（ミズガシラシロアリ科）の種でも，熱帯に分布する C. gestroi と亜熱帯〜暖帯に分布するイエシロアリ C. formosanus の蟻道形成パターンを比べると，前者は CWD が遍在することに対応して蟻道が短く，枝分かれが多くて蟻道による専有面積が狭いのに対し，後者は CWD が偏在することに対応して蟻道が長く，枝分かれが少なく，蟻道による専有面積が広いという解析結果が得られている（Hapukotuwa & Grace, 2012）。遍在する資源には狭い範囲の探査で十分ながら，偏在する資源にはより大まかにしてより広範囲の探査が必要となるわけである。

　ここで引用した研究のほとんどは生物多様性に寄与する自然のバイオマス要素としての CWD を強調するものであった。しかし既に見たように，CWD は他のバイオマス要素と比較すると，量的には相当のものながら，分解者にとって栄養となる成分があまりにも貧弱で，ある意味どうしようもない代物，なかなか分解してくれない代物ともいえる（Laiho & Prescott, 2004）。

　一方 (3b) 細い枯枝は，落ち葉と混じり合って土壌の最上層（A_0 層）を形成し，分解が進むとその下の A 層，さらには B 層へと「下層化」していき，それに平行して分解も進んでいく。こういった分解しやすい細枝（fine woody debris；FWD）の木質依存性昆虫種多様性に対する寄与については，これまで丸太や太い立枯れ木といった CWD の研究の陰に隠れて注目されなかったが，フランス南部のブナ属 Fagus の林で生枝も枯枝もともに直径 10 cm 以下の枝が量的に最大とされ（Dajoz, 1974），さらに Jonsell et al. (2007), Ferro et al. (2009), Brin et al. (2011) などの木質依存性昆虫種多様性の研究でも，侮れないものとの認識が持たれるに至っている。CWD に関する木質依存性甲虫類の研究では，食菌性や捕食性の甲虫種が相当の比重を占め，食材性種はむしろ少数派であるが（Irmler et al., 1996），その一方 FWD では，その分解過程

の初期に限ってはカミキリムシ科など純粋の食材性甲虫の比重が高いようである。CWDで幹と枝のどちらが木質依存性昆虫の多様性に重要かといえば，スイスのヨーロッパブナでは枝の方に軍配があがっており（Schiegg, 2001），これはCWDとFWDの対比とも関連していよう。

　日本でも，CWDの存在が林内の生物多様性の核としての木質依存性昆虫，すなわちカミキリムシ科，ナガクチキムシ科およびゾウムシ科食材性群等の多様性に与える影響が調べられている（Ohsawa, 2008）。また日本の茨城県において広葉樹林と人工スギ林のカミキリムシ相を比較すると，圧倒的に前者が豊富で，また若い森林が，その林内のCWDや花の豊富さから最大のカミキリムシ多様性を有するという結果が得られており（Makino et al., 2007），我々が日本の森林で日常感じていることと符合する。またベルギー南部の落葉広葉樹林22箇所において，フライトウィンドウトラップ・マレーズトラップ・等を用いて食材性昆虫・木質依存性昆虫の代表として，カミキリムシ科（鞘翅目）とハナアブ科（双翅目）を採集し，各相の環境諸要因との関連を数量的に解析した研究（Fayt et al., 2006）によると，カミキリムシ相にはCWDの多いナラカシ属林分が好ましい環境であったが，ハナアブ相にはこういった木質環境要因の他に，成虫が訪花性の関係で，開花植物相も重要な要因となっていた。このように昆虫分類群によってはステージが異なると依存する資源が異なり，複数の異なる資源のセットの存在が不可欠な昆虫も見られる。食材性昆虫はその点において比較的単純で，色々な好みで棲み分けてはいるものの，要は木質さえあれば大丈夫というものが多い（ただしカミキリムシ科でもハナカミキリ亜科は成虫が必須訪花性で，幼虫用の木質と成虫用の花のセットが必要である）。これは特にシロアリ類において然り。そして生涯を木質と共に過ごすクロツヤムシ類も同じであり，この類の一種 *Odontotaenius disjunctus* の発生パターンの複数規模同時解析（Jackson et al., 2012）では，発生には景観レベルや木立レベルといったマクロレベルよりはむしろ丸太内レベルのようなミクロレベルの構造要素が重要である，つまり森林のマクロの構造（例えば広遠な連続森林かパッチ状森林か；ギャップがあるかないか；林縁か否か）はあまり重要でないという。しかし例えばカミキリムシ科でもハナカミキリ亜科，フトカミキリ亜科などでは状況はこれとは異なり，恐らくは棲息地のマクロなレベルの構造が影響してくる。これらの亜科は幼虫発生資源としての枯木の他に，成虫の性的成熟に向けての後食対象資源としてそれぞれ草本や木本の花（花蜜と花粉），生きた葉や茎が必要であり，これがむしろカミキリムシ科の種分化と多様化に関係しているものと筆者は見ている。

　後食に関してもうひとつ付け加えるに，タマムシ科の食材性種は通常成虫が花や枝葉に依存する後食生態を示すが，成虫が山火事に反応する同科の *Melanophila* では何と成虫が死んで間もない昆虫を食べ，食材性昆虫としては珍しい後食生態を示し（W.G. Evans, 1962），多くの昆虫が熱死する山火事への反応と関係があるようである。

　一方CWDは当然ながら，もし森林施行で除去されるのでない限りにおいて，森林の普遍的構成要素であり，その存在と分布は森林の存在と広がりにほぼ平行するものである。この観点から，CWDに直接的に依存する（すなわちそれに生ずるキノコに依存する菌食者や様々な関連昆虫の捕食者ではない，食材性の）カミキリムシ科二次性穿孔虫については，その種の局所的絶滅閾値としての森林の最小面積が，その種の繁殖力（雌の抱卵数）と負の相関を有することが示されている（Holland et al., 2005）。この研究は，自然環境下での食材性甲虫とその包括的環境としての森林の密接な関係を直接示した最初のものであろう。

　太い枯幹も細い枯枝も，最終的には土に還っていくことが運命づけられ，この関係から，食

材性昆虫・木質依存性昆虫は，土壌動物とメンバーが混じり合うこととなる。特に木質の分解における推移の末期には木質が激しく腐朽して軟化し，あるいはリター化して土壌と混じり，これらを分解する動物は木質穿孔虫というよりは，ほとんどが線虫類・ミミズ類・ヤスデ類・ダニ類といった分解性土壌動物である（Kozarzhevskaja & Mamajev, 1962；Speight, 1989；他）。イギリスにおいて，ナラ材で作った四角柱状の箱（四方に侵入用の穴）にナラ材木粉を詰め込んで作った「擬似丸太」に侵入する無脊椎動物を調べた実験では，侵入者はほとんどが土壌動物と呼んで差し支えない連中（ミミズ類，ダニ類，ワラジムシ類，ヤスデ類，ムカデ類，トビムシ類，ハネカクシ類，双翅目，軟体動物）であった（Fager, 1968）。この場合は木質が固形ではなく粉砕木粉なので，いわゆる穿孔虫の出番はもはやないものと考えられる。ということで，木質と昆虫の関係を論じる際には，土壌との関連も避けては通れないものとなる。これは土壌に接した丸太では当然のことであるが，生きた樹木の幹に付着した枯枝についても言え，この場合もトビムシ類等の侵入が著しいという（Larkin & Elbourn, 1964）。

　木質と土壌とのつながりは，根部という別の接点もある（4.6. 参照）。実際樹木根部には特有の食材性昆虫が存在している（Bouget *et al.*, 2005）。例えば米国産の *Prionus laticollis*（カミキリムシ科 - ノコギリカミキリ亜科）（Agnello *et al.*, 2011），クロカミキリ *Spondylis buprestoides*（カミキリムシ科 - クロカミキリ亜科）（Polozhentzev, 1929），*Hylastes* spp.（ゾウムシ科 - キクイムシ亜科）（Blackman, 1941；Zethner-Møller & Rudinsky, 1967；Reay *et al.*, 2001）などがそれにあたる。

　実は木質の地球生態系における行く末は，土に還る経路の他に，もうひとつ水系への没入がある。ここでも木質を分解する生物，すなわち軟腐朽菌や木質分解性の昆虫，非昆虫節足動物，軟体動物が待ち受けている。淡水に浸かった樹木・枯木は，樹皮下にユスリカ科（双翅目）が発生するも，彼らは材の分解とは無関係とされ（McLachlan, 1970），また木質の淡水中での水生昆虫による分解については，水棲ガガンボ類，トビケラ類およびカワゲラ類の幼虫消化管においてはセルロースやキシランなどの細胞壁炭化水素の分解活性はほとんど見られず（M.M. Martin *et al.*, 1980；M.M. Martin *et al.*, 1981a；M.M. Martin *et al.*, 1981b），これらの昆虫はほとんど木質分解に関与しないともされる。しかしその一方で，ガガンボ科には木材穿孔性ではなくとも水中デトリタス食性で，非木材性リグノセルロース（枯葉など）の分解者が多く，米国産の一種 *Tipula abdominalis* では消化管内の共生細菌の存在とその助けによるホロセルロース分解・発酵が報告されている（Lawson & Klug, 1989；T.E. Rogers & Doran-Peterson, 2010）。また，セルラーゼ活性がカワゲラ類にはないものの，トビケラ類には少量〜若干見られ，セルラーゼ活性の有無が餌と無関係とする報告もあり（Bjarnov, 1972；Monk, 1976），さらに，分解の量や速度や種多様性は地上の食材性昆虫にははるかに劣るものの，毛翅目 - アシエダトビケラ科，同目 - クダトビケラ科，鞘翅目 - ヒメドロムシ科，双翅目 - ユスリカ科などの水棲昆虫には木部を穿孔する種が若干見られ，ある程度の木質分解に寄与しているという研究結果は多い（N.H. Anderson *et al.*, 1978；Dudley & Anderson, 1982；Pereira *et al.*, 1982；Cranston, 1982；Kaufman & King, 1987；N.H. Anderson, 1989；E.C. Phillips & Kilambi, 1994；McKie & Cranston, 1998；Magoulick, 1998；Schulte *et al.*, 2003；他）。ただし米国・Oregon 州産のヒメドロムシ科の *Lara avara* 幼虫は，セルロース分解性および空気窒素固定性細菌を持たないという（N.H. Anderson *et al.*, 1978）。一方南米・アマゾンの氾濫原では，水生昆虫である *Asthenopus curtus*（カゲロウ目 - Polymitarcyidae 科）の幼虫が水没した木材に穿

孔し，その分解に重要な役割を果たすという（Martius, 1997a）。しかしいずれにせよ，量的には淡水中木材はその分解という点で昆虫との関わりはやや低いといわざるをえない。ところが驚くべきことに，米国・South Carolina 州の氾濫原内湿地林で，水面に浮いた材と水中に没した材に各種水棲昆虫・土壌性昆虫の他，シロアリ類，タマムシ科，カミキリムシ科，コメツキダマシ科，ナガクチキムシ科，ゾウムシ科−キクイムシ亜科といった本来水気とは縁遠い食材性の連中が，個体数は決して多くはないものの，ちゃんと発生しているのが見出されている（Braccia & Batzer, 2001）。ということで，森林と陸水系を足して 2 で割ったような所も，本書の取り扱う範囲に入るということになる。一方，海水中の木材は，海が元来昆虫にとって縁のない世界ゆえに，その分解は本書の取り扱う範囲ではない。しかし波打ち際や海水面の木材は，陸で昆虫類が行っているのと同じような穿孔被害を同じ節足動物の甲殻類の小型種によって受け，種間での共生や微生物との栄養共生など興味深い問題を多くはらんでいる（G. Becker, 1971）。

　上の (1) 〜 (3) の系列の脇道として，ヒトの木材利用に伴う用材系列がある。これらは基本的に (4) 乾材であり，用材化間もない (4a) 新乾材（通常の木造家屋と木製家具はこれにあたる）と，(4b) 古乾材（文化財や古民家）があり，また (1) 〜 (3) の自然系列とこの用材系列の中間領域として丸太系列がある。後に詳述するように，これらの各カテゴリーには，それぞれ特有の昆虫が発生する。

7. 木質依存性昆虫・食材性昆虫・木材穿孔性昆虫

　木質に依存する昆虫というと，第一に挙げられるのが，それ自体を食糧としている昆虫の一群（最狭義の木質依存性昆虫＝食材性昆虫）。そして木質に発生する菌類と木質のセットを様々な依存割合（木質100％〜木質50％に菌50％〜菌100％）で利用する昆虫の一群。そしてこれらの昆虫の捕食者。これらをすべて包括する扱いは，特に森林の生物多様性に関わる研究で，"saproxylic insects"という名称のもとで行われており（Siitonen, 2001；Grove, 2002；Langor et al., 2008；他），これに，ダニやクモ（節足動物門－蛛形綱），線虫（袋形動物門－線虫綱），等々の雑多な無脊椎動物を加えて，一括して"saproxylic invertebrates"と称される。念のため，Speight（1989）によるその「古典的」定義を引用する：「衰弱あるいは枯死した樹木（立木または倒木）の枯れたあるいは枯れつつある木材，あるいは木材に発生する菌類，あるいはこの定義に当てはまる他の種の存在に，その生活環の何らかの部分で依存している無脊椎動物種」。この場合，生木の生組織を穿孔する種はその名称からして原則除外される（"sapro-"はギリシャ語 "σαπρος"（＝腐った），"xylic"は同語 "ξυλον"（＝木材）が語源）。しかし生木の心材腐朽部や付着枯枝については除外されず，むしろこれらは昆虫相にとって非常に重要なので，そのことを強調すべきSpeight（1989）の定義を変更すべきであるとする向きもある（Alexander, 2008）。

　ここで本書における対象昆虫ギルドの諸用語の定義を述べておこう。なお，以下においては「木質」や「木材」（細胞構造を保つ木質）には樹木の木部と師部の双方を含むものとする。まず，「木材穿孔虫」とは，①生きた樹木の木材組織に穿孔してこれを食する昆虫，②死んだ木材組織に穿孔してこれを食する昆虫，③単に営巣が目的で死んだ木材組織に穿孔するもこれを食さない昆虫の3群を含むものとする。また「食材性昆虫」とは，①②に加えて④分解が進んで「木」の形を喪失した木質（またはこれと土壌との混合物）を食する昆虫を含むものとする。また，「木質依存性昆虫」とは，①②③④に加えて⑤木材穿孔性生態から派生して穿孔性を維持しながらも木材に発生する菌類を食する昆虫を含むものとする。さすれば，"saproxylic insects"（ここでは「枯木依存性昆虫」という訳語を提唱する）は，②③⑤に加えて⑥木材に発生する木材腐朽菌等の菌類の子実体を食する昆虫，および⑦（以上②③⑤⑥の）捕食者や捕食寄生者を含むこととなる。そして本書が主に扱うギルドは①②④⑤であり，木材穿孔虫，食材性昆虫・木質依存性昆虫の3用語を適宜使い分けることとする。具体的には，これらの大半の種が鞘翅目（甲虫目）Coleopteraに属し，さらに地球規模バイオマス的にはゴキブリ目－シロアリ下目 Isopteraが重要となる（Fittkau & Klinge, 1973；J.R. King et al., 2013）。

　上述のように「枯木依存性昆虫」は，枯木を穿孔して食する一群（②）を捕食寄生（＝擬寄生）の対象とする一群の昆虫，特に膜翅目，双翅目に属するいわゆる寄生蜂類，寄生蝿類を含んでいる。しかしこれらを枯木依存性昆虫の視点から扱った研究は少ない（Hilszczański et al., 2005）。基本的にこれらの捕食寄生者parasitoidsは宿主特異性が高いとされ，本書の範疇である木質依存性昆虫についても，それらの各種に種ごとにぶら下がって存在するものと認識されている。この認識に従うと捕食寄生種の産卵雌は，(a) 産卵対象宿主昆虫種→(b) 体サイズという探査基準シークエンスが想定されるのであるが，実際にはそうではないケースが多い。すなわち，本州のマツ類の樹皮下穿孔性甲虫類群集（カミキリムシ科，キクイムシ亜科を含む

各種ゾウムシ科）に寄生する寄生蜂類2種（ないし数種）は，(a') まず最初にマツ類の枯木を探し出し，次に産卵対象となる宿主昆虫の科や種よりはむしろ (b') その幼虫体サイズで産卵するか否か，産卵するとすれば雄卵か雌卵かを決定するという（Urano & Hijii, 1995）。すなわち，寄生蜂類産卵雌はその捕食寄生の対象となる甲虫類の産卵雌と同じく，樹種およびその木質にまず最初に反応していることになる。この観点からいうと彼ら寄生蜂類はまさしく枯木依存性昆虫（saproxylic insects）以外の何者でもないといえよう。しかし彼らもその後の詳しい宿主探査となると，捕食寄生宿主に特有の樹木抽出成分関連の揮発性成分を指標としているようである。ドイツトウヒ *Picea abies* にヤツバキクイムシ欧州産基亜種 *Ips typographus typographus* が発生すると，その共生酵母類の働きにより，未生発生樹と比べてこれより発生する酸化モノテルペン類などの揮発性成分の組成が微妙に変化し（Leufvén *et al.*, 1988），この違いにこのキクイムシの捕食寄生性天敵であるコマユバチ科 Braconidae の1種やコガネコバチ科 Pteromalidae の3種が反応し，自らの寄生対象のキクイムシ幼虫を探し出すという（Pettersson *et al.*, 2001；Pettersson, 2001）。蜂もさる者……。

3.1. や 6. で触れたこととも関連するが，本書は木質を直接・間接に利用してこれを糧とする昆虫の自然史を総合的に扱っている。木部穿孔養菌性キクイムシ類とキノコシロアリ類は木質を元手に真菌を「栽培」して喰い，ともに食材性昆虫から派生したギルド／タクソンなので，これらは「準食材性昆虫」として本書で取り扱うものとする。一方，自然界では倒木や切株や落枝など，いずれは木材腐朽菌や食材性昆虫によって分解されて土に還る枯死木の木質（CWDとFWD；6.参照）が存在し，これに発生するキノコを食する昆虫，これに発生する食材性昆虫などを捕食・捕食寄生する昆虫，分解の進んだ朽木を単に居住空間・越冬場所として侵入・利用するだけの昆虫など，実に様々なギルドの昆虫が木質と単なる間接的関係を伴って居住しており，以上を一切合切まとめて"saproxylic insects"と称することは上に述べた通りである。これらすべてをまとめてこの用語のもとに総体として取り扱うのは近年のヨーロッパにおける昆虫学の趨勢のひとつである。しかし上述のように，木質に発生する菌類を「栽培」ではなく単に穿孔・摂食対象とするだけの昆虫，木質に直接関連する昆虫の天敵，木質への単なる侵入者は，基本的に本書の範囲外にあるものと考える次第である。

8. 食材性昆虫・木質依存性昆虫に影響を及ぼす木材の巨視的，微視的および化学的性質

　木質は主として木本植物の木部を意味するが，実は師部（樹皮）も立派な木質である。木本植物は通常形成層を境に，その内側に木部（辺材＋心材），外側に師部（内樹皮＋外樹皮）を形成する。そして木本植物の幹や枝（そして太い根）は，中心から外側に向かって髄，心材，辺材，（形成層），内樹皮，外樹皮という同心円状の配置となり（図8-1），既にここでも樹木が単純な組織ではなく，異質性（ヘテロジニーティー）があることがわかる。辺材部と内樹皮が形成層に近い，より新しい組織であり，その分栄養価が高いことは既に述べた（2.1.）。また，内樹皮と辺材の境界線に相当する形成層の部分が，樹木の生長のための細胞分裂をしている，従って生理的に最も活発な部分であり，すべての構成細胞は内容物を保持し，最も栄養価が高い。しかしいかんせん，細胞層の数はせいぜい1〜2層の非常に薄い部分にて，食材性昆虫にとっては量的にあまりあてにならない部分でもある。しかしそのすぐ外側の内樹皮の部分は，すぐ内側の辺材に比べて，比較的細胞内容物の保持と，栄養物質の保持が高く，樹木が死んだ，あるいは衰弱して防御機構が働かない状態では，これが食材性昆虫にとって最もあてにできるおいしい部分ということになり，多くの種の食材性昆虫，特に甲虫類の幼虫がこれに発生する。ある程度生長すると，ボツボツ資源としての内樹皮を消費し尽くし，もしくは内樹皮が競合する微生物によって消費し尽くされ，食害は形成層の内側の辺材にも及ぶようになる。そしてこれらの甲虫の幼虫が成熟すると，蛹化するために蛹室を形成するが，多くの種では蛹は不動の無防備なステージであるため，自らの庇護のためにより安全な辺材部，さらには念には念を入れてさらに深い心材部にまで潜入（「材入」）して蛹室を形成，一部の「面倒くさがり屋」はそのまま形成層付近（従って樹皮下）に蛹室を形成する。いわゆる「樹皮下穿孔性」とはこういった生態を有する種を指す。ここで重要な点は，樹皮（師部）が木部とはまったく異質な組織であること。木部が「塊」なのに対して，この部分はむしろ「皮」という形容がふさわしい，層状の構造であり，彼ら樹皮下穿孔性昆虫による食害が進むと強度を減じ，特に形成層とその前後が食害されるということは，それにより師部と木部の分離と師部の木部からの脱落という方向に進むということである。結局彼ら樹皮下穿孔性種にとっては，樹皮とは，おいしい食料であると同時に家の屋根，そしてからだの支えでもある。ということで，樹皮下穿

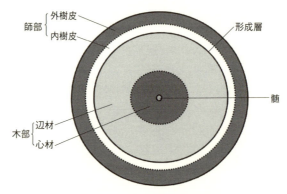

図8-1　樹木の幹の断面図。髄，心材，辺材，形成層，内樹皮，外樹皮の位置関係。

孔性種が食害中の丸太から樹皮をベリッと剥がすと，彼らは概ね再食入能力を欠いて餓死してしまう（というよりはその前にアリや鳥などにあっという間に捕食されてしまう）。また樹皮を剥がすと雌成虫による産卵もできなくなる。林業において丸太剥皮に意味があるのはこのためである。また乾材害虫でも樹皮下穿孔性の種，例えばマルクビケマダラカミキリ *Trichoferus campestris*（カミキリ亜科）(Iwata & Yamada, 1990)，等があり，丸太を，その野趣を好むオーナーの注文で例えば床の間などに剥皮せずに設置したりすると，こういった樹皮下穿孔性乾材食害性種の食害を受けることとなる。

　樹皮は樹皮下穿孔性甲虫類のこういった食害や微生物の分解作用によって早晩朽ちて剥がれ落ちる運命にある。この場合，樹皮下穿孔性甲虫類による形成層へのダメージに加え，真菌類が子実体を形成層に形成して樹皮をグイと持ち上げる作用も樹皮脱落に重要である (Speight, 1989)。ということで，樹皮は資源としては短命（エフェメラル）である。しかし木部は結構しぶとく残存する。栄養価は落ちるが，存続性の点で樹皮に勝るのは木部である。これに発生する昆虫は木部穿孔性種である。おいしいが短命な探し出しにくい資源をあてにし，そこでドッと発生してはアッという間に消失する樹皮下穿孔性は，従って典型的な「*r* 戦略」，あまりおいしくはないが，比較的永続性のある資源で我慢して，そこそこの数発生する木部穿孔性は，逆に「*K* 戦略」であり，両者は生態学的に見事な対照性を見せる。

　木質のマクロな配置部位の違いに関連する話の次に，木質のミクロなあるいは化学的な構造に関連する諸性質を見ていこう。

　木材・木質とは，地球上の陸地に発生する木本植物等の準永続的組織であり，地球上最大の準均一バイオマスとされ，これらの植物の細胞壁そのもの（および一部その内容物）から成る。基本的にこれは生物が発生する基質としては硬く非流動的であり，弾性に富み，多孔質であり，物理的にも化学的にも非均一的・異方性であり，成分的には難消化性で，水酸基を多く有する多糖類（セルロース・ヘミセルロース）と高分子ポリフェノール類（リグニン）が中心であるなど，人間が利用する材料としての木材の性質がそのままその関連生物に重くのしかかってきている。

　まず硬さと非流動性。これはその中に穿孔する昆虫にとっては，天敵からの防御に非常に好都合であるが，完全変態昆虫の幼虫がこれに十分適応する形で脚を退化させる場合があり，この場合その食入材から幼虫がいったん取り出されると再食入できずに死んでしまうという不都合も生じる。なお，木材の硬さが含水率に左右され，乾燥で硬さが増す (S.-Y. Wang & Wang, 1999；Green *et al.*, 2004；Möttönen *et al.*, 2004) という点も無視できない。硬さは食材性昆虫・木質依存性昆虫の発生を規定する重要要因のひとつと考えられ (Green *et al.*, 2004)，水系内に没入した木質の水棲昆虫による分解においてもこれが重要要因となっていることが示されている (Magoulick, 1998)。しかし虫害との関連で具体的測定数値を伴った報告は極めて少なく，貯穀物害虫にして広葉樹木部穿孔性種でもある *Prostephanus truncatus*（ナガシンクイムシ科－タケナガシンクイ亜科；26. 参照）が，一定値（硬さの値を力 (kN) で表し，これを受ける面積を表示せず，他の結果と比較不可）以上の硬さの材には発生しないというデータ (Nang'ayo *et al.*, 2002)，および英国産の腐朽材木部穿孔性種 *Euophryum confine*（ゾウムシ科－キクイゾウムシ亜科）に関連して，野外採取の針葉樹材・広葉樹材の早材で未腐朽・無被害部は硬さが $70 \sim 105 N/mm^2$ なのに対し，腐朽して虫害が見られる部分は硬さが $10 \sim 40 N/mm^2$ という対比データ (Green *et al.*, 2004) があるのみである。その他，腐朽後乾燥した材にのみ発生する *Xestobium rufovillosum*（シバンムシ科）の選好性は，腐朽による物理抵抗の減少に基づくと

され（14.5. 参照），*Euophryum confine* でも同じことがいえる。

　弾性。この性質は主に乾燥状態で発揮され，これにより穿孔に伴う物理抵抗や音響学的な性質が生じ，材内の昆虫，特に乾燥材を好む乾材食害性甲虫類や乾材シロアリ類では，これに関連する戦略が見られる。

　多孔質性。食材性昆虫・木質依存性昆虫は基本的に呼吸する陸棲動物であり，この多孔性という性質は彼らの呼吸に対して便宜を図るという点で非常に重要な要因である。また，食材性昆虫・木質依存性昆虫と木材腐朽菌などの微生物の関連性においても，この多孔性という性質は重要である。また水分とのからみでもこの性質は重要であり，木材の多孔性が水分保持に役立ち，それを穿孔する昆虫に多大な便宜を図る。

　非均一性と異方性。これは昆虫の種多様性の観点から重要である。食材性昆虫・木質依存性昆虫の種分化に関連するニッチ（棲息場所）の多様性の中で，昆虫が直接感知するのが，この木材の非均一性と異方性である。彼らは日夜，自分が齧りとる木材の繊維方向や木目を意識しているに違いない。彼らはこれにより，食入材の形状や栄養の偏りを感知し，これをもとに自らの生存の可能性を最大にするべく行動しているはずである。

　難消化性。具体的には，セルロース（成分的には均一ながら結晶性に関して非均一），ヘミセルロース（非均一で多様），リグニン（極めて非均一で多様）が植物細胞壁成分であり，これら3類の有機高分子化合物の入り組んだ塊を「リグノセルロース」と称する。これは生物にとって非常にこなしにくい代物であり，逆にこれが地球上の陸地景観における樹木の優位性を演出している。そして地球のこの「樹木・木質優位体制」の暴走に対する歯止めが食材性昆虫・木質依存性昆虫と木材腐朽菌ということになる。

　水酸基を多く有する多糖類とポリフェノール類が構成成分の中心である点は，多孔性である点と並んで，特に水分保持の点で重要である。これらの水酸基は水と水素結合し，この状態の水分は，木材成分の分子構造内に組み込まれた水分（すなわち2：1の水素原子・酸素原子；構造水）と多孔質の幾何学的構造内に保持された水分（遊離水）の中間の挙動を示し，これがなければ食材性昆虫・木質依存性昆虫にとって十分な水分保持の保証が得られないものと考えられる。水分といえば他に大気中の水蒸気があるが，シロアリ類は大気中の飽和量以下の水蒸気を水分として摂取することはできないことが証明されており（Rudolph *et al*., 1986），他の昆虫も事情は同じと考えられ，木材中の水分保持はこれを食する昆虫にとって非常に重要な存在である。

　そして成分的には後述するように，有機窒素分が極端に少なく，動物の餌としての栄養バランス，特にC／N比が極端に高い値を示す点が重要である。この点は動物の餌の評価としては最もネガティブな要因となる。

　C／N比はいわば，燃料系バイオマス vs. 栄養系バイオマスのバランスの指標であるが，栄養系バイオマスの中での別のバランスも分解者にとっては重要な要因となろう。そのひとつに「N／P比」，すなわち窒素と燐の量の比というものがある。この値は，温帯の針葉樹CDWでは100を超える場合もあるが，腐朽の進行に伴い20という値に収束していくことが知られ（Laiho & Prescott, 2004），一方米領Puerto Rico産のレザーウッド *Cyrilla racemiflora*（キリラ科）の腐朽過程では，両元素の含有量が高い相関関係を示すことも報告されている（Torres, 1994）。これは木質の変遷の末期における食材性昆虫にとって意味のあることと考えられるが，これに関する研究・考察はまったくなされていない。

9. 林産昆虫学

　地球上で人間が利用しない「木質」は，それを保持する木本植物の生死にかかわらず，純粋に炭素貯蔵庫であり，その重要部分を占める森林の枯木を資源として利用する昆虫は，地球生態学的には，その構成原子の循環機構の推進モーター以外の何者でもない。しかし「木質」とは，応用的視点からは，上に述べた（2.1.）ように，まず第一に材料の一種である。この側面から，必然的にこれを資源として利用する人間にとって，木材腐朽菌や木材食害性昆虫は競合する存在となる。その最も重要なものはシロアリであろう。かくしてこの分野は，木材保存に資する研究が中心となっている（G. Becker, 1974）。海外ではこれに相当する分野は，かねてより"forest product entomology"の名称が与えられており，その直訳は「林産昆虫学」となろうが，なぜか日本ではこの名称は流布されない。実際この分野は，これまで木材保存学や家屋害虫学の一部として，あるいは後述の森林昆虫学の関連分野として，それらの関係者が細々と行ってきた。現在この林産昆虫学は，再生可能とはいえこれまで以上に価値が増している木材を，有効かつ永続的に利用するための研究分野として位置づけられている。

10. 森林昆虫学

　日本語の「木」は「樹木」と「木材」の両方の意味を備えている。ここで「樹木」の方に目を転じてみよう。樹木は地球上の居住可能な陸地を本来的に覆っている木本植物，特に喬木を指し，この樹木はその意味で，人間の歴史の初期において，空間をめぐって人間と競合する生物であった。これが着火容易な燃料，加工容易な土木・建築材料，情報保存基質たる紙の原料の生産植物とみなされるに至り，現在の文明では，これら樹木は，食料植物（農作物）・食料動物（水産物・畜産物）・有用微量成分生産植物（薬草など）と並ぶ最重要生物資源との位置づけが確立するに至っている。さらにこの樹木およびその集合体としての森林は，近年に至り水源涵養・景観・レクリエーション利用，さらに温室効果防止・遺伝子資源保持など，いわゆる「非生産的機能」が重要視されるに至っている。ここで，いずれの機能を発揮させるに際しても，そこに人間と競合する生物が目に入ってくるのは，材料としての木材の場合と同様である。いわゆる森林病害虫である。
　ここで我々が問題にするのは，樹木穿孔性害虫である。彼らは樹木の幹や枝を食害し，これによりその樹木の一部さらにはその全体が枯死する。あるいは枯れないまでもその樹木を伐採し利用する段になって，その食害により木材の商品価値が下落するという現象の元凶となる。実際樹木の枯損被害には，その幹や枝の生命線である樹皮下組織を穿孔して，樹木の部分または全体の枯死を引き起こす昆虫が関与していることが多い。これに対しては従来，森林保護学，さらにその中でも森林昆虫学と称される分野が関与してきた。
　ここでの研究対象となる個々の森林害虫種の生態と防除については，一部を除き本書では詳しくは取り上げないが，著名かつ典型的な例を次に挙げる。まず，日本国内のスギ・ヒノキの生木の樹皮下組織を幼虫が穿孔し，その食坑道によりいわゆる「ハチカミ」症状を引き起こして材の価値を下落させるスギカミキリ *Semanotus japonicus*（カミキリ亜科－スギカミキリ族）（図 4-1）（小林一三・山田，1982；小林一三・柴田，1985；F. Kobayashi, 1985）。同じくスギ・ヒノキの枯枝より幼虫が幹の心材に侵入して外部から心材へ腐朽菌の侵入を許し，いわゆる「飛び腐れ」を引き起こすスギノアカネトラカミキリ *Anaglyptus subfasciatus*（カミキリ亜科－トガリバアカネトラカミキリ族）（図 5-1）（滝沢・他，1982；F. Kobayashi, 1985；槇原，1987）。この種の加害は，昆虫の視点で見れば二次性（後述）であるが，林業家の視点で見れば一次性（後述）という極めて特異な存在である。この際直接の被害は心材腐朽菌であり，こういった菌の生態は特筆に値する（Highley & Kirk, 1979）。なお，スギノアカネトラカミキリに似た生木内死組織穿孔は米国産のカミキリムシでも見られるようである（Linsley, 1959；Linsley, 1961）。また，例えば樹皮下穿孔性キクイムシ類による攻撃などを契機に腐朽菌が侵入して心材が腐朽し，形成層が露出してしまった針葉樹生木の場合，二次性の木部穿孔養菌性キクイムシ類や腐朽木部穿孔性カミキリムシ類（この場合は恐らくハナカミキリ亜科）などがこの腐朽部に発生することがあり（N.E. Johnson & Shea, 1963），これにより腐朽と材質劣化はますます激しくなる。そして，スギの内樹皮に幼虫が寄生することで皮紋を形成し，材の価値を下落させるスギザイノタマバエ *Resseliella odai*（双翅目－タマバエ科）（吉田成章・讃井，1979；竹谷・他，1982；F. Kobayashi, 1985）。さらに本州におけるシイ・ナラ・カシ類（特にミズナラ）の集団枯損の直接原因 *Raffaelea* 菌の媒介者であるカシノナガキクイムシ *Platypus*

quercivorus（ゾウムシ科－ナガキクイムシ亜科）（衣浦，1994；伊藤進一郎・他，1998；小林正秀・上田，2005；鎌田，2008）。これと類似のモンゴリナラ *Quercus mongolica* 等ナラ類の韓国北部での集団枯損現象とその直接原因 *Raffaelea* 菌の媒介者である近縁種 *Platypus koryoensis* も最近報告された（鎌田・他，2006；K.-H. Kim *et al.*, 2009）。さらに海外では近年，中国西北部のポプラ植林地や米国東海岸および Chicago の街路樹に前代未聞的大害を与えているツヤハダゴマダラカミキリ *Anoplophora glabripennis*（フトカミキリ亜科）（図 10-1）（Haack *et al.*, 1997；Poland *et al.*, 1998a；磯野・他，1999；M.T. Smith *et al.*, 2009；Hu *et al.*, 2009）が挙げられよう。養蚕業におけるクワの害虫キボシカミキリ *Psacothea hilaris*（フトカミキリ亜科）（伊庭，1993）も同様に生木を激しく加害する。ただし養蚕業用のクワの害虫は，厳密な意味での森林害虫とはいい難く，森林昆虫学者もこの研究にはほとんど従事しないが，その本質は誰の目にも同一と映るであろう。

　一方「松くい虫」というキーワードは，この分野で一般に最も知られたものであろう。しかしこれはかなり異質な現象である。実はこの「松くい虫」すなわちマツ類集団枯損現象（図 10-2a）は，線形動物門に属するマツノザイセンチュウ *Bursaphelenchus xylophilus* という微小な線虫が引き起こすマツ属特有の萎凋病「マツ材線虫病」であり，この線虫は北米からの外来種であり（Rutherford & Webster, 1987），これをヒゲナガカミキリ属 *Monochamus*（フトカミキリ亜科）に属するカミキリムシ，特に日本土着種のマツノマダラカミキリ *M. alternatus*（図 10-2b）の成虫が媒介することが 1970 年頃に判明し（森本・岩崎，1972；森本・真宮，1977；Yamane, 1981；F. Kobayashi *et al.*, 1984；Kishi, 1995；Akbulut & Stamps, 2012），これは植物病理学における大発見となった。松枯れの真犯人がヒゲナガカミキリ属に便乗共生する線虫であるとは，それ以前には夢想だにされなかったことである（M. Furniss, 2006）が，実はこの現象のふるさとである北米においてこの発見より前に，ヒゲナガカミキリ属が線虫を宿すという報告があり（Soper & Olson, 1963），その解明のヒントが与えられていたということはあまり知られていない。いずれにせよ昆虫に次ぐ種多様性が噂される線虫の中で，この重要なバイオマスに依存するものが存在したというのは，当然といえば当然であろう。その後この線虫は韓国（文 (Moon) *et al.*, 1995）や中国（B. Yang & Wang, 1989）にも侵入してマツ類を枯らせ，さらに厳重な警戒（H.F. Evans *et al.*, 1996）にもかかわらずヨーロッパ（ポルトガルなど）に進入し（Mota *et al.*, 2003），世界の四大樹病のひとつに数えられるに至っている。こ

図 10-1　ツヤハダゴマダラカミキリ
Anoplophora glabripennis (Motschulsky)
（カミキリムシ科－フトカミキリ亜科）
雌成虫。中国・北京市産標本。

図10-2 マツノマダラカミキリ *Monochamus alternatus* Hope（カミキリムシ科－フトカミキリ亜科－ヒゲナガカミキリ族）の成虫とそれが媒介するマツノザイセンチュウ *Bursaphelenchus xylophilus* (Steiner & Buhrer)が引き起こすマツ類集団枯損現象。 a. アカマツのマツ材線虫病による枯損（大阪府茨木市, 1996年3月）。(口絵19) b. 交尾中のマツノマダラカミキリ成虫。

の病原体が明らかとなる前，枯れたマツの幹や枝がキクイムシ類やカミキリムシ類などの甲虫に激しく加害されることから，これらの昆虫の食害が枯死の直接原因との予断を持たれ（M. Furniss, 2006），その直接の枯損メカニズムが未解明なのを棚上げにしたまま，これらを枯損の直接原因たる「松くい虫」と総称していた。これらのうちの一種であるマツノマダラカミキリのみがその病原体である線虫の媒介者であることが明らかとなっても，古い呼称をそのまま行政用語として流用しているというのが実状である。しかし，虫が喰ったからマツが枯れたのではなく，マツが枯れたから虫が喰っているというのが真相であった。同様の現象はカナダ・Ontario州のバルサムモミ *Abies balsamea* に発生するマツノマダラカミキリと同属のカミキリムシの一種 *Monochamus scutellatus*（図10-3）およびゾウムシ科－キクイムシ亜科の一種 *Pityokteines sparsus* で見られ，バルサムモミがハマキガ科の spruce budworm（*Choristoneura* spp.）の幼虫による新芽の食害を受けて衰弱すると，これら2種の穿孔性甲虫による食害が発生する。バルサムモミが枯死するとあたかもこれらの穿孔性甲虫がその原因のような印象を抱かせるが，実際にはこれらは樹が衰弱したから喰っているのであって，喰ったから樹が衰弱したわけではなかった（Belyea, 1952）。面白いことに，マツノザイセンチュウの自然分布域である米国において，この線虫に対して同所的であるがゆえに抵抗性を持つ北米産のマツ属樹木でも，他の原因（例えば殺樹性の樹皮下穿孔性キクイムシ *Dendroctonus frontalis* の攻撃）で弱体化すると，ヒゲナガカミキリ属のカミキリムシ成虫に枝が後食された際に線虫の侵入と増殖を許すようで（Kinn & Linit, 1992），このマツはその後枯死に向かい，ヒゲナガカミキリ属などの穿孔虫の産卵と発生を見ることとなる。またカナダではヒゲナガカミキリ属の *M. scutellatus*, *M. marmorator* の後食により病原性真菌類がバルサムモミに傷口から侵入し，これにより胴枯れが生じるという（Raymond & Reid, 1961）。

後食そのものが，枯死に至るかどうかは別にして，樹木に甚大な被害を与える場合がある。例として，西欧から日本まで旧北区に広く分布するマツノキクイムシ *Tomicus piniperda* とマツノコキクイムシ *T. minor*（ゾウムシ科－キクイムシ亜科；樹皮下穿孔性）があり，欧州ではオウシュウアカマツ *Pinus sylvestris* の枝がこれらの種の成虫の食害を受け，枝枯れが生じている（Långström, 1983a）。また同属の中国・雲南省産 *T. armandii* によるウンナンショウ *Pinus yunnanensis* に対する後食および幼虫穿孔の連携（Lieutier et al., 2003）については，既に記

した（4.6.）。元来ゾウムシ科−キクイムシ亜科と同科−ナガキクイムシ亜科は樹皮下穿孔性種にしろ木部穿孔養菌性種にしろ，成虫が次世代養育のために相当量穿孔活動を行い，木部穿孔養菌性種の場合，穿孔しても嚥下しないことが多いものの，樹皮下穿孔性種では羽化後の脱出並びに「母孔」穿孔のドサクサで，相当量の内樹皮組織をちゃっかり摂食し，これで成熟しているようである（McNee et al., 2000）。しかしこの Tomicus spp. の成虫の場合，丸太での次世代養育とは一線を画し，正々堂々と細枝で独自の後食をやっているわけである。同様の事例がスギ・ヒノキに発生するヒノキノキクイムシ Phloeosinus rudis（図 5-7）（横溝，1977），マツ科針葉樹の根部樹皮下を穿孔する Hylastes nigrinus，マツノクロキクイムシ H. ater などの Hylastes 属（Zethner-Møller & Rudinsky, 1967；Reay et al., 2001），さらにはベイマツ Pseudotsuga menziesii を加害する二次性種 Pseudohylesinus nebulosus（Stoszek & Rudinsky, 1967）でも報告されている。なお，マツノキクイムシ T. piniperda 成虫は内樹皮のみならず外樹皮をも後食するという報告がある（McNee et al., 2000）。外樹皮は栄養的にバランスの悪い組織ながら，決して利用不可能な組織というわけではなく，その場合の食害様式や成分利用など今後の研究が待たれる。

　後食でもなく，幼虫穿孔摂食でもない特殊な穿孔活動が，樹皮下穿孔性キクイムシ類の越冬成虫で見られる。それは，越冬に向けた宿主樹（しゅくしゅ）への潜入である。トドマツに発生するトドマツキクイムシ Polygraphus proximus などでは通常，この穿孔加害は二次性であるが，健全な宿主樹生木の樹皮（恐らくは外樹皮）に潜入することもあるとされる（井上・他，1954）。こういった越冬穿孔は，その坑道の主はもとより，それ以外のキクイムシ種も居候して，群集を形成することがあるという（Stark, 1982）。

　なおカミキリムシ科・ゾウムシ科，およびナガシンクイムシ科における後食については，後に詳述する（12.6., 12.7.）。

図 10-3　*Monochamus scutellatus* (Say)（カミキリムシ科−フトカミキリ亜科−ヒゲナガカミキリ族）雄成虫。カナダ・Alberta 州産標本。

11. 食材性昆虫・木質依存性昆虫・木材穿孔性昆虫の いろいろ

　食材性昆虫・木質依存性昆虫・木材穿孔性昆虫は，昆虫の様々な分類群に散見される。ここではそれら分類群の主要なものを列挙する。各科名の末尾には角括弧 [ ] 内に，それに属する種の食性・生態・等の類型・性格付けについて，上述（5.）の性格付け・類型分け略号を用いて可能な範囲で示した。ここで，丸括弧（ ）内に記したものは，一部の種にのみ該当することを示す。また2つ（またはそれ以上）の性格付けのいずれが妥当かが不明または不明確な場合，あるいは種によって異なる場合は，これらを or で結合して示した。記号のない項目は該当する類型がないか，もしくは不明の場合を示す。

11.1. ゴキブリ目 Blattaria（シロアリ下目 Isoptera を除く）

　次項シロアリ下目と本項が共通の祖先を有することは定説であるが，両者間の最大の違いは，前者では真社会性がまったく見られない点である。食材性昆虫の代表格である次項シロアリ下目を包括する本目は，それゆえ食材性のものが若干見られる。ここでは，歴史的かつ応用昆虫学的に別扱いが適切と考え，別亜項とした。

● オオゴキブリ科 Blaberidae・キゴキブリ科 Cryptocercidae [A_3／B_3／C_2 or C_3／N_1 or N_2／R_{2-1}／R_{3-1-1} or R_{3-2-1}／R_{3-1-2}／S_1 or S_2／E_2／H_2]
　これら2科オオゴキブリ科とキゴキブリ科はシロアリと生理・生態の共通点が多く，本格的食材性昆虫として，自前もしくは共生原生生物由来のセルラーゼも機能している（Cleveland (et al.), 1934；J. Zhang et al., 1993；Scrivener et al., 1998）。このうちキゴキブリ下目（キゴキブリ科－キゴキブリ属 Cryptocercus）がシロアリと系統的に最も近い関係にある姉妹群とされ（Lo et al., 2000；Krishna et al., 2013；他），シロアリとの間で様々な生理学的・発生学的・生態学的比較がなされてきた（Nalepa, 2010；他）。ただしシロアリ類とキゴキブリ属の直接の類縁性にはかつて異論も出され（この点は Shellman-Reeve (1997) の総説を参照されたい），両者をひとくくりにすることには流石に抵抗が見られた。形態によるゴキブリ目の系統解析は Grandcolas (1996) や Klass & Meier (2006) が試みているが，ここではキゴキブリ科 Cryptocercidae はムカシゴキブリ科 Polyphagidae に含まれるかこれに近縁とされ，これはオオゴキブリ科 Blaberidae とは相当離れた系統位置で，後者よりも古い形質のグループとされ，これより祖先的なのがクロゴキブリ，ワモンゴキブリ，ヤマトゴキブリなどのおなじみの種を含むゴキブリ科 Blattidae とされている。というわけで，キゴキブリ科 Cryptocercidae は次項シロアリ類（ゴキブリ目－シロアリ下目）と合体して一系統を形成し，これがゴキブリ目の系統樹の中に深くはまり込むことはゆるぎない事実となっている。

11.2. ゴキブリ目 Blattaria －シロアリ下目（旧：シロアリ目＝等翅目）Isoptera

　アリとは特殊なハチ（膜翅目）であるように，シロアリとは特殊なゴキブリ（ゴキブリ目）である。要するにそれぞれの目で前者は後者の真部分集合となっている。ではシロアリはどういう点で特殊なゴキブリなのかといえば，真社会性であることがそのトップに挙げられようが，Nalepa (2011) によればシロアリとはミニチュア化したキゴキブリであり，これには食材性，その際の高C／N比（15.3. 参照）への対処，微生物との栄養共生，有機窒素分節約のための脱キチン質化（要するに「ブヨブヨ化」；15.3. で詳述），体サイズ減少，防衛や育児のための社会性発達，巣の要塞化といったことが複雑に関連しあって進化していったという。そういう進化の結果出現したシロアリ類は，ゴキブリとはあまりにかけ離れた様相を呈するため，昔から独立した目の地位を与えられてきた。しかし化石種ではいかにもミッシングリンクと思われるような前胸の大きな「ゴキブリっぽいシロアリ」（ムカシシロアリ科 Mastotermitidae）が発見され（Engel *et al.*, 2007b），視覚的に両者が密接に結びつき，さらに分子系統分類によりこの目がゴキブリ目の中に包括されることが確実となった（Inward *et al.*, 2007a；Eggleton *et al.*, 2007）。この結論は形態解析による Engel *et al.* (2009) の高次分類ではとりあえず反映されなかったが，現行最新分類（Engel, 2011；Krishna *et al.*, 2013）ではこれに基づき，シロアリ類 Isoptera は下目 Infraorder のランクが与えられている。ただし，その内部の下位分類は Parvorder（小目）や Nanorder（微目）といった見慣れぬ任意ランクが恣意的に用いられていて，いまだ確定とはいえない状態にある。こういった事情に鑑み，さらにはその真社会性の発達等々の特異性のため，ここでは便宜的にシロアリ類（11.2.）をそれ以外のゴキブリ類（11.1.）とは別項とした。

　この一群の昆虫は，本章で提示される食材性昆虫・木質依存性昆虫・木材穿孔性昆虫を含む主要な目の中では唯一不完全変態である。またそのすべての種が真社会性（すなわち，家族を形成して子供を共同で養育し，その際不妊個体が生じるシステム）であり，これに付随して階級（カースト）分化が生じて著しい多型現象が見られ，コロニーが生じて著しい数の集団で生活し，そしてこれに付随して多くのレベルでの他生物との多方面での共生が生じるなど，生物として極めて興味深い諸性質を見せる。「シロアリとは何か」という問いに答える優れたショートレビューとして，最新のシロアリモノグラフの巻頭を飾る Eggleton (2011) の一文が，また既知全種の膨大なチェックリスト（Krishna *et al.*, 2013）がある。本群については，12.8., 14.8., 16.13., 16.20., 16.21., 16.23., 16.24., 16.25., 16.26., 18.4., 21.4., 22.3., 28., 34.5., 34.7. などでその生物学を詳述する。

　日本産の種は分布がより温暖な南西諸島に偏る（Ikehara, 1966）。地球上の木質依存性昆虫の中で，種多様性の筆頭は鞘翅目－カミキリムシ科（11.3.4.7.）であるが，バイオマス現存量の点では熱帯（Fittkau & Klinge, 1973）はもとより，温帯（J.R. King *et al.*, 2013）に至るまでシロアリが目を見張る値を示し，シロアリ類はアリ類と並んで社会性昆虫の双璧，「常在性昆虫」の頂点を成している。

- オオシロアリ科 Archotermopsidae [A_3／B_3／C_3／N_1 or N_2／R_{2-1}／R_{3-1-1}／R_{3-1-2}／R_{3-2-1} or R_{3-3}／S_{3-1}／E_2／D_2／H_2／W_2]

　　いわゆる「湿材シロアリ」（dampwood termite）。森林性で主として腐朽材を巣とし，そこでその材を食している。最近科名が Termopsidae から Archotermopsidae に変更された

（Engel et al., 2009）。

- レイビシロアリ科 Kalotermitidae [A$_2$ or A$_{1\diagdown 2}$／B$_3$／C$_3$／N$_1$ or N$_2$／R$_{3\text{-}1\text{-}1}$／R$_{3\text{-}1\text{-}2}$／R$_{3\text{-}2\text{-}1}$ or R$_{3\text{-}3}$／S$_{3\text{-}1}$／E$_2$／D$_2$／H$_2$／W$_1$]

いわゆる「乾材シロアリ」(drywood termite)。森林性で主として樹上の枯枝を巣とし，そこでその材を食し，一部が家屋内に進出して害虫化している。

- ミゾガシラシロアリ科 Rhinotermitidae [A$_2$ or A$_3$／B$_3$／C$_3$／N$_1$ or N$_2$／(R$_{2\text{-}1}$)／R$_{3\text{-}1\text{-}1}$／R$_{3\text{-}1\text{-}2}$／R$_{3\text{-}2\text{-}1}$ or R$_{3\text{-}3}$／S$_{3\text{-}2}$ or S$_{3\text{-}3}$／E$_2$／D$_2$／H$_2$／W$_2$ or (W$_1$)]

その多くがいわゆる「地下性シロアリ」(subterranean termite)。森林性で主として切株や倒木を巣とし，その位置の材またはそれとは離れた位置の材を食し，一部が家屋内に進出して害虫化している。一部の種では巣が巨大化する。ヤマトシロアリ属 *Reticulitermes*，およびイエシロアリ属 *Coptotermes* の2属は，分布域は前者が北米，ヨーロッパ，極東，後者が北米（外来種として），極東，東南アジア，オーストラリアにわたる。ヤマトシロアリ属 *Reticulitermes* の北米温帯広葉樹林における現存量は特筆される (J.R. King et al., 2013)。両属ともにいずれの地域でも経済的に非常に重要な建築害虫種を含み，また両属の分布域は経済的先進地域を含むがゆえに研究の蓄積は他の属のそれをはるかに凌駕し，シロアリ研究の中核となっているが，分類学的にはそれに見合う状態とはいえず，大いに研究の余地があるとされる (Vargo & Husseneder, 2009)。なお，最新の分子系統分類では，現在のこの科は見直され，解体される可能性がある (Bourguignon et al., 2014)。

- シロアリ科 Termitidae [A$_2$ or A$_3$ or A$_5$／B$_3$／C$_3$／N$_1$ or N$_2$／(R$_{2\text{-}1}$)／R$_{3\text{-}1\text{-}1}$／R$_{3\text{-}2\text{-}1}$ or R$_{3\text{-}3}$／S$_{3\text{-}3}$／E$_2$／D$_2$／H$_2$／W$_2$]

この科のみがいわゆる「高等シロアリ」（従って他のすべての科はいわゆる「下等シロアリ」）。亜熱帯〜熱帯で繁栄し，従来の分類体系ではアゴブトシロアリ亜科 Apicotermitinae，キノコシロアリ亜科 Macrotermitinae（図 11-1），テングシロアリ亜科 Nasutitermitinae（図 11-2 〜 11-3），シロアリ亜科 Termitinae の4亜科が認められてきたが，Engel et al. (2009) および Krishna et al. (2013) の最新分類体系では科がさらに細かく分割され，Sphaerotermitinae, Foraminitermitinae, Syntermitinae, Cubitermitinae の4亜科が付加されている。この科はシロアリ類の種多様性の中核で，非常に多様性に富み，地下性，樹上性，蟻塚形成性，共生きのこ栽培性，土食性，他のシロアリ種の巣への寄生といった実に様々な生態を見せる。一部の種では巣が巨大化する。土食性種が最も種数が多い。

図 11-1　*Macrotermes annandalei* (Silvestri)（シロアリ科ーキノコシロアリ亜科）（ラオス北部の低山地，2003 年 3 月）。　a. 土中巣。b. 同 王対室。右の基盤上に巨大な女王が見える。

図11-2 *Nasutitermes triodiae*（シロアリ科—テングシロアリ亜科）の蟻塚。人物はコガネムシ上科の研究者の近雅博博士（左），および昆虫セルラーゼの研究者の渡辺裕文博士（右）（オーストラリア・Northern Territory, 1996年1月）。

図11-3 タカサゴシロアリ *Nasutitermes takasagoensis*（テングシロアリ亜科）の兵蟻（西表島産）。頭部は額部が突出し，この先端よりテルペン類等より成る防御物質を噴出して敵を攻撃する。(口絵10)

● その他の科

その他下等シロアリには，ムカシシロアリ科 Mastotermitidae（オーストラリア北部に1種），シュウカクシロアリ科 Hodotermitidae（アフリカなど），ノコギリシロアリ科 Serritermitidae（南米に3種）があり，ムカシシロアリ科のムカシシロアリ *Mastotermes darwiniensis* はシロアリ類とゴキブリ類との間のミッシングリンクに相当するものと考えられている（16.13. 参照）。

11.3. 鞘翅目（甲虫目）Coleoptera

11.3.1. 概要

昆虫綱，ひいては節足動物門，ひいては動物界，ひいては全生物の種多様性の中核で，最大の種数を誇る目である（Erwin, 1982；Gaston, 1991；Grove & Stork, 2000；T. Hunt *et al.*, 2007）。地球上の全生物の進化を表す系統樹をある彫刻の形で具体化したとすると，その彫刻は鞘翅目を表す枝があまりに巨大すぎて，立てた瞬間にバランスを崩して転倒してしまうであろう。この膨大な種多様性は，"[God's] inordinate fondness"（「［神の］度を超した偏愛」）と，旧約聖書に基づく創造説に対してやや皮肉ともとれる表現で形容されている（Farrell, 1998）。Grove & Stork (2000) は甲虫のこの膨大な多様性のうちで，食材性種を含む枯木依存性種（saproxylic species；食菌性や捕食性の種を含む；7. 参照）の重要性を強調しており，これは「木質昆虫学」の重要性を示唆するものである。大半が最も派生的な多食亜目 Polyphaga に属し，食材性・木質依存性の全タクソンも，最初の2科（始原亜目 Archostemata），その次のセスジムシ科（食肉亜目 Adephaga）を除いてこの亜目に属する。

11.3.2. 始原亜目 Archostemata

● ナガヒラタムシ科 Cupedidae [A₃／E₁／H₂]

最も原始的な甲虫であり，成虫が稀に枯木から得られることで食材性もしくは腐朽材中での菌食性であることが推察され（Crowson, 1962），ナガヒラタムシ属 *Cupes* の一種は褐

色腐朽材に発生するとされている（福田彰，1941）。生態などはほとんど未解明。
- ●チビナガヒラタムシ科 Micromalthidae [A_3／B_3／P_1／S_1／H_2／W_2]

  チビナガヒラタムシ *Micromalthus debilis*（日本では外来種？）1科1属1種。甲虫では最も祖先的な亜目に属するにもかかわらず，ネジレバネのような過変態，アブラムシのような多変態系・部分的単為生殖が見られて幼虫が幼虫を産み，幼虫が母親の体軀を貪り喰い，基本的に腐朽材木部穿孔性にして，米国東部起源ながら日本を含む世界の様々な地域でも見出され，ある時は南アフリカの地下1800mの鉱山の坑道を支える材に発生し，またある時は横浜の小学校の給食室の配膳台に，またある時は大阪・御堂筋のイチョウ並木に発生するなど，まことに神出鬼没，多様な鞘翅目（ひいては昆虫綱，ひいては節足動物門，ひいては動物界）の中で最も奇妙な種である（Barber, 1913；Pringle, 1938；Kühne, 1972；Kühne & Becker, 1976；林，1979；Pollock & Normark, 2002）。例えばこの種に真社会性が見出されるというようなことが，もし万一あったとしても，もう筆者は驚かないであろう。

11.3.3. 食肉亜目 Adephaga

- ●セスジムシ科 Rhysodidae [A_3／H_2／W_2]

  最近の分類ではオサムシ科 Carabidae − セスジムシ亜科 Rhysodinae ともされる。成虫が稀に広葉樹枯木の樹皮下（Dajoz, 1975）やシロアリの巣周辺部（Iwata *et al.*, 1992）などから見出されることで，食材性もしくは腐朽材中での菌食性・捕食性であることが示唆される。また成虫は変形菌（粘菌）を食し，それに適応した「噛む」ということのできない特殊な口器を持つことが知られ（R.T. Bell, 1994），幼虫食性もこれと同じもしくは類似したものであることが推察されるが，詳細は未解明である。

11.3.4. 多食亜目 Polyphaga

11.3.4.1. コガネムシ上科 Scarabaeoidea

本上科はそのほとんどが食植性・腐食性で，木質分解に関与するものも多い。コガネムシ科の内部とその周辺で科分類の変遷が著しい。各群の木質に関連する生物学については，14.6., 22.3. などで詳述する。

- ●クワガタムシ科 Lucanidae [A_3 or $(A_{1\searrow 3})$ or A_5／B_3／P_1 or (P_2)／C_2／N_1 or N_2／R_{2-1}／R_{3-1-1}／H_2／W_2]

  腐朽材穿孔性昆虫の代表格。幼虫が食材性。ただし近年本科幼虫の食材性に異議がさしはさまれ，コクワガタ *Macrodorcas rectus* 幼虫は腐朽材を穿孔・嚥下するものの，実際には木材腐朽菌の菌糸体のみを栄養にしているとされるに至っている（Tanahashi *et al.*, 2009）（22.3. 参照）。本科は稀に野外の木製構造物・木製品に発生してこれを破壊することがある（Lawrence, 1981；Fearn, 1996）。性的二型とそれに関連する雄性徴のアロメトリー（非相対成長）が発達。一部の種で亜社会性が発達している。

- ●クロツヤムシ科 Passalidae [A_3／B_3／P_1／R_{2-1}／R_{3-1-1}／E_2／H_2／W_2]

  亜熱帯〜熱帯の腐朽材穿孔性昆虫。幼虫・成虫ともに食材性であるが，成虫の穿孔は他の食材性甲虫類と比べて非常に活発で，北米産の *Odontotaenius disjunctus* 成虫7頭は，直径20cm−長さ30cmのナラカシ類の丸太を実験室内で30週間かけて粉砕するまで喰い

尽くしたという（Preiss & Catts, 1968）。また亜社会性が発達しており（J.C. Schuster & Schuster, 1997），樹皮下穿孔性と腐朽材木部穿孔性の2つが主要なエコタイプで（Reyes-Castillo & Halffter, 1983），この他少数ながら横倒しの倒木・丸太の接地面において材と土壌の境界付近を棲息場所とする第3のエコタイプ（Kon & Johki, 1987）も見られる。このような棲息場所は天敵の侵入が多いものの，接地面からの微生物の作用によって早期に有機窒素分などで富栄養化し（Boddy & Watkinson, 1995），利益も多いものと考えられる。

- コガネムシ科 Scarabaeidae [A_3 or $(A_{1\searrow 3})$／B_3／P_1 or P_2 or P_3／C_1 or C_2／$R_{2\text{-}1}$／$R_{3\text{-}1\text{-}1}$／E_1／H_2／W_2]

    食糞群と食葉群に分かれる。前者「食糞群」は幼虫・成虫が獣糞を分解するものが中心であるが，マグソコガネ亜科 Aphodiinae のごく一部の種と，マダガスカル産の Aulonocneminae 亜科は食材性（さらにマグソコガネ亜科のごく一部は好白蟻巣性；28.9. 参照）である（Ritcher, 1958；Scholtz & Chown, 1995；他）。後者「食葉群」のうちスジコガネ亜科 Rutelinae, コフキコガネ亜科 Melolonthinae, カブトムシ亜科 Dynastinae などは土壌動物として幼虫が腐植食性かつ一次性食根性のものが多く，木質依存性は低い一方，ハナムグリ亜科 Cetoniinae の大半, トラハナムグリ亜科 Trichiinae の一部, ヒラタハナムグリ亜科 Valginae は腐朽材穿孔性（ヒラタハナムグリ亜科は同時に好白蟻巣性のものも多い）で木質依存性が高いといえるが，この3亜科中最大規模のハナムグリ亜科の食性は適応放散で腐朽材依存性からの逸脱も多い（Ritcher, 1945；Ritcher, 1958；Scholtz & Chown, 1995；Jameson & Swoboda, 2005；Micó et al., 2008；他）。

- その他の科

    マンマルコガネ科 Ceratocanthidae, ヒゲブトハナムグリ科 Glaphyridae などで幼虫が腐朽植物遺体に対する食性を見せ（Ritcher, 1958），前者では好白蟻巣性（28.9. 参照）のものが多い（Ballerio & Maruyama, 2010；他）。これらの諸科（いずれも祖先形を保持する古い起源のグループ）はコガネムシ科 Scarabaeidae の亜科として扱われる場合もある（Scholtz & Chown, 1995）。

11.3.4.2. タマムシ上科 Buprestoidea

- タマムシ科 Buprestidae [A_2 or $(A_{1.5})$／B_{1+2} (or B_2)／P_1 or P_2／C_3／N_1／R_1?／E_1／H_1／W_1 or W_2]

    成虫は比較的美麗で，幼虫は細長くやや扁平な体形を呈し，特に頭部の扁平さが目立ち（このため本科幼虫の英語名は "flatheaded borer"），比較的乾燥した立枯れ木などの樹皮下や木部を穿孔。ナガタマムシ属 Agrilus などの細長い体形のもの（ナガタマムシ亜科 Agrilinae；ただし潜葉性のチビタマムシ族 Trachydini を除く）は主に二次性または一次性の樹皮下穿孔性，その他の亜科のものは主に二次性の木部穿孔性の傾向があるとされる（湯淺啓温, 1933）。フタオタマムシ属 Dicerca（ルリタマムシ亜科 Chrysochroinae）は宿主に関して比較的幅広いスペクトルを見せる（Saint-Germain et al., 2007a）。大型種（特にタマムシ亜科 Buprestinae）では乾燥耐性が発達している。ナガタマムシ亜科のナガタマムシ属 Agrilus は2700以上の種を擁して生物の属としては地球上最大規模で，あまりに種数が大きすぎて，新種記載に際してありふれた形容詞やありふれた人名属格の種小名で命名すれば，ホモニムで無効となる危険性があり，また属内系統の研究は困難を極めるとい

う。一部の種が広葉樹の一次性穿孔性害虫となっており，特に中国から北米に侵入したアオナガタマムシ基亜種 *Agrilus planipennis planipennis*（34.4. 参照）については，その顕著な経済的重要性により米国での本種に関する研究が最近のタマムシ科の応用研究の大半を占めるに至っている。樹木害虫，木材害虫としての基本情報は他科とともに Safranyik & Moeck (1995) の総説で扱われており，科全体の食性は湯淺啓温(1933)の報告や政田(2001) の総説が参考になる。また生態学的側面は Gutowski (1987) の総説で概説されている。本科の木質に関連する生物学については，14.7. などで詳述する。

11.3.4.3. コメツキムシ上科 Elateroidea

- コメツキダマシ科 Eucnemidae [A_2 or A_3／B_{1+2} or B_2 or B_3／P_1 or P_2／E_1／H_1 or H_2／W_2]

  幼虫が森林内の枯木・腐朽材を穿孔し，太平洋の低地熱帯多雨林には比較的多い（Muona, 1993）。概ね食材性と考えられるが，菌食性（3.1. 参照），捕食性等，他の食性も含む可能性がある。

- コメツキムシ科 Elateridae [A_2 or A_3／B_3／P_1 or P_2／E_1／H_2]

  この科に属する種の成虫は訪花性，樹液舐食性などを示すが，幼虫の生活様式は土壌棲と腐朽材棲が中心で植食性と捕食性のものが多い（Traugott *et al.*, 2015）中で，コメツキ亜科 Elaterinae，特にアカコメツキ属 *Ampedus* は腐朽材棲かつ食材性であることが示唆されている（大平，1962；Speight, 1989）。しかしフランスでは，この属を含むブナ科樹洞性コメツキムシ類は雑食性者，かつ食材性甲虫類・樹洞性甲虫類（クワガタムシ科，コガネムシ科，カミキリムシ科，等）の捕食者と考えられ（Iablokoff, 1943），朽木・土壌・砂地から得られたコメツキムシ科各種幼虫（*Ampedus* 属を含む）についても，穀類や双翅目幼虫を与える実験で植食性・捕食性（肉食性）の双方の性格を併せ持つことが示されている（Zacharuk, 1963）。また *Ampedus* 属が双翅目－ノミバエ科の幼虫の捕食者とする考えもある（Kelner-Pillault, 1974）。結局，*Ampedus* 属であろうとその他の属であろうと，コメツキムシ科の幼虫は基本的に雑食性であり，そのメニューは属や種，さらには種内の個体による違いが著しいようである（Traugott *et al.*, 2008）。筆者はそのメニューの中に，腐朽材の真菌類菌体や木質が含まれているものと考えている。いずれにせよこの科の幼虫食性の詳しい研究は，一部の食根性の農業害虫種（いわゆる針金虫）以外，ほとんど行われていない（Traugott *et al.*, 2015）。

11.3.4.4. ナガシンクイムシ上科 Bostrichoidea

- ナガシンクイムシ科 Bostrichidae（ヒラタキクイムシ亜科 Lyctidae を含む）[A_2 or ($A_{1.5}$)／B_2(or B_2)／P_1 or P_2／C_1 or C_2／N_1／R_{3-1-1}／E_1 (or E_2)／D_1 or D_2／H_2／W_1]

  本科の学名はかつて Bostrychidae とされたが，正しくは Bostrichidae である。概ね幼虫が比較的乾燥した辺材（主として広葉樹）の辺材を穿孔。乾燥耐性が発達して家屋内に進出し，害虫化する種も見られる。セルロース非分解性。熱帯アフリカと旧英領インド地域の各種の生態についてはそれぞれ Lesne (1924) と Beeson & Bhatia (1937) による詳しい解説があり，北米産の科全体（ヒラタキクイムシ亜科を除く）については W.S. Fisher (1950) の分類学的レビジョンに宿主樹種の記述がある。基本的に広葉樹辺材に発生し，ほとんどの種が広食性である（Lesne, 1911）。しかし，タケナガシンクイ亜科 Dinoderinae は食

性の点で変わり者で，貯穀物や竹材に発生したり（W.S. Fisher, 1950），*Stephanopachys* 属は針葉樹の外樹皮（および内樹皮，および一部辺材？）に発生し（W.S. Fisher, 1950；Schurr-Michel, 1950；Schimitschek, 1953；Iwata *et al.*, 2000），同時に山火事被害木を好むとも言われる（Hyvärinen *et al.*, 2006；他）。またこの科ではごく一部，アフリカで広葉樹樹皮下穿孔性から辺材穿孔性へと幼虫成熟に伴い移行する種（Schedl, 1958），アフリカ，南米，タイで一次性の広葉樹木部穿孔性種（Vrydagh, 1951；R.M. de Souza *et al.*, 2009；Sittichaya *et al.*, 2009），北米で一次性のヤシ類幹穿孔性種（W.S. Fisher, 1950；Olson, 1991）といった例外的な生態のものが見られる。家屋・家具害虫として名高く，乾燥耐性が特に発達したヒラタキクイムシ類（図2-9）はもと独立したヒラタキクイムシ科 Lyctidae であったが，現在ではこの科の中のヒラタキクイムシ亜科 Lyctinae として扱われる（Crowson, 1968）。乾材害虫としてのヒラタキクイムシ類の生理・生態については岩田（1990）の総説がある。ヒラタキクイムシ類は，名前が似ているゾウムシ上科－ゾウムシ科のキクイムシ亜科，ナガキクイムシ亜科とはまったく関係のないグループであるが，両グループは昆虫学者でさえ混同することがある。筆者はこういう場合，「キクイムシとヒラタキクイムシは，カニとカブトガニ，ヘビとカナヘビのような関係」ということにしており，そういって初めて納得してもらえることが多い。さらにややこしいことに，本科のナガシンクイムシ亜科やタケナガシンクイ亜科などは成虫の体型がゾウムシ科－キクイムシ亜科に素人目に酷似しており，一種の平行進化といえる（ただし触角は著しく異なる）。そして本科のヒラタキクイムシ亜科は成虫の体型が，ヒラタムシ上科に属するゴミムシダマシ科－コクヌストモドキ属 *Tribolium*，ホソヒラタムシ科 Silvanidae，アトコブゴミムシダマシ科 Zopheridae の一部などに素人目に酷似している。アミメナガシンクイムシ属 *Endecatomus* は，いったんアミメナガシンクイムシ科 Endecatomidae として独立したが現在では本科に復帰した特異な一群（アミメナガシンクイ亜科 Endecatominae）で（Philips, 2000），欧州産の種がブナ属 *Fagus* やカバノキ属 *Betula* の幹上のカバノアナタケ *Inonotus obliquus* に発生することが示され（Iablokov, 1940），菌食性（単食性）のようである。本科の木質に関連する生物学については，12.7., 14.4. などで詳述する。

- シバンムシ科 Anobiidae [A_2 (or A_3)／B_3 or (B_{1+2})／P_1 or P_2／C_3 or (C_2?)／N_1 or N_2／R_{3-1-3}／E_1／D_1 or D_2／H_2 or (H_1)／W_1]

多くの種が木材穿孔性。幼虫は，多くの種で乾燥した古材の辺材・心材，ごく一部の種で針葉樹乾燥丸太の樹皮下を穿孔。乾燥耐性と古材選好性により文化財害虫，一部は書籍や畳表，乾燥植物質全般の害虫となっている。セルロース依存性。Bletchly (1966) が食材性種の生態の総説を著している。なおこの奇妙な科和名は，欧州産の古乾材害虫 *Xestobium rufovillosum* の英名 "death-watch beetle" の直訳，「死番虫」に由来する。かつて英国では人の臨終の床および通夜で寝ずの番をする習慣（「死番」＝ "death watch"）があり，そんな陰気な静寂の夜，後述（16.17.）するように，この種の成虫が前頭部を材に連続的に打ち付けて雌雄間交信するカタカタ音が春先～初夏に聞こえ，人々が死神が人の死を待ち兼ねて指で木を叩く音，死へのカウントダウンを，さらには懐中時計（watch）のチクタク音を連想し（Birch & Menendez, 1991），"death watch" は「死番」と「死時計」の二重の意味を含むに至っているようである。ちなみにこの種のイタリア語名（"orologio della morte"）とスペイン語名（"escarabajo del reloj de la muerte"）は「死時計」，「死時計虫」

それぞれを意味する。後述（12.9.）するように，この科の一種カツラクシヒゲツツシバンムシ *Ptilinus cercidiphylli* が恐らくは死傷者を出すほどの事故を日本で引き起こしており（森徹，1935；酒井雅博，1982）（12.9. 参照），これらの連想も不思議・不気味なリアリティーを伴っている。この科の食材性種は基本的に乾燥に適応しているが，英国の海岸で針葉樹・広葉樹の流木に発生する種も複数見られ（Oevering *et al.*, 2001），この場合は乾材とは限らないので，許容含水率は広範囲または多様とも考えられる。なお，本科はヒョウホンムシ科 Ptinidae と近縁で，両科を合併する扱いもあるが，それぞれは形態的に見て単系統の独立科としてよいとされ（Philips, 2000），従ってここでのシバンムシ科は狭義である。本科の木質に関連する生物学については，14.5. などで詳述する。ヒョウホンムシ科については別途後述（11.3.5.）する。

11.3.4.5. ツツシンクイ上科 Lymexylonoidea

- ツツシンクイ科 Lymexylonidae [A_2／B_{1+2} or B_2 or B_3／P_1／$R_{2\text{-}2}$／E_1／(H_1) or H_2／W_2]

  森林性。幼虫・成虫ともに細長い特異な形態で，成虫は伐採直後の丸太に飛来して穿孔なしに産卵し，幼虫が木部などを穿孔する（Neumann & Harris, 1974）。北米産 *Melittomma* 属には丸太（さらには電柱など）の穿孔害を引き起こす種が知られる（Snyder, 1927）。*Hylecoetus*，*Elateroides*，*Atractocerus* などの属は，ゾウムシ科－キクイムシ亜科の半数の種におけるように養菌性とされる（Francke-Grosmann, 1952a；Schedl, 1958；Batra & Francke-Grosmann, 1961；Francke-Grosmann, 1967；Egger, 1974；N.P. Krivosheina, 1991）。生理・生態はほとんど未知であるが，オーストラリア・Victoria 州の種は，ユーカリノキ属 *Eucalyptus* に対する木部穿孔養菌性ナガキクイムシ類の発生と関係する生態を持つという（Neumann & Harris, 1974）。

11.3.4.6. ヒラタムシ上科 Cucujoidea（広義）

- オオキノコムシ科 Erotylidae－コメツキモドキ亜科 Languriinae [A_3 or A_2／B_3／P_1 or P_2／E_1／H_2]

  この科に最近吸収されたコメツキモドキ亜科は，幼虫が生きたあるいは枯れたイネ科植物の茎に潜るとされ，ニホンホホビロコメツキモドキ *Doubledaya bucculenta* はタケに発生して節の中でこれを内側から舐めるように囓りとり，また朽木にも発生する種があるという（林，1974）。概ね詳しい生態や食性は不明の点が多いが，最近このニホンホホビロコメツキモドキにおいて，タケの節内で共生酵母菌を栽培してこれを食する生態が明らかとなっている（Toki *et al.*, 2012；Toki *et al.*, 2013）。

- ゴミムシダマシ科 Tenebrionidae [A_3 or A_2 or (A_1)／B_{1+2} or B_3／P_1 or P_2／E_1 or E_2／H_2]

  科全体では菌食性種が多く，重度腐朽材において木質と腐朽菌菌体をまとめて食する種も見られる（Simandl & Kletečka, 1987）が，ナガキマワリ属 *Strongylium* の幼虫は腐朽材木部穿孔性で（Hayashi, 1966），北米でこの属に広葉樹一次性木部穿孔性種が見られるようである（Snyder, 1927）。またエグリゴミムシダマシ属 *Uloma* の幼虫も腐朽材穿孔性で，食材性であるという（Savely, 1939）。一方米国産の *Meracantha contracta* は，[成虫が？]樹皮を食するとされ（W.C. Miller, 1931），パナマ産の *Phrenapates bennetti*（Phrenapatinae 亜科）は白色腐朽材に発生し，親子が同居する亜社会性で，形態や生態などあらゆる

点でクロツヤムシ科に酷似する食材性種である（Nguyen *et al.*, 2006）。クチキムシ亜科 Alleculinae（かつては独立科 Alleculidae）はその和名の通り朽木や樹洞内腐植質に発生し，食材性とされる（Kelner-Pillault, 1974；Dajoz, 1974；亀澤，2013）。またこれらの他にも枯木から脱出する属・種も多く，これらすべてが純粋の菌食性とは考えにくい。この科全体での種に関する，あるいは個々の種におけるメニューに関する，食材性の割合・重要性は結構高いかもしれない。

- キカワムシ科 Pythidae [A_3／B_1／E_1／H_2／W_2]

   栄養生理や生態はほとんど未解明ながら，欧州産および北米産種の樹皮下穿孔性の幼虫について，口器構造と消化管内容物から食材性が証明されている（J. Andersen & Nilssen, 1978；D.B. Smith & Sears, 1982）。実際，幼虫は樹木の樹皮で飼育可能とされる（Pollock, 1988）。

- アカハネムシ科 Pyrochroidae [A_3／B_3／C_2／R_{3-1}／E_1／H_2／W_2]

   幼虫は朽木の樹皮下を穿孔し，ナラタケ属の一種（白色腐朽菌）を含んだナラカシ属の樹皮を穿孔する米国産の2種の幼虫について，餌を消毒して与えると蛹化が阻害されたとの報告があり（Payne, 1931），木材腐朽菌への依存性が示唆されたが，北米産種の幼虫で口器構造と消化管内容物から食材性が示され（D.B. Smith & Sears, 1982），さらに欧州産の種で食材性，菌食性（および捕食性）より成る雑食性が消化管内容物分析から示されている（Přikryl *et al.*, 2012）。また，幼虫消化管からキシランやカルボキシメチルセルロース（CMC；セルロースの水溶性誘導体）に対する分解酵素の活性が検出されている（Chararas *et al.*, 1979）。

- ナガクチキムシ科 Melandryidae [A_2 (or A_3?)／B_2 or B_3／P_1 or P_2／E_1／H_2／W_2]

   森林性。比較的古い立枯れ木に飛来・産卵し，幼虫が材内を穿孔し，食菌性とも考えられる。原生林環境指標となりうる分布の種が多い。栄養生理はまったく未解明。

- ハナノミ科 Mordellidae [A_2 or A_3／B_2 or B_3／P_1 or P_2／E_1／H_1 or H_2／W_2]

   森林性。草本依存性の小型属・種に対し，サイズの大きい属・種で木質への依存性が高くなるように見受けられる。これらは比較的古い立枯れ木や枯枝に飛来・産卵し，幼虫が材内を穿孔する（Simandl & Klecěka, 1987；Ford & Jackman, 1996；他）。この場合，食菌性の可能性も考えられる。栄養生理はおろか，食性に関してもほとんどが未解明。

- カミキリモドキ科 Oedemeridae [A_3／B_2 or B_3／P_1 or P_2／E_1／H_2／W_2]

   概ね腐朽材穿孔性ながら，広域分布のツマグロカミキリモドキ *Nacerdes melanura* など一部の種が，腐朽材穿孔性の性質を保持したまま海岸の腐朽材や海水に接する材に発生（Spencer, 1958；Arnett, 1984；Oevering *et al.*, 2001；Pitman *et al.*, 2003；他）。生態や栄養生理はほとんど未解明ながら，唯一ツマグロカミキリモドキの幼虫で，栄養系バイオマス糖類のみならず木質細胞壁構成性多糖類（ヘミセルロース・セルロース）の分解能が示されており（Pitman *et al.*, 2003），また草本を宿主とする欧州産 *Oedemera* 属2種が，タマムシ科・ナガシンクイムシ科・ゾウムシ科・等の食材性甲虫全般用標準人工飼料で飼育可能とされ（Viedma *et al.*, 1983），このことも食材性を示唆している。

11.3.4.7. ハムシ上科 Chrysomeloidea

本上科と次のゾウムシ上科は近い関係にあり，両上科は途方もない種数を擁し，地球上の

生物多様性の中核を成している（T. Hunt et al., 2007）。しかし本亜科の中核であるハムシ科 Chrysomelidae は食葉性が基本で食材性・木質依存性は極めて少なく，ここではマイナーな科の扱い（11.3.5.）とした。

- カミキリムシ科 Cerambycidae [A_2 or (A_1) or ($A_{1.5}$) or ($A_1\searrow_2$) or A_3／(B_0) or B_{1+2} or (B_2) or B_3／P_1 or P_2 or (P_3)／(C_1) or (C_2) or C_3／N_1／(R_1) or $R_{3\text{-}1\text{-}1}$ or $R_{3\text{-}1\text{-}3}$／E_1 or E_2／D_1 or D_2／H_1 or H_2／W_2 or (W_1)]

 食材性甲虫類，ひいては地球上の生物の中でも，最大の種多様性を誇る科のひとつ。食材性種のみで見た場合，種数が最大の科である。多様な種の幼虫がありとあらゆる状態の材（生木〜腐朽材さらには乾材）を穿孔する（ただし種によって材の樹種や状態は著しく異なる）が，大多数は基本的に二次性である。ごく一部が草本に発生。より祖先的なホソカミキリ亜科 Disteniinae などの諸亜科は，これらを独立科とする扱いが主流となっている（Svacha & Lawrence, 2014a；Svacha & Lawrence, 2014b；Svacha & Lawrence, 2014c；Svacha & Lawrence, 2014d）が，これらをカミキリムシ科の亜科に戻す分類も見られ，扱いは一定していない。乾燥にやや適応したカミキリ亜科 Cerambycinae を中心に枯木の樹皮下穿孔性種が多く，フトカミキリ亜科 Lamiinae の多くの種の幼虫は樹皮下〜木部穿孔性であるが，成虫は樹皮や葉脈などを後食する。フトカミキリ亜科が系統的に最も派生的で（Švácha & Danilevsky, 1987；魏子涵（Wei, Z.-H.）・他，2014），種数も最大である。カミキリ亜科，そして腐朽材木部穿孔性の種の多いハナカミキリ亜科 Lepturinae がこれに次ぐ種数を擁し，ノコギリカミキリ亜科 Prioninae（腐朽材木部穿孔性），クロカミキリ亜科 Spondylidinae（樹皮下および木部穿孔性；針葉樹中心），ホソコバネカミキリ亜科 Necydalinae（腐朽材木部穿孔性；成虫はハチに擬態）などが続く。フトカミキリ亜科とカミキリ亜科のごく一部が樹木・森林害虫化し，カミキリ亜科のごく一部が乾材害虫となっている。基本的にセルロース分解能を持つが，樹皮下穿孔性種のごく一部はセルロース分解能を持たない（14.2. 参照）。樹木害虫，木材害虫，二次性分解者（これが大多数）としての生態は，Linsley (1958)，および Linsley (1959) の包括的総説で扱われており，また Linsley (1961) の最後の総説はさらに包括的で，生理や生物地理，形態，系統進化などにも詳しい。この科全体の生態学的，生理学的および経済的側面に関する解説は，Gutowski (1987) および岩田（2003）の総説でも見られる。本科の生物学については，12.6., 14.2., 16.2., 16.9., 21.2. などで詳述する。なお，本科の幼虫は日本語で「鉄砲虫」といい，木部穿孔性幼虫の穿孔を戦役などで樹木の幹に打ち込まれた鉄砲玉になぞらえ，また英語で "roundheaded borer" といい，穿孔に際して力学的必要性により頭部が丸く発達している様子を形容している。

11.3.4.8. ゾウムシ上科 Curculionoidea

- アケボノゾウムシ科 Belidae [A_1 or A_2／B_{1+2} or B_2 or B_3／P_1 or P_2／E_1／W_2]

 南半球に多く，日本には分布しない。多くの種が針葉樹（一部広葉樹）の樹皮下穿孔性〜木部穿孔性（Oberprieler et al., 2007）。

- ミツギリゾウムシ科 Brentidae [A_2 (or A_1 or A_3)／B_3／P_1 or P_2／E_1／W_2]

 ほとんどが森林性で木質依存性。ごく一部の種は一次性ともなって害虫化している（Buchanan, 1960）が，多くの種は立枯れ木や枯枝，製材品（特に腐朽材）に産卵して木

部を穿孔し（G. Mathew, 1987；Oberprieler *et al.*, 2007；他），種によっては他の穿孔性甲虫類（ゾウムシ科－キクイムシ亜科の木部穿孔養菌性種，同科－ナガキクイムシ亜科，カミキリムシ科，タマムシ科，等）の開けた脱出孔・侵入孔などに侵入して産卵，時にその主を捕食してカッコウやホトトギスと同じ「他人の褌」式あるいは「乗っ取り」式の生態を見せ，しかもその中で「養菌性」となるとされる（Schedl, 1958；H. Roberts, 1968；森本, 2008）。食性・穿孔様式・栄養生理などはほとんどが未解明。

- ヒゲナガゾウムシ科 Anthribidae [A_2 or A_3／B_{1+2} or B_2 or B_3／P_1 or P_2／E_1／H_1 or H_2／W_2]

  森林性。比較的古い立枯れ木や枯枝（特に腐朽木）に産卵し，幼虫が樹皮下ないし材内を穿孔（Schedl, 1958；G. Mathew, 1987；他），食性・穿孔様式・栄養生理などはほとんど未解明ながら多くは食菌性，一部は食材性，種子食性，地衣食性とされる（Oberprieler *et al.*, 2007）。日本産の種の中では小型で食材性のものが多いようである。

- ゾウムシ科 Curculionidae（キクイムシ亜科 Scolytinae およびナガキクイムシ亜科 Platypodinae を除く）[A_1 or A_2 or $A_{1.5}$ or A_3／B_2 or B_3／P_1 or P_2 or (P_3)／(C_1) or (C_2) or C_3／E_1／D_1 or D_2／H_1 or H_2／W_2]

  ゾウムシ科は地球上の全生物中で鞘翅目－ハネカクシ科と並んで最大の科で，これを含むゾウムシ上科は全生物の20分の1にもなる驚くべき種数を擁するとされ，本科はこの上科の中核である（Oberprieler *et al.*, 2007）。一部の種が生木，立枯れ木，枯枝，腐朽材，竹材に発生して，幼虫が木部または樹皮下を穿孔する。かつてオサゾウムシ科 Dryophthoridae（= Rhynchophoridae）とされた一群はゾウムシ科とは切り離されたり合体したりと扱いが定まらなかったが，最近は本科ゾウムシ科に含められることが多く，最新の包括的分子系統解析でもゾウムシ科の中に次項のナガキクイムシ亜科と並んで完全にはまり込むとされ（Gillett *et al.*, 2014），ここではこれをゾウムシ科－オサゾウムシ亜科 Dryophthorinae として扱う。オサゾウムシ亜科とゾウムシ科の他亜科にまたがるいわゆる「キクイゾウムシ類」は食材性で（従ってこれはこの分類体系では分類群ではなくゾウムシ科内のギルド），高次分類も種分類も難しく，生態などの研究は進んでいないが，相当な種数を擁するようである（森本, 1983a；森本, 1983b；森本, 1985；Oberprieler *et al.*, 2007）。このうち，キクイゾウムシ亜科 Cossoninae－Onycholipini 族の *Pselactus spadix* などは，英国などの海岸で波打ち際の針葉樹材・広葉樹材に発生することで知られる（Oevering *et al.*, 2001）。また同亜科－Araucariini 族－*Araucarius* 属の諸種は次項ゾウムシ科－キクイムシ亜科の樹皮下穿孔性種と類似した生態で，キクイムシ亜科と他亜科の間のミッシングリンクに相当するものと考えられ（Kuschel, 1966；Rühm, 1977）（ただし Oberprieler *et al.* (2007) はこれに否定的），さらにアフリカには少数の木部穿孔養菌性種も見られる（Schedl, 1958）。この他，オサゾウムシ亜科ではオオゾウムシ *Sipalinus gigas* が日本における経済的に重要な木部穿孔虫であり（岡田充弘・中村, 2008），さらにオサゾウムシ亜科－コクゾウムシ族 Litosomini で細い竹材を食害する種が見られる（森本, 1980）。またアナアキゾウムシ亜科 Molytinae は比較的食材性種の多い亜科で，キボシゾウムシ族 Pissodini とアナアキゾウムシ族 Hylobiini には重要な一次性の木部および根部穿孔性種の林業害虫が含まれ，同亜科－カレキゾウムシ族 Acicnemidini などは二次性の木部穿孔性種が中心である（Morimoto & Miyakawa, 1995；Oberprieler *et al.*, 2007；他）。また同科－ヒメゾウムシ亜科 Baridinae－クモゾウムシ族 Conoderini にも食材性種が数多

く見られる（Oberprieler *et al.*, 2007）。これらのグループの木質に関連する生物学については，14.3.4. などで触れる。

- ゾウムシ科 Curculionidae − キクイムシ亜科 Scolytinae，およびゾウムシ科 Curculionidae − ナガキクイムシ亜科 Platypodinae [A_2 or (A_1) or ($A_{1.5}$)／B_1 or B_{1+2} or B_3／P_1 or P_2 or (P_3)／C_1 or (C_2)／N_1 or (N_2)／R_{3-1-1} or R_{3-1-3}／E_2／D_2／H_1 or H_2／W_2]

重要な森林害虫種を多く含み，応用的に極めて重要な一群。それぞれが長らくキクイムシ科 Scolytidae，ナガキクイムシ科 Platypodidae という独立科として扱われてきた。しかし，1960 年代の提案（Crowson, 1968）に基づきゾウムシ科 Curculionidae の亜科に格下げして扱う場合が多い（Oberprieler *et al.*, 2007；他）。この扱いには比較形態学的立場からの異論があり（S.L. Wood, 1973；Morimoto & Kojima, 2003），また古生物学的立場からも保留すべきとの意見が出ており（Kirejtshuk *et al.*, 2009），さらに単系統のナガキクイムシ類が側系統のキクイムシ類の中にはまり込み，両者並列は無理という指摘もある（Kuschel *et al.*, 2000）一方で，ナガキクイムシ科は独立科として認めてもキクイムシ科は独立科として認められないというややこしい意見（R.T. Thompson, 1992）から，両科間に直接の近縁性は認められないという意見（Oberprieler *et al.*, 2007），分子系統解析ではやはり両科はゾウムシ科に完全にはまり込み最も派生的ながら，キクイゾウムシ亜科などとの関係が非常に微妙との報告・意見（Jordal *et al.*, 2011）まであり，混乱を極めてきた。しかし，結局 Crowson (1968) の扱いが正しいとする Marvaldi *et al.* (2002) や Gillett *et al.* (2014) の包括的分子系統解析や，Jordal *et al.* (2014) の最終的「断言」に基づき，本書では両群をゾウムシ科の 2 亜科とした。しかしこの 2 群があわさって単系統を成すことには異論（Oberprieler *et al.*, 2007）もあり，分子系統でも両科はまったく隔たった異系統とされ（Gillett *et al.*, 2014），このようにまとめて扱うのは，単に歴史的経緯と生態学的主要二大生活型（樹皮下穿孔性・木部穿孔養菌性；前者から後者へ複数回進化）への帰属に基づくものである。キクイムシ亜科の一部は樹皮下穿孔性（いわゆる「バークビートル」"bark beetle"），キクイムシ亜科の一部とナガキクイムシ亜科の大部分は木部穿孔養菌性（林業関係者のいわゆる「アンブロシア甲虫」"ambrosia beetle" ＝ 林産関係者のいわゆる「ピンホールボーラー」"pin-hole borer"）（図 3-1）である（22.7. で詳述）。前者は温帯と乾燥熱帯で，後者は湿潤熱帯で繁栄している（Schedl, 1958；Haack & Slansky, 1987）。後者のみならず前者も真菌類と密接な共生関係を示し，後者は前者から複数回収斂的に進化したものと見られ，その完成型では幼虫の大顎は穿孔能力を欠き，その途上のものでは幼虫は共生菌と木質の両方を嚥下している（Francke-Grosmann, 1967）。キクイムシ亜科には他に，少数の非養菌性木部穿孔性，小枝髄穿孔性，竹材穿孔性，草本穿孔性，種子（松毬・ドングリ・等）穿孔性の種が見られ（Schedl, 1958；A. Nobuchi, 1972；Atkinson & Equihua-Martinez, 1986），ナガキクイムシ亜科の祖先的な属では例外的に樹皮下穿孔性が見られ（Kirkendall *et al.*, 1997），また通常この亜科の幼虫は若齢〜中齢で共生菌を喰い，老熟すると木部穿孔能力を持つようになるという（Francke-Grosmann, 1967）。キクイムシ亜科の松笠穿孔性の属（*Conophthorus*）には，時に樹皮下穿孔性を見せる種も見られる（Stark, 1982）。樹皮下穿孔性キクイムシ類で害虫とされるものには，(a) 成虫が集団で針葉樹を穿孔して樹木の防御手段を封じこれを枯らす「殺樹性」種，(b) ニレの立枯れ病菌などの共生病原菌を媒介しこれを枯らす種，(c) 共生青変菌（およびその類縁菌）を

丸太に接種し変色など材質劣化を引き起こす種の3タイプがある（Byers, 1989）。この中でも特に，温帯の殺樹性樹皮下穿孔性種の獰猛さは特筆される。樹皮下穿孔性キクイムシの基本生態等については，Stark (1982) や Sauvard (2004) をはじめとする多くの総説がある。また木部穿孔養菌性種のものもあわせたそれらの食痕については，Schedl (1958) による類型化，加辺（1955）による日本産の種の解説と図示が非常に有用である。また木部穿孔養菌性キクイムシの生態については，Francke-Grosmann (1967) および Beaver (1989) の総説や中島敏夫（1999）のモノグラフに詳しい。なお樹皮下穿孔性種群（主として針葉樹依存性）と木部穿孔養菌性種群（主として広葉樹依存性）の関係に関しては，上述のように後者は前者から多発的・収斂的に進化したとされ，後者は熱帯に多く，キクイムシ亜科の世界的種多様性の中核を成している（J.M. Baker, 1963；Kirkendall, 1983；Farrell et al., 2001）。これはシロアリ類における土食性群の位置づけを想起させる。この2群（キクイムシ亜科およびナガキクイムシ亜科）の生物学については 12.5., 14.3.1., 14.3.2., 14.3.3., 16.3., 16.4., 16.8. などで詳述する。

11.3.5. 鞘翅目のその他のマイナーな諸科

その他，食材性を有する種が含まれうる鞘翅目の科には，ヒラタムシ科 Cucujidae，ムキヒゲホソカタムシ科 Bothrideridae，クワガタモドキ科 Trictenotomidae，コブゴミムシダマシ科 Zopheridae，ハナノミダマシ科 Scraptiidae（以上，広義のヒラタムシ上科 Cucujoidea），等々がある。いずれの種がこれに該当するかは解明が進まず，その生活史と生態についてもほとんどが未解明である。これら様々な科の甲虫は，食材性・菌食性・捕食性という複数の性格を使い分け（すなわち雑食性で），その比率が種によってあるいは状況によって異なるという可能性も考えられ，これに当てはまる実証例がヒラタムシ科で見られる（Přikryl et al., 2012）。

ナガシンクイムシ上科（11.3.4.4.）のヒョウホンムシ科 Ptinidae は基本的にデトリタス（動植物・微生物遺体の粉砕物）を食する生態（Howe, 1959）ながら，ごく一部の種は近縁のシバンムシ科に似て木部穿孔性である（Bellés, 1980）。

渓流の水中 CWD（粗大木質残渣；6. 参照）を摂食・穿孔することでその分解に寄与する水棲甲虫としては，ヒメドロムシ科 Elmidae とヒラタドロムシ科 Psephenidae（ともにマルトゲムシ上科 Byrrhoidea）などが挙げられる。特にヒメドロムシ科については研究が若干見られる。例えばオーストラリア南東部産の *Notriolus* spp. はユーカリノキ属 *Eucalyptus* の水中枯枝の表面分解に寄与し，老熟幼虫が木材を嚥下するのが確認され（McKie & Cranston, 1998），さらに米国産 *Lara avara* は Oregon 州で重要な種とされる（N.H. Anderson et al., 1978）も，幼虫は水中の材を穿孔するが自身ではセルラーゼを分泌せず，消化管内共生微生物も持たず，材表面に発生した微生物に由来する栄養を摂取しているという（Steedman & Anderson, 1985）。

ハムシ上科のハムシ科 Chrysomelidae は食葉性が基本ながら，一部で細めの枝などを一次性穿孔するものが見られるようである（Yu & Yang, 1994；秋田・他，2011）。

また，キクイムシ類やヒラタキクイムシ類などの小型食材性甲虫類の捕食者としての種を多く含むカッコウムシ科 Cleridae（カッコウムシ上科 Cleroidea）は，従って肉食性の甲虫の科とされるが，その一種シロオビカッコウムシ *Tarsostenus univittatus* はヒラタキクイムシ類など木部穿孔性ナガシンクイムシ科小型種の捕食者として知られ（St. George, 1924），その幼虫には木材穿孔性が認められる（Geis, 1997）。これも捕食性（肉食性）と食材性の両方の性格を

有する可能性がある。

　最後に，食材性ではないが，食肉亜目のメンバーであるハンミョウ科 Cicindelidae（またはオサムシ科 Carabidae － ハンミョウ亜科 Cicindelinae） － クビナガハンミョウ族 Collyridini のクビナガハンミョウ属 Collyris の種は，雌成虫がその特殊な構造の交尾器で広葉樹新条の髄芯部を穿孔し，捕食性の幼虫がその坑道内に棲息することが知られている（Shelford, 1907；他）。また，同族の Tricondyla, Pogonostoma などの種も広葉樹灌木の新条髄芯穿孔性（一次性），樹皮下穿孔性，木部穿孔性（二次性）のいずれかに該当するようである（Horn, 1931；Putchkov & Dolin, 2005）。捕食性の甲虫の中では，カッコウムシ科の大半と並んで，木質依存性という点で珍しいグループである。

11.4. 鱗翅目（蝶目）Lepidoptera

- コウモリガ科 Hepialidae [A_1／B_2 or B_3／P_1／E_1／H_2／W_2]
　大型で，鱗翅目の中では珍しく幼虫が生きた広葉樹の樹皮下・木部を穿孔する害虫種を含む。この科が所属する下目全体に関する E.S. Nielsen et al. (2000) の総説・チェックリスト・文献目録では生態等についてもまとめられている。日本産2種の興味深い生態については，五十嵐（1981）の総説に詳しい。ニュージーランド産の Aenetus virescens では幼虫が朽木穿孔相，移行相，生木穿孔相の3段階を経る（Grehan, 1981），すなわち「過変態」的な様相を呈する点が特筆される。

- ボクトウガ科 Cossidae [A_1／B_2 or B_3／P_1／E_1／H_2／W_2]
　大型で，コウモリガ科に似て，幼虫が生きた広葉樹の師部・木部を穿孔する害虫種を含む（古野，1965；古野，1966；中牟田・他，2007）。このうち日本産のボクトウガ Cossus jezoensis の幼虫は，クヌギ Quercus acutissima の内樹皮を穿孔食害することによって樹液（師部流）を滲出させ，結果的に他の多くの好樹液性昆虫を集める（J. Yoshimoto & Nishida, 2007；J. Yoshimoto & Nishida, 2008）。なおこの科の幼虫は概ね，可溶性糖類，セロビオース，デンプン，ペクチンなどの分解酵素を保持するものの，セルロース，ヘミセルロースの分解酵素はまったく保持していないことが明らかとなっている（Ripper, 1930；Chararas & Koutroumpas, 1977）。

- スカシバガ科 Sesiidae [A_2 or $A_{1.5}$／B_0 or B_1／P_1／E_1／H_1／W_2]
　幼虫が生きた樹木（主として広葉樹）の樹皮下を穿孔する種が目立つが，広葉樹の太い幹に住んで「樹液舐食者」ではないかと疑われているもの，広葉樹の細枝に虫瘤を作るものも見られる（有田・池田, 2000）。中米〜北米ではこの科で，幼虫が針葉樹の樹皮下を穿孔する種が見られ（G. Becker, 1952a），北米産の Paranthrene robiniae（ポプラ類の一次穿孔性種）のフラス分析ではリグノセルロースの分解が証明されており（Ke et al., 2011c），これは完全な食材性昆虫といえる。

- いわゆる「小蛾類」の諸科，等 [A_1／B_1 or B_{1+2} or B_4／P_2 (or P_1)／E_1／H_1／W_2]
　エダモグリガ科 Agonoxenidae，メムシガ科 Argyresthiidae，キバガ科 Gelechiidae，アカバナキバガ科 Momphidae，モグリチビガ科 Nepticulidae，ヒラタモグリガ科 Opostegidae，トリバガ科 Pterophoridae，メイガ科 Pyralidae，マドガ科 Thyrididae，ハマキガ科

Tortricidae，スガ科 Yponomeutidae といったいわゆる「小蛾類」の諸科に，幼虫が主として樹木の細枝（一部ハマキガ科のヒノキカワモグリガ *Epinotia granitalis*（日本産）の場合は樹幹部の樹皮（牧野，1999））を穿孔する種が見られ，また小蛾類ではないが，超大規模科のヤガ科 Noctuidae にもこれに類する生態の種が少数含まれるという（Paine, 2002；他）。いずれも一次性にて害虫として重要な種も含まれるが，全体としての知見の蓄積と体系化はなされておらず，断片的知見が散見されるにとどまっている。小枝の穿孔の場合，内樹皮，樹皮下（形成層），辺材，髄といった食害部位を特定することは困難である。同じ小蛾類でもマルハキバガ科 Oecophoridae に属する 2 種の貯蔵植物質害虫 *Hofmannophila pseudospretella*，および *Endrosis sarcitrella* の幼虫が，ヤナギ類の小枝で編んだ籠を食害したというスイスでの記録があり，木材細胞壁は消化されていず，普段はもう少し栄養的にリッチな植物質を喰っているのに，よりによって樹の小枝のようなものをなぜ食害したのか理解に苦しむというケースである（Wälchli, 1972）。一方オーストラリアでは，*Uzucha humeralis*（ヒロバキバガ科 Xyloryctidae）の幼虫はユーカリノキ属 *Eucalyptus* の植林地における重要な穿孔性害虫であるという（Wylie & Peters, 1993）。また変わったところでは，ハマキガ科でサイカチ *Gleditsia japonica*（マメ科）の樹幹上に生じる棘を穿孔する種も見られ（Yamazaki & Takakura, 2011），さらに蓑虫で著名なミノガ科 Psychidae に属するヒモミノガ属（未記載属の 2 未記載種）は，幼虫が蓑虫よろしく蓑をまとうも材に短く穿孔し，その潜入孔に蓑の後部が入り込んでいるという（杉本，2010）。これらの幼虫の食性は菌食性および地衣食性のようであるが，木質依存性昆虫と見なしうるものであろう。

11.5. 双翅目（ハエ目）Diptera

Teskey (1976) によると，北米では次の諸科で幼虫が食材性の種，あるいは多少ともその傾向を有する種が見られる：ハモグリバエ科 Agromyzidae（一次性），ハナバエ科 Anthomyiidae, ムシヒキアブ科 Asilidae，クチキカ科 Axymyiidae，タマバエ科 Cecidomyiidae（一部が一次性），ヌカカ科 Ceratopogonidae，ユスリカ科 Chironomidae，キモグリバエ科 Chloropidae，クチキバエ科 Clusiidae，ショウジョウバエ科 Drosophilidae，オドリバエ科 Empididae, Hyperoscelididae，クロツヤバエ科 Lonchaeidae，マルズヤセバエ科 Micropezidae，イエバエ科 Muscidae，トゲアシモグリバエ科 Odiniidae，ハネフリバエ科 Otitidae，ハネオレバエ科 Psilidae（一次性），チョウバエ科 Psychodidae，ニセケバエ科 Scatopsidae，ミズアブ科 Stratiomyidae，ハナアブ科 Syrphidae，アブ科 Tabanidae，ガガンボ科 Tipulidae，キアブモドキ科 Xylomyidae。また，フィンランド南部における Tuomikoski (1957)，ドイツ北部における Irmler *et al.* (1996) による研究では，クロバネキノコバエ科 Sciaridae とキノコバエ科 Mycetophilidae（ツノキノコバエ科 Keroplatidae を含む）に食材性種が含まれることが示されている。

Brauns (1954) は，ドイツにおけるヨーロッパブナ *Fagus sylvatica* の切株に発生する双翅目昆虫の遷移と発生部位の観察結果をまとめており，(a) 伐採後 3 年目まではタマバエ科，ムシヒキアブ科，ヌカカ科，等々が，(b) 次の 3 年間（樹皮が剥げ落ちサルノコシカケ類が発

生）ではハナアブ科，ムシヒキアブ科，等々が，(c) 9〜10年経過の切株（苔むした状態）ではチョウバエ科，ガガンボ科，ハナアブ科，ノミバエ科，等々がそれぞれ発生するとしている。この中でも特にガガンボ科は重要とされる。また Rotheray *et al.* (2001) は英国・スコットランドにおいて，広葉樹・針葉樹の生木心材腐朽部，朽木心材部，朽木辺材部にハナアブ科，Limoniidae，ムシヒキアブ科，Hybotidae，クチキバエ科，オドリバエ科，イエバエ科，ガガンボ科，クロツヤバエ科の種が発生すると報じている。

さらに木質依存性双翅目について Dajoz (1974) は，(1) 堅い木質に限って発生するもの，(2) 基本的に水棲に近く水分過多の材に発生するもの，(3) 苔むした倒木の樹皮下などに発生する多様な生態のもの，といった3類型が見られるとしているが，(2') 完全に水没した材に幼虫が発生する水棲昆虫も一部見られる（Dudley & Anderson, 1987；他）。

このうち *Tipula flavolineata* については，英国・イングランド（比較的昆虫相の貧弱な土地）の広葉樹材分解におけるその重要な役割が，他の双翅目朽木発生種とともに詳しく調べられている（Swift *et al.*, 1984；Swift & Boddy, 1984）。また *Tipula paludosa* の幼虫はイネ科植物の葉の分解において，セルロースおよびヘミセルロースの消化が認められている（B.S. Griffiths & Cheshire, 1987）。

英国，ロシア（南千島を含む）などのハナアブ科については，その幼虫の所在から腐朽木質依存性であることが示唆される種が見られる（Rotheray, 1991；M.G. Krivosheina, 2004）が，詳しい食性の確定に至っている種はほとんどない。しかしこの科（特にナガハナアブ属 *Temnostoma*）を「食菌性アンブロシア昆虫」とする見方（N.P. Krivosheina, 1991；M.G. Krivosheina, 2004）もある（下記および22.7. 参照）。

これらの木質依存性双翅目昆虫のほとんどは腐朽材や腐植質を食し，土壌動物的性格を見せるものも多いが，ハモグリバエ科，ハネオレバエ科，タマバエ科といった諸科の一部，特にハモグリバエ科の種で形成層など生きた組織に食入する一次性のものが見られる（Greene, 1914；Greene, 1917；Hanson & Benjamin, 1967；Gregory & Wallner, 1979；他）（17. 参照）。また N.P. Krivosheina (1991) は，クチキカ科，ハナアブ科（*Temnostoma* 属），ミズアブ科（*Xylopachygaster* 属），Limoniidae（恐らくは以上のそれぞれの科の一部）が湿材に発生して菌と共生し，その意味で「アンブロシア昆虫」に含まれるとしている。また科名からして食材性がもっともらしいクチキバエ科についても，その厳密な食性は不明確ながら，広葉樹朽木に発生し，腐朽度に関して種間で棲み分けることが沖縄本島で観察されている（Sueyoshi *et al.*, 2009）。

ユスリカ科の幼虫は水棲昆虫であり，陸水系における木質分解に関与している種も見うけられ（N.H. Anderson *et al.*, 1978；Kaufman & King, 1987；N.H. Anderson, 1989；E.C. Phillips & Kilambi, 1994；Magoulick, 1998；他），ガガンボ科と並んで重要な一群である。

いずれにせよほとんどの種は生理や生態など詳細が未解明で，枯木から見出されたからといっても食材性なのか捕食性なのか菌食性なのかわからず，また幼虫態や食性が不明の種も無数に存在する。双翅目は恐らくは，食材性昆虫・木質依存性昆虫の実態解明における最後の秘境であろう。

11.6. 膜翅目（ハチ目）Hymenoptera

- キバチ科 Siricidae [(A_1) or ($A_{1.5}$) or A_2／B_3／P_1／$R_{2\text{-}2}$／E_1／H_1／W_2]

樹木木部に穿孔し，キバチ亜科 Siricinae では一部が一次性にもなり，共生菌の作用で宿主針葉樹を枯らせる。樹木害虫としてのこれらの種の生態は Morgan (1968) や Gilbertson (1984) の総説に詳しく，共生菌との関係については Francke-Grosmann (1967) および Tabata et al. (2012) の総説が参考になる。最近，ノクティリオキバチ Sirex noctilio（図 2-14）で幼虫が木質を嚥下・消化せず，かわりに液状餌を「飲む」という生態が明らかとなっている（B.M. Thompson et al., 2014）（3.1. 参照）。一方ヒラアシキバチ亜科 Tremicinae は広葉樹を宿主とする二次性であり，キバチ亜科の大半の種と同様真菌類と共生している（Stillwell, 1964；他）。

- クビナガキバチ科 Xiphydriidae [(A_1) or ($A_{1.5}$) or A_2／B_3／P_1／$R_{2\text{-}2}$／E_1／H_1／W_2]

生態等はキバチ科に準じる。ただしキバチ科とは上科を異にし，生態の類似は平行進化によるものと考えられる。共生菌との関係については Kajimura (2000) の論文を参照されたい。

- その他の科

世界各地でクマバチ属 Xylocopa（ミツバチ科 Apidae）（Beeson, 1938；Barrows, 1980；奥谷，1980；他）（図 3-2），オオアリ属 Camponotus（アリ科 Formicidae－ヤマアリ亜科 Formicinae）（Pricer, 1908；Pomerantz, 1955；Dajoz, 1974；Hansen & Akre, 1985；Torgersen & Bull, 1995；他）の種が枯木，切株，木造建築物，柱などの木材中（特に腐朽材）に穴を掘って営巣する。さらにオオアリ属の種は生木（針葉樹・広葉樹）の心材にも侵入・営巣する（Hölldobler, 1944；Pomerantz, 1955；Sanders, 1964；Kloft & Hölldobler, 1964；槇原・他，1993）。木質に半ば依存するこの属のアリは，従って食材性昆虫・木質依存性昆虫のやや特化した捕食者たりえ，実際米国ではこの属の一種がナラ類 Quercus spp. の生木に営巣し，これに発生する Enaphalodes rufulus（カミキリムシ科－カミキリ亜科）の卵を食していることが確認されている（Muilenburg et al., 2008）。基本的にアリ類は土中潜入はお手のもので，これが腐朽材になっても同じこと。米国・Oregon 州北東部では針葉樹倒木にオオアリ属の他，ヤマアリ属 Formica，ケアリ属 Lasius など 6 属 13 種以上が営巣しているのが観察されている（この場合特にオオアリ属が分解の進んでいない硬い材を好む；Torgersen & Bull, 1995）。また，寒冷地であるカナダ・Alberta 州中西部のヨレハマツ Pinus contorta 造林地の切株では 4 属 10 種のアリ類が（Wu & Wong, 1987），同じくカナダ・British Columbia 州中央部の針葉樹林の丸太や切株では 7 属 19 種のアリ類が（Lindgren & MacIsaac, 2002）営巣していることが確認され，前者の場合（Wu & Wong, 1987）はアリ類が針葉樹切株の分解における最重要昆虫類とされており，また同州南西部太平洋岸地方の市街地家屋の木材にはヤマアリ亜科の Lasius niger（日本産のトビイロケアリ L. japonicus の置換種）が多く見られ（Spencer, 1958），他地域でもこれらと同様の状況が見られるものと考えられる。ちなみにクマバチ属，ならびに木質と最も関連深いアリであるオオアリ属に対応する英名はそれぞれ "carpenter bee", "carpenter ant" であり，両者の木材加工の習性を見事に表している。これら 2 属の木材穿孔はあくまで営巣のためであり，食材性ではない。この関連でオオアリ属において，その消化管内にセロビアーゼは

見られるものの「セルラーゼ」(エンド-グルカナーゼ) の活性がなく，木材は消化分解されないことが欧州産の種で確かめられている (Graf & Hölldobler, 1964)。一方，基本的にシロアリ類にとっての最大の天敵はアリ類，特にハリアリ亜科 Ponerinae である (W.M. Wheeler, 1936；Deligne et al., 1981) が，アリが首尾よくシロアリの巣を攻撃してすべてを食い尽くし占領した後は，シロアリが穿孔・構築した木材中の巣を自らの巣として利用することが多い。この状態はあたかもアリが木材を穿孔して営巣しているとの誤解を招きやすい。さらにこのアリが有翅虫を放出しだすと，両者の区別がつかない一般市民は「シロアリの羽蟻が出た」といって助けを求めるケースが非常に多い。この他，クマバチ属以外でも用材などを穿孔して営巣するハチが見られ (奥谷, 1980)，スズメバチ科 Vespidae の成虫は，餌としてではなく巣の材料として木材を口器で噛ってパルプ化する。さらに，ドイツや米国東部などでハバチ科 Tenthredinidae – ハグロハバチ亜科 Allantinae の幼虫 (非食材性) が越冬・蛹化を目的として，木材表面を噛ったり穴をあけたりし (W.B. Becker & Sweetman, 1946；Cymorek, 1963；Cymorek, 1978；他)，思わぬところで思わぬ種が用材に傷をつけることがある。一方，他の木材穿孔性昆虫のあけた成虫脱出孔などの坑道を営巣場所として利用するドロバチ科 Eumenidae などの種も見られ (奥谷, 1980)，素人目にはこれらも木材穿孔性昆虫のように映る。

11.7. その他のグループ

　米国・Oregon 州の針葉樹林の渓流において，水中の CWD (粗大木質残滓；6. 参照) を摂食・穿孔することでその分解に寄与する水棲昆虫として，鞘翅目，双翅目の他，蜉蝣目 (カゲロウ目) Ephemeroptera, 襀翅目 (カワゲラ目) Plecoptera, 毛翅目 (トビケラ目) Trichoptera の諸科 (いずれも幼虫) が挙げられ，特に毛翅目－アシエダトビケラ科の *Heteroplectron californicum* が米国・Oregon 州で重要な種とされている (N.H. Anderson et al., 1978)。
　昆虫で他にも食材性を示すグループはあるであろうが，実はもうひとつ，ここで触れておくべきグループがある。それは昆虫ではなく，節足動物門－蛛形綱－ダニ目 Acari に属するササラダニ亜目 Oribatida である。元来これは腐植分解性の土壌動物であり，極めて多様な種を含む巨大な一群である。これが分解する腐植には枯葉もあれば細枯枝や朽木細片もあり，発生物と食性に関して種単位での棲み分けが見られることが安定同位体比測定によって示されており (Schneider et al., 2004)，中には細枯枝・朽木片を専門に穿孔・利用するあるいはこれらにある程度依存する属や種も，イレコダニ科 Phthiracaridae を中心に見られるようである (R. Schuster, 1956；Woolley, 1960；Aoki, 1967；Luxton, 1972；Pande & Berthet, 1973；Seastedt et al., 1989；他)。そして，こういった木質依存性種を含む植物質依存性種の多くでセルロースとセロビオースの分解酵素 (グルカナーゼ＋グルコシダーゼ) 活性が認められ (Luxton, 1972)，特定種 *Staganacarus magnus* では自前のセルラーゼ (グルカナーゼ＋グルコシダーゼ) 活性も検出されている (Zinkler et al., 1986)。
　さらに，同様に土壌動物の重要グループである，昆虫綱 (あるいは内顎綱)－粘管目 (トビムシ目) Collembola, 倍脚綱 (ヤスデ綱) Diplopoda, 軟甲綱 (エビ綱)－等脚目 (ワラジムシ目) Isopoda でも同様のタクサが見られよう。実際，ヤスデ類とワラジムシ類では，天然の腐朽材

を与えた実験で材の消費が報告され（Neuhauser & Hartenstein, 1978），さらにヤスデ類では消化管内の細菌類が分泌する酵素群によるセルロース，ヘミセルロース，ペクチンの分解が報告されている（E.C. Taylor, 1982）。

これらは立派な食材性タクソンである。陸棲の節足動物は昆虫綱でなくとも伝統的に「昆虫学」の扱う範囲に入れられるので，本書でもこれに一応言及する次第である。

一方既に触れたように（6.），同じ節足動物門の甲殻綱－ワラジムシ目（等脚目）Isopodaには，海棲のまたは波打ち際棲息性の食材性種・木質依存性種が見られ（G. Becker, 1971），このギルド全体が陸生の食材性・木質依存性昆虫ギルドに対応する存在となっている。中には自前のセルロース分解酵素，エンド-β-1,4-グルカナーゼとエクソ-β-1,4-グルカナーゼをセットで備えることが確かめられている種も見られる（A.J. King et al., 2010）。異なる生態系間の物質移行とその成り行きに関係する重要な動物群といえる。

11.8. 食材性昆虫・木質依存性昆虫の総体

こういった様々な食材性昆虫・木質依存性昆虫は，一次性種は樹木害虫，一部のシロアリ類と乾材害虫は林産害虫，それ以外の多くの二次性種は自然界における分解者として，それぞれ林学，林産学，生態学というまったく異なる分野で取り扱われ，研究されてきた。しかし本書の目指すところは，これら3カテゴリーの統合的取り扱いである。これには，これら三者を統合的に取り扱ってはじめて現象が明確になるという側面が多く，さらに各カテゴリー間は一線を画することが難しく，中間的な存在が多々見られるということも背景にある。木材保存学は分野横断的，境界領域的，"interdiciplinary"な学問分野とされている（G. Becker, 1974）が，ここで論じられる木質昆虫学も同様であり，この3つの形容に加え，産業横断的という形容が加わる。

また，これら3カテゴリーのうちの前二者は本来害虫として取り扱われてきているが，近年の応用昆虫学における害虫防除の基本的コンセプトは，従来の薬剤バラ撒きのアンティテーゼとしてのあらゆる手段を駆使した「総合防除」，害虫といえども地球生態系の仲間であるとの考えのもとでの「害虫との共存」というものに変貌しており，そうなると害虫たる前二者も防除対象外の場合，他の害虫の防除の手段からの保護の対象ともなるという，ちょっとびっくりする内容の論文も，米国などで出ている（Grace, 1994）。

こういった極端な考え方はともかくとして，少なくとも地球上に存在するものは，いったんその存在を認めて，その生態を詳しく調べ，その上で害があればそれを軽減すべく方策を探るというのが，新たな学問体系の基本コンセプトである。

第 II 部
木質と昆虫の関わり

　木質昆虫学の中心課題は，木質と昆虫の関わりである。ここではこの中心課題を，生化学的視点を中心に一部生態学的視点も交えて提示し，さらに木質と昆虫の関わりに関するエピソードを相互関連的に列挙し，多様なこの領域の全貌に迫る一助とする。

12. 食材性昆虫・木質依存性昆虫の一次性・二次性

12.1. 一次性と二次性

　さて，上述（10.）の枯損マツ食害性の穿孔性甲虫群集をはじめとする，これらの様々な木材食害虫は，それらが食する木材・樹木との関係性においてどのような位置づけがなされるのであろうか。

　同じ木材を口にしている昆虫でも，生態学的に様々なタイプがあり，この性質の差がその虫をして林産害虫に，森林害虫に，あるいは「単なる普通の虫」にならしめたりする。まずこれらの昆虫は，それが食する木材が生きた健全な樹木のものか，枯れかかった樹木，枯れた樹木，枯れて朽ちた（すなわち木材腐朽菌に冒された）木かによって，最初に生態学的類別を受ける。ここで最初のもの，すなわち生きた健全な樹木の木質を喰う場合，その昆虫は一次性と呼ばれる。これ以外はすべて二次性と呼ばれるが，腐朽材を食する場合は特に分けて腐食性ともされる。従って上に述べた穿孔性森林害虫(10.)は，マツノマダラカミキリのような特殊なものを除いて，定義からすべて一次性ということになる。食葉性などを含めた植食性昆虫全体では，植物生体依存性種（すなわち一次性種）が植物遺体依存性種（すなわち二次性種）を上回る多様性を見せる（W.D. Hamilton, 1978）とはいえ，木質依存昆虫では圧倒的に二次性（すなわち枯木依存性種）が多く，一次性（すなわち木質生体依存性種）は，樹木生体がビタミンまでも含んで栄養価が高い（Grinbergs, 1962）にもかかわらず，種数はごくわずかである。これは，被害を受ける樹木がやられっぱなしではなく穿孔性昆虫に対する防御機構を発達させているという事実，および穿孔虫が閉鎖空間に棲息する関係でこういう攻撃に際して逃げ場がないという事実に基づいている。昆虫の側から現存の木本植物を定義すれば，それは「その分布域においてその種の存続を脅かす一次性穿孔虫種を持たず，あるいは共進化などによりこれが淘汰されることでその脅威をクリアした種」となろう。

　なお，木質を主要な餌とはせず穿孔坑道内で真菌を栽培してこれを食する木部穿孔養菌性キクイムシ類（ゾウムシ科－キクイムシ亜科の一部と同科－ナガキクイムシ亜科のほとんど全部；いわゆるアンブロシア甲虫類）といえども，彼らが木質を穿孔することは物理的事実であり，その穿孔対象が生きた樹木か衰弱したもしくは死んだ樹木かで，同様にそれぞれ一次性，二次性という区分が可能かつ必要で（Browne, 1965），その点では他の穿孔虫と事情は同じである。ただしこの場合，その共生菌（アンブロシア菌）が宿主樹に対して病原性を持つこと（Francke-Grosmann, 1967）が宿主昆虫の一次性には重要で，これにより宿主樹が衰弱・枯死して抵抗性が消失し，二次性と同じ状況となる。こういった例として，キクイムシ亜科ではシイノコキクイムシ *Xylosandrus compactus* (A.H. Hara & Beardsley, 1979)，ナガキクイムシ亜科ではカシノナガキクイムシ *Platypus quercivorus* (Soné *et al.*, 1998；伊藤進一郎・他, 1998；小林正秀・上田, 2005；他）がある。またこういったアンブロシア甲虫類には近年，(特に外来種の)二次性種が一次性化するケースが多い（Hulcr & Dunn, 2011）。外来種か否かの問題を別にすれば，カシノナガキクイムシもそういったもののひとつと考えられる。Kühnholz *et al.* (2001)はその原因として，恐らくは温暖化により春先樹木が目覚める前に攻撃を受けるようになったこと，共生性のアンブロシア菌が生木の枯死部に発生できること，アンブロシア菌が温暖化や菌の侵入による交配などで病原性を増していること，アンブロシア甲虫自体の移出入があるこ

と，二次性種がストレスを受けた樹木を攻撃できることを挙げている。しかしこの説明は今ひとつ説得力を欠くことは否めない。Hulcr & Dunn (2011) も特に侵入先での二次性種の一次性化の原因について論じ，本来樹木の枯死を意味するはずの成分（16.7. 参照）が特定樹種生木から揮発蒸散し，外来種（にして自然分布地では二次性）のキクイムシ類がこれを枯死木もしくは衰弱木と「誤解」して攻撃し，これが度重なって枯死を招き，結果としてキクイムシが一次性となるというシナリオなどを提唱している。しかしこれもあくまで仮説止まりではある。

ニュージーランドでラジアータマツ Pinus radiata などのマツ科針葉樹を幼虫が加害するノクティリオキバチ Sirex noctilio（膜翅目－キバチ科）（図 2-14）も，トガサワラ属 Pseudotsuga やカラマツ属 Larix を食害する場合は基本的に二次性で，マツ属 Pinus も含めて折れ枝や被圧枝などで細々と二次性的に命脈を保っているが，個体数が増えてくると一次性的性格が増大し，マツ類の林分に被害が生じるという（Morgan & Stewart, 1966）。これはキクイムシ類の話を想起させる。同科の日本産種，ニホンキバチ Urocerus japonicus はスギ科，ヒノキ科，マツ科と幅広い宿主スペクトルを持つが基本的に二次性で，生立木への産卵は共生菌による材質劣化を引き起こすものの，繁殖には決してつながらず，宿主樹の枯死もないようである（佐野, 1992）。

一次性と二次性は連続概念にして対立概念であるが，ある穿孔虫種が戦略として一次性と二次性のいずれをとるかは，その生活史に広範囲に多大な影響を与え，穿孔虫の種生態にとって最重要要因となっている（Shibata, 1987）。

12.2. 樹木の防御システム：その多様性と具体例

上に述べた（12.1.）ように一次性穿孔虫の場合，相手の樹木は生きているわけで，喰われっぱなしということは決してなく，また環境との関連も相まって，穿孔虫の命運はなかなか予測しがたく，解析には樹木生理学的知識が必要となる（Lorio, 1993）。

一般に，植物がこれを餌とすべく攻撃してくる植食性動物に対しては，(I) 摂食回避 (antixenosis)，(II) 摂食中毒惹起 (antibiosis)，(III) 摂食害への忍耐 (tolerance) の 3 つの方策でこれを乗り切るとされている（Kogan & Ortman, 1978）。特に植物の中で最も K 戦略的な樹木の場合，この (I) 食害回避が最も重要な方策と考えられ，さらにいったん侵入を許してしまった場合は，方策 (II) として備えられている防御物質が役立つ。そしてさらにその一部がやられてしまった場合には，方策 (III) としてその箇所の封じ込め（下記の「罹患部隔離作用」）を行って耐え凌ぐようである。

基本的に樹木の木部は高 C／N 比で栄養的に非常に低質であり，また煮ても焼いても食えないリグニンも完備し，さらに生細胞をまったく欠く「お釈迦状態」で侵入に何ら反応できない心材も抽出成分をたっぷりと含み，この状態で既に上の (I) 摂食回避は半ば達成されているともいえる（近藤民雄, 1982）。それでも，生き物に満ちあふれた地球上では，そんな樹木を食べたいと仰せの生物がいるわけで，それが生きた樹木に侵入しようとする。

樹体内への菌や昆虫の侵入はなかなか困難であるが，菌，昆虫，鳥獣，人間のいずれかが何らかの突破口を樹幹上に開けると，そこから他の連中がつけいる隙を与えて，色々と侵入してくる（Swift & Boddy, 1984）。樹木はそうはさせじと，鉄壁の守りたる外樹皮で既に防衛状態

となっている。これは生身ではなくその外側をまとう一種の鎧。そして肝心の生身の方もちゃんと防衛機構を備えている。それは，(A)「防腐防虫剤」としての心材中の抽出成分や，正常組織の一部としての樹脂道など，予め備わった「常備防御機構」，(B) 外敵侵入が引き金となってアドホックかつ局所的に誘導される「誘導防御機構」，そして近年新たに指摘された (C) 外敵侵入が引き金となって誘導され，以後恒久的かつ生化学的に賦与される「全身的誘導抵抗性」。二重・三重の守りである (Shrimpton, 1978；Cates & Alexander, 1982；Nebeker *et al.*, 1993；Paine *et al.*, 1997；Lieutier, 2002；Bonello *et al.*, 2006)。このうち (C)「全身的誘導抵抗性」は，動物における免疫に機能的に類似したものといえ，その具体例は草本植物－病原菌関連では豊富ながら，樹木－穿孔性昆虫類関連ではいまだ乏しく，今後の研究にまたねばならない (Bonello *et al.*, 2006)。以下，(A) および (B) に焦点をしぼって論じる。

　擬心材形成や罹患部隔離作用 (compartmentalization) (Shigo, 1984)，さらには傷害樹脂道形成や樹脂滲出といった現象は (B) 誘導防御機構の結果である。既に述べたように (4.2.)，広葉樹の中でもフトモモ科のユーカリノキ属 *Eucalyptus* では，針葉樹の (B) 誘導防御機構の一環としての樹脂道形成と樹脂滲出とそっくりな，キノ道形成（木部または内樹皮）とキノ滲出が見られ (Tippett, 1986)，針葉樹と同様の防御機構を持つものが広葉樹にも見られる。一方 (A) 常備防御機構には抽出成分や樹脂道の他，既に述べたように (2.2.4.)，内樹皮組織では元来少ないはずのリグニンをフィーチャーした「石細胞」が，樹皮下穿孔性甲虫の不利になるという現象も針葉樹・広葉樹双方の内樹皮で知られる (Wainhouse *et al.*, 1990；王瑞勤 (Wang, R.)・他，1993；J.N. King *et al.*, 2011)。またこの (A) 予め備わった防御手段と，(B) アドホックに誘導される防御手段が，互いに相補的関係にあるとする説もある (Wainhouse *et al.*, 1997)。米国におけるテーダマツ *Pinus taeda* とこれを加害する殺樹性の樹皮下穿孔性キクイムシ *Dendroctonus frontalis* の関係では，キクイムシは複数種の真菌と契りを結んでいる (16.4. 参照) が，このうちミカンギア (＝マイカンジア，共生菌保持器官；22.7. 参照) に保持されるものは，宿主樹にアドホック的防御手段としての誘導防御物質を合成させず，そういう菌はこのキクイムシにとって特別な存在であることが示唆される (Paine & Stephen, 1987)。殺樹性の樹皮下穿孔性キクイムシ類とその共生菌の侵入に際する樹木の防御機構に関するこういった問題の研究は，この被害の多い北米と欧州において著しく進展している (Lieutier, 2004)。(A) 常備防御機構と (B) 誘導防御機構の二重性は，樹皮下穿孔性キクイムシ類の宿主としての針葉樹でよりしばしば問題にされるが，広葉樹でも同様に見られるものである (Eyles *et al.*, 2007；R.A. Hayes *et al.*, 2014)。

　樹木の誘導防御機構 (B) における最も目立つ手段が，針葉樹に見られるオレオレジン（ヤニ，樹脂；マツの場合は松ヤニ）である。この武器の主成分は，揮発性のモノテルペン類と準揮発性セスキテルペン類より成るテルペンチン，および主に非揮発性のジテルペン類より成るロジンである (Hanover, 1975；Croteau & Johnson, 1985；M.A. Phillips & Croteau, 1999；Trapp & Croteau, 2001) (図 12-1)。木質依存性昆虫にとって栄養的に最も「おいしい」部分である内樹皮 (Savely, 1939；Hosking & Hutcheson, 1979) は，樹木が生きた状態では防御機構を完備して鉄壁の防御態勢で守られている。生きた針葉樹の幹を穿孔しようとした二次性穿孔虫（キクイムシ，等）の成虫，これに産み付けられた二次性穿孔虫（カミキリムシ，ゾウムシ，キクイムシ，等）の卵から生まれた幼虫は，通常その内樹皮から溢れ出るヤニにからめとられる，あるいはその成分で中毒するなどして斃死する (Vité & Wood, 1961；岩崎・森本，1970；

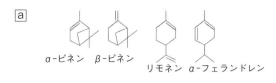

図12-1 テルペン類の例(立体異性表示は省略)。 a. モノテルペン類(基本構造はC₁₀)。 b. セスキテルペン類(基本構造はC₁₅)。 c. ジテルペン類(基本構造はC₂₀)。

Berryman & Ashraf, 1970；川畑・古城, 1971；Ferrell, 1983；Ko & Morimoto, 1985；柴・他(Cai et al.), 1997)。ここで最も重要な樹木の防御手段は，樹皮下穿孔性キクイムシ類などの昆虫の潜入による刺激に誘導されて樹木が積極的に生産する樹脂(オレオレジン)である(Berryman, 1969； Cates & Alexander, 1982； Steele et al., 1995)。「ヤニにからめとられる」ということは，いわば天然の「ホイホイ」で，ベトベトの泥沼の中に脚や体をつっこんで身動きがとれなくなるということであるが，実はこの「からめとり」にはヤニの固化も大いに関係している。この場合の固化とは，モノテルペンなどの分子量の低い揮発性テルペン類(≒精油成分)が蒸発気化し，ジテルペンなどの分子量の高い非揮発性テルペン類(いわゆるロジン類)が残って固まるということである。しかしサラサラの状態の樹脂だと虫体に浸透しやすく，その主成分である揮発性モノテルペン類が毒性を発揮しやすくなることも予想され，実際これで樹皮下穿孔性キクイムシ類が中毒死するという報告も多い(R.H. Smith, 1961；R.H. Smith, 1963；S.P. Cook & Hain, 1988；他)。この場合，吸入毒性に加えて食毒性，接触毒性とすべての毒性モードが関与しているものと考えられる。例として，針葉樹のベイヒバ Chamaecyparis nootkatensis の心材抽出成分にして，グレープフルーツ果実の成分でもあるセスキテルペンの一種ノートカトン，およびその還元体がイエシロアリに対して相当の致死および忌避活性を示すという報告(Ibrahim et al., 2004)，等がある。また，こういう毒性はキクイムシ自体のみならず，その共生細菌にも及ぶ(A.S. Adams et al., 2011b)。固化しないことが毒性発揮につながるということの具体例のひとつとして，米国北東部の針葉樹細枝一次性穿孔虫 Pissodes strobi (ゾウムシ科-アナアキゾウムシ亜科)によるストローブマツ Pinus strobus の枝の成虫後食と幼虫穿孔害に関するものがある。ここで，樹脂が容易に固化しない傾向はこの虫害の阻止に寄与するとの報告がある(van Buijtenen & Santamour, 1972)一方で，樹脂固化と虫害の間の関係性は認めにくいものの，ゾウムシは幼虫などの分泌物で樹脂の固化を促進している可能性があるともされ(Santamour, 1965)，やはり関係性は認めにくいものの，固化傾向にはジテルペン中のストロブ酸が寄与するという報告もある(R.C. Wilkinson, 1979)。結局この関係性は，からむ要因が

多く解析は困難を極め，一般化は難しい。なお，テルペン類のうちで分子量の小さなモノテルペン（C_{10}）は軽くて揮発しやすく，分子量の大きなジテルペン（C_{20}）は重くてほとんど揮発せず，セスキテルペン（C_{15}）はその中間でやや揮発しやすいということであるが，*Tetropium fuscum*（カミキリムシ科－クロカミキリ亜科）の場合，その集合フェロモンと組み合わさることで，宿主樹由来のモノテルペンが遠距離誘引を，同じく宿主樹由来のセスキテルペン（α-ファルネセンなど）が近距離誘引を引き起こすことが知られ（Silk *et al.*, 2010），このカミキリムシは宿主樹の成分をその探査に最大限利用しているといえる。

　針葉樹におけるこのようなテルペン類による防御システムは，そのテルペン類組成の多様性もその有効性の一助となっていることが考えられる（Tholl, 2006；Gershenzon & Dudareva, 2007）。これは，テルペン類（C_{10}, C_{15}, C_{20}）の生合成単位であるイソプレン（$H_2C=(C-CH_3)-CH=CH_2$）のなせる業である。そして，高い多様性を生み出すイソプレンのこの可能性に目をつけたのは針葉樹のみではなかった。シロアリの兵蟻も多様なテルペン類を種ごとに作り出し，これを防御物質として敵に噴射したり，敵の傷口に塗りつけたりとさんざん活用し（Šobotník *et al.*, 2010；他），さらにこれらのブレンドは警戒フェロモンとしても作用する（Vrkoč *et al.*, 1978；Reinhard *et al.*, 2003；Dolejšová *et al.*, 2014；他）。これら2つの働きは「コンディション・レッド」の文脈で共通しており，その多用性は容易に想像がつく。そして何と，オーストラリア北部産の *Nasutitermes triodiae*（シロアリ科－テングシロアリ亜科）の兵蟻では，シロアリ自身にどういう具体的利益があるかは未解明ながら，防御物質として生産・分泌されるジテルペンであるトリネルビタンとその誘導体が，グラム陽性細菌に対して抗菌活性を示すという報告がある（C. Zhao *et al.*, 2004）。また，パナマやベネズエラにおいて同属諸種 *Nasutitermes* spp. の兵蟻の防御物質が，それらの特異的捕食獣であるコアリクイ *Tamandua* spp. に対して相当の忌避行動を引き起こさせるという報告も見られる（Lubin & Montgomery, 1981）。テルペン類は生物活性の高い化合物群で，天敵昆虫のみならず，天敵獣類や天敵微生物をも遠ざけるようである。そしてシロアリとテルペン類の関係の極めつけは，まるで樹皮下穿孔性キクイムシ類のテルペン系集合フェロモンの場合（16.4. 参照）と同じように，*Reticulitermes flavipes*（ミゾガシラシロアリ科－ヤマトシロアリ属）において兵蟻自身が兵蟻への階級分化を調節するフェロモンとして2種のセスキテルペン，γ-カディネン（分化促進フェロモン）とγ-カディネナール（分化抑制フェロモン）を生合成・分泌しているとする報告（Tarver *et al.*, 2009；Tarver *et al.*, 2011）。そして上述のカミキリムシの一種 *Tetropium fuscum* の場合に見られた，宿主樹由来のセスキテルペンである (3Z,6E)-α-ファルネセンと (E)-β-ファルネセンがその集合フェロモンと共力作用を見せる現象（Silk *et al.*, 2010）。さらにはこの異性体 (3E,6E)-α-ファルネセン自体が *Prorhinotermes canalifrons*（ミゾガシラシロアリ科）の警戒フェロモン，並びにツヤハダゴマダラカミキリ *Anoplophora glabripennis*（カミキリムシ科－フトカミキリ亜科）の集合フェロモンになっていること（Šobotník *et al.*, 2008；Crook *et al.*, 2014）。29.1. で述べる，紙に含まれるセスキテルペン誘導体が昆虫にとって幼若ホルモン類縁体として作用する現象。木質に関わる昆虫では他にも，このようにテルペン類が重要な化学生態学的関連で関わっているのが見出される可能性がある。

　ところでBerryman (1969) は，アメリカオオモミ *Abies grandis* に対する一次性樹皮下穿孔性キクイムシ *Scolytus ventralis* の加害に際して，樹木の防御パターンを，(0) 外樹皮→内樹皮→形成層→木部まで穿孔されて無抵抗に内樹皮と形成層が完全に死滅する場合，(1) 内樹皮と形成

層が破壊されて死滅し木部が一部露出するも，激しい樹脂滲出で何とか食い止める場合，(2) 内樹皮と形成層が破壊されるも樹脂滲出で食害を食い止め，カルス形成で巻き込んで内樹皮と形成層がつながり，最終的に食害箇所が覆われて治癒する場合，(3) 穿孔が形成層まで達する前に樹脂滲出で食い止め，形成層が無傷の場合，の4種に分類し，この順に樹木の抵抗性が大きいとした。樹種によっては正常材での樹脂道の有無などでこういった反応性に違いが見られるが，針葉樹では概ね類似のパターンが見られるものと考えられる。ここで重要な数値ファクターは樹脂噴出圧（Vité & Rudinsky, 1962），樹脂滲出量や樹脂固化速度（Hodges et al., 1979），水分ポテンシャル（M. Ueda & Shibata, 2005）である。この現象は，我々哺乳動物の傷口において噴出する血液が侵入菌を押し出し，また赤血球が凝固することによって侵入細菌がからめとられ，シャットアウトされることに擬せられ，両現象間にはアナロジーが見られる。さすれば上述（10.）のマツ材線虫病は，まず最初に樹幹内の線虫によりヤニの浸出が止まることから，これはマツのAIDSといったところか。ただしヒトのAIDSでは防御機構たる免疫系を破壊するのはHIVである一方，とどめを刺すのはHIVではなく日和見感染症病原体であるのに対し，マツでは防御機構たるヤニの出を止めるのととどめを刺すのはともに線虫である点でやや事情は異なる。

　かくして針葉樹の唯一最大の防御手段は，内樹皮から滲出する樹脂（オレオレジン＝ヤニ）であることがわかる。この樹脂の成分（「抽出成分」）の中で最も重要なものはモノテルペン類。いわゆるアロマセラピーなどに用いられる「精油」の中核的成分にして，これが森林内を漂うと「フィトンチッド」と呼ばれる。これとは別に心材にもモノテルペン類などの抽出成分が集積しており，これは樹脂と共通の成分が多い。樹脂は虫が喰えば中毒し，抗菌物質にもなり（化学的機能），虫をからめとり，場合によってはヒトなどの脊椎動物もそのネバネバで撃退し（物理的機能），万能の武器となっている。これは上述のように，樹脂道などの組織を完備して予め備わった一次的な「常備防御機構」と，敵の侵入に際してそれに反応して直ちに生成される二次的な「誘導防御機構」があり，樹種によってどちらの機構に重きを置くかに違いが見られる（Berryman, 1972；Christiansen et al., 1987；M.A. Phillips & Croteau, 1999；Trapp & Croteau, 2001）。樹皮下穿孔性キクイムシの一種 *Scolytus ventralis* とその共生菌に侵入されたアメリカオオモミ *Abies grandis* の場合，(A)「常備防御機構」としての外樹皮表面の水疱状組織と，(B)「誘導防御機構」関連の被害部組織でモノテルペン等の組成を比較したところ，虫や菌に穏やかなカンフェンや酢酸ボルニル (A) から，より有毒のミルセンや Δ^3-カレン (B) へと組成が変化していることが示されている（Russell & Berryman, 1976）。これは (A) から (B) への樹木の戦術展開を表している。

　ベイマツ *Pseudotsuga douglasii* var. *glauca* の樹脂（オレオレジン）を樹皮下穿孔性キクイムシ抵抗性との関連で調べた研究では，樹脂は粘稠性の点ではサラサラのものからベトベトのものまで様々ながら，モノテルペン組成の点では変わりがなかったという（Hanover & Furniss, 1966）。ということは針葉樹の防御機構としての樹脂粘稠性は別の要因（例えばジテルペン組成）が関係していることとなる。

　マツノザイセンチュウに罹病して枯れつつあるマツ類は，外見的に健全なマツと区別がつかないが，実は樹脂（ヤニ）の滲出が極端に低下している。これを見るには，外樹皮・内樹皮を除き，形成層（木部表面）を露出させるとよく，健全木ではヤニがすぐに滲出するのに対し，罹病木ではヤニがほとんどまたはまったく出ない（小田，1967）。幹に著しい傷をつけるのを

避けたい場合は，押しピンで小さい穴をあけ，この穴からのヤニの出を見るという方法も考案されている（Futai & Takeuchi, 2008）。実際，マツノザイセンチュウ罹病木でこの線虫を保持したまま，外見は成長が滞る以外まったく異常を示さず年越しをするものが見られ，当然のこととしてこれはマツノマダラカミキリを含む二次性穿孔虫の産卵対象となり，これがマツ材線虫病の徹底防除の障害となっている。このヤニの出を見る方法がこういった非顕在的罹病木の唯一の簡便な検出法となっている（Futai, 2003）。彼らはヤニが出ないから産卵しているのである。これは針葉樹の二次性穿孔虫に対する抵抗性を最もよく可視化する方法であろう。針葉樹の「ヤニの出」の定量的検査は，樹皮下穿孔性キクイムシ類との関連でも行われている（Vité & Wood, 1961；Hodges & Lorio, 1968；R.R. Mason, 1969）。

一方ヤニ（樹脂）の出ない広葉樹についても，セネガルにおいて外来樹種のユーカリノキ属の一種 *Eucalyptus camaldulensis* に対する高等シロアリの加害との関連でその樹液圧が計測され，健全状態の -20Bar あたりから半数が萎凋する -50Bar あたりにまで圧力値が下降するに従いシロアリ加害率が増えることが示されている（Guèye & Lepage, 1988）。また，形成層帯の電気抵抗値を計測することでその樹木個体の健全度を客観的に表すことができ，健全木は電気抵抗値が低く，衰弱木は高いとされ（Wargo & Skutt, 1975；Shortle et al., 1977），この技術がオウシュウシラカンバ *Betula pendula* とその北米産穿孔虫 *Agrilus anxius*（タマムシ科－ナガタマムシ亜科）の関連で応用されている（Ball & Simmons, 1984）。以上 2 例はいずれも，まさに樹木（特に広葉樹）の水分ストレス（水不足）の検出である。なお，電気抵抗値を計って樹体内部の様子を推し量るこの技術は，生木や電柱などの芯腐れや変色などの検出にも応用されている（Shigo & Shigo, 1974）。この場合，上とは逆に被害部が電気抵抗値が低くなる。

針葉樹におけるオレオレジンの中心的成分であるモノテルペン類は，この主たる樹木に穿孔虫を呼ぶ印となると同時に，その寄生蜂をも呼ぶことが予想される。実際，既に述べたように（7.），マツ類の二次性樹皮下穿孔性甲虫群集（複数科）に特有の寄生蜂が存在し（Urano & Hijii, 1995），この場合甲虫群集ではなくその宿主植物の匂いが寄生蜂を呼んでいるとしか考えられない。さすれば，一次性穿孔虫が穿孔する針葉樹のその食害部からモノテルペン等の匂いが漂い，これがこの穿孔虫の寄生蜂や捕食者などの天敵を呼ぶ印となる可能性がある。こういった現象は様々な植物で知られ（Dicke, 1994），結果的に加害される植物を助け，その意味アロモンといえる。しかし，針葉樹を含む樹木全般とその一次性穿孔虫との関連では，そういった例はほとんど報告されていない。

針葉樹はこのようにオレオレジン（ヤニ）という相当強力な防御手段を有している。それに対して広葉樹はというと，針葉樹におけるヤニはなく，むしろ横溢な流動性の樹液の滲出による溺殺，防御物質の生産，カルス形成による圧殺といったことが想定されている。例として上述（4.2.）の欧州におけるヨーロッパブナ *Fagus sylvatica* とヤナギナガタマムシ *Agrilus viridis* との間の関係（Heering, 1956）や，インドネシアにおける類似の例（Kalshoven, 1953a）があり，さらにインドでは，ユーカリノキ属各種の苗畑の根元に対する *Celosterna scabrator*（フトカミキリ亜科）による被害において，宿主樹が強健な場合，カルス形成による傷の回復と樹液滲出によって幼虫が殺されるという（Sen-Sarma & Thakur, 1983）。またマレーアオスジカミキリ *Xystrocera festiva*（カミキリ亜科）はネムノキ類の一次穿孔性種で，幼虫は初期に集合性を示し，これは宿主樹の樹液滲出に対抗する手段と考えられ，同属の同宿主の二次性種アオスジカミキリ *Xystrocera globosa* ではこの生態は見られない（Johki & Hidaka, 1987）。また，広葉

樹一次性のシロスジカミキリ *Batocera lineolata*（フトカミキリ亜科－シロスジカミキリ族）では，成虫が形成層への産卵に際して空所を設け，樹液の流入とカルス形成を避けるという（小島俊文，1929）。一方 *Enaphalodes rufulus*（カミキリ亜科）は北米産ナラ類 *Quercus* spp. の土着の一次性穿孔虫（Stephen *et al.*, 2001）であるが，ナラ類3種における観察により樹液が幼虫を殺すこともあるとされる（Hay, 1974）一方で，そのうちの一種 *Q. rubra* への加害では，別途与えた傷害に対する木のカルス形成能力が，激しく加害された木では弱く，加害の少ない木では強く，カルスの "overgrowth" が健全木における圧殺による虫害対抗手段となっているものと考えられ，この場合材の高い含水率は対抗手段とはなっていないとされた（Fierke & Stephen, 2008）。しかるに米国におけるユーカリノキ属の一次性穿孔虫 *Phoracantha semipunctata*（外来種）（カミキリ亜科－トビイロカミキリ族）（図12-2）によるユーカリノキ類 *Eucalyptus grandis* および *E. tereticornis* の加害では，内樹皮の高い含水率がこの虫害に対する対抗手段となっており，水分ストレスの加えられた木は含水率が足りず，容易に加害されるという（Hanks *et al.*, 1991；Hanks *et al.*, 1999）。豊富な樹液による同様の「溺殺」式の防御機構は，インドでサラノキ *Shorea robusta* とその一次性穿孔虫ナンヨウミヤマカミキリ *Hoplocerambyx spinicornis*（カミキリムシ科－カミキリ亜科－ミヤマカミキリ族）との間（Roonwal, 1978），北米における *Quercus lyrata* などの広葉樹とその一次性穿孔虫である *Goes tigrinus*（フトカミキリ亜科）との間（Solomon & Donley, 1983），北米のビロードトネリコ *Fraxinus pennsylvanica* と中国内陸部乾燥地や北米等へ侵入して樹木に多大な被害を及ぼしている広食性種ツヤハダゴマダラカミキリ *Anoplophora glabripennis*（図10-1）との間（Ludwig *et al.*, 2002），中国産モクゲンジ *Koelreuteria paniculata*（ムクロジ科）とツヤハダゴマダラカミキリとの間（Morewood *et al.*, 2004），そして西アフリカのオベチェ *Triplochiton scleroxylon*（アオギリ科）と一次性木部穿孔養菌性ナガキクイムシ類の一種 *Trachyostus ghanaensis* との間（H. Roberts, 1960；H. Roberts, 1968）でも報告されている。ツヤハダゴマダラカミキリも基本的に一次性穿孔虫であるが，特に中国内陸部の乾燥地におけるポプラ等の植林地での被害が激烈で，これはもともと乾燥地緑化計画に無理があり，これを強行して植樹がひどい水分ストレスに陥ったことに原因がある

図12-2 *Phoracantha semipunctata* (Fabricius)（カミキリムシ科－カミキリ亜科－トビイロカミキリ族）成虫，オーストラリア・Sydney近郊産標本。体長22mm。

とされている（Sx. Cao, 2008）。トネリコバノカエデ *Acer negundo* を用いた実験では，水分欠乏でこの樹木が放出するブタノール等の揮発性成分の組成が変化し，ツヤハダゴマダラカミキリ成虫はそれに反応するという（Y. Jin *et al.*, 2004）。この種では他に，産卵の際に卵を収容する「卵室」を雌成虫が内樹皮に設けて，この内壁に産卵管からの分泌物と共生真菌を塗り付け，これにより内樹皮組織を殺して宿主樹の樹液滲出などの防御反応を抑制し，産下卵を守ることが発見されている（田潤民(Tian, R.)・張，2006）。同様の戦略は他の一次性穿孔性昆虫でも見出されることが期待される。また恐らくはこの問題と関係することとして，一次性広葉樹枝穿孔性のフトカミキリ亜科のカミキリムシで，雌成虫の産卵に際し宿主樹の樹皮をU字型に傷つけるものがあり（Boas, 1900；中村・他，1964），このU字は"∩"ではなく"∪"で必ず枝先を向いており，辺材部からの上向き樹液滲出などの宿主樹防御反応を食い止めると同時に，内樹皮における栄養分の下向き移送をトラップして幼虫穿孔部位を富栄養化させるのにも役立つものと考えられるが，詳細は未解明である。

　同様の樹液による穿孔虫の溺殺，および渇水によるその機能不全による樹木の敗退（枯死）は，広葉樹と樹皮下穿孔性キクイムシの間でも見られ（St. George, 1929；St. George, 1930），さらに針葉樹と樹皮下穿孔性キクイムシの間でも見られるようである（St. George, 1930）。特に，米国で殺樹性の樹皮下穿孔性キクイムシである *Dendroctonus frontalis* の集団発生によるマツ類の集団枯損に際し，渇水がこれの原因となっており，降水量が多いとマツはキクイムシを溺殺するのが見られたという古い観察例（Craighead, 1925）が特筆される。しかし逆に洪水などによる水分過多は樹木を弱らせ，キクイムシの発生を許すともされる（Lorio & Hodges, 1968）。過ぎたるは及ばざるがごとし。しかし降水量と *Dendroctonus* の発生の関係は相当複雑なようであり（E.W. King, 1972），さらにこの針葉樹の溺殺作用は，そのメカニズムなど詳しい観察が必要である。

　熱帯では干魃などで樹木に水分ストレスが生じ，これがシロアリのつけいる隙を与えるようであり，アフリカのセネガルでは各種果樹に対するシロアリの加害に際して，灌水がシロアリ害を軽減することが報告されている（Han & Ndiaye, 1996）。これは，甲虫類と樹木の水にまつわる以上の諸々の事例・知見と軌を一にするものと考えられる。

　ここで言及された「水分ストレス」と虫害増加の間の関係については，Mattson & Haack (1987) による，植物一般における水分不足と虫害増加の間の因果関係の諸仮説がその理解に有益である。ここでは，水不足（およびそれによる昇温状態）に陥った植物（特に樹木）が虫害を受けやすい理由として，(a) 昇温が昆虫の成長や行動を増長する，(b) 植物体の化学組成が変化し，昆虫にとって富栄養化された状態となり，その状態と平行して起きる別の化学的・物理的変化（例えばエタノール生産，AE発生）にも昆虫がその指標として適応的に反応し誘引される，(c) 植物が昆虫にとって生理学的により好ましいものとなり，植物の昆虫に対する抵抗力も減じる，(d) 昆虫の解毒能力や天敵微生物に対する免疫力が高められる，(e) 昇温が昆虫の天敵を利することなく，昆虫が囲い込む共生微生物を利する，(f) 昇温は昆虫体内での遺伝子発現を変化させ，酵素を質的・量的に変え，全体として生理的に昆虫を利する，といったことが挙げられている。この中で (c) 植物の昆虫に対する抵抗力の減少は，水分欠乏による樹液量の減少を意味し，これが最も重要な要因と考えられる。健康な広葉樹では樹液が孵化幼虫を溺れさせ，または押し殺し，これで相当数の幼虫が死亡するのである。北米でカバノキ属 *Betula* の生木の樹皮下を幼虫が穿孔食害して枯死させる *Agrilus anxius*（タマムシ科－ナガタマ

ムシ亜科）も，宿主樹が健全な場合は幼虫死亡率が高く，宿主樹が様々な原因で弱体化すると生存率が高まり，またこの幼虫が宿主樹の抵抗を避ける手段は形成層付近から木部への逃避であり，宿主樹が弱体化するとこの逃避は少なくなるという（Barter, 1957）。この場合も樹木の一次性穿孔虫に対する対抗手段は，やはり「樹液による溺殺」と考えられる。しかし同じ北米でアメリカヤマナラシ Populus tremuloides などのポプラ類の生木樹皮下を幼虫が穿孔食害する A. liragus（前者と同属でこれに酷似）に対しては，健全な宿主樹はカルス形成でこれに対抗するという（Barter, 1965）。生きた宿主樹の不都合につけいるこういった穿孔虫は，「日和見的」と形容される（12.4. 参照）。

ところで植物の水分ストレスに際する虫害の増加は，このように広く知られ認められた現象と思いきや，逆に植物が困ると虫も水不足で困ることもあるはずにて，実際こういったまったく逆の仮説も考えられる。そして，相反する両仮説を植物と植食性昆虫一般の関係に関するあらゆる記録から総合的に検討した Huberty & Denno (2004) の研究によると，渇水の持続性にもよるが，何と後者（渇水で植物と同時に植食性昆虫も困るという仮説）がより正しいとの結論となっている。ただしこの場合樹木の一次性穿孔虫（キクイムシ類など）は別で，渇水で樹木が困るとこれを穿孔する穿孔虫は最初の仮説通り利益を受け，その結果穿孔虫害が増加する傾向がある。これは Waring & Cobb (1992) の包括的検討でも示されている。

実は穿孔虫のこの溺死，意外かもしれないが，二次性穿孔虫でも起こりうることのようである。というのは，カナダ・British Columbia 州で針葉樹丸太を貯木場で貯木する際，(i) スプリンクラーで水撒きを昼夜する区，(ii) 昼間のみ水撒きする区，(iii) 無処理区の3区でのカミキリムシ類および木部穿孔養菌性キクイムシ類の発生を比較したところ，昼夜水撒き区 (i) で被害が最も少なかったという（Roff & Dobie, 1968）。貯木場の丸太は雨ざらしなので，含水率はあまり下がらないものと思いきや，丸太というものは伐採直後の「生材状態」が最も含水率が高く，水分重は優に材重を超え（含水率 $w > 100\%$），その後これが貯木場で放置されると，含水率が繊維飽和点以下の用材ほどではないものの，結構低下して 100% を切るに至る。そして二次性穿孔虫というものは，含水率が生材状態から下降することが前提で発生するものなのである（遷移初期に発生するキクイムシ類は早めに姿を消すことでその影響を逃れている）。丸太で生材と同じ「過湿状態」が継続すると彼らは手が出せないということのようである。この点は，微生物とのからみも含めて今後精査する必要があろう。

12.3. 樹木と食材性昆虫・木質依存性昆虫の関係における糖類の関与

樹木と食材性昆虫・木質依存性昆虫の関係において，樹木の貯蔵栄養分の中心的存在（Shigo, 1982）である可溶性糖類が相当重要な役割を果たしている。ここでは相互可変的関係にある可溶性糖類とデンプンを中心に，その樹木内における季節変動を追ってみる。

落葉広葉樹では英国における Wilson (1935) の古典的研究が知られ，辺材の貯蔵デンプン量は樹種による違いが著しいものの，盛夏季と早春季に最大値，盛んに展葉する5月下旬に最低値を示し，秋季～初冬季に可溶性糖類への転換で値が少し落ち込むというパターンが示されている。北米産のミズキ属の一種 Cornus sericea の枝に関する研究（Ashworth et al., 1993）では，辺材・内樹皮のデンプンと可溶性糖類の含有量の季節変化は裏返しの関係にあり，秋にデ

ンプンが増えて可溶性糖類が減り，冬にデンプンが減り可溶性糖類が増え，春の芽吹き期に一時的にデンプン増加と可溶性糖類減少が見られ，辺材と内樹皮はほぼ同じパターンをたどるとされた。ここで可溶性糖類とはグルコース，フルクトース，スクロース，メリビオース，ラフィノースなどであり，このうちスクロースのみ他の可溶性糖類とは異なるパターンをたどるとされている。またサトウカエデ *Acer saccharum* でもデンプン含有量は春の展葉期にはその大量消費の関係で少なくなり，晩夏〜初秋季に多くなる，などの知見が得られている（B.L. Wong *et al.*, 2003）。以上，微妙な違いはあるものの，概ねパターンは一貫している。

　針葉樹ではオウシュウアカマツ *Pinus sylvestris* に関する研究（Fischer & Höll, 1992）があり，木部内の可溶性糖類は冬季に多く夏季に少なく，逆にデンプンは夏季に多く冬季に少なく，両者は補完的関係にあり，スクロース，フルクトース，グルコース，デンプン，トリアシルグリセロールは形成層から心材辺材境界にかけて減少し，心材で消失，一方｛ガラクトース＋アラビノース｝，｛ラフィノース＋スタキオース｝，遊離脂肪酸類は辺材でゼロもしくは僅少なのに対し心材で増加，｛ガラクトース＋アラビノース｝は心材中の主要な可溶性糖類で，この他キシロースやマンノースも知られ，これらの「心材糖類」は心材形成の際の細胞壁ヘミセルロースの加水分解産物である可能性もあるという。ドイツ産のドイツトウヒ *Picea abies* でも可溶性糖類，デンプン，脂質に関して同様の挙動の報告がある（Höll, 2000）。なおマツ類は落雷により衰弱し，内樹皮のスクロース含有量が大幅に減少するとされ（Hodges & Pickard, 1971），この糖が樹木の活力の指標となりうることが示唆される。

　これらデンプン・可溶性糖類は木部では柔細胞中に含まれ，従ってこれらは柔細胞中で有機窒素分と同居している。形成層での組織形成，木化，心材形成に至る木部細胞のオントジェニー（2.2.4.）を考慮すると，｛デンプン＋可溶性糖類｝（＝栄養系糖類）と有機窒素分は概ね平行して存在し，両方揃っているか，両方とも減りつつあるか，両方ともなくなっている，のいずれかの状態が考えられる（ただし Ovington (1957) によると，丸太の元口と末口の比較では炭素と窒素は逆の増減パターンを示し，また 2.1. で述べたように形成層〜辺材外層ではタンパク質（または有機窒素）とデンプンの含有量はまったく平行しないが，デンプンと可溶性糖類を合算するとタンパク質と量的に平行する可能性がある）。上に見た｛デンプン＋可溶性糖類｝の木部内での季節変動パターンはやや複雑であるが，それでは有機窒素分の季節変動パターン，およびその昆虫との関連はどうかといえば，米国産一次性穿孔虫 *Enaphalodes rufulus*（カミキリ亜科）との関連でその宿主樹 *Quercus rubra* の内樹皮＋辺材（合算）の有機窒素分含有量が冬季に高く，春季と夏季に低いという報告が見られる（Haavik *et al.*, 2011）。これは上述のデンプン・可溶性糖類の季節変動パターンとぴったりとは一致しないが，季節の進行が両者に大きく影響することは確かである。広葉樹乾材の穿孔虫であるヒラタキクイムシ類（ナガシンクイムシ科−ヒラタキクイムシ亜科）の発生にとってはデンプン含有量が重要で（本節で後述），その食害防止の関連で広葉樹の伐採は秋季〜冬季を避けて行うべきであると述べられることがあるが，これは栄養系糖類（特にデンプン）ではなくむしろ有機窒素分の含有量の変動に関連したことかもしれない。針葉樹でも同様に，トルコにおいてオウシュウクロマツ *Pinus nigra* の伐採の季節がその丸太によるヒゲナガカミキリ属の一種 *Monochamus galloprovincialis*（カミキリムシ科−フトカミキリ亜科−ヒゲナガカミキリ族）の飼育に際して繁殖率などに影響することが示され，このことが可溶性糖類，デンプン，有機窒素分といった栄養分との関連で考察されている（Akbulut *et al.*, 2007）。

ではこういった可溶性糖類は，食材性昆虫の生存と生態に対していかなる具体的影響を与えるであろうか。

まず種数の多い二次性の樹皮下穿孔性カミキリムシ。基本的にこの科の種は，後に詳述するように（14.2.），一部の例外を除き細胞壁構成性多糖類（セルロース，特にその非晶領域，および各種ヘミセルロース）は利用可能ながら，心材や辺材内部ではタンパク質やその他の必須微量栄養素が不足しがちなため，これらをセットでまかなってもらえる内樹皮および辺材最外層に依存し，結果的にこれらは「樹皮下穿孔性」という穿孔様式となる。このことは，同時に得られるデンプンや可溶性糖類を口にすることを意味し，せっかくこういったおいしい成分があるのだから利用しない手はないとばかりに，そのまま消化吸収し，利用しているものと考えられ，実際 *Trichoferus holosericeus*（カミキリ亜科－イエカミキリ族）でこういった栄養摂取様式が示唆されている（Palanti *et al.*, 2010）。しかし木部穿孔性種では，最初からこういったデンプン，可溶性糖類の存在をあてにしていないと考えられる種もある（後述）。

一方，一次性穿孔虫や，一次性となりうる二次性樹皮下および木部穿孔性種では事情が若干異なってくる。まず米国のナラカシ属 *Quercus* に対するナガタマムシ属 *Agrilus*（タマムシ科）や *Prinoxystus robiniae*（鱗翅目－ボクトウガ科）といった一次性穿孔虫においては，現象が複雑で詳しい解析は困難ながら，内樹皮・辺材のデンプン・スクロースなどの「貯蔵糖類」の含有量が重要な数値ファクターで，これらの糖類が少ない樹木個体はその分樹勢が弱く穿孔虫による被害を受けやすいという（Haack & Benjamin, 1982；Dunn *et al.*, 1987；Dunn *et al.*, 1990）。同じことはクワに対するキボシカミキリ *Psacothea hilaris*（フトカミキリ亜科）の食害でも知られている（吉井・坂本，1991）。栄養分の豊富な樹木はその分おいしいので虫が付きやすいと考えがちであるが，実際は逆なのである。そのメカニズムは広葉樹の場合まず第一には，前述のように豊富な樹液による「溺殺」であろう。また針葉樹の場合まず第一には樹脂滲出による「からめとり」もしくは「毒殺」であろう。そして針葉樹における糖類と樹脂の間のこの関係は，米国北西部におけるアメリカオオモミ *Abies grandis* の食葉性害虫の食害による葉量減少が，内樹皮のデンプンおよび可溶性糖類の貯蔵量を減少させ，これが防御物質のモノテルペン類の生産量を減らし，これが一次性樹皮下穿孔性キクイムシ *Scolytus ventralis* の加害を招くという観察（Wright *et al.*, 1979），針葉樹のドイツトウヒ *Picea abies* において樹皮下穿孔性キクイムシの一種ヤツバキクイムシ欧州産基亜種 *Ips typographus typographus*（二次性，時に一次性）の樹木病原性共生菌である *Ophiostoma polonicum*（= *Ceratocystis polonica*）を接種した場合，樹体内のデンプン総含有量と抵抗性は直接には関連性を見せなかったものの，接種で内樹皮のデンプンは防御物質であるテルペン類に転換し，明らかなデンプンの消耗が見られたという実験結果（Christiansen & Ericsson, 1986），樹皮下穿孔性キクイムシ *Dendroctonus ponderosae* の共生青変菌をヒロヨレハマツ *Pinus contorta* var. *latifolia* に接種するとスクロースから各種モノテルペン類・ジテルペン類が生合成されることを示す実験結果（Croteau *et al.*, 1987），さらにはマツノキクイムシ *Tomicus piniperda* のオウシュウアカマツ *Pinus sylvestris* 正常木および剪定木への攻撃に際する内樹皮のデンプン定量結果（Långström *et al.*, 1992），などが説明している。広葉樹の場合はテルペン類よりはむしろ低分子ポリフェノール類が中心であろう（ただし広葉樹もモノテルペン類を少量保持・発散する（Holzinger *et al.*, 2000；他））が，やはりデンプン等の糖類が何らかの防御物質たる抽出成分に転換しているものと考えられる。針葉樹の場合，こういった防御物質の原料であるデンプン等の糖類の由来については，樹冠で光合成され

たばかりのものが即座に内樹皮経由で転送されて使用されるとの説と，侵入箇所における柔細胞中の貯蔵物質が利用されるとの説があり（Lieutier, 2004），はっきりしない。しかし既に述べたように（2.2.2.），針葉樹の形成層で仮導管などの木部細胞が形成されるに際して，その細胞壁構成多糖類（セルロース，等）の原料として，冬季までにグルコース等の単糖類が大量に移送され，その後春先までいったんデンプンの形で形成層に保持され，これを材料として形成層で細胞が形成されることが知られており（Parkerson & Whitmore, 1972），心材形成や外敵侵入に際する防御物質としての抽出成分の合成も似たような経緯をたどることは大いにありうる。

　樹皮下穿孔性キクイムシ類とその共生性病原性菌の針葉樹樹幹への侵入に際する宿主樹の抵抗性は，渇水などの樹体へのストレスで大幅に減少し，これにより樹木が負けて虫・菌連合が勝つというステレオタイプのシナリオが流布されているが，現象のバラツキが大きく，わかったようでわからない話ではある。これに関連して，キクイムシと針葉樹の関係についてより明快な説明を求めて様々な仮説が提唱されているが，その中で重要と思われるもの2つを例示しよう。ひとつは Lorio (1986) による，樹木の成長と防衛にとっての共通の資源である可溶性糖類の振り向けの季節性に関する仮説である。樹木（この仮説で扱われるのは北米産マツ属の針葉樹）は光合成で作り出した可溶性糖類を成長（細胞壁構築）と防衛（オレオレジン生産）の両方の材料としているが，二足のわらじは履けず，早春季には前者への専念により後者がおろそかとなって殺樹性キクイムシ（この場合は *Dendroctonus frontalis*）のつけいる隙を与えてしまう。しかし夏には前者が一段落して後者へ資源を振り向ける余裕ができ，夏季以降はキクイムシにとって敷居が高くなるという。Stephen & Paine (1985) は同じキクイムシ *D. frontalis* の共生青変菌の接種実験で，この仮説に沿った結果（宿主樹の菌に対抗する能力が晩夏季に増加）を報告している。もうひとつの仮説は Christiansen *et al.* (1987) によるもので，彼らは，抵抗性の唯一の武器は樹脂（オレオレジン≒ヤニ）滲出であり，その原料は光合成で作られる糖類であることから，渇水や強風（による根系のダメージ）や摘葉といった樹体への打撃因子を，樹木の虎の子たる貯蔵糖類（デンプン等）の収支決算で考察し，炭素バランス説を提唱した。すなわち，樹木のこういった逆境はすべて貯蔵糖類の生産や保持にマイナスとなり，その結果虫・菌連合に対処する樹脂の生産がおぼつかなくなるという説明である。また Reeve *et al.* (1995) は，宿主樹のマツが軽度の渇水に見舞われると，光合成よりも生長の方に支障が出て，その結果合成された糖類が防御物質により多く回されるのに対し，強度の渇水の場合は防御物質生産にまで支障が及び，その分殺樹性キクイムシ *D. frontalis* が攻撃しやすくなるとしている。一方，材内の貯蔵糖類とアミノ酸（および／またはタンパク質）の含有量が概ね平行する（上述）ことを考えあわせると，ツヤハダゴマダラカミキリ *Anoplophora glabripennis*（フトカミキリ亜科）（図10-1）のヤナギ科加害樹種で材中の特定アミノ酸類含有量が少なく，同科非加害樹種では多いという分析結果（閻(Yan)・他, 1996）も，通常の現象とは逆ながら，うなずけないわけではない。

　こういった樹木と一次性穿孔虫のせめぎ合いでは，樹木が穿孔虫に対して化学的に対抗し，穿孔虫はこれにやられ，もしくはこれを克服するというストーリーは無数見られるが，これを樹木あるいは木質を中心に見ると，これは木質内のマイナーな成分の増減となって現れ，ここでも可溶性糖類やデンプンの含有量は重要である（Girs & Yanovsky, 1991；Rohde *et al.*, 1996）。

　基本的にデンプンやスクロースといった消化が容易な糖類は穿孔虫にとって重要な栄養と

なるもので（Haack & Slansky, 1987），セルロースを最も貪欲に消化するシロアリでもデンプンはおいしい御馳走として機能する（Visintin, 1947）。もし樹木が積極的に防御を行わなければ，事態は逆となって貯蔵糖類の含有量の低い樹木個体は被害を受けにくいことになるはずである。事実，伐採後の用材・乾燥材では，セルロース・ヘミセルロースといった難消化性の糖類を利用できないヒラタキクイムシ類などの一部の特殊な二次性穿孔虫はこれらの糖類に依存し，材内のデンプン含有量が一定量以上だとヒラタキクイムシ類（ナガシンクイムシ科）（図2-9）の被害が生じる（岩田，1990；岩田，1992b）。用材・乾燥材の場合デンプンの量は「おいしさ」を意味する。ナラ類を伐採する前に環状剥皮すると，バラツキは激しいものの辺材のデンプン含有量がその箇所より下で減り，二次性穿孔虫の食害が減る傾向があるという（Mer, 1893；Noel, 1970）。また伐採後間もない広葉樹材のデンプンは，酸素に触れることで，依然生きている柔細胞の生理的活動により消耗されて消失へと向かうことが示されている（Wilson, 1933；F.Y. Henderson (& Bennison), 1943）。これを強制的に人工乾燥すると柔細胞が死んでしまい，デンプンは消耗されなくなり，材は乾燥後ヒラタキクイムシ類などの乾材害虫の虫害を受けやすくなる（Wilson, 1933；Wilson, 1935）。さらに興味深いことに，材を人工乾燥ではなく自然乾燥した場合，木口面や剥皮丸太表面などの露出面に向かって材中のデンプンが押し出され，デンプンが材表面に多く，材内部に皆無という偏った分布をするに至ることが示されている（Wilson, 1933）。また後述（15.2.）するが，材の乾燥で可溶性タンパク質や可溶性糖類も材の表面近くに移動する（B. King *et al*., 1974；Long, 1978）。こういった現象のメカニズムは辺材柔細胞が生きている時は生理学的，柔細胞が死んだ後では物理化学的なものと考えられるが，詳しく検討はされていない。いずれにせよこのように，材中のデンプンは含有量がコントロール可能なようである。ヒラタキクイムシ類が表面の薄皮一枚を残して材をボロボロに喰い荒らす場合，特に材表面の食害が激しいと感じることがあるが，これはこういった栄養分の乾燥に伴う移動・集中が原因とも考えられるのである。

またこれに関連して，ヒラタキクイムシ類の木材穿孔が広葉樹辺材に限られ，針葉樹辺材を食害しない理由については，後者が導管を欠くことがその理由に挙げられており（Clarke, 1928），この見方に沿ってヒラタキクイムシ類の卵や雌産卵管の幅と材の導管経を比較する被害性調査法までが定められている（Peters *et al*., 2002）。しかしこの要因はヒラタキクイムシ類の種によってその重要性がまちまちであり（種によっては広い導管がなくとも平気で産卵する），むしろ材内の栄養（特にデンプン）の含有量が針葉樹では足りないことの方が重要な要因であるとの見解が出されている（Cymorek, 1966）。有用広葉樹種中で唯一食害がないとされるブナ属 *Fagus* についても，その無害性は有害抽出成分の存在や導管開口部の不在によるものではなく，栄養成分の不足によるものとの結論が出ており（Cymorek, 1976），ブナ材に実際食害が生じることもある（Geis, 2014a）のは，何らかの原因でこの含有量が跳ね上がったことによるものと解される。またマツ類などの針葉樹の抽出成分が阻害因子となることもヒラタキクイムシ *Lyctus brunneus* で指摘されている（飯島・他，1978a）が，アフリカヒラタキクイムシ *L. africanus* では阻害因子とはならないという相反する実験結果も出ている（Khalsa *et al*., 1965）。針葉樹辺材内のデンプン量が広葉樹に比べて少ない理由としては，針葉樹材では柔組織は放射柔組織のみで軸方向柔組織が発達せず，柔細胞の数が全体として少ないことが考えられる（R.B. Pearce, 1996）。それでも稀に，針葉樹でもデンプン含有量が高くなることがある。例えば，オーストラリアでカイガラムシやアザミウマなどの虫害を受けて異常な状態となったナギモド

キ属 *Agathis*（ナンヨウスギ科）の髄付近の心材と辺材最外層の材が，デンプン含有量が異常に高くなり，ヒラタキクイムシ *Lyctus brunneus* の食害を受けたという稀な事例が報告されている（Heather, 1970）。これは針葉樹の「ヒラタキクイムシ無害性」が導管を欠くことによるとする説にとどめを刺しているようにも思えるが，*Agathis* の報告では樹脂道に産卵しているとのことにて，結局いまだ針葉樹の「無害性」の理由は判然としない。しかしいずれにせよ，二次性穿孔虫においては概してデンプン量は多ければ多いほどよいといえる。しかし材から直接栄養摂取しない木部穿孔養菌性キクイムシではどうか？ 何と驚くべきことに，Chapman *et al.* (1963) によると，カナダにおいてベイマツ *Pseudotsuga menziesii* 丸太の辺材デンプン含有量と *Trypodendron lineatum* の加害性は負の相関があるようで，バラツキの多いこのデータをもとに筆者が計算したところ，デンプン含有度が高い群は加害頻度が有意に低かった（χ^2 検定, $p < 0.001$）。これが何を意味するかが明らかではないが，可能性としてはデンプンの存在が雑菌の発生を招き，これが共生菌の生育に支障をきたすといったことが考えられる。

これに対し，生きた樹木の場合のデンプン含有量は樹木の「ふところ具合」を示し，「ふところ具合」はそのまま「守りの堅さ」につながる。少なくとも，広葉樹における幹や枝への昆虫の加害への対抗手段は針葉樹よりもバラエティーに富み，ヤニという強力な武器を有する針葉樹ほどには防御は鉄壁ではないものの，それに匹敵する防御手段を有することは確かで，「やられっぱなし」では決してない。

なおデンプンは単一化合物ではなく，グルコースが α-1,4 結合した直鎖状高分子のアミロースと，これに α-1,6 結合による分鎖の加わったアミロペクチンに分けられ，樹木の場合後者から前者への代謝の方向性が示唆されている（Höll, 2000）。食材性昆虫にとっての両者の栄養価の違いは報告が少なく，わずかに，*Rhagium bifasciatum*（ハナカミキリ亜科）幼虫がデンプン粒可溶部（アミロース）を分解し，同外殻不溶部（アミロペクチン）を分解しないことが報告され（Ullmann, 1932），ヒラタキクイムシ *Lyctus brunneus*（ナガシンクイムシ科－ヒラタキクイムシ亜科）幼虫においてアミロペクチンの方がアミロースより消化率が高いという結果が出ている（Iwata *et al.*, 1986）のみである。後者については再検討が必要であろう。

結局，針葉樹の穿孔虫に対する唯一最大の防御手段である樹脂中のモノテルペン類は樹体内でデンプン→グルコース→ピルビン酸→酢酸→メバロン酸→テルペン類という経路で作られるようである（Croteau & Johnson, 1985；Trapp & Croteau, 2001）。ところが，渇水状態に置かれたテーダマツ *Pinus taeda* の木部辺材では樹脂中のレボピマル酸等のジテルペン樹脂酸成分が α-ピネンなどのモノテルペン類に変換されるということが示されており（Hodges & Lorio, 1975），テルペン類の範疇内でも色々と盛んに代謝・変換が見られるようである。しかしこういった代謝・変換と穿孔虫との関係については研究がまったくなされていない。

材中の可溶性糖類，およびデンプンに関してもうひとつ重要な話題がある。針葉樹乾材害虫オウシュウイエカミキリ *Hylotrupes bajulus*（カミキリムシ科－カミキリ亜科）である。この種は針葉樹乾材の辺材に発生し，この際，食害を受けるオウシュウアカマツは，生材では上で見てきたように可溶性糖類やデンプンが豊富であるが，これが乾燥するとその辺材は，タンパク質は結構残すものの，その乾燥過程における自然分解が原因で可溶性糖類（デンプンを含む）をあまり残さない。オウシュウイエカミキリ幼虫はこういった辺材（すなわちタンパク質はあるが可溶性糖類・デンプンはほとんどない材）を好むようであり，これら可溶性糖類・デンプンにはほとんど依存せずセルロース・ヘミセルロースを分解してエネルギーを得ているようで

ある（Höll *et al.*, 2002；S. Grünwald & Höll, 2006）（2.2.7. および 14.2. 参照）。

このことからもわかるように，針葉樹辺材のデンプン・可溶性糖類の含有量が広葉樹より少なく，上述のようにこれが原因でヒラタキクイムシ類の食害を受けないのは，針葉樹が生材の時に保持していたこれらの栄養素をすべて心材に移送して，抽出成分への転換に利用してしまうことが原因のようである。

12.4. 一次性穿孔虫

一次性穿孔虫とは，針葉樹や広葉樹の様々な防御機構を，局所的組織破壊や素早い移動，集団攻撃などで巧みにクリアする戦略を進化的に獲得し，これにより得難い栄養豊富な組織へのアクセスを得た，いわば食材性昆虫のエリート的存在である。

この一次性穿孔虫の代表格は，何といっても北米と欧州における針葉樹樹皮下穿孔性キクイムシ類（ゾウムシ科）の *Dendroctonus* および *Ips* の「殺樹性」諸種であろう。これらについては別途詳述するが，実は彼らは本来二次性であり，集団でものすごい力を発揮して一次性に変身するという，ある意味社会的な昆虫である。ただし *Dendroctonus* の中には，欧州〜北海道産のエゾマツオオキクイムシ *D. micans*（図 12-3）のように，そして恐らくはその近縁種である北米産の *D. valens* や *D. punctatus* のように，集団攻撃せず，共生菌を持たず，針葉樹生木の内樹皮に少数幼虫個体が局所集合寄生して宿主針葉樹と共存できるという不思議な種もあり（Grégoire, 1988；Everaerts *et al.*, 1988；M.M. Furniss, 1995；Paine *et al.*, 1997；Lieutier, 2004），これぞ一次性穿孔虫の王道，「純粋の一次性穿孔虫」といえる存在である。Lieutier *et al.* (2009) はこの場合，キクイムシは宿主樹の抵抗手段を可能な限り行使させない，抵抗を引き出さない戦略を採っていると見ている。またこの戦略は殺樹性から進化した派生的なものと推察されている（Reeve *et al.*, 2012）。ただし，これらの種の一見おとなしそう，かつ巧妙な性行は，あくまでその宿主植物との微妙な関係性，進化で得られた均衡の上で成り立っていることであり，本来の分布域から出て新天地で外来種となり，関わる植物が異なるようになると，まったく話は異なってくる（34.2. 参照）。

一次性における似たような「おとなしい」例は木部穿孔養菌性キクイムシにも見られ，米

図 12-3 オウシュウトウヒ *Picea abies* の生木に寄生するエゾマツオオキクイムシ *Dendroctonus micans* 幼虫の集団（Wikimedia Commons より）。

国東部産の各種広葉樹に発生するCorthylus columbianusでは健全な樹にのみ発生し、これによる宿主樹の枯死は見られないという（Kabir & Giese, 1966a）。この場合材質は劣化して経済的損失は生じるが、樹木個体の適応度はほとんど下落しない。日本産の殺樹性種カシノナガキクイムシPlatypus quercivorus（ゾウムシ科－ナガキクイムシ亜科）の場合、元来二次性ながら（Soné et al., 1998）、集団で攻撃して一次性に変身するという点で、北米の樹皮下穿孔性のDendroctonusに酷似する。その一方でナガキクイムシ亜科（概ね木部穿孔養菌性）では、一次性にして非殺樹性の種はかなり多いようである（小林正秀・他，2008）。

　一次性の他の科の例としてはカミキリムシ科が目立ち、針葉樹では北海道・本州のモミ属・トウヒ属を加害するオオトラカミキリXylotrechus villioni（カミキリ亜科－トラカミキリ族）（図12-4）、スギ・ヒノキを穿孔する上述（4.1.；4.2.；10.）のスギカミキリSemanotus japonicus（カミキリ亜科－スギカミキリ族）（図4-1）が、一方広葉樹では、西オーストラリアのユーカリノキ属の一種Eucalyptus diversicolorを穿孔するPhoracantha acanthocera（カミキリ亜科－トビイロカミキリ族）などが挙げられる。この亜科に属する一次性穿孔虫は、シイ類の木部穿孔性害虫ミヤマカミキリNeocerambyx raddei（ミヤマカミキリ族）やトラカミキリ族の種を除いて、概ね樹皮下穿孔性種が多く、幼虫が単独あるいは複数頭で協力して螺旋状に樹幹を全周にわたって穿孔する場合、環状剥皮と同じ効果を与え、その宿主樹に対するインパクトは大きく、宿主樹は枯死に至る（4.6. 参照）。カミキリムシ科のフトカミキリ亜科にもシロスジカミキリBatocera lineolata（ナラ・カシ類・等）、クワカミキリApriona japonica（クワ・イチジク・ポプラ・ケヤキ・等）、ホシベニカミキリEupromus ruber（タブノキ）、キボシカミキリPsacothea hilaris（クワ・イチジク）、ゴマダラカミキリAnoplophora malasiaca（ほとんどあらゆる広葉樹・一部針葉樹！）（図12-5）といった広葉樹の生木を穿孔する大型種が若干見られるが、これらは実は概ね木部穿孔性であり、樹皮下穿孔性ではない（小島圭三，1960；小島圭三・中村，2011）。従ってこれらの幼虫に関しては、広葉樹生木木部穿孔に際して樹皮下穿孔性の場合と比べ、樹木の抵抗・防御反応はややマイルドと考えられる。実際、北米に侵入したツヤハダゴマダラカミキリAnoplophora glabripennis（図10-1）の場合、結果は宿主樹に対して相当破壊的であり（Haack et al., 1997；Haack et al., 2010）、宿主樹のこういった抵抗、防御反応、そしてそれ自体の生存の如何については、穿孔虫の穿孔行動との関係性の解析が必要であろう。またこれらの種は概ね大型種であり、これは生態学的に何らかの意味を持つものと筆者は考えている。というのは、北米においてナラカシ属Quercusの生木を穿孔して弱体化・枯死させるAgrilus bilineatus（タ

図12-4　オオトラカミキリXylotrechus villioni（カミキリ亜科－トラカミキリ族）。　a./b. モミ樹幹上の幼虫の食痕（東京都八王子市，1991年）。複数の幼虫により継続して食害を受けたことが推察される。　c. アオモリトドマツ倒木に見られた蛹化前に形成される渦巻状食痕（福島県檜枝岐村，1990年）。　d. 雌成虫。

図12-5 ゴマダラカミキリ *Anoplophora malasiaca*（フトカミキリ亜科―ヒゲナガカミキリ族）。　a. 街路樹のスズカケノキ樹幹の幼虫穿孔による被害（大阪府茨木市, 2010年3月）。一部の木は枯死するに至っている。（口絵20）　b. 雌成虫。

マムシ科）について Haack & Benjamin (1982) は，弱体化や枯死には辺材最外層穿孔による水分通導機能の破壊も関係し，これには1齢・2齢幼虫では小さすぎて深く食入できずに不十分で，3齢・4齢（終齢）にしてようやくそれが可能になるとしている。カミキリムシの一次性穿孔性諸種の場合も，その大きさにものをいわせている可能性がある。こういった一次性の木部穿孔性種に大型種が多いことは，日本産のカミキリムシ科に限ったことではなく，一般則となりうるものと考えられるが，詳細は未検討である。体長の大きい種は，産下する卵やそこから生まれる1齢幼虫もサイズが大きく，この大きさが樹木の抵抗性に対処する上で何らかの利点となっているということも考えられる（ただし体長が大きくても卵サイズが小さい一次性種もある）。また，一次性と木部穿孔性のいずれの属性が体サイズ決定要因として重要か，あるいは両要因のからみの方が重要なのかといったことも含めて，さらに検討する余地があろう。穿孔位置（樹皮下か木部か）とその体サイズの関係については後述（16.10.）する。

　ところでカミキリムシ科以外では，ヨーロッパではタマムシ科の一次性穿孔虫が他地域と比べて多いように見受けられる（H.F. Evans et al., 2004）。オウシュウアカマツ *Pinus sylvestris* の樹皮下穿孔性種 *Phaenops cyanea*（Wermelinger et al., 2008）はその例であろう。日本本土でもスギ・ヒノキ生木の樹皮下を穿孔食害して枯死させるマスダクロホシタマムシ *Lamprodila vivata*（越智, 1981；佐藤・他, 2007）が知られ，この2種は「日和見的」（すなわち宿主樹が水分ストレスや落葉などでやや衰弱した状態となるとその隙につけいって加害する）穿孔性害虫といえる。また同じ科では，柑橘類の衰弱木（老齢木や施肥に起因する異常落葉木）に発生するミカンナガタマムシ *Agrilus auriventris* の例もあるが，この種の場合羽化脱出する木が元気な方が成虫の寿命は長くなるとされる（Ohgushi, 1967）が，その前に幼虫期の死亡率は当然高くなるはずで，厳しいトレードオフの状況下で生き延びている種と考えられる。同じナガタマムシ属 *Agrilus* の諸種は，広葉樹に対する他のストレス要因（病原菌の攻撃，渇水，食葉性害虫の加害，等）（「素因」；16.4. 参照）と組み合わさることで，枯死被害の原因となる場合が多く（Wargo, 1996），これらもある意味日和見的な害虫といえる。ナガシンクイムシ科では，米国・Colorado 州で *Amphicerus bicaudatus* がギョリュウ属 *Tamarix*（ギョリュウ科）生木樹幹を（W. Williams & Norton, 2012），ブラジルで *Apate terebrans* がインドセンダン *Azadirachta indica*（センダン科）生木を（R.M. de Souza et al., 2009），中国でカキノフタトゲナガシンクイ *Sinoxylon japonicum* が各種広葉樹（および一部針葉樹）の生木の枝を（陳君(Chen, J.)・程, 1997；趙傑(Zhao, J.), 2005；他），それぞれ激しく食害するとの報告もある。カキノフタトゲナガシンクイは日本にも産するが，このような加害を引き起こさず二次性にとどまっている

のは非常に不思議である。同属には，同様に成虫が生木の枝を穿孔する種が見られる（Beeson & Bhatia, 1937）。さらに，ゾウムシ科にも生きた樹木の枝を穿孔する若干種が見られる。ゾウムシ科－キクイムシ亜科および同科－ナガキクイムシ亜科の木部穿孔養菌性種は基本的に二次性であるが，ごく一部の種が「生まれながらの」一次性となっており，この場合生木内の巣の永続性が高い関係で社会性の進化が生じうるとされる（Kirkendall *et al.*, 1997）。カシノナガキクイムシの件は上に見た通り。一方これとは別に，木部穿孔養菌性種で自然分布域では二次性なのに，新天地へ運ばれてしばしば一次性となることがあり，アジア産の種の北米への侵入に際する例の報告が多い（Coyle *et al.*, 2005；他）。

さてそれでは，彼らはいかにして食材性昆虫のエリートとなりしか？ ここでオオトラカミキリ *Xylotrechus villioni*（岩田・他，1990；Iwata *et al.*, 1997），および *Phoracantha acanthocera*（Abbott *et al.*, 1991；*Tryphocaria acanthocera* として）では，蛹化の前に樹皮下に蛹室を中心とする渦巻き状の食坑道（図12-4cにオオトラカミキリのものを示す）を形成して蛹室の四方からの樹木の防御反応を遮断，また米国のビャクシン属の一種 *Juniperus monosperma*（針葉樹）におけるカミキリムシの一種 *Styloxus bicolor* では渦巻き状の食坑道が枝主軸と直角に形成されて木部組織が完全に破壊され，枝折れが生じる（Itami & Craig, 1989）。また日本産のアオカミキリ *Schwarzerium quadricolle*（江崎功二郎，1997），ムラサキアオカミキリ *S. viridicyaneum*（足立，2002），北米産トラカミキリ族の一種 *Xylotrechus quadrimaculalus*（Champlain *et al.*, 1925）などの主としてカミキリ亜科の一部の種では，生きた細枝に産卵の後，幼虫が自分のいる場所より上の枝を切り落とし，これは樹木のその枝での生理活動の息の根を止め，抵抗や多湿化を防ぐ行動と解されている。

しかしこのような奇策をもってしても，樹木の抵抗は凄まじいものなのでリスクも大きく，例えば幼虫がスギ・ヒノキの内樹皮〜形成層部を穿孔するスギカミキリでは，栄養的には一次性がよい一方，防御的には二次性がよく，その相反する要求性の狭間でかろうじて生きつないでいることが示されている（奥田清貴，1983；Shibata, 1995；Shibata, 2000）。こういうジレンマは生態学ではトレードオフというが，これはその典型。しかしどうもこのスギカミキリは，スギ・ヒノキの一次性穿孔虫としては少々不器用の部類に属するようで，鱗翅目に属する同じスギの一次性穿孔性害虫で，幼虫が時々外樹皮の外に逃げる習性のあるヒノキカワモグリガ *Epinotia granitalis*（ハマキガ科）（牧野，1999）との比較では，スギカミキリはスギの対抗手段としての傷害樹脂道形成に対して抵抗性がやや低い（Kato, 2005）。同じ「不器用」な例としては，ケヤキを穿孔するクワカミキリがあり，この場合要は樹と虫の相性が悪いのか，樹が枯れ幼虫の生存率も低いという（大橋章博・野平，1997）。それでもクワカミキリはケヤキに産卵し，幼虫がとりあえずは定着する。このことは，ケヤキにおける穿孔虫防御機構が，小型（若齢）幼虫または初期と，大型（老熟）幼虫または末期とで異なることを示唆しており，興味深い研究対象である。同様の例は，中国産モクゲンジ *Koelreuteria paniculata*（ムクロジ科）と広食性種ツヤハダゴマダラカミキリ *Anoplophora glabripennis*（フトカミキリ亜科）（図10-1）との間でも知られ，成虫は喜んでこの樹種を後食するが，産卵後の孵化幼虫は樹液横溢により殺されてしまうことが米国における観察で知られ（Morewood *et al.*, 2004），シナノキ属 *Tilia* とグミ属 *Eleagnus* も同様の "dead-end host"（「地雷宿主樹」とでも訳せよう）のようである（M.T. Smith *et al.*, 2009）。

結局一次性穿孔虫にしても，やはり普段樹木から受ける抵抗は凄まじく，同じことなら少し

元気のなくなった,従って抵抗のより少ない樹木を食したいということのようである(Safranyik & Moeck, 1995)。樹木の元気さや旺盛度というのは材の含水率や前節(12.3.)で述べた可溶性糖類含有量とも関連しよう。含水率に関しては,中国産のパンヤ科樹木の一次性穿孔性害虫 *Glenea cantor*(フトカミキリ亜科)について,成虫はこの値の低い成長の遅い樹に好んで集まることが確かめられている(Lu *et al.*, 2007)。この種はカミキリムシのくせに,なぜか殺樹性の樹皮下穿孔性キクイムシよろしく,雌成虫による産卵の際の「密度調節フェロモン」が他個体産卵を通常の抑制ではなくむしろ促進へと導き,これで集中攻撃が実現して宿主樹が枯死するという(Lu *et al.*, 2011b)(16.4. 参照)。

上述のように針葉樹の純粋な一次穿孔性種(生組織発生種)は,特に日本においては種数が少なく,カミキリムシ科ではスギカミキリ,オオトラカミキリ,ケブカトラカミキリ *Hirticlytus comosus* の3種のみ(生木に発生するという点では他にケブカヒラタカミキリ *Nothorhina muricata*(図5-5)とスギノアカネトラカミキリ *Anaglyptus subfasciatus*(図5-1)がある)であるが,このうちの2種,スギカミキリとオオトラカミキリについては興味深い観察がある。本来みずみずしい生木に発生するこれらの幼虫を伐採丸太に接種して飼育すると,水分不足(さらには栄養不足も?)が災いして得られた成虫は矮小化するという(植月・他,1980;Shibata, 1995;日下部,2006)。結局これらの一次性穿孔虫にとっても,生木は「おいしいけれど危ない」,枯死木は「まずいけれど安全」という点で,二次性種と本質的に変わらないようである。一方,加藤徹(2007)はスギの枯死木でもスギカミキリが生木と同じ生存率で発生しうることを示し,一次性と二次性の区別・違いは,次節(12.5.)でも述べるように,実は非常に微妙・複雑な,一線を画しがたい問題である。これは様々な段階における衰弱木の穿孔虫相の実際の比較(Wermelinger *et al.*, 2008)でも実感されることである。

なお,樹木の方もやられっぱなし,あるいは押し返しっぱなしというわけではない。雌成虫が樹木の細枝を環状剝皮してその上部を枯らせ,枯死部を幼虫が穿孔するカミキリムシの一種 *Oncideres rhodosticta* に関しては,米国・New Mexico 州の砂漠における *Prosopis grandulosa*(マメ科)の場合,加害されながらも植物が芽吹き,欠損を補って余りある成長を行い,それがカミキリムシの新たな資源となるとされ(Duval & Whitford, 2008),また幼虫の生長に伴い草本から木本へ「宿替え」する日本産のコウモリガ *Endoclyta excrescens*(鱗翅目-コウモリガ科)がヤナギ属 *Salix* 各種の枝を上方で穿孔する場合,この食害がヤナギの頂上枝を枯らすことはなく,かえって側枝の発生を刺激し,穿孔食害で枝先端が繁ることとなるという(Utsumi & Ohgushi, 2007)。このように一次性穿孔虫(カミキリムシの例では致死エージェントと食害者は別ステージ)による穿孔食害が必ずしも宿主樹に悪影響を与えるのみとは限らず,微妙な均衡下で穿孔虫と宿主樹が共存できる場合もあるといえる。

なお,北米などで針葉樹を大量に枯死させる,恐らくは食材性昆虫の中でイエシロアリ属 *Coptotermes* と並んで最も破壊力のある殺樹性樹皮下穿孔性キクイムシの1属 *Dendroctonus* については,実はこの属の基本生態(一部の例外的種を除く)は一次性ではなく二次性であることもあり,この後 12.5. で,さらには 16.4. で詳述することとする。

12.5. 一次性と二次性の狭間

　上述（5.；10.）のスギノアカネトラカミキリ *Anaglyptus subfasciatus* はスギ・ヒノキなどの針葉樹の生木に発生し，成虫が枯枝に産卵し，幼虫はその枝を下り，幹の心材へと侵入，そこを喰い荒らして材の「飛び腐れ」を引き起こし，また枯枝へ戻って羽化脱出する（図 5-1）（槇原，1987）。かくしてこの種は，生態学的には一次性，生理学的には二次性という複雑な性格付けとなる。一方北米産の *Oncideres*（フトカミキリ亜科）は，クルミ科，マメ科などの広葉樹の小枝に産卵する雌が産卵の前に産卵箇所の下を環状剥皮し，卵を宿す枝をこれにより枯らせて宿主樹の抵抗を封じるという安心な戦略を用いる（Bilsing, 1916；Craighead, 1923；C.E. Rogers, 1977；Rice, 1989；Romero et al., 2005）。これは環状剥皮効果（Noel, 1970；4.6. 参照）によりその枝の加害箇所より上の部分のデンプンや有機窒素含有量を増やして栄養価を高めるという効果も持つようで（Polk & Ueckert, 1973；Forcella, 1982），その結果有機窒素分がこういった被害枝に集中し，被害木本体が窒素不足に陥るというとんでもない被害も生じる（Forcella, 1984）。アフリカのサバンナ地帯北部に広く分布する *Analeptes trifasciata*（フトカミキリ亜科 − Ceroplesini 族）もパンヤ科やウルシ科の樹木の枝に対して同様の加害をする（H. Roberts, 1961；Borgemeister et al., 1998b）。これらの種も別の意味で「生態学的には一次性，生理学的には二次性」といえ，同時に「種としては一次性，その食害ステージのみの観点からは二次性」ともいえる。なお，これらの環状剥皮性種の幼虫にはその後侵入してくるカミキリムシ科やナガシンクイムシ科などの他の二次性種との競争が待ち受けているという（H. Roberts, 1961；Polk & Ueckert, 1973；Calderón-Cortés et al., 2011）。

　他のフトカミキリ亜科の一次性種にも産卵雌が大顎で念入りな産卵マークをつけるものがあり（Butovitsch, 1939；小島圭三, 1960），既に述べた（12.2.）宿主樹の防御手段を巧妙に封じる一次性カミキリムシの生態も含めて，これらの多くは宿主樹の抵抗から孵化幼虫を守るための戦略と考えられる。しかし，詳細は未解明である。

　その一方でカミキリムシの中には，自分で宿主樹を弱らせるのではなく，他の一次性穿孔性カミキリムシが発生して若干弱った状態になった宿主樹に産卵するという「他力本願」的な種も見られる（19.5. 参照）。

　スギカミキリの一次性をわずかに二次性の方にずらせた状態は，オーストラリア起源で米国・ポルトガル・地中海沿岸・アフリカ南部などに侵入・定着した同じカミキリ亜科のユーカリノキ属の害虫 *Phoracantha semipunctata*（カミキリ亜科−トビイロカミキリ族）（図 12-2）に見られる。この種は起源地のオーストラリアでは二次性穿孔虫で，ユーカリノキ属各種の樹木は年中十分な水分保持状態の地にのみ生えて水分ストレスをもよおさず，ほとんど害虫にはなっていない（Ohmart & Edwards, 1991）が，この樹木と穿孔虫がセットで海外にもたらされると，樹木が慣れぬ土地にて水分ストレスをもよおし，それが原因で内樹皮に可溶性糖類が蓄積して幼虫発育を促し，穿孔虫の天敵の不在もあいまって樹木に重大な被害が生じるという（Paine et al., 1995；Caldeira et al., 2002）。さらに興味深いことに西オーストラリア州では，*Phoracantha acanthocera* というユーカリノキ属関連一次性種は，ユーカリノキの天然林では密度も低く，非健全木の除去に寄与して林分全体の健全化の点で有益な種とまでいわれ，これがユーカリノキ人工林では一転して深刻な一次性害虫になるという（Q. Wang, 1995）。西日本におけるスギ・ヒノキの害虫マスダクロホシタマムシ *Lamprodila vivata*（タマムシ科）も，実

は二次性穿孔虫としての生活史が基本で，これに加え衰弱木や生理的異常木への食害も見せ（越智，1981；M. Ueda & Shibata, 2005；佐藤・他，2007），これはいわば日和見的一次性であり，*Phoracantha semipunctata* と実は軌を一にしている。中国と北米で問題となっているツヤハダゴマダラカミキリ *Anoplophora glabripennis*（フトカミキリ亜科）（図 10-1）については既に詳述した（12.2.）が，この種も一次性穿孔虫ながら植林ポプラなどでは水分ストレスが著しく，それが原因で激しい加害が生じるようである（Ludwig *et al.*, 2002）。カミキリムシでもこのように，いわゆる日和見的一次性がよく見られる。他の例として，マレー半島においてラテックスを樹液から採取する目的で樹皮に傷をつけられるジェルトン *Dyera costulata* の場合，樹皮の傷つけ（tapping）がイチジクカミキリ *Batocera rubus*（カミキリムシ科-フトカミキリ亜科-シロスジカミキリ族）などの穿孔虫の発生を招き，ますます樹勢の減退を招くとされる（Browne & Foenander, 1937）。またスギカミキリとその宿主樹スギに関しても，スギの育種や苗木生産のために，採穂園では枝が切られ，種を取る採種園では開花促進のために主軸カットなどが行われるなどし，こういった特殊な境遇のスギは相当いじめられて衰弱気味となり，スギカミキリが発生する隙を与えることとなり，その結果ますます衰弱して枯死にも至る（海老根・金川，1981；他）。

殺樹性の樹皮下穿孔性キクイムシ類も実は，日和見的一次性と後ろ指を指されかねない場合がある。米国・Arizona 州のピニョンマツ *Pinus edulis* に対する *Ips confusus* の発生では，過密状態とビャクダン科の宿り木の寄生による宿主樹の弱体化がこれを助長するという（Negrón & Wilson, 2003）。またこれとは逆に，例えば積雪で幹の途中が無惨に折れたいわゆる雪害木，強風による風倒木などは早晩枯死は免れず，こういう状態の木には二次性の樹皮下穿孔性キクイムシ類などが難なく発生できると思いきや，その中でも生葉を伴った生きた枝が付いているものの場合，これらの発生が抑制されるということが，スウェーデン・中央部におけるドイツトウヒ *Picea abies* とオウシュウアカマツ *Pinus sylvestris* の雪害木（Schroeder & Eidmann, 1993），北海道におけるエゾマツおよびカラマツの風倒木（上田明良，2006）で報告されている。「半死に」の木の最後の踏ん張りである。

樹木が勝つか，穿孔虫が勝つか，二次性に甘んじるか，一次性のエリートになれるかの境目，狭間の物語は他にもある。

外来種の穿孔性甲虫類とこれが加害する土着樹種の同様の関係（すなわち外来種が故郷では見せなかった猛威をふるうこと）は，欧州産の針葉樹二次性樹皮下穿孔性カミキリムシ *Tetropium fuscum*（クロカミキリ亜科）とこの昆虫の侵入先であるカナダの針葉樹の間でも見られ（Jacobs *et al.*, 2003），これはキツツキ類や寄生蜂などの天敵の圧力が生木では少ないことに起因するとされている（Flaherty *et al.*, 2011）。この *Tetropium fuscum* は土着であるヨーロッパではあくまで二次性とされる（Juutinen, 1955）が，その一方で稀に一次性穿孔虫の振る舞いを見せ（Wettstein, 1951），北米産の同属種 *T. abietis* も同様の性格（あるいは日和見的性格）を有するようである（Struble, 1957）。またかつて日本でこの種と混同されたツヤナシトドマツカミキリ *T. gracilicorne* も，シベリアではヨーロッパカラマツ *Larix decidua* の一次性害虫となっており（Girs & Yanovsky, 1991），このトドマツカミキリ属 *Tetropium* はこういう多重人格的性質を有し，新天地への移出に際して隠れていた一次性的性格が首をもたげるといえそうである。北米に侵入した *T. fuscum* については，「二次性ながら一次性としても十分やっていける」という多重人格性に関連して Flaherty *et al.* (2013) は，食材性甲虫を含む植食性昆虫全般にとっ

ての餌の適性が産卵雌成虫の受容性と幼虫の受容性・適性に分離され，両者は行動生態学的に見て概ね一致するも別物とする見方（Gripenberg et al., 2010；15.2. 参照）を応用し，宿主樹（アカトウヒ Picea rubens）の健全木と環状剥皮した衰弱木を対立する2宿主とした場合の選択実験を行っている。この場合 T. fuscum は明らかに健全木よりも衰弱木を好み，これは衰弱木での幼虫のより高い生存率を反映していた。確かに同じ樹種でも状態の異なるものは生態学的に異なる種の宿主とみなせるわけである。

なお上述（10.；12.2.）の中国と米国におけるツヤハダゴマダラカミキリの問題も，T. fuscum に見られるような侵入に伴う性格の変貌という観点から考える必要があろう。ゾウムシ科－キクイムシ亜科の二次性木部穿孔養菌性種でも自然分布域外で一次性化する（Coyle et al., 2005；他）のは，上に見た通りである（12.4.）。さらにこれらとは逆のシチュエーション，すなわち外来樹種とこれらを加害する土着昆虫の間の困った関係は，熱帯・亜熱帯における様々な導入樹種と各種シロアリ類の間でも見られる（Cowie et al., 1989）。この点は別途詳述する。

今ひとつ，やや希有な例。日本産のニセビロウドカミキリ Acalolepta sejuncta（フトカミキリ亜科－ヒゲナガカミキリ族）は針葉樹・広葉樹にまたがる広食性種で基本的に二次性である（小島圭三・中村，2011）が，針葉樹のイチイ Taxus cuspidata（またはその変種のキャラボク T. c. var. nana）の生木がこのカミキリムシの穿孔を受けることがある（石谷，2004）。この場合，一次性被害はイチイとその変種に限られるのか，その場合なぜこの樹種に限られるのか，などは未解明である。

本州を中心にミズナラ林の集団枯損を引き起こしているカシノナガキクイムシ Platypus quercivorus（ゾウムシ科－ナガキクイムシ亜科）も，もともとはミズナラやマテバシイなどブナ科樹木の枯木に発生する一方で（Soné et al., 1998），生木（特にミズナラ，コナラ）も攻撃してこれを枯らす（鎌田，2008）ことから通常一次性とされるが，こういった広葉樹においても樹液の流動と噴出はこれを食害する一次性穿孔虫にとっては脅威となり，樹液流出量が少ない方がこの昆虫には好都合なようである（小林正秀・他，2004）。このナガキクイムシは一次性種としての局面において，ブナ科宿主樹に同種の過去穿孔履歴がある場合繁殖できないことが知られており（加藤・他，2002），ミズナラの被害木部からタンニン類のガロ酸とエラグ酸が検出されてはいる（小穴・他，2003）がそれらの効果は不明で，カシノナガキクイムシの繁殖が抑えられる理由は明らかとはなっていない。しかしこの繁殖の二次的抑制は一次性・二次性の区別とは別の問題である。なお，このカシノナガキクイムシでもそうであるが，こういった一次性穿孔虫が樹木の病原菌を媒介する場合がある。

樹脂の滲出という宿主樹の防御手段を逆手に取った意外な戦略が，北米における Dendroctonus 属などの「殺樹性」樹皮下穿孔性キクイムシに見られる（Raffa & Berryman, 1983；Byers, 1995；Seybold et al., 2006；他）。これらのキクイムシは，宿主樹の樹脂（オレオレジン）中のモノテルペン類を前駆物質として集合フェロモンを生産するとされ（Hughes, 1973；D.L. Wood, 1982；Borden, 1982；Byers, 1990；Z.-H. Shi & Sun, 2010；他），この前駆物質は集合フェロモンの共力剤としても作用するようで，またこれらの前駆物質とフェロモンはともに光学異性を含む異性体をかかえた化合物なので，前者から後者への転換もこの立体異性が重要であるとされ（Renwick et al., 1976a；M.A. Johnson & Croteau, 1987），その転換の実例も示されている（Gries, 1992）。ところが後述（16.4.）するように，Ips 属は樹木由来の前駆物質からではなくメバロン酸経路による一からのフェロモン合成をやってのけるようで

(Lanne *et al.*, 1989；Ivarsson *et al.*, 1993；Seybold *et al.*, 1995；Tillman *et al.*, 1998；Seybold & Tittiger, 2003；D. Martin *et al.*, 2003；Tittiger *et al.*, 2005；Blomquist *et al.*, 2010；他），これも恐らくは立体異性による合成の制約が関係している可能性も考えられる。このフェロモンによる動員作用の結果攻撃途上の宿主樹に膨大な数の個体が飛来し，同時に穿孔攻撃をしかけ，結局宿主樹はこれに耐えきれなくなって枯死するに至るという。そしてこの宿主と穿孔虫の駆け引きは双方の命をかけた争いとなり，複雑な様相を呈する。しかしいずれにせよ攻撃するキクイムシの個体数が勝負を決するようで，これは多ければ多いほどキクイムシの勝ち，少なければ少ないほど樹木の勝ちとなる（Hodges *et al.*, 1979）。しかしもともとこの *Dendroctonus* は樹脂滲出に強く，*D. brevicomis* 成虫がその宿主であるポンデローサマツ *Pinus ponderosa* の内樹皮から滲出した樹脂の中を数分間泳ぐ様子というすごい写真が Byers（1995, pp. 178-179）によって示されており，この場合成虫は鞘翅を少し持ち上げ空気を保持して気門が樹脂に触れないようにしていたという。*Dendroctonus* の樹脂への耐性については外国のこととして読んで聞いて理解していても，このような実際の写真を見ると一種の感銘を覚える。ところでこういったオレオレジン中のモノテルペン類は元来，キクイムシなどの穿孔虫の封じ込めの他，侵入してくるキクイムシ共生性真菌類に対しても効果を発揮するとされる（M.A. Johnson & Croteau, 1987）が，殺樹性の *Dendroctonus* の侵入に際し，その殺樹性に寄与するとされる共生真菌類は，逆にこういったモノテルペン類で生育が促進される（Hofstetter *et al.*, 2005），あるいはモノテルペン類の組成によっては成育が良好となる（T.S. Davis & Hofstetter, 2012）とされ，キクイムシのみならず共生菌の方でも樹木の武器を手玉にとっているように見える。

既に述べたリグニンおよびその関連化合物と樹皮下穿孔性キクイムシ類との相反する関係（2.2.4.）は解釈が難しいが，あるいは，元来有害なリグニン（*Dendroctonus*：Wainhouse *et al.*, 1990）を，逆手にとってこれを自らの資源の指標として利用している（*Scolytus*：Meyer & Norris, 1967；Meyer & Norris, 1974）というシナリオもありえないわけではなく，さすればこれはモノテルペン類のアナロジーとなる。しかし，リグニンはあまりに不規則な物質ゆえ，こういった一般化にはなじまないかもしれない。

Dendroctonus 同様の「基本的に二次性にして現象的には一次性」という様相ながら，これよりも獰猛さの点でやや劣る針葉樹皮下穿孔性のキクイムシ類の一群 *Ips* spp. も，台風による針葉樹風倒木など，大量の餌資源が一度に大量に出現した場合要注意の存在となる（Inouye, 1963）。この場合，針葉樹二次性種が「待ってました」とばかりにこれらの倒木で大発生するが，1世代が経過した時点ではこの大個体群を維持できるような資源はもはや残されていない（キクイムシ類の樹皮下穿孔性種は特に衰弱木，新鮮な枯死木を好み，古い枯死木では繁殖できない）。この際多数の成虫個体が繁殖すべき資源を求めてさまようが，結局適当な資源が見つからず，生立木に攻撃を加えようとする。通常ならここで針葉樹が樹脂滲出機能を総動員してこれに対抗し，キクイムシは撃退されて全滅する。しかし攻撃を加える個体数が大きいとキクイムシが勝ち，針葉樹が負けてしまい，その枯死を招く（Berryman, 1972）。このストーリーは後に詳述するが，二次性穿孔性昆虫の一次性化の好例である。ナガキクイムシ亜科の木部穿孔養菌性種でも同様のストーリーが見られる。すなわち，本州等においてミズナラなどの集団枯損を引き起こすカシノナガキクイムシ *Platypus quercivorus* であり，この種は二次性種として倒木などに発生し（Soné *et al.*, 1998），集団で一次性の局面を発揮して宿主樹を枯らす（小林正秀・他，2000）。幼虫が純粋の二次性で，健全木に対する穿孔食害はありえないと考えられてきたヒゲ

ナガカミキリ属 Monochamus（カミキリムシ科－フトカミキリ亜科）の針葉樹性種（図5-8）でも，こういったキクイムシ類の集団暴挙に似た現象（風倒木大量発生による一次性化）を引き起こすことがあるようで（Gandhi et al., 2007），詳しい報告の出版が待たれる。

共生菌と組んでマツ類を加害するキバチ類でも，宿主樹が元気だとやはり困るようで，オーストラリアでラジアータマツ Pinus radiata に産卵するノクティリオキバチ Sirex noctilio（膜翅目－キバチ科）（図2-14）の場合，樹液（樹脂ではない）の浸透圧（この場合の溶解質は可溶性糖類と無機塩類）がより低い方が産卵により熱心になることが示されている（Madden, 1974）。また，樹皮下穿孔性キクイムシ類についても，宿主針葉樹の細胞浸透圧値（16.4. で述べる樹脂滲出圧とは別）と一次性・二次性種による攻撃の関係が報告されている（Chararas, 1959）。これらの研究における浸透圧値は，針葉樹における樹脂滲出圧とともに，樹木の「元気さ」の指標となっていることは容易に理解できるが，浸透圧と虫害の関係に関する詳しい樹木生理学的説明はなされていない。

今ひとつ，一次性種がひょんなことから二次性となり，しかもその食性が経済的な損害をもたらすという希有な例（野淵輝, 1979；野淵輝, 1990）。キクイムシ亜科の木部穿孔養菌性種のサクセスキクイムシ Xyleborus saxeseni（または Xyleborinus saxeseni）とハンノキキクイムシ Xylosandrus germanus はともに広食性種で，一次性的性格を持ち，果樹などの各種広葉樹の枝に穿孔して弱体化させる害虫である。木部穿孔養菌性ということは材を穿孔するもそれは嚥下せず栄養とはならない（栄養摂取は彼らが坑道で「栽培」する共生菌を食することで成される）。また一次性的ということは，彼ら（成虫と幼虫）が穿孔する材は生木であり，その含水率は高い（一説によると50％以上の含水率が必要）。樹木が伐採された直後の新鮮丸太はまさにこの高含水率状態にあり，等しく彼らの穿孔するところとなる。その丸太がいったん乾燥するともはや攻撃は起こらないが，水に漬けて含水率が増すとやはり穿孔される（Fougerousse, 1957）。そして，この丸太を製材後，硼素系薬剤（日本では乾材害虫のヒラタキクイムシをターゲットとする木材防虫剤）の水溶液を注入することにより防虫処理する際，何とこの防虫剤の入ったビショビショに濡れた材に穿孔することがある。この際成虫はこの材を新鮮な丸太または倒木と錯覚しているといってもよい状況であり，また穿孔活動はあくまで養菌活動の前準備行動，一種の耕耘作業であり，また成虫は菌食性で材を食することがないので，防虫剤で中毒することもあまりない。要は材が濡れたから穿孔しているのであり，しかもその穿孔行為も摂食を伴わない（ただしこの2種の幼虫は材と菌の両方を喰うようである（Biedermann et al., 2009））。そしてこういった材へのこれらキクイムシの的はずれの攻撃は，結局不成功に終わる。本件は森林害虫のゾウムシ上科－ゾウムシ科－キクイムシ亜科と，乾材害虫のナガシンクイムシ上科－ナガシンクイムシ科－ヒラタキクイムシ亜科という名称が酷似したまったく異なる昆虫が同時に出てきて，さらに話が非常にややこしく，説明に手間ひまを要するという例である。似たような例が，ニュージーランドにおけるラジアータマツ Pinus radiata の丸太を加害する Platypus apicalis（ゾウムシ科－ナガキクイムシ亜科）成虫が，貯蔵を目的として散水処理している丸太に穿孔するという問題に見られる（Milligan, 1982）。また，内容や背景は随分異なるが，マラヤ半島において，伐採直後の丸太の樹皮をクレオソート等の木材保存剤で処理すると，恐らくはこれらの薬剤が樹皮を腐食することで木部からのカイロモン（恐らくはエタノール）が徐々に放出されることにより，これらの丸太に広葉樹性木部穿孔養菌性キクイムシ類が誘引されるということが報告されている（Browne, 1952）。この例も，これらのキクイムシ成虫が穿

孔しても材を嚥下しないことがその背景にあるものと考えられる。総じて，木部穿孔養菌性キクイムシ類は薬剤防除が難しいとされていること（A.V. Thomas & Browne, 1950）と符合する。

　ニホンキバチ *Urocerus japonicus*（キバチ科）は針葉樹二次性種であるが，生立木に対して繁殖につながらない産卵をして共生菌による材質劣化を引き起こす（佐野，1992）。この場合，この虫は欺されて生立木に対して産卵していることになり，損しているのは虫と林業家，損も得もしないのは宿主樹（材質劣化は樹木の適応度を下げない！）ということになる。

12.6. カミキリムシ，ゾウムシ等の成虫の後食

　前節（12.5.）などにおける話には，甲虫の成虫が材に産卵すると，生まれた幼虫はただひたすらその材を穿孔・食害することを余儀なくされるという前提があった。ここで，{一次性種幼虫 vs. 生きた樹木}，{二次性種幼虫 vs. 枯木}の間で糖類の意味がまったく異なってくることは述べたが，幼虫ではなく成虫でもまた糖類の意味が異なってくる。一般に昆虫の成虫が摂食するのを独語 "Nachfrass" の直訳で「後食」と称し，通常の幼虫摂食と区別している。これは昆虫が外骨格体制の節足動物であり，外骨格が硬化する成虫ではそれ以上成長しないという生理が背景にあり，一部の昆虫では成虫は水分補給はしても摂食はまったくしない。

　一部のカミキリムシ科の成虫は，性成熟のために植物組織を摂食する（Linsley, 1959）。従って彼らは生涯で2回の摂食期を有することとなる。ハナカミキリ亜科は幼虫が食材性であるのに対して成虫は概ね訪花性，すなわち後食の対象は主に種子植物の蜜と花粉。カミキリ亜科は幼虫が食材性であるのに対して，成虫はおよそ半数が任意的訪花性であるのみで，一部の種の成虫は目立った後食はしない（Butovitsch, 1939）。この場合成虫は宿主材からの羽化脱出後，後食しなくとも生殖活動（交尾・産卵）が可能で，*Megacyllene caryae* の例（Gosling, 1984）にも見られるように，訪花後食はもしそれを行うとすれば単に生殖活動性を高めるのみのためとされている。これらに対して最大の亜科であるフトカミキリ亜科は，その多くの種が生きた植物組織（一部は枯葉などの死んだ植物組織，キノコ）を後食し，ある期間これを経ないと雄雌ともに性成熟しない（Butovitsch, 1939；Linsley, 1959）。ではその内容・メニューはどうかというと，例えばヒゲナガカミキリ族では幼虫摂食と後食の宿主植物は概ね同じであり（Toki & Kubota, 2010），他の族でもそうである。これは至極適応的なことである。フトカミキリ亜科ートホシカミキリムシ族は，成虫が葉や茎といった生きた植物組織を後食するグループの典型例となっているが，これに属する日本産の一次性種は幼虫摂食の宿主樹と後食の食樹が同じあるいは概ね一致する。しかし，少なくとも日本産の二次性種（ヘリグロアオカミキリ *Saperda interrupta*，イッシキキモンカミキリ *Glenea centroguttata*，等）では異なるものが若干見られる（永幡，2008）。これは一見非常に非適応的であり，種の存続には棲息地での両樹種群の共存が前提となる。この現象は何らかの隠された戦略を意味しているかもしれないが，今のところは，「木本植物の多様性の高い森林の指標種となりうる」としか言いようがなかろう。一方，高・鄭(1998)によると，中国産のポプラ害虫3種，*Apriona germari*，*Batocera horsfieldi*，ツヤハダゴマダラカミキリ *Anoplophora glabripennis*（いずれも広食性）の成虫の後食では，各樹種の新条の遊離糖類の含有量が成虫の摂食量，寿命，産卵数と正の相関関係を見せるという。この場合，植物を囓る成虫に対し，植物は不味い因子を保有する以外に成す術がないように見

える．従ってこれは｛一次性種幼虫と生きた樹木｝とはまた異なった｛一次性種成虫 vs. 生きた樹木｝という土俵となる．ただしこの実験結果（高・鄭，1998）は，一樹種の特定成分含有量が種内で個体差，生育条件などによってバラツキを見せるという視点に立たず，その点やや説得力を欠いており，さらなる検討が必要であろう．しかし，幼虫の穿孔・食害と，成虫の後食では，喰われる植物が生きている場合，自由度の少ない幼虫と，勝手気ままに動き回ることのできる成虫とでは，このように話がまったく異なってくるということは間違いない．

　上述のように，フトカミキリ亜科の後食はその多くが生きた植物を対象とするもの，すなわち「一次性後食」である（Butovitsch, 1939）．これは従って生きた植物に対する実害を意味しうる．実際ツヤハダゴマダラカミキリでは成虫消化管でセルラーゼ（エンド-グルカナーゼとβ-グルコシダーゼ）の活性が確認されている（X.-J. Li et al., 2010）．しかしその加害程度は実に微々たるもので，その傷口から病原体（真菌，線虫，等）が侵入する場合を除き，それで植物が重大な被害を受けるといったことはまずない．ということで生殖や病原体媒介を無視して直接摂食のみを考えると，カミキリムシ成虫は害虫ではないこととなる．マツノマダラカミキリ *Monochamus alternatus*（カミキリムシ科－フトカミキリ亜科）ではこのことが実証されている（小林正秀・野崎，2007）．しかし本州におけるクワカミキリ *Apriona japonica* の成虫後食によるクワの枝の被害により，枝の上方が枯れたり折損することがあるとされ（村上美佐男，1960），南アフリカにおけるコーヒーノキの一次性穿孔虫 *Monochamus leuconotus*（カミキリムシ科－フトカミキリ亜科）では宿主樹の枝が成虫の後食で枯れる場合もありうるとされ（Schoeman et al., 1998），さらにロシア・シベリアにおいては極相林のシベリアモミ *Abies sibirica* で同属のシラフヨツボシヒゲナガカミキリ *Monochamus urussovii* の成虫が枝を激しく後食し，これによりヤニの出が減少し，この種自体あるいはその他の二次性穿孔虫による日和見感染と枯死（場合によっては集団枯死）を引き起こすという（Prosoroff, 1931；Gavrikov & Vetrova, 1991）．またカナダでは，枝に対するマツノマダラカミキリと同属・同ギルドの *Monochamus scutellatus*（図10-3）の成虫の後食により針葉樹が枯れる被害が出ているという（G.M. Howse, 1995）．これが実際何を意味するかは不明であるが，地理的に考えて病原性線虫媒介による樹木の枯死ではないと思われ，あるいはシベリアにおけるような他の穿孔虫の加勢，さらには病原性微生物の媒介も考えられよう．

　食材性甲虫の成虫の後食については，もうひとつ特記すべきことがある．それはゾウムシ科－アナアキゾウムシ亜科のアナアキゾウムシ属 *Hylobius* による針葉樹の被害である．米国（特に南東部）では *H. pales* はマツ属各種 *Pinus* spp.（およびその他の針葉樹，さらにはごく一部の広葉樹）に発生し，これら針葉樹の幼木やクリスマスツリー苗畑の大害虫となっており，その被害は（一部幼虫の根部穿孔もあるものの）成虫の後食によるものが中心とされている（Lynch, 1984）．事情はヨーロッパでも同じで，*H. abietis* は成樹の樹冠部や幼木の枝を激しく後食し（Örlander et al., 2000；他）（16.12. 等参照），被害は根部にまで及ぶ（Wallertz et al., 2006）．

　ゾウムシ科－キクイムシ亜科の成虫の穿孔活動については，4.6., 10. および16.4. を参照されたい．

　カミキリムシ科とゾウムシ科における一次性後食の話が出たついでに，タマムシ科の食材性種の後食について触れておこう．この科の食材性種の後食は，ムツボシタマムシ属 *Chrysobothris* が枯木の樹皮を囓りとる以外は，ほとんどが様々な植物の葉や葉柄，さらには花粉といった生きた植物組織を喰うようである（政田，2001）．またカミキリムシ科－フトカミ

キリ亜科で見られた幼虫食樹と成虫後食樹が異なるという現象が，マスダクロホシタマムシ *Lamprodila vivata*（タマムシ科－ルリタマムシ亜科）で見られ，幼虫植樹がヒノキ等の針葉樹（樹皮下穿孔性；12.4. 参照），成虫後食樹がクルミ科やウルシ科の葉柄や葉脈であるという（政田，2001）（ただし佐藤・他（2007）は成虫後食対象はスギ・ヒノキの葉と枝としている）。成虫後食における樹木の葉の利用は，後述（12.9.）する植物の備える材内の防御物質を解毒する酵素を獲得してこれを処理するというシナリオがそのまま流用できそうである。しかし，米国でトネリコ属 *Fraxinus* の生木を樹皮下穿孔食害するアオナガタマムシ基亜種 *Agrilus planipennis planipennis*（12.9., 12.10., 他参照）の成虫も同じトネリコ属の葉を後食するが，樹種間で選好性の違いが見られ，その違いは防御物質の違いよりはむしろ葉に含まれる栄養のバランスの違いによるという報告もある（Y. Chen & Poland, 2010）。

12.7. ナガシンクイムシ成虫の後食

　もうひとつ後食に関して興味深いグループがある。それは主として広葉樹材と竹材に依存する二次性穿孔虫のナガシンクイムシ科である。この一群はゾウムシ科－キクイムシ亜科と体型が酷似しているが，これとは系統的にまったく異なる甲虫で（ゾウムシ科はゾウムシ上科に，ナガシンクイムシ科はシバンムシ科とともにナガシンクイムシ上科に属する），その一部ヒラタキクイムシ亜科 Lyctinae（図2-9）が乾材害虫として非常に重要な一群となっている。
　ヒラタキクイムシ亜科以外のグループ（例えばナガシンクイムシ亜科 Bostrichinae, タケナガシンクイ亜科 Dinoderinae）も同様に乾材害虫としての性格を持っているが，乾燥耐性はヒラタキクイムシ亜科に若干劣るようである。というのは，オーストラリアのような乾燥した土地ではユーカリノキを伐採して野外に放置すると材はよく乾燥し，これは同地のナガシンクイムシ類の発生を困難にするという（Erskine, 1965）。しかし乾燥地帯の典型であるスーダンにおける観察では，同地のナガシンクイムシ亜科－フタトゲナガシンクイ族の *Sinoxylon senegalense* は，アカシア属の一種 *Acacia seyal* の枯枝にヒラタキクイムシ属 *Lyctus*（種特定せず）と同時発生し，伐採直後の枝では *S. senegalense* は繁殖できず，また成虫による穿孔の方が幼虫穿孔よりも激しいとされる（Peake, 1953）。一方筆者は，ここよりもはるかに湿潤な日本の山林において同属のカキノフタトゲナガシンクイ *S. japonicum* 成虫が，広葉樹の細枯枝に対して同様の穿孔活動をするのを観察している。
　一方，一般に材のデンプン含有量は竹材内部＞広葉樹材辺材＞針葉樹材辺材の順であるが，タケナガシンクイ亜科の日本産種チビタケナガシンクイ *Dinoderus minutus*（図12-6）は，恐らくは竹材におけるこの高いデンプン含有量を必要としていることから，重要な竹材害虫となっている。ところがこの種の成虫が，針葉樹材，広葉樹材，さらには広葉樹生木（?），竹以外の単子葉植物組織に穿孔するという奇妙な生態を見せることがある（W.S. Fisher, 1950；岩田，1997；Sittichaya *et al.*, 2009）。この行動は，少なくとも針葉樹材の場合は，繁殖にはつながらない。恐らくは同様の成虫穿孔行動に由来すると考えられる針葉樹加害は同属や他属の種でも稀に記録され（Beeson & Bhatia, 1937；Erskine, 1965；G. Nardi & Mifsud, 2015），また成虫が本格的に広葉樹生木の枝を穿孔して枯らせてしまう種も見られ（Bonsignore, 2012；他），これらの行動は異系統のゾウムシ科－キクイムシ亜科の成虫を想起させる（Lesne, 1911）。し

図12-6 チビタケナガシンクイ *Dinoderus minutus*（ナガシンクイムシ科－タケナガシンクイ亜科）被害竹材（日本大学生物資源科学部博物館所蔵，森八郎コレクションより）。フラスの排出が見られる。

かしこれが，栄養摂取のための後食なのか，交尾・産卵のための空間確保行動で摂食はしていないのかは明らかではない。同亜科に属し貯穀物害虫にして広葉樹木部穿孔性種である*Prostephanus truncatus*の成虫は，アフリカ・ベナンでの野外採集成虫の消化管にリグニンが認められ，木材を穿孔・後食していることが示されており（Borgemeister *et al.*, 1998a），また繁殖できなくとも広葉樹材，さらには一部針葉樹材やリュウゼツラン科単子葉植物の茎を穿孔させると成虫寿命が延長されることも報告されており（Detmers *et al.*, 1993），こうなればもう立派な「後食」である。そしてデンプン依存性のこの種では何と，成虫の方が幼虫よりもアミラーゼ活性が高いという（Vázquez-Arista *et al.*, 1999）。さらに同亜科の貯穀物害虫コナナガシンクイ *Rhyzopertha dominica* 成虫は，幼虫とともに様々な木材・竹材も穿孔することが知られる（Potter, 1935；Lesne, 1940）が，繁殖に最も適した小麦（種子），あまり繁殖に適さないが発生可能なジャガイモ（塊根状地下茎），*Quercus stellata* のどんぐり，ササゲマメ（種子），繁殖できない落花生（種子），エンピツビャクシン *Juniperus virginiana* とテーダマツ *Pinus taeda*（ともに針葉樹！）の若枝に対しては，小麦とエンピツビャクシン若枝に最も著しい誘引反応を示すという驚くべき実験結果がある（Edde & Phillips, 2006）。同じタケナガシンクイ亜科3種成虫の針葉樹とのこういった関連性は気になる事実ではある。あるいはこの科の成虫には，まったく未知の栄養要求性・木材成分利用様式・栄養生態があるのかもしれない。可能性としては，(i) この科の成虫はカミキリムシ科の幼虫のように木質中のセルロースを分解利用でき，幼虫はこの能力を欠く（つまりセルラーゼ遺伝子があっても幼虫では発現しない），(ii) この科の成虫は生殖に木質，特に針葉樹材中の特定のマイナーな成分が必要で，多大なエネルギーのいる穿孔活動をあえて行ってこれを得ている，などが考えられる。今後の研究の進展がまたれる。

さらに面白いことに，ヒラタキクイムシ亜科の成虫は基本的に材に穿孔しないが，ヒラタキクイムシ *Lyctus brunneus* では人工飼料に小麦粉を配合すると成虫が穿孔行動を見せ（Iwata & Nishimoto, 1983），これは後食行為を疑わせるに十分である。この理由や背景も未解明であるが，物理的な問題（小麦粉配合で硬度が低下して穿孔しやすくなる，等）による可能性も考えられる。

12.8. シロアリは樹木害虫か？

以上，甲虫の木材食害虫の話が続いたが，もうひとつの重要な木材食害虫といえばシロアリ類。自然界においてシロアリ類は基本的に，分解されるべくして残存しているセルロース残滓

としての枯木を分解する役割を付与されており，その意味では典型的な二次性木材穿孔虫である。この二次性という性格は，高等シロアリの中の最大の食性グループである土食性シロアリにおいても同じといえる。そしてミゾガシラシロアリ科においてはその真社会性に由来する人海戦術的な貪欲な喰いっぷりは,「穿孔虫」という慎ましやかな形容では収まりきらず，ブルドーザー的分解者ともいえる存在。人間の利用する木材にも食指を向け，爾来人間と軋轢を持つに至り,「二次性木材処理者」といった表現が適当なほどで，林産害虫として極めて重要な存在となっている。

彼らシロアリは，厳密にこの「二次性」という範疇に忠実であろうか？ 暖温帯に位置する欧米や日本では，一応シロアリ類（といっても害虫としては比較的過激でないヤマトシロアリ属 *Reticulitermes*）はこの類別内におさまっており，彼らが林木，樹木を喰い荒らしたという話は日本では稀である。しかし世界で最も危険な林産害虫であるイエシロアリ *Coptotermes formosanus* は，九州でスギの立木を加害するという報告があり（中島茂・清水，1959），九州・沖縄ではかなり頻繁に庭園樹・街路樹を喰い荒らし，侵入先の米国南部でも枯木の少ない公園などでは樹木は相当の加害率を示すようであり（Messenger & Su, 2005），総じてイエシロアリ属 *Coptotermes* はヤマトシロアリ属と比べて随分と「ヤンチャ」なようである。いずれにせよ日本におけるシロアリによる樹木の被害はほとんどが未知の領域ながら，イエシロアリが密に分布する九州・沖縄地方ではこの点要注意で（岩田・児玉，2007），今後詳しい研究が望まれるところである。

しかるにシロアリの本場である熱帯・熱帯・サバンナなどの準乾燥地帯に目を向けると，樹木は相当の頻度・程度で様々な種のシロアリに食害を受け，これらの地域ではシロアリは重要な林業害虫（さらには農作物を喰い荒らす農業害虫!!）になっているという（Sands, 1977；Cowie *et al*., 1989）。

この場合基本的にシロアリ，特にイエシロアリ属などの地下性の大規模コロニー種にとって樹木の内部の心材は防御機構の発揮できない部分なので利用可能ながら，樹木には基本的に鉄壁のガードがあって，なかなか樹体内部へは侵入できず，心材には事実上手が届かない。これが可能となるのは，根系や樹皮や辺材が外傷部（山火事や人為的傷害による）や枯枝から菌や虫に侵入され，もしくはこれらの突破口に木材腐朽菌が侵入して心材が腐朽し，いわゆる芯腐れ状態（図12-7）となり，これにより樹体内部へのアクセスが可能となった場合に限られるようである（Shigo, 1984；Cowie *et al*., 1989；Kirton *et al*., 1999b）。木材腐朽菌が樹木に侵入するきっかけもこれと同様で，風害・虫害・人工的傷つけによる傷などによる突破口が重要とされている（Swift, 1977a）。多くの例外はあるものの大まかにいって，生立木が万一木材腐朽

図12-7 ニセアカシアの芯腐れ（大阪府茨木市，2010年）。

菌の侵入を受けた場合，部分的に生きている辺材は激しく抵抗し，かつ水分通導を司っていて水分過多・酸欠状態にあるので，この部分に腐朽菌が定着・入植することはできず，その定着・入植は死組織たる心材に集中し，この木が枯死したり伐採されたりして全組織が死ぬと状況が一変し，木材腐朽菌は「防腐剤」としての抽出成分を避けて，掌を返したように辺材に集中する（Schwarze et al., 1997；阿部, 1999；山口岳広, 2007；他）。突破口が重要というこのシナリオは既述（5.；10.）の，枯枝から幼虫が侵入するスギノアカネトラカミキリ *Anaglyptus subfasciatus*（カミキリ亜科）（図5-1）によるスギ・ヒノキの被害に似ている。もうひとつの類似例はアフリカ東部〜南部産の *Oemida gahani*（カミキリ亜科）で，この種は主に針葉樹の生木，枯木，乾材など様々な材を穿孔するが，乾材では発育遅延が生じ，生木穿孔の場合マツ属は無理で，*Cupressus* などの針葉樹の場合，野生動物や交通事故や枝打ちによる幹上の傷が産卵箇所となって侵入が可能となり，心材が穿孔されるという（Gardner & Evans, 1953）。

シロアリがいったん心材部に侵入できれば，次いで徐々に辺材部へと喰い進み，ここで樹木とシロアリの死闘が繰り広げられ，樹木は腐朽菌への対抗手段である罹患部隔離作用（compartmentalization）（Shigo & Hillis, 1973；Shigo, 1984；Blanchette, 1992）という秘策（被害部の隔離）でシロアリにも対抗するようであるが，いかんせん，シロアリは動物ゆえに攻撃は菌に比べて素早く目に見える動きの早さなので，生きた辺材部が徐々に活力を失い，ついにその樹が枯死するという経過をたどるようである。

インドではレイビシロアリ科の種がチャノキの最重要害虫となっているが，チャノキではシロアリによる巣の放棄が多く，被害部にはカルス形成による回復も見られ，穿孔加害でもその木はあまり枯死しないという記述（C.B.R. King, 1937）がある一方，加害は激烈との記述（Danthanarayana & Fernando, 1970a；Danthanarayana & Fernando, 1970b）もあり，どうも実態がはっきりしない。あるいはこの場合も農作物である茶の収量の減少とチャノキの穿孔被害量はまったく別の事柄なのかもしれない。

一方マラヤ半島における *Acacia mangium* など広葉樹の造林地におけるイエシロアリ属の一種 *Coptotermes curvignathus* の加害による林木の枯死は，林業上ゆゆしき問題となっている（Kirton et al., 1999b）が，この種もシロアリゆえに基本的に枯木喰い，すなわち二次性のはずである。ところが，非常に興味深いことに広葉樹造林地やヤシ類プランテーションの林床のCWD（粗大木質残滓）を焼却などで処分してもしなくても，*C. curvignathus* による生立木への加害は変わらず，このシロアリ種はCWDの存在をあてにはしていないという（Kirton et al., 1999a；S. Cheng et al., 2008）。以上により，このシロアリ種は二次性と一次性の間を自由に行き来できることが示唆される。シロアリは真社会性ゆえに，あたかも北米におけるキクイムシ類の *Dendroctonus* 属の大発生による針葉樹の集団枯損の場合と同じく，基本的に二次性の昆虫でも集団を形成してその力を発揮すると一次性になりうるということが，仮説として可能となる。しかし数だけがものをいうとは考えられない。これに適応した何らかの性質，例えば消化酵素などが効いていることも想定され，実際生木加害性種 *C. curvignathus* では消化管内の細菌相に特異性が見られるとする研究もある（J.H.P. King et al., 2014）。しかしこの場合，それに関与する細菌種，遺伝子，酵素の特定には至っていず，隔靴掻痒の感がある。

ところで樹皮下穿孔性甲虫類に関して，一次性は栄養で得をし，樹木の抵抗で損をするというトレードオフの話をした。一方樹木の幹の中心部，すなわち心材を昆虫が穿孔する場合，心材は決しておいしい部位ではなく，また樹体への侵入は根や幹や枝からの場合，結構樹木の抵

抗を受けて苦しい目に遭うことは必定ながら，このバリアーを突破できれば思わぬところで得をするようで，しかもこれはあまり知られていないことである。それは，生木では樹体内の温度の変動幅が，恐らくは樹皮の断熱作用と樹木の生理機構により，外気と比べて小さくなることである（Derby & Gates, 1966）。昆虫への影響との関連では，オーストラリアにおけるユーカリノキ属とイエシロアリ属の種（*C. acinaciformis, C. frenchi*）の取り合わせでこのことが実測・実証されており（T. Greaves, 1964；T. Greaves, 1965），中国・安徽省でマツノマダラカミキリ*Monochamus alternatus*（カミキリムシ科－フトカミキリ亜科）の関連で冬の樹木（樹種特定せず）について（Ma *et al.*, 2006），米国・Oregon州で殺樹性樹皮下穿孔性キクイムシ*Dendroctonus ponderosae*（= *D. monticolae*）の関係でヨレハマツ*Pinus contorta*について（Patterson, 1930），カナダで殺樹性キクイムシ*Dendroctonus ponderosae*の発生するヒロヨレハマツ*Pinus contorta* var. *latifolia*について（Powell, 1967），同様のデータが得られている。なお立木ではその北面と南面で温度は異なるが（北半球で北面＜南面），その差はせいぜい数℃どまり（Powell, 1967；Schmid *et al.*, 1992）。一方，広葉樹立木の樹洞（図5-4；図12-7）の中も同様に温湿度が安定した環境のようである（Kelner-Pillault, 1974）。しかし伐採された横倒しの丸太となると，外樹皮が断熱材になるかと思いきや全然そんなことはなく，おいしいはずのその内樹皮も，日陰ならまだしも，直射日光下では温度の変動がまことに激しく（Graham, 1924；Graham, 1925；Savely, 1939；R.W. Reid, 1957；Bakke, 1968；C.J. Hayes *et al.*, 2009），その中の虫に対して同情を禁じ得ないほどである。例えばあの極寒の地ノルウェーでも，オウシュウアカマツ*Pinus sylvestris*の丸太の樹皮下は樹皮が薄い場合，横倒し丸太の上面は7月の真昼で48℃にもなり，これでは中のキクイムシはあまり生き残れない（Bakke, 1968）。また米国・Oregon州およびNorth Carolina州においてマツ類（ただし樹皮が厚くない樹種）の丸太を夏季（気温27℃以上で），横倒し接地状態で直射日光に曝すだけで内樹皮は44℃以上となり，これで2時間以上経過すると樹皮下穿孔性*Dendroctonus*属キクイムシの個体群は全滅するという（Patterson, 1930；J.A. Beal, 1933）。そして，このことを利用したマツ類樹皮下穿孔性*Dendroctonus*の駆除法までが提案されている（Negrón *et al.*, 2001）。樹木が生きて立っている場合と，伐られて横になっている場合とでは，その中はそれぞれ天国と地獄といえる。そしてその灼熱地獄を何とか生き延びる甲虫の幼虫がいる。タマムシ科－タマムシ亜科のムツボシタマムシ属*Chrysobothris*である（Savely, 1939；16.7. 参照）。余談ながらついでに述べると，冬の寒さについては，横倒しの腐朽した丸太の内部の温度は変動する外気温と比べて随分と温暖かつ一定で，心材が辺材よりわずかながら一貫して暖かいというシロアリ関連のデータがある（Lacey *et al.*, 2010）。

　シロアリが樹木の心材を空洞化させて加害することに関してもうひとつの生態的意義がある。マレーシア・Selangor州においてパラゴムノキ*Hevea brasiliensis*植林地に対し*Coptotermes curvignathus*（イエシロアリ属の一種）による加害に関して，12月末の洪水によってコロニー活動が消失したのに，翌年3月にこれが復活したという報告がある（Sajap, 1999）。米国南部のハリケーンによる公園の冠水に際するイエシロアリの同様の観察結果も見られる（Cornelius *et al.*, 2007）。ここでシロアリ，特にイエシロアリの樹木への加害の生態的意義は洪水対策の可能性がある。ヤマトシロアリ属の種は洪水に際してジタバタせず，ある程度の耐水性を発揮して水没状態をやり過ごすが，イエシロアリは樹木心材加害性にてそのような性質は弱いとされ（Forschler & Henderson, 1995），洪水により土中の巣や地上の蟻塚は概ね水没して死滅するが，樹木心材への加害では樹体内での位置上昇により水没を免れ，同時に樹木により保護さ

れて生き残ることもあるようだ（Cornelius & Osbrink, 2010）。また Louisiana 州のイエシロアリでは，マツ属 Pinus の場合は幹を縦に裂くように食害するので水漏れにより溺れやすいのに対し，ナラカシ属 Quercus では心材空洞化の加害様式にて，この空間が溺死を防ぐという面白い比較がある（Osbrink et al., 2008）。米国南部における洪水事例に際し，同時に報告された水没試験や洪水の前後のサンプルの DNA 解析比較による，シロアリの生き残りの証明（Cornelius et al., 2007；Owens et al., 2012）もあり，やはり地下性シロアリは樹木内部を穿孔し，樹体内で洪水を生き延びることがあるようだ（Cornelius & Osbrink, 2010）。このことに加え，種は特定されていないが，米国・South Carolina 州の氾濫原内湿地林で，水面に浮いた材にシロアリが少数生きながらえているのが発見されている（Braccia & Batzer, 2001）。またブラジル・Amazon の氾濫源での観察では，Anoplotermes（シロアリ科－アゴブトシロアリ亜科）の種の王室は，水位の季節的上下に対応して土中と樹木の高所の間を行ったり来たりし（Martius, 1997b），同国・Mato Grosso 州の氾濫原では Cornitermes silvestrii（シロアリ科－Syntermitinae 亜科）は浸水域では非浸水域と比べて地上巣を背伸びさせるべく細長く作るという（Plaza et al., 2014）。ということで，シロアリは洪水にやられっぱなしというわけではなく，わりとしたたかなようである。

　虫が樹木や材木を喰うことに関して，単に「害虫だ！」という視点のみで見るのではなく，もう少し広い目で見るというのが本書の基本コンセプトのひとつである。オーストラリアにおけるユーカリノキ属 Eucalyptus 各種に対するイエシロアリ属の Coptotermes acinaciformis, C. brunneus, C. frenchi などによる被害（T. Greaves, 1959；T. Greaves, 1962；他）はこの意味で興味深い。ここでのシロアリによるユーカリノキの被害は，生立木の心材空洞化（"piping"）である。ユーカリノキ林のオーナーが伐採されたユーカリノキの元口の木口面を見て，シロアリがさんざん心材を喰い荒らし，売り物にならなくなっているのを見て嘆く姿が目に浮かぶ。しかしここで重要な点がある。ユーカリノキ類に対する被害の文献は，用材の材質劣化の観点からのものがほとんどで，樹木の枯死に言及したものはほとんどないのである。このシロアリ・樹木間の関係については 2 説ある。まず Braithwaite (1990) は両者の関係は共生的とし，シロアリが樹木にとっての栄養条件を改善し，樹木から不要な組織である心材を餌として供給され，外界からも保護されるとした。これは Janzen (1976) の樹木心材空洞化共生仮説の具体版であり，岩田・児玉 (2007) もこの立場である。一方，マレーシア・Perak 州のマングローブ林におけるフタバナヒルギ Rhizophora apiculata の Coptotermes curvignathus（しばしば木材腐朽菌による腐朽害と連動）による被害では，辺材が加害されて枯死にも至るとされている（Putz & Chan, 1986）。シロアリは無関係ながら，Ranius et al. (2009) は，スウェーデンのヨーロッパナラ Quercus robur では，いわゆる「樹洞」を伴った立木の年間枯死率は 1.3% なのに対し，これを伴わない立木は 0.3% としたが，樹洞は老樹に偏って生じることから，枯死率の違いは単なる寿命の問題とも考えられる。話をオーストラリアのユーカリノキ類に戻すと，P.A. Werner & Prior (2007), P.A. Werner et al. (2008) は北部準州において，Coptotermes acinaciformis 等のシロアリによるユーカリノキ類およびその他の広葉樹の心材空洞化の樹木自体への影響を詳しく調査し，樹木は生存率と成長量がこれにより低下し，マイナスの影響を受けるとしている。ただしユーカリノキ類の心材劣化・空洞化はシロアリ類よりも山火事の方が原因としては重要との研究（M.R. Williams & Faunt, 1997）もある。ユーカリノキ類では，こういった心材の空洞化はこの地オーストラリアの自然のありふれた構成要素であり，ユーカリノキは心材をこれらの

シロアリに喰われることが織り込みずみの現象とし，心材がやられても平気で立っている。同様に同地の自然史に完全に組み込まれる形で生活していた原住民（アボリジニーズ）の人々は，天然資源としてシロアリが作り出した中空ユーカリノキ材を尺八に似た世界最古の民族楽器 didjeridoo（ディジリドゥ）の製作に利用する（P.A. Werner *et al.*, 2008）。なお断っておくが，シロアリは決して心材を好きこのんで喰っているわけではなく，同じ喰うなら辺材の方がよいことは確かである（Peters & Fitzgerald, 2004）。オーストラリア等におけるシロアリ類とユーカリノキ類の間のこういった関係は，樹木とこれを喰う昆虫の間の長い相互作用の歴史の賜であり，いわば両者（楽器を作る原住民を加えると三者）の共存の究極の姿である。一方，樹木は近代文明に属するヒトにとってはまず第一にその材を利用するための資源であり，その立場からすればこのシロアリは害虫となる。一方喰われる当事者である樹木は，心材に単に樹体支持のための力学的役割しか期待しておらず，そのまわりの辺材がしっかりしていて安定性が保証されてさえいれば，心材がスッカラカンになっても大した支障はない。要はユーカリノキにとっては，開花・結実・実生という過程で自分の遺伝子が後生に残されればそれで十分で，心材組織などはヒトの髪の毛や伸びた爪のように，あってもなくてもよい部分。だからこのシロアリはこのユーカリノキにとっては害虫ではないといっても過言ではない。しかしこの植物を利用するヒトは，植物自体とは違う立場に立つ（岩田・児玉，2007）。同じことはスギ・ヒノキとスギノアカネトラカミキリとスギ・ヒノキを利用するヒトの関係（4.3. および 10. 参照）についても言える。ヒトが「スギノアカネトラカミキリはスギの大害虫だ」といって騒いでいるのを横目に，スギの樹は「え？ いや，別に……」とつぶやくのが聞こえそうだ。樹木個体とその利用者たるヒトの利害のずれについては既に，木部穿孔養菌性キクイムシにおける例を示した（3.）が，これに加えて H. Roberts (1960) が詳説したガーナおよびコートジボアール産のオベチェ *Triplochiton scleroxylon* とこれに発生する木部穿孔養菌性ナガキクイムシ類の *Trachyostus ghanaensis* も，同様のストーリを成す。既述（12.1.；12.5.）のニホンキバチ *Urocerus japonicus*（キバチ科）とスギ・ヒノキの間の首をかしげざるを得ない関係（佐野，1992）も，加害される樹木とそのオーナーたる林業家の間の利害のズレが見られるケースである。

　ここにいうオーストラリアのユーカリノキ属などにおける心材空洞化は心材腐朽（いわゆる芯腐れ）が前提であり，そのためシロアリなどの食材性昆虫に加え，木材腐朽菌が極めて重要な役割を果たしていることを忘れてはならない。そしてこの腐朽菌と食材性昆虫の間の相性がよくなければ，このような大規模にして恒常的な心材空洞化は生じない。オーストラリア・Tasmania 州における研究（Yee *et al.*, 2006）では，ユーカリノキ属の一種 *Eucalyptus obliqua* の大径木は生立木の段階で心材の褐色腐朽が生じ，これが倒木となると，褐色腐朽部は安定したニッチとなってより多くの食材性・木質依存性甲虫類を発生させ，小径木では逆に白色腐朽となり，甲虫種の発生は劣るという。

　シロアリによる樹木の被害でも，苗畑における植林前のユーカリノキ類等幼樹に対するものは，その内容と様相を異にしている。例えばインド・Kerala 州では，*Odontotermes* spp. 等多種の高等シロアリが，ユーカリノキ類の 1 年生幼樹の根部に対して明らかに一次性の食害を成し，幼樹は枯れる（Nair & Varma, 1985）。これは日本におけるコガネムシ科食葉群の幼虫（「根切り虫」）の苗畑被害（中島敏夫，1957）と軌を一にするものである。筆者は，この現象も生態学的解釈が同様に可能で，苗畑での多くの幼樹の植栽は自然界では存在しない不自然な状態であることと関係するものと考えている。すなわち，自然界では天然下種更新による樹木の実生は，

多数の個体が同時に発生して育つことはありえず，そこには必ず「間引き」作用が働き，一部の個体のみが生き残ることを余儀なくされる。シロアリ類やコガネムシ類幼虫によるこれら幼樹の根系への加害は，自然界におけるこういった間引きの一環としての解釈が可能で，同時に幼樹においては昆虫食害に対する抵抗性が未発達であることも関連していよう。なおこの場合一次性害虫たるシロアリは，加害樹種に関して広食性，すなわちジェネラリストと考えられるが，こういった広食性の植物根系食害性土壌昆虫は，その加害対象植物の根から発せられる二酸化炭素をカイロモンとして定位に使っているとされ (S.N. Johnson & Gregory, 2006)，シロアリの場合もその可能性があろう。ということで，林業における造林用幼樹の苗畑栽培は，もともと不自然なことをあえて行っているという基本認識のもと，その土地における昆虫相を十分考慮して行わなければならない。

いずれにしても，一次性穿孔虫は林木・果樹・街路樹の保護，それに関連する利潤の追求の観点からは重要な防除研究の対象種であるが，穿孔性のゆえに姿は容易には見ることができず，その意味でいずれも研究や防除が難しい存在でもある (Linsley, 1958；D.G. Nielsen, 1981)。苗畑幼樹のシロアリ被害の場合も，現象が地下性のため，検出は難しい (Nair & Varma, 1985)。

樹木に攻撃を加えるのは下等シロアリ類のみではない。東アフリカなどではシロアリ科－キノコシロアリ亜科の種が樹木を喰い荒らすことが知られ (Sands, 1962；Cowie et al., 1989)，こういった事象に対する現地の人々の認識についての民俗学的調査もなされている (Malaret & Ngoru, 1989)。というわけで，シロアリによる樹木の被害で問題となるのがイエシロアリ属 *Coptotermes*，そしてここで登場したキノコシロアリ属 *Macrotermes* (図11-1) である。この両者は科こそ違え，樹木への攻撃性の点で特筆すべき共通性が見られる。まずイエシロアリ属，さらにはこの属に含まれる日本産のイエシロアリは，非常に重要な家屋害虫であると同時に，重要な樹木害虫となっている。少なくともミゾガシラシロアリ科においては，家屋と樹木への食害度は概ね平行しているものと考えられる。この属は，その分布域の中心が熱帯降雨林・サバンナなどにあたることから，本来は樹木依存性，森林棲息性と考えられる。一方，高等シロアリであるシロアリ科－キノコシロアリ亜科が分布する東南アジア〜インド亜大陸〜アフリカにおいては，この一群，その中でも特にキノコシロアリ属 *Macrotermes* が樹木の加害者として名指しされることが多い (Sands, 1973；他)。世界各地の様々なシロアリ種の中で，なぜこの2属の種が樹木を加害し，造林地，公園，庭園，果樹林，茶畑，ブドウ畑，さらにはヤシ畑における重要害虫となっているか (岩田・児玉, 2007) については，これまでに解析・考察はなされていないが，特に大きな巣を作り，コロニーの構成員数が特に大きく，特に大きな採餌行動圏を擁し，Abe (1987) のいうところのセパレート型 (16.13. 参照) の生態を見せ，対抗する大きなグループである高等シロアリのテングシロアリ亜科 Nasutitermitinae と比べてより土壌への依存が高いといった点がその背景にあるものと考えられる。これらの点により，樹木の抵抗を受けにくくこれを容易にはね返し，また樹木からの抵抗が抗しきれない場合転戦が可能となり，植物とその加害生物一般の関係で加害者として非常に有利な点が多く，樹木への加害を可能にしているものと考えられる。

キノコシロアリ亜科は養菌性，特に *Macrotermes* はその最たるもので，巣の中でキノコ *Termitomyces* を養うが，Abe (1987) のいうセパレート型なので，菌を栽培する巣から離れて何をしているのかという疑問が生じる。その答えは，その菌を養うために植物遺体を集め，巣に戻ってこれを吐き戻し，これが「食物貯蔵庫」であると同時に「菌園」にもなるというこ

とのようである（T.G. Wood & Thomas, 1989）。ではこの植物遺体は具体的に何かといえば，Badertscher et al. (1983) の実験で枯草がその餌の典型として供試され，また炭素安定同位体比測定により，餌が樹木とイネ科草本植物の両方にまたがることも確かめられている（Boutton et al., 1983）。これには樹木の枯枝や生きた根部も含まれるということなのであろう。しかし，そのあたりの具体的な餌の内訳についてはもうひとつはっきりしない。Dangerfield & Schuurman (2000) のデータはその唯一の具体例といえ，これによるとやはり集める餌は多様で，Coptotermes のような地下性の下等シロアリと競い合って地下の蟻道経由で普通に枯木を喰いあさり，従って棲息調査用のベイト材にのこのことやって来るのが見られ（Usher, 1975），また苗木などの幼齢木を加害する（Cowie et al., 1989）のもこういった土中蟻道を通じての活動の一環と考えられる。この類のシロアリは従って，通常の地下性シロアリと養菌性シロアリという2つの異なる性格を同時に備えているといえる。ここに，巣から出た採餌隊（職蟻）は枯草や枯木を探して巣へ持ち帰り，これを喰うことで出される未消化・液状の一次糞は菌園に置かれてこれに菌が繁茂，この古い部分を本気で喰って出されるのは二次糞（最終廃棄物；本物の糞）であり，そしてこれら採餌や摂食・排糞などの行動には職蟻の日齢などによる「分業」が見られるという（Grassé, 1978；Badertscher et al., 1983；Hinze et al., 2002；他）。地下性と養菌性という異なる性格の並立は，同種同コロニー内の分業の賜物なのである。

　同亜科の他属，例えばタイワンシロアリ属 Odontotermes も同様に Termitomyces が共生のパートナーとなっており（Batra & Batra, 1979；他），巣の規模などの点では Macrotermes に負けるが，性格は似ている。Lepage et al. (1993) はこの Odontotermes を含むコートジボアール産4属の餌を炭素安定同位体比測定で調べ，木本・草本の双方にまたがることを示し，李棟(T. Li)・他 (1989) は Odontotermes の草本と木本にまたがる餌のメニューを報告している。これらキノコシロアリ亜科による植物細胞壁の処理能力は相当のもので，アフリカのサバンナなどの土地では植物質の消失におけるこの亜科のシロアリの役割は特筆すべきものとなっているようである（D.T. Jones & Eggleton, 2011）。ここで注意しなければならない点は，キノコシロアリ類は植物質，特にその難消化性細胞壁多糖類を食べるそぶりをしながら，実はこれをほとんど消化せず，巣に持ち帰って共生真菌に捧げ，これに分解してもらっているということである。これはその消化酵素の研究からも支持されていて，タイワンシロアリ Odontotermes formosanus は結晶セルロースをほとんど分解できない（Tokuda et al., 2005）。しかし Macrotermes では自らが分泌する相当量のエンド-β-1.4-グルカナーゼが見られ，そのレベルは職蟻の日齢で異なり（Veivers et al., 1991），話は単純ではなく，上述の分業もからみ，亜科全体での一般化などは当面無理に思える。このキノコシロアリと共生真菌の間の共生関係は，まだまだ研究の余地があるようだ。

　シロアリによる樹木への被害に関してのもうひとつの興味深い問題は，その樹種とシロアリ種の取り合わせにある。外来樹種や苗畑の苗木が被害を受けやすいといわれるが，これは本来の分布地ではない土地，本来の発生環境ではない苗畑で生育する樹木が経験する水分ストレスやシロアリの根への直接の食害などが関係するものと考えられている。この法則は「樹種とシロアリ種の取り合わせの新しさが被害を招く」という拡張仮説ともなりうる。これは熱帯のみならず温帯でも当てはまり，フランス・Paris（Lohou et al., 1997）およびドイツ・Hamburg（Sellenschlo, 1988）の各種街路樹の北米産種 Reticulitermes flavipes（ヤマトシロアリ属）による被害でその例が見られ，Paris の街路樹のケースは，当初 R. santonensis とされた加害シロアリ種が米国産 R. flavipes のシノニムで，フランスのファウナにとって外来種であるという，長

年未解決であった仮説の証明 (Austin et al., 2005) の傍証ともなっている。

　ところでインド・Karnataka 州も Dharwad では, *Odontotermes wallonensis*（キノコシロアリ亜科）が土中から蟻道を伸ばして *Eucalyptus longifolia* 等の広葉樹の樹幹を蟻土で覆い, 樹皮や露出木部を食するが, 樹木の枯死は観察されないという (Veeranna & Basalingappa, 1981)。またブラジルは Minas Gerais 州などのサバンナでは, *Constrictotermes cyphergaster*（テングシロアリ亜科）が *Caryocar brasiliense*（バターナットノキ科）などの樹木の樹幹を蟻土で覆うも, これは樹木に何ら影響を及ぼさないという (Leite et al., 2011)。これらの例は高等シロアリと樹木の共存的関係の典型と考えられる。しかし中国南部では, タイワンシロアリ *Odontotermes formosanus* と *Macrotermes barneyi*（ともにキノコシロアリ亜科）が樹幹・樹冠に営巣する樹上性種にして樹幹を蟻土で覆い, 同時に外樹皮も食害するとされ, この覆いが樹木の生長を阻害して一部は枯死に至るようである (Deng et al., 2011)。樹幹・樹冠に営巣する樹上性種によるこの樹木被害の例は, 上述の心材加害とは様相が異なる。ただし, 樹幹上の蟻土覆いが例えば枯枝や枯枝の切口（死に節）に達した場合, この部分から心材へとシロアリが侵入し, 通常の心材加害へと移行する可能性は十分にあり, 即「樹木害虫」となろう。イベリア半島（スペイン, ポルトガル）南部におけるコルクガシ *Quercus suber* は, その外樹皮からコルクを収穫するために栽培されるが, *Reticulitermes grassei*（ミゾガシラシロアリ科−ヤマトシロアリ属）は樹幹表面を蟻土で覆ってこの外樹皮コルクを食害して経済的被害を引き起こすとされ (Gallardo et al., 2010), これは他に例を見ないシロアリ被害となっている。もちろんこの場合も, 生木である限り侵入箇所がなければ内樹皮や木部が食害されることはない。そして万一枯枝や死に節などの侵入箇所があれば, 恐らくは心材が食害されることとなり, 既知のコルク食害とはまた別の被害パターンとなるはずである。

　シロアリが樹木害虫になりうる一方で, そのライバルたるアリ, 特に木部穿孔性（にして非食材性）のオオアリ属 *Camponotus* も, まるでこのシロアリと同じように生木の心材部に侵入・穿孔することがあり, 庭の樹木と家屋をまたがって加害する点までシロアリに類似する (Pomerantz, 1955 ; Sanders, 1964 ; Kloft & Hölldobler, 1964)。

　なお, まるでマツノマダラカミキリがマツノザイセンチュウを媒介してマツ類の樹木を枯らせるように, シロアリが病原性線虫を媒介するという事例が報告されている。すなわち, パナマ運河地帯（旧米領）および米国・Florida 州では, *Coptotermes niger*（ミゾガシラシロアリ科−イエシロアリ属）によりココナツに対する red ring disease 病原性の線虫種 *Rhadinaphelenchus cocophilus* が媒介されるという (Snyder & Zetek, 1924 ; Esser, 1969)。しかしこの話はその後まったく顧みられず, 誤りの可能性が高い（神崎菜摘, 私信）。一方最近, 米国東南部のテーダマツ *Pinus taeda* において, その樹病病原体である青変菌 *Leptographium* spp.（ゾウムシ類が媒介）を地下性シロアリ（恐らくは *Reticulitermes* または *Coptotermes*）が根を食害する際に媒介することが示唆され (Riggins et al., 2014), 今後の詳しい研究がまたれるところである。

12.9. 二次性種, その多様性

　上述（12.4.；他）のいわばエリートたる一次性穿孔虫に対して, 底辺に相当し, 圧倒的な多様性を擁するいわゆる二次性穿孔虫, すなわち衰弱木〜枯木〜朽木を喰う昆虫たちが存在す

る。このうち，種数の点で最も重要なのが鞘翅目のカミキリムシ科，バイオマス値やインパクトの点で最も重要なのがシロアリ類である。

　森林内にあって枯木・朽木というものは，生木と比べてその持続は短命である。これはこのものがもはや命を持たず，微生物や昆虫などによってたかって分解され，早晩土に還る運命にあるからである。従ってこのような短命かつ存在予測困難なものに依存する昆虫は，それなりにこれに対処するべき戦略を身につけている（Beaver, 1984）。例えば肉食性・雑食性のアリ類（女王は必ず未亡人！）とは対照的に，シロアリ類は雌雄の有翅虫が共同して巣を創設するが，これは餌である木材が自然界では不規則に存在して探しにくく捕食のリスクも伴うこと，有機窒素分・タンパク質に乏しく子の養育に手間がかかったり共生微生物の家族内でのやりとりが必要なこと，などが関係するものと考えられている（Nalepa & Jones, 1991）。

　林産害虫はそれが喰う木材がもはや生木ではないがゆえに，この二次性穿孔虫に類型づけられ，その中でも特に人間居住空間の特徴である材の乾燥状態に適応した特殊な連中がこれに相当する（岩田，1997）。

　これら二次性穿孔性昆虫は，その物質循環における極めて重要な役割にも増して，実はさらに重要な生物学的性格を有する。それはその圧倒的な種多様性である。しかしこれはあまり世間一般には知られていない。これらは人間の生活・産業活動とはまったく関係を持たないとみなされているがゆえに，いわば「普通の虫」，どうでもよい虫であり，文献的には昆虫図鑑における一種あたりのわずかな記述と，各地の昆虫相を記録した文献や環境アセスメント報告書における種名の羅列においてのみ接することができる存在である。これら二次性木材穿孔虫の異様なまでの種多様性が何に起因するかについては，議論の余地があろう。枯木が栄養的に劣った代物であるがゆえに，昆虫が出現するまでは動物界にとって手つかずの存在であったものの，それ自体が生木のような防御機構も抵抗もなく，また自然界での出現と得やすさがある程度保証されるがゆえに，いったんこれらを利用する能力を獲得した昆虫が出現すると，これをめぐって昆虫たちの間で激しい争奪戦が繰り広げられる。ここに単に枯木といっても，そこには昆虫種それぞれに，樹種，自立する樹木か自立しない蔓性植物かの違い（Ødegaard, 2000），抽出成分（その組成は樹種の選択にからむ最重要因）（今村博之・安江，1983），材の水平方向部位（外樹皮・内樹皮・形成層・辺材・心材）といった基本要因における好み・許容範囲・要求性があり，さらにこれに加えて様々な環境要因の多様性とそれへの各種の選好性が見られる。すなわち，含水率（Graham, 1925；Gibbs, 1935；Iablokoff, 1953；Lieutier, 1975；Steward, 1982；Boddy, 1983；A.J. Hayes & Tickell, 1984；Iwata et al., 2007；Gautam & Henderson, 2011），日照条件や温度（Graham, 1924；Graham, 1925；Patterson, 1930；R.W. Reid, 1957；Bakke, 1968；Boddy, 1983；Jonsell et al., 1998；Jakuš, 1998b；Lacey et al., 2010），断熱材としての樹皮の厚さ（Graham, 1924；Bakke, 1968），外樹皮の表面の形状・粗さ（伊藤孝美，1985；Schlyter & Löfqvist, 1990），材の太さ（Rust et al., 1979；山上，1982；Simandl, 1993；Poland & Borden, 1994；Jonsell et al., 1998；C. Wang & Powell, 2001；Jonsell et al., 2007），材の硬さ（および密度；ただしこの二者は必ずしも比例または平行はしない）（Schultze-Dewitz, 1960a；Schultze-Dewitz, 1960b；Cymorek, 1967；Behr et al., 1972；Sivapalan et al., 1977；Bultman et al., 1979；Green et al., 2004；K. Togashi et al., 2005；K. Togashi et al., 2008），材の古さ，すなわち腐朽分解の程度（Albrecht, 1991；Simandl, 1993），材の垂直方向部位（Hellrigl, 1971），材の傾き角度（Schlyter & Löfqvist, 1990），材表面の微細形態（Okahisa et al., 2005），

材内の O_2 や CO_2 の濃度（Savely, 1939；Paim & Beckel, 1963），山火事などによる木の燃え具合（D.G. McCullough *et al.*, 1998）といったパラメーターがこれにあたる。そしてこれらの要因がからみあった棲息環境多様性がもともと存在し，かつそれらのパラメーターが単独であるいは相互関連して変動し（Savely, 1939；Lieutier, 1975；Boddy, 1983），これに従って多様なニッチがあり（Wallace, 1953），これには主に材の腐朽の進行が直接要因となる時間的推移，すなわち遷移現象が加わり（Krogerus, 1927；Savely, 1939；Wallace, 1953；G. Becker, 1955；Kozarzhevskaja & Mamajev, 1962；Dajoz, 1974；Haack *et al.*, 1983；E.C. Phillips & Kilambi, 1994；Kletečka, 1996；Jonsell *et al.*, 1998；他），気がつけば我が地球はそれに対応して実に多様な食材性昆虫・木質依存性昆虫を擁するに至っていたわけである。

　なおここで，材の垂直方向部位，材の太さ，樹皮の厚さという3パラメーターについては，これらは実は正の相関で互いに密接に関連しており，むしろ分離解析は難しく，実際このうちのどれを昆虫が感じ取って自らの住処選定の拠り所としているかはわからない場合が多い（例えば Långström (1984) のゾウムシ科―キクイムシ亜科 *Tomicus* 2種の棲み分け）。材の垂直方向部位と太さを分離するには，材の逆さ吊り実験などが適当であろうが，樹皮の厚さと材の太さの分離は事実上不可能である。Foit (2010) はこの難問に挑戦したが，明確な結論が出たとはいい難い。材の太さに関しては，全体を見渡して太さを査定するという発想は「人間目線」のものであり，実際これを選択する主人公はあくまで小さな虫たちにて，その場合太さよりはむしろ曲率半径といった「虫目線」のパラメーターを考えた方が実状に即しているとも考えられる。なお材の逆さ吊り実験については，趣旨はまったく異なるが，米国でトネリコ属 *Fraxinus* の生木を樹皮下穿孔食害するアオナガタマムシ基亜種 *Agrilus planipennis planipennis* の幼虫の穿孔行動の方向性（下向き）の原因を調べる際，重力の影響ではないことを証明するために類似の操作（鉢植えの逆さ吊り）が行われており（Y. Chen *et al.*, 2011），これはこれで興味深い。

　さらに，垂直方向部位については今一つ，年多化性種の多い熱帯において，雨期と乾期で林内のそれぞれ地際部枯木と樹冠部枯木にカミキリムシ同一種が季節的棲み分けをするという現象が見られ（C.J. Lee *et al.*, 2014），話を複雑にしている。

　なおここで，樹種，抽出成分の違い（今村博之・安江，1983）が二次性食材性昆虫の多様性を生むという話には補足が必要である。そもそも抽出成分ブレンドは樹種固有であり，既述（2.2.7.；4.2.）のように，それらの各成分は樹木にとっては「防虫成分」，すなわち「害虫忌避成分」であった。しかし少々の忌避作用は，昆虫の方での突然変異で簡単に克服されてしまう。そうなるとこれは「防虫成分」，「忌避成分」などではなく，むしろそれを含む樹種の存在の指標となり下がってしまう。特に枯木が問題の二次性種の場合，死んだ樹木には「防虫」云々は意味がなく，この「指標」としての側面が表に出てくることとなる。このことは生きた樹木と一次性穿孔虫との関係において最も顕著に生じる。その典型例は殺樹性樹皮下穿孔性キクイムシ類で，Byers (1989；p. 273) はこの抽出成分の性格転換を "ironically"「皮肉なことに」という副詞を用いて形容している。

　個々の穿孔虫種とこういった宿主樹の抽出成分との関係性についての具体的研究は少ないが，殺樹性樹皮下穿孔性キクイムシ *Dendroctonus* 属で研究が見られ，「捕食者」と「被食者」の間のせめぎ合いがここではそのまま当てはまる（Sturgeon & Mitton, 1982）。具体的には，単食性または狭食性の *Dendroctonus* の種は自らの宿主樹の成分に耐性を持ち，非宿主樹のそれには耐性がないとされ（R.H. Smith, 1961；R.H. Smith, 1963），宿主樹の成分が「選ぶべき」樹

種の指標となっている。また，*Dendroctonus valens* の成虫を宿主樹成分である α-ピネンやミルセンに暴露すると，中腸細胞がリソゾームやミトコンドリアの数を増加させるなどの変化が見られ（López *et al.*, 2011），こういった現象は解毒作用と関係するものと考えられる。食材性昆虫に関するこのあたりのこと（12.12.で詳述）は，食葉性昆虫による宿主植物の探査と感知におけるものと基本的には同じと考えてよいようである（J.H. Visser, 1986）。この場合食材性昆虫は，宿主樹の成分を「解毒」すること（すなわち酸化などの化学修飾，加水分解，配糖体化，アミノ酸付加などによる水可溶化と排出）で克服し，その詳細は殺虫剤の昆虫体内での解毒に関する知見が参考になるようである（Dauterman & Hodgson, 1978；他）。要は，宿主植物の抽出成分にしても，ヒトが作り出した合成殺虫剤（自然史的には極めて新参）にしても，ほとんどのものが極性を持たず水不溶性すなわち親油性で，勢い脂肪体などに沈着して好ましからざることとなる。よって，水酸基などの導入で水可溶化を図り，水溶状態でさっさと体外に排出してしまうが勝ちなのである。

かくして，ある樹種Aのある抽出成分 α は，これをいまだ克服していないAの穿孔虫にとっては，可及的速やかに克服すべき（すなわちその解毒能力獲得を自らの進化の緊急課題とすべき）対象である。これを克服した（すなわちその解毒能力を獲得した）Aの穿孔虫にとっては，α はむしろ宿主Aを探査する際の指標となり，場合によっては，キクイムシにおけるようにフェロモン前駆体として，それがそのまま利用対象の資源ともなりえ（Sturgeon & Mitton, 1982），さらにカミキリムシではこの宿主樹抽出成分が性フェロモンの共力剤ともなりうる（Reddy *et al.*, 2005；Nehme *et al.*, 2010；Sweeney *et al.*, 2010）。また，Aを宿主としていない近縁の穿孔虫にとっては，α はAの攻略のためには今後克服の対象となりうるものではあるが，とりあえずは単に非宿主樹の指標としての意味合いしかない。こういった状況下でしかるべき淘汰圧が穿孔虫に働けば，穿孔虫の方でAを攻略すべく進化が始まるわけである。また宿主針葉樹の樹脂モノテルペン組成の種内多様性が，これを攻撃する *Dendroctonus* の存在によって生ずるという例も見られる（Sturgeon, 1979；Sturgeon & Mitton, 1982）。なお，このAにおける α の所在であるが，抽出成分は心材成分ともいわれるほどに心材に豊富ではあるが，これは二次性種にとっては縁遠い部分。むしろ辺材と内樹皮に α はあってほしい。そして実際これはこれらの部分に含まれている。では外樹皮は？ これは樹木の水平方向部位の中では異質であり，α はあまり含まれていそうにない。実際，北米産樹皮下穿孔性キクイムシ *Ips paraconfusus* とその宿主のマツ属 *Pinus*，非宿主のモミ属 *Abies* の材を用いた実験では，入植する成虫は外樹皮を穿ってその下にある内樹皮に到達してはじめて宿主・非宿主の区別ができるという結果が得られているのである（Elkinton & Wood, 1980）。

以上はあくまで一種の仮説的シナリオであり，実証例に乏しい。特定成分 α が特定の穿孔虫種にとってどういう作用と意味合いを持つのかという初歩的なことでさえ，キクイムシ類とカミキリムシ類で少数の調査例があるのみである。ゾウムシ科－キクイムシ亜科では針葉樹一次性～二次性のヤツバキクイムシ欧州産基亜種 *Ips typographus typographus* において，広葉樹抽出成分が成虫穿孔の阻害成分として作用する一方，宿主樹（マツ属 *Pinus* およびトウヒ属 *Picea*）の抽出成分も低濃度では穿孔促進作用を引き起こすも，高濃度では阻害作用が出てくることが示されている（Faccoli *et al.*, 2005；Faccoli & Schlyter, 2007）。また，針葉樹乾材害虫のオウシュウイエカミキリ *Hylotrupes bajulus* や広葉樹（ユーカリノキ属）一次性～二次性害虫の *Phoracantha semipunctata*（ともにカミキリ亜科）においては，特定のモノテルペンなどが

成虫を誘引するカイロモンとなっていることが示されている（Higgs & Evans, 1978；Barata et al., 2000）。広葉樹性のトラカミキリ族（カミキリムシ科−カミキリ亜科）でも，複数種が宿主樹の匂いにちゃんと誘引されることが示され，これが性フェロモンを介した雌雄の邂逅と交尾につながるという（Ginzel & Hanks, 2005）。これらの実証例は，いずれも上のシナリオと整合性を見せている。なお，二次性ではなく一次性ではあるが，広葉樹広食性カミキリムシの一種 Batocera horsfieldi（フトカミキリ亜科−シロスジカミキリ族）では産卵雌成虫などが，宿主樹になりうる樹木の複数抽出成分の総体（α ではなく $\Sigma \alpha_i$），およびそのブレンドの配合比を感知してそれと判断するということが示されている（H. Yang et al., 2011）。二次性種でも同様のことが当てはまるだろう。

ところで，樹種 A の穿孔虫が A を A と認識するのにその抽出成分 α（または複数成分の総体 $\Sigma \alpha_i$）を用いるという話には補強がある。それは非宿主樹種 B が宿主ではないと認識するのにその抽出成分 β を用い，これがあれば即拒否反応を見せるという逆システムで，これを繰り返すうちに A に到達できる（Q.-H. Zhang & Schlyter, 2004）。ただし非宿主 B といってもこれは通常宿主よりも B_1，B_2，…，B_n と多様であり，その指標も従って β_1，β_2，…，β_n（ただしこれらは B_1，B_2，…，B_n と一対一対応しない）と多様であり，個々のもの β_i ではなくそのブレンド $\Sigma \beta_i$ が拒否反応に必要となることがあるなど，やや複雑な様相を呈する。例としては，一次性と二次性の間を行き来する針葉樹樹皮下穿孔性の Dendroctonus, Ips，二次性の Dryocoetes（ゾウムシ科−キクイムシ亜科）が針葉樹の内樹皮抽出成分（モノテルペン類；α）に誘引される一方，α に広葉樹（B）内樹皮由来の揮発性抽出成分 β_i またはそのブレンド $\Sigma \beta_i$ を混ぜると誘引性が落ちるという現象である（Poland et al., 1998b；Huber & Borden, 2001；Huber et al., 2001；Huber & Borden, 2003；Q.-H. Zhang & Schlyter, 2004）。同様の現象は，針葉樹木部穿孔養菌性キクイムシでも知られている（Deglow & Borden, 1998a；Deglow & Borden, 1998b）。これは，害虫種の宿主到達メカニズムの攪乱に基づく防除に応用可能とされる（Q.-H. Zhang & Schlyter, 2004）。ところで上に記した広葉樹の個々の抽出成分 β_i やそのブレンド $\Sigma \beta_i$ は青葉揮発性成分（GLV；16.8. も参照）と呼ばれ，炭素数で C_6 系，C_8 系，C_7 系（ベンゼン核＋C_1）など様々な低分子化合物が知られる（Q.-H. Zhang & Schlyter, 2004）。このうち C_6 系については面白い関連・アナロジーが見られる。すなわちこれらは直鎖炭化水素のアルデヒドまたはアルコールであるが，同じ系統の化合物であるヒドロキシヘキサノンが，カミキリムシ科−カミキリ亜科の雄集合フェロモン，もしくは雄性フェロモンとして広く活性を持つことが知られているのである（Hanks et al., 2007）。そこで思い出すのが，前述（12.5.）の Dendroctonus 属などの「殺樹性」樹皮下穿孔性キクイムシが宿主樹のモノテルペン類を前駆物質として集合フェロモンを生産するという話（D.L. Wood, 1982；Z.-H. Shi & Sun, 2010；他），そして Ips 属がモノテルペン系フェロモンを自前で一からの合成するという話（Tittiger et al., 2005；Blomquist et al., 2010；他）。あるいは，カミキリムシ科−カミキリ亜科の連中は，宿主たる広葉樹の GLV をもとに，あるいはこれをヒントに自前で自らのフェロモンを持つに至ったのかもしれない。

もうひとつの興味深い例として，米国・California 州においてマツ属樹皮下穿孔性キクイムシ類の 2 近似種，Ips confusus と I. paraconfusus が宿主樹の違いで棲み分け，種分化を示しているが，両種間での互いの認識，宿主樹の認識はやや不完全であることが実験的に示されており（J.W. Fox et al., 1991a），種分化がその途上であることが示唆される。

樹種，材の物理的諸因子などが要因となって棲み分け・種分化が生じるとのシナリオである

が，樹種による棲み分けはこの他無数の例があるので一応省略し，それ以外の要因が関与する食材性昆虫・木質依存性昆虫の同所的棲み分けについて見てみよう。その具体例はといえば，重要林業害虫が多いゾウムシ科‐キクイムシ亜科（特に樹皮下穿孔性種，一部木部穿孔養菌性種）では棲み分け（および一部はその解析）の報告が数多く見られ（井上, 1954；Browne, 1958；水野, 1962；Dyer & Chapman, 1965；Bakke, 1968；N.E. Johnson & Zingg, 1969；Paine *et al.*, 1981；Wagner *et al.*, 1985；M. Grünwald, 1986；Flamm *et al.*, 1987；Rankin & Borden, 1991；Schlyter & Anderbrant, 1993；Poland & Borden, 1994；Amezaga & Rodríguez, 1998；Jakuš, 1998a；Jakuš, 1998b；Hui & Xue-Song, 1999；B.D. Ayres *et al.*, 2001；Gandhi *et al.*, 2007；H. Chen & Tang, 2007；他），またカミキリムシ科でも経験的な遷移現象の知見が見られ（Gutowski, 1987），さらに世界各地での材内の穿孔虫発生の遷移に関連する時期的棲み分けの実証的研究（Krogerus, 1927；Wallace, 1953；G. Becker, 1955；Kozarzhevskaja & Mamajev, 1962；Flamm *et al.*, 1989；Zhong & Schowalter, 1989；Klečka, 1996）で，樹木が枯れると最初に飛来するのがキクイムシ類であることが示されている。

　一方それ以外の食材性昆虫分類群（またはギルド）では，棲み分けはたびたび示唆されているものの，その要因やパラメーターを名指しして具体的に解析した研究例は意外と少ない。まずシロアリの例では，インド・Madhya Pradesh 州における *Coptotermes gestroi*（イエシロアリ属；*C. heimi* として）（心材部；根部〜樹幹下部）と *Odontotermes redemanni*（キノコシロアリ亜科）（樹皮；地際〜樹冠部）による広葉樹穿孔における棲み分け（Roonwal, 1954），ブラジル・Amazon の氾濫原における食材性 *Nasutitermes* 属（テングシロアリ亜科）5 種の樹種や腐朽度による微妙な棲み分け（Bustamante & Martius, 1998），米国・Texas 州におけるミゾガシラシロアリ科‐ヤマトシロアリ属 *Reticulitermes* 2 種の温湿度による棲み分け（Houseman *et al.*, 2001），材の含水率によるイエシロアリ属 *Coptotermes* とヤマトシロアリ属 *Reticulitermes* の棲み分けの可能性（Nakayama *et al.*, 2005；McManamy *et al.*, 2008），米国・Virginia 州におけるヤマトシロアリ属 2 種の材直径による棲み分け（Waller, 2007），ヤマトシロアリ属 2 種の材の腐朽度による棲み分けまたは片方の種の棲息場所シフト（Kambara & Takematsu, 2009），オーストラリア・首都準州で見られた温度に関係するオオシロアリ科 2 種の腐朽丸太辺材・心材での棲み分け（Lacey *et al.*, 2010），などがある。その他の食材性昆虫では，米国・Minnesota 州におけるマツ属各種丸太の樹皮厚さ，上面・下面，樹皮下温度の違いによるヒゲナガカミキリ属 *Monochamus*，ヤツバキクイムシ属 *Ips*，ムツボシタマムシ属 *Chrysobothris* の棲み分け（Graham, 1924），カナダ・Saskatchewan 州等における山火事の後のカナダトウヒ *Picea glauca* の立枯れにおける焼け焦げ度の違いによるヒゲナガカミキリ属 *Monochamus* とトドマツカミキリ属 *Tetropium* の棲み分け（H.A. Richmond & Lejeune, 1945），スウェーデン中部・南部におけるオウシュウアカマツ *Pinus sylvestris* 風倒木の内樹皮におけるマツノキクイムシ *Tomicus piniperda* とマツノコキクイムシ *T. minor*（ともにゾウムシ科‐キクイムシ亜科，樹皮下穿孔性）の地上高・樹皮厚さ・倒木の上面と下面による棲み分け（Långström, 1984），西日本におけるシイタケほだ木に発生する二次性穿孔性カミキリムシのシイタケ菌糸の有無（腐朽・未腐朽）による棲み分け（藤下・他, 1967；竹谷, 1979），米国東部における各種広葉樹の枯枝におけるナガタマムシ属 *Agrilus* 各種の発生材直径による棲み分け（および材直径と発生種体長の相関関係）（Hespenheide, 1969；Hespenheide, 1976），山梨県における広葉樹腐朽材のルリクワガタ属 *Platycerus*（クワガタムシ科）3 種の土壌との位置関係，太さ，含水率，C/N 比に関する棲

み分け（池田清彦, 1987），東南アジアにおけるクワガタムシ科各属の白色腐朽材・褐色腐朽材別の棲み分け（荒谷, 1994a），山梨県におけるケヤキ枯死材のカミキリムシ科等二次性穿孔虫群集の材の太さによる棲み分け（山上, 1982），本州におけるマツノザイセンチュウの感染によるアカマツ・クロマツ枯死木の二次性樹皮下穿孔虫群集（カミキリムシ科，キクイムシ亜科を含むゾウムシ科）の樹高・地上高・樹皮厚さ・等による種間棲み分け（近藤芳五郎・行政, 1983；近藤芳五郎・行政, 1984；Yoshikawa, 1987a；Yoshikawa, 1987b），チェコ南部・Brno近郊におけるオウシュウアカマツ *Pinus sylvestris* の新鮮立枯れ木のカミキリムシ科・ゾウムシ科－キクイムシ亜科等の二次性穿孔虫群集の材サイズ関連諸因子（内樹皮厚さ，材直径，発生部位地上高）による棲み分け（Foit, 2010），チェコ・南ボヘミアにおけるセイヨウイソノキ *Frangula alnus*（クロウメモドキ科）の材直径と古さ（腐朽度）によるカミキリムシ科・等の樹皮下穿孔性・木部穿孔性甲虫類の棲み分け（Simandl, 1993），チェコ（ボヘミアおよびモラビア）におけるエニシダ *Sarothamnus scoparius*（マメ科）の材直径と古さ（腐朽度）によるカミキリムシ科・等の樹皮下穿孔性・木部穿孔性甲虫類の棲み分け（Simandl & Kletečka, 1987），本州のスギ・ヒノキ丸太におけるカミキリ亜科－スギカミキリ族 Callidiini 2種の含水率と照度による棲み分け（Iwata *et al.*, 2007），浜松市におけるスギ枯木におけるタマムシ1種とカミキリムシ2種の含水率による棲み分け（加藤徹, 2007），福井県におけるコナラの枯幹におけるカシノナガキクイムシ *Platypus quercivorus* とヨシブエナガキクイムシ *P. calamus*（以上，ゾウムシ科－ナガキクイムシ亜科）の直径または地上高による棲み分け（これのみ木部穿孔養菌性で非食材性）（Hijii *et al.*, 1991），米国・Arkansas州の河川における各種食材性水棲双翅目幼虫の水没 CWD の腐朽度による棲み分け（E.C. Phillips & Kilambi, 1994），などが挙げられよう。フランス北部におけるナラ類 *Quercus* spp. 中心の落葉広葉樹林と同国南西部におけるフランスカイガンショウ *Pinus pinaster* の林での細枝・太枝・細幹・太幹の4カテゴリーの甲虫相の比較研究（Brin *et al.*, 2011）も重要で，各カテゴリー特有の甲虫種の発生を明らかにしている。

　棲み分けに関連した生態的シフト現象では，バルト海上のスウェーデン領の小島におけるマツ属衰弱木の樹高および／または材径に関する樹皮下穿孔性各種キクイムシ類と Pissodes 属のゾウムシ（アナアキゾウムシ亜科）の棲み分けと特定種の存在・不在による他種の分布シフトの例（Trägårdh, 1929），ならびにコートジボアールのサバンナと河川拠水林における *Macrotermes bellicosus* とその他の高等シロアリの間の競合関係，および前者の存在・不在による後者の生態的シフトの例（Korb & Linsenmair, 2001）が知られている。

　すべての木質とそれを喰う食材性昆虫（特に二次性種）との間には，必ずこういった種間関係がからみ，その結果必ずこういった棲み分けが生じるはずである。以上，種分化要因，棲み分け等の話は，あくまで二次性種を主眼としたものではあるが，一次性種に当てはまることも多い。

　これとは別に，同じ資源を同時に利用する競合生物種間で稀に見られる，相手の種の発生の促進（ファシリテーション）という現象がある。食材性昆虫では唯一，スウェーデンにおいてオウシュウアカマツ *Pinus sylvestris* 丸太の二次性樹皮下穿孔性カミキリムシ2種，*Acanthocinus aedilis*（フトカミキリ亜科－モモブトカミキリ族；年1化性）と *Rhagium inquisitor*（ハナカミキリ亜科－ハイイロハナカミキリ族；2年1化性）の間で非対称的に（すなわち同居で前者の発生のみ促進）この現象が報告されており，そのメカニズムとして，後者が共生菌を接種することによる発生内樹皮の富栄養化や，後者が予め内樹皮を穿孔することでの産卵箇所の増加などが想定されている（Victorsson, 2012）。

ところで，シロアリ類はその餌に関して，時に理由がまったくつかめない選好性を示すことがある。例えば，各種シロアリ（ムカシシロアリ科，ミゾガシラシロアリ科，シロアリ科－テングシロアリ亜科）は普通の木材よりもコルク（コルクガシ Quercus suber の外樹皮）を絶対的に選好するが（French et al., 1986），その理由は明らかではない。しかし，ユーカリノキ属の一種 Eucalyptus marginata 心材のシロアリ（Coptotermes lacteus および Nasutitermes exitiosus）に対する食害耐性を調べた例（Rudman & Gay, 1967）では，食害耐性は心材最外層から中心部に行くに従い減少し，また樹木の生育の良好度（従って成長速度，ひいては年輪幅）によっても減少し，いずれも材形成後の経過年数の関数であり，心材の抽出成分（シロアリ忌避成分）の分解・溶脱が関係しているものと考えられる。またアメリカガキ Diospyros virginiana の抗白蟻成分を解析した例（Carter et al., 1978）では，その抗力のバラツキの要因は，(1) 樹木個体ごとの成分含有量のバラツキ，(2) 樹木個体内の成分含有量の不均一性，(3) 樹体内で安定な成分が空気に触れて分解あるいは酸化重合されること，等が挙げられている。概ね虫の選好性や材の抵抗性は，このような事柄で説明のつく現象であろう。しかし，ユーカリノキ属の一種であるカリー Eucalyptus diversicolor の材の耐蟻性試験（シロアリに対する耐性の試験）において，耐候操作（高温高湿条件などへの暴露による劣化の人為的促進；通常はこれで抽出成分が溶脱して耐蟻性や抗菌性が下落）によって通常とは逆に耐蟻性が高まり，シロアリが好む成分のこの樹種における存在が示唆されている（大村・他，2011）。これは可溶性糖類や有機窒素化合物の可能性もあるが，それでは他の樹種との根本的違いを説明できず，あるいは特殊な抽出成分の可能性もあろう。こういったシロアリに特に好まれる材や成分というのは，ベイト剤などにおいてシロアリを思い通りの箇所に誘導する局面で利用価値がある。

　一方シロアリは大きいサイズの餌を選好するが（Waller, 1988；O. DeSouza et al., 2009），これは餌確保や天敵回避などの点で適応的と考えてよかろう。

　こういった二次性穿孔虫の発生の不可解さは，その発生の恣意性とも関係している。岩田（1997）は，甲虫を中心とする乾材害虫の発生の性格のひとつとして，「発生の恣意性」を挙げている。いわく「人間にとって有利なのは，すべての食害可能な木材が昆虫に食害されるというわけではなく，むしろ被害を受けるのはそのごく一部であり，この点菌による腐朽と異なる。しかし逆に発生防止の観点からは防虫処理のターゲットが不明瞭となり，かえって不都合ともいえる」。すなわち，乾材害虫のみならず二次性穿孔性甲虫全般にいえることとして，ある虫がある材に発生して羽化脱出すれば，その宿主樹種特異性や発生遷移系列の位置から考えて「これは実際あり得る」といえる事象であろう。しかし逆に特定ロカリティーにおける特定樹種の特定状態の材を採取したからといって，それに発生することが期待される昆虫が必ずその中に見られるわけでは決してない。このように二次性穿孔虫の発生は実に恣意的である。この傾向は，さらに珍しい種の集中的発生という現象にまで及ぶ。例として，カツラクシヒゲツツシバンムシ（＝ノウタニシバンムシ）Ptilinus cercidiphylli が 1935 年，新潟県西頸城郡能生谷村（現，糸魚川市）川内尋常小学校において校舎のブナ材に異常発生し，校舎崩壊事故を引き起こした記録が残っている（森徹, 1935；酒井雅博, 1982）が，これはその後まったく採集されない謎の虫である。2000 年代には栃木県日光市の寺院で，同科のオオナガシバンムシ Priobium cylindricum が梁や床下の古材を激しく食害しているのが見出された（小峰・他, 2009）（2.4. および 22.2. も参照）。また，1990 年代には和歌山県伊都郡かつらぎ町丹生都比売神社の楼門にオオハナカミキリ Konoa granulata が大発生して楼門を解体修理するにまで至っている（山野,

1992)。また米国・Virginia 州・Falls Church においてヤマトシロアリ属シロアリの食害試験材に突如として *Dromaeolus striatus*（ヒメミゾコメツキダマシ属の一種）が多く発生した（Snyder, 1924）などという記録も見られる。規模が小さい例としては，奈良県林業試験場（現，奈良県森林技術センター）では何と絶滅危惧種のヨツボシカミキリ *Stenygrinum quadrinotatum*（カミキリ亜科）がフジ蔓に発生し，これがマイクロ波照射防虫試験の試料として使用されている（上田正文・和田，1995）。このように，特定の決して普通でない甲虫種，特に乾材穿孔種が突如としてあるスポットや建物に大量に発生して人を驚かすことは稀に見られる現象であり，これはその棲息空間としての木材の閉鎖性による天敵フリー状態に起因するものと考えられ，興味深い。

12.10. 二次性種の多様性の原因の要：樹木の防御物質

ここで，既に一部詳述した（12.2.）が，食材性昆虫の種多様性との関連で最も重要なのが，木本植物の防御物質，特に低分子の実に多様な有機物，すなわちいわゆる「抽出成分」である（今村博之・安江，1983）。木本植物の二次代謝産物は本来不要な物質なので，これを葉に溜め込み，落葉に伴って捨て去るはずのところが，心材に溜め込まれる（これの起源が心材化に伴う木部細胞内容物の劣化で生じた有機物の場合，葉へ移送するよりは心材に留め置く方が安上がりであることは明白である）。これが樹木の力学的屋台骨である心材を虫や菌による劣化から防御するための物質ともなっている（R.B. Pearce, 1996；Franceschi *et al.*, 2005）。

抽出成分は心材成分とも呼ばれるが，心材に限って存在するわけではなく，恐らくは移送により，樹木の「顔」でもある外樹皮，さらにその内側の内樹皮にも蓄積され，穿孔性甲虫がまず対処しなければならないのはこれらの部分である。

抽出成分は，辺材が「心材化」する際に辺材の柔細胞内のグルコース，フルクトース等可溶性遊離糖類が転換したもので，テルペン類と低分子ポリフェノール類などがその代表である（Dietrichs, 1964）。広葉樹辺材のデンプンは，その最外層が必ずしも含有量が最多とは限らないが，心材・辺材境界部ではゼロに近づき，抽出成分（低分子ポリフェノール類など）は形成層付近など他所から辺材・心材境界部へ運ばれたデンプンなどの原料から作られるとされる（Hillis *et al.*, 1962；Higuchi *et al.*, 1969）。また，樹木丸太の中心部（髄）に近づくと，抽出成分が変質し耐久性が減少するとされる（Rudman, 1966）。またフェノール系物質やタンニン類はリグニンと同様，植物体内でアミノ酸やタンパク質に結合することで昆虫にとってのその栄養価を下げ，昆虫の消化管内にあっては消化酵素と結合し，その働きの邪魔をする（Zucker, 1983；Franceschi *et al.*, 2005）。こういったことがそれらの樹体内での防腐剤・防虫剤としての働きの具体例であるが，もちろんそれ以外の作用機作も考えられ，内容は極めて多様である。例として，トネリコ属 *Fraxinus* の内樹皮に含まれるヒドロキシクマリン類，リグナン類等の低分子ポリフェノール類の種間差（Eyles *et al.*, 2007），特にフェノール系のピノレジノールの異性体の違い（Chakraborty *et al.*, 2014）などが，アオナガタマムシ基亜種 *Agrilus planipennis planipennis*（タマムシ科‐ナガタマムシ亜科）による食害の差と関係することが示唆されている。また南米産の *Myracrodruon urundeuva*（ウルシ科）の心材はレクチン（糖鎖に結合活性を示すタンパク質）とフェノール系等の抽出成分を有し，シロアリに対して前者が殺虫活性を，後者が忌避活性を示し，総体として材の耐久性が成立しているという報告もある（Sá *et al.*, 2009）。

樹皮下穿孔性昆虫は内樹皮と辺材，木部穿孔性昆虫は辺材と心材を穿孔する。樹幹において元々備わった抽出成分は心材にのみ分布し，この防腐剤・防虫剤としての働きは，従って心材に達する木部穿孔性昆虫のみに関わることとなる。しかし一次性樹皮下穿孔性昆虫は，その穿孔行動が生きた樹木の反応を引き起こし，樹木は「擬心材」を形成して穿孔対象辺材部にも心材と同様の防腐・防虫剤としての抽出成分を作りだし（Shigo & Hillis, 1973），これが穿孔性昆虫や侵入病原菌類への対抗手段となり得る。また二次的に樹脂滲出がなされ，侵入者をからめとって撃退するという針葉樹の最大の武器も存在する。穿孔虫関連病原菌の侵入に際する針葉樹デンプンの防御成分への転換は，Christiansen & Ericsson (1986)による実証例がある。従ってこういった化学的マイナス要因の出来と無関係な身分は，枯死植物体を食害する二次性樹皮下穿孔虫に限られることとなる。二次性種はとりあえずは気楽である。これはこのカテゴリーの種が最も多いことと見事に符合する。

　既に述べたように（12.2.），樹木の菌や昆虫に対する防御システムには，(1) 受動的システム（外樹皮と心材における化学的バリアーの常備による防御；常備防御機構）と，(2) 能動的システム（病害部が生じた場合にそれが刺激となって生じる化学的・物理的バリアーによる病害部の隔離；誘導防御機構）がある。(1)における化学的バリアーは，(1a) 心材ではツヤプリシンやトロポロン類等に代表される抽出成分であり，複数成分の関与と共力作用が見られ，(1b) 外樹皮では縮合型タンニン類（＝プロアントシアニジン類）（C_{15}（＝ベンゼン核＋C_3＋ベンゼン核）を単位とする重合体）とスベリン類（リグニンよりも難分解性の，脂肪酸と芳香族酸の不規則複重合体）で，これに加えて他部位よりもリグニン含有量が高いこともからみ，(1b) は樹体への侵入者に対する最初のバリアーとなり，特に濃縮タンニンはそのタンパク質との結合能力により菌などの分解酵素を失活させるとされる（Zucker, 1983；Laks, 1988）。辺材における (1b) に相当する防御メカニズムは未解明である。また (2) における化学的バリアーには辺材で作られる同様の成分が関連し，(1) と共通あるいは関連するものも見られる（Eyles *et al*., 2003）。(1)の関連成分が「フィトンチッド」とも呼ばれるのに対し，(2)の関連成分は「ファイトアレキシン」とも呼ばれ，ファイトアレキシンはフィトンチッドよりも分子量が若干大きく，その分揮発性も低いようである。

　樹木は若くて成長が順調な場合，その栄養価は高いことは既に述べた（12.3.）が，その一方で心材の化学防御もおろそかになる傾向があるとされている（Rudman, 1966）。樹皮下穿孔性キクイムシの一種である北米産の *Ips pini* がバンクスマツ *Pinus banksiana* を二次穿孔する際にも，枯死前の生長速度が高い樹ほど食害を受けやすいことが報告されている（M.L. Reid & Robb, 1999）。ただし殺樹性種 *Dendroctonus pseudotsugae* によるベイマツ *Pseudotsuga menziesii* の二次穿孔の場合には樹木の生育関連パラメーターではその加害程度を説明できないともされている（M.L. Reid & Glubish, 2001）。一方スギカミキリ *Semanotus japonicus*（カミキリ亜科）（図4-1）はスギの肥大成長が盛んな時期にこれに定着する（西村，1973）。また，西アフリカのオベチェ *Triplochiton scleroxylon*（アオギリ科）を穿孔加害する一次性木部穿孔養菌性ナガキクイムシ類の一種 *Trachyostus ghanaensis* も，成長速度が大きい宿主樹個体を選択的に加害するという（H. Roberts, 1960）。これは生長が盛んな樹種は材の生物劣化耐性が低いこと（Rudman, 1966）と関連するはずである。ただし逆に成長が鈍って樹勢の低下したスギは，その分樹脂滲出量が少なく，これはスギカミキリのつける隙を与えて穿孔されるとされ（在原，2001），同様の事情はカナダに侵入した欧州産の *Tetropium fuscum*（カミキリムシ科－クロカミキリ亜

科；本来は二次性，侵入先で一次性）によるアカトウヒ Picea rubens に対する加害でも見られる（O'Leary et al., 2003）。ここに Rudman (1966) の説は枯死木の心材における常備防御機構の残存余波が関連し，M.L. Reid & Robb (1999) や M.L. Reid & Glubish (2001) の研究は新鮮な枯死木の内樹皮・辺材最外層における栄養成分（可溶性糖類・デンプン・タンパク質など）の残存余波が関連し，H. Roberts (1960)，西村 (1973)，在原 (2001) および O'Leary et al. (2003) の記述・研究成果は生立木の内樹皮・辺材最外層における栄養成分と誘導防御機構の現在進行形のからみあいが関連している。これらは話が混線しがちであるが，それぞれシチュエーションがまったく異なることに留意し，整理して理解する必要がある。いずれにせよ，樹木の生長が盛んな場合早材率が増加するが，後述するように，窒素分の含有量は晩材より早材で多いとされ（Cowling & Merrill, 1966），生長の旺盛な樹の幹はそれだけ窒素分が多く，栄養価が高いといえる。針葉樹二次性木部穿孔性種オウシュウイエカミキリ Hylotrupes bajulus の幼虫の発育速度は，一定樹齢のオウシュウアカマツ Pinus sylvestris の材を餌とする場合，太い幹の材は細い幹の材よりも発育が良好で（Heijari et al., 2008），この場合樹幹の太さは良好な生育を意味している。このように，生長が旺盛な樹は穿孔虫にとって魅力的なようである。しかし渇水でストレスを受けた針葉樹は早材がいわば晩材化するものの，そういった材がオウシュウイエカミキリの発育にマイナスに影響することはないとの実験結果もあり（Heijari et al., 2010），このあたりの話は一貫性・整合性の点で曖昧さが残る。結局針葉樹一次性穿孔虫は，元気なおいしい針葉樹に発生するのか，それとも元気な針葉樹は手強いので発生しないのか。そうした中，北米・Rocky 山脈におけるヒロヨレハマツ Pinus contorta var. latifolia の Dendroctonus ponderosae（ゾウムシ科－キクイムシ亜科）による枯損被害に関して，このキクイムシの発生がこのマツの内樹皮（餌資源）の厚さと正の相関関係を有し，その一方でマツの抵抗手段としての樹脂の生産量とは負の相関関係を有するという一見矛盾した2つの知見を見事に統合するモデルを，Berryman (1982b) は提示している。すなわち，元気なマツはその分内樹皮が厚くて餌に困らないが，元気なゆえにその分樹脂滲出も激しく，キクイムシにとっては生半可な攻撃ではこれは手に負えない。しかるにそういったマツが水不足に陥ったり，他所で増殖したキクイムシの激烈な集中攻撃を受けたりすると耐えきれずに萎凋が始まり，樹脂生産量が減少する。しかし内樹皮の厚さは器官形成問題ゆえに減少には時間がかかり，しばらくはまだ十分な厚さを保つ。この状態がこのキクイムシにとって理想的で，さらなる爆発的増殖が可能となる。しかるにもともと元気でないマツは内樹皮厚がこのキクイムシを養うには十分ではなく，こういうマツは加害されない。ということで，マツの内樹皮厚と樹脂生産量の2つのファクターの微妙なバランスの上にこのキクイムシの大発生が成り立っているという。さらに Dunn & Lorio (1993) は，北米のテーダマツ Pinus taeda の樹皮下穿孔性「殺樹性」キクイムシ Dendroctonus frontalis による加害に関連して，マツの根を水分遮断した場合と水分補給した場合では，前者で木部水分ポテンシャル，肥大成長量，光合成量，樹脂滲出量がいずれも少なくなり，またキクイムシの加害量，食坑道が少なくなるとし，「ほどほどの水不足は植物の虫害耐性をかえって高める」という仮説の一証拠とした。やはり樹木の健康度と虫害の関係は単純ではないもののようであり，スギカミキリとスギの関係もこういった観点からの見直しが必要かもしれない。

　ところで，防御物質にはこういったものの他，有機物の結晶もある。難溶性の老廃物であるシュウ酸カルシウムの結晶が各種針葉樹の内樹皮に見られ，マツ科ではこれが柔細胞内容物として，その他の科では細胞外での沈着物として見られ，科ごとの解析では，それぞれを宿主と

する樹皮下穿孔性キクイムシ類（特に一次性種）の種数の多さとこの結晶の少なさがみごとに平行することが報告されている（Hudgins et al., 2003）。ただしこの話は今後の詳しい検証が必要であろう。

　一方防御物質には，何と土壌由来の無機物も存在する。一部の木材（特に熱帯・亜熱帯産の広葉樹種）の放射柔細胞（一部は軸方向柔細胞，導管要素）には土壌由来と考えられるシリカ結晶が見られ，フナクイムシ類（海棲食材性軟体動物）に対する材の耐性に関係するとされる（Amos, 1952）。これの昆虫との関連は未解明であるが，昆虫食害に影響したとする報告はなく，むしろシロアリでは影響はないとされている（Bultman & Southwell, 1976）。

　そもそも樹木がその心材に抽出成分などの防御物質を蓄積することは，この樹木が熱帯・亜熱帯産の場合，木材腐朽菌やシロアリの心材への侵入を食い止めるという部分的意義と部分的起源を持っているものと考えられる。一方，シロアリの少ないあるいは見られない温帯や亜寒帯の樹木でも，心材の抽出成分は用材となって後に「抗蟻成分」（および同時に「抗菌成分」）として働く（Wolcott, 1957；Bultman & Southwell, 1976；Morales-Ramos et al., 2003）。しかしこのことはこの樹木の適応度には直接関係のない話であって，これは純粋の「結果論」の様相を呈する。このように，木質と昆虫の関係は，同じ樹種と昆虫の組み合わせでもこれが生木となるとまったく話が違ってくる点は十分な注意が必要である。

　一方これら抽出成分は樹種ごと（場合によっては樹種内の品種ごと）に異なり（今村博之・安江，1983），例えば針葉樹ではモノテルペン類（図12-1a）がその中心となって多様な化合物が見られる（Hanover, 1975）。キクイムシ類などの針葉樹穿孔虫とその宿主樹の対応関係もこの関連でとらえなければならない（Chararas, 1981a；Chararas et al., 1982）。ゾウムシ科－キクイムシ亜科の樹皮下穿孔性種の場合は単食性種（宿主植物種が単一属の昆虫種）が圧倒的に多く，広食性種（宿主植物種が類縁関係のない複数科にまたがる昆虫種）が圧倒的に多い木部穿孔養菌性種（アンブロシア甲虫類）とは対照的である（Atkinson & Equihua-Martinez, 1986）。そしてこの2カテゴリーの多寡は，前者が暖温帯・針葉樹（特に温帯以北における単一樹種の針葉樹林）における繁栄，後者が熱帯・広葉樹における繁栄という事情を反映し（Schedl, 1958；Farrell et al., 2001），また樹皮下穿孔性ギルド内で競合するカミキリムシ科による圧力もあいまって，生物一般における「暖温帯で広食性種，熱帯で単食性種が繁栄」という法則の逆を行く状況となっている（Beaver, 1979a）。樹木のこういった抽出成分の多様化が昆虫の各系統に働き，カミキリムシ科などでその内部の系統ごとにさらなる平行的な多様化が生じたとされている（Meurer-Grimes & Tavakilian, 1997）。そして各グループ内で依存樹種が単一種またはせいぜい2～3種の単食性種，単一属または単一科の狭食性種，複数科にまたがる広食性種，針葉樹・広葉樹と何でも可の汎食性種に分化していくという現象が見られる（小島圭三・中村，2011；Linsley & Chemsak, 1997；Tavakilian et al., 1997；Berkov & Tavakilian, 1999；Paro et al., 2011）。結局カミキリムシの顕著な種多様性は各種の穿孔樹種に対する顕著な「好き嫌い」が反映している。その「好き嫌い」は，特定の抽出成分が産卵雌が苦手なこと（忌避性），これに産卵雌が惹かれること（誘引性），これが幼虫の成育を阻害すること（毒性）などが考えられ，産卵雌の選好性と幼虫発育・次世代産出の関連性を植食性昆虫全体で検討した総説（J.N. Thompson, 1988）や総合的調査（Gripenberg et al., 2010）はあるものの，これらの要因の分離の試みや両要因間の相互関係性の検討は食材性昆虫ではほとんど成されていない。唯一，汎食性種であるツヤハダゴマダラカミキリ *Anoplophora glabripennis*（カミキリムシ科－フトカミキ

リ亜科；図10-1）において，幼虫中腸内に非常に他種多様な共生細菌相が多様な解毒酵素合成能を伴って見られ，この宿主カミキリムシの汎食性を支えていることが示唆されているのみである（Scully *et al.*, 2013a；Scully *et al.*, 2013b）。なお，こういった「汎食性種」や「広食性種」はその分融通が利き，カミキリムシ類でもキクイムシ類でも島嶼など新天地への侵入がそれに呼応して容易となるといった利点が指摘されている（Beaver, 1979a；Sugiura *et al.*, 2008）。

一方，樹木が化学的に特殊武装している場合と一般武装している場合では，それに付随する昆虫相に違いが見られる。例として，仏領ギアナ産のサガリバナ科樹木とそれを宿主とする二次性穿孔虫のカミキリムシ科の関係性においては，悪臭を放つ樹種は発生種数が少なく，これらは概ねジェネラリストであり，そうでない樹種は発生種数が多く，これらにはスペシャリストが含まれているという（Berkov *et al.*, 2000）。

解毒酵素の獲得は宿主特異性や誘引性へとつながるが，これを超越したとんでもない例として，ペルー産のフトカミキリ亜科の一種サソリカミキリ *Onychocerus albitarsis* がある。この種の成虫は触角の先端に毒を持って人をチクリと刺し，この毒は宿主材の抽出成分に由来する可能性があるという（Berkov *et al.*, 2008）。かつて自らに向けられていた毒を逆手にとって自分のものとするという「獲得毒素」の例である。

一方ある種のカミキリムシがある種の材を喰えない理由が徹底的に調べられた唯一の例としてオウシュウイエカミキリ *Hylotrupes bajulus*（カミキリ亜科；針葉樹乾材の大害虫）がある。この種は針葉樹のジェネラリストであるが，広葉樹を加害しない理由が戦前から主にドイツでさんざん調べられ，紆余曲折の末，広葉樹材のヘミセルロースはアセチル化したキシロースが多く（Aspinall, 1980），これがこの種に毒性を発揮して食害されないことが最終的に示されている（Haslberger & Fengel, 1991）。Stein & Haraguchi (1984) はトラカミキリ族の一種 *Plagithmysus bilineatus* の孵化幼虫（1齢幼虫）をその種特異的宿主樹の木粉を含む人工飼料に投入し，成虫にまで飼育，さらに同じ組成で木粉の樹種を変えた場合でも2齢以降になれば飼育可能となり，飼料の宿主植物由来特異成分（すなわち抽出成分）は1齢幼虫でのみ重要であることを示した。これはカミキリムシにおける宿主樹抽出成分の摂食刺激物質としての意義を示唆する最初の研究であろう。またオウシュウイエカミキリに関して，その宿主樹のひとつオウシュウアカマツ *Pinus sylvestris* の材の遺伝的に多様な抽出成分，特にテルペン類が幼虫の成育に影響し，モノテルペン類の含有量は発育速度と正の相関を，β-ピネン含有量，全モノテルペン含有量，$\{\beta$-ピネン：α-ピネン$\}$ 含有量比は成虫の産卵数と負の相関を，それぞれ見せたという（Nerg *et al.*, 2004）。β-ピネンが苦手なのは樹皮下穿孔性キクイムシも同じで，*Dendroctonus pseudotsugae* 成虫は α-ピネンに誘引され，β-ピネンを忌避するとされ（Heikkenen & Hrutfiord, 1965），幼虫もこれと平行した何らかの反応を示すことが予想される。

二次性穿孔虫が呼び寄せられる植物由来成分はこのように多様であるが，産業的アイテム（例えばコールタール，クレオソート，ガソリン，殺虫剤の乳化剤，等）の中に特定種が魅力に感じる成分がたまたま含まれていたためにこの産品に虫が飛来し，人々を驚かせるといったケースも稀に見られる（Francke-Grosmann, 1963）。これらはカイロモンまたはカイロモン類縁体ということになろうが，フェロモンまたはフェロモン類縁体である可能性も排除できない。

ともかく抽出成分は多様で，食材性昆虫にとっての意義は複雑の一言に尽きよう。

ここで材から葉に目を転じると，植物の葉に含まれる二次成分（配糖体・サポニン・タンニン・アルカロイド・精油・有機酸・他）の生態学的意義と起源は，食葉性昆虫に対する防御物

質（不味さ成分）であり，当該植物に適応した昆虫にとっては誘引物質としてのものである。そして，ある昆虫にとって食草として適さない植物において，誘引物質と有毒物質の2種の二次成分が見られ，食して後に中毒することもありうる。これは，食葉性昆虫のみならず植物に寄生する他のすべての生物（例えば植物病原菌）にとっても同じ状況であり，これが植物と食葉性昆虫の共進化のメカニズムとされている（Fraenkel, 1959）。食材性昆虫と心材中の抽出成分や辺材中の二次成分との関係も似た状況にあり，食葉性昆虫と食材性昆虫はこれらを同日に論じうるものである（J.H. Visser, 1986）が，葉と材の根本的な違いは，食葉性昆虫は概ね一次性，すなわち生葉を喰うのに対し，食材性昆虫は大半が二次性，すなわち枯木を喰うことで，これにより枯木の場合，植物は死んでおり，昆虫から植物への進化圧のフィードバックはありえない点である。しかし一次性の食材性昆虫，例えば針葉樹樹皮下穿孔性キクイムシ類（特に *Dendroctonus* 属）では宿主植物とのこのような共進化・軍拡競争が想定されている（Cates & Alexander, 1982；Raffa & Berryman, 1987）。地球上の植物は，種数で見ると草本植物が木本植物を明らかに凌駕するが，これは前者が後者よりも生活環が短いのと，それらの依存昆虫が草本では食葉性の一次性種の割合が圧倒的に高いのに対して木本では食材性（樹皮下穿孔性を含む）の二次性種の割合が高く，これにより淘汰圧と進化速度が草本の方が高く大きくなることによるものであろう。

話変わってシロアリ。これも枯木を喰うのが基本なので，二次性穿孔虫である。各種シロアリに関する様々な樹種の木材食害度調査においては，シロアリ種により結果が異なり，各樹種の「抗蟻性」（正確には「抗白蟻性」）や「喰われやすさ」の度合いの一般化や，分子構造と生物活性の間の明解な一般化は一応無理との結論が得られている（G. Becker, 1961；Rudman & Gay, 1963）。しかしシロアリの種ごとの選好性，樹種ごとの抗蟻性に違いが見られることに間違いはない。樹種ごとのシロアリによる喰われやすさ（木材被害性指標）と，シロアリが樹種ごとにこれを好む度合い（シロアリ選好性指標）を数量的に区別してより精密に解析する方法も考案されている（Peterson & Gerard, 2008）。

樹種別に見ると，こういったシロアリ無害性の点で昔から最も研究が進んでいるのは，東南アジア・オセアニアの高級材生産樹種チーク *Tectona grandis* である。この種が「高級」であるというのは耐久性（腐朽耐性＋抗蟻性）が高いことによる。その耐久性に関連する有効抽出成分はテクトキノン類であり，褐色腐朽菌，白色腐朽菌，地下性シロアリの三者に対する耐久性は概ね平行し，その度合いは産地，部位（髄近くでは低く，心材最外層が最高，辺材もある程度耐性あり），材の古さ（古い材ほど抽出成分含有量と耐性が高い），遺伝的要因などで大きく変動することが知られている（Sandermann & Dietrichs, 1957；Da Costa *et al.*, 1958；Da Costa *et al.*, 1961；Rudman *et al.*, 1967）。また耐虫性の非常に高いイロコ *Chlorophora excelsa* も30年経つと乾材シロアリ *Cryptotermes* に食害されるとの報告もある（W. Wilkinson, 1962）。日本の木造建築における高級材はヒノキであり，シロアリに対する食害耐性が実証されており（Saeki *et al.*, 1971；Carter, 1979），心材が辺材と比べて圧倒的に高い抗蟻性を示すも，心材もある程度喰われること（西本・他，1985），抗蟻成分がT-ムウロロール，α-カディノール，α-酢酸テルピニルであること（金城・他，1988；Ohtani *et al.*, 1997），などが報告されている。ただし同じヒノキでもクローンによって抗蟻性に大きな差があり，アカマツと変わらない喰われやすさを示すものも見られるという（Kijidani *et al.*, 2012）。また Carter & Beal (1982) は各種抗蟻性広葉樹の抽出物を非抗蟻性のマツ材に注入処理し，その結果このマツ材が野外でヤマ

トシロアリ属の種に喰われなくなることを示した。これらの研究ではヒノキやハンテンボクの材の喰われにくさが示されているが、この結果におけるシロアリ種の種特異性は少ないものと考えられる（シロアリの種が異なってもあまり結果は変わらない）。

乾材シロアリの一種ニシインドカンザイシロアリ *Cryptotermes brevis*（レイビシロアリ科）は各種広葉樹材（および一部針葉樹材）間で明らかな選好性を見せ、選好性の低い樹種ではコロニー発育も悪くなるとされている（McMahan, 1966）。またイエシロアリでも各種樹種間でコロニー発達や生存率に違いが見られ（Morales-Ramos & Rojas, 2003）、各種シロアリ（特に高等シロアリのテングシロアリ属 *Nasutitermes*）における針葉樹忌避性が指摘され、その原因として可溶性抽出成分が指摘されている（G. Becker, 1966）。また、フランス産のヤマトシロアリ属 *Reticulitermes* では種によって加害樹種に特異性が見られ、それは材の抽出成分（テルペン類）の違いに依存しているという（Nagnan & Clément, 1990）。ヤマトシロアリ属に対する食害耐性のある様々な樹種の木材における耐性の原因となる抽出成分もスチルベン類、キノン類、ピラン誘導体と特定されている（Sandermann & Dietrichs, 1957）。

このようにシロアリには、若干の「好き嫌い」はあっても、甲虫類におけるような特定樹種しか喰わないという状況はほとんど見られないことはよく知られた事実である。しかしローカルな視点では、例えば米国・Arizona 州の砂漠では *Paraneotermes simplicicornis*（レイビシロアリ科）はサボテン材を喰わない一方、他の種は広葉樹材とサボテン材を等しく利用するということも見られ（Haverty & Nutting, 1975）、非害虫種で宿主樹種限定性のシロアリが発見される可能性がある。

昆虫がかくも膨大な種多様性を獲得したのは、主として熱帯降雨林における食葉性昆虫を中心とした植食性昆虫が、その宿主樹と「共進化」を繰り広げたことにあるとされている。すなわち、植物が二次代謝産物を「防虫剤」として利用するのに対し、昆虫の方でその対抗手段として対応する解毒酵素を獲得してこれを克服し（Dowd, 1990）（12.9. 参照）、植物はまた新たな毒素を進化で獲得し、といった「共進化」の過程で、植物と昆虫がどんどん多様化していった結果、今日の熱帯降雨林における昆虫種多様性が出現したとする説である（ここにいう解毒酵素の獲得とは、それを生産する遺伝子を進化によって獲得することで自前生産する道（Dowd, 1990）と、解毒酵素を生産する微生物と共生する道（Dowd, 1992）の2つがある）。これにより各樹種に対応して単食性の特異寄生種（特に甲虫類＝鞘翅目）が多数生まれ、これが地球上の生物の種多様性の大きな部分を占めるという見解が提出されている（Erwin, 1982）。この場合、被子植物・広葉樹の存在の昆虫分化に及ぼす影響は非常に大きいとされ（Farrell, 1998）、これは、少なくとも筆者にとっては、自然の中に身を置いた時の実感と矛盾しない。しかし、このシナリオはあくまで食葉性昆虫に関する説であり、食材性昆虫の場合、彼らはほとんどが二次性なため、餌となる植物は死んでいて主体性を欠いていて進化へと発展せず、木本植物の多様化が食材性昆虫の多様化に寄与はしても、その逆、すなわち食材性昆虫の多様化が木本植物の多様化に寄与することはない点（Berkov, 2002）に留意すべきであろう。あるいは植物の多様性が昆虫の多様性に断然負けるのは、このあたりの事情が関係しているかもしれない。

なお Erwin (1982) のこの説と種多様性の規模の査定には異論が多く（Gaston, 1991）、熱帯降雨林ではそんなに単食性の種は多くないともされる（Basset, 1992）。特に熱帯で多い木部穿孔養菌性のゾウムシ科－キクイムシ亜科および同科－ナガキクイムシ亜科（以上、いわゆるアンブロシア甲虫類）は、後述するように（22.7.）その共生菌の宿主樹種に対する寛容性から

広食性が多く（Beaver, 1979a），その分広域分布種も多いように見受けられる。例として，熱帯から温帯まで非常に広い分布域を持つシイノコキクイムシ *Xylosandrus compactus* は，広葉樹の他，針葉樹，さらには単子葉植物に至るまで非常に広い宿主スペクトルを持つとされている（Speyer, 1923；A.H. Hara & Beardsley, 1979）。また，中米産のカカオ（アオイ科）に発生していた *Xyleborus sharpi* を，米国の実験室内でアメリカニレ *Ulmus americana*（ニレ科；宿主として記録のない樹種）に移したところ正常に繁殖し，主要および副次共生菌（4属）から付随菌に至るまで共生菌相は宿主樹変更による影響をまったく受けなかったという（Norris, 1966）。

　一方，食材性昆虫の中核のひとつであるカミキリムシ科（Linsley, 1959）では，その進化の最先端で，幼虫が草本の根に穿孔し，成虫が葉と花を後食する純粋に一次性のものが見られ（フトカミキリ亜科の {Tetraopini 族 + Hemilophini 族 + Phytoecini 族} ＝広義のトホシカミキリ族 Saperdini の一部），これはカミキリムシ科全体の $1/4$ の規模に達し，二次性が基本のため上述の共進化から取り残されてきたカミキリムシの中から，純粋の一次性となって「共進化連合」に殴り込みをかけてきた連中である。そしてこの仲間では上述の共進化のシナリオがちゃんと成立している（Farrell & Mitter, 1998）。ところでカミキリムシ科を含むハムシ上科の解析により，寄生や摂食などで依存する宿主に関して，(1) その寄生・摂食部位（葉，茎，枝，樹皮，木部といったバラエティー）と，(2) その宿主の分類群（どの種か，どの科か）の変化や多様性を比較すると，(1) よりも (2) の方がはるかに変化しやすく，(1) については進化に際して保守的であることが示され，この理論は生物一般に拡張された（Farrell & Sequeira, 2004）。これは，食材性昆虫がある程度まとまった分類群の中に含まれること，さらには一定の材内での目立った棲み分けはカミキリムシ，キクイムシといった大きな分類群の間でまずなされることを意味している。以上のことは，本稿の論の展開に沿うものである。

　シロアリ類は基本的に食害材の樹種に種特異性が見られず，材中の抽出成分による種分化というシナリオからは縁遠い食材性昆虫と考えられるが，実際上述のように材の樹種に関して選好性が見られる。

　ここで，前世紀の初めに提出された「Hopkins の宿主選択の法則」（"Hopkins' host selection principle"）に言及したい。これは，狭食性〜広食性の植食性昆虫の雌成虫が産卵する際，その対象植物が自らが育った宿主植物と同じ種に偏るというものである。これは実は直接 A.D. Hopkins の筆になるものはなく，Hewitt (1917) による学会大会発表記録の末尾に付加されたディスカッションにおける A.D. Hopkins の発言記録（同文献, pp. 92-93）において，自身によるゾウムシ科－キクイムシ亜科（*Dendroctonus*），および Craighead によるカミキリムシ科（*Callidium*）のデータの例示で提唱されたもので，カミキリムシ科の方は Craighead (1921) が後に各種に関する豊富なデータで論文化している。ということでこの法則は元来食材性昆虫における観察が発端となったもので，またその事実上の出所からして「Craighead の法則」と呼んでもよいものである。その後この法則は，キクイムシ類の多婚性種 *Ips confusus*（雄成虫が最初に食入する種）で反証されている（D.L. Wood, 1963）が，同類 *Dendroctonus brevicomis* において幼虫時代の穿孔樹種が，成虫になってからの産卵孔の構築やその後の次世代（F_1）の繁殖力（F_2 生産）にまで影響し，同じ（あるいは抽出成分が類似の）樹種が続けば有利になるという実験結果がある（T.S. Davis & Hofstetter, 2011）。一方シロアリにおいては，直前に食していたのと同じ樹種とそれ以外の樹種の材をニシインドカンザイシロアリ *Cryptotermes brevis*（レイビシロアリ科）に選択させると，食害は前者に偏ることが報告されている（McMahan,

1966）。こういった現象は，選好性が世代をまたがなければ単に個体レベルでの「馴化」で説明がつく現象かもしれないが，世代をまたぐ場合，そこに何らかの遺伝的要因あるいは世代間情報伝播が想定される。いずれにせよ広食性の食材性甲虫類において，この法則が当てはまるか否かについてさらなる検討が必要と考えられる。後述（16.12.）するように，汎食性の一次穿孔性種ゴマダラカミキリ *Anoplophora malasiaca* の成虫（図 12-5）は，特定の宿主樹（ウンシュウミカン，エゾノキヌヤナギ，ブルーベリー）由来の成分をあたかも集合フェロモンのように利用し（Yasui *et al.*, 2008；Yasui, 2009；Yasui *et al.*, 2011；Fujiwara-Tsujii *et al.*, 2012），これは，同種（または置換種）に関連した異論（Sabbatini Peverieri & Roversi, 2010）はあるものの，Hopkins の法則に合致する戦略のひとつと考えられ，実際このシナリオ（すなわちゴマダラカミキリ特定宿主樹発生個体のその宿主樹成分への選好性）が実証され（Fujiwara-Tsujii *et al.*, 2012），同様に成虫の後食樹種もその後の選好性に影響すること（Yasui & Fujiwara-Tsujii, 2013），雄成虫は同じ宿主樹由来の雌を選好すること（Fujiwara-Tsujii *et al.*, 2013），などが示されている。この法則はまたホストレース（種内での特定宿主種への偏りを見せる個体群）に向けての進化と密接に関連することは容易に想像がつき，近年その関連で是非が検討されている（A.B. Barron, 2001）。もしこの法則が妥当とされれば筆者は，生理的に見て，酵素生産能力発現の適応的な抑制と誘導といったことが背景にあるものと推察している。なおこれはあくまで広食性種が中心の話。そして移動が可能なシロアリはともかく，いったん卵が産み付けられれば，そこから生まれた幼虫はその材から一歩も外に出られないというカミキリムシなどの木材穿孔性昆虫では，この現象は相当な意味を持つものとも思える。

　なお，食材性昆虫に限った話ではなく，植食性昆虫一般や捕食寄生性昆虫一般にも見られることであるが，産卵雌成虫（雄が最初に宿主樹にコロナイズする樹皮下穿孔性キクイムシなどでは雄成虫）による宿主選択に関連して，最もよく選択される宿主と，その次世代の幼虫発育や産出個体数の点で最もよい宿主は，必ずしも一致しない（Agosta, 2006；Gripenberg *et al.*, 2010；15.2. 参照）。一例として，チュニジアにおける二次性の樹皮下穿孔性キクイムシ類の一種 *Phloeosinus bicolor* とその宿主であるイトスギ属 *Cupressus* 2 種・1 変種の間の関係の研究がある（Belhabib *et al.*, 2009）。この事実も Hopkins の宿主選択の法則に関連しうることのように思える。

12.11. 細胞壁成分との関連

　カミキリムシ科の宿主樹多様性がその材中の二次代謝産物が起因しているというのは，主として単食性〜狭食性の種に限って言えることであり，針葉樹・広葉樹という大別が食性に重要となるような広食性種の場合，その宿主樹種は二次代謝産物ではなく，ヘミセルロース，リグニンといった針葉樹・広葉樹間で微妙な違いが見られる普遍的・量的成分が重要となることが予想される。実際，欧州起源にして世界的な針葉樹乾材害虫であるオウシュウイエカミキリ *Hylotrupes bajulus*（カミキリ亜科）では，広葉樹材を食樹として受け付けないのはアセチル基を伴うキシラン（ヘミセルロースの一種）が原因であり，リグニンはこの際無関係との研究結果が得られている（Haslberger & Fengel, 1991）。キシランが食材性昆虫の宿主樹決定に重要な役割を持つというシナリオは，腐朽材穿孔性のクワガタムシ科においても見られるようであり（荒谷，2006），今後多くの食材性昆虫における食性にこの因子がどのように関わっている

かの解明がまたれる。

12.12. 解毒酵素

　ここにいう解毒酵素の対象は，植物が生産する「防虫剤」としての有毒護身物質であり，既に述べたように（12.10.），昆虫がそれに対抗して解毒酵素を備えるというのは，そういった酵素を生産する遺伝子を進化で獲得して自前酵素として分泌する場合（Dowd, 1990），および共生微生物のお世話になって分泌してもらう場合（Dowd, 1992）の2つの道がある。こういった解毒酵素の具体的作用については既述（12.9.）の通りであり，これらの出所（自前か共生微生物由来か）はここでは問わないこととする。また，Dowd が思いつかなかった，既存の酵素の流用（この場合はその酵素の保有は「前適応」）という手もある（Calderón-Cortés et al., 2012）。
　昆虫の実際の恐るべき種多様性は，食葉性の鱗翅目（特にヤガ科，シャクガ科）の他，大規模科は鞘翅目（甲虫目）が目立ち，肉食性・菌食性・腐食性のハネカクシ科，多様な植食性のゾウムシ科，大半が食葉性のハムシ科，そして大半が食材性のカミキリムシ科といった科がその中核となっているが，食材性昆虫の宿主材有毒成分に対抗した解毒酵素に関する知見は驚くほど少ない。本書に関連するところでは，ゾウムシ科 – キクイムシ亜科に関しては，既に述べ（12.5.）後述もする（16.4.）ように，針葉樹樹皮下穿孔性の「殺樹性種」が宿主樹のモノテルペン類等を「解毒」し，さらにその解毒産物をフェロモンとして利用するという超裏技を見せ，知見はやや豊富である（Dowd, 1990；他）。一方カミキリムシ科に関しては，宿主植物の二次代謝産物由来の「防虫剤」に対する解毒酵素についてはまったく研究がなされていない。シロアリ類（ゴキブリ目 – シロアリ下目）では，複数のエステラーゼが *Reticulitermes flavipes*（北米産ヤマトシロアリ属の一種）において（R.W. Davis et al., 1995），グルタチオントランスフェラーゼが数種のシロアリにおいて（Haritos et al., 1996），それぞれ検出され，後者が殺虫剤抵抗性と関連づけられている（Valles & Woodson, 2002）。さらに *R. flavipes* では，摂食対象である針葉樹材の様々な抽出成分などを解毒する酵素群は，その共生原生生物ではなく主としてシロアリ自身が生産していることが示唆されている（Raychoudhury et al., 2013）。一方シバンムシ科では，非食材性のタバコシバンムシ *Lasioderma serricorne* で幼虫・成虫消化管中の共生酵母菌がフェノール系エステル類（タンニン，フラボノイド配糖体，等），その他の有毒植物成分を分解して無毒化することが示されている（Dowd, 1989；Dowd, 1991）。二次性が中心のカミキリムシ科において，宿主植物との共進化の道が二次性ゆえに閉ざされているにもかかわらず，かくもカミキリムシ科が種多様性を誇っているのには，上述（12.10.）の植物との共進化（というよりは「共多様化」）とは別の多様化メカニズムが，そこに秘められていると考えざるを得ないが，これは謎に包まれている。枯木・腐朽材を専門に喰うシロアリ類においては，喰う虫の種と喰われる材の樹種との関係性はカミキリムシ類などよりはずっとルーズであることが予想され，実際その傾向は認められるが，それでもシロアリ全体あるいはシロアリの種によって喰う材の「好き嫌い」はあり，木材のこういった「抗蟻性」はやはり二次代謝産物が関係しているようである（Scheffrahn, 1991）。日本でヒノキが高級材なのはその抗蟻性に由来するようであり，それは心材の抽出成分が抗蟻成分として働いていることによる（12.10. 参照）。この場合，シロアリはヒノキの抽出成分に対する解毒酵素を欠いているということになる。

13. 食材性昆虫の食性分析

　木質に依存し，これを餌とする昆虫類は，その栄養要求性が一様ではない。まず，木材の主要成分であるセルロース，ヘミセルロース，リグニンのうちで，リグニンを消化・利用しない点は共通との認識がある。しかし炭水化物源に関しては，(1) セルロースとヘミセルロースを積極的に利用するもの（シロアリ類），(2) セルロースとヘミセルロースを消極的に利用し，腐朽材の重合度が低下したオリゴ糖や形成層付近の可溶性糖類に大きく依存するもの（カミキリムシ科の多く），(3) セルロースはまったく利用せず，ヘミセルロースを消極的に利用し，形成層付近の可溶性糖類に大きく依存するもの（ゾウムシ科－キクイムシ亜科の樹皮下穿孔性種），(4) セルロースもヘミセルロースもまったく利用せず，形成層付近の可溶性糖類のみを利用するもの（ナガシンクイムシ科），といった様々な利用様式が見られる（甲虫に関しては次章参照）。
　ここで，このような食材性昆虫の食性を知る手段としては，(a) 餌と糞の成分分析と結果の比較，(b) 有機溶媒や熱水による木材の処理による特定成分の除去と，そういった木材の餌としての性能評価，(c) 人工飼料による飼育（この場合，組成が化学的に定義できる完全人工飼料），(d) 消化管内の消化酵素の検出・検索，といった方法がある（Parkin, 1940）。
　このうち (a) 餌と糞の成分比較は，最も直接的な方法として，古くから行われてきている。しかし実はこれはやや問題をはらむ方法でもある。それはリグニンの問題に関係している。
　餌と糞の成分を分析し，成分 $i = 1$, $i = 2$, ……につき，餌での含有率を d_i，糞での含有率を f_i とし，リグニンをまったく分解されない基準物質（＝不変成分）とし，その餌と糞での含有率 d_L, f_L から，成分 i の真の減少量（摂食総量に対する比率）

$$\Delta_i = d_i - f_i \cdot (d_L / f_L) \quad \text{...............................(I)}$$

を算出する方法は，オウシュウイエカミキリ *Hylotrupes bajulus*（カミキリムシ科－カミキリ亜科；乾材木部穿孔性）(Falck, 1930)，*Xestobium rufovillosum*（シバンムシ科；腐朽乾材木部穿孔性）(Norman, 1936)，イエシバンムシ *Anobium punctatum*（シバンムシ科；乾材木部穿孔性）(Spiller, 1951)，トドマツカミキリ属 *Tetropium*（カミキリムシ科－クロカミキリ亜科；樹皮下穿孔性）(Juutinen, 1955)，ヒラタキクイムシ *Lyctus brunneus*（ナガシンクイムシ科－ヒラタキクイムシ亜科；乾材木部穿孔性）(Iwata *et al.*, 1986；この場合基準物質はリグノセルロース全体)，ニシインドカンザイシロアリ *Cryptotermes brevis*（レイビシロアリ科）(K.S. Katsumata *et al.*, 2007) などで試みられた。これは，土中に埋没した古材の各成分の分解消失割合を算定する際に用いられた式（Hedges *et al.*, 1985）と基本的に同じ考え方である。この式の適用は，上の栄養摂取様式分類で (4) に該当するヒラタキクイムシにおいては一応妥当と考えられるが，セルロース，ヘミセルロースを利用する (1)〜(3) のものについては，セルロース，ヘミセルロースの分解に際して，それらに結合しているリグニンもごく少量ながら一部分解を受ける可能性があり，妥当性は微妙である。既に Parkin (1940) も，この点の危惧を先駆的に表明している。木材成分中で食材性昆虫の消化管通過にまったく影響されないものは，このリグニンに代わる標準物質として使える。この中で，シリカが最も有望と考えられるが，ナンヨウミヤマカミキリ *Hoplocerambyx spinicornis*（カミキリムシ科－カミキリ亜科－ミヤマカミキリ族）では幼虫消化管通過に伴い，灰分とカリウムに加えシリカも著しい含有量増加を見せたとされ（Mishra *et al.*, 1985），これがセルロース消化に対応するものなのか，それ以上の何らかの代謝的な意味

があるのかは明らかではない。

式 (I) の算定法と関連する別の算定方法もある。それは式 (I) における変換因子（d_L / f_L）の別の決定法である。昆虫 1 個体がある期間内に摂食した餌の重量を D，この摂食のみに由来する糞排出量を F とし，それに含まれる成分 i の重量をそれぞれ D_i, F_i とする。ここで必然的に

$$\Sigma D_i = D \quad および \quad \Sigma F_i = F \tag{II}$$

であるが，このうちリグニンのそれぞれにおける含有重量を D_L, F_L とすると，これがまったく消化されないとの前提では，

$$D_L = F_L \tag{III}$$

となる。ここで定義から，

$$d_L = D_L / D \quad および \quad f_L = F_L / F \tag{IV}$$

なので，式 (III) と式 (IV) から，

$$d_L / f_L = F / D \tag{V}$$

となる。これにより式 (I) は，

$$\Delta_i = d_i - f_i \cdot (F / D) \tag{I'}$$

となる。ここで式 (III) における不変成分の含有は，石などの異物混入のことを考えあわせると，ここでの必要条件ではないことがわかる。以上により，与えた餌に対するそれのみに由来する糞の重量比（F / D）がわかっていれば，各成分の真の減少率は算出できることとなる。この方法は，双翅目 - ガガンボ科の一種 *Tipula paludosa* 幼虫におけるイネ科植物の葉のセルロース等の成分の消化分析で採用されている (B.S. Griffiths & Cheshire, 1987)。

成分の増減の算定の妥当性は，Holub *et al.* (2001) による CWD（粗大木質残滓）中の各元素の増減の研究でも問題となる。この場合経時的腐朽進行に従い CWD の重量は減少するが，この重量減少を反映させると Ca, N, P といった元素の含有濃度は腐朽進行に従って相対的に増加し，これは C を中心とする糖類の分解・消失速度がこれらの元素の利用・消失速度を上回ることと，腐朽菌などがこれらの元素を濃縮することの結果とされるが，この場合何らかのより「ブレない」元素を基準とすることが必要とされた。しかし Holub *et al.* (2001) はここで，腐朽による重量減少の影響をあえて排除する目的で，CWD の体積を基準としたデータ解析を行ったところ，一見増加すると見られた Ca, N, P も実はあまり増加していないと主張した。これは，CWD の腐朽の各段階における劣化・分解生物の視点とは相容れないものと，筆者は考える。すなわち，腐朽に関する全 5 段階中の例えば第 4 段階に着目すると，この段階で入植する腐朽菌や食材性昆虫にとっては，第 1～3 段階の経緯というのは「我関せず」の事柄であり，彼らにとって初期状態は腐朽の第 4 段階。かくして N, P といった有用元素の含有濃度はあくまでその時点での残存重量を基準として考えなければ意味がないこととなる。

ことほど左様に，こういった複数成分より成る組成の動態の解析には，この「消えた成分」の扱い，「消えない成分」が本当に消えないのか，といったことが重要になり，解釈が複雑になってくることに留意しなければならない。

14. 食材性昆虫の木材成分利用，その様式と類別

14.1. 食材性昆虫の木材成分利用：その概観

　一般に昆虫の消化管は，発生学的起源が異なる前腸，中腸，後腸の3部位に分かれ，これらは機能的にさらに細分される。前腸は食物の一次的貯蔵・通過，摩砕による細分化を司り，唾液腺を伴ってこれが消化酵素の一部を分泌する。しかし他の多くの昆虫と同様，食材性昆虫では前腸の顕著な発達はあまり見られない。中腸は消化酵素分泌と分解物吸収という消化活動の中枢であり，見方によっては昆虫の最重要器官ともいえる。後腸は消化残滓の通過とそれからの水分吸収を司るが，下等シロアリ類においては共生原生生物を宿して食物消化と分解栄養物吸収に積極的に関与し，目を見張る発達を見せる。

　食材性昆虫の代表的存在である下等シロアリ類職蟻とカミキリムシ科幼虫につき，それらの消化管の模式図を図14-1に示した。

　こういった消化管で食材性昆虫はリグノセルロースおよびその付随成分を消化していくわけであるが，Parkin (1940) は，木材を食物として利用する甲虫類は，(i) 細胞内容物（デンプン，可溶性糖類，タンパク質，アミノ酸）（および場合によっては，ヘミセルロースの水溶性部＝その当時のいわゆる「ヘミセルロースB」）のみを利用できるグループ（ナガシンクイムシ科－ヒラタキクイムシ亜科およびその他の亜科），(ii) 細胞内容物に加え，細胞壁のヘミセルロース全般を利用できるが，セルロースは利用できないグループ（樹皮下穿孔性のキクイムシ類），(iii) 細胞内容物に加え，セルロースを含む細胞壁多糖類全般を利用できるグループ（カミキリムシ科の大部分，木部穿孔性および樹皮下穿孔性シバンムシ科）の3グループに分けられるとした。

　これに対し Dajoz (1968) は，セルロース分解を中心とした食材性昆虫の類型化を試み，(1) 共生微生物の助けなしで木材を消化するグループ，(2) 消化管内の鞭毛虫類などの微生物の助けでセルロースを消化するグループ，(3) 偽の食材性昆虫（木部穿孔養菌性のキクイムシ類とナガキクイムシ類，等）に分け，(1) はさらに，(1-1) セルラーゼ，ヘミセルラーゼ，アミラーゼ，可溶性糖類分解酵素を備えるグループ（カミキリムシ科の大部分，タマムシ科，シバンムシ科，

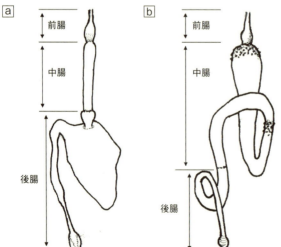

図14-1　食材性昆虫の消化管（模式図）。　a. 下等シロアリ類職蟻。　b. カミキリムシ科幼虫（中腸開始部表面の顆粒状構造は胃盲嚢，中腸中間部表面の顆粒状構造はクリプト）。

食材性ゾウムシ科, シミ目), (1-2) セルラーゼ以外のこれらの酵素を備えるグループ（樹皮下穿孔性キクイムシ類, カミキリムシ科の一部）, (1-3) セルラーゼとヘミセルラーゼは持たず, アミラーゼと可溶性糖類分解酵素を備えるのみのグループ（ナガシンクイムシ科－ヒラタキクイムシ亜科およびその他の亜科）に分けている。

しかしながら (1) と (2) の区別は, 実際のところ難しい問題である。前世紀前半に下等シロアリにおける共生原生生物の消化における重要な役割に鑑み, 鞘翅目などでも同様の現象（消化管内共生微生物によるセルロースの分解）が見られるはずとの類推が, 特にドイツの Buchner などによってなされたが, Buchner 説はカミキリムシをはじめとする鞘翅目ではその一貫した証拠が得られず, カミキリムシのセルラーゼは中腸エピセリウム細胞が生産する, いわゆる自前のものと考えられている。

セルロース分解と並んで重要なのが, 木材中の含有量が他の餌と比べて著しく少ないタンパク質（およびその構成要素, 前駆体としてのアミノ酸と有機窒素分）。食材性昆虫であろうと彼らは動物であり, その血となり肉となるアミノ酸が必要な点では他の昆虫, 動物と何ら変わるところはない。ところでアミノ酸は多数の化合物の総称である。そのうち動物に必須のもの, いわゆる必須アミノ酸は, 昆虫でも哺乳類とあまり変わらず, イソロイシン, ロイシン, リジン, メチオニン, フェニルアラニン, トレオニン, トリプトファン, バリン, アルギニン, ヒスチジンの 10 種とされ (Brodbeck & Strong, 1987), これら必須アミノ酸全種のバランスが餌の栄養価において相当の重要性を持つことも他の動物と同じである。植物中のこれらの相対含有量は, それを食する昆虫の栄養要求性とあまりにかけ離れたものとなることはないが, メチオニンとトリプトファンの 2 種のみは不足しがちという (Brodbeck & Strong, 1987)。これはヒラタキクイムシ *Lyctus brunneus*（ナガシンクイムシ科）（図 2-9a）における分析結果（飯島・他, 1978b）と見事に符合する。こういった特定アミノ酸の不足は他のアミノ酸の利用も制限する。また, タンパク質のままでよいのか, これがバラけたアミノ酸の方がよいのか, 等については, 基本的には昆虫でほぼ普遍的にタンパク分解酵素活性が検出されているにもかかわらずこれは万能ではないので, アミノ酸に分解した状態が望ましく, タンパク質のまま, あるいは非アミノ酸系有機窒素の状態では昆虫が利用できない形態もあるとされている (Brodbeck & Strong, 1987)。

以上総じて, 単に「（有機）窒素分」といってもそのすべてが食材性昆虫に利用できるわけではないという「但し書き」は, この文脈で普遍的につきまとうものと考えられる。しかし食材性昆虫は, その餌の特殊性ゆえに, それへの適応としてこの但し書きがはずれる, あるいは軽減される可能性もあろう。以下本書では, この但し書きは自明のこととして省略することとする。

食材性昆虫と食入木材中の有機窒素・タンパク質含有量の関係については, まずオウシュウイエカミキリ *Hylotrupes bajulus* 幼虫の針葉樹材での発育に関して重要な研究がなされている (G. Becker, 1942; G. Becker, 1963)。ここでは, 有機窒素・タンパク質の含有量が非常に重要とされ, 食害材のタンパク質含有量と幼虫の成長速度（または実験期間内の幼虫体重増加量）の間には線的な関係が認められ, 相当タンパク質量：測定窒素量の比の値を 6.25 とすると木材中のタンパク質の最低要求含有量は 0.2%（w/w）とされている。同じカミキリ亜科－スギカミキリ族のスギカミキリ *Semanotus japonicus*（図 4-1）においても同様に有機窒素・タンパク質が重要であることが指摘されている (Shibata, 2000)。他のすべての食材性昆虫でも事情は同じである。食材性昆虫による有機窒素分摂取の戦略に関しては後に別途詳述する。

以下，主要な食材性昆虫の分類群ごとに，セルロース分解を中心として木材の主要成分の利用の実態を概観する。

14.2. カミキリムシ科の木材成分利用

　カミキリムシによる炭水化物の分解・利用については，まず基本的に栄養系バイオマス（2.2.1. 参照）に属するスクロース・マルトースといった可溶性糖類やデンプンは，ほとんどすべての種で積極的に利用される（Dajoz, 1968）。特に材の分解の初期では木材腐朽菌の侵入によるこれらの栄養系バイオマスの搾取が未完であり，「早い者勝ち」の原則でカミキリムシは貪欲にこれらの栄養を我がものとする。この観点に立った枯木の遷移初期のカミキリムシ幼虫におけるアミラーゼの検出もなされている（Jankovič *et al.*, 1966）。ただしこれにはカミキリ亜科で奇異な例外が若干見られ，北米産の *Smodicum cucujiforme*（Smodicini 族）の幼虫の消化管液はセルロース，ヘミセルロース分解活性を有するも，何とこれら可溶性糖類・デンプンの分解活性が見られないとされ（Parkin, 1940），実際幼虫は広葉樹の心材にまで深く穿孔するようで（Snyder, 1927），あるいは他種との競争を避けてあえて心材まで到達している可能性もある。さらに，かの世界的針葉樹乾材害虫のオウシュウイエカミキリ *Hylotrupes bajulus*（スギカミキリ族）の幼虫はセルロースやヘミセルロースを分解し（後述），タンパク質が栄養として極めて重要で，恐らくはこれの不足で心材は受け付けない（G. Becker, 1938）にもかかわらず，辺材中の可溶性糖類のほとんどはこれを利用するところとはなっていない（G. Becker, 1938；G. Becker, 1943a；Höll *et al.*, 2002；S. Grünwald & Höll, 2006）（2.2.7. および 12.3. 参照）。

　Savely (1939) は，*Rhagium*（ハナカミキリ亜科），*Enaphalodes*（カミキリ亜科），*Monochamus* および *Acanthocinus*（フトカミキリ亜科）の幼虫にはセルラーゼは検出されず，*Orthosoma*（ノコギリカミキリ亜科）の幼虫のみにこれが認められるとした。しかしその後，カミキリ亜科とフトカミキリ亜科各数種の食害材と幼虫の糞を化学分析した結果，ヘミセルロースとセルロースの利用が広く認められ，特に *Xylotrechus smei*（カミキリ亜科－トラカミキリ族）のセルロース利用は著しく，さらにこの種を除き各種は可溶性糖類よりもデンプンにより多くを依存しているという報告がある（Mishra & Singh, 1977）。また古くは W. Müller (1934) が，本科内ではセルラーゼを欠く種は見られないと述べている。

　カミキリムシの木材成分の消化については，その特筆すべき種多様性と経済的重要性にもかかわらず，これまでに詳しくレビューされたことはないので，以下各亜科ごとに分解酵素活性を中心に見ていく。

　まず腐朽材穿孔性のノコギリカミキリ亜科では，*Orthosoma brunneum* 幼虫でセルラーゼが検出され（Savely, 1939），*Macrotoma palmata* 幼虫もセルロース分解活性を有し（Mansour & Mansour-Bek, 1933），*M. crenata* でも幼虫はセルラーゼ，キシラナーゼ等の活性を有するが，ヘミセルロースの分解はその活性位置から共生微生物に負うものとされた（Mishra, 1990）。*Ergates faber* 幼虫でもペクチン，セルロース，カルボキシメチルセルロース（CMC；セルロースの水溶性誘導体），セロビオース，ヘミセルロース，キシラン，グルコマンナンに対する酵素活性が認められ，セルラーゼは消化管組織由来の共力的に働く 3 酵素より成っていたとされる（Schlottke, 1945；Chararas & Libois, 1976；Chararas, 1981b；Chararas *et al.*, 1983b；

Chararas, 1983)。

　概ね二次性で針葉樹依存性のクロカミキリ亜科では *Tetropium fuscum*（トドマツカミキリ属）の幼虫はセルロースは分解利用せず，可溶性糖類を内樹皮から摂取するとされる（Juutinen, 1955）が，*Arhopalus syriacus*（サビカミキリ属）はセルロースとヘミセルロースを有効に利用でき，セルラーゼは消化管組織由来3酵素セットで完備するとされた（Chararas, 1981b）。

　基本的に二次性のハナカミキリ亜科では，ハイイロハナカミキリ族の *Rhagium*（ハイイロハナカミキリ属）幼虫でセルロースおよび各種ヘミセルロースの分解酵素活性が認められている（Ripper, 1930；W. Müller, 1934；Parkin, 1940；Schlottke, 1945；Deschamps, 1945；Chipoulet & Chararas, 1985）が，*R. inquisitor* の幼虫での最新研究結果（Zverlov et al., 2003）によると，β-1,4-グルカン（強），CMC，膨潤セルロース，等に対する分解活性が認められるもエクソ-グルカナーゼは検出されず，キシランに対する活性もほとんどなく，従ってこの種には繊維分解能はないものと考えられている。同族の *Oxymirus cursor* の幼虫でもセルラーゼ・ヘミセルラーゼ・キシラナーゼ等が検出されている（W. Müller, 1934）。ハナカミキリ族では *Leptura* sp. 幼虫でセルラーゼ活性が検出され（Ripper, 1930），アカハナカミキリ属の *Stictoleptura rubra*（*Leptura rubra* として）の幼虫の消化でセルロースとヘミセルロースの分解が示されている（W. Müller, 1934；G. Becker, 1943a）。

　カミキリ亜科は針葉樹性・広葉樹性，一次性・二次性と多様ながら基本的に腐朽材とはやや縁遠いグループであるが，アオスジカミキリ族のアオスジカミキリ *Xystrocera globosa*（ネムノキ属辺材穿孔性，一次～二次性）の幼虫では，ナガシンクイムシ科のようにセルロース分解活性をまったく持たず，強いアミラーゼ活性を有し，炭水化物源として木材の細胞内容物（デンプン・可溶性糖類）に専ら依存していることが示されている（Mansour & Mansour-Bek, 1933）。イエカミキリ属 *Stromatium*（イエカミキリ族；広葉樹乾材穿孔性）の幼虫は，最も重要なエネルギー源はセルロースで，ヘミセルロースがこれに次ぎ，ヘミセルロース分解に関与する各種酵素が前腸・中腸の内容物のみに，セルラーゼ活性は前腸～後腸で一貫して認められ（特に前腸内容物が高く），共生微生物の関与が示唆された（Mansour & Mansour-Bek, 1937；Mishra & Singh, 1977；Mishra & Singh, 1978a；Mishra & Singh, 1978b）。同族のマルクビケマダラカミキリ *Trichoferus campestris* の成虫ではエンド-β-1,4-グルカナーゼ活性が検出され（李慶（Q. Li），1991），*Trichoferus holosericeus* では飼育実験で可溶性糖類の利用が示される一方，食害材とフラスの成分分析により，セルロース非晶領域とヘミセルロースを分解利用することが示唆されている（Palanti et al., 2010）。ミヤマカミキリ族では，オオカシカミキリ *Cerambyx cerdo* の幼虫でエンド-β-1,4-グルカナーゼ並びにβ-グルコシダーゼの活性とセルロース分解能が認められ（Ripper, 1930；W. Müller, 1934；Schlottke, 1945；Pavlović et al., 2012），ナンヨウミヤマカミキリ *Hoplocerambyx spinicornis* の幼虫でもグルカナーゼ（特に前腸），β-グルコシダーゼ（セロビアーゼ），キシラナーゼの活性が見出され（Mishra & Sen-Sarma, 1985），*Aeolesthes holosericea* の幼虫ではセルロースとヘミセルロースの利用が認められ（Mishra & Singh, 1977），また *Nadezhdiella cantori*（心材穿孔性）の成虫と幼虫においてエンド-β-1,4-グルカナーゼ活性が認められ（李慶（Q. Li），1991），幼虫消化管はエクソ-β-1,4-グルカナーゼ（C_1-セルラーゼ；低），エンド-β-1,4-グルカナーゼ（C_x-セルラーゼ；高），β-1,4-グルコシダーゼとセルラーゼの完全セットをすべて自前で完備していた（蒋（Jiang）・他，1996）。同様の状況はルリボシカミキリ族のルリボシカミキリ *Rosalia batesi*（図14-2）でも推察されている（Iwata

図14-2 ルリボシカミキリ *Rosalia batesi*（カミキリ亜科―ルリボシカミキリ族）雄成虫（東京都町田市，2006年7月）。

et al., 1998a）。ホソアメイロカミキリ族のホソアメイロカミキリ *Gracilia minuta*（広葉樹乾燥細枝穿孔性）では幼虫消化でセルロースとヘミセルロースの減少が示されている（W. Müller, 1934）。アオカミキリ族では唯一，クビアカツヤカミキリ *Aromia bungii* の幼虫でエンド-β-1,4-グルカナーゼ活性が検出されている（李慶(Q. Li), 1991）。Elaphidiini族では *Elaphidion mucronatum* 幼虫の消化管および頭部でセルロース分解活性が検出され，結晶セルロースとCMCに対する分解活性の比は小さく，消化管で約0.1との結果が出ている（Oppert *et al.*, 2010）。スギカミキリ族では広葉樹樹皮下穿孔性種チャイロホソヒラタカミキリ *Phymatodes testaceus* 幼虫の消化管液がセルロース，ヘミセルロース分解活性を有し（Parkin, 1940），針葉樹木部穿孔性種オウシュウイエカミキリ *Hylotrupes bajulus* と *Callidium sanguineum* の幼虫消化管液でもセルロースやヘミセルロースの分解活性が示され（Parkin, 1940；Deschamps, 1945），前者では昆虫由来のセルラーゼ合成遺伝子まで特定されるに至っている（Busconi *et al.*, 2014）。さらに *Semanotus sinoauster* の成虫と幼虫でエンド-β-1,4-グルカナーゼ活性が検出され（李慶(Q. Li), 1991），*Callidium villosum* の成虫でも同様にエンド-β-1,4-グルカナーゼ活性が見られた（李慶(Q. Li), 1991）。

この亜科において基本的に木部穿孔性のトラカミキリ族では，*Xylotrechus smei* の幼虫においてセルロースとヘミセルロースの利用が認められ（Mishra & Singh, 1977），*Plagionotus detritus* の幼虫においてセルラーゼ活性が（Schlottke, 1945），クワヤマトラカミキリ *Xylotrechus rusticus* と *Isotomus speciosus* の幼虫消化管液においてセルロースとヘミセルロースの分解活性が認められている（Parkin, 1940）。*Neoclytus acumitatus* 幼虫の消化管および頭部でセルロース分解活性が検出され，結晶セルロースとCMCに対する分解活性の比は小さく，消化管で約0.3以下との結果が出ている（Oppert *et al.*, 2010）。そして *Phoracantha semipunctata*（トビイロカミキリ族；ユーカリノキ属の一次性）の幼虫はセルロースのみでは炭水化物源にはならず，グルコース，アラビノース，フルクトース，キシロース，スクロース，デンプンが必要とされた（Chararas, 1969a；Chararas & Chipoulet, 1983）が，β-グルコシダーゼとβ-1,4-グルカナーゼの活性が認められ（Chararas *et al.*, 1972），β-グルコシダーゼ，エンド-β-1,4-グルカナーゼ，エクソ-β-1,4-グルカナーゼは分離精製にまで至っている（Chararas & Chipoulet, 1982；Chararas & Chipoulet, 1983；M. Weber *et al.*, 1983）。面白いところでは，竹材穿孔性のタケトラカミキリ *Chlorophorus annularis*（トラカミキリ族）の幼虫において濾紙由来のセルロースに対する分解活性が認められ（Newman, 1946），この成虫と幼虫でエンド-β-1,4-グルカナーゼ活性が認められている（李慶(Q. Li), 1991）。

フトカミキリ亜科も針葉樹性・広葉樹性，一次性・二次性と多様ながら基本的に乾材とは無縁の生態を示す。まず一次性が中心の大型のグループでは，*Apriona germari*（シロスジカミキリ族）の成虫と幼虫，*Batocera horsfieldi*（同族）の成虫と幼虫，*Anoplophora chinensis*（ヒゲナガカミキリ族）の成虫と幼虫，*Anoplophora horsfieldi*（同族）の成虫においてエンド-β-1,4-グルカナーゼ活性が検出された（李慶(Q. Li), 1991）のに続き，*Apriona germari*と*Anoplophora chinensis*の幼虫はエキソ-β-1,4-グルカナーゼ（C_1-セルラーゼ；低），エンド-β-1,4-グルカナーゼ（C_x-セルラーゼ；高），β-1,4-グルコシダーゼと，セルラーゼ完全セットをすべて自前で完備していることが示され（蒋(Jiang)・他，1996；殷(Yin)・他，1996），さらにツヤハダゴマダラカミキリ*Anoplophora glabripennis*の幼虫でもエンド-β-1,4-グルカナーゼ，エキソ-β-1,4-グルカナーゼ，β-1,4-グルコシダーゼの3点セットとβ-1,4-キシラナーゼが検出され（M. Chen *et al*., 2002；Geib *et al*., 2009b；Geib *et al*., 2010），このうちエンド-β-1,4-グルカナーゼの2アイソザイムの1つはその分子量（26kD）から共生微生物由来ではなく幼虫体組織由来と推察された（M. Chen *et al*., 2002）が，後にこれらのセルラーゼは共生細菌（Geib *et al*., 2009b；Geib *et al*., 2010；Scully *et al*., 2013b）および共生真菌（Scully *et al*., 2012）由来である可能性が示唆されるに至っている。恐らくこの昆虫のセルラーゼの由来は，下等シロアリと同じく複合的なものであろう。この種ツヤハダゴマダラカミキリでは，幼虫に加えて成虫の消化管のエンド-グルカナーゼとβ-グルコシダーゼの活性も検出されている（X.-J. Li *et al*., 2010）。同属のゴマダラカミキリ*A. malasiaca*の台湾産個体群からは，エンド-β-1,4-グルカナーゼ（CMCとβ-グルカンを分解し結晶セルロースは分解せず）と，エンド-β-1,4-グルカナーゼの働きを併せ持つエキソ-β-1,4-グルカナーゼ(セロヘキサオース以上のセロオリゴースのみ認識・分解，キシランも分解）がそれらをエンコードする遺伝子とともに昆虫自前のものとして検出されている（Chang *et al*., 2012）。この亜科，特にこの2族の成虫は宿主樹の枝などを後食し，その際酵素の出所はともあれ，木材細胞壁構成性多糖類を分解利用しているものと考えられる。一方*Apriona germari*幼虫の虫体由来と考えられるエンド-β-1,4-グルカナーゼ，エキソ-β-1,4-グルカナーゼ（弱活性），β-1,4-グルコシダーゼの3酵素の活性は唾液腺では見られず，中腸前部で最大となることが示され，またこれら3酵素の抽出・精製も試みられている（殷(Yin)・他，2000；殷(Yin)・他，2004）。さらにこのエンド-β-1,4-グルカナーゼの3アイソザイムは，それらのcDNA塩基配列決定までが成されている（S.J. Lee *et al*., 2004；S.J. Lee *et al*., 2005；Y.D. Wei *et al*., 2005；Y.D. Wei *et al*., 2006a；Y.D. Wei *et al*., 2006b）。キボシカミキリ*Psacothea hilaris*（ヒゲナガカミキリ族）では成虫でエンド-β-1,4-グルカナーゼ活性が検出された（李慶(Q. Li), 1991）のに続き，幼虫・成虫の消化管よりポリガラクツロナーゼ複合（ペクチン分解酵素），エンド-β-1,4-グルカナーゼ，エンド-β-1,4-キシラナーゼ，結晶セルロース分解酵素，マンノシダーゼ，β-キシロシダーゼ，β-グルコシダーゼ（セロビアーゼ），β-フコシダーゼ，β-ガラクトシダーゼといった各種炭水化物消化酵素の活性が検出され，全体的に幼虫の活性は成虫の倍のレベルであったという（Scrivener *et al*., 1997）。またこの種の幼虫消化管からのエンド-β-1,4-グルカナーゼが精製され，そのcDNAもクローニングされている（Sugimura *et al*., 2003）。同族のマツノマダラカミキリ*Monochamus alternatus*の幼虫ではエキソ-β-1,4-グルカナーゼ，エンド-β-1,4-グルカナーゼ，β-1,4-グルコシダーゼの3点セットが（索(Suo)・他，2004；王健敏(J.-m. Wang)・他，2007），同種成虫ではエンド-β-1,4-グルカナーゼ活性が（李慶(Q. Li), 1991），それぞれ検出されている。そして最近，

この大型広葉樹一次性のグループでは木質細胞壁構成性多糖類の分解酵素に関してのDNA解析による網羅的研究が，クワカミキリ *Apriona japonica*（シロスジカミキリ族）(Pauchet *et al.*, 2014) とツヤハダゴマダラカミキリ *Anoplophora glabripennis*（ヒゲナガカミキリ族）(Scully *et al.*, 2013a) で行われるに至っている。

同亜科の他の群については，シロカミキリ族では *Olenecamptus obsoletus* の成虫，ヤツボシシロカミキリ *Olenecamptus octopustulatus* の成虫でエンド-β-1,4-グルカナーゼ活性が検出されている（李慶(Q. Li)，1991）。Onciderini族の *Oncideres albomarginata chamela* でもエンド-β-1,4-グルカナーゼ（2アイソザイム）のcDNAがクローニングされ，その起源が詳しく論じられている（Calderón-Cortés *et al.*, 2010）。ヒゲナガゴマフカミキリ *Palimna liturata*（ヒゲナガゴマフカミキリ族）幼虫でもCMC，セルロース，ヘミセルロースに対する分解酵素活性が認められている（山根・他，1964b；山根・他，1965）。*Pogonocherus perroudi*（ネジロカミキリ族）の幼虫はヘミセルロースとペクチンの分解活性を有するも，膨潤セルロースに対する分解活性は持たないとされた（Chararas *et al.*, 1963）。*Acanthocinus aedilis*（モモブトカミキリ族）においてはセルラーゼ活性が認められている（Schlottke, 1945）。トホシカミキリ族では，*Saperda carcharias*（広葉樹細枝一次性）の幼虫で餌のセルロースの消化管通過における減少が見られないと報告され（Cramer, 1954），*Linda atricornis* の成虫と幼虫，*Oberea fuscipennis* の成虫と幼虫，ラミーカミキリ *Paraglenea fortunei*（草食性）の成虫と幼虫，キクスイカミキリ *Phytoecia rufiventris*（草食性）の成虫と幼虫でエンド-β-1,4-グルカナーゼ活性が検出されている（李慶(Q. Li)，1991）。またルリカミキリ族では *Bacchisa dioica* の成虫と幼虫でエンド-β-1,4-グルカナーゼ活性が見られた（李慶(Q. Li)，1991）。この他，*Coptops aedificator*（ゴマフカミキリ族），*Zotalemimon procerum*（= *Diboma procera*；アラゲカミキリ族），*Niphona* sp.（サビカミキリ族）の幼虫でセルロースとヘミセルロースの利用が認められている（Mishra & Singh, 1977）。

なお Prins & Kreulen (1991) は，Kukor & Martin (1986a) が木材腐朽菌からの獲得酵素（14.9. 参照）の働きを示したこの亜科の *Monochamus marmorator* 幼虫に関して，真相は消化管から C_x-セルラーゼとキシラナーゼのみが分泌されるのであろうとしている。李慶(Q. Li)(1991) は，その段階で若干根拠は希薄ながら，カミキリムシ科のエンド-β-1,4-グルカナーゼは自ら分泌していると推察している。

カミキリムシ亜科とフトカミキリ亜科の成虫と幼虫が持つ C_x-セルラーゼ（エンド-β-1,4-グルカナーゼ）のアイソザイム（同じ働きをする別酵素）の数についても初歩的な知見が得られており（李慶(Q. Li)，1990；李慶(Q. Li)，1996），カミキリ亜科で最少の1（*Semanotus sinoauster*）～最多の5（ビャクシンカミキリ *Semanotus bifasciatus*），フトカミキリ亜科で最少の1（*Linda atricornis*）～最多の5（マツノマダラカミキリ *Monochamus alternatus*，*Batocera horsfieldi*）と多様であったという。一方オオカシカミキリ *Cerambyx cerdo*（カミキリ亜科－ミヤマカミキリ族）の幼虫では，中腸のエンド-β-1,4-グルカナーゼは総計7つのアイソザイムが認められ，天然幼虫と穀類ベース人工飼料飼育幼虫とで検出されるアイソザイムが異なるという興味深い結果が出ている（Pavlović *et al.*, 2012）。これはカミキリムシのセルロース分解能に関する可塑性と万全の潜在能力を，さらには通常の活性検出法では幼虫のセルラーゼ・アイソザイム群は全部が活性を見せるわけではないという可能性を示唆している。

カミキリ亜科とフトカミキリ亜科各数種の幼虫後腸の状態を反映する糞のpH値は，カミキリ亜科で酸性，フトカミキリ亜科でアルカリ性であった（Mishra & Singh, 1977）。

一方，季節による木材成分の消化の違いについては，ナンヨウミヤマカミキリ *Hoplocerambyx spinicornis*（カミキリ亜科−ミヤマカミキリ族）の食害材と摂食幼虫・越冬前幼虫の糞の分析比較では，ヘミセルロース，セルロースの消化率が，摂食幼虫よりも越冬前幼虫の方が高く，これは低温での腸運動の緩慢化でより長く酵素に曝されたことによるものと考えられ，後者の糞で単糖類が増加し，その分分解産物の吸収量が減少していたという（Mishra *et al.*, 1985）。

カミキリムシの脂質利用に関しては知見がやや少ないが，ナンヨウミヤマカミキリの幼虫に関して研究がなされ（Mishra *et al.*, 1985），脂肪・油脂・樹脂成分の消化率は 26% と低く，脂質は炭水化物からの生合成で得ているものと考えられた。また，*Stromatium barbatum*（カミキリ亜科）の食害材と幼虫の糞を化学分析したところ，食害材は脂質含有量が少なく，炭水化物からの生合成が可能と推察された（Mishra & Singh, 1978a）。

以上，カミキリムシによるリグノセルロースの分解と利用について概観したが，ここで共生微生物がこれにいかほど関与しているかについては，ほとんどが未知である。しかし最近，カミキリムシ幼虫の腸内細菌に関する非培養法による研究が出始め，細菌が保持する遺伝子の解析などから，その機能が徐々に明らかにされつつある。詳しくは 21.2. で述べる。

14.3. ゾウムシ科の木材成分利用

この範疇には，樹皮下穿孔性キクイムシ亜科，木部穿孔養菌性キクイムシ亜科，ナガキクイムシ亜科（木部穿孔養菌性），*Hylobius*（一次性）や *Shirahoshizo*（二次性）などの食材性群が含まれる（このうち，木部穿孔養菌性の 2 群は全部あるいは部分的に非食材性）。これらについても，その木材成分の消化・利用についてはこれまでにレビューされたことがないので，以下，各科・各族・各属ごとに既往の知見を見ていく。

14.3.1. 樹皮下穿孔性キクイムシ亜科

Ipini 族の *Ips* spp.（*I. cembrae*, *I. sexdentatus*, *I. amitinus*, ヤツバキクイムシ欧州産基亜種 *I. typographus typographus*, マツノムツバキクイムシ *I. acuminatus*）の成虫（一部幼虫・蛹）で消化酵素が最も詳しく調べられており，それによるといずれの種でもデンプン，可溶性糖類，ペクチン，一部のヘミセルロース（キシラン，マンナン，等）に対する分解酵素，およびセロビオースを分解する β-グルコシダーゼが検出され，カルボキシメチルセルロース（CMC；セルロースの水溶性誘導体）に対する分解活性は一部で見られ，膨潤セルロースに対する活性はマツノムツバキクイムシ未硬化成虫にわずかに見られるのみで，基本的にセルラーゼは検出されず，炭水化物源としては内樹皮や形成層のグルコース，フルクトース，サッカロース等の可溶性糖類やデンプンに依存していることが示されている（Courtois *et al.*, 1961a；Courtois *et al.*, 1961b；Chararas *et al.*, 1963；Courtois & Chararas, 1966；Balogun, 1969；Chararas, 1981b；Chararas, 1983）。またマツノムツバキクイムシ *I. acuminatus* 幼虫は飼料中の抗生物質で影響や変化を見せず，これらの分解酵素群は菌器内共生細菌由来ではなく，消化管組織由来と考えられている（Courtois & Chararas, 1966）。同族の *Orthotomicus erosus*, *Pityogenes calcaratus* では成虫でもセルラーゼがないことが確かめられている（Chararas, 1971）。

Polygraphini 族では *Carphoborus minimus* および *C. pini* の幼虫・成虫で消化酵素活性が調べられ，Ipini 族の *Ips* とほぼ同様の結果（デンプンや可溶性糖類の分解酵素活性は強く，CMC も分解でき，ペクチンとヘミセルロースの一部も分解し，膨潤セルロースに対しては弱活性，セルラーゼ活性は皆無）が得られている（Courtois et al., 1965；Courtois & Chararas, 1966；Chararas, 1971）。

Phloeosinini 族では，ケニア産の *Phloeosinus bicolor* 幼虫でデンプン，可溶性糖類，ヘミセルロースに対する分解酵素活性があり，セルラーゼ活性は皆無とされ（Parkin, 1940），また *P. cedri acatayi* 成虫でも分解酵素活性はデンプン，可溶性糖類，CMC，ペクチン，ヘミセルロースに対しては強く，膨潤セルロースに対しては弱く，ヘミセルロースに対しては強いと報告されている（Courtois et al., 1965；Courtois & Chararas, 1966）。

Scolytini 族では広葉樹性の *Scolytus intricatus* の幼虫で調べられ，同様にデンプン，可溶性糖類，CMC，ペクチン，ヘミセルロースに対しては強い分解酵素活性が見られ，膨潤セルロースに対しては無活性とされている（Courtois et al., 1965；Courtois & Chararas, 1966）。また同じ広葉樹性のセスジキクイムシ *S. multistriatus* の成虫のフラスの分析によると，食物中の主要な炭水化物源はスクロースであった（W.V. Baker & Estrin, 1974）。

Hylesinini 族では *Hylesinus fraxini*（トネリコ属樹皮穿孔性）幼虫・成虫で調べられ，各種可溶性糖類とヘミセルロースの分解活性が認められ，餌と糞の分析により一部のヘミセルロースの消化・利用が認められたが，セルロース，ペントザン，ペクチンの分解・摂取は認められないとされた（Hopf, 1938）。

Hylurgini 族では，マツ属を宿主とするマツノキクイムシ *Tomicus piniperda* について，幼虫・成虫で「ヘミセルラーゼ」とマツノマダラカミキリ幼虫よりも高い活性のエクソ-β-1,4-グルカナーゼが検出されたとする報告（王健敏(Wang, J.-m.)・他，2007）がある一方で，成虫でヘミセルロース（キシラン，マンナン），デンプン，ペクチン，CMC の分解酵素活性が認められたが，セルラーゼ活性はいかなる場合も見られないとされ（Chararas, 1971；Chararas, 1981b），また純粋の針葉樹一次性であるエゾマツオオキクイムシ *Dendroctonus micans* の幼虫でもデンプン，ペクチン，グルコマンナン，CMC，キシラン，アラビノガラクタンに対する分解酵素活性が認められたが，セルロースに対する分解活性はまったく認められないとされた（Chararas & Courtois, 1976）。一方近年になって，中国産の *D. armandi*（一次性）の成虫消化管からセルラーゼ，ヘミセルラーゼ，アミラーゼ等，その共生性真菌の持つものとは異なる酵素が泳動法で検出されている（陳輝(Hu. Chen)・他，2004）。この場合，本節で記した他のすべての既往知見と明らかに矛盾する結果となっており，再検討の必要性が強く示唆される。また同じ一次性とされる北米産の *D. valens*（Morales-Jiménez et al., 2009）と *D. rhizophagus*（Morales-Jiménez et al., 2012）の幼虫・成虫の消化管内の細菌の一部が生体外でセルロース分解能を示すという結果が示され，同属の北米産殺樹性種 *D. frontalis* の共生性真菌の一種 "*Entomocorticium* sp. A" がエンド-グルカナーゼとエクソ-グルカナーゼを生産することも示された(Valiev et al., 2009)。これらの場合，実際にセルロース分解が起こっているとしても，その分解量が宿主キクイムシにとって意味のある値かどうかといった問題が生じるものと考えられる。

Hylastini 族では，マツノクロキクイムシ *Hylastes ater* 成虫がセルラーゼ活性を持たないとされている（Chararas, 1971）のみである。

そうした中最近になってOppert et al. (2010)は，樹皮下穿孔性キクイムシ類のScolytus sp.（S. rugulosus?）幼虫の消化管および頭部でセルロース分解活性を検出し，結晶セルロースとCMCに対する分解活性の比は頭部で0.4以下，消化管で約0.1とした。またPauchet et al. (2010)の報告は当該昆虫種と当該酵素の名称の記載が不備ではあるが，Scolytini族のHypothenemus hampei（果実穿孔性），Hylurgini族のDendroctonus ponderosae（樹皮下穿孔性），Ipini族のIps pini（樹皮下穿孔性）においてエンド-β-1,4-グルカナーゼをエンコードする多くの遺伝子の検出を報じている。キクイムシ亜科における潜在的セルロース分解活性に関する最初の包括的報告である。

以上まとめると，樹皮下穿孔性キクイムシ亜科はほとんどすべての場合で，木質中の最大成分であるセルロースを利用できず，炭水化物源はそのほとんどを内樹皮や形成層の可溶性糖類に，一部をヘミセルロースに依存していることがわかる。これは異系統（にして一見類似）のナガシンクイムシ科（ヒラタキクイムシ亜科を含む）の栄養摂取様式と，ヘミセルロースの利用を除いてほぼ一致する。しかしナガシンクイムシ科は基本的に乾燥に適応した一群であり，これはその発生材が生材状態からワンポイント変化したものであり，従って栄養的にもワンポイント劣化が進んだものであることを意味する（ヒトの食物に喩えれば生魚と干物の対比である）。さすれば，樹皮下穿孔性キクイムシ亜科の可溶性糖類・デンプン・有機窒素要求性は，恐らくはナガシンクイムシ科と比べてより高いものであることが予想される。

14.3.2. 木部穿孔養菌性キクイムシ亜科

このギルドに属する種については，元来養菌性ゆえに木材成分の利用といっても，それは共生栽培菌を介した間接的な利用なので，これを調べた研究は少なく，解釈も容易ではない。研究例は，山根・他 (1963)がカシノキクイムシTrypodendron signatumの幼虫・成虫においてCMC／セルロース，ヘミセルロース，デンプンの分解酵素活性を認め，基質がCMCとデンプンの場合，幼虫は成虫の2.3倍の活性があるとしたもののみである。

14.3.3. ナガキクイムシ亜科

この一群も背景と現状は上の項目と同様である。わずかにJ.M. Baker (1963)が，Platypus cylindrusは樹皮下穿孔性キクイムシ亜科のPhloeosinus bicolor幼虫と同じく，材の細胞内容物の他にヘミセルロースを消化分解できるとしているのみである。養菌性ゆえに食材性ではないので，この知見が何を意味するかは検討が必要であろう。なおH. Roberts (1960)はガーナ・コートジボアール産のTrachyostus ghanaensisの終齢幼虫が，共生栽培菌の他に，宿主樹オベチェTriplochiton scleroxylonの木材組織も咀嚼・嚥下しており，その結果その中のデンプン粒が消失し，これが消化されていることを示唆している。同様のことはこの亜科の他の種でも見られる可能性がある。

一方日本産のカシノナガキクイムシPlatypus quercivorusや南米産のP. mutatusでは，成虫と幼虫の排出するフラスは明らかに異なり，成虫はexcelsior状すなわち繊維状のフラス（2.2.7.参照），幼虫は通常の木粉状のフラスである（Girardi et al., 2006；Tarno et al., 2011）。これが何を意味するかは即断できないものの，菌食以外に，成虫が木質中の可溶性糖類やデンプンを，幼虫がこれに加えて木質細胞壁構成性ヘミセルロースを栄養として摂取し，その内容の違いがこういったフラスタイプの違いとなって現れている可能性がある。今後の解明が待たれる。

総じて，前項（14.3.2., 木部穿孔養菌性キクイムシ亜科）と本項，両方あわせて「アンブロシア甲虫類」については，それらの食性（22.6.；22.7. 参照）は，わかったようで実はあまりよくわかってはいないといえる。

14.3.4. キクイムシ亜科・ナガキクイムシ亜科を除く食材性ゾウムシ科

ゾウムシ科は種が豊富なわりに，他の生理・生態学的事項と同様知見は少なく，研究対象種はアナアキゾウムシ亜科 Molytinae の若干種に限られるのが現状である。この亜科ではまず，マツ属の二次性樹皮下穿孔性種であるニセマツノシラホシゾウムシ Shirahoshizo rufescens（クチカクシゾウムシ族 Cryptorhynchini）の幼虫について山根・他 (1964a) は，可溶性糖類，セロビオース，CMC，デンプン，ヘミセルロースに対する分解酵素活性を認め，CMC とデンプンを基質にした場合，幼虫は成虫の 2.3 倍の活性があるとした。

針葉樹の根部または地際部の樹皮下穿孔性で幼虫・成虫が菌器に共生微生物を持つ種では，*Pissodes notatus*（キボシゾウムシ族 Pissodini）と *Hylobius abietis*（アナアキゾウムシ族 Hylobiini）で詳しい研究が見られる。*Pissodes notatus* の幼虫・成虫は可溶性糖類，デンプン，CMC，各種ヘミセルロース，ペクチン，CMC に対して分解活性を示し，セルロース系各種基質に対しては幼虫でほとんど活性がなく成熟成虫で高い活性が見られ，これらの活性は抗生物質の影響を受けず，消化管組織由来のものと考えられた（Chararas *et al*., 1962；Chararas *et al*., 1963；Courtois & Chararas, 1966；Dajoz, 1968）。一方 *Hylobius abietis*（アナアキゾウムシ族 Hylobiini）の幼虫・成虫では，可溶性糖類，デンプン，CMC，ペクチン，ヘミセルロースに対しては活性が強く，膨潤セルロース分解活性はゼロで，これらは菌器中の共生酵母菌由来とも考えられた（Courtois *et al*., 1965；Courtois & Chararas, 1966；Thuillier *et al*., 1967）。

何分調べられた種の数が少なく，一般化にはほど遠いが，同亜科の近縁族間での違いが見られ，また幼虫と成虫の違いなど興味深い点も見られる。

オサゾウムシ亜科の食材性種の木材成分利用については知見がほとんど見られない。唯一，単子葉植物であるヤシ類に穿孔するヤシオサゾウムシ *Rhynchophorus palmarum* 幼虫の消化管内容物から β-グルコシダーゼが分離されている（Yapi *et al*., 2009）のみである。

14.4. ナガシンクイムシ科の木材成分利用

この科では，ヒラタキクイムシ亜科 Lyctinae（かつては独立科のヒラタキクイムシ科 Lyctidae）に関して非常に詳しく栄養要求性が研究されている。ヒラタキクイムシ属 *Lyctus*（およびその他の属を含む科全体）（図 2-9）では，木材の食害は広葉樹辺材に限定され，これは主にその組織内の柔細胞中のデンプンが一定量（ヨウ素・ヨウ化カリウム溶液を塗布するとヨウ素・デンプン反応で紫色に染まるのが肉眼でかろうじて認められる程度）以上含まれることによるものとされ，この昆虫の幼虫はセルロースや木質細胞壁構成性ヘミセルロースはまったく利用できない（W.G. Campbell, 1929；Wilson, 1933；Parkin, 1936；Iwata & Nishimoto, 1982）。

ただし最近になって Oppert *et al*. (2010) は，*Lyctus* sp.（アメリカヒラタキクイムシ *L. planicollis*?）成虫および蛹(?)の消化管および頭部でセルロース分解活性を検出し，結晶セルロー

スとカルボキシメチルセルロース（CMC）に対する分解活性の比は消化管で約0.3とした（この報告の真偽は不明なれど，この一群の昆虫の発生パターンからしてセルロース分解活性を有する可能性は非常に低いものといわざるをえず，誤同定の可能性がある）．

一方他の木材穿孔性甲虫類と同様，タンパク質／アミノ酸（有機窒素分）も当然のことながら極めて重要である（Cymorek, 1966）（2.2.7. 参照）が，これは木部においては辺材の生きた柔細胞の内容物中にデンプン／可溶性糖類とともに見出され，同じことはミネラル分，ステロール類，ビタミン類など他の微量必須栄養素に関してもいえ，これらの栄養素はすべてが概ね平行して柔細胞中にセットで存在し（ただし2.1., 12.3. の記述およびOvington (1957), Allsopp & Misra (1940) の報告も参照のこと；またステロール類については別パターンで2.2.7. を参照されたい），従って少なくともヒラタキクイムシ類に関しては事実上，発生の可能性はとりあえずはデンプンの有無のみをチェックすればよいようである．

一方ヒラタキクイムシ以外の亜科（狭義のナガシンクイムシ科；以下，「非ヒラタキクイムシ亜科群」）については研究が少ないが，Parkin (1940) の報告では，ヘミセルロースの準可溶部（当時のいわゆる「ヘミセルロースB」）をヒラタキクイムシ亜科が利用できるのに対し，*Heterobostrychus brunneus* および *Bostrychoplites cornutus*（ともにナガシンクイ亜科）はこれを利用できず，それ以外の点では木材成分摂取様式がヒラタキクイムシ亜科とほぼ同じとされている．*Bostrichus capucinus*（同亜科）についても同様にセルロース，ヘミセルロースがまったく利用できず，炭水化物としてはグルコースなどの可溶性糖類，デンプンに依存しているという知見が得られている（Pranter, 1960）．竹材穿孔性（一部広葉樹木部穿孔性）の *Dinoderus* spp.（ナガシンクイムシ科-タケナガシンクイ亜科）についても，*D. ocellaris* の幼虫はデンプン，スクロースを利用する一方で，セルロース分解能を欠くことが示されており（Newman, 1946），また広葉樹材でもその *Sinoxylon anale* による被害性はそのデンプン含有量と相関しているようである（Sittichaya et al., 2012）．実際発生例を見る限り，セルロース分解能のないこととデンプンを要求することはこの科にほぼ共通との感がある．ただし，チビタケナガシンクイ *Dinoderus minutus* 等（タケナガシンクイ亜科Dinoderinae）は広葉樹辺材よりは竹材を好み（図12-6），これはデンプンand/or有機窒素の要求最低含有量が広葉樹辺材と竹材の双方に発生できるヒラタキクイムシ亜科よりも高いことによるものとも考えられる．またデンプン含有量が極端に少ない針葉樹外樹皮に発生する *Stephanopachys* spp.（同亜科）は逆にこの値が低いものと思われ，あるいはこの科としては例外的な栄養要求性，または共生微生物を持つ可能性もある．山火事被害木を好むという点（Hyvärinen et al., 2006；他）もまことに気になる．Schimitschek (1953) は，欧州産の *S. substriatus* がドイツトウヒ *Picea abies* の外樹皮中のタンニンをもしや分解利用しているのではと考え，餌と虫糞を分析したところ含有量に差は見られず，この成分の利用はないと結論している（目下のところタンニンを食材性昆虫が利用するか否かを調べた唯一の文献）．いずれにしてもこの属の生理・生態は今後の詳しい研究がまたれる．ナガシンクイムシ科の高いデンプンand/or有機窒素分含有量要求性に関しては，後述するように，広葉樹の枝がフトカミキリ亜科の特定の一次性環状穿孔種に加害されて枯死した場合，加害箇所の上部の組織が富栄養化され，これにナガシンクイムシ科-非ヒラタキクイムシ亜科群の種が多々発生することが知られ（Polk & Ueckert, 1973；Borgemeister et al., 1998b；Hill et al., 2002），これはその状況証拠となっている．

ナガシンクイムシ科の木材成分利用については，これで一件落着と思いきや，実ははっきり

しないことが多い。まず上述（12.7.）の成虫後食に関する諸問題があり，そこで述べたことには本節で述べたことと矛盾するものもある。また上述の針葉樹外樹皮穿孔性にして山火事特異的な *Stephanopachys* の問題もあり，さらに，後述（26.）する貯穀物害虫にして広葉樹木部穿孔性の *Prostephanus truncatus* におけるセルロース分解性共生微生物の存在（Vazquez-Arista et al., 1997）も，以上のこととまったく整合性が認められない話である。かくしてこの科は，栄養生理に関しては，食材性甲虫類の中で最も研究しがいのあるグループではないかと筆者は見ており，今後の研究の進展が期待される。この点については後にも詳述する（26.）。

14.5. シバンムシ科の木材成分利用

Parkin（1940）によると，この科の食材性種は種による程度の差はあるものの，概ねセルロース，ヘミセルロース全般，細胞内容物（デンプン，可溶性糖類，タンパク質，等）といった一通りの成分を利用できるようである。ただし，材中の有機窒素分および／またはタンパク質の含有量が非常に重要な因子とされており（Bletchly, 1966），特にイエシバンムシ *Anobium punctatum*（図2-4）は針葉樹・広葉樹乾材木部穿孔性でセルロースを分解・利用できる（Spiller, 1951）が，有機窒素分がその発生に最も重要な制限因子で，季節的には早春に，また部位的には木部は形成層に近いほど，さらには元口材よりも末口材の方が窒素分が多く，その分イエシバンムシの発生数や成長量が増えるとされている（Bletchly & Farmer, 1959；Bletchly & Taylor, 1964；Bletchly, 1969b）。

マツザイシバンムシ *Ernobius mollis*（図14-3）は，筆者の観察では新鮮材から古材にわたる純粋の針葉樹樹皮下穿孔性種（乾燥耐性）であるが，その生態や栄養生理はカミキリムシ樹皮下穿孔性種に準じるようである。Bletchly（1966）も本種の発生には樹皮が必要としているが，同時にオーストラリアとニュージーランドでは辺材部穿孔性になりうるとしている。いずれにせよこの種は木材細胞壁多糖類を利用できそうである。

セルロース・ヘミセルロースを利用分解していることが示されている *Xestobium rufovillosum*（Norman, 1936）は欧州での広葉樹木部穿孔性の乾材害虫であるが，乾材でもやや湿り気のある腐朽材を好むとされ（Bletchly, 1966），この選好性に関しては，細胞壁成分やタンパク質といった木材成分の変化の他に，意外にも組織強度の低下による物理抵抗の減少によるものとの説明が古くからなされている（R.C. Fisher, 1941；W.G. Campbell & Bryant, 1940）。腐朽材選好におけるこのような要因はやや特異であろう。

図14-3　マツザイシバンムシ *Ernobius mollis* (Linnaeus)（シバンムシ科）。a. 成虫。体長5mm。（口絵4）b. アカマツ被害材（日本大学生物資源科学部博物館所蔵，森八郎コレクションより）。樹皮下が穿孔される。シバンムシ科としては例外的に新鮮な材にも発生する。

図14-4 ケブカシバンムシ *Nicobium hirtum* (Illiger)（シバンムシ科）。a. 成虫。体長5mm。 b. 被害材（日本大学生物資源科学部博物館所蔵，森八郎コレクションより）。腐朽材の乾燥したものと考えられる。

　ケブカシバンムシ *Nicobium hirtum* もその発生材（図14-4）を見る限り，*X. rufovillosum* と類似した発生様式と木材成分利用を示すものと推察されるが，詳細は不明である。

　また比較的新しい知見として，Serdjukova (1993) はシバンムシ科幼虫のエンド-グルカナーゼ活性が種ごとに多寡を見せ，*Hadrobregmus pertinax* で強く，イエシバンムシやマツザイシバンムシで弱く，非食材性のジンサンシバンムシではゼロであり，またマツザイシバンムシでキシラナーゼ活性が見られるとしており，食性との関連が示唆される。いずれにせよ，シバンムシ科の栄養生理学は，もう少し研究されてもよいとの印象がぬぐえない。

14.6. コガネムシ上科の木材成分利用

　コガネムシ上科は幼虫が腐朽植物遺体を分解利用する（11.3.4.1.）が，セルロースを利用せず，その餌に含まれる微生物相・菌相に栄養を依存するのが基本と考えられている（Scholtz & Chown, 1995）。Mishra & Sen-Sarma (1987) は，コガネムシ科はより腐朽度の進んだ材を食し，この食性はより下等で，健全材を食するという高等なカミキリムシ科に比べて酵素の取り揃えが乏しく，共生微生物の関与はより任意的で，消化管のpHは強アルカリ性に傾く傾向が見られるとした。シロアリにおいてもこの傾向が見られるが，消化管のpH値が極端な強アルカリ性（Bignell & Eggleton, 1995；Brune & Kühl, 1996；他）に偏る土食性群はシロアリの中では最も高等で，進化の方向は逆であり，この Mishra & Sen-Sarma の見方には無理がある。以下，科別に見ていく。

　クワガタムシ科幼虫の木材成分の分解・利用については，*Dorcus parallelopipedus*（Ripper, 1930；Schlottke, 1945），*Pseudolucanus capreolus*（Savely, 1939）ではセルロース消化やセルラーゼ活性は見られないとされ，ツヤハダクワガタ *Ceruchus ligunarius* とコクワガタ *Macrodorcas rectus* でも糞中には木材の組織が未分解状態で残存し，結晶性セルロースの利用はないことが示唆されている（荒谷，2002）。しかし Mishra & Singh (1977) は，*Hemisodorcus* sp. がデンプンよりも可溶性糖類の方により高く依存し，ヘミセルロース・セルロースの利用も認められるとした。しかし後述（22.3.）するように，コクワガタの幼虫は白色腐朽菌の菌糸体を専ら栄養源とし，木材成分には頼っていないとの研究結果が出ている（Tanahashi *et al.*, 2009）。今後はこの点をクワガタムシ科全体について検証する必要がある。

　クロツヤムシ科の幼虫・成虫の木材成分の分解・利用については，まず *Odontotaenius disjunctus* の摂食幼虫でセルラーゼ活性は見られないとされた（Savely, 1939）が，*Pentalobus barbatus* の幼虫・成虫で中腸は非セルロース質の消化に関わり，セルロースの消化は回腸の盲嚢で真菌によって時間をかけて分解される可能性が示されている（W.V. Baker, 1968）。この科は幼虫・成虫ともに，消化管には消化吸収に寄与する微生物は多いが，セルロース分解酵素はこれまでに検出されず，微生物は成虫の糞，およびこれを粥状物にして穿孔坑道の内壁に塗りつけられたものにおいて「体外消化管」として働き，実験室内の飼育では成虫も幼虫もこの糞のみを餌にして何週間も維持可能ながら，微生物の作用を受けた木質はそれのみでは栄養としてはやや不十分とされている（Reyes-Castillo & Halffter, 1983）。クロツヤムシ科の燃料系バイオマス成分の消化については，さらなる研究が必要であろう。

　本上科中の最大の科であるコガネムシ科幼虫の木材成分の分解・利用については，注意すべき点がある。それはこの科の食性は実に多様であり（Ritcher, 1958；Scholtz & Chown, 1995），特に土壌棲の場合，いずれの種，属が本書の取り扱う範囲に入るかを見極めることがやや難しいということである。

　まずほとんどが土壌棲種であるスジコガネ亜科 Rutelinae では，*Parastasia brevipes*（*Polymoechus brevipes* として）の摂食幼虫でセルラーゼ活性が認められないとされた（Savely, 1939）が，*Anomala polita* の幼虫では，セルラーゼは中腸と後腸の内容物が活性を示し，中腸と後腸の組織でも弱い活性が認められ，また消化管各所の組織と内容物より β-グルコシダーゼ（セロビアーゼ）等の糖類分解酵素が検出され，キシラナーゼとマンナーゼが腸内容物のみから見られ，ヘミセルロースの分解も認められ，さらに唾液腺ではセロビアーゼ等も検出されたという（Mishra & Sen-Sarma, 1985）。また *Anomala marginipennis* では幼虫の餌と糞の分析結果の比較から，ヘミセルロース（消化効率 20～28%），セルロース（消化効率 16～35%），リグニン（消化効率 21～29%！）の分解が認められ，前腸，中腸，後腸の内壁エピセリウムと内容物では，セロビオースは全検体で分解活性が見られ，キシラン，グルコマンナンは腸内容物でのみ分解活性が見られるとされた（Mishra & Sen-Sarma, 1988）。

　土壌棲であるコフキコガネ亜科 Melolonthinae では，*Sericesthis geminata* 幼虫の消化液はセロビオースに対する分解酵素活性をほぼ全域で示し，カルボキシメチルセルロース（CMC）分解性のセルラーゼは後腸が分泌源であり，各種セルロースは中腸組織・後腸組織によりグルコースに分解されると報告された（Soo Hoo & Dudzinski, 1967）。また，*Holotrichia insularis* では幼虫の餌と糞の分析結果の比較から，ヘミセルロース（消化効率 28～51%），セルロース（消化効率 33～47%），リグニン（消化効率 29～37%！）の分解を認め，他は *Anomala marginipennis* と同じ傾向が見られるとされた（Mishra & Sen-Sarma, 1988）。また Oppert et al. (2010) は，*Phyllophaga* sp. 幼虫の消化管および頭部でセルロース分解活性を検出し，結晶セルロースは消化管で，CMC は頭部で分解活性がより高いとした。

　以上 2 亜科の燃料系バイオマス成分分解に関する Mishra & Sen-Sarma (1988) のデータ（特にリグニン消化），および Oppert et al. (2010) の結晶セルロース分解活性のデータについては再検討が必要であろう。

　土壌棲であるカブトムシ亜科 Dynastinae では，ヨーロッパサイカブト *Oryctes nasicornis* の幼虫が最もよく研究されている。この種で Wiedemann (1930) は，消化管には組織分泌性の炭水化物分解酵素は見出されず，アミラーゼも欠いてデンプンすら分解されないとしたが，Piavaux & Desière (1974) は消化管内容物において，β-グルコシダーゼが幼虫で認められたが，Cx-セルラーゼ活性は幼虫・成虫ともに認められず，セルロース分解がもし生じていれば，そ

れは原生生物の食細胞作用によるものと考えた。一方 Bayon は，（共生微生物由来の）β-グルコシダーゼ活性が中腸〜後腸で見られ，セルロース分解の分子的条件付け（"precelluloysis"）が中腸で行われ，木材細胞壁および α-セルロース結晶の形態変化から，細胞壁は嚥下前から中腸を経て後腸に至るまで微生物（腐朽菌類・細菌類・酵母類・等）によって揮発性脂肪酸にまで分解されるとした（Bayon, 1980；Bayon, 1981；Bayon & Mathelin, 1980）。さらにヒメカブトムシ *Xylotrupes gideon* の幼虫でも，セルラーゼ活性が中腸と後腸の内容物で検出され，消化管各部の組織と内容物より β-グルコシダーゼ等の糖類分解酵素が検出され，またヘミセルロースの分解も認められている（Mishra & Sen-Sarma, 1985）。カブトムシ *Trypoxylus dichotomus* 幼虫でも中腸を中心にアミラーゼ，β-1,4-キシラナーゼ，β-1,3-グルカナーゼ，ペクチナーゼ，β-マンノシダーゼの高い活性が認められたが，セルラーゼ，β-1,4-マンナナーゼ，α-グルコシダーゼの活性は見られないと報告されている（Wada *et al.*, 2014）。

ナラカシ属 *Quercus* 生木の腐朽部を穿孔するオウシュウオオチャイロハナムグリ *Osmoderma eremita*（トラハナムグリ亜科 Trichiinae）の幼虫では，消化管各部においてセルロース消化が見られないことが示され（Ripper, 1930），またヨーロッパサイカブトと同様消化管組織分泌性炭水化物分解酵素は見出されず，アミラーゼを欠いてデンプンすら利用できないことが示されている（Wiedemann, 1930）。

ハナムグリ亜科 Cetoniinae については，欧州産の種の幼虫で古くから燃料系炭水化物の消化が調べられている。まず，クプレアツヤハナムグリ *Protaetia cuprea*（*Potosia cuprea* として；針葉樹針葉より成るアリ *Formica rufa* の巣に棲息してこれを糧とする）の幼虫消化管，特に後腸膨張部は微生物相が豊かで，純粋のセルロース並びに餌として取り入れられた針葉のセルロースを発酵分解するが，木材はタンニン酸を除去した場合にのみ分解し，またセルロース発酵分解は蟻塚内でも生じており，幼虫消化管内での発酵は単にこれが最適条件下で加速されているのみと考えられた（E. Werner, 1926）。しかし Schlottke (1945) はこの種，並びにキンイロハナムグリ *Cetonia aurata* の幼虫後腸でセルロース発酵の酵素的証拠は得られなかったと報告した。一方インドにおいてヒストリオコアオハナムグリ *Gametis historio*（*Oxycetonia albopunctata* として）の幼虫が調べられ，セルラーゼは中腸と後腸の内容物が活性を示し，前腸・中腸・後腸のエピセリウム・内容物より，β-グルコシダーゼ（セロビアーゼ）等の糖類分解酵素が検出され，ヘミセルロースの分解も認められるとされた（Mishra & Sen-Sarma, 1985）。最新の研究はアフリカ産のメンガタハナムグリ *Pachnoda marginata* に関するもので，3 齢幼虫（腐植土食性）・蛹・成虫（訪花性，果実食性）の消化管から CMC，グルコマンナン（やや弱）に対する分解活性が認められた（Strebler, 1979）のに続き，幼虫の前腸・中腸のセルラーゼ活性は唾液腺に由来し，後腸では細菌がセルロース分解に関与し，獲得酵素によるセルロース消化の可能性はなく，またキシラナーゼが中腸と後腸に見られるとされた（Cazemier *et al.*, 1997）。一方，樹洞内に発生するスペイン産の *Cetonia aurataeformis* の虫糞分析により，この種の幼虫で多糖類全般とリグニンの分解利用が認められ，同時に虫糞は富栄養化されるとの結果が得られている（Micó *et al.*, 2011）。

以上総じて，コガネムシ科におけるホロセルロース（ヘミセルロース＋セルロース）の消化分解は，微生物を含めた棲息環境との関連性が著しく，またこれらのすべてが木質バイオマス分解現象というわけではなく，下等シロアリやカミキリムシにおけるようなすんなりとしたものではない。しかし，棲息環境の総体としてはヘミセルロースとセルロースの分解が明らかに

見られるものと考えてよさそうであり，その分解能の産業的利用の可能性も論じられている (S.-W. Huang et al., 2010)。

このことに関連して特筆すべき事実がコガネムシ上科にはある。それは幼虫（および一部成虫）の中腸が極めて高いpH値を示す，すなわち強アルカリ性であることである。これはクワガタムシ科幼虫 (Schlottke, 1945)，クロツヤムシ科成虫 (Swingle, 1931)，コガネムシ科幼虫 (Wiedemann, 1930；Schlottke, 1945；Mishra & Sen-Sarma, 1985；Mishra & Sen-Sarma, 1987；S.-W. Huang et al., 2010；Wada et al., 2014；他) などで報告され，*Oryctes nasicornis*（コガネムシ科-カブトムシ亜科）の幼虫中腸後半部はpHが何と11.7であったという (Bayon, 1980)。Terra (1988) は，コガネムシ科幼虫の中腸の高いpH値は，低pHでタンパク質と結合しがちなタンニンが多い植物質を食することを可能にしているが，他に植物細胞壁からのヘミセルロースの分離にも関係するはずとしている。また，ハナムグリ亜科幼虫では，強アルカリ性の中腸で腐植質中のペプチドや多糖類（ペプチドグリカン，キチン）が分離され，可溶化と利用が進行しているのが報告されている (X. Li & Brune, 2005)。

カブトムシ上科における中腸の強アルカリ性は，土食性高等シロアリの後腸膨張部における同様の状況とともに，リグノセルロースおよびそれに付随する木質関連物質の消化分解に密接に関連するものとして，注目に値することは確かである。このことは後にも論じる (18.4.)。

ここで言及するもうひとつの重要な現象はメタン生産である。メタン生産はシロアリにおけるものが重要である (16.21.；28.6.) が，土壌と木質・植物質の混じり合ったものに発生するコガネムシ上科の幼虫でも知られ，カブトムシ亜科では後腸膨張部で嫌気的メタン生産が (Bayon, 1980；Bayon & Etiévant, 1980)，ハナムグリ亜科各種ではメタン，および一部水素の生産が (Hackstein & Stumm, 1994)，それぞれ報告されている。ここで一部発生する水素は，下等シロアリにおけるそれ (28.6. 参照) と類似のものと考えられるが，その性格や起源は詳しくは検討されていない。

14.7. タマムシ科の木材成分利用

タマムシ科は潜葉性のナガタマムシ亜科 Agrilinae-チビタマムシ族 Trachydini を除き，概ね食材性と考えられるが，食性の詳しいレビューはなされていない。しかし過去の文献記述を見る限り，ヘミセルロースを消化分解でき，セルロースもわずかながら料理するようである。

ルリタマムシ亜科 Chrysochroinae では，*Chalcophora mariana* 幼虫の前腸がセルラーゼを有して炭水化物消化を司り，中腸開始部から出た2本の盲管もセルラーゼを含んでいるとされている (Schlottke, 1945)。また，パレスチナ（イスラエル）産の *Capnodis* spp. の幼虫（広葉樹樹皮下穿孔性）で材中のセルロースの分解が示された (Rivnay, 1946) が，欧州産の *Capnodis milliaris*（広葉樹穿孔性）の幼虫では膨潤セルロースに対する分解活性が低く後腸ではゼロ，また他の各種ヘミセルロース，ペクチン等の分解酵素も中腸までの部分では若干活性が見られるも後腸では活性が相対的に低く，この活性は食入材（*Populus*）を抗生物質処理して飼育した幼虫でも変わらず，これらの酵素は幼虫自身が分泌しているものと考えられた (Courtois et al., 1964；Courtois & Chararas, 1966)。

タマムシ亜科 Buprestinae では，*Melanophila picta*（広葉樹樹皮下穿孔性）［の幼虫？］におい

てCMC（強），各種ヘミセルロース（やや弱），ペクチン（強）に対する分解活性が認められ，膨潤セルロースには無活性，またAntaxia corinthiaにおいてCMC（やや強），各種ヘミセルロース(弱～やや弱)，ペクチン(強)に対する分解活性が認められ，膨潤セルロースには無活性であった（Debris et al., 1964）。

ナガタマムシ亜科ではAgrilus sulcicollis（広葉樹樹皮下穿孔性）の越冬幼虫で多糖類分解酵素が調べられ，CMCに対してはやや弱活性，ペクチンに対しては強活性，膨潤セルロースに対しては微弱活性，各種ヘミセルロースに対しては微活性～強活性であったという（Courtois et al., 1965；Courtois & Chararas, 1966）。一方，アオナガタマムシ基亜種 Agrilus planipennis planipennis（ナガタマムシ亜科）では，セルロース分解活性を示す細菌の存在が認められ（Vasanthakumar et al., 2008）（21.3. 参照），さらに同種幼虫で微生物特有のポリガラクツロナーゼ，エンド-グルカナーゼといった細胞壁分解性酵素群の存在が体組織から検出されている（Mittapalli et al., 2010）。

14.8. シロアリの木材成分利用

シロアリによる木材成分の分解・利用については，これがその共生微生物が密接にからむ現象であること（Brune & Ohkuma, 2011）が影響して，各成分の分解・利用を定量するだけでは真の理解には不十分といわざるを得ない性格のものとなってくる。よってこの問題は，他の食材性昆虫との対比，共生原生生物，共生細菌，木材腐朽菌などの真菌類との関連で，そういった内容の章・節（18.4.；22.3.；23.；28.4.；28.6.；32.）で別途詳述し，ここでは多糖類を含む糖類の分解利用について簡素にまとめるにとどめ，詳細はこれらの章・節（18.4.；22.3.；23.；28.4.；28.6.；32.），およびNi & Tokuda (2013) による最新の優れた総説にゆずることとする。

シロアリによる木材消化は他の食材性昆虫と比べて効率がよいものと考えられる。ヤマトシロアリ Reticulitermes speratus（ミゾガシラシロアリ科）（図14-5）による木材利用において糖類に4つのカテゴリーが認められている（Azuma et al., 1993）。すなわち，(I) 後腸内の大型鞭毛虫の助けで消化するもの（セルロース），(II) 後腸内の小型鞭毛虫の助けで消化するもの（CMC，キシラン），(III) 後腸内の鞭毛虫の助けなしで消化するもの（アミロース，セロビオース，スクロース，マルトース，グルコース，フルクトース），(IV) 単独で与えるとシロアリ自身，

図14-5 ヤマトシロアリ Reticulitermes speratus（ミゾガシラシロアリ科）の発生したスギ材（横浜市瀬谷区産，2010年11月）。

共生鞭毛虫のいずれも消化できないもの（その他のヘミセルロース，その他の単糖類）。概ねシロアリは木材の糖類をほとんど食い尽くすことができる。その原動力は自前消化酵素と共生微生物・原生生物由来の酵素であり，このうち共生細菌については，後述のように論争の的となっている。

14.9. 獲得酵素説とその真偽

ここで問題となるのが「獲得酵素説」である。Kukor et al. (1988) は4種のカミキリムシ科幼虫の飼育実験を行い，*Bellamira scalaris*（ハナカミキリ亜科），*Graphisurus fasciatus*（フトカミキリ亜科），*Orthosoma brunneum*（ノコギリカミキリ亜科），*Parandra brunnea*（ニセクワガタカミキリ亜科）では通常の餌である腐朽材で飼育すると，幼虫中腸内消化液は結晶セルロース分解能を示す一方，無菌かつ酵素除去処理材で飼育するとセルロース分解能がなくなり，これは幼虫における腐朽菌由来セルラーゼによる木材セルロースの分解機構を示すと考え，さらにこのメカニズムをカミキリムシ科全体に敷衍して論じた。さらに Kukor & Martin (1986a) は，*Monochamus marmorator*（フトカミキリ亜科）の幼虫の中腸液は，ヘミセルロースおよびセルロースに分解活性を持つが，宿主材を木材腐朽菌 *Trichoderma harzianum* で腐朽させ，これで幼虫を飼育すると，幼虫中腸液のセルラーゼ類とこの腐朽菌のセルラーゼ複合はまったく同一である一方，幼虫を無菌飼育すると，中腸液はセルロース分解活性を示さずセルロースを消化できなくなり，これに腐朽材に移すとセルロース分解能が回復するとした。さらに Kukor & Martin (1986b) は，ポプラの枝の一次性穿孔性でセルロース分解能を持たない *Saperda calcarata*（フトカミキリ亜科）の幼虫を腐朽菌の一種 *Penicillium funiculosum* からのセルラーゼ複合を添加した飼料で飼育すると，セルロース分解能を獲得させることができ，酵素のこの獲得利用は，カミキリムシの前適応と考えた。そしてカミキリムシ科等木材穿孔性昆虫のセルロース消化の総説で M.M. Martin (1991) は，菌からの獲得酵素説を強調し，昆虫のセルロース自力消化を否定，もしくは非一般化した。

また M.M. Martin (1992) は，上述の *Saperda calcarata* の場合，獲得酵素が働くのは中腸であるが，中腸がタンパク質分解に力点を置くコガネムシ科のような昆虫の場合その pH は極端にアルカリ性に偏っており，獲得酵素はそのような条件下では失活または分解してしまうので，セルロース分解は起こらないとした。なおこれに若干関連することとして，近年になって，一次性のカミキリムシ幼虫で軟腐朽菌が関与したと思われるリグニン分解反応が検出され（Geib et al., 2008），さらに同じ種で多様な共生細菌相（Scully et al., 2013b）および共生真菌 *Fusarium solani*（Scully et al., 2012）由来のリグニン分解関連酵素の存在が示され，非常に興味が持たれる（18.3. で詳述）。

一方シロアリでも M.M. Martin & Martin (1978) は，セルロース分解に関与する3種の酵素がすべて見出される養菌性高等シロアリ *Macrotermes natalensis* の職蟻に関して，エンド-グルカナーゼ（C_x-セルラーゼ）およびセロビアーゼ（β-グルコシダーゼ）はシロアリ自前の生産ながら，エクソ-グルカナーゼ（C_1-セルラーゼ）は，彼らが「栽培」して摂食する共生菌に由来するとした。しかしこれに対して Veivers et al. (1991) は，*M. subhyalinus* および *M. michaelseni* で同様の研究を行い，獲得酵素は機能していないとした。養菌性高等シロアリでは

共生栽培菌の役割がシロアリの属や種によって多様であり（Hyodo *et al.*, 2003；他）（22.3. 参照），一般化は困難とも考えられる。

　木部穿孔性のキバチ類についても Kukor & Martin (1983) は，北米産種 *Sirex cyaneus* の幼虫が嚥下した共生菌から C_x-セルラーゼとキシラナーゼを獲得してセルロースとキシランを消化するとしている（22.5. 参照）。

　こういった M.M. Martin らの説は興味深いものの，この説の一般化に対する異論が多く見られる（Watanabe & Tokuda, 2010）。すなわちこの説を食材性昆虫に対して一般化すると，木材のもうひとつの主要成分であり白色腐朽菌以外の生物にとって超難消化性であるリグニンの分解が昆虫においてほとんど見られないことを説明できない。また腐朽とは無縁の乾燥した木材を好むカミキリムシ科−カミキリ亜科の一部の種がセルロースを分解して木材を消化していること（Iwata *et al.*, 1998a；他）とも矛盾する。

　菌類由来の酵素が，これを嚥下した昆虫の消化管内で基質分解活性を示すということは，現象としてはありえるものの，昆虫の驚くべき種多様性とそれに呼応した生理・生態の多様性からして，その一般化は無理と考えられる。

15. 窒素などの栄養素をめぐる苦闘

15.1. 動物の餌としての木材の「ひどさ」

　本来木材というのは極端な貧窒素性バイオマスで，針葉樹材ではその含有量は 1% を超えることは稀で，通常は 0.2〜0.7% という貧しい値にとどまっている (G. Becker, 1962)。オウシュウアカマツ Pinus sylvestris の辺材・心材では材中の窒素分の 70% 以上がタンパク質として存在しているとされる (Laidlaw & Smith, 1965)。木材を喰う昆虫にとってその餌の質量のほとんどは細胞壁成分，すなわちセルロース，ヘミセルロース，リグニンであり，これらは完全に窒素原子を欠き，炭水原子中心の有機物である。このうちリグニンはいかなる動物もこれの本格的利用はできず，シロアリによるこれの分解も単に多糖類への酵素アクセスの便宜を図る機能しかない (Hyodo et al., 2000)。窒素源としてあてになる細胞内肛の原形質は，辺材の柔細胞を除いて細胞形成直後に消失し，柔細胞中の滋養豊かな内容物も心材形成で消失する。あとは細胞壁であるが，一次壁が構造的に若干タンパク質を含んではいる (Keegstra et al., 1973；R.D. Preston, 1979；Darvill et al., 1980) ものの，この一次壁そのものが量的に微々たるものなので，結局上述のような乏しい窒素含有量となってしまうわけである。ここで食材性昆虫はあくまで動物であるため，他のすべての動物と同様，自らの体を構成するタンパク質の摂取は当然必要である。さらに昆虫は外骨格を持つ節足動物であり，その外骨格たるやキチン質から成り，これは環状骨格に窒素の割り込んだ糖類で，これにも窒素が必要である。昆虫のからだ全体における窒素含有量は概ね 10% 前後とされ (Fagan et al., 2002)，木材のそれをはるかに上回る。というわけで，木質を喰う昆虫たちは有機窒素分などを求めて日々苦闘を繰り広げているようである。

　カミキリムシの穿孔における同化効率は，腐朽材穿孔性種 Stictoleptura rubra（ハナカミキリ亜科－ハナカミキリ族）(Walczyńska, 2007)，ヤマブドウの二次性穿孔性種アカネカミキリ Phymatodes maaki（カミキリ亜科－スギカミキリ族）(K. Ikeda, 1979)，針葉樹乾材木部穿孔性種オウシュウイエカミキリ Hylotrupes bajulus（カミキリ亜科－スギカミキリ族）(Schwarz & Reusch, 1940)，タブノキの一次性穿孔性種ホシベニカミキリ Eupromus ruber（フトカミキリ亜科－ヒゲナガカミキリ族）(Banno & Yamagami, 1989) において調べられているが，得られた結果は相互整合性を欠いており，またこういったパラメーターは温度や湿度の関数であることもシロアリで示されており (Mishra & Sen-Sarma, 1979b)，これらを一概に比較できない。しかしいずれも，他の食性の昆虫と比較すると餌の質の低さが如実に表れている。また興味深いことに，米国南東部において，マツ属 Pinus の丸太を穿孔する Callidium antennatum（カミキリムシ科－カミキリ亜科－スギカミキリ族）と Chrysobothris sp.（タマムシ科－タマムシ亜科－ムツボシタマムシ属）の 2 種の二次性樹皮下穿孔虫の幼虫は，その材摂食量（乾重）と体重（乾重）の比が種間で共通した一定値をとるという報告がある (Savely, 1939)。この 2 種は，宿主樹と食害部位を共有し，科を越えて消化効率がまったく同じかつ値がぶれないということになる。これが何を意味するのか，あるいは単に偶然の結果なのかは，明らかではない。

　ところで，昆虫各目の内部で植食性と捕食性の種の体の窒素含有量を比べると，前者が後者を必ず下回ることが知られている (Fagan et al., 2002)。前者は植物（木材とは限らず通常は葉；繊維質と貯蔵糖類が豊富）を，後者は無脊椎動物を喰っており，これらの餌の窒素含有量は前者の場合が後者の場合を下回ることは容易に想像がつく。ということは餌とそれを喰う昆虫の窒

素含有量は平行しているわけである。この経験則を単純に敷衍すると，食材性昆虫の体の窒素含有量はそれ以外の昆虫と比べ若干少なめになることが予想される。しかしこれは未検討である。

さらに，甲虫類における (a) 食葉性群（ハムシ科），(b) 食葉性・食根性群（コガネムシ科－スジコガネ亜科），(c) 食材性群（カミキリムシ科，クワガタムシ科），(d) 食糞性群（コガネムシ科－ダイコクコガネ亜科，同科－マグソコガネ亜科），(e) 捕食性群（ゴミムシ科，ハンミョウ科）のそれぞれの幼虫食性・生活型，それに伴う天敵による捕食の危険性，窒素分の含有量による餌の質，雌成虫の産卵数，そして摂取した窒素分の成虫外骨格への割り当てという諸因子の間の関係を論じた研究（C.J.C. Rees, 1986）では，(a)(b) では成虫の外骨格の重量割合が他の群と比べて低く（これはハムシ科やスジコガネ亜科の標本が他の甲虫と比べて潰れやすいというコレオプテリストの経験則と一致する！），また (a) は産卵数が多く，これらの性質は，餌が貧窒素性の木材ながらその硬い木材中で天敵捕食から守られて生活環を長くする余裕のある (c) 食材性群や，富窒素性の餌を食する (d) 食糞性群および (e) 捕食性群とは根本的に異なる食性・生活型に由来するという。ここで興味深いのは，同じ植食性でも，(a)(b) 非食材性と (c) 食材性が対照的とされることである。食材性昆虫には，その生活基質たる木材の貧栄養性と堅固性がセットで大きくのしかかっているといえる。ハムシは木材ほどひどくはない生葉を餌とするもやはり決して窒素が豊富な餌とはいえず，また幼虫は葉の上に露出した状態で生活・摂食して隠れることができず，捕食圧が産卵数を押し上げ，その分窒素を成虫外骨格の形成に回せずこれを貧弱にしているという。非常に興味深い比較である。

15.2. 木質形成と窒素含有

このように木材は「餌」としては相当ひどい代物であるが，それに含まれる窒素などの微量成分も，植物の自然史の一貫としてその保持に一定の傾向が見られる。

木部の形成層から心材までの成分の変化は，肥大成長に伴う細胞形成以降老化に至る木部細胞の歴史そのものであり，窒素分については，未成熟段階での急激な細胞壁形成と急激な細胞内原形質消失による「希釈期」，辺材外部における「溶脱期」，辺材内部における「柔細胞死滅期」，心材における「安定期」と一貫して減少が見られ，最後に髄で少々増加して，樹種によっては辺材最外層より多くなる（Cowling & Merrill, 1966；Merrill & Cowling, 1966）。溶脱期と柔細胞死滅期に相当する辺材では，仮導管や導管といった通導系・繊維系細胞の原形質は早々に再利用のため失われるものの，栄養貯蔵系の柔細胞の原形質は保持され（Cowling & Merrill, 1966），明瞭な心材が形成されない樹種では，従って安定期がなく，髄に至るまで柔細胞死滅期が延々と続くという（Cowling & Merrill, 1966；Merrill & Cowling, 1966）。また針葉樹では，柔細胞より成る髄が若干窒素分の含有量が高い（Cowling & Merrill, 1966；Merrill & Cowling, 1966）。形成層から髄の手前までの木部で窒素分はひたすら減少し，特に辺材・心材境界付近で減少が相当顕著であることが示されているが，樹種，成育状況，測定法などによってはこの差が明瞭に出ないケース（Schowalter & Morrell, 2002）もあり，心材でも結構窒素分が残っている場合があるようだ。

窒素分の含有量については，(a) 針葉樹材より広葉樹材で，(b) 樹幹部より樹冠部（あるいは元口より末口）で（ただし 2.2.7. も参照のこと），(c) 心材より辺材で，(d)（辺材内では）心

材との境界方向より形成層方向で，(e)（心材内では）辺材との境界方向より髄方向で，(f)（1年輪内では）晩材より早材で，含有率が多いとされる（Ovington, 1957；Cowling & Merrill, 1966；Schowalter & Morrell, 2002；Cornwell et al., 2009；他）。ところで，丸太は幾何学的には元口と末口の径の違いを考慮すると円錐台であるが，あまり長くないとこれは円柱で近似できる。そして元口の同心円年輪の中心を原点とし，丸太の末口へ向かう軸方向を z 軸とし，この軸を中心として時計回りに計った角度を θ とし，この軸からの距離を r とすると，直交座標 (x, y, z) に代わって円柱座標 (r, θ, z) で丸太内の任意の点を表すことができる。ここで問題の有機窒素分の含有濃度を $x_N(r, \theta, z)$ とすると，(b) より $\partial x_N/\partial z > 0$（ただし後述するように $\partial x_N/\partial z < 0$ とする報告もある），(d) より辺材部は $\partial x_N/\partial r > 0$，(e) より心材奥部は $\partial x_N/\partial r < 0$，また (c) 〜 (f) における暗黙の前提より $\partial x_N/\partial \theta = 0$ であるが，任意の点 (r, θ, z) あるいは (x, y, z) に関して ∇x_N はその地点における有機窒素濃度の勾配ベクトルを表し，この点に存在する穿孔虫にとってこれはそのまま，有機窒素濃度に関連した自らの喰い進むべき方向を指し示すものといえる（この話はそのままデンプン含有量 x_{St} にも通用する）。樹皮下穿孔性種がその穿孔領域を内樹皮内層と辺材最外層に限定し続けることができるのも，あるいはこうした指針に部分的に依拠しているからかもしれない（その他の要因としては外界からの光がある）。しかし穿孔虫がこういったことをそのまま環境情報として感知し，行動に反映しているとする報告はほとんどなく，わずかに米国においてアオナガタマムシ基亜種 *Agrilus planipennis planipennis* の幼虫がトネリコ属 *Fraxinus* の生木で幹を上から下の方向に内樹皮穿孔する場合が多く，これは内樹皮の含水率およびアミノ酸含有量（樹幹下部が高い）の違いに基づいていることが示されている（Y. Chen et al., 2011）のみである。しかし，カナダ・Quebec 州でアメリカヤマナラシ *Populus tremuloides* 腐朽材の木部に *Anthophylax attenuatus*（カミキリムシ科−ハナカミキリ亜科−ハイイロハナカミキリ族）の幼虫が発生する場合，材の腐朽がその常として不規則に進行・分布し，この軽度腐朽部，中度腐朽部，重度腐朽部（比重で分別）のうちの重度腐朽部にのみ，または中度腐朽部にのみ（どちらかはケースバイケース？）幼虫が集中するという興味深い報告（Saint-Germain et al., 2007b；Saint-Germain et al., 2010）がある。Saint-Germain et al. (2010) は親成虫の産卵はこのパターンとは無関係としており，ではこれが特定栄養成分の濃度勾配に反応した幼虫行動の結果かといえば，腐朽度と全窒素含有量に正の相関があるのでその可能性も示唆している（Saint-Germain et al., 2007b）ものの，中度腐朽部への集中はそれでは説明できず，未解明といってよい状況である。一方，栄養的に均一な人工飼料の穿孔のように $\nabla x_N = 0$ の場合，穿孔虫は指針を失い，ランダムに穿孔することが予想される。

結局材中の栄養分の分布／濃度に対する穿孔虫の反応は，その発育速度（発育所要日数），体長（または体重），次世代産出数といった飼育データに現れることとなる。

具体的には，カミキリムシとの関連では Shibata (2000) によると，スギ立木を環状剥皮した際，その上部と下部の内樹皮の窒素含有量は環状剥皮効果（Noel, 1970；4.6. 参照）により上部が下部より高く，これを穿孔するスギカミキリ *Semanotus japonicus*（カミキリ亜科）（図 4-1）の成虫産出個体数もこれと平行して上部が多かったという。また G. Becker (1963) によると，オウシュウイエカミキリ幼虫の材内での発育は，宿主針葉樹の樹幹辺材最外層から樹幹中心部へと移るに従い減少するタンパク質含有量に左右され，この関連で早材と晩材の比率にも左右されるという。イエシバンムシ *Anobium punctatum*（図 2-4）でも Bletchly & Taylor (1964) は宿主材の辺材最外層から髄に向けての有機窒素分の減少とそれに沿った発育量の減少を報告している。さら

に，オウシュウアカマツ *Pinus sylvestris* 樹幹の材は，オウシュウイエカミキリ 1 齢幼虫の発育にとって樹冠部の方が胸高部よりもタンパク質含有量が多いために好ましいとされ（Heijari *et al.*, 2008），その一方でイエシバンムシとの関連で，同じオウシュウアカマツおよびオウシュウクロマツ *Pinus nigra* で丸太の末口（樹冠の方）の方が元口（根本の方）よりも窒素含有量が少なくなるという報告もある（Bletchly & Farmer, 1959）。このように，有機窒素・タンパク質の樹体内分布は変化に富んでいる。しかしいずれにせよ，窒素分などが非常に少ないことに変わりはない。

なお，昆虫の幼虫は一般に，若齢とそれ以降では栄養要求性が異なり，オウシュウイエカミキリでも 1 齢幼虫がそれ以降よりも高いタンパク質含有量を必要とすることが示されており（Heijari *et al.*, 2008），「若齢」は栄養の面でも「弱齢」のようである。

一般に植食性昆虫全般にとっての餌の適性は，(A) 産卵雌成虫の受容性と，(B) 幼虫の受容性・適性に分けられる（J.N. Thompson, 1988；Gripenberg *et al.*, 2010）が，この他に (C) 孵化幼虫による受容性も第三のファクターと考えられ，1 齢幼虫とそれ以降の幼虫の栄養要求性の違いは，まさにこの (C) と (B) の違いに他ならない。また産卵試験と幼虫移植試験を行った場合の結果の違い（例えばイエシバンムシ：Bletchley & Taylor, 1964）は，(A) + (C) と (B) の違いを反映しているものと考えられる。ここにおいて，木材中に少なくかつ発育に重要な栄養素（特に有機窒素分）の含有量は，こういった微妙な差に鋭敏に反映されるはずであり，研究にはこの点に特に注意を払うべきであろう。

ここで昆虫による木材中の窒素分の利用の研究に際し，是非留意すべきことがある。それは生丸太から乾燥過程を経て乾材に至る間の材中のタンパク質の移動現象である。針葉樹の新鮮な伐採木の辺材外層に含まれるタンパク質の $1/3$ は可溶性，すなわち細胞内容物由来であるが，こういう材を乾燥させた場合，これらのうちの相当量が水分蒸散に伴って材の表面近くに移動するという（B. King *et al.*, 1974）。同時にデンプン（Wilson, 1933）や可溶性糖類（Long, 1978）の同様の移動も起こる。従って材試料片の表面を昆虫がよく喰ったから，材試料片の表面から得た窒素分含有量データが高かったからといって，それらがその材試料全体を代表するわけではないということになる。

15.3. 木材の C ／ N 比とその改変・空気窒素固定

ここで餌の栄養価の観点から，その適切な指標はというと，細胞壁成分の水素に次ぐ最多元素である炭素（C）と，タンパク質の構成元素で最重要な窒素（N）の比，「C／N 比」がある。昆虫の全身の C／N 比は概ね 3 〜 6 という 1 桁の数字である（Bennett & Hobson, 2009）。しかるに木材はこの C／N 比が 1000 を超える場合もあるほど高く（Cowling & Merrill, 1966），微生物の作用で若干富栄養化された腐朽材でも 100 前後の値となり（Swift & Boddy, 1984），バイオマスとしては最大の値をとり，栄養のバランスが動物の餌としてはあまりに悪い。従ってこれを喰う昆虫たちはこの値を低めて窒素の炭素に対する相対量を可能な限り高めようと努力する（Haack & Slansky, 1987）。この努力には，大きく分けて 2 つある。

ひとつは N が少ないながらも少しは濃度の高い部分を選好すること（Shellman-Reeve, 1994；柴田，2002）。こういった部分，すなわち内樹皮と辺材最外層は，細胞内容物の残存により，N のみならず他の栄養素（デンプン，可溶性糖類，ビタミン，等）の含有量も高く，

一挙両得。ただしこの選好性は生木穿孔では樹木の抵抗による危険とトレードオフの関係にある（柴田，2002）。

　材が腐朽すると木材腐朽菌の菌糸が有機窒素分を多量に含み，栄養価が上昇する（Swift & Boddy, 1984）。しかしこの菌が胞子形成するとこれに栄養が大量にまわり，全体として栄養価が低下するとされ（Swift, 1977a），昆虫が木材腐朽菌を完全にあてにするわけにはいかないようである。一例として，*Arhopalus ferus*（クロカミキリ亜科）幼虫をマツ類の切株で飼育したところ，未腐朽材では体重が減少，わずかに腐朽した材で最大の体重増加量と発育速度が得られ，腐朽度の増加とともにこれらは減少したとされ（Wallace, 1954），これはひとえに材内の有機窒素分含有量の問題に帰すべきであろう。

　もうひとつはシロアリにおけるように共生微生物の助けを借りて空気窒素固定，メタン生産・放出，尿素再利用などを行い，C／N比を下げること（M. Higashi *et al.*, 1992；Tayasu *et al.*, 1994；J.B. Nardi *et al.*, 2002）。

　木材の高C／N比への根本的対処法には，実はもうひとつある。それは自らの窒素要求性を引き下げること。そんなことが可能なのかと思いきや，ひとつ抜け道がある。そもそも内骨格体制の脊椎動物とは対照的に，昆虫をはじめとする節足動物は外骨格体制をとり，これは体表面をキチン質で覆って固めることが前提で，もちろんこれは捕食者や病原菌などの天敵に対する対策も兼ねている。キチン質とはキチンとキトサンの混合物で，主要成分キチン（ポリ-β-1,4-N-アセチルグルコサミン；セルロースの2位炭素の水酸基がアセトアミド基に置換したもの）はアミド基があるので，まさに有機窒素である。こういう節足動物ではあるが，成長することが仕事である幼生期には体表面のこういうキチン化はむしろ障害となる（鎧を着ていては太れない）。従って特に完全変態類の幼虫は体表面がキチン化しておらず，「ブヨブヨ状態」である。この場合幼虫は有機窒素分をからだ全体の成長に充て，体表面キチン質へ回す必要がなくなる。しかしこういう状態の幼虫は，いかにも捕食性および病原性天敵にやられやすいことは容易に想像がつく。何とシロアリはゴキブリからの進化に際してこの点に目をつけたようである。彼らは老熟してもキチン化の程度が低く，特に職蟻などはまるで完全変態昆虫の幼虫の如くブヨブヨである。これによる天敵への対処は武装兵蟻による防衛と相互グルーミングによる消毒で対処し，かくして彼らは虎の子の有機窒素をキチン質合成に回す必要がなくなり，さらに共喰いに際してもキチン質が少ないので窒素の再利用がより容易となっているという（Nalepa, 2011）。そんな手があったかと感嘆する話ではある。

　シロアリにおける空気窒素固定については，別途詳述している（28.6.）のでここでは多くを語るのは差し控えるが，これに関連する最大の発見は，シロアリ後腸内で遊離して存在するスピロヘータ類（Lilburn *et al.*, 2001），および下等シロアリの共生原生生物の細胞内外で共生するBacteroidales目の細菌類（Hongoh *et al.*, 2008b；Desai & Brune, 2012；他）において空気窒素固定能が確認されたことである。

　シロアリと系統的に近縁の *Cryptocercus punctulatus*（キゴキブリ科）でも空気窒素固定が検出され，これはシロアリ同様，後腸内の共生細菌によるものとされている（Breznak *et al.*, 1974）。

　甲虫類ではこの芸当は限定的に見られるのみである。まず針葉樹乾材害虫のイエシバンムシ *Anobium punctatum* でその可能性が示唆されて久しい（J.M. Baker *et al.*, 1970）。また，タンパク質といっても色々あり，可溶性もあれば不溶性もある。当然可溶性タンパク質の方が利用しやすいのは想像に難くない。実際イエシバンムシでは不溶性タンパク質の利用率はよろしくな

い（J.M. Baker et al., 1970）。

　一方キクイムシ類については，まず広葉樹樹皮下穿孔性の *Hylesinus fraxini* の穿孔食害するトネリコ類内樹皮，幼虫フラス，成虫フラスの窒素含有量が比較されている（Hopf, 1937；Hopf, 1938）。これによると，幼虫はそのフラスの荒さからして消化がいいかげんながら，成虫は幼虫よりもさらにいいかげんで，非タンパク質性窒素（アンモニア）含有量の高いフラスを排出し，そのフラスの総窒素含有量は餌の内樹皮を上回る値となり，このアンモニアは細菌の尿酸分解産物とされた。これは，後述する共生細菌の尿酸再利用能力を示唆している。

　一方，木部穿孔養菌性キクイムシである *Xyleborus dispar* とその共生菌 *Ambrosiella hartigii* における窒素の動向を調べた French & Roeper (1973) の報告によると，成虫の糞はアミノ酸を含まずアンモニアの含有量は多かったが，アセチレン法によると成虫の空気窒素固定能力はなく，虫体や共生菌からはタンパク質分解酵素活性は見出されず，ミカンギア（共生菌保持器官；22.7. 参照）の中の共生菌体は虫体の遊離アミノ酸がもとになって作られるとした。こうなると謎は深まるばかりである。

　一方針葉樹樹皮下穿孔性の *Ips amitinus*, *I. typographus*, *Pityogenes chalcographus*（ゾウムシ科－キクイムシ亜科）では，概ね約3週齢の中齢幼虫のみ空気窒素固定能力を示し，この能力に関係すると思われる共生微生物としてこれら *Ips*, *Pityogenes*, および *Eccoptogaster rugulosus* の幼虫から，酵母菌の *Candida*, および *Torulopsis* (*Cryptococcus*), *Azotobacter zoogloeae* を含む様々な細菌が分離されている（Peklo, 1946；Peklo & Satava, 1949）。また *I. typographus* で閉鎖飼育系において窒素分の正味の増加が認められ（Tóth, 1952），さらに *Dendroctonus terebrans*, *D. frontalis*, *Ips avulsus* の成虫や幼虫の一部において，アセチレン法により空気窒素固定能が検出され，*D. terebrans* 幼虫から，共生性細菌と考えられる空気窒素固定性の *Enterobacter agglomerans*, *E. aerogenes* および *Enterobacter* spp. が分離されたが，樹皮中の幼虫や被害樹皮は発生現場ではアセチレン還元能（≒空気窒素固定能）を示さなかったという（Bridges, 1981）。この研究は非常に著名ながら，長らくこれを継ぐ研究は見られなかったが，近年になって Morales-Jiménez et al. (2009) は *Dendroctonus valens*（一次性）で研究を行い，幼虫と成虫にアセチレン還元能があり，消化管から細菌性 *nifD* 遺伝子が検出されて空気窒素固定能が示唆されるも，窒素を欠く培地で生育した消化管由来の細菌類数種のいずれもが培地上でアセチレン還元能や *nifD* 遺伝子，*nifH* 遺伝子の存在を示さなかったとした。また Morales-Jiménez et al. (2012) は同属の *D. rhizophagus*（一次性）でも空気窒素固定性細菌 *Rahnella aquatilis* を幼虫・蛹・成虫で一貫して最も多い細菌として検出している。そして Morales-Jiménez et al. (2013) は，これらの細菌の *nifH* および *nifD*（窒素固定能関連遺伝子）も調べている。どうやら樹皮下穿孔性キクイムシの共生細菌には空気窒素固定をするものが見られるが，その能力は攪乱で隠蔽されやすく，その検出はシロアリにおけると同様簡単ではないようである。一方 *Dendroctonus frontalis* ではミカンギアに含まれる共生菌，特に *Entomocorticium* は内樹皮の穿孔部位に含まれる窒素分を濃縮し，宿主昆虫の幼虫の窒素摂取に寄与したが，このようなミカンギアと共生菌を持たない *Ips grandicollis* の幼虫は，*D. frontalis* より多くの内樹皮摂食量を要したという（M.P. Ayres et al., 2000）。

　一方コガネムシ上科については，まず腐朽材穿孔性のクワガタムシ科では荒谷 (2002) は，ツヤハダクワガタ *Ceruchus lignarius* の発生していた褐色腐朽材，コクワガタ *Macrodorcas rectus* の発生していた白色腐朽材，コルリクワガタ *Platycerus acuticollis* の発生していた軟腐朽材につ

きC/N比の値を測定したところ，いずれも健全材よりはC/N値は低く，褐色腐朽材，白色腐朽材，軟腐朽材の順でC/N値が低下しており，さらにコクワガタ発生材中のトンネル内木屑は，材自体よりN含有量が増えてC/N値が低くなっているとし，コクワガタが木屑と糞を混ぜ合わせてNのリサイクルを図っていると示唆している。荒谷（2002）はまた，ネブトクワガタ *Aegus laevicollis subnitidus* の発生していたアカマツのヤマトシロアリ巣中の粘土状の腐植物，ヤエヤマルバネクワガタ *Neolucanus insulicola insulicola* の発生していたイタジイの泥状の腐植物についても，同様にN含有量の増加とC/N値の低下が見られたとしている。そして最も重要な知見として，コクワガタの幼虫でアセチレン還元能が認められ，共生細菌による空気窒素固定が示唆され（Kuranouchi *et al*., 2006），さらにヒラタクワガタ *Dorcus titanus pilifer* の飼育材（腐朽材破砕物）でこれに由来すると見られる窒素分の増加が認められている（蔵之内・他，2011）。

　クロツヤムシ科の窒素対策では，消化管中にキチン質の残渣が認められることから，他の昆虫の捕食や共喰いなどによるタンパク質の補給が必要なようである（Reyes-Castillo & Halffter, 1983）。しかしこの科の窒素摂取生態はこれに留まらない。*Passalus punctiger* の幼虫発育には成虫の糞が不可欠とされ，成虫の維持にも同種成虫の糞と材の両方を必要とし，幼虫の糞は概ね材より窒素含有量が低く，成虫の糞では概ね材より高く，幼虫や新成虫は単独では生存できず，これは成虫の消化管内に多糖類分解と窒素固定を行う共生微生物が存在することによるものと考えられているのである（Valenzuela-Gonzalez, 1992）。

　コガネムシ科では，オウシュウオオチャイロハナムグリ *Osmoderma eremita*（トラハナムグリ亜科－オオチャイロハナムグリ属）がヨーロッパナラ *Quercus robur* の樹洞に発生すると，樹洞内にはこの種の幼虫の糞が蓄積して腐葉土状木粉が形成され，これは幼虫消化管内の共生微生物の作用で有意に高い窒素と燐の含有量を示すとされている（N. Jönsson *et al*., 2004）。さらに，フランスにおけるクリ属 *Castanea* の樹木の樹洞では，同じトラハナムグリ亜科の *Gnorimus variabilis* が同じ役割を果たすようである（Kelner-Pillault, 1974）。また，*Cetonia aurata*（ハナムグリ亜科）幼虫の消化管内に見られる常在性細菌類に，*in vivo* と *in vitro* での空気窒素固定能（アセチレン還元能）が確認されている（Citernesi *et al*., 1977）。コガネムシ上科のメンバーは湿潤環境を好むので，獲得微生物による空気窒素固定があっても奇異ではないといえる。

　新鮮丸太へのキクイムシ類，腐朽材へのクワガタムシ侵入に際して，これらに随伴する窒素固定性細菌類は，一貫した世代間垂直伝播による不可欠的共生菌というよりはむしろ，ドサクサ紛れの侵入者，一世代限りの任意的共生菌という見方もあった（Carpenter *et al*., 1988）が，もしそうであったとしても，穿孔虫を利するべく有機窒素分蓄積で機能していることは確かである。とすれば，自然環境における空気窒素固定性細菌の穿孔性甲虫類による利用は，これまで考えられていた以上のものがあることとなる。なおゾウムシ科のキクイムシ亜科木部穿孔養菌性種（およびナガキクイムシ亜科；あわせてアンブロシア甲虫類）の場合，彼らの栽培対象となる特定共生真菌のみを繁茂させる目的で，あたかもヒトの農業における雑草とりのように雑真菌は排除され，*Ceratocystis* 等の「付随菌」が「おまけ」的に生じるのみで，雑真菌の本格的侵入は宿主甲虫の退去後である（Batra, 1966；Batra, 1985；Carpenter *et al*., 1988）。甲虫坑道への侵入は真菌類に限らず，細菌類，原生生物（鞭毛虫類・アメーバ類・繊毛虫類），線虫類（細菌食性・真菌食性・甲虫寄生性）にまで及ぶにぎやかさで（Carpenter *et al*., 1988），ま

さに土壌の生物多様性の延長である。

　一方鞘翅目の中では肉食性，雑食性，腐食性のグループと比べて，食材性のグループ（カミキリムシ科，食材性タマムシ科）は$δ^{15}N$値（$^{15}N／^{14}N$値の空気窒素の値との差）が低くゼロに近い（Bennett & Hobson, 2009）。これは必ずしも食材性甲虫における空気窒素固定を意味するわけではなく，意味は不明ながら，大いに注目に値する。カミキリムシでは，かつてハイイロハナカミキリ属の一種 *Rhagium inquisitor*（ハナカミキリ亜科－ハイイロハナカミキリ族）において空気窒素固定が報告された（Schanderl, 1942）が，これは後に反証され，誤りと見なされている（22.6. 参照）。しかし *Pyrrhidium sanguineum*（カミキリ亜科－スギカミキリ族）から得られた微生物が，液体培地培養で正味の窒素分増加を見せたとする報告がある（Tóth, 1952）。さらにヤマブドウの二次性樹皮下穿孔虫である日本産のアカネカミキリ *Phymatodes maaki*（カミキリ亜科）では生長量／同化量の窒素換算比は窒素固定や脱アミノ酸などがない場合の理論値（100%）より有意に高い118%という値が出ており（K. Ikeda, 1979），また広葉樹一次性であるインド産のナンヨウミヤマカミキリ *Hoplocerambyx spinicornis*（カミキリ亜科）では食害材と糞の窒素含有量はそれぞれ0.196%，0.235%との値が出ており（Mishra et al., 1985），いずれも窒素の濃縮を示唆している。そうした中最近になって，ツヤハダゴマダラカミキリ *Anoplophora glabripennis*（フトカミキリ亜科）での共生細菌による空気窒素固定と尿素再利用による窒素分獲得が，細菌遺伝子検出，アセチレン還元法による検出，窒素安定同位体分析の3方法で同時に証明された（Ayayee et al., 2014）。これまでの研究では空気窒素固定の証明は単一の間接的方法によるものであったが，この研究は3つの方法による有無を言わさぬ証明である。今後他の食材性甲虫での同様の研究が望まれる。

　空気窒素固定の他に，これに準じる有機窒素獲得法として，植物が行っているような無機窒素を有機窒素に転換するという手がある。しかしオウシュウイエカミキリ *Hylotrupes bajulus*（カミキリ亜科）幼虫では，硝酸アンモニウムをアミノ酸化する能力をまったく持たないことが示されており（M.G. White, 1962a），他の種でも同様と推察される。

　一方，代謝で生じた老廃物である尿酸を再利用することで窒素を確保するという手もある。これは下等シロアリ（Potrikus & Breznak, 1981）と樹皮下穿孔性キクイムシ類（Morales-Jiménez et al., 2013）で調べられ，いずれも共生細菌が関わっていることが判明している。

　ところで，C／N比が高いと空気窒素固定などの裏技で頑張ってNを集め，同時にCを捨てることでこの値を低めるというストーリーはシロアリで強調され，特にCを捨てることに関しては，メタン産生細菌との共生によるメタン放出という裏技が見られる（本節上述）が，甲虫ではどうか？　唯一知られる例は，再びオウシュウイエカミキリにおいて，せっかくセルロースをオリゴ糖（可溶性β-グルカン）まで分解したものを，Nが足りないために吸収せずに，一部を糞として排出しているという報告（Höll et al., 2002）である。恐らく他のセルロース分解能を持つ種でも同様のことが見られよう。

　シロアリ類・甲虫類以外では，ラジアータマツ *Pinus radiata* を穿孔するノクティリオキバチ *Sirex noctilio*（膜翅目－キバチ科）（図2-14）の場合，その幼虫フラスの窒素含有量が共生菌が蔓延した食坑道の材（0.03%）と比べて6倍にもなるとの記述がなされており（Madden & Coutts, 1979），共生菌およびその他の微生物の関与した空気窒素固定・同濃縮の可能性が曖昧に示唆されている。

　いずれにせよ，この分野は今後の研究の進展にまつところが大きいといえる。

15.4. デンプンおよび利用可能な可溶性糖類

　木質を構成する糖類は，①細胞壁構成多糖類（セルロース，ヘミセルロース，ペクチン質）と②細胞内容物関連糖類（デンプン，遊離オリゴ糖類，単糖類）に大別され，後者②を利用するのは生物としては至極当たり前のことながら，前者①を利用するのは生化学的(酵素化学的)に一苦労のようで，すべての食材性昆虫が能くすることではない。後者②のうち，昆虫があてにできるデンプン以外の糖類は可溶性の単糖類や二糖類であり，14.4.で述べたように，これらはデンプン，タンパク質／アミノ酸（有機窒素分）と平行して内樹皮や辺材の柔細胞内に分布し（ただし形成層におけるデンプンの少なさについては 2.1. 参照），心材にはまずもって存在しない。

　デンプンに関しては量も多く，その存在のチェックや定量が容易なこともあり，ヒラタキクイムシ類など食材性昆虫との関連で論じられることが多い。一方可溶性糖類については，既に少し触れた（12.3.）が，食材性昆虫の発育に影響するとする報告は比較的少ない。一例として，乾材木部穿孔性のイエカミキリ *Stromatium longicorne*（カミキリ亜科）幼虫に関する報告（施振華(Zh. Shi)・他，1982）があり，この幼虫は通常心材部は穿孔せず，セルロースとヘミセルロースのみでは炭水化物源にはならず，辺材中の可溶性糖類が成育に必要とされた。

　Saranpää & Höll (1989) はオウシュウアカマツ *Pinus sylvestris* の木部内での可溶性糖類の分布を調べ，グルコース，フルクトース，スクロース（以上が主要成分），および ｛ラフィノース＋スタキオース｝は形成層から髄に行くに従い減少し，特に主要3成分は心材でほとんどなくなり，デンプンとスクロースの含有量は平行する一方，｛アラビノース＋ガラクトース｝(1.7:1.0) は逆に形成層近くではゼロに近く，心材から髄に行くに従い増加するのが見られ，これらの成分は心材形成に際する細胞壁ヘミセルロースの加水分解に由来するものと考えられるとした。この心材中の ｛アラビノース＋ガラクトース｝ を昆虫が利用しているか否かは未解明である。

15.5. 食害部位と栄養

　ここで木質依存性昆虫の進化にとって最も重要な部位は，樹木の内樹皮〜形成層〜辺材最外部であり（W.D. Hamilton, 1978），これらの部位，とりわけ内樹皮は，衰弱木にあってタンパク質や可溶性糖類などの栄養価が最も高く（Savely, 1939；Merrill & Cowling, 1966；他），また木部では辺材最外部がタンパク質含有量などの点で最良とされる（G. Becker, 1962；Higuchi *et al.*, 1967；他）。かくして樹皮付きの材の形成層とその前後が最もおいしく，かつ樹皮そのものが穿孔虫の庇護に役立つということもあり，丸太の樹皮をめくるとそこに見出される穿孔虫，いわゆる「樹皮下穿孔性」の昆虫は非常に多い（W.D. Hamilton, 1978）。これらの多くは非乾材発生性であるが，一部は「遷移ユニット超越」(19.1. 参照)により乾燥後も生き延びて家屋内で羽化脱出する「準乾材害虫」となりうる。そうでなくとも蛹化や休眠に際して「材入」して後脱出孔から新成虫として脱出する。単なる普通の二次性樹皮下穿孔性種が唯一林業害虫となりうる局面であり，それらの唯一にして最大の発生防止法は丸太の剥皮である（Fougerousse, 1969）。一方面白いことに，幹のど真ん中の髄はその周囲の心材よりも，ま

た場合によっては辺材よりも窒素分の含有量が高く，また年輪内で早材の方が晩材よりも窒素含有量が高いという（Merrill & Cowling, 1966）が，この事実と昆虫食害との関連は Haack & Slansky (1987) による以外，これまで述べられたことはほとんどない。ここで，特にタンパク質／窒素に関しては，ストレスを受けた植物がタンパク質／窒素を再利用するためにその部分のタンパク質を分解・可溶化すること（アミノ酸生産）が，植食性昆虫一般にとって有利となること（T.C.R. White, 1984）も考慮に値する。しかし植物へのストレスと，これを食害する昆虫にとっての栄養条件の間の関係は相当複雑で，一般化は難しいようである（Brodbeck & Strong, 1987）。例えば施肥を受けた針葉樹は，ゾウムシ類や樹皮下穿孔性キクイムシ類に食害されにくくなるとする報告（Waring & Cobb, 1992）と，逆にゾウムシに食害されやすくなり，施肥の効果が帳消しになるという報告（Zas et al., 2006）がある。シロアリに関しては窒素施肥を受けた作物樹は食害を受けやすいという報告が見られる（Sivapalan et al., 1977）。

　木材食害虫の中にはこのおいしい樹皮下にこだわらず，貧栄養性の木部，その中でも樹木が生きていた段階で既に生細胞を完全に持たず，しかも防御物質である心材物質を多量に含有する心材部にまで平気で穿孔するものがいる。カミキリムシ科のルリボシカミキリ *Rosalia batesi* (Iwata et al., 1998a)（図14-2, 15-1）やトラカミキリ族（図15-2）の一部である。しかもこれらの種は乾燥に適応し，その意味で「乾材害虫」であり（G. Becker, 1977；岩田，1997），こういった乾燥した材（具体的には FSP（含水率28% 前後）以下の材）は腐朽菌の発生が見られず，従って腐朽菌とは縁を持たず（Amburgey, 1972；G. Becker, 1974；Bultman & Southwell, 1976），その活動によるタンパク質の増加が望めないので，何らかの「仕掛け」でもって餌の C／N 比を低めている可能性があるが，詳細は不明である（21.2. 参照）。このルリボシカミキリが属するカミキリ亜科はカミキリムシ科の中で特に乾材害虫が多く（岩田，1997），種間で差はあるものの（Iwata et al., 2007），幼虫が乾燥に適応した種が多い。辺材と心材を分け隔てなく穿孔するというこの性質は，木材腐朽菌への依存に対する決別を示唆している。また多くの種で，羽化脱出した成虫は後食しなくとも既に性成熟しているようであり（Butovitsch, 1939），後食が必須のフトカミキリ亜科成虫とは対称的で，幼虫の段階で既に万全な栄養補給を行っているという点は，木材腐朽菌に依存しないということと何らかの関連性があるかもしれない。

図15-1　トチノキ風倒木を利用して作製された長椅子に生じたルリボシカミキリ *Rosalia batesi* の成虫脱出孔（神奈川県藤沢市日本大学本館）。材は群馬県水上町産。加工・搬入後成虫が羽化脱出した。

図15-2　クリ材のシイタケほだ木上のキイロトラカミキリ *Grammographus notabilis* (Pascoe)（カミキリ亜科ートラカミキリ族）成虫（神奈川県横浜市緑区，2010年）。

15.6. シロアリ等による腐朽材の利用の意味

シロアリ類は，食材性昆虫の中でその栄養生理が最も詳しく調べられているグループである。Cleveland (1925) は北米産ヤマトシロアリ属の一種 *Reticulitermes* sp.（ミゾガシラシロアリ科）とアメリカオオシロアリ属の1属 *Zootermopsis* sp.（オオシロアリ科）を濾紙で飼育し，良好な結果を得た。これに対し S.F. Cook & Scott (1933) は *Zootermopsis* を用い，脱脂綿を溶脱処理してタンパク質コンタミネーションを除去してこのシロアリに与え，ここで毎日餌の脱脂綿を替えた場合と替えない場合で結果を比較すると，替えない場合に個体群重量が著しく増加した。替えない場合，明らかに細菌類や真菌類の作用で窒素分が供給されたことが示唆される。その後 *Zootermopsis* は，(a) 木材腐朽菌・カビ類などによる有機窒素分の増加でＣ／Ｎ比が低下し，また菌の作用で細胞壁構成多糖類の重合度が落ちた腐朽材ではより著しい成長・繁殖が見られ（Hendee, 1934；Hendee, 1935；Hungate, 1941），また材表面のカビ（*Trichoderma*）も栄養として寄与していた(Hendee, 1934)。その一方で針葉樹の新鮮な丸太の樹皮下にも穿孔し，その場合繁殖成功の最大の要因は，(b) 丸太樹皮下のタンパク質の量とされるに至っている(Shellman-Reeve, 1994)。このアメリカオオシロアリ属 *Zootermopsis* はオオシロアリ科，すなわち「湿材シロアリ」，すなわち腐朽の進んだ材に発生するシロアリで，実際米国・California 州の高地の針葉樹 CWD（粗大木質残渣）の調査では，ネバダオオシロアリ *Z. nevadensis* は腐朽段階の初期の材からは見出されていない（Harmon *et al.*, 1987）。しかし Weesner (1970) によると *Zootermopsis* は，巣創設初期は樹皮下穿孔性で，壮年巣になって腐朽材中に見出されるようになるという。巣創設王対は新鮮丸太に入植して内樹皮の豊富な窒素分に当面依存し，この丸太が腐朽しても引き続き営巣し，巣の時期により有機窒素分のソースが異なることが示唆され，その点で *Zootermopsis* は非常に特異な栄養摂取様式を有する食材性昆虫といえる。一方 (b) 材由来窒素と一口にいっても，(b_1) 細胞内肛残存物（可溶性）と，(b_2) 細胞壁封じ込め物（非可溶性）の2種があり，基本的に木材に発生する菌類や昆虫類が (b_2) 材内非可溶性窒素分，すなわち細胞壁由来の窒素分を利用するのは，細胞壁が分解された場合のみであり，さもなくば (b_1) 細胞内容物由来の可溶性窒素分を利用するしかない（B. King *et al.*, 1974）。

砂漠などの乾燥地では木材の腐朽は極めて緩慢で，これでＣ／Ｎ比が著しく下がることは望めない。この場合，空気窒素固定などの裏技ができなければ，材にもともとあった窒素分に頼るしかない。このような例としては，米国・New Mexico 州の乾燥地で *Gnathamitermes tubiformans*（シロアリ亜科）が立枯れ木の枝の木部表面（従って辺材最外層）を食し，この部分が窒素含有量が最も高い材部であることが確かめられている（MacKay *et al.*, 1985）。

ここで腐朽材のＣ／Ｎ比の低下（すなわち富栄養化）について詳しく見てみたい。この現象は，腐朽菌などの微生物や昆虫が土壌から有機窒素分を材に運んで濃縮することによるものと考えられる（N.M. Collins, 1983；Swift & Boddy, 1984；Sollins *et al.*, 1987）が，その一方で菌由来 (a) と材由来 (b) の有機窒素分の相対的重要性はやや不明瞭である（Hungate, 1944）。このうち (a) 菌由来の場合，木材腐朽菌に先立って材に侵入する非共生性細菌類による空気窒素固定の働き（Sharp & Millbank, 1973；Levy *et al.*, 1974；Aho *et al.*, 1974；B. King *et al.*, 1980；Clausen, 1996；Son, 2001）は重要である。木材腐朽菌は空気窒素固定でさんざん繁殖した細菌をそのまま餌としているといってよい。これは，消化管内共生性・空気窒素固定性細菌をそのまま窒素源として利用しているシロアリ（Fujita *et al.*, 2001；Fujita, 2004；15.7. 参照）を想起させる。また

こういった非共生性の常在性細菌でも，各種リター分解性無脊椎動物（コガネムシ科－ハナムグリ亜科の幼虫などの腐朽材穿孔性のものも含む）の消化管内で空気窒素固定能を発揮することがあり（Citernesi *et al.*, 1977），その窒素固定活動の普遍性が示唆される。しかし Laiho & Prescott (2004) によると，温帯針葉樹林での腐朽材のＣ／Ｎ比低下という現象における空気窒素固定細菌の寄与は，腐朽菌菌糸による窒素分移送（Watkinson *et al.*, 2006）に比べれば非常に小さいという。

　実際，枯木の有機窒素分などの栄養素は材が接地すると増え，枯木が腐朽すると有機窒素分などの栄養素が増加し，Ｃ／Ｎ比は相当低下する（Boddy & Watkinson, 1995）。この場合，材が土壌と接していないと材が腐朽していてもこの有機窒素分の増加は起こらず（Hungate, 1940），富栄養化無菌土壌と無処理土壌で比較すると材の下方・上方いずれにおいても窒素含有量の増加が見られ，富栄養化無菌土壌の場合の原因は材自体の可溶性窒素分の吸い上げ効果，無処理土壌の場合はこの吸い上げ効果プラス微生物活動（細菌類による空気窒素固定，腐朽菌類の菌糸による土中栄養分の持ち込み）が原因と考えられた（Uju *et al.*, 1981）。また富栄養化処理材が土壌に接すると，木材腐朽菌などの様々な菌類の生育は処理の影響をあまり受けず，これは細菌類による空気窒素固定で窒素分が供給されていることを示すものとされ（Sharp, 1974），林床の広葉樹腐朽丸太における空気窒素固定量は，材中窒素の 4.1% に相当する量と推定されている（Cornaby & Waide, 1973）。この細菌類による空気窒素固定と材自体の土壌からの窒素分の吸い上げについては，ハナムグリ亜科（コガネムシ科）幼虫の消化管内での細菌による空気窒素固定の簡素な報告（Citernesi *et al.*, 1977）がある以外，食材性昆虫との関連性は詳しく説明されておらず，小型土壌動物の動きと働きも含めて今後詳しい研究が求められる。木質の微生物や昆虫による分解におけるＣ／Ｎ比の重要性は地下の根系においても重要で，Ｃ／Ｎ比が低い（従ってＮが多い）方が分解は早くなるとされる（Fujimaki *et al.*, 2008；他）。なお，材の分解に際する栄養分の含有量の変化は複雑で，英国での林床枯枝の分析によると，白色腐朽菌の作用でＮのみならず Ca も増加し，K，Mg は減少，そしてこれにガガンボ類（双翅目）などの食材性昆虫が侵入すると N，P，K，Ca，Mg といった元素が軒並み減少するという（Swift, 1977b）。ある意味菌類は，昆虫類よりも環境創造性が高いといえる。これに関連して，丸太が腐朽すると恐らくは木材腐朽菌の作用により様々な金属イオンの攪乱と溶脱が見られ，米国・Missouri 州における広葉樹腐朽丸太に関する測定では，K，Ca，Mg 等が丸太から土壌へ溶脱し，その中でも特に K のみが土壌の下方へ濃度勾配を示し，またこの K にのみ地下性シロアリの一種 *Reticulitermes flavipes*（ミゾガシラシロアリ科）が選好する行動を見せたという（Botch & Judd, 2011）。

　腐朽材におけるこのＣ／Ｎ比の低下における各種木材腐朽菌やその他の真菌類の役割はどうか？　現象は非常に複雑である。この複雑さは，微生物自体の多様性の他，それら微生物間の相互作用の多様性が生み出している。まず「高Ｃ／Ｎ比を何とかせねばならない」という方向性は，すべての関連する微生物・動物にとって共通である。ここで白色腐朽菌に加え，ホロセルロース分解発酵性細菌類，空気窒素固定性細菌類，そしてその他のスカベンジャー菌類が，あたかも連携するがごとく相乗効果を見せ木質をどんどん分解していくことが知られている（Veal & Lynch, 1984）。ここでは，細菌が得た窒素分を資本にセルロース分解が進み，これはあたかも燃料と成果が逆転した状況である。そしてここで重要となるのは，この細菌による空気窒素固定と，腐朽菌による窒素分などの栄養素の移送作用（Watkinson *et al.*, 2006）である。

　まず空気窒素固定については，基本的に褐色腐朽菌のナミダタケ *Serpula lacrymans* はこの能力を持たないことが示され（Klingström & Oksbjerg, 1963），さらに真菌類一般に空気窒素固

定能力は見られないとされる（Millbank, 1969）。大型の子実体（キノコ）を形成しない非菌蕈性菌類（"microfungi"），すなわち青変菌類・糸状菌類・軟腐朽菌類は細胞壁分解能力が低く（軟腐朽菌類以外ではこの能力を欠く；Schirp et al., 2003），それゆえ細胞内容物由来の可溶性窒素分に依存するところが大きく（B. King et al., 1974），また木材腐朽菌といえども，木材細胞壁を分解しようとする前には木材細胞内容物中の非細胞壁構成性糖類（デンプンおよび可溶性糖類）に依存せざるを得ない（Hulme & Shields, 1970）。そして各種木材腐朽菌による木材腐朽に際し，菌は材の下の土壌から窒素分を材に移送し，その結果腐朽材のC／N比は健全材よりも低くなるとされる（B. King & Waite, 1979）。この窒素分の「移送」というのは文字通り受け取れない。すなわち，白色腐朽菌類は何と自己分解により不要な菌糸を分解して細胞内容物中の有機窒素分を再利用することで，木材中の窒素含有量の少なさを克服しており（Levi et al., 1968），「移送」とはこういった「再組織化」をも含むはずである。しかし果たしてそれだけであろうか？ 別の研究では，白色腐朽菌・褐色腐朽菌いずれの場合も針葉樹材に接種する際，細菌と酵母菌を混ぜて接種すると腐朽菌自体の重量と材の腐朽による重量減少量が増し（Blanchette & Shaw, 1978），また白色腐朽菌が針葉樹木材細胞壁を分解する際にはその菌糸に寄り添うように細菌や酵母菌などの微生物が発生して腐朽の進行を加速するが，褐色腐朽菌の場合これらの微生物は逆に腐朽菌と拮抗するとされている（Blanchette et al., 1978）。リグニンを易々と料理してくれる白色腐朽菌は，他の微生物にもてて共生・共同作業へとつながるが，リグニンに手を付けようとしない褐色腐朽菌は他の微生物に人気がないようである。かくして白色腐朽菌が広葉樹材を分解する際には，褐色腐朽菌が針葉樹材を分解する際よりも，細菌による空気窒素固定の量が多く，その分腐朽が早くなるという（Jurgensen et al., 1984）。しかしその一方で針葉樹・広葉樹の白色腐朽材・褐色腐朽材における空気窒素固定量を比べた研究では，段階の進んだ褐色腐朽材は腐朽が進んでいない褐色腐朽材より，褐色腐朽材一般は白色腐朽材一般よりも，空気窒素固定量が多いとされ（Larsen et al., 1978），話が混乱してくる。また材に窒素分を添加すると，木材腐朽菌の生育や分解活動が促進されることは誰もが想像することであるが，実際はそう簡単ではなく，細胞壁構成多糖類や可溶性糖類，リグニンといった他の物質との兼ね合いでこれが決まり，窒素分添加で影響を受けないまたはむしろ阻害されることすらあるという（Fog, 1988）。

　いずれにせよ，(a) 菌由来と (b) 材由来の有機窒素分 2 項目はシロアリ類の有機窒素分摂取における量的に重要なソースであり，恐らく他の木質依存昆虫もこの点は変わらないものと思われる。なお，丸太の自然界での腐朽における窒素分増加に関しては，これが細菌類による空気窒素固定によるものとの前提で，それに樹皮下穿孔虫や養菌性木部穿孔虫の侵入が資するとする見方も示されている（R.P. Griffiths et al., 1993）。

　マライ半島におけるフタバガキ科の 2 樹種，*Neobalanocarpus heimii*（比重 0.79）および *Shorea macroptera*（比重 0.53）の林内での分解の観察（Takamura, 2001）では，シロアリの存在に無関係にC／N比の減少が見られたが，高比重の材は低比重の材と比べて分解が遅く，C／N比の減少やNとPの蓄積が著しく（微生物の働きによる富栄養化），低比重の材は分解におけるシロアリの寄与が大きく，CやNの減少が著しかったという。やはりここでも微生物の存在が見え隠れする。

　腐朽材に対するシロアリ類の選好性が木材腐朽菌類による土壌からの窒素分の持ち込みによるとする見解は，上述のことからして実は曖昧で，本当は木材腐朽菌と同時並行で侵入する空

気窒素固定性細菌類のみの働きによるのではという疑いもある。というのは，木材腐朽菌の発生も材の窒素分含有量に左右されるとの報告（Findlay, 1934；Merrill & Cowling, 1966）があるからである。しかし Hungate (1944) は材と腐朽菌と土壌とシロアリより成る飼育系で，空気窒素固定は起こらなかったとしている。この時代には細菌類による空気窒素固定のアイデアがなく，そのことを考慮していないので，再検討が必要である。

　シロアリ類は，木材という有機窒素分が少ない（C／N 比が高い）餌における栄養的インバランスを補うために，空気窒素固定細菌（N の取り入れ）やメタン産生細菌（C の放出）との共生，余剰窒素分の尿酸としての体内保存，共生原生生物・共生細菌による尿酸などの再利用，共生原生生物や共生細菌類そのものの窒素源としての消化利用，衰弱個体の日常的共喰い処分，排泄物摂食など，他の木質依存性昆虫が真似のできない「仕掛け」を駆使していることが知られている（Leach & Granovsky, 1938；Breznak et al., 1973；Potrikus & Breznak, 1981；N.M. Collins, 1983；M. Higashi et al., 1992；Tayasu et al., 1994；Nalepa, 1994；Fujita, 2004）。またシロアリは脂肪体内で尿酸を合成し，後腸内で共生細菌の分泌する酵素でアンモニアに変えて取り込む（Potrikus & Breznak, 1981）が，野外コロニーを実験室に持ち込むなどすると，そのストレスで尿酸を脂肪体に溜め込んで転用しないことも知られ，これは有機窒素代謝における何らかの未知のメカニズムを示唆するともされる（Slaytor & Chappell, 1994）。

　シロアリにおける有機窒素分獲得方法はこのように，あたかも手段を選ばないが如く多様である。ここで，下等シロアリのような純粋の食材性のものと，高等シロアリの一部に見られるようなリター分解性のものでは，当然その餌に木材腐朽菌類関連の腐朽度の違いがあり，後者の餌たるリターは前者の餌たる普通の木材と比べて腐朽度が断然高く，従って有機窒素分の含有量が高いことが予想される。これにより，前者と比べて後者でそれ以外の有機窒素獲得法への依存度が低くなる。そして実際に直接観察により，前者で普通に見られる死体処理・共喰いが後者であまり起こらないことが示されている（Neoh et al., 2012）。

　結局この問題は登場人物とシロアリの関連戦略が数多く，現象が複雑で，解釈と理解はやや困難なものとなる。

　シロアリ以外では，枯死後年数が経過した材に発生するカミキリムシで類似の現象が報告されている。米領 Puerto Rico において，レザーウッド Cyrilla racemiflora（キリラ科）の材に亜社会性が想定されるニセクワガタカミキリ亜科の Parandra cribrata が発生してフラスが蓄積すると窒素分が増加し C／N 比が低下し，これは恐らくはこのカミキリムシの累代穿孔で腐朽菌や細菌などの微生物が侵入することが原因と考えられている（Torres, 1994）。この点に関しては詳細の検討が必要であろうが，興味深い事実ではある。

15.7. 食材性昆虫の窒素分への貪欲さ

　とにかく木材という窒素分の極めて少ない代物を食している関係上，シロアリもカミキリムシも，そして食材性昆虫はすべて，基本的に有機窒素分に対しては非常に貪欲で，これの獲得に手段を選ばない。オウシュウイエカミキリ Hylotrupes bajulus（カミキリムシ科−カミキリ亜科）や Kalotermes flavicollis（レイビシロアリ科＝乾材シロアリ類）の飼育に際し，材に予めアミラーゼ（ということは酵素なのでタンパク質）を注入する処理を行うと，発育が促進

される（Gößwald, 1939；Gösswald, 1943）というのもうなずける。シロアリの栄養獲得戦略は，宿敵アリ類との微妙な共存による間接的栄養補給（Jaffe et al., 1995）のような離れ業にまで及ぶ。さらに，後に詳述するように共喰いが日常化しているシロアリについては，イエシロアリ Coptotermes formosanus（ミゾガシラシロアリ科）の巣創設王対は後腸内の共生原生生物を除去すると飢餓に陥り，せっかく生んだ自分の子供達を食べてしまうとされ（Raina et al., 2004），共喰いは非常手段としても機能している。さらに北米産の Reticulitermes flavipes（ミゾガシラシロアリ科−ヤマトシロアリ属）では兵蟻の頭部に含まれる，本来は防御物質として保有されるはずのγ-カディネンなどのセスキテルペン類（図12-1b）が，幼若ホルモンと同時に職蟻に投与されると兵蟻分化を誘発し，階級分化フェロモンとしての役割をもつことが示され（12.2. で既述），この化合物の職蟻への移行は天敵との闘いで負傷・死亡した兵蟻の職蟻による共喰い的遺体処理によることが想定・示唆されている（Tarver et al., 2009）。このようにシロアリ（あるいは少なくとも下等シロアリ）の世界では，共喰いは非常に日常的な現象であり，その過程でフェロモン伝達までが行われるようである。

共喰いは肉食性に包括される行動であるが，同じ肉を喰らうなら皿まで，ではなく他種までということにもなる。土食性シロアリはその食性ゆえに土壌中のダニ類などの土壌無脊椎動物を捕食しているはずであり，また湿材シロアリ（オオシロアリ科）は同居するキゴキブリ科のゴキブリと喰ったり喰われたりの関係にあるとされ（Thorne, 1990），食材性の下等シロアリ・高等シロアリでもアリ類やクワガタムシなど様々な昆虫を捕食することが知られ（Springhetti & Amorelli, 1981），哺乳類の死体までもあさり（Thorne & Kimsey, 1983），これらの被食者はいずれもシロアリのタンパク源となっているものと考えられる（Sennepin, 1998）。特殊な例では，Nasutitermes carnarvonensis（テングシロアリ亜科）はオーストラリア・Queensland 州のアボリジニーズの遺跡でヒトの遺体を食害し，年輩のアボリジニーズはその種を他の種と区別して「死体を喰う悪いシロアリ」と呼び，伝統的認識を示唆した（Wylie et al., 1987）。これは筆者が読んで最もショックを受けた学術論文のひとつである。またシロアリは，ヒトを含む哺乳類の比較的新しい骨（依然窒素分を保有するもの）も喰うという（J.A.L. Watson & Abbey, 1986）。さらに，2009年放映のNHKの文化人類学的ドキュメント，およびその出版（国分，2010）によると，南米・奥アマゾンのヤノマミ族（Yanomamö）の女性は信仰にのっとり，自ら産んだ，育てる意志のない嬰児を一人で殺し，その死体を樹上性シロアリ（放映映像によると恐らくシロアリ科−テングシロアリ亜科の種）の巣に詰め込み，約3週間後にその巣を燃やすという驚くべき風習を持つようである。燃やす儀式の時点で嬰児の死体は巣の中にほとんど残っていないようで，シロアリがヒトのタンパク質を摂取していることは確実である。また，シロアリによる墓荒らしも記録されており（Snyder, 1916），エジプトのファラオのミイラを葬る棺は，シロアリのミイラ食害を防止すべく他所から輸入された針葉樹材が使われていたという（Hafez, 1980）。シロアリはヒトの死体までしゃぶるのである。一方，共生栽培菌と共生するキノコシロアリ亜科（高等シロアリ）では話は複雑となる。ウガンダでは Macrotermes がトウモロコシを食害するが，この畑に魚粉などの動物性タンパク質（および糖蜜などの可溶性糖類）を投入するとシロアリの食害量が減少し，これはこれらの栄養物がシロアリの天敵であるアリ類を誘引し，シロアリが捕食されて活動が低下することによるものとされた（Sekamatte et al., 2001）。そうなればこれは同時に，Macrotermes が動物性タンパク質をあまり摂取しないことをも意味する。ところが，タンザニア産の同亜科の Odontotermes はサバンナの草食獣の

死体の蹄を食するとされ（Freymann et al., 2007），これが動物性タンパク質を広く食することを示唆するものともとれる。あるいは，キノコシロアリ亜科では属や種によってはこのあたりの事情が異なっている可能性もあり，テングシロアリ亜科とは異なる栄養生態を示す種（Macrotermes）もあるかも知れず，この場合，共生栽培菌のおかげで有機窒素分に対する吝嗇から解き放たれているという可能性がある。この傾向は土食性シロアリで一段と進み，彼らはシロアリのくせにまるで脊椎動物のように，代謝でできた窒素化合物を余剰老廃物として捨てているという（16.21. 参照）。

　一方，窒素分に対して同様に吝嗇な食材性甲虫でも，例えばゾウムシ科－キクイムシ亜科，カミキリムシ科，クワガタムシ科，クロツヤムシ科，タマムシ科などでの種内の共喰い，さらには大型種が小型種を捕食するケースは多く（A.D. Hopkins, 1898；Leist, 1902；Rivnay, 1946；W.V. Baker, 1968；Hellrigl, 1971；Schmitz, 1972；Saliba, 1977；Reyes-Castillo & Halffter, 1983；Wagner et al., 1987；小島啓史, 1993；伊庭, 1993；Victorsson & Wikars, 1996；Dodds et al., 2001；荒谷, 2005；V.L. Ware & Stephen, 2006；Hi. Mori & Chiba, 2009；Tanahashi & Togashi, 2009；Schoeller et al., 2012），非捕食性・非肉食性昆虫一般にこういった現象は広く見られるもののようである（M.L. Richardson et al., 2010）。これがシロアリにおけるような積極的なものか，それとも偶発的なものかは別として，結果的に甲虫類におけるこういった行動は，シロアリにおけるのと同じ背景・原因に帰せられるべきものであろう。カミキリムシの食坑道をヤマトシロアリ Reticulitermes speratus が占拠していたという後述（19.5.）の観察例も，単なる空間利用の他に，捕食行動が関係した事象の可能性がある。このように食材性昆虫も結構「肉食」する。そしてこの場合，被食者全身の消化に寄与すべく（?）カミキリムシなどでは複数のキチナーゼまで消化管内に完備され，その合成遺伝子の消化管内での発現が確認されている（Choo et al., 2007）。これが腐朽材を穿孔する種であれば菌細胞壁消化のためという言い訳もできよう。また，「もったいない」ので自分の脱皮殻を消化する（Schmitz, 1972）ためという言い訳もあり得よう。しかし食材性甲虫類における消化管内のキチナーゼの一貫した保持は，何やら血なまぐさい背景が見え隠れする。真社会性のシロアリの場合，カミキリムシなどの単独生活種と比べて相当「堂々と」共喰いをやっている（Dhanarajan, 1978；Iwata et al., 1999；他）。そして当然のこととして，キチナーゼ生産遺伝子の存在と唾液腺と中腸での発現が示されている（Yuki et al., 2008）。ただしシロアリ類においては，下等シロアリ（Neotermes bosei（レイビシロアリ科），Coptotermes gestroi（ミゾガシラシロアリ科；C. heimi として））で後腸にキチナーゼ活性が見られるものの，高等シロアリ（Speculitermes cyclops（アゴブトシロアリ亜科），Odontotermes distans（キノコシロアリ亜科））はこれを欠き，この違いは下等シロアリから高等シロアリへの食性の変化に帰するとされた（Mishra & Sen-Sarma, 1981；Mishra, 1987）。しかしキノコシロアリ亜科における菌食性の意味ともあいまって，この点は再検証が必要であろう。

　シロアリの消化管は多種無数の共生微生物を含むが，特に原生生物は，一部の例外を除き宿主シロアリの脱皮の際に一掃・排出され（Andrew, 1930；Raina et al., 2008），また通常のトロファラクシスでも排出され，これを他個体が口器から取り込むと摩砕・消化されて窒素源として利用され，この破壊作用を免れた原生生物個体が腸内共生個体群を確立するものと考えられ（Grassé & Noirot, 1945；H. Kirby, 1949；N.M. Collins, 1983），同様の「別途利用」は消化管内共生細菌に関しても想定されている（Fujita et al., 2001；Fujita, 2004）。なおシロアリ

に近縁の *Cryptocercus*（ゴキブリ目－キゴキブリ科）では同様の共生原生生物が消化管に見られるが，これらは宿主ゴキブリが脱皮しても一掃・排出されることはないらしい（Cleveland (*et al.*), 1934）。下等シロアリはまた，何と自らが生産したセルラーゼ（酵素なので，従ってこれはタンパク質）を，中腸でせき止めて消化分解して窒素リサイクルしていることが示唆され（Fujita *et al.*, 2010），有機窒素分に対する貪欲ぶりもここまで来るとあきれるほどである。

一方，もともと窒素分の少ない木質を餌としているシロアリ類は，窒素分をたっぷり添加した人工飼料でいざ飼育しようとすると，この窒素分が逆に災いして何と「毒性」を発揮して死んでしまうという（Mauldin & Rich, 1975；Spears & Ueckert, 1976）。これは結局のところ，例えば寒冷地に分布する生物が，低温に対抗する様々な戦略を編み出してこれに対処している一方で，実際この生物を暖かい箇所で栽培・飼育すると高温すぎて死んでしまうというのと類似の現象とも考えられる。これと類似の現象として，飼料への窒素分の添加が生殖虫の体重増加を限定するという報告がある（Brent & Traniello, 2002）。これは，「食べる」という行為が要求するコストが元来高いC／N比の餌の場合バカにならない額となり，それが軽減されて，体重増加の必要性が減少したことによるものとされている。しかし乾燥地に適応したシロアリ種の場合（Spears & Ueckert, 1976），富栄養化飼料における菌の発生の影響を受けやすかったことによる結果とも考えられ，その原因については再検討が必要である。

他に興味深いC／N比低下戦略の「仕掛け」としては，上述（12.5.）の北米産 *Oncideres* などのカミキリムシにおいて，広葉樹の小枝に産卵する雌が産卵の前後に産卵箇所の下を環状剝皮し，枝を枯らせると同時にデンプンや有機窒素含有量を増やして栄養価を高めるという所行が知られる（Polk & Ueckert, 1973；Forcella, 1982；他）。穿孔虫との関連でこれと同じことをヒロヨレハマツ *Pinus contorta* var. *latifolia* で人工的に再現した実験（R.H. Miller & Berryman, 1986）では，剝皮部の上部（樹冠と連絡）の方が下部よりも環状剝皮効果（4.6. 参照）により可溶性糖類とデンプンの含有濃度が高く，*Dendroctonus ponderosae*（ゾウムシ科－キクイムシ亜科）の発生数も上部の方が有意に多かったという。窒素不足に対抗する昆虫の戦略にも，このカミキリムシにおけるこんなに能動的なものも見られるわけで，思わず「いいね！」と言いたくなる。

ところで高等昆虫には，成虫の飛翔などで燃料に使われる脂肪体の脂質の燃焼に際して，アミノ酸のプロリンとアラニン（前者からアセチレン分子（CH ≡ CH）を除いたのが後者）の間の相互変換を利用してエネルギー（炭素原子2個分）を抽出するという仕組みが見られ，食材性昆虫・木質依存性昆虫では，ヤツバキクイムシ欧州産基亜種 *Ips typographus typographus*（ゾウムシ科－キクイムシ亜科；樹皮下穿孔性）（Krauße-Opatz *et al.*, 1995）と，カタモンメンガタハナムグリ *Pachnoda sinuata*（コガネムシ科－ハナムグリ亜科）（Auerswald & Gäde, 2000）でその旨の報告が見られる。恐らくこの仕組みは相当普遍的なものと考えられ，さすれば昆虫たちは，「血となり肉となる」虎の子の窒素分を別の用途に取っておかねばならないということとなる。

そんな虎の子の窒素であるが，これを兵蟻の分泌する防御物質に使用する贅沢なシロアリがいる。原始的なミゾガシラシロアリ科の *Prorhinotermes* がそれで，兵蟻防御物質に窒素含有化合物の (E)-1-ニトロ-1-ペンタデセンなどのニトロアルケンを含んでいる（Vrkoč & Ubik, 1974；Piskorski *et al.*, 2007）。そしてそんな贅沢かつ強烈な毒性を持つ化学兵器は，兵蟻自身や仲間の職蟻に対しては毒性を見せないが，これはこの有毒物を解毒する酵素を備えているからで（ここまでは驚くに値しない），何と解毒による分解物は虎の子資源としてリサイクルされるという（Spanton & Prestwich, 1981）。ところがそんな貴重な窒素分も，食材性から脱却

した高等シロアリ（養菌性，土食性）にとってはそれほど貴重な資源ではなくなり，アンモニアや亜酸化窒素の形で捨てるほどにまでなっているという（Ji & Brune, 2006；Brümmer et al., 2009；Ngugi et al., 2011）（16.21. 参照）。また，養菌性シロアリ Odontotermes（キノコシロアリ亜科）の兵蟻の防御分泌物中の固化成分はタンパク質とされている（W.F. Wood et al., 1975）。

15.8. ミネラル分との関連

　内樹皮や辺材が穿孔虫の好むところとなっている理由は，一にタンパク質（または有機窒素分），二に糖類。これらに加え，ビタミン類やミネラル類などの微量成分も重要であり，これらは樹木の細胞内容物として存在（辺材や枯木の場合はむしろ「残存」）する場合はセットで存在し，食材性昆虫の重要な栄養素となっている。

　木材を燃やしきると灰が残るが，これがミネラル分であり，木材は草本バイオマスと比べて，他の栄養素に対するミネラル分の相対含有量はそんなに少なくないのではないかとも思われる。すなわち，ミネラル類（および塩素 Cl）の木材中の含有量（N. Okada et al., 1993a；N. Okada et al., 1993b）は，野菜などの生きた草本植物組織における含有量（J.B. Jones, 1991）と比べると，Mn では同じもしくは 1 桁少ないレベル，Cl ではほぼ同じレベルとなっている。これらの元素の木材中のおおよその具体的含有量は，Cl は針葉樹で $10 \sim 10^3$ ppm，広葉樹で $10 \sim 10^2$ ppm，Mn は針葉樹で $10^{-1} \sim 10^2$ ppm，広葉樹で $1 \sim 10^3$ ppm，Zn は針葉樹・広葉樹で $1 \sim 10$ ppm の濃度とされる（Basham & Cowling, 1976；N. Okada et al., 1993a；N. Okada et al., 1993b；Schowalter & Morrell, 2002）。これらの材内での分布については，日本産の針葉樹（N. Okada et al., 1993a）および広葉樹（N. Okada et al., 1993b）では傾向が一定しないものの，カラマツ属 Larix では概ね形成層から数えた年数に対して（地上高にほぼ無関係に）一定のパターンが見られるという（Myre & Camiré, 1994）。また，米国産のアメリカヤマナラシ Populus tremuloides では，樹皮が量的に重要とされ（Bartos & Johnston, 1978），部位別に見ると，ユーカリノキ属各種等，オーストラリア産広葉樹では，概ね樹皮（外樹皮＋内樹皮）＞辺材＞心材の順に減少し，窒素分と平行しうる（M.J. Lambert, 1981）が，一部の元素（Mg など）は心材の方が辺材よりも多くなる場合も見られるという（Basham & Cowling, 1976；Haack & Slansky, 1987）。ここで外樹皮については，ミネラル分（さらには窒素分も）の濃度が最大の内樹皮に隣接する関係か，これらの含有量は意外と高い（Basham & Cowling, 1976；Schowalter & Morrell, 2002）。しかし外樹皮はタンニン，リグニン，スベリンという，どうしようもない難物の含有量が高く（12.10.），これが栄養バランスと栄養価を極端に悪くし，食材性昆虫の人気はすこぶる悪い。一方，木材が腐朽菌に侵入されると腐朽菌がセルロースなどの炭水化物をせっせと分解して CO_2 を放出する関係で，腐朽材はミネラル分の濃度が相対的に高くなっており（Swift & Boddy, 1984），これは腐朽材における窒素分などの富栄養化と平行して生じている。

　なお，形成層帯は木質組織中で最も栄養成分の豊富な部位で，ミネラル類も相当高い濃度で存在することが予想される。既述（5.；12.2.）のように，広葉樹の形成層帯の電気抵抗値を計測することで，その樹木個体の健全度・衰弱度を査定できるとされるが，これはこの電気抵抗値が細胞内のカチオン，特にカリウムイオン K^+ の濃度と反比例することに基づいている（Shortle et al., 1977）。いずれにせよ，健全な樹木にはカリウムも豊富に含まれると考えられ

る。そしてこれが枯死，腐朽すると，既述（15.6.）のように K は溶脱され，これに地下性シロアリが反応し（Botch & Judd, 2011），あるいはこのカチオンがシロアリにとって木材腐朽の指標となっている可能性がある。K と来ると次は当然 Na。Na は特に動物界と菌界の生物には重要な必須元素である。Na^+ が豊富な海から隔たった南米・ペルーの内陸帯降雨林では，塩化ナトリウムや燐酸ナトリウムの溶液を林床リターに散布するだけで，分解者である木材腐朽菌類やシロアリ類，さらには捕食者であるアリ類の繁殖にプラスに作用し，Na はリグノセルロース分解に寄与し，こういった内陸では動物と菌類は基本的に Na 不足に陥っているという（Kaspari et al., 2009）。この知見はシロアリなどの食材性昆虫の防除に際する行動制御，同食料化に際する増殖などに応用が利きそうである。

こういった様々な栄養素を他の動物・昆虫と同じ量要求する食材性昆虫は，相当高い効率で木材中からこの栄養素を摂取していることが予想される。実際この「ミネラル分の濃縮」は原子番号の大きい元素を周囲の木材より虫体内により多く取り込むことを意味し，これにより X 線の透過量を減じて X 線で材内の食材性甲虫の幼虫の検出が可能となるという（S.R. Jones & Ritchie, 1937）。

まず木材は，昆虫の食する餌の中でも最も硬い部類に属し，食材性・木材穿孔性昆虫はその武器である大顎をそれに対処すべく発達させている。これは大顎の金属による武装となって現れる。まず甲虫では，イエシバンムシ Anobium punctatum（シバンムシ科）（図 2-4），オウシュウイエカミキリ Hylotrupes bajulus（カミキリムシ科−カミキリ亜科），エゾマツオオキクイムシ Dendroctonus micans（ゾウムシ科−キクイムシ亜科；図 12-3）の成虫でいずれも Zn がその大顎の最優占構成金属元素とされ（Hillerton et al., 1984），またイエシバンムシとオウシュウイエカミキリでは実際に木材穿孔するステージである幼虫で Mn と Zn が大顎から検出され（Hillerton & Vincent, 1982），さらにキクイムシ類の幼虫と成虫で Zn，カミキリムシ科成虫で Mn が検出されている（Fontaine et al., 1991）。

一方下等シロアリでは，職蟻が食材性のために，兵蟻（特に噛みつき型）が防衛のために，それぞれ大顎を硬くする必要があり，兵蟻の大顎で Mn，Zn，Fe，Cl などの金属の濃縮沈着が見られる（Yoshimura et al., 2002；Ohmura et al., 2007）。特にレイビシロアリ科職蟻の大顎は Zn をそのエッジに多く取り込み，これによりその硬度と摩耗耐性が増し，木材は乾燥で硬さが増加する（8. 参照）ことから，これは乾材食害への適応と考えられている（Cribb et al., 2008a；Cribb et al., 2008b）。またレイビシロアリ科の大顎では Zn は Cl と対で存在しているようである（Cribb et al., 2008a）。高等シロアリの Macrotermes subhyalinus（キノコシロアリ亜科）の有翅虫でも Cu，Mn，Mg の顕著な蓄積が検出されており（Oliveira et al., 1976），Reticulitermes flavipes（ミズガシラシロアリ科−ヤマトシロアリ属）の兵蟻は職蟻と比べてミネラル分の保持量は少ないが，大顎強化に寄与する元素である Cu と Zn のみが職蟻と比べて同等またはそれ以上の保持量を示すという（Judd & Fasnacht, 2007）。イエシロアリ Coptotermes formosanus（ミズガシラシロアリ科）も Macrotermes も生態的分類では地下性シロアリとされ，同じ地下性シロアリ（巣の位置に関する「中間タイプ」）である R. flavipes で示されたように（Janzow & Judd, 2015），これらの金属を木材からに加えて土壌からも摂取する可能性は捨てきれない。しかしイエシロアリは特に米国南部などでマンションや高層ビルなどに営巣し，地面と連絡を持たない発生様式（aerial infestation）を見せる場合があり（T. Hardy, 1988；Su et al., 1989；Su & Scheffrahn, 1990），同属の他種にも類似の報告が見られ（Lelis, 1995），その

場合でも兵蟻の大顎がヤワになるという話を聞かない。ヤマトシロアリ属 *Reticulitermes* でも湿潤状態さえ確保できれば地面と接しない巣はありうるとされる（Weesner, 1970）。さらにいかなる場合も土壌と関係を持たないレイビシロアリ科（乾材シロアリ類）でも同様に大顎に金属を含有している（Ohmura et al., 2007）ので，シロアリはやはり木材由来の金属の濃縮を行っていると見るべきである。一方，上述（15.6.）のシロアリにおける共生細菌による窒素固定に関連して，この能力を発現する酵素が，地下性シロアリであるイエシロアリでは Mo を必要とするタイプであるのに対し，乾材シロアリであるコウシュンシロアリ *Neotermes koshunensis* ではこの金属原子を必要としないタイプであり，これはシロアリの生態に関連する分子生物学的特徴と考えられている（Ohkuma et al., 2001a；Noda et al., 2002）。この見解はイエシロアリが Mo を土壌から取り入れていることが前提となる。そうすれば，高層ビルのイエシロアリは窒素固定ができないこととなる。果たして実態は？ 一方ヒトの食料としてのシロアリ体躯全体のミネラル分析を，ケニア産シロアリ3種（種名記載なし）の有翅虫で Christensen et al. (2006) が行っており，Fe，Zn，Ca の含有量がそれぞれ 940～3300ppm，80～140ppm，80～130ppm との結果が出ている。このうち Zn は，上述の木材中の含有量（1～10ppm）と比べても濃縮で1桁分増えていることがわかる。これはシロアリの木材消費が，その最大成分であるセルロースの消化吸収量の少なくとも10倍以上になることを示している。同じ計算を N で行っても類似の結果となることが予想され，いかに食材性が効率の悪い食性であるかがわかるというものである。ただし Christensen et al. (2006) の分析におけるシロアリはケニア産ということなので，キノコシロアリ亜科の種が含まれている可能性が高く，この場合は栄養濃縮を共生菌に手伝ってもらっているものと考えられ，話は単純ではない。さらに今ひとつ興味深い事実。オーストラリア産の *Tumulitermes tumuli*（シロアリ科－テングシロアリ亜科）でも Mn が大顎に蓄積されるが，同時に何とマルピーギ氏管に Zn，Mg，P，Ca，K の蓄積が見られ，しかも Zn と Ca の蓄積量は相互排他的で，これらの蓄積は破棄処分を意味するという（Stewart et al., 2011）。大切な微量成分も，取り込みすぎることがあるということであろうか。

　一方シロアリは，消化管内の硫黄還元性共生細菌の作用で，嚥下した水銀をメチル化することが示されている（Limper et al., 2008）。食材性昆虫が関与した金属原子の化学反応に関する最初の報告であろう。

　甲虫類に話を移すと，アリの一種 *Formica rufa* は針葉樹の針葉を集めて巣を作るが，この巣を糧とするクプレアツヤハナムグリ *Protaetia cuprea*（*Potosia cuprea* として；コガネムシ科－ハナムグリ亜科）の幼虫は，蛹化の直前に消化管を土壌で満たし，これにマルピーギ氏管からの分泌物を混ぜ合わせ，これを繭のセメントとしているという（E. Werner, 1926）。何らかのミネラル成分の関与が示唆される。また，カミキリムシ科－カミキリ亜科－ミヤマカミキリ族 Cerambycini に属するナンヨウミヤマカミキリ *Hoplocerambyx spinicornis*（南アジア～東南アジア産，サラノキ *Shorea robusta* の一次性穿孔虫），オオカシカミキリ *Cerambyx cerdo*（欧州産，ナラカシ属 *Quercus* 等の一次性穿孔虫），その他の種では，終齢幼虫が蛹室を形成する際に，乾燥や過湿を防ぐため（さらには恐らくは天敵の侵入を防ぐため？）に，蓋状の構造で頭上の入口を封じる，もしくは卵殻状の蛹室を形成するが，これらは白っぽい薄い層で，分析するとほとんどが炭酸カルシウムでできているという（Beeson, 1919；Fabre, 1921a；Fabre, 1921b；Roonwal, 1978）。またカミキリムシ科二次性（？）穿孔虫の幼虫食坑道に琥珀酸アルミニウムなどの金属含有物質が沈着する例も知られている（W.G. Campbell et al., 1945）。これが樹木

や昆虫の生活史にいかなる意味を持つのかは明らかではない。しかしこれらの甲虫種は土壌と直接の関連性を持たないので，このCaやAlもその宿主樹材由来としか考えられない。

最後に膜翅目で面白い例をもうひとつ。ニュージーランド産の木部穿孔性種ノクティリオキバチ Sirex noctilio（キバチ科）およびその寄生蜂 Megarhyssa nortoni（ヒメバチ科）の成虫産卵管について，その木材に対するドリル機能の研究の関連で重金属含有量が調べられ，前者でZnが，後者でMnが検出されている（Vincent & King, 1995）。かぼそい産卵管ではあるが，立派な木材穴あけ機としての機能が示されている。

15.9. ビタミン類等微量有機栄養素との関連

窒素，ミネラルと並んで，木材中に含まれることがあまり期待できないもうひとつの栄養素に，ビタミン類がある。これは概ね有機窒素やミネラルと平行して存在すると想像されるが，その存在形態，含有量の変動，それに関連する因子，これに関連する食材性昆虫の戦略など，ほとんどが未知である。

つまるところ有機窒素，ビタミンといった栄養素は，いずれも植物の細胞内容物として存在し，その植物あるいは細胞の死後に微生物などによる利用や熱分解に至るまでは，死細胞内残留物として存在する。昆虫が利用するのはこういった存在形態のものである。Jurzitza は，タバコシバンムシ Lasioderma serricorne（鞘翅目－シバンムシ科）をタバコの乾燥葉と木材の粉末で育てる実験の結果との関連で，こういった栄養素は，木材よりも乾燥葉で，古い木材よりも新しい木材で，針葉樹材よりも広葉樹材で含有量が高く，このことがこれらの植物質を食べる昆虫の生育に影響しているとし，タバコシバンムシが木材穿孔虫とならないこともこの関連で論じた（Jurzitza, 1969；Jurzitza, 1976）。しかしこのような単純な普遍化は，内容的には筆者はある程度同意できるにしても，果たしてどれだけの普遍性を伴うものなのかについては，まったくわからないのが現状である。

昆虫の微量栄養素で忘れてはならないのが，必須栄養素にして昆虫自らが合成できないステロール類である（2.2.7. も参照）。食材性昆虫ではオウシュウイエカミキリ Hylotrupes bajulus において，幼虫飼育でのコレステロール添加の有効性が示されている（Rasmussen, 1958）。

窒素分と並んで論じられる重要栄養元素に燐（P）がある。これについては，樹皮下穿孔性キクイムシの Dendroctonus frontalis において，窒素摂取さえ有効ならば燐摂取は問題なく成されるとの結果が提出されており（M.P. Ayres et al., 2000），広葉樹腐朽材で両元素の含有量は平行するという報告も見られる（Torres, 1994）。しかしこれは必ずしも，すべての食材性昆虫の栄養生理において，窒素のことだけを気にかけていれば燐のことは気にする必要はないということを意味するわけではない。

アフリカ産クロツヤムシ科5種（Didimus africanus, Pentalobus barbatus, D. parastictus, P. palinii, Erionomus platypleura）の木材での発生に際し，木材が成虫の消化管を何度も通過する過程で可溶性無機燐（P_2O_5）の含有量が増加し，Pentalobus では最大7倍以上，Didimus では最大約3倍，Erionomus では最大約1.3倍に達したが，幼虫はこの現象に関与していなかったという（Larroche & Grimaud, 1988）。共生微生物の作用など，何らかの未知のメカニズムが想定されるところである。

16. 木が決める木を喰う虫の生きざま

　木質に依存する昆虫類の生態は，その食害材の性質（生死・乾湿など）や部位に大きく影響される。一見無関係のように見える植物組織と動物生態。しかし植物組織が，それに依存する昆虫にとっては食物であると同時に居住空間でもあるという，童話ヘンゼルとグレーテルのような事実。これにより後者は前者に大きく左右され，その影響範囲は安易な想像をはるかに超える。ここではこの童話に即した27の実例を挙げておく。

16.1. 食材性昆虫の形態的適応

　まず食材性甲虫類には，木を喰うという基本から派生する様々な適応的外部形態が見られる（Striganova, 1967；Cymorek, 1968；Haack & Slansky, 1987；Ciappini & Nicoli Aldini, 2011）。
　食材性昆虫類の幼虫（および一部成虫）はその穿孔活動で粉砕した木材を嚥下するが，一部は嚥下されずに口器外にこぼれ出る。さらに嚥下されたものは消化の過程で栄養成分を搾取され，残りカスが虫糞となって肛門から排出される。消化管を通過したカスも通過しなかったカスもすべては前進する幼虫の背後に溜まり，これらはまとめて「フラス」と呼ばれる（この語および英語のfrassは独語のFraßに由来するが，原意（餌，食害）からは乖離している点に注意）。フラスは食坑道に硬く詰め込まれて固まり，またその一部は排糞口などのアウトレットから材外に排出され，食害の指標となり，さらにその粉末の形態は，糞で獣類の種を特定するように加害穿孔種の同定のヒントともなりうる（Schmidt, 1951；Simeone, 1965；Solomon, 1977）。そしてこのフラスに関連する形態学的適応がヒラタキクイムシ類（ナガシンクイムシ科）で見られる。この類は乾材害虫なのでフラスが幼虫の体軀側面に位置する気門に侵入しやすく，これを許すと呼吸の障害となるので，気門入口内部は多くの剛毛が生え，これを阻止しているようである（Iwata & Nishimoto, 1981；Ciappini & Nicoli Aldini, 2011）。
　さらにこのヒラタキクイムシ類（ナガシンクイムシ科）などの幼虫形態は，卵が狭い場所に長い産卵管で産み付けられ（図16-1），その後自由に材内を穿孔して成長する関係で，1齢幼

図16-1　ラワン材の導管に産みつけられたヒラタキクイムシ *Lyctus brunneus* (Stephens)（ナガシンクイムシ科－ヒラタキクイムシ亜科）の卵（SEM写真）。

虫が卵と同じく細長く，その後の体形はズングリしたゾウムシ型となり，一種の「過変態」の様相を呈する（Cymorek, 1968）。

　カミキリムシ科およびタマムシ科の幼虫では，頭部が発達した前胸部の中に深くはまり込んで一体化し，両者は別の動きを見せることがあまりできないが，これは硬い木材を穿孔するという生態に向けた適応とされる（Striganova, 1967）。要は硬い基質（木材）の中にあって体躯をつっぱって固定しながらこれを大顎でバリバリ嚙み砕くには，その筋肉の動きや力学的要請などがあり，頭部・前胸部が一体化した強力な「破壊器」が必要なのであろう。しかし，口器で木材を嚙らず体外消化するという裏技を持つコメツキダマシ科の幼虫（3.1. 参照）でも，同様に頭部が前胸内に埋め込まれた状態となっている（Striganova, 1967）。

　カミキリムシ科，タマムシ科などの幼虫は体表面にザラザラした表面構造を有し，これが坑道内で坑道内壁に当たって滑り止めとなり，木材穿孔を容易にする（Cymorek, 1968）。木材穿孔への高度な適応は幼虫の脚の退化となって現れる場合もある（カミキリムシ科－フトカミキリ亜科）。木材穿孔に適応して幼虫の大顎は非常に有能な切削機械の様相を呈する。

　カミキリムシの幼虫の形態はその系統的制約にもかかわらず，その食入材の性質によりある程度の特化を見せる（Craighead, 1923）。例えば棲息場所への幾何学的適応として，樹皮下穿孔性種は扁平なのに対し，木部穿孔性種は円筒形の体形を有する。フラス（幼虫の糞を中心とした木屑）を背後に堅く詰める種は太短い体形となっている。また材の硬さに対する適応として，腐朽材に発生する種では艶のある厚い皮膚なのに対し，乾材に発生する種では柔らかい剛毛と薄い皮膚を有する。

　かつて Jean-Henri Fabre は，その著名な『昆虫記』の第 4 巻において，カミキリムシの幼虫を "des bouts d'intestins qui rampent"（「這う腸の切れ端」）と形容した（Fabre, 1921a）。随分な言い様であるが，考えてみればこれは，Fabre が認めなかった進化の，単独食材性へ向けた究極型の象徴といえる。このように食材性昆虫には，その食性とそれに由来する生活型に対する見事な形態的・行動的適応が見られる。Fabre (1921a) はまた，"Le ver du Capricorne mange, à la lettre, son chemin"（「カミキリムシの幼虫は，文字通りその道を喰っている」）と述べている。これは「這う腸の切れ端」を生み出した進化の原動力としての生活型の端的な形容である。彼らにとって，食べることと排泄することと前進することは同義語なのである。こういった木材穿孔性甲虫の幼虫は，卵として材に産みつけられ，そこから孵化すると，その材片でその生活環の大部分を全うすることを余儀なくされる。現在食入している材が気に入らないからといって，そこから出て別の材に食入することはできない。その典型はヒラタキクイムシ *Lyctus brunneus*（図 2-9a）であり，幼虫は食入材からこぼれ落ちると致命的である（Iwata, 1988a；岩田・西本, 1980）。面白いことに，*Prostephanus truncatus*（ナガシンクイムシ科－タケナガシンクイ亜科）は食材性（広葉樹木部穿孔性）から乾燥種子穿孔性へとニッチを拡張した種であるが，そうはいうもののトウモロコシの粒（種子）を喰う際に粒が穂軸に並んで固定された状態がよく，トウモロコシの粒がバラバラではもうひとつうまく喰うことができないようで（Cowley et al., 1980），食材性が起源という出自・素性を露わにしている。食材性甲虫の幼虫はこのように穿孔状態が保証されている限りはまことに適応的ながら，これに不都合が生じると結構不自由なものである。これに関する数少ない例外は，広葉樹腐朽準乾材木部穿孔性の *Xestobium rufovillosum*（シバンムシ科）（Bletchly, 1966），および腐朽材木部穿孔性のミヤマクワガタ *Lucanus maculifemoratus* などの日本産の一部のクワガタムシ科大型種（小島啓史,

1993)で，これらの幼虫は食入材の条件が悪くなると「宿替え」できるという。コウモリガ *Endoclyta excrescens*（鱗翅目－コウモリガ科）も生長に伴い，幼虫が草本から木本へと遠距離宿替えする（五十嵐，1981）。マツ類の根部樹皮下穿孔虫である *Hylobius abietis*（ゾウムシ科－アナアキゾウムシ亜科）(Nordenhem & Nordlander, 1994) や，ブドウの根部穿孔虫である *Vitacea polistiformis*（スカシバガ科）(Olien *et al*., 1993) の幼虫も宿替えするが，これらの場合は土壌を介した宿替えであるので，固体からの遊離とはなっていず楽勝であろう。こういった宿替え無用の世界の住人ゆえに，例えばカミキリムシ科のより高等な部類（カミキリ亜科の一部とフトカミキリ亜科）では幼虫は無脚である（Švácha & Danilevsky, 1987；他）。一方終齢幼虫が土壌潜入する下等な一群 (Iwata *et al*., 2004) を含むハナカミキリ亜科では幼虫は通常脚を有する（Švácha & Danilevsky, 1987；他）。大半が腐朽材穿孔性で，土壌との関連性もありうるコガネムシ科－ハナムグリ亜科では，幼虫に脚はあって材内での移動などに使用はするものの，材外での本格的な移動は，何と仰向け姿勢での這い回りである（Micó *et al*., 2008）。歩くのに脚は要らないという虫もいるのである。

　乾材シロアリ類（レイビシロアリ科）は，材内における生活が甲虫などの単独生活性穿孔虫と類似しているが，この科のシロアリがミズガシラシロアリ科やシロアリ科と決定的に異なる点は，土壌と関連性を持たないことである(16.21. 参照)。それゆえやはりこの一群のシロアリは，有翅虫の群飛以外での「宿替え」が利かない。しかし乾材シロアリ類の生理生態については，この関連で論じられたことはあまりないようで，わずかに，ダイコクシロアリ *Cryptotermes domesticus* などの外来種になりやすい種は小さい木材ブロックでも選り好みせずに受け入れるとする研究（T.A. Evans *et al*., 2011b）があるのみである。

　木材穿孔性甲虫の成虫は基本的に孤独な生活を行い，材外で交尾し，材表面に産卵するのみなので，木材穿孔に適応した形態とはほとんど無縁と思われがちである。しかし結構成虫が材内で活動するグループが存在し，それらの成虫形態は，小型の科の場合はシバンムシ科，ナガシンクイムシ科，ゾウムシ科－キクイムシ亜科などで収斂的に短い円筒形の体形が目立ち，ナガシンクイムシ科やカミキリムシ科では鞘翅や前胸部に突起が生じて「アンカー」（滑り止め）の役割を果たしている。ナガシンクイムシ科，ゾウムシ科－キクイムシ亜科，同科－ナガキクイムシ亜科では円筒形の鞘翅・腹部の末端が，あたかもキュウリを包丁で少し斜めにスパッと切ったような形態を見せる。前者（ナガシンクイムシ科）は後二者とは系統分類学的に類縁ではなく，この特徴は前者と後二者の収斂進化で生じたものである。後二者におけるこの形態，および鞘翅前縁の剛毛列は，坑道内のフラス除去を目的とするブルドーザー，シャベル，スコップ，ブラシ，などと形容されている（Trägårdh, 1930b；Schmitz, 1972；Stark, 1982）。日本および台湾産のウスキイロキクイムシ *Cnestus murayamai* の雄成虫では，前胸が体長の60%以上を占めるほどに発達して前縁が前方へ極端にせり出して頭部を下方へ追いやり，さらにこの前方は強く窪んで全体がまるで円筒形のスコップのようになっており，これで自らが生産しかつ自らが食さない木屑をすくい取って捨てる道具としているものと考えられる（平野，2012）。一方体軀がスパッと切れたような形態は，レイビシロアリ科の一部の種の兵蟻頭部とともに，これが坑道の開口部ではピタッとはまる「栓」の役割を果たし，天敵の侵入を生きている間のみならず死後も防ぐ。この形態と行動をフラグモーシス（phragmosis）と呼ぶ。レイビシロアリ科における兵蟻頭部のフラグモーシスは，通常の食材性から乾材食性への転換，すなわち耐乾性の発達と平行して生じているとされる（G.J. Thompson *et al*., 2000b）。また，ゾウムシ

上科−ゾウムシ科−キクイムシ亜科と，ナガシンクイムシ上科−ナガシンクイムシ科（ヒラタキクイムシ亜科など扁平なものを除く）は，系統的にまったくかけ離れたグループながら，成虫の形態は，鞘翅+前胸という体軸に対する頭部の付き方が，通常の甲虫の場合180°，少なくとも160°の角度を成してほぼまっすぐなのに対して，100〜120°と「うなだれ型」になっており，その結果例えば成虫を標本にした場合，上から見て頭部が隠れて見えない状態である。この形態は，恐らく成虫による材の穿孔に適応したものと考えられる。すなわち，ゾウムシ科−キクイムシ亜科の樹皮下穿孔性種，木部穿孔養菌性種ともに，成虫がそれぞれ樹皮下に穿孔，木部内に穿孔して菌胞子蒔きを行い，ともに材内で交尾産卵することが多い。このため，このように頭部が体軸に対して下向きに付いて「うなだれ型」となっていることは，丸太表面に取り付いて，これに穴を穿つ際に有利となる。金槌や鍬の金具が柄と垂直に付いているのと同じ原理である。同様の頭部は，オオトラカミキリ *Xylotrechus villioni*（図12-4）を含む「オオトラカミキリ亜属 *Otora*」（カミキリムシ科−カミキリ亜科−トラカミキリ族 Clytini−トラカミキリ属 *Xylotrechus*）でも見られ，何らかの未知の特異な成虫行動との関係を示唆している。

　キクイムシ類とナガキクイムシ類がゾウムシ科の中にすっぽりとはまり込んで，それぞれゾウムシ科−キクイムシ亜科およびゾウムシ科−ナガキクイムシ亜科となる件は既に述べた（11.3.4.8.）が，どうもこの2群とそれ以外のゾウムシ科で成虫の形態が類似しているという実感はあまりない。この点に関して Marvaldi *et al.* (2002) は，ゾウムシ科の他のタクサは雌成虫がその長い口吻を用いて植物質に穴をあけて産卵するのに対して，キクイムシ亜科とナガキクイムシ亜科では産卵の前にまず木質内に穿孔し，その坑道内で産卵する点を強調している。両群の成虫が他のゾウムシ科成虫と異なり二次的に口吻を欠くのはこのためと考えられる。

　成虫が材内で活動するグループには，実はもうひとつの重要な一群がある。それはコガネムシ上科のクロツヤムシ科である。これは日本のコレオプテリストにはややなじみの薄い科ではあるが，熱帯で繁栄し，成虫が幼虫を養育する亜社会性が顕著で（Reyes-Castillo & Halffter, 1983；J.C. Schuster & Schuster, 1985；J.C. Schuster & Schuster, 1997），その好例として社会生物学では重要な一群である。この科の二大エコタイプにしてギルド（従って分類群ではない）は，11.3.4.1. においても述べたように，(I) 倒木や丸太における樹皮下穿孔性のグループと，(II) 同腐朽木部（辺材+心材）穿孔性のグループである（Reyes-Castillo & Halffter, 1983）が，東南アジアとメキシコにおいて，ギルド (I) は樹皮下で活動することに適応して成虫が扁平な体形を，ギルド (II) は材内を自由に穿孔する関係で扁平ではない，甲虫としては普通の体形を呈することが示されている（Johki & Kon, 1987；Lobo & Castillo, 1997；Kon *et al.*, 2002）。ゾウムシ科−キクイムシ亜科も樹皮下に住むエコタイプと木部に潜入するエコタイプがあるが，この両者はともに成虫が円柱状で扁平な体形とはほど遠い。このグループの種はすべてサイズが非常に小さいため，扁平になる必要はなかったのであろう。それに対してクロツヤムシ科は最小種でも体長が1.5cmを超え，このため樹皮下を住まいとするには，まるでヒラタムシ科のように扁平にならざるを得なかったのであろう。カミキリムシ科でも成虫が樹皮の隙間に隠れる生態の種（例えばクロカミキリ亜科の一部やカミキリ亜科の一部）では同様にやや扁平な体形となっている。ただしこの場合は体軀の扁平化と樹皮隙間潜入性は，どちらが先かは難しいところではある。

　成虫の体型が扁平な食材性甲虫のグループとして，もうひとつ，ちょっと意外な例がある。アフリカと東南アジアに産する3近縁属，*Lyctopsis*, *Lyctoderma*, *Cephalotoma*（ナガシンクイ

ムシ科－ヒタラキクイムシ亜科－アシブトヒラタキクイムシ族）の成虫は，この亜科にしては例外的に扁平な体型で，これは樹皮下もしくは材の割れ目に棲息する関係かと思いきやそうではなく，同科－ナガシンクイムシ亜科－ナガシンクイムシ族の円筒形中型〜大型種の成虫が穿孔した坑道内に居候する片利共生的生態に関係するという（Lesne, 1932）。坑道とその宿主体軀の間の隙間をすり抜けるためなのであろう。

樹皮下穿孔性に適応すべく扁平な体軀を有するシロアリ科の属が見られることは既に述べた（5.）が，同じ扁平な体軀をしていてこれが樹皮下棲息性によるものではないシロアリがある。ミゾガシラシロアリ科の *Termitogeton* 属がそれで，この属の少なくともスリランカ産の *T. umbilicatus* は，（恐らくは褐色腐朽による）材の亀裂に潜り込んでいるようである（Bugnion, 1914）。

産卵管のような付属肢における形態的適応も見られる。一部のカミキリムシ科やヒラタキクイムシ類では雌成虫の産卵管が以上に長く発達し，卵を天敵の手の届かない材の割れ目や導管の奥深くにまで送り届ける（図16-1）（Cymorek, 1968）。

昆虫の形態の中で食材性が及ぼす影響の中で最大のものは，咀嚼と消化の関連，すなわち口器と消化管である。幼虫の口器，特に大顎の形態については，木材成分利用様式との関連性に関する見解（Ciappini & Nicoli Aldini, 2011）を 2.2.7. で示した。ここでは最後に，口器と消化管の両方の機能を兼ねた器官である前胃（ソ嚢の後半部；口器で咀嚼して嚥下した食物をさらに粉砕する器官）のゾウムシ科－キクイムシ亜科成虫における形態に関する例（A. Nobuchi, 1969）を示す。すなわち 16.5. で述べるように，樹皮下穿孔性が基本のこの亜科の中にあって木部穿孔養菌性が複数回進化してきたとされるが，これら木部穿孔養菌性種の成虫の前胃は，木部を穿孔しても食菌性なので木材を摩砕する必要がなく，樹皮下穿孔性種に見られる歯状・針状突起が退化しているという。

16.2. Hanks の法則：カミキリムシ類の揮発性性フェロモン

カミキリムシ科の高等な亜科の揮発性性フェロモンは基本的には一次性種においてのみ発達し，これは，枯木（二次性種の食害対象）が自然界において生木に比べて分布量が限定され，それゆえ二次性種はその場にたどり着けさえすれば，異性との邂逅がかえってたやすくなることに起因する（Hanks, 1999）。これを Hanks の法則と名付けたい。この法則の発見に先立ち Iwabuchi (1982) は，ブドウトラカミキリにおいて長距離にわたって有効な雄性フェロモンが存在し，その意義はこの種が一次性なので適切な成虫集合場所がないためとした。Hanks の法則はこの一般化である。またカミキリムシ科の繁殖生態における発生材の影響はその後も続き，既に述べた（6.）ように，直径の大きな材で発生すると，各種の性比が雌に，小さな材では雄に偏り，これは雌による産下卵の産み分けと材のサイズによる雌雄の生き残りの差のいずれかに起因するとされている（Starzyk & Witkowski, 1986）。これに関してはさらなる検証・検討が必要と考えられる。

なお近年，この Hanks の法則の例外がカミキリムシ科の中で次々と見出されるに至っている。結局今日では，カミキリムシ科の交尾は一次性・二次性にかかわらず，①ノコギリカミキリ亜科では雌が揮発性性フェロモンを出す，②カミキリ亜科を中心に雄が炭素数 6, 8 または

10の脂肪族揮発性性フェロモン（または集合フェロモン）を出す，①②いずれも性フェロモン放出にはコーリング姿勢を伴う，ということが知られるに至っている（Millar et al., 2009）。フトカミキリ亜科の揮発性性フェロモンは大部分が未知であるが，近年の研究（Pajares et al., 2010；Teale et al., 2011）によると，比較的一次性種が多いヒゲナガカミキリ族 Lamiini では二次性種も含めてカミキリ亜科に準じ，雄が性フェロモンまたは集合フェロモンを生産するという状況が見られるようである。今後の研究の進展に期待する。

16.3. ゾウムシ科－キクイムシ亜科の2群の空間利用と栄養摂取様式

ゾウムシ科－キクイムシ亜科は樹皮下穿孔性種（bark beetle）と木部穿孔養菌性種（アンブロシア甲虫 ambrosia beetle；22.7. で後述）の2群に大きくは分けられるが，材内で前者は二次元的，後者は三次元的空間利用様式をとるゆえ，集合フェロモンの濃度が一定以上になると，過密による資源枯渇を避けるため，前者ではかえってマイナスに作用して集合が抑制される（Lindgren et al., 2000）。一方養菌性種は資源に余裕があり，このような機構は見られないという（Borden et al., 1981）。

一方，北欧産の樹皮下穿孔性キクイムシの食坑道について Trägårdh（1930b）は，その幾何学的パターン（繊維方向に対して平行か直角か，立木と倒木での方向の違い，等）は，フラスの排出（特に重力を利用した下方への排出）への便宜，および木部と内樹皮の穿孔の容易さの違いでほとんど説明可能とした。例えば穿孔が内樹皮に限られる種では，食坑道の方向はやや不規則なのに対し，形成層を穿孔して木部をも掘らねばならない種では，より堅い組織を繊維方向に沿って掘ることで物理的抵抗を軽減しているようである。

このような「幾何生態学」的視点は，特に木質という堅固な基質中に暮らす食材性昆虫・木質依存性昆虫の生態の解析に案外向いているかもしれない。しかしそういった試みはほとんどなされていない。

16.4. 恐るべきキクイムシたち

ゾウムシ科－キクイムシ亜科の針葉樹樹皮下穿孔性種のうちで *Dendroctonus*, *Ips*, *Scolytus* の3属は，普段は北米やユーラシアの温帯～亜寒帯の森林内で二次性穿孔虫として過ごすが，時として針葉樹に「マスアタック」を仕掛け，針葉樹との間で生きるか死ぬかの壮絶な戦いを繰り広げる。特に北米産の *Dendroctonus brevicomis*, *D. ponderosae*, *D. frontalis* の3種がその獰猛さで特筆される（Raffa et al., 1993）が，*D. rufipennis* と *D. pseudotsugae* も嵐による大量の風倒木の発生をきっかけとして，莫大な森林被害を引き起こす（Gandhi et al., 2007）。また，中米・グアテマラの高地産の3種（*D. adjunctus*, *D. mexicanus*, *D. parallelocollis*）もマツ類に対し同様の獰猛さを発揮するようである（G. Becker, 1952b）。この際どちらが勝つか負けるかという成り行きに関しての数理モデルまで提唱されている（Berryman et al., 1989）。一方 *Ips* 属も相当のつわもので，北米の *Dendroctonus* と比べて小規模ながらヤツバキクイムシ欧州産基亜種 *Ips typographus typographus* は欧州で針葉樹林に打撃を与え（Kärvemo & Schroeder, 2010），

この攻撃を受けたドイツトウヒ Picea abies の「生きるか死ぬか」の境目に関する実証研究も行われている（Mulock & Christiansen, 1986）。

　基本的にあらゆる生物では「生死の境」というのは一種の非平衡点であり，キクイムシが勝って樹木が死ぬか，キクイムシが全滅して樹木が生き残るかのいずれかに早晩決着がつく。Scolytus 属では S. ventralis が北米西部のモミ属 Abies の生木に対して同様に攻撃を仕掛けてくる（Struble, 1957；Berryman, 1969；Berryman, 1972）。欧州では同様の加害を多少なりとも見せる樹皮下穿孔性のものには，Tomicus（ただしこの属は成虫が若枝の梢を後食して加害），Hylastes（根部に発生），Polygraphus，Pityogenes，Myelophilus，Dryocoetes など他の属もあり（Galoux, 1947；Eidmann, 1992；Trapp & Croteau, 2001；Gandhi et al., 2007；Lieutier et al., 2009），この現象はどうやら Dendroctonus と Ips の専売特許ではなさそうである。ただしこれらの「二番手」のキクイムシたちは，例えば北海道における1954年の洞爺丸台風による森林被害の際，Ips の大発生（マスアタック）のモードの末期（4年後）に文字通り「二番手」として発生するのが典型のようである（余語，1959）。一方こういった「マスアタック」的加害は，雪害による枯木の大量発生，渇水（Craighead, 1925；St. George, 1930；Waring & Cobb, 1992），洪水による水分過多（Lorio & Hodges, 1968），落雷（P.C. Johnson, 1966；Hodges & Pickard, 1971；Coulson et al., 1983；Rykiel et al., 1988；Nebeker et al., 1993），さらには病原菌の感染や食葉性昆虫による脱葉といった生物的要因（Paine & Baker, 1993），などがその引き金となるようで，Vité (1961) は針葉樹におけるその共通メカニズムを考察し，最重要パラメーターを樹脂滲出圧（oleoresin exudation pressure；これの低下は針葉樹の弱体化の唯一にして最大の指標）とし，これに成分変化も若干からむとしている。また面白いことに針葉樹伐採木は，その枝を除去した場合，除去しない場合と比べて樹脂滲出圧が低下しにくく樹皮下穿孔性キクイムシ類の攻撃もその分遅れるという観察がある（D.L. Wood, 1962）。Paine & Baker (1993) や Wargo (1996) は，前もって起こるこういった樹木弱体化の諸要因を "predisposition"，すなわち病虫害の「素因」と呼んでいる。

　ところでこの Dendroctonus 属はメンバーすべてがこのような集団的暴挙に出るわけではない。既に記したように（12.4.），エゾマツオオキクイムシ Dendroctonus micans（図12-3）はドイツトウヒ Picea abies の生木の内樹皮に少数個体が寄生し，集合フェロモンで幼虫が小パッチに集合し（Grégoire et al., 1982），幼虫も成虫も各種モノテルペン類に対して他種にない顕著な耐性を有するので，この生木が対抗手段として滲出する樹脂をものともしないという（Everaerts et al., 1988）。この場合，小パッチ集合が好都合とされ（Storer et al., 1997），これはシロアリなど真社会性昆虫で見られる「グループ効果」（「密度効果」の逆）（Grassé & Chauvin, 1944）と軌を一にするものであり，まことに示唆的である。結果，宿主樹との共存が可能となり，宿主樹が他の樹病などで弱体化すると発生が助長されるという日和見的な側面も認められはするものの，何の不具合もない健全な宿主樹に発生するのが普通にて，これは一応純粋の針葉樹一次性穿孔虫（12.4. 参照）といえるものである（Grégoire, 1988；Lieutier, 2004）。

　一方「悪役」の Dendroctonus や Ips による針葉樹への集団攻撃には，青変菌などの共生または付随菌による病原性発揮の援護射撃が同時に生じることが必要とかつて考えられ，現在でもその線に沿った論考が見られる（Craighead, 1928；Nelson, 1934；Nebeker et al., 1993；Paine et al., 1997；Harrington, 2005；升屋・山岡, 2012）。しかし，これらの菌類が本当に「樹殺し」に直接関与しているのかはやや不透明であり（Lieutier, 2002），病原性は認められるもの

の「樹殺し」には直接関与せず，針葉樹にとっての弾丸兵器たるオレオレジンの滲出を刺激して誘発することでむしろ針葉樹を丸腰へと持っていく働きがあるのみ（Lieutier et al., 2009），あるいはキクイムシによる攻撃で樹が弱るまでの「場つなぎ」に弱い病原性が発揮されるのみ（Six & Wingfield, 2011）といった指摘がなされるに至っている。穿孔方向が基本的に軸方向であることがむしろ重要との指摘（Lieutier, 2004）も見られる。しかしこの「樹殺し」に最も重要な仕掛けはといえば，何といっても数にものをいわせた動員戦略であり，これにはカイロモンとしての針葉樹のいわゆる抽出成分，およびこれと構造的に関連するキクイムシ自身の集合フェロモン・性フェロモンが不可欠である（D.L. Wood, 1982；Borden, 1982；Byers, 1989）。これらのフェロモン類は基本的に種特異的であり，そのため実に様々な化合物（ヘミテルペン（＝イソプレン）類，モノテルペン類，等）が記録されており（Byers, 1995；Francke et al., 1995），また面白いことに，宿主が共通な同所的異種キクイムシに対して忌避活性を示すものがあり，これらはフェロモンであると同時に，定義上「アロモン」ともいえる（D.L. Wood, 1982）。これらのフェロモンは宿主樹のモノテルペン（防御物質）を解毒して構造改変した結果生じた成分が起源で，これが「前適応」となってフェロモンに後に転用されたとの見解がある（Franceschi et al., 2005）。ということで，こういったフェロモンは宿主樹由来モノテルペンが消化管に取り込まれ，それがその場で前駆体となって酸化反応で作られ，糞とともに排出されて初めてフェロモンとして作用するというシナリオが一時は主流となった（Hughes, 1973；Hughes, 1974；Hughes, 1975；Renwick et al., 1976b；Fish et al., 1979；Byers et al., 1979；Hendry et al., 1980；D.L. Wood, 1982；Borden, 1982；Byers, 1990；Gries et al., 1990；Tittiger et al., 2005；Z.-H. Shi & Sun, 2010）。しかし上述（12.5.）のように，現在ではこのシナリオは少なくとも *Dendroctonus* のベルベノール等（Hughes, 1973；Hughes, 1975）に関してのみ当てはまり，*Ips* の成虫はそのモノテルペン系・ヘミテルペン系のフェロモンを，また *Dendroctonus* でもそのフェロモン成分のひとつであるフロンタリンを，メバロン酸経路で自ら新規合成することが明らかとなっている（Lanne et al., 1989；Ivarsson et al., 1993；Seybold et al., 1995；Ivarsson & Birgersson, 1995；Hall et al., 2002a；Hall et al., 2002b；Barkawi et al., 2003；Seybold & Tittiger, 2003；D. Martin et al., 2003；Tittiger et al., 2005；Blomquist et al., 2010；他）。この対立する 2 説間の矛盾は，Tillman et al. (1998) が *Ips pini* において，成虫が内樹皮を摂食することがアラタ体内で JH III（幼若ホルモン）の合成を促し，このホルモン分泌がフェロモンの新規合成を促すという一連の流れを証明して，見事に解決している。いずれにせよ，針葉樹マツ科（特にマツ属 *Pinus*）の殺樹性樹皮下穿孔性キクイムシ類のフェロモンは，その宿主樹の樹脂中のモノテルペンの存在が契機となって生じたことは疑いのない事実であろう（Seybold et al., 2006）。これらの生理活性物質は種内でフェロモンとして働くと同時に，同ギルドの他種に「おひきとり」願うためのアロモン，および同ギルドの他種の存在から資源の存在をも示す指標であるカイロモンとしても作用するようであり（Byers, 1989），獰猛な *Dendroctonus*，やや獰猛な *Ips*，*Scolytus* に属する殺樹性種にとっては，自分たちが殺して喰えるようになった針葉樹においては，おこぼれに預かってこの可食部を横取りしようとするハイエナ的他種は一応存在する（Struble, 1957；Safranyik et al., 2000）ものの，特に「大発生モード」ではこういうものの存在をほとんど許さない生態学的メカニズムが確立しているようにも見える（Raffa, 2001）。

　針葉樹樹皮下穿孔性キクイムシ類はこのように，本来宿主樹の防御物質であったテルペン類

と切っても切れない関係を持ち，この関係性を発展させていったが，このテルペンという一連の低分子有機物は，その構造多様性と生物活性の多様性，生合成の容易さという特徴により，他の昆虫もこれと切っても切れない関係性を持つに至っている。それは他ならぬシロアリ類であり，彼らはテルペン類を防御物質などとして利用している。その調達は木質に含まれるテルペンからではなく，*Ips* 属キクイムシのように自らの新規合成によるとされ，一部のシロアリ兵蟻が分泌（というよりは発射）する防御物質は各成分それ自体が毒性を持つ他，サラサラ成分であるモノテルペンとベトベト成分であるジテルペンの絶妙なブレンドであり，モノテルペンが揮発して粘稠になり天敵の動きを物理的にも封じ込めるという（R. Baker & Walmsley, 1982；Šobotník *et al.*, 2010）。まるでシロアリが針葉樹から指南を受けたかのような話。

ところでキクイムシ類のこういったテルペン系フェロモンの合成には，糸状菌（Brand *et al.*, 1976），細菌（Brand *et al.*, 1975；Chararas *et al.*, 1980；Byers & Wood, 1981），酵母菌（Leufvén *et al.*, 1984；D.W.A. Hunt & Borden, 1990）といったキクイムシ共生微生物が関与していることも報告され，また共生酵母菌の代謝産物がフェロモンの効力に共力剤として働くという報告（Brand *et al.*, 1977）や，共生微生物がフェロモンの過剰合成を抑制して生産量を調節するという報告（Conn *et al.*, 1984）も見られる。しかし現在ではこれらは，フェロモン合成における内分泌学的背景（自前合成を示唆）からして疑わしいとの見方に傾きつつあるようである（Blomquist *et al.*, 2010）。これにかわって新たに浮上したのが，*Dendroctonus ponderosae* とその加害樹のテルペン類を解毒する酵素を供給する共生細菌類との関係。これによりマツ属針葉樹の樹脂による反撃を，キクイムシは封じているようである（A.S. Adams *et al.*, 2013；Boone *et al.*, 2013）。

結局のところ，樹皮下穿孔性キクイムシ類の共生微生物との関係は相当顕著で，木部穿孔養菌性キクイムシ類に負けず劣らず複雑である（升屋・山岡，2009；Six, 2012）。この木部穿孔養菌性種では，キクイムシ自体と共生糸状菌（アンブロシア菌），共生性酵母菌，共生性細菌といった諸々の共生性微生物との連合体（"supraspecies"）の存在が示唆されている（Haanstad & Norris, 1985）が，樹皮下穿孔性種でもこういった状況が見られる。具体例としては，米国産の *Dendroctonus frontalis* において，キクイムシ自身（*Dendroctonus*），共生菌（*Ceratocystiopsis*, *Entomocorticium*），関連菌（*Ophiostoma*），ダニ類（*Tarsonemus*, *Dendrolaelaps*, *Trichouropoda*）が複雑な生態学的関連性（相利共生的関係～拮抗的関係）の多角形を形成し（Bridges & Moser, 1983；Stephen *et al.*, 1993；Klepzig *et al.*, 2001a；Klepzig *et al.*, 2001b；Hofstetter *et al.*, 2006；Hofstetter *et al.*, 2007；Hofstetter & Moser, 2014），これには大元の樹木（*Pinus*），さらには酵母菌類（22.6. 参照）や細菌類，線虫類も関係しているはずで，ひとつの小宇宙ともいえる世界が見られる。同属同国産の *D. ponderosae* も，共生菌，関連菌，共生酵母菌，細菌といった微生物群と複雑な群集を形成し，同様の状況が報告されている（A.S. Adams *et al.*, 2008）。*Dendroctonus* のような害虫性の少ない，ややおとなしい樹皮下穿孔性キクイムシ *Ips avulsus* においても，宿主キクイムシ自身，相利共生性糸状菌，便乗性ダニの興味深い三者関係が見られるという（Klepzig *et al.*, 2001a）。またニレの立枯れ病の病原菌の一種 *O. novo-ulmi* は *Scolytus* 属のキクイムシに加えてその便乗性ダニ類によっても媒介されるという（Moser *et al.*, 2010）（22.5. 参照）。

このダニ，すなわち節足動物門 – 蛛形綱 – ダニ目について一言付け加えるに，元来，食材性昆虫・木質依存性昆虫には関連するダニ類が多々付随することはよく知られている。特に樹皮

下穿孔性のゾウムシ科−キクイムシ亜科，カミキリムシ科，クロツヤムシ科などの甲虫類やボクトウガ科（Soper & Olson, 1963；Lindquist, 1970；Moser, 1975；Kinn & Linit, 1989；岡部，2009；他），さらにはシロアリ類（Samšinák, 1961；広川・森，1964；Samšinák, 1964；Kistner, 1982；C. Wang *et al.*, 2002；他）で多く見られるものの，その生態的関連性の具体的内容（寄生性，体外捕食寄生性，便乗性，卵・幼虫・蛹捕食性，日和見的捕食性，相利共生，等々）は，一部の樹皮下穿孔性キクイムシでの知見（本節；16.5.）を除いてほとんどが未知である。これらは今後の興味深い研究対象となろう。

　Dendroctonus と *Ips* の 2 属の若干の種は，森林内の枯死木に集中発生して個体数が異常に増えるとその近傍の針葉樹生木にまで穿孔し，その際穿入個体が数にものをいわせて生木の抵抗力（樹脂滲出等による穿孔虫撃退機能）を封じ込め，その木を枯らしてしまう（Cates & Alexander, 1982；Boone *et al.*, 2011；Lindgren & Raffa, 2013；他）。いわゆる「殺樹性キクイムシ」の誕生である。これは樹皮下穿孔性キクイムシ類の中で最もメジャーである衰弱木（木質分解の最初期段階）に依存する種群において，量的に少ないこういった資源をめぐって激しい種間競争（および種内競争）が起き，その過程でこの過剰集中からエスケープしようとして，勢い健全木に八つ当たりした結果生じた「瓢箪から駒」的なギルドのようである（Lindgren & Raffa, 2013）。バラバラの「平常モード」（"endemic mode"）では無力で二次性なのに，大集団の「大発生モード」（"epidemic mode" または "eruptive mode"）では一次性になることができ，彼らはあたかも「生木でもみんなで囓れば怖くない」とうそぶくようである。この場合の「高い攻撃密度」の具体的数字は，*Ips* で 25/ft^2，*Dendroctonus* で 40 または 180/ft^2（それぞれ約 270，430，1900/m^2 に相当）という例示が見られ（D.L. Wood, 1982），樹木は穴だらけといってよい状態である。集団で宿主の防御システムを封じ込めより適応的になるというシナリオは，社会生物学的に非常に興味深い現象である。これには，高密度でも密度効果が出ずむしろグループ効果が生じ，より生存率や増殖率が上がる（Berryman, 1982a）という特殊な背景が前提となる。密度効果が生じないということは，ある意味資源が尽きることがないということを意味し，従ってこの状況は，延々と同じ樹種の針葉樹林が広がる広大な北方林にしてはじめて可能な話と考えられるのである。

　しかし資源が無尽蔵というものの発生材の内部では個体密度が高まり，*Dendroctonus* にしても *Ips* にしても *Tomicus* にしても他の属のキクイムシにしても，種個体群が単一材にあんまり集中しすぎると，資源としての内樹皮の分け前が減って種内競争（山口博昭・小泉，1959；McMullen & Atkins, 1961；Beaver, 1974；Cates & Alexander, 1982；D.M. Light *et al.*, 1983；Långström, 1984；Anderbrant *et al.*, 1985；De Jong & Grijpma, 1986；Robins & Reid, 1997；Ryall & Smith, 1997；Raffa, 2001；他）や同ニッチ内の種間競争（McCambridge & Knight, 1972；D.M. Light *et al.*, 1983；Hui & Xue-Song, 1999；他）が激化して困ることになる。過密で困る点はこの世に存在する他のすべての生物と同じ。殺樹性キクイムシといえども例外ではない。しかし他の生物と彼らが違うところは，延々と広がる北方針葉樹林という事実上無限の資源を，世代を超える形で利用できる点にある。密度効果は生じるが，これが著しくなると反集合フェロモンや発音器官から出す信号音を駆使し，直ちに局所集中が避けられる（Rudinsky & Michael, 1972；Rudinsky *et al.*, 1973；他）。その結果みんなでその隣の木へ，あちらの木へ，彼方の木へと転戦できるのである（McMullen & Atkins, 1961）。否，この「密度効果」はむしろ，衰弱木・枯死木が元来自然界では限定的にしか存在しないという事実とともに，これらの

種の殺樹性の獲得の背景・原動力となっているとも考えられる。足を引っ張る力（制約）をバネにして跳躍しているといえばより明瞭であろうか。また食材性昆虫の場合，産卵された材にその卵から生まれた個体は羽化に至るまで釘付けとなる（すなわち幼虫の宿替えができない）という生態特性もこの場合重要であり，密度効果はまさにこの条件下で働くのである。そしてこのような密度効果発現状況，すなわち過密状況を避ける具体的ストーリーとして，産卵雌成虫もちゃんと資源量（この場合は宿主樹の内樹皮厚さ）を考慮に入れて入植・産卵しているという報告（Haack et al., 1987）がある。

　北米西部山地産の Dendroctonus rufipennis も「平常モード」と「大発生モード」の二重性格的生態を示す種であるが，何とこの2つのモードは遺伝的に特徴づけられ，個体密度や宿主樹の抵抗性などの条件を同じにしても，トウヒ属 Picea の宿主樹のモノテルペンに対する反応性などで後の世代まで差が見られるという（Wallin & Raffa, 2004）。モード転換に際して淘汰圧の内容がガラリと変化し，短期間で遺伝的に異なるものとなっている可能性も考えられるが，遺伝的に共通の単一種にして，両モードが相変異のようなものとして交互に現れ，その変換に世代単位の時間がかかるという可能性も考えられる。

　ヨレハマツ Pinus contorta を攻撃する殺樹性の樹皮下穿孔性キクイムシ Dendroctonus ponderosae は大径の宿主樹を選ぶが，これはこの種が樹皮下穿孔性とはいってもほとんど内樹皮穿孔性で，この内樹皮の厚さが資源として最も重要な要因とされる（Amman, 1972；Amman & Pace, 1976）ことと関係している。ここで樹皮厚さの違いは，単なる資源の量的差異のみならず質的差異（例えば微量栄養素？）をも含むことが示唆されており（Amman & Pace, 1976），これは興味深く，再検討を要する課題である。選ばれたこの木を「焦点樹」として集合フェロモンによる集中攻撃がなされ，これが満員御礼となると反集合フェロモンが出て矢面での集合にブレーキがかかるが，大まかなスケールでの集合は依然続き，そこでその隣の木が「受止め樹」となって攻撃を受け始め，これにより過剰集中が避けられ，これを繰り返していくうちに気がつけば広大な森林全体が広く被害を受けることとなるという（Geiszler & Gara, 1978）。広葉樹の樹皮下穿孔性キクイムシ類でも同様のことが報告されている（Maksimović & Motal, 1981；他）。大径木・老齢木が好んで穿孔加害されるケースは他にもある。木部穿孔養菌性種では，別系統（ナガキクイムシ亜科）に属し同じく殺樹性のカシノナガキクイムシ Platypus quercivorus の場合もブナ科大径木が選ばれ，これがナラ枯れの被害の主要因のひとつとされている（小林正秀・村上，2008）。またミカンナガタマムシ Agrilus auriventris（タマムシ科）（恐らくは二次性で衰弱木に発生する日和見性害虫）による柑橘樹の被害でも，果樹園に老齢木が多く見られる年代にこの種が大量発生するとされ（Ohgushi, 1967），この場合老齢木はすなわち樹勢の減じた生立木ということになる。

　北米では D. frontalis などの Dendroctonus 属の若干種がこれにあたる被害を起こし，それらは事実上の一次性穿孔虫として扱われ，Ips 属はとりあえずは二次性に留まっている（Bergvinson & Borden, 1991；他）。これは一応北米での話であるが，ヨーロッパでも類似の現象が見られる（Annila & Petäistö, 1978）。また日本でもヤツバキクイムシ Ips typographus japonicus やカラマツヤツバキクイムシ I. subelongatus （図16-2）が類似の生態を見せ，北海道などで台風や巨大嵐で針葉樹が軒並みなぎ倒されて大量に枯木が生じた際，これをもとにこれらの種が異常繁殖して，平常時とは異なる様相を呈するに至る（内田・中島，1961；Inouye, 1963；Furuta, 1989；小泉，1990）。もちろん嵐による風倒木の大量発生がきっかけでキク

図16-2 カラマツ丸太樹皮下のカラマツヤツバキクイムシ Ips subelongatus（キクイムシ科）の成虫母孔（軸方向の直線状の坑道）とこれより放射状に伸びた幼虫食痕（福島県舘岩村（現，南会津町），1999年5月）。（口絵16）

イムシが大発生モードとなる現象の本場は北米である（Gandhi et al., 2007）。ここで北米産の Ips はその二次性，低い攻撃性ゆえに，平常時は限られた餌資源としての枯死木を探さねばならず，それに穿孔食入して初めてフェロモンが必要となり，消化管内に抽出成分が入り込んで後腸で化学修飾により共生微生物の助けも借りてややのんびりとフェロモンが合成される。一方北米産の Dendroctonus はその事実上の一次性，高い攻撃性により，餌資源たる針葉樹生木は無尽蔵なので，フェロモンの放出のタイミングは随時となり，そのため餌由来ではなく，自らの脂肪体成分由来のフェロモンを早々に合成して放出し，それにより生木への電撃的集団攻撃による「殺樹」と餌資源化が可能となるという（Vité & Pitman, 1968；Renwick & Vité, 1970；D.W.A. Hunt & Borden, 1989）（ただし上述（12.5.）の D. ponderosae（Raffa & Berryman, 1983）のような例外はあり，このあたりの事情はやや複雑・曖昧の感がある）。飛翔エネルギーバンクとしての脂肪体が，性フェロモン・集合フェロモンの合成原料となるという意外なストーリーである。こういう「事実上の一次性」の樹皮下穿孔性キクイムシ類，特に上述の Dendroctonus 3種，D. brevicomis, D. ponderosae, D. frontalis では，パイオニア的個体が寄主植物の針葉樹の衰弱木や枯死木の匂いなどの手がかりなしにランダムに宿主に行き当たり（実際針葉樹の健全個体は大した匂いを出さない），ここで性フェロモンや集合フェロモンを出して，他個体を集めて集団攻撃へと移行していくという（Moeck et al., 1981；Raffa et al., 1993）。

食材性甲虫類の中での樹皮下穿孔性キクイムシ類の特異性は，この「集合フェロモン利用による集中攻撃」と「二次性の一次性化」が特筆されるが，これに加え，真菌類との共生とそれによる樹木へのインパクトも重要である。

北米における針葉樹への加害の点で Dendroctonus 属や Ips 属に列せられるものに Scolytus 属（特に S. ventralis）があり，上述のようにその宿主樹との闘いは詳しく記述・研究・考察されている（Struble, 1957；Berryman, 1969；Berryman, 1972）。この種（およびその他の針葉樹樹皮下穿孔性の属・種）では，ミカンギア（共生菌保持器官；22.7. 参照）に Ceratocystis 属の共生菌を宿し，菌は虫に新しい宿主樹に運んでもらい，虫は菌に宿主樹を殺すのを手伝ってもらい，材の状態を食べやすいものに変えてもらい，さらに栄養供給まで受けると考えられている。形成層がこのキクイムシやその共生菌に冒されると，樹は武器としてのテルペン類や低分子ポリフェノール類などの成分をその部分で生産・放出し，接種された菌を囲い込んで封じ込め，また辺材部の含水率を下げるなどの対抗反応を見せる。なお，殺樹性のヤツバキクイムシ欧州産基亜種 Ips typographus typographus の共生菌 Ophiostoma polonicum（= Ceratocystis polonica）に

侵入されたトウヒ属 Picea の場合，菌をやっつけるべく作り出されるのは，フラボノイドやスチルベンといった低分子ポリフェノール類であるという（Brignolas *et al.*, 1995）。これは菌の代謝産物が直接の引き金となっており，結果として菌や虫の活動が抑えられる。宿主であるマツ科針葉樹には，カラマツ属 Larix, トガサワラ属 Pseudotsuga, トウヒ属 Picea, マツ属 Pinus といった樹脂道の発達が顕著なものがあるが，キクイムシはこういった樹脂道からの樹脂滲出に対し，木理を直角に横切る水平方向に穿孔して樹体内流動を断ち切ることなどで対抗する。そして樹は，遂に虫・菌連合軍に抗しきれずに枯れることもあるという。北米産の樹皮下穿孔性キクイムシ Dendroctonus ponderosae とその共生青変菌，それらの寄主ヒロヨレハマツ Pinus contorta var. latifolia の三者間でも同様のストーリーが繰り広げられ，そこでもやはり決め手は「誘導防御機構」としての「二次的樹脂滲出」のようで，この能力の十分備わった樹は虫・菌連合軍をはねのけて生き延びるとされる（R.W. Reid *et al.*, 1967）。こういった研究論文を読むと，まさに壮絶な戦記物を読んでいるような気分になる。

　ところでこういった「殺樹性」キクイムシ類に関しては，森林内の生物多様性への寄与を考慮した CWD（粗大木質残滓）の保存・放置との関連でジレンマを引き起こす。これらのキクイムシは平常モードでは二次性ながら，台風や嵐，さらには間伐などの森林施行で大量の倒木，すなわち CWD が出現してそれらに発生すると，いわゆる大発生モードとなり，「みんなで囓れば云々」の一次性となる。というわけで，CWD の林内放置がこういった種の「大発生モード化」を引き起こさないかが危惧される（Eidmann, 1992；Harz & Topp, 1999；Göthlin *et al.*, 2000；Bouget & Duelli, 2004）。これに対しては，日当たりのよい箇所でこういった種が発生するのでそういう箇所のみから CWD を除去する，風倒木をキクイムシをおびき寄せるために利用して産卵後に除去する，といった方策が提案され，また CWD の保存による生物多様性の温存がキクイムシの天敵の保全にもつながるとの説明もなされている（Harz & Topp, 1999；Bouget & Duelli, 2004）。またフィンランドのトウヒ属の森林においては，風倒木に限ればその発生パターンからして，その存在が殺樹性キクイムシによる被害にはつながらないという研究結果も見られる（Peltonen, 1999）。実際，殺樹性キクイムシ類はその平常時の攻撃対象が新鮮な針葉樹伐採丸太にほぼ限定され，広葉樹材や枯死後何年も経過した古い材は，「森林衛生学」上まったく問題ないといえる。さらに，元来天然林では殺樹性キクイムシは「大発生モード」にはならないとの見解もフィンランド南部でのウィンドウ・フライトトラップを用いた樹皮下穿孔性キクイムシ相の研究から表明され（Martikainen *et al.*, 1999），スウェーデン北部では，同様の研究から，樹皮下穿孔性キクイムシ類および木部穿孔養菌性キクイムシの *Trypodendron lineatum* が CWD に相当数発生はするものの，これも林業に影響するほどではないので問題はないとする見解も出ている（Johansson *et al.*, 2006）。国内でも，北海道各地でのアカエゾマツ Picea glehnii 造林地において間伐材や伐倒木を林内放置しても，発生が危惧されたヤツバキクイムシ *Ips typographus japonicus* による被害は僅少との報告がある（原・林，2002）。一方米国・Oregon 州ではベイマツ Pseudotsuga menziesii の造林地で間伐材を林内放置すると *Dendroctonus pseudotsugae* が発生し，林業上問題とはならない程度ではあるが残留生立木の枯死を招くとの報告があり（Ross *et al.*, 2006），スウェーデン南部のドイツトウヒ Picea abies の森林でも，やはり風倒木を除去しないとヤツバキクイムシ欧州産基亜種 *Ips typographus typographus* による枯損が発生するという研究結果も見られる（Schroeder & Lindelöw, 2002）。というわけで，こういった「大丈夫」という研究結果や仮説は，その再現性・普遍性は決して

保証されず，ジレンマの解決には至っていないとの感が強い．実はまったく同じ問題は日本でも起きている．すなわち，一次性種としてブナ科，特にミズナラの集団枯損を引き起こすカシノナガキクイムシ *Platypus quercivorus*（ゾウムシ科－ナガキクイムシ亜科；木部穿孔養菌性）は，元来二次性なので倒木にも発生し（Soné *et al.*, 1998），これを放置すると一次性としての局面により集団枯損を助長するという（小林正秀・他，2000）．

　以上述べてきた殺樹性の樹皮下穿孔性キクイムシ．彼らの餌食は一貫して針葉樹であった．では広葉樹を攻撃する殺樹性樹皮下穿孔性キクイムシは存在するのか？　例外的にニレの立枯れ病菌を媒介して宿主樹のニレ属 *Ulmus* を枯らせるセスジキクイムシ *Scolytus multistriatus*（22.5.参照）が存在するが，このような顕著な病原性を発揮する菌を武器にせずに広葉樹を攻撃するキクイムシはどうやら存在しないようで（Six, 2012），これは広葉樹の防御システムが針葉樹と比べてはるかに複雑かつ強力で，キクイムシがこれに対応できないことが理由とされている（Ohmart, 1989）．しかしこの説明には再検討と改善の余地があるものと思われる．

　「恐るべきキクイムシたち」として，殺樹性樹皮下穿孔性キクイムシに次ぐめくるめくストーリーを展開する木部穿孔養菌性キクイムシ類については，22.7.で詳述する．

　キクイムシ亜科にはこの他，東南アジア産で広葉樹樹皮下穿孔性の *Ozopemon* で，何と雄成虫が無翅無眼の幼体成熟型を示すことが知られ（Browne, 1959；Jordal *et al.*, 2002），これは他に例を見ず，その形態のあまりの奇抜さゆえ，甲虫の碩学の Crowson (1974) をしてエンマムシ科と誤認せしめたほどである．この仲間では多くが亜社会性，かつ繁殖生態が多様であり（上田明良・他，2009），後述するように真社会性を示すナガキクイムシ亜科の種が発見されるなど，進化生物学・行動生態学的に非常に興味深いグループである（Kirkendall *et al.*, 1997）．殺樹性キクイムシ類の行動や防除法の検討もこういった観点，特に行動生態学的観点からの見直し（Alcock, 1982）が必要であろう．

　最後に，キクイムシ類ではなくカミキリムシ類で，同様の集中攻撃によって宿主樹を枯死させるという特殊な戦略を見せる種を挙げたい．それは中国産のパンヤ科樹木の一次性穿孔性害虫 *Glenea cantor*（フトカミキリ亜科）（12.4.）で，カミキリムシの一部で見られる産卵雌が産卵後に産卵箇所に塗布するゼリー状の「密度調節フェロモン」（Anbutsu & Togashi, 2000；他）（16.16.参照）で他個体産卵抑制へと向かうのとは逆に，何とこの種では産卵促進へと向かい（Lu *et al.*, 2011b），別の意味での集合フェロモンの様相を呈している．

16.5. 食材性甲虫類における生態系エンジニアの例

　前節（16.4.）で述べたように，樹皮下穿孔性キクイムシ類の *Dendroctonus* spp. は「大発生モード」で針葉樹の大量虐殺，従って針葉樹林の破壊を周期的に引き起こし，その結果森林生態系への物理的影響は甚大である．熱帯サバンナにおいてシロアリ類（特にキノコシロアリ亜科の種）は土壌の物理的性質の改変を引き起こし，この功績（?）で「生態系エンジニア」の称号を賜っているが，*Dendroctonus* spp. も，その結果が林業やヒトにいかにマイナスに作用しようと，自然への影響力のみから見て同様に「生態系エンジニア」に相当するとの見解もある（C.G. Jones *et al.*, 1997）．例えば，北米で *Dendroctonus* 属中最大の被害をもたらす種と考えられる *D. frontalis* については，その加害の諸方面へのインパクトが森林経営学的に査定されて

いるが，これによると，商品としての木材，森林のリクリエーション機能等の損失が著しい一方，枯損木発生による森林ギャップ形成で野生鳥獣類に対するプラスの影響も考えられるという（Leuschner, 1980）。また米国・Colorado 州において樹皮下穿孔性キクイムシ *Dendroctonus rufipennis*（= *D. obesus* = *D. engelmanni*）が引き起こしたエンゲルマントウヒ *Picea engelmannii* の大量枯損により，広大な領域が森林被覆を失い，その結果その領域の水源涵養力が損なわれて河川流量が増加するという事態を引き起こしている（Bethlahmy, 1975）。ただしこの種の被害地で枯損木が長く残存するという報告もある（Mielke, 1950）。この場合，穿孔虫の所行が水圏生態系にも影響しているわけで，水生昆虫相などは明らかに甚大な影響を被っているはずである。また，アラスカにおける *D. rufipennis* の選択的攻撃によるシロトウヒ *Picea glauca* 大径木の大量枯損については，その後の森林の植生と野鳥相に著しい影響が出ることが報告されている（B.H. Baker & Kemperman, 1974；Matsuoka et al., 2001）。さらに北米西部のマツ林の *Dendroctonus ponderosae* による大量枯損では，森林が CO_2 を固定する能力にも悪影響が出ており，地球規模の影響が懸念されている（Kurz *et al.*, 2008）。

　Dendroctonus と比べて性質の若干穏和な *Ips*（Kärvemo & Schroeder, 2010）にしても，大発生モードでは同様の甚大な影響力を発揮することに変わりはない。欧州ではヤツバキクイムシ欧州産基亜種 *Ips typographus typographus* の大発生に際し，その宿主樹であるドイツトウヒの樹幹上甲虫相が様変わりすること（Bakke & Kvamme, 1993），およびこのキクイムシのフェロモンが同属近縁種やその直接の捕食者（カッコウムシ科の *Thanasimus* spp.）のみならず，宿主樹を同じくするコメツキムシ科，ゾウムシ科（キクイムシ亜科を含む）といった多くの木質依存性甲虫種をも誘引すること（Valkama *et al.*, 1997）が報告され，さらに大発生でドイツトウヒの大量枯損が生じると森林にギャップができ，これがその地の昆虫種多様性に寄与しているとの報告もある（J. Müller *et al.*, 2008）。以上の話はこのヤツバキクイムシ欧州産基亜種がその棲息地で相当の影響力を持つ存在であることを強く示唆し，当然甲虫以外の生物（例えば鳥類）にも影響が出ているはずである。

　ゾウムシ科－キクイムシ亜科の中は樹皮下穿孔性と木部穿孔養菌性が入り乱れており，この2群はあくまでギルド集団であって分類群ではない。そして，前者から後者が坑道構造や婚姻様式とも関連して複数回進化してきたと考えられている（Kirkendall, 1983；Farrell *et al.*, 2001；Six, 2012；他）。このギルドの成虫は菌を食する関係で，食菌性に必要な磨砕器官の前胃の平行進化的な縮小が *Premnobius* を除いて認められるという（A. Nobuchi, 1969）。こういったことはキクイムシ亜科の進化を意味すると同時に，その共生菌の進化をも意味し，実際樹皮下穿孔性種と木部穿孔養菌性種に関連する菌の系統も入り乱れ（Rollins *et al.*, 2001），また中間的なキクイムシ，中間的な共生菌も見られる（Francke-Grosmann, 1952b；J.M. Baker, 1963；Kalshoven, 1964）。後述するように，後者の共生菌（アンブロシア菌）は前者の共生菌から多発的・収斂的に進化したとされる（Cassar & Blackwell, 1996）。後者は菌類との共生が強調されて久しいが，前者（樹皮下穿孔性種）においても菌類・細菌類との共生がクローズアップされつつあり，これらが樹木を枯らす際に共生菌または付随菌を樹木に接種し，この菌も病原性を発揮して「樹殺し」に直接関与するというシナリオが提示されている（Paine *et al.*, 1997；Harrington, 2005；他）。しかし宿主植物・昆虫・菌という三者間のことゆえ現象としては複雑で（Lieutier, 2002），特に昆虫と菌の関係性は菌が昆虫にプラスにもマイナスにもなり得て一筋縄ではいかず，実際菌類が「樹殺し」に直接関与するというシナリオは最近否

定されるに至っている（Lieutier *et al.*, 2009；Six & Wingfield, 2011）（16.4. 参照）。（後述するように同じことはシロアリと菌の関係についても言える。）実は生物間の関連性という点では，*Dendroctonus* はその共生菌との関係性に関して，その体表面，成虫体内，食坑道内に棲息する多くのダニ類および若干の線虫類が介在する可能性が指摘され（Cardoza *et al.*, 2008），欧州産のニレの立枯れ病菌媒介性のセスジキクイムシ *Scolytus multistriatus*, *S. scolytus*, および *S. pygmaeus* でも多数の便乗性ダニ類と若干の線虫類と関係が見られ（Moser *et al.*, 2005；Moser *et al.*, 2010），面白いのを通り越してむしろ辟易する状況となっている。要はキクイムシが先ずはその身の回りから生物多様性を築いているということであろうか。また，森林の樹木の枯死は，このような樹皮下穿孔性キクイムシ類がからむ場合でも，大気汚染，水分の過不足によるストレス，病原菌類の作用，食葉性昆虫類による葉の欠損，などの諸要因が複雑にからみあって起き，枯死の要因も初期要因・寄与要因・最終要因に分けて考える必要があるという（W.H. Smith, 1990）。

　ところで「生態系エンジニア」という言葉を用いる場合，そこには言外に持続可能性 sustainability という概念が含まれるとの感がある。従ってあまり「ヤンチャ」な，「悪役」の種はこの称号を賜りにくい。そうなると殺樹性キクイムシは肩身が狭いと思いきや，さにあらず。そのあまりにも顕著な「害虫度」とは裏腹に，実は長い目で見ると彼らも生態系の持続に結構貢献しているのである。すなわち，Geiszler *et al.* (1980) によると，米国・Oregon 州の「軽石高原」のヨレハマツ *Pinus contorta* 林では，カイメンタケ *Phaeolus schweinitzii*（褐色腐朽菌）に侵された平均胸高直径 25cm の 80 年以上経過個体のみが *Dendroctonus ponderosae* に攻撃されて枯れ，これより大きな木が喰い尽くされれば *D. ponderosae* の大発生は収束する。これにより発生した CWD（粗大木質残滓）は山火事発生に寄与し，その結果土壌へ養分が戻り，マツの新世代が生じ，また残存樹は山火事で火傷を負いカイメンタケの侵入を許し，十分成長すると再び *D. ponderosae* に加害され……。これは約 100 年のサイクルで生じるという。J.A. Logan & Powell (2001) はこの状況を，この種がこの地で在来種であること，フェロモンが介在した集中攻撃により殺樹性を発揮するには全個体の発生が「せーの」という掛け声のようなものとともにシンクロナイズすることが必要であること，年 1 化性であることを基軸にモデル解析で説明し，長い進化の過程で確立した揺るぎないシステムであることを示唆した。これが sustainability でなくして何であろうか。Stark (1982) もこのキクイムシとマツの関係を，進化生物学的に論じている。ただし Romme *et al.* (1986) は，*D. ponderosae*（キクイムシ）とマツのこのシステムでは，キクイムシはマツを枯らせ，マツはそれに反応して平気で一次生産量を増し，両者は長い目で見て均衡下にあるも，キクイムシがサイバネティックスのいうところの「制御者」とするにはあまりにも「ヤンチャ」すぎ，「お騒がせ」すぎとしている。

　一方，同じ米国の東部〜南東部〜 Texas 州東部の海岸平野部に見られるマツ各種 *Pinus* spp. の森林に対する，同じ *Dendroctonus* 属の殺樹性樹皮下穿孔性キクイムシ *D. frontalis* の関わりでも，これに山火事を加えた三者間の相互関係とその成り行き（Schowalter *et al.*, 1981）は，sustainability という概念にぴったりである。すなわち，キクイムシがマツを枯らせて山火事や風害の前提を形成し，山火事がマツ林の天然更新を調節し，こういった相互作用がマツ林の多様性と生産性を高く保ち，浸食などによる養分流失を抑えて攪乱の影響を速やかに修復するという。そして，この均衡，sustainability を不可逆的に攪乱するのはヒトの林業という生業による木材収穫であり，これがキクイムシの加害を助長するという（Schowalter *et al.*, 1981）。こ

の考え方はさらなる検証が必要ながら，説得力と魅力はある．またこの「虫害」およびそれが包括される生態系バランスの成立には山火事の他に，宿主樹への落雷という，一見非常に予測しがたい現象が重要な役割を果たし，これがスポット的契機となって宿主マツ樹への *D. frontalis* の加害とそのスポット拡大が生じ，ひいてはそれが景観形成に寄与するというモデルも提案されている（Rykiel *et al.*, 1988）．

一方上述の Colorado 州の *D. rufipennis* の大発生よるエンゲルマントウヒなどの針葉樹の集団枯損に関しては，この種は宿主樹大径木を選択的に加害する（Veblen *et al.*, 1991b）関係で，森林全体の若返りに寄与しているとする報告（Veblen *et al.*, 1991a）が見られる．同じ場所の同じ種でも，見方によりこのように評価が分かれるという例である．

欧州での *Ips* 属キクイムシによる針葉樹集団枯損が森林ギャップ形成を通してその地の昆虫種多様性にプラスに影響すること（J. Müller *et al.*, 2008）は，上に述べた．

短い目で見てインパクトの高そうなこれらのキクイムシではあったが，これと同様のインパクトを示す生態系エンジニア候補者（?）は日本にもいる．それは他ならぬマツノマダラカミキリ *Monochamus alternatus*（フトカミキリ亜科；図 10-2b）である．この日本在来種の二次性穿孔虫の成虫は，宿主樹であるアカマツやクロマツの健全木の枝を後食する際に北米原産の外来種であるマツノザイセンチュウ *Bursaphelenchus xylophilus* を傷口から侵入させ，この線虫が増殖後に病原性を発揮してマツが枯れる（森本・岩崎，1972；森本・真宮，1977；Yamane, 1981；F. Kobayashi *et al.*, 1984；Kishi, 1995）．その結果，大量のマツ枯木が野に山に出現し，これにマツノマダラカミキリ自身の他，樹皮下穿孔性のキクイムシ類や非キクイムシのゾウムシ類なども発生し，「枯木も山のにぎわい」となる．ただし，マツノザイセンチュウは日本においては外来種であり，これが引き起こすマツ類集団枯損現象は，その侵入以来のもの，すなわちたかだか 100 年の歴史しかない．こういう新規の共生に基づくものは持続可能性がまったく保証されず（神崎・竹本，2012），これを「生態系エンジニア」と呼ぶことには疑念もある．

欧州産のオオカシカミキリ *Cerambyx cerdo*（カミキリ亜科 - ミヤマカミキリ族）も，ナラカシ類 *Quercus* spp. などの宿主樹生木の樹皮下と木部に対して長年にわたって穿孔加害を続け，この物理的作用で木質依存性の各種甲虫類がこれに発生する余地を与え，生態系エンジニアであることが指摘されている（Buse *et al.*, 2008）．こういったケースは，生態系エンジニアというよりはむしろ，本来の意味での「ニッチ構築者」の称号の方がぴったりかもしれない．小規模ながら似たような例に，既に述べた（12.5.）北米〜南米の広葉樹一次性穿孔虫 *Oncideres*（フトカミキリ亜科）があり，この属は樹木の枝を樹皮下環状穿孔行動で枯らせるが，枝のそれより先の部分は富栄養化され，他の多くの二次性穿孔虫がこれを利用する（Linsley, 1940；Polk & Ueckert, 1973；Hovore & Penrose, 1982；Di Iorio, 1996；Calderón-Cortés *et al.*, 2011）．この場合，*Oncideres* の働き（枝枯らしおよび樹皮の傷つけによる産卵箇所創出）がなければこれらの種の発生はないわけで，その意味一種の生態系エンジニアといえる（Calderón-Cortés *et al.*, 2011）．そしてこれらの後発性の二次性穿孔虫の中には，貯穀物害虫にして広葉樹木部穿孔性種の *Prostephanus truncatus*（ナガシンクイムシ科）が含まれ（Ramírez-Martínez *et al.*, 1994；Calderón-Cortés *et al.*, 2011），このカミキリムシの森林内での働きは，その森林の近傍の村のトウモロコシ貯蔵庫における *Prostephanus* の発生という余計な結果まで付いてくる（Hill et al., 2002）．さらに，アフリカのサバンナ地帯北部においてパンヤ科やウルシ科の樹木の枝を環状穿孔して枯らせる *Analeptes trifasciata*（フトカミキリ亜科）も類似の例である（H.

Roberts, 1961；Borgemeister *et al.*, 1998b)。*Oncideres germari* も *Analeptes trifasciata* もともに，環状剥皮で富栄養化（4.6. 参照）して枯死した枝に，ナガシンクイムシ科の種が特に多く発生する点が興味深い。*Oncideres* 属では他に，米国産の *O. cingulata* は *Carya texana*（クルミ科）を食害することでその宿主樹との間にフィードバック的相互作用が生じてその樹形を変えてしまい（Forcella, 1984），またブラジル産の *O. humeralis* は宿主樹 *Miconia*（ノボタン科）の生存に大いに影響し，景観形成にまで関与する（Romero *et al.*, 2005）。これらの *Oncideres* も宿主樹やその林分の現存形態の鍵を握っているので，その意味で生態系エンジニアといえる。

一次性穿孔虫が生木に執拗に累代発生する場合，先に発生した世代（あるいは種）の穿孔が樹木の組織に何らかの変化を与え，それが呼び水となって後の世代（あるいは種）の発生にプラスに作用するという局面はこれまで指摘されたことがなく，常識的にはむしろその逆で，先行者が資源としての組織を食い尽くしてしまい，後発者が発生しにくくなるというのが関の山である。しかし，生木に何らかの傷がつけられた場合，その後その傷の周辺の形成層で形成される木部組織が正常木とは異なるという報告があり，多くの場合それらは「CODIT 理論」（4.5. で詳述）に沿ったものである。そして北米産の広葉樹を用いた実験で，傷の近くにその後新たに形成される木部組織は正常組織と比べて，軸方向通導細胞（導管や木繊維）が少なく，柔組織が多くなり，その柔細胞壁のリグニン含有量が少なくなることが示されている（Rademacher *et al.*, 1984）。これは辺材のことゆえ，柔細胞が生きていてその細胞内容物が保持された状態なので，デンプンやタンパク質などの栄養系バイオマスの増加を意味し，同時に「煮ても焼いても食えない」リグニンの減少もあいまって，一次性穿孔虫の思うつぼとなることを意味している。同様の変化は内樹皮でも見られるはずで，この観点からの一次性穿孔虫の観察が必要である。

一方，*Quercus lyrata* などの広葉樹の一次性穿孔虫である北米産の *Goes tigrinus*（フトカミキリ亜科）について，度重なる穿孔加害で疲弊した宿主樹はキツツキ類の攻撃にもさらされ，その結果アリ類や他の穿孔虫や腐朽菌の侵入が増えると報告されている（Solomon & Donley, 1983）。北米ではアメリカヤマナラシ *Populus tremuloides* の一次性穿孔性害虫 *Saperda calcarata*（フトカミキリ亜科）とヤナギシリジロゾウムシ *Cryptorhynchus lapathi* は，穿孔により木材腐朽菌を含む多種多様な真菌類を材内に持ち込むことが示され（Kerrigan & Rogers, 2003），穿孔虫の食害は腐朽被害を伴うことの傍証となっている。またユーカリノキ属の重要な一次性穿孔性カミキリムシ *Phoracantha semipunctata*（カミキリ亜科−トビイロカミキリ族）（図 12-2）（ただし自然分布域のオーストラリアでは害虫としては極めてマイナーな存在）は，健全丸太よりも被害木丸太の方が高い成虫誘引力があり，既に加害を受けた樹木から放出される抽出成分がカイロモンになっており（Paiva *et al.*, 1993），被害木の方が虫のとりつきがよいことが示唆される。キボシカミキリ *Psacothea hilaris*（フトカミキリ亜科−ヒゲナガカミキリ族）に食害されてボロボロになり，かろうじて生きているクワ，ミヤマカミキリ *Neocerambyx raddei*（カミキリ亜科−ミヤマカミキリ族）に食害されて徐々に弱体化し，樹冠が損なわれて枯死しそうでなかなか枯死しないスダシイなども，本州などでよく見る光景。上に述べたように同族近縁属のオオカシカミキリ *Cerambyx cerdo* も欧州において，宿主樹 *Quercus* spp. の生木に対して同様の状況を作り出している（Buse et al., 2008）。またシロスジカミキリ *Batocera lineolata*（フトカミキリ亜科）でも同様の継続加害が知られる（野淵輝，1984a）。中国のポプラ類でもキイロゴマダラカミキリ *Anoplophora nobilis*（フトカミキリ亜科）の食害は特定樹木個体に集中し，

ボクトウガ類の加害も同時に見られるという（周嘉熹・他，1984）。このような「輪をかける」的な食害は一般的に化学的サインが介在しているかもしれない。実際，キクイムシ亜科樹皮下穿孔性種では既に前節で見てきたように，「パイオニアによる入植とフェロモン放出，それに反応して飛来する同種の集合，マスアタック」という図式が確立している。そして Scolytus ventralis（キクイムシ亜科，樹皮下穿孔性）では，食入攻撃の成功率は，既存の入植坑道の長さに依存している（Berryman & Ashraf, 1970）。一方日本産木部穿孔養菌性種であるカシノナガキクイムシ Platypus quercivorus の場合，宿主樹に同種の過去穿孔履歴がある場合繁殖できないことが知られており（加藤・他，2002），上の例とは逆の現象となっている。以上より，最後の例を除いて，一次性穿孔虫の穿孔食害は決して単発的ではなく，同種あるいは同ギルド種の発生がこれに続くことが多い。これは一次性穿孔虫で生態系エンジニアとなっている種が多いことと密接に関連している。

一方，ある種の生物(A)の加害で弱体化した植物に，他種(B)が日和見的加害を加えるという図式は，AとBが同種であっても成り立ち，またAとBの順序も特に決まっていない場合もあるようだ。この場合，AとBの関係は競合者であると同時に共生者ともなり得て，話は複雑である。実際こういう樹木は地域の生物多様性に結構寄与している。そのきっかけとなる Goes tigrinus などのカミキリムシは生態系エンジニアといえる。この他，大型の穿孔性甲虫は，その穿孔活動が材内空間の顕著な創出につながり，それは様々な小型無脊椎動物にとって外敵から保護された棲息空間となる。それゆえこれらの大型の穿孔性甲虫は一種の「ニッチ構築者」，「生態系エンジニア」といっても過言ではない。特に食坑道の永続性と樹体内の恒常性から，一次性穿孔虫はその性格が強いと言える。ハリエンジュを宿主とする北米産のトラカミキリ族の一種 Megacyllene robiniae はその一例であろう（Larson & Harman, 2003）。

ベリーゼの海岸マングローブ林では，マングローブの一種 Rhizophora mangle の若枝を Elaphidion mimeticum および Elaphidinoides sp.（いずれもカミキリ亜科）の幼虫が穿孔して枯死させ，それがマングローブの開花を促進し，また青葉が付着したままの被害枝が落下し，それがマングローブ林の林床のリター形成に寄与し，これらのカミキリムシはこのマングローブ林の極めて重要な構成要素となっている（Feller, 2002）。また，カミキリムシ科等の一次性穿孔性甲虫（および一部鱗翅目）による枝の穿孔でこのマングローブに枯枝が生じ，これに二次性穿孔虫や捕食者，捕食寄生者などの昆虫・節足動物群集が発生（Feller & Mathis, 1997），また Elaphidion mimeticum（カミキリ亜科）による穿孔で枝が枯れてマングローブ林樹冠にギャップが形成され（Feller & McKee, 1999），生態系全体の維持に寄与している。一次性穿孔虫が生態系エンジニアとなるもうひとつの例である。

同様の例はハワイ諸島・ハワイ島産の樹木オヒアレフア Metrosideros collina（ムニンフトモモ属）とそれを宿主とする一次性〜二次性の穿孔虫の Plagithmysus bilineatus（カミキリ亜科−トラカミキリ族）で見られ，樹勢の衰えた宿主をカミキリムシが穿孔して枯死させ，更新を促し，この島の特産種である両者は微妙なバランスの上に共存しているという（Papp & Samuelson, 1981）。樹木と一次性穿孔虫の間の成熟した理想的な関係であろう。

日本本土において初夏から晩夏にかけて，クヌギ Quercus acutissima，コナラ Q. serrata，ハルニレ Ulmus davidiana var. japonica，タブノキ Machilus thunbergii といった樹種が樹幹表面から大量の樹液を滲出させ，これが発酵して周囲に独特の匂いを漂わせ，これにクワガタムシ科，コガネムシ科−ハナムグリ亜科，ケシキスイ科，タテハチョウ科，ジャノメチョウ科，ス

図 16-3 クヌギの幹の樹液滲出部に集まる樹液食性の昆虫たちが繰り広げる「昆虫酒場」(神奈川県藤沢市日大湘南キャンパス，2008年8月)。カブトムシ，カナブン，シロテンハナムグリ，ゴマダラチョウなどが見える。

ズメバチ科，アリ科といった様々な「樹液好き」の昆虫たち（この場合，彼らはほとんどが成虫であり，その幼虫期の食性とは無関係！）が集まる光景がしばしば見られる（図 16-3）。いわゆる「昆虫酒場」である。これにかつての筆者自身を含むヒトの子供たちまでが誘引され，日本の夏の風物詩のひとつともなっている。樹液は樹木の一部であり，ある意味木質の延長であるという観点からか，これら昆虫酒場の常連たちを"saproxylic insects"（7. 参照）に含めようとする向きもある（Alexander, 2008）（ただし筆者はこの考えには賛同しかねる）。昆虫酒場は，日本において樹液滲出樹種として最も一般的なクヌギの場合，ボクトウガ *Cossus jezoensis*（鱗翅目－ボクトウガ科）の幼虫（J. Yoshimoto & Nishida, 2007），またはシロスジカミキリ *Batocera lineolata*（カミキリムシ科－フトカミキリ亜科）の産卵雌成虫および幼虫（高桑, 2007）のなりわいが原因となっていることが報告されており，さらに樹皮の薄い他樹種ではカブトムシ *Trypoxylus dichotomus septentrionalis*（コガネムシ科－カブトムシ亜科）の雌雄成虫にもこの可能性があるようで（Hongo, 2006），昆虫酒場の創出のきっかけとなるこれらの昆虫類も，立派な生態系エンジニアとしての「酒場主」と考えられる。なおこれらのうちで，クヌギの幹におけるボクトウガの幼虫のみは極めて特異で，内樹皮を穿孔して栄養摂取する他，自分が作り出した樹液滲出箇所に寄ってくる諸々の昆虫（何と大型のタテハチョウ類も含む！）やダニを捕らえて喰うことがあるといい（市川・上田, 2010），まったくもって曲者の酒場主ではある。しかしこの捕食行動は，樹液滲出箇所の好樹液性昆虫類の多様性にはあまり影響しないとされる（J. Yoshimoto & Nishida, 2008）。この悪魔的習性がボクトウガ科全体に共通するか否かは不明である。しかし既に記したように（11.4.），この科の幼虫はセルロース・ヘミセルロースは消化せず，心底食材性昆虫になる気はなさそうな輩のように見える。なおこういった「昆虫酒場」は当然他国でも見られ，例えば米国ではナラカシ属 *Quercus* spp. の樹幹を *Enaphalodes rufulus*（カミキリムシ科－カミキリ亜科）の幼虫が穿孔すると同様の樹液滲出となって発酵し，これにケシキスイ科（鞘翅目）の一種やボクトウガ科 3 種が発生し，それらの幼虫が *Enaphalodes* の幼虫を殺害または捕食することが報告されている（Hay, 1974）。

食材性昆虫にして生態系エンジニア。最後にその特殊な例として，広葉樹樹洞に発生するコガネムシ科－ハナムグリ亜科の種を挙げておきたい。欧州でヨーロッパナラ *Quercus robur* に発生するオウシュウオオチャイロハナムグリ *Osmoderma eremita*，クリ属 *Castanea* に発生する *Gnorimus variabilis*，スペインで落葉性ナラカシ属 *Quercus* に発生する *Cetonia aurataeformis* 等の種は，樹洞内で富栄養化（N と P）された腐葉土状木粉を形成し，これは他の様々な昆虫種の発生を促し，樹洞内の種多様性に寄与するとされている（Kelner-Pillault, 1974；N. Jönsson *et al.*, 2004；Sánchez-Galván *et al.*, 2014）（15.3. 参照）。ただし，こういった樹洞はあくまで真菌類による樹木心材への侵入と分解がきっかけおよび主原因であって，木質依存性昆虫がこれらをすべて作り出すわけではない（O. Park *et al.*, 1950；Kelner-Pillault, 1974）。

　生態系エンジニアとしてのシロアリについては，後に 28.7. で詳述する。

16.6. 同一ギルド内の驚異の種間関係

　ゾウムシ科－キクイムシ亜科は上述（16.4.）のように衰弱木～枯死木を食害し，このうちの大半は樹皮下穿孔性であるが，これらは樹木の健全状態→衰弱→枯死→腐朽という遷移のごく初期，すなわち衰弱状態の樹木に飛来し，産卵・繁殖し，そしてこれより遅れてやってきて同様に産卵・繁殖するのがカミキリムシ科の二次性樹皮下穿孔性種である（Haack & Slansky, 1987；Leluan *et al.*, 1987；Kletečka, 1996；Wallin & Raffa, 2001）。このあたりの状況は針葉樹と広葉樹でやや異なるとされた（Saint-Germain *et al.*, 2007a）が，研究例は少なく，違いの一般化は時期尚早と筆者は考える。針葉樹の場合，これら二大穿孔性グループの間の生態学的関連性は，非常に興味深い問題である。両者は互いに同じニッチをめぐって競合関係にあるが，その体長・体重の点で圧倒的にカミキリムシの方が優位にある。北米産マツ類二次性穿孔虫 *Monochamus carolinensis*（ヒゲナガカミキリ属の一種）と *Ips calligraphus*（ヤツバキクイムシ属の一種）の関係では，先に占拠・穿孔していた小さなキクイムシたちのフェロモン（すなわちおいしい針葉樹丸太の指標；後述）に引き寄せられてカミキリムシが産卵し，その幼虫がまるでブルドーザーのようにキクイムシ個体群を蹴ちらし，呑みこんでしまうとされ（Nuorteva, 1964；Coulson *et al.*, 1980；M.C. Miller, 1986；Allison *et al.*, 2001；Dodds *et al.*, 2001；Schoeller *et al.*, 2012），これには同じ内樹皮をめぐる競合の回避と，肉食によるタンパク質補給の意味があるとされ，カミキリムシ個体間の共喰いも見られるという（Dodds *et al.*, 2001）。そして後述のように，そのための消化酵素まで完備しているとあって，やはりこの捕食で何らかの栄養的利益はあろう。しかし，米国・Texas 州におけるテーダマツ丸太におけるキクイムシ類（*Dendroctonus*, *Ips*）とカミキリムシ類（*Monochamus*）の関係では，後者が前者を喰い散らかしはするものの，後者が出現するまでに前者が発育を終えて喰われるのを避けるという棲み分けが見られ，しかも前者は樹木を枯死させる能力ゆえに後者の発生木を提供するので，一種の片利共生関係にあるともいわれ（Flamm *et al.*, 1989），大型のカミキリムシは小型のキクイムシを栄養源としてあてにはしていないものと思われる。また大型のカミキリムシ *Monochmaus titillator* の幼虫は，同じマツ丸太二次性穿孔虫ギルドのキクイムシ類のみならず，その捕食者，捕食寄生者といったその場にいる他の連中もまとめて平らげてしまい，これで逆にキクイムシの方が助かるという話もあり（M.C. Miller, 1985），思わず苦笑してしまう。というわけで，これらのカミキリムシにとってのキクイムシの存在は，後者の脱出孔が前者の産卵孔として寄与する以外は，栄養などの面も含め何の利点にもならないという見方もある（Schroeder, 1997）。しかし，北米産の二次性と一次性の間を行き来する獰猛なキクイムシ類 *Dendroctonus* や *Ips* と，それらと同じ針葉樹に発生する二次性のカミキリムシの *Monochamus* の間では，興味深い関係が見られ，話は単純ではない。まず前者は後者に先んじて針葉樹に穿孔し，もしこの針葉樹が生きていれば前者（キクイムシ）は一次性といえ，これが集合フェロ

モンを使った集中攻撃（Borden, 1982）を仕掛けて樹木が枯れる。するとその樹木は枯れる際にエタノールなどの，穿孔虫にとってカイロモンとなる物質を出すが，ここでは同時にキクイムシ類のフェロモンも出ているわけで，後発の純粋二次性穿孔虫であるカミキリムシ類は，そのフェロモンも樹木由来のエタノールと同じ意味にとらえて差し支えないはずである。そして実際キクイムシ類のフェロモンは，カミキリムシ類にとって誘引源，すなわちカイロモンとなっているのである（Billings & Cameron, 1984；Allison et al., 2001；Allison et al., 2003；D.R. Miller et al., 2011）。要は，同じギルド内の複数の種の間には相当複雑な種間関係が見られるということであろう。この場合，*Ips*（元来二次性ながらやや一次性に変身）と *Dendroctonus*（元来二次性ながら完全に一次性に変身）を比べると，前者の方がその発生する樹木は後者に比べてより枯死する確率が高く，従って *Monochamus* は前者のフェロモンによりよく反応することになるという（Allison et al., 2003）。キクイムシ類のフェロモンをカイロモンとしているのはカミキリムシ科のみならず，同ギルド内の別の二次性樹皮下穿孔性キクイムシ類，同じ針葉樹を宿主とするタマムシ科，ゾウムシ科，木部穿孔養菌性キクイムシ類，これらの捕食性天敵の甲虫類や捕食寄生性天敵の蜂類，さらにはなぜか宿主樹を同じくする食葉性鱗翅目にも及ぶ（Mustaparta, 1974；Carle, 1975；Dixon & Payne, 1980；T.W. Phillips, 1990；D.R. Miller & Asaro, 2005；D.R. Miller et al., 2011）。なお，ここにいう *Ips* などのキクイムシのフェロモンをカイロモンとするヒゲナガカミキリ属 *Monochamus* というのは，あくまで当該地で当該 *Ips* と宿主樹を共有するものでなければならず，中国・安徽省における誘引試験でマツノマダラカミキリ *M. alternatus* に対して *Ips* のフェロモンが誘引活性を示さなかったのはこのためとされている（J.-T. Fan et al., 2010）。

16.7. マツ等樹木の枯死と穿孔虫の感知

　前項とも関連するが，少なくともマツ科の針葉樹の場合，昆虫にとってその樹木が生きてピンピンしているか，死にかかっているかは，実はその匂いでわかるようである。木本植物は針葉樹・広葉樹ともに，伐採されたり，腐朽菌に冒されたり，ストレスを受けて死に直面したりすると，エチレンとエタンの生産量が増え，さらに恐らくは解糖作用によりアセトアルデヒドとエタノールを放出し始める（Kimmerer & Kozlowski, 1982；Lindelöw et al., 1992；Gara et al., 1993；R.G. Kelsey, 2001；R.G. Kelsey et al., 2014）。幼樹を酸欠状態に置く実験では，特にマツ属の樹木が他の針葉樹属と比べてエタノール生産量が多いようである（R.G. Kelsey, 1996）。そしてこのエタノールこそが樹木の死の匂い。針葉樹・広葉樹の衰弱木～枯死木に発生する二次性の昆虫にはまずこの匂いが重要である。この場合，二次性穿孔虫のエタノール以外の揮発物に対する反応はあまり解明されていないが，エタンはマツノマダラカミキリ *Monochamus alternatus*（フトカミキリ亜科；マツノザイセンチュウの媒介者；二次性；図10-2b）の成虫に対して強い忌避作用を持つようで（Sumimoto et al., 1975），一方アセトアルデヒドはカミキリムシやキクイムシやタマムシにはほとんど誘引活性を持たず（Moeck, 1970；Montgomery & Wargo, 1983；Lindelöw et al., 1992；Ranger et al., 2010），同時に樹木から生成・放出されるアセトンとメタノールも木部穿孔養菌性キクイムシに対してはアセトアルデヒド以上に誘引活性が低いようである（Ranger et al., 2010）。

幹が傷つくと針葉樹ではこの他に，その精油成分，すなわちモノテルペン類（図12-1a）のブレンドが発散し，これはその木の樹種の指標となり（Hanover, 1975），マツ科ではα-ピネンが最重要成分である。一方この蒸散成分にエタノールが加わると，そのマツは「死にかかっている」ということを示すものとなり，α-ピネンとエタノールはかくして，マツ科樹木の二次性穿孔虫にとっては，それぞれ樹種とその瀕死状態を示すカイロモンということになり，両剤のセットはマツ科樹木二次性穿孔虫（ゾウムシ科－キクイムシ亜科，カミキリムシ科，等）の捕獲誘引剤に他ならない（Moeck, 1970；Bauer & Vité, 1975；Vité et al., 1986；Fatzinger et al., 1987；Schroeder & Lindelöw, 1989；Chénier & Philogène, 1989；Sweeney et al., 2006）。日本におけるこの典型例が，成虫がマツ属 Pinus に誘引されるマツノマダラカミキリで，本州におけるマツ由来の各種モノテルペンとエタノールの誘引性能比較から，α-ピネンを中心としたモノテルペンの蒸散と同時にエタノールを蒸散させるとマツノマダラカミキリの誘引効力が上がり，同時にカミキリムシ科，ゾウムシ科などの他の種も誘引されることも示されている（T. Ikeda et al., 1980）。中国でもα-ピネン＋エタノールでマツノマダラカミキリ成虫の誘引効力が最大となることが示され（J.T. Fan & Sun, 2006；J. Fan et al., 2007），米国南東部においては，エタノールおよび／または（－）-α-ピネンがマツ類二次性穿孔虫ギルドに属する様々な甲虫類とそれらの捕食性甲虫類を誘引することが認められている（D.R. Miller, 2006；D.R. Miller & Rabaglia, 2009）。また欧州では，ドイツトウヒ Picea abies を比較的好む Hylurgops palliatus とオウシュウアカマツ Pinus sylvestris を専ら加害するマツノキクイムシ Tomicus piniperda の2種の樹皮下穿孔性キクイムシも，それぞれの宿主樹樹脂のモノテルペン成分とエタノールの組み合わせによく誘引されるようである（Volz, 1988）。このセットは集合フェロモンと組み合わせることで本格的誘引効果を発揮する現象がカミキリムシで見られる（Silk et al., 2010）。そしてこれらすべての場合，当該昆虫にとってα-ピネン等のテルペン類は樹種を，エタノールはその死を意味する。マツ属健全木にα-ピネンとエタノールを装着してキクイムシ類を誘引して樹幹穿孔攻撃させる試みもなされている（Schroeder & Eidmann, 1987）。ただしα-ピネンは決して万能誘引剤ではなく，マツ属丸太におけるその含有量とこれを宿主とする各種樹皮下穿孔性キクイムシ類の誘引数の間に負の相関関係が認められる，すなわち誘引作用よりはむしろ忌避作用が見られることが多いともされる（Löyttyniemi & Hiltunen, 1976）。このあたりは，モノテルペンの他の成分とのからみもあり，解釈は難しかろう。

　一方エタノールは広葉樹とその穿孔性甲虫類の組み合わせにおいても同じく「樹の死」の意味を持つとされる（Dunn & Potter, 1991）。しかし，広葉樹穿孔性のタマムシ科，ゾウムシ科－ナガキクイムシ亜科などではその意味を欠くとする報告（Montgomery & Wargo, 1983；小林正秀・萩田，2000）がある一方で，逆に広葉樹性ナガキクイムシ亜科で性フェロモンとあわせると効力があるとする報告（所・他，2014）や，ナガキクイムシ亜科広葉樹・針葉樹共通種ではエタノールに著しい誘引効力が認められるとする報告（Elliott et al., 1983）や，同じ科のカシノナガキクイムシ Platypus quercivorus（元来広葉樹二次性，ナラ類などの集団枯損現象で一次性）では集合フェロモンによる誘引に際して共力的に働くとする報告（斉藤正一・他，2008）もあり，ケース・バイ・ケースと考えられる。フランス・Pyrénées 山脈のヨーロッパブナ林で直交障壁板式ウィンドウトラップにエタノールのみを装着して木質依存性甲虫類の誘引試験をしたところ，ハネカクシ，ツツシンクイ，キスイムシ，チビキカワムシ，キクイムシといった科の相当数の種がこれに反応して集まり，さらに面白いことに元来エタノールが

漂っている樹木伐採地点ではその効果が薄れたという（Bouget *et al.*, 2009）。また，熱帯アジアで広葉樹丸太が（Browne, 1952），米国で針葉樹丸太が（R.G. Kelsey, 1994a），それぞれエタノールを発すると木部穿孔養菌性キクイムシ類を誘引し，またエタノール単独でも誘引される木部穿孔養菌性キクイムシが見られる（Hulcr *et al.*, 2011b；Ranger *et al.*, 2013）。さらに，雷に打たれたポンデローサマツ *Pinus ponderosa* が殺樹性キクイムシの *Dendroctonus brevicomis* を誘引するのは，落雷で組織が傷ついて微生物（この場合は酵母菌？）の侵入を許し，その発酵作用で揮発性誘引物質（この場合はエタノール？）が発生することによるとの説もある（P.C. Johnson, 1966）。しかしこれは Kimmerer & Stringer (1988)，R.G. Kelsey (1994a)，R.G. Kelsey (2001) 等によるエタノール生産の植物生理学的説明とは相容れない。一方，木部穿孔養菌性キクイムシの一種 *Xyleborus ferrugineus* ではエタノールを人工飼料に入れると，共生菌を除去した成虫の穿孔活動がより活発になるという（Norris & Baker, 1969）。同じ木部穿孔養菌性のクスノオキクイムシ *Cnestus mutilatus* の雌成虫が，エタノールを含んだガソリンを入れたプラスチック容器を穿孔した事例も報告されている（Carlton & Bayless, 2011）。

なおエタノールとα-ピネンの組み合わせは，マツ類二次性穿孔虫の成虫のみならず，その根部樹皮下穿孔虫である *Hylobius abietis*（ゾウムシ科－アナアキゾウムシ亜科）にとっても誘引性カイロモンとして働くようで，この成虫（Tilles *et al.*, 1986）および幼虫（Nordenhem & Nordlander, 1994）はこのカイロモンを手がかりに地表や土壌中を移動し，地面に半ば埋めた誘引器（ピットホール・トラップ）でも，テルペン類＋エタノールという組み合わせで，アナアキゾウムシ属 *Hylobius* 成虫が効率的に誘引される（Nordenhem & Nordlander, 1994）というから驚きである。一方日本および米国で，広葉樹・針葉樹をまたがって宿主とする木部穿孔養菌性のゾウムシ科－キクイムシ亜科の種をエタノールで誘引する際，α-ピネン（およびβ-ピネン）の添加は誘引に概ねマイナスに作用したという（上田明良・他，2000；Ranger *et al.*, 2011）。これらの種はどちらかというと広葉樹寄りということなのであろうか。

一方針葉樹，特にマツ類において，機械的・化学的・生物学的な傷害が作り出し，樹脂分（オレオレジン）を多く含み，燃やすと直ちに明るく燃えるという特殊な材が見られる。これは「ライトウッド」（"lightwood"）と呼ばれ，たいまつや松ヤニ原料として利用される。このライトウッドの形成は，何と除草剤の一種パラコート（メチルビオローゲン）をマツ立木に注入して枯らせることで誘導されうる（D.R. Roberts, 1973；Croteau & Johnson, 1985；Lorio, 1993）。そしてパラコート処理マツ立木は，二次性樹皮下穿孔性（および木部穿孔養菌性）甲虫類（キクイムシ亜科・ナガキクイムシ亜科を含むゾウムシ科，カミキリムシ科）とこれらの天敵である捕食性甲虫類（カッコウムシ科，コクヌスト科）をよく誘引することが知られる（G.D. Hertel *et al.*, 1977；Goldman *et al.*, 1978）。この面々は，上述のα-ピネンとエタノールを装着した昆虫誘引器における被誘引種とほぼ一致し，パラコート処理木が少なくともエタノールを処理直後から出していることが示唆される。しかし，アカマツをパラコート処理して得たライトウッドにおけるマツノマダラカミキリ成虫誘引成分は，揮発性油分中の微量成分であることが示され（Mi. Sakai & Yamasaki, 1988），エタノールとは別のライトウッド特有の成分が誘因性に関与しているようである。なおこのライトウッド，処理パラコートの濃度が高くなければシロアリと木材腐朽菌に対して耐久性を持つことが示されている（R.H. Beal *et al.*, 1979）。

他の除草剤の樹木への注入処理で穿孔性害虫を駆除しようとする試みについては，後述（35.）する。

マツ類に限らず木は枯れるとその時点から腐朽が始まり，これは腐朽材，そして腐植質を経由して分解されて土に還る。この本格的分解過程に入る前に枯死過程由来のエタノールはすっかり放出され尽くし，またこの分解過程が進むと抽出成分は菌による代謝で消失していく。糸状菌によるセルロース等の燃料系バイオマス多糖類の分解に際してもエタノールが生産されることがある（Gong et al., 1981）が，木材腐朽菌では通常これは起こらないようであり，マツ類の二次性穿孔虫のうち材の腐朽分解過程で発生する木部穿孔性種，例えば Stictoleptura rubra，ホクチチビハナカミキリ Alosterna tabacicolor（ともにカミキリムシ科－ハナカミキリ亜科）では，エタノールなどの揮発性物質は誘引性カイロモンとしての活性がないことが確かめられている（Sweeney et al., 2004）。

　一方既に述べたように（4.4.），樹木の心材形成と擬心材形成においては，植物ホルモンの一種であるエチレン（$CH_2=CH_2$）が関与している。他にもこのホルモン（といっても筆者などはこの名前を聞くとすぐにガスボンベを連想してしまい，とても「ホルモン」らしくは聞こえない！）はスラッシュマツ Pinus elliottii などの苗木で，殺樹性キクイムシの共生菌 Ophiostoma ips（= Ceratocystis ips）などの侵入に際してそれに反応して生産され，恐らくはこれにより罹病部隔離，モノテルペン類生産と樹脂滲出，木化，カルス形成といった侵入者への対抗策が打ち出され（Popp & Johnson, 1990；Popp et al., 1995），またラジアータマツ Pinus radiata の生木辺材にノクティリオキバチ Sirex noctilio（膜翅目－キバチ科）（図2-14）が産卵したり（Shain & Hillis, 1972），ナラ類 Quercus の木部をカシノナガキクイムシ Platypus quercivorus（ゾウムシ科－ナガキクイムシ亜科；木部穿孔養菌性）が穿孔してこれが媒介するナラ類病害性菌 Raffaelea quercivora が侵入した（Moungsrimuangdee et al., 2011）場合，それに対する被害木の抵抗性の一環としてエチレンが生産されることが示されている。さらにエチレンは植物組織の破壊，アポトーシス，果実の成熟といった現象にも関与することが知られ，生組織の崩壊・解体といった方向にも関連するものであることがわかる。面白いことにこの物質がオリーブの一次性樹皮下穿孔虫 Phloeotribus scarabaeoides（ゾウムシ科－キクイムシ亜科）を誘引することが知られている（González & Campos, 1996）。これが何を意味するかは不明であるが，エチレンというホルモンの基本的意味から察して，この一次性穿孔虫はオリーブにおける何らかの異変をその「つけいる隙」としてとらえている可能性がある。そうなればこの物質は，一次性と二次性の中間的性格（$A_{1.5}$）のすべての穿孔虫種に共通のカイロモンとなっている可能性も考えられる。

　以上はすべてカイロモンによる化学生態学に関する話であったが，昆虫の宿主植物へのオリエンテーションには，昼行性種では視覚も関与する可能性がある。穿孔性甲虫類の場合，宿主材を受け入れるに際し「一次誘引」（到達前にカイロモンや視覚情報で目標認識）と「ランダム攻撃」（到達してから受け入れられるか否かを検査で決定）の2様式が行使され，針葉樹では両方を行使する種が多いようである（Brattli et al., 1998）。ここに針葉樹性種の場合，比較的黒っぽくかつ縦に細長い物体がその適切な宿主を示す視覚的よりどころとなり，情報化学物質とこういった視覚的情報の双方が宿主選定に関わっている場合が報告されている（S.A. Campbell & Borden, 2006；S.A. Campbell & Borden, 2009）。依存する材が縦（立枯れ木）か横（倒木）かという点は，色彩と並ぶ視覚的情報であり，種によってどちらを好むかに偏りがあり，これが誘引器のカミキリムシ捕獲性能に影響するという（Holland, 2006）（6. 参照）。日本において α-ピネン＋エタノールが夜行性のマツノマダラカミキリ成虫誘引剤として市販された際に，

それを装着する誘引器は黒色と定められたが，この場合もその色彩，従って視覚的情報が重要であることが示唆される。

なおマツ類などの樹木が山火事で焦げると，こういう焦げた材が好きという奇妙な生態の食材性甲虫が飛来する（Wikars, 2002）。さらにそれから出る赤外線（ということは，材は相当の高温！）に誘引される二次性樹皮下穿孔性甲虫も存在する（Wickman, 1964）。そういったものの例として，北米および欧州産の *Melanophila* (*Melanophila*) spp.（タマムシ科）が知られ，成虫は中胸基節窩近くに一対の赤外線感知器官を有し，これで山火事を検知して飛来し，産卵・繁殖するという（W.G. Evans, 1962；W.G. Evans, 1966；W.G. Evans, 1973；Apel, 1988）。焦げた木は枯れるので，二次性穿孔性種としてのこの行動の適応的意義は容易に理解されるが，既述（6.）のようにそれ以外の意味もあるようである。また米国・Florida 州における山火事後のマツ林の調査では，山火事被害に伴い穿孔性甲虫類の誘引器捕獲個体数は樹皮下穿孔性キクイムシ類では減少し，木部穿孔養菌性キクイムシ類とカミキリムシ類では増加するとの結果が得られている（Hanula *et al.*, 2002）。これは樹皮下穿孔性キクイムシ類がたとえ二次性であろうとも最も新鮮な材質を好むという経験則と一致するが，誘引のメカニズムなどはさらなる調査・研究が必要であろう。さらに付け加えるに，火が好きな *Melanophila* に近縁のタマムシであるムツボシタマムシ属 *Chrysobothris* の幼虫は，穿孔する丸太が直射日光下で高温に曝されても平気で，52℃で死ななかったという観察があり，樹皮下穿孔性甲虫の中で最も耐熱性があるという（Savely, 1939）。この性質が他のいかなる生理・生態特性と関連しているかは明らかではない。

なお，山火事と若干関連するが，既に述べたように（16.4.；16.5.），落雷も樹木を衰弱させる決定的天然要因のひとつであり，*Dendroctonus frontalis* 等の殺樹性の樹皮下穿孔性キクイムシ類の発生にこの現象が関係しているともされている（P.C. Johnson, 1966；Hodges & Pickard, 1971；Coulson *et al.*, 1983；Rykiel *et al.*, 1988）。

以上見てきたように，山火事というのは自然史の一部であり，これに適応もしくは特化した食材性・木質依存性昆虫が意外と多く存在しているのである（Wikars, 1992；Hyvärinen *et al.*, 2006）。しかし山火事被害木（および落雷被害木）とその周辺での特定の甲虫種の増加は，火事や落雷による木質や木材成分の変質に起因するものなのか，単に樹木の衰弱による二次性種の反応の結果なのかは判然としないことが多い（Hyvärinen *et al.*, 2006）。

16.8. 樹木の一計，キクイムシの一計：権謀術策の世界

ゾウムシ科-キクイムシ亜科の針葉樹樹皮下穿孔性種は，基本的に二次性なのに集団では一次性に化け，それにより「殺樹性」になるなど，何かとお騒がせな一群である。この生態には，目前の樹木が食入・入植に適切か否か（樹種は適切か？同じギルドの他種または同種で既に占拠されていないか？等）を判断するのに，宿主樹や他種や同種が発する様々な情報化学物質を用いているとされ，宿主樹・非宿主樹のカイロモン（それぞれ集合と忌避を促進），集合フェロモン（集合・集中攻撃を促進）（Francke *et al.*, 1995）の他，集合を解消する働きのある情報化学物質が多く見られる。これは (A) 反集合フェロモン（集合フェロモンの作用を打消すフェロモン），(B) 多機能フェロモン（低濃度で集合を，高濃度で集合解消を促進），(C) 種間

シノモン（主として相互の忌避を促進）に大別される（Borden, 1997）。既述（16.4.）のように，キクイムシの種特異的集合フェロモンが同時に宿主が共通な同所的異種キクイムシに対して忌避活性を示してアロモンとなっている（D.L. Wood, 1982）という点については，このフェロモンを出す種を中心にして見ればこのように言えるが，追い散らす種と追い散らされる種をまとめて見れば，共倒れを防ぐという意味で，(C)のようにシノモンともいえる。というわけで，こういう情報化学物質の呼称は容易には決まらないものである。

　一方，一部の広葉樹（すなわち非宿主樹）は，コノフソリン等，針葉樹樹皮下穿孔性キクイムシ類の反集合フェロモンを保持している（Huber et al., 1999）。これは一見非常に意外なことに思える。しかし針葉樹樹皮下穿孔性キクイムシ類では，広葉樹特有のいわゆる「青葉揮発性成分」（GLV；ヘキサン-1-オール，ヘキサナール，等；12.9. 参照）がこの反集合フェロモンと同じ働きをすることが知られており（Dickens *et al.*, 1992；Borden et al., 1998；Poland & Haack, 2000；他），このことから，驚くべきことに，コノフソリンやヘキサナールなどの成分は，もともと広葉樹が保持し，針葉樹依存性キクイムシ類の進化の過程で，自分たちに関係のない広葉樹と必要な針葉樹を一発で嗅ぎ分けるためにこれらの成分を「忌避成分」として利用し始め，さらにこれからコノフソリンをその延長線上にある「反集合フェロモン」として利用すべく自らが合成を始め，その結果いわばキクイムシが広葉樹に化学的にベーツ擬態しているという驚くべきシナリオが提出されている（Huber *et al.*, 1999）。地球上に存在する生物間の相互作用は「何でもあり」の感があるが，これが真実ならば，まさにそういった驚くべき例に相当しよう。

　なお，*Dendroctonus* 各種の反集合フェロモンとして (1S,5S)-(−)-ベルベノンが知られるが，これらの宿主である各種針葉樹はその還元型である (−)-α-ピネンを大量に保有しており，これを一ひねり（すなわち酸化）すれば反集合フェロモンとなって *Dendroctonus* を寄せ付けなくなるのに，なぜかそのような針葉樹は見られない（Byers, 1995, p. 176）。この気になる事実は単なる成り行きの結果ではなく，何らかの秘密が関連している可能性もある。

　針葉樹を宿主とする樹皮下穿孔性キクイムシ類が，非宿主樹たる広葉樹に特有の成分を忌避するという話が出たついでに，この逆の話も示しておく。広葉樹を宿主とする木部穿孔養菌性キクイムシでは，これらの種が分布する地域で非宿主樹たる針葉樹に特有の成分とみなされるα-ピネンが，まさに忌避（あるいは誘引成分たるエタノールの誘引効果をマスク）する成分として働いている（Nijholt & Schönherr, 1976；Schroeder & Lindelöw, 1989）。

　以上は，食材性・穿孔性キクイムシ類の宿主樹を針葉樹・広葉樹で対比させた非常に大まかな話であったが，実際には彼ら（ならびにその他の木質依存性昆虫）は自らの宿主樹を，科まで，属まで，さらには種まで詳しく認識しているはずであり，その過程で誘引成分と忌避成分が入り交じり，感知と認識が複雑に行われていることが想定される。しかしその認知活動は，果たしてこういった単体化合物の認識の積み重ねだけで説明できるのであろうか？昆虫が互いに体表面炭化水素（CH）で触覚的に認識しあうこと（Howard & Blomquist, 1982）に関連してイメージされている，それらの総体としてのプロフィール（CHP）という概念。そのアナロジーとしての，仏語・英語のいわゆる "bouquet" という単語が含蓄する，様々な揮発性成分が形成する「花束」的な香りの総体。いずれの場合も複数成分から成る「組成」は瞬間的に感知され，瞬時に反応を引き起こしている。あるいは彼らは植物の発する「香り」をこういう「総体」として認知しているかもしれない。こういったことの解明には，これまでとはまったく別のアプローチ

が必要かもしれない。

16.9. カミキリムシの喰い方に見る可塑性

　Savely (1939) によると，カミキリムシ科－カミキリ亜科の種の幼虫は，最初は樹皮下を穿孔し，後に成熟するに従い木部穿孔性へと移行するという。ミヤマカミキリ *Neocerambyx raddei* (唐(Tang)・他，2011)，およびクビアカツヤカミキリ *Aromia bungii* (王景濤(Wang, J.-t.)・他，2007) (いずれも一次性) はその典型である。では，この樹皮下穿孔段階と木部穿孔段階を時期的，期間的，量的に比較するとどうかというとほとんど研究がなく，クビアカツヤカミキリの幼虫が中国・河北省においてモモ生木の食害に際し，外樹皮を平均 0.17cm^3，形成層付近を平均 26.26cm^3，木部を平均 19.80cm^3 穿孔するとのデータ (王景濤(Wang, J.-t.)・他，2007) があるのみである。この場合，幼虫は形成層付近により多く依存していることがわかり，木部穿孔段階が幼虫末期の最大サイズであることを勘案するとその形成層依存傾向はさらに強調されるべきであろう。この傾向はカミキリムシの他の亜科 (特にフトカミキリ亜科) においても見られることが予想される。これは，カミキリムシ幼虫が若齢の場合，デンプン，可溶性糖類，アミノ酸・タンパク質などの「栄養系バイオマス」(2.2.1. 参照) に依存する割合が高く，齢を経るに従いこの傾向が弱まり，逆にセルロース，ヘミセルロースなどの「燃料系バイオマス」(2.2.1. 参照) に依存する割合が高まることを意味し，実際クワの害虫キボシカミキリ *Psacothea hilaris* (フトカミキリ亜科) の飼育実験でも，人工飼料におけるセルロースの割合が高まると若齢では生存できない一方，齢を経た幼虫はこれで十分やっていけるということが示されている (Shintani *et al.*, 2003)。スウェーデンにおける Trägårdh (1930a) による二次性カミキリムシの観察によると，クワヤマトラカミキリ *Xylotrechus rusticus* (カミキリ亜科－トラカミキリ族) の幼虫はカバ類の材に穿孔する場合は樹皮下穿孔性であるが，ポプラ類を穿孔する場合は木部穿孔性になるという。中国ではこの種はポプラ類の一次性穿孔虫，すなわち害虫であるが，交配種を含む複数の樹種 (*Populus* spp.) の比較によると，被害の受けやすさは内樹皮ではなく木部のアミノ酸含有量と相関するとの結果が得られている (厳(Yan)・他，2006)。同族の *Plagionotus arcuatus* では材の樹皮が薄いと木部内に，厚いと樹皮内に蛹室を形成，またヒメシラフヒゲナガカミキリ *Monochamus sutor* (フトカミキリ亜科－ヒゲナガカミキリ族) の老熟幼虫～羽化脱出成虫では，材が細いと穿入孔 (老熟幼虫による蛹室形成のための樹皮下から木部への材入の孔) に対して脱出孔 (羽化成虫による蛹室から材外への脱出の孔) が材の反対側に形成され，材が太いと穿入孔と脱出孔が同じ側にできるという (要は羽化成虫の無駄な穿孔を避ける戦略)。クワヤマトラカミキリの例に関しては，もともとトラカミキリ族 (図 5-9: 図 12-4；図 15-2) は樹皮下穿孔性と木部穿孔性の両極端を行き来する傾向があり，これはそれぞれの樹種の材内の栄養分布を反映しているものと思われる。ニュージーランド産のフーフーカミキリ *Prionoplus reticularis* (ノコギリカミキリ亜科) に関する観察 (Edwards, 1961) では，幼虫は宿主樹材が新しいと食坑道は樹皮下～辺材を直線状に進むが，材の腐朽が進みもしくは既存の食坑道が密だと食坑道は曲がりくねって不規則になって栄養不足を示唆し，また心材を穿孔することを余儀なくされた幼虫は発育が悪いとされる。北米における *Monochamus scutellatus* (フトカミキリ亜科－ヒゲナガカミキリ族；図 10-3) のカナダトウヒ

伐採丸太における発生は元口から末口へと減少し，材の南面と北面でも差が見られるとされる（Cerezke, 1977）。以上の諸例はいずれも材内の栄養分布に対するカミキリムシの反応と解される。

一方，熱帯の広葉樹の中には，その木質形成の様式が通常の樹木のそれ（すなわち形成層の外側に師部（＝樹皮），内側に木部）とは異なり，いわゆる材内師部（師部の一部が形成層の内部に木部とともに生じたもの）を持つものが見られる。この場合師部は木部の中心に存在し，機能と内容は通常の師部と変わらず，従って内樹皮に相当する材内師部は，当然タンパク質や可溶性糖類などの栄養物が豊富で，カミキリムシなどの昆虫の利用の対象となる。南東ブラジルにおける広葉樹一次穿孔性の *Oncideres* 等のフトカミキリ亜科のカミキリムシでは，成虫が二次枝の分岐地点に産卵後，若齢幼虫が幹の中心に位置する材内師部へ向けて穿孔移動するという（Paulino *et al.*, 2005）。通常の樹木ではその樹幹の中心はやや栄養価が高い髄ながら，その周辺は最貧の心材組織であり，カミキリムシ若齢幼虫がそのような方向に向かってまっしぐらに進むなどというようなことはあまり考えられない。

以上，カミキリムシの穿孔様式が穿孔材の形状や遷移段階，木材解剖学的特徴に左右されるという例である。

16.10. 成虫体長のバラツキの意味

甲虫類の成虫につき，食材性種とそれ以外の食性の種の，種内での体長のバラツキを調べた研究（J. Andersen & Nilssen, 1983）によると，食材性の種ではゾウムシ科（キクイムシ亜科を含む）を除き，それ以外の食性の種と比べて変動がはげしく，これは幼虫が自分の栄養状態を移動などで積極的に改善する手段を持たず，かつ栄養状態を予測することもままならないことで獲得した戦略とされた。また体長のバラツキは種の生態的ニッチの幅を増加させ，それゆえ予測不可能な環境変動に対する緩衝作用が期待でき，キクイムシ類におけるように，親世代の子の養育，微環境の積極的選択や幼虫形態における適応といった戦略を備えると，体長のバラツキが軽減されるが，この場合対処可能な程度を越える逆境には発育不良の小型個体になることはできず死滅するのみとされた。

食材性は居住空間の限定を意味し，それ以外にもこの生活型に特有の生態学的特異性が見られる。すなわち，穿孔虫にとって穿孔組織・位置は栄養価と捕食リスク度の点で平行する，つまり浅い位置と深い位置の穿孔が栄養摂取と捕食リスクの点でトレードオフの関係にあることである。表面に近いほど栄養が豊富になる（2.1. 参照）と同時に穿孔位置が浅いので捕食されやすくなるのである。この関連で Walczyńska *et al.* (2010) は，穿孔虫の体サイズが，形成層穿孔性・{形成層＋木部}穿孔性・木部穿孔性といった類型（5.(B) における用語とは若干異なるが意味は明白）によって影響され，この順にバラツキが小さくなり，生活環長が増加するとしている（19.1. 参照）。筆者はこれに，体サイズそのものの値もこの順に増加することを付け加えたい。

16.11. 食材性甲虫類の保全の問題

　種多様性の重要性が注目されて久しいが，木質依存性甲虫類に関して言えば，基本的に様々な樹種が混在する原生林・自然林が，いわゆる多様度指数（情報理論からの転用）が高く，二次林，特に一斉造林による造林地は低い多様度となることが予想される。しかし木質依存性甲虫類はそのほとんどが二次性，すなわち枯木に依存する昆虫であるため，それらの餌となる枯木が多数存在するいわゆる「人為攪乱」状態，もしくは森林火災を経た森林が意外と多様度が高いという結果となる（Moretti & Barbalat, 2004）。これはしかしあくまで表面的な現象であり，真の保全生態学的立場に立てば，原生林・自然林が解放環境を好む種を含むすべての種のプールであることは間違いない。一方，日本における「里山」，すなわち薪利用を前提とする人為攪乱作用が適宜に加わって「風通し」がよくなった都市近郊林は，生態学的には非常に不安定な環境と考えられる。そのような「オープン」な環境を好む種は，上述の二次性種と同じようにむしろ多数派であるが，環境利用形態が変化して整然たる「オープン」状態が野放図的な「クローズド」状態に変化してしまった今日，こういった種の群集がおびやかされつつあり，その保全は自然環境保全における非常に難しい課題のひとつと考えられる（Ranius & Jansson, 2000；高桑，2007）。ただし，火災が自然発生する森林（Moretti & Barbalat, 2004）においては，森林火災そのものが森林の自然の一部となっており，そのような森林における木質依存性甲虫類の種多様性は，人為的要因を切り離して考えることができ，その点解析が容易，かつ人為攪乱環境の自然構造解析のヒントにもなりうるという点で貴重である。

16.12. 宿主樹と一次性穿孔性甲虫のセミオケミカル

　基本的に一次性穿孔虫の場合，宿主樹は健全あるいは表面的に健全であり，これは著しい外傷がないことを意味している。こういった樹木を一次性穿孔虫が探し出す場合には，例えばカミキリムシ科－フトカミキリ亜科の種のように成虫が枝の樹皮を後食するなどして傷口を作りだし，ここから宿主樹由来の揮発成分が蒸散することが必要となるものと考えられる。

　汎食性一次穿孔性種ゴマダラカミキリ *Anoplophora malasiaca*（フトカミキリ亜科；図12-5）がウンシュウミカンを食害する場合，成虫の相互誘引には宿主樹ウンシュウミカンの幹・枝の後食跡傷口から出る宿主樹由来成分が作用し，結果的にほとんど性フェロモン・集合フェロモンと同じような働きのセミオケミカルとなるという（Yasui *et al.*, 2008；Yasui, 2009）。一方この種がエゾノキヌヤナギ *Salix schwerinii* を食害する場合，後食跡傷口から出る宿主樹由来の別の成分が主に雄を誘引するが，これがウンシュウミカンの成分のように虫体に乗り移ってフェロモン的機能を見せるようなことはないという（Yasui *et al.*, 2011）。宿主樹成分が多重性格的セミオケミカルとして作用するという同様の現象が，オウシュウアカマツ *Pinus sylvestris* 等の針葉樹を穿孔加害する *Hylobius abietis*（ゾウムシ科－アナアキゾウムシ亜科）で見られる（Zagatti *et al.*, 1997）。既述（12.5.）および後述（16.4.）のように，樹皮下穿孔性キクイムシは自らフェロモンを新規合成する一方で，宿主樹の抽出成分（α-ピネン等）を少しだけ化学修飾してフェロモンとする場合もあり（Blomquist *et al.*, 2010），この戦略の一歩手前がこれらゴマダラカミキリや *Hylobius abietis* の戦略とも考えられる。

一方，中国産の *Batocera horsfieldi*（フトカミキリ亜科）の場合，成虫後食樹種と幼虫食害樹種（＝産卵対象樹種）の健全枝から蒸散した揮発成分と，各成分に対する雌雄成虫の触角電図法（EAG）による反応性が調べられ，成虫後食樹種と幼虫食害樹種に共通する成分（*E*-2-ヘキセナール，等）の反応性が確認されている（Zhuge *et al.*, 2010）。この実験における蒸散成分が，供試した樹木の枝の切り口から出たものなのか，葉や枝樹皮から出たものなのかは明確ではないが，もし後者であるならば，穿孔虫の宿主樹への定位に宿主樹の傷口は必要ではない場合があることとなる。この点の再確認が必要であろう。

16.13. シロアリの社会性と木質の存在様式

　甲虫から真社会性のシロアリに目を転じると，シロアリの階級分化，特に生殖能力の発現を完全に絶たれた「職蟻」の起源の問題がある。Abe (1987) は，営巣箇所と食害箇所の位置関係からシロアリの生活型を，(a)「ワンピース型」（食害材と巣が同一箇所のタイプ），(c)「セパレート型」（食害材と巣がまったく別々でその間を行き来するタイプ），(b)「中間型」（前二者の中間，すなわち巣と食害箇所が同一ながら部分的に離れた箇所へも出かけて食害するタイプ）に区分けし，Shellman-Reeve (1997) はこれらをそれぞれ (a) 単一サイト営巣者，(c) 中央サイト営巣者，(b) 複数サイト営巣者と呼び，さらに (d) 寄生営巣者を4番目に付け加えた。ここで巣の規模や社会の複雑さの観点からは，(a) → (b) → (c) という進化系列が浮かび上がる。レイビシロアリ科 Kalotermitidae とオオシロアリ科 Archotermopsidae は，それぞれ特に乾燥に強い，または特に湿潤条件を好むグループであるが，自然界の枯木の中で特に乾燥したおよび湿潤腐朽した材は決して豊富ではなく，それゆえ彼らの生活型は専ら (a) ワンピース型に限られ，それに呼応して，(c) セパレート型に見られる真性の職蟻は見られず，擬職蟻（すなわち兵蟻やニンフ等の他階級に変身する能力を保持した職蟻）がコロニーの中心となっている (Abe, 1991)。従来この社会構成は進化系列から考えて，シロアリの社会性進化の道筋では原始的な発達度の低い状態と見なされてきた。しかし後の研究ではこれらのワンピース型種における擬職蟻の存在は，原始的なものではなくむしろ二次的・派生的な特徴であり，シロアリはゴキブリ目内で系統発生した時点で既に真性の職蟻を保持していたのではないかということが遺伝子レベルでの研究により一応示された（G.J. Thompson *et al.*, 2000a）。Inward *et al.* (2007b) はこれに沿いつつ，二次的な職蟻消失を強調している。一方 Grandcolas & D'Haese (2002) や Rupf & Roisin (2008) はこれとは異なる意見である。ここで最大の問題はシロアリ類中で最も原始的なオーストラリア産のムカシシロアリ *Mastotermes darwiniensis* であり，この種は (a) ワンピース型ではなくなぜか (b) 中間タイプで（Shellman-Reeve, 1997），さらに擬職蟻ではなく真の職蟻を有し，これは二次的なものであると考えうる。一方ミゾガシラシロアリ科の *Prorhinotermes* については，Inward *et al.* (2007b) は二次的に真の職蟻を失って同時にワンピース型に逆戻りしたと考え，Rupf & Roisin (2008) はむしろこれが祖先的で，これから真の職蟻を有するものが進化したと考えている。結局シロアリの真の職蟻は，進化系統樹の中で何度も独立して出現したようであり，その原動力はやはり餌である木材との位置関係がもたらす淘汰圧であろう。このように Abe (1987) の3類型におけるセパレート型と真の職蟻の存在は密接に関連している (Inward *et al.*, 2007b)。喩えて言うなら，ワンピース型は家内工業的でメンバー

の専業性は低く，セパレート型は従業員がすべて遠方から通勤する大企業的でメンバーの専業性が高いということである。以上より，比較的下等なレイビシロアリ科とオオシロアリ科が特殊な状態の木材を好むという性質自体が派生的な性質であり，それに応じて「退化」ともいえるより柔軟な社会構成も進化しうるということを示している。木質依存昆虫にとって，その餌にして居住空間でもある木材の存在がいかに大きな影響を及ぼしているかを示す例である。この Abe (1987) の巣と餌材の位置関係の 3 類型は，シロアリの生理・生態に様々な影響を及ぼす。ワンピース型の *Cryptotermes secundus*（レイビシロアリ科）では，職蟻（擬職蟻）は子育てなどの労務をあまり行わず，これはワンピース型という生活型と関係し，同じ生活型のシロアリはすべて同じ傾向にあることが予想される（Korb, 2007）。またワンピース型の下等シロアリおよびセパレート型のシロアリにおいて，群飛の時点での有翅虫に営巣後の子孫を養うための貯蔵タンパク質が検出され，後者の方がその相対量が多く，この差はその生活型に基づく餌の得にくさに関係するものと考えられた（Johnston & Wheeler, 2007）。

　なお，系統的にはワンピース型のはずが，特異的に中間型へと進化した種が見られる。それは米国・California 州および Texas 州等における *Paraneotermes simplicicornis*（レイビシロアリ科）であり，この種は腐朽材に営巣し（この点でオオシロアリ科に類似），柑橘類の幼苗を加害するが，通常のレイビシロアリ科（乾材シロアリ類）による樹木加害とは様相をまったく異にし，何と土中坑道から来て地際をネズミが齧ったような食痕を残して枯らす（この点で地下性のミゾガシラシロアリ科に類似）など，極めて特異な習性を示すという（S.F. Light, 1937）。

16.14. 呼吸と木質の存在様式

　食材性昆虫・木質依存性昆虫が棲息する木材や，Abe (1987)（16.13. 参照）のいうところの「セパレート型」営巣様式のシロアリが行き来する土壌は，われわれヒトのような自由空間の居住者にとっては感覚的に理解できない世界である。まず雰囲気が異なる。基本的に彼らは二酸化炭素過剰・酸素不足状態の世界の住人であり（Savely, 1939；Haack & Slansky, 1987），それへの適応が見られるはずである。

　食材性昆虫の二酸化炭素に対する耐性は種によって異なり，カミキリムシ類・ヒラタキクイムシ類などの甲虫やキバチ類では高く，乾材シロアリ類で低いという報告がある（Paton & Crefffield, 1987）。知見が少なく普遍化は難しいが，この違いは単独生活 vs 真社会性といった生活型の違いによるものとも考えられる。

　Abe (1987) のいうところの「ワンピース型」のオオシロアリ科のネバダオオシロアリ *Zootermopsis nevadensis*，「セパレート型」のイエシロアリ *Coptotermes formosanus*，および「中間型」のヤマトシロアリ属の一種 *Reticulitermes flavipes* の呼吸パターンを調べた研究（Shelton & Appel, 2000；Shelton & Appel, 2001）では，水分蒸散の防止，または二酸化炭素過剰・酸素不足状態への適応として一部の昆虫で発達した「断続的ガス交換」が，ネバダオオシロアリのみで見られ，他の2種では予想に反してこれが見られないことが示された。「断続的ガス交換」のシロアリ種によるこの違いは，系統によるものであるよりはむしろ，Abe (1987) のいう 3 タイプの違いによるもので，巣タイプとそれを構成する物質（純粋の木質か，シロアリ由来の加工木質か）が関連していると筆者は予想している。またヤマトシロアリ属 *Reticulitermes*

の北米産3種は低濃度の二酸化炭素に誘引されることが知られている（Bernklau et al., 2005）。これはシロアリが土中で腐朽材および土中水分といった探査対象をこれにより間接的に察知していることを示すとされるが，やはり材中や土中における恒常的な二酸化炭素過剰・酸素不足状態がその背景としてあるものと考えられる。またアフリカ産下等シロアリ Schedorhinotermes lamanianus では，職蟻の触角の化学物質感受性感覚子が大小2種のニューロンを有し，これはシロアリ巣内の高濃度二酸化炭素に対応したものであるという（Ziesmann, 1996）。なお，巨大な巣を構築するシロアリ科－キノコシロアリ亜科のアフリカ産の種，およびやや大きめの蟻塚を構築するミゾガシラシロアリ科－イエシロアリ属 Coptotermes のオーストラリア産の種では，巣の構造が巧妙な空調機能を有し，温度調節，湿度調節，二酸化炭素の排出と酸素の取り入れを実現しているという（Lüscher, 1961；Darlington et al., 1997；Turner, 2001；Korb, 2003；French & Ahmed, 2010）。こうなるとあまり雰囲気のことは気にしなくてもよくなるというものである。そしてこの空調機能（あるいはもはや「空調技術」といってもよいもの）を模倣して，大型建築物の天井から複数の煙突状のものを林立させることで見事な節電効果が得られ，実際英国，オーストラリア，ジンバブエなどで公共建築物にこの技術が適用され，この場合建築物はその建設主たる生物の延長というコンセプトが強調されている（Turner & Soar, 2008；French & Ahmed, 2010）。電力事情が逼迫する事態の解決にも資するエントモミメティックス（昆虫模倣技術）entomomimetics である。このようにシロアリの建築物がヒトの建築物へのヒントになるという点は特に強調されてよいものと思われる。そしてここで忘れてはならないのは，このことはシロアリの食材性が背景にある点。食材性がリグニンなどの難分解性有機物をその建築材料として提供し，これが建築物の強度を与え，そこではじめて空調技術も発生するというわけである。

一方目を甲虫に移すと，Orthosoma brunneum（ノコギリカミキリ亜科）の成虫も幼虫も，恐らくは幼虫が腐朽材を穿孔する関係で，材内から発生する腐朽菌由来の CO_2 に導かれ，少々 CO_2 濃度が高く O_2 濃度が低くても彼らは平気のようである（Paim & Beckel, 1964a；Paim & Beckel, 1964b）。

これに付け加えるに，樹木，特に針葉樹の木部オントジェニー（2.2.4.）における心材形成の現場では，O_2 濃度の低下と CO_2 濃度の上昇が顕著に見られるという（Spicer, 2005）。同様の雰囲気改変が広葉樹でも見られれば，これは一次性の広葉樹木部穿孔性昆虫（例えばカミキリムシ幼虫）の辺材部から心材部への進入を阻止し，結果的に栄養の貧弱な心材への進入が避けられることとなっている可能性がある。ただし，一次性穿孔虫は生きた樹木に対し絶えずプレッシャーを与え，それで樹木が擬心材形成（4.5.）などのドラスティックな抵抗を繰り広げ，この際同様の顕著な雰囲気改変が生じている可能性があるので，これに紛れて正常な心材形成に由来する雰囲気改変は昆虫には検知できない可能性もある。

16.15. 分布拡張と木質

シロアリ類の繁栄は，地球上の異なる土地への拡散・分布拡張とその後の種分化が鍵であることは他の生物と同じである。海という障壁を越えた分布拡張には，ヒト出現以前には，河川から海に流された営巣木の海流による運搬が重要であるが，その際木材に営巣する種は土中に

営巣する種と比べて，はるかに移動が容易であり（木は流されるが土の塊は流されないことによる），シロアリ類の中で種数が多く分布域も広い属はいずれも木材営巣性である（Eggleton, 2000）。木材という物質の性質がこれを喰う昆虫の系統分類学的繁栄をも支える例である。後述（16.21.；29.5.）する土食性のシロアリ（シロアリ科）についても，地下性シロアリと同様土と直接関わる関係上，このような分布拡張は無理であり，それゆえこれらはシロアリ科の食材性種から平行進化的に出現した複数の派生的系統群と考えられている（D.T. Jones & Eggleton, 2011）。分布拡張と木質の関係については，34.6. でも述べる。

16.16. 閉鎖空間としての木質

　食材性昆虫は一次性であれ二次性であれ，その食坑道は基本的に外界とはつながっておらず，棲息空間は閉じたものであり，これにより捕食者や捕食寄生者などの天敵，どうしても中での生態を覗きたいと望む研究者は，いずれも中の昆虫へのアクセスに苦労する。結果として食材性昆虫はその棲息空間の閉鎖性で守られているといえ，恐らくはそのために他の食性の昆虫と比べて寿命が長くなり，この傾向はより安全かつより貧栄養的な心材で著しくなるとされる（Walczyńska, 2010）。そういった彼らは一次性であれ二次性であれ，穿孔中にその坑道をオープンにしてはならない。もし樹木が伐採されるなどして切断面が生じ，少しでもその坑道が外界と連絡することがあれば直ちに捕食者などの天敵が坑道に侵入し，穿孔中の幼虫はそれらの餌食となりうる。これは米国におけるナラ類のカミキリムシの一種 *Enaphalodes rufulus* による被害に際する林業的防除法の一手段に利用され，ここではその天敵はアリ類である（Donley, 1983）。同じことはシロアリ類とその最大の天敵であるアリ類の関係でも言えることであり，シロアリの巣を暴くと，たちまちにしてその傍で待機していたアリ類がどっと侵入して略奪の限りを尽くす（W.M. Wheeler, 1936）。イエシロアリ *Coptotermes formosanus*（ミゾガシラシロアリ科）ではこれを防ぐためか，何とナフタレンを分泌することが知られ（J. Chen *et al.*, 1998），シロアリ科，特に *Nasutitermes*（テングシロアリ亜科）でも巣からこの成分が検出されている（Wilcke *et al.*, 2000）。実際のところ，このナフタレンのシロアリにおける役割や出所については，ほとんどが未解明といってよい。

　食材性昆虫にとってその貧栄養性の餌としての基質は，同時に身を守ってくれる基質でもあるといえる。また，枯枝の切断面から内部への連絡経路は木材腐朽菌などが早晩作り出すので，現在坑道が外部と連絡していないからといってシロアリは安心できない。

　一方，閉鎖空間としての木材は，場合によってはその中に食入している昆虫にとっては餌の限定を意味する。この場合，木部穿孔性種（利用空間が三次元的）よりも樹皮下穿孔性種（利用空間が二次元的）の方が問題ははるかに深刻で，限られた餌資源としての内樹皮組織をめぐって種間や種内の闘争が見られる。そして種内では闘争回避に資する，ゼリー状の産卵密度調整フェロモンを介した密度調節の機構もマツノマダラカミキリ *Monochamus alternatus*（フトカミキリ亜科；図10-2b）（Anbutsu & Togashi, 2000）などで知られ，同亜科の *Apriona germari* では同様の物質の分析で複数のタンパク質が検出されている（金風(Jin, F.)・他, 2008）。

16.17. 木材物理と食材性昆虫・木質依存性昆虫（I）：音

　シロアリでも穿孔性甲虫類でも，住処にして餌でもある木材は，昆虫の餌としては相当「硬い」物体であり，その穿孔・食害には「バリバリ」という音を伴う。こういった「囓り音」をそのまま可聴音として音波分析し，環境ノイズを分離することで，材内での虫の存在を検出できる。シバンムシ科乾材害虫（Colebrook, 1937），樹木樹幹内のシロアリ（Mankin et al., 2002），一次性および二次性のカミキリムシ幼虫（佛崎・他，1980；Mankin et al., 2008a；Mankin et al., 2008b），二次性のタマムシ幼虫（Mankin et al., 2008b）の検出とその音波解析の例がある。いずれの場合も，いかに環境ノイズを除くかが成功の鍵となるようである。

　一方この「囓り」に伴い，それに反応して木材はアコースティックエミッション（AE）（変形に伴う弾性エネルギーの超音波としての放出；通常の「音」とは別のもの）を引き起こし，これを検出することでシロアリ被害を知ることが可能となっている（Fujii et al., 1990）。この方法はヒラタキクイムシ Lyctus brunneus（ナガシンクイムシ科－ヒラタキクイムシ亜科）（図2-9a）（今村祐嗣・他，1998）や，スギカミキリ Semanotus japonicus（カミキリムシ科－カミキリ亜科）（藤井・他，1994）などの穿孔性甲虫類の幼虫でも試みられている。

　では彼ら食材性昆虫・木質依存性昆虫は，こういった囓り音や AE を直接音（すなわち空気伝播音）として「聴いて」いるかといえば，そうではない。北米産ヤマトシロアリ属の一種 Reticulitermes flavipes は，恐らくは聴覚を持たないがゆえに，音ではなく振動のみに反応し，このためか鉄道路線の枕木や機械操業工場のような振動の多い環境ではシロアリ被害が少ないという（Emerson & Simpson, 1929；王穿才（Wang, C.），2008）。

　シロアリの中でも特に乾燥材に適応した乾材シロアリ類（レイビシロアリ科 Kalotermitidae）では，この「囓り」に伴う振動はむしろ生態的に重要な要因となっており，彼らは自らが木材を囓る際の振動具合で囓る木材の大きさを知り，囓る方向を決め，またこの振動が恐らくは占拠可能空間の大きさ（ひいてはコロニーの発展性）の指標となるため，階級分化にまで影響し（T.A. Evans et al., 2005；Inta et al., 2007），さらに同一樹木内でミゾガシラシロアリ科の地下性シロアリとかち合いそうになった場合，身内の出す音と相手の出す音を区別でき，かち合いを避けるという（T.A. Evans et al., 2009）。この場合彼ら（レイビシロアリ科）の喰う材は乾燥しており，既述（2.4.）のように音の通りはその分，湿材より良く（James, 1961；H. Sakai et al., 1990；酒井春江・高木，1993），彼らのこういった特殊能力は，こういう木材物理学的背景への一種の適応とも考えられる（T.A. Evans et al., 2007）。また同科の Cryptotermes のヘルパー（擬職蟻）の労役量は営巣穿孔材の量が少ないと減少し，これはこういった材容積計測能力も関係するものと考えられる（Korb & Schmidinger, 2004）。

　一方シロアリ類では，下等シロアリ（P.E. Howse, 1964；P.E. Howse, 1965；Stuart, 1976；Sbrenna et al., 1992；Kirchner et al., 1994），高等シロアリ（Röhrig et al., 1999；Connétable et al., 1999）ともに，危険な刺激に対する反応として体軀を振動させる行動が見られ，これは木質の振動を引き起こし，一応は警戒警報として作用することが指摘されている（Kirchner et al., 1994；Röhrig et al., 1999；Connétable et al., 1999）。そして下等シロアリ3科4種を比較したところ，レイビシロアリ科の種の振動はより単純であったという（Ohmura et al., 2009）。これは，木材が加重状態で出すアコースティックエミッションが，材が乾燥するとそのカウント数が増えるという木材物理学的事実（Ansell, 1982）と関連しており，乾燥した材に適応し

たレイビシイロアリ科（乾材シロアリ類）の振動パターンが単純なのは，乾燥材では念の入った振動が必要ない，あるいは響きすぎてかえって不都合といったことが背景にあるものと推察される。レイビシロアリ科はまた，物理刺激に対して他の科で見られる，体軀をゆさぶる行動（ジャーキング）と頭部を木材などに対して連続して打ち付ける行動（頭部ドラミング）のうち，前者のみを見せるようで（H. Hertel et al., 2011），これも含水率の低いよく響く木材に棲息することに対する適応の可能性がある。

ヤマトシロアリ属は同じ樹種の材の場合大きいサイズの材を選好するが（Waller, 1988），その理由はともかくとして，材の大きさを知るのにレイビシロアリ科と同様の音響メカニズムを使用している可能性がある。

なお，シロアリに近縁のキゴキブリ類の一種 Cryptocercus punctulatus でも，シロアリと同様の振動行動を見せるようであり（Cleveland (et al.), 1934），シロアリにおけるこの振動行動の起源は相当古いものと考えられる。

既述（11.6.；12.8.）のように，オオアリ属 Camponotus は木材穿孔性の傾向を有するアリで，シロアリの食害と同じように腐朽材の早材を穿って晩材を残す穿孔を行い，これによってできた晩材の同心円状ラメラを巣の基盤にするが，これを打ち付けることで音を発し，その音に特有の反応を見せるという（S. Fuchs, 1976）。

甲虫では，腐朽材穿孔性にして亜社会性のクロツヤムシ科は幼虫（Reyes-Castillo & Jarman, 1980）と成虫（Reyes-Castillo & Jarman, 1982；J.C. Schuster, 1983）が発音器官を持ち，様々なレパートリーの音を発するという。腐朽材に発生するクワガタムシ科でも幼虫の脚に発音器官を持つ種が見られるようである（G.A. Wood et al., 1996）。

既に少し触れたように（16.4.），丸太や樹幹への入植および交尾行動に関連した発音器官による成虫の発音は，ゾウムシ科－キクイムシ亜科（Barr, 1969；Rudinsky & Michael, 1972；Michael & Rudinsky, 1972；Rudinsky & Michael, 1973；Rudinsky et al., 1978；Jefferies & Fairhurst, 1982；Sasakawa & Yoshiyasu, 1983；Ryker, 1988；Lyal & King, 1996；A.J. Fleming et al., 2013；他）や同科－ナガキクイムシ亜科（H. Roberts, 1960；Ytsma, 1988；Lyal & King, 1996；Ohya & Kinuura, 2001；他）でも広く見られ，食材性ゾウムシ科ではアナアキゾウムシ亜科の Pissodes（Harman & Kranzler, 1969）や Hylobius（Selander & Jansson, 1977）を含む若干のタクソン（Lyal & King, 1996）の成虫でも類似の発音器官とそれによる発音が知られている。

特別な発音器官はないものの，カミキリムシ科も幼虫同士でお互いに，囓り音または口器による警告専用音型を発しかつ感じながら互いを避け，傷つけあうのを回避しているという（Victorsson & Wikars, 1996）。これは混み合った材内で，幼虫が他の幼虫個体の脇腹などを囓ってしまうと，囓られた方は確実にお陀仏となるという生態的事情が関係している。樹皮下穿孔性キクイムシ類でも，恐らくは振動音や囓り音の相互感知により，母孔からほぼ同時に出発した幼虫食坑道は，お互いが「可能な限り平行になるように」（つまりお互いが可能な限り接触しないように）伸びていくという傾向が見られ（Trägårdh, 1930b；De Jong & Grijpma, 1986）（図16-2），同様の状況はカミキリムシ科－カミキリ亜科のトビイロカミキリ属 Allotraeus の幼虫食坑道などでも明らかである。樹皮下穿孔性キクイムシのこういった「平行」な食痕は，まるでシマウマの胴体の縞模様のような形の見事な彫り物を木部表面に作り出す。ただしこれらはあくまで同時期に生まれた兄弟姉妹の幼虫集団によるものであり，穿孔時期がバラつくと坑道が

交差することもありうる（例えば *Scolytus sulcatus*（ゾウムシ科－キクイムシ亜科）（Pechuman, 1938），ヒノキノキクイムシ *Phloeosinus rudis*（同亜科）（図5-7））。

なお，カミキリムシ科の成虫は捕らえると「キーキー」と鳴くことがよく知られるが，その発音メカニズム，発音器の形態，発音の契機（交尾，威嚇，防衛）は多様であり（P.L. Miller, 1971；Breidbach, 1988；程驚秋(J. Cheng)，1991），また「棲息基質」たる木材との関連性でも特記すべきことはあまり見られないようである。

シバンムシ科では既に記したように，この奇妙な科和名の起源となった欧州産古乾材害虫 *Xestobium rufovillosum* の成虫が，頭部の前頭部を材に連続して打ち付け（11Hz，< 1sec），雌雄間の交尾に向けて交信し，これは個体間では空気伝播音としてではなく木質伝播音として伝わるようである（Birch & Keenlyside, 1991；Birch & Menendez, 1991；P.R. White *et al.*, 1993）。食材性昆虫におけるこれらの音出しは木材の高い音伝達性に関連し，これを背景として進化してきた行動と解される。

昆虫が木材を振動体として音を発し，これが他個体にとって情報となるのは，囓り音や打ち付け音のみではない。何と丸太の上を歩く足音もこれに含まれる。夜行性のマツノマダラカミキリ *Monochamus alternatus*（フトカミキリ亜科；図10-2b）では視覚刺激があまり使えず，雄成虫は交尾相手の雌成虫の存在の感知に際して，接触性性フェロモンに加えて視覚刺激に代わって背後の足音も利用していることが報告されている（深谷・高梨，2010）。

一方生木が水不足に陥ったり生丸太が乾燥する際，導管や仮導管の中でのキャビテーション形成に由来するアコースティックエミッション（AE）が見られ（Peña & Grace, 1986），これが穿孔虫に対するサインとなる可能性が指摘されている（Haack et al., 1988）。この場合穿孔虫は二次性で，AEは材が乾燥しつつある，すなわち枯れつつあることのサインに他ならない。こういったAE（ほとんどが超音波）は，それが発せられる状況下では同時に可聴音波も出ており（以上は空気伝導性の振動），さらに基質（すなわち木質）の振動も起きる。*Dendroctonus ponderosae*（ゾウムシ科－キクイムシ亜科）ではこれらすべてを同時に発して感知しているようである（A.J. Fleming *et al.*, 2013）。

16.18. 木材を穿孔する昆虫の眼

木材中を穿孔する昆虫にとっては，その木材は棲息空間であると同時に餌であるという，動物としては極めて特異な生活形態をとる。木材は比較的硬い不透明な物質であり，その中を穿孔する彼らは外界の光を感じるすべを持たないと考えられる。しかし本当にそうであろうか？暖温帯産〜亜寒帯産のカミキリムシなどは冬季，その低温により休眠する。ここでいう昆虫の休眠とは，単なる惰眠を意味するわけではなく，体液の耐凍性の増大，変態を含む生活史の重要かつ不可避な一部としての位置づけなど，むしろ積極的な意味合いが強い。晩夏季〜初秋季ややもすれば見かけ上の高温に騙されて調子に乗って摂食を続け，その後の低温であわてふためき，挙げ句に凍死することを避け，あまり当てにならない気温のサインよりはむしろ天文学的正確さを伴う日長のサインに全面的に依存し，冬季の低温に備えるというのが基本コンセプトである。休眠への準備のサインは従って，夏至以降の短日化，そして休眠覚醒のサインは（意外にも）冬季の低温そのものである場合が多い。とすれば，ここで扱うカミキリムシ幼虫など

の「眼が不自由」なはずの木材穿孔虫は，休眠へのサインを一体どうやって感じているのであろうか？　実は休眠性の（従って暖温帯産〜亜寒帯産の）カミキリムシ幼虫の場合もちゃんと眼は付いている。触角基部後方の複数個の単眼である（Švácha & Danilevsky, 1987）。そしてキボシカミキリ Psacothea hilaris（フトカミキリ亜科）の休眠性個体群では日長の短日化を感知して休眠に入ることが知られている（Shintani et al., 1996；新谷，2004；他）。これはこれら単眼による日照変化の感知に基づくものと考えられたが，その点を検討した結果，なぜか単眼は無関係と示唆されるに至っている（Shintani & Numata, 2010）。

材内を穿孔するカミキリムシ類やヒラタキクイムシ類の幼虫，さらには通常のシロアリ類などでは，前者の場合いったん材から飛び出せば戻れない，後者の場合は決して姿を人目に曝さないという「掟」のようなものがある（?）という理由により，穿孔する材の表面に近づくと，決してそのまま穿孔を進めて材表面の外へ出ていくことはない。この「自主鎖国」のメカニズムは詳しくは調べられてはいないが，①材を穿孔する際の「囓り音」の違いで表面に近いことを感知する，②光を感じる，という2つが考えられる。ヒラタキクイムシ Lyctus brunneus（図2-9a）の場合，人工試料による飼育システムで飼育室を24時間点灯すると試料からの幼虫落下が少なくなる（岩田・西本，1980）ので②の可能性があるが，なぜか幼虫に単眼は認められない（Iwata & Nishimoto, 1981）。またいずれの虫の場合も，板材を接着なしに2枚3枚と重ねて穿孔させると，その継ぎ目を気にせず穿孔してくれる。これは何を意味するのであろうか。

さらに，感覚器官による光の感知に基づいて，光は代謝にも影響している。Enaphalodes rufulus（カミキリ亜科）幼虫を24L0D（終日照明点灯条件）で飼育すると奇形発生率や死亡率が高まり，生存した羽化個体は不妊になり，この理由にリボフラビンなどの必須栄養素の光による破壊が考えられている（Galford, 1975）。この場合，暗黒のはずの木材の中でカミキリムシ幼虫は，光を全身で感じていることになる。

一方シロアリは真社会性で階級分化を見せ，生殖階級は複眼・単眼などを完備している（Richard, 1969）が，それ以外の階級（特に多数を占める職蟻）は眼のたぐいを欠いて盲目ということになっている。しかし彼ら（特に職蟻）は全体として光を極端に嫌い，木材をむさぼり食う場合はその表面を「蟻土」で覆い，そのプライバシーを決して露わにはせず，万一この情景が暴かれると大慌てする。これは眼を欠くもちゃんと光は感じているともとれるが，光ではなく風や震動を感じている可能性もある。しかし Emerson (1938) が示唆したように，やはり光を感じることは確かで，照度や光波長などとの関連で具体的にその影響が証明されている（Y.I. Park & Raina, 2005；大村・他，2009；大村・他，2011）。

そういう食材性昆虫ではあるが，中には根部穿孔性の種もあり，彼らが地上の陽の光を感じているということはやや疑わしい。そうした中，陽の光をまったく受けない環境でも食材性昆虫が発生できるという事例が見られる。それは，鉱山の坑道に置かれた材におけるチビナガヒラタムシ Micromalthus debilis（チビナガヒラタムシ科）やナガシンクイムシ科諸種の発生である（Pringle, 1938；Yule & Kennedy, 1978）。

木部穿孔養菌性キクイムシ科は昆虫綱の中でも，染色体半倍数性（28.8. 参照），共生菌の栽培（22.7. 参照）といった特異性を示す極めて興味深い一群であるが，この2つの特質を持つグループには性比が雌に偏り，雄は雌より個体数が少なくサイズも小さく，穿孔材から外に出ないという傾向を持つ種が見られる。そういった種では，雄は恐らくはその門外不出性に関連して複眼が雌に比べて退化する傾向にあるとされる（Chu & Norris, 1976）。しかしそれでも

彼らはまったくの盲目ではないようである。

　結局木材穿孔虫・食材性昆虫は、陽の光を感じることができる場合はこれを環境情報として利用しうるということになろう。

16.19. 木材物理と食材性昆虫・木質依存性昆虫（II）：硬さ・熱伝導度

　食材性昆虫・木質依存性昆虫が穿孔・食入する木材は、成分的に難消化性であると同時に植物組織の中で最も硬い存在である。これに対する甲虫類の適応については既に述べた（16.1.）が、適応はしていてもそれでもなおこの硬い物質を囓りとらねばならないということは、昆虫にとって相当の負担であろう。ここでヒラタキクイムシ *Lyctus brunneus*（ナガシンクイムシ科）（図2-9a）に関して、デンプンやタンパク質を相当量配合したリッチかつソフトな人工飼料と天然のコナラ材辺材を穿孔・食入させると、炭水化物（この種はホロセルロースが利用できないのでデンプンのみ）とアミノ酸の相対消化量の比較では、天然材の方が炭水化物がより高い数値となり、これはより硬い物質の穿孔食入に際してより多くのエネルギーが必要なためと解釈される（Iwata *et al.*, 1986）。元来タンパク質（および／またはアミノ酸）は木材に少なく、昆虫の餌としては木材はC／N比が異常に高い値となって栄養的に非常にインバランスであることは既に述べた（15.1.）。そういう木材を喰う昆虫は、これがもしもっと柔らかい物質であったなら、窒素分の要求量がさらに高まったはずであり、それを賄うのにさらなる困難と直面したはず。そうでなくてよかったねと慰めてやってよいものなのかどうか……。それでも食材性昆虫は同じ喰うなら晩材より早材、硬い材より柔らかい材、高密度の材より低密度の材の方が好都合のようであり（Schultze-Dewitz, 1960a；Schultze-Dewitz, 1960b；Cymorek, 1967；Behr *et al.*, 1972；Bultman & Southwell, 1976；Sivapalan *et al.*, 1977；Bultman *et al.*, 1979；Green *et al.*, 2004；Peters & Fitzgerald, 2004；K. Togashi *et al.*, 2005；K. Togashi *et al.*, 2008）（図16-4）、また非食材性にして丸太・樹幹営巣性のオオアリ属 *Camponotus*（膜翅目－アリ科）も専ら早材を穿つ（Sanders, 1964）。早材が晩材よりも攻撃されやすいのは木材腐朽菌（特に褐色腐朽菌）でも同じで、この場合早材では木化（リグニン沈着）の度合いが晩材より低いことも関係しているようである（Schwarze *et al.*, 1997）。この要因（木化度）は恐らく虫害に際しても同様に影響するものと思われるが、ほとんど研究はなされていない。

　一方シロアリが、この木材の硬さを防衛に利用していると考えることは想像に難くない。シ

図16-4　ヤマトシロアリ *Reticulitermes speratus*（ミゾガシラシロアリ科）の食害を受けたヒノキ丸太（日本大学生物資源科学部博物館所蔵、森八郎コレクション）。各年輪内で低比重の早材が高比重の晩材より好まれるという傾向が顕著に表れている。

ロアリ捕食にやや特化したアリがシロアリを捕食する際，シロアリはその木材中の巣内で応戦し，その際木質そのものがシロアリの防衛に寄与するという（Buczkowski & Bennett, 2008）。

　一方 *Amitermes arboreus*（シロアリ科-シロアリ亜科）は *Coptotermes acinaciformis*（ミゾガシラシロアリ科-イエシロアリ属）が心材空洞化などの加害をした樹木の樹上に営巣し，この加害部の mudgut，すなわちリグノセルロースを含む糞と巣材の混合物（概ね軟弱）を食するという特殊な食性を持ち，その口器は土食性のそれに分類される（L.R. Miller, 1994）。土や木を喰うよりはこっちの方がずっとましということであろう。

　木材の硬さが含水率の関数であることは，既に述べた（8.）。

　木材の硬さについて述べたついでに，もうひとつの物理パラメーター，熱伝導度との関連について少し触れておく。2.5. でも少し触れたように，木材は他の材料と比べて熱伝導度が小さい。これはその多孔性に由来し，材内の細胞壁で囲まれた空間に含まれる空気がいわば断熱材の働きをして，木材の熱伝導度を下げている。そしてこういう木材の中で暮らす食材性昆虫・木質依存性昆虫は，この物理的性質に適応しているものと考えられる。しかしその関連での研究例は非常に少なく，唯一 Cabrera & Rust（2000）によるアメリカカンザイシロアリ *Incisitermes minor*（レイビシロアリ科）の人工温度勾配に対する反応実験で，致死的高温を避けるに際して逃げる距離が短くてすむという結果が得られているにすぎない。

16.20. シロアリの総合防除

　シロアリ類の中でも土壌と接することのない乾材シロアリ類の防除においては，そのターゲットの存在が木材中に限られ，その方法は木材という物質の物性に相当左右される。この場合，通常のシロアリ防除法，すなわち薬剤による土壌や被害材の処理といったものとは相当様相を異にする方法がとられ得る（建物全体の燻蒸，加熱，窒素や炭酸ガスなどの窒息性ガス処理，液体窒素による凍結，マイクロ波照射，感電殺虫，等；Lewis & Haverty, 1996；Lewis, 1997）。これは防除方法の多様性を意味し，その状況は即「総合防除」という概念につながる（Lewis, 2003）。これにより我々は「総合防除」，すなわち薬剤のみに依存するのではない，最終的に害虫と共存する状況を目標とする，様々な手段を組み合わせた病害虫の防除法について，その可能性を感覚的に理解するヒントが得られる。そこでは生きた植物と土壌の二者を欠く環境ということが鍵となっている。同じことは建築物内に発生する乾材害虫についても言える。またこれが踏み台となって，ヤマトシロアリ属 *Reticulitermes* やイエシロアリ属 *Coptotermes* などの地下性白蟻に対する生物農薬などの実際の適用（A.F. Preston *et al.*, 1982），さらにはパプアニューギニアにおける *Coptotermes* による *Araucaria* の被害に際するシロアリ営巣切株の爆破による駆除（Gray & Buchter, 1969）といった奇抜な方法も取り入れて樹木加害性シロアリの防除も可能になり，すべてのシロアリに対する総合防除への道も開かれよう。ただし，シロアリに対する昆虫体表面寄生性病原菌類の天敵としての利用については，シロアリの個体間相互行動などの「社会的免疫」により，なかなかその適用が難しいものとなっていることは否めない（Chouvenc *et al.*, 2011a）（33. 参照）。

　なお，ここに挙げた主要な非化学的防除法のうちで，マイクロ波（高周波；電磁波の一種）を用いる方法は，乾材シロアリ（Lewis *et al.*, 2000；他）の他，乾材食害性甲虫類（A.M.

Thomas & White, 1959；Andreuccetti et al., 1994；他）でも適用が古くから試みられてきている。同じことは超音波でも可能のようである（大塚・川上，2012）。

16.21. シロアリと土

　シロアリといえば，カミキリムシと並んで食材性昆虫の代表格の印象が強いが，実はシロアリ類の進化の最前線は，高等シロアリ類（＝シロアリ科）のテングシロアリ亜科 Nasutitermitinae，シロアリ亜科 Termitinae，アゴブトシロアリ亜科 Apicotermitinae などに見られる土食性・腐植食性のグループであり，種数ではこれらがシロアリ類の大半を占めている（Noirot, 1992）。この土食性は系統的にも生理的にも食材性の延長である（D.T. Jones & Eggleton, 2011）。土壌中に散在する草や木の微小片を彼らはミミズのように土といっしょに飲み込んで徹底的に食い尽くし，その際リグニンも相当分解されるという。この一群の土食性シロアリの起源はシロアリの進化の一連の流れの中で説明されている。すなわち，キノコシロアリ亜科は高等シロアリ（シロアリ科）の中で最も原始的で，下等シロアリの最も高等な一群であるミゾガシラシロアリ科から進化したとされ，その際まず後腸内の原生生物（共生性の鞭毛虫類）が消失し，これを受けて共生性真菌類に体外消化を行わせるようになってキノコシロアリ類となり，この際彼らは木質を菌に捧げ，ために巣構築に木質が使えず，巣構築材料として土壌を摂取するハメになり，これが契機となって土食性シロアリが進化したというシナリオである（Inward et al., 2007b）。ここで腐植質の物質的詳細とこれらのシロアリによる利用の様式は未解明であるが，腐植質は炭水化物，リグニン由来の（?）芳香族化合物，有機窒素分が複雑に入り交じり，かつ相互に結合しており（18.4. 参照），このうちの有機窒素分を土食性・腐植食性シロアリは利用しているようである（Ji et al., 2000；Ji & Brune, 2001；Ngugi et al., 2011）。こういった腐植質は，実は C／N 比が木材と比べて相当低く（従って N が多く），Cubitermes や Procubitermes といった Cubitermitinae 亜科の土食性シロアリは，Pachnoda などのコガネムシ科幼虫（Andert et al., 2008）と同じく，その消化管および巣材に非常に高い含有量のアンモニアを含んでおり，土食性シロアリはもはや窒素をめぐる苦闘から解放され，贅沢にも窒素をアンモニアや N_2，N_2O（亜酸化窒素）の形で捨てているという（Ji & Brune, 2006；Ngugi et al., 2011；Ngugi & Brune, 2012）。また，アフリカ産の土食性シロアリ Cubitermes（Cubitermininae 亜科）は，亜酸化窒素（N_2O）の形で窒素を巣から排出するようである（Brümmer et al., 2009）。これらの事実は，シロアリとりわけ高等シロアリの中で土食性種が最も種数が多く繁栄を極めてことの背景になるものと考えられる。すなわち，土食性シロアリはシロアリ伝統の窒素ストイシズムを捨て去った時点で，顕著な発展の道筋を得たと考えられる。しかしその一方で土食性シロアリでは，古細菌 Archaea（21.1. 参照）の腸内細菌相に占める割合が高く（Brauman et al., 2001），またその菌相は餌の土壌のそれとは直接は関連せず独自のものとされる（Donovan et al., 2004）。

　消化管内の菌相の独自性の傾向は議論の分かれるところで，例えばシロアリ一般のメタン産生細菌は周辺土壌からピックアップされることで消化管に接種されると考えられ，実際土壌と縁のないアメリカンザイシロアリ Incisitermes minor（レイビシロアリ科）ではメタン生産が見られないようである（Yanase et al., 2013）。しかし，この科のシロアリでも同様の細菌が見

られるので，垂直伝播の可能性も考えなければならないともされ（Eggleton, 2006），やはり宿主との種特異性，垂直伝播の方を重視しなければならないであろう。しかし土壌と関連性のない乾材シロアリ *Neotermes castaneus* において，餌の濾紙を3日おきに取り替えた場合（糞食不可）と取り替えない場合（糞食可）とでは，25日目以降のニトロゲナーゼ活性が前者で少なく，腸内細菌相も両者間で異なり，腸内の窒素固定性細菌は非内在性・通過性のものであることが示唆されており（Golichenkov *et al.*, 2006），細菌相の独自性についてはさらなる研究が必要であろう。

　一方土食性シロアリ類においては，その酵素的側面はもはや食材性の面影がなく，事実消化酵素はシロアリの象徴ともいえる炭水化物分解酵素保持システムが退化する傾向にあり（Rouland *et al.*, 1986；Brauman, 2000），炭水化物の分解は一応認められ（D.W. Hopkins *et al.*, 1998；Ji & Brune, 2001），セルラーゼ(エンド-β-1,4-グルカナーゼ)も一応は保持し（Bujang *et al.*, 2014），またこのグループの種多様性は土壌中の有機炭素量よりはむしろ枯木の現存量と相関する（D.T. Jones *et al.*, 2003）ものの，むしろ土中の有機物を幅広く分解するという戦略への転換が見られる（Brauman, 2000）。このような特殊な食性は必ず特殊な形態や消化共生を伴い，食材性が中心であった下等シロアリの消化管に密に見られた原生生物類がここでは細菌類にとってかわり，消化管の形態（Noirot, 1992），その内肛のpH（Bignell & Eggleton, 1995；Brune & Kühl, 1996），大顎の形態（Deligne, 1966；Prestwich, 1984）にも著しい特化・特殊化が見られる。すべての生物に共通することではあるが，形態は機能を反映しているのである。これは，カミキリムシ科−フトカミキリ亜科などの今後の進化の方向性を示唆するものかもしれない。

16.22. サバンナも枯木のにぎわい

　アフリカ・ケニアのサバンナ〜草原における主としてキノコ栽培性および土食性の高等シロアリより成るシロアリ群集の有機物消費においては，乾燥時には草本が衰退して枯木の消費量が増え，降水時には反対に朽木と腐植の消費量が増えるという（Buxton, 1981a）。この事実は，植物遺体の中でも枯木がリグノセルロースの塊として存在する性格を発揮し，その分水分保持能力に優れ，これがシロアリの活動に如実に影響を及ぼしている例と考えられる。

16.23. 閉鎖空間居住者であるシロアリの感覚毛

　一部の種を除きシロアリ類は，その孔道から一切外に出ることがない。とにかくシロアリは木と土の申し子である。そうするとこの点に関連したシロアリ類における何らかの形態学的特異性が必ずや見られるはず。そして実際，オオシロアリ科のオオシロアリ *Hodotermopsis sjostedti* で，防衛を司る兵蟻では，この閉鎖空間での防衛という責務に対応して，眼が退化する一方，敵の侵入を敏速かつ的確に察知するために，他の階級と比べて頭蓋等の感覚毛の発達が著しいという（Ishikawa *et al.*, 2007）。これは木よりも土と太陽の申し子で，視覚の発達したアリ類にはあまり期待できない。

16.24. シロアリ類の一貫性

シロアリ類はグループ全体（ゴキブリ目-シロアリ下目）が真社会性を保持し，食性も食材性が基本で，そこから土食性が進化したものの，その場合もリグノセルロース分解性という基本責務は決して忘れてはいない。Reinhard et al. (2002) は，シロアリ類の全種に共通して，唾液腺由来のヒドロキノンが摂食刺激フェロモンとして働いていることを報告し，これは真社会性とリグノセルロース分解性という基本性格の下目全体での保持と関連しているのではないかと推論している。この単一成分の一貫した保持には，それ以外の要因がからむ可能性は否定できないが，Reinhard et al. (2002) の推論にはある程度の説得力が認められる。ただし，ヒドロキノンの類縁化合物である 1,4-ベンゾキノンの誘導体には抗蟻性が著しいものが見られ（Mozaina et al., 2008），話は単純ではない。なお，フェロモン，カイロモンといった性格付けは不明ながら，セスジキクイムシ Scolytus multistriatus（ゾウムシ科-キクイムシ亜科，樹皮下穿孔性）の成虫では，ヒドロキノンが同様に摂食刺激物質として作用するようであり（Norris, 1970），昆虫におけるヒドロキノンに関する何らかの未知の背景，メカニズムの存在を示唆しているかもしれない。

以上見てきたような木質依存性に関連した生理・生態は，深海魚や極地棲息生物に匹敵する「想像を絶する世界」の住人といっても決して誇張ではない物語を提供している。

16.25. シロアリの巣の幾何学

シロアリなどの食材性昆虫の木材穿孔活動に際して，その穿孔材の容積消失の幾何学も面白い研究課題である。例えば，イエシロアリは木材を穿孔し，それによる木材容積減少量は，同時に構築する巣のカートン（28.7. 参照）の容積増加量を上回り，この差が坑道を産み出すものと考えられている（H.-F. Li & Su, 2008）。

この他，Florida 大学の Nan-Yao Su のグループは，地下性シロアリの蟻道構築の数理解析を精力的に推し進めている（28.9. で一部言及）。

16.26. シロアリの体表面炭化水素組成

シロアリは社会性昆虫であり，その棲息単位はコロニー（巣の中身としての成員の集合体）である。彼らは土壌中に営巣するものが多く，その場合，同巣個体（ネストメイト），同種の他コロニーのメンバー，他種シロアリ，天敵のアリ類，シロアリやアリ以外の昆虫等と，様々な出会いの相手があり，そのそれぞれに適切に対処しなければならない。これには通常，触角で触れて感じることのできる相手の体表面炭化水素組成（CHCP）が情報として用いられ（Howard & Blomquist, 1982），同種の他コロニーの個体（特に非近親者），他種シロアリ，天敵のアリ類の場合，別途（16.4.；28.9.）詳述するように，彼らはその使用しうるすべての武器や戦術を用いて相手と戦い（Deligne et al., 1981；Thorne, 1982；Prestwich, 1984；Šobotník et al., 2010），同巣個体の場合はグルーミングやトロファラクシスなどの個体間相互行動が仲

よく行われる（McMahan, 1969；Dhanarajan, 1980；Iwata et al., 1999）。いわゆる同巣性認識に基づく行動である。ここで，相手が同種の他コロニー（特に非近親者）や他種の個体の場合，闘争行動が生じ（Thorne & Haverty, 1991），その行動発現のよりどころとなる直接の情報はCHCPであるとされてきた。しかし異なるCHCPでも闘争が見られない場合，同じCHCPでも闘争が見られる場合などがあり，CHCP以外の闘争性の原因が示唆され，目下最終的解明には至っていない。そうした中，Florane et al. (2004) は，イエシロアリにおいて与える餌材の樹種（針葉樹か広葉樹か）が闘争性に影響を与える例を報告した。これは食する餌材の樹種により成分に違いがあり，これが代謝後CHCPに反映して違いが生じるという可能性を示唆している。しかしこれは推測の域を出ない。この点に関してはCHCPの関与の発見以前，既にStuart (1970) が，Zootermopsis 属（オオシロアリ科）の同巣性認識において餌の影響を指摘している点が注目される。

16.27. 食材性昆虫・木材穿孔性昆虫の捕食者としてのキツツキ類等の脊椎動物

これまでに触れてきた様々な食材性昆虫・木材穿孔性昆虫は，自然界においてそれぞれの産地でそれぞれの生態系のメンバーとしての地位を占め，責務を果たしている。そこには，宿主植物，ニッチ構築種（腐朽材穿孔性種にとっての木材腐朽菌，等），病原性微生物，捕食寄生者（寄生蜂，等），捕食者，寄生者，片利共生者，競合種，共生者といった様々な生態学的関連生物（associates）が相まみえ，全体として複雑なネットワークが見られ，すべての種はそのネットワークの「網の結び目」として存在している。生物学において特定の生物群について幅広く語る際には，これらすべての関連生物に言及する必要があろうが，本書では食材性昆虫・木質依存性昆虫に特有の存在・話題に関する言及を主とし，他の昆虫と共通する話題については省略し，もしくは詳述を避けてきた。そうしたものの中に捕食者，特に非種特異的捕食者（ジェネラリスト）がある。

昆虫にとっての非種特異的捕食者の代表は，クモ類（節足動物門 - 蛛形綱 - クモ目），および鳥類（脊椎動物門 - 鳥綱）であろう。この中で特に食材性昆虫・木材穿孔性昆虫にとってやや特有の重要性を持つものに，キツツキ類（鳥綱 - キツツキ目 - キツツキ科）の鳥がいる。彼らは嘴による木質への穿孔に非常に顕著な能力を発揮して営巣し，これは樹洞を形成し（小高，2013），さらにこの能力は採餌にも生かされる。また舌の構造などにも穿孔虫捕食への適応が見られる。彼らは，食性が一応雑食性であるとはいえ，木質内に棲息する各種穿孔虫を非常に効率的，かつやや特異的に捕食し，種によってメニューに違いは若干あるものの，カミキリムシ科，タマムシ科，ゾウムシ科 - キクイムシ亜科などの穿孔虫にとって概ね強力な捕食性天敵となっている（F.E.L. Beal, 1911；Nuorteva et al., 1981；Speight, 1989；Murphy & Lehnhausen, 1998；Pechacek & Kristin, 2004；Fayt et al., 2005；Anulewicz et al., 2007；他）。ここで面白い点はキツツキ類がこれらの穿孔虫の発生を抑制することに関して，直接の捕食による効果のみならず，採餌探査の過程でさんざん樹皮をつつきまわすので，その結果樹皮が相当ダメージを受けてその後の樹皮下穿孔虫の発生にマイナスに作用するという副次効果があるとされる点である（Fayt et al., 2005）。さらにキツツキ自身が立枯れ木などの穿孔活動の際に木材腐朽菌を媒介し，菌の発生を助長するという側面も見逃せない（Farris et al., 2004）。とい

うことで彼らは，採餌のみならず営巣の点でも木質への依存と生態関連性が強く，木質依存性鳥類と呼んで差し支えない存在となっている。面白いことに，キツツキ類が木質を穿孔して材内の昆虫を捕食するのは食材性昆虫に限らず，例えば木質を住処とする非食材性のオオアリ属 *Camponotus* も大好きなようで，ロシア・Karelia 地方やカナダ南東部等では *C. (C.) herculeanus* の最大の天敵はキツツキ類とされており（Hölldobler, 1944；Sanders, 1964），日本，米国，北欧でも同属のアリで同様のことが報告されている（Bull *et al.*, 1992；槇原・他，1993；Torgersen & Bull, 1995；Rolstad *et al.*, 1998）。なお，こういったオオアリ類が営巣する材というのはほとんどが朽木，すなわち腐朽材であり，木材腐朽菌の働きにより随分と強度が低下した材である。健全材と比べてこういった腐朽材をキツツキ類が穿孔するには，必要なエネルギーははるかに少なくてすむ（小高，2013）。キツツキ類がオオアリ類を好むのは，こういった物理的背景もあってのことと推察される。実際，キツツキ類は生立木や立枯れ木の樹幹に大きな穴を穿って営巣するが，これにはその幹（特に生立木）が特定の（？）木材腐朽菌で侵されて穿孔しやすくなっていることが関係しているようである（Conner *et al.*, 1976；Unno, 2004；小高，2013；他）。そしてこれらの場合，何らかの食材性昆虫・木質依存性昆虫の存在が関係している可能性がある。こういった昆虫が棲息する朽木は穿孔がたやすく，ついでにおいしいということで，キツツキにとって「一石二鳥」となるのだろう。

　シロアリについても，その種多様性の高い地域には，カミキリムシやキクイムシにとってのキツツキに相当する，やや特有の重要性を伴った獣の捕食者（脊椎動物門－哺乳綱），例えばアリクイなどの存在が見られ，その働きは特筆される（Lubin & Montgomery, 1981；Redford, 1987；他）。こういった獣類は，シロアリをアリとほぼ同じ目で見ており，これらシロアリの被食者としての最大の特色はその集合性である。すなわち，1頭見つけるとそこには仲間が無数にいるわけで，採餌効率の点からもこういった社会性昆虫はまことに有効な餌資源となっているようである。

　こういった食材性昆虫とその捕食者の間の関係性を，もう少し大きい目で見てみると，そこには木質多糖類→昆虫タンパク質→鳥獣タンパク質という有機物の変遷・変質の流れが見てとれる。然り。木が肉に化けているのである。この事実は，深刻な食糧難が予想される21世紀後半の生物資源科学における，非常に重要な研究領域へのヒントを提供しよう。そしてこの物質の流れを工業的に模倣する技術が確立されれば，木質バイオマスの食肉化が実現しよう（25.も参照のこと）。

17. 木を喰う虫が手を加える木の状態

　食材性昆虫は大きな目で見ると，木材腐朽菌とともに木を分解することで結局は，生木→枯木→朽木→腐植という一連の流れ，および最終的に木質が土に還る流れを加速している。従って彼らは森林の，ひいては地球生態系全体の物質循環の流れの中で重要な役割を担っている。しかし彼らは，住処兼食糧である木そのものの状態に翻弄され，非常に受動的であることは否めない。

　一方逆に食材性昆虫・木質依存性昆虫が，住処兼食糧たる木質そのものの状態を積極的に改変してしまうことも稀にではあるが知られている。ひとつは，一次性食材性昆虫がその宿主樹の組織を改変してしまう場合で，既に一部は言及した (4.1.)。例としては，スギカミキリ *Semanotus japonicus*（カミキリ亜科）（図 4-1）の幼虫によるスギの樹皮下穿孔に際する擬心材形成と回復組織としての「ハチカミ」の形成（大森，1958），同種によるスギ内樹皮での傷害樹脂道の形成（南光・他，1984；K. Ito, 1998），ヒラタモグリガ科（鱗翅目），ハモグリバエ科（双翅目），樹皮下穿孔性キクイムシ亜科を含むゾウムシ科（鞘翅目）の幼虫による各種広葉樹の形成層穿孔に際する辺材部でのピスフレックの形成（Greene, 1914；Snyder, 1927；Kulman, 1964a；Hanson & Benjamin, 1967；Gregory & Wallner, 1979；石浜・他，1993），キボシマダラカミキリ *Saperda populnea*（カミキリムシ科−フトカミキリ亜科−トホシカミキリ族；ヤナギ属を食害）の幼虫による細枝に対する虫瘤形成（Boas, 1900；Postner, 1954），*Chermes piceae*（カサアブラムシ科；吸汁害虫）の加害によるモミ属 *Abies* 木部の心材形成加速（Hollingsworth *et al.*, 1991），同種による恐らくは樹木の内分泌システム攪乱による材の赤色化と圧縮アテ材化，年輪内早材の晩材化と細胞間隙の増加，仮導管の短小化，晩材仮導管のフィブリル傾斜角の変化，放射柔組織の増加といった組織学上の重大な変化（Doerksen & Mitchell, 1965），仮導管有縁壁孔の微細構造の変化（Puritch & Johnson, 1971），さらには後述するシロアリ類による各種樹木の心材の空洞化が挙げられ，この場合は被食害組織は死んだ組織であるが，宿主樹は生きており，これに与える樹木生理的，ないし力学的影響は大きいものとなる可能性がある。この結果形成された木材は，林業では「材質劣化」を受けた二級品あるいは無価値材とされる。

　この中でも特に興味深いものはピスフレック（英語では pith fleck, parenchyma fleck, ray fleck, 等様々な呼称あり）である。ヒラタモグリガ科（鱗翅目）やハモグリバエ科（双翅目）の幼虫が形成層付近の木部最外層を喰い進むと，その微細な食坑道の空隙を宿主樹が柔細胞を形成して埋め尽くし，これはデンプンなどの細胞内容物が豊かなまぎれもない柔組織となっている（Gregory & Wallner, 1979；石浜・他，1993）。虫の整然とした喰い方もあいまって，完成した組織を見ただけでは，それが虫害に由来するとは思えず，正規の木部組織の要素としか見えない代物である。

　もうひとつは二次性食材性昆虫による死んだ組織としての木材の物理状態の改変であり，これは木材を用材として利用する人間が影響を被る。例としてシロアリ類による穿孔材の含水率の改変がある。彼らは真社会性であり，コロニー全体の連繋プレーが可能である。そして，例えばイエシロアリ *Coptotermes formosanus* では与えられた材の含水率をその周囲から水分を運び込むことで上昇させることが知られ（Delaplane & La Fage, 1989），同属の他種（*C. gestroi*

図17-1 アメリカカンザイシロアリ Incisitermes minor（レイビシロアリ科）。 a. 職蟻。（口絵9上）b. 兵蟻。（口絵9下） c. ペレット状の糞。 d. 同拡大。特徴的な形状は直腸の形態に由来する。 e. 日本で最初の被害材（東京都江戸川区）（日本大学生物資源科学部博物館所蔵，森八郎コレクションより）。材内に大きな空洞が形成される。

でも同様のことが実験的に示唆されている（N. Wong & Lee, 2010）。同じことはアメリカンザイシロアリ Incisitermes minor（図17-1）をはじめとする乾材シロアリ類（レイビシロアリ科）についても言え，住処と食糧にしているのは基本的に人間が利用している乾燥した用材で，乾燥に対して驚くほどの適応性を見せ（M.S. Collins, 1958；M.S. Collins, 1969；Steward, 1982；Steward, 1983），水滴があればこれをむしろ避けるという（Rudolph et al., 1986）。にもかかわらず，閉鎖空間で行った実験ではダイコクシロアリ Cryptotermes domesticus は相対湿度が高いほど産卵数などが上昇し（黄珍友(Huang, Z.)・他，1995），アメリカカンザイシロアリの観察では彼らは同じ喰うなら湿った材の方を好み，棲息空間は彼らの巧みな工夫により湿潤状態にあるという（Pence, 1956；ただし M.S. Collins (1958) は別の意見）。これにはミゾガシラシロアリ科で見られる (1) 地中深くからの水分運搬（これはレイビシロアリ科では原則ありえない），(2) 唾液嚢への水分貯蔵とそれを利用しての加湿（Gallagher & Jones, 2010）（ただし (1) と (2) とは直接関連する可能性あり）といった能力に加え，レイビシロアリ科では (3) 木材消化とその成分代謝で生じる水の再利用（Steward, 1983）が関連しているようである。またこの科のこういった水分管理能力は，他のシロアリの科と比べて水分回収に関連する直腸の形態（Noirot & Noirot-Timothée, 1977）や下咽頭の毛の生え具合（Rudolph et al., 1986）に特異性が見られ，水分蒸散を抑えるべく表皮の構造にも適応が認められ（M.S. Collins & Richards, 1966），さらに体表面炭化水素組成にも特異性と乾燥適応に資する可塑性をわずかに有する（Woodrow et al., 2000）といったことと符合している。また他のシロアリ類の科と比べて消化管内にスピロヘータ類が多い（Margulis & Hinkle, 1992）ということも乾燥耐性と何らかの関係があるかもしれない。レイビシロアリ科は元来土壌とは無縁の生活型で，排出する糞は他科のシロアリとは異なり砂粒状の固形ペレットで土壌とは決して混じり合うことはない

が，材内の食坑道中に仲間の死体などを封入するために，この糞とはまったく別の消化管由来の「封入物質」を肛門から排出し，これのみでトンネル内に隔壁を作ることが知られ（M.J. Pearce, 1987），既述（15.8.）のカミキリムシ科－カミキリ亜科－ミヤマカミキリ族の幼虫の行動を想起させるが，このカミキリムシのような無機塩類の沈着はないようである。そしてレイビシロアリ科のこの行動は，食坑道内の水分保持にも役立っているはずである。

なお乾材シロアリ類については，彼らは材の乾燥状態に適応しているが，これは木材加工物理学的には高い硬度への適応をも意味する。実際欧州産の各種シロアリの中では，乾燥に最も適応した乾材シロアリの一種 *Kalotermes flavicollis* が，木材への物理的インパクトが最も高い種となっており，木材などの材料の抗蟻性試験にはこの種の使用を Gösswald (1962) は推奨している。これはこの種を含む乾材シロアリ類が木材加害に際して，他のシロアリ類が必要とする湿潤状態でないと加害しないわけでは決してないことをも示している。

穿孔虫による木質への物理的影響で，生木と枯木にまたがった複雑なケースは殺樹性の樹皮下穿孔性キクイムシ類で見られ，既述（2.4.）のようにマツ属 *Pinus* などの宿主針葉樹立木に *Dendroctonus frontalis* が加害すると宿主樹が枯死し，これに伴い内樹皮は含水率が低下するが，枯死後のある程度の低下の後，含水率は再び上昇するという（Gaumer & Gara, 1967；J.W. Webb & Franklin, 1978；Wagner *et al.*, 1979）。広葉樹二次性の樹皮下穿孔性キクイムシの一種 *Scolytus ratzeburgii* において，成虫が食坑道から排気穴をあけることで食入材からの排湿と湿度調整を図ること（Melnikova, 1964）は既に言及した（2.4.）。このような行動は亜社会性に関連するが，同科の他種でも見られる可能性があり，また幼虫自らの便宜のための同様の行動が他科の食材性昆虫の幼虫で見られる可能性もある。

ところで Stillwell (1960) は，二次性の広域分布種オナガキバチ *Xeris spectrum*（キバチ科）が別の虫害で衰弱したモミ属針葉樹に産卵して幼虫が穿孔した場合，産卵箇所よりキバチ共生菌の *Stereum chailletii* と *S. sanguinolentum* の侵入により疑心材が形成されるとした。これがもし正しければ，樹木が衰弱・枯死後に形成層や柔細胞中に残存するデンプンや脂質が菌の刺激で抽出成分に変化するという，非常に興味深い現象と考えられたが，実はオナガキバチは独自の共生菌を持たず，他種のキバチが産卵した，すなわちその共生菌を接種済みの丸太に産卵して，その菌の働きを借りるとされ（Morgan, 1968；H. Fukuda & Hijii, 1997），Stillwell (1960) の報告は根本から見直しが必要となっている。

最後に，穿孔虫自身ではなくその共生真菌が，加害する樹木の発する抽出成分の組成を変えてしまう事例。カナダでは広葉樹樹皮下穿孔性キクイムシの一種 *Hylurgopinus rufipes* は，ニレの立枯れ病菌2種のうちの *Ophiostoma novo-ulmi* を媒介する（22.5. 参照）が，この病原菌が宿主樹のアメリカニレ *Ulmus americana* に感染すると菌は樹木を操作して1種のモノテルペンと3種のセスキテルペンを特異的に生産させ，この4種の抽出成分のセットが媒介者の *H. rufipes* を特異的に誘引するということが見出されている（McLeod *et al.*, 2005）。菌の感染は媒介者のキクイムシ *H. rufipes* がもたらすゆえに，キクイムシは間接的に宿主樹の抽出成分の生産を操作し，これで同種仲間を呼んでいるということになる。

18. リグノセルロースと食材性昆虫をめぐる地球生態学：リグニンが支える地球の緑

　リグノセルロースの生分解の理解には，その個々の成分（セルロース，ヘミセルロース，リグニン）の分解を個別に見るのに加えて，木材の総体たるリグノセルロースの消化・分解を全体として見る必要がある。この際，最後のもの，リグニンの分解が最も厄介にしてエキサイティングなプロセスと考えられる。ここではこの視点で論を展開し，これを地球の緑の存立などと関連づけて考えてみる。

18.1. 木質バイオマス

　木材は樹木（木本植物：高等な多年生維管束植物の中で木部を形成するもの）に特有のものであり，形成層付近の生まれたて状態を除き，肥厚した細胞壁と空虚なその内腔から形成され，セルロース，ヘミセルロース類（以上 2 つをまとめて「ホロセルロース」），リグニン類という 3 種の天然高分子有機物の不均一な混合物（全部まとめて「リグノセルロース」）より成り，この混合物，および特にその中で最も含有量が多く化学的に唯一均一なセルロースは，地球上のバイオマス（生物関連物質）の中では量的に最も重要な存在である。それゆえ最近は，単に「バイオマス」といえば「木質バイオマス」，すなわちリグノセルロースおよびそれに由来する堆肥や紙・パルプを指し，これらは再生可能資源として将来の地球・人類の行く末の鍵を握っているとも言われている。

18.2. リグノセルロースの分解

　既に述べたように（2.2.2.），セルロースを分解するには①エンド - グルカナーゼ（C_x- セルラーゼ），②エクソ - グルカナーゼ（C_1- セルラーゼ，セロビオヒドロラーゼ），③セロビアーゼ（β- グルコシダーゼという 3 種の分解酵素（あわせて広義の「セルラーゼ」）が必要とされる（Béguin & Aubert, 1994；Watanabe & Tokuda, 2010；他）。しかし実際の所，昆虫では自前の②エクソ - グルカナーゼは，意味のある量で見出されることはない，あるいはほとんど見出されない（M.M. Martin, 1983；Prins & Kreulen, 1991）といってよい。北米産下等シロアリ *Zootermopsis* sp.（オオシロアリ科）が関連する研究例（Odelson & Breznak, 1985）に見るように，これを持つ原生生物と共生する下等シロアリとキゴキブリ類を除いて，結局は①と③だけで何とかセルロース分解をやりくりしているとされ，②の働きは昆虫の口器とソ嚢による結晶セルロースの摩砕が補っているものと考えられている（Odelson & Breznak, 1985；Watanabe & Tokuda, 2010）。しかし既述（14.）のように，②エクソ - グルカナーゼを，Chararas *et al.* (1983b)，M. Weber *et al.* (1983)，蒋 (Jiang)・他 (1996)，殷 (Yin)・他 (1996) は各種カミキリムシ幼虫から検出・分離し，X.-j. Li *et al.* (2008) と Geib *et al.* (2009b) はツヤハダゴマダラカミキリ *Anoplophora glabripennis*（フトカミキリ亜科）の成虫・幼虫から，Scully et al. (2012) は同種の共生真菌 *Fusarium solani* から，

殷 (Yin)・他 (2000) は *Apriona germari*（フトカミキリ亜科）の幼虫から，索 (Suo)・他 (2004) と王健敏 (Wang J.-m.)・他 (2007) はマツノマダラカミキリ *Monochamus alternatus*（フトカミキリ亜科）の幼虫から，それぞれ①・③に加えこの酵素②を弱いながら検出（ただしマツノマダラカミキリでは強活性），また Chang *et al.* (2012) はゴマダラカミキリ *Anoplophora malasiaca* から①に加えて①・②の働きを併せ持つ酵素とそれらをエンコードする遺伝子を検出している。さらに王健敏 (Wang, J.-m.)・他 (2007) はこれに加え，樹皮下穿孔性キクイムシ類のマツノキクイムシ *Tomicus piniperda* の幼虫・成虫で，①・③は検出せずにこの酵素②をマツノマダラカミキリ幼虫よりも高い活性値で検出している。さらにシロアリ類の関連では，Paul *et al.* (1986) は高等シロアリ後腸内の細菌から，Itakura *et al.* (1997) はイエシロアリの各部位から②を微量ながら検出しており，さらに韓国産ヤマトシロアリ *Reticulitermes speratus* の消化管から得られた様々な細菌類は，一様に①をほとんど持たず，②・③を持つという測定結果も見られる (Cho *et al.*, 2010)。これらの報告における②に関する個々の記述は，その再検討の余地と価値が認められよう。その場合，共生微生物（細菌，原生生物，真菌）の関与のチェックは必須である。一方 J.A. Smith *et al.* (2009a) は，イエシロアリ *Coptotermes formosanus* と *Reticulitermes flavipes*（ヤマトシロアリ属の一種）の職蟻において，後腸に限って若干量②の活性を検出，これは②エクソ－グルカナーゼが原生生物起源であることを示唆している。また *R. flavipes* での共生原生生物由来のエクソ－グルカナーゼ活性は，遺伝子レベルでも存在が示されている (X. Zhou *et al.*, 2007；M.M. Wheeler *et al.*, 2007)。さらに D. Zhang *et al.* (2009) は，イエシロアリの自前セルラーゼがエンド－グルカナーゼ活性を示す一方，基質次第ではエクソ－グルカナーゼ活性をも示すとし，話は複雑な様相を呈するに至っている。実際，後腸内共生原生生物を欠くシロアリ科（高等シロアリ）でも，中国産 *Ahmaditermes*（テングシロアリ亜科）の職蟻で②の活性が微量ながら認められており (Z.-Q. Li *et al.*, 2012)，関連する現象の可能性がある。この点は今後広範囲の種で再検討が必要であろう。しかし下等シロアリの後腸に宿る原生生物鞭毛虫類の持つセルロース分解酵素は，②エクソ－グルカナーゼ（C_1－セルラーゼ，セロビオヒドロラーゼ）を含むことは間違いないようである (Watanabe & Tokuda, 2010)。

　しかしいずれにせよ昆虫のセルロース分解力は，上のセルラーゼ3点セットを cellulosome というセットユニットで備えて強力に働く木材腐朽菌の同分解力 (Béguin & Aubert, 1994) と比べるとまったく弱く，これは結局②を欠く場合が多いことが関係していると思われるが，これには後述するように，筆者はもうひとつ重要な原因，リグニンのからみがあると考えている。また，セルロースの重合度も昆虫による食害には重要な因子で，例えばイエシロアリでは，様々なγ線照射時間で餌の木材のセルロース重合度を変えた場合，照射時間のより長い，すなわちセルロース重合度のより低い木材がより多くの食害を受けることが示されている (N. Katsumata *et al.*, 2007)。

　なお，シロアリのセルラーゼ，特にβ-グルコシダーゼに関する酵素阻害剤の性能評価法として，配糖体化して発色を抑えた蛍光発色物質に対する分解能をその蛍光発色で測定する方法が開発された (Zhu *et al.*, 2005)。この方法は，食材性昆虫やその共生微生物のセルラーゼ活性の簡易検出法としても応用できるものと考えられる。

　一方ヘミセルロースはセルロースよりも分解は比較的容易という印象がつきまとう。総体的に自然環境での微生物はキシラナーゼとセルラーゼを持つものが多いとされる (Klemm *et al.*, 2002)。一方昆虫では，セルロースは分解できないがヘミセルロースは分解できるという

ものが見られる。その例はゾウムシ科－キクイムシ亜科の樹皮下穿孔性種である（Chararas, 1981b；Chararas, 1983；他）。一方，カミキリムシ科では研究されてきた大半の種でセルロース，ヘミセルロースの分解能が検出され（Parkin, 1940；Schlottke, 1945；Chararas, 1981a；Chararas, 1981b；蒋（Jiang）・他，1996；Scrivener $et\ al.$, 1997；岩田，2003；他），セルラーゼのアミノ酸配列と他の生物のそれとの比較，およびその起源（生物間の遺伝子水平伝播など）の検討も行われている（Lo $et\ al.$, 2003；Sugimura $et\ al.$, 2003；Calderón-Cortés $et\ al.$, 2010）。セルラーゼ遺伝子の水平伝播の問題は，実は下等シロアリの共生原生生物のセルラーゼについても検討され，一部が細菌や真菌類由来でこれらから水平伝播して組み込まれたものであると示唆されるに至っている（Todaka $et\ al.$, 2010）。また，共生微生物由来ではなく自前のセルラーゼが，昆虫の祖先の無脊椎動物にまで遡って普遍的に保持されてきたとする見解もあり（Calderón-Cortés $et\ al.$, 2012），その機能と発現，非食材性の場合の適応的意義などに関してはさらなる研究が必要である。

リグニンを分解する酵素はリグナーゼと言われるが，これも多様な一群の酵素の総称であり，実際には相当数の種類の酵素が含まれる（Lundell $et\ al.$, 2010；他）。生物による木材の利用・分解は，(1) 細胞内容物のみを当てにする戦略（軟腐朽菌以外の非菌蕈性菌類，樹皮下穿孔性キクイムシ類，ナガシンクイムシ科，等）と，(2) 細胞壁までも当てにする戦略の2つに大きく分かれ，後者は，(2a) 利用を多糖類までとする戦略（シロアリ，褐色腐朽菌，等）と，(2b) リグニンも含めたすべてを利用というスーパー戦略（白色腐朽菌のみ）に大きく分かれる（Swift & Boddy, 1984）。この分類からもわかるように，実際リグニンを本気で分解できる生物は，どうやら地球上では白色腐朽菌のみのようで，褐色腐朽菌や軟腐朽菌は少々この真似事を行うのみである（Kirk & Highley, 1973；G. Becker, 1974；Abdullah & Zafar, 1999）。そしてこの場合リグナーゼ（リグニン分解酵素群）の登場となる。褐色腐朽菌は針葉樹によく発生し，針葉樹林では多いが，白色腐朽菌は褐色腐朽菌よりも現存量が多く（Boddy & Watkinson, 1995），その分の使命も重い。

リグニンの白色腐朽菌による分解は，①フェニルプロパン単位の α 位炭素・β 位炭素間の結合の分断，②β 位炭素のアリルエーテル結合の分断，③フェニル核の酸化解裂により進行する（Higuchi, 1990）。また白色腐朽菌や草食動物腸内細菌による分解では複数種の酵素が関与し，基本的に酸化が最も重要な反応で，さらにその分解物の配糖体化が分解物の毒性発現や再重合を阻止するといったことも知られている（Jeffries, 1990；ten Have & Teunissen, 2001；他）。

一般に針葉樹の白色腐朽菌と褐色腐朽菌による分解に際するリグニン，セルロース，ヘミセルロースの3成分については，白色腐朽菌は3成分をほぼ同速度で分解し，褐色腐朽菌はヘミセルロースを最も速く，セルロースをそれに次ぐ速度で分解するもリグニンはほとんど分解せず，白色腐朽菌は褐色腐朽菌と異なり分解する材の樹種に応じて速度が異なるとされている（Kirk & Highley, 1973）。また，一部の白色腐朽菌はリグニンを選択的に分解するが，同時にセルロースがないとリグニン分解は滞りがちとされる（C.A. Reddy, 1984）。これに関連して Ander & Eriksson (1977) は白色腐朽菌を，セルロース存在下での方がリグニン分解量が多い第1グループと，セルロース欠乏下での方がリグニン分解量が多い第2グループに分けて論じた。この場合第2グループが真のリグニン分解のスペシャリストと見なせよう。一方広葉樹材に対する白色腐朽菌の分解に際してリグニンがやや選択的に分解され，その結果得られた腐朽材はリグニンが減少して炭水化物の含有量が相対的に増加し，その度合いに応じて $in\ vitro$ での炭水化物分解酵素や草食獣第

一胃消化液による炭水化物の消化分解が促進されるとする研究もある（Kirk & Moore, 1972）。
　一方白色腐朽菌では，アミノ酸などの有機窒素分の存在下でリグニン分解が阻害されることがあるが，逆に促進される場合もあるようである（Abdullah & Zafar, 1999）。もともとリグニン分解は，リグニンの覆いを除いてエネルギー源たるホロセルロースを得ることの他，リグニンと有機窒素分の結合をほどいて有機窒素分を得るのもその目的のひとつと考えると，阻害はその必要性がないことのサインではなかろうか。
　これに対し，褐色腐朽菌はリグニン分解能が非常に限定され，白色腐朽菌と違ってベンゼン核を開裂できず，軟腐朽菌はある程度リグニンを分解できるも，針葉樹材よりも広葉樹材のリグニンの方が分解が得意のようである（C.A. Reddy, 1984）。
　そして細菌類（多細胞の放線菌を含む）。この一群の微生物は原核生物で，相当な能力を持つ。木質分解には，(i) 放射柔細胞の細胞内容物および部分的にその細胞壁を侵して水分などの透過性を高めるタイプ，(ii) 細胞壁を侵して材の強度低下に寄与するタイプ，(iii) 軟腐朽菌など他の木質分解性真菌類とともに木質分解微生物群集を形成し，侵入への相互の便宜，栄養素の融通，木材保存剤の無毒化などで木質分解に相乗効果を発揮するタイプ，(iv) 逆に真菌類と相性が悪く，拮抗的な働きを見せるタイプの4つが見られ（H. Greaves, 1971），食材性昆虫にもすべてのタイプが影響し，特に (ii) と (iii) は重要と考えられる。細菌類は真菌類と並んでセルロースを分解し（Norkrans, 1967；Clausen, 1996），この際 C_x-セルラーゼ→ C_1-セルラーゼ→セロビアーゼの順に3酵素が働くが，セロビアーゼを欠く場合もあるという（Klemm et al., 2002）。また驚くべきことに草食獣の反芻胃中の細菌から真菌へのエンド-グルカナーゼ（セルラーゼの一種）の遺伝子の移行が発見されている（Garcia-Vallvé et al., 2000）。そして細菌類（C.A. Reddy, 1984；W. Zimmermann, 1990；R. Kirby, 2006；Masai et al., 2007；Bugg et al., 2011）や酵母菌（Dennis, 1972；Clayton & Srinivasan, 1981）もリグニンをある程度または相当量分解できることは，既に見てきた通り（2.2.4.）である。
　自然界で枯木は初期のバイオマスの一部を占めるのみであり（Boddy & Watkinson, 1995），木材以外の組織，例えば葉にもリグニンが含まれ，落ち葉が中心のいわゆるリターでは「リター分解菌」が活躍し，これらは木材腐朽菌とは異なるメンバーであるが，ここでもリグニン分解がセルロース分解と並んでその重要な過程となり，高温および／または高湿（つまり好適条件下）ではセルロース分解がリグニン分解に優ってリグニン分解が相対的に低下するとされ（Osono, 2007），リグニンはここでもやはり「厄介者」扱いである。樹木の樹皮においてもリグニンの分布が知られ，これは一様ではなく普遍的でもないが，リグニンおよび／またはポリフェノール類は樹皮に多くの場合存在しうるという（Srivastava, 1966）。

18.3. 穿孔性甲虫類によるリグノセルロースの分解・利用

　各種甲虫類，特にカミキリムシ科諸種によるセルロース，ヘミセルロースに消化・分解については既に詳しく見てきた。では木材の総体たるリグノセルロースの消化・分解としてこれを見ると，どうなるであろうか？
　ここで膨大な種多様性を擁する樹皮下穿孔性甲虫につき，その食性の意味を考えてみたい。樹皮下穿孔性ということは樹木の幹や枝の一番おいしい部分を喰うという意味であり，これは

栄養的には，①細胞質に含まれる栄養（タンパク質・可溶性糖類・微量栄養素）が豊富，かつ②心材に多い樹木の「防虫剤」としての抽出成分がほとんどないという利点に立脚しているものと考えられてきた。しかしカミキリムシはほとんどの種がセルラーゼを持つので，①の要求性は，少なくとも炭水化物摂取に関しては必ずしも重要ではなくなる。もちろんタンパク質の摂取は重要で，それのみで彼らは樹皮下を穿孔すると断言できなくもない。しかし筆者は，これに③未木化組織の摂食でリグニンを避け，セルロース・ヘミセルロースの摂取を容易にするという要因を付け加えたい。師部（樹皮）と木部の境界にあたる形成層は活発な細胞分裂により樹木の肥大成長をもたらすが，細胞分裂して間もない，すなわち形成層に近い細胞は，その細胞内容物（細胞質）を保って栄養価が高いと同時に，細胞壁へのリグニン沈着（木化）が進んでおらず，その分細胞壁も利用しやすいのである。

考えてみればセルロースもヘミセルロースも糖類。従って樹木にとっても両者は同じたぐいの代物である。従ってこれら細胞壁構成多糖類は植物の「骨」であると同時に「身」でもある。そしてリグニンは，セメントとしての役割以外に，この「身」を保護して分解を邪魔する「覆い」の役割があるのではないだろうか？

樹皮下穿孔性種の他，木部穿孔性種はどうであろうか？まずカミキリムシ科では，カミキリ亜科のオウシュウイエカミキリ *Hylotrupes bajulus* で，セルロース・ヘミセルロースの消化分解に伴ってリグニンが数%分解されるというデータがあり（Seifert, 1962），さらに Mishra & Sen-Sarma (1986) は同亜科の *Stromatium barbatum* において，リグニン分解物の検出により腸内細菌による細胞外的でないリグニン分解（例えば食胞作用）が示されたとし，Mishra & Singh (1978a) はこの種の食害材と幼虫の糞を化学分析し，10.1〜36.9%のリグニン利用効率を示した。さらに Mishra *et al.* (1985) は，同亜科のナンヨウミヤマカミキリ *Hoplocerambyx spinicornis* 幼虫で，リグニンは摂食幼虫と越冬前幼虫でそれぞれ35.7, 33.7%の消化率で，共生微生物による分解が考えられ，同時に食害材で検出されないフミン酸が糞には0.365%含まれ，共生微生物の関与［によるリグニンの分解］が考えられるとした。Mishra (1983) はまた，食材性のタマムシ科の幼虫，食根性および腐植食性のコガネムシ科3種の幼虫についても，リグニンの分解率がそれぞれ18〜24%, 6〜35%という値を報告している。これらカミキリムシ等の甲虫による5%を超えるリグニン分解率はにわかには信じがたく，方法上の不備が想定され，再検討が必要である。

そうした中，ツヤハダゴマダラカミキリ *Anoplophora glabripennis*（フトカミキリ亜科；一次性；図10-1）の幼虫において，恐らくは軟腐朽菌との共生により，プロピル側鎖の酸化によるリグニンの解重合と，ベンゼン核メトキシル基の脱メチル化といった化学分解が報告され（Geib *et al.*, 2008），また同種幼虫消化管内の共生細菌（Scully *et al.*, 2013b）および共生真菌（Scully *et al.*, 2012）からも相当しっかりしたリグニン分解関連諸酵素の活性が報告され，シロアリにおける事情（18.4.参照）と同じく，目当てのセルロース・ヘミセルロースを分解する際に邪魔なものとしてリグニンが若干除去されることが示唆されている。

ゾウムシ科では，針葉樹生木の樹皮下に産卵する *Hylobius abietis*（アナアキゾウムシ亜科–アナアキゾウムシ族）の雌成虫が産卵後に塗布する密度調節フェロモン（他個体の産卵を抑制するフェロモン）がリグニンの分解に由来する化合物であり，共生微生物（細菌または真菌）がその分解に関与すると示唆されている（Borg-Karlson *et al.*, 2006）。

18.4. シロアリによるリグノセルロースの分解・利用

　昆虫で木材分解に対する量的な寄与が最大のシロアリ類。彼らが地球上の木質バイオマス分解に寄与する度合いは，昆虫綱の中で最大である。

　このシロアリ類にとってもリグニンは厄介者である。基本的に食害材の樹種をあまり選ばないシロアリではあるが，リグニン含有量の高い樹種は敬遠される（Wolcott, 1946）。Marchán (1946) や Shanbhag & Sundararaj (2013) のデータも同様の結論を導くものである。シロアリのリグニンの分解能の検出はこれまでに度々挑戦されてきた。

　まず Leopold (1952) は，ニシインドカンザイシロアリ *Cryptotermes brevis*（乾材シロアリ：レイビシロアリ科）によるベイマツ *Pseudotsuga menziesii* の材の消化に際して，リグニンはほとんど消化されなかったと報告した。しかし，わずかなリグニン分解能，関連酵素活性，リグニンモデル化合物分解酵素活性，同酵素生産性細菌などがその後検出された（Butler & Buckerfield, 1979；Cookson, 1987；Pasti *et al.*, 1990；Grech-Mora *et al.*, 1996；Mora *et al.*, 1998；他）。そして近年ではニシインドカンザイシロアリの広葉樹食害においてリグニンはほとんど消費されず，その基本骨格（グアヤシル核：C-C-C-C_6H_4・OCH_3・OH；シリンギル核：C-C-C-C_6H_3・$(OCH_3)_2$・OH）に関して，シリンギル核が増えかつ鎖状部（C-C-C-）の水酸基が減るといったマイナーな構造変化が生じるのみ，との実験結果が示されている（K.S. Katsumata *et al.*, 2007）。Garnier-Sillam *et al.* (1992) は北米産のヤマトシロアリ属の一種 *Reticulitermes flavipes*（シノニムの *R. santonensis* として）の針葉樹・広葉樹の木材消化における微細構造の変化を透過型電子顕微鏡（TEM）で観察し，木材細胞壁の S_1 層と S_2 層はシロアリ消化管通過後に TEM 写真で電子密度が濃くなり，グアヤシル核の針葉樹とグアヤシル核・シリンギル核の広葉樹では後者の方が分解が多く，シリンギル核の分解されやすさが示唆され（これは 2.2.4. で述べたように，恐らくシリンギル核の方がメトキシル基が1個多くその分リグニン単量体としてのラジカル反応性が殺がれて単量体間結合が少なくなることに起因？），こういったリグニンの部分的分解がホロセルロースの本格的分解に先立つとした。そうした中最近になって，*Zootermopsis angusticollis*（オオシロアリ科）において，プロピル側鎖の酸化によるリグニン解重合とベンゼン核のメトキシル基脱メチル化と水酸基付加といった化学分解反応が報告され（Geib *et al.*, 2008），さらに *Reticulitermes flavipes*（ミゾガシラシロアリ科）の前腸からリグニン分解酵素・同分解産物解毒酵素が多数検出され（Tartar *et al.*, 2009），こういった酵素，特にそのうちのリグニン分解性ラッカーゼは唾液腺から分泌され，その多くが自前のものであることも示された（Coy *et al.*, 2010；Raychoudhury *et al.*, 2013）。またイエシロアリ *Coptotermes formosanus*（ミゾガシラシロアリ科）と *Reticulitermes flavipes* において前腸～後腸でリグニン分解に必要な酸素（O_2）の豊富な存在が示されると同時に様々なリグニン分解物が検出され（Ke *et al.*, 2010），またイエシロアリの前腸・中腸で様々なリグニンモデル化合物が（Ke *et al.*, 2011a），さらには同種消化管を通過することで針葉樹リグニンが（Ke *et al.*, 2011b），分解・化学修飾を受け，セルロース・ヘミセルロースがリグニンから解放されることも示されるにおよび，リグニンにからめとられている炭水化物（18.5. 参照）を解放するためにある程度のリグニン分解反応が下等シロアリ消化管内で起きていることが明らかとなった。

　ところが，古く Seifert & Becker (1965) は5広葉樹種＋1針葉樹種を3下等シロアリ種＋1高等シロアリ種に喰わせる実験で何と 1.7～83.1%，*Reticulitermes flavipes*（シノニムの *R.

santonensis として）の平均で何と 77%，さらに Mishra (1980) は乾材シロアリで 1.7 〜 13.1% という分解率を報告している。特に前者については Butler & Buckerfield (1979) が方法上の誤りをもとに切って捨てており，後者も同じ目で見なければならないデータと考えられる。栄養代謝に際して生成された CO_2 量の使用された O_2 量に対する比の値である RQ 値（呼吸商）の測定結果でも，食材性シロアリで値は概ね 1.00 またはこれをわずかに上回る程度，また土食性シロアリでは 1.20 を上回ることが多く，いずれの場合も炭水化物の摂取と代謝を示し，リグニンや他の芳香族系化合物の摂取・代謝（この場合 RQ 値 ≒ 0.95）がほとんどないことが示されている（Nunes *et al.*, 1997）。結局このようなシロアリによるリグニン分解の 1 桁〜 2 桁のパーセンテージ値は現在ではまったく信用されず，リグニン分解に関してはシロアリも特別ではないという認識が一般的となりつつある（Slaytor, 2000）。しかし木材腐朽菌とのからみとなると話はやや複雑である。Kovoor (1964) はポプラの健全材，白色腐朽材（菌は *Ganoderma applanatum*），褐色腐朽材（菌は *Trametes trabea*）を高等シロアリの一種 *Microcerotermes edentatus*（キノコシロアリ亜科）に食させ，腐朽とシロアリ消化に際する木材成分の変化を調べたところ，褐色腐朽材ではシロアリの影響は少ない一方，白色腐朽材はシロアリが元来選好しないものの強制摂食状態でシロアリによるリグニン分解が相当見られたという。しかしこのリグニン分解能はシロアリ独自のものとはとても言えない。ちなみにこの白色腐朽菌 *Ganoderma applanatum* は，チリー南部における広葉樹リグニン選択的分解菌（その末期腐朽材 "palo podrido" は牛馬の餌！）として名指しされている種である（Zadražil *et al.*, 1982）（2.2.4. 参照）。

　ところで食材性昆虫は，木質中の窒素分のすべてを利用できるわけではない。これは各種シロアリの餌木と糞の比較分析で定量的に示されている（Mishra & Sen-Sarma, 1979a）。あんなに貪欲に要求される窒素分なのにどうして利用できない部分が生じるのか？ それは既に述べたように（16.21.），窒素分がリグニンやポリフェノール類にトラップされているからである。キノコシロアリ属 *Macrotermes* の餌となる植物の葉における，液胞内低分子ポリフェノール成分が原形質タンパク質と接触することで生じる細胞内「暗褐色物質」はタンニン・タンパク質複合体で，枯葉の褐色の原因であり（Garnier-Sillam, 1989；Lavelle *et al.*, 1993），木材における有機窒素分も同様に，リグニン関連のポリフェノール物質との結合態が考えられる。木材腐朽菌などの真菌類が森林内の CWD（粗大木質残滓）を分解する過程の末期でも，窒素固定性細菌類や土壌と連絡する木材腐朽菌によって取り入れられた窒素分が，リグニン関連のポリフェノール物質にトラップされるという現象が起きるようである(Y. Furukawa *et al.*, 2009)。Y. Furukawa *et al.* (2009) は，一種のブラックボックスであるこのリグニン関連のポリフェノール物質にワックス（鎖状炭化水素類）も加え，これをまとめて「酸加水分解不可残渣」("AUR")（≒ Klason リグニン）としている。オウシュウアカマツ *Pinus sylvestris* の材の窒素分析に際しても，アミノ酸とリグニンの結合による分析結果への影響が示唆されている（Laidlaw & Smith, 1965）。ということで，食材性昆虫におけるリグニン分解は，セルロース利用のみならず有機窒素分の利用にも関係している可能性も考えられる（N.M. Collins, 1983）。一番重要な栄養素のタンパク質と，一番毛嫌いすべき成分であるリグニンが奇しくも手を携えるというのは食材性昆虫にとっての皮肉，試練であろう。そうなると，リグニンを分解して有機窒素分を解放してくれるのは「白色腐朽菌様々」ということになる（N.M. Collins, 1983）。シロアリが腐朽材を好む場合，これはその要因のひとつとなりうるが，その評価付けは成されていない。なおこ

れは余談・冗談ながら，リグニンはそもそもその生合成過程で，その単量体のフェニルプロパン構造（図2-8；2.2.4.参照）がフェニルアラニン，チロシンといったアミノ酸を出自としており，肝心のアミノ基がこれからはずされてリグニン単位となるとされている（Grisebach, 1977；他）。これも，リグニンによる消化の邪魔だてと有機窒素不足に難渋する食材性昆虫に対する植物の皮肉・当てつけといえなくもない。

なお，タンパク質および／またはアミノ酸の「吸着」はリグニンだけでなく，セルロースやグルコースなどの糖類によることもあるとされ（Scurfield & Nicholls, 1970），これは定量技術上の問題となっている。

ところでリグニンと同様不規則ポリフェノール性高分子であるタンニンは，タンパク質と結合して消化をブロックし（Zucker, 1983），各種消化酵素の活性にも悪影響を与え，昆虫の生育を阻害するが，アルカリ条件下でタンパク質を解放し，コガネムシ上科における中腸（Schlottke, 1945；Mishra & Sen-Sarma, 1985；Broadway & Villani, 1995；Bignell & Eggleton, 1995；他）や，高等シロアリの土食性群における後腸膨張部（Bignell & Eggleton, 1995；Brune & Kühl, 1996；他）の強アルカリ性は，このことに関係するものと考えられた（Mishra & Sen-Sarma, 1987）。食葉性の鱗翅目-スズメガ科の幼虫において，酸化されたフェノール系化合物が餌中のタンパク質に結合して分解・消化を妨害するのを，その中腸のアルカリ性環境が阻止することが知られ（Felton & Duffey, 1991），また幼虫が淡水棲のガガンボ属の一種（双翅目-ガガンボ科）による水中デトリタスの分解でも，その幼虫中腸の強アルカリ性環境が貴重なタンパク質のリグニンやポリフェノール類からの解放に資することが報告されている（M.M. Martin *et al.*, 1980）。このように，フェノール系化合物であるタンニンやリグニンが捉えて放さないタンパク質を解放して利用するために，一部の昆虫では消化管の一部が強アルカリ性を呈しているという説が有力である。コガネムシ科食葉群や土食性シロアリはその典型である（Schlottke, 1945；Mishra & Sen-Sarma, 1985；Bignell & Eggleton, 1995；Brune & Kühl, 1996）。その一方で，双翅目幼虫の中腸におけるアルカリ性が，分解を阻害するアセチル基のヘミセルロースからの除去，セルロースの結晶領域の非晶化などにより，ホロセルロースの消化分解に寄与しているとする見解もある（B.S. Griffiths & Cheshire, 1987）。

いずれにせよ，昆虫にはリグニンの本格的分解は一応無理とされてきている。一方軟腐朽菌や褐色腐朽菌では木材の分解にはリグニンが邪魔となっていることはよく知られている（Swift, 1977a）。また流石の白色腐朽菌でさえ，上述の選択的リグニン分解菌（*Ganoderma*）の場合はともかく，普通は，炭素源としてリグニンのみを与えられた場合リグニンの分解と菌の成長は起こらず，多糖類を加えるとようやくリグニンが分解されるということが知られている（Kirk *et al.*, 1976）（2.2.4.参照）。チリー南部における *Ganoderma* による白色腐朽材 "palo podrido" をシロアリ（ただしこの材の産地チリー南部は低温でシロアリは分布しないものと思われる）に与える実験に興味が持たれる。

一方これに関連して，同時に出版された2つの対照的な研究がある。ヤマトシロアリ属 *Reticulitermes*（ミゾガシラシロアリ亜科；地下性シロアリ類）の種にセルロース，リグニン，両者の混合物を12日間与えると，セルロースの多い餌をより多く消費し（Judd & Corbin, 2009），シロアリはリグニンを避ける傾向があった。一方，レイビシロアリ亜科（乾材シロアリ類）に濾紙（セルロース）または針葉樹材を8週間与えると，濾紙は材と比べて嚥下量と排糞量が少なく，逆に消化効率は高く，これにより低セルロースの複合木質材料のような物質

は普通の木材よりもシロアリ加害が激しくなることが予想された（Grace & Yamamoto, 2009）。以上２つの研究結果を統合して論じることは難しいが，供試シロアリの種，同社会組成，同栄養条件，実験期間，リグニン含有量の許容閾値の存在などが複雑にからんでいることは確かであろう。

　以上は木質を構成する主要三大成分のシロアリによる分解，特にこれにおけるリグニン分解の重要性に関する知見であった。シロアリによる三大成分の個々の分解に関しては，Ni & Tokuda (2013) による最新の優れた総説も見られる。しかるに近年，これら三大成分の分解を個別に考えず，またそれらの分解に関わる酵素の出所（①シロアリ消化管本体，②共生原生生物，③共生細菌）もとりあえずは一緒くたにして，まとめてすべての遺伝子を読み，これら全体を「ダイジェストーム」というシステムとしてとらえ，その上で機能別・生物系統別検索で遺伝子を分類するという画期的な試みが成された（Scharf & Tartar, 2008；Tartar et al., 2009）。これによるとセルラーゼ系は①②③三者，ヘミセルラーゼ系は②③の二者，リグニン分解酵素・同分解産物解毒酵素系は①（前腸）のみが起源で，検出されたもののみでも関連全酵素は遺伝子換算で総計171種にもなるという（Tartar et al., 2009）。この研究は包括的かつ同時に分析的で，シロアリによる木質分解能の産業的利用（およびそれによるバイオエタノール生産の技術開発，等）(Scharf & Boucias, 2010)，ひいては「シロアリ共生工学」(28.6. 参照) の展開といったことを念頭においたものとなっている。いよいよそういう時代がやって来たようである。さらに，この考えはシロアリのみならず，同様にホロセルロースを共生微生物の助けによって分解できるとされるコガネムシ科（特に食葉群）の幼虫（S.-W. Huang et al., 2010）や，食材性ではないが水中デトリタス食性にして同様にホロセルロース分解能を見せるガガンボ類（D.M. Cook & Doran-Peterson, 2010）についても語られるようになっている。

18.5. リグニン分解とLCCの問題

　結論から言えば昆虫には本格的リグニン分解はできない。しかしシロアリを中心にこれまで昆虫による数～十数％というリグニン分解を示すデータが，何度となく提出されてきた。それは何故か？

　まず，木質内でリグニンはセルロース・ヘミセルロースを覆い，それらの分解酵素のアクセスを阻害する（C.A. Reddy, 1984）。従ってセルラーゼが揃っていてもセルロースが分解できず，逆にセルロースの塊を何とか崩して分解できれば，リグニン分子も自ずから崩れるということが考えられる。しかしそれのみではない。実はリグニンと細胞壁高分子多糖類（＝ホロセルロース＝セルロース＋ヘミセルロース）との間に共有結合による「リグニン・炭水化物複合体」(LCC) が形成されており（2.2.5. 参照），これが問題となるのである。リグニンの存在は，セルロースの包み込み，および主にヘミセルロースと化学結合することにより，それらの分解の邪魔をする（Abdullah & Zafar, 1999）というのが通説である。

　Pew & Weyna (1962) による針葉樹リグノセルロースの難分解性の具体的解析では，針葉樹材中のセルロースは結晶領域が綿セルロースに比べて少なく，多糖類分解酵素で分解されやすいが，木材は塊では分解されにくく，これはLCC結合およびリグニンの多糖類囲い込みが原因であるとしている。これをミルで微粉末に粉砕したり，膨潤剤で膨潤処理すると分解されや

すくなり，最後にリグニンが残り，乾材シロアリを用いた実験から，微粉砕処理と膨潤処理はシロアリの口器咀嚼とソ嚢粉砕およびその後の消化液浸漬に相当することがわかり，シロアリは材の多糖類を 80 ～ 90% 分解でき（残りは糞を苛性ソーダで膨潤させると半分が分解溶出），残ったリグニンは変化していないことが示された。また実際，シロアリの口器とソ嚢による咀嚼・細分化による木材の表面積増大が，その分解に非常に重要とされている（Fujita *et al.*, 2010；Ke *et al.*, 2012）。

ヒラタキクイムシ類（ナガシンクイムシ科－ヒラタキクイムシ亜科）（図 2-9）は木材中のセルロース，ヘミセルロースが利用できない（W.G. Campbell, 1929；Parkin, 1936；Iwata & Nishimoto, 1982）が，これと同様の栄養要求性を持つと考えられているナガシンクイムシ科－ナガシンクイムシ亜科のジャワフタトゲナガシンクイ *Sinoxylon conigerum* がパラゴムノキ *Hevea brasiliensis*（トウダイグサ科）を食害した場合，Tomimura (1993) によると，そのフラス（虫糞＋齧りカス）が大部分を占めると思われる「木粉化した被害材」と，（食害可能ながら未食害の材という意味と思われる）「正常材」の成分比較で，リグニンのシリンギル核（リグニンの構成単位であるフェニルプロパン骨格のベンゼン環の 2 位と 4 位に 2 個メトキシル基を伴うもの；広葉樹に多い）のグアヤシル核（リグニンの構成単位であるフェニルプロパン骨格のベンゼン環の 2 位に 1 個メトキシル基を伴うもの；針葉樹に多い）に対する比率が，前者の方が少なく，これに関して Tomimura (1993) は，前者が木粉化して空気暴露されてシリンギル基が自己酸化・崩壊したことによるものとしている。昆虫による消化の直接作用によって一見リグニンが分解されたように見えても，実は昆虫の穿孔活動・消化活動の間接的影響でリグニンが影響を受けてしまうということの例である。

上述（18.4.）のシロアリの消化活動によるリグニン分解の検出についても，Mishra (1980) は乾材シロアリ類の一種 *Neotermes bosei* で 1.7 ～ 13.1% という高い分解率を報告しているが，この上限値は，他の報告と照らし合わせると非常に疑わしいものとなる。

18.6. 安部・東(ひがし)の理論とその拡張

以上見てくると，ちょうど我々ヒトが魚を食べる時に鱗と骨を食い残し，リンゴを食べる時に軸と芯を食い残すように，シロアリやカミキリムシといった昆虫は木質を食するに際して，リグニンを除きセルロースとヘミセルロースを喰っているということになるが，この場合リグノセルロースが上述の LCC（2.2.5. および 18.5. 参照）という存在形態をとるということは，生物による木質の分解に際して重要な阻害要因となるものと考えられる。要は，リグニンがセルロース・ヘミセルロースの摂取を邪魔するのである。これは木本植物の勝ち得た最大の妙案・武器と考えられるのである。

木はそう簡単には喰えない。白色腐朽菌はこれを徹底的に分解する使命を唯一与えられた特命的・特権的存在であり，虫はこの際その徹底したマネができず，その結果セルロース・ヘミセルロースの利用の恩恵も制限されるのである。

さて，食材性昆虫の生態に及ぼす木質の意外な影響に関する以上の数々の実例においてもあえて触れなかった，最重要の問題にいよいよ切り込むこととする。すなわち，「何故リグノセルロースは昆虫によって利用し尽くされないのか」，そして「地球はなぜ緑の惑星となれたのか」。

ここで昆虫が植物質を喰う場合の類別を再び考えてみる。植物には栄養豊かな細胞質と貧栄養性の細胞壁があり，また喰われるべき植物個体には生き死にがある。都合喰われるものは，(A) 生きた植物の（葉や内樹皮の）細胞質，(B) 生きた植物の細胞壁（とその中身），(C) 死んだ植物の細胞質，(D) 死んだ植物の細胞壁（中身は僅少〜皆無）と4通りが想定されるが，(C) はカードとしてはジョーカー，すなわち「ハズレ」であり無視できる。ここで Abe & Higashi (1991) は，個々の昆虫種の食性スペクトル，つまりスペシャリスト（特定植物種にのみ依存うる種）とジェネラリスト（多くの植物種に依存する種）について考察をめぐらせた。(A) の場合，生きた植物の防衛手段を特異的解毒酵素などでいちいちクリアする必要があり，いろんな植物の防御手段を複数クリアするのは進化上大変なので，これはスペシャリストとなりがちであり，またもしジェネラリストとなった場合，何でもかんでも喰ってしまうので，これは森林というシステムの崩壊を意味し，世界が成り立たないので存在しにくい（ここではゴマダラカミキリ *Anoplophra malasiaca*（図 12-5）のような一次性ジェネラリストは，とりあえず横に置いておく）。もし (B) を喰おうとしてもこれは (A) と同じような防御手段が待ちかまえているので，あるものはそれを逃れようとして結局 (D) の新品（枯死間もない木）に逃げることとなりこれは依然スペシャリストに留まり，あるものは (D) の中古品で我慢することでジェネラリストになれ，あるものは防御手段をクリアする単一武器を獲得して (B) のスペシャリストになる。また (D) の場合，遺伝的防御手段は先鋭でないので，進化によるグレードアップはセルラーゼ獲得のみで済み，これはジェネラリストになれる。結局生きた植物を加害する虫は，何でもかんでも食べるジェネラリストになれず，Abe & Higashi (1991) はこれが地球が緑の惑星であり続け，この無尽蔵の緑を虫が食べ尽くさない理由であるとした（これを「安部・東の理論」と名付ける）。

　筆者はこの「安部・東の理論」に次のことを付け加えたい。(B) 生きた樹木の幹・枝を喰わんと欲するものは，菌でも虫でも形成層の前後のおいしい部分（内樹皮と辺材最外層）をねらうが，植物は「そうは問屋が……」と毒を持つ。すると勢い毒の少ない内側に逃げ，セルラーゼを獲得して細胞壁をねらうしかない。しかしそこは既にリグニンがべっとり塗り込められ，セルロース・ヘミセルロースになかなかありつけない状態となっている。従って樹木の木部の内部をねらう種も，そのニッチをあまりエンジョイできない。これは樹木にとって屋台骨を荒らされないことを意味し，森林を物理的・化学的に支えている。リグニンは地球生態系における最も巧妙な機能をもったバイオマス化合物であり，これが力学的のみならず，虫の関係で化学的にも樹木を，そして森林を，ひいては地球の生物圏とその壮大な景観をも支えているのである。

19. 自然界および都市における木質の推移と
それに付随する生物の遷移

19.1. 木質の推移とそれに付随する昆虫の遷移

　自然界（および都市）においては，樹木により形成された木質は，その主たる樹木の枯死も含めて一定のパターンで推移をたどる。その各相にはそれぞれ特有の生物が関係する。これを連ねると，木質関連の生物の遷移現象となる。遷移は生態学における最も重要な概念のひとつであり，あらゆる生態系に生物の遷移現象が見られる。木質関連で最も目に入りやすい生物遷移現象は，森林内の倒木の上に見られる植物の遷移であり，米国・Colorado 州の森林の針葉樹倒木上には地衣類・ゼニゴケ類，そしてコケ類，そして各種草本類がこの順に発生するとの観察がなされている（H.A. McCullough, 1948）。しかしここで，より普遍的な，樹木・木質内の微生物の遷移現象（Rayner & Todd, 1979；Shigo, 1984）を見逃してはならない。刃物・昆虫・火災などで傷ついた健全木・衰弱木，枯枝等の侵入箇所ができた健全木，病原菌罹病木，枯死木，風倒木，伐採丸太，用材，防腐処理材など，あらゆるケースで樹木・木材に微生物が侵入・発生し，その後様々な微生物たちが遷移現象を繰り広げる。

　具体的には既述（15.6.）のように，最初は細菌類，そして非菌蕈性菌類（主に不完全菌類；青変菌や糸状菌類など）が生じ，前座たるこれら2群に続いて真打の腐朽菌類が登場，一部の微生物は抽出成分や防腐剤などの分解・解毒により遷移の次の段階の微生物の侵入の基盤を作り出すという（Shigo, 1967；Shigo, 1972）。こういった前座の非菌蕈性菌類の樹木や丸太への侵入は，キクイムシ類などの無脊椎動物の助けを得てなされることが多い（Dowding, 1973；Dowding, 1984）。日本でかつて，病原線虫媒介性・二次性針葉樹樹皮下穿孔性のマツノマダラカミキリ *Monochamus alternatus*（フトカミキリ亜科；図 10-2b）を防除する目的で，病原性昆虫寄生菌 *Beauveria bassiana* の胞子を，同じく二次性針葉樹樹皮下穿孔性のキイロコキクイムシ *Cryphalus fulvus* 成虫にまぶし，これを宿主樹丸太に穿孔させてその内部のカミキリムシ幼虫にまでこの病原菌を届けさせるという試みがなされた（野淵輝，1989；遠田・他，1989）。これなどは，まさに非菌蕈性菌類の無脊椎動物による導入という現象をそのまま技術的に応用した事例といえよう。

　ここにリグノセルロース分解に直接関与するのが真打たる木材腐朽菌類であることは論をまたない。このカテゴリーも結構多様性があり，英国における各種樹種の枯死直後から重度腐朽状態に至るまでの腐朽菌諸群の遷移の概要（Chesters, 1950），日本におけるブナの丸太と立枯れ木（Ueyama, 1966；Y. Furukawa *et al.*, 2009），北欧・バルト海島嶼におけるドイツトウヒおよび各種広葉樹の切株と丸太（Lindhe *et al.*, 2004）などにおける木材腐朽菌の遷移現象が報告されている。ブナ材の白色腐朽においては，菌類の遷移現象もあいまって，初期にはリグニンおよびその関連有機物（AUR）とホロセルロースの分解が同時に進み，末期にはホロセルロースのみが選択的に分解されるようである（Y. Furukawa *et al.*, 2009）。ただし丸太や杭などの菌類の遷移現象については，材の状態や含水率などで様相が大きく変わり，単純な法則化・類型化が難しいことも知られる（Käärik, 1975）。材の分解過程における菌類の遷移の特殊な例として，殺樹性の樹皮下穿孔性キクイムシであるヤツバキクイムシ欧州産基亜種 *Ips typographus*

typographus，およびその共生性・病原性青変菌 *Ophiostoma polonicum* (= *Ceratocystis polonica*) のドイツトウヒ *Picea abies* への加害における，この青変菌を皮切りに起こる真菌類の遷移の報告がある（Solheim, 1992）。この場合も最後の入植者は白色腐朽菌である。

　非菌蕈性菌類はほとんどリグノセルロース分解に寄与しない，文字通り「お茶濁し」的な存在である。Hudson (1968) は，各種植物質の地表面における菌類分解に関する総説において，木材に最初の細胞壁多糖類分解性腐朽菌が侵入してセルロースやヘミセルロースを分解すると，往々にしてその分解力は強烈で自身が必要とする以上の量の可溶性糖類（分解産物）ができてしまい，これを利用するべく細胞壁多糖類分解能力のない非菌蕈性菌類がこの後発生するとした。これは穿孔性甲虫類やシロアリの腐朽材における栄養生態を考える上で示唆的である。一方侵入されるのが生きた樹木の場合，病原性を発揮してこの樹木を枯らすのもこの非菌蕈性菌類，特に青変菌類（ただし青変を引き起こさないものも含み，系統的にも単一ではないので，「オフィオストマ様菌類」あるいは「オフィオストマトイド菌類」との別称もある；升屋・山岡，2009；升屋・山岡，2012）であり，その場合樹皮下穿孔性キクイムシ類との軍事同盟が見られる。また最初にコロナイズする細菌類は，既述（15.6.）のように空気窒素固定する他，ある程度はリグノセルロース分解に寄与しているようである（Rossell *et al.*, 1973）。

　こういった様々な木質依存性微生物は，同時に発生する木質依存性昆虫類と密接な関連性を持っており，昆虫の発生が微生物相やその遷移を左右し，その逆も起こる（Swift & Boddy, 1984）。

　枯木があり，これに発生する細菌類や真菌類，酵母菌類があり，またそれらのセットに対して朽木依存性昆虫類が発生するが，ここでもうひとつ忘れてはならないのが，動物のようで動物でなく，菌類のようで菌類でない，原生生物界－変形菌門 Myxomycota，すなわち粘菌類である。そして粘菌類も種多様性があり，枯木・朽木においてその分解程度に呼応して遷移現象を見せる（Takahashi, 2010）というから面白い。

　木質に関連する生物相の遷移は，昆虫におけるものがその多様性をいかんなく発揮して最も複雑かつ多様なものとなる。しかし実は木質関連の生物群にはもうひとつ，鳥獣などの陸棲脊椎動物がある。そして菌類や昆虫類と同様，これらも生立木から朽木に至る木質の推移に際して遷移を見せる（DeGraaf & Shigo, 1985）。結局木質の自然界での分解過程においては，菌が最も重要な役割を果たし，それに昆虫がからみ，鳥獣もからむという図式である。

　食材性昆虫を分解者としてとらえ，木材中でのそれらと菌類のからみあいと遷移を初めて論じたのは恐らく Graham (1925) であろう。食材性昆虫の遷移現象には，(A) 森林の植生の遷移に平行したもの，および (B) 個々の植物遷移局面におけるそれぞれの植物の分解に平行したものの2つがある（Usher & Parr, 1977）が，ここではもちろん本書の論旨に沿い，後者の遷移過程 (B) の方のみを取り扱う。また，推移を論じる木質は通常のものの他に，山火事枯死木の焦げた材というものも含まれ，これは通常の材よりも分解に時間がかかるようである（Boulanger & Sirois, 2007）。

　樹木は生きた状態から衰弱し，枯れ，微生物や昆虫によって分解され，その一方で伐採されて人間に利用されるが，これらの過程はひとつの流れを成す。これを Iwata (1988a) および岩田 (2007) の図を改変して図19-1 にまとめた。これは「木質の推移系列」とでも言えるものである。そしてこのそれぞれの推移系列ユニットに特有の昆虫が発生する。これは「木質での昆虫の遷移」と言えるもので，個々のユニットの昆虫相は「遷移ユニット」とも言える。

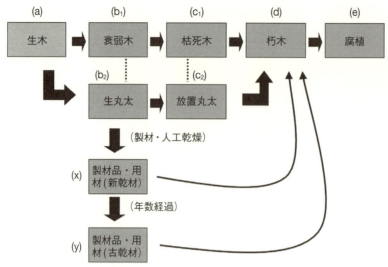

(a) タマムシ科，カミキリムシ科，ゾウムシ科，シロアリ科，ミゾガシラシロアリ科，レイビシロアリ科，コウモリガ科，ボクトウガ科，スカシバガ科，キバチ科，他。 (b_1) および (b_2) タマムシ科，カミキリムシ科，ゾウムシ科，ツツシンクイ科，シロアリ科，ミゾガシラシロアリ科，レイビシロアリ科，キバチ科，他。 (c_1) および (c_2) クロツヤムシ科，タマムシ科，コメツキダマシ科，ナガシンクイムシ科，シバンムシ科，ナガクチキムシ科，ハナノミ科，カミキリムシ科，ゾウムシ科，シロアリ科，ミゾガシラシロアリ科，レイビシロアリ科，他。 (d) クワガタムシ科，クロツヤムシ科，コガネムシ科，コメツキダマシ科，ナガクチキムシ科，ハナノミ科，カミキリモドキ科，カミキリムシ科，シロアリ科，ミゾガシラシロアリ科，オオシロアリ科，双翅目，他。 (e) コガネムシ科，シロアリ科，双翅目，他。 (x) ナガシンクイムシ科，シバンムシ科，カミキリムシ科，ミゾガシラシロアリ科，レイビシロアリ科，他。 (y) シバンムシ科，(カミキリムシ科)，(ミゾガシラシロアリ科)，(レイビシロアリ科)，他

図 19-1 樹木に端を発する木材の分解過程に即した推移とそれに付随する昆虫相の遷移。

　ここで，樹木はまず最初に健全な状態で存在する (a)。これが水分ストレス，脱葉等何らかの原因で衰弱し，これは概ね不可逆的過程であり，この樹は死ぬ運命にある「衰弱木」となり (b_1)，その一方で人間が林業という産業活動の一環として，地球上の恵みのひとつである林木を利用を目的として伐採し，貯木場（図 19-2）等に「生丸太」の形でこれが置かれる (b_2)。この両者 (b_1 と b_2) は侵入生物（菌と昆虫）にとってはほぼ同等の代物 (b) であり，昆虫にとって等しい侵入・利用対象となる。樹木はこの段階ではこれらに対する対抗手段を失いかけており，依然新鮮な栄養価を保持する内樹皮を目当てに，多くの昆虫が集まってくる。その嚆矢はゾウムシ科-キクイムシ亜科諸種（樹皮下穿孔性種と木部穿孔養菌性種の双方）(Krogerus, 1927；Wallace, 1953；G. Becker, 1955；Kozarzhevskaja & Mamajev, 1962；Carpenter et al., 1988；Flamm et al., 1989；Zhong & Schowalter, 1989；Langor et al., 2008；Ulyshen & Hanula, 2010；Foit & Čermák, 2014)。アフリカなどの熱帯地域の観察では，このうち樹皮下穿孔性キクイムシ類が一番乗りで，その攻撃は刹那的な現象で伐採後たった数時間のこともあり，また木部穿孔養菌性種などは樹皮下穿孔性種がある程度育った後にやってくるという (Schedl, 1958；Fougerousse, 1969)。さらにアフリカでは樹皮下穿孔性種相を欠く樹種が結構多いという (Schedl, 1958)。

　キクイムシ亜科はいずれも著しく小型の一群であり，最初のコロナイザーが最小の体長のグループということについては何らかの意味が想定される。しかし，樹皮下穿孔性キクイムシでより小型の種は内樹皮を三次元的に利用できるのに対し，より大型の種では二次元的利用に限

図19-2 山地の貯木場（山梨県鳴沢村富士山麓，2010年）。

られ，その分自由度が低くなるという考察（Wagner et al., 1985），および形成層穿孔性・{形成層＋木部}穿孔性・木部穿孔性の3類型の穿孔虫を比べると，この順に体長と生活環完結にかかる年数が増加するという解析結果（Walczyńska et al., 2010）（16.10. 参照）があるのみで，この問題は詳細には検討・考究されていない。枯死直後の樹木の内樹皮と形成層の豊富な栄養状態が短命であることに対する戦略として生活環が短くなり（Kletečka, 1996），生態学で言う「r戦略種」的な性格を呈することとなる。これには小型という属性，その分繁殖力が旺盛であるという属性が付随する。またr戦略種は環境攪乱に適応しているということがよく言われ，実際フィンランドの原生林と二次林における木質依存性昆虫相を比較した研究では，キクイムシ亜科（特に樹皮下穿孔性種）は明らかに後者に多いという結果が出ている（Väisänen et al., 1993）。キクイムシ亜科は基本的に恒温飼育が可能な非休眠性，従って潜在的に年多化性で，暖温帯でも年5化性にまで達する種も見受けられ（J.A. Beal, 1933；Finnegan, 1957；Wagner et al., 1987；他），これもこのr戦略と関連している。ただし暖温帯産の樹皮下穿孔性キクイムシ類には休眠性の年1化性種も見られるようである（Langor & Raske, 1987）。また既述（14.3.1.）のように樹皮下穿孔性キクイムシ類はすべての種においてセルロースの分解酵素活性がほとんど認められず，細胞内容物たるデンプンや可溶性糖類，およびヘミセルロースの一部を炭水化物源としているという事実も，この一群が材の伐採直後に発生するという刹那的発生様式と密接に関連するものと思われる。そしてこういった諸属性は，詳しい因果関係は不明ながら，それぞれが関連していることが予想される。

なお，ゾウムシ科-キクイムシ亜科に負けず劣らず早めに飛来するものにタマムシ科（小型種および中型種）があり（W.G. Evans, 1966；W.G. Evans, 1973；Simandl & Kletečka, 1987；Foit & Čermák, 2014），この科の食材性種はナガタマムシ属 Agrilus の大半が小さいものの，さほど小さくない種も含まれ，全体としてゾウムシ科-キクイムシ亜科よりも大きいので，初期飛来者であるキクイムシ類が小さいことに絶対性は認められないこととなる。一方，樹皮下穿孔性キクイムシ類に関しては，単一宿主樹での種分化が著しいが，単一宿主樹に多種が発生しても，小型であることでより大型のカミキリムシ科やタマムシ科と比べて資源共有がより容易となるとの見方もある（Farrell et al., 2001）。

なお，面白いことに，チェコにおいてニレ属 Ulmus の枯木の発生甲虫の遷移を調べた研究（Kletečka, 1996）によると，遷移系列の初期に発生する種は小型にして狭食性の種が多く，後期に発生する種は大型にして広食性の種が多いとされている。同様のことは針葉樹材を含む他のケースでも報告・考察されている（Howden & Vogt, 1951；Jonsell et al., 1998；Langor et al., 2008；Ulyshen & Hanula, 2010）。これは日本における筆者のカミキリムシに関する経験と合致している。遷移の後期には発生材の種指標である抽出成分が劣化や蒸散で減じることが関係するのであろうか。なおカミキリムシ科における材の経時的推移に伴う遷移現象は，経験的に知られているのみ（Gutowski, 1987）である。一方クワガタムシ科など腐朽材に発生する種群では，こういった傾向ゆえに宿主樹の種特異性はあまり見られなくなる（G.A. Wood et al., 1996；他）。フランス南部においてブナ科 CWD（粗大木質残滓）の腐朽に沿った推移における3段階（初期，中期，末期）で，それらに発生する食材性昆虫・木質依存性昆虫を比べた興味深い研究（Dajoz, 1974）によると，個体密度，種数，多様性指数，バイオマスのすべてにおいて，この段階順に増加が見られるという。

　キクイムシ類に年多化性が多いのとは対照的に，遷移系列でこれより遅れて出現するカミキリムシ類では年多化性は特に暖温帯では非常に少なく，日本国内では沖縄本島産のカミキリ亜科・フトカミキリ亜科数種（いずれも小型種）で年多化性が示され（森田涼平・他, 2015），奄美大島産のサツマヒメコバネカミキリ *Epania dilaticornis kumatai* において年2化性が示唆され（Takakuwa, 1981），本土では徳島県産タイワンメダカカミキリ *Stenhomalus taiwanus*，茨城県産アオスジカミキリ *Xystrocera globosa*（いずれもカミキリ亜科；南方系種）が「年1.5化性」とでもいうべき様相（年1化の翌年年2化で，あわせて2年3化）を呈すること（村上構三, 1987；K. Matsumoto et al., 2000），キボシカミキリ *Psacothea hilaris*（フトカミキリ亜科）の東日本産個体群（亜熱帯起源の非休眠性）が同様に年1.5化性以上の生活環を有する場合があること（伊庭, 1993；新谷, 2004），および神奈川県産のタイリクフタホシサビカミキリ *Ropica dorsalis*（フトカミキリ亜科；外来種）が年2化性以上の生活環を持つこと（森田涼平・他, 2015）が示されたのみである。しかし亜熱帯〜熱帯ではカミキリムシの年多化性は普通に見られるものと考えられ，中国南部では一次性種 *Glenea cantor*（フトカミキリ亜科−トホシカミキリ族）で年5化性が報告されている（Lu et al., 2011a）。この種の顕著な多化性は，殺樹性キクイムシ的な宿主樹への集中攻撃（Lu et al., 2011b）（16.4. 参照）とも関係がありそうである。日本にも産する一次性種イツホシシロカミキリ *Olenecamptus bilobus*（同亜科−シロカミキリ族）のアンダマン諸島産個体群は産卵から羽化脱出までに平均で六十数日という短いライフサイクル長で（Khan & Maiti, 1982），これも同様に年数化性が示唆される。いずれも一次性種なのはやや示唆的である。一方マツノマダラカミキリは，日本産個体群（ssp. *endai*）が概ね休眠性（蛹化には事前の低温暴露が必要）で，恒温飼育や熱帯での棲息が不可能であるが，台湾・中国産個体群（ssp. *alternatus*）は非休眠性と考えられ（奥田素男, 1969；Kishi, 1995；Nakamura-Matori, 2008；他），後者の発育零点と有効積算温量のデータをもとに世界各地におけるその発生のシミュレーションが行われ，もし侵入・定着があれば熱帯アジア・アフリカ・中南米などで年多化性となるとの予測が得られている（宋(Song)・徐, 2006）。一方米国では，同じヒゲナガカミキリ属の大型種が年2化性になりうるとされており（Pershing & Linit, 1986；Akbulut & Stamps, 2012），非常に興味深い。なおこの化性，すなわち年間経過世代数の問題は，上述の Walczyńska et al. (2010) による形成層穿孔性・{形成層＋木部} 穿孔性・木部穿孔性の穿孔虫3類型の生活環長（世代数とは反比例）の解析とも密接に関係している。

　一にキクイムシ，二にカミキリムシという構図は衰弱木や枯木では相当普遍的である。Foit & Čermák (2014) はオウシュウアカマツの木質推移系列のこの局面（b_1）を，枯葉消失率によりさらに細かく5段階に分けて，発生甲虫種の段階別発生傾向を詳述している。一方，シベ

リアのヨーロッパカラマツ Larix decidua を加害する一次性穿孔虫ギルドでは，カミキリムシ・タマムシに次いでキクイムシという，二次性穿孔虫ギルドとは異なる構図が見られるようで（Girs & Yanovsky, 1991），まことに興味深い。

　木質の推移系列の進行は必ず物理的，化学的，生物学的な変化を伴うが，枯死直後のこの段階では含水率の減少が顕著である（Saint-Germain et al., 2007a）。これらの木質がさらに時間が経過するとそれぞれ「枯死木」（c_1），「放置丸太」（c_2）となる。菌や虫などの分解生物にとっては c_1 と c_2 は同じ代物のはずである。この段階では木質内に相当数の木材腐朽菌が侵入し，その劣化作用で内樹皮などの栄養価（特に可溶性糖類の含有量）は随分と低下した状態となる。しかし接地部より細菌が侵入して空気窒素を固定し（15.6. 参照），林床の材自体の窒素分の吸い上げや，後に侵入する木材腐朽菌の菌糸による土中栄養分の持ち込みという3つの作用により土壌と接する林床上の丸太内に若干の有機窒素分が入り込んで材が富窒素化され，栄養価がその分回復する（Sharp & Millbank, 1973；Levy et al., 1974；Aho et al., 1974；B. King et al., 1980；Uju et al., 1981）。なおこの窒素分の再流入には，燐分とのからみが見られるようである（Laiho & Prescott, 2004）。菌類の侵入とこれによる材の化学的分解は，材に穿孔虫の食坑道が開いていれば，当然のこととして促進される。一例として，木部穿孔養菌性キクイムシ類の坑道が開けられ，その後放棄された材は，無加害材と比べて腐朽による分解が早いとされる（Batra, 1963）。結局この段階では，乾燥状態ならば穿孔虫相は貧弱ながら，湿潤状態ならば結構にぎやかとなる。枯死木（c_1）が立枯れ（縦）と倒木（横）の場合では，接地面が横の場合の方が大きく，その分菌類の侵入とそれによる分解が縦の場合よりも激しくなることが予想され，これを反映して横の方が食菌性甲虫類が多くなることが示されている（Franc, 2007）。なお上述のように，木質の推移がこのあたりの段階になると，これに入植する穿孔性昆虫の宿主樹特異性は相当薄らいでくる（Howden & Vogt, 1951；Jonsell et al., 1998；他）。これは樹種の指標としての抽出成分（これは心材に多いが辺材にも存在する）の微生物などによる分解消失が関係するものと考えられる。しかし，穿孔虫の遷移とその宿主樹種特異性の関連，およびその背景についてはほとんど論じられていない。微生物による分解がさらに進むとこれらは森林内 CWD（粗大木質残滓；図6-1）を中心とする「朽木」（d）となり，穿孔虫相（および食菌性昆虫相）はにぎやかさをさらに増していく。c から d への推移は，デンマークでのヨーロッパブナ Fagus sylvatica 丸太における木質依存性菌類のフローラ解析（Heilmann-Clausen, 2001）において，5段階が定義されている（表1）。この定義は c・d の細分に一般的に役立つ。

表1　デンマークにおけるヨーロッパブナ丸太の腐朽過程における5段階（Heilmann-Clausen, 2001）

段階	特徴
1	材は堅く，薄い刃のナイフを差込むと材に数mm入り込むのみ。樹皮は健全，直径1cm以下の小枝も健全な状態。
2	材はどちらかといえば堅く，ナイフを差込むと材に入り込む深さは1cm未満。樹皮はほころび始め，小枝は一部が脱落，直径1～4cmの枝は健全な状態。
3	材は明らかに軟化し，ナイフを差込むと核菌類による腐朽箇所を除き約1～4cmの深さで材に入り込む。樹皮は部分的に脱落し，枝は一部が脱落するも，丸太の周囲は健全な状態。
4	材は強く腐朽し，ナイフを差込むと核菌類による腐朽箇所を除き約5～10cmの深さで材に入り込む。樹皮は大半が脱落し，丸太の周囲も分解しはじめている。
5	材は非常に激しく腐朽し，非常に軟弱かつ脆い状態となるか，場合によっては丸太表面上に擬菌核のプレートの残骸を無数に形成して薄片状かつ脆い状態となり，ナイフを差込むと多くの箇所で10cm以上の深さで材に入り込む。丸太の周囲は原型を全くあるいはほとんどとどめない。

朽木または放置丸太（d）の状態からさらに分解が進んで形を失うと，木質は「腐植」(e) となり，最後には土壌に還元してゆく。相b→相eに至る推移では，部位別に見ると，まず最も富栄養的な内樹皮が分解されてその外側の外樹皮を道連れに脱落し（これには樹皮下穿孔性甲虫類の寄与が大きい），平行して辺材と心材の分解が進行するも，辺材の分解が早く，相d～eで最後までしぶとく形を残すのは心材である（Schowalter et al., 1998）。ここで木質の昆虫・微生物による分解が進んでいよいよ相eに至ると土壌とのからみが生じ，従って土壌動物（特にそのうちの分解者に相当する一群，すなわちミミズ類，トビムシ類，ササラダニ類，等）の関与が重要となる。こういった分解性土壌動物の木質への侵入と利用は，上に述べたFager (1968)の実験結果からもわかるように，材の化学的分解ではなく物理的分解（細片化）がもたらすものと考えられる。

　なおここでは，a→b→cの流れが立枯れ（a→b_1→c_1）と伐採丸太（a→b_2→c_2）の2つのラインで平行して示されているが，この両ラインが食材性昆虫・木質依存性昆虫に関して内容的に一致するというのはあくまで経験的な知見であり，実験的には未証明である。しかし木材腐朽菌ではこの立枯れラインと丸太ラインで，発生種の構成やその遷移がほぼ一致し，かつ丸太ラインでは遷移と丸太分解が立枯れラインと比べてやや速いということが実証的に報告されている（Lindhe et al., 2004）ので，食材性昆虫・木質依存性昆虫でも同様のことが見られるものと見てよいであろう。

　なおBrauns (1954)はドイツにおいて，ヨーロッパブナの切株の推移を伐採後の年数で4段階に分け，それぞれの段階における双翅目昆虫の発生の遷移を記述しているが，これはここにいうc→d→eの流れに相当するものである。またUlyshen & Hanula (2010)は丸太の分解過程を，(i) 内樹皮穿孔相，(ii) 樹皮下間隙利用相，(iii) 腐朽進行相の3段階としたが，これらはそれぞれ図19-1のb, c, dに概ね相当する。

　Speight (1989)は，木質依存性昆虫の丸太等における遷移に関連して，新鮮な枯木に最初に入植するもの（キクイムシ類等）を"primary"，その後ある程度材の劣化が進んだ状態で入植するものを"secondary"という形容詞で称したが，これは本書等における一次性（primary），二次性（secondary）とはまったく意味の異なる用語である。混同を避けるためここでは，Speight (1989)の"primary"には「初期入植」，"secondary"には「後期入植」なる訳語を提唱したい。ここでSpeight (1989)の総説における重要な点は，後期入植者が初期入植者の発生した跡をその発生の前提とする点である。具体的には，初期入植者のフラス（虫糞＋囓りカス；木粉状）を餌資源として利用していることなどがあろう。

　一方，人間に収穫された生丸太（b_2）は，その後製材や人工乾燥などの加工を経て製材品，さらには建築部材や家具部材などの「用材」（timber in service；wood in use）となり，これは「新乾材」に相当する（x）。こういった材は数百年の年月を経ても存続し，これは「古乾材」（「老化材」）となって社寺仏閣・歴史的建造物・文化財に限って見られる（y）。これが「新乾材」（x）と実質的にどう違うのかについては，まず辺材の柔細胞中のデンプンなどの栄養成分の存続が，数十年目以降はまったく望めないことが挙げられる。さらにより長いタイムスパンでは，吸湿性の減少，細胞壁を構成するセルロースの粘度（重合度の指標）や結晶化度の上昇と千年前後からの下降，セルロース含有量の著しい減少とそれに呼応した抽出成分の著しい増加が見られ（従ってこの場合の「抽出成分」は通常のものとは違ってセルロース由来であることが示唆され），これら成分の減少と増加は木材を105 °Cで数日間加熱処理した際に見られる

「変性」と実質的に同じ変化とされている（久保・他，1944；小原，1954；小原，1955；小原・岡本，1955；斎藤幸恵・他，2008）。すなわち物理化学的には，準高温下での変性は常温下でも極めて徐々にではあるが起きており，「古乾材」とは化学的・物理的には「熱変性乾材」とほぼ同じである。昆虫や菌類などの木材劣化生物も，こういった変化に忠実に反応することが予想され，特にセルロース由来（?）の抽出成分の影響は重要であろう。また，既に述べたように（15.1.；15.2.），木材は有機窒素・タンパク質の含有量が昆虫の餌としては例外的に少なく，これをめぐって昆虫たちは苦闘を繰り広げるが，乾材においてタンパク質性窒素の総窒素量に対する割合が，年数を経るに従い対数関数的に単調減少していくことが知られ（Adelsberger & Petrowitz, 1976），古乾材ではこの値が相当低いことが予想される。これが古乾材穿孔性昆虫にいかなる影響を与えるかについては，興味が持たれる。

　そんな乾材ではあるが，新乾材であれ古乾材であれ，これら「用材」は長い目で見て消耗品としての性格を有し，新旧にかかわらず耐用年数が過ぎると破棄されて雨風に曝され，直ちに朽木の範疇に移行し，さらに腐植へと分解が進む。

　こういった一連（あるいはxやyを考慮すると「二連」）の流れの中で，それぞれの相において特有の昆虫種が発生する。ここで，特有の発生相を通り越してその次の相，あるいはその次の次の相まで生き延びるという現象が生じる。これを「遷移ユニット超越」と呼びたい。例として，相aすなわち生木に特有のキボシカミキリが相bを通り越して相cすなわち腐朽した準乾材などから羽化脱出した例（岩田，1995；Lupi et al., 2013），チェコにおいて広葉樹に発生する Exocentrus punctipennis（フトカミキリ亜科）が相b前半（萎凋段階）から相b後半（完全枯死段階）へと発生がまたがる例（Kletečka, 1996），相bまたはcの丸太に産卵されたカミキリムシが，その材が乾燥・製材・加工されて用材（x）となった後に発生した例（A.V. Thomas & Browne, 1950；Wickman, 1968；R.C. Fox, 1975；Weidner, 1982；Safranyik & Moeck, 1995；Iwata et al., 1998a；他）がある。同様の例はタマムシ科（槇原，2003a），ナガクチキムシ科（江崎逸夫，1991），ゾウムシ科－ナガキクイムシ亜科（奥村，2014）にも見られ，家屋内でとんでもない虫が突如材木から出現するというのは相当インパクトのある現象である。こういったケースは丸太の水没処理や製材品の炉内人工乾燥といった殺虫対策がとられなかった場合に見られる（Paine, 2002）。こういう遷移ユニット超越は，甲虫のみならず膜翅目のキバチ類でも生じるようである（富樫一次，1984）。

　同様の遷移ユニット超越の，相当インパクトのあるもうひとつの例は，既述（10.；12.4.；12.5.；他）の広葉樹一次性穿孔性害虫であるツヤハダゴマダラカミキリ Anoplophora glabripennis（フトカミキリ亜科）（図10-1）が中国から米国に侵入した経緯，およびその経緯を考慮した欧州での侵入警戒に関連するものである（Haack et al., 2010）。広葉樹生木の幹にこのカミキリムシの幼虫が穿孔している場合，材中に幼虫を保持したまま伐採，製材，梱包用材化，使用，海外移送という経緯をたどり，生木が乾材になるに至ってからもツヤハダゴマダラカミキリ幼虫・蛹は生き延びて羽化脱出に至るものとされている（Haack et al., 1997；MacLeod et al., 2002）。一方，同属の日本産のゴマダラカミキリ Anoplophora malasiaca（図12-5）（およびこの種とのシノニミーが指摘されている中国産の A. chinensis）ではこのような遷移ユニット超越は起こらず，西欧への侵入は盆栽などの生木に伴ってのものであったという（Haack et al., 2010）。というわけで，この遷移ユニット超越は種特異的な現象と言わねばならない。遷移ユニット超越は昆虫のみならずこれに便乗共生する線虫，特にフトカミキリ亜科成

虫の気管系に侵入して運ばれる *Bursaphelenchus* 属線虫についても言え，各種梱包箱類の木材から様々な種が発見されている（Gu et al., 2006）。彼らはカミキリムシ成虫に運ばれる間，「ノアの箱船」的な厳しい条件に対応すべく耐久型幼虫という特殊なステージに化けるので，その発生材が木製品になっても平気ということなのであろう。梱包材中で生き残って異国へ「密航」するというケースは，ゾウムシ科−キクイムシ亜科でも多く（Haack, 2001），同科−ナガキクイムシ亜科でも南米からイタリアへ密航したと考えられる *Megaplatypus mutatus* の例（Alfaro et al., 2007）などがある。以上総じて，食材性昆虫・木質依存性昆虫の侵入は，海上輸送梱包材によるものが最も起きやすいとされる（Wallenmaier, 1989）。

　既述（5.；12.1.）のように二次性穿孔虫とは衰弱木〜枯木〜朽木を喰う昆虫のことであるが，これはすなわち，樹木を枯らせることがない種であることをも意味している。ところで，遷移ユニット超越は一次性種と二次性種の同時発生の可能性も示している。同時発生ということは，生態学的競合を意味する。というわけで，もし一次性穿孔虫種が遷移ユニット超越をする場合，二次性穿孔性種と競合し，もし二次性種が体長が大きいなどの点でインパクトの高い種であれば，「残存性」一次性種にとってはこれは相当のマイナス要因となることが予想される。実際これに相当するケースが報告されている。すなわちフィンランドにおいて，マツ類の樹皮下穿孔性害虫であるマツノキクイムシ *Tomicus piniperda*（ゾウムシ科−キクイムシ亜科；幼虫は基本的に二次性；細枝を後食する成虫は一次性；Långström (1983a) 参照）は，マツ枯死木の樹皮下で樹皮下穿孔性・二次性の *Acanthocinus aedilis*（フトカミキリ亜科−モモブトカミキリ族）と競合し，このカミキリムシは体長の点でキクイムシにはるかに優り，従って既述（16.6.）のようにカミキリムシはブルドーザーのごとくキクイムシを平らげる可能性がある。そうでなくともカミキリムシは相当内樹皮資源を食い荒らし，キクイムシの発生する余地を残さない。というわけでこの二次性のカミキリムシは，一次性のキクイムシ（害虫）の発生を抑える益虫としての位置づけが可能とされ（Nuorteva, 1962），実際にそれに沿ったデータも見られる（Schroeder & Weslien, 1994）。マツノザイセンチュウを媒介してマツ類を枯らせることで害虫となっているマツノマダラカミキリも，生きたマツの木を穿孔することはなく，あくまで二次性でマツ枯木樹皮下の昆虫であるが，これはマツノマダラカミキリが同じギルドに属するマツ類の二次性樹皮下穿孔性キクイムシ類，カミキリムシ類などともろに競合していることを意味する。この場合，マツノマダラカミキリを抑える競合種は益虫となりうる。しかしキクイムシ類は小さすぎて頼りない。この場合，同じギルドの大型種ホンドヒゲナガモモブトカミキリ *Acanthocinus orientalis* やサビカミキリ *Arhopalus coreanus*，やや小さいが個体数の多い *Shirahoshizo* 属3種（ゾウムシ科）（いずれも本州産）などにがんばって頂きたいものである。

　以上見てきたのは，木材が樹木として形成されてから枯れて最後に土に還るまでの物語，すなわち「木材の一生」における，各場面での入れ替わり立ち替わり現れる登場人物たる昆虫の概要であった。ここで各場面（a，b，…；図19-1），すなわち遷移ユニットはその流れの順に起こるものの，それぞれの場面，遷移ユニットに絶対年齢というものはない。これは樹木が枯れたり伐採されたりするのが発芽後何年目かが一定しておらず，しかも同一年数経過の枯死木や丸太であっても，年輪ごとにその年齢が異なるからである。しかしここで，食材性昆虫が口にする木材の絶対年齢を測定しているユニークな研究に言及したい。それはタイ産高等シロアリ数種の体組織の炭素放射性同位体 ^{14}C（1960年代の核実験に由来）の含有量からの推定によるもので（Hyodo et al., 2006），ここに絶対年齢とは光合成による空気中 CO_2 の固定の瞬間

から数えたその結果形成された木材の経過年数，そして年数は放射性同位体の自然減少の曲線からの推定である。これによると食材性種は十数年，土食性種は10年前後，養菌性種は数年という年齢の組織を食べて，それぞれの体組織が形作られているという結果になっている。もしこれを巨木の心材を喰っているシロアリで行えば，さらに大きな数字の木材年齢となることが予想される。同様のトレースは原子力発電所事故における放出物質でも可能であろう。

19.2. 木材構造・木材化学に見る木質の推移

　木本植物の木部は，生木の段階（a）で外側の辺材と内側の心材に分けられ，食材性昆虫にとってのその栄養的差異は，放射柔組織や軸方向柔組織の柔細胞における細胞内容物の保持の有無に帰せられ，辺材で保持されていたこれらの細胞内容物が心材では消失する。細胞内容物中で量的に最も重要な栄養素は炭水化物のデンプンであり，これを含むアミロプラストは伐採や成長に従って起きる心材化に伴って変形し，デンプンは消失したり可溶性糖類やゴム状物質を経てタンニン類や抽出成分（心材物質）に変化する（Yatsenko-Khmélévsky & Konnchevska, 1935）。また広葉樹では柔細胞から導管に向かってチロースやゴム状物質が形成され，導管が閉塞される（Chattaway, 1949）。こういった細胞内容物の消失，導管の閉塞，抽出成分の出現は，すべて心材を，ひいては樹体全体を菌や昆虫から保護するのに役立ち，菌や昆虫が木質中のリグノセルロースをこなすには，こういった制限要因をクリアしなければならない。

　こういった制限要因の中でも重要なもののひとつが高すぎるC/N比の問題（8.；15.3. 参照）である。木材はもともとC/N比の高い，すなわち有機窒素分の乏しいバイオマスであり，これを食する昆虫にとっては有機窒素分の摂取は一大問題となっている（M. Higashi et al., 1992；Haack & Slansky, 1987）。ここで，栄養価の面，特にC/N比の面からは，生木が最も高いが，そのかわりに植物自体の防御機構が働き，これを加害する昆虫を脅かす（柴田, 2002）。その栄養価は丸太や枯木へと引き継がれるが，これは経時的に不安定な成分の熱分解・溶脱と菌類・昆虫類による収奪により減少していく。

　樹木・木材における微生物の遷移で，ある微生物が次の段階の微生物のお膳立てをするという現象（Shigo, 1967）（19.1. 参照）を考えると，樹木・木材の分解シークエンスにおける昆虫の遷移は，同時平行するこの微生物の遷移現象と密接にからみあっているものと思われ，両者を合わせて考える必要があろう。

19.3. 木質の推移と昆虫

　こういった木材の推移の各相のそれぞれには，特有の木質依存昆虫の科や亜科や属が対応する。材のこのような推移の初期においては，樹木が枯死していく過程で，これを利用する昆虫にとって非常に重要な諸要因が激しく変化している（Dunn & Potter, 1991）。具体的には枯死の過程で，(i) 材内の栄養物の断末魔状態の樹木自体による利用で栄養価が徐々に減少し（これはマイナス），(ii) 宿主樹の抵抗力が徐々に減少し（これはプラス），(iii) 宿主樹の枯死のサインである抽出成分の放出で誘引される寄生蜂による攻撃の機会が抽出成分の放出量の減少で

徐々に減少し（これはプラス），(iv) 材内の栄養物の微生物による劣化で栄養価がますます減少し（これはマイナス），(v) 栄養価の減少に伴い同種内の競争の激しさが徐々に軽減され（これはプラス），また (vi) 材の含水率が減少し（これはカミキリ亜科のように乾燥を好む種ではプラス，フトカミキリ亜科のように湿潤を好む種ではマイナス），昆虫にとって非常に複雑・微妙なトレードオフ（言ってみれば「究極の選択」に迫られる状況）が見られることとなる (Alcock, 1982；Paine et al., 2001；柴田，2002；Saint-Germain et al., 2007a)。餌をとるか，安全をとるか……。

　このようなニッチの連続的出現とそれに対応する昆虫の発生は，生態学における「遷移」現象に他ならない。マツ属の同じ二次性穿孔虫ギルドの中でも，キクイムシ類の多くの種は浸透圧と可溶性糖類濃度が高い新鮮な材に発生し，*Hylastes*, *Hylurgops*（ゾウムシ科 - キクイムシ亜科），*Rhyncolus*（ゾウムシ科 - キクイゾウムシ亜科），*Rhagium*（カミキリムシ科 - ハナカミキリ亜科）は浸透圧と可溶性糖類濃度が低下した劣化の進んだ材に発生する (Leluan et al., 1987) といった，種による選好性の微妙な違いも，この遷移の文脈で理解できる。

　こういった木材の自然界における成り行きとそれに付随する昆虫相の変化については，過去に発行された分厚い文献が多々見られる (Blackman & Stage, 1924；Savely, 1939；Derksen, 1941；Wallace, 1953；他)。しかしこれらは種を単位とした考察を伴うのみで，属や科といった種以上のレベルでの大まかな経時的発生ニッチ分類をまとめるという試みは成されていない。図 19-1 には，こうした様々な相のそれぞれに発生する昆虫の科もまとめて記されている。

　以上の遷移現象は，生木には一次性の林業害虫や果樹害虫や庭園害虫（林学・農学），丸太には二次性の丸太害虫（林学・生態学），製材品や用材（timber in service；wood in use）には特殊な二次性の乾材害虫（林産学・家政学），腐朽材には二次性の湿材害虫（生態学）がそれぞれ発生するという産業別の認識として古来からよく知られていることである (G. Becker, 1951；G. Becker, 1977)。しかしこういった区分は，一連の遷移を産業的類別の便宜上無理に区切った結果であって，実際には一線を画すことが難しい場合が多い。例えば乾材害虫とされている種には，その隣の遷移区分に対応する丸太害虫と共通のメンバーも見られ（岩田，1997），また生木に発生する種がその後の伐採で生き残り，丸太から出現することも稀ではない。

19.4. 推移系列のはずれもの

　ところで，上に述べた（19.1. 〜 19.3.）木質の自然界・都市における連続的推移は，生木→枯木→朽木→腐植という単純かつ一方向的な系列として描かれているが，実は自然界ではそのような単純な類型化では説明できない複雑な木材の状態が存在する。既に述べたように（5.；10.；12.5.）材質劣化害虫のスギノアカネトラカミキリ *Anaglyptus subfasciatus*（図 5-1）は，スギ・ヒノキ・ヒバといった針葉樹の生木の枯枝に雌成虫が産卵する。そして枯枝で生まれた幼虫はその枯枝を根元の方向に喰い進み，枯枝から樹幹の心材部へと進んでこれを食い荒らし，心材はこれが原因で「飛び腐れ」という材質劣化を生じる。この場合，この昆虫にとって「生木の枯枝」というのが重要で，枯枝のない生木，立枯れ木の枯枝では発生は不可能のようである。従ってこのカミキリムシは，生態的には一次性，生理的には二次性というある意味二重性格的な存在となる。一方樹木は，樹皮が傷ついて内樹皮や木部が露出すると，この部分を幹の他の

部分から生理的に切り離して連絡を絶ち，そこから他の部分に菌害や虫害が拡大するのを防ぐようような機構を備えている（Merrill & Shigo, 1979）。その結果特に広葉樹で，「生木の心材部が腐朽して生じた空洞部分」という特異な生態学的ニッチが生じる。さらにこういった生木に対して，さらには枯死立木に対してもキツツキ類が営巣を目的として幹をコツコツと穿ち穴をあける。「樹洞」である。しかし生木と枯死立木では樹洞の成り立ちと性格はまったく異なる（小高, 2013）。ここで議論するのは生立木に対する樹洞形成である（O. Park *et al.*, 1950；Alexander, 2008；亀澤，2013）。

　万一樹木がナタなどの刃物や車の衝突などで傷つけられ，この師部が一部でも完全に脱落してしまうと，必然的に木部が露出してしまう。この露出木部は当然のことながら辺材である。また太い枝が風害や雪害で折れるという事故も起こり，この場合枝の切り口（辺材＋心材）が露出する。辺材の外気への露出という状況により，この部分は擬心材化・心材化と同じ経過をたどり，柔組織が死滅して抽出成分が沈着し，樹木生体から隔離された部分となるものと考えられる。樹木がいったんこういった状況になると，この擬心材化した露出部は同じく死んだ組織たる心材と連続し，これは抽出成分を克服すれば，樹体内部へと菌や虫が侵入することが可能となったことを意味する。そしてこれが嵩じると樹洞の形成へとつながる。この樹洞形成は，樹木にとっては困った事態であり，枯死にもつながりかねないが，これで住処ができて喜ぶ生物が多い。こういう事態については，かつては樹木の材質劣化や枯死促進の要因というマイナスの側面しか強調されなかったが，昨今では生物多様性の増大要因というプラスの側面が強調されるようになってきている。スウェーデンのヨーロッパナラ *Quercus robur* の場合，樹洞形成は樹齢200年以上の老巨木に限られるようで（Ranius *et al.*, 2009），そういう意味からも，この「樹洞」自体が貴重な存在である。そして，こういった特異なニッチを占める，これまた二重性格的かつ要求性の贅沢な無脊椎動物（例えばササラダニ類，トビムシ類，アリヅカムシ類）が存在し（O. Park *et al.*, 1950），この連中はさしずめ生態的には一次性，生理的には腐食性・雑食性という性格となろう。これらはいわゆる「樹洞性昆虫」・「樹洞性ダニ」である。昨今広葉樹の心材腐朽部が空洞化した部分が森林の生物多様性に寄与するとの観点から，「樹洞学」なる分野が提唱されつつある。そこでは樹洞に営巣する鳥類・獣類がまず第一に念頭に置かれる（DeGraaf & Shigo, 1985）が，これらに付随して樹洞状態となった広葉樹にのみ発生する昆虫類もその対象となる（O. Park *et al.*, 1950；Alexander, 2008；亀澤，2013）。また既述（6.）のようにCWD（粗大木質残滓）が，これに依存する木質依存生物，特に甲虫類（"saproxylic beetles"）の種多様性，その保全生態学の関連で注目されているが，この文脈でも広葉樹の心材腐朽部が空洞化した部分は，特有の食材性甲虫種のニッチとして注目されている（Speight, 1989；Alexander, 2008；Brunet & Isacsson, 2009）。具体的にはクワガタムシ類，特に日本におけるこの科の「王様」のオオクワガタ *Dorcus hopei* などがまず念頭に浮かぶが，この他ハナカミキリ亜科の比較的珍しい数種（奥田宜生，1984；Hellrigl, 1986；日下部，1991；岩田，1992a），ムラサキツヤハナムグリ *Protaetia cataphracta*（コガネムシ科－ハナムグリ亜科）（飯嶋，2014），オオチャイロハナムグリ属各種 *Osmoderma* spp.（トラハナムグリ亜科）（Hoffmann, 1939；Ritcher, 1945；Ranius & Nilsson, 1997；N. Jönsson *et al.*, 2004；飯嶋・他，2007），*Gnorimus variabilis*（同亜科）（Kelner-Pillault, 1974），沖縄本島においてスダジイとオキナワウラジロガシの樹洞に発生する日本で最も著名な稀少昆虫のひとつヤンバルテナガコガネ *Cheirotonus jambar*（テナガコガネ亜科）（水沼，1984），さらにはゴミムシダマシ科－クチ

キムシ亜科の各種（Kelner-Pillault, 1974；Dajoz, 1974），等々がこのニッチを占める存在である。なおオオクワガタやヤンバルテナガコガネなどの発生箇所に関して，昆虫愛好家はそこに見られる細分化した腐朽材片のことを「フレーク」としばしば称している（水沼，1984；他）。この呼称は本来の英語の "flake" の意味するところ（コーンフレークや雲母のような「薄片」）とかけ離れ誤解を生じさせるので使用すべきではなく，「おが屑状内容物」などとすべきと筆者は考えている。一方，ハナカミキリ亜科の当該生態種のうち欧州産の *Pedostrangalia revestita* は広葉樹の生木の幹の枯れた部分を穿孔し，徐々に生きた木部組織に移っていく種で，最初は二次性，後に一次性となるといい（Hellrigl, 1986），日本産のヒラヤマコブハナカミキリ *Enoploderes bicolor*（奥田宜生，1984）も恐らく同じ性格を有するものと考えられる。

　なお，欧州産のオウシュウオオチャイロハナムグリ *Osmoderma eremita*（コガネムシ科－トラハナムグリ亜科）はナラカシ属 *Quercus* spp. の樹洞に発生し，上述（15.3.；16.5.）のようにこの樹洞の富栄養化の主役となって生態系エンジニアとしての側面も有し，またこの種自体が欧州各国で絶滅危惧種扱いされているが，そうした中イタリア・Roma において，この種およびその他の樹洞棲息種が発生する公園樹のセイヨウヒイラギガシ *Quercus ilex* がいわゆる過熟樹（寿命に近づいた樹木）となって転倒や落枝による事故が危惧され，公共安全性の立場からは伐採を，保全生態学的立場からは保存を求められ（Carpaneto *et al.*, 2010），あたかも森林における CWD の扱いのジレンマ（生物多様性をとるか，二次性にして一次性となりうる樹皮下穿孔性キクイムシ類の発生防止をとるか；16.4. で既述）のような状況が見られるようである。

　つまるところ，生木→枯木→朽木→腐植という単純かつ一方向的な流れのみでは説明しきれない複雑な木の存在形態とそれらに特有の昆虫が見られ，これが，虫と木の関係性すなわち木質昆虫学という分野における面白さのひとつを演出しているといっても過言ではない。

19.5. 食材性昆虫・木質依存性昆虫の遷移と「前提性」

　なお自然界では，ある食材性昆虫・木質依存性昆虫の食坑道の存在が，本来これとまったく関係なさそうな別の食材性昆虫・木質依存性昆虫の生態に影響を与えることがあり，これも広い意味での遷移関連現象のひとつと考えられる。別の言い方で言えば，これは後者の発生にとって前者およびその所行が「前提」となる場合であり，これを仮に「前提性」と呼びたい。例えば，キクイムシ類樹皮下穿孔性種に類似した生態の *Araucarius* 属（ゾウムシ科－キクイゾウムシ亜科－ Araucariini 族）の一部の種は，キクイムシ類やカミキリムシ類などの食坑道を産卵の際に利用する（Kuschel, 1966）。ミツギリゾウムシ科には，他の穿孔性甲虫類の開けた脱出孔・侵入孔などに侵入して産卵する種がある（森本，2008）。*Acanthocinus aedilis*（フトカミキリ亜科－モモブトカミキリ族）などのカミキリムシでも樹皮下穿孔性キクイムシ類の潜入孔や脱出孔を産卵に利用しているという（Butovitsch, 1939；Schroeder, 1997）。ノルウェーのヤマネコヤナギ *Salix caprea* の生木の幹における観察では，一次性穿孔虫 *Saperda similis*（カミキリムシ科－フトカミキリ亜科－トホシカミキリ族）が発生すると，別の一次性穿孔虫 *Xylotrechus pantherinus*（カミキリムシ科－カミキリ亜科－トラカミキリ族）が発生しやすくなるという（Laugsand *et al.*, 2008）。さらに日本の神奈川県平地部のスギ・ヒノキ植林

地における観察では，立枯れ木は樹皮下穿孔性のヒメスギカミキリ *Callidiellum rufipenne*（図 2-13），および木部穿孔性のトゲヒゲトラカミキリ *Demonax transilis*（いずれもカミキリムシ科－カミキリ亜科）による穿孔を受け，横倒し状態の倒木となって接地すると湿潤材となってヤマトシロアリ *Reticulitermes speratus*（ミゾガシラシロアリ科）（図14-5）の侵入を受けるが，この際これらのカミキリムシの食坑道をヤマトシロアリがそのまま利用し，カミキリムシ幼虫のフラス（虫糞＋囓りカス）はシロアリによってある程度除去される（加藤朗大・他，未発表）。その他，シロアリが枯木や生木に侵入・穿孔する際に，ボクトウガ科（鱗翅目），カミキリムシ科，ゾウムシ科－キクイムシ亜科，ゾウムシ科の他亜科などの他の木材穿孔虫の食坑道や脱出孔を利用する場合もあり（de Seabra, 1907；Snyder, 1916；Jepson, 1926；Kalshoven, 1958；Kalshoven, 1959；Ranaweera, 1962；Nutting, 1965；Nutting, 1966；Danthanarayana & Fernando, 1970b），オオアリ属 *Camponotus*（アリ科－ヤマアリ亜科）が枯木や切株などに営巣する場合（11.6. 参照）も，材が腐朽していないと穿孔虫類の食坑道（恐らくはフラスで充たされたもの）をたどってこれを自らの空間とするという（Pricer, 1908）。こういった現象は相当普遍的と考えられるが，具体的な文献記録となると意外と少ない。

　ところで，こういった非類縁食材性昆虫間の相互関連性に類することとして，殺樹性キクイムシと食材性シロアリの間の興味深い関係性が最近米国で報告された。キクイムシ類の一種 *Dendroctonus frontalis* の攻撃を受けて枯死しつつあるマツ属立木の材は，その攻撃の要であるフェロモンが充満し，さらにその共生性真菌（青変菌）も繁茂しているという特殊な状態にあるが（12.2., 12.5. および 16.4. 参照），同所的に分布する食材性シロアリの一種 *Reticulitermes flavipes*（ミゾガシラシロアリ科）は，何とこういった青変材およびキクイムシフェロモン処理材を正常材よりも好むという（Little *et al.*, 2012a）。もしこれが正しければ，殺樹性キクイムシと食材性地下性シロアリという，系統も生理も生態もまったく異なる食材性昆虫同士が，同所的分布という唯一にして最大の要因を背景に相互関連性を持つに至ったというシナリオが想定される。基本的にヤマトシロアリ属 *Reticulitermes* は，多くの二次性穿孔性甲虫類と同様，生立木をあまりあるいはほとんど加害せず，出現が不規則かつ予想困難な枯死木に依存する生活を送っており，枯死木の存在の感知は最大の関心事のはず。樹木の枯死がキクイムシのせいであれ何であれ，枯死の原因がキクイムシの可能性が高い土地では，そのキクイムシ被害材に特有にして感知しやすい要因はむしろ枯死木にありつく鍵となり，これに関連する現象が検出されたと見るべきであろう。

20. 木質生態系とその周辺

　自然界において，木質は以上見てきたように，ある程度まとまった形で比較的持続性をもって存在し，その隣接環境とはある程度隔絶された生態系を形成している。今，これを「木質生態系」と呼ぶことにしよう。そうすると生態学の常として，他生態系との間の相互関係，それらの間での物質や生物の出入りが問題となる。上の木質の遷移の問題もこの観点からとらえるとわかりやすくなる。

　カミキリムシ科に目を転じると，このグループの中ではカミキリ亜科が比較的乾燥に適応して乾材害虫となる種が他の亜科より多く（岩田，1997），それとは対照的にフトカミキリ亜科は湿潤材に適応し，遷移の出発点である生木に発生する種（従ってこれは一次性穿孔虫）や遷移の末期である腐朽材に発生する種が他の亜科より多い。この2亜科の対比はそれぞれの消化管にも特徴として表れている（Semenova & Danilevsky, 1977）。ノコギリカミキリ亜科やハナカミキリ亜科もフトカミキリ亜科と同じ傾向を有し，この2亜科では腐朽材に発生する種が多くなる。これら腐朽材では，上述のように木材腐朽菌や細菌類が侵入して富栄養化された状態となっているが，これらの微生物の出所はといえば，隣接する大気圏も挙げられるが，やはりその最大のソースは土壌生態系と考えられる。さすれば，腐朽材を好むフトカミキリ亜科の一部やハナカミキリ亜科の大部分などは，カミキリ亜科と比べて土壌との親和性が高いことが予想される。産卵の段階では比較的新鮮な枯木を好むも成虫が羽化脱出する頃には穿孔材が相当劣化しているヒゲナガカミキリ属 *Monochamus*（フトカミキリ亜科）が，後に述べる（24.）ように線虫と仲がよいのは，実はこのあたりに原因があるものと想像される。この属の成虫は少々の線虫が体内の気管の中に詰まっていても，飛翔や繁殖にあまり支障をきたさないまでに線虫に慣れ親しんでいるようである（Linit & Akbulut, 2003）。またハナカミキリ亜科では，より原始的な部類であるハイイロハナカミキリ族には蛹化に際して土壌に潜入するものが多く見られ，これらは土壌生態系と木質生態系の橋渡しをしている可能性が指摘されている（Iwata et al., 2004）。このように土壌と関連性を有するものは，カミキリムシの他の亜科ではあまり知られていない。しかし上述の理由によりフトカミキリ亜科の種でこの傾向を有する何らかの種が将来見出される可能性がある。

　木質生態系と土壌生態系の関連性は，ヨーロッパブナ *Fagus sylvatica* の枯枝（数 cm 径；落枝）とその下のリター層（土壌 A_0 層）の間での各種土壌動物（節足動物門，環形動物門，軟体動物門，等）の季節移動（Lloyd, 1963），および穴の開いた木の箱にナラ材木粉を詰め込んで作った「擬似丸太」への土壌性無脊椎動物の侵入（Fager, 1968；6. で既述）から容易に想像がつくことである。しかし木質依存性昆虫は，食材性（特に木部穿孔性）の性格が強くなると，土壌との関連性は薄れることが予想される。また両生態系の関連性は，木質の分解過程の末期に相当する局面で小片化された木片が最終的に土壌に還るという事実からも理解されよう。この場合，木質の分解者は穿孔虫から土壌動物へと徐々に比重が移り変わっていくはずである。しかし分解者の遷移をこの観点から明らかにした研究はない。

第 III 部
木質昆虫学における他の生物の関連

　木質昆虫学の主役は昆虫,そして脇役は木質およびこれを生み出す樹木である。しかし話はこれだけでは完結しない。両者の間にはそれ以外の様々な生物が介在し,これによりさらに多様な世界が繰り広げられる。ここでは微生物と線虫といった「介在生物」およびそれらが関わる現象を示し,これらと食材性昆虫・木質依存性昆虫との共生を詳述する。

21. 食材性昆虫・木質依存性昆虫と細菌類

21.1. 食材性昆虫・木質依存性昆虫と細菌類

　生物5界説では原生生物界 Protista，菌界 Fungi，植物界 Plantae，動物界 Animalia の4界が細胞内小器官を持つ「真核生物」Eukaryota であるのに対し，細菌類はモネラ界 Monera に該当する単細胞生物で，細胞内小器官を欠き，核のかわりに核様体を持つなどの根本的差異があり，「原核生物」Prokaryota とも呼ばれる。最近の分類ではモネラ界は，細胞膜の組成などから「古細菌」Archaea と「真性細菌」Bacteria に二大別され，この2群は別の界あるいはそれ以上のランクの別群とする必要があるほどに異なるが，古い昆虫学文献では両者の区別はなく，いずれかの区別が困難な場合が多いので，本章などでは古細菌と明示している文献の引用を除き，従来の扱いの通り両者を一括して扱うこととする。

　昆虫と細菌類との関係は，(a)体表面，消化管内，菌器内，細胞内といった細菌の所在による類別（ここに菌器＝ミセトームとは昆虫体内の細菌の指定席的器官を指す），(b)水平感染，垂直感染といった昆虫の細菌類獲得方法による類別，(c)病理的関係，競合，片利共生，相利共生といった相互関係による類別が可能である。このうち昆虫と細菌類との間で特筆すべきは，何といっても相利共生的関係，特に栄養・代謝共生（宿主昆虫による細菌の生存場所確保と，細菌の宿主昆虫への栄養分合成供給や特定成分代謝奉仕）である。これには (1) 空気窒素固定による有機窒素分供給（これは細菌類の特権！），(2) ビタミン供給（特にビタミンB群），(3) ステロール供給（昆虫は他の動物と異なりステロールを自前合成できない），(4) 難消化性栄養素の消化（特にセルロース），(5) 解毒作用（特に昆虫の宿主植物の抽出成分などの代謝分解）が挙げられる（Douglas, 2009）。

　Nardon & Grenier (1989) は，鞘翅目における細胞内共生微生物は常に母系経卵感染し，宿主にとって必須の存在ではなく，相利共生的であるとした。Nardon & Grenier (1989) や Dowd (1992) はまた，微生物との共生が見られる昆虫は食材性の科に多い（鞘翅目ではタマムシ科，シバンムシ科，ナガシンクイムシ科，カミキリムシ科，キクイムシ亜科以外のゾウムシ科，同科‐キクイムシ亜科）とした。ここに細胞内共生微生物とは，(広義の) 細菌類および酵母（真菌類）である。後者については次章 (22.) で述べる。

21.2. カミキリムシと細菌

　カミキリムシにおける細菌の検出は若干例が見られる（ノコギリカミキリ亜科：Benham (1971)；N.M. Reid *et al.* (2011)／クロカミキリ亜科：S. Grünwald *et al.* (2010)／ハナカミキリ亜科：S. Grünwald *et al.* (2010)／カミキリ亜科：Andreoni *et al.* (1987)；S. Grünwald *et al.* (2010)／フトカミキリ亜科：Schloss *et al.* (2006)；Rizzi *et al.* (2013)）。最近非培養法（遺伝子）による微生物検出の技術の進展により，意外と豊かな細菌相が見られることが知られつつあり，その中にはセルロース分解性や空気窒素固定性など，特筆すべきものが散見される。

　まず，欧州産の *Saperda carcharias*（フトカミキリ亜科‐トホシカミキリ族；広葉樹枝穿孔性；一次性）の幼虫から様々な細菌類が検出され（Lysenko, 1959），一方同属で同じ性格の米国産

種 *S. vestita* の幼虫からも若干の細菌類が検出され，そのうち α-Proteobacteria のみがカルボキシメチルセルロース（CMC；セルロースの水溶性誘導体）分解性を示した（Delalibera *et al.*, 2005）。また韓国では，ハラアカコブカミキリ *Moechotypa diphysis*（フトカミキリ亜科－ハラアカコブカミキリ族）成虫の消化管からエンド-キシラナーゼを生産する *Paenibacillus* sp. が（Heo *et al.*, 2006），アカハナカミキリ *Stictoleptura succedanea*（ハナカミキリ亜科），キボシカミキリ *Psacothea hilaris*（フトカミキリ亜科），ノコギリカミキリ *Prionus insularis*（ノコギリカミキリ亜科）からリパーゼ産生能を持つ細菌が（D.-S. Park *et al.*, 2007a），韓国産各亜科の種からキシラン分解活性を持つ細菌が（D.-S. Park *et al.*, 2007b），そして中国では *Apriona germari*（フトカミキリ亜科）幼虫からセルロース分解性の *Cellulomonas* が（曹月青(Y.-Q. Cao)・他, 2001），*Batocera horsfieldi*（フトカミキリ亜科）からキシラナーゼ産生性細菌2種が（Jp. Zhou *et al.*, 2009；Jp. Zhou *et al.*, 2010），トルコでは *Oberea linearis*（フトカミキリ亜科－トホシカミキリ族）から病原性細菌 *Serratia* に加えて *Acinetobacter*, *Klebsiella* 等の様々な細菌群が（Bahar & Demirbağ, 2007），それぞれ分離されている。

　中国産で米国等に侵入している広食性のツヤハダゴマダラカミキリ *Anoplophora glabripennis*（フトカミキリ亜科）（図10-1）の幼虫に関して最近非常に興味深い知見が得られた（Geib *et al.*, 2009b）。この種の幼虫を様々な樹種，および（防腐剤入り）人工飼料で飼育すると，本来忌避するはずの樹種（マメナシ），および人工飼料の場合，適切な樹種（サトウカエデ，アメリカガシワ）と比べて細菌相が顕著に攪乱されて衰退し，同時に何と消化管内のセルラーゼ活性（エンド-β-1,4-グルカナーゼ，エクソ-β-1,4-グルカナーゼ，β-1,4-グルコシダーゼ）も低下したという。これにより，マメナシ材中の抽出成分や人工飼料中の防腐剤の抗生物質的作用による細菌相の破壊，およびセルラーゼ，特にエクソ-β-1,4-グルカナーゼ活性の細菌由来の可能性が示唆されている。かつて Pochon (1939) は，*Rhagium sycophanta*（ハナカミキリ亜科；樹皮下穿孔性）の幼虫消化管よりセルロース分解細菌を抽出したと報告したが，Parkin (1940) はこれに懐疑的ながら，その後の検討はなされていない。今後の研究の進展が待たれる。一方もうひとつ，同じツヤハダゴマダラカミキリで特筆すべきは，この種で共生細菌による空気窒素固定と尿素再利用による窒素分獲得が証明されたこと（Ayayee *et al.*, 2014）である（15.3. 参照）。

　S. Grünwald *et al.* (2010) は，トドマツカミキリ *Tetropium castaneum*（クロカミキリ亜科；針葉樹新鮮丸太の樹皮下穿孔性）と *Rhagium inquisitor*（ハナカミキリ亜科；針葉樹丸太樹皮下穿孔性），*Stictoleptura rubra*（ハナカミキリ亜科；針葉樹腐朽材木部穿孔性）の幼虫の細菌相を比較し，トドマツカミキリの消化管エピセリウム組織に細胞内共生性細菌（γ-Proteobacteria）が一貫して検出されたのに対し，後二者では細菌相に個体ごとのバラツキが見られ，幼虫の餌が影響しているものと考えた。オウシュウイエカミキリ *Hylotrupes bajulus*（カミキリ亜科）に関しても腸内細菌の存在は知られている（Cazemier *et al.*, 1997；Chiappini *et al.*, 2010）が，詳しい同定はなされていない。

　一方，ニュージーランド産のフーフーカミキリ *Prionoplus reticularis*（ノコギリカミキリ亜科）の幼虫消化管から驚くほどに多様な細菌相が検出され，そのうちの一部の細菌にはリグノセルロースの分解，窒素固定など，栄養生理上重要な機能を発揮して宿主カミキリムシに貢献していることが，比較分子生物学的に示唆されるに至っている（N.M. Reid *et al.*, 2011）。

　一方 Calderon & Berkov (2012) は，ペルー南東部産の *Xylergates pulcher*（フトカミキリ亜科）

と *Periboeum pubescens*（カミキリ亜科）などの幼虫の消化管内肛から細菌類を検出し，このうちこの2種では細菌がバクテリオサイトの中に封じられているのを認め，宿主の脂肪体との関連から脂肪の代謝に関与している可能性があるとした。

ところでカミキリムシはシロアリのような社会性昆虫ではないため，共生細菌の一貫した確保にカミキリムシの繁殖に関連した一定の様式，すなわち産卵雌成虫→卵→幼虫という「垂直伝播」があることが想定される。Geib *et al.* (2009a) はツヤハダゴマダラカミキリの発生材，産卵箇所，卵などの各ステージについて，それらに付随する細菌相を比較解析し，細菌種によってこの垂直伝播の場合と，ヒトの腸内細菌のように環境からの獲得の場合があることを示し，前者を純粋の共生性細菌と推察した。その後同じグループによって，このカミキリムシの幼虫中腸から多様な酵素活性を伴う実に複雑な細菌群集が検出されるに至っている（Scully *et al.*, 2013b）。そしてこのカミキリムシではこれに加えて，空気窒素固定性共生細菌の垂直伝播が示唆されている（Ayayee *et al.*, 2014）。一方，同属のゴマダラカミキリ *Anoplophora malasiaca* の消化管内に見られる豊富な細菌類については，垂直伝播は想定されていない（Rizzi *et al.*, 2013）。

カミキリムシ科の腸内細菌に関連して興味深いのが，日本産のルリボシカミキリ *Rosalia batesi*（カミキリ亜科－ルリボシカミキリ族）（図14-2）である。この種の幼虫の広葉樹の穿孔は心材にまで及び（図15-1），それゆえ窒素分などの不足が懸念される。この場合最も可能性の高いのが腸内細菌による栄養共生であるが，この種の幼虫消化管からは通常の非培養的細菌検出法ではほとんど細菌は検出されず（上田裕史・他，未発表），極めて特殊な共生微生物の存在，あるいはこの種独自の栄養生理生態が想定される。

なおカミキリムシ科に含められたり含められなかったりするホソカミキリ亜科 Disteniinae については，共生微生物に関する報告は見られないが，ハムシ科成虫の共生微生物垂直伝播器官を調査した Mann & Crowson (1983) は，ハムシ科・カミキリムシ科における知見を総合し，ホソカミキリ亜科の共生微生物はハムシ科と同じく細菌であろうと予想している。

最後に特異なケース。*Wolbachia pipientis*（リケッチア目）は様々な昆虫に感染する細菌で，雄殺し，雄個体の雌化や単為生殖化などを引き起こし，宿主昆虫に重要な影響を与え，カミキリムシ類などの食材性甲虫，木質依存性甲虫類でもこれが見出されることが期待されるが，最近何とこの細菌の遺伝子断片が複数，マツノマダラカミキリ *Monochamus alternatus*（フトカミキリ亜科－ヒゲナガカミキリ族；図10-2b）の常染色体上より見出され，その一方で *Wolbachia* そのものは見出されなかった（Aikawa *et al.*, 2009）。細菌の遺伝子を真核生物たるカミキリムシが取り込むという現象は，細菌と食材性甲虫・木質依存性甲虫類との関わりにおける新機軸といえ，何らかの応用的意義が見出されるかもしれない。

以上総じて，カミキリムシに付随する細菌類については，特に最近知見が増加しており，かつて考えられていた以上の豊富な細菌相が存在することが徐々に明らかになりつつある。しかし依然知見は断片的で，個々の細菌種の宿主カミキリムシにおける役割・意義については隔靴搔痒の状態で，下等シロアリにおける共生現象とのアナロジーを無批判的に持ち出す「フライング的」な論調が目立つ一方で，下等シロアリと共生原生生物との関係におけるような全体像がさっぱり見えてこない。今後，消化管などにおける細菌各種の厳密な役割，および細菌感染様式の解明が待たれる次第である。

21.3. その他の食材性甲虫類・木質依存性甲虫類と細菌

　ナガシンクイムシ科では，コナナガシンクイ *Rhyzopertha dominica*（貯穀物害虫；タケナガシンクイ亜科），*Sinoxylon ceratoniae*, *Bostrychoplites zickeli*, *Scobicia chevrieri*, *Apate monachus*, 等（いずれもナガシンクイ亜科），ナラヒラタキクイムシ *Lyctus linearis*（ヒラタキクイムシ亜科）において「細菌」または「細菌様共生微生物」が「ミセトーム」内または「消化管外」に見出され（Mansour, 1934a；Koch, 1936；Buchner, 1954），さらにコナナガシンクイの「ミセトーム」内の細菌を抗生物質で退行させる実験の報告（Huger, 1956）も見られ，細菌の細菌たる証明となっている。さらに Kleespies *et al.* (2001) は，*Prostephanus truncatus*（貯穀物害虫にして広葉樹木部穿孔虫；タケナガシンクイ亜科）の共生細菌の所在を「ミセトーム」ではなく「バクテリオーム」としている。用語としてはこの方が妥当である。これらの共生性細菌の宿主昆虫に対する寄与の内容は未知である。

　なお *Prostephanus truncatus* では，セルロース分解性共生細菌が成虫消化管から報告されている（Vazquez-Arista *et al.*, 1997）。これは本科の栄養要求性の基本からはずれた知見であり（14.4.；26.），再検討が必要である。そしてこれは，もしその存在が事実としても，上述のナガシンクイムシ科諸種の幼虫における「バクテリオーム」内の細菌とはまったく別物と考えられる。

　穿孔性・食材性のゾウムシ科では，オサゾウムシ亜科のオーストラリア産2種，および同亜科のヤシオサゾウムシ *Rhynchophorus palmarum* において，消化管に隣接する形のバクテリオサイト内共生細菌が検出されている（Nardon *et al.*, 2002）。これら細菌の宿主昆虫に対する寄与内容は未解明である。

　ゾウムシ科-キクイムシ亜科でも細菌を検出したとする文献が多く見られ，特に病原性細菌類に関しては総説がある（Wegensteiner, 2004）。しかしこれらはキクイムシ亜科，ひいては食材性昆虫・木質依存性昆虫に特有のものではないと考えられるので，ここでは詳述しない。ここで問題とするのは，食材性昆虫・木質依存性昆虫としてのキクイムシ亜科と共生関係が見られ，あるいはその関係が疑われる細菌類である。

　まず樹皮下穿孔性キクイムシ亜科については，共生真菌類をも含めた Six (2013) の優れた包括的総説を挙げなければならない。この一群の昆虫ではまず，*Ips pini* および *Dendroctonus frontalis*（樹皮下穿孔性）の幼虫と成虫からの細菌類と真菌類が調べられ，これらはセルロース分解能は示さないとされた（Delalibera *et al.*, 2005）。また後者（*D. frontalis*）の幼虫および成虫の消化管で，個体差が著しいものの総じて豊富な細菌相が検出されている（Vasanthakumar *et al.*, 2006）。一方既に述べたように（14.3.1.），*D. valens* と *D. rhizophagus* の幼虫・成虫の消化管から得られた複数種の細菌は生体外でセルロース分解能を示すとされた（Morales-Jiménez *et al.*, 2009；Morales-Jiménez *et al.*, 2012）。キクイムシ共生細菌のセルロース分解能は，もしあっても，決して顕著な量の分解産物（グルコース）を生み出すわけではないものと考えられる。一方 *D. rufipennis* では，成虫口器からの分泌物に多種多様な細菌類が含まれ，この一部が抗菌物質を生産し，宿主 *Dendroctonus* にとってマイナスとなる真菌類の生育が抑えられるとされ（Cardoza *et al.*, 2006b），*D. frontalis* でも成虫菌器から検出される放線菌 *Streptomyces* が同様の働きをするようで（J.J. Scott *et al.*, 2008），しかもこの属 *Streptomyces* は，非常に様々なキクイムシ亜科の種と関連して見られるという（Hulcr *et al.*, 2011a）。同じ北米産 *Dendroctonus* でも，

殺樹性の *D. ponderosae* と，一次性穿孔虫の王道（12.4. 参照）を行く非殺樹性の *D. valens* とでは，前者が集団暴挙で樹木の防御手段である樹脂滲出を封じ込め，後者が宿主樹と共存して絶えずその樹脂と接するという関係上，その共生性細菌相は前者がモノテルペンに弱く，後者は強いという面白い比較がある（A.S. Adams *et al.*, 2011b）。またトルコでは，同じ非殺樹性のエゾマツオオキクイムシ *D. micans* でも，病原性細菌に混じって共生性の可能性のある種が検出されている（Yılmaz *et al.*, 2006）。また，リトアニアでは，ヤツバキクイムシ欧州産基亜種 *Ips typographus typographus* の成虫消化管から，宿主樹の抽出成分であるミルセンに対して耐性を示す *Erwinia* 属の細菌が分離・記載されている（Skrodenytė-Arbačiauskienė *et al.*, 2012）。

木部穿孔養菌性キクイムシ亜科では，*Trypodendron lineatum*（Lysenko, 1959），および *Xyleborus dispar*（Canganella *et al.*, 1994）の成虫から若干の細菌が検出されている。さらにこのギルドのメンバーには，共生細菌が驚くべきことをやってのける種がある。*Xyleborus ferrugineus* は処女生殖が可能で，幼虫～成虫の消化管内肛には共生性細菌 *Staphylococcus* sp. が見られるが，雌成虫は抗生物質処理で生殖能力を大幅に減じ，*Staphylococcus* は宿主未受精卵の胚発生で起こるタンパク質代謝の停滞を許さず，この点でいわば宿主精子と同じ役割を果たしているとされているのである（Peleg & Norris, 1972）。同じキクイムシ亜科に属するも食材性・木質依存性からは外れるが，ヤシ類の実の穿孔性害虫である *Coccotrypes* は，そのマルピーギ氏管6本のうちの4本に細胞内共生細菌を宿しているとされ（Buchner, 1961），Zchori-Fein *et al.* (2006) はこの属の雌成虫からその繁殖に不可欠な共生性細菌として，*Wolbachia* と *Rickettsia* を検出し，*Xyleborus ferrugineus* で見出された *Staphylococcus*（Peleg & Norris, 1972）はこれと同類とした。*Xyleborus* も *Coccotrypes* も染色体半倍数性の系統であり（28.8. 参照），この性決定様式と共生性細菌との間に何らかの関係があるかもしれない。

ゾウムシ科‐キクイムシ亜科におけるこういった消化管関連共生微生物については，その所在がもうひとつはっきりしない。しかし，かつて J.B. Thomas (1966) は，北米産種を中心とする各種キクイムシ類の幼虫・成虫の中腸表面に見られる胃盲嚢を比較・記載したが，Thomas 自身は何もコメントしてはいないものの，ここで取り上げられたキクイムシ類の大半を占める樹皮下穿孔性種では中腸胃盲嚢は細長く細かく数が多い一方，木部穿孔養菌性種では丸く大きく数は少ない（*Gnathotrichus* では胃盲嚢はゼロ！）という傾向が，少なくとも筆者には見てとれる。これが何を意味するかは今のところ不明であるが，胃盲嚢が共生微生物を宿しているとすると，胃盲嚢の形態・数・分布と食性との間で何らかの規則性が成り立つ可能性がある。今後の研究の進展が切望される。

次にコガネムシ上科。まずクロツヤムシ科は細菌類との関係，それへの依存性が顕著とされる昆虫の一群である。米国産 *Odontotaenius disjunctus* 成虫の後腸からは繊維状細菌類が多数観察され（J.B. Nardi *et al.*, 2006），また中南米産の *Passalus interstitialis* では幼虫後腸に *Enterobyus* に属する菌が見出され（R. Heymons & H. Heymons, 1934），この種の発生した広葉樹材は，その発生経過とともに窒素分含有量が上昇し，C／N 比が下降することが報告され（Rodríguez, 1985；Rodríguez & Zorrilla, 1986），これは既に述べた（15.6.）ように接地面から初期に侵入する細菌類による空気窒素固定，および後に侵入する真菌類による土壌からの窒素分の持ち込みを示すものであり，特に発生経過の初期から窒素分が増加していること（Rodríguez, 1985）は細菌類による空気窒素固定の可能性を示唆するものである。また各種クロツヤムシの消化管中の細菌の密度は好気的条件で多く，セルロース分解性細菌も見られ，細

菌は分解産物である還元糖を利用し，クロツヤムシが嚥下・消化・排出を繰り返すことでこの細菌によるセルロースの分解が可能となっているものと考えられている（Lesel et al., 1987）。さらに Passalus punctiger の成虫消化管内に多糖類分解と窒素固定で材消化を助ける共生微生物が存在することが示唆されている（Valenzuela-Gonzalez, 1992）。クロツヤムシ科以外の食材性甲虫群（クワガタムシ科，カミキリムシ科の腐朽材穿孔性種）の発生材においても同様に細菌類による空気窒素固定が起きていると考えられるが，クロツヤムシに関してはややニュアンスが異なる報告のされ方をしているようにも見受けられ，今後の詳しい比較検討が待たれる。

　クワガタムシ科では，幼虫消化管中の細菌は窒素確保の役割を担っているものと考えられ（荒谷，2002），またルリクワガタ属 Platycerus の産卵に際する「産卵マーク」，オニクワガタ属 Prismognathus，ツヤハダクワガタ属 Ceruchus，マダラクワガタ属 Aesalus などの雌成虫の産卵に際する長いトンネル掘削，これらの加工行動で用意された特別な木屑，および卵殻の摂食を通じて，成虫から幼虫へバクテリアなどの共生微生物が受け渡される可能性が示唆されている（荒谷，2005）。また白色腐朽材に発生するオオクワガタ Dorcus hopei binodulosus の幼虫は消化管膨張部に細菌を共生させており，これが材を発酵させて消化，雌成虫は産下卵表面と産卵痕の埋め戻し木屑に有用微生物を付着させ，孵化幼虫は摂食でこれに感染，腐朽材を摂食して排出した糞を繰り返して再摂食し，いわば体外反芻で成長するとされている（小島啓史，1993）。

　コガネムシ科と細菌の関係も，土壌と密接に関連するこの昆虫群の性格上相当にぎやかであり，S.-W. Huang et al. (2010) による応用的総説で知見の多くが引用されている。具体例としてはまず，真性の食材性ではないカブトムシ亜科のヨーロッパサイカブト Oryctes nasicornis の幼虫に関する詳しい研究が見られる。この種の幼虫消化管で，セルロースの分解とその分解産物である脂肪酸の腸壁からの吸収，後腸内細菌による迅速な利用・分解が認められた（Bayon & Mathelin, 1980；Bayon, 1981）が，M.M. Martin (1983) は，この細菌はセルロース消化以外の生化学的プロセスにも関わっており，消化管からセルロース分解性細菌が分離されたからといって宿主昆虫がセルロース分解の恩恵をこの細菌から得ていると即断することはできないとした。またこのヨーロッパサイカブト，および食材性的な性格のより高いオウシュウオオチャイロハナムグリ Osmoderma eremita（トラハナムグリ亜科）の幼虫では，中腸で濾紙分解性細菌群と鞭毛虫群が分解され，これが宿主の栄養となっているとの観察が古くからなされている（Wiedemann, 1930）。ハナムグリ亜科では，欧州産のクプレアツヤハナムグリ Protaetia cuprea（Potosia cuprea として；好蟻性）の幼虫の消化管とこれが棲まう針葉樹針葉でできた蟻塚にはセルロース発酵分解性桿菌が見られ，幼虫の発育はこの細菌を含む消化管内菌相のセルロース発酵分解活動に依拠しているとされた（E. Werner, 1926）。一方アフリカ産のメンガタハナムグリ Pachnoda marginata の幼虫後腸では細菌がセルロースおよびキシランの分解に関与することが示されている（Cazemier et al., 1997；Cazemier et al., 1999；Cazemier et al., 2003）。同属のフトオビメンガタハナムグリ P. ephippiata の幼虫の中腸・後腸でも独自の細菌相・古細菌相が見出され，このうちシロアリ後腸などで見出された細菌群（いわゆる "Termite Group I"；新門 Elusimicrobia – 新綱 Elusimicrobia – 新目 Elusimicrobiales；21.4. 参照）が，植物繊維分解には関与せず，タンパク分解酵素分泌などで宿主と栄養共生しており（Egert et al., 2003；Geissinger et al., 2009；Herlemann et al., 2009），特筆される。この Pachnoda では後腸にアミノ酸発酵性細菌を大量に保持していることが報告されている（Andert et al., 2008）。一方，ハナムグリ亜科10種で後腸膨張部内壁のブラシ状構造にからまってメタン生産性遊離細菌が見

られたが，スジコガネ亜科ではメタン生産微生物は見られないとの報告もある（Hackstein & Stumm, 1994）。食材性ではなく土壌性であるが，コフキコガネ亜科に属するオオクロコガネ *Holotrichia parallela* の3齢幼虫の消化管（主に後腸膨張部）から，極めて多様なセルロース分解性細菌が分離されている（S. Huang *et al.*, 2012）。これらの多くは土壌からの後天的獲得物である可能性が高いが，生理生態的意義は十分認められよう。また同亜科のオーストラリア産の *Dermolepida albohirtum* の幼虫後腸膨張部に，下等シロアリ類とキゴキブリ類の消化管内共生原生生物に関連する特異共生菌 "Endomicrobia"（Stingl *et al.*, 2005）（28.6. 参照）とそれに関連するとおぼしき原生生物が一貫して見出され，シロアリなどのアナロジーで，昆虫・細菌・原生生物の三者間の密接な共生関係が示唆されている（Pittman *et al.*, 2008）。類似の共生菌は，土壌性のコガネムシ科食葉群（コフキコガネ亜科，スジコガネ亜科）の幼虫で今後多く見出されることが予想され，その中にはリグノセルロース分解に関連する菌も含まれる可能性がある。

　タマムシ科では，Heitz (1927) がこの科の一種の幼虫が前腸末端に2個の大きな盲嚢を有し，中に細菌が見られたと報告しているが，Schlottke (1945) はこの盲嚢と細菌は消化との関連性は薄いものと考えた。一方 Nardon & Grenier (1989) は，タマムシ科では消化管の前方の盲嚢が共生細菌を宿し，次世代への共生細菌の伝播は卵表面への共生細菌の塗りつけにより成されるとしている。*Capnodis milliaris*（ルリタマムシ亜科；広葉樹樹皮下穿孔性）の幼虫の中腸では，木材破片と混じり合った細菌群が見られたとの報告（Courtois *et al.*, 1964）も見られる。また，アオナガタマムシ基亜種 *Agrilus planipennis planipennis*（ナガタマムシ亜科）の幼虫，越冬前蛹および成虫の消化管で豊富な細菌相の存在が明らかになっており，そのうちの3種でセルロース分解活性が認められている（Vasanthakumar *et al.*, 2008）。

　鞘翅目の中の最大の変わり者であるチビナガヒラタムシ *Micromalthus debilis*（始原亜目-チビナガヒラタムシ科）でも，グラム陽性細菌がその消化管，脂肪体，ヘモリンフ，卵巣内の卵といった様々なソースから見出されている（Kühne, 1972）。

21.4. シロアリと細菌

　木材食害虫と細菌類の関連性で一番多くが語られるべきはシロアリについてであろう。

　他の章の記述にもあるように，シロアリの体内共生性細菌類は実に多様で（Hongoh, 2011），モネラ界の複数の新門を形成するにまで至っており（Ohkuma & Kudo, 1996；Stingl *et al.*, 2005；Hongoh *et al.*, 2006；Ohkuma, 2008；Geissinger *et al.*, 2009；Ohkuma & Brune, 2011）（21.3. および 28.6. 参照），細菌の所在も細胞内潜在性（ムカシシロアリ科のみ），消化管内常在性，消化管内原生生物付着性，消化管内任意性と変化に富み，また細菌類のシロアリに対する役割は別途詳述したように（15.3.；15.6.；28.4.；28.6.），(1) リグノセルロースの分解，(2) 空気窒素固定・窒素分のリサイクル，(3) メタン産生，(4) 共生原生生物への諸々の便宜供与といった局面が認められてきている（Hongoh, 2011）。このうち，(1) のリグノセルロース分解に関連して，高等シロアリ（シロアリ科-シロアリ亜科およびキノコシロアリ亜科）や下等シロアリ（ミゾガシラシロアリ科）から分離された放線菌 *Streptomyces* spp. がセルロースやキシランの分解能，さらには「リグニン溶解能」を持つという報告（Pasti & Belli, 1985；Pasti *et al.*, 1990；Kurtböke & French, 2008）や，キノコシロアリ亜科で強力なエンド-キシラ

ナーゼを生産する細菌が検出されたという報告（N. Liu *et al.*, 2011）は，非常に興味深い。また後述（23.）するように，低重合度セルロースやセロオリゴース，デンプン，グルコースといった糖類を下等シロアリに与えると，セルロースの本格的分解を司る原生生物が用なしとなって消失するが，下等シロアリの消化管内細菌相もこういった糖類が餌として与えられると影響を受けるとされ（Tanaka *et al.*, 2006），これは上の (1) ～ (4) のいずれもが関連する要因となる可能性を持っている。

そして今ここに第 5 の局面がある。Matsuura (2001) は，ヤマトシロアリ *Reticulitermes speratus*（ミゾガシラシロアリ科；図 14-5）に抗生物質を投与することで腸内細菌相を変え，これが同巣個体認識に影響することを示し，世界のシロアリ研究者に衝撃を与えた。ここで共生細菌相と同巣個体認識の関連性のメカニズムは未解明である。もし，シロアリの同巣個体認識が定説通り体表面炭化水素のみによっているとした場合，抗生物質投与で本来影響のないはずの腸内原生生物相が影響されることが既に示され（Mauldin & Rich, 1980），下等シロアリ後腸内の原生生物と細菌が密接な関係にあること（Radek, 1999；Breznak, 2000；Ohkuma, 2003）から，抗生物質投与による細菌相変化が原生生物相変化を引き起こし，これがシロアリ体内の脂質の変化を引き起こし（Mauldin, 1977），これがリポフォリンにより体表面へ運ばれて（Y. Fan *et al.*, 2004），体表面炭化水素組成の変化を引き起こす，あるいは共生細菌相の変化が共生原生生物相とシロアリ体内脂質の変化の両方を引き起こし，後者が体表面炭化水素組成の変化を引き起こすというシナリオが考えられる。またこのシナリオとは別に Guo *et al.* (1991) はネバダオオシロアリ *Zootermopsis nevadensis*（オオシロアリ科）において，体表面炭化水素の前駆体を消化管内の細菌類が供給するという証拠を提示している。一方 Matsuura は，シロアリの同巣個体認識に体表面炭化水素とは別の揮発性物質が「匂い」として関わっている旨示唆しており（Matsuura, 2001；Matsuura, 2003），実際 Clément & Bagnères (1998) はシロアリのコロニーのアイデンティティーに関して，これまで別々に論じられてきた非揮発性の体表面炭化水素系と揮発性のモノテルペン等のテルペン系を統合して論じており，両者は車の両輪となっている可能性がある。

シロアリと共生する細菌はシロアリ共生性真菌類とも生態学的に関連し，シロアリを入れると三者関係，非共生性侵入菌を入れると複雑な四者関係となる。その好例は，後述（22.3.；28.9.）するキノコシロアリ亜科の養菌性シロアリで，この巣ではシロアリ共生システム・リグノセルロース分解システムに直接関係する共生真菌 *Termitomyces* と，関係しない「雑草的」な真菌類が見られる。そして台湾産のタイワンシロアリ *Odontotermes formosanus* では消化管内と菌園内に見られる共生細菌 *Bacillus* spp. がこういった雑草的真菌の一種 *Trichoderma harzianum* の繁茂を抑制する働きがあるという（G.M. Mathew *et al.*, 2012）。

ところで，シロアリと系統的に近縁の *Cryptocercus punctulatus*（キゴキブリ科）で空気窒素固定が検出されたことは既に述べた（15.3.）が，同じ報告（Breznak *et al.*, 1974）で同時にこのゴキブリがメタンを発生させることも報じられている。この場合，抗生物質を投与すると空気窒素固定量は大幅に減少したが，メタン産生量には影響しなかったという。これは何を意味するのであろうか？　抗生物質の種類によって，影響を受けて消失する細菌のタクソンが異なることが知られ（例えば Matsuura (2001) の実験はこれを応用したもの），あるいはこのことと関係があるかもしれない。

同じ *Cryptocercus punctulatus* では，他のゴキブリ，およびこのゴキブリと系統的に関連す

る最も原始的なシロアリであるムカシシロアリ *Mastotermes darwiniensis* とともに，脂肪体内に細胞内共生細菌の存在が認められ，他のシロアリはこれを欠くとされている（Sacchi *et al.*, 1998）。シロアリの進化は，真社会性とともに何でもかんでも次々と新しいことを取り入れてきたと思いきや，捨て去ったものもあるのである。

次章（22.2.）で述べるキノコシロアリ亜科とその栽培対象としての共生真菌の間の関係。驚くべきことに，この細菌版が存在する。キノコシロアリ亜科の巣に片利共生的に営巣する *Sphaerotermes sphaerothorax*（Sphaerotermitinae 亜科）とその「細菌園」である（Garnier-Sillam *et al.*, 1989）（28.9. でも言及する）。

そして以上に加えるに，シロアリと細菌の共生関係に関する第6の側面が最近報告された。それはイエシロアリ *Coptotermes formosanus* において，巣内の *Streptomyces*（放線菌門）の存在が宿主シロアリの体表面寄生性真菌の発生を抑制し（Chouvenc *et al.*, 2013），さらにシロアリが持ち込んだ細菌類が宿主シロアリの体表面寄生性細菌の発生を同様に抑制する（C. Wang & Henderson, 2013）というもの。前者の場合，真菌が作り出す抗生物質が人体感染性細菌類を抑制するのと逆方向の微生物間相互作用である。

シロアリと細菌の間の関係には，まだまだサプライズがありそうである。

21.5. キバチと細菌

キバチ科は真菌類との共生が著名である（3.1., 22.5. および 22.7. 参照）が，ノクティリオキバチ *Sirex noctilio*（図 2-14）は同時に放線菌の *Streptomyces* および γ-Proteobacteria といった細菌も宿しており，前者はセルラーゼ複合体セットを，後者はヘミセルラーゼの一種を保持していることが判明している（A.S. Adams *et al.*, 2011a）。こういった細菌が持つ細胞壁多糖類分解能は，その宿主昆虫の生活史においていかなる重みと意味を持つかについては，ほとんど明らかとなっていない。あるいは単にそういった酵素を持っているだけで実際には「お飾り」的で，昆虫の食材性にほとんど寄与しないという可能性も考えられる。このあたりは今後の研究による解明にまちたい。

22. 食材性昆虫・木質依存性昆虫と真菌類

　木質の分解におけるガイアの最終兵器は微生物，とりわけ木材腐朽菌と呼ばれる子実体を形成してキノコとなりうる一連の菌類である。多様な木質依存性昆虫は，当然のこととしてこれらの真菌類と共闘相手，競争相手，もしくは天敵として密接な関わり合いを持つこととなる（Sands, 1969；Whitney, 1982）。天敵としての真菌類に関しては，シロアリ（Sands, 1969；他）や樹皮下穿孔性キクイムシ類（Whitney, 1982；Wegensteiner, 2004）について総説が見られるが，これらの真菌類はいわゆる昆虫一般病原性菌類であり，食材性昆虫・木質依存性昆虫特有のものではない。従って本書ではこの問題については詳述しない。

　ここでは菌界（＝真菌類）に属する生物のうち，昆虫と木質との関連性にからむものとして，木材腐朽菌，青変菌類，食材性甲虫類の共生酵母菌（広義）（いずれもギルドで分類群ではない）にスポットライトを当てることとする。このうち最後の酵母菌（広義）については，伝統にならいそれ以外の真菌類とは別の扱いとした。

22.1. 食材性昆虫・木質依存性昆虫と木材腐朽菌の違い・関係性

　木材とその分解性真菌類（木材腐朽菌），木材とその分解性昆虫類（食材性昆虫・木質依存性昆虫）の2関係を比べると，ほぼ似通った関係性ながら，唯一大きく異なる点は分解される木材が乾燥していても昆虫にはこれを克服して発生できるものがいるという点である。実際木材腐朽菌にはナミダタケ *Serpula lacrymans*（土居・西本，1986）のように，当初乾燥状態にあった材が床下などで湿潤状態となった場合これを分解する種が見られる。しかしこのようなケースにおける腐朽被害材はもはや乾材ではないといえる。しかるに昆虫食害の場合，純粋の乾材が乾材食害性甲虫類や乾材シロアリ類の被害を受ける。

　一方，木部穿孔養菌性キクイムシ類に関しては，その糧となる栽培菌（＝共生菌）の生存の関係で基本的に乾燥状態とは無縁である。

22.2. 食材性昆虫・木質依存性昆虫に対する真菌類の影響

　食材性昆虫・木質依存性昆虫に対する真菌類の影響は枚挙にいとまがない。これは真菌類の「遍在性」に由来するものと考えられる。

　食材性昆虫による木材の利用に際し，予め腐朽菌が侵入して材が腐朽することが昆虫に有利に働くとされ，その具体的内容は，①木材成分が分解されて代謝しやすくなる，②木材が柔らかくなって咀嚼しやすくなる，③木材の抽出成分を菌が分解して忌避因子が減少する，④有機窒素分・ミネラルなどの栄養素と炭水化物のバランス（窒素の場合はC／N比）を正して木材の栄養価を改善するといったことが挙げられている（Swift & Boddy, 1984）。

　菌類の木質に対する定着と分解の活動に先立ち，先駆者としての細菌類が空気窒素固定を行うことは既に述べた（15.6.；19.1.）が，この活動は計り知れない重要性を秘めているものと

思われる。米国・Idaho 州の森林の林床で接地状態にあった針葉樹の腐朽丸太における空気窒素固定量を計測した研究（Jurgensen et al., 1989）では，白色腐朽材の方が褐色腐朽材よりも固定量は有意に多く，これは (1) 空気窒素固定菌が可溶性糖類などの低分子有機物を栄養として必要で，それらを白色腐朽菌がより多く作り出すこと，(2) 褐色腐朽材がリグニン結合抽出成分やリグニン由来可溶性フェノール系物質をより多く含み，これらが空気窒素固定細菌の発生を阻害すること，(3) 褐色腐朽材がより酸性で，これが空気窒素固定細菌の発生を阻害することによるものと考えられた。また，米国・New Hampshire 州の亜高山帯の針葉樹立枯れ木の分解の調査（R.L. Lambert et al., 1980）では，立枯れは樹木枯死後 10 数年は窒素分を減じ，30 数年後の段階で最後の腐朽段階となって褐色腐朽菌が優勢となり，窒素分がこの時点で著しく増加し，そして腐植質となるとさらに窒素分を蓄積して他のいかなる木質よりも C／N 比が低くなったという。この褐色腐朽菌優勢下での窒素固定量の増加は，別の要因によるものと思われるが，詳細は不明である。

　なお，木材は腐朽菌によって腐朽することで C／N 比が改善されるが，増加した N は概ね菌の菌糸体の中に入っていて，これは菌が材から N を吸収して細胞内に蓄積することによる（Swift & Boddy, 1984）。この場合食材性昆虫によるこの N の利用には菌糸体細胞壁の磨砕または分解が当然必要で，菌細胞壁分解のためにキチナーゼは役立つはずである。

　一方木材腐朽菌などの微生物による CWD（粗大木質残渣）の分解に際し，N，P，およびミネラル分はこれら微生物によって吸収され激しく動かされるが，子実体が形成されるとその部分に，Ca 以外のミネラル分，N，P が一斉に吸収されて著しく濃縮され，その分木材が貧栄養化するという（Harmon et al., 1994）。また，枯木の栄養分（特に有機窒素分）はその C／N 比が腐朽菌菌体の C／N 比と同じレベルにまで低下して初めて外界へ放出されるとされる（Boddy & Watkinson, 1995）。このように菌も生きているので，虫に対する福祉とばかりはいかないようである。

　一方木材腐朽菌の代謝産物がシロアリの誘引源や摂食刺激となりうることも知られる（Esenther et al., 1961；Cornelius et al., 2003）。これに関連して，北米産ヤマトシロアリ属 Reticulitermes に関して，非常に興味深い知見がある。それはこれらの種の道しるべフェロモン（(Z,Z,E)-3,6,8-dodecatrien-1-ol；Matsumura et al., 1968）が，何と腐朽材から分離された腐朽菌代謝産物と同一物質であるということである（Matsumura et al., 1969）。さらにこの道しるべフェロモンは科をまたいで多くのシロアリに共通の化合物となり，一部の種では高濃度で性フェロモンとしても機能している（Bordereau et al., 1991；Kaib, 1999）。結局は，腐朽した材は多くのシロアリ種にとって好ましい存在であり，このことが背景となってシロアリ類の祖先がその匂いをそのまま自分たちのフェロモンとして取り込んだということになる。これはシロアリと木材腐朽菌の親密性を象徴するものである。

　実は食材性シロアリと木材腐朽菌類の関係は相当複雑で，食害材の腐朽はシロアリにとって必ずしも必要ではないとされるが（Lund, 1959；Lund, 1960），その一方シロアリは未腐朽材に木材腐朽菌を持ち込んで菌の拡散に寄与し（Hendee, 1933；Lund, 1959），木材腐朽菌はシロアリの益にも害にもなり（Lund, 1963；G. Becker, 1965；Lund, 1966；G. Becker, 1976；Amburgey, 1979；Waller & La Fage, 1987a），益になるか害になるかは例えば褐色腐朽菌という生態群の中でも一定せず（Lund, 1960；Matsuo & Nishimoto, 1974；Grace et al., 1992），しかもその効果は相当大きいとされる。また腐朽材の場合，概して木材腐朽の末期より初期が

(G. Becker, 1965；Lenz et al., 1991)，白色腐朽材よりも褐色腐朽材が（G. Becker, 1965；Swift & Boddy, 1984），シロアリにとっては好都合のようである。しかし白色腐朽材は一部の樹種を除いてイエシロアリ Coptotermes formosanus やヤマトシロアリ属のシロアリの好むところとなり（Waller et al., 1987；Cornelius et al., 2004），樹種によって腐朽の進行が選好性を増減させたという（Cornelius et al., 2004）。また，サルノコシカケ（多孔菌科）の子実体そのものにヤマトシロアリ属 Reticulitermes (ミゾガシラシロアリ科)が穿孔・発生したという観察例(Graves & Graves, 1968）や，同科シロアリが白色腐朽菌の子実体を食したという観察例（Waller et al., 1987）も見られる。以上のような複雑系的現象に対し，包括的な研究が求められる中，腐朽菌をキチリメンタケ Gloeophyllum trabeum（褐色腐朽菌）に限定し，様々なシロアリ種で世界各地で同時に試験したところ，同じ組み合わせでも結果が異なり，中程度の腐朽（重量減少率5〜10%）でシロアリにプラスで，過度の腐朽はシロアリにマイナスとなるという結果が得られている（Lenz et al., 1991）。また，イエシロアリは褐色腐朽菌の一種キチリメンタケに誘引される（Matsuo & Nishimoto, 1974）が，材内ではキチリメンタケの発生を嫌い，カビ類を用いてその繁殖を抑える（Jayasimha & Henderson, 2007a；Jayasimha & Henderson, 2007b）。恐らく，腐朽の初期はセルロースの摂取のしやすさの増大などでシロアリにとって好都合，腐朽の末期はセルロースを腐朽菌と取り合いになりシロアリにとって不都合，といったようなシナリオが考えられる。また，実験室でのシロアリの選好性・忌避性以外に，米国南部において野外での CWD 内の真菌類とヤマトシロアリ属 Reticulitermes spp. の発生の交わりを解析した研究（Kirker et al., 2012）でも，シロアリの特定菌に対する顕著な選好性・忌避性は見出しにくいという結果となっている。

軟腐朽材はシロアリに対して耐久性があり，軟腐朽菌の代謝産物がシロアリに対して生物活性があるものと考えられる（Rudman & Gay, 1963）が，詳しい研究はなされていない。

腐朽材に対してシロアリが選好性を示す場合，その要因として様々なものが挙げられているが，特に重要なものは腐朽による単糖類や二糖類の生成とされており（Saran & Rust, 2005），これは既に述べた（19.1.），細胞壁多糖類分解性腐朽菌による可溶性糖類（分解産物）の過剰生産とこれを利用する細胞壁多糖類非分解性の非菌蕈性菌類の発生（Hudson, 1968）と呼応する事実である。また，木材腐朽菌の生産する酵素が材中の抽出成分（特に芳香族化合物）を分解してシロアリ等の食材性昆虫の利用に有利に働くという指摘（M.M. Martin, 1979；Waller & La Fage, 1987b；Lenz et al., 1991；Morales-Ramos et al., 2003）は，リグニン除去との関連もあり，注目に値する。実際，樹木の抽出成分に対する耐性はレイビシロアリ科は他の科に比べて高く（Scheffrahn & Rust, 1983），これは恐らく腐朽菌による抽出成分の分解が材の乾燥で期待できないことと関係しているものとものと思われる。実際，乾材シロアリ（レイビシロアリ科）では湿材シロアリ（オオシロアリ科）や地下シロアリ（ミゾガシラシロアリ科）と比べて，加害材中の真菌類の発生は少なく，これは恐らくは材の低含水率に由来する（Hendee, 1933）。また材の腐朽に際して腐朽菌はその菌糸に栄養を溜め，腐朽材は未腐朽材よりも栄養価が高いが，菌が胞子形成するとその分栄養が取られ，腐朽材の栄養価は下がることが知られ（Swift, 1977a），シロアリ等の腐朽材穿孔性昆虫との関連で注目に値する。菌がシロアリの害になる場合のそのメカニズムについての説明はほとんどなされていないが，恐らくは菌種間の競争に資するアロモン（この場合，自分以外の菌種をやっつける物質）がシロアリにとっても毒素となるといったことであろう。

一方材の腐朽がシロアリの益になる例は，生木へのシロアリ加害の場合にも及ぶ（Sivapalan & Senaratne, 1977）。

　木材腐朽菌の他，糸状菌，すなわちいわゆるカビ類についてもシロアリに対する関係性は複雑で，シロアリを死滅させるほどの害を与える場合から，シロアリの生存率を上昇させる益を与える場合まで様々で，糸状菌の種間，種内の系統間でも傾向は異なるとされ（G. Becker & Kerner-Gang, 1964），そういったものの著名な一種 *Aspergillus flavus* について，そのシロアリに対する影響を各種株ごとに調べたところ，毒素であるアフラトキシンの量とシロアリへの害の間に関連が認められたという（G. Becker *et al.*, 1969）。また，巣内がより湿潤な環境の養菌性高等シロアリ *Macrotermes barneyi*（キノコシロアリ亜科）は，それゆえより多様な病原性菌相に対処する必要があり，そのためテルミシンというポリペプチド性抗菌物質に関して，アミノ酸配列がより多様なものを取り揃えるようになっていると報告されている（Xu *et al.*, 2009）。

　乾燥に適応し，湿潤に弱い種は，基本的に微生物フリーもしくは微生物の少ない環境にあり，彼らの湿潤に対する弱さはひとえに微生物（特に細菌類と糸状菌類）に対する弱さに関係しているものと考えられる。例として，ジャワ島中央部においてチーク生木の幹に営巣する *Neotermes tectonae*（レイビシロアリ科）のコロニーは，樹幹を伐採して林床に横倒しするとコロニーの消失を招き，材を縦割材すると消失を早め，消失の傾向は雨期の方が乾期よりも著しく，これは恐らく土壌から捕食性アリ類や競合性の他種のシロアリ類が侵入するためと考えられた（Kalshoven, 1953b）。しかし筆者は，消失の原因は土壌からの細菌類・真菌類といった微生物にあると考えている。ニシインドカンザイシロアリ *Cryptotermes brevis*（レイビシロアリ科）は典型的な乾材シロアリで，そのため糸状菌の繁茂に非常に弱い（Moein & Rust, 1992）。乾材シロアリ類は生材穿孔種も乾材穿孔種も穿孔材内部は相当清潔で，彼らは元来微生物に弱く，いずれも土壌などの微生物相の豊かな環境と接するとひとたまりもないものと思われる。これはカミキリムシ科の中で比較的乾燥に強く湿潤状態に弱いカミキリ亜科の種の生理・生態を想起させる。ただし，レイビシロアリ科に属するシロアリは全部が全部このような乾燥好きかといえば，さにあらず。生物の世界には例外が必ずあるもので，湿材に発生して真菌類（?）と共生し，そのためのミカンギア的な表面構造を一部の階級が中胸背板に持つといった風変わりな，中南米産の *Calcaritermes* という属の存在が知られている（Scheffrahn, 2011）。

　一方，カミキリムシと真菌類との関係・相性はといえば，一般にこの科は腐朽材を食するコガネムシ科と比べてより腐朽度の低い材を食し，この食性はより高等で，コガネムシ科に比べて酵素の取り揃えが豊富，かつ共生微生物の関与はより不可欠的で，消化管のpHはより酸性に傾く傾向が見られるとされている（Mishra & Sen-Sarma, 1987）。腐朽材木部穿孔性の *Ergates faber*（ノコギリカミキリ亜科）の場合，幼虫と常に共存する木材腐朽菌（*Poria vaporaria*, *P. contigua*, *Coniophora cerebella*）は，若齢幼虫に対しては成育促進作用は顕著ではないが，幼虫が成長すると顕著な促進作用を示し，これは未腐朽材への産卵と食入材のその後の腐朽という本種の生態と符合したという（G. Becker, 1943b）。また G. Becker（1968）は，針葉樹乾材木部穿孔性のオウシュウイエカミキリ *Hylotrupes bajulus* の場合，孵化幼虫の発育に対して青変菌（*Ceratostomella* 等）の影響は一定せず，軟腐朽菌では *Fusarium aquaeductuum*, *Philaophora aurantiaca* は幼虫発育速度を10～30倍に加速したが，他の菌種では無影響，糸状菌ではほとんど（*Aspergillus flavus* の数株，*Penicillium funiculosum*, *Trichoderma viride*）が

高い毒性を示し，幼虫は多くが死亡したという．M.G. White (1962b) は，オウシュウイエカミキリ孵化幼虫を青変菌5種の胞子懸濁液を散布して青変材としたオウシュウアカマツ *Pinus sylvestris* の辺材で飼育すると，無処理材と比べて発育が悪く，青変菌がカミキリムシと細胞内容物の栄養分に関して競合していることを示唆した．一方特殊な例として，*Necydalis ulmi*（ホソコバネカミキリ亜科）の発生に関し，発生材であるヨーロッパブナと *Quercus cerris* の樹洞部の腐朽菌を調べたところ，白色腐朽を引き起こす多孔菌のカワウソタケ属の一種 *Inonotus cuticularis* が特異的に見出され，この菌が *N. ulmi* の発生に密接に関連していることが示され，同属の菌の *I. nidus-pici* は関連性がまったく認められなかったが，カバノアナタケ *I. obliquus* は任意的関連性が示唆され，*N. ulmi* のこれら菌への依存は，菌糸体を窒素源にしていることによると示唆されている（Rejzek & Vlásak, 2000）．

他にカミキリムシ類では，ハナカミキリ亜科−ハナカミキリ族やフトカミキリ亜科−モモブトカミキリ族などで，成虫が真菌類を後食して栄養摂取するとされている（Butovitsch, 1939）．

Dendroctonus 等のキクイムシとも関連を持つ青変菌 *Ophiostoma* の様々な種がヨーロッパ産樹皮下穿孔性トドマツカミキリ属 *Tetropium*（クロカミキリ亜科）の発生している針葉樹立枯れ（*Tetropium fuscum* の侵入先のカナダを含む）から分離されており（Mathiesen, 1950；Jacobs et al., 2003；Jacobs & Kirisits, 2003；Jankowiak & Kolařík, 2010），*Ophiostoma* はまるで針葉樹穿孔虫の背後霊のようである．この場合，カミキリムシとこの真菌の関係性はもうひとつはっきりしない．

既に述べたように（12.2.），一次性木部穿孔性種であるツヤハダゴマダラカミキリ *Anoplophora glabripennis*（フトカミキリ亜科）の雌成虫は，産卵の際に産卵管からの分泌物とともに共生真菌を用いて宿主樹の防御反応を抑制して卵を守るとされ（田潤民(Tian, R.)・張, 2006），さらにこの種の幼虫消化管から一貫して糸状菌の一種 *Fusarium solani* が分離され，この菌がリグノセルロースの分解に関与する酵素を宿主カミキリに提供し，共生関係にあることが示唆されている（Geib et al., 2012；Scully et al., 2012）．やはりカミキリムシでも真菌類との関係は多様なようである．

次節（22.3.）でも述べるように，クワガタムシ科のコクワガタ *Macrodorcas rectus* は腐朽材木部穿孔性ながら，実際には材内の白色腐朽菌を専ら食する菌食者であることが指摘されており（Tanahashi et al., 2009），また既述（3.1.）のように，コメツキダマシ科の木部穿孔性種の幼虫でも主要な栄養源が木材腐朽菌の菌糸と考えられている（Muona & Teräväinen, 2008）．同じことは木部穿孔性ナガクチキムシ科のホソナガクチキ属 *Serropalpus* でも報告されている（Dodelin et al., 2005）．ただしこの属の種は，生立木および丸太の穿孔害虫とされる（Snyder, 1927）が，その一方で稀に乾材から遷移ユニット超越（19.1. 参照）で羽化脱出する例があり（江崎逸夫，1991），この場合は木材腐朽菌の生育は望めず，あるいは純粋の食材性と菌食性の間のスイッチングが可能な特異生態を持つのかもしれない．広葉樹木粉に白色腐朽菌のカワラタケ *Trametes versicolor* を接種し，木粉内の菌糸のキチンを定量して腐朽木粉に占める菌糸の割合を測定した研究（Swift, 1973）によると，接種15週間後には腐朽木粉の重量の半分以上を菌糸が占めるとされ，木材でも木粉と同じ状況とすると，重度腐朽材は腐朽菌菌糸と木質のほぼ等量の混合物ということになる．従って腐朽材を穿孔する昆虫は，木を喰っているのか菌を喰っているのかはっきりしないといえる（Jonsell et al., 1998）．

樹皮下穿孔性キクイムシ類，木部穿孔養菌性キクイムシ類，ナガキクイムシ類も真菌類との

関係性がとりわけ豊富で，その自然誌に様々な菌類が登場する特筆すべきグループである（升屋・山岡，2009；Six, 2012）。後二者（アンブロシア甲虫類）にとっては，その共生菌は栽培と摂食の対象であり，真菌類との関係性は誰の目にも明白である。しかし，*Dendroctonus* 属を中心とした前者のグループ（樹皮下穿孔性キクイムシ類）もこれに負けず劣らず真菌類との間にめくるめく複雑性を伴った関係を有している（Six & Klepzig, 2004；他）。

樹皮下穿孔性キクイムシの場合，付随菌の存在は古くから知られている（Craighead, 1928；Rumbold, 1931；Grosmann, 1931；他）が，宿主キクイムシと菌の対応関係は一対一対応ではなく相当複雑で，あるキクイムシが複数の菌を保持し，ある菌が複数のキクイムシ種に保持されるといった状況が見られる（Mathiesen, 1950；Francke-Grosmann, 1967；Masuya *et al.*, 2009；升屋・山岡，2009）。その中でもこれまでの研究により，針葉樹樹皮下穿孔性キクイムシ類（*Dendroctonus*, *Ips*, 一部の *Scolytus*）では解析困難な共生・競合関係が見られることが明らかになっている（Francke-Grosmann, 1963；Berryman, 1972；Owen *et al.*, 1987；Harrington, 1993；Paine *et al.*, 1997；他）。かつて Craighead (1928) は，*Dendroctonus* が「大発生モード」で宿主針葉樹を枯らす場合，葉の萎凋は3週間以内に起こり，対して環状剥皮した樹木は半年ほどは生きており，この違いは *Dendroctonus* の共生青変菌類の病理作用によるものとした。しかしそれ以外にも菌が虫に利益をもたらす可能性がある。まず菌は虫に新しい資源まで運んでもらうことで，この共生関係から明らかな利益を得ているが，虫は宿主樹の防御手段（樹脂滲出）を封じるのを菌に手伝ってもらうという利益があるはずである（Paine *et al.*, 1997；他）。しかしかつて Grosmann (1931)（これは Francke-Grosmann の旧姓）は宿主キクイムシが菌の存在に依拠していないと断言しており，このあたりの関係性はやや曖昧との感がある（Berryman, 1972）。実際，Lieutier (2002) による疑問の提示に続いて，Lieutier *et al.* (2009) や Six & Wingfield (2011) は，殺樹性キクイムシの付随菌が直接関与する樹木殺し説を否定するに至っているのである（16.4. 参照）。またこれらの非菌蕈性真菌類は分類が難しく，種名の変遷があり（Upadhyay, 1993；Harrington, 1993；Six, 2012），既往文献の比較と知見の統合に際しては注意を要する。以上により，この問題を総合的に論じることは，様々なことが原因で非常に難しいといえる。

Leach *et al.* (1934) はその先駆的研究において，レジノーサマツ *Pinus resinosa* の樹皮下穿孔性キクイムシ類の *Ips pini* および *I. grandicollis* に関連する菌類を調べ，2種の青変菌類，および酵母菌群がキクイムシ消化管を通過して後発芽するとし，共生的関係を示唆したが，これらの菌類はキクイムシの栄養にはなっていないとした。しかし同属の *I. avulsus* 成虫の消化管観察によると共生青変菌が餌となっているようであり（Gouger *et al.*, 1975），こういった共生真菌類は宿主昆虫と密接・種特異的な関係にある場合はその栄養源となる（Francke-Grosmann, 1963；Six & Klepzig, 2004）と考えてよかろう。こういったケースは Francke-Grosmann (1952b) のいう「樹皮下穿孔性と木部穿孔養菌性の間に位置する中間的なキクイムシ」（幼虫・成虫があくまで内樹皮・形成層を穿孔して木質組織の細胞内容物を栄養にするも，補助的に坑道内に菌を栽培してこれを食する種）に相当するものとも考えられる。スウェーデン中央部におけるオウシュウアカマツを加害するマツノコキクイムシ *Tomicus minor* の高齢幼虫もこれに相当して共生栽培菌に依存し，この場合樹皮下穿孔性につきものの過密による死亡率増加（密度効果）を免れるという（Långström, 1983b）。応用的に面白いところでは，トウヒ属 *Picea* を宿主とする欧州産の *Pityogenes chalcographus* の発生を抑える目的で，その餌となる真菌をター

ゲットとして殺菌剤を施用する試みなども見られる（Führer, 1980）。殺樹性キクイムシである *Dendroctonus* でも似たような話がある。*Dendroctonus* 成虫が *Ceratocystiopsis*（かつて *Ceratocystis* とされた菌）等の菌類を後食するとの記述（Coulson, 1979；Paine *et al.*, 1997）があり，さらに驚くべきことに，*D. frontalis* の中齢〜老熟幼虫は，菌器由来の種特異的共生菌2種の菌糸と胞子を食している可能性があるらしく（Klepzig *et al.*, 2001b），これはもう木部穿孔養菌性キクイムシの一歩手前の域に達していることとなる。その一方で *Ceratocystiopsis* を伴わない *Dendroctonus* の発生も可能とされる（Bridges *et al.*, 1985）。また，共生菌といえども単一ではなく，*Dendroctonus frontalis* では通常2種の共生菌が見られるが，片方だけの場合も両方ともない場合もあり，そのうちの片方は宿主のキクイムシの増殖率や次世代生存率の増加に貢献し，もう一方は少なくとも平常モードではあまりキクイムシのためにならないというようなことが報告されている（Franklin, 1970；Bridges, 1983）。ここに言及される *Ceratocystiopsis* は担子菌類であるが，*Dendroctonus* は子嚢菌類の *Entomocorticium*（16.4. 参照；本節で後述）とも密接な関連性を有し，これを餌としているという報告もあり（Hsiau & Harrington, 2003），話は複雑である。逆にアンブロシア甲虫(木部穿孔養菌性)の系統に属しかつその穿孔様式を持ちながら，共生菌を餌とはしていない（従って食材性？の）種も存在するようである（Kalshoven, 1964）。

既に触れたこと（2.4.；16.4.）とも関連するが，北米産の *Dendroctonus frontalis* では，その菌器内の種特異的共生菌2種と準自由生活性青変菌類との取り合わせにおいて，菌が発生材の含水率を下げて宿主キクイムシの発生の素地を作るとされる（Nelson, 1934；J.W. Webb & Franklin, 1978）。しかしその一方で，菌類の発生に起因して発生内樹皮部の可溶性糖類含有量が大幅に減少し（Barras & Hodges, 1969），可溶性の遊離アミノ酸含有量も減少するが，タンパク質，不溶性有機窒素分，全有機窒素分は逆に増加し（Hodges *et al.*, 1968b），全体としてこの青変菌が単独で生える状況はキクイムシにとってマイナスになるとされる（Barras, 1970；Klepzig *et al.*, 2001b）。しかし北米産の *D. ponderosae* は昆虫と菌類の複雑な共生関係の真の頂点にあるともされ，宿主たるこのキクイムシ，青変菌類2種，および酵母菌類2種の3群は三角形の相利共生関係にあるという（Whitney, 1971）。これは下等シロアリとその後腸内の原生生物，細菌類の三者関係を思い起こさせる。しかし三者関係といってもこれはシロアリにおけるような説明しやすい関係性とはやや様相を異にするものである。青変菌類などの病原性菌類との間で，菌が内樹皮に発生することで有機窒素分が増してキクイムシを利する（Bleiker & Six, 2007），さらには昆虫にとって必須にして自前合成不能のステロール類（2.2.7. および15.9. 参照）の供給に *D. ponderosae* と *D. rufipennis* の共生菌（*Ophiostoma*, *Leptographium*）が役立っている（Bentz & Six, 2006）とする報告もある。逆に *Ips pini* の共生菌が生産する物質が，このキクイムシの天敵（コガネコバチ科の捕食寄生者とアシナガバエ科の捕食者）にとってカイロモンとなり，キクイムシが捕食もしくは捕食寄生されるとの報告（Boone *et al.*, 2008）もある。

Dendroctonus frontalis の場合，*Ceratocystiopsis ranaculosus* と *Entomocorticium* sp. という2種の種特異的共生菌をその菌器に宿し，これらの菌が宿主キクイムシ食入内樹皮組織中の食餌室付近における有機窒素分倍増濃縮というとんでもない裏技をやってのけ，そのお陰で相当このキクイムシは助かっているが，同時に食入組織に発生する *Ophiostoma minus* は，当初は共生関係にあるも，後にこのキクイムシと栄養分に関して競合するに至るようである（M.P. Ayres *et al.*, 2000；Klepzig *et al.*, 2001b；Six & Klepzig, 2004）。そしてこのキクイムシは，こ

れらの菌をその菌器によってある程度制御しているようである（Barras & Perry, 1972）。また既述（14.3.1.）のように *D. frontalis* の共生性真菌の一種 "*Entomocorticium* sp. A" はエンド-グルカナーゼとエクソ-グルカナーゼを生産するようで（Valiev et al., 2009），宿主キクイムシの木材成分利用にも関与しているかもしれない。既に（16.4.）言及した *Dendroctonus frontalis* や *D. ponderosae* に見る様々な共生微生物，関連微生物，ダニの相互関連的多角関係（Bridges & Moser, 1983 ; Klepzig *et al.*, 2001a ; Klepzig *et al.*, 2001b ; Hofstetter *et al.*, 2006 ; Hofstetter *et al.*, 2007 ; A.S. Adams *et al.*, 2008 ; Hofstetter & Moser, 2014）もまさにこういった複雑系の一側面である。さらに既述（21.3.）のように *Dendroctonus* では，成虫の口器や菌器に細菌類が含まれ，この一部が生産する抗菌物質のおかげで宿主 *Dendroctonus* にとってマイナスとなる真菌類の食坑道内での繁茂が抑えられるという報告もある（Cardoza et al., 2006b ; J.J. Scott et al., 2008）。これは新たな多角関係である。一方 *Ips* 属の場合，これにつきまとう青変菌 *Ophiostoma ips*（= *Ceratocystis ips*）による発生に対する影響はほとんどなく（Yearian *et al.*, 1972），また上述のようにこれが餌になる（Gouger *et al.*, 1975）ともされている。なお後述するように，こういった青変菌類は，宿主樹に対して病原性を発揮する樹病病原体でもある（Francke-Grosmann, 1963）。

　木部穿孔養菌性キクイムシにおける諸菌類との連合体（Haanstad & Norris, 1985）（16.4. 参照）は，こういった樹皮下穿孔性キクイムシ類の小宇宙と軌を一にし，起源を同じくするシステムとも考えられる。

　結局樹皮下穿孔性キクイムシ類とそれに関連する菌類の間の関係性は，恐らくは菌の多様性もあいまって非常に複雑で，単純な説明を拒む性格のものといえよう。また *Dendroctonus* の場合は一次性ゆえに植物も生きていて主体性を持つので，キクイムシ・種特異的共生菌・非種特異的共生菌・針葉樹といった多角関係解析が必要であろう（Franceschi *et al.*, 2005）。

　さらに近年，アラスカ産の樹皮下穿孔性キクイムシ *Dendroctonus rufipennis* の成虫において，線虫 *Ektaphelenchus obtusus* が後翅に生じた特殊器官（「ネマタンギア」）の中に見出され，その共生菌 *Ophiostoma*，およびその共生酵母（*Candida*, *Pichia*）も加わった非常に複雑な多角関係が示唆されている（Cardoza *et al.*, 2006a）。この場合，他の樹皮下穿孔性キクイムシ種（*D. ponderosae*, *Ips pini*）には線虫は見られるものの，このような器官は見られなかったという。このネマタンギアは，植物における虫瘤（ゴール）を想起させるものである。

　こういった樹皮下穿孔性キクイムシ類と密接な関連性を持つ糸状菌類。これがその他の食材性昆虫と関連性を見せる場合がある。日本などでアカマツやクロマツの集団枯損現象を引き起こす殺樹性線虫種マツノザイセンチュウ *Bursaphelenchus xylophilus* を媒介するマツノマダラカミキリ *Monochamus alternatus*（カミキリムシ科-フトカミキリ亜科；図10-2b）（10., 16.5. および 24. 参照）は，その成虫の鞘翅表面がしばしば黒っぽく不規則に汚れていることが多い。これは *Ceratocystis* 属の青変菌が成虫に取りついたためで，こういった菌（*Ceratocystis*, *Ophiostoma*）は樹皮下穿孔性キクイムシ類の他にマツノマダラカミキリによって媒介され，そして枯れたマツの材に棲息するマツノザイセンチュウの餌となっているという（Maehara, 2008 ; 前原, 2012）。「松くい虫」現象は，宿主樹のマツ，これを枯らせるマツノザイセンチュウ，これを媒介するマツノマダラカミキリの三者関係に基づく現象とよく言われるが，実はこれにこういった真菌類を加えた四者関係に基づく現象であり，さらにこの真菌類にはカミキリムシの病原菌，線虫の捕食菌というものも含まれ，真菌類の関わりは複雑かつ重要なものだっ

たのである（前原，2012）。

　木部穿孔養菌性キクイムシ類（アンブロシア甲虫類）については後述する（22.7.）。

　乾材害虫と菌類との関係はどうか？ そもそも乾燥材には木材腐朽菌は発生できず（Amburgey, 1972），従って乾燥材が菌害を受けているということは，生材状態で感染し，もしくは乾材からいったん湿潤状態となって腐朽菌に感染し，その後材が乾燥したことを意味する。そういう制約下での話ゆえに，乾材害虫の発生に及ぼす菌類の影響については知見が少ない。カミキリムシ科のオウシュウイエカミキリについては本節上述の通りであるが，特に重要かつ著名なのはシバンムシ科の *Xestobium rufovillosum* である。この種は広葉樹特にナラカシ属 *Quercus* の乾材，そして特に歴史的建築物などの古乾材を専ら選好し（Belmain *et al.*, 1998），また特に褐色腐朽（およびある程度は白色腐朽）の被害の見られる広葉樹建築材を好み，その要因として腐朽による材の硬さの軽減と有機窒素分の含有量の増加が挙げられており（R.C. Fisher, 1941；Bletchly, 1966），成虫は腐朽材の抽出物に誘引される性行を示す（Belmain *et al.*, 2002）。また既に述べたように（14.5.），この種の腐朽材選好性は，腐朽による強度低下で穿孔に際する物理抵抗が減じることに関連するとされている（W.G. Campbell & Bryant, 1940）。いずれにせよ，乾材と腐朽は元来相容れないものであり，そういう意味ではこの種は純粋の乾材害虫とはいえないかもしれない。英国産の腐朽材木部穿孔性種 *Euophryum confine*（ゾウムシ科－キクイゾウムシ亜科）でも同様のことが知られ，腐朽で材が硬さを減じることで食害できるようになるという（Green et al., 2004）。なお *Xestobium rufovillosum* は，古乾材に発生した後，突如としてその発生が止むことが知られ，その理由は謎とされる（Maxwell-Lefroy, 1924）。一方同じ科のイエシバンムシ *Anobium punctatum* でも，褐色腐朽菌，白色腐朽菌，軟腐朽菌のいずれもがその発育にプラスになるようで（Bletchly, 1966），また腐朽菌ではないが，青変菌による（?）材の青変部に成虫が集中して産卵したとする記述も見られる（C.G.W. Mason, 1952）一方で，青変菌を接種した材の試験では，材の青変で産卵数・幼虫発生数は増えるが，幼虫発育は格段に悪くなるという結果も見られる（Bletchly, 1969）。基本的にシバンムシ科の食材性種は，マツザイシバンムシ *Ernobius mollis*（マツ属丸太の樹皮下穿孔虫）（図14-3）を除き，純粋の「古乾材」（19.1. で述べた「相"y"」）の木部穿孔性であるが，古乾材というものは歴史的，文化財的な側面を有するもので，その長い歴史の中のいわばある「一瞬」にシバンムシの食害を受け，文化財として材が保存される中でこの食痕もその後ずっと保存される。というわけで，古乾材でシバンムシ類が現在進行形で食害している場面には滅多にお目にかかれるものではない（岩田, 1997）。このことは，*Xestobium rufovillosum* の食害が突如止むということ，さらにはカツラクシヒゲツツシバンムシ *Ptilinus cercidiphylli* やオオナガシバンムシ *Priobium cylindricum* などが突発的に大発生するという現象（12.9.）と符合する。筆者はこういった，「いつの間にか現れ，突如消える」という発生パターンが，腐朽に関連した，材の何らかの化学的状態が関係しているのではないかと見ている。しかし170年，340年，510年が経過した同所的アカマツ古材（和歌山県海南市の寺院）を加害するケブカシバンムシ *Nicobium hirtum*（図14-4）の場合，経過年数が多いほど被害が激しくなることが報告されており（斎藤幸恵・他, 2008），これは一片の材がその歴史の中でシバンムシに食害されるのが一回きりでないことを示唆している。シバンムシ科の食材性種による食害様式，特に何時いかなる理由で食害が起きるのかということは，非常に興味深い研究課題である。

　一方純粋の乾材害虫であるヒラタキクイムシ類と菌類との関係に関して Cymorek (1966) は，

ゾウムシ科−ナガキクイムシ亜科およびキクイムシ亜科木部穿孔養菌性種（アンブロシア甲虫）と共生する青変菌類による変色部に対しては，ヒラタキクイムシ類幼虫は選好性と忌避性という相反する2つの反応を見せ，忌避性はデンプン含有量の減少，選好性は菌の発生によるタンパク質含有量の増加が原因と考えられるとしている。下等シロアリについても，樹皮下穿孔性キクイムシ関連の青変菌類による変色材を選好するとの報告が見られる（Little et al., 2012b）。なお，コフキサルノコシカケ Ganoderma applanatum などの木材腐朽菌，カエデ類の樹幹上の傷に侵入した各種真菌類は，周辺の木部組織からN，P，Ca，Mn，Cuなどの元素を集めて濃縮することが示されており（Basham & Cowling, 1976），こういった栄養操作活動は当然食材性昆虫類の発生に影響することが考えられる。しかしこういった菌による栄養分移送は，材に主体性がある場合とない場合（樹木の生死）で内容が異なることが予想され，現象は相当複雑である。

　キノコシロアリ類とその栽培菌との関係もこの文脈，すなわち「菌が料理した木材をシロアリが喰う」という目で見る必要があろう（Swift & Boddy, 1984；T.G. Wood & Thomas, 1989）。
　なお既述（2.2.7.）のように，内樹皮および辺材中に存在し蓄積される遊離アミノ酸はアルギニンとグルタミンが中心で（Nordin et al., 2001），意外と偏った内容であるが，これを利用する昆虫はその偏りを是正して必要なアミノ酸群を一通り取り揃える必要がある。そして，これに関しても真菌類のお世話になっていることが想定される。しかしそういった予想・報告は見られない。今後の研究進展にまちたい。

22.3. 真菌類と食材性昆虫の相性：クワガタムシとシロアリを代表例として

　以上を踏まえた上で，食材性昆虫と菌類の相性関係を見ていくこととする。上述のように（22.2.）腐朽材とは木質と木材腐朽菌菌糸の混合物であり，これに専ら発生する昆虫はまさに木材と木材腐朽菌の双方に依存している存在である。これらの中で，そのポピュラリティーゆえに代表的な存在となっているのが鞘翅目−コガネムシ上科−クワガタムシ科である。荒谷は日本産各種クワガタムシの発生材を分析し，多くのクワガタムシ種は腐朽タイプ（白色，褐色，軟）に無関係に発生するが，一部の種は褐色腐朽材（ツヤハダクワガタ Ceruchus lignarius，マダラクワガタ Aesalus asiaticus），軟腐朽材（コルリクワガタ Platycerus acuticollis）に専ら発生するとした（Araya, 1993a；Araya, 1993b；荒谷, 2002）。N.P. Krivosheina（1991）も，旧ソ連における研究で類似の結論を得ている。オーストラリア・Queensland州北部熱帯林産のニジイロクワガタ Phalacrognathus muelleri は専ら白色腐朽材に発生するようである（G.A. Wood et al., 1996）。また東南アジア産のクワガタムシ科各属も白色腐朽材・褐色腐朽材別で棲み分けを見せ，特にネブトクワガタ属 Aegus については，高地産小型種（好白蟻巣性）は褐色腐朽材に，低地産大型種（非好白蟻巣性）は白色腐朽材に発生するとされ（荒谷, 1994），一方オーストラリア・Queensland州北部熱帯林産の同属種は褐色腐朽材に発生するようである（G.A. Wood et al., 1996）。さらにニューギニア産ツツクワガタ属 Syndesus の一種の発生材は，針葉樹・広葉樹を問わずすべて褐色腐朽の末期段階の材であったという（荒谷, 1998）。一般に褐色腐朽材は，その腐朽初期に恐らくはシュウ酸が蓄積されることにより，クワガタムシ類には好まれない材といえる（荒谷, 2002）。一方，元来褐色腐朽材はセルロース含有量が低下した材で

あり，その分炭水化物源としては劣化した餌であるが，ツヤハダクワガタの褐色腐朽材選好性については，褐色腐朽材中の豊富なリグニンの利用は否定され，白色腐朽材中のキシロースが成長阻害因子となっていることが示唆されている（荒谷，2002）。またコクワガタ *Macrodorcas rectus* は白色腐朽材で発育がよく，特にヤケイロタケ *Bjerkandera adusta* が重要で，何と幼虫はこの菌の菌糸体を専ら栄養源としているといってもよいという実験結果が出ている（Tanahashi *et al.*, 2009）。上述のように場合によっては腐朽材の実質はその半分以上が木材腐朽菌菌体なので，クワガタムシは生態的には食材性昆虫ながら，生理的には食菌性昆虫ということになるかもしれない。

　一方同じコガネムシ上科のコガネムシ科−トラハナムグリ亜科では，トラハナムグリ族 Trichini で幼虫発生材が白色腐朽材に若干偏ることが，鈴木（2011）の報告などから見てとれる。

　なおコガネムシ上科のクロツヤムシ科では，*Odontotaenius disjunctus* などの成虫の後腸に *Leidyomyces attenuatus* などの真菌類が見出されている（Lichtwardt *et al.*, 1999；J.B. Nardi *et al.*, 2006）。

　甲虫ではこの他数多くの腐朽材木部穿孔性種が見られる。例えば，最も原始的な甲虫類である始原亜目のチビナガヒラタムシ *Micromalthus debilis*（チビナガヒラタムシ科）が褐色腐朽材と白色腐朽材の両方に発生するとされ（Kühne & Becker, 1976），同亜目のナガヒラタムシ科の種は褐色腐朽材にのみ発生するとの記録が見られる（福田彰，1941）。コメツキムシ科−アカコメツキ属 *Ampedus* の種は樹洞性が多く，一部の例外を除き褐色腐朽材に発生することが知られる（Iablokoff, 1943；Speight, 1989）。またゴミムシダマシ科では *Xylopinus*, *Uloma*, *Alobates* の各属の種はそれぞれ軟腐朽材，褐色腐朽材，白色腐朽材に発生するという（Savely, 1939）。さらに旧ソ連における観察では，*Toxotus cursor*（ハナカミキリ亜科−ハイイロハナカミキリ族）や *Cryptocercus relictus*（ゴキブリ目−キゴキブリ科）が褐色腐朽材に発生，ナガクチキムシ科やゾウムシ科，さらには双翅目で白色腐朽材に発生する種が見られるという（N.P. Krivosheina, 1991）。双翅目ではさらに，食材性を明瞭に示すクロバネキノコバエ科 Sciaridae の幼虫は，褐色腐朽材への明らかな選好性を見せるようである（Tuomikoski, 1957）。またオーストラリア・Tasmania 州でユーカリノキ属丸太腐朽部穿孔虫の発生を調べた研究（Yee *et al.*, 2006）では，*Dohrnia*（カミキリモドキ科），*Dryophthorus*（ゾウムシ科−オサゾウムシ亜科），*Prostomis*（デバヒラタムシ科），*Cossonus*（ゾウムシ科−キクイゾウムシ亜科），*Syndesus*（クワガタムシ科）といった褐色腐朽材を好む種が多い中，*Enneaphyllus aeneipennis*（ノコギリカミキリ亜科−Meroscelisini 族）は白色腐朽材に発生するとされている。

　腐朽材を好むのはシロアリ類でも同じである。しかしこれも種や分類群によって様々な度合いがあり，これはまさに上述（19.1.）の木材食害虫の遷移現象の根幹を成している。既に述べたように（22.2.），シロアリは白色腐朽材は苦手で，褐色腐朽材を最も好み，軟腐朽材は未腐朽材よりよく食べるとされる（G. Becker, 1976）。この現象は，褐色腐朽が主として針葉樹材，白色腐朽が主として広葉樹材という関係性がからみ，その因果関係の詳細は不明である（逆に白色腐朽材が好まれるとする報告も見られる（Cornelius *et al.*, 2004））。

　キノコを栽培するキノコシロアリ類は，木材や枯草などを採餌行動で獲得し，弱い消化の後の糞を巣に溜め込み，これに共生真菌 *Termitomyces* が生え，リグノセルロースの分解と窒素分の増加をもたらし，この菌をシロアリが食し，邪魔な真菌（*Xylaria* など）はシロアリに排除されて共生菌の純粋培養が成り立つ，というのが一般化されたシナリオである（Batra &

Batra, 1979；R.J. Thomas, 1987；T.G. Wood & Thomas, 1989；Bignell, 2006；Z. Wang et al., 2011)。この分解過程は，非常に強力かつ地球上におけるリグノセルロース分解過程の中で最も「凝った」システムである。この「栽培共生菌」は白色腐朽菌に属し，リグニン分解能を有する (Mishra & Sen-Sarma, 1979a) が，この能力をキノコシロアリ類が利用しているとする見解が多い (Grassé & Noirot, 1958；Ohkuma et al., 2001b)。しかしキノコシロアリ亜科の種とその共生菌の関係は非常に多様で，共生菌の性格はキノコシロアリ亜科の属や種ごとに大きく異なり，その一般化は困難である (Rouland-Lefèvre, 2000；Hyodo et al., 2003；de Fine Licht et al., 2007)。ただし養菌性のキノコシロアリ属 Macrotermes (図11-1) は同化効率，生産効率，生産量対バイオマスの比の3値が他のシロアリと比べて高く (Deshmukh, 1989)，また乾燥地で水分獲得能力を発揮し (Bignell, 2006)，栽培菌との共生がこれらに顕著に貢献（または関係）していることは確かであろう。なお，亜科全体への一般化はすぐには無理であるが，タイワンシロアリ属 Odontotermes ではその消化管にセルラーゼはなく，かわりにエネルギー源としてのグルコースを得るのに菌体のトレハロース（α-1,1結合の二糖）を分解するトレハラーゼを有し，これでグルコースを得ているとされる (Tokuda et al., 2005；Tatun et al., 2014)。

この真菌との共生システムの起源はというと，その手前の段階の下等シロアリの中でも比較的高等な，巣と餌場が離れた「セパレート型」(16.13., 23. および28.5. 参照) のイエシロアリ属 Coptotermes （ミゾガシラシロアリ科）などが考えられる。これらの種ではカートン巣材 (28.7. 参照) の中に微生物が豊富で，これが窒素分をカートン巣材内に濃縮し，これをシロアリが摂食することで窒素分を得ている可能性があるが，これがキノコシロアリ亜科（ミゾガシラシロアリ科からシロアリ科への進化の通過点）の養菌性への進化のきっかけとなり，ここでミゾガシラシロアリ科の消化管の機能が「体外延長」され，そうすることで下等シロアリ特有の原生生物の生存が損なわれ，シロアリ体外で生存できる真菌類がこれにとってかわり Termitomyces へと進化したというシナリオである (Eggleton, 2006)。

なお，キノコシロアリ亜科の種の共生菌 Termitomyces はあくまで真菌なので真菌を殺す殺菌剤に弱く，室内人工飼育下の Microtermes の場合もその餌にこの手の薬剤を混入すると共生菌が衰退してシロアリに影響が及び (El Bakri et al., 1989)，サトウキビの根を食害する Ancistrotermes guineensis についても，畑への殺菌剤の施用でサトウキビの収量が増加するという (Rouland-Lefèvre & Mora, 2002)。諺に曰く，「将を射んと欲すれば先ず馬を射よ」。

真菌類とシロアリの関係の中でもうひとつ特筆すべきは，「ターマイトボール」（好白蟻性球形菌核菌）の，ヤマトシロアリ属各種 Reticulitermes spp.，イエシロアリ Coptotermes formosanus (以上，ミゾガシラシロアリ科)，タカサゴシロアリ Nasutitermes takasagoensis（シロアリ科－テングシロアリ亜科）の巣への居候（片利共生，または寄生）である (Matsuura et al., 2000；Yashiro & Matsuura, 2007；Matsuura & Yashiro, 2009；Matsuura & Yashiro, 2010；他)。この菌はミゾガシラシロアリ科（下等シロアリ）関連種とシロアリ科（高等シロアリ）関連種で起源を異にし（従って平行進化），シロアリの巣にあってはその卵の短径を少々上回る値を直径とする球形であり，卵と同じ物質を表面に持ち，つまり幾何学的および化学的の両面でシロアリの卵に擬態している。ヤマトシロアリ R. speratus (図14-5) では卵がリチゾーム（細菌性タンパク質の分解酵素）と β-グルコシダーゼ（セルラーゼの一種）を持ち，卵表面のこれらの酵素の存在は職蟻による同胞卵としての認知に役立ち，これはまさに「卵認知フェロモン」と

して働いている（Matsuura et al., 2009）。そして何と，この卵に擬態した好白蟻性菌核菌（いわゆる「ターマイトボール」）はリゾチームに加え，本来のセルロース分解性菌としての出自を利用してβ-グルコシダーゼをも生産し，この場合両酵素は擬態に資するアロモンに他ならない（Matsuura et al., 2009）。これらの酵素は情報化学物質として働いており，その点で生物学的に特異であろう。これで話は終わらない。何とヤマトシロアリの女王物質（同巣の非生殖階級個体が女王へと分化するのを抑制するフェロモン）が同時に抗菌活性を有し（というよりはむしろ，最初に抗菌性アロモンとして登場し，後にフェロモンとしても働くようになったようであり），この「ターマイトボール」を含む様々な真菌の発生を抑えるという（Matsuura & Matsunaga, 2015）。シロアリにとってややマイナスとなるこの手の鬱陶しい菌に対して，シロアリは決して騙されっぱなしではないようである。土壌内で真菌類と密接に共存してきた地下性シロアリならではの話である。

22.4. 微生物に対する食材性昆虫・木質依存性昆虫の影響

微生物に対する食材性昆虫・木質依存性昆虫の影響で最も重要なのは，昆虫による菌類・細菌類などの微生物の木質への持ち込みであり（Swift & Boddy, 1984），これがなければこれらの微生物の木質内での繁殖はままならない。これは，密接な共生関係にある微生物の「予定された接種」の場合もあれば，体表面の単なる「汚れ」として非共生微生物が紛れ込む場合もあり，最初の入植昆虫が何かで，空気窒素固定性細菌が入るか否かが決まり，これがその後の木質分解の方向性を決めるという見方もある（Schowalter et al., 1992）。

一方，食材性昆虫は上述（22.2.；22.3.）のように栄養面などで化学的に，さらに材の軟弱化などで物理的に木材腐朽菌の恩恵を受けるが，腐朽菌の方でも，内部表面積の増加による繁殖への便宜，胞子の散布等の面で食材性昆虫から恩恵を受けている（Swift & Boddy, 1984）。枯木と食材性昆虫のフラス（虫糞＋嚙りカス；木粉状）を微生物が分解するのを比較した結果では，後者の方がはるかに分解が早いとされ（Swift & Boddy, 1984），木質の分解における昆虫と微生物の相乗効果が見られるといってよい状況が見られる。

食坑道にフラスを詰めないタイプのカミキリムシ種の場合，この食坑道が木材内部への木材腐朽菌の侵入口となり，腐朽菌が材を富栄養化し，木質分解における菌と昆虫の間での一種の「共闘」が見られる（Leach et al., 1937）。また，米国においてナラ類 Quercus spp. の白色腐朽菌・褐色腐朽菌による腐朽被害は，Enaphalodes rufulus（カミキリ亜科），Goes tigrinus（フトカミキリ亜科），Prionoxystus robiniae（ボクトウガ科）といった一次性穿孔虫による食坑道から菌が侵入することによって生ずるとされている（Berry, 1978）。またフィンランドにおける研究で，ドイツトウヒ Picea abies の丸太への穿孔虫（特に樹皮下穿孔性キクイムシ類）の活動が丸太内の真菌相に大きく影響することが実験的に示されている（M.M. Müller et al., 2002）。

一方，後述するように北米産の Buprestis aurulenta（タマムシ科；大型種）は乾燥耐性を持ち，しばしば乾材から羽化脱出する種であるが，そのような一見菌類とは無縁とおぼしき種でも，調べてみると成虫の体軀上や付属肢上，さらには消化管内に結構真菌類を保持しているようである（Garcia & Morrell, 1999）。このことは，食材性昆虫はいかなる場合でも真菌類などの微生物の木材間での伝播者となりうることを示唆している。

一方既述（15.6.）のように，下等シロアリが地面に横たわる木材を食する際，侵入細菌類の空気窒素固定の働きによる材の富栄養化の働き（Seidler et al., 1972；Sharp & Millbank, 1973；Aho et al., 1974）が契機となり，木材腐朽菌が土壌から材へと物質移送活動を行い，有機窒素が持込まれて木材が腐朽し，これがシロアリにとって重要な窒素源となる（Hungate, 1941）。

22.5. 植物病原体と食材性昆虫・木質依存性昆虫：媒介の問題

　日本における上述（10.）の「松くい虫」現象，すなわち針葉樹二次性穿孔虫であるマツノマダラカミキリ Monochamus alternatus（カミキリムシ科－フトカミキリ亜科；図 10-2b）が健全マツの枝を後食する際に病原性の外来種マツノザイセンチュウ Bursaphelenchus xylophilus を媒介・接種することで起きるマツ類集団枯損は，樹木・木材に関連性を有する直接的病原生物としての微生物・微小動物とそれを媒介する穿孔虫の共力的樹木加害としては，その直接的病原生物が線虫であること，その線虫が外来種であることの2点で，極めて特異である。また甲虫が媒介する線虫が樹木に病原性を発揮する点でも，ココヤシなどの枯損を引き起こす線虫の一種 Bursaphelenchus cocophilus とその媒介昆虫 Rhynchophorus palmarum（ゾウムシ科－オサゾウムシ亜科）（Giblin-Davis, 1993；Griffith et al., 2005）以外には例がなく，これまた非常に特異と言える。本章は真菌類を扱っているが，マツノザイセンチュウの話が出たついでに，他の植物病原性線虫と食材性昆虫との関連について触れると，まず既述（12.8.）のように，パナマ運河地帯（旧米領）および米国・Florida 州では Coptotermes niger（ミゾガシラシロアリ科）によりココナツに対する red ring disease 病原性の線虫種 Rhadinaphelenchus cocophilus が媒介されるとされた（Snyder & Zetek, 1924；Esser, 1969）が，その後これをフォローする研究はなく，何らかの誤りであった可能性もある。

　ではこのような木材穿孔虫と共生的な組み合せを成す直接的病原生物は通常はいかなるものであろうか？　それは病原性菌類である。この場合，特に｛針葉樹，病原性青変菌類，樹皮下穿孔性キクイムシ類｝という組み合わせが目立つが，広葉樹が関わる例も見られ，後者は前者と発病機構などの点で大きな違いがあるとされる（升屋・山岡，2009；升屋・山岡，2012）。樹木・病原性菌類・昆虫一般におけるこういった関係を見渡した場合，圧倒的に食材性昆虫・木質依存性昆虫，特に生活環の短いキクイムシ亜科などのゾウムシ科の種が関与する場合が多く，また針葉樹・広葉樹を問わず多くの場合，昆虫と菌の関連性は，キバチ類や木部穿孔養菌性キクイムシ類を除いて共利共生の段階にまでは至っていないものが多い（Webber & Gibbs, 1989）。

　例を挙げると，まず針葉樹の関連では，(A-1) Scolytus ventralis（針葉樹樹皮下穿孔性）と Ceratocystis spp.（針葉樹病原性菌）（Berryman, 1972），(A-2) ヤツバキクイムシ Ips typographus japonicus 等各種樹皮下穿孔性キクイムシ類と Ophiostoma penicillatum, O. europhioides 等の病原性菌（日本における北方系針葉樹枯損）（Y. Yamaoka et al., 2000；Y. Yamaoka et al., 2004），(A-3) Ips cembrae（ゾウムシ科－キクイムシ亜科；樹皮下穿孔性；次項カラマツヤツバキクイムシ I. subelongatus の置換種）と病原性随伴青変菌 Ceratocystis laricicola（スコットランドにおけるカラマツ属の枯損）（Redfern et al., 1987），(A-4) カラマツヤツバキクイムシ

I. subelongatus（ゾウムシ科－キクイムシ亜科；樹皮下穿孔性）と病原性随伴青変菌 *Ceratocystis fujiensis*（本州におけるカラマツ枯損）(Y. Yamaoka *et al.*, 1998；Marin *et al.*, 2005)，(A-5) 米国・California 州におけるラジアータマツ *Pinus radiata* を含むマツ属数種に発生する樹皮下穿孔性キクイムシ類 *Pseudips, Ips, Pityophthorus,* 等とそれが媒介する漏脂胴枯病菌 *Fusarium circinatum*（= *F. subglutinans*）(J.W. Fox *et al.*, 1991b；Storer *et al.*, 2004；他)，(A-6) マツノキクイムシ *Tomicus piniperda*（成虫は新条穿孔性）等の樹皮下穿孔性キクイムシ類と病原性随伴青変菌 *Leptographium wingfieldii*（欧州・北米におけるマツ類枯損）(Jacobs *et al.*, 2004)，(A-7) *Hylobius* spp.（アナアキゾウムシ族），*Pissodes nemorensis*（キボシゾウムシ族）などのゾウムシ科－アナアキゾウムシ亜科諸種，ならびに地下性シロアリと根部病原菌 *Leptographium procerum* および *L. terebrantis*（米国におけるマツ科苗木の枯損病）(Wingfield, 1983b；Nevill & Alexander, 1992；Riggins *et al.*, 2014)，(A-8) バルサムモミ *Abies balsamea* の枝を後食するヒゲナガカミキリ属 *Monochamus*（フトカミキリ亜科－ヒゲナガカミキリ族）2種成虫とそれが媒介しうる胴枯病病原性菌類 (Raymond & Reid, 1961)，(A-9) 欧州産オウシュウアカマツ *Pinus sylvestris* の枝を後食する *Monochamus galloprovincialis*（フトカミキリ亜科－ヒゲナガカミキリ族）成虫とそれが媒介しうる *Ophiostoma* 属などの病原性菌 (Jankowiak & Rossa, 2007)，(A-10) ニュージーランドなどにおける外来種ノクティリオキバチ *Sirex noctilio*（図2-14）および日本産のニトベキバチ *S. nitobei*（膜翅目－キバチ科）等と病原性木材腐朽菌 *Amylostereum areolatum* 等（マツ類の集団枯損または単木枯損）(Talbot, 1977；小林享夫・他, 1978；Gilbertson, 1984；Webber & Gibbs, 1989；Ryan & Hurley, 2012)，といった例が，さらに広葉樹の関連では，(B-1) セスジキクイムシ *Scolytus multistriatus, S. scolytus, S. schevyrewi, S. pygmaeus, Hylurgopinus rufipes,* 等の広葉樹樹皮下穿孔性キクイムシ類と，ニレの立枯れ病菌 *Ophiostoma ulmi* および *O. novo-ulmi*（世界四大樹病のひとつとしての欧州・北米におけるニレの立枯れ病）(C.W. Collins *et al.*, 1936；Parker *et al.*, 1948；Finnegan, 1957；Webber & Brasier, 1984；Webber & Gibbs, 1989；Webber, 1990；Basset *et al.*, 1992；Webber, 2004；Negrón *et al.*, 2005；Jacobi *et al.*, 2007)，(B-2) *S. intricatus*（ゾウムシ科－キクイムシ亜科；樹皮下穿孔性）とナラ類病原性菌 *Ophiostoma* spp.（旧ソ連におけるナラ類枯損）(Edel'man & Malysheva, 1959)，(B-3) カシノナガキクイムシ *Platypus quercivorus*（ゾウムシ科－ナガキクイムシ亜科；木部穿孔養菌性）とナラ類病害性菌 *Raffaelea quercivora*（本州におけるミズナラ・コナラ集団枯損）(Kubono & Ito, 2002；Kinuura & Kobayashi, 2006；小林正秀・他, 2008)，(B-4) *Platypus koryoensis*（ナガキクイムシ亜科；木部穿孔養菌性）とナラ類病害性菌 *Raffaelea quercus-mongolicae*（韓国におけるナラ類集団枯損）(K.-H. Kim *et al.*, 2009)，(B-5) *Pseudopityophthorus* spp.（キクイムシ亜科；樹皮下穿孔性；成虫が芽などを後食）と *Ceratocystis fagacearum*（北米産ナラカシ類の萎凋病病原菌）(Rexrode & Jones, 1970；Webber & Gibbs, 1989)，(B-6) ハギキクイムシ *Xyleborus glabratus*（キクイムシ亜科；木部穿孔養菌性；極東産で北米に侵入）と *Raffaelea lauricola*（北米における *Persea borbonia* をはじめとする北米産クスノキ科の萎凋病）(Harrington *et al.*, 2008；Harrington *et al.*, 2011)，(B-7) アメリカヤマナラシ *Populus tremuloides,* 等のポプラ属のカミキリムシ科－フトカミキリ亜科一次性穿孔虫2種とそれが媒介しうるヒポキシロン胴枯病の病原菌 *Hypoxylon pruinatum*（= *H. mammatum*）(Nord & Knight, 1972；N.A. Anderson *et al.*, 1976)，(B-8) 木部穿孔養菌性キクイムシ *Xyleborus ferrugineus* とブラジルにおいてそれが媒介しうるイチジク株枯病菌 *Ceratocystis fimbriata*（Valarini & Tokeshi, 1980），(B-9) アイノキクイムシ *Euwallacea interjectus*（木部穿孔養菌性キクイムシ）と西日本においてそれが媒介しうるイチジク株枯病菌 *Ceratocystis ficicola*（森田剛成・他，2012），(B-10) ハンノキキクイムシ *Xylosandrus germanus*（木部穿孔養菌性キクイムシ）の侵入先の米国・Illiois 州におけるこの種とそれが媒介しうるアメリカクログルミ *Juglans nigra* の癌腫病病原菌 *Fusarium* spp.（Kessler, 1974），といった例が知られる。なお，(B-1) ニレの立枯れ病菌 *Ophiostoma ulmi* は驚くべきことに，樹皮下穿孔性キクイムシ類のみならず木部穿孔養菌性キクイムシ類の種もこれを媒介する可能性が指摘され（Batra, 1963），また樹皮下穿孔性の *Scolytus* 属の場合，その便乗性ダニ類による *O. novo-ulmi* の媒介も重要とされている（Moser *et al.*, 2010）。また特殊な例としては，(A-11) 針葉樹の地際部～根部の樹皮下に発生する *Hylastes* spp., *Dendroctonus valens* 等のキクイムシ類，および *Pissodes* 等のゾウムシ類が，*Heterobasidion annosum*（根株心腐病菌のマツノネクチタケまたはその近縁種），*Ophiostoma wageneri* (= *Ceratocystis wageneri* = *Leptographium wageneri* = *Verticicladiella wageneri*) などの針葉樹根部病原菌を媒介，もしくはその素因形成をする可能性（Goheen & Cobb, 1978；Witcosky & Hansen, 1985；Ferrell & Parmeter, 1989；Webber & Gibbs, 1989；Reay *et al.*, 2001；Owen *et al.*, 2005）が挙げられる。この根株心腐病菌媒介の場合，その媒介昆虫はかならずしも一次性である必要はないものと考えられる。さらにゾウムシ類，カサアブラムシ類，樹皮下穿孔性キクイムシ類といった雑多な昆虫が針葉樹の内樹皮・辺材を穿孔するなどして傷つけた箇所から，様々な微生物が侵入する事例もあるという（Shigo, 1967）。N.P. Krivosheina (1991) は，上に例を枚挙した真菌性樹病媒介性の食材性昆虫類を，「維管束真菌症関連食材性昆虫」としてギルド化し，アンブロシア甲虫などの菌類と共生する昆虫類等と並立させて論じている。なお上の (A-11) については，菌が樹を予め弱らせて虫が樹を攻撃しやすくしているという解釈，というよりは局面もあるようで（Paine & Baker, 1993），菌と虫の相互関係は媒介時の一回きりというわけではないようである。

各種樹皮下穿孔性キクイムシ類と生態的に関連するとされる *Ophiostoma* に属する菌に関しては，それとの関係がこの一群の樹皮下穿孔虫の専売特許と思いきや，これと同じギルドを形成するカミキリムシ等，他科の樹皮下穿孔虫にも見られるようで（Mathiesen-Käärik, 1953；Jankowiak & Rossa, 2007；Jankowiak & Kolařík, 2010），欧州から北米に侵入して針葉樹二次性が一次性に変化したカミキリムシ *Tetropium fuscum* からも検出されるに及んで（Jacobs *et al.*, 2003），穿孔虫種と菌種がともに多様であることもあいまって，一般化や種特異性の査定が相当困難な状況となっている。

キバチ科－キバチ亜科の種は針葉樹に発生する食材性昆虫で，基本的に二次性である。この仲間は以下に示すように他の食材性昆虫で見られる共生関係と原理的につながる存在で，共生菌との共生関係も非常に複雑，興味深い食材性昆虫であるが，未知な点も多い（Francke-Grosmann, 1967；Madden, 1977；Gilbertson, 1984；福田秀志，2006；他）。まずキバチ類とその共生菌の種間関係は特異的であり（Morgan, 1968；Tabata *et al.*, 2012），両者の系統進化の平行性が示唆される。このうち *Sirex*, *Urocerus* などの属は成虫が白色腐朽菌 *Amylostereum* を共生菌として保持し，両者の関係性はキノコシロアリ亜科とその共生菌のそれに似ており，共生菌の存在なしには手がつけられない木質を餌資源として利用している。このうちノクティリオキバチ *S. noctilio* が侵入先のオーストラリアやニュージーランドで造林用の人為導入樹種（従って外来種）のラジアータマツ *Pinus radiata* に発生し，産卵雌成虫は年輪幅の広い材を好

んで大量枯損を引き起こし（Morgan, 1968），これはこの樹種のキバチに対する抵抗性の欠如が原因と考えられ，日本産アカマツ・クロマツ・リュウキュウマツとマツノザイセンチュウとの関係にある意味似ている。この場合共生菌にとっては宿主樹（マツ類）の材の含水率（中庸の値）と脂質が重要であり，その繁殖で宿主樹が枯れるとされる（Morgan, 1968）。さらに日本産ニホンキバチ *Urocerus japonicus*（二次性）がスギ・ヒノキの生立木に産卵するとその共生菌の働きで材が「擬心材」化，すなわち変色することが知られており（佐野，1992），これは材質劣化という点でスギカミキリ *Semanotus japonicus*（ただしこの種は一次性）やスギノアカネトラカミキリ *Anaglyptus subfasciatus*（生理的に二次性，生態的に一次性）とスギ・ヒノキの間の関係を想起させる。しかしニホンキバチがこれらのカミキリムシと異なる点は，何と生立木では幼虫が生き残れない点であり（佐野，1992），結局このニホンキバチは何をやっているのか理解に苦しむといわざるをえない。針葉樹の枯損を引き起こす北米産の *Sirex cyaneus*（キバチ科）の幼虫も共生菌 *Amylostereum chailletii* を持つが，この幼虫が木材を穿孔してセルロースとキシランを消化分解する際には，その分解酵素（C_x-セルラーゼとキシラナーゼ）を共生菌から借用するとされている（Kukor & Martin, 1983）。

22.6. 食材性昆虫・木質依存性昆虫と酵母菌

　酵母菌は真菌類の中でも最も単純な体制の菌類であり，広義には単系統の分類群ではなく，生活環の一部で栄養体が単細胞性を示すものを指す。この状態はサイズ的に，従ってニッチ的に細菌類と相応の存在となり，木質依存性昆虫・食材性昆虫においても，細菌類と並んで，あるいはそれ以上に密接な生理・生態学的関連性を持つグループとなる（Gibson & Hunter, 2010；他）。こういった特異性，および醸造関連の有用性もあり，それ以外の真菌類とは伝統的に別扱いとされており，本書でも別に本節でとりまとめた。この場合，昆虫との関連の文献では「共生酵母菌」と「酵母様共生菌」の表現が入り交じり，分類学的にはやや投げやりな状況が見られるが，真の酵母菌（狭義の「酵母菌類」）といえるものは①子嚢菌門 Ascomycota－サッカロミケス亜門 Saccharomycotina－半子嚢菌綱 Saccharomycetes－サッカロミケス目 Saccharomycetales に属するものに該当し，それ以外のもの（②子嚢菌門 Ascomycota－チャワンタケ亜門 Pezizomycotina；③子嚢菌門 Ascomycota－タフリナ菌亜門 Taphrinomycotina－シゾサッカロミケス綱 Schizosaccharomycetes；④担子菌門 Basidiomycota－菌蕈亜門 Agaricomycotina－ハラタケ綱 Agaricomycetes－ハラタケ目 Agaricales）は「酵母様共生菌」という名が妥当ということになる（Gibson & Hunter, 2010；他）。しかし古い文献は，こういった分類学的情報をまったく欠いているので，ここでは「共生酵母菌」と「酵母様共生菌」の両者をまとめて「（広義の）酵母菌類」として扱うこととする。

　Gibson & Hunter (2010) は，昆虫共生細菌類と比べて昆虫共生酵母菌類は，任意共生の度合いと割合が強く，細胞内共生が非常に少なく，宿主親子間の垂直伝播が少なく，またアミノ酸／有機窒素を共生細菌類が宿主昆虫に供給するのに対して共生酵母菌類は糖類とステロール類を供給する傾向にある，などの違いがあるとしている。また Nardon & Grenier (1989) は，共生酵母菌は昆虫の中ではカミキリムシ科（*Candida*）とシバンムシ科（主として *Torulopsis*）に見られるとしているが，樹皮下穿孔性キクイムシ類にも恒常的に共生酵母菌が見られる

(Callaham & Shifrine, 1960)。カミキリムシ科共生菌は，元来消化管内肛に棲みついていた菌が消化管エピセリウム細胞の中に取り込まれたものが起源と考えられている（Douglas, 1989）。実は鞘翅目の多くの（あるいはほとんどの）科・種は，食材性，食葉性，菌食性，捕食性といった食性に関わりなく，成虫（および恐らくは幼虫）の消化管内に酵母菌を宿しており，Suh et al. (2005a) が米国南東部とパナマにおいて3年間甲虫類を多数採集して酵母菌を分離したところ，何と200種以上の未記載種が得られ，これは酵母の既知種数の30％にも相当したという。今後は「酵母！」といえばまず「甲虫！」ということになろう。

コガネムシ上科も酵母菌との関連性の強い一群である。Tanahashi et al. (2010) は，日本産クワガタムシ科12属22種（亜種を含む）の雌成虫の腹部背板下に酵母菌を宿す「ミカンギア」（＝マイカンジア，菌収容器官）を発見したが，これらすべてのクワガタムシの雄，および日本産のクロツヤムシ科1種，センチコガネ科1種，コガネムシ科－ダイコクコガネ亜科1種，コガネムシ科－トラハナムグリ亜科1種にはミカンギアは見出されないとした。またその中身については，クワガタムシ科5種（コクワガタ Macrodorcas rectus，スジクワガタ Dorcus striatipennis，サキシマヒラタクワガタ D. titanus sakishimanus，ヤエヤマノコギリクワガタ Prosopocoilus pseudodissimilis，オニクワガタ Prismognathus angularis）からキシロース発酵性の Pichia spp. に近縁の酵母菌が報告された（Tanahashi et al., 2010）。クロツヤムシ科に関しては，米国産 Odontotaenius disjunctus およびパナマ産 Verres sternbergianus の消化管から，共生酵母菌の一種（キシロースを発酵・同化，一部はキシランを加水分解）が分離され（Suh et al., 2003；N. Zhang et al., 2003；Nguyen et al., 2006），さらにパナマ産の Veturius platyrhinus ［の成虫］の消化管から，D-キシロース，セロビオースを代謝できる Candida temnochilae が見出されている（Suh et al., 2005b）。

シバンムシ科，カミキリムシ科，ゾウムシ科－キクイムシ亜科などの甲虫類を中心とした昆虫の消化管の細胞内共生性酵母状微生物の系統，生理的役割，起源などについては Vega & Dowd (2005) の総説に詳しく，遠藤 (2012) の概説も参考になる。甲虫における共生酵母菌保持者としては，シバンムシ科の食品害虫種が最も研究の歴史が長い。シバンムシ科食材性種の共生酵母の研究は少ないが，イエシバンムシ Anobium punctatum（図2-4）では孵化幼虫卵殻摂食による共生酵母菌の世代間感染を物理的に阻止すると，生存率が低下するが全滅はしないことが示され（J.M. Kelsey, 1958），その一方で殺菌剤で共生酵母菌を除去して，宿主のイエシバンムシを駆除するという試みもなされている（Behrenz & Technau, 1959）。

Schomann (1937) は，ドイツ近辺の種に限ると，広葉樹生材や草本を食するカミキリムシ幼虫はすべて共生酵母菌を保有せず（フトカミキリ亜科，カミキリ亜科，ハナカミキリ亜科），針葉樹生材・針葉樹枯死材・広葉樹枯死材を食する種はフトカミキリ亜科とノコギリカミキリ亜科を除いて共生酵母菌を保有するとした。さらに Schomann (1937) によると，共生酵母菌を保有する種はカミキリムシ科中ではクロカミキリ亜科のクロカミキリ族，マルクビカミキリ族，Saphanini 族，ホソコバネカミキリ亜科，カミキリ亜科－ Trichomesiini 族，Tillomorphini 族，Dialeges pauper（ミヤマカミキリ族），ハナカミキリ亜科の Pidonia, Toxotus, Stenocorus, Vesperus, Akimerus 以外の属に限られ，ハナカミキリ亜科の Oxymirus cursor の共生酵母菌が培養不可能であった（W. Müller, 1934）ことにより，最も進化した共生関係を成すとされた。その後これに加え，カミキリ亜科ではジャコウカミキリ基種種 Aromia moschata moschata，南米産の Periboeum, Phoracantha semipunctata（トビイロカミキリ族）から，そして南米熱帯地

域フトカミキリ亜科の *Palame*, *Xylergates* 等から，酵母菌が検出されている（Chararas *et al.*, 1972；Andreoni *et al.*, 1987；Berkov *et al.*, 2007）。この他 Grinbergs (1962) および Calderon & Berkov (2012) は，チリおよびペルー産カミキリムシ科各種から酵母菌と細菌を検出している。これらの共生酵母菌の経代感染は，微生物を産卵雌が卵表面に塗りつけ，孵化幼虫がそれを卵殻とともに食べることで成されるとされている（Schomann, 1937；Douglas, 1989）。

W. Müller (1934) は，酵母菌と宿主のカミキリムシの関係は世代間継承的・規則的なマイルドな寄生，あるいは片利共生と考えたが，カミキリムシ科における共生酵母菌の役割については，下等シロアリにおける原生生物のような確たる説は確立していない。Dajoz (1968) は，木材分解に関与していないことが定説となっているとしたが，現在ではこれに反駁する文献も多い。以下，知見を列挙する。

まずクロカミキリ亜科では，トドマツカミキリ *Tetropium castaneum* の幼虫で消化管内肛から酵母菌が検出されている（S. Grünwald *et al.*, 2010）。ハナカミキリ亜科の共生酵母菌は，セルロースとキシランはまったく利用できないとされた（W. Müller, 1934）。このうち *Rhagium* 属の共生酵母菌は空気窒素固定能を持つと報告された（Schanderl, 1942）が，これは反証され（W. Müller, 1934；Jurzitza, 1959），現在では Schanderl (1942) の結論は顧みられていない（Douglas, 1989）。*Rhagium* の酵母菌は宿主体内においてビタミンB類とアミノ酸類を合成し，宿主に供給する機能を有するものと結論づけられた（Jurzitza, 1959）。S. Grünwald *et al.* (2010) は *Rhagium inquisitor* と *Stictoleptura rubra* の幼虫で，消化管内肛から酵母菌を検出したのみならず，ミセトームから酵母菌としてそれぞれ *Candida rhagii* および *C. shehatae* を検出し，これらの酵母菌を含む組織破片がミセトームから消化管内肛へ絶えず放出されるのも観察している。一方カミキリ亜科では，*Phoracantha semipunctata*（トビイロカミキリ族）幼虫の *Candida* 属酵母菌はセロビオース分解能があり，また宿主へのビタミンB類の供給が示唆されている（Chararas *et al.*, 1972；Chararas, 1981a；Chararas & Pignal, 1981；Chararas *et al.*, 1983a）。*Plagionotus arcuatus*（トラカミキリ族）の幼虫でも消化管内肛から酵母菌が検出されている（S. Grünwald *et al.*, 2010）。そして旧ソ連では，*Xylotrechus altaicus*（カミキリ亜科－トラカミキリ族）とシラフヨツボシヒゲナガカミキリ *Monochamus urussovii*（フトカミキリ亜科），およびその発生材（カラマツ属）から *Debaryomyces* と *Zygowillia* の2属の酵母菌が検出され，これがビタミンB群生産能を持ち，宿主昆虫にこれらのビタミンを供給していることが示唆されている（Gusteleva, 1975）。

Ergates faber（ノコギリカミキリ亜科），*Arhopalus syriacus*（クロカミキリ亜科），*Ragium inquisitor*（ハナカミキリ亜科）の幼虫から任意共生性酵母が分離され，そのうちの一部はセロビオースを分解し，宿主カミキリにビタミン類やアミノ酸類，さらにはアミラーゼやペクチナーゼを供給し，リグノセルロース分解の障害物としてのタンニンやテルペン類（さらにはリグニン？）の分解にも関わっていることが示唆された（Chararas, 1981a）。一方，チリ産カミキリムシと酵母の間には厳密な共生関係は見出されなかった（Grinbergs, 1962）。

一方，*Ips*, *Scolytus*, *Hylurgops*, *Pityogenes*, *Dendroctonus* などの各種樹皮下穿孔性キクイムシの幼虫消化管内容物などからも青変菌の他に酵母菌群が報告されている（Grosmann, 1931；Leach *et al.*, 1934；Shifrine & Phaff, 1956；Gusteleva, 1975；Rivera *et al.*, 2009；T.S. Davis *et al.*, 2011）。これらの一部は，宿主樹の武器であるモノテルペンの酸化などの化学修飾（Leufvén *et al.*, 1988；Rivera *et al.*, 2009），フェロモンの合成（Leufvén *et al.*, 1984），ヘミセ

ルロースの分解・利用（Rivera *et al.*, 2009），ビタミン B 群の供給（Gusteleva, 1975）などに関与しているとされる。しかし菌の多様性は高く，宿主キクイムシはこれらの酵母菌に対する依存性がないともされ（Grosmann, 1931），宿主樹由来の酵母菌を摂食で取り込んだものがその由来となるケース（すなわち任意的共生）も示唆されている（Rivera *et al.*, 2009）。宿主キクイムシが何らかの利益を得ているとしても，これらすべてがそれに関与するとは考えにくく，「お茶濁し」的な菌が相当数混じっている可能性がある。

木部穿孔養菌性キクイムシ類（ゾウムシ科－キクイムシ亜科の半数および同科－ナガキクイムシ亜科の大部分）が擁する共生性真菌類（いわゆるアンブロシア菌）は *Ambrosiella* などの非菌蕈性菌類であるが，酵母菌や細菌も共存し（Norris, 1966），これらが加わって共生性微生物連合体を形成するにまで至っているともされる（Haanstad & Norris, 1985）（16.4. および 22.7. 参照）。さらに非常に興味深いことに，栽培共生菌であるはずの *Ambrosiella* あるいはこれに相当する菌を伴うにもかかわらず，とって代わって酵母菌 *Pichia* sp. が栽培共生菌の座におさまっているという *Corthylus columbianus* の例も知られている（Kabir & Giese, 1966b）。ゾウムシ科－ナガキクイムシ亜科のカシノナガキクイムシ *Platypus quercivorus* でも，餌は宿主樹病原性の付随アンブロシア菌 *Raffaelea quercivora* ではなく，同時に付随する酵母菌 *Candida* spp. のようである（衣浦・他，2008；Endoh *et al.*, 2011）。この取り合わせ（青変菌 1 種＋酵母菌 2 種），あるいはそれに近い取り合わせは，同属の他種でも見られる（S Webb, 1945；Canganella *et al.*, 1994；Endoh *et al.*, 2011）。

次章（23.）で述べる下等シロアリとその後腸内の原生生物との関係の古典的セオリー（Cleveland, 1924）はあまりにエレガントであり，かつ哺乳類の反芻動物における腸内細菌とのあまりに見事なアナロジーにも鑑み，Buchner 等により食材性昆虫とその消化管内の「消化共生性微生物」という古典的シナリオを形成するに至った。しかし Ripper (1930) や Mansour (1934b) がカミキリムシ幼虫で細菌不在下でのセルロース分解を認め，Buchner の「共生微生物セルロース消化説」に反駁し，かくして Buchner などが言うこのセオリーに合致する他のケースは，かつては非常に少ないものとなっていた。こういった状況に関連して Douglas (2009) は，リグノセルロース中のリグニンの分離が，昆虫の口器による木材組織の破壊とそれによる細部の露出，そしてこれで取り込まれる O_2 を必要とする好気的プロセスであるのに対し，この O_2 が細菌類によるセルロース等の嫌気的発酵作用と相容れないという複雑な事情があるとしている。酵母菌類とクロツヤムシとの関係性は現時点では，米国産 *Odontotaenius disjunctus* 成虫後腸後半部からの繊維状酵母菌の検出（J.B. Nardi *et al.*, 2006），米国産とパナマ産の種の成虫からのキシロース発酵・分解性酵母菌のやや定常的な分離（Suh *et al.*, 2003；N. Zhang *et al.*, 2003；Nguyen *et al.*, 2006）などから，菌とクロツヤムシが共生関係にあるとの推察がなされるにとどまっているのが現状で，具体的なことはほとんど未解明である。

ところで食材性甲虫類ではしばしば，その幼虫の食坑道内に特異な新しい酵母菌が見出され，そのことでこれらの甲虫類と酵母菌が生態学的関連性（事実上の共生関係）を持つものと想定され，その想定下で酵母菌の記載が行われることが多い。しかし，食材性甲虫の食坑道内に酵母菌が見出されたからといって，そのまま両者の生態学的関連性を想定するのは，やはり性急といわざるを得ない。しかし特にタマムシ科やナガシンクイムシ科における例（van der Walt, 1966；van der Walt & Nakase, 1973；他）は，これらの科の甲虫がキクイムシ類などと比べてより乾燥した材に発生する傾向があるため，逆に注目と再検討に値するものといえよう。

一方，酵母菌が寄生性あるいは病原性の性格を持つ場合も稀に見られる。トルコにおける観察では，樹皮下穿孔性キクイムシであるエゾマツオオキクイムシ *Dendroctonus micans* の成虫に酵母の一種 *Metschnikowia* sp. が寄生し，寄生性緑藻類や寄生性線虫の同時発生も見られたという（Yaman & Radek, 2008）。非常に興味深いが稀な事例であろう。

　なおシロアリと酵母菌の関係としては，Prillinger *et al.* (1996) による各種下等シロアリ（ムカシシロアリ科，オオシロアリ科，レイビシロアリ科，ミゾガシラシロアリ科）およびゴキブリ目－キゴキブリ科の後腸からの，酵母を含む宿主特異的な各種真菌類の検出，およびSchäfer *et al.* (1996) が報告した，各種下等シロアリの後腸からのキシラナーゼ等のヘミセルロース分解酵素を分泌する酵母菌の分離があるのみであろう。しかしこの項目は今後知見が大幅に増える可能性がある。

22.7. 食材性昆虫・木質依存性昆虫と真菌類の間の高度な共生

　食材性昆虫・木質依存性昆虫と微生物の間の関係は相当複雑かつ多様であるが，要は樹木という発生現場を共有する微生物と食材性昆虫・木質依存性昆虫が，自然な成り行きで共生関係を結んだといえよう。

　消化共生性微生物がそれのみで餌となりうるのは既に述べた通り（15.7.）。この点を極限にまで推し進めたのが次の2群である。

　食材性昆虫・木質依存性昆虫の中でも菌との関連性の点で頂点に達する特化は，キノコシロアリ類（Aanen & Boomsma, 2005）(22.3. 参照)，および鞘翅目－ゾウムシ科－キクイムシ亜科の一部と同科－ナガキクイムシ亜科の大部分より成る木部穿孔養菌性群（以上まとめて「アンブロシア甲虫類」）（中島敏夫, 1999）に見られる。この2群は，膜翅目のハキリアリ類（アリ科－フタフシアリ亜科－ハキリアリ族 Attini）とともに，地球上の「栽培する動物」としてはヒトに次ぐ存在であり（Mueller & Gerardo, 2002；Mueller *et al.*, 2005），これらはヒトの農業の展望に対するテクノモデルにもなりうるほどに示唆に富んだ内容を擁している（Mueller *et al.*, 2005）。このキノコシロアリ類はアフリカの熱帯雨林が起源で，ここからサバンナに進出して繁栄し，その共生菌 *Termitomyces* は熱帯降雨林に豊富な木材白色腐朽菌が起源で，以上は，豊富な天然生物相の中からピックアップして栽培種を育むという点でヒトの農業の起源と類似しているとされ（Aanen & Eggleton, 2005），極めて興味深い。また最近提出された仮説では，キノコシロアリが共生菌を栽培してこれを自由にコントロールしているように見えて，実は共生菌がキノコシロアリをいわば家畜化し，キノコシロアリ消化管内の細菌相の機能（ただしこれは多くが未知）をほしいままにしているともとれるという（Nobre & Aanen, 2012）。そうなれば本当に持ちつ持たれつの共生の極致の姿である。キノコシロアリ類の多い準乾燥地やサバンナといった環境はその乾燥ゆえに木材腐朽菌は棲息できず，その結果木材腐朽菌に依存する非養菌性の地下性シロアリにとって代わってこの仲間が優占するという（Schuurman, 2005）。この場合 *Termitomyces* は環境中の水分に依存する割合が低く，その木材分解メカニズムには何らかの特異性が想定される。

　ナガキクイムシ亜科の大部分およびキクイムシ亜科の一部で見られる木部穿孔養菌性種（アンブロシア甲虫類）（図3-1）では，木質は，それを穿孔する昆虫の食物である場合とそうで

ない場合があるが，まず第一に菌の培地であり，この種特異的共生菌そのものがこの昆虫の幼虫（一部の種では成虫も）の食物となって（Batra, 1967），脂質などの微量栄養素を提供し（Kok, 1979），共生菌は宿主昆虫（雌）の体表面の様々な位置にある特殊保持器官（「ミカンギア」または「マイカンジア」，"mycangia"）に携帯されて運ばれる（Batra, 1963；Francke-Grosmann, 1963；Francke-Grosmann, 1967）（ただし Francke-Grosmann (1967) はこれを"mycangia"と称すべきとしている）。この状況もまさに「農業」と言ってよいものである。この共生菌はアンブロシア菌とも呼ばれるが，「アンブロシア」とは元来ギリシャ神話における神々の食物，不老不死をもたらす食物のことである。この菌は，例えばハンノキキクイムシ *Xylosandrus germanus* の場合，生育中は「霜状」に白く，幼虫がこれをむさぼり喰って成長するに従い「雪解け泥状」となり，キクイムシが巣立った後は乾燥して「焼け木状」に黒っぽくなるとされる（Hoffmann, 1941）。この菌はとりわけ乾燥に弱く，材の含水率が重要，また木材腐朽菌とは異なり木材細胞壁の分解にはかかわらず，木材の細胞内容物のみを吸収して成育すると考えられている（Leach *et al.*, 1940）。従って，樹種によって宿主キクイムシが心材にまで穿孔することはあっても（Leach *et al.*, 1940；McLean, 1985），菌は心材には発生できないはずである。林業用語として，これらの木部養菌性キクイムシ類・ナガキクイムシ類の坑道のことを「ピンホール」（"pinhole"），その主を「ピンホールボーラー」（"pinhole borer"）と言うが，このピンホールは加害丸太を製材すると顕在化し（McLean, 1985），必ず坑道内壁が黒っぽいことでヒラタキクイムシ類やカミキリムシ類の木部食坑道と区別される。その黒っぽいものの正体は，彼らの共生栽培菌のなれの果ての姿なのである。

　基本的にアンブロシア甲虫とそのアンブロシア菌の間の共生には高い種特異性が見られるが，両者間の関係性は決して一対一対応ではない（Batra, 1966；Batra, 1985）。キクイムシ亜科のアンブロシア菌は概ね *Ambrosiella* spp. とされるが，この属は，樹皮下穿孔性キクイムシ亜科と関係を持つ *Ceratocystis* と *Ophiostoma* の2属からそれぞれ別々に収斂的に共生菌化したもののようであり（Cassar & Blackwell, 1996），アンブロシア甲虫（木部穿孔養菌性キクイムシ類）と樹皮下穿孔性キクイムシ類の共生菌は系統的に交わり，両者はタクソンに分けられない（Rollins *et al.*, 2001）。菌と虫の対応関係については，同属のハンノキキクイムシ *Xylosandrus germanus* とシイノコキクイムシ *X. compactus* の共生菌を交換して次世代産出数を調べた日本における実験では，交換の影響は出ず，両共生菌が同種である，または宿主キクイムシと共生菌の関係の種特異性が低いことが考えられた（T. Kaneko & Takagi, 1966）。さらに面白いことにドイツにおいて，キクイムシ亜科の養菌性種 *Xyleborus monographus*, *X. dryographus* とナガキクイムシ亜科の *Platypus cylindrus* は，亜科をまたいで共生菌が共通（*Raffaelea montetyi*）であるという（Gebhardt *et al.*, 2004）。さらに複雑なことに，ミカンギアに保持される種特異的共生菌に随伴する別の「おまけ」の真菌類（青変菌・糸状菌；いわゆる「付随菌」）も存在し（Francke-Grosmann, 1963；Francke-Grosmann, 1967），「おまけ」でない方は主要アンブロシア菌，「おまけ」の方は副次アンブロシア菌と区別することも行われている（Batra, 1985；ただし升屋・山岡 (2009) はこの区別に異議があり，両者の区別はやや曖昧である）。さらにこの「おまけ」の副次アンブロシア菌には酵母も含まれ（Kinuura, 1995），カシノナガキクイムシ *Platypus quercivorus*（ナガキクイムシ亜科）では主要アンブロシア菌と副次アンブロシア菌の役割が逆転しているとの感がある（22.6. 参照）。以上の諸々のことは，樹皮下穿孔性キクイムシ類と木部穿孔養菌性キクイムシ類が進化系統的に密接に関連し，前者から後者が複

数回進化したこと（Kirkendall, 1983；Farrell *et al.*, 2001；Six, 2012；他）と矛盾しない。この場合，共生菌がはびこる材の樹種特異性は共生菌に左右され，これが自動的に昆虫の宿主特異性となるので，宿主スペクトルが広い菌と共生する *Xyleborus* や *Xylosandrus* などのキクイムシは，針葉樹・広葉樹にまたがるなど，実に様々な樹木を加害できることとなる（Francke-Grosmann, 1967；Beaver, 1979a；B.C. Weber & McPherson, 1983；Beaver, 1989；Jordal *et al.*, 2000；Hulcr *et al.*, 2007）。しかしどのキクイムシもどの樹種でも加害するというわけではなく，中にはやや宿主樹特異性の高いキクイムシも見られ，木部穿孔養菌性キクイムシ類の宿主特異性は一見規則性を欠いているようにも見える（Browne, 1958）。また既に述べたように（16.4.），木部穿孔養菌性キクイムシでは，糸状菌（アンブロシア菌），酵母菌，細菌といった諸々の共生性微生物がキクイムシ本体と連合体（"supraspecies"）を形成するとされ（Haanstad & Norris, 1985），これは多重共生を示唆している。最後の極めつけは，東南アジアと南米熱帯地域における，自前の共生菌を持たず他種の共生菌を横取りする木部穿孔養菌性キクイムシ類の種の存在である（Hulcr & Cognato, 2010）。彼らは「堅気」の木部穿孔養菌性キクイムシの潜入孔を乗っ取り，あるいはこれに平行して潜入し，場合によっては「堅気」の方の家族を殲滅し，その財産たる共生菌を横取りするという。また，こういった種は木部穿孔養菌性キクイムシ自体の系統と同じように，複数回平行進化的に出現しているようで，インドネシア・Java 島西部では *Xyleborus* ないしその近縁属からなるグループ内で，共生菌なしの小型種が共生菌を伴った大型種に片利共生して「おこぼれ頂戴」をきめこむという可能性も示唆されている（Kalshoven, 1960）。なおついでに付記するに，同じ木部穿孔養菌性のツツシンクイ科の種も，恐らくはその共生菌の「寛容さ」から，その宿主樹は針葉樹と広葉樹にまたがって非常に広いスペクトルを示すようであり（Kurir, 1972），さらに色々と共生微生物が出てきそうな気配もある。

　樹皮下穿孔性キクイムシ類，木部穿孔養菌性キクイムシ類・ナガキクイムシ類のいずれにしても，こういった菌類と実に多様かつ密接な関係を保っている（Six, 2012；他）が，これはこの一群（にして 2 主要ギルド）の昆虫が木質における食材性昆虫・木質依存性昆虫の遷移の最初期にあたるものであることと切っても切れない関係がある。既に記したように（2.4.），樹木が伐採されて丸太となると，その含水率はその後ひたすら下降の一途をたどる（Cachan, 1957；Chararas, 1981a；他）が，これらの昆虫は遷移の最初期，すなわち含水率が最も高い状態で入植する。これはとりもなおさず，相棒の菌類に資する慣わしであろう。

　キクイムシ亜科，ナガキクイムシ亜科と同じゾウムシ科の中でも，食材性種の *Hylobius abietis* をはじめとする諸種に共生微生物が認められ，これを宿す菌器も見られるとされる（Scheinert, 1933）。しかし，そのものの役割など詳しいことは不明である。

　キバチ科も，種特異的な共生性真菌（白色腐朽菌の一系統に属する菌）と極めて密接にして高度な共生関係を見せる。幼虫は穿孔材を嚥下せず，排出糞も固体ではなく，この共生菌のみを喰って栄養とし，幼虫の消化酵素も木材細胞壁成分分解能を欠き，産卵雌の分泌物が共生菌の生長を促進するとされる（Parkin, 1941；Morgan, 1968；Ryan & Hurley, 2012）。キバチ科における真菌とのこういった関係性は，ゾウムシ科のアンブロシア甲虫類（ナガキクイムシ亜科の大部分＋木部穿孔養菌性キクイムシ亜科）のそれといかにも類似している。

　N.P. Krivosheina (1991) はこのアンブロシア甲虫類に，ツツシンクイ科（鞘翅目），クチキカ科，ハナアブ科，ミズアブ科，Limoniidae（以上，双翅目）を加えて「食菌性アンブロシア

昆虫」と呼び，さらに青変菌などと共生する樹皮下穿孔性キクイムシ類の諸属・諸種を「食材・食菌性アンブロシア昆虫」と呼んでおり，これは新しい拡大概念，新しいギルド用語である。前者には当然キバチ科が加えられるべきであろう。また，最近ニホンホホビロコメツキモドキ *Doubledaya bucculenta*（オオキノコムシ科-コメツキモドキ亜科）もタケの節内で共生酵母菌を栽培して食することが明らかとなっており（Toki *et al.*, 2012；Toki et al., 2013），これも食菌性アンブロシア昆虫といえるものである。

23. 食材性昆虫・木質依存性昆虫と原生生物

　食材性昆虫と原生生物といえば，まず思い浮かぶのが下等シロアリ（およびその近縁のキゴキブリ類）とその後腸内の共生原生生物（真正鞭毛虫門）(Cleveland, 1924；Cleveland (et al.), 1934；Yamin, 1979；Ohkuma & Brune, 2011；他)。実際これらの食材性昆虫の後腸には，実に様々な鞭毛虫が見られる（図23-1）。これらの鞭毛虫類の下等シロアリ（ゴキブリ目-シロアリ下目のシロアリ科以外の全科）にとっての役割は，まず細胞壁構成性多糖類（ホロセルロース）の分解と発酵である。すなわち，Cleveland (1924) の著名な論文以来，セルロースの分解は後腸内の原生生物が全面的に行っていると長らく信じられてきた。しかし現在では，下等シロアリにおけるセルロース分解は，シロアリ自前の唾液腺からの消化酵素と後腸内に共生する原生生物の鞭毛虫類の分泌する酵素で二重に別々に行われることが明らかとなっている(Inoue et al., 2000；Slaytor, 2000；K. Nakashima et al., 2002；他)。ここで自前の唾液腺セルラーゼは中腸でブロックされてその先には進まず，何とそこで消化分解・リサイクルされることが示唆されている（Fujita et al., 2010）。しかし同じ下等シロアリにおいて，前腸+唾液腺+中腸の分画（自前セルラーゼ）と後腸の分画（原生生物由来セルラーゼ）を分けた実験により，両者間でセルロースのグルコース単位への分解に関して著しい共力作用が見られることが示されている（Scharf et al., 2011）。一方，キシランなどのヘミセルロースの分解となると話は別で，これは専ら共生鞭毛虫類が担っているようである（Inoue et al., 1997；Tartar et al., 2009；他）(32. 参照)。面白いことに，イエシロアリ *Coptotermes formosanus* ではタンパク質分解酵素も自前のものと共生原生生物由来のものが二重に働くことが示されている（Sethi et al., 2011）。いずれにせよ，後述するように，下等シロアリにとってその共生原生生物である鞭毛虫類は，消化における相対的寄与度で評価しても，餌である木質の消化分解には絶対不可欠な存在である（Calderón-Cortés et al., 2012）。

　下等シロアリの原生生物は異種生物間で宿主を替える可能性が示唆されている（Eggleton, 2006）が，これはむしろ例外的であり，基本は原生生物相の系統特異性・種特異性と垂直伝播である（H. Kirby, 1949）。例えば，ヤマトシロアリ属 *Reticulitermes* 2種の種間王対による雑種コロニー創設に際し，産出虫の後腸内共生原生生物は，個体によっては2種のそれらのミッ

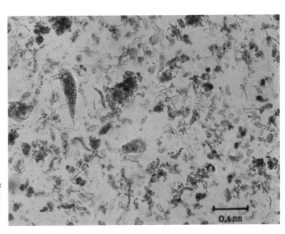

図23-1　ヤマトシロアリ *Reticulitermes speratus*（ミゾガシラシロアリ科）職蟻の後腸内原生生物群集。ヤマトシロアリ属 *Reticulitermes* は下等シロアリの中でも最も原生生物相の豊かな属である。

クスになりうるという（Howard *et al.*, 1981）。ということで，下等シロアリの後腸内の原生生物は，当然その祖先である食材性のキゴキブリ類 *Cryptocercus*（キゴキブリ科）が起源で，それからの引き継ぎ物と考えられる。しかし，そうではなく後にキゴキブリ類からシロアリへと水平伝播したものだという，ちょっと驚く仮説が提出され（Thorne, 1990），これで論争が起きたりした（Nalepa, 1991；Thorne, 1991）。実はこれには，米国で *Zootermopsis*（オオシロアリ科）が *Cryptocercus* と同じ丸太で同居するという事実（Cleveland (*et al.*), 1934；Thorne, 1990），および共生原生生物を除去した *Zootermopsis* は，*Cryptocercus* の原生生物を与えるとかわりにこれを保持するという実験結果（Cleveland (*et al.*), 1934；Nutting, 1956）が伏線になっているようである。いずれにせよこの説は，系統的にキゴキブリ類がシロアリ類と極めて密接に関連し，両者が一体となってゴキブリ目の中にスポッとはまり込むという事実（11.1. および 11.2. 参照）が明るみに出る前のことにて，よもやシロアリがそんなにキゴキブリ類と近い存在とは夢想だにしない段階での話（Grandcolas & Deleporte, 1996）。そして近年，原生生物のゲノム比較解析により，この水平伝播説は完全に否定されている（Ohkuma *et al.*, 2009）。

実はゴキブリにはこのシロアリにつながる系統の他に，亜社会性と食材性と共生原生生物の三点セットを独自に獲得したものがいるという。南米産のオオゴキブリ科 Blaberidae, *Parasphaeria boleiriana* がそれである（Pellens *et al.*, 2007）。しかしこれはあくまで，*Cryptocercus* から「真社会性ゴキブリ」たるシロアリへとつながる系統とはかけはなれた別物とされている（Klass *et al.*, 2008）。

一方高等シロアリにおいては原生生物は原則見られない（ただし土食性種などでの例外については，28.6. および 32. 参照）。その消失の原因・背景には謎が多い。スーダン中央部において *Microtermes traegardhi*（キノコシロアリ亜科）はサトウキビの種特異的害虫であり，その選好性・選好部位はサトウキビの可溶性糖類（特にフルクトース）の含有量に依存している（Abushama & Kambal, 1977）。しかしこれは，このシロアリのセルロース分解能喪失を意味せず，このシロアリに木材やセルロースを与えても一応は生存できるはずである。下等シロアリでも内樹皮が好まれ，これは有機窒素分の要求性に帰せられている（Shellman-Reeve, 1994）ものの，実際にはこの他デンプンや可溶性糖類の存在がからんでいるとみられる。一方，実験的に下等シロアリにデンプンや可溶性糖類といった栄養系糖類のみ，あるいはセロビオースのみを与えると後腸内の原生生物が消失し，この場合シロアリに本来の食物であるセルロースを与えても原生生物の不在により，自身の分泌するセルラーゼではこれをまかないきれず死滅してしまう（Veivers *et al.*, 1983；Lebrun *et al.*, 1990；Tanaka *et al.*, 2006）。シロアリに近縁で同様の共生原生生物群を持つ *Cryptocercus*（ゴキブリ目ーキゴキブリ科）でも，デンプンで飼育するとこれらが消失し，同様の不都合が生じるとされている（Cleveland (*et al.*), 1934）。さらにイエシロアリ *Coptotermes formosanus* では本来重合度が高いセルロースの分解のみを司る大型原生生物 *Pseudotrichonympha grassii* は，低重合度セルロースのみを餌として与えると，同様に用無しとなって消失するという（Yoshimura *et al.*, 1993）。類似の現象は，ヤマトシロアリとそのキシラン分解性共生鞭毛虫においても見られ（Inoue *et al.*, 1997），さらにイエシロアリでは既述（21.4.）のように，意味は未解明ながら消化管内の細菌相も影響を受けるようである（Tanaka *et al.*, 2006）。ではシロアリにとって，「主食」ではないデンプン，可溶性糖類，セロオリゴース，低重合度セルロースとはいかなるものなのであろうか。実際，ヤマトシロアリ属の種が小麦粉や米を食害したとの報告が見られ（Snyder, 1916），もちろんデンプンを加水分解するアミラー

ゼはちゃんと保持しており（Subekti & Yoshimura, 2009；他），状況が許せばシロアリはこういった「ヤワ」な餌を食するようである。しかしついついこういったものにドップリ漬かると後が怖い。このように下等シロアリにおける原生生物由来＋自前のセルロースという二重分解システムは本来的に矛盾を抱えたものといわざるをえない。しかしこの矛盾と齟齬は，16.13. に述べたように，シロアリの巣と餌場が同じという Abe (1987) のいう「ワンピース型」（「井の中の蛙」ならぬ「木材の中のシロアリ」）の種ではほとんど起こりえず，より進化した「セパレート型」の種において巣から離れた場所の新しいタイプの餌に遭遇して初めて露呈する。上の *Microtermes* はまさにこの状況に相当する。従ってこの場合旧来のシステムは存立を危うくするものとなる。高等シロアリにおける後腸内のセルロース分解性原生生物相の消失は，このように「セパレート型」の生活型がもたらした可能性がある。

シロアリの他に甲虫類ではコガネムシ科で原生生物が多く見出されている。カブトムシ亜科では古く Wiedemann (1930) が重要な報告をしている。すなわちヨーロッパサイカブト *Oryctes nasicornis*（カブトムシ亜科）およびオウシュウオオチャイロハナムグリ *Osmoderma eremita*（トラハナムグリ亜科）の幼虫では，細菌群に加え鞭毛虫群が中腸～後腸膨張部に分布し，アルカリ性の中腸で細菌群と鞭毛虫群が分解され，これが宿主の栄養となり，鞭毛虫はセルロース消化には関わらず，濾紙分解能力を持つ細菌などは互いに分解産物を利用しあい，鞭毛虫類はこれら細菌群を食し，消化管組織が分泌する炭水化物分解酵素は見出されないとしている。さらに Hackstein & Stumm (1994) は，ハナムグリ亜科 10 種，キンイロハナムグリ *Cetonia aurata*，クプレアツヤハナムグリ *Protaetia cuprea*（*Potosia cuprea* として），オオツノカナブン *Dicronorrhina micans*，ミスジサスマタカナブン *Eudicella gralli*，スミスサスマタカナブン *E. smithi*，フトオビメンガタハナムグリ *Pachnoda ephippiata*，メンガタハナムグリ *Pachnoda marginata*，ダルマメンガタハナムグリ *P. savignyi*，等でメタン生産性遊離細菌に加え，後腸内肛にメタン生産性鞭毛虫が見られるとしている。さらにクロツヤムシ科では，米国産 *Odontotaenius disjunctus* 成虫の消化管からシロアリ類と狭義のゴキブリ類のみから知られる Parabasalina に属する原生生物の存在が示され,寄生虫と考えられた（N. Zhang et al., 2003）が，これが消化管内の細菌を餌にしているのが観察されている（J.B. Nardi et al., 2006）。

甲虫における以上の原生生物相は，土壌動物的性格ゆえに土壌との関連が想起され，原生生物の存在はそれゆえ十分にうなずけるものである。しかし，根部穿孔性種以外では土壌との関連性をほとんど持たない樹皮下穿孔性キクイムシ類でも原生生物が若干検出されており，それらの性格（病原寄生性か？　運搬共生性か？　栄養共生性か？）はほとんど不明というのが現状である（Wegensteiner, 2004）。また土壌と関連性をまったく持たない乾材害虫のヒラタキクイムシ類（ナガシンクイムシ科－ヒラタキクイムシ亜科）では，まったく性格の異なる原生生物が報告されている。それは成虫と幼虫の中腸に見られる微胞子虫類（グレガリナ類,球虫類）であり（Cymorek & Schmidt, 1976），共生生物なのか寄生虫なのかは不明であるが，両方の可能性が考えられる。

24. 木材食害虫と線虫

　種数の点で最大の生物の門は昆虫を含む節足動物門であるが，これに次ぐ門は線形動物門 Nematoda，すなわち線虫類である。しかしその分類は困難を極め，そのほとんどが未記載種と言われている。そしてこの2門は当然のこととして自然界で直接関わりを持つ。

　様々な昆虫の中でも，鞘翅目－カミキリムシ科は線虫に基本的に好かれるようで（Linit, 1988），特にフトカミキリ亜科の種は線虫との相性がよく，マツノマダラカミキリ Monochamus alternatus とマツノザイセンチュウ Bursaphelenchus xylophilus の関係のような巧妙（にして人工的に引き起こされたと考えられるよう）な共生もあれば，寄生関係も見られる。線虫との関係で重要なのはフトカミキリ亜科，とりわけヒゲナガカミキリ属 Monochamus を含むヒゲナガカミキリ族 Lamiini を中心とした大型種である（神崎，2006；Aikawa, 2008；Akbulut & Stamps, 2012；神崎・竹本，2012；Pimentel *et al.*, 2014）。両者の普遍的関係が脚光をあびたのは最近であるが，関係性は実は古くから知られていたことである（Soper & Olson, 1963）。この関係性の起源が語られたことはないが，恐らくは土壌性線虫が土壌から枯死木腐朽部，さらにはその上部の新鮮枯死木へと侵入し，そこで両者が出会い，線虫の方からカミキリムシに乗り移って片利共生的な運搬共生へと発展したのであろう。その後この一見平和な共生関係が，北米産線虫の一種マツノザイセンチュウの日本への侵入という事態で，とんでもないカタストロフィーに至ったのは既に見た通りである（10. および 16.5. 参照）。

　マツノザイセンチュウは本来北米産であり，これが明治末期に九州・長崎に侵入し（巻頭引用参照），そのとたんに土着種であるマツノマダラカミキリと共生関係を成立させたという，生態学的に見ても非常に希有な事例である。ここで興味深いことは，(1) この線虫が新しい健全マツ個体に伝播されるのが共生カミキリムシの雌雄成虫の後食（これがマツ枯死の原因）による一方，(2) 二次性穿孔虫として雌が衰弱木ないし枯木に産卵する際にもこの木に線虫が伝播されることである（神崎・竹本，2012）（しかしこれはマツ枯死の原因ではなく結果）。これに関連して Wingfield (1987) は，マツノザイセンチュウの生活環を，上の (1) がマツ樹の生組織の食害と殺しに関連する植食性相，(2) がマツ枯木内の真菌類を餌とする菌食性相の2つに分け，これらの比較を試みた。北米ではこの線虫に感受性のマツは淘汰されて存在せず，線虫は菌食性相のみの生活環であり，日本でももし土着のマツ（アカマツ，クロマツ，リュウキュウマツ）が線虫の病原性に抵抗性を持っていれば北米と同じ生活環となったはず。しかし日本のマツは，土着性のニセマツノザイセンチュウ Bursaphelenchus mucronatus に対して感受性を持たないのと異なり，マツノザイセンチュウにひとたまりもなかった。その結果日本ではマツノザイセンチュウは植食性相と菌食性相の両方を駆使する複雑な生態を持つに至ったわけである。その際，マツノザイセンチュウはこれまで行使してこなかった植食性相という潜在的生活環をその瞬間に行使し始めたことになる。これは少し考えればありそうにないことで，北米において自然界で植食性相が本当に見られないのかどうかの再検討が必要であろう。Wingfield (1983a) はマツノザイセンチュウの自然分布地の米国においては，土着マツ類が抵抗性ゆえに雌雄成虫の健全マツに対する後食ではこの線虫の媒介・伝播は起きず，この線虫の生活環は針葉樹二次性ヒゲナガカミキリ属 Monochamus の雌成虫による枯死丸太などへの産卵で全うされるとした。またこれと関連して Wingfield (1987) は，日本においてマツノマダラカミキリ成虫

の後食でマツノザイセンチュウを接種されて枯れたマツに別の雌成虫が産卵する際，線虫が再接種される可能性があるとし，その意義についても論じている。この指摘は何らかの新たな発見をもたらす萌芽かもしれない。

一方 Bursaphelenchus 属線虫は，カミキリムシ科，ゾウムシ科－キクイムシ亜科といった穿孔虫と密接な関係を持ち，日本のみならず日本以外の特定の地域で特定のカミキリムシが特定の線虫（外来種）と二次的に排他的関係性を持つといった現象も見られる（Penas et al., 2006）。

実は Bursaphelenchus をはじめとする線虫は，カミキリムシ科よりもむしろゾウムシ科－キクイムシ亜科との関連性の方が，その多様性等の点で重要であり，実に様々な線虫種がキクイムシ（ただし樹皮下穿孔性種）と共利共生関係，片利共生関係，寄生者宿主関係を示しているのである（Rühm, 1956；Massey, 1974；神崎・小坂，2009）。実際，日本における木質依存性線虫の最重要種マツノザイセンチュウ Bursaphelenchus xylophilus の米国における原記載（Aphelenchoides xylophilus として）（Steiner & Buhrer, 1934）では，この種がカミキリムシではなく Ips 属および Dendroctonus 属の樹皮下穿孔性キクイムシおよびそれに関連する真菌にも関連していることが示唆され，後にこのことは再確認されている（Kinn, 1986）。既述（22.2.）のように，ここにいう真菌とは樹皮下穿孔性キクイムシ類と関連する青変菌類（Ceratocystis, Ophiostoma）のことであり，これをマツノマダラカミキリ自身も媒介し，またこの菌自身がマツノザイセンチュウの餌ともなっている（Maehara, 2008；前原，2012）。そして既述（22.2.）のように，Dendroctonus rufipennis（ゾウムシ科－キクイムシ亜科，樹皮下穿孔性）の成虫において，共生性もしくは寄生性の線虫の収容器官（「ネマタンギア」）がその後翅の基部近くに見出されている（Cardoza et al., 2006a）。これは，ゾウムシ科－キクイムシ亜科が他のいずれの昆虫分類群にも増して線虫と密接な関係を持つことの象徴となりうるものである。他種における調査が望まれる。

ゾウムシ科では，既述（22.5.）のようにオサゾウムシ亜科の Rhynchophorus palmarum がココヤシの枯損を引き起こす線虫の一種 Bursaphelenchus cocophilus を媒介するのが著名であるが（Giblin-Davis, 1993；Griffith et al., 2005），カミキリムシ科における状況に鑑みると，ゾウムシ科にも，経済的重要性はないものの，二次性穿孔性種で線虫を抱えるものが存在するはずである。

Amylostereum という菌と共生関係にある食材性昆虫のキバチ科も線虫と関係を持つ（Bedding, 1967）。この場合線虫 Deladenus は，キバチの共生菌 Amylostereum を食する有性・自由生活性生活環と，キバチ幼虫・成虫・卵に寄生する単為生殖性・寄生性生活環の，またもや「二環立て」であり，両環で相当形態を異にするようである。そしてこの両環は基本的に木質が舞台となっている。

ここまで来ると当然のこととして察しがつくことながら，線虫と同じく系統的に土壌に基盤を置くシロアリ類もこの線虫類と密接な関連性を持ち，その関係性はシロアリ頭部への便乗共生が中心のようである（Pemberton, 1928；C. Wang et al., 2002；Fürst von Lieven & Sudhaus, 2008；他）。しかしその研究はほとんどといっていいほど進んではいない。

線虫はこれら穿孔虫の体内に潜り込んで相利共生関係，片利共生関係（運搬共生）をむすぶ以外に，材内でこういった穿孔虫の穿孔摂食に際して食べられてしまうという現象も見られる。カラマツ属 Larix を宿主とする樹皮下穿孔性キクイムシ Dendroctonus の幼虫（Langor & Raske, 1987）などで例が見られる。しかし，マツノザイセンチュウ Bursaphelenchus xylophilus とマツ

ノマダラカミキリ *Monochamus alternatus* の関係では，宿主のアカマツ内樹皮や辺材に蔓延している線虫をカミキリムシ幼虫が材といっしょに食べたとしても，その密度と線虫体組織の栄養価の大まかな計算からは，カミキリムシは線虫を窒素栄養源としてあまりアテにはできないようである（岩田・他，未発表）。

第 IV 部
木質昆虫学の展開

　木質昆虫学は他の学問分野と同様，それのみで完結せず，他の分野との有機的関連を伴って限りなく展開していく。ここでは防除や利用といった応用昆虫学の関連と展開，シロアリに関する「シロアリ学」という生物学の博覧会の様相を呈するもうひとつの学問分野への展開，食材性の延長，古生物学，外来種問題といった周辺分野との関連と展開を述べ，「木質昆虫学」がそれ自体境界領域であるのに加えて，それ以外の関連諸分野との境界領域の創造を展望する。

25. 二次性を含めた食材性昆虫の応用生物学的意義

　いずれにせよ木材を食する昆虫は，人間にとって大切な利用木材やその供給者である樹木といった資源を喰い荒らす「悪い奴」としての位置づけの他に，その一部は地球上のバイオマスの最大量を擁するセルロース・ヘミセルロースを，自身の組織および／またはその共生微生物に由来する酵素によって，まるで神業のごとくに消化分解し，考えようによっては人間よりもはるかに有効かつ巧妙に木材を資源として利用している。地球生態系における物質循環において，この膨大なバイオマスを部分的にでも料理できる性質は，それ自体非常に有意義である。まず二次性穿孔性甲虫類は，枯木に穴をあけて内部表面積を広げ，その結果木材腐朽菌の侵入を容易にし，どんなに巨大な木の塊であっても，早晩これが土に還るという現象において，重要な役割を果たしている。この際，木材へのインパクトは，ゾウムシ科－キクイムシ亜科のような小型のものよりは，大型のカミキリムシ科の種の方がはるかに大きいようである（Edmonds & Eglitis, 1989）。またアフリカの熱帯乾燥環境においては，枯木の分解消失にシロアリ（特に高等シロアリ＝シロアリ科）の果たす役割は非常に大きく，そのほとんどの部分を担っているという（Buxton, 1981b）。

　この能力は，木材の主要成分であるセルロースを分解する一群の酵素（セルラーゼ；2.2.2. 参照）によるものである。この酵素活性は，これを思うがままに利用できれば，いわゆる木材糖化，さらにはその先のバイオエタノール生産も産業的に可能となる（吉村・他，2009）。しかしこれには，酵素の基質へのアクセスのための表面積増大へ向けての前処理にコストがかかりすぎ，あらためて食材性昆虫の木材分解システムの巧妙さに脱帽するばかりとなる（Watanabe & Tokuda, 2010）。実際イエシロアリでは，そのリグノセルロース分解に際し，口器とソ嚢による咀嚼・細分化による木材の表面積増大が非常に重要であることが示唆されている（Fujita *et al.*, 2010；Ke *et al.*, 2012）。そうなれば，まさにエントモミメティックス（昆虫模倣技術）の発想で，食材性昆虫の口器と消化管の働くしくみの平行した解明が重要となろう。

　これに関連してM.M. Martin (1987) は，ほとんどの木材食害虫におけるこのセルラーゼが，昆虫が口にした材に含まれている木材腐朽菌のものであるという説を提唱している（「獲得酵素説」）が，この説の一般化は無理と考えられる（Watanabe & Tokuda, 2010）（14.9. 参照）。

　ここで木質は地球上の最大のバイオマスであることを思い起こして頂きたい。これまでその量や性質が土や岩と同じもののように考えていた木という代物が，よく考えてみると動物の食料となっている。この能力は能力として，将来において人間がそっくりそのまま利用しうるとすれば，21世紀に起こりうる食糧危機に対処する一手段となりうるかもしれない。食材性昆虫というのは，炭水化物をタンパク質へと転換する一種の自動変換装置，またはその機能をプログラムされたミニ・ロボットだったのである。木質依存昆虫の遺伝子資源としての重要性はここにある。

　カミキリムシ類の幼虫は日本でも長野県などで「鉄砲虫」として食料に利用されるが，ニュージーランドの原住民マオリ族はフーフーカミキリ *Prionoplus reticularis*（ノコギリカミキリ亜科）の幼虫等を食料として伝統的に利用し，この種の発育ステージごとの現地名も完備しているという（D. Miller, 1952）。さらに西インド諸島（Bequaert, 1921），パプア・ニューギニア（Mercer, 1992）でもカミキリムシ等昆虫の食料利用についての報告があり，シロスジカミキ

リ属 *Batocera*（フトカミキリ亜科）などの大型種の幼虫を中心に利用され（DeFoliart, 1995），カミキリムシも他の多くの昆虫と同じく，人類全体の食料となりうる。またシロアリ類も，*Macrotermes*（シロアリ科－キノコシロアリ亜科）などの大型蟻塚を築く種を中心に，様々な無脊椎動物，ヒトや化石人類や類人猿，さらにはオオアリクイなどの特異的捕食者を含む脊椎動物の食糧として重要である（Mathur, 1962；McGrew *et al.*, 1979；Redford & Dorea, 1984；Redford, 1987；DeFoliart, 1995；Backwell & d'Errico, 2001；Deblauwe & Janssens, 2008）。これは太古の昔も同じで，何と中生代最末期にはシロアリを特異的に捕食する恐竜が存在したようである（Longrich & Currie, 2009）。シロアリの有翅虫と女王はエスニックフードの代表格で（Osmaston, 1951；Banjo *et al.*, 2006；Kagezi *et al.*, 2010），一部兵蟻を専ら食べる風習も見られ（Paoletti *et al.*, 2003），シロアリそのもののすぐれた栄養価も認められて（Tihon, 1946；Oliveira *et al.*, 1976；Redford & Dorea, 1984；J.W.M. Logan, 1992；Oyarzun *et al.*, 1996；Paoletti *et al.*, 2003；Banjo *et al.*, 2006；Itakura *et al.*, 2006），直接の食料化へ向けての試算も行われている（吉村・他，2009）。ただしラットにとって，キノコシロアリの有翅虫の消化効率は標準試料よりも低いとされている（Phelps *et al.*, 1975）。一方，家畜の飼料をシロアリに食わせて栄養価を高めるという提案，試み，周辺技術開発も成されている（Haritos *et al.*, 1993；Abasiekong, 1997）。この場合栄養価（タンパク質量・脂質量）の増大は，シロアリ腸内の共生細菌や侵入微生物（細菌・糸状菌）による窒素固定とそれに伴う代謝活動が原因と考えられるが，詳細の検討が必要であろう。「虫など食えるか！」と憤慨するむきには，このようにシロアリなどの虫で家畜・家禽や養殖魚の飼料をエンリッチしたり，虫そのものを食わせたりしてこれら食用脊椎動物をどんどん養い，ヒトのための食糧増産につなげるという手もある（DeFoliart, 1975；Sogbesan & Ugwumba, 2008）。

　木質のタンパク質への自動変換装置の主体は，木質の最重要成分であるセルロースをグルコースへと分解する酵素群，すなわちセルラーゼである。この一群の酵素を主眼として考えた場合，飼育技術的観点からも，菌の影響の排除からも，乾材害虫種が重要であると考えられる。それは基本的に乾燥材では木材腐朽菌をはじめとして菌類全般の発生が抑えられるからであり（Amburgey, 1972），このことは乾材シロアリ（レイビシロアリ科）と湿材シロアリ（オオシロアリ科）に関する，体表面の菌相の比較（Rosengaus *et al.*, 2003）および病原性体表面寄生菌に対する適応の程度の比較（Chouvenc *et al.*, 2011b）からも明らかである。菌の影響が排除されるとその分自前のセルラーゼの活性が高まることが予想され，実際シロアリでは乾材シロアリ（レイビシロアリ科）がセルラーゼ活性が高いとの結果が得られている（Mo *et al.*, 2004）。

　木材成分分解の生化学は，木質依存昆虫の中ではシロアリ類が断然研究をリードしている。しかし最近カミキリムシ科などの甲虫でも同様の研究が行われるようになってきている。Sugimura *et al.* (2003) は，市販人工飼料で飼育したキボシカミキリ *Psacothea hilaris*（フトカミキリ亜科－ヒゲナガカミキリ族）の幼虫の消化管から，セルラーゼ（エンド-β-1,4-グルカナーゼ）を精製している。一方 Lo *et al.* (2003) は，各種生物が自ら分泌するセルラーゼ（グリコシルヒドロラーゼファミリー5）のアミノ酸配列を比較分析し，キボシカミキリと植物寄生性線虫類のセルラーゼを比較，昆虫を含む動物界のセルラーゼは，水平伝播で獲得したものではなく，共通祖先から受け継いだものであることを示唆し，Davison & Blaxter (2005) や Calderón-Cortés *et al.* (2012) はこの説を敷衍・補強し，およそ地球上の（ヒトを含む！）あり

とあらゆる生物は，セルラーゼをその系統発生学的バックグラウンドとして保持しているべきものであり，見出されないのは二次的にこの機能を喪失した結果であると示唆した。数多くの目・科の昆虫のセルロース分解活性に関する Oppert *et al.* (2010) のデータもこの観点から出されたものである。これは木質依存性昆虫の自然史の観点から非常に重要な意味を持っている。すなわちどんな生物でも木材は本来喰えたはずなのである！ ナガシンクイムシ科などはセルロース消化ができない一群である（14.1. および 14.4. 参照）が，その成虫があたかも「セルロース消化 OK」というような顔をして平気で針葉樹を穿孔する（12.7. 参照）のを見ていると，何かしらこのセルロース普遍説が頭をよぎってしまう。

　一方，ヨーロッパでは二次性穿孔性甲虫の群集あるいはレッドデータブック記載特定種の保全を目的とする研究が見られる（Rauh & Schmitt, 1991；Schroeder *et al.*, 1999；Baur *et al.*, 2002；他）。害虫あるいはその付随的存在としてしか見られてこなかった木質依存性甲虫は，昨今特にヨーロッパにおいて保護の対象，保全生態学の研究対象として扱われるようになってきており（H.F. Evans *et al.*, 2004），木を喰う悪い虫という発想は，今後さらに他のパラダイムからもあらためられよう。

　同じ発想で，カミキリムシ類をはじめとする木質依存性甲虫類を環境指標にする提案や試み（槇原, 1994；Maeto *et al.*, 2002；Osawa, 2004；江崎功二郎・小谷, 2004；槇原, 2010）も見られ，特に樹相の性格付けに関しては，環境指標の中核となる可能性を秘めている。

26. 乾材食害性甲虫の特異性

　乾材害虫は家屋害虫，建築物害虫として古くから注視され，木質昆虫学関連では，一次性樹木穿孔性害虫，家屋害虫としてのシロアリと並んで，歴史的に研究データが蓄積された三大グループのひとつである。Trägårdh (1938) はスウェーデンにおける公共建築物の虫害調査から，この乾材害虫を次の3つの生態タイプに分類している。(1) 森林内で丸太に入り，それが搬出・製材加工・設置に際してたまたま生き残り建築材から羽化脱出するも，同材でのそれ以上の産卵・発生は不可能な種；(2) 森林内での発生は非常に稀で，貯木場（図 19-2）や製材工場で材に発生する種（主として樹皮下穿孔性）（例：マツザイシバンムシ Ernobius mollis（シバンムシ科；図 14-3），ルリヒラタカミキリ Callidium violaceum（カミキリムシ科 – カミキリ亜科 – スギカミキリ族））；(3) 純粋の乾材害虫で，樹皮付きのみならず樹皮なしの材にも累代発生する種（例：オウシュウイエカミキリ Hylotrupes bajulus，イエシバンムシ Anobium punctatum）。この分類によると，(1) と (2) は遷移ユニット超越 (19.1. 参照) に関係するタイプであることは明らかである。自分が住む家の建築材や家具から虫がひょっこり出てくると非常に面食らい，「とんでもない厄災を背負い込んでしまった，自分の家が食い荒らされて倒れてしまう……」と恐怖に駆られる人もいるようである。人の日常生活におけるインパクト（こういった過剰反応も含む）の点で特筆される昆虫の一群である。
　こういった応用的な側面の他に，食材性昆虫の栄養生理・共生生理の研究に際して，窒素分などを木材に持ち込む木材腐朽菌の影響が排除された乾材というハビタートに発生する関係上，木質昆虫学研究の手法上重要な存在でもある。
　彼らは木質昆虫学的に見て次のような特異性を有する：①ナガシンクイムシ科はセルロース非分解性（事実上デンプン依存性）であること，②ナガシンクイムシ科 – タケナガシンクイ亜科の一部に相当する2属2種（Prostephanus truncatus，コナガシンクイ Rhyzopertha dominica）で食材性から貯穀物などの高デンプン含有植物質への依存という転換が見られること。
　ただしこれら2種は，貯穀物加害に際してその食性の起源である食材性の習性を依然引きずっており，コナガシンクイは貯穀物，各種乾燥植物性食品の他，木材や竹材にも発生でき（Potter, 1935），何と図書館蔵書の背の内部にも発生し（総尾目 – シミ科の害虫と同じくデンプン糊を摂食？）(Hoffman, 1933)，また Prostephanus truncatus は固形物または固定物を穿孔することを要求し，非固定穀粒は食害しにくいとされる（Cowley et al., 1980；R.J. Bell & Watters, 1982）。またこの種は，ケニアでマメ科などの様々な広葉樹材（心材を含む！）での発生が認められており（Nang'ayo et al., 1993；Nang'ayo et al., 2002），さらに森林内でカミキリムシ科 – フトカミキリ亜科の特定種が環状剥皮して枯れて富栄養化された広葉樹枝に発生し（Borgemeister et al., 1998b；Hill et al., 2002），デンプン含有量の高い広葉樹材で飼育可能である（Detmers et al., 1993；Helbig & Schulz, 1994）。Lesne (1911) もこの2種が本来は食材性で，ヒトの文明が彼らをして「貯穀物害虫」に変身せしめたと述べている。そうした中 Vazquez-Arista et al. (1997) は，Prostephanus truncatus の木部穿孔性が消化管中のセルロース分解性共生微生物によるものとした。本種はデンプン含有量が少ないはずの広葉樹心材で繁殖したとの記録（Nang'ayo et al., 1993）があり，Helbig & Schulz (1994) はデンプン要求性を認めつつもその定量はせず，同時にデンプン含有量の少ない材でも発生するとしているが，その一

方で本種が木材よりはるかにデンプン・可溶性糖類の含有量の高い貯穀物を好んで穿孔するのは上に見てきた通り。結局，整合性を欠く以上のこと（12.7.；14.4.；本章）をすべて矛盾なく統合する説明は，今のところ不可能との感がある。実際ナガシンクイムシ科の歴史的第一人者の Lesne (1911) も，これらの貯穀物害虫種を念頭に，「この科の食性は複雑」ともらしている。筆者に言わせれば，本種 Prostephanus truncatus は食材性昆虫の中で最も不可解・不思議な種である。なお，同科のコナナガシンクイ Rhyzopertha dominica（同亜科），およびその他の亜科の食材性種では消化管とは無関係の細胞内共生細菌が検出されている（Mansour, 1934a）。P. truncatus の成虫後食行動については既に詳述した（12.7.）。同じタケナガシンクイ亜科のタケナガシンクイ属 Dinoderus spp. は竹材や広葉樹材の穿孔虫ながら，キャッサバやトウモロコシといった乾燥農産物にも発生し（Lesne, 1911；D.P. Rees, 1991；Borgemeister et al., 1999），Heterobostrychus（ナガシンクイムシ科）も乾燥サツマイモに発生する（Lesne, 1911）。さらに同科—ヒラタキクイムシ亜科は，食性は基本的に他亜科と同じくセルロース非分解性にて広葉樹・竹材穿孔性で，穀粒や乾燥農作物に発生する事例も知られており（Cymorek, 1966），またヒラタキクイムシ Lyctus brunneus（図 2-9a）はデンプン含有量 50% の人工飼料がベストという報告（Iwata & Nishimoto, 1983）もあって，とても食材性昆虫とは思えない性格である。というわけで，上述の Prostephanus truncatus の食性もうなずける。

　一方乾材害虫には，羽化の極端な遅延，従って極端に長い生活環（数年〜数十年！）が，特にカミキリムシ科—カミキリ亜科—トラカミキリ族（槇原・井上，1986），同亜科のトラカミキリ族以外の族（Nördlinger, 1869；Linsley, 1938），同科のカミキリ亜科以外の亜科（川上・岩田，2003），Buprestis aurulenta 等のタマムシ科大型種（Spencer, 1930；Linsley, 1943；Beer, 1949；Spencer, 1958；Shaw, 1961；D.N. Smith, 1962）をはじめとする中型〜大型の食材性甲虫類において記録されている。これは一見，乾燥状態に適応した特殊な能力のようにも見えるが，正真正銘の乾材害虫であるヒラタキクイムシ亜科（ナガシンクイムシ科）ではこのような遅延は起こらず，許容含水率範囲を下回る異常乾燥状態となると生育しないで死んでしまい，範囲内だとそんなに遅延せずスムーズに羽化を見る。これこそが真の乾燥への適応の姿。従って，極端な遅延を見せる種は，逆に適応が中途半端であると見ることもできる。また，極めて稀に非乾材穿孔性種が，食入材が乾燥した後も奇跡的に生き延び，その際幼虫期間が極端に延びる場合がある（R.C. Fox, 1975）。

　なお Buprestis spp.（タマムシ科）では，木造家屋竣工の後に建築材から成虫が羽化脱出したからといって，必ずしもそれが材の加工・インストールの前の産卵に由来するとは限らず，その後に産卵を受けるケースも見られ（Spencer, 1930；R.L. Furniss, 1939；Beer, 1949；Spencer, 1958），やや事情は複雑である。

27. 害虫種の特異性

27.1. 食材性昆虫・木質依存性昆虫の応用昆虫学的カテゴリー分け

本書の取り扱う食材性昆虫・木質依存性昆虫は，これまで見てきたようにその食性・発生様式から，応用昆虫学的に見て次の4つの大きなカテゴリーに分けられるといえる：

(a) 生木の樹皮下・木部を穿孔する一次性昆虫：森林害虫・樹木害虫
(b) 枯死して間もない立木や伐採直後の丸太の樹皮下・木部を穿孔する二次性穿孔虫：丸太害虫
(c) 分解がやや進んだ立枯れや丸太の木部を穿孔する二次性昆虫, (d) 朽木を穿孔する昆虫, および (e) 腐植を分解する昆虫：分解者
(x, y) 乾燥した用材を穿孔する二次性昆虫：林産害虫・家屋害虫

ここに記号 a〜e, x, y は 19.1. の記述，および図 19-1 に対応している。
ここで重要害虫種を含むカテゴリー a とカテゴリー x, y において，それぞれのカテゴリーの中でそういった重要害虫種がいかなる特異性を持つか，言い換えれば重要害虫種とそうでない種の違いは何かということについて考究してみたい。

27.2. 森林害虫・樹木害虫

食材性昆虫・木質依存性昆虫の中で一次性穿孔虫（健全な生木を穿孔する種）の占める割合は低く，さらのその中でも重要な害虫種となると，割合はさらに低くなる。そういう意味で 12.4. でも述べたように，彼らはいわば食材性昆虫・木質依存性昆虫のエリート的存在である。

ゾウムシ科－キクイムシ亜科の樹皮下穿孔性種で一次性といわれるものには，(1) いかなる場合も一次性の種（例えばエゾマツオオキクイムシ *Dendroctonus micans*）と，(2) 通常は二次性ながら，嵐などで CWD が大量に出現するとそれを足がかりに増え，個体数をバネにして一次性となってマスアタックする種（北米産 *Dendroctonus* など）がある（16.4. 参照）。当然のこととして後者の方がはるかに重要な害虫種ということになる。この一群の種は，通常の二次性の樹皮下穿孔性キクイムシとは，誘引フェロモンの内容が異なるとされる（Vité *et al.*, 1972）。ここで最も重要なことは「数は力なり」ということ。高密度でのアタックは樹木の抵抗を打ち負かし，その実現には数のみならずその集中が肝要で，これにはフェロモンの働きが必須である。

カミキリムシ科ではどうか。Hanks の法則（Hanks, 1999）（16.2. 参照）によると，一次性種と二次性種では性フェロモンシステムが異なるという。二次性種は枯木にたどり着きさえすればそこで異性が見つかるので，性フェロモンは（科の系統全体に一般的な）接触性のもののみで十分であるのに対し，一次性種は生木が多くて異性を探しにくいので揮発性性フェロモンが発達しているとする一般則である。16.2. で述べたようにこれには例外が多く，一般則とするのは無理があるともいえる。しかるにカミキリ亜科とフトカミキリ亜科では，12.4. でも述べたように一次性種に大型種が多く，重要害虫種も大型のものが目立つ。これは，虫体と比べて途方もなく大きな樹木という生物に取り付く関係で，ある程度の大きさがあってはじめてそ

れが実現するということによる可能性がある。ゾウムシ科－キクイムシ亜科の *Dendroctonus* の殺樹性種はこの点を数の集中，すなわち人海戦術・団結で解決したのに対し，カミキリムシは騎士道の正道よろしく一騎打ちの発想で，単独でこれに立ち向かい，その結果大型化が実現したというシナリオである。一方，中国や北米におけるツヤハダゴマダラカミキリ *Anoplophora glabripennis*（図10-1）の大繁殖（12.1., 12.2. および12.4. 参照）は，樹木の対抗策（抽出成分生産，カルス形成，樹液溺殺）に対する幼虫の対処能力，「遷移ユニット超越」の能力（19.1. 参照），幼虫と成虫の広食性，幼虫の気候に対する対処能力と，いずれをとっても申し分ないことの結果であり，これは「エリートの中のエリート」といえなくもない。

27.3. 林産害虫・家屋害虫

　乾材害虫は林産害虫あるいは家屋害虫に含まれ，狭義にはナガシンクイムシ科やシバンムシ科，一部のカミキリムシ科などの乾燥した木材に適応した甲虫類を指す。また広義には，これにレイビシロアリ科の乾材シロアリ類を加えたものを意味する。これらはいずれも乾燥・低湿に耐える能力を保持している（M.S. Collins, 1969；G. Becker, 1977；R.M.C. Williams, 1977）。乾燥・低湿はしばしば高温と関連し，高温に耐える性質も乾材害虫にとって適応的と考えられるが，その点での詳しい研究・論考は，乾材シロアリ類（レイビシロアリ科）に関するもの（Cabrera & Rust, 2000；他）以外はほとんど見られない。

　タマムシ科の樹皮下・木部穿孔性種でも相当高温に強い種が見られる（16.7. 参照）が，この場合これらの種がこの性質を足がかりに乾材へと進出するといったことは，若干の遷移ユニット超越事例（19.1. 参照）を除いて見られない。

　木材が乾燥した状態に昆虫が耐えうるということは，これに該当する昆虫は乾燥地帯が生物地理学的起源であることを強く示唆している（34.1. 参照）。ただし，実際には湿潤な熱帯降雨林にもこういった昆虫は見られ，そこでは喬木の樹冠部の枯枝は相当乾燥しており，Eggleton (2000) は乾材シロアリ（レイビシロアリ科）の熱帯降雨林における棲息をこのことと関連づけて論じている。実際レイビシロアリ科の種は熱帯降雨林においては，こういった環境の中では最も乾燥しやすいと考えられる樹冠部高所に進出・局在している（Roisin *et al.*, 2006）。それでもこういった種の起源地は熱帯降雨林ではなく，やはりサバンナ（乾燥疎林）や乾燥地帯である。Scheffrahn *et al.* (2008) の報告はその典型例を示している。恐らく乾材食害性甲虫類においても同じことが言え，乾材害虫はすべてとはいえないまでも，起源は概ね乾燥地帯といえよう。

　家屋の木材を地下性シロアリが食害するに際して，その加害部が乾材の場合と湿材の場合がある。湿材の場合は，日本の家屋における実際では例えば日当たりと水はけの悪い風呂場や（今となってはもはや文化財的価値の）土間の台所などが考えられ，この場合シロアリは水分のことをあまり気にせず心おきなく食害に専念できるというもの。しかしこれは実地にはむしろ稀なケース。例えばオオシロアリ科の種が家屋害虫となりえないのは，彼らがこのような稀なケースでしか家屋を食害できないことが理由である。

　乾材をイエシロアリ *Coptotermes formosanus*（ミゾガシラシロアリ科）のような地下性シロアリが木材を加害する場合，かならずそこには水分供給源があるはずで，例えば高層マンショ

ンの上層でも水分さえ確保できればイエシロアリは営巣・加害が可能である（15.8. 参照）。この場合，その水分をどこからともなく探し出し，それを運んでくる能力がこれらの非乾材性シロアリには求められる。このような極端な場合でなくとも，地面から相当離れた建築物の部分で地下性シロアリが営巣・食害することが多く，この場合，木造家屋の基礎近くの材の隙間を利用する性質や非木質部に長い蟻道を構築する能力といったことがものをいうようである（R.M.C. Williams, 1977）。

　いずれにせよ，こういった重要害虫化に資する様々な性質は，ヒトが文明を築いてからそれに呼応・対応して発達してきたものでは決してなく，ヒトの文明出現以前からのもの。そういう意味では，これらの性質はいわばヒトの作り出した状況に対する一種の「シナントロピックな前適応」ともいえ，ヒトの文明・産業がさらに進展すると，それに即してそれぞれの状況に対応した害虫種が，こういった「前適応」をひっさげ，「待ってました」とばかりに出現することが予想されるのである。

28. シロアリ：この不思議な生き物

シロアリについては，11.2.をはじめとして多くの箇所で様々な問題に触れてきた。しかしこれまでに触れられなかった点について，ここにさらに列挙してみたい。

28.1. 家屋害虫としてのシロアリ

シロアリは家屋害虫，人類文明の大敵のひとつであった。その研究の歴史は文献上でも3300年以上遡ることができるほどで（Snyder, 1956），ヒトの文明史はヒトとシロアリとの間の格闘の歴史でもあったといえる。

一般人にとってシロアリとは，まず一番大切な財産である家屋を加害する恐ろしき存在。1995年の阪神淡路大震災において，ヤマトシロアリ *Reticulitermes speratus*（ミゾガシラシロアリ科）（図14-5）の被害を受けた木造家屋が多数倒壊するなどの被害が生じ（吉村, 1995），過去米国・California州でも同様の報告が見られる（Steilberg, 1934）。地震の被害に遭われた方々はまことに気の毒であったが，これに関連して，非常に興味深い文献記述がある。それはEmerson (1938) によるもので，シロアリが木造建築物を加害するに際して，それが崩壊するまで喰い尽くすことはなく，もし崩壊が起きたとすれば，その直接の原因は嵐，地震，新たな加重などであるという。これは何を意味するかというと，シロアリといえども彼らが巣喰う木造建築物は，その持主たるヒトにとっての家であると同時に，彼らにとっての家または職場（餌場）ともなっている。家や職場が大事なのはヒトもシロアリも同じ。従って大事な構造物はこれを倒壊させるまで喰い尽くすことは，シロアリにとっても非適応的といえる。江戸時代の長崎・出島での見聞により，シロアリの日本名が"Do-Toos"（堂倒す）であったと流布されたが，これは「お堂が倒れるまで食い尽くすヤツ」という意味ではなく，「堂通す」，即ち「お堂でも何でも突き通すように穴をあけるヤツ」という意味の九州方言だったようである（巻頭引用参照）。Emersonの記述が正しければ，シロアリにやられた木造建築物が倒れるのは，恐らく地震や台風の場合に限られた現象ということになる。しかしシロアリが喰い荒らした家はやはり人が住めない。インド・Punjab州では町ひとつが *Heterotermes indicola*（ミゾガシラシロアリ科）の食害で廃墟となり（Roonwal, 1955），エジプトにおいても *Anacanthotermes ochraceus*（シュウカクシロアリ科）や *Psammotermes fuscofemoralis*（ミゾガシラシロアリ科）が同様の惨状を引き起こす（Hafez, 1980）というから，国・地域によってはその脅威は尋常ではない。New Yorkの自由の女神像の下の構造物もシロアリによる被害を受けたという（Su *et al.*, 1998）から呆れてものが言えない。1960～1980年代の米国におけるシロアリ被害による年間金銭的喪失量は1～34億ドル（Su & Scheffrahn, 1990），中国でのシロアリによる経済的損失額は毎年1200万元（李棟(D. Li)・他, 2004a）と試算されている。

28.2. キノコシロアリ亜科の意外な側面：おいしいキノコと「治水害虫」

　高等シロアリのキノコシロアリ亜科は真菌類と共生し，シロアリがその巣に持ち込んだ消化半ばの木質・リグノセルロースをこの共生菌が分解し，シロアリはこの菌体と菌が分解したリグノセルロースを巣内で餌とするということは既に述べた（22.3.；22.7.）。白色腐朽菌とされるこの共生菌（*Termitomyces* spp.），実はシロアリの巣から地上に向かって一定の季節に子実体をニョッキリと伸ばし，立派なキノコとなる。このキノコ，キノコシロアリ亜科の本場アフリカでは何とエスニックフードアイテムとして重要で，例えばナイジェリア南西部ではシロアリの種ごとにキノコに名前が付き，珍重されるという（Oso, 1975）。

　本亜科では唯一の日本産種，タイワンシロアリ *Odontotermes formosanus* は中国南部・台湾・沖縄県に分布し，この種でも共生菌 *Termitomyces* spp. は条件次第で立派な子実体（キノコ）を生じることが知られる（大谷，1979；Z. Wang *et al.*, 2011）。このシロアリ種は沖縄ではたまに家屋を食害するのみで，むしろその巣から生えるキノコが沖縄料理で珍重される程度。経済的にあまり重要視されていない。しかるに中国では，キノコが積極的に利用される（28.3. 参照）一方で，この種が堤防・ダムの土手に営巣し，その巣や蟻道が一定の空間を占めるため，増水に際してこの空間に水がしみ込み，巣の規模が大きい場合水分浸透量も相当なものとなり，ひどい場合は堤防やダムが決壊することも。というわけでこの種は国土保全上の大害虫になっているという（李棟（D. Li）・他，2001；李棟（D. Li）・他，2004b；W.-J. Tian *et al.*, 2008）。いわば「治水害虫」である。「千里の堤も蟻の一穴から」という格言は，アリではなくどうやらこのシロアリのことを指すらしい（李棟（D. Li）・他，2001；李棟（D. Li）・他，2004b）。そもそもタイワンシロアリを含むいわゆる地下性シロアリ類（シロアリ科，およびミゾガシラシロアリ科）は土壌と密接な関連を持ち，アリ類のように土中に蟻道網を構築し，この蟻道網が土中の水分浸透度を高めることは容易に想像がつく。そしてこれを実証するデータも見られる（Elkins *et al.*, 1986）。タイワンシロアリのこの「治水害虫」としての所行は，この性質のいわば強調された形といえる。

28.3. シロアリ学の諸相

　一方筆者に言わせれば，シロアリ類（ゴキブリ目－シロアリ下目）は地球上の生物の中で，研究対象としては，ずばぬけて面白い存在である。かつて日本においてその研究の焦点は木材保存（木材防蟻），およびリグノセルロースの消化分解の代謝生化学に偏っていた。しかし元来中国ではシロアリおよびシロアリ由来の物質，タイワンシロアリ *Odontotermes formosanus*（シロアリ科－キノコシロアリ亜科）共生菌のキノコなどが，「白蟻泥」，「白蟻膠嚢（シロアリカプセル）」，「白蟻茶」といった医食同源の漢方薬アイテムとして利用されたり，雲南省の少数民族などがシロアリを食用にしたりと，その長い歴史はシロアリにもちゃんと目を向けていた（李棟（D. Li）・他，2004a）。他の地域でもシロアリは，その有益な側面，すなわち土壌改良などの環境創造性，生物多様性への寄与，食料化，ローカル資源性といったことが力説され（McMahan, 1986；J.W.M. Logan, 1992），ブラジル・Amazon における原住民の民間伝承・神話のネタにもなり（Mill, 1981；子供の出べそ治療のまじないも含む！），アフリカ南部（南アフリカ・レソ

ト・ジンバブエ・等）の原住民ブッシュマンの伝統的ロックアートにおける具象的および抽象的主題にもなり（Mguni, 2006），巣材が建築材料にも利用できそうとか（Adepegba & Adegoke, 1974），何となく楽しそうな話も多く，地球環境化学，環境創造性の解析，ソシオゲノミックス，シロアリ共生系の解析，等々，非常に多様かつエキサイティングなテーマが「シロアリ学 termitology」の中に林立し，生物学全体の博覧会の様相を呈するに至っている（岩田, 2006）。

　この一群の生物の重要な点は，全体が単系統であり，それがそのまま真社会性を保持し，食性は食材性を基本にこれを発展させ（しかしリグノセルロースの分解という基本はほとんど逸脱せず），熱帯を中心に非常に重要なバイオマスを占めている点（Fittkau & Klinge, 1973）である。従って木質昆虫学ではシロアリ類の話題が非常に重要な部分を占めざるを得ない。

　シロアリ類はすべて真社会性とされ，新しい定義（Crespi & Yanega, 1995）では"obligate eusociality"（絶対的真社会性；どの階級も他の階級への分化の可能性を持たない状態）とされるが，下等シロアリにおける擬職蟻をどう考えるかはここでは論議されていない。シロアリの社会システムは相当複雑なもので，その諸要素は階級分化，階級分化調整，相互給餌，農業（キノコシロアリ亜科の養菌性種），組織的採餌（巣外採餌種），有翅虫群飛，情報伝達，巣構築，巣内居住環境調整，組織的防衛といったことにまで及ぶ（W.V. Harris & Sands, 1965）。階級分化は幼虫から始まって，職蟻（ワーカー），兵蟻（ソルジャー），ニンフ，有翅虫，王対，補充生殖虫など様々な階級（カースト；これはヒンズー教の身分制度を指すことばを借用した専門用語）へと変身していくシステムで，属や種によって特有の階級分化システムや生殖システムが見られ，これにはコロニー規模，採餌様式，系統などが反映し，それのみで昔から重要な研究領域となっている（Noirot, 1990；Roisin, 2000）。Grassé & Chauvin（1944）は真社会性昆虫に，すべての生物で見られる密度効果とは逆の「グループ効果」，すなわち過密状態の方が都合がよいという性質があるとした。これには様々な要因がからみ，一言では言い表せないものではある。しかしシロアリなどでは実際そのような現象が見られ，地下性シロアリに対する防蟻試験において供試シロアリ個体数が試験結果に大いに影響するという見解（Lenz, 2009）はまさにこれに相当しよう。また，ヤマトシロアリ属 *Reticulitermes* は餌の木材の位置を学習し，その内容が未学習個体に伝達されうるという実験結果すらある（Goldberg, 1981）。これなどはミツバチのそれを思い起こさせ，集合効果の延長線上にあり，そのさらに上を行くものであろう。

28.4. シロアリの栄養生理と消化共生

　シロアリ学の最も古典的な研究テーマである，シロアリによるリグノセルロースの消化分解については，その後腸内共生生物の生物多様性の観点から，シロアリ科以外を「下等シロアリ」，シロアリ科を「高等シロアリ」とする分け方が昔から行われ（Grassé & Noirot, 1959），前者は原生生物界・真正鞭毛虫門（図23-1）と様々な細菌類（モネラ界），後者は細菌類を宿し（これに酵母菌やアメーバなどのマイナーな真核微生物が加わり），下等シロアリはその木材消化を専らこの原生生物の分泌する消化酵素（セルラーゼ）に依存するというシナリオ（Cleveland, 1924）が長らく信じられてきた。それでは高等シロアリはどうかというと，例えば *Nasutitermes*（テングシロアリ亜科）などではちゃんとセルロース分解活性は検出され（Beckwith & Rose, 1929；他），シロアリ自身が分泌する「自前セルラーゼ」，もしくは消化管

内の共生細菌類の分泌するセルラーゼのいずれかでセルロースを消化するはずながら，そのいずれかはまったくもってわかっていなかったのである（B.P. Moore, 1969）。

しかし Yokoe (1964) が下等シロアリであるヤマトシロアリ *Reticulitermes speratus*（図 14-5）の中腸で「自前セルラーゼ」の活性を見出したのを皮切りに，高等シロアリでも同様の「自前セルラーゼ」が認められるに至り（G.W. O'Brien *et al.*, 1979；他），下等シロアリは自前セルラーゼ＋原生生物由来セルラーゼにより，高等シロアリは自前セルラーゼのみでセルロース分解を行い，細菌類由来のセルラーゼは見出されるも重要でないという見方（R.W. O'Brien & Slaytor, 1982；Slaytor, 2000；Brune, 2006）が 20 世紀末に定説となった。

しかし細菌類が植物細胞壁成分の分解にほとんど関与しないとするこの定説のさらなる見直しが行われつつあり（Rouland & Lenoir-Labé, 1998），高等ならびに下等シロアリにおいて，後腸内の細菌類（任意共生菌を含む）でセルロースを中心とする難分解性多糖類に対する重要な分解能力が示されつつある（Thayer, 1978；Pasti & Belli, 1985；Piechowski & Mannesmann, 1988；Saxena *et al.*, 1993；Wenzel *et al.*, 2002；Tokuda & Watanabe, 2007；Warnecke *et al.*, 2007；Kurtböke & French, 2008；Cho *et al.*, 2010；Hongoh, 2011；Taechapoempol *et al.*, 2011；他）。これらの細菌群の中にはその存在と分解能が検出しにくい特異的共生性のものも含まれうる（Hongoh *et al.*, 2006；Ransom-Jones *et al.*, 2012）。また，下等シロアリ・高等シロアリともに後腸でヘミセルロース分解性細菌類が豊富に見出されたとの報告（Schäfer *et al.*, 1996）や，養菌性のキノコシロアリ亜科で強力なエンド-キシラナーゼを生産する細菌が検出されたとの報告（N. Liu *et al.*, 2011）もある。ところで，シロアリ・セルラーゼ自前説を極端に推し進めた研究として，ムカシシロアリ *Mastotermes darwiniensis* の後腸内共生原生生物におけるセルラーゼ遺伝子はその機能を失っているという衝撃的な報告（L. Li *et al.*, 2003）がなされた。しかしこれは後に完全に否定されるに至っている（Watanabe *et al.*, 2006）。このように，定説が二転三転するのもシロアリ学の面白みのひとつである。なお，シロアリ消化管内での細菌類による難分解性多糖類の分解というこの問題は，キノコシロアリ類とその体外共生菌との関係のように，複雑な種特異性がからんだ，一般化が困難な事象の可能性もある。

シロアリの栄養生理にからむ細菌は，上に見たように概ね真性細菌であるが，シロアリではメタン産生菌などが中心の古細菌（Purdy, 2007）にも，ホロセルロースの消化分解に関わっているものがあることを示唆するデータも見られ（Miyata *et al.*, 2007），今後の研究の進展が待たれる。

28.5. シロアリの社会性・生態の類型化

「下等シロアリ」・「高等シロアリ」という分け方に加え，W. Wilkinson (1965a) はシロアリの樹木への加害を論じるにあたりその行動範囲のパターンにより (1) "restricted range termites" と (2) "free range termites" に分け，Abe (1987) は後者をさらに二分して「ワンピース型」，「中間型」，「セパレート型」とシロアリを 3 類型に分け（16.13. 参照），この見方は生態や防除法，社会性の進化などを論じる際に非常に有用であることが明らかとなっている。これに対し，Inward *et al.* (2007b) は，土を材料として土中に営巣する土食性高等シロアリを含めるために第 4 類型を加えた。さらに Donovan *et al.* (2001b) は，餌の無機物化の度合いによりシロアリを，

枯木・枯草を喰う下等シロアリの第 1 群，枯木・草・リター・地衣・苔を喰う高等シロアリ（キノコシロアリ類を含む）の第 2 群，有機物の多い土壌最上層を喰う高等シロアリの第 3 群，土壌の下層を喰う高等シロアリの第 4 群の 4 つのグループに生態分類し，以上を総合して各属・各種の性格付けが容易になった。また Inward *et al.* (2007b) は，Donovan *et al.* (2001b) の 4 類型に対して第 2 群の中の養菌性のものを「2_f 群」とした。高等シロアリにおける土食性はシロアリ類全体の中では確かに進んだ形質ではあるが，高等シロアリ（シロアリ科）の中では決して進化の終着点とはいえず，興味深いことにそこからまた木質の方に戻る進化（Donovan *et al.* (2001b) の 4 類型における IV → II・III）も生じたようである (Roisin *et al.*, 2006；Inward *et al.*, 2007b)。シロアリ科（高等シロアリ）では同所的な同属内で，土食・腐植食性の種と食材性の種に分かれる場合があり（例えば，Gontijo & Domingos (1991) の報告における *Anoplotermes*），食性によるこのシロアリの類別は決して系統に依存したものではないことがわかる。

28.6. シロアリ共生系

ここで「シロアリ共生系」とは，宿主たるシロアリ，その体内の共生原生生物（図 23-1），共生原核生物（細菌類）という三者が作り出す複雑な共生関係（安部・東，1992；Ohkuma, 2008；Ohkuma & Brune, 2011；Brune & Ohkuma, 2011）をいい，その関係性はさながら「網状」である。すなわち，共生原生生物はその表面的基本形態ですらそれぞれの特有の共生原核生物（細菌）に依存しているというほどに密接な関係性を持っており (Dolan, 2001)，またスピロヘータ類を含む細菌類が原生生物の体表面の特定の「はまり所」に付着・配列し (Cleveland & Grimstone, 1964；Lavette, 1969；Tamm, 1982；Iida *et al.*, 2000；Dolan *et al.*, 2004)，スピロヘータはさながら繊毛のように原生生物の運動を司るとされ (Cleveland & Grimstone, 1964)，桿状菌でも同様の観察がなされ (Tamm, 1982)，近年 Bacteroidales 目の細菌もスピロヘータと同じ繊毛的役割を持ちうることが見出されている (Hongoh *et al.*, 2007)。また下等シロアリ (*Neotermes cubanus*) の消化管内原生生物が体表面付着性細菌を食胞作用で喰うのが観察され，細菌を原生生物が窒素源として役立てている可能性もある (Stingl *et al.*, 2004)。さらにシロアリ，その共生原生生物，その共生細菌の三者間の平行系統進化までもが明らかとなっている (Noda *et al.*, 2007)。細菌相は下等シロアリでも，また原生生物を欠く高等シロアリでも相当複雑で，無数の種間関係が存在し，それぞれの関係が全体としての「シロアリ共生系」の要素を成しているといってよい。点としての種の集合体が生物相・生態系なら，線としての種間共生関係の集合体が複雑共生系。シロアリはまさにその例である。そうした「線」の例として，下等シロアリ消化管中の細菌の一種 *Streptococcus lactis* による別の一種 *Bacteroides* sp. への乳酸の供給 (Schultz & Breznak, 1979)，下等シロアリ消化管中の葉酸要求性スピロヘータの 1 種への他の細菌 2 種による葉酸の供給 (Graber & Breznak, 2005)，下等シロアリの消化管中での特定の細菌による $Fe^{+++} \rightarrow Fe^{++}$ の還元作用 (Vu *et al.*, 2004)，等がある。

下等シロアリ後腸内の共生原生生物には，細胞内やその核内に正体不明の非病原性（?）微生物が見られることも報告されている (Connell, 1930；Dolan *et al.*, 2004)。これらはシロアリによる微小な「ニッチ構築」といえよう。また以上の主要な微生物群以外に高等シロアリにおいて，食材性シロアリ *Termes* spp. と土食性シロアリ *Cubitermes* にアメーバ類が見出されるなどしており，

その役割などは謎のままである（H. Kirby, 1927；J.C. Henderson, 1941；Gisler, 1967）。

　共生微生物の役割のひとつはリグノセルロースの分解であろうが，シロアリとその腸内共生微生物によるリグノセルロースの分解には次の3段階があるとされる（König et al., 2006）：(1) 炭水化物の加水分解過程，(2) 単糖類〜オリゴ糖類の酸化・発酵過程，(3) メタン産生・酢酸生成過程。このうち下等シロアリの原生生物は過程(1)に関与するのは確実であるが，その他の過程には共生細菌類も関与する可能性があり，高等シロアリの共生細菌も過程(1)に関与する可能性があって（Tokuda & Watanabe, 2007；Warnecke et al., 2007；Hongoh, 2011；Taechapoempol et al., 2011），その解析は複雑を極める。しかし下等シロアリの後腸内における多くの大型原生生物の役割は比較的瞭明である（Yoshimura et al., 1996）。ここで，下等シロアリの共生原生生物（特に大型種）は，細胞壁構成性多糖類（ホロセルロース）をさらに分解して酢酸と水素（H_2）と二酸化炭素という最終分解生成物にまで持っていき，水素は，一部がそのまま排出される（Y. Cao et al., 2010；他）ものの，多くはメタン産生細菌がひきとって二酸化炭素の還元によるメタン生産に利用し，宿主シロアリは酢酸をエネルギー源として心おきなく利用できるという仕組みになっている（Ebert & Brune, 1997；Brune & Friedrich, 2000；Slaytor, 2000；Ohkuma, 2008；Y. Cao et al., 2012；他）。

　シロアリの消化管の腸内細菌相が腸内の環境多様性に対応した棲み分けを見せることが知られている（H. Yang et al., 2005）が，ことほど左様に原生生物と細菌が共存する下等シロアリの後腸内の両者の関係は特に複雑である。細菌は原核生物であり，抗生物質で死滅するとされる。しかしシロアリ後腸内では細菌にも実に様々なものがあり，抗生物質も様々なものが開発されており，すべての抗生物質がすべてのシロアリ後腸内細菌に効くとは限らない。抗生物質を添加した餌で腸内の細菌相を減少または破壊した下等シロアリは，原生生物相も減少または破壊され，シロアリ自体も危うい状態となる（Speck et al., 1971；Eutick et al., 1978；Mauldin & Rich, 1980；D.A. Waller, 1996）。これは下等シロアリ後腸内の原生生物と細菌が密接な関係を持つこと（Radek, 1999；Breznak, 2000；Ohkuma, 2003）の証拠でもある。このような原生生物相変調下等シロアリは，代謝に異常を生じ，炭水化物からアミノ酸（Speck et al., 1971）や脂質（Mauldin, 1977）への変換がままならなくなる。結局下等シロアリへのアミノ酸の賄いは細菌の世話によるとの感が強い。そういった下等シロアリ後腸内の原生生物と細菌の直接的関係の一例として，原生生物の細胞内にメタン産生細菌が見出されるとする報告（M.J. Lee et al., 1987）が著名である。レイビシロアリ科では消化管内での原生生物と細菌が接触し接合する様子が観察され（Patricolo et al., 2001），ムカシシロアリ科ではスピロヘータ等の細菌類が後腸内原生生物の体表面上に付着し，原生生物体躯の前方・後方で棲み分け，原生生物の運動における原動力となることが報告されている（Wenzel et al., 2003）。これら単細胞原生生物と共生する細菌には宿主原生生物の内と外，すなわち細胞内共生菌と細胞外共生菌（表面棲共生菌）があり，細胞内共生菌の方が宿主原生生物より密接な関係性を持つことが予想される。しかし下等シロアリであるレイビシロアリ科（乾材シロアリ類）では，細胞外共生細菌がその宿主原生生物と共進化し，両者の分化が平行していることが遺伝子解析で明らかとなっており（Desai et al., 2010），細胞外細菌であっても宿主原生生物との関係の親密さは決して劣らないようである。一方，日本産の下等シロアリであるヤマトシロアリ *Reticulitermes speratus*（ミゾガシラシロアリ科）とオオシロアリ *Hodotermopsis sjostedti*（オオシロアリ科）のメタン産生性細菌（ただしこれは普通の細菌とは界を異にする古細菌類；21.1. 参照）は，一部がその後

腸内共生原生生物の細胞内と表面に，一部が後腸のエピセリウム細胞に付着して存在し，この二群の古細菌は系統的に異なるという興味深い知見が見られる（Tokura *et al.*, 2000）。さらに，共生原生生物を腸内に欠く高等シロアリでは，一部の抗生物質でマイナスの影響があり，抗生物質の種類により作用は一定せず，またスピロヘータを選択的に除去してもマイナスの影響が見られるという（Eutick *et al.*, 1978）。

　そしてそのスピロヘータ。これは細長く，うねるような波状の形状が特徴的な細菌の一グループにして，確かに昔から下等シロアリの後腸内の共生原生生物（単細胞）には，その細胞表面およびその細胞内にスピロヘータなど多種の細菌類が見られることが報告されてきており（H. Kirby, 1941），高等シロアリからも知られていた。しかしその関係が具体的に示されたのは，最近になってからである。その役割とは酢酸生成，そして空気窒素固定（Leadbetter *et al.*, 1999；Lilburn *et al.*, 2001）。これと関連して *Kalotermes flavicollis*（レイビシロアリ科）の後腸内の遊離細菌群（"*Coccobacterium*"，等）は，かつて純粋培養状態では空気窒素固定能を発揮せず混合培養状態でのみ空気窒素固定を行うとされた（Ergene, 1949）が，この時点で存在を認められつつも窒素固定能の点で考慮されていなかったスピロヘータ類がこの現象の鍵を握っていたはずと筆者は見ている。

　シロアリ共生細菌による空気窒素固定のパワーは，場合によってはそれを保持する一門の繁栄の鍵ともなりうる。高等シロアリのテングシロアリ亜科 Nasutitermitinae はシロアリ類全体の既知種の 1/4 を擁し，網羅的に調べられたわけではないが，この一門の空気窒素固定パワーは特筆され，特に兵蟻が著しく，これにより極端に少食でややもすると窒素不足になりがちなこのカーストが職蟻から栄養的に自立でき，その数を増やし，これでコロニーの安全保障が確保され，結果的に亜科全体の繁栄につながっているということが示唆されている（Prestwich *et al.*, 1980）。面白いことに，中南米産の *Nasutitermes nigriceps* の職蟻消化管では，マメ科植物の根粒菌に近縁の空気窒素固定性細菌も検出されているのである（Fröhlich *et al.*, 2007）。

　一方，上述（15.3.）したシロアリ類による餌である木材の C／N 比の低下の一環としての共生メタン産生菌によるメタンの放出は，ウシなどの草食性家畜のゲップと並んで，地球温暖化に資する温室効果ガスのひとつであるメタンの大気への放出の関連で，一時懸念されたことがあった。シロアリの食性類型別の比較では，食材性シロアリでは二酸化炭素還元酢酸産生性細菌が二酸化炭素還元メタン産生性細菌を凌駕する一方，養菌性シロアリと土食性シロアリでは水素と二酸化炭素からの酢酸産生は目立たず，食材性シロアリや枯草食性シロアリと比べてメタン産生量が多いとされている（Brauman *et al.*, 1992）。とはいうものの，シロアリからのメタンの放出量は査定が難しく，過大評価（および一部過小評価）がなされたりして，もうひとつはっきりとはしなかった。しかし，食材性・土食性・食草性といったシロアリの食性類型別，およびサバンナ・熱帯降雨林といった棲息環境別に詳しく細かく査定がなされた結果，世界のシロアリからのメタン年間放出量は約 20Mt（地球上の全放出量の 4%）という数字が提示され，無視できない量ではあるが，深刻視する量でもないという決着を見ている（Sanderson, 1996）。また森林減少によるシロアリからのメタン放出量増加も，地球全体の大気中のメタン量の顕著な増加にはつながらないとされている（Martius *et al.*, 1996）。面白いことに琥珀の中に封じ込められたシロアリの化石が大きな泡を伴い，これはメタンであろうとされており（Krishna & Grimaldi, 1991），このシロアリの「オナラ」は昔ながらのものであるといえる。

　シロアリ消化管内にはこの他，新しい門の細菌群 "Termite Group I"（= "Elusimicrobia"）

(特にその中の1系統"Endomicrobia")などの存在が知られ(Ohkuma & Kudo, 1996；Stingl et al., 2005；Geissinger et al., 2009)，微生物学者にとっての「宝の山」となっている。このようにシロアリ消化管内に共生細菌が多様で豊富であることについては，その消化管内部の物理化学環境の多様性が寄与しているようである。すなわち，これまで下等シロアリの後腸膨張部は嫌気的条件下にあるとされてきたが，実は内肛壁近くでは O_2 濃度が高く好気的であり，また高等シロアリの後腸もくびれた部分は同様に部分的に好気的で，酸素濃度はシロアリ消化管内で複雑な変化を示し，これは一部の細菌による酸素の吸収・消費に起因しているようである(Brune et al., 1995)。そして，そういう様々な酸素濃度を示す場所，すなわちニッチ応じて細菌相も異なることが明らかとなっており(Brune & Friedrich, 2000；Köhler et al., 2012)，こういった微環境の多様性が細菌相の多様性に結びついているものと考えられる。

こういった種々雑多な共生性細菌類については，それらそれぞれのシロアリに対する役割，寄与を明らかにしたいところであるが，何しろ培養が難しく，解明はままならない。そうした中，細菌の全ゲノムを解読し，既知の他の細菌の配列と比較して，その役割を知るというブレークスルー的な研究が遂になされた。ひとつはヤマトシロアリ Reticulitermes speratus (図14-5) の共生原生生物 Trichonympha agilis に宿る "Termite Group I" の一種 "Rs-D17" に関するもの (Hongoh et al., 2008a)。その結果この細菌が各種アミノ酸を合成して宿主である原生生物やそのまた宿主であるシロアリに供給していることが示唆された。もうひとつはイエシロアリ Coptotermes formosanus の後腸内共生原生生物である Pseudotrichonympha grassii の細胞内に存在する Bacteroidales 目に属する共生細菌 Azobacteroides pseudotrichonymphae (イエシロアリの共生細菌では最多の種)に関するもの(Hongoh et al., 2008b)。その結果窒素固定，アミノ酸合成，解糖に関連する種々の遺伝子が検出されている。この細菌は恐らくイエシロアリの消化と代謝において最も重要な存在と考えられる。

以上，宿主シロアリ・原生生物・細菌が入り乱れた複雑極まりない「シロアリ共生系」ではあるが，総体としては難分解性のリグノセルロースを難なく分解する「系」となっているわけで，このもつれた関係性をほぐして各々の生物およびその酵素の働きを明らかにすること(例えば，Tartar et al. (2009) の包括的研究；18.4. 参照)により，例えば木材糖化→グルコースの発酵→バイオエタノール生産への応用といった産業的な利用価値を伴う知見が無限に生み出されることとなる (T. Kudo, 2009；Scharf & Boucias, 2010；他)。こういった背景のもと，この系に関連する発見に付随して数多くの特許が提出されている(Matsui et al., 2009)。将来的には，「シロアリ共生工学」なる分野が出現しそうである。

シロアリとその共生微生物の関連では余談ながら，かつてスリランカの高標高地における事例から，乾材シロアリのペレット状糞の食卓への落下に起因するシロアリ共生微生物による経口感染が，難病「スプルー」(慢性吸収不全症候群)の原因として疑われた(Jepson, 1933)。しかしその後この仮説は顧みられていない。

28.7.「生態系エンジニア」としてのシロアリ：シロアリの余技

シロアリのバイオマス，巨大化しうる巣，生態系へのインパクト，キーストン種性，どれをとってもシロアリの存在感は大きい。特にアフリカ各地におけるキノコシロアリ亜科の高等シ

ロアリは，土壌改良作用による地域農業への寄与，逆に地域農作物の食害虫としての重要性，巣由来の土のヒトなど哺乳類による直接利用，共生菌の子実体（きのこ）の食料・グルメ対象としての有用性，シロアリ虫体そのものの食料としての有用性，地域の生物多様性への寄与，奇観を呈する巣に対する宗教的重要性，等々の面で民族生態学的に極めて重要な存在となっている（Sileshi *et al.*, 2009）。以下，詳述する。

シロアリの存在感が最も大きい気候帯はサバンナである。熱帯のサバンナについて，Troll (1953) は河畔林や渓谷の有無の他，シロアリの蟻塚の有無をその類型化の重要要因とした。熱帯林やサバンナにおいてシロアリは，分解者としては最重要ではなく，ミミズがこれを凌駕し，シロアリはむしろ「環境創造者」，「生態系エンジニア」（土壌エンジニア，土壌処理者）として最重要とされている（Bignell, 2006；Jouquet *et al.*, 2011）。シロアリ類の「環境創造性」については，特にアフリカのサバンナなどの乾燥地・準乾燥地における農業生産に寄与する土壌改良作用（トンネル構築による「耕し」作用，ターンオーバー作用，共生微生物による空気窒素固定・同濃縮と周囲への溶脱，C, N, P, K, Mg, Ca 等の増加）が注目されている（Lobry de Bruyn & Conacher, 1990；Holt & Page, 2000；T.A. Evans *et al.*, 2011a）。特にアフリカでは，土食性の *Cubitermes*（Cubitermitinae 亜科）で植物（*Acacia*）に対する成長促進効果が土壌細菌との関連で認められ（Duponnois *et al.*, 2005），ザンビア，ウガンダ，ベニンなどでは *Macrotermes* の蟻塚は特有の植生を有するホットスポットとなっていて，これでしか見られない多肉植物などもあり（Fanshawe, 1968；Moe *et al.*, 2009；Kirchmair *et al.*, 2012），広域分布種 *Macrotermes subhyalinus* の蟻塚のサバンナにおける存在は，その上での灌木の生育・種多様性に大きく寄与するとされる（Traoré *et al.*, 2008a；Traoré *et al.*, 2008b）。ケニアの高所サバンナでは *Odontotermes* の蟻塚はマメ科の樹木 *Acacia drepanolobium* の根粒菌空気窒素固定量を軽減し，この生態系を取り仕切る存在となっていることが示されている（Fox-Dobbs *et al.*, 2010）。米国産の半乾燥地・草原性の高等シロアリの例では，土中営巣が土壌の粒子を細かくして水はけを悪くする一方で，坑道構築により水はけがよくなるなど，相反する作用が複雑にからみあい，土壌の物性に影響することが知られる（Spears *et al.*, 1975）。一方アフリカ・タンザニア中央部では，キノコシロアリ亜科（文面からして恐らくは *Macrotermes*）の蟻塚が乾燥地における土壌の構造化（蟻塚とその周囲は緻密な泥質土壌，その外側は空隙の多い砂質土壌）に寄与し，これが地下水を溜めやすい構造となり，地域の水資源確保・灌漑にも寄与しうるという（松本栄次・他，1991）。同様に Bonachela *et al.* (2015) はアフリカなどの乾燥地全般におけるシロアリの巣全般について，これが土地の土壌の一様化を阻止して水分と植生の保持に，ひいては砂漠化阻止に貢献しているとしている。

シミュレーション解析を伴う Bonachela *et al.* (2015) の研究などを除いて，得てしてこの分野はほとんどがケーススタディーであり，文献・事例ごとに結論が異なることが多く，やや曖昧との批判（Black & Okwakol, 1997），あるいは関連要因が多くからんで現象は複雑で，特にキノコシロアリ亜科は他のシロアリと異なり評価が一定しないとの指摘（Jouquet *et al.*, 2011）もある。

逆に，シロアリの巣の存在は一部の肥料分の減少要因となって（J.W.M. Logan, 1992），シロアリの巣材はシロアリによる濃縮が原因で栄養分濃度が非常に高いが，周辺土壌は対照土壌と比べて逆に栄養分に乏しいともされている（Goodland, 1965）。アジアやアフリカにおいて *Macrotermes* spp. は土壌とその肥沃度に及ぼす影響は重要ではない，あるいは評価が難しいとの見解（Joachim & Kandiah, 1940；Hesse, 1955；Brossard *et al.*, 2007）もある。

しかし評価が難しいキノコシロアリ亜科を一応除くと，シロアリ類をミミズ類とともに「生態系エンジニア」の性格を有する二大動物群（C.G. Jones *et al.*, 1994；Lavelle *et al.*, 1997）とする見方には一理があり，開発途上国，特にアフリカの乾燥地ではシロアリの蟻塚の存在が生態系およびそれに根ざした伝統農業の発達と維持に密接に関連している（Dangerfield *et al.*, 1998；Holt & Page, 2000）。キノコシロアリ亜科はこの点評価が難しいが，以下に多く例示するように，この方面では最も重要な一群であり，まったくもって侮れない存在である。

シロアリは基本的に，巣構築に際して粘土質など微細な土粒を選択して利用し，土壌を巣構築に利用する場合はB層（深層）から運び，巣の滅亡後のエロージョンも考慮すると土壌の逆転が生じているものと考えられ，また「カートン」と呼ばれる硬い抗菌性の巣材（図28-1）は排出物がその材料の中心で，土壌の含有量は多くない。巣は全体としては土壌に排泄物が加わったもので，土食性や養菌性の高等シロアリでは木材由来の糖類が豊富で（Contour-Ansel *et al.*, 2000），また C, N, Ca などの含有量，C／N 比が周辺土壌よりも高く，さらに排泄物由来のリグニンが濃縮されて含まれている（K.E. Lee & Wood, 1971）。地域的に見ると，まずインドでは *Hypotermes obscuripes*（Pathak & Lehri, 1959）や *Odontotermes obesus*（Banerjee & Mohan, 1976）（いずれもキノコシロアリ亜科）の蟻塚の蟻土は周辺土壌と比べて有機物，窒素分，CaO 等の含有量が高く，K_2O 含有量が低い値を示し，ザイールでは各種高等シロアリの巣材がその周辺土壌と比べて明らかに炭素分と窒素分が豊かで，土壌にもこれが影響し（Maldague, 1959），ジンバブエではシロアリ（この場合は高等シロアリ）の蟻塚は周辺土壌と比べて表面積，栄養素含有量，水分保持力の値が高く，これのみで生育する作物もあるほどで，土壌を改善する能力が認められており（Nyamapfene, 1986），南アフリカ・Orange Free State の半乾燥地における *Trinervitermes trinervoides* の蟻塚はシロアリの活動により周辺から有機炭素分や有機窒素分を濃縮させて，C／N 比も周辺土壌より低く，肥沃とされ（Laker *et al.*, 1982），さらにオーストラリア・New South Wales 州の乾燥地におけるアカシア属の倒木の下に形成されたシロアリの蟻塚は，その構成物質が有機炭素分，窒素分，燐などが濃縮されて肥沃で，動植物相を支えているとされる（Tongway *et al.*, 1989）。またいわゆる土食性シロアリに関しては，その土壌に及ぼす直接的影響が実験的に示されており（Donovan *et al.*, 2001a），興味深い。なお燐については，特にブラジルの食材性および土食性高等シロアリについて，巣への濃縮作用が詳しく報告されている（Rückamp *et al.*, 2010）。

図28-1　イエシロアリ属 *Coptotermes*（ミゾガシラシロアリ科）2種の巣内部のカートン。内部は迷路状。　a. イエシロアリ *C. formosanus* Shiraki（日本大学生物資源科学部博物館所蔵，森八郎コレクション）。　b. *C. lacteus*（オーストラリア・New South Wales 州産）。

シロアリ，特に *Macrotermes*（キノコシロアリ亜科）などの大型巣を形成する養菌性高等シロアリは，アフリカ〜東南アジアの乾燥地などにおいて土中を非常に深く潜行して地下水と共生菌 *Termitomyces* 生育に必須の微量元素を得，この際レアアースを含む様々な金属元素も巣材中に水とともに持ち込まれて濃縮される（Mills *et al.*, 2009；Sako *et al.*, 2009）。これは地下深くに存在する様々な金属鉱脈が地表近くに吹き出ていることを意味し，結果的に *Macrotermes* などのシロアリの蟻塚は鉱脈探査の指標となっている（Gleeson & Poulin, 1989）。具体例としては，キノコシロアリ亜科の蟻塚の分布が銅鉱の探査に役立つとされ（d'Orey, 1975），旧ソ連・中央アジアでは枯草食性の *Anacanthotermes*（シュウカクシロアリ科）が可溶性無機塩類を（Ghilarov, 1962），ウバンギシャリ（現，中央アフリカ）では *Bellicositermes rex*（恐らく *Macrotermes subhyalinus*；キノコシロアリ亜科）が鉄（Fe）を（Boyer, 1958），ボツワナ（Kalahari 砂漠）ではキノコシロアリ亜科の種が金脈から金（Au）を（J.P. Watson, 1972），インドではシロアリ（属名特定なし）がバナジウム（Va）等の金属を（Prasad & Saradhi, 1984），巣や蟻塚に運ぶあるいは濃縮するといった芸当を見せ，南ローデシア（現：ジンバブエ）ではシロアリ（属名特定なし）の蟻塚の下，深さにして十数フィート（約数 m）まで土壌にシロアリ活動の化学的・物理的影響が及ぶのが観察されている（J.P. Watson, 1962）。巣周辺土壌でのミネラル濃縮作用については，アフリカのサバンナにおける養菌性のキノコシロアリ属 *Macrotermes* では地下深くから巣へ粘土分を移送することが関係するとされている（Garnier-Sillam, 1989）。

上述のように，シロアリの巣，特にアフリカの半乾燥地におけるキノコシロアリ亜科のそれは特有の植物相（何と樹木をも含む！）を伴い，詳しい報告がなされている（Malaisse, 1978；Moe *et al.*, 2009；Kirchmair *et al.*, 2012；他）。一方オーストラリアの熱帯地域でも，*Amitermes laurensis* などの高等シロアリ（シロアリ科）の蟻塚は，シロアリの栄養素濃縮作用によりその周囲に草本植物を叢生させ（Spain & McIvor, 1988），アフリカでも，土食性高等シロアリの巣で窒素と炭素の濃縮・蓄積が見られ，蟻塚周辺で菌根菌の生育促進とそれによるマメ科植物の生育促進が見られたり（Diaye *et al.*, 2003；Ndiaye *et al.*, 2004），キノコシロアリ亜科 *Macrotermes* 属の蟻塚の周囲に集中して生える植物が大型草食性哺乳類の好む所となり，これらが蟻塚の周辺に脱糞してますますその周囲が肥沃になることで特異点を形成したり（Loveridge & Moe, 2004），ボツワナの扇状地では川の中洲の形成と成長にキノコシロアリ亜科の *Macrotermes michaelseni* の蟻塚形成による盛り土作用と栄養分濃縮がその開始要因として深く関わったりしている（McCarthy *et al.*, 1998），といったことが報告されている。同じアフリカでは，*Macrotermes* の蟻塚由来の土が現地人の妊婦によってつわり防止やミネラル系栄養素補給などのために好んで食され（Hunter, 1993），さらに *Pseudacanthotermes* の蟻塚がカオペクテートという下痢止め剤に似た無機成分を含み，腹をこわしたチンパンジーによってよく利用されるという（Mahaney *et al.*, 1996；Mahaney *et al.*, 1999）。またキノコシロアリ亜科は，地下深く潜行して地下水をくみ上げ，この活動に伴って哺乳類の微量必須元素も吸い上げて蟻塚が濃縮し，特に大型哺乳類がその巣材を栄養源として摂食することがあるという（28.9. で詳述）。一方オーストラリアでは，*Coptotermes lacteus*（イエシロアリ属）の蟻塚（図 28-2）の上ではシロアリ居住中は植物の繁茂が抑えられ，シロアリ不在下で繁茂するという（L.K.R. Rogers *et al.*, 1999）。従って蟻塚上に草が生えなくてもそれが肥沃でないことにはならず，肥沃ながらシロアリが草の繁茂を抑えている可能性がある。

下等シロアリが草本の繁茂を抑制する類似のケースに，アフリカ・ナミビアで見られる「フェ

図 28-2 *Coptotermes lacteus*（ミゾガシラシロアリ科—イエシロアリ属）の蟻塚（オーストラリア・New South Wales 州，1995 年 8 月）。人物はシロアリ栄養生理学の研究者 Dr. Michael Slaytor。

図 28-3 *Amitermes meridionalis*（シロアリ科—ツカシロアリ亜科）の蟻塚（オーストラリア・Northern Territory，1996 年 1 月）。掌状の蟻塚が南北方向に配列している。

アリー・サークル」がある。これは乾燥地にスナシロアリ属の一種 *Psammotermes allocerus*（ミゾガシラシロアリ科）の活動によって形成される直径約 10m の円形の裸地で，草本によって縁取られ相撲の土俵の様相を呈し，このシロアリがその地の草本の根を喰い荒らして枯らすことによるものであるが，その活動は見かけに反して生物多様性に寄与しているという（Juergens, 2013；Vlieghe *et al.*, 2015）。これも一種の生態系エンジニア，特に「景観生態系エンジニア」の顕著な例であろう。

　ところで，オーストラリア北部のサバンナに棲息するシロアリ亜科の *Amitermes meridionalis* と *A. laurensis* は掌状の巣を南北方向に作る（図 28-3）が，この方向決めは磁界に反応した結果であるとして「磁石シロアリ」の称号を賜っていたが，これはむしろ風当たりや日当たりに反応した結果であるとされるに至っている（Jacklyn, 1992）。しかし，マウンド形成に際して地磁気を関知し，それを手がかりにする可能性も提示されている（Jacklyn & Munro, 2002）。シロアリの行動や巣構築が磁気の影響を受けるとの報告（Deoras, 1949；G. Becker, 1979；Prasad & Narayana, 1981；Rickli & Leuthold, 1988）も多く，高等シロアリの胸部・腹部で磁性を帯びた磁気感知器官が検出されるに及んで（Maher, 1998），シロアリは伝書鳩などと並んで「磁気生物学」の重要な研究対象として位置づけられている。総じて，サバンナの景観にあれほど影響を与えるからには，シロアリがこのようなとんでもない能力を発揮してもおかしくはないといえる。こういったシロアリ（特にシロアリ科）の巣は相当の永続性を持ち，ジンバブエの Harare（旧南ローデシアの Salisbury）近郊で，700 年以上経過している *Macrotermes goliath*（Ruelle (1970) によると *M. falciger*）の巣が見出されている（J.P. Watson, 1967）。筆者は，ケニアなどのアフリカの広大なサバンナにおいて，草食獣や肉食獣などが相当な密度で存在し，独特の生態系と景観を作っているが，その存立にキノコシロアリ等のシロアリ類が相当貢献しているのではと想像している。

　シロアリの生態系エンジニアとしてのもうひとつの局面は，マラヤ半島の低地フタバガキ林（原生林？）におけるギャップ形成（生態系の更新に寄与する自主的撹乱の一種；巨木の転倒などにより鬱閉樹冠が開くこと）に，高等シロアリの *Microcerotermes dubius*（シロアリ亜科）による生木加害が関与しているという報告（Tho, 1982）に見られる。しかし基本的にこの地ではシロアリは原生林の樹木を加害しないという見解も見られ（Abe, 1982），これも今後の詳しい検討が必要と思われる。

28.8. 食材性昆虫におけるシロアリの特異性と食材性・木質依存性甲虫類に見られる社会性

確かにシロアリは食材性昆虫ではあるが，これは2つの側面（といっても両者は密接に関連している）で他の食材性昆虫と相当性格を異にしている。まずゴキブリ目－シロアリ下目は下目全体が真社会性という特異な生態を持ち，それゆえ個体間相互行動や情報交換のためのフェロモンが発達している。さらにレイビシロアリ科（乾材シロアリ類）を除いて，シロアリは土壌と密接に関連している。この点で下に述べる「食材性の延長」（29.）という新たな地平を切り開くことが可能となる。一般の食材性昆虫では自らが穿孔する材は親によって与えられたものであり，餌不足などの不都合に直面しても別の材に移ることができない。例えばヒラタキクイムシ *Lyctus brunneus*（ナガシンクイムシ科－ヒラタキクイムシ亜科）（図2-9a）では食入材・食入固形飼料から離脱すると生存できず（岩田・西本，1980），カミキリムシ類や樹皮下穿孔性キクイムシ類でも食入する横倒し丸太の温度が直射日光照射などで異常高温になるなど，相当不自由・過酷な状況を余儀なくされる（Graham, 1924 ; Graham, 1925 ; Patterson, 1930 ; R.W. Reid, 1957 ; Bakke, 1968 ; Negrón *et al.*, 2001 ; C.J. Hayes *et al.*, 2009）。しかるにシロアリ，特に16.13. で述べた Abe (1987) のいうところの巣と餌木が離れているより進化した「セパレート型」の種では，巣が空調完備となって寒暖の脅威から逃れるという，地球上でヒトに匹敵する驚異のシステムを持ち（Lüscher, 1961 ; French & Ahmed, 2010 ; 他）（16.14. 参照），さらに Abe (1987) のいうところの「中間型」（部分的にセパレート型を採る型；ヤマトシロアリ属 *Reticulitermes* がその典型）の種では，むさぼり喰う材が寒暖や乾湿の点で不都合な条件になると，これをあっさり放棄して移動することが可能となる（J.L. Smith & Rust, 1994）。シロアリ類は甲虫類と比べると，種分化・種多様性の点では，食材性昆虫の中では決して成功しているとは言い難い。しかし，バイオマスの点では飛び抜けた存在であり（Fittkau & Klinge, 1973 ; J.R. King *et al.*, 2013），これはその真社会性に加えて，セパレート型と中間型におけるこういった自由度のなせる業と考えられるのである。

なお，真社会性のシロアリ類に顕著に見られる行動にグルーミング（口器による相互の身繕い），トロファラクシス（口移しや尻移しの栄養交換＋α），共喰いといった「個体間相互行動」が見られ（McMahan, 1969 ; Dhanarajan, 1980 ; Iwata *et al.*, 1999），このうちグルーミングと共喰いは密接に関連し，前者から後者への移行も可能である（Iwata *et al.*, 1999）。これらは互いに密に接する社会生活に関連して発達し，体表面からの病原菌の除去，栄養補給，共生微生物伝播，窒素分の有効利用などの機能を伴っていて，食材性昆虫・木質依存性昆虫の中ではシロアリ類に特有の行動と考えがちである。しかし実際には，ゾウムシ科－キクイムシ亜科の亜社会性木部穿孔養菌性種（アンブロシア甲虫）の幼虫間でもグルーミングとそれに関連する共喰いが見られ（Kalshoven, 1962），また育児室内での成虫による卵のグルーミング，各ステージ間でのグルーミングによる除菌活動などが見られるという（Biedermann *et al.*, 2009 ; Biedermann & Taborsky, 2011）。またコガネムシ上科－クロツヤムシ科でも濃密な親子間の関係（Reyes-Castillo & Halffter, 1983 ; J.C. Schuster & Schuster, 1985 ; J.C. Schuster & Schuster, 1997）や成虫個体間での消化管内共生微生物のやりとり・相互供給の可能性（J.B. Nardi *et al.*, 2006）が見られ，真社会性の手前の段階にまで達しており，生物現象が系統よりはむしろ生態原理に依拠して平行進化的に生ずるということの好例となっている。これらの事実は，あ

るいはこれらの甲虫が何千万年，何億年か先に真社会性を獲得して繁栄するということの予兆かもしれない。

シロアリ類（ゴキブリ目－シロアリ下目）はグループ全体が真社会性であり，その一方で染色体は，膜翅目におけるような真社会性が発達しやすいとされる半倍数性（雄で n, 雌で $2n$）（W.D. Hamilton, 1972）ではなく，皮肉なことに通常の倍数性（雌雄でともに $2n$）で，W.D. Hamilton (1972) がせっかく絞り出した真社会性進化の遺伝学的説明を台無しにしている。これは進化生物学上の最大の謎といっても過言ではない。

もうひとつの皮肉は，鞘翅目－ゾウムシ科の木部穿孔養菌性種（キクイムシ亜科）で染色体が半倍数性の種が目立つのに，これに真社会性がまったく見られないことである（上田明良・他, 2009）。アンブロシア甲虫類（キクイムシ亜科養菌性種＋ナガキクイムシ亜科）における真社会性の存在は伊藤嘉昭(1982, pp. 113-115) が予言し, オーストラリア産の木部穿孔養菌性のナガキクイムシ亜科の一種 *Austroplatypus incompertus* で発見された（Kent & Simpson, 1992；Kirkendall *et al.*, 1997）。この種は完全に一次性で，ユーカリノキ属の巨木に心材に至るまで水平穿孔して複雑な坑道とコロニーを形成，入植後次世代産出まで最低4年を要し，寿命もその分数年と長く，またこのコロニーが30年以上存続するなど極めて特異な生態を示すという（Neumann & Harris, 1974；J.A. Harris *et al.*, 1976）。この顕著な特異性が真社会性への進化に寄与していることは容易に想像がつく。一方伊藤嘉昭(1982) の予言は真社会性進化に資するとされる染色体半倍数性（W.D. Hamilton, 1972）を示すキクイムシ亜科の系統（Normark *et al.*, 1999；Jordal *et al.*, 2000）を念頭に置いたもので，実際の真社会性の発見はこれとは異なる倍数性の系統においてのこと（S.M. Smith *et al.*, 2009）。またもや W.D. Hamilton (1972) の説に汚点を残してしまった。それでも，半倍数性のキクイムシ亜科の系統におけるさらなる真社会性の発見が期待され，その場合はコロニー基盤の持続性が必要なことから一次性種であろうと予想されている（Farrell *et al.*, 2001）。一方，上田明良・他 (2009) はキクイムシ類における社会性の進化において半倍数性の重要性を疑問視し，日本産ナガキクイムシ亜科（木部穿孔養菌性；倍数性）のヨシブエナガキクイムシ *Platypus calamus* とカシノナガキクイムシ *P. quercivorus*（二次性，時に一次性）における真社会性の発見の可能性を論じている。実際カシノナガキクイムシにおいては，コロニー内で繁殖しなかった可能性のある成虫はコロニー坑道の清掃に従事し（Soné *et al.*, 1998），終齢幼虫が妹弟にあたる卵を移動するなど親個体による養育を手伝い（小林正秀, 2006；鎌田, 2008），また幼虫同士および成虫・幼虫間の栄養交換も見られ（小林正秀, 2006），真社会性の手前の域に達しているようである。さらに同じナガキクイムシ亜科ではオーストラリア産の *Austroplatypus tuberculosus*, 西アフリカ産の *Trachyostus ghanaensis*, キクイムシ亜科では広範囲分布種のサクセスキクイムシ *Xyleborinus saxeseni* も同様の方向に進化していることが示唆されており（Kirkendall et al., 1997；Biedermann & Taborsky, 2011），特に *Trachyostus ghanaensis* は純粋に一次性で，コロニーは数年持続でき，子育てに際するフラスなどの廃棄物処理をヘルパーの終齢幼虫が行うといったことが古くから知られている（H. Roberts, 1960；H. Roberts, 1968）。今後の研究の進展と真社会性種のさらなる発見が期待されるところである。

甲虫ではこの他，クワガタムシ科に属するチビクワガタ *Figulus binodulus*（日本産）がいわゆる亜社会性を示し，捕食性も有する成虫の生産する有機窒素分の豊富な微粉末状フラスが幼虫の発育に資するようである（Hi. Mori & Chiba, 2009）。しかし食材性・木質依存性

甲虫における社会性の知見は，上述のゾウムシ科－ナガキクイムシ亜科の一種 *Austroplatypus incompertus* を除き，せいぜいこういった「亜」のつく段階に留まっているのが現状である。

ということで，木質依存性昆虫の中でシロアリの真社会性の発達は特筆すべきものであることは疑いようがない。

28.9. 構造物および生態系としてのシロアリの巣

シロアリは土壌と密接に関連していることは上に述べた（28.7.）。ここで，この不思議な一群の真社会性昆虫の巣に注目してみたい。この巣は彼らの「作」であり，ヒトの背丈あるいはその何倍もある巨大な建築物ともなりうる（図11-2；図28-2；図28-3）。その建築工程は，まず木材をかみ砕き，自らもしくは共生微生物の分泌する酵素でリグノセルロースをある程度まで分解し，その半消化状態の液状木材（いわば「シロアリセメント」）の塊を吐き戻し，その際唾液や腸内消化液がこれに混じり，それに若干の土壌を加味し，あたかもセメントのようにして少しずつ重ねていき，最終的にあの堅固な巣が完成するというものである。ここで重要かつ興味深いことは，巣の構成員が「青写真」を念頭にその内容の実現を目指して一丸となって……，というようなことは昆虫ゆえにありえず，建設材料たるシロアリセメント塊が置かれると，そのことが刺激となって次のセメント塊置きが誘発され，さらに……といった非常に単純な刺激・反応型の繰り返しに基づくとされる（Grassé, 1959；Theraulaz & Bonabeau, 1999；O'Toole *et al.*, 1999）（スティグメルジー説）。蟻道構築においても，餌木の集中分布パターンに対応した構築戦略（S.-H. Lee *et al.*, 2006），および蟻道のカーブの滑らか化機構（S.-H. Lee *et al.*, 2008）は，いずれも単純な行動原理に基づくとされている。ただし，巣から放射状に伸びるべき蟻道が途中で迂回を余儀なくされても巣の位置からの放射線となる方向に蟻道が作られるという報告もあり（Bardunias & Su, 2009），これはあたかも俯瞰指示者に従っているが如き行動で，スティグメルジー説のような単純行動原理では説明できない側面が蟻道構築には見られる。

シロアリの巣構築パターンは種ごとに異なるが，シロアリがこねまわして作り上げた巣材は，土壌と接しない生態の種を除き，基本的に有機物（木質およびシロアリ唾液・排泄物由来の物質）と無機物（土壌）の絶妙なブレンドとなっている（T.G. Wood, 1996；Holt & Lepage, 2000）。実際分析すると，土壌由来の灰分と植物由来のセルロース・リグニンの存在がはっきりと確認され，窒素分については多いという報告がある（28.7. 参照）ものの結論は出しにくいが，いずれにせよセルロースが減少し，リグニンの含有量が高い（Holdaway, 1933；Noirot, 1959；Mishra & Sen-Sarma, 1979a；Oyarzun *et al.*, 1996）。従ってこの巣材は，材料的にはやはり木質の延長線上にある。従ってそれは堅固である。また保水性も持つ。また場合によっては再加工可能である。膜翅目の真社会性昆虫，ハチ類の中でも木質ベースの巣を作るものがいるが，シロアリ類の巣の堅固さとは比べものにならない。またシロアリの巣を含む蟻塚は，種によっては千年単位の寿命をもって存続することも知られ（J.M. Moore & Picker, 1991），この異常なまでの永続性は他の生物とのゆるぎない関連性を予想させる。

得てしてこのような堅固にして永続的な構造物，「シロアリの蟻塚」は，その内部，その表面上，その周辺に特異な動植物相を形成し，その中でも最も目を見張るものは何と樹木を含む特有の植物相である（Malaisse, 1978）（28.7. 参照）。それらの植物がまた特有の植食性昆虫相

図28-4 日本・南西諸島産の好白蟻巣性甲虫の一種，トカラマンマルコガネ *Madrasostes kazumai*（マンマルコガネ科）の未成熟成虫（側面図）。イエシロアリの巣の放棄部に発生する。（口絵14）

を擁し，さらに蟻塚自体が宿主シロアリ以外の昆虫や節足動物，さらには脊椎動物の一部に安全な住処を提供する（Malaisse, 1978；他）。巣は下等シロアリ（Gillman et al., 1972）および高等シロアリ（Sall et al., 2002；Diaye et al., 2003）ともに，その周囲の土壌と比べて栄養成分が濃縮されており，また高等シロアリの調査結果では木材由来の糖類を豊富に含むことが示され（Contour-Ansel et al., 2000），これを背景としてこの巣そのものを餌にしている「隠密的居候」の昆虫がいる。これを「好白蟻巣性昆虫」という。例として，イエシロアリ *C. formosanus* などのイエシロアリ属 *Coptotermes* の巣においてその放棄部の泥状塊（マッドガット）を穿孔する日本・南西諸島産のトカラマンマルコガネ *Madrasostes kazumai*（コガネムシ上科‐マンマルコガネ科）（図28-4）（Iwata et al., 1992），東南アジア産の *Taeniocerus pygmaeus*（クロツヤムシ科）およびこれと同居するマンマルコガネ科の種（Johki et al., 1998），さらにはヤマトシロアリ属 *Reticulitermes* の巣に発生するヒラタハナムグリ亜科（コガネムシ科）各種（Ritcher, 1945；岩田・直海, 1998；Jameson & Swoboda, 2005），などがある。マレー半島ではマンマルコガネ科のほとんどの種がイエシロアリ属 *Coptotermes* の巣に発生するようである（Ballerio & Maruyama, 2010）。これらの好白蟻巣性昆虫は，食材性（特に腐朽材穿孔性）昆虫から派生したことが予想されるが，その検証はなされていない。

　好白蟻巣性昆虫は，コガネムシ科の例（Rosa et al., 2008；ただし原著本文では「好白蟻性」と誤記）でも示されるように，宿主シロアリとの間で互いに影響を与えず，恐らく彼らはお互いに「顔見知り」の関係ではないものと思われる。好白蟻巣性昆虫の発生は，生きたシロアリの巣に限らない。アフリカにおいて *Macrotermes bellicosus* および *M. subhyalinus* のコロニーが滅びると，その蟻塚に甲虫類をはじめとして無数の種の昆虫が発生し，この崩壊蟻塚の存在は生物多様性に大いに寄与するという（Girard & Lamotte, 1990）。こういった好白蟻巣性は，つまるところ食材性の延長である。一方ブラジル・Amazonの氾濫源でも，シロアリが放棄した背の高い蟻塚（および喬木に蟻土を張り付けて作った行動圏）は，様々な昆虫（特にアリ類）・その他の節足動物・小型脊椎動物にとって，雨期の水浸し状態の際の避難場所となる（Martius, 1997b）。好白蟻巣性昆虫の中には何と他種のシロアリも存在し，(1) 紛れ込み者，(2) 日和見的利用者，(3) 間借り者，(4) 乗っ取り者，(5) 食巣者といった生態的分類がなされているほどに多様である（Eggleton & Bignell, 1997）。オーストラリアではシロアリの蟻塚を別のシロアリがちゃっかり利用するのはよく見られる現象のようであり（Abensperg-Traun & Perry, 1998），一例として同地産 *Ahamitermes* 属（シロアリ亜科）はイエシロアリ属 *Coptotermes* の巣に寄生してその巣材のみを食するという（Calaby, 1956；Calaby & Gay, 1959）。シロアリの巣

材は他のシロアリ種を養えるほどの栄養分を含むことがわかる。またブラジル・Amazon の氾濫源でも，放棄された蟻塚は同種または異種のシロアリが占拠することが多いという（Martius, 1997b）。アフリカのカメルーンでは高等シロアリ Cubitermes（Cubitermitinae 亜科）の蟻塚は，主が使用中であれ，放棄した空き家であれ，無数のアリ類，他のシロアリ種，その他各種土壌棲無脊椎動物（および一部は脊椎動物も！）がよってたかって空間として，住処として利用し（Dejean et al., 1997），これも地域の生物多様性に寄与しているものと思われる。また同じアフリカのケニアでは，同じく高等シロアリの Macrotermes michaelseni の巣に複数種の高等シロアリが高い頻度で同居していることが報告されている（Darlington, 2012）。シロアリの巣を餌にせず単に住処にしているのみの昆虫には，社会性種を含むハチ類（膜翅目）も見られ（Carrijo et al., 2012），その中にはハキリバチ科に属する世界最大のハチ（Chalicodoma pluto；雌のみが巨大な大顎でシロアリ巣を穿孔）がある（Messer, 1984）。これは単なる棲息空間にするためにのみ木材を穿孔するクマバチ属のハチを想起させるものである。

好白蟻巣性昆虫の特殊な例に，既に言及した，ブラジル中央部の平原に見られる Cornitermes 属（シロアリ科 - Syntermitinae 亜科）の巣の表面に棲息するヒカリコメツキ Pyrearinus termitilluminans（コメツキムシ科）がある。この幼虫は，自らが発する光でシロアリ有翅虫などをおびき寄せて捕食するという（Redford, 1982；Costa & Vanin, 2010）。従ってこれは明らかに宿主シロアリにとってその巣に寄生している天敵であり，その意味「好白蟻巣性」の形容は無理かもしれない。

一方，巣のシロアリ居住空間にまで入り込み，シロアリのふりをして宿主シロアリと濃密な栄養交換を行って「正々堂々の居候」を決め込む者もいる。これを「好白蟻性昆虫」といい，内容は鞘翅目 - ハネカクシ科（図 28-5；図 28-6），双翅目 - ノミバエ科などが中心で実に多様，そして中には奇観を呈する種，「ありえない生活史」（例えば成虫成長など）を示す種も見られる（Kistner, 1969；Kistner, 1982；Mill, 1984；岩田・直海, 1998；岩田, 2000；Dupont & Pape, 2009）。さらに「好白蟻性ダニ」も多い（Kistner, 1982；Eickwort, 1990；Kistner, 1990）。シロアリの巣はクモ群集の形成にも寄与し（Haddad & Dippenaar-Schoeman, 2002），この巣内のクモ群集は好白蟻性昆虫を喰っているようで（de Visser et al., 2008），好白蟻性ではなくむしろ好白蟻巣性ともいえる存在である。

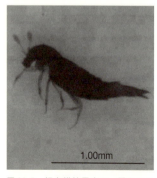

図 28-5 好白蟻性甲虫の一種キストナーケシシロアリハネカクシ Kistnerium japonicum（ハネカクシ科 - ヒゲブトハネカクシ亜科）（大分県産イエシロアリ巣より）。

図 28-6 好白蟻性甲虫の一種イエシロアリハネカクシ Sinophilus yukoae（ハネカクシ科 - ヒゲブトハネカクシ亜科）（西表島のイエシロアリ巣より）。

以上総じて，好白蟻性と好白蟻巣性という2つのギルドの間には，なかなか一線を画することが難しいという側面が，甲虫類などで指摘されている（Costa & Vanin, 2010）。

　シロアリと密接な関係を持つ動物は節足動物に限らず，この話には脊椎動物も登場する。まず「好白蟻巣性鳥類」とでも呼ぶべき，シロアリの巣に営巣してシロアリと一応は平和に共存する一群の鳥類（インコ類など）が存在する（von Hagen, 1938；Hindwood, 1959；J.W. Hardy, 1963；Brosset & Darchen, 1967；Mill, 1984；Brightsmith, 2000；矢野晴隆・上田, 2005）。またジンバブエの*Macrotermes*（キノコシロアリ亜科）の巨大な蟻塚は多くの鳥類の棲息場所となり，地域の鳥相の多様性に寄与しているという（G.S. Joseph *et al.*, 2011）。爬虫類でも好白蟻巣性といえるものが見られ，アフリカ産のナイルオオトカゲ *Varanus niloticus* は *Trinervitermes trinervius*（シロアリ科 - テングシロアリ亜科）の蟻塚に穴をあけて産卵し，その穴をシロアリが塞ぎ，蟻塚内で卵は悠々と発育してやがて幼体が蟻塚から姿を現すという（Cowles, 1928）。またシロアリの巣はアルマジロ，特殊なコウモリなどの哺乳類，トカゲやヘビなどの爬虫類にも営巣場所として利用され（Goodland, 1965；Dechmann *et al.*, 2003；他），特に *Macrotermes* 属（キノコシロアリ亜科；図11-1）の蟻塚が重要で，ジンバブエではこれに小型哺乳類が集まり，この場合彼らの餌はシロアリ自体，好白蟻性昆虫，および蟻塚特有の植物の果実などが考えられる（P.A. Fleming & Loveridge, 2003）。一方ウガンダのサバンナなどにおいては *Macrotermes* の蟻塚の周囲には草食性大型有蹄類が集まるとされ（Mobæk *et al.*, 2005），またジンバブエの草原ではアフリカゾウが *Macrotermes* の蟻塚を倒してその底の土を舐め取り（Weir, 1972），中央アフリカ北部のサバンナでもアフリカゾウが *Macrotermes* の古い放棄蟻塚を掘り，その蟻土をむさぼり食うという（Ruggiero & Fay, 1994）。こういった現象に関しては極めて奥深い背景とシナリオが想定されている（Milewski & Diamond, 2000；Mills *et al.*, 2009）。すなわち，*Macrotermes*（キノコシロアリ亜科）はアフリカ～東南アジアの乾燥地などにおいて土中を非常に深く潜行して地下水を得るが，この深い箇所の地下水や土壌には得てしてコバルト（Co），セレン（Se），ヨウ素（I），銅（Cu）といった共生菌 *Termitomyces* の生育に必須の微量元素が多く含まれ，*Macrotermes* はこれらの元素を巣に運んで共生菌を首尾よく栽培し，巣およびその周辺土壌はこういった微量元素濃度が高くなり，大型哺乳類は *Termitomyces* と同様これらの元素（特に Co, Se, I）を必須としていて *Macrotermes* の巣材を貪り食う。しかし，地質構造的にこれらの元素が地下から得にくいオーストラリアでは *Macrotermes* も大型哺乳類も分布できない。そういうシナリオである。

　このような脊椎動物までをも含めた生物多様性への寄与から，乾燥地帯や熱帯におけるシロアリ（特にシロアリ科＝高等シロアリ）は生態系の中でも特別な存在として一目置かれ，ブラジル産の *Cornitermes cumulans* はキーストン種のひとつとされ（Redford, 1984），重要なニッチ構築者としての性格を有するものと考えられる。

　さらに，まるで「アリ植物」（アリ類と共生関係を結び，アリの巣を宿して他の昆虫からの食害を防いでもらう一群の植物）のアナロジーのような「シロアリ植物」の存在の可能性もある（Kaiser, 1953）。カリブ海～南米方面では，樹上のパイナップル科着生植物がシロアリ由来の樹上の蟻土から養分を得る，あるいは逆にシロアリが乾燥地で同科着生植物の下部に溜められた水分を利用する可能性が指摘されている（Adamson, 1943；Thorne *et al.*, 1996）。Scheffrahn *et al.* (2003) が米領 Puerto Rico 準州 St. Croix 島および仏領アンティル諸島 St. Barthélemy から記載した *Neotermes intracaulis*（レイビシロアリ科）は，ギンゴウカン *Leucaena glauca*(マメ科)の生木幹の辺材にのみ営巣するとされ,この樹木との完全な共生関係が想定される.

これで驚いてはいけない.もっと複雑な共生は *Macrotermes muelleri*(キノコシロアリ亜科)の巣に片利共生的に営巣する *Sphaerotermes sphaerothorax*(Sphaerotermitinae 亜科)の巣で見られ,そこではこのシロアリと巣を貫く樹木の根と巣に棲息する細菌類の三者間で共生が見られ(Garnier-Sillam *et al.*, 1989),大もとの *Macrotermes* を加えると四者間,これに共生性真菌やシロアリ体内共生性細菌などを加えると,一体何重の共生なのかわからない事態となる.他の土食性高等シロアリにおいても,マメ科植物とその菌根菌との共生が知られる(Diaye *et al.*, 2003).これらの生物集団は,結局それぞれがギルド,群集を形成し,思わぬ所で地域の種多様性に寄与することとなる.同じ真社会性昆虫である膜翅目のアリでは,「好蟻性昆虫」は同様に見られるものの,「好蟻巣性昆虫」は多くなく,シロアリの巣は外界と明確に区切られ,ボリュームがあり居候の包容力が高い.これは結局の所,シロアリの食性およびその巣の物質的性格に由来する現象と考えられ,その鍵はやはり巣を構成する有機物,リグノセルロースにあると筆者は見ている.アリやハチは肉食性,蜜食性とエピキュリアン的な食性なのに対し,シロアリは食材性で,はるかに慎ましやか.科学には不適切ながら,あえて擬人的・宗教的表現をすれば,「神の誉れはシロアリの方にあり」といったところか.ただしシロアリがよりによって捕食性天敵であるアリ類の巣に営巣するという離れ業が知られており(Crist & Friese, 1994),生命現象の無限の可能性・多様性を示唆している.

好白蟻性なのか好白蟻巣性なのかは見方の分かれるところであるが,真菌にもその類のものが見られる.既に少し触れたが(22.3.;22.7.),高等シロアリのキノコシロアリ亜科では共生菌 *Termitomyces*(生理的には白色腐朽菌)との共生現象が著しく(22.3.;22.7.),これは「好」の字がつく以上の存在である.ところがこれに「おまけ」として生じる *Xylaria* という別の白色腐朽菌があり,これはキノコシロアリが活動している間は巣内から排除されるも,巣が放棄されもしくは主を失うと,あっという間にこの *Xylaria* が繁茂する(Batra & Batra, 1979;他).そういう意味ではこの *Xylaria* は「雑草」であるが,何とキノコシロアリの巣に生ずる *Xylaria* はシロアリに特有の一群であり,「その辺の雑草」,すなわち常在的な菌というわけではないようである(A.A. Visser *et al.*, 2009).

こういった真菌類と密接な関係性を保つキノコシロアリ亜科(シロアリ科)以外でも,土壌と密接に関連する生態を見せるシロアリ科やミゾガシラシロアリ科のメンバーの巣は,その周辺土壌と比べて「微生物」のバイオマスを多く含むとされ(Holt, 1998),その大半は真菌類であることが推察される.シロアリの巣は菌相も豊かなのである.

シロアリの他生物との豊かな関係性は,共生関係の他,被食者・捕食者関係にも見られる.ここでの「見もの」はその最大の仇であるアリ類などの捕食性天敵に対する兵蟻の防御戦術であり,目を見張る多様性を伴って防御兵器が駆使され,穴ふさぎ,斬りつけ,脚切り,首はね,突き刺し,はね飛ばし,毒物噴射,傷口への毒の塗りつけ,からめ取り,化学的自爆テロ(消化管または下唇腺),排糞といった非常に多様な防御行動が属・種ごとに展開されている(Deligne *et al.*, 1981;Prestwich, 1984;Šobotník *et al.*, 2010).さらにシロアリの巣の内部構造は,その最大の天敵であるアリ類の侵入に対抗するトポロジー的工夫が見られるという(Perna *et al.*, 2008a).

29. 食材性の延長

29.1. 食材性とその周辺

　これまで見てきたように，木本植物の師部・木部より成る「木質」は非均一にして実に多様なバイオマスである．木本植物には喬木もあれば灌木もあり，自立する樹木もあればその樹木にまとわりつく蔓性植物（例えばブドウ科，マタタビ科）もある（熱帯では蔓性植物の存在は侮れない；Ødegaard, 2000）．また，樹種が違えば抽出成分も密度も異なる．これに 12.9. で述べた様々な物理的パラメーターがからみあい，実に多様なニッチが出現し，それぞれのニッチに対応した食材性昆虫が見られる．変わったところでは，日本産のサイカチ *Gleditsia japonica*（マメ科）の樹幹上に生じる棘も師部の一種のバリエーションであるが，これを専ら穿孔するというハマキガ科の種もある（Yamazaki & Takakura, 2011）．こういった特殊な例も含めて，昆虫の食材性はつまるところ，木本を中心とする植物の細胞壁の分解，および細胞壁成分と細胞内容物の利用という現象に他ならない．

　脊椎動物亜門−哺乳綱などの四足動物では，特にウシ類・シカ類など鯨偶蹄目−反芻亜目を中心に枯草食性（29.3. 参照）とセルロース消化が見られ，木材を歯で加工する技もビーバー類（齧歯目−ビーバー科）が見せ，彼らは渓流の水流を変えて生態系エンジニアの称号を賜り，また同亜門−鳥綱ではキツツキ科などが木材穿孔行動を見せる．にもかかわらず食材性という食性が四足動物でまったく見られないのはひとつの謎である．哺乳綱に限って言えば，体サイズが小さくなると，単位体重あたりのエネルギー要求量が増える一方で，それに見合った消化能力の確保が望めないというアロメトリー的制約があり，これにより小型哺乳類は繊維質に栄養的に依存できないとされ（Foley & Cork, 1992），その一方で木質を相当細かくしなければセルラーゼ等の分解酵素はアクセスが悪くて活性を発揮できず，その状態の実現には昆虫ほどの体の小ささが必要であろうことが考えられる．実際シロアリはこれをきっかけのひとつとしてキゴキブリからミニチュア化し，これで口器も絶対サイズ的にミニチュア化を達成し，木材の微粉砕でその分解がより徹底したという見方もある（Nalepa, 2011）．以上により，哺乳類では繊維質を利用するのは草や枯草を食む大型のグループのみであり，これらがそのままの体サイズで木質をこなすのは無理ということなのであろうか．

　なお，細胞壁構成性多糖類や可溶性糖類の栄養としての摂取ではなく，腐朽材における恐らくは菌類の作用によるマイナーな成分の蓄積を背景として，哺乳類が木材を嚙るという例外的かつ珍奇な現象が見られる．アフリカにおいて，単子葉植物のヤシ科などの腐朽材にナトリウム（Na）が蓄積され，これをややもすると塩分が不足しがちな霊長類がむさぼり食うという（Rothman *et al.*, 2006；Reynolds *et al.*, 2009；他）．しかし，これと軌を一にする行動が他の哺乳類や昆虫類でも見られるとする報告はない．

　材料学的には植物遺体としての木材そのものの他，これをもとに様々な加工をほどこして製造された紙，パルプ，木質材料（例えば合板，集成材，パーティクルボード，ファイバーボード），さらには草本植物由来のバガスボードやサイザルボードなども準木質である．なぜならこれらの準木質材料は等しくシロアリの食するところとなり（Narayanamurti, 1962；Syamani *et al.*, 2011），木質材料保存は木材保存の一部またはその延長となる（ただしアセチル化木材はそれ自体抗蟻性を有する；Imamura & Nishimoto, 1986）．紙への食材性関連昆虫類の加

害に関しては，まず，水分補給さえ実現すればあらゆる紙類をシロアリが食害し（Schmidt, 1957；Lenz et al., 2011；他），さらに乾材シロアリ類（レイビシロアリ科）はその水分補給も必要とせずに紙や書籍をむさぼり喰う（Gulmahamad, 1997）ことが挙げられる。

こういったシロアリによる紙の摂食能力に関連して，この能力を紙廃棄物処理，ひいてはこれにより繁殖させたシロアリの食料化などにつなげ，工業的に「紙→タンパク質変換系」を確立しようとする試みも出始めている。基本的に紙およびその前段階のパルプという代物は，木材を徹底的に解繊・脱リグニン処理して得られ，軸方向の木材繊維がバラバラとなってからみあった状態のもので，化学処理のドサクサで栄養系バイオマス（2.2.1. および 2.2.7. 参照）はほとんど失われていると考えられ，このためシロアリなどの昆虫にとって必要な有機窒素分，さらにはステロース類やミネラルといった微量栄養素は影も形もなくなっているといってよい。恐らくはそのためか，シロアリを 100% 紙だけで飼育するという試みは，思ったほどうまくは行かないもののようである（Lenz et al., 2011）。ところで，ここで Lenz et al. (2011) の飼育実験において非常に興味深い観察がある。元来バルサムモミ *Abies balsamea* など一部の針葉樹にはジュバビオン（トドマツ酸メチルエステル）というセスキテルペン誘導体が含まれ，何と恐らくはこの樹種のパルプが原料に含まれる米国製ペーパータオルや米国製の新聞紙などが，半翅目などの一部の昆虫に対して幼若ホルモン類似物質（JHA）活性（成虫化阻止）を示し，その要因（"paper factor"）がジュバビオンであることが判明している（Sláma & Williams, 1965；Bowers et al., 1966）。元来幼若ホルモンはシロアリにおいては兵蟻分化を司り，従ってバルサムモミなどの樹種由来の紙をシロアリに与えると兵蟻分化が促進されるはずで，実際 Lenz et al. (2011) の実験では，成分検出はしていないが，この現象が見られたという。昆虫の紙食性にまつわる一エピソードである。

紙の関連では，シロアリに紙をたらふく喰わせるかわりに，何と製紙工程でできる廃棄物であるペーパースラッジをシロアリに喰わせるという実験も見られ，セルロースが含まれている関係でシロアリはこれを受け付けている（R. Kaneko et al., 2012）。

昆虫による紙の食害についてはこの他，日本においてフルホンシバンムシ *Gastrallus immarginatus*（酒井雅博，1995），南北アメリカにおいて *Tricorynus herbarius*（Silva et al., 2013），欧州において乾材害虫のイエシバンムシ *Anobium punctatum*（図 2-4）（Schmidt, 1957；Wälchli, 1962）といったシバンムシ科の甲虫，および欧州においてゾウムシ科−キクイゾウ亜科の *Pentarthrum* 属および *Euophryum* 属の種（Kühne, 1965）が，古文書や古書など年数を経た紙類を食害することが知られている。また，何を間違ったのか，キバチ科（膜翅目）の *Sirex gigas* が古本を穿孔したという首をかしげる記録もある（Postner, 1955）。

総尾目（無変態昆虫）に属するシミ科には，図書館などの建築物内に入り込んで書籍の背部などを囓り，重要な書籍害虫となっている種があるが，この場合紙質はそれのみでは栄養が不十分で，食害はあるものの，シバンムシ類ほどの実害には至らないようである（Modder, 1975；町田，1995）。しかしセスジシミ *Ctenolepisma lineata* は自前のセルラーゼを保持し，セルロース単独での飼育はできないが，その消化分解は可能とされ（Lasker & Giese, 1956），マダラシミ *Thermobia domestica* でも自前のセルラーゼ（グルカナーゼ＋グルコシダーゼ）が検出されている（Zinkler et al., 1986；Treves & Martin, 1994）。またその他の様々な食性の家屋害虫（例えば皮革食性種，食材性種，食品害虫）が，図書館蔵書・古文書類をアクシデンタルに食害する例もしばしば見られる（Wälchli, 1962）。

また食材性は思わぬ箇所への被害をもたらす。例えば，通信用ケーブルはイエシロアリ *Coptotermes formosanus* などの地下性シロアリ類（Laing, 1919；宮本，1956；山野，1976；G. Henderson & Dunaway, 1999），ナガシンクイムシ類（Burke *et al.*, 1923；宮本，1956），針葉樹穿孔性タマムシ科大型種（宮本，1956），カミキリムシ類（宮本，1956；他），コウモリガ類（山野，1976），キバチ類（Postner, 1955），等の食害の対象となり，断線などの被害が生じる。これらの多くの場合は切株や木材→土壌→ケーブルという経路でのアクシデント的食害であるが，シロアリの場合はケーブルの内外の木材やセルロース系絶縁体をねらっているわけで，こういった隠れた餌をよくもまあ嗅ぎつけて襲うことができるものだと呆れるほどである。木部穿孔養菌性のゾウムシ科-キクイムシ亜科の一種クスノオキクイムシ *Cnestus mutilatus* の雌成虫多数が，エタノールを含んだガソリンを入れたプラスチック容器を穿孔して穴だらけにしたという記録も見られる（Carlton & Bayless, 2011）。この場合恐らくは，衰弱木が発するエタノールをカイロモンとして利用していること（16.7. 参照）が関係しているのであろう。さらに各種食材性昆虫が，食害材と隣り合ったあるいはこれに包含された金属等の各種材料を同時に穿孔した例も見られる（Laing, 1919；他）。この現象はシロアリでも種間差は大きいものの材料保存の観点から重要で（Lenz *et al.*, 2013），これを想定したプラスチックの食害試験法まで開発されている（Tsunoda *et al.*, 2010）。これらの事例は食材性の空間的延長といえる。

一方昆虫の中には，この食材性がさらに進化し，そのいわば栄養生理学的延長線上にある食性のものが見られる。それは以下に論じる食竹性，枯草食性，土食性，食糞性，地衣食性である。

29.2. 食竹性

「食竹性」という日本語はここでの造語である。竹は草本植物である。しかし竹材は木材に準ずる材料として，これが得られる土地で有史以前からさかんに用いられてきており，特にその軸方向の強度は木材のそれをはるかに凌駕し，特筆される。これはやはりリグノセルロースより成るバイオマスであり（ただしリグニンの基本単位が木材と若干異なる），当然のこととして食材性昆虫やその類縁種，および木材腐朽菌の加害するところとなる。人間による竹材の利用は，木材のそれとはやや局面が異なり，編物的加工による手工芸品，土塀や土壁の骨組み，フェンスなどに限定され，しかも後二者の利用形態は現代では廃れつつあり，手工芸品としての利用における穿孔性昆虫による食害が経済的に最も重要なものとなっている。Gardner (1945) によると，インドでは竹材の加害昆虫はナガシンクイムシ科（ヒラタキクイムシ亜科を含む）とカミキリムシ科（最重要種はタケトラカミキリ *Chlorophorus annularis*；カミキリ亜科-トラカミキリ族；図29-1）が中心で，この他竹の内空を巣として利用するために膜翅目のクマバチ属 *Xylocopa*（ミツバチ科）の成虫が外から竹桿に穴をあけ，さらにヒゲナガゾウムシ科（鞘翅目）で腐朽菌に冒された竹を穿孔するものがあるという。日本ではこの他，ゾウムシ科-オサゾウムシ亜科-コクゾウムシ族で細い竹材を食害するものがある（森本，1980）。ここで重要な点は，竹材を穿孔する種は同時に，広食性種として広葉樹材も穿孔する場合があること（小島圭三・中村，2011）。タケ類と広葉樹の被子植物としての共通性を示唆している。

竹材の虫害発生における最も重要な因子は，材中の可溶性糖類（グルコース，等）とデンプン（そして当然のこととしてタンパク質）の含有量である。一般に竹材中のデンプン含有量の

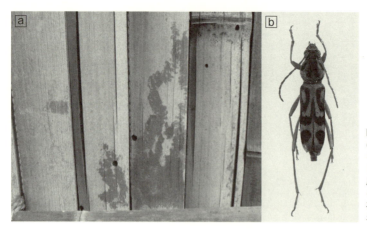

図29-1 タケトラカミキリ *Chlorophorus annularis*（カミキリムシ科ーカミキリ亜科ートラカミキリ族）。a. 外装用のモウソウチクおよびマダケの材表面に生じた成虫脱出孔（神奈川県藤沢市，2010年）。b. 雌成虫。

季節変動は著しく，春に最高レベルに達し，以後減少し，冬先に最低となり，以後増加し，竹の利用にはこれを考慮すると加害の軽減が可能とされる。インドにおける研究では，初冬および晩春〜初夏に伐採したタケは虫害（昆虫種特定せず）が少ない（Trotter & Beeson, 1933），あるいは7〜8月伐採のタケがデンプン量および虫害が最少（K.V. Joseph, 1958），あるいは冬季に伐採したタケは可溶性糖類やデンプンの含有量が少ないのでシロアリ食害量も少なくなる（Dhawan & Mishra, 2005）とされている。これではどうも一般化は無理である。日本においては，鹿児島県のマダケとモウソウチクの研究で，概ね1月〜5月にグルコースなどの可溶性糖類が多く，ナガシンクイムシ科の虫害もこの時期の伐採竹で多くなるという結果が出ている（東巽，1941；善本知孝・森田，1985）。ただしこの例の場合，デンプン含有量の考慮も必要である。樹木における同様の知見（12.3. 参照）もあるので，何らかの季節的要因は存在しよう。また筆者はタンパク質含有量も重要な要因と考えている。また竹材を12週間以上水浸したり，インドで3週間以上雨ざらしにすると可溶性糖類が溶出して「虫害」がなくなるとされている（Gardner, 1945）。ここにいう「虫害」とは事実上タケナガシンクイ属 *Dinoderus* spp.（ナガシンクイムシ科ータケナガシンクイ亜科）（および一部はナガシンクイムシ科ーヒラタキクイムシ亜科の種）の幼虫による食害を指し，実際 *Dinoderus* の幼虫はセルロース分解能を欠くことが示されており（Newman, 1946），同科ーヒラタキクイムシ亜科と同じくデンプンと可溶性糖類が必要な連中である。一方，同じ竹材穿孔性でもタケトラカミキリの幼虫の方にはセルロース分解活性が認められている（Newman, 1946）。

竹の伐採日とそれに含まれるデンプン量と月の満ち欠けの三者間で関係が見られ，満月の直後に伐採された竹の材はデンプン量が少なく穿孔虫の食害も少ないという説が世界各地で見られる。しかしこれは「迷信」であり，竹材の伐採日の月齢と甲虫の食害の間に関係はないとする実験結果（Trotter & Beeson, 1933；Beeson & Bhatia, 1937；Kirkpatrick & Simmonds, 1958）と，新月の日の伐採竹は満月の日のものと比べてシロアリ食害量が少ないとする結果（Dhawan & Mishra, 2005）があって，統一的見解は出ていない。しかしこれには，「エセ科学」として切って捨てるには忍びないものも若干感じられる。

木材の場合，内樹皮＞辺材＞心材＞外樹皮の順に穿孔虫に好まれることは既に述べた（2.1.）が，竹材の場合，断面で見て中空近く，最も内側の部分が比重が低くて穿孔しやすく，また柔細胞が多く（Gardner, 1945），その分栄養としての細胞内容物が豊富なこともあり，竹を割る

と内側からの食害が多く生じる傾向がある。割れていない竹材において産卵・孵化後中空を幼虫が陣取ってその内壁を囓るカミキリムシ（小島圭三, 1955）や，そこで共生酵母菌を栽培してこれを食するコメツキモドキ（林, 1974；Toki et al., 2012；Toki et al., 2013）があるが，これらにはこの中空表面が栄養的に豊かな部分であることが背景としてあるものと思われる。

なお，イネ科－竹類を含む単子葉植物綱の中では，ヤシ科も「材」を形成し，熱帯の離島では島唯一の「材生産植物」となっているようである。そしてこの材を餌資源として穿孔・利用する昆虫もちゃんと存在する。インド洋地域でココヤシ Cocos nucifera の幹を穿孔食害する一次性種 Melittomma insulare（ツツシンクイ科）（E.S. Brown, 1954）や，北米でヤシ類の幹を穿孔食害する一次性種 Dinapate wrightii 等（ナガシンクイムシ科；同科最大の種）（W.S. Fisher, 1950；Olson, 1991）はそういった例である。

29.3. 枯草食性

枯草食性（漢語の規則上は「食枯草性」であるが，これだとふりがなが必要となりそれが決めにくいのでここではこう称する）は偶蹄類・奇蹄類などの哺乳類などでは草食性の延長線上にある食性であり，彼らは生葉と枯草を等しく食している。この場合生葉と枯葉では当然前者の方が栄養的には上位にある。そして前者が不足する場合（例えば温帯の冬季），当然彼らは後者に頼らざるを得なくなり，草本の細胞壁の分解と利用に焦点が当てられ，枯葉の消化において（そしてもちろん生葉の消化においても）複雑な消化器系と腸内共生細菌が重要な存在となる。草本（種子植物の単子葉類および双子葉類）の細胞壁を構成する成分はヘミセルロース（Aspinall, 1980；他）とリグニン（Higuchi, 1990；他）がともに若干内容を異にしているが，セルロース，ヘミセルロース，リグニンより成るリグノセルロースという点では大筋で木本植物の木質と同じであるがゆえに，枯草食性は食材性の延長と見なされうる。ちなみに草地では草本植物の枯葉が森林の枯木に相当するものであるが，草地ではその枯葉の分解と生産が早く，ほぼ同じ量が毎年入れ替わるが，森林では木材の分解は遅く，70%がリターとなり，残りは枯木として残るという（Swift, 1977a）。ということは枯木と比べて枯草は，栄養的には大差ないものの，中に棲むという居住空間としての利用価値，その堅牢性，永続性の点で枯木にはるかに劣り，結局枯葉食性昆虫というものはあまり多様性・種数が期待できない。

ところで，枯葉ではなく生葉を食する食葉性昆虫は食材性昆虫よりもはるかに種数が多く，昆虫の種多様性の大きな部分を占めるが，彼らは生葉からは可溶性糖類を摂取するのが中心で，葉脈などの骨格であるセルロースの消化には，反芻哺乳類（そして食材性昆虫）と比べてお世辞にも熱心とはいえない。これには，温血動物で熱エネルギーを多く必要とする哺乳類と，変温動物で熱エネルギー要求性がそれほどでもない昆虫類の根本的違い，さらにはセルロースそのものが容積的にかさばった存在であり，その分解には体の大きな哺乳類の方が小さな昆虫類よりもはるかに有利であるといったことが起因するようである（Douglas, 2009）。

では昆虫で食材性の延長としてこの食性を持つものはといえば，再びシロアリが挙げられる。オーストラリアやアフリカの草地では枯草食性，植物遺体分解性シロアリが多く見られる（A.N. Andersen & Lonsdale, 1990）。その最たるものは，12.8. で述べたアフリカ産のキノコシロアリ亜科－Macrotermes 属のシロアリである。一方，南アフリカでは枯草食性の Hodotermes *mossambicus*(シュウカクシロアリ科)は生きた草本をカットして巣へ運び,これが枯草となる間に発生するガスを抜くための部屋まで備え,草が欠乏する場所では家畜と競合する害虫となっており(Coaton, 1937; Nel & Hewitt, 1969),さらに同地の *Hodotermes mossambicus* と同科の *Microhodotermes viator* はマツ属やユーカリノキ属の樹木を摘葉して枯死させることもある(J.D. Mitchell, 2002)というから驚きである。オーストラリア産の下等シロアリ *Schedorhinotermes derosus*(ミゾガシラシロアリ科)は食材性であるが,この種も枯草や枯枝,一部生きた草本を集めて食する(J.A.L. Watson, 1969)。これらの例は食材性と枯草食性・食葉性をつなぐ例として注目される。ヤマトシロアリ属 *Reticulitermes* の地下性シロアリも,草原など木質資源が乏しい所では食材性から枯草食性に食性転換するようである(K.S. Brown *et al.*, 2008)。また,*Anacanthotermes turkestanicus*(シュウカクシロアリ科)は枯草や枯枝を収穫するが,餌としての植物の種間で選好性が見られる(Khamraev *et al.*, 2007)。高等シロアリでも *Trinervitermes*(シロアリ科-テングシロアリ亜科)で同様の枯草食性と,それに関わる植物種選好性が報告されている(Sands, 1961)。昆虫による植物種選好性については,枯木と生葉に関しては衆知の事実であるが,枯草・枯葉に関してはこれらシロアリの例以外はほとんど知られていない。

　地下シロアリでこの食性から派生した(?)と思われるものに,草本一次性,特に一次性草根食性があり,コガネムシ科-スジコガネ亜科の幼虫を想起させる。特にアフリカなどの乾燥地・半乾燥地・サバンナで見られ,ナミビアで「フェアリー・サークル」を作る *Psammotermes allocerus*(ミゾガシラシロアリ科)(Vlieghe *et al.*, 2015)がその好例である(28.7. 参照)。

　枯草食性のやや特殊な例として,漢方薬・タバコ葉・乾燥貯蔵食品の害虫であるシバンムシ科のタバコシバンムシ *Lasioderma serricorne* があり,本来食材性であるはずの本科から,植食性の範疇をはずれることなく,乾燥木材→乾燥枯葉という食性の変化を実現している。このタバコシバンムシは消化管内に共生酵母菌を宿すことで知られ,その共生菌の除去と,餌を木粉に変えることの両方で,発育所要日数が長くなるという実験結果が得られている(Jurzitza, 1969)。これは既述(2.2.1.)のように,乾燥葉と乾燥木材では後者の方が栄養的に劣ることを示唆している。なお,同じシバンムシ科の乾燥植物質食害虫でジンサンシバンムシ *Stegobium paniceum*(和名は朝鮮人参_{ジンセン}の,学名はパンの害虫であることを示唆)は同様の食性ながら,タバコシバンムシが食さない木材や紙類を食するとされ(酒井雅博, 1995),その分特殊化の程度が低い。なおこの種の木材加害事例は,パンを食害したついでにパン切り用まな板も穿孔してしまったというドイツでの例(Eichler, 1940)の他,日本でカラスザンショウの乾燥枯枝の髄に発生した例(槇原, 1986)がある。後者は,木本植物の髄の組織としての特異性(化学成分,硬度,等)を示唆しており,興味が持たれる。同じシバンムシ科の古書・古文書害虫 *Tricorynus herbarius*(29.1. 参照)でも同様の栄養補給性共生微生物の存在が示唆されている(Sawaya, 1955)。

　ところで,食材性昆虫における一次性と二次性の狭間に位置するものとして,広葉樹を環状剥皮して枯らせる処理をした上でその上部に産卵する北米産 *Oncideres*(フトカミキリ亜科)などのことに言及した(12.5.)が,これの葉に関するアナロジーがある。広葉樹生葉に切れ目を入れて丁寧に「巻く」という作業を行って「葉巻」(死組織)を作成し,これに共生菌接種と産卵を行い,自分の子供にこれを喰わせる昆虫がいる。ゾウムシ上科-オトシブミ科

Attelabidae である（森本, 1964; Oberprieler *et al.*, 2007）。

　広食性の食材性カミキリムシでも枯葉が厚い場合（例えば単子葉類のヤシ類の葉柄），これを穿孔することがある（村上構三, 1986）。そして，ヤシ類の枯れた葉柄（村上構三, 1986; Hasegawa *et al.*, 2011），さらにはヤシ類の仏炎苞（花を包む大型の苞）(Casari & Teixeira, 2014) に特化したカミキリムシも見られる。

　葉そのものではないが，マレー半島（および世界の熱帯各地）において樹皮下穿孔性および木部穿孔養菌性キクイムシ類各種が，トウダイグサ科，クワ科などの樹木の葉柄に発生することが報告され（Beaver, 1979b），さらにキクイムシ類の両ギルド群に加え，ゾウシ科他亜科の食材性群（クモゾウムシ亜科）やカミキリムシ科‐フトカミキリ亜科‐モモブトカミキリ族のメンバーがヤツデグワ属 *Cecropia*（イラクサ科）の樹木の大型葉柄に穿孔・発生し，一部はこの食性に特化しているといったことも報告されている（Jordal & Kirkendall, 1998）。葉柄といえども資源として十分な大きさと栄養があれば，木材穿孔虫からこれを利用すべく宿主転換もしくは進化してくる種があるわけで，次節（29.4.）で述べるマメ科樹木の豆莢とその中の種子におけるカミキリムシの発生も同じ背景があるものと思われる。

29.4. 果実食性と種子食性

　枯草食性に類似する食性に果実食性と種子食性がある。例として，クリやコーヒーノキなどの種子農産物の害虫となっているゾウムシ科‐キクイムシ亜科の一部が挙げられ（野淵輝, 1981; Damon, 2000; 他），これらの例における食性は木材穿孔性からの派生であり，それゆえ加害される種子・果実はいずれもある程度の堅さを伴っている。またブラジルと日本においてカミキリムシ科‐フトカミキリ亜科の個体数が豊富な種（ということはそれだけ成功度の高い種，すなわちそれ相応に食性が可塑的な種）が，マメ科樹木の豆莢とその中の種子に発生し（Marinoni *et al.*, 2002; Yamazaki & Takakura, 2003），メキシコでも同様の記録がある（Craighead, 1923）。ハワイにおいて同じような性格の種が，バナナの実に付いた花の残骸に発生したという記録も見られる（Ho. Chen *et al.*, 2001）。既述（26.）のように，ホロセルロースを分解・利用できないながらも食材性昆虫であるナガシンクイムシ科の中でも，貯穀物害虫に進化したエピキュリアン的な種（*Prostephanus truncatus*, コナガシンクイ *Rhyzopertha dominica*）が見られ，他の食材性種でも穀粒や乾燥果実に発生した記録が散見される（Cymorek, 1966; D.P. Rees, 1991; Borgemeister *et al.*, 1999）。シロアリの場合も同じようなケースが見られ，インドではココナツの実の殻を各種シロアリが食害し，発芽したばかりの苗に影響が出るという（Mathen *et al.*, 1964）。

29.5. 土食性

　この語も漢語の規則上本来は「食土性」であるが，本書では習慣に従って「土食性」とする。

　土食性の動物は，環形動物門貧毛綱のミミズがその代表として挙げられるが，実は再びシロアリでこの食性を持つものが見られ，しかもこのギルド（「土食性シロアリ」）の種数はシロ

アリ類（ゴキブリ目‐シロアリ下目）全体の大半を占めながら，これまで経済的重要性に乏しいとして脚光をほとんど浴びてこなかった一群である（Brauman *et al.*, 2000）。かつて「腐植食性」という性格付けのものに包括されていた（Adamson, 1943）が，真の「腐植食性」シロアリとは異なり，明らかに文字通り土壌を喰う一群である。しかしその土壌に含まれる有機物はやはり植物由来のものが中心で，木材がその餌となる場合もあることが，1960年代の核実験に由来する炭素放射性同位体 ^{14}C の定量によって示されている（Hyodo *et al.*, 2006）。この一群のシロアリの土壌処理機能は土壌中の真菌相の顕著な改変を引き起こし，その結果巣内の真菌相は消化管内の細菌相と同様の顕著な独自性を見せるとする報告（Roose-Amsaleg *et al.*, 2004）がある。これら土食性シロアリの生理・生態の解明は，21世紀のシロアリ学における最大の課題のひとつとなることが予想されるが，彼らは最先端の研究の対象であると同時にシロアリ系統進化の最先端でもある。それゆえ「木質昆虫学」を論じる本書でもこれは無視できない存在である。

　一方コガネムシ科にはハナムグリ亜科のような食材性に傾いたグループと，スジコガネ亜科やコフキコガネ亜科のような土食性に傾いたグループ（幼虫は「根切り虫」），さらには次節（29.6.）に述べる食糞群と，様々な食性が見られるが，その基本または系統的起源は腐植食性と考えられ，これから食材性（主にハナムグリ亜科）や食根性（主にスジコガネ亜科，コフキコガネ亜科）が派生し，これらの食性の中間的なもの，またがった食性のものも見られるようである（Micó *et al.*, 2008）。

　そうした中，食材性が基本のハナムグリ亜科に属する *Costelytra zealandica* の3齢幼虫は，食材性と土食性の中間的性格を有するも，非可溶性細胞壁構成多糖類を有効利用せず，後腸の膨張部には高密度の細菌類の他，役割不明の鞭毛虫原生生物（*Polymastix*, *Monocercomonoides* の2種）も高密度で棲息させているのが見出され（Bauchop & Clarke, 1975），この生理生態は，消化管内肛の強アルカリ性環境ともあいまって土食性シロアリと類似していると言える（18.4. 参照）。

29.6. 食糞性

　そして食糞性。これは鞘翅目‐コガネムシ上科‐コガネムシ科の「食糞群」（ダイコクコガネ亜科，マグソコガネ亜科），同上科‐センチコガネ科などの，いわゆる「糞虫」類が代表格であり，ダイコクコガネ亜科はFabreの昆虫記でおなじみである。ところでここで言う「糞」とは何かといえば，哺乳綱に属する大型動物，そのうちでも量的に重要なのは草食動物の排泄物のことである。ではこれは物質的には何かと問えば，草食性に由来する生葉・枯草が消化しきれずに大腸に残って排泄されたものであり，結局は植物細胞壁，すなわち繊維がその物質的中心であり，これに草食哺乳類腸管における発酵や腸管壁由来物質混入で窒素分が付加され，「富栄養化」されたものである（He *et al.*, 2013）。恐らくコガネムシ上科の進化の過程で，腐朽木材に穿孔していたクワガタムシ科などの系統的に原始的なグループが，それだけでは物足りなくなってより窒素分の豊かなものを求めて食材性を卒業し，獣糞にその活路を見出すものが生じ，これが起源となって「糞虫」が誕生したものと思われる。そして，コガネムシ科の非食糞性のグループは，スジコガネ亜科やコフキコガネ亜科が土食性，ハナムグリ亜科が二次的

に回帰した食材性を獲得し，今日のコガネムシ科の繁栄を見るに至っているものと考えられる。そうすれば，これらの食糞性・土食性といったものは，食材性の延長線上にあると考えられ，その研究は広い意味での木質昆虫学の範疇に含まれるとしてよいであろう。コガネムシ科－スジコガネ亜科（土食性）および同科－ハナムグリ亜科（準食材性）の幼虫を，牛糞と木質の混合飼料で飼育してその栄養摂取様式を安定同位体比分析で調べた研究では，両種ともに窒素を主に牛糞から摂取している一方，炭素を木材と牛糞の双方からほぼ等しく摂取していることが示され（Koyama et al., 2003），上の仮説を裏付けている。さらに面白いことに，食材性・土食性が基本のシロアリがアフリカのサバンナでアフリカゾウの糞を分解し（Coe, 1977），また基本的に土着哺乳類が有袋類に限られるオーストラリアにおいても，人為導入獣であるウシなどの糞を各種シロアリが分解するとされ（Ferrar & Watson, 1970），シロアリ類，特にシロアリ科を中心に草食獣の糞を食する習性がわりと広く認められるようである（Freymann et al., 2008）。また，一部の高等シロアリでは獣糞に特化した食性が見られ，この場合消化酵素分泌などの生体機能全体が富栄養化した獣糞を食することにみごとに適応しているようである（He et al., 2013）。そしてこの事実，および上述のコガネムシ上科の糞虫の話も総合すると，自然界における草食獣の糞の性格付けが何となく見えてくるようである。草食獣の糞は動物の排泄物である前に，まずは植物遺体なのである。

29.7. 地衣食性

地衣食性は，その行軍行列とともにコウグンシロアリ属 *Hospitalitermes*（シロアリ科－テングシロアリ亜科）の習性（Kalshoven, 1958）。彼らが地衣類を求めて東南アジアの熱帯雨林の林内を「行軍」する様は壮観であり，地衣類は団子状にまるめて餌としている（図29-2）。彼らは木材を囓りとることもするが，主食は樹幹上の地衣類である。地衣は藻類と菌類との共生体であるが，いずれにせよ木材よりはそっちの方が栄養はありそうで，しかも他の連中が喰わない代物。となれば「目の付け所」を褒めたい連中である。同じ食性のシロアリは，南米にも見られるようである（Constantino, 1992）。

図29-2　地衣類を採取し，団子にして運搬するコウグンシロアリ属の一種 *Hospitalitermes* sp.（シロアリ科－テングシロアリ亜科）の職蟻（マレーシア・Pahang 州，2011年3月，佐藤岳彦撮影）。右の個体は兵蟻。（口絵2）

29.8. 食炭性

　この語（「食炭性」，"carbonivory"）はここでの造語である。炭（あるいは黒炭，木炭）とは，木質が高温・準高温で酸化分解される過程で生じた，主として芳香族環の形で再アレンジされた炭素単体物質が中心となった混合物であり（C.M. Preston & Schmidt, 2006），さらに高温で酸化分解されると二酸化炭素と灰分（無機塩）となって，二酸化炭素は大気中に完全に放出される。地球上の火成性炭素は，炭水化物類やポリフェノール類の単なる熱変性物から，木炭，さらには石炭を経て完全な炭素単体物質（煤など）に至る一連の連続体であり，これらは生物との関わりが薄い物質で，自然界にこれを投げ出すと，特に炭素の割合が高い場合や粒子が微小な場合，生分解はまったくおぼつかなくなる（Bird *et al.*, 1999；C.M. Preston & Schmidt, 2006；他）。しかしこのことに対する世間一般の認識は驚くほど希薄であり，水質浄化などを目的として木炭などが大量に自然界に放置されている。これらはいわば人工石炭として100～10000年単位の長きにわたって自然界に残存することとなり，その意味で非生分解性合成高分子と同じといえる。

　上述のように炭は混合物であるが，灰分（ミネラル分）を除いてその混合の度合いは木質が曝された温度によって異なり，低温ほど分解が進まず細胞壁性の糖類やポリフェノール（リグニン）由来の分解生成物の残留度が高くなり，また脱水などで糖類の芳香族化などが起こり，こういった中途半端な分解産物，残留物は生分解の対象となりうるが，処理温度が高いほど残留物は分解されにくくなるようである（Baldock & Smernik, 2002；他）。しかしこういった熱変性木質の生分解性に関する研究は少ない。

　昆虫と炭（あるいは部分的に焦げた材）との関連は，甲虫類（H.A. Richmond & Lejeune, 1945；D.G. McCullough *et al.*, 1998；Dajoz, 1998；Wikars, 2002；Boulanger & Sirois, 2007）やシロアリ類（Peterson *et al.*, 2008；Peterson, 2010）で調べられている。材の表面が焦げる程度なら，その部分を避けるとその内側の未炭化部・未変性部は昆虫にとっては利用可能であり，こういった材を特異的に利用できる，あるいはしようとする甲虫種（食材性種ではタマムシ科，カミキリムシ科，ゾウムシ科−キクイムシ亜科）が若干見られる（Wikars, 2002）。また山火事において木質が焦げることで出る赤外線は，自らに資する資源（枯木）の存在指標として二次性樹皮下穿孔性のタマムシが利用しているほどである（W.G. Evans, 1966；W.G. Evans, 1973）。しかし，完全に炭化して炭素だけになった炭に対してシロアリなどの昆虫は（さらには菌類も恐らくは），毒にはならないものの，基本的にお手上げのようである（Peterson, 2010）。従って純粋の「食炭性」は少なくとも昆虫では望めない。しかし山火事は純粋な自然現象であり，その産物である炭と昆虫の間に何らかの未知の関係性が今後見出される可能性はあろう。そしてそれは何らかの新しい技術へと発展する可能性もある。

30. 食材性昆虫・木質依存性昆虫の進化

　食材性昆虫の進化，または昆虫における食材性の進化は，地球上に出現した最大のバイオマスであるセルロースまたはリグノセルロースをいかにして昆虫が利用し，それに応じて進化してきたかという問題を意味する。

　この場合，食材性種を多く含む各分類群において，食材性の前にはいかなる食性が見られたかが第一の問題となる。食材性種を含む昆虫の科で最大のものは，恐らく鞘翅目－カミキリムシ科であろうが，この場合，ホソカミキリムシ亜科など周辺亜科を含めたカミキリムシ科については，その起源は未解明である。しかし，カミキリムシ科の系統分類における祖先的形質を多く残す群（ケラモドキカミキリムシ亜科，クワハラカミキリムシ亜科，ムカシカミキリムシ亜科，ハナカミキリ亜科，ノコギリカミキリ亜科，等）（Napp, 1994）は，生活環の一部で土壌と関連するものが多く（大林，1992），カミキリムシ科の起源は土壌と関連する昆虫であった可能性が高い。

　シロアリ類（ゴキブリ目－シロアリ下目）の場合，土壌とは下目全体の起源の段階で密接に関連していたものと考えられるが，その後の進化で土壌と決別した一群（レイビシロアリ科），逆に進化の最先端で土食性を獲得した一群（シロアリ科－シロアリ亜科の一部）など，土壌との関連性は一様な流れとは言えない。

　コガネムシ上科の場合，食糞性・食材性・土食性・腐植食性などが入り交じっており，進化を論じるのは難しい。しかし Scholtz & Chown (1995) は形態により，A.B.T. Smith et al. (2006) は DNA により，コガネムシ上科各科およびコガネムシ科各亜科の系統関係を解析しているが，これによると，典型的な食材性群であるクロツヤムシ科，クワガタムシ科，そして典型的な食材性群を含むハナムグリ亜科，ヒラタハナムグリ亜科の食材性は，それぞれ独自に進化して獲得された生態形質であることがわかる。

　また，腐植食性〜土食性が中心のコガネムシ科の食葉群（特にスジコガネ亜科，カブトムシ亜科，コフキコガネ亜科）の中で，カブトムシ亜科には *Oryctes elegans* や *O. rhinoceros* のように成虫がナツメヤシ *Phoenix dactylifera* の葉柄や果実柄を一次穿孔食害し，幼虫が枯幹を二次穿孔食害する例が見られる（Hussain, 1963；Butani, 1974）。このようなコガネムシ科食葉群幼虫による木質穿孔は稀と考えられる。

　ところで筆者は，本書で取り扱った食材性昆虫・木質依存性昆虫の3重要群，ゴキブリ目－シロアリ下目，鞘翅目－カミキリムシ科，鞘翅目－ゾウムシ科－キクイムシ亜科の間で，不思議な対応関係を何となく感じているので，単なる余談として披露したい。ひとつは，カミキリムシ科のクロカミキリ亜科，ハナカミキリ亜科，カミキリ亜科，フトカミキリ亜科（この最後のフトカミキリ亜科が最大かつ最も多様，最後から二番目のカミキリ亜科がこれに次ぐ）（以上，図鑑の配列順）と，シロアリ類のオオシロアリ科，レイビシロアリ科，ミゾガシラシロアリ科，シロアリ科（この最後のシロアリ科が最大かつ最も多様，最後から二番目のミゾガシラシロアリ科がこれに次ぐ）（以上，図鑑の配列順）が，この順に何となく一対一対応しているような気がすること。ここにそれぞれの中で最後の2つが重要害虫種を多く含んでいることに注目願いたい。

　もうひとつは，ゾウムシ科－キクイムシ亜科の経済的最重要2属 *Dendroctonus* と *Ips* が，シ

ロアリ類の経済的最重要2属 *Coptotermes* と *Reticulitermes* に，この順に何となく対応しているような気がすること。ここに *Dendroctonus* と *Coptotermes* が，系統分類的にはより下等にして，害虫としての獰猛さ・重要性はより顕著であることに注目願いたい。これらはそれぞれ何を意味するのであろうか。生物の系統発生における多様性の発達は，人をして目を見張らせる恣意的意外性ばかりと思いきや，案外そのパターンは限られるのではとの疑念も，ここから生じてくる。「構造」とはこういうことを言うのであろうか。

31. 食材性昆虫・木質依存性昆虫の古生物学

　食材性昆虫・木質依存性昆虫の化石記録は少なが，いずれも興味が尽きない内容を持っている (Chaloner et al., 1991；A.C. Scott et al., 1992)。ここでは，地球史（表2）におけるこれら（特にシロアリ類と甲虫類）の出現とその進化の歴史を，非常に不完全な化石記録をもとに簡単に追ってみることとする。

　木材を食材性昆虫が穿孔するという状況（あるいはそれに近いもの）の最も古い地質学的記録は，スコットランドからの古生代・石炭紀前期の裸子植物材フゼインに見られる微小な節足動物の穿孔跡である (Chaloner et al., 1991)。これに次ぐものとして米国からの古生代・石炭紀後期の記録，すなわち (1)Kentucky 州産の *Premnoxylon* という維管束植物の恐らくは気根のような部分に，非常に微小な無脊椎動物が穿孔し，食坑道内にフラスを残す化石（Cichan & Taylor, 1982），および (2)Ohio 州の *Psaronius* という木生シダ類における同様の穿孔と微小なフラスを伴った化石（Rothwell & Scott, 1983）がある。しかしこれらは現世に見られる昆虫による木材の食害と同じものとするには若干無理があり，昆虫（特に甲虫）と木材の明確な関連性はやはり三畳紀以降の中生代を待たなければならない (Schedl, 1958；Mamajev, 1971)。A.C. Scott et al. (1992) も，木部穿孔性（腐朽材穿孔性が中心；昆虫綱以外の節足動物も含む）の出現は古生代石炭紀ながら，これは長らく細々と存続するのみで，本格的出現は中生代のジュラ紀・白亜紀転換点とし，さらに樹皮下穿孔性昆虫に至っては，白亜紀になってようやく出現するもその存在は目立たず，その本格的出現・発展は新生代第四紀とした。しかし後述するように白亜紀よりはるかに古い樹皮下穿孔性などの食材性甲虫の食坑道化石が見出されており (Walker, 1938)，このギルドの歴史は相当古くまで遡れるようである。しかし現世の樹皮下穿孔性甲虫類の繁栄は，地球の歴史ではほんの最近のことであろう。

　一方，食材性昆虫の主要グループ中で最も起源の古いものは，不完全変態類のゴキブリ目－シロアリ下目ということになっており，これはペルム紀（古生代末期）〜三畳紀（中生代初期）(Cleveland (et al.), 1934)，あるいは三畳紀 (J.L. Ware et al., 2010) あたりが起源と推定されていたが，最新の分子生物学的データからジュラ紀後期と査定されるに至っている (Bourguignon et al., 2014)。しかしシロアリの化石記録はずっと後の時代，中生代の白亜紀以降のものに限られ，白亜紀初期のムカシシロアリ科に近いものの化石が見出され (Engel et al., 2007a)，その後も初期はシュウカクシロアリ科とオオシロアリ科が中心であったようである (Martínez-Delclòs & Martinell, 1995；Thorne et al., 2000；Francis & Harland, 2006；Engel et al., 2007a)。中生代最末期（白亜紀・マーストリヒト期）におけるシロアリの特異的捕食者としての恐竜種の存在は両者の同時期的繁栄を示唆する (Longrich & Currie, 2009)。特に興味深いものとしては，レイビシロアリ科の一種の化石が白亜紀前期（約1.0億年前）の琥珀から得られ，その消化管から，共生性原生生物の鞭毛虫類（多種），アメーバ，線虫が (Poinar, 2009)，またキゴキブリ科と近縁とされるムカシシロアリ科（シロアリ類の系統の根幹）の化石が第三紀・中新世の琥珀から得られ，その消化管から，鞭毛虫類，スピロヘータ等の細菌類，さらには未消化の木材片までが (Wier et al., 2002)，それぞれ検出されている。またレイビシロアリ科のペレット状糞のオパール化化石 (A.F. Rogers, 1938) などというのは，昆虫学者でなくとも食指が動く。

表2 古生代以降の地質年代一覧

代	紀		世	絶対年代[1]
新生代 Cenozoic era	第四紀 Quaternary period		完新世 Holocene	約1万年前〜現在
			更新世 Pleistocene	259万年前〜1万年前
	第三紀 Tertiary period	新第三紀 Neogene period	鮮新世 Pliocene	533万年前〜259万年前
			中新世 Miocene	2303万年前〜533万年前
		古第三紀 Paleogene period	漸新世 Oligocene	3390万年前〜2303万年前
			始新世 Eocene	5580万年前〜3390万年前
			暁新世 Paleocene	6550万年前〜5580万年前
中生代 Mesozoic era	白亜紀 Cretaceous period		白亜紀後期 Upper/Late Cretaceous period	約9960万年前〜6550万年前
			白亜紀前期 Lower/Early Cretaceous period	約1億4000万年前〜9960万年前
	ジュラ紀 Jurassic period		ジュラ後期 Upper/Late Jurassic period	約1億5400万年前〜約1億4000万年前
			ジュラ紀中期 Middle Jurassic period	約1億7500万年前〜約1億5400万年前
			ジュラ紀前期 Lower/Early Jurassic period	約2億0000万年前〜約1億7500万年前
	三畳紀 Triassic period		三畳紀後期 Upper/Late Triassic period	約2億2800万年前〜約2億0000万年前
			三畳紀中期 Middle Triassic period	約2億4500万年前〜約2億2800万年前
			三畳紀前期 Lower/Early Triassic period	約2億5100万年前〜約2億4500万年前
古生代 Paleozoic era	ペルム紀（二畳紀） Permian period		ペルム紀後期 Upper/Late Permian period	約2億6040万年前〜約2億5100万年前
			ペルム紀中期 Middle Permian period	約2億7060万年前〜約2億6040万年前
			ペルム紀前期 Lower/Early Permian period	約2億9900万年前〜約2億7060万年前
	石炭紀 Carboniferous period		ペンシルバニア紀 Pennsylvanian period	約3億1800万年前〜約2億9900万年前
			ミシシッピ紀 Mississippian period	約3億5900万年前〜約3億1800万年前
	デボン紀 Devonian period			約4億1600万年前〜約3億5900万年前
	シルル紀 Silurian period			約4億4400万年前〜約4億1600万年前
	オルビドス紀 Ordovician period			約4億8800万年前〜約4億4400万年前
	カンブリア紀 Cambrian period			約5億4200万年前〜約4億8800万年前

[1] Wikipedia, 等より。

土中に作られた地下性シロアリの巣も，その部分が保存されると化石化して残る。これらの場合，化石化したのは食材性昆虫そのものではなく，それらが残した痕跡であり，そういった例（Duringer et al., 2007；他）を見る限り，昆虫そのものの化石よりもはるかに存在感がある。これらは生痕化石と呼ばれ，そのものが「生痕分類学」において記載・命名の対象となっている。しかし地下性シロアリの場合，化石はアリ類やその他の土中営巣昆虫（例えばコガネムシ科の食糞群）の巣と区別がつきにくく，その場合形態的に類似した生痕が一括して生痕属，生痕科といったタクソン（生痕タクソン）の中に含められる（Genise, 2004）。従ってこれらのタクソンは系統分類学的意味が希薄といわざるをえない。それでもなお，こういった化石の存在に関しては興味が尽きない。

　ここで注意が必要なことがある。無脊椎動物が岩石に穿ったトンネルとして，古生代以前のとてつもなく古いものがザンビアなどで報告されているが，これらは古い岩石に対して現世あるいはよく知られた地質年代のシロアリが後の時代に穿ったものとして，その古さは否定されており（Cloud et al., 1980），岩石の生成とトンネルの生成が地質学的に同時代ではないことが多い。木材であれば，その有機物としての寿命は短く，木材が珪化物に置き換わるともはや食べることを目的としてシロアリなどが穿孔することはなくなり，従って木材の生成とそれへの穿孔は同時代と見てよい。しかし，地下水脈を求めて相当深くまでシロアリが古い岩盤などを穿孔することがあり，これにより稀にこういった誤謬が生じるわけである。

　ここで非常に興味深い論考がある。古生代から中生代初期〜中期（三畳紀，ジュラ紀）に木本植物（あるいはそれに類似の大型下等植物）が繁栄しその遺体が埋没して今日の石炭になったが，シロアリが出現して，これあるいはより高等な大型植物を分解しだすともはやそれまでのような大規模な石炭の生成は地球上で見られなくなったという（Engel et al., 2009）。もちろんこれは，シロアリが木質をすべてこなすという意味ではなく，部分的にでも穿孔することで木質の表面積が一挙に増し，これが細菌類や真菌類のアクセスをよくして分解が徹底するようになったということであろう。

　次に食材性甲虫の古生物学的知見。この領域では，甲虫で最も祖先的といわれるナガヒラタムシ科の化石（中生代・ジュラ紀以降）が著名である（Crowson, 1962）。しかし最古の甲虫化石は，古生代・ペルム紀の腐朽材に発生するまさにこのナガヒラタムシ科の系統のもので，この一群は中生代・ジュラ紀後期まで繁栄したとされている（Ponomarenko, 2003）。ということで，現在あの莫大な多様性を誇る鞘翅目の起源は腐朽材穿孔性（食材性＋菌食性）だったということになる。一方，土壌棲が中心ながら一部木質依存性を見せるコガネムシ上科の化石記録については，中生代・白亜紀までは見られず，その次の新生代・第三紀初期以降に発見が限定されるという（Scholtz & Chown, 1995）。ところが，中国・河南省のジュラ紀中期のスギ科化石樹種 Protocupressinoxylon sp. の木部に直径 0.5mm 以下の穿孔虫の食坑道とフラスが見出され，その食坑道内壁には柔組織が二次的に形成されて，生組織への穿孔であることから甲虫の食坑道と推察されている（Z. Zhou & Zhang, 1989）。カミキリムシ科については，最古の化石は白亜紀後期のものである（Ponomarenko, 2003）が，それよりもずっと古いジュラ紀中期のカミキリムシ科食坑道とおぼしきものを含むナンヨウスギ科材化石がアルゼンチン・Santa Cruz 州から見出されている（Genise & Hazeldine, 1995）。食材性甲虫としてのタマムシ科の最古の化石記録はジュラ紀中期のものである（Ponomarenko, 2003）が，米国・Arizona 州の針葉樹 Araucarioxylon の樹林ごとの化石において，タマムシ科およびゾウムシ科－キクイ

ムシ亜科とおぼしき樹皮下穿孔虫,およびキクイムシ亜科とおぼしき木部穿孔虫(従ってこの場合は木部穿孔養菌性?)の食坑道化石が見出され,その年代はずっと古い三畳紀とされている(Walker, 1938)。この年代は再検討が必要かもしれないが,食材性甲虫の起源は白亜紀よりもはるか前にまで遡る可能性が高い。カミキリムシ科は,通常の堆積岩中の化石に加え琥珀中に封入されたものも見られる(Linsley, 1961)。滲出樹脂と相対することが日常の針葉樹性キクイムシ類でも,それにからめとられて封入され,琥珀の中に保存されて見出されることが多く,中生代・白亜紀以降のものが若干報告され(Bright & Poinar, 1994;Cognato & Grimaldi, 2009;Kirejtshuk *et al.*, 2009;他),Labandeira *et al.* (2001)の原著論文の考察の中でも詳しくレビューされている。実際,タイムカプセルとしてのそういった琥珀の中のキクイムシの標本は保存がほぼ完璧であり,驚嘆させられる。なお,この琥珀という代物,針葉樹(一部広葉樹)の樹脂が固化して無機物化した一種の化石であるが,この生成にキクイムシ類・ナガキクイムシ類の穿孔活動が深く関わっていることが,現世の殺樹性キクイムシ *Dendroctonus ponderosae* の発生によって宿主針葉樹から滲出した樹脂の安定同位体解析結果との比較から推察されている(McKellar *et al.*, 2011)。キクイムシ亜科を含むゾウムシ科の古生物学については,Oberprieler *et al.* (2007)の優れた系統分類学総説を参照されたい。同じ白亜紀のフランス産の琥珀からは,針葉樹外樹皮穿孔性のナガシンクイムシ科の *Stephanopachys* が見出され,この科の確実なものとしては最古の化石記録となっている(Peris et al., 2014)。

木材中に作られた食材性昆虫・木質依存性昆虫の食坑道は,上述のようにその木材が化石化すると保存される。上述の例の他,これに該当するものの最初の報告(Brues, 1936)では,米国・Yellowstone国立公園産の後期中新世のマツ属材における「ナガシンクイムシ科(?)の食痕化石」,フランス・Paris盆地産のナラカシ属材における「ツツシンクイ科(またはゴミムシダマシ科?)の食痕化石」が挙げられ,また英国の白亜紀の地層からはキクイムシ亜科の針葉樹樹皮下穿孔性種の食坑道の化石が見出され(Blair, 1943),ドイツ・Thüringen地方の中生代三畳紀の地層からはシバンムシ科の食痕のある木材化石が見出されている(Linck, 1949)。ナガシンクイムシ科現生種はほとんど針葉樹木部を食害することがない(W.S. Fisher, 1950)ので,筆者はマツ材中のナガシンクイムシ科食痕化石というのは,シバンムシ科の方が可能性が高いと考えている。また比較的新しい時代のものとしては,カナダ・極北地方の新生代・始新世のカラマツ属 *Larix* の化石樹から *Dendroctonus* 属(ゾウムシ科−キクイムシ亜科,樹皮下穿孔性)と特定できる特徴的な食痕が(Labandeira *et al.*, 2001),さらにはぐっと新しい後期更新世のビャクシン属 *Juniperus* の化石木から *Phloeosinus* 属(ゾウムシ科−キクイムシ亜科,樹皮下穿孔性)およびタマムシ科の種と特定できる特徴的な食痕が(Holden & Harris, 2013),それぞれ見出されている。

さらに,非常に「新しい」化石として,福井県で発見された3000年前のスギカミキリ *Semanotus japonicus*(カミキリ亜科)(図4-1)によるスギ被害材とその幼虫の一部の化石(高原・他, 1988),英国・London市内の新石器時代(約3000年前)の地層から発見されたニレの立枯れ病菌を媒介する *Scolytus scolytus*(ゾウムシ科−キクイムシ亜科)(22.5. 参照)の成虫の化石(Girling & Grieg, 1985)といったものの報告も見られる。これらは現存するこれらの害虫種の直近過去の分布を指し示し,今後の推移を占うなどに有用で,応用的意義が認められるものである。

32. 木質を利用する昆虫の可塑性・前適応

昆虫にとって木質は，既述（15.1.）のように生理学的・質的には非常に利用しにくく，生態学的・量的にはやや利用しやすい餌資源である。この状況に対応して食材性昆虫は，様々な戦略を編み出してきている。そうした戦略は基本的に可塑的であり（カミキリムシ幼虫の穿孔行動の可塑性については 16.9. で詳述），その結果「瓢箪から駒」的な成り行きが見られる。これは生物学では「前適応」というが，この現象はこれまで生物学では真剣に検討されてはこなかった問題であり，本当に「瓢箪から駒」の前適応なのかどうか，さらには前適応とは一体全体何なのかについて，今後詳しく検討する必要がある。ここではこの文脈に沿った例を若干挙げるにとどめる。

上述（23.）のように，高等シロアリ類（ゴキブリ目－シロアリ下目－シロアリ科）はその消化管にセルロース分解性原生生物を持たず（ただし最近セルロース分解性細菌の存在が示されている；28.4. および 28.6. 参照），セルロースの分解は自前の中腸からの消化酵素で行い，下等シロアリ（同下目のシロアリ科以外の全科）ではセルロースの分解は自前の唾液腺からの消化酵素と後腸内に共生する原生生物の鞭毛虫類（図 23-1）の分泌する酵素で二重に別々に行われることはよく知られるようになった（Inoue et al., 2000；Slaytor, 2000；K. Nakashima et al., 2002）（23. 参照）。かつて下等シロアリではその後腸内の原生生物がセルロース消化を一手に引き受けているというセオリーが Cleveland (1924) 以来信じられてきたが，現在ではむしろ下等シロアリの自前セルラーゼ分泌の方が，その遺伝子特定（Watanabe et al., 1998）とあいまって脚光を浴び，その産業的応用に向けた遺伝子工学的研究（D. Zhang et al., 2009）も見られるようになっている。

山岡郁雄・長谷 (1975) は下等シロアリのセルロース分解を，シロアリ自前のエンド-グルカナーゼと共生原生生物由来のエクソ-グルカナーゼの共力システムと推察し，その後の知見の蓄積を受けて K. Nakashima et al. (2002) は，これをシロアリ自前エンド-グルカナーゼ（およびグルコシダーゼ）と共生原生生物由来エクソ-グルカナーゼ（およびエンド-グルカナーゼ＋グルコシダーゼ）の二者独立併存システム（すなわち両者は非共力的）とした（括弧内の酵素名は筆者の追加）（18.2. および 23. 参照）。しかし X. Zhou et al. (2007) はこれに反論して，両セルラーゼの共力作用があるとし，Tokuda et al. (2007) はこれに即座に再反論して彼らの論拠を完全否定した。一方 D. Zhang et al. (2009) は，シロアリの自前セルラーゼが，その合成遺伝子発現実験に基づき，シロアリによるセルロース消化に質的に不可欠な存在であるとした。さらに，自前と後腸内原生生物由来のセルラーゼ間の顕著な共力作用も報告されている（Scharf et al., 2011）。いずれにせよ，シロアリによるセルロース分解におけるエクソ-グルカナーゼ(C_1-セルラーゼ）（J.A. Smith et al., 2009a）の役割については未解明の点が多く，議論の余地は残されている。Tokuda et al. (2007) はこの両セルラーゼ独立併存システムの生化学的意義を，分解産物（グルコース）の分解そのものへの拮抗作用や，セルロース分解反応そのものの不完全性への補強策としている。実際，両セルラーゼの共力作用を報告した Scharf et al. (2011) も，分解産物であるグルコースがセルロース分解活性を阻害することを同時に報告している。結局，この二重システムの進化生物学的意義はやや不明確である。一方下等シロアリでは，不適切な餌により後腸内の原生生物相が減衰すると，これを補うべく前腸へ分泌する自前セルラーゼの

活性量が増えると報告されており（Botha & Hewitt, 1979；M.M. Wheeler *et al.*, 2007），これは二重セルラーゼシステムにおける補償性を意味する。一方，下等シロアリであるオオシロアリ *Hodotermopsis sjostedti* では，セルラーゼなどの消化関連酵素の生産遺伝子の発現が唾液腺に集中するとされている（Yuki *et al.*, 2008）。

ではこの下等シロアリの代謝戦略と高等シロアリの代謝戦略の移行はというと，これも推測の域を出ない。高等シロアリの中でもやや下等な *Amitermes* では原生生物を少数宿し（H. Kirby, 1932），*Jugositermes*，*Pericapritermes* といった高等シロアリの職蟻の後腸で原生生物の縁毛類 Peritrichia が見出されている（Noirot & Noirot-Timothée, 1959）。またコートジボアール産の各種高等シロアリから，特に様々な土食性シロアリを中心に，鞭毛虫類，アメーバ類，グレガリナ類，繊毛虫類といった実に様々な原生生物が検出され，関係の任意性，シロアリの食性との関連性などが示唆されている（Gisler, 1967）。これらはコガネムシ科（Wiedemann, 1930）やクロツヤムシ科（J.B. Nardi *et al.*, 2006）の消化管内原生生物相を想起させるものである。しかし，これらの原生生物の宿主シロアリにおける意義・役割などは未解明である。

シロアリによる木材成分の消化・利用において忘れてはならないのがヘミセルロースである。*Coptotermes gestroi*（イエシロアリ属の一種；*C. heimi* として）のヘミセルロース分解酵素群，すなわちキシラナーゼ，マンナーゼ，イヌリナーゼ，ラクターゼは後腸のみに見られ，共生微生物由来と考えられた（Mishra, 1991）。同様に下等シロアリであるヤマトシロアリ *Reticulitermes speratus*，同属の *R. flavipes*，同科のイエシロアリ *Coptotermes formosanus* では，消化管内のキシラナーゼおよびβ-キシロシダーゼの活性は後腸に偏り，飼料中のキシラン：セルロースの比の影響を受け，キシランが少ないと活性も落ち，ヘミセルロース類分解酵素関連遺伝子も大量に検出され，以上よりこれらのシロアリではキシラン等のヘミセルロース分解はほとんど共生原生生物の鞭毛虫類が担っているものと考えられている（Inoue *et al.*, 1997；J.A. Smith & Koehler, 2007；J.A. Smith *et al.*, 2009a；Arakawa *et al.*, 2009；Tartar *et al.*, 2009；Xie *et al.*, 2012）。しかし *R. flavipes*（シノニムの *R. santonensis* として）では消化管内共生細菌（グラム陽性菌）がキシラナーゼを生産するとする報告（Mattéotti *et al.*, 2012）もある。一方，オオシロアリにおいてはβ-マンノシダーゼの生産遺伝子の唾液腺での発現が示され，少なくとも一部のヘミセルロースはシロアリが自力で分解できることが示唆されている（Yuki *et al.*, 2008）。シロアリによるヘミセルロース分解については，Ni & Tokuda (2013) によるリグノセルロース分解に関する総説も参照されたい。

下等シロアリおよび「最も下等な高等シロアリ」（キノコシロアリ亜科）においては自前セルラーゼは唾液腺から分泌されるのに対し，キノコシロアリ亜科以外の高等シロアリでは中腸から分泌されるようで，この分泌部位の移行の進化的背景とメカニズムについては謎が多い（Tokuda *et al.*, 2004；Fujita *et al.*, 2008）。下等シロアリにおける自前セルラーゼ分泌を過小評価し，原生生物由来のセルラーゼを過大評価する立場からは，下等シロアリにおける自前セルラーゼ分泌が，この「下等レジーム」から高等シロアリにおける自前セルラーゼ一辺倒という「高等レジーム」への前適応という見方も成り立つであろう。

高等シロアリ（キノコシロアリ亜科）でもキシラナーゼが報告された。しかしここで重要な点は，この酵素がキシランをキシロースやキシロビオースなどに分解するものの，とりあえず生成したキシロビオース(二量体)をキシロースに分解するという最後のツメは行わないこと，およびセルロースに対する分解活性はないということである（Faulet *et al.*, 2006）。キシロビ

オースを分解できないことは，キシランの資源としての重要性が高くないこと，セルロースを分解できないことは，キシランの資源としての重要性が高いことを示唆し，この矛盾がむしろ興味深い。一方下等シロアリである *R. flavipes* の職蟻におけるセルロースとキシランの分解に際しては，後腸の pH は資源としてより重要なセルロース（特に結晶性）の分解に適し，資源としてよりマイナーなキシランの分解には適さず，シロアリは後者の分解を犠牲にして前者を積極的に分解し，エネルギーを得ているものと考えられている（J.A. Smith *et al.*, 2009b）。

上述（29.6.）のように，有胎盤哺乳類が本来産しないオーストラリアにおいては，シロアリが牛糞を始末する（Ferrar & Watson, 1970）。この能力は「前適応」的，「可塑的」なものとも考えられる。

そもそもゴキブリからシロアリへの進化そのものが「前適応」というキーワードで読み解くべきものと考えられている（Nalepa & Bandi, 2000）。ここでの主要概念は幼形進化（幼体成熟的系統発生）paedomorphosis。すなわち個体発生的特徴としての幼体成熟 neoteny が，系統進化レベルで起こる現象であり，シロアリの真社会性はゴキブリの幼虫の集合性に由来するとする考え方である。これは逆に見ると，ゴキブリの幼虫の集合性は，一種の前適応となる。そしてこの状態のゴキブリにして既に仲間同士での糞食性が見られ，これがシロアリにおいて，共生生物入りの排泄物を直接肛門から受け取る経肛門性食物交換 proctodeal trophallaxis へと進化した（Nalepa *et al.*, 2001）という点でも，ゴキブリの糞食性は再び前適応的である。シロアリへと進化するゴキブリにおけるさらに決定的な前適応は，前述（2.2.2.）のセルラーゼの保有（Wharton *et al.*, 1965；Bignell, 1977；Scrivener *et al.*, 1998）であろう。このゴキブリからシロアリへの進化に関連して，祖先たるゴキブリの腐食性から考えて，原始的シロアリは腐朽材食性が一般的ということは容易に想像がつく。そしてこれから，その後のレイビシロアリ科やミゾガシラシロアリ科における乾材食性，新鮮材食性が進化したというシナリオもさらに容易に想像がつく。そしてシロアリ進化の最前線たる高等シロアリ（シロアリ科）の土食性の複数群は，ミゾガシラシロアリ科の地下潜入性が起源であるということも想像できる。そしてこの基本食性の進化の方向性は，カミキリムシ科の中でも類似のものが見られる（ノコギリカミキリ亜科・ハナカミキリ亜科における腐朽材食性→カミキリ亜科における乾材食性；フトカミキリ亜科の一部における一次性穿孔性）ということは指摘しておきたい。さすれば，カミキリムシの進化における前適応的な要因は何か？ これは筆者は即座には思いつかないが，将来形態学的な方面で何らかの答えが得られ，これがまた重要な意味を持つに至ることを期待している。

シロアリと比べ，話が鞘翅目になるとやや複雑である。本来鞘翅目は多様性をその最大のコンセプトにしている一群であり，ここでは適応は即種分化につながり，「前適応」は不顕著になりやすい。しかし種ではなく属や科を単位として生態を概観すると，そこには立派な前適応が見られ，針葉樹穿孔性→広葉樹穿孔性，広葉樹穿孔性→竹材穿孔性，二次性→一次性，A 属木本植物依存性→B 属木本植物依存性といった食性生態転換が頻繁に生じている。

一方，樹皮下穿孔性キクイムシ類の関連で前適応が想定される局面がある。既に何度も述べた（16.4.；他）ように，この仲間には特に北米において宿主針葉樹を集団で攻撃して枯死に至らしめる獰猛な「殺樹性」の種が *Dendroctonus* 属で見られるが，そこまで獰猛でないがやはり大発生モードで殺樹性を発揮する種を含む *Ips* 属では，*I. pini* などは基本的に二次性すなわち非殺樹性にもかかわらず伐採丸太や衰弱木に対して集合性を見せ，その理由は謎のままで

ある (Robins & Reid, 1997)。*Dendroctonus* 属については *Ips* 属と系統が離れているので同日には論じ得ないが，この *Ips* における「二次性にして集合性」という性質は未知の理由で生じ，これが少なくとも *Ips* 属におけるマイルドな殺樹性の進化の「前適応」となっている可能性は十分考えられる。

　今後，食材性昆虫の進化におけるこの「前適応」と「可塑性」の問題は，もっと研究されてよい課題であろう。

33. 害虫としての食材性昆虫・木質依存性昆虫の防除の生物学的基礎

　食材性・木質依存性害虫種の防除は，主として一次性穿孔性種（林業における林木や，造園業における庭園樹・街路樹，農業における果樹などの樹木に対する加害種），家屋内の湿材穿孔性種（ヤマトシロアリなどの腐朽した湿材の加害種），家屋の構造材穿孔性種（アメリカカンザイシロアリ，イエシロアリ，ヤマトシロアリ，オウシュウイエカミキリ，等），家屋内の家具や木製品や造作材などの乾材穿孔性種（アメリカカンザイシロアリ，ナガシンクイムシ科－ヒラタキクイムシ亜科，シバンムシ科，等），一見食材性が加害の中心と考えられがちながら実際には樹木病原体の媒介の点で害虫となっている種（マツノマダラカミキリ），等，分野別に様々な方法が確立している。これらの方法は，木質昆虫学の観点からの包括的な再検討と再定義が可能かつ必要である。この際，各加害範疇をまたぐ種が生じることが重要なポイントとなる。

　家屋の構造材穿孔性種の防除の場合，建築前と建築後の違い（産業的），針葉樹材と広葉樹材の違い（生物学的）といった諸要因が重要となる（Hickin, 1977）。

　なお，防除といえばまず殺虫剤使用が想定されるが，これに関する負の側面は計り知れない。そのため，近年のシロアリ防除に関する Verma *et al.* (2009) などの総説は，必ず薬剤防除以外の方法に力点を置いている。薬剤以外のシロアリ防除法というと，金網や砂利のバリアーによる物理的防除法と並んで，病原性真菌類・病原性細菌類・病原性線虫といった天敵を用いた生物学的防除法（略して「生物防除」）が思い当たる。しかしシロアリの生物防除は概ねアイデア止まりで，文献解析（Chouvenc *et al.*, 2011a）や感染コロニーの行動の直接観察（Chouvenc & Su, 2012）で最近その有効性に重大な嫌疑が投げかけられ旗色が悪く，巣内の共生細菌による真菌抑制作用の報告（Chouvenc *et al.*, 2013）などもあって，展望が閉ざされた状態となっている。かと言って，殺虫剤・農薬に全面的に頼ることももはやできない。害虫防除全般におけるその使用の二大短所は，(1) 人畜や環境へのインパクト，そして (2) 駆除対象種における抵抗性発現とされている。ここでは後者について少し論じたい。

　基本的に抵抗性発現は一種の人為選択の結果であり，その発現の確率や速度は，駆除対象種の生活環長と負の相関を有すると考えられる。そうすると，食材性昆虫・木質依存性昆虫の中でも薬剤抵抗性が発現することがまず最初に想定されるのは，熱帯・亜熱帯産，非休眠性，年多化性，小型という属性を持った発育の早い種，具体的にはゾウムシ科－キクイムシ亜科，ナガシンクイムシ上科－ナガシンクイムシ科－ヒラタキクイムシ亜科および同科－タケナガシンクイ亜科あたりであろう。実際，西アフリカにおいて今は使用されない有機塩素系殺虫剤で防虫処理した広葉樹合板が，ケブトヒラタキクイムシ *Minthea rugicollis*（ヒラタキクイムシ亜科）（図2-9d）に加害され，この発生系統が同時に有機燐系殺虫剤にも交差抵抗性を示したという報告がある（G.R. Coleman & Baker, 1974）。一方シロアリに関しては，非殺虫剤的防除法の研究の「枕詞」として，「抵抗性発現の可能性に鑑み」というのをしばしば目にするが，シロアリにおける生活環長（巣創設～最初の有翅虫の飛び出しの間のタイムスパン）が長いため，これは非常に起こりにくいものといわざるをえない。

　ところで，昆虫における薬剤抵抗性のメカニズムには，表皮の浸透性の減少といった物理的

な要因，薬剤になるべく触れないように振る舞うといった行動的な要因もあるが，体内に取り込んだ化学成分の化学修飾や加水分解などによる解毒，すなわち生化学的要因が最重要であり，その鍵は解毒酵素にあるとされ（12.9. 参照），この解毒酵素は元来宿主植物の「防虫剤」としての有毒護身成分の解毒分解に関わる酵素ながら，これがついでにヒトが撒いた薬剤も分解してしまうということのようである（Dauterman & Hodgson, 1978；他）。Dowd (1992) は，こういった酵素の出所が昆虫の共生微生物にある場合を論じている。解毒酵素の出所がどうあれ，いわゆる広食性種はそういった酵素の取り揃えが豊かと考えられ，そういう種は勢い，薬剤抵抗性発現の可能性も高いものと考えられる。

　ところで林業害虫には，他の産業の害虫には見られない「林業的害虫防除」という独特の防除法が見られる。その典型は間伐や枝打ちといった通常の林業施行が，間接的に害虫防除に寄与するという場合である。しかしこういった施行法と各種害虫の発生抑制の関係性は各々のケースで異なっているので，よほど注意深く検討しないと誤った方針を生み出す。まず枝打ち関連では，スギノアカネトラカミキリ *Anaglyptus subfasciatus*（カミキリムシ科‐カミキリ亜科）（図5-1）のスギ・ヒノキにおける防除に，枝打ち（特に枯枝除去）が有効といった例が見られ，このケースでは成虫が枯枝に産卵するという生態が背景にある（滝沢・他，1982；槇原，1987）。次に間伐［とそれに続く間伐材除去］が関係する2つの例を挙げておく。まず，米国西部のポンデローサマツ *Pinus ponderosa* の造林地（二次林）における殺樹性樹皮下穿孔性キクイムシ *Dendroctonus ponderosae* の発生抑制には，間伐が有効とされ，これは宿主樹の健全性を高めることと，宿主樹個体間に距離を与えることがキクイムシにマイナスに作用することによるとされる（Sartwell & Stevens, 1975）。その一方で，四国・九州のヒノキ林における日和見的一次性の樹皮下穿孔性種マスダクロホシタマムシ *Lamprodila vivata*（タマムシ科‐ルリタマムシ亜科）の場合，宿主樹の間伐は宿主樹にかえってストレスを与え，このタマムシの発生にプラスに作用するという（佐藤・他，2007）。このように間伐がいずれのケースでいかなる理由で害虫にプラスに，もしくはマイナスに働くかということについては不明確の感を免れず，ケース・バイ・ケースといわざるを得ない。

34. 食材性昆虫・木質依存性昆虫の生物地理学と外来種問題
34.1. 食材性昆虫・木質依存性昆虫の生物地理学

　昆虫全体，およびその最大の目である鞘翅目に関していえば，新熱帯区（中南米）の熱帯雨林が特に種数が多い（地域の種密度が高い）とされる（Gaston, 1991）。一方，生物の目以下のランクの様々なタクソンは，各生物地理区間で種数に偏りを見せるが，より派生的な（より進化した）メンバーを中心とした種数の多さをもとにタクソン全体の生物地理学的起源地が推定され，さらにはこれがそのタクソンの系統分類に反映されることとなる。

　ここでは食材性昆虫・木質依存性昆虫として重要かつ系統分類学的にまとまったタクソンとして，ゴキブリ目－シロアリ下目，ならびに鞘翅目－ゾウムシ科－キクイムシ亜科および同科－ナガキクイムシ亜科を取り上げ，その生物地理学的起源地推定の現状に言及し，また重要害虫種にして外来種となっている種に関しても，その起源地の問題を論じてみたい。

　ゴキブリ目－シロアリ下目は不完全変態昆虫ゆえに，昆虫綱全体の中ではより祖先的（より原始的）な部類に入る。そしてそれゆえ，下目全体の起源は大陸移動以前のパンゲア大陸の時代にまで遡るほどに古いもので（Eggleton, 2000；Bourguignon et al., 2014），現存の特定の大陸をもってこのグループの起源地とすることは難しいものの，Emerson (1955) はエチオピア区（北アフリカを除くアフリカ大陸）と新熱帯区（中南米）をシロアリ類の起源地にして拡散の中心としている（この2地域はパンゲア大陸では隣同士で連続している）。また Emerson (1955) は，レイビシロアリ科は新熱帯区が一次的ないし二次的な中心地とし，ミゾガシラシロアリ科は東洋区（東南アジア＋インド亜大陸）が，シロアリ科のキノコシロアリ亜科とシロアリ亜科はエチオピア区が，テングシロアリ亜科は東洋区または新熱帯区が，それぞれその起源地ないし拡散の中心地であると示唆している。最新の分子生物学的解析からはシロアリ科はアフリカまたはアジアが起源とされている（Bourguignon et al., 2014）。

　キクイムシ亜科・ナガキクイムシ亜科の2亜科より成るゾウムシ科の一群（ギルド）は，その進化の中心地がエチオピア区とされている（Schedl, 1978）。また既述（11.3.4.8.）のように，木部穿孔養菌性種は樹皮下穿孔性種から平行進化的に複数回出現し，この分化も熱帯が中心とされる（J.M. Baker, 1963；他）。

　この他では，カミキリムシ科については，各地理区の属相・種相に関する記述は多い（Linsley, 1959；Linsley, 1961；他）が，各亜科の起源などに関する包括的論究は見られない。ナガシンクイムシ科やシバンムシ科についても同様である。

　こういった食材性昆虫，特に二次性種の中でも乾材害虫種（ナガシンクイムシ科－ヒラタキクイムシ亜科，レイビシロアリ科，等）は，その自然分布域（生物地理学的分布域）がはっきりしない場合が多い（Kraus (& Hopkins), 1911；Scheffrahn et al., 2008）。例えばヒラタキクイムシ Lyctus brunneus （図2-9a）は記載上の原産地はイギリスであるが，これをもってその自然分布域とする人はいない。推察される自然分布域は東南アジア（Lesne, 1907），または中南米（Kraus (& Hopkins), 1911）であるが，筆者は屋外発生の見られるオーストラリアをその第三の候補地として挙げたい（岩田，未発表）。オウシュウヒラタキカミキリ Hylotrupes bajulus はその自然分布域が地中海であったが，自然分布環境としての原生林はその地域から消失し，もはや野生昆虫としてのこの種の存在形態は，一部の二次的な「森林進出」を除いてどこにも

見られないとされる（Rasmussen, 1967）。ニシインドカンザイシロアリ *Cryptotermes brevis*（レイビシロアリ科）も長らくその自然分布域が不明であったが，最近チリとペルーの太平洋沿岸乾燥地であることが判明している（Scheffrahn *et al.*, 2008）。

　これらの場合いずれも，一貫した野外発生が見られるか否かが，その地がその種の自然分布域に含まれるとすることの重要な判断基準となっている（Kraus（& Hopkins), 1911；岩田，2005）。すなわちこれらの乾材発生種は人為導入地においては専ら屋内の乾燥した材に発生するのみで，暖温帯〜亜熱帯〜熱帯では屋外の材が雨ざらしとなって彼らの発生には含水率が高すぎるということが背景にある。従ってこういった乾燥材に適応した種はサバンナや乾燥地帯がその自然分布域ということになる。しかし，暖温帯でも屋外の立枯れ木や生木の梢に位置する枯枝はえてして非常に乾燥しやすく，こういった箇所が彼らの天然ハビタートとなっていることも考えられ，話は単純ではない。実際北欧を自然分布域とするオウシュウイエカミキリのような例もある。

34.2. 外来種：その基本

　昨今，外来生物の生態系に及ぼす影響に関する論議がさかんになっている。
　基本的に一次性昆虫の食害を受ける植物は，長い被食の歴史により，それで滅びるような脆弱な遺伝子を持つ個体は淘汰され，そうでないもののみが生き残った状態となっている。その昆虫食害はその植物種の生活史の中でおりこみずみの事柄で，よほどの環境の変化がない限り，少々被害を受けても全体としてその植物は種として安泰で，むしろそういった被害を前提とした生活史戦略をその植物種は編み出しているはずである。ここにいう昆虫食害とは，その植物と共存する，すなわち同所的に分布する昆虫種の食害を意味する。ところが，そういう植物にある日突然海外（これは外国および国内の別の遠隔地域を含む）からそれまでに経験したことのない昆虫がやってきて食害を始めたとなれば，それはその植物種にとっては未経験の「寝耳に水」的な事態であり，場合によっては種そのものの存亡に関わる事態となる。農業・林業における食害虫問題の主要な部分は，まさにこういった状況に相当している。また二次性種においても，それが乾燥に適応した種（すなわち乾材害虫）の場合，あるいは社会性を発揮して集中的に用材を加害するシロアリ類の場合，食害で困るのは植物ではなくて，それを材料として利用する人間である。
　いずれの場合も「寝耳に水」なのは被害植物だけではない。侵入先の生態系全体も「寝耳に水」。そこにはその種の無制限な繁殖を抑制する要因がほとんど準備されていない。すなわち外来種はほとんどの場合「天敵不在」的な環境下にある。このことも外来種が害虫化しやすい要因のひとつとなっている。こういう「外来種の害虫化現象」の典型例として，北米産にして殺樹性をほとんど発揮しない樹皮下穿孔性キクイムシである *Dendroctonus valens*（12.4. 参照）が中国・山西省等へ侵入し，マツ属 *Pinus* の中国産の種に対して殺樹性を発揮しているという事実（Z. Yan *et al.*, 2005；J. Sun *et al.*, 2013）が挙げられる。
　食材性昆虫・木質依存性昆虫は，これまで詳しくは論じられてはいないが，他の食性の昆虫と比べこのような自然分布域から新天地への侵入と定着が起こりやすいものと考えられる。そして食材性昆虫・木質依存性昆虫の侵入・定着は，その食性別に考える必要がある。Knížek

& Beaver (2004) は，ゾウムシ科のキクイムシ亜科・ナガキクイムシ亜科の一次性種または一次性になりうる二次性種に関して，非分布域への侵入の帰結を次の5パターンに分けている：

1. 生存できず死滅。

2. 当初生存して繁殖，後に気候不適合で死滅。

3a. 生存して定着するも，在来種にも影響せず，害虫化もしない。

3b. 生存して定着し，在来種を駆逐するも，害虫化はしない。

3c. 生存して定着し，在来種を駆逐し，害虫化する。

これは他の分類群の一次性種，および二次性の乾材食害性種にもあてはまる。

結局，ゾウムシ科－キクイムシ亜科（野淵輝・槇原，1987），カミキリムシ科（野淵輝・槇原，1987；槇原，2003b），ナガシンクイムシ科－ヒラタキクイムシ亜科（Cymorek, 1961；岩田，2005；Geis, 2014b），シロアリ類（Wichmann, 1957；Gay, 1967；Scheffrahn *et al*., 2003；T.A. Evans, 2011）などの食材性昆虫・木質依存性昆虫が海外から日本への侵入を含む様々な移出入と定着を見せ，この動きは今も将来も絶えず進行中で，止むことはない（Stanaway *et al*., 2001）。

日本に侵入した穿孔性甲虫類・シロアリ類は，ナガシンクイムシ科－ヒラタキクイムシ亜科が6種（内4種が完全定着），カミキリムシ科が200種以上（内8種が完全定着），ゾウムシ科－キクイムシ亜科がとりあえずはゼロ，シロアリ類の定着種が6種（このうちイエシロアリは後述するように外来種ではないので，5種；この他若干の未定着種あり）とされている（大村・所，2003；槇原，2003b；後藤，2003；岩田，2005；平野，2010）。このうちヒラタキクイムシ亜科については，日本でのかつての乾材害虫の最重要種ヒラタキクイムシ *Lyctus brunneus*（図2-9a）は，江戸時代末期〜明治時代初期に海外から侵入してきた可能性が指摘されており（矢野宗幹，1930），世界的な分布から見ても日本の自然分布種とは考えにくい種である（岩田，1988b）。そしてこの近縁種アフリカヒラタキクイムシ *L. africanus*（図2-9b）はアフリカを起源とし，大阪府を皮切りに（岩田，1988b），今や沖縄から東北地方まで広く分布を拡げ，日本国内の乾材害虫の最重要種としての座を奪う勢いである（古川法子・他，2009）。新しい外来種が古い外来種を駆逐する例である。

一方米国では，1985年以降侵入して定着した穿孔性甲虫類は，タマムシ科2種，カミキリムシ科5種，ゾウムシ科－キクイムシ亜科18種で，日本などと比べてキクイムシ亜科が圧倒的に多く，また検疫で発見される頻度の高い種は侵入・定着の頻度も高いという結果が得られている（Haack, 2001；Haack, 2006）。Hulcr & Dunn (2011) は米国におけるこの現象に関連して，特にキクイムシ亜科－Xyleborini族の侵入のしやすさから，この一群（特に木部穿孔養菌性種）の外来種相全体における寄与を強調している。

欧州でも事情は同様である。ゾウムシ科のキクイムシ亜科・ナガキクイムシ亜科の外来種がアジアや南北アメリカから欧州へ侵入する例も多く（Kirkendall & Faccoli, 2010），この点は米国と似た状況である。また大陸内での移動・侵入による外来種も見られ，純粋の針葉樹一次性と考えられている樹皮下穿孔性キクイムシの一種エゾマツオオキクイムシ *Dendroctonus micans*（図12-3）（12.4. 参照）は，その被害発生の中心たる欧州（英国，ベルギー，ドイツ，デンマーク，グルジア，エストニア，等）での分布は人為的であることが示唆されている（Grégoire, 1988）。

ところで昨今本州各地で問題となっている「ナラ枯れ」(特にミズナラの集団枯損)において，

その病原菌 *Raffaelea quercivora*，およびその媒介昆虫にしてこれを共生菌としている木部穿孔養菌性種カシノナガキクイムシ *Platypus quercivorus*（ゾウムシ科－ナガキクイムシ亜科）は，菌が外来種または虫がミズナラ分布域に対する新規参入種（地域的な外来種）である可能性が指摘され（Kamata *et al.*, 2002；鎌田・他，2006），かたや両方ともが在来種という説（小林正秀・上田，2005）と鋭く対峙して，決着を見ていない。最近，このシイ・ナラ・カシ類の集団枯損が江戸時代にも既に発生していたことが古文書の解析から示され（井田・高橋，2010），在来種説の有力な状況証拠となっているが，被害は時と場所を選んで散発的であり，時には集中的に被害が発生して拡散する点などは依然不可解である。カシノナガキクイムシおよびその共生性病原菌の「在来種か外来種か」の問題は，この現象の防止の方策決定に際して非常に重要であり（鎌田・他，2006），早期の決着を期待したいところである。Hulcr & Dunn (2011) は，日本の集団枯損地でカシノナガキクイムシが自然分布，病原性共生菌 *Raffaelea quercivora* が侵入分布という前提（?）で，「宿主樹の過剰反応による自滅」というシナリオ等を提唱しているが，説明としてはやや不十分の感が否めない。

　虫は外国から日本に来るだけではない。日本およびその近傍からも海外に食材性昆虫・木質依存性昆虫が渡り，そこで定着しているのである（34.3. および 34.4. 参照）。

　外来種は大陸間だけではない。広大な国土，多数の島から成る国土の場合，国内の異地域間，島嶼間での生物の移動・移送と定着も立派な「外来種」を生む。これには，米国国内の東西間での食材性昆虫・木質依存性昆虫の移動と定着の諸例（LaBonte *et al.*, 2005），さらには米国国内の隣接州間（Arizona → California）での *Agrilus auroguttatus*（タマムシ科－ナガタマムシ亜科）の侵入と害虫化（T.W. Coleman & Seybold, 2011），後述（34.5.）する米国東部・南部から西部へのヤマトシロアリ属2種の侵入（McKern *et al.*, 2006），および後述（34.4.）するハラアカコブカミキリ *Moechotypa diphysis*（フトカミキリ亜科）の日本国内での侵入の例（大長光・金子，1990），などがある。

　こういった食材性昆虫・木質依存性昆虫の侵入に際する対抗手段は，植物検疫などの水際の措置ということになる（Wallenmaier, 1989）。しかし検査の非徹底などが原因で侵入は起きてしまう。今も世界のどこかで何らかの種が新天地の空気を新たに吸い始めていることであろう。

34.3. 一次性穿孔性甲虫類の外来種

　まず一次性穿孔性種。この食性のグループは生きた植物に付く関係上，植物を生かしたまま輸出入・移出入する際に新天地へともたらされる。従って，植木，盆栽などがそのソースとなるが，カミキリムシなどではある程度成熟した幼虫は，その後の摂食の有無に関係なく穿孔中の植物が枯れても生き残る。この場合，侵入は生きた植物のみならず，丸太や製材品の輸出入・移出入によっても生じる。

　一次性穿孔虫の侵入で著名なのが，北米や欧州に侵入・定着した中国産のツヤハダゴマダラカミキリ *Anoplophora glabripennis*（図10-1），同属の日本産のゴマダラカミキリ *Anoplophora malasiaca*（図12-5）（およびこの種とのシノニミーが指摘されている中国産の *A. chinensis*）（カミキリムシ科－フトカミキリ亜科）で，特にツヤハダゴマダラカミキリは輸出入用の梱包材によって侵入し，侵入先で街路樹などに大害を与えており（Haack *et al.*, 1997；Poland *et al.*,

1998a；Hérard *et al.*, 2006；M.T. Smith *et al.*, 2009；Haack *et al.*, 2010)，後者もヨーロッパで各国にたびたび侵入し，植物検疫システム・根絶プロジェクトとの攻防戦が繰り広げられている（van der Gaag *et al.*, 2010）。

34.4. 二次性穿孔性甲虫類の外来種

　二次性種では，丸太が「ノアの箱船」となることが最も一般的であるが，その種が乾燥に適応し，穿孔に樹皮が必要でないような乾材害虫種の場合，人の管理下の乾燥状態に適応しているので，製材品，家具，木製品でも侵入が可能である。実際ほとんどグループ全体が乾材害虫であるナガシンクイムシ科－ヒラタキクイムシ亜科の場合，日本から記録されている7種のうち5種までが外来種である（岩田，2005）。ヨーロッパでも外来種定着や海外産種侵入記録が多く（Cymorek, 1961），世界的な針葉樹乾材の害虫オウシュウイエカミキリ *Hylotrupes bajulus* も本来は地中海沿岸の原生林に棲息していたものが，その棲息地が放牧などで失われ（Rasmussen, 1967），代わって世界各地に分散し，今や準コスモポリタン種となっているという（H. Becker, 1968）。

　一方タマムシ科のナガタマムシ属 *Agrilus* は種数の点で地球最大の動物属のひとつであるが，旧北区（西ヨーロッパ～日本）産のこの属の種がなぜか非常に多く北米に侵入している（Jendek & Grebennikov, 2009）。このうち，既に様々な項（2.4.；他）で言及してきた，トネリコ属 *Fraxinus* を宿主樹とするアオナガタマムシ基亜種 *Agrilus planipennis planipennis* は，自然分布地の中国で二次性，侵入先の北米で一次性となり，この地でトネリコ属の樹木が大量に枯損して極めて重要な侵入害虫となっており（Poland & McCullough, 2006；Herms & McCullough, 2014），さらに中国，および同じユーラシア大陸のロシア・Moscowと沿岸州においても，トネリコ属の北米原産種の枯損を生じさせているという（H. Liu *et al.*, 2003；Baranchikov *et al.*, 2008）。これらの事例は，穿孔虫とその宿主樹のとりあわせの問題で，侵入昆虫の新天地の植物はその昆虫とのせめぎ合いの歴史を欠いて，抵抗性を持っていないことで簡単に枯死してしまうということが背景にあるものと考えられている（Rebek *et al.*, 2008；Herms & McCullough, 2014）。面白いことに，これとまったく逆のパターンとして，元来カバノキ属 *Betula* の二次性穿孔性の北米産同属種 *A. anxius* は，北米産のカバノキ属樹種には一次性の穿孔性害虫とはなりにくいのに対し，ユーラシア産のカバノキ属（人為導入樹種）に対しては一次性の穿孔性害虫となって樹が枯死するという現象が知られている（D.G. Nielsen *et al.*, 2011）。

　日本等の極東から欧米に侵入・定着する例も多く，カミキリムシ科では南欧と米国東海岸に入ったヒメスギカミキリ *Callidiellum rufipenne*（図2-13）（Campadelli & Sama, 1988；Maier, 2007），カナダ東部に入ったマルクビケマダラカミキリ *Trichoferus campestris*（Grebennikov *et al.*, 2010）（以上カミキリ亜科），イタリアに入ったキボシカミキリ *Psacothea hilaris*（Lupi *et al.*, 2013）（フトカミキリ亜科）が，木部穿孔養菌性のゾウムシ科－キクイムシ亜科では北米～中米に分布を拡げつつあるサクキクイムシ *Xylosandrus crassiusculus*（Kirkendall & Ødegaard, 2007），等々例は尽きない。

　日本の港湾において木材は，樹皮付き丸太の場合，二次性樹皮下穿孔性種（ゾウムシ科－キ

クイムシ亜科，カミキリムシ科，タマムシ科，等）の発生を警戒して十分な検疫を行うが，製材品や木製品の場合検疫はあまり行われない。その結果，二次性木部穿孔性種（特にヒラタキクイムシ亜科を含むナガシンクイムシ科等の乾材害虫）は侵入が非常に容易になっている。結局は，樹皮下穿孔性の場合発生箇所は二次元的なのに対して，木部穿孔性の場合は三次元的で，後者の検出は前者と比べてはるかに困難なことが容易に想像され，こういったことが後者の侵入につながっているものと思われる。

　侵入の変わった例では，シイタケのほだ木（広葉樹丸太）を対馬から九州本土へ移送した際に起きた二次性穿孔性害虫（非乾材性）であるハラアカコブカミキリ *Moechotypa diphysis* の国内侵入の例があり（大長光・金子，1990），これは植物枯死体たる丸太をヒトが（農産物の生産基質として）野外で間接的に利用するという稀な背景ゆえの事例である。またこれは，日本国内の海を越えた侵入という珍しい事例でもある。

34.5. シロアリの外来種

　シロアリ類の場合，イエシロアリ *Coptotermes formosanus* が戦争の際の戦死兵の棺桶や木造船など，とんでもない物を喰って，極東から北米へ，世界各地へと分布を拡張し，多大な被害をもたらしている（Su & Tamashiro, 1987；Su, 2003）。この種，および同属の他種は木造船に便乗するのみならず船そのものを喰う不逞の輩であり（Oshima, 1923；W. Wilkinson, 1965b；Jenkins *et al.*, 2007；廣瀬，2009；Ghesini *et al.*, 2011），これがその分布拡張に相当寄与しているとする見方もある（Gay, 1967；Scheffrahn *et al.*, 2004；Hochmair & Scheffrahn, 2010；Scheffrahn & Crowe, 2011）。木造船はまさに人造流木，現代のシロアリ箱船である。イエシロアリの日本における分布の性格付け（自然分布種か侵入種か）については，34.7. で詳述する。

　米国東部産のヤマトシロアリ属の一種 *Reticulitermes flavipes* は，その自然分布域の一部がかつてフランス領であったことにより，フランス本国の南西部（太平洋岸）へ持ち込まれ，*R. santonensis* として記載されたものの，記載当時からその北米起源が疑われ（Feytaud, 1924），最終的に両者は同一（従って *santonensis* はシノニム）という結論に至っている（Austin *et al.*, 2005）。この種は欧州へ何度も持ち込まれ，何と模式産地は米国ではなくオーストリア・Wien の Schloss Schönbrunn（シェーンブルン宮殿）の温室であり，さらにこの種はドイツ・Hamburg にも侵入・定着している（Weidner, 1970）。米国国内でも東部および南部から西部へのヤマトシロアリ属2種の侵入が報告されている（McKern *et al.*, 2006）。同属の種では，当初イタリアの都市部で記載された *R. urbis* が，実はその自然分布域がバルカン半島であり，イタリアにおける分布は中世の東ローマ帝国（ビザンツ帝国）の領土内物資移送に起因する侵入によるということが推察されている（Luchetti *et al.*, 2007）（ただし Ghesini & Marini (2012) は別意見）。日本の山口県および福岡県産のカンモンシロアリ *R. kanmonensis* も，台湾産のキアシシロアリ *R. flaviceps*（*flavipes* ではない！）と同一とのデータがあり（Yashiro & Matsuura, 2007），台湾からの外来種の可能性が高い。また，同属の南欧産種 *R. lucifugus* も南米・ウルグアイに侵入している（Aber & Fontes, 1993）。こういった例はあとを絶たない。

　乾材シロアリ類（＝レイビシロアリ科）でも旧北区から新北区に侵入している種が見られ，

図34-1 スギの倒木内のネバダオオシロアリ *Zootermopsis nevadensis*（オオシロアリ科）のコロニー。（大阪府池田市，2010年7月）。

逆に日本では北米からのアメリカカンザイシロアリ *Incisitermes minor*（図17-1）が局地的に問題となっている（Indrayani *et al.*, 2004；他）。

この他，シロアリでは珍しいオオシロアリ科の外来種の例として，米国南東部の乾燥高地から日本の兵庫県川西市の都市近郊地域に進入定着したネバダオオシロアリ *Zootermopsis nevadensis*（森本，2000）があり，筆者らの観察では大阪府池田市へも越境して狭い域内で定着しているようである（図34-1）。

さらにシロアリ科（高等シロアリ）の遠方地侵入定着の例として，中南米の広域分布種 *Nasutitermes corniger*（テングシロアリ亜科）のカリブ海島嶼，米国・Florida 州，および何とパプアニューギニアへの進出が挙げられる（T.A. Evans, 2011）。

以上概ね，T.A. Evans（2011）の総括にもあるように，シロアリの外来種というのは地下性シロアリのミゾガシラシロアリ科と，乾材シロアリのレイビシロアリ科にほぼ限定され，それ以外の科でも食材性のものに限られ，シロアリ科の養菌性種や土食性種のようなものはキノコや土の随伴が必要ゆえ，そう簡単には外来種とはなれない。このように食材性という性質を持つことで運ばれて外来種となりやすい点は，シロアリと甲虫類で共通である。さらに T.A. Evans（2011）は，Abe（1987）のいう「ワンピース型」（レイビシロアリ科など；16.13. 参照）のシロアリは，小規模のコロニーが自己完結的ゆえに国境や海や山脈を越えて運ばれて外来種となりやすく，「中間型」や「セパレート型」の場合，生殖虫を含まないコロニーの一部がはぎ取られる形で運ばれれば，そこから補充生殖虫が分化して繁殖を開始するという階級分化の可塑性がこの際重要で，これにもミゾガシラシロアリ科とレイビシロアリ科は適合しているとしている。

34.6. 分布域の自然拡張

人為導入以外に，海岸沿いまたは河川沿いの樹木の枯枝に穿孔していた木材穿孔性甲虫類やシロアリ類が，台風などの天災でその樹木が倒れて海へ流され，重心の関係でたまたま穿孔していた枯枝が水面上に位置し，そのままの状態で海流に流されて溺死を免れ，新たな陸地にたどり着いてそこで定着するという自然的漂流現象も考えられる（Heatwole & Levins, 1972；野淵輝・槇原，1987；Oevering *et al.*, 2001）。その結果がいわゆる海洋性分布である。これは例

えば日本では，南方系の昆虫が黒潮の洗う地域の沿岸部や島嶼（太平洋側のみならず日本海側も）に飛び飛びで分布する現象を指す。海流の他，地震の津波でチェリフェルネブトクワガタ *Aegus chelifer*（クワガタムシ科）が東南アジアからセイシェル諸島まで運ばれて外来種となったと推察される事例も知られる（Carpaneto et al., 2010）。これらいずれの場合も，食入材は生木ではなく枯木であるはず。また人為的持ち込みの場合も盆栽のような特殊なケースを除き生きた植物はその対象とはなりにくく，従って穿孔性甲虫類の範疇では海洋性分布を示す種，島嶼における侵入種はほとんどが二次性である（Sugiura et al., 2008）。こういった漂流の場合，穿孔部位・営巣部位を波しぶきや下方からの滲入水が襲い，カミキリムシやシロアリがこの難局を乗り切るためにはある程度の「耐塩性」が必要となる。この観点からの先駆的実験がIkehara (1966) によって沖縄産のシロアリで行われ，レイビシロアリ科とオオシロアリ科のシロアリは結構耐塩性があるという結果が得られている。

　こういった漂流のモデルは，それを直接実証することが不可能に近いが，唯一興味深い観察例がある。インドネシア・Krakatau 諸島（ジャワ島とスマトラ島の間に位置する火山性の島嶼群）では1883年に火山の大噴火で大半の島の生物が全滅し，その後現在に至るまでにこれらの島々で徐々に動植物相が回復してきているが，シロアリの場合，食材性種はちゃんと再入植したものの，土食性種は分布していないことが示され，有翅虫の近隣地からの飛来では，雌雄の邂逅とコロニー設営がまず無理なことに鑑み，この食材性シロアリの再入植は漂流によるものとされている（Gathorne-Hardy & Jones, 2000）。日本国内でも火山列島硫黄島は，第二次世界大戦末期の激戦で同様のカタストロフィーを経験しており，一部のカミキリムシが絶滅したことが推察されているが，戦前と現在の昆虫相の比較で，食材性昆虫の戦後の漂流による入植が推察できそうである。一方 Sugiura et al. (2008) は，小笠原諸島におけるカミキリムシ科とその宿主樹（しゅくしゅ）の関係の解析において，カミキリムシ科の外来種，および樹木の外来種が，侵入後カミキリムシ・樹木の間のシステムに見事に入り込んでいることを示した。結局昆虫は自然界，特にこういった特殊な環境においては，目前の産卵対象木が自然分布種か外来種かなどという尺度は意味を失い，既述（12.9.；12.10.）のように，産卵に際する刺激物質あるいは誘引物質があるかないかといった，抽出成分を中心とする化学的要因が彼らにとって最重要なのである。

　食材性および木質依存性昆虫のはるか海を隔てた分布が，ここで述べた自然拡張によるものか人為的なものかがはっきりしないケースもままある。日本の南西諸島産のカミキリムシの千葉県における分布（高桑，2013）がその好例であろう。

34.7. イエシロアリの日本における分布の問題

　元来シロアリ類の有翅虫の飛翔能力は他の昆虫と比べて劣るため，現在海峡となっている箇所が地質年代的過去に「陸橋状態」となることが，その海峡の両側間での移動に不可欠とする考え方がある（Emerson, 1952）。

　ここで，イエシロアリ *Coptotermes formosanus* の日本における分布が自然分布か人為侵入分布かという問題が昔からある。イエシロアリの被害に悩む米国では，研究者はほぼ一貫してイエシロアリの生物地理学的起源が中国本土南部とし，ここを起点に日本やハワイ，米国南部な

ど世界中に拡がったとの説をとり，これに従うと日本におけるイエシロアリの分布は人為的なものであるとされ（Su & Tamashiro, 1987），長崎県本土と五島列島の個体群で，マイクロサテライト遺伝子ではボトルネック効果の証拠は得られなかったものの，中国広東省個体群と比べてマイクロサテライト領域 6 フォーカスの対立遺伝子数が少なく，これは日本産個体群の外来種説の証拠とされた（Vargo et al., 2003）。

では中国本土南部がイエシロアリの生物地理学的起源地であることの根拠はといえば，これはその巣に種特異的に共生するハネカクシ *Sinophilus xiai* の存在である（Kistner, 1985）。元来飛翔能力が貧弱なシロアリ有翅虫に加え，こういった共生ハネカクシが宿主シロアリ有翅虫の飛翔につきあって一緒に移動するということはまず無理であるという憶測があり，つまるところハネカクシのような種特異的共生小型動物が随伴していれば，その場所は非人為分布地，すなわち自然分布地となるとする考え方（Emerson–Kistner の原理）があり（Emerson, 1955；Kistner, 1969），これがイエシロアリ中国起源説の根拠になっている。ところが鹿児島～台湾間に並ぶ南西諸島ならびに本州・紀伊半島でもイエシロアリの巣に同様の共生ハネカクシ（*Sinophilus*, *Japanophilus*）が見出され（Maruyama & Iwata, 2002；Maruyama et al., 2012），これらの地は中国南部と同様イエシロアリの自然分布域に含まれることとなった。さらに九州本土も同様の可能性が示唆されている（岩田・直海，1998）。また Maruyama et al. (2012) は，イエシロアリの自然分布域と人為導入分布域を区別する他の方法（補充生殖虫の多寡，等）をレビューし，共生ハネカクシの有無を見る以外のいずれの方法も有効でないと論じている。

S.F. Light & Zimmerman (1936) によると，食材性昆虫・木質依存性昆虫の分布拡張は，（一）自然拡散，（二）原住民の島間・大陸間の移動に伴う小規模拡散，（三）近代的経済活動に伴う大規模拡散という 3 段階が考えられ，この順に拡散が加速され，実際東ポリネシアのシロアリ分布でもこのことが想定されている。しかし各段階の間に一線を画することは難しいかもしれない。このように，食材性昆虫・木質依存性昆虫の分布拡散というこの問題は要因が相当複雑にからみ，特に上述（34.6.）の流木によるシロアリの分布拡張の可能性（Heatwole & Levins, 1972）を考慮すると，「生物地理学的起源地」，「自然分布域」といった言葉の定義の問題にも影響する。今後，統一的説明がなされなければならないだろう。

35. 食材性昆虫・木質依存性昆虫の防除法の新しい地平

本書ではほとんど詳述しなかったが，木質昆虫学の最大の目的のひとつは害虫の防除である。ここでは，木質の形成から分解に至る流れを一貫してとらえて昆虫を論じるという本書の趣旨に即した新しい試みに言及しておきたい。

米国において，針葉樹の二次性ないし一次性穿孔虫の Dendroctonus や Ips，およびニレの立枯れ病菌 Ceratocystis ulmi を媒介するセスジキクイムシ Scolytus multistriatus（いずれも樹皮下穿孔性キクイムシ類）の防除に際し，特定の樹木に除草剤である砒素化合物を注入して枯らせ，まもなくこれを伐採し，または伐採せず枯死立木とし，薬剤で穿孔虫誘引性が増したこれらの丸太や立枯れ木にこれら穿孔虫を産卵させ，生まれた幼虫をその化合物の毒性で殺して処分するという防除手法が考え出されている（Newton & Holt, 1971；Buffam et al., 1973；他）。いわゆる「トラップツリー法」である。この場合，薬剤は砒素化合物ということで，とても今のご時世に受け入れられるものではなく，また樹木も穿孔虫も両方とも薬剤で死んでしまうわけである。これは，除草剤の一種パラコート（メチルビオローゲン）をマツ立木に注入して樹脂分を異常増加させて枯らせて得られる，たいまつや松ヤニの原料の「ライトウッド」が，二次性穿孔虫を激しく誘引するという話（16.7. 参照）を想起させる。

恐らくはこれと同じ発想によるものが「全身薬剤処理法」であり，トラップツリー法と同じぐらい古い方法ではある。Dendroctonus や Ips（Kinghorn, 1955），セスジキクイムシ（Al-Azawi & Casida, 1958）の防除に際し，生立木に殺虫剤を注入して樹木全身に成分を行き渡らせる方法である。そして，これと軌を一にするものとして，丸太を加害する二次性穿孔性害虫の防除を目的に，宿主樹の樹幹に殺虫剤を注入して樹体全体に殺虫剤を行き渡らせ，伐採後丸太にこれらの穿孔虫を誘引・産卵させ，その後の経過を見る試みがなされている（Grosman & Upton, 2006；Smitley et al., 2010；他）。この試みはさらに，製材・乾燥の後に加害する乾材害虫の防除に向けて「生前処理木材」へと向かう方向性を含んでいる。またこの場合（Grosman & Upton, 2006）のターゲットはヤツバキクイムシ属 Ips を含んでいたが，これはそのままツヤハダゴマダラカミキリ Anoplophora glabripennis（図10-1）などの一次性穿孔虫の幼虫食害と成虫後食をともに許さない「薬剤全身処理樹木」（Poland et al., 2006）へと回帰する気配もある。これら一連の薬剤樹体注入による方法の要点は，薬剤の樹体内・材内へのデリバリーに樹体内の物質流動を用いている点である。しかしこの「薬剤全身処理樹木」による一次性穿孔虫の防除法は，注入処理薬剤の樹木内での分布が，その樹木の導管分布様式（環孔材，散孔材，放射孔材，等），照度，樹冠形態，樹幹や枝の傷の有無，アテ材（樹木が傾いて生えることで生じる特殊な細胞壁構造の材）の有無，地下水の有無，根系の傷の有無といった様々な要因に左右され，結果が一様かつ予測可能というわけにはいかないという難点をかかえる（Poland et al., 2006）。これを克服する可能性のある方法として，土壌に薬剤を注入してこれを根から樹木に吸収させる方法が，シナノキ属 Tilia とその米国産一次性穿孔虫 Saperda vestita（カミキリムシ科－フトカミキリ亜科）について試みられている（T.A. Johnson & Williamson, 2007）。この樹木の殺虫剤全身処理法は，今後普及して技術的進展も見られるようになるものと考えられ，注視したい。

なお樹木ではないが，葉の付いた新鮮な竹桿を薬剤水溶液を入れた容器に立て，これを吸わ

せることで薬剤を竹材に取り込むことが可能であるとされており，竹材の防虫処理法として注目に値する（Gardner, 1945）。

　今ひとつ，アジドベンゾイルオキシキトサンのキトサン部にピレスロイド系殺虫剤分子を捕捉させ，木材細胞壁構成多糖類の水酸基をこれで置換して共有結合で結びつけることで，間接的に保護すべき木材の表面に殺虫剤分子を固着させるという技術が開発され，これにより殺虫剤の木材からの溶脱を大幅に減じ，シロアリに対して効力を持続させることが可能となっている（Guan *et al.*, 2011）。

　さらに，植物保護学における最もモダンな技術として，植物への害虫耐性因子（例えば抽出成分含有，樹皮厚さ，分枝傾向，等）の遺伝子操作による賦与がある。樹木に関してはこの試みはあまり成されていないが，考究はされており（Raffa, 1989；Trapp & Croteau, 2001），今後林木育種の一環としての取組みが望まれる。

36. 木質昆虫学と地球環境問題

　本書では，昆虫と木質の間の関係を，この両者がともに直接表に出る問題のみを掘り下げて見てきた。しかし問題はこれらのみではない。特定種の応用昆虫学において必ず論じられる問題，例えば気象条件との関連，天敵との関連，等々は，木質が介在する内容を除いて，ここでは言及してこなかった。しかしそういった諸問題の中で，本書の最後に一章を割いて特別に触れておきたい問題がある。それは地球環境問題との関連性である。

　地球環境問題と木質昆虫学の関係は，(A) 地球環境の変化が食材性昆虫・木質依存性昆虫に及ぼす影響と，(B) 食材性昆虫・木質依存性昆虫の地球環境変化への関わりの2点に分けられる。一方昨今の人類の最大の関心事は，(I) 地球温暖化防止と (II) 生物・環境関連産業の持続可能性の2点であると言っても過言ではない。この2点は人類とその文明の存続の可能性の如何を問うものである。

　まず，(A) 地球環境の変化が食材性昆虫・木質依存性昆虫に及ぼす影響について。温暖化はすべての生物にとって最重要の環境要因である棲息環境温度を変え，食材性昆虫・木質依存性昆虫もその例外ではない。特にそれが経済的に重要な害虫種である場合，温暖化の被害量に対する影響，その著しい増減という形で，直接地球に，そして人類に影響してくる。温暖化という状況下では，北半球の暖温帯では原則すべての生物の分布が北進することが予想され，例えばイエシロアリも今後日本国内での分布域が拡大するものと考えられる。これは比較的単純な例。一方，インパクトの点で最大の例は前述の「生態系エンジニア」としての「殺樹性キクイムシ」であろう。米国・New Mexico 州における樹皮下穿孔性キクイムシ *Ips confusus* の大発生によるピニョンマツ *Pinus edulis* の集団枯損では，地球温暖化で降水量が減少して渇水状態となり，キクイムシに対する防御手段である樹脂滲出機能が阻害されて集団枯損が生じているとされる（Breshears et al., 2005）。一方米国中西部～北西部においてヨレハマツ *Pinus contorta* を加害する殺樹性樹皮下穿孔性キクイムシの最重要種である *Dendroctonus ponderosae*（年1化性，非休眠性，在来種）について J.A. Logan & Powell (2001) は，集中攻撃により殺樹性を発揮するために全個体がシンクロナイズする必要があり，モデル解析ではその関係で地球温暖化に際して容易に年2化性にはならないとした。一方同じ研究グループの Hicke et al. (2006) は後に，この種は個体群内で生活史を年1化性へとシンクロナイズする機構を欠き，これにより気温が高すぎると発育速度が速まることで年1化の標準生活史からずれてしまって個体群の維持ができなくなり，これがもとで地球温暖化に際しては，現在の米国西部におけるこのキクイムシの分布域が高標高へあるいは北方へと移行せざるをえず，通常の場合とは逆に米国のヨレハマツのこの種による被害は軽減されることが予想されるとした。ところが，ヤツバキクイムシ欧州産基亜種 *Ips typographus typographus* について，スウェーデン国内で地球温暖化に伴い，年1化性が徐々に年2化性へと転じていくことがシミュレーションで予想されている（A.M. Jönsson et al., 2009）。このように，温暖化という方向性が原因となって生じる変化は決して一様ではない。Raffa et al. (2008) は，北米の針葉樹集団枯損の原因にしてその状況変化の点で特筆すべき殺樹性樹皮下穿孔性キクイムシ種（上述の *Dendroctonus ponderosae*，*Ips confusus* に加えて，*Dendroctonus rufipennis* の3種）につき，キクイムシの侵入や共生菌の接種といった最小スケールから，景観の変化といった最大スケールに至る諸現象に対する，地球温暖化などの

人為要因の影響を幅広く論じている。

　木部穿孔養菌性キクイムシ類，いわゆるアンブロシア甲虫については，日本におけるカシノナガキクイムシ *Platypus quercivorus*（ゾウムシ科－ナガキクイムシ亜科）の引き起こすいわゆるナラ枯れの拡大に関して，この種の地球温暖化による分布域拡張説（Kamata et al., 2002）が提唱され（34.2. 参照），これがキクイムシ類全般へと敷衍された（Choi, 2011）が，カシノナガキクイムシ分布域拡張説に対する有力な反証が提出され（井田・高橋，2010），地球温暖化のみでこの現象を説明することには無理があるとの感が強い。

　上述の樹皮下穿孔性キクイムシの例にも見るように，総じて，生物種の分布や個体群の振る舞いに対する気象の影響は非常に複雑であり，単純な説明は説得力があっても全体の説明にはならないものと考えられる。

　次に，(B) 食材性昆虫・木質依存性昆虫の地球環境変化への関わりでは，まずシロアリによるメタン放出の問題がある。既述（28.6.）のように，世界のシロアリからのメタン年間放出は相当量あるが，温室効果への寄与は重大というわけでなないとされている（Sanderson, 1996）。

　(B) の観点でもうひとつの重要な点は「炭素固定」である。地球温暖化には，温室効果ガスの大気への放出量の軽減が鍵であるが，その中で最大量，従って最重要なのが二酸化炭素。これを植物が光合成で取り込んで多糖類を合成し，これが α 結合の場合はエネルギーの貯金箱（デンプン）となり，β 結合の場合はコンクリートや骨に擬せられる骨格（セルロース⊂ホロセルロース⊂リグノセルロース）となる。α 結合の貯金箱は呼吸ですぐに散財し，二酸化炭素のつなぎ止めの役割としてはあまり当てにならない。当てになるのは β 結合の骨格の方。そしてこれを樹木は自らの骨格に，ヒトは建築材料に使用し，森林と木造建築物群が成立する。これらの永続性が確保されれば，その分二酸化炭素のつなぎ止めとなる。森林保護・森林保全，そして木材保存は結局地球温暖化防止に寄与するわけである。この方向性に逆行するものは木材劣化生物，すなわち木材腐朽菌と木材害虫。そして樹木を加害して枯死させ，その結果枯木を増やし，それを最終的に木材腐朽菌とシロアリの手に委ねる方向のきっかけとなる樹病病原体と樹木害虫。いずれの場合も食材性昆虫・木質依存性昆虫が関わり，材はそれらの分解者の呼吸などで二酸化炭素となって大気へ放出される。従って樹木が食材性昆虫・木質依存性昆虫の食害で大量に枯損すれば，この悪いシナリオが現実のものとなる。そして，北米西部のマツ林の殺樹性樹皮下穿孔性キクイムシ *Dendroctonus ponderosae* による大量枯損は，まさにそういった例である（Kurz et al., 2008）。

　ところで，シロアリが土壌表層部の餌を見出す効率は，その天敵（アリ類）の存在によって低下し，結局アリなどのこれらの捕食者のおかげで亜熱帯～熱帯の地表のリターなどがシロアリに容易に喰われるのが妨げられ，炭素分が土壌に固定され続けるとの見解がある（O. DeSouza et al., 2009）。どのような生物でも，必ずその野放図な活動に棹さす存在は見られるもの。従って生態系がある程度維持されていれば，これらの分解者が地球温暖化を加速するとの烙印を押されることもないといえる。

　では，食材性昆虫・木質依存性昆虫が地球温暖化促進の悪者かと言えば，そう簡単には言い切れない。人類の文明が化石燃料に含まれる炭素を酸化して大気へ放出するという所行が開始される前の段階では，食材性昆虫・木質依存性昆虫は見事なバランスを保つ地球生態系の一部であったわけで，彼らの存在なしには木材腐朽菌は次から次へと形成される木質を地球生態系

内での物質循環に寄与すべくこなすことはできなかったであろう。現在の文明由来のアンバランスの是正には，シロアリが存在しない亜寒帯の森林と，シロアリが豊富な亜熱帯・熱帯の森林における物質循環の比較が，この問題への解決の何らかのヒントを提供するかもしれない。このことは (II) 持続可能性にも関連している。

　その (II) 持続可能性の問題。森林保全，土地利用問題などがすぐに思い浮かぶが，ここでは別の面との関連について指摘しておきたい。すなわち食料生産である。現在のままの傾向が続けば森林が消滅し，地球環境の破壊は必定である。そこで本書が訴えたいのが食材性昆虫の食料化。既に指摘したように (25.)，彼らは炭水化物の動物性タンパク質への自動変換装置である。これらを食料として生産すれば，その分木材は消費され，彼らがこれで呼吸して二酸化炭素が放出されるが，他の方法で食肉を得るよりは明らかにその放出量は少ないこととなる。農地や牧場の拡張への歯止めとして有用性も認められよう。

　そして最後に，食材性昆虫が地球環境問題関連の諸難題の解決の手段として技術的に利用される側面。それは何といっても下等シロアリが持つ，昆虫の中で最も高いセルロース分解能の利用である。そこでの最大のコンセプトは持続可能性。木材腐朽菌や軟体動物といった生物由来のセルラーゼの工業的利用による木材糖化は，昔から検討されてきているが，現在これにシロアリのセルラーゼが加わり，相当具体的なプランが練られている（吉村・他，2009）。詳しいことは他書にゆずるが，こういった技術の発展に，本書に記された基本的知見が寄与することを願ってやまない。

第 V 部
木質昆虫学の未来

　これまで述べてきた木質昆虫学の総体と他分野との結びつきをふまえ，最後に，まったく別の視点からの展望を述べ，本書の締めくくりとする。

37. 木質昆虫学の展望とあとがき

　外国の大学や公的研究機関には，"forest and forest product entomology"なる研究室や研究部門が見られる。これは分解すると"forest entomology"＋"forest product entomology"となり，前者は森林昆虫学に相当し，後者は「林産昆虫学」に相当している。

　林産昆虫学と森林昆虫学との関連性は，本書で力説した食材性昆虫・木質依存性昆虫の木材における遷移現象，および「遷移ユニットの超越」の事実からも明らかである。言い換えれば森林昆虫学と林産昆虫学の研究対象に共通の種が存在しうるのである。

　林産学－木材保存学－林産昆虫学の三者はそれぞれ林学－森林保護学－森林昆虫学に，また農学－作物保護学－農業昆虫学に対応している。林産昆虫学を含む木材保存学は，森林昆虫学と樹病学を含む森林保護学，および農業昆虫学や植物病理学とともに植物保護学の中に含められることがある。しかし，木材保存学における保護の対象である木材は，植物質であるとはいえ「植物遺体」であり，もはや「生きた植物」ではありえず，植物保護とはいいがたい。食肉の保存を「家畜保護」，鳥類の剝製の防虫を「鳥類保護」とはいわないのと同じに考えたい。ちなみに農業昆虫学の一部門である貯穀昆虫学は，貯穀物が立派な「生きた植物」であるがゆえに植物保護学たり得，同時に林産昆虫学とともに保存科学の一部門でもある。

　このように，応用生物学的分野の相互関連性はやや複雑であるが，そういった分野間のセクショナリズムを排除し，各分野における知見を統合するというのが本書の，そして木質昆虫学というシンセティックな分野の基本コンセプトである。すなわち，既存の学問の垣根はあくまで人間の産業の垣根，自然を見る際の暫定的な区画といったものにのっとっているが，昆虫たちの挙動と実態はこういった垣根とは無関係に見られ，筆者はこういう状況に鑑み，木質を食する，あるいは利用する様々な昆虫たちについて，その総体，およびその興亡を一連の流れとしてとらえ，すべてを一貫した目でとらえ直し，これより新しい視点を得て木質を食する昆虫たちの生態や生理のすべてを見直すという作業に着手し，15年以上が経過した。

　ところで本分野における未来について，別の諸視点から展望してみたい。

　まず，地球という限定空間をはみ出して展開する予想，すなわち，宇宙空間での害虫防除・昆虫利用の関連性である。国際宇宙ステーションの運用への日本の本格的参入を迎え，地球の延長としての宇宙空間という視点が生じつつある。この場合，生態学的には宇宙ステーション内は完全閉鎖生態系であり，宇宙ステーションが超大規模化した場合，何らかの家屋害虫種が発生する可能性を秘めている。この可能性を予見し，予め対策を立てることが求められる。さらに，食材性昆虫の食料化の可能性も脚光をあびよう。既述（25.）のように，基本的に食材性昆虫は難消化性かつ高C／N比の木質バイオマスのタンパク質への自動変換装置である。この事実は，21世紀後半以降に顕在化する地球食糧危機への対応策，および宇宙開発に際する食料としての動物タンパク質確保の核となる可能性が考えられる。具体的には食材性昆虫の家畜飼料化，食材性昆虫のマスカルチャーによるタンパク質等の抽出プラントの確立，等の方策である。人類の決定的危機への国際的な取り組み，ハイテクの牙城としての宇宙ステーションといったところで本書関連分野の知見が貢献する余地がここに認められる。

　もうひとつは遺伝子組換え技術の進展に伴う予想と問題点。遺伝子組換え技術は，将来的には恐らく「遺伝子デザイン」という方向で無限の発展を遂げる気配がある。そうなると，本書

の中心的二大概念である木質と昆虫は，それぞれ遺伝子組換えでとんでもない変貌を遂げる可能性がある．木本植物の遺伝子組換えは木材の材質改良へと進み，これは木質の建築・加工材料としての旧来的意義のみならず，あるいは食料，ソフトバイオマスとしての意義を賦与されて変貌する可能性がある．これにはその分解者としての食材性昆虫の生物学が密接に関連し，その利用・改変技術が平行して驚異的に進展する可能性がある．食材性昆虫の方でも遺伝子組換えが進めば，その利用に無限の可能性が考えられる．ただしこれには，例えば敵国植生破壊などといったとんでもない利用もあり得ることにて，他のすべての科学技術と同様，普遍的倫理規範に則ることが大前提であることは論をまたない．既述（36.）のように二次性穿孔虫は木材腐朽菌とともに，地球温暖化の関連で何らかのインパクトを及ぼしているはずである．地球生態系における物質循環のバランスを崩すことなしに，分解者としてのこの両者の働きを制御することは，温室効果阻止につながる．ここでキーとなる点は，森林生態系における物質循環のバランスを崩すことなしにこれをいかにして実現するかであろう．

　食材性昆虫・木質依存性昆虫は明らかに地球生態系におけるメガバイオマス循環に非常に重要な役割を果たしており，この地球の表面に陸地が存続する限り，木本植物，木材腐朽菌とともにメガバイオマス循環における役割を果たし続けるはずである．

　ここで，生物多様性の観点も全体の理解と将来への展望に重要である．本書では先進国における重要害虫種，例えばシロアリではイエシロアリ Coptotermes formosanus，ヤマトシロアリ Reticulitermes speratus, Reticulitermes flavipes，カミキリムシではマツノマダラカミキリ Monochamus alternatus，スギカミキリ Semanotus japonicus，キボシカミキリ Psacothea hilaris，オウシュウイエカミキリ Hylotrupes bajulus，キクイムシではマツノキクイムシ Tomicus piniperda，エゾマツオオキクイムシ Dendroctonus micans, D. frontalis, D. ponderosae, D. rufipennis，ヤツバキクイムシ Ips typographus, I. pini，セスジキクイムシ Scolytus multistriatus, S. ventralis といった種の記述が多く，昆虫の想像を絶する種多様性に慣れ親しんでいない方々にはあたかも，木質と関係する昆虫ではこれらの種が中心的存在であるかのような印象を抱かせてしまう恐れがある．しかしこれらの種の記述が目立つのはあくまで，研究が進みやすい先進国における応用的背景（ソーシャルニーズとアベイラビリティー）があってのことで，生理・生態がまったく研究されていない無数の種が地上には満ちあふれていることを肝に銘じる必要がある．恐らく本書に登場する昆虫種は，木質依存性昆虫種の総体の 0.1% 以下であろう．そして先進国に続く諸国での今後の研究の展開により，本書で扱う知見に関連する昆虫の種数はどんどん増加する可能性がある．

　最後に，本書で見てきた様々な事項のおさらいとして，筆者の身近に広がる関東地方南部の森林における自然の風景を木質昆虫学的に概観・描写してみる．

　……とある丘陵にはスギとヒノキの植林地が広がっている．春先の暖かい日の朝，生きたスギの幹の根元には，少数ながらスギカミキリの脱出孔が開き，成虫が外樹皮の窪みに潜んでいる．幼虫期，この生家たるスギの樹と壮絶な戦いを生き抜いてきたこの成虫は，その兄弟姉妹の大半をこの樹のヤニにからめとられて失っているのである．樹冠の枝は下の方が枯れ上がり，中にはトゲヒゲトラカミキリの新成虫が，今まさに枝から脱出しようとして最後の穿孔活動をしている．あと一息で外界へ出られるようだ．このスギ・ヒノキ林の向こう側には，道路の拡充

工事のために伐採されたスギとヒノキの丸太が横たわっている．天気のよい昼下がり，これらの表面にはヒメスギカミキリの成虫が這い回り，雄成虫は激しく相争いながら，雌成虫を捕捉し，……5月中旬，この林の南端には1本の太いミズキがそびえ，無数の花を咲かせている．前年秋までにこのミズキの樹の枯枝を囓っていたヒナルリハナカミキリ幼虫が，地表面を這うゴミムシ類やアリ類による捕食を免れ，根元で蛹化し，羽化した成虫がこの白い花に飛来し，花蜜を吸い，花上で交尾し，……この林の隣には小高い丘がそびえ，コナラが新葉を展開している．同様に工事で伐採されたコナラの丸太の表面にはハンノキキクイムシ成虫が這い，丸太の中に潜り込もうと穿孔活動を開始している．この丸太の下には，さらに古いコナラとアカマツの丸太が半ば埋もれたように横たわり，コナラ丸太の新しい部分に形成された蛹室内には，キマダラヤマカミキリの新成虫がまもなくの脱出に備えている．同じ丸太の接地面近くは白色腐朽菌に冒されて白っぽい材となり，コクワガタ幼虫がこれを貪る．アカマツ丸太の中にはヤマトシロアリが巣喰い，幼虫からニンフ，ニンフから有翅虫へと分化が進み，まもなく群飛へと至る模様．このコナラとアカマツの丸太の接地面付近は，材の腐朽が進んで解体が進み，ボロボロになった部分には双翅目の無脚の幼虫がうごめいている．そびえる樹々も，横たわる木々も，その崩れつつあるかけらもすべては堅固な細胞で固められ，びくともしない実体．これらにけなげに挑むはこれら食材性昆虫，木質依存性昆虫．しかし樹々のあまりにも頑丈な姿は古生代以来のもの．リグニンが細胞壁内で多糖類を覆い，昆虫の果敢な攻撃をくじいて久しい．地球は青く，すべて世は事も無し……．

　本書には，やや擬人的な表現を用いている箇所があるが，これはあくまで理解の一助としてのものであり，それ以外に他意はない．読者にはそのあたりを御理解頂けるものと信じている．
　なお末筆ながら，本書の執筆に際しては多くの方々に記述内容に関する助言，文献の御教示などを賜った．また，自然写真家の佐藤岳彦氏には一部の昆虫標本写真の撮影および昆虫生態写真の提供を賜った．また出版に際して，本郷尚子氏並びに東京大学の富樫一巳氏の多大なる御尽力を賜った．記してこれらの方々に御礼申し上げる次第である．

引用文献

巻数・号数がともに太字のもの（例えば，**12(2)**）は，号内ページネーション（従っていかなる場合も引用で号数省略はできない）を示す．

Aanen, D.K. & Boomsma, J.J. (2005): Evolutionary dynamics of the mutualistic symbiosis between fungus-growing termites and *Termitomyces fungi*. *Insect-Fungal Associations: Ecology and Evolution* (F.E. Vega & M. Blackwell, eds.). Oxford University Press, New York: 191-210.

Aanen, D.K. & Eggleton, P. (2005): Fungus-growing termites originated in African rain forest. *Current Biology*, **15**(9): 851-855.

Abasiekong, S.F. (1997): Effects of termite culture on crude protein, fat and crude fibre contents of fibrous harvest residues. *Bioresource Technology*, **62**(1/2): 55-57.

Abbott, I., Smith, R., Williams, M. & Voutier, R. (1991): Infestation of regenerated stands of karri (*Eucalyptus diversicolor*) by bullseye borer (*Tryphocaria acanthocera*, Cerambycidae) in Western Australia. *Australian Forestry*, **54**(1/2): 66-74.

Abdullah, N. & Zafar, S.I. (1999): Lignocellulose biodegradation by white rot Basidiomycetes: Overview. *International Journal of Mushroom Sciences*, **2**(3): 59-78.

Abe, T. (1982): Ecological role of termites in a tropical rain forest. *The Biology of Social Insects* (Breed, M.D., C.D. Michener & H.E. Evans, eds.). Westview Press, Boulder: 71-75.

Abe, T. (1987): Evolution of life types in termites. *Evolution and Coadaptation in Biotic Communities* (S. Kawano, J.H. Connell & T. Hidaka, eds.). University of Tokyo Press, Tokyo: 125-148.

Abe, T. (1991): Ecological factors associated with the evolution of worker and soldier castes in termites. *Annals of Entomology*, **9**(2): 101-107.

Abe, T. & Higashi, M. (1991): Cellulose centered perspective on terrestrial community structure. *Oikos*, 60(1): 127-133.

安部琢哉・東 正彦（1992）：シロアリの発明した偉大なる「小さな共生系」：地球共生系を支えるキーストン生物の生態と進化．シリーズ地球共生系1：地球共生系とは何か（川那部浩哉，監）．平凡社，東京：58-83.

阿部恭久（1999）：樹木の腐朽病害．樹木医学（鈴木和夫，編）．朝倉書店，東京：228-242.

Abensperg-Traun, M. & Perry, D.H. (1998): Distribution and characteristics of mound-building termites (Isoptera) in Western Australia. *Journal of the Royal Society of Western Australia*, **81**: 191-200.

Aber, A. & Fontes, L.R. (1993): *Reticulitermes lucifugus* (Isoptera, Rhinotermitidae), a pest of wooden structures, is introduced into the South American Continent. *Sociobiology*, **21**(3): 335-339.

Abushama, F.T. & Kambal, M.A. (1977): The role of sugars in the food-selection of the termite *Microtermes traegardhi* (Sjost.). *Zeitschrift für Angewandte Entomologie*, **84**(3): 250-255.

足立一夫（2002）：ムラサキアオカミキリの生態．月刊むし，(376): 12-23.

Adams, A.S., Aylward, F.O., Adams, S.M., Erbilgin, N., Aukema, B.H., Currie, C.R., Suen, G. & Raffa, K.F. (2013): Mountain pine beetles colonizing historical and naïve host trees are associated with a bacterial community highly enriched in genes contributing to terpene metabolism. *Applied and Environmental Microbiology*, **79**(11): 3468-3475.

Adams, A.S., Boone, C.K., Bohlmann, J. & Raffa, K.F. (2011b): Responses of bark beetle-associated bacteria to host monoterpenes and their relationship to insect life histories. *Journal of Chemical Ecology*, **37**(8): 808-817.

Adams, A.S., Jordan, M.S., Adams, S.M., Suen, G., Goodwin, L.A., Davenport, K.W., Currie, C.R. & Raffa, K.F. (2011a): Cellulose-degrading bacteria associated with the invasive woodwasp *Sirex noctilio*. *ISME Journal*, **5**(8): 1323-1331.

Adams, A.S., Six, D.L., Adams, S.M. & Holben, W.E. (2008): In vitro interaction between yeast and bacteria and the fungal symbionts of the mountain pine beetle (*Dendroctonus ponderosae*). *Microbial Ecology*, **56**(3): 460-466.

Adams, J.B. & Drew, M.E. (1965): A cellulose-hydrolyzing factor in aphid saliva. *Canadian Journal of Zoology*, **43**(3): 489-496.

Adamson, A.M. (1943): Termites and the fertility of soils. *Tropical Agriculture, Trinidad*, **20**(6): 107-112.

Adelsberger, U. & Petrowitz, H.-J. (1976): Gehalt und Zusammensetzung der Proteine verschieden lange gelagerten Kiefernholzes (*Pinus sylvestris* L.). *Holzforschung*, **30**(4): 109-113.

Adepegba, D. & Adegoke, E.A. (1974): A study of the compressive strength and stabilizing chemicals of termite mounds in Nigeria. *Soil Science*, **117**(3): 175-179.

Agnello, A.M., Loizos, L. & Gilrein, D. (2011): A new pheromone for *Prionus* root-boring beetles. *New York Fruit Quarterly*, **19**(2): 17-19.

Agosin, E., Blanchette, R.A., Silva, H., Lapierre, C., Cease, K.R., Ibach, R.E., Abad, A.R. & Muga, P. (1990): Characterization of palo podrido, a natural process of delignification in wood. *Applied and Environmental Microbiology*, **56**(1): 65-74.

Agosta, S.J. (2006): On ecological fitting, plant–insect associations, herbivore host shifts, and host plant selection. *Oikos*, **114**(3): 556-565.

Aho, P.E., Seidler, R.J., Evans, H.J. & Raju, P.N. (1974): Distribution, enumeration, and identification of nitrogen-fixing bacteria associated with decay in living white fir trees. *Phytopathology*, **64**(11): 1413-1420.

Aikawa, T. (2008): Transmission biology of *Bursaphelenchus xylophilus* in relation to its insect vector. *Pine Wilt Disease* (B.G. Zhao et al., eds.). Springer: 123-138, plts. 19-24.

Aikawa, T., Anbutsu, H., Nikoh, N., Kikuchi, T., Shibata, F. & Fukatsu, T. (2009): Longicorn beetle that vectors pinewood nematode carries many *Wolbachia* genes on an autosome. *Proceedings, Biological Sciences, The Royal Society, London*, **276**(1674): 3791-3798.

Akbulut, S., Keten, A., Baysal, İ. & Yüksel, B. (2007): The effect of log seasonality on the reproductive potential of *Monochamus galloprovincialis* Olivier (Coleoptera: Cerambycidae) reared in black pine logs under laboratory conditions. *Turkish Journal of Agriculture & Forestry*, **31**(6): 413-422.

Akbulut, S. & Stamps, W.T. (2012): Insect vectors of the pinewood nematode: A review of the biology and ecology of *Monochamus* species. *Forest Pathology*, **42**(2): 89-99.

秋田勝己・乙部 宏・鈴木知之・中西元男・高桑正敏（2011）：三重県に定着したフェモラータオオモモブトハムシ．月刊むし，(485): 36-43.

Al-Azawi, A.F. & Casida, J.E. (1958): The efficiency of systemic insecticides in the control of the smaller European elm bark beetle. *Journal of Economic Entomology*, **51**(6): 789-790.

Albrecht, L. (1991): Die Bedeutung des toten Holzes im Wald. *Forstwissenschaftliches Centralblatt*, **110**(2): 106-113.

Alcock, J. (1982): Natural selection and communication among bark beetles. *Florida Entomologist*, **65**(1): 17-32.

Alexander, K.N.A. (2008): Tree biology and saproxylic Coleoptera: Issues of definitions and conservation language. *La Terre et la Vie, Revue d'Écologie, Supplément*, (10): 1-5.

Alfaro, R.I. (1995): An induced defense reaction in white spruce to attack by the white pine weevil, *Pissodes strobi*. *Canadian Journal of Forest Research*, **25**(10): 1725-1730.

Alfaro, R., Humble, L.M., Gonzalez, P., Villaverde, R. & Allegro, G. (2007): The threat of the ambrosia beetle *Megaplatypus mutatus* (Chapuis) (= *Platypus mutatus* Chapuis) to world poplar resources. *Forestry*, **80**(4): 471-479.

Allison, J.D., Borden, J.H., McIntosh, R.L., de Groot, P. & Gries, R. (2001): Kairomonal response by four *Monochamus* species (Coleoptera: Cerambycidae) to bark beetle pheromones. *Journal of Chemical Ecology*, **27**(4): 633-646.

Allison, J.D., Morewood, W.D., Borden, J.H., Hein, K.E. & Wilson, I.M. (2003): Differential bio-activity of *Ips* and *Dendroctonus* pheromone components for *Monochamus clamator* and *M. scutellatus* (Coleoptera: Cerambycidae). *Environmental Entomology*, **32**(1): 23-30.

Allsopp, A. & Misra, P. (1940): The constitution of the cambium, the new wood and the mature sapwood of the common ash, the common elm and the Scotch pine. *Biochemical Journal*, **34**(7): 1078-1084.

Amburgey, T.L. (1972): Preventing wood decay. *Pest Control*, **40**(1): 19-20, 22, 39.

Amburgey, T.L. (1979): Review and checklist of the literature on interactions between wood-inhabiting fungi and subterranean termites: 1960-1978. *Sociobiology*, **4**(2): 279-296.

Amezaga, I. & Rodríguez, M.Á. (1998): Resource partitioning of four sympatric bark beetles depending on swarming dates and tree species. *Forest Ecology and Management*, **109**: 127-135.

Amman, G.D. (1972): Mountain pine beetle brood production in relation to thickness of lodgepole pine phloem. *Journal of Economic Entomology*, **65**(1): 138-140.

Amman, G.D. & Pace, V.E. (1976): Optimum egg gallery densities for the mountain pine beetle in relation to lodgepole pine phloem thickness. *USDA Forest Service Research Note, INT, United States Department of Agriculture, Forest Service, Intermountain Forest & Range Experiment Station*, (209): 1-8.

Amman, G.D. & Rasmussen, L.A. (1969): Techniques for radiographing and the accuracy of the X-ray method for identifying and estimating numbers of the mountain pine beetle. *Journal of Economic Entomology*, **62**(3): 631-634.

Amos, G.L. (1952): Silica in timbers. *Bulletin, Commonwealth Scientific and Industrial Research Organization*, (267): 1-55, plts. 1-4.

Anbutsu, H. & Togashi, K. (2000): Deterred oviposition response of *Monochamus alternatus* (Coleoptera: Cerambycidae) to oviposition scars occupied by eggs. *Agricultural and Forest Entomology*, **2**(3): 217-223.

Ander, P. & Eriksson, K.-E. (1977): Selective degradation of wood components by white-rot fungi. *Physiologia Plantarum*, **41**(4): 239-248.

Anderbrant, O., Schlyter, F. & Birgersson, G. (1985): Intraspecific competition affecting parents and offspring in the bark beetle *Ips typographus*. *Oikos*, **45**(1): 89-98.

Andersen, A.N. & Lonsdale, W.M. (1990): Herbivory by insects in Australian tropical savannas: A review. *Journal of Biogeography*, **17**(4/5): 433-444.

Andersen, J. & Nilssen, A.C. (1978): The food selection of *Pytho depressus* L. (Col., Phythidae). *Norwegian Journal of Entomology*, **25**(2): 225-226.

Andersen, J. & Nilssen, A.C. (1983): Intrapopulation size variation of free-living and tree-boring Coleoptera. *Canadian Entomologist*, **115**(11): 1453-1464.

Anderson, N.A., Ostry, M.E. & Anderson, G.W. (1976): *Hypoxylon* canker of aspen associated with *Saperda inornata* galls. *Research Note, NC, North Central Forest Experiment Station, Forest Service, U.S. Department of Agriculture*, (214): 1-3.

Anderson, N.H. (1989): Xylophagous Chironomidae from Oregon streams. *Aquatic Insects*, **11**(1): 33-45.

Anderson, N.H., Sedell, J.R., Roberts, L.M. & Triska, F.J. (1978): The role of aquatic invertebrates in processing of wood debris in coniferous forest streams. *American Midland Naturalist*, **100**(1): 64-82.

Andert, J., Geissinger, O. & Brune, A. (2008): Peptidic soil components are a major dietary resource for the humivorous larvae of *Pachnoda* spp. (Coleoptera: Scarabaeidae). *Journal of Insect Physiology*, **54**(1): 105-113.

Andreoni, V., Baggi, G., Campana, M. & Süss, L. (1987): Gut microbiota of wood-eating *Aromia moschata*. *Annali di Microbiologia ed Enzimologia*, **37**(1): 81-90.

Andreuccetti, D., Bini, M., Ignesti, A., Gambetta, A. & Olmi, R. (1994): Microwave destruction of woodworms. *Journal of Microwave Power and Electromagnetic Energy*, **29**(3): 153-160.

Andrew, B.J. (1930): Method and rate of protozoan refaunation in the termite *Termopsis augusticollis* Hagen. *University of California Publications in Zoology*, **33**(21): 449-470.

Annila, E. & Petäistö, R.-L. (1978): Insect attack on windthrown trees after the December 1975 Storm in western Finland. *Metsantutkimuslaitoksen Julkaisuja*, **94**(2): 1-24.

Ansell, M.P. (1982): Acoustic emission from softwoods in tension. *Wood Science and Technology*, **16**(1): 35-57.

Anulewicz, A.C., McCullough, D.G. & Cappaert, D.L. (2007): Emerald ash borer (*Agrilus planipennis*) density and canopy dieback in three North American ash species. *Arboriculture & Urban Forestry*, **33**(5): 338-349.

Aoki, J.-i. (1967): Microhabitats of oribatid mites on a forest floor. *Bulletin of the National Science Museum* (国立科学博物館研究報告), **10**(2): 133-138, plts. 1-2.

Apel, K.-H. (1988): Befallsverteilung von *Melanophila acuminata* Deg., *Phaenops cyanea* F. und *Ph. formaneki* Jacob. (Col., Buprestidae) auf Waldbrandflächen. *Beiträge für die Forstwirtschaft*, **22**(2): 45-48.

Arakawa, G., Watanabe, H., Yamasaki, H., Maekawa, H. & Tokuda, G. (2009): Purification and molecular cloning of xylanases from the wood-feeding termite, *Coptotermes formosanus* Shiraki. *Bioscience, Biotechnology, and Biochemistry*, **73**(3): 710-718.

Araya, K. (1993a): Relationship between the decay types of dead wood and occurrence of lucanid beetles (Coleoptera: Lucanidae). *Applied Entomology and Zoology*, **28**(1): 27-33.

Araya, K. (1993b): Chemical analyses of the dead wood eaten by the larvae of *Ceruchus lignarius* and *Prismognathus angularis* (Coleoptera: Lucanidae). *Applied Entomology and Zoology*, **28**(3): 353-358.

荒谷邦雄（1994）：東南アジア産クワガタムシ幼虫の生態．その生息環境と食性．昆虫と自然，**29**(2): 2-10.

荒谷邦雄（1998）：ニューカレドニア産ツツクワガタ属の生態．昆虫と自然，**33**(10): 33-35.

荒谷邦雄（2002）：腐朽材の特性がクワガタムシ類の資源利用パターンと適応度に与える影響．日本生態学会誌，52(1): 89-98.

荒谷邦雄（2005）：クワガタムシの幼虫の食性の進化 2：クワガタムシ科幼虫の栄養生態．月刊むし，(415): 26-33.

荒谷邦雄（2006）：幹を食べる苦労：腐朽材とクワガタムシの幼虫．樹の中の虫の不思議な生活：穿孔性昆虫研究への招待（柴田叡弌・富樫一巳，編）．東海大学出版会，秦野：213-236.

在原登志男（2001）：突発性病虫獣害の防除：スギカミキリ被害発生機構の解明．福島県林業研究センター研究報告，(34): 100-121.

有田 豊・池田真澄（2000）：月刊むし・ブックス３：擬態する蛾・スカシバガ．むし社，東京．203pp.

Arnett, R.H., Jr. (1984): The false blister beetles of Florida (Coleoptera: Oedemeridae). *Entomology Circular, Florida Department Agriculture and Consumer Services*, (259): 1-4.

Ashworth, E.N., Stirm, V.E. & Volenec, J.J. (1993): Seasonal variations in soluble sugars and starch within woody stems of *Cornus sericea* L. *Tree Physiology*, **13**(4): 379-388.

Aspinall, G.O. (1980): Chemistry of cell wall polysaccharides. *The Biochemistry of Plants, A Comprehensive Treatise, Volume 3: Carbohydrates: Structure and Function* (J. Preiss, ed.). Academic Press, New York: 473-500.

Atkinson, T.H. & Equihua-Martinez, A. (1986): Biology of bark and ambrosia beetles (Coleoptera: Scolytidae and Platypodidae) of a tropical rain forest in southeastern Mexico with an annotated checklist of species. *Annals of the Entomological Society of America*, **79**(3): 414-423.

Auerswald, L. & Gäde, G. (2000): Metabolic changes in the African fruit beetle, *Pachnoda sinuata*, during starvation. *Journal of Insect Physiology*, **46**(3): 343-351.

Austin, J.W., Szalanski, A.L., Scheffrahn, R.H., Messenger, M.T., Dronnet, S. & Bagnères, A.-G. (2005): Genetic evidence for the synonymy of two *Reticulitermes* species: *Reticulitermes flavipes* and *Reticulitermes santonensis*. *Annals of the Entomological Society of America*, **98**(3): 395-401.

Ayayee, P., Rosa, C., Ferry, J.G., Felton, G., Saunders, M. & Hoover, K. (2014): Gut microbes contribute to nitrogen provisioning in a wood-feeding cerambycid. *Environmental Entomology*, **43**(4): 903–912.

Ayres, B.D., Ayres, M.P., Abrahamson, M.D. & Teale, S.A. (2001): Resource partitioning and overlap in three sympatric species of *Ips* bark beetles (Coleoptera: Scolytidae). *Oecologia*, **128**(3): 443-453.

Ayres, M.P., Wilkens, R.T., Ruel, J.J., Lombardero, M.J. & Vallery, E. (2000): Nitrogen budgets of phloem-feeding bark beetles with and without symbiotic fungi. *Ecology*, **81**(8): 2198-2210.

Azuma, J.-i., Kanai, K., Murashima, K., Okamura, K., Nishimoto, K. & Takahashi, M. (1993): Studies on digestive system of termites III: Digestibility of xylan by termite *Reticulitermes speratus* (Kolbe). *Wood Research*, (79): 41-51.

Babiak, M. & Kúdela, J. (1995): A contribution to the definition of the fiber saturation point. *Wood Science and Technology*, **29**(3): 217-226.

Babu, A.M., Nair, G.M. & Shah, J.J. (1987): Traumatic gum-resin cavities in the stem of *Ailanthus excelsa* Roxb. *IAWA Bulletin, New Series*, **8**(2): 167-174.

Bach Tuyet, L.T., Iiyama, K. & Nakano, J. (1985): Preparation of carboxymethylcellulose from refiner mechanical pulp V: Physical and chemical associations among cellulose, hemicellulose and lignin in wood cell walls. *Mokuzai Gakkaishi*, **31**(6): 475-482.

Backwell, L.R. & d'Errico, F. (2001): Evidence of termite foraging by Swartkrans early hominids. *Proceedings of the National Academy of Sciences of the United States of America*, **98**(4): 1358-1363.

Badertscher, S., Gerber, C. & Leuthold, R.H. (1983): Polyethism in food supply and processing in termite colonies of *Macrotermes subhyalinus* (Isoptera). *Behavioral Ecology and Sociobiology*, **12**(2): 115-119.

Bahar, A.A. & Demirbağ, Z. (2007): Isolation of pathogenic bacteria from *Oberea linearis* (Coleoptera: Cerambycidae). *Biologia, Bratislava*, **62**(1): 13-18.

Baker, B.H. & Kemperman, J.A. (1974): Spruce beetle effects on a white spruce stand in Alaska. *Journal of Forestry*, **72**(7): 423-425.

Baker, J.M. (1963): Ambrosia beetles and their fungi, with particular reference to *Platypus cylindrus* Fab. *Symposium of the Society for General Microbiology*, **13**: 232-265, plts. 1-2.

Baker, J.M., Laidlaw, R.A. & Smith, G.A. (1970): Wood breakdown and nitrogen utilization by *Anobium punctatum* Deg. feeding on Scots pine sapwood. *Holzforschung*, **24**(2): 45-54.

Baker, R. & Walmsley, S. (1982): Soldier defense secretions of the South American termites *Cortaritermes silvestri*, *Nasutitermes* sp. n.

D and *Nasutitermes kemneri*. *Tetrahedron*, **38**(13): 1899-1910.

Baker, W.V. (1968): The gross structure and histology of the adult and larval gut of *Pentalobus barbatus* (Coleoptera: Passalidae). *Canadian Entomologist*, **100**(10): 1080-1090.

Baker, W.V. & Estrin, C.L. (1974): The alimentary canal of *Scolytus multistriatus* (Coleoptera: Scolytidae): A histological study. *Canadian Entomologist*, **106**(7): 673-686.

Bakke, A. (1968): Ecological studies on bark beetles (Coleoptera: Scolytidae) associated with Scots pine (*Pinus sylvestris* L.) in Norway with particular reference to the influence of temperature. *Meddelelser fra det Norske Skogforsøksvesen*, **21**(6): 441-602.

Bakke, A. & Kvamme, T. (1993): beetles attracted to Norway spruce under attack by *Ips typographus*. *Meddelelser fra Norsk Institutt for Skogforskning*, **45**(9): 1-24.

Baldock, J.A. & Smernik, R.J. (2002): Chemical composition and bioavailability of thermally altered *Pinus resinosa* (red pine) wood. *Organic Geochemistry*, **33**(9): 1093-1109.

Ball, J.J. & Simmons, G.A. (1984): The Shigometer as predictor of bronze birch borer risk. *Journal of Arboriculture*, **10**(12): 327-329.

Ballerio, A. & Maruyama, M. (2010): The Ceratocanthinae of Ulu Gombak: High species richness at a single site, with descriptions of three new species and an annotated checklist of the Ceratocanthinae of Western Malaysia and Singapore (Coleoptera, Scarabaeoidea, Hybosoridae). *ZooKeys*, (34): 77-104.

Balogun, R.A. (1969): Digestive enzymes of the alimentary canal of the larch bark beetle *Ips cembrae*. *Comparative Biochemistry and Physiology*, **29**: 1267-1270.

Bamber, R.K. (1976): Heartwood, its function and formation. *Wood Science and Technology*, **10**(1): 1-8.

Bamber, R.K. & Fukazawa, K. (1985): Sapwood and heartwood: A review. *Forestry Abstracts*, **46**(9): 567-580.

Banerjee, S.P. & Mohan, S.C. (1976): Some characteristic of termitaria soils in relation to their surroundings in new estate, Dehra Dun. *Indian Forester*, **102**(5): 257-263.

Banjo, A.D., Lawal, O.A. & Songonuga, E.A. (2006): The nutritional value of fourteen species of edible insects in southwestern Nigeria. *African Journal of Biotechnology*, **5**(3): 298-301.

Banno, H. & Yamagami, A. (1989): Food consumption and conversion efficiency of the larvae of *Eupromus ruber* (Dalman) (Coleoptera: Cerambycidae). *Applied Entomology and Zoology*, **24**(2): 174-179.

Baranchikov, Y., Mozolevskaya, E., Yurchenko, G. & Kenis, M. (2008): Occurrence of the emerald ash borer, *Agrilus planipennis* in Russia and its potential impact on European forestry. *Bulletin OEPP*, **38**(2): 233-238.

Barata, E.N., Pickett, J.A., Wadhams, L.J., Woodcock, C.M. & Mustaparta, H. (2000): Identification of host and nonhost semiochemicals of eucalyptus woodborer *Phoracantha semipunctata* by gas chromatography–electroantennography. *Journal of Chemical Ecology*, **26**(8): 1877-1895.

Barber, H.S. (1913): The remarkable life-history of a new family (Micromalthidae) of beetles. *Proceedings of the Biological Society of Washington*, **26**(7): 185-190, plt. 4.

Bardunias, P. & Su, N.-Y. (2009): Dead reckoning in tunnel propagation of the Formosan subterranean termite (Isoptera: Rhinotermitidae). *Annals of the Entomological Society of America*, **102**(1): 158-165.

Barkawi, L.S., Francke, W., Blomquist, G.J. & Seybold, S.J. (2003): Frontalin: De novo biosynthesis of an aggregation pheromone component by *Dendroctonus* spp. bark beetles (Coleoptera: Scolytidae). *Insect Biochemistry and Molecular Biology*, **33**(8): 773-788.

Barr, B.A. (1969): Sound production in Scolytidae (Coleoptera) with emphasis on the genus *Ips*. *Canadian Entomologist*, **101**(6): 636-672.

Barras, S.J. (1970): Antagonism between *Dendroctonus frontalis* and the fungus *Ceratocystis minor*. *Annals of the Entomological Society of America*, **63**(4): 1187-1190.

Barras, S.J. & Hodges, J.D. (1969): Carbohydrates of inner bark of *Pinus taeda* as affected by *Dendroctonus frontalis* and associated microorganisms. *Canadian Entomologist*, **101**(5): 489-493.

Barras, S.J. & Perry, T. (1972): Fungal symbionts in the prothoracic mycangium of *Dendroctonus frontalis* (Coleopt.: Scolytidae). *Zeitschrift für Angewandte Entomologie*, **71**(1): 95-104.

Barron, A.B. (2001): The life and death of Hopkins' host-selection principle. *Journal of Insect Behavior*, **14**(6): 725-737.

Barron, E.H. (1971): Deterioration of southern pine beetle-killed trees. *Forest Products Journal*, **21**(3): 57-59.

Barrows, E.M. (1980): Results of a survey of damage caused by the carpenter bee *Xylocopa virginica* (Hymenoptera: Anthophoridae). *Proceedings of the Entomological Society of Washington*, **82**(1): 44-47.

Barter, G.W. (1957): Studies of the bronze birch borer, *Agrilus anxius* Gory, in New Brunswick. *Canadian Entomologist*, **89**(1): 12-36.

Barter, G.W. (1965): Survival and development of the bronze poplar borer *Agrilus liragus* Barter & Brown (Coleoptera: Buprestidae). *Canadian Entomologist*, **97**(10): 1063-1068.

Bartos, D.L. & Johnston, R.S. (1978): Biomass and nutrient content of quaking aspen at two sites in the western United States. *Forest Science*, **24**(2): 273-280.

Basham, H.G. & Cowling, E.B. (1976): Distribution of essential elements in forest trees and their role in wood deterioration. *Beihefte zu Material und Organismen*, (3): 155-165.

Basset, Y. (1992): Host specificity of arboreal and free-living insect herbivores in rain forests. *Biological Journal of the Linnean Society*, **47**(2): 115-133.

Basset, Y., Favaro, A., Springate, N.D. & Battisti, A. (1992): Observations on the relative effectiveness of *Scolytus multistriatus* (Marsham) and *Scolytus pygmaeus* (Fabricius) (Coleoptera: Scolytidae) as vectors of the Dutch elm disease. *Mitteilungen*

der Schweizerischen Entomologischen Gesellschaft, **65**(1/2): 61-67.
Batra, L.R. (1963): Ecology of ambrosia fungi and their dissemination by beetles. *Transactions of the Kansas Academy of Science*, **66**(2): 213-236.
Batra, L.R. (1966): Ambrosia fungi: Extent of specificity to ambrosia beetles. *Science*, **153**(3732): 193-195.
Batra, L.R. (1967): Ambrosia fungi: A taxonomic revision, and nutritional studies of some species. *Mycologia*, **59**(6): 976-1017.
Batra, L.R. (1985): Ambrosia beetles and their associated fungi: Research trends and techniques. *Proceedings of the Indian Academy of Sciences, Plant Sciences*, **94**(2/3): 137-148.
Batra, L.R. & Batra, S.W.T. (1979): Termite–fungus mutualism. *Insect–Fungus Symbiosis: Nutrition, Mutualism, and Commensalism* (L.R. Batra, ed.). Allanheld, Osmun & Co., Montclair: 117-163.
Batra, L.R. & Francke-Grosmann, H. (1961): Contributions to our knowledge of ambrosia fungi I: *Ascoidea hylecoeti* sp. nov. (Ascomycetes). *American Journal of Botany*, **48**(6-1): 453-456.
Bauch, J., Schweers, W. & Berndt, H. (1974): Lignification during heartwood formation: Comparative study of rays and bordered pit membranes in coniferous woods. *Holzforschung*, **28**(3): 86-91.
Bauchop, T. & Clarke, R.T.J. (1975): Gut microbiology and carbohydrate digestion in the larva of *Costelytra zealandica* (Coleoptera: Scarabaeidae). *New Zealand Journal of Zoology*, **2**(2): 237-243.
Bauer, J. & Vité, J.P. (1975): Host selection by *Trypodendron lineatum*. *Naturwissenschaften*, **62**(11): 539.
Baur, B., Zschokke, S., Coray, A., Schläpfer, M. & Erhardt, A. (2002): Habitat characteristics of the endangered flightless beetle *Dorcadion fuliginator* (Coleoptera: Cerambycidae): Implications for conservation. *Biological Conservation*, **105**(2): 133-142.
Bayon, C. (1980): Volatile fatty acids and methane production in relation to anaerobic carbohydrate fermentation in *Oryctes nasicornis* larvae (Coleoptera: Scarabaeidae). *Journal of Insect Physiology*, **26**(12): 819-828.
Bayon, C. (1981): Modifications ultrastructurales des parois végétales dans le tube digestif d'une larve xylophage *Oryctes nasicornis* (Coleoptera, Scarabaeidae): Rôle des bactéries. *Canadian Journal of Zoology*, **59**(10): 2020-2029.
Bayon, C. & Etiévant, P. (1980): Methanic fermentation in the digestive tract of a xylophagous insect: *Oryctes nasicornis* L. larva (Coleoptera; Scarabaeidae). *Experientia*, **36**(2): 154-155.
Bayon, C. & Mathelin, J. (1980): Carbohydrate fermentation and by-product absorption studied with labelled cellulose in *Oryctes nasicornis* larvae (Coleoptera: Scarabaeidae). *Journal of Insect Physiology*, **26**(12): 833-840.
Beal, F.E.L. (1911): Food of the woodpeckers of the United States. *Bulletin, U.S. Department of Agriculture, Biological Survey*, (37): 1-64, plts. 1-6.
Beal, J.A. (1933): Temperature extremes as a factor in the ecology of the southern pine beetle. *Journal of Forestry*, **31**(3): 329-336.
Beal, R.H., Amburgey, T.L., Bultman, J.D. & Roberts, D.R. (1979): Resistance of wood from paraquat-treated southern pines to subterranean termites, decay fungi, and marine borers. *Forest Products Journal*, **29**(4): 35-38.
Beaver, R.A. (1974): Intraspecific competition among bark beetle larvae (Coleoptera: Scolytidae). *Journal of Animal Ecology*, **43**(2): 455-467.
Beaver, R.A. (1979a): Host specificity of temperate and tropical animals. *Nature*, **281**(5727): 139-141.
Beaver, R.A. (1979b): Leafstalks as a habitat for bark beetles (Col.: Scolytidae). *Zeitschrift für Angewandte Entomologie*, **88**(3): 296-306.
Beaver, R.A. (1984): Insect exploitation of ephemeral habitats. *South Pacific Journal of Natural Science*, **6**: 3-47.
Beaver, R.A. (1989): Insect–fungus relationships in the bark and ambrosia beetles. *Insect–Fungus Interactions* (N. Wilding *et al.*, eds.). Academic Press: 121-143.
Becker, G. (1938): Zur Ernährungsphysiologie der Hausbockkäfer-Larven. *Naturwissenschaften*, **26**(28): 462-463.
Becker, G. (1942): Untersuchungen über die Ernährungsphysiologie der Hausbockkäfer-Larven. *Zeitschrift für Vergleichende Physiologie*, **29**: 315-388.
Becker, G. (1943a): Zur Ökologie und Physiologie holzzerstörender Käfer. *Zeitschrift für Angewandte Entomologie*, **30**(1): 104-118.
Becker, G. (1943b): Beobachtungen und experimentelle Untersuchungen zur Kenntnis des Mulmbockkäfers (*Ergates faber* L.). 2. Die Larvenentwicklung. *Zeitschrift für Angewandte Entomologie*, **30**(2): 263-296.
Becker, G. (1951): Über einige Ergebnisse und Probleme der angewandten Entomologie auf dem Holzschutzgebiet. *Verhandlungen der Deutschen Gesellschaft für Angewandte Entomologie, Berlin, 1949*: 47-70.
Becker, G. (1952a): Fraß von Lepidopteren im Kambium gesunder Kiefern in Mittel- und Nordamerika. *Zeitschrift für Angewandte Entomologie*, **34**(2): 170-177.
Becker, G. (1952b): Die *Dendroctonus*-Kalamität in Guatemala. *Transactions of the IXth International Congress of Entomology, Volume I*, Amsterdam: 682-687.
Becker, G. (1955): Grundzüge der Insektensuccession in *Pinus*-Arten der Gebirge von Guatemala. *Zeitschrift für Angewandte Entomologie*, **37**(1): 1-28.
Becker, G. (1961): Beiträge zur Prüfung und Beurteilung der natürlichen Dauerhaftigkeit von Holz gegen Termiten. *Holz als Roh- und Werkstoff*, **19**(7): 278-290.
Becker, G. (1962): Über den Eiweiß-Gehalt von Nadelhölzern. *Holz als Roh- und Werkstoff*, **20**(9): 368-375.
Becker, G. (1963): Der Einfluß des Eiweiß-Gehalts von Holz auf das Hausbocklarven-Wachstum. *Zeitschrift für Angewandte Entomologie*, **52**(4): 368-390.
Becker, G. (1965): Versuche über den Einfluß von Braunfäulepilzen auf Wahl und Ausnutzung der Holznahrung durch Termiten. *Material und Organismen*, **1**(2): 95-156.
Becker, G. (1966): Termiten-abschreckende Wirkung von Kiefernholz. *Holz als Roh- und Werkstoff*, **24**(10): 429-432.
Becker, G. (1968): Einfluß von Ascomyceten und Fungi imperfecti auf Larven von *Hylotrupes bajulus* (L.). *Material und*

Organismen, **3**: 229-240.

Becker, G. (1971): On the biology, physiology, and ecology of marine wood-boring crustaceans. *Marine Borers, Fungi and Fouling Organisms of Wood: Proceedings of the OECD Workshop Organised by the Committee Investigating the Preservation of Wood in the Marine Environment, 1968* (E.B.Gareth Jones & S.K. Eltringham, eds.). Organisation for Economic Co-operation and Development, Paris: 303-326.

Becker, G. (1974): Aspects, results and trends in wood preservation, an interdisciplinary science. *Wood Science and Technology*, **8**(3): 163-183.

Becker, G. (1976): Termites and fungi. *Beihefte zu Material und Organismen*, (3): 465-478.

Becker, G. (1977): Ecology and physiology of wood destroying Coleoptera in structural timber. *Material und Organismen*, **12**(2): 141-160.

Becker, G. (1979): Communication between termites by means of biofields and the influence of magnetic and electric fields on termites. *Electromagnetic Bio-Information: Proceedings of the Symposium, Marburg, September 5, 1977* (F.A. Popp, G. Becker, H.L. König & W. Peschka, eds.). Urban & Schwarzenberg: 95-106.

Becker, G., Frank, H.K. & Lenz, M. (1969): Die Giftwirkung von *Aspergillus flavus*-Stämmen auf Termiten in Beziehung zu ihrem Aflatoxin-Gehalt. *Zeitschrift für Angewandte Zoologie*, **56**(4): 451-464.

Becker, G. & Kerner-Gang, W. (1964): Schädigung und Förderung von Termiten durch Schimmelpilze. *Zeitschrift für Angewandte Entomologie*, **53**(4): 429-448.

Becker, H. (1968): Über die Verbreitung des Hausbockkäfers *Hylotrupes bajulus* (L.) Serville (Col., Cerambycidae). *Zeitschrift für Angewandte Entomologie*, **61**(3): 253-281.

Becker, W.B. & Sweetman, H.L. (1946): Leaf-feeding sawfly larvae burrowing in structural wood. *Journal of Economic Entomology*, **39**(3): 408.

Beckwith, T.D. & Rose, E.J. (1929): Cellulose digestion by organisms from the termite gut. *Proceedings of the Society for Experimental Biology and Medicine*, **27**(1): 4-6.

Bedding, R.A. (1967): Parasitic and free-living cycles in entomogenous nematodes of the genus *Deladenus*. *Nature*, **214**(5084): 174-175.

Beer, F.M. (1949): The rearing of Buprestidae and delayed emergence of their larvae. *Coleopterists Bulletin*, **3**(6): 81-84.

Beeson, C.F.C. (1919): The construction of calcareous opercula by longicorn larvae of the group Cerambycini. *Forest Bulletin, Calcutta*, (38): 1-11, plt. 1.

Beeson, C.F.C. (1938): Carpenter bees. *Indian Forester*, **64**(12): 735-737, plt. 57.

Beeson, C.F.C. & Bhatia, B.M. (1937): On the biology of the Bostrychidae (Coleopt.). *Indian Forest Records* (*New Series*), *Entomology*, **2**(12): 222-323, plts. 1-3.

Béguin, P. & Aubert, J.-P. (1994): The biological degradation of cellulose. *FEMS Microbiology Reviews*, **13**(1): 25-58.

Behr, E.A., Behr, C.T. & Wilson, L.F. (1972): Influence of wood hardness on feeding by the eastern subterranean termite, *Reticulitermes flavipes* (Isoptera: Rhinotermitidae). *Annals of the Entomological Society of America*, **65**(2): 457-460.

Behrenz, W. & Technau, G. (1959): Versuche zur Bekämpfung von *Anobium punctatum* mit Symbionticiden. *Zeitschrift für Angewandte Entomologie*, **44**(1): 22-28.

Bélanger, S., Bauce, É., Berthiaume, R., Long, B., Labrie, J., Daigle, L.-F. & Hébert, C. (2013): Effect of temperature and tree species on damage progression caused by whitespotted sawyer (Coleoptera: Cerambycidae) larvae in recently burned logs. *Journal of Economic Entomology*, **106**(3): 1331-1338.

Belhabib, R., Lieutier, F., Jamaa, M.L.B. & Nouira, S. (2009): Host selection and reproductive performance of *Phloeosinus bicolor* (Coleoptera: Curculionidae: Scolytinae) in indigeneous and exotic *Cupressus* in Tunisia. *Canadian Entomologist*, **141**(6): 595-603.

Bell, R.J. & Watters, F.L. (1982): Environmental factors influencing the development and rate of increase of *Prostephanus truncatus* (Horn) (Coleoptera: Bostrichidae) on stored maize. *Journal of Stored Products Research*, **18**(3): 131-142.

Bell, R.T. (1994): Beetles that cannot bite: Functional morphology of the head of adult rhysodines (Coleoptera: Carabidae or Rhysodidae). *Canadian Entomologist*, **126**(3): 667-672.

Bellés, X. (1980): *Ptinus* (*Pseudoptinus*) *lichenum* Marsham, ptinido perforador de madera (Col. Ptinidae). *Boletín de la Estación Central de Ecología*, **9**(18): 89-91.

Belmain, S.R., Blaney, W.M. & Simmonds, M.S.J. (1998): Host selection behaviour of deathwatch beetle, *Xestobium rufovillosum*: Oviposition preference choice assays testing old vs new oak timber, *Quercus* sp. *Entomologia Experimentalis et Applicata*, **89**(2): 193-199.

Belmain, S.R., Simmonds, M.S.J. & Blaney, W.M. (2002): Influence of odor from wood-decaying fungi on host selection behavior of deathwatch beetle, *Xestobium rufovillosum*. *Journal of Chemical Ecology*, **28**(4): 741-754.

Belyea, R.M. (1952): Death and deterioration of balsam fir weakened by spruce budworm defoliation in Ontario, Part II: An assessment of the role of associated insect species in the death of severely weakened trees. *Journal of Forestry*, **50**: 729-738.

Benham, G.S., Jr. (1971): Microorganisms associated with immature *Prionus laticollis* (Coleoptera: Cerambycidae). *Journal of Invertebrate Pathology*, **18**(1): 89-93.

Bennett, P.M. & Hobson, K.A. (2009): Trophic structure of a boreal forest arthropod community revealed by stable isotope (δ^{13}C, δ^{15}N) analyses. *Entomological Science*, **12**(1): 17-24.

Bentz, B.J. & Six, D.L. (2006): Ergosterol content of fungi associated with *Dendroctonus ponderosae* and *Dendroctonus rufipennis* (Coleoptera: Curculionidae: Scolytinae). *Annals of the Entomological Society of America*, **99**(2): 189-194.

Bequaert, J. (1921): Insects as food: How they have augmented the food supply of mankind in early and recent times. *Natural*

History, **21**: 191-200.

Bergvinson, D.J. & Borden, J.H. (1991): Glyphosate-induced changes in the attack success and development of the mountain pine beetle and impact of its natural enemies. *Entomologia Experimentalis et Applicata*, **60**(2): 203-212.

Berkov, A. (2002): The impact of redefined species limits in *Palame* (Coleoptera: Cerambycidae: Lamiinae: Acanthocinini) on assessments of host, seasonal, and stratum specificity. *Biological Journal of the Linnean Society*, **76**(2): 195-209.

Berkov, A., Feinstein, J., Small, J. & Nkamany, M. (2007): Yeast isolated from neotropical wood-boring beetles in SE Peru. *Biotropica*, **39**(4): 530-538.

Berkov, A., Meurer-Grimes, B. & Purzycki, K. (2000): Do Lecythidaceae specialists (Coleoptera, Cerambycidae) shun fetid tree species? *Biotropica*, **32**(3): 440-451.

Berkov, A., Rogríguez, N. & Centeno, P. (2008): Convergent evolution in the antennae of a cerambycid beetle, *Onychocerus albitarsis*, and the sting of a scorpion. *Naturwissenschaften*, **95**(3): 257-261.

Berkov, A. & Tavakilian, G. (1999): Host utilization of the Brazil nut family (Lecythidaceae) by sympatric wood-boring species of *Palame* (Coleoptera, Cerambycidae, Lamiinae, Acanthocinini). *Biological Journal of the Linnean Society*, **67**(2): 181-198.

Bernklau, E.J., Fromm, E.A., Judd, T.M. & Bjostad, L.B. (2005): Attraction of subterranean termites (Isoptera) to carbon dioxide. *Journal of Economic Entomology*, **98**(2): 476-484.

Berry, F.H. (1978): Decay associated with borer wounds in living oaks. *Forest Service Research Note, NE, Northeastern Forest Experiment Station, Forest Service, U.S. Department of Agriculture*, (268): 1-2.

Berryman, A.A. (1969): Responses of *Abies grandis* to attack by *Scolytus ventralis* (Coleoptera: Scolytidae). *Canadian Entomologist*, **101**(10): 1033-1041.

Berryman, A.A. (1972): Resistance of conifers to invasion by bark beetle–fungus associations. *BioScience*, **22**(10): 598-602.

Berryman, A.A. (1982a): Biological control, thresholds, and pest outbreaks. *Environmental Entomology*, **11**(3): 544-549.

Berryman, A.A. (1982b): Mountain pine beetle outbreaks in Rocky Mountain lodgepole pine forests. *Journal of Forestry*, **80**(7): 410-413, 419.

Berryman, A.A. & Ashraf, M. (1970): Effects of *Abies grandis* resin on the attack behavior and brood survival of *Scolytus ventralis* (Coleoptera: Scolytidac). *Canadian Entomologist*, **102**(10): 1229-1236.

Berryman, A.A., Raffa, K.F., Millstein, J.A. & Stenseth, N.C. (1989): Interaction dynamics of bark beetle aggregation and conifer defense rates. *Oikos*, **56**(2): 256-263.

Berryman, A.A. & Stark, R.W. (1962): Radiography in forest entomology. *Annals of the Entomological Society of America*, **55**(4): 456-466.

Bethlahmy, N. (1975): A Colorado episode: Beetle epidemic, ghost forests, more streamflow. *Northwest Science*, **49**(2): 95-105.

Biedermann, P.H.W., Klepzig, K.D. & Taborsky, M. (2009): Fungus cultivation by ambrosia beetles: Behavior and laboratory breeding success in three xyleborine species. *Environmental Entomology*, **38**(4): 1096-1105.

Biedermann, P.H.W. & Taborsky, M. (2011): Larval helpers and age polyethism in ambrosia beetles. *Proceedings of the National Academy of Sciences of the United States of America*, **108**(41): 17064-17069.

Biggs, A.R. (1985): Suberized boundary zones and the chronology of wound response in tree bark. *Phytopathology*, **75**(11): 1191-1195.

Biggs, A.R., Merrill, W. & Davis, D.D. (1984): Discussion: Response of bark tissues to injury and infection. *Canadian Journal of Forest Research*, **14**(3): 351-356.

Bignell, D.E. (1977): An experimental study of cellulose and hemicellulose degradation in the alimentary canal of the American cockroach. *Canadian Journal of Zoology*, **55**(3): 579-589.

Bignell, D.E. (2006): Termites as soil engineers and soil processors. *Soil Biology, vol. 6: Intestinal Microorganisms of Termites and Other Invertebrates* (H. König & A. Varma, eds.). Springer, Berlin & Heidelberg: 183-220.

Bignell, D.E. & Eggleton, P. (1995): On the elevated intestinal pH of higher termites (Isoptera: Termitidae). *Insectes Sociaux*, **42**(1): 57-69.

Billings, R.F. & Cameron, R.S. (1984): Kairomonal responses of Coleoptera, *Monochamus titillator* (Cerambycidae), *Thanasimus dubius* (Cleridae), and *Temnochila virescens* (Trogositidae), to behavioral chemicals of southern pine bark beetles (Coleoptera: Scolytidae). *Environmental Entomology*, **13**(6): 1542-1548.

Bilsing, S.W. (1916): Life-history of the pecan twig girdler. *Journal of Economic Entomology*, **9**(1): 110-115.

Birch, M.C. & Keenlyside, J.J. (1991): Tapping behavior is a rhythmic communication in the death-watch beetle, *Xestobium rufovillosum* (Coleoptera: Anobiidae). *Journal of Insect Behavior*, **4**(2): 257-263.

Birch, M. & Menendez, G. (1991): Knocking on wood for a mate: The deathwatch beetle's reputation is misplaced; The sinister tapping in ancient timbers turnes out to be a form of sexual communication. *New Scientist*, **131**(1776): 36-38.

Bird, M.I., Moyo, C., Veenendaal, E.M., Lloyd, J. & Frost, P. (1999): Stability of elemental carbon in a savanna soil. *Global Biogeochemical Cycles*, **13**(4): 923-932.

Bjarnov, N. (1972): Carbohydrases in *Chironomus*, *Gammarus* and some Trichoptera larvae. *Oikos*, **23**(2): 261-263.

Black, H.I.J. & Okwakol, M.J.N. (1997): Agricultural intensification, soil biodiversity and agroecosystem function in the tropics: the role of termites. *Applied Soil Ecology*, **6**(1): 37-53.

Blackman, M.W. (1941): Bark beetles of the genus *Hylastes* Erichson in North America. *Miscellaneous Publication, United State Department of Agriculture*, (417): 1-27.

Blackman, M.W. & Stage, H.H. (*et al.*) (1924): On the succession of insects living in the bark and wood of dying, dead and decaying hickory. *Technical Publication, New York State College of Forestry at Syracuse University*, **17**: 3-269.

Blair, K.G. (1943): Scolytidae (Col.) from the Wealden Formation. *Entomologist's Monthly Magazine*, **79**: 59-60.

Blanchette, R.A. (1992): Anatomical responses of xylem to injury and invasion by fungi. *Defense Mechanisms of Woody Plants against Fungi* (R.A. Blanchette & A.R. Biggs, eds.). Springer-Verlag, Berlin/ Heidelberg/ New York: 76-95.

Blanchette, R.A. & Shaw, C.G. (1978): Associations among bacteria, yeasts, and Basidiomycetes during wood decay. *Phytopathology*, **68**(4): 631-637.

Blanchette, R.A., Shaw, C.G. & Cohen, A.L. (1978): A SEM study of the effects of bacteria and yeasts on wood decay by brown- and white-rot fungi. *Scanning Electron Microscopy/ 1978/II: an International Review of Advances in Biological Techniques and Applications of the Scanning Electron Microscope* (R.P. Becker & O. Johari, eds.). Scanning Electron Microscopy, Inc., O'Hare: 61-67.

Bleiker, K.P. & Six, D.L. (2007): Dietary benefits of fungal associates to an eruptive herbivore: Potential implications of multiple associates on host population dynamics. *Environmental Entomology*, **36**(6): 1384-1396.

Bletchley*, J.D. & Taylor, J.M. (1964): Investigations on the susceptibility of home-grown sitka spruce (*Picea sitchensis*) to attack by the common furniture beetle (*Anobium punctatum* Deg.). *Journal of the Institute of Wood Science*, (12): 29-43. [* error to Bletchly]

Bletchly, J.D. (1966): Aspects of the habits and nutrition of the Anobiidae with special reference to *Anobium punctatum*. *Beihefte zu Material und Organismen*, (1): 371-381.

Bletchly, J.D. (1969a): Effect of staining fungi in Scots pine sapwood (*Pinus sylvestris*) on the development of the larvae of the common furniture beetle (*Anobium punctatum* De G.). *Journal of the Institute of Wood Science*, (22): 41-42.

Bletchly, J.D. (1969b): Seasonal differences in nitrogen content of Scots pine (*Pinus sylvestris*) sapwood and their effects on the development of the larvae of the common furniture beetle (*Anobium punctatum* De G.). *Journal of the Institute of Wood Science*, (22): 43-47.

Bletchly, J.D. & Baldwin, W.J. (1962): Use of X-rays in studies of wood boring insects. *Wood*, **27**(12): 485-488.

Bletchly, J.D. & Farmer, R.H. (1959): Some investigations into the susceptibility of Corsican and Scots pines and of European oak to attack by the common furniture beetle, *Anobium punctatum* Deg. (Col. Anobiidae). *Journal of the Institute of Wood Science*, (3): 2-20.

Blomquist, G.J., Figueroa-Teran, R., Aw, M., Song, M., Gorzalski, A., Abbott, N.L., Chang, E. & Tittiger, C. (2010): Pheromone production in bark beetles. *Insect Biochemistry and Molecular Biology*, **40**(10): 699-712.

Boas, J.E.V. (1900): Ueber einen Fall von Brutpflege bei einem Bockkäfer. *Zoologische Jahrbücher, Abtheilung für Systematik, Geographie und Biologie der Thiere*, **13**(3): 247-258, plt. 22.

Boddy, L. (1983): Microclimate and moisture dynamics of wood decomposing in terrestrial ecosystem. *Soil Biology and Biochemistry*, **15**(2): 149-157.

Boddy, L. & Watkinson, S.C. (1995): Wood decomposition, higher fungi, and their role in nutrient redistribution. *Canadian Journal of Botany*, **73**(**Suppl.**): 1377-1383.

Bonachela, J.A., Pringle, R.M., Sheffer, E., Coverdale, T.C., Guyton, J.A., Caylor, K.K., Levin, S.A. & Tarnita, C.E. (2015): Termite mounds can increase the robustness of dryland ecosystems to climatic change. *Science*, **347**(6222): 651-655.

Bonello, P., Gordon, T.R., Herms, D.A., Wood, D.L. & Erbilgin, N. (2006): Nature and ecological implications of pathogen-induced systemic resistance in conifers: A novel hypothesis. *Physiological and Molecular Plant Pathology*, **68**(4/6): 95-104.

Bonello, P., Storer, A.J., Gordon, T.R., Wood, D.L. & Heller, W. (2003): Systemic effects of *Heterobasidion annosum* on ferulic acid glucoside and lignin of presymptomatic ponderosa pine phloem, and potential effects on bark-beetle-associated fungi. *Journal of Chemical Ecology*, **29**(5): 1167-1182.

Bonsignore, C.P. (2012): *Apate monachus* (Fabricius, 1775): A bostrichid pest of pomegranate and carob trees in nurseries: Short communication. *Plant Protection Science*, **48**(2): 94-97.

Boodle, L.A. & Dallimore, W. (1920): Bamboos and boring beetles. *Bulletin of Miscellaneous Information, Royal Botanic Gardens*, **1920**(8): 282-285.

Boone, C.K., Aukema, B.H., Bohlmann, J., Carroll, A.L. & Raffa, K.F. (2011): Efficacy of tree defense physiology varies with bark beetle population density: a basis for positive feedback in eruptive species. *Canadian Journal of Forest Research*, **41**(6): 1174-1188.

Boone, C.K., Keefover-Ring, K., Mapes, A.C., Adams, A.S., Bohlmann, J. & Raffa, K.F. (2013): Bacteria associated with a tree-killing insect reduce concentrations of plant defense compounds. *Journal of Chemical Ecology*, **39**(7): 1003-1006.

Boone, C.K., Six, D.L., Zheng, Y. & Raffa, K.F. (2008): Parasitoids and dipteran predators exploit volatiles from microbial symbionts to locate bark beetles. *Environmental Entomology*, **37**(1): 150-161.

Borden, J.H. (1982): Aggregation pheromones. *Bark Beetles in North American Conifers: A System for the Study of Evolutionary Biology* (J.B. Mitton & K.B. Sturgeon, eds.). University of Texas Press, Austin: 74-139.

Borden, J.H. (1997): Disruption of semiochemical-mediated aggregation in bark beetles. *Insect Pheromone Research: New Directions* (R.T. Cardé & A.K. Minks, eds.). Chapman & Hall: 421-438.

Borden, J.H., Chong, L., Slessor, K.N., Oehlschlager, A.C., Pierce, H.D., Jr. & Lindgren, B.S. (1981): Allelochemic activity of aggregation pheromones between three sympatric species of ambrosia beetles (Coleoptera: Scolytidae). *Canadian Entomologist*, **113**(6): 557-563.

Borden, J.H., Wilson, I.M., Gries, R., Chong, L.J., Pierce, H.D., Jr. & Gries, G. (1998): Volatiles from the bark of trembling aspen, *Populus tremuloides* Michx. (Salicaceae) disrupt secondary attraction by the mountain pine beetle, *Dendroctonus ponderosae* Hopkins (Coleoptera: Scolytidae). *Chemoecology*, **8**(2): 65-75.

Bordereau, C., Robert, A., Bonnard, O. & Le Quéré, J.-L. (1991): (3Z,6Z,8E)-3,6,8-dodecatrien-1-ol: Sex peromone in a higher fungus-growing termite, *Pseudacanthotermes spiniger* (Isoptera: Macrotermitinae). *Journal of Chemical Ecology*, **17**(11): 2177-2191.

Borgemeister, C., Goergen, G., Tchabi, A., Awande, S., Markham, R.H. & Scholz, D. (1998b): Exploitation of a woody host plant and cerambycid-associated volatiles as host-finding cues by the larger grain borer (Coleoptera: Bostrichidae). *Annals of the Entomological Society of America*, **91**(5): 741-747.

Borgemeister, C., Schäfer, K., Goergen, G., Awande, S., Setamou, M., Poehling, H.-M. & Scholz, D. (1999): Host-finding behavior of *Dinoderus bifoveolatus* (Coleoptera: Bostrichidae), an important pest of stored cassava: The role of plant volatiles and odors of conspecifics. *Annals of the Entomological Society of America*, **92**(5): 766-771.

Borgemeister, C., Tchabi, A. & Scholz, D. (1998a): Trees or stores? The origin of migrating *Prostephanus truncatus* collected in different ecological habitats in southern Benin. *Entomologia Experimentalis et Applicata*, **87**(3): 285-294.

Borg-Karlson, A.-K., Nordlander, G., Mudalige, A., Nordenhem, H. & Unelius, C.R. (2006): Antifeedants in the feces of the pine weevil *Hylobius abietis*: Identification and biological activity. *Journal of Chemical Ecology*, **32**(5): 943-957.

Botch, P.S. & Judd, T.M. (2011): Effects of soil cations on the foraging behavior of *Reticulitermes flavipes* (Isoptera: Rhinotermitidae). *Journal of Economic Entomology*, **104**(2): 425-435.

Botha, T.C. & Hewitt, P.H. (1979): A study of the gut morphology and some physiological observations on the influence of a diet of green *Themeda triandra* on the harvester termite, *Hodotermes mossambicus* (Hagen). *Phytophylactica*, **11**(2): 57-60.

Bouget, C., Brustel, H., Brin, A. & Valladares, L. (2009): Evaluation of window flight traps for effectiveness at monitoring dead wood-associated beetles: The effect of ethanol lure under contrasting environmental conditions. *Agricultural and Forest Entomology*, **11**(2): 143-152.

Bouget, C., Brustel, H. & Nageleisen, L.-M. (2005): Nomenclature des groupes écologiques d'insectes liés au bois: Synthèse et mise au point sémantique. *Comptes Rendus Biologies*, **328**(10/11): 936-948.

Bouget, C. & Duelli, P. (2004): The effects of windthrow on forest insect communities: A literature review. *Biological Conservation*, **118**(3): 281-299.

Boulanger, Y. & Sirois, L. (2007): Postfire succession of saproxylic arthropods, with emphasis on Coleoptera, in the north boreal forest of Quebec. *Environmental Entomology*, **36**(1): 128-141.

Bourguignon, T., Lo, N., Cameron, S.L., Šobotník, J., Hayashi, Y., Shigenobu, S., Watanabe, D., Roisin, Y., Miura, T. & Evans, T.A. (2014): The evolutionary history of termites as inferred from 66 mitochondrial genomes. *Molecular Biology and Evolution*, **32**(2): 406-421.

Boutton, T.W., Arshad, M.A. & Tieszen, L.L. (1983): Stable isotope analysis of termite food habits in East African grasslands. *Oecologia*, **59**(1): 1-6.

Bowers, W.S., Fales, H.M., Thompson, M.J. & Uebel, E.C. (1966): Juvenile hormone: Identification of an active compound from balsam fir. *Science*, **154**(3752): 1020-1021.

Boyer, P. (1958): Sur les matériaux composant la termitière géante de *Bellicositermes rex*. *Comptes Rendus Hebdomadaires des Séances de l'Académie des Sciences*, **247**: 488-490.

Braccia, A. & Batzer, D.P. (2001): Invertebrates associated with woody debris in a southeastern U.S. forested floodplain wetland. *Wetlands*, **21**(1): 18-31.

Braithwaite, R.W. (1990): Australia's unique biota: implications for ecological processes. *Journal of Biogeography*, **17**(4/5): 347-354.

Brand, J.M., Bracke, J.W., Britton, L.N., Markovetz, A.J. & Barras, S.J. (1976): Bark beetle pheromones: Production of verbenone by a mycangial fungus of *Dendroctonus frontalis*. *Journal of Chemical Ecology*, **2**(2): 195-199.

Brand, J.M., Bracke, J.W., Markovetz, A.J., Wood, D.L. & Browne, L.E. (1975): Production of verbenol pheromone by a bacterium isolated from bark beetles. *Nature*, **254**(5496): 136-137.

Brand, J.M., Schultz, J., Barras, S.J., Edson, L.J., Payne, T.L. & Hedden, R.L. (1977): Bark-beetle pheromones: Enhancement of *Dendroctonus frontalis* (Coleoptera: Scolytidae) aggregation pheromone by yeast metabolites in laboratory bioassays. *Journal of Chemical Ecology*, **3**(6): 657-666.

Brattli, J.G., Andersen, J. & Nilssen, A.C. (1998): Primary attraction and host tree selection in deciduous and conifer living Coleoptera: Scolytidae, Curculionidae, Cerambycidae and Lymexylidae. *Journal of Applied Entomology*, **122**(7): 345-352.

Brauman, A. (2000): Effect of gut transit and mound deposit on soil organic matter transformations in the soil feeding termites: A review. *European Journal of Soil Biology*, **36**(3): 117-125.

Brauman, A., Bignell, D.E. & Tayasu, I. (2000): Soil-feeding termites: biology, microbial associations and digestive mechanisms. *Termites: Evolution, Sociality, Symbioses, Ecology* (T. Abe, D.E. Bignell & M. Higashi, eds.). Kluwer Academic Publishers, Dordrecht: 233-259.

Brauman, A., Doré, J., Eggleton, P., Bignell, D., Breznak, J.A. & Kane, M.D. (2001): Molecular phylogenetic profiling of prokaryotic communities in guts of termites with different feeding habits. *FEMS Microbiology Ecology*, **35**(1): 27-36.

Brauman, A., Kane, M.D., Labat, M. & Breznak, J.A. (1992): Genesis of acetate and methane by gut bacteria of nutritionally diverse termites. *Science*, **257**(5075): 1384-1387.

Brauns, A. (1954): Die Sukzession der Dipterenlarven bei der Stockhumifizierung. *Zeitschrift für Morphologie und Ökologie der Tiere*, **43**(4): 313-320.

Breidbach, O. (1988): Zur Stridulation der Bockkäfer (Cerambycidae, Coleoptera). *Deutsche Entomologische Zeitschrift, Neue Folge*, **35**(4/5): 417-425, plts. 8-9.

Brent, C.S. & Traniello, J.F.A. (2002): Effect of enhanced dietary nitrogen on reproductive maturation of the termite *Zootermopsis angusticollis* (Isoptera: Termopsidae). *Environmental Entomology*, **31**(2): 313-318.

Breshears, D.D., Cobb, N.S., Rich, P.M., Price, K.P., Allen, C.D., Balice, R.G., Romme, W.H., Kastens, J.H., Floyd, M.L., Belnap, J., Anderson, J.J., Myers, O.B. & Meyer, C.W. (2005): Regional vegetation die-off in response to global-change-type drought. *Proceedings of the National Academy of Sciences of the United States of America*, **102**(42): 15144-15148.

Breznak, J.A. (2000): Ecology of prokaryotic microbes in the guts of wood- and litter-feeding termites. *Termites: Evolution, Sociality, Symbioses, Ecology* (T. Abe, D.E. Bignell & M. Higashi, eds.). Kluwer Academic Publishers, Dordrecht: 209-231.

Breznak, J.A., Brill, W.J., Mertins, J.W. & Coppel, H.C. (1973): Nitrogen fixation in termites. *Nature*, **244**(5418): 577-580.

Breznak, J.A., Mertins, J.W. & Coppel, H.C. (1974): Nitrogen fixation and methane production in a wood-eating cockroach, *Cryptocercus punctulatus* Scudder (Orthoptera: Blattidae). *Forestry Research Notes, University of Wisconsin, School of Natural Resources*, (184): 1-2.

Bridges, J.R. (1981): Nitrogen-fixing bacteria associated with bark beetles. *Microbial Ecology*, **7**(2): 131-137.

Bridges, J.R. (1983): Mycangial fungi of *Dendroctonus frontalis* (Coleoptera: Scolytidae) and their relationship to beetle population trends. *Environmental Entomology*, **12**(3): 858-861.

Bridges, J.R. & Moser, J.C. (1983): Role of two phoretic mites in transmission of bluestain fungus, *Ceratocystis minor*. *Ecological Entomology*, **8**(1): 9-12.

Bridges, J.R., Nettleton, W.A. & Connor, M.D. (1985): Southern pine beetle (Coleoptera: Scolytidae) infestations without the bluestain fungus, *Ceratocystis minor*. *Journal of Economic Entomology*, **78**(2): 325-327.

Bright, D.E. & Poinar, G.O., Jr. (1994): Scolytidae and Platypodidae (Coleoptera) from Dominican Republic amber. *Annals of the Entomological Society of America*, **87**(2): 170-194.

Brightsmith, D.J. (2000): Use of arboreal termitaria by nesting birds in the Peruvian Amazon. *Condor*, **102**(3): 529-538.

Brignolas, F., Lacroix, B., Lieutier, F., Sauvard, D., Drouet, A., Claudot, A.-C., Yart, A., Berryman, A.A. & Christiansen, E. (1995): Induced responses in phenolic metabolism in two Norway spruce clones after wounding and inoculations with *Ophiostoma polonicum*, a bark beetle-associated fungus. *Plant Physiology*, **109**(3): 821-827.

Brin, A., Bouget, C., Brustel, H. & Jactel, H. (2011): Diameter of downed woody debris does matter for saproxylic beetle assemblages in temperate oak and pine forests. *Journal of Insect Conservation*, **15**(5): 653-669.

Broadway, R.M. & Villani, M.G. (1995): Does host range influence susceptibility of herbivorous insects to non-host plant proteinase inhibitors? *Entomologia Experimentalis et Applicata*, **76**(3): 303-312.

Brodbeck, B. & Strong, D. (1987): Amino acid nutrition of herbivorous insects and stress to host plants. *Insect Outbreaks* (P. Barbosa & J.C. Schultz, eds.). Academic Press, San Diego: 347-364.

Brooks, S., Oi, F.M. & Koehler, P.G. (2003): Ability of canine termite detectors to locate live termites and discriminate them from non-termite material. *Journal of Economic Entomology*, **96**(4): 1259-1266.

Brossard, M., López-Hernández, D., Lepage, M. & Leprun, J.-C. (2007): Nutrient storage in soils and nests of mound-building *Trinervitermes* termites in Central Burkina Faso: Consequences for soil fertility. *Biology and Fertility of Soils*, **43**(4): 437-447.

Brosset, A. & Darchen, R. (1967): Une curieuse succession d'hôtes parasites des nids de Nasutitermes. *Biologia Gabonica*, **3**: 153-168.

Brown, E.S. (1954): The biology of the coconut pest *Melittomma insulare* (Col., Lymexylonidae), and its control in the Seychelles. *Bulletin of Entomological Research*, **45**(1): 1-66, plts. 1-6.

Brown, K.S., Broussard, G.H., Kard, B.M., Smith, A.L. & Smith, M.P. (2008): Colony characterization of *Reticulitermes flavipes* (Isoptera: Rhinotermitidae) on a native tallgrass prairie. *American Midland Naturalist*, **159**(1): 21-29.

Browne, F.G. (1950): Ambrosia beetle attack on logs of tembusu and meranti tembaga. *Malayan Forester*, **13**(3): 167-168.

Browne, F.G. (1952): Suggestions for future research in the control of ambrosia beetles. *Malayan Forester*, **15**: 197-206.

Browne, F.G. (1958): Some aspects of host selection among ambrosia beetles in the humid tropics of South-East Asia. *Malayan Forester*, **21**: 164-182.

Browne, F.G. (1959): Notes on two Malayan scolytid bark-beetles. *Malayan Forester*, **22**: 292-300, plts. 1-2.

Browne, F.G. (1965): Types of ambrosia beetle attack on living trees in tropical forests. *Proceedings, XIIth International Congress of Entomology, London, 1964*: 680.

Browne, F.G. & Foenander, E.C. (1937): An entomological survey of tapped jelutong trees. *Malayan Forester*, **6**: 240-254, plts. 1-2.

Brümmer, C., Papen, H., Wassmann, R. & Brüggemann, N. (2009): Termite mounds as hot spots of nitrous oxide emissions in South-Sudanian savanna of Burkina Faso (West Africa). *Geophysical Research Letters*, **36**(9-L09814): 1-4.

Brues, C.T. (1936): Evidences of insect activity preserved in fossil wood. *Journal of Paleontology*, **10**(7): 637-643.

Brune, A. (2006): Symbiotic associations between termites and prokaryotes. *The Prokaryotes: A Handbook on the Biology of Bacteria, Third Edition, Volume 1: Symbiotic Associations, Biotechnology, Applied Microbiology* (M. Dworkin, S. Falkow, E. Rosenberg, K.-H. Schleifer & E. Stackebrandt, eds.). Springer, New York: 439-474.

Brune, A., Emerson, D. & Breznak, J.A. (1995): The termite gut microflora as an oxygen sink: Microelectrode determination of oxygen and pH gradients in guts of lower and higher termites. *Applied and Environmental Microbiology*, **61**(7): 2681-2687.

Brune, A. & Friedrich, M. (2000): Microecology of the termite gut: Structure and function on a microscale. *Current Opinion in Microbiology*, **3**(1): 263-269.

Brune, A. & Kühl, M. (1996): pH profiles of the extremely alkaline hindguts of soil-feeding termites (Isoptera: Termitidae) determined with microelectrodes. *Journal of Insect Physiology*, **42**(11/12): 1121-1127.

Brune, A. & Ohkuma, M. (2011): Role of the termite gut microbiota in symbiotic digestion. *Biology of Termites: A Modern Synthesis* (D.E. Bignell, Y. Roisin & N. Lo, eds.). Springer: 439-475.

Brunet, J. & Isacsson, G. (2009): Influence of snag characteristics on saproxylic beetle assemblages in a south Swedish beech forest. *Journal of Insect Conservation*, **13**(5): 515-528.

Buchanan, W.D. (1960): Biology of the oak timberworm, *Arrhenodes minutus*. *Journal of Economic Entomology*, **53**(4): 510-513.

Buchner, P. (1954): Studien an intrazellularen Symbionten VIII: Die symbiontischen Einrichtungen der Bostrychiden (Apatiden). *Zeitschrift für Morphologie und Ökologie der Tiere*, **42**(6/7): 550-633.

Buchner, P. (1961): Endosymbiosestudien an Ipiden I: Die Gattung *Coccotrypes*. *Zeitschrift für Morphologie und Ökologie der Tiere*, **50**(1): 1-80.

Buczkowski, G. & Bennett, G. (2008): Behavioral interactions between *Aphaenogaster rudis* (Hymenoptera: Formicidae) and *Reticulitermes flavipes* (Isoptera: Rhinotermitidae): The importance of physical barriers. *Journal of Insect Behavior*, **21**(4): 296-305.

Buffam, P.E, Lister, C.K., Stevens, R.E. & Frye, R.H. (1973): Fall cacodylic acid treatments to produce lethal traps for spruce beetles. *Environmental Entomology*, **2**(2): 259-262.

Bugg, T.D.H., Ahmad, M., Hardiman, E.M. & Singh, R. (2011): The emerging role for bacteria in lignin degradation and bio-product formation. *Current Opinion in Biotechnology*, **22**(3): 394-400.

Bugnion, É. (1914): Le *Termitogeton umbilicatus* Hag. (de Ceylan) [Corrodentia, Termitidae]. *Annales de la Société Entomologique de France*, **83**(1): 39-47, plt. 1.

Bujang, N.S., Harrison, N.A. & Su, N.-Y. (2014): A phylogenetic study of endo-beta-1,4-glucanase in higher termites. *Insectes Sociaux*, **61**(1): 29-40.

Bull, E.L., Beckwith, R.C. & Holthausen, R.S. (1992): Arthropod diet of pileated woodpeckers in northeastern Oregon. *Northwestern Naturalist*, **73**(2): 42-45.

Bultman, J.D., Beal, R.H. & Ampong, F.F.K. (1979): Natural resistance of some tropical African woods to *Coptotermes formosanus* Shiraki. *Forest Products Journal*, **29**(6): 46-51.

Bultman, J.D. & Southwell, C.R. (1976): Natural resistance of tropical American woods to terrestrial wood-destroying organisms. *Biotropica*, **8**(2): 71-95.

Burke, H.E., Hartman, R.D. & Snyder, T.E. (1923): The lead-cable borer or "short-circuit beetle" in California. *Bulletin, United States Department of Agriculture*, (1107): 1-56.

Busconi, M., Berzolla, A. & Chiappini, E. (2014): Preliminary data on cellulase encoding genes in the xylophagous beetle, *Hylotrupes bajulus* (Linnaeus). *International Biodeterioration & Biodegradation*, **86**(B): 92-95.

Buse, J., Ranius, T. & Assmann, T. (2008): An endangered longhorn beetle associated with old oaks and its possible role as an ecosystem engineer. *Conservation Biology*, **22**(2): 329-337.

Bustamante, N.C.R. & Martius, C. (1998): Nutritional preferences of wood-feeding termites inhabiting floodplain forests of the Amazon River, Brazil. *Acta Amazonica*, **28**(3): 301-307.

Butani, R.K. (1974): Les insectes parasites du palmier-dattier en Inde et leur contrôle. *Fruits*, **29**(10): 689-691.

Butler, J.H.A. & Buckerfield, J.C. (1979): Digestion of lignin by termites. *Soil Biology and Biochemistry*, **11**(5): 507-513.

Butovitsch, V. (1939): Zur Kenntnis der Paarung, Eiablage und Ernährung der Cerambyciden. *Entomologisk Tidskrift*, **60**: 206-258.

佛崎智夫・中島義人・清水 薫 (1980)：樹幹穿孔虫の幼虫行動解析1：シロスジカミキリについて. 九州病害虫研究会報, **26**: 163-166.

Buxton, R.D. (1981a): Changes in the composition and activities of termite communities in relation to changing rainfall. *Oecologia*, **51**(3): 371-378.

Buxton, R.D. (1981b): Termites and the turnover of dead wood in an arid tropical environment. *Oecologia*, **51**(3): 379-384.

Byers, J.A. (1989): Chemical ecology of bark beetles. *Experientia*, **45**(3): 271-283.

Byers, J.A. (1990): Pheromone production in a bark beetle independent of myrcene precursor in host pine species. *Naturwissenschaften*, **77**(8): 385-387.

Byers, J.A. (1995): Host-tree chemistry affecting colonization in bark beetles. *Chemical Ecology of Insects 2* (R.T. Cardé & W.J. Bell, eds.). Chapman & Hall, New York: 154-213.

Byers, J.A. & Wood, D.L. (1981): Antibiotic-induced inhibition of pheromone synthesis in a bark beetle. *Science*, **213**(4509): 763-764.

Byers, J.A., Wood, D.L., Browne, L.E., Fish, R.H., Piatek, B. & Hendry, L.B. (1979): Relationship between a host plant compound, myrcene and pheromone production in the bark beetle, *Ips paraconfusus*. *Journal of Insect Physiology*, **25**(6): 477-482.

Cabrera, B.J. & Rust, M.K. (2000): Behavioral responses to heat in artificial galleries by the western drywood termite (Isoptera: Kalotermitidae). *Journal of Agricultural and Urban Entomology*, **17**(3): 157-171.

Cachan, P. (1957): Les Scolytoidea mycétophages des forêts de basse Côte-d'Ivoire: Problèmes biologiques et écologiques. *Revue de Pathologie Végétale et d'Entomologie Agricole de France*, **36**(1/2): 1-126.

柴 希民 (Cai, X.)・何 志華・李 春才・唐 陸法・程 聖富 (1997)：松墨天牛成虫産卵特性研究. 北京林業大学学報 (Journal of Beijing Forestry University), **19**(2): 69-73.

Caird, R.W. (1935): Physiology of pines infested with bark beetles. *Botanical Gazette*, **96**(4): 709-733.

Calaby, J.H. (1956): The distribution and biology of the genus *Ahamitermes* (Isoptera). *Australian Journal of Zoology*, **4**(2): 111-124.

Calaby, J.H. & Gay, F.J. (1959): Aspects of the distribution and ecology of Australian termites. *Monographiae Biologicae*, **8**: 211-223.

Caldeira, M.C., Fernandéz, V., Tomé, J. & Pereira, J.S. (2002): Positive effect of drought on longicorn borer larval survival and growth on eucalyptus trunks. *Annals of Forest Science*, **59**(1): 99-106.

Calderon, O. & Berkov, A. (2012): Midgut and fat body bacteriocytes in Neotropical cerambycid beetles (Coleoptera: Cerambycidae). *Environmental Entomology*, **41**(1): 108-117.

Calderón-Cortés, N., Quesada, M. & Escalera-Vázquez, L.H. (2011): Insects as stem engineers: Interactions mediated by the twig-girdler *Oncideres albomarginata chamela* enhance arthropod diversity. *PLoS ONE*, **6(4-e19083)**: 1-9.

Calderón-Cortés, N., Quesada, M., Watanabe, H., Cano-Camacho, H. & Oyama, K. (2012): Endogenous plant cell wall digestion: A key mechanism in insect evolution. *Annual Review of Ecology, Evolution, and Systematics*, **43**: 45-71.

Calderón-Cortés, N., Watanabe, H., Cano-Camacho, H., Zavala-Páramo, G. & Quesada, M. (2010): cDNA cloning, homology modelling and evolutionary insights into novel endogenous cellulases of the borer beetle *Oncideres albomarginata chamela* (Cerambycidae). *Insect Molecular Biology*, **19**(3): 323-336.

Callaham, R.Z. & Shifrine, M. (1960): The yeasts associated with bark beetles. *Forest Science*, **6**(2): 146-154.

Campadelli, G. & Sama, G. (1988): Prima segnalazione per l'Italia di un cerambicide giapponese: *Callidiellum rufipenne* Motschulsky. *Bollettino dell'Istituto di Entomologia "Guido Grandi" dell'Università di Bologna*, **43**: 69-73.

Campbell, S.A. & Borden, J.H. (2006): Integration of visual and olfactory cues of hosts and non-hosts by three bark beetles (Coleoptera: Scolytidae). *Ecological Entomology*, **31**(5): 437-449.

Campbell, S.A. & Borden, J.H. (2009): Additive and synergistic integration of multimodal cues of both hosts and non-hosts during host selection by woodboring insects. *Oikos*, **118**(4): 553-563.

Campbell, W.G. (1929): The chemical aspect of the destruction of oak wood by powder post and death watch beetle: *Lyctus* spp. and *Xestobium* sp. *Biochemical Journal*, **23**(6): 1290-1293.

Campbell, W.G. & Bryant, S.A. (1940): A chemical study of the bearing of decay by *Phellinus cryptarum* Karst. and other fungi on the destruction of wood by the death-watch beetle (*Xestobium rufovillosum* De G.). *Biochemical Journal*, **34**(10/11): 1404-1414.

Campbell, W.G., Packman, D.F. & Rolfe, D.M. (1945): The composition and origin of a white deposit found in galleries of a wood boring insect in two samples of the wood of *Qualea* sp. *Empire Forestry Journal*, **24**: 232-233, plt. 1.

Canganella, F., Paparatti, B. & Natali, V. (1994): Microbial species isolated from the bark beetle *Anisandrus dispar* F. *Microbiological Research*, **149**(2): 123-128.

Cao, Sx. (2008): Why large-scale afforestation efforts in China have failed to solve the desertification problem. *Environmental Science & Technology*, **42**(6): 1826-1831.

Cao, Y., Sun, J.-Z. & Rodriguez, J.M. (2012): Effects of antibiotics on hydrogen production and gut symbionts in the Formosan subterranean termite *Coptotermes formosanus* (Isoptera: Rhinotermitidae). *Insect Science*, **19**(3): 346-354.

Cao, Y., Sun, J.-Z., Rodriguez, J.M. & Lee, K.C. (2010): Hydrogen emission by three wood-feeding subterranean termite species (Isoptera: Rhinotermitidae): Production and characteristics. *Insect Science*, **17**(3): 237-244.

曹 月青（Cao, Y.-Q.）・殷 幼平・董 亜敏・何 正波 （2001）：桑粒肩天牛腸道繊維素分解細菌の分離和鑑定．微生物学通報，**28**(1): 9-11.

Cardoza, Y.J., Klepzig, K.D. & Raffa, K.F. (2006b): Bacteria in oral secretions of an endophytic insect inhibit antagonistic fungi. *Ecological Entomology*, **31**(6): 636-645.

Cardoza, Y.J., Moser, J.C., Klepzig, K.D. & Raffa, K.F. (2008): Multipartite symbioses among fungi, mites, nematodes, and the spruce beetle, *Dendroctonus rufipennis*. *Environmental Entomology*, **37**(4): 956-963.

Cardoza, Y.J., Paskewitz, S. & Raffa, K.F. (2006a): Travelling through time and space on wings of beetles: A tripartite insect-fungi-nematode association. *Symbiosis*, **41**(2): 71-79.

Carle, P. (1975): Attraction interspécifique en forêt de *Porthetria dispar* L. (Lepidoptera Lymantriidae) et *Pissodes notatus* Fabr. (Coleoptera Curculionidae) par les déchets de vermoulure ("frass") d'*Orthotomicus erosus* Woll. (Coleoptera Scolytidae). *Comptes Rendus Hebdomadaires des Séances de l'Académie des Sciences, Série D, Sciences Naturelles*, **280**: 343-346.

Carlton, C. & Bayless, V. (2011): A case of *Cnestus mutilatus* (Blandford) (Curculionidae: Scolytinae: Xyleborini) females damaging plastic fuel storage containers in Louisiana, U.S.A. *Coleopterists Bulletin*, **65**(3): 290-291.

Carpaneto, G.M., Bartolozzi, L., Mazzei, P., Pimpinelli, I. & Viglioglia, V. (2010): *Aegus chelifer* Macleay 1819, an Asian stag beetle (Coleoptera Lucanidae) invading the Seychelles Islands: A threat for endemic saproxylic species? *Tropical Zoology*, **23**(2): 173-180.

Carpaneto, G.M., Mazziotta, A., Coletti, G., Luiselli, L. & Audisio, P. (2010): Conflict between insect conservation and public safety: The case study of a saproxylic beetle (*Osmoderma eremita*) in urban parks. *Journal of Insect Conservation*, **14**(5): 555-565.

Carpenter, S.E., Harmon, M.E., Ingham, E.R., Kelsey, R.G., Lattin, J.D. & Schowalter, T.D. (1988): Early patterns of heterotroph activity in conifer logs. *Proceedings of the Royal Society of Edinburgh, Sect. B, Biological Sciences*, **94**: 33-43.

Carrijo, T.F., Gonçalves, R.B. & Santos, R.G. (2012): Review of bees as guests in termite nests, with a new record of the communal bee, *Gaesochira obscura* (Smith, 1879) (Hymenoptera, Apidae), in nests of *Anoplotermes banksi* Emerson, 1925 (Isoptera, Termitidae, Apicotermitinae). *Insectes Sociaux*, **59**(2): 141-149.

Carter, F.L. (1979): Responses of *Reticulitermes flavipes* to selected North American hardwoods and their extracts. *International Journal of Wood Preservation*, **1**(4): 153-159.

Carter, F.L. & Beal, R.H. (1982): Termite responses to susceptible pine wood treated with antitermitic wood extracts. *International Journal of Wood Preservation*, **2**(4): 185-191.

Carter, F.L., Dinus, L.A. & Smythe, R.V. (1972): Effect of wood decayed by *Lenzites trabea* on the fatty acid composition of the eastern subterranean termite, *Reticulitermes flavipes*. *Journal of Insect Physiology*, **18**(7): 1387-1393.

Carter, F.L., Garlo, A.M. & Stanley, J.B. (1978): Termiticidal components of wood extracts: 7-Methyljuglone from *Diospyros virginiana*. *Journal of Agricultural and Food Chemistry*, **26**(4): 869-873.

Casari, S.A. & Teixeira, É.P. (2014): Immatures of Acanthocinini (Coleoptera, Cerambycidae, Lamiinae). *Revista Brasileira de Entomologia*, **58**(2): 107-128.

Cassar, S. & Blackwell, M. (1996): Convergent origins of ambrosia fungi. *Mycologia*, **88**(4): 596-601.

Cates, R.G. & Alexander, H. (1982): Host resistance and susceptibility. *Bark Beetles in North American Conifers: A System for the*

Study of Evolutionary Biology (J.B. Mitton & K.B. Sturgeon, eds.). University of Texas Press, Austin: 212-263.

Cazemier, A.E., Op den Camp, H.J.M., Hackstein, J.H.P. & Vogels, G.D. (1997): Fibre digestion in arthropods. *Comparative Biochemistry and Physiology, A*, **118**(1): 101-109.

Cazemier, A.E., Verdoes, J.C., Op den Camp, H.J.M., Hackstein, J.H.P. & van Ooyen, A.J.J. (1999): A β-1,4-endoglucanase-encoding gene from *Cellulomonas pachnodae*. *Applied Microbiology and Biotechnology*, **52**(2): 232-239.

Cazemier, A.E., Verdoes, J.C., Reubsaet, F.A.G., Hackstein, J.H.P., van der Drift, C. & Op den Camp, H.J.M. (2003): *Promicromonospora pachnodae* sp. nov., a member of the (hemi)cellulolytic hindgut flora of larvae of the scarab beetle *Pachnoda marginata*. *Antonie van Leeuwenhoek*, **83**(2): 135-148.

Cerezke, H.F. (1977): Characteristics of damage in tree-length white spruce logs caused by the white-spotted sawyer, *Monochamus scutellatus*. *Canadian Journal of Forest Research*, **7**(2): 232-240.

Chakraborty, S., Whitehill, J.G.A., Hill, A.L., Opiyo, S.O., Cipollini, D., Herms, D.A. & Bonello, P. (2014): Effects of water availability on emerald ash borer larval performance and phloem phenolics of Manchurian and black ash. *Plant, Cell and Environment*, **37**(4): 1009-1021.

Chaloner, W.G., Scott, A.C. & Stephenson, J. (1991): Fossil evidence for plant–arthropod interactions in the Palaeozoic and Mesozoic. *Philosophical Transactions, Biological Sciences, The Royal Society*, **333**(1267): 177-186.

Champlain, A.B., Kirk, H.B. & Knull, J.N. (1925): Notes on Cerambycidae (Coleoptera). *Entomological News*, **36**: 105-109.

Chang, C.-J., Wu, C.P., Lu, S.-C., Chao, A.-L., Ho, T.-H.D., Yu, S.-M. & Chao, Y.-C. (2012): A novel exo-cellulase from white spotted longhorn beetle (*Anoplophora malasiaca*). *Insect Biochemistry and Molecular Biology*, **42**(9): 629-636.

Chapman, J.A., Farris, S.H. & Kinghorn, J.M. (1963): Douglas-fir sapwood starch in relation to log attack by the ambrosia beetle, *Trypodendron*. *Forest Science*, **9**(4): 430-439.

Chararas, C. (1959): Relations entre la pression osmotique des conifères et leur attaque par les Scolytidae. *Revue de Pathologie Végétale et d'Entomologie Agricole de France*, **38**(4): 215-233.

Chararas, C. (1969): Biologie et écologie de *Phoracantha semipunctata* F. (coléoptère Cerambycidae xylophage) ravageur des Eucalyptus en Tunisie, et méthodes de protection des peuplements. *Annales d'Institut National des Recherches Forestières en Tunisie*, **2**(3): 1-37.

Chararas, C. (1971): L'intervention des facteurs nutritionnels dans la maturation et l'élaboration des phérhormones[sic] chez divers Scolytidae (insectes coléoptères). *Comptes Rendus Hebdomadaires des Séances de l'Académie des Sciences, Sér. D, Sciences Naturelles*, **272**: 2928-2931.

Chararas, C. (1981a): Étude du comportement nutritionnel et de la digestion chez certains Cerambycidae xylophages. *Material und Organismen*, {**16**(3): 207-240; **16**(4): 241-264}.

Chararas, C. (1981b): Origine et spécificité de certaines cellulases et hémicellulases chez divers insectes xylophages. *Comptes Rendus des Séances de l'Académie des Sciences, Série III, Science de la Vie*, **293**: 211-214.

Chararas, C. (1983): Régime alimentaire et activités osidasiques des insectes xylophages. *Bulletin de la Société Zoologique de France*, **108**(3): 389-397.

Chararas, C. & Chipoulet, J.-M. (1982): Purification by chromatography and properties of a β-glucosidase from the larvae of *Phoracantha semipunctata*. *Comparative Biochemistry and Physiology, Part B*, **72**(4): 559-564.

Chararas, C. & Chipoulet, J.-M. (1983): Studies on the digestion of cellulose by the larvae of the Eucalyptus borer, *Phoracantha semipunctata* (Coleoptera: Cerambycidae). *Australian Journal of Biological Sciences*, **36**(3): 223-233.

Chararas, C., Chipoulet, J.-M. & Courtois, J.-E. (1979): Étude du préférendum alimentaire et des osidases de *Pyrochroa coccinea* (coléoptère Pyrochroidae). *Comptes Rendus des Séances de la Société de Biologie et de ses Filiales*, **173**(1): 42-46.

Chararas, C. & Courtois, J.E. (1976): Nutrition et activité enzymatique de *Dendroctonus micans* Kug. (coléoptère Scolytidae xylophage). *Comptes Rendus des Séances de la Société de Biologie et de ses Filiales*, **170**(6): 1155-1158.

Chararas, C., Courtois, J.-É., Debris, M.-M. & Laurant-Hubé, H. (1962): La nutrition et l'activité enzymatique de *Pissodes notatus* F. (Col. Curculionidae xylophage). *Comptes Rendus Hebdomadaires des Séances de l'Académie des Sciences*, **255**: 2001-2003.

Chararas, C., Courtois, J.E., Debris, M.-M. & Laurant-Hubé, H. (1963): Activités comparées des osidases chez divers stades de deux insectes xylophages, parasites de conifères. *Bulletin de la Société de Chimie Biologique*, **45**(4): 383-395.

Chararas, C., Courtois, J.E., Thuillier, A., Le Fay, A. & Laurent-Hube, H. (1972): Nutrition de *Phoracantha semipunctata* F. (coléoptère Cerambicidae[sic]): Étude des osidases de tube digestif et de la flore intestinale. *Comptes Rendus des Séances de la Société de Biologie et de ses Filiales*, **166**(2/3): 304-308.

Chararas, C., Eberhard, R., Courtois, J.E. & Petek, F. (1983b): Purification of three cellulases from the xylophageous larvae of *Ergates faber* (Coleoptera: Cerambycidae). *Insect Biochemistry*, **13**(2): 213-218.

Chararas, C. & Koutroumpas, A. (1977): Étude comparée de l'équipement osidasique de 2 lépidoptères Cossidae xylophages (*Cossus cossus* L. et *Zeuzera pyrina* L.) et de divers coléoptères xylophages. *Comptes Rendus Hebdomadaires des Séances de l'Académie des Sciences, Sér. D, Sciences Naturelles*, **285**: 369-371.

Chararas, C. & Libois, G. (1976): Études des enzymes hydrolisant les osides chez la larve d'*Ergates faber* L. (coléoptère Cerambycidae). *Comptes Rendus Hebdomadaires des Séances de l'Académie des Sciences*, **283**(13): 1523-1525.

Chararas, C. & Pignal, M.-C. (1981): Études du rôle de deux levures isolée dans le tube digestif de *Phoracantha semipunctata*, coléoptère Cerambycidae xylophage spécifique des *Eucalyptus*. *Comptes Rendus des Séances de l'Académie des Sciences, Série III, Sciences de la Vie*, **292**(1): 109-112.

Chararas, C., Pignal, M.-C., Vodjdani, G. & Bourgeay-Causse, M. (1983a): Glycosidases and B group vitamins produced by six yeast strains from the digestive tract of *Phoracantha semipunctata* larvae and their role in the insect development. *Mycopathologia*, **83**(1): 9-15.

Chararas, C., Revolon, C., Feinberg, M. & Ducauze, C. (1982): Preference of certain Scolytidae for different conifers: A statistical approach. *Journal of Chemical Ecology*, **8**(8): 1093-1109.

Chararas, C., Rivière, J., Ducauze, C., Rutledge, D., Delpui, G. & Cazelles, M.-T. (1980): Bioconversion d'un composé terpénique sous l'action d'une bactérie du tube digestif de *Phloeosinus armatus* (coléoptère, Scolytidae). *Comptes Rendus des Séances de l'Académie des Sciences, Sér. D, Sciences Naturelles*, **291**: 299-302.

Chattaway, M. (1949): The development of tyloses and secretion of gum in heartwood formation. *Australian Journal of Scientific Research, Series B, Biological Sciences*, **2**(3): 227-240, plts. 1-7.

Chattaway, M.M. (1952): The sapwood–heartwood transition. *Australian Forestry*, **16**(1): 25-34, plts. 1-3.

Chen, H. & Tang, M. (2007): Spatial and temporal dynamics of bark beetles in Chinese white pine in Qinling Mountains of Shaanxi Province, China. *Environmental Entomology*, **36**(5): 1124-1130.

Chen, Ho., Ota, A. & Fonsah, G.E. (2001): Infestation of *Sybra alternans* (Cerambycidae: Coleoptera) in a Hawaii banana plantation. *Proceedings of the Hawaiian Entomological Society*, **35**: 119-122.

陳 輝（Chen, Hu.）・唐 明・朱 長俊・胡 景江（2004）：華山松大小蠹和共生真菌分泌酶組成分析．林業科学（*Scientia Silvae Sinicae*），**40**(5): 123-126.

陳 君（Chen, J.）・程 惠珍（1997）：二歯茎長蠹の発生及防治．昆虫知識（*Entomological Knowledge*），**34**(1): 20-21.

Chen, J., Henderson, G., Grimm, C.C., Lloyd, S.W. & Laine, R.A. (1998): Termites fumigate their nests with naphthalene. *Nature*, **392**(6676): 558-559.

Chen, M., Lu, M. & Zhang, Z. (2002): Characteristics of cellulases from *Anoplophora glabripennis* Motsch (Coleoptera: Cerambycidae). *Forestry Studies in China (English ed.)*, **4**(2): 43-47.

Chen, Y., Ciaramitaro, T. & Poland, T.M. (2011): Moisture content and nutrition as selection forces for emerald ash borer larval feeding behaviour. *Ecological Entomology*, **36**(3): 344-354.

Chen, Y. & Poland, T.M. (2010): Nutritional and defensive chemistry of three North American ash species: Possible roles in host performance and preference by emerald ash borer adults. *Great Lakes Entomologist*, **43**: 20-33.

程 驚秋（Cheng, J.）（1991）：天牛成虫胸部的発音和行為（鞘翅目：天牛科）．林業科学（*Scientia Silvae Sinicae*），**27**(3): 234-237, plt. 1.

Cheng, S., Kirton, L.G. & Gurmit, S. (2008): Termite attack on oil palm grown on peat soil: Identification of pest species and factors contributing to the problem. *The Planter*, **84**(991): 659-670.

Chénier, J.V.R. & Philogène, B.J.R. (1989): Field responses of certain forest Coleoptera to conifer monoterpenes and ethanol. *Journal of Chemical Ecology*, **15**(6): 1729-1745.

Chesters, C.G.C. (1950): On the succession of microfungi associated with the decay of logs and branches. *Lincolnshire Naturalists' Union, Transactions*, **15**: 129-135, 6 plts.

Chiappini, E., Molinari, P., Busconi, M., Callegari, M., Fogher, C. & Bani, P. (2010): *Hylotrupes bajulus* (L.) (Col., Cerambycidae): Nutrition and attacked material. *Julius-Kühn-Archiv*, (425): 97-103.

Chiappini, E. & Nicoli Aldini, R. (2011): Morphological and physiological adaptations of wood-boring beetle larvae in timber. *Journal of Entomological and Acarological Research, Ser. II*, **43**(2): 47-59.

Chipoulet, J.-M. & Chararas, C. (1985): Survey and electrophoretical separation of the glycosidases of *Rhagium inquisitor* (Coleoptera: Cerambycidae) larvae. *Comparative Biochemistry and Physiology, Part B*, **80**(2): 241-246.

Cho, M.-J., Kim, Y.-H., Shin, K., Kim, Y.-K., Kim, Y.-S. & Kim, T.-J. (2010): Symbiotic adaptation of bacteria in the gut of *Reticulitermes speratus*: Low endo-β-1,4-glucanase activity. *Biochemical and Biophysical Research Communications*, **395**(3): 432-435.

Choi, W.I. (2011): Influence of global warming on forest coleopteran communities with special reference to ambrosia and bark beetles. *Journal of Asia-Pacific Entomology*, **14**(2): 227-231.

Choo, Y.M., Lee, K.S., Kim, B.Y., Kim, D.H., Yoon, H.J., Sohn, H.D. & Jin, B.R. (2007): A gut-specific chitinase from the mulberry longicorn beetle, *Apriona germari* (Coleoptera: Cerambycidae): cDNA cloning, gene structure, expression and enzymatic activity. *European Journal of Entomology*, **104**(2): 173-180.

Chouvenc, T., Efstathion, C.A., Elliott, M.L. & Su, N.-Y. (2013): Extended disease resistance emerging from the faecal nest of a subterranean termite. *Proceedings, Royal Society, Biological Sciences*, **280**(20131885): 1-9.

Chouvenc, T. & Su, N.-Y. (2012): When subterranean termites challenge the rules of fungal epizootics. *PLoS ONE*, **7(3-e34484)**: 1-7.

Chouvenc, T., Su, N.-Y. & Grace, J.K. (2011a): Fifty years of attempted biological control of termites: Analysis of a failure. *Biological Control*, **59**(2): 69-82.

Chouvenc, T., Su, N.-Y. & Robert, A. (2011b): Differences in cellular encapsulation of six termite (Isoptera) species against infection by the entomopathogenic fungus *Metarhizium anisopliae*. *Florida Entomologist*, **94**(3): 389-397.

Christensen, D.L., Orech, F.O., Mungai, M.N., Larsen, T., Friis, H. & Aagaard-Hansen, J. (2006): Entomophagy among the Luo of Kenya: A potential mineral source? *International Journal of Food Sciences and Nutrition*, **57**(3/4): 198-203.

Christian, M.B. (1941): Biology of the powder-post beetles, *Lyctus planicollis* Leconte and *Lyctus parallelopipedus* (Melsh.): Part II. *Louisiana Conservation Review*, **10**(1): 40-42.

Christiansen, E. & Ericsson, A. (1986): Starch reserves in *Picea abies* in relation to defence reaction against a bark beetle transmitted blue-stain fungus, *Ceratocystis polonica*. *Canadian Journal of Forest Research*, **16**(1): 78-83.

Christiansen, E., Waring, R.H. & Berryman, A. (1987): Resistance of conifers to bark beetle attack: Searching for general relationships. *Forest Ecology and Management*, **22**(1/2): 89-106.

Chu, H.-m. & Norris, D.M. (1976): Ultrastructure of the compound eye of the haploid male beetle, *Xyleborus ferrugineus*. *Cell and Tissue Research*, **168**(3): 315-324.

Cichan, M.A. & Taylor, T.N. (1982): Wood-borings in *Premnoxylon*: Plant–animal interactions in the Carboniferous.

Palaeogeography, Palaeoclimatology, Palaeoecology, **39**(1/2): 123-127.

Citernesi, U., Neglia, R., Seritti, A., Lepidi, A.A., Filippi, C., Bagnoli, G., Nuti, M.P. & Galluzzi, R. (1977): Nitrogen fixation in the gastro-enteric cavity of soil animals. *Soil Biology and Biochemistry*, **9**(1): 71-72.

Clarke, S.H. (1928): On the relationship between vessel size and *Lyctus* attack in timber. *Forestry*, **2**(1): 47-52, plt. 2.

Clausen, C.A. (1996): Bacterial associations with decaying wood: A review. *International Biodeterioration & Biodegradation*, **37**(1/2): 101-107.

Clayton, N.E. & Srinivasan, V.R. (1981): Biodegradation of lignin by *Candida* spp. *Naturwissenschaften*, **68**(2): 97-98.

Clément, J.-L. & Bagnères, A.-G. (1998): Nestmate recognition in termites. *Pheromone Communication in Social Insects: Ants, Wasps, Bees, and Termites* (R.K. Vander Meer, M.D. Breed, K.E. Espelie & M.L. Winston, eds.). Westview Press, Boulder: 126-155.

Cleveland, L.R. (1924): The physiological and symbiotic relationships between the intestinal protozoa of termites and their host, with special reference to *Reticulitermes flavipes* Kollar. *Biological Bulletin of the Marine Biological Laboratory*, {**46**(4): 178-201; **46**(5): 203-227}.

Cleveland, L.R. (1925): The ability of termites to live perhaps indefinitely on a diet of pure cellulose. *Biological Bulletin of the Marine Biological Laboratory*, **48**(4): 289-293.

Cleveland, L.R. (& Hall, S.R., Sanders, E.P., Collier, J.) (1934): The wood-feeding roach *Cryptocercus*, its protozoa, and the symbiosis between protozoa and roach. *Memoirs of the American Academy of Arts and Sciences*, **17**(2): i-x, 185-343, plts. 1-60, plates explanation pages 1-60.

Cleveland, L.R. & Grimstone, A.V. (1964): The fine structure of the flagellate *Mixotricha paradoxa* and its associated micro-organisms. *Proceedings of the Royal Society of London, Series B, Biological Sciences*, **159**(977): 668-686, plts. 38-45.

Cloud, P., Gustafson, L.B. & Watson, J.A.L. (1980): The works of living social insects as pseudofossils and the age of the oldest known Metazoa. *Science*, **210**(4473): 1013-1015.

Coaton, W.G.H. (1937): The harvester termite: The biology, economic importance and control. *Farming in South Africa*, **12**(135): 249-252.

Coe, M. (1977): The role of termites in the removal of elephant dung in the Tsavo (East) National Park Kenya. *East African Wildlife Journal*, **15**(1): 49-55.

Cognato, A.I. & Grimaldi, D. (2009): 100 million years of morphological conservation in bark beetles (Coleoptera: Curculionidae: Scolytinae). *Systematic Entomology*, **34**(1): 93-100.

Colebrook, F.M. (1937): The aural detection of the larvae of insects in timber. *Journal of Scientific Instruments*, **14**(4): 119-121.

Coleman, G.R. & Baker, J.M. (1974): Resistance to dieldrin and gamma-BHC in the wood-boring insect *Minthea rugicollis* (Walk.) (Coleoptera Lyctidae). *International Biodeterioration Bulletin*, **10**(4): 115-116.

Coleman, T.W. & Seybold, S.J. (2011): Collection history and comparison of the interactions of the goldspotted oak borer, *Agrilus auroguttatus* Schaeffer (Coleoptera: Buprestidae), with host oaks in southern California and southeastern Arizona, U.S.A. *Coleopterists Bulletin*, **65**(2): 93-108.

Colepicolo, P., neto., Bechara, E.J.H., Ferreira, C. & Terra, W.R. (1986): Evolutionary considerations of the spatial organization of digestion in the luminescent predaceous larvae of *Pyrearinus termitilluminans* (Coleoptera: Elateridae). *Insect Biochemistry*, **16**(5): 811-817.

Collins, C.W., Buchanan, W.D., Whitten, R.R. & Hoffmann, C.H. (1936): Bark beetles and other possible insect vectors of the Dutch elm disease *Ceratostomella ulmi* (Schwarz) Buisman. *Journal of Economic Entomology*, **29**(1): 169-176.

Collins, M.S. (1958): Studies on water relations in Florida termites I: Survival time and rate of water loss during drying. *Quarterly Journal of the Florida Academy of Sciences*, **24**(1): 341-352.

Collins, M.S. (1969): Water relations in termites. *Biology of Termites, Volume 1* (K. Krishna & F.M. Weesner, eds.). Academic Press, New York: 433-458.

Collins, M.S. & Richards, A.G. (1966): Studies on water relations in North American termites II: Water loss and cuticular structures in eastern species of the Kalotermitidae (Isoptera). *Ecology*, **47**(2): 328-331.

Collins, N.M. (1983): The utilization of nitrogen resources by termites (Isoptera). *Nitrogen as an Ecological Factor* (J.A. Lee, S. McNeill & I.H. Rorison, eds.). Blackwell Scientific Publications: 381-421.

Collins, T., Gerday, C. & Feller, G. (2005): Xylanases, xylanase families and extremophilic xylanases. *FEMS Microbiology Reviews*, **29**(1): 3-23.

Conn, J.E., Borden, J.H., Hunt, D.W.A., Holman, J., Whitney, H.S., Spanier, O.J., Pierce, H.D., Jr. & Oehlschlager, A.C. (1984): Pheromone production by axenically reared *Dendroctonus ponderosae* and *Ips paraconfusus* (Coleoptera: Scolytidae). *Journal of Chemical Ecology*, **10**(2): 281-290.

Connell, F.H. (1930): The morphology and life-cycle of *Oxymonas dimorpha* sp. nov., from *Neotermes simplicicornis* (Banks). *University of California Publications in Zoology*, **36**(2): 51-66, plt. 3.

Conner, R.N., Miller, O.K. & Adkisson, C.S. (1976): Woodpecker dependence on trees infected by fungal heart rots. *Wilson Bulletin*, **88**(4): 575-581.

Connétable, S., Robert, A., Bouffault, F. & Bordereau, C. (1999): Vibratory alarm signals in two sympatric higher termite species: *Pseudacanthotermes spiniger* and *P. militaris* (Termitidae, Macrotermitinae). *Journal of Insect Behavior*, **12**(3): 329-342.

Constantino, R. (1992): Abundance and diversity of termites (Insecta: Isoptera) in two sites of primary rain forest in Brazilian Amazonia. *Biotropica*, **24**(3): 420-430.

Contour-Ansel, D., Garnier-Sillam, E., Lachaux, M. & Croci, V. (2000): High performance liquid chromatography studies on the polysaccharides in the walls of the mounds of two species of termite in Senegal, *Cubitermes oculatus* and *Macrotermes subhyalinus*: Their origin and contribution to structural stability. *Biology and Fertility of Soils*, **31**(6): 508-516.

Cook, D.M. & Doran-Peterson, J. (2010): Mining diversity of the natural biorefinery housed within *Tipula abdominalis* larvae for use in an industrial biorefinery for production of lignocellulosic ethanol. *Insect Science*, **17**(3): 303-312.

Cook, S.F. & Scott, K.G. (1933): The nutritional requirements of *Zootermopsis* (*Termopsis*) *angusticollis*. *Journal of Cellular and Comparative Physiology*, **4**(1): 95-110.

Cook, S.P. & Hain, F.P. (1988): Toxicity of host monoterpenes to *Dendroctonus frontalis* and *Ips calligraphus* (Coleoptera: Scolytidae). *Journal of Entomological Science*, **23**(3): 287-292.

Cookson, L.J. (1987): ^{14}C-lignin degradation by three Australian termite species. *Wood Science and Technology*, **21**(1): 11-25.

Cornaby, B.W. & Waide, J.B. (1973): Nitrogen fixation in decaying chestnut logs. *Plant and Soil*, **39**(2): 445-448.

Cornelius, M.L., Bland, J.M., Daigle, D.J., Williams, K.S, Lovisa, M.P., Connick, W.J., Jr. & Lax, A.R. (2004): Effect of a lignin-degrading fungus on feeding preferences of Formosan subterranean termite (Isoptera: Rhinotermitidae) for different commercial lumber. *Journal of Ecomonic Entomology*, **97**(3): 1025-1035.

Cornelius, M.L., Daigle, D.J., Connick, W.J., Jr., Williams, K.S & Lovisa, M.P. (2003): Responses of the Formosan subterranean termite (Isoptera: Rhinotermitidae) to wood blocks inoculated with lignin-degrading fungi. *Sociobiogy*, **41**(2): 513-525.

Cornelius, M.L., Duplessis, L.M. & Osbrink, W.L.A. (2007): The impact of hurricane Katrina on the distribution of subterranean termite colonies (Isoptera: Rhinotermitidae) in City Park, New Orleans, Louisiana. *Sociobiology*, **50**(2): 311-335.

Cornelius, M.L. & Osbrink, W.L.A. (2010): Effect of flooding on the survival of Formosan subterranean termites (Isoptera: Rhinotermitidae) in laboratory tests. *Sociobiology*, **56**(3): 699-711.

Cornu, A., Besle, J.M., Mosoni, P. & Grenet, E. (1994): Lignin–carbohydrate complexes in forages: structure and consequences in the ruminal degradation of cell-wall carbohydrates. *Reproduction Nutrition Development*, **34**(5): 385-398.

Cornwell, W.K., Cornelissen, J.H.C., Allison, S.D., Bauhus, J., Eggleton, P., Preston, C.M., Scarff, F., Weedon, J.T., Wirth, C. & Zanne, A.E. (2009): Plant traits and wood fates across the globe: Rotted, burned, or consumed? *Global Change Biology*, **15**(10): 2431-2449.

Costa, C. & Vanin, S.A. (2010): Coleoptera larval fauna associated with termite nests (Isoptera) with emphasis on the "bioluminescent termite nests" from central Brazil. *Psyche*, **2010**(723947): 1-12.

Coulson, R.N. (1979): Population dynamics of bark beetles. *Annual Review of Entomology*, **24**: 417-447.

Coulson, R.N., Hennier, P.B., Flamm, R.O., Rykiel, E.J., Hu, L.C. & Payne, T.L. (1983): The role of lightning in the epidemiology of the southern pine beetle. *Zeitschrift für Angewandte Entomologie*, **96**(2): 182-193.

Coulson, R.N. & Lund, A.E. (1973): The degradation of wood by insects. *Wood Deterioration and its Prevention by Preservative Treatments, Volume 1: Degradation and Protection of Wood* (D.D. Nicholas, ed.). Syracuse University Press: 277-305.

Coulson, R.N., Pope, D.N., Gagne, J.A., Fargo, W.S., Pulley, P.E., Edson, L.J. & Wagner, T.L. (1980): Impact of foraging by *Monochamus titilator* [Col.: Cerambycidae] on within-tree populations of *Dendroctonus frontalis* [Col.: Scolytidae]. *Entomophaga*, **25**(2): 155-170.

Courtois, J.É. & Chararas, C. (1966): Les enzymes hydrolysant les glucides (hydrates de carbone) chez les insectes xylophages parasites des conifères et de quelques autres arbres forestiers. *Beihefte zu Material und Organismen*, (1): 127-150.

Courtois, J.-É., Chararas, C. & Debris, M.-M. (1961a): Recherches préliminaires sur l'attaque enzymatique des glucides par un coléoptère xylophage: *Ips typographus*. *Bulletin de la Société de Chimie Biologique*, **43**(11): 1173-1187.

Courtois, J.É., Chararas, C. & Debris, M.-M. (1961b): Étude de l'attaque enzymatique des glucides par un coléoptère xylophage: *Ips typographus* L. *Comptes Rendus Hebdomadaires des Séances de l'Académie des Sciences*, **252**: 2608-2609.

Courtois, J.-É., Chararas, C. & Debris, M.-M. (1964): Influence de quelques antibiotiques sur les larves xylophages de *Capnodis* et leurs osidases. *Annales Pharmaceutiques Françaises*, **22**(11/12): 629-634.

Courtois, J.É., Chararas, C., Debris, M.M. & Laurant-Hubé, H. (1965): Répartition comparée des osidases chez les insectes xylophages parasites des arbres forestiers. *Bulletin de la Société de Chimie Biologique*, **47**(12): 2219-2231.

Cowie, R.H., Logan, J.W.M. & Wood, T.G. (1989): Termite (Isoptera) damage and control in tropical forestry with special reference to Africa and Indo-Malasia: A review. *Bulletin of Entomological Research*, **79**(2): 173-184.

Cowles, R.B. (1928): The life history of *Varanus niloticus*. *Science*, **67**(1734): 317-318.

Cowley, R.J., Howard, D.C. & Smith, R.H. (1980): The effect of grain stability on damage caused by *Prostephanus truncatus* (Horn) and three other beetle pests of stored maize. *Journal of Stored Products Research*, **16**(2): 75-78.

Cowling, E.B. & Merrill, W. (1966): Nitrogen in wood and its role in wood deterioration. *Canadian Journal of Botany*, **44**(11): 1539-1554.

Coy, M.R., Salem, T.Z., Denton, J.S., Kovaleva, E.S., Liu, Z., Barber, D.S., Campbell, J.H., Davis, D.C., Buchman, G.W., Boucias, D.G. & Scharf, M.E. (2010): Phenol-oxidizing laccases from the termite gut. *Insect Biochemistry and Molecular Biology*, **40**(10): 723-732.

Coyle, D.R., Booth, D.C. & Wallace, M.S. (2005): Ambrosia beetle (Coleoptera: Scolytidae) species, flight, and attack on living eastern cottonwood trees. *Journal of Economic Entomology*, **98**(6): 2049-2057.

Craighead, F.C. (1921): Hopkins host-selection principle as related to certain cerambycid beetles. *Journal of Agricultural Research*, **22**(4): 189-220.

Craighead, F.C. (1923): North American cerambycid larvae: A classification and the biology of North American cerambycid larvae. *Bulletin of the Department of Agriculture, Canada, N.S.*, (27): 1-239.

Craighead, F.C. (1925): Bark-beetle epidemics and rainfall deficiency. *Journal of Economic Entomology*, **18**(4): 577-586.

Craighead, F.C. (1928): Interrelation of tree-killing barkbeetles (*Dendroctonus*) and blue stains. *Journal of Forestry*, **26**(7): 886-887.

Cramer, H.H. (1954): Untersuchungen über den Pappelbock *Saperda carcharias* L. *Zeitschrift für Angewandte Entomologie*, **35**(4): 425-458.

Cranston, P.S. (1982): The metamorphosis of *Symposiocladius lignicola* (Kieffer) n. gen., n. comb., a wood-mining Chironomidae

(Diptera). *Entomologica Scandinavica*, **13**(4): 419-429.

Crespi, B.J. & Yanega, D. (1995): The definition of eusociality. *Behavioral Ecology*, **6**(1): 109-115.

Cribb, B.W., Stewart, A., Huang, H., Truss, R., Noller, B., Rasch, R. & Zalucki, M.P. (2008a): Insect mandibles: Comparative mechanical properties and links with metal incorporation. *Naturwissenschaften*, **95**(1): 17-23.

Cribb, B.W., Stewart, A., Huang, H., Truss, R., Noller, B., Rasch, R. & Zalucki, M.P. (2008b): Unique zinc mass in mandibles separates drywood termites from other groups of termites. *Naturwissenschaften*, **95**(5): 433-441.

Crist, T.O. & Friese, C.F. (1994): The use of ant nests by subterranean termites in two semiarid ecosystems. *American Midland Naturalist*, **131**(2): 370-373.

Crook, D.J., Lance, D.R. & Mastro, V.C. (2014): Identification of a potential third component of the male-produced pheromone of *Anoplophora glabripennis* and its effect on behavior. *Journal of Chemical Ecology*, **40**(11/12): 1241-1250.

Croteau, R., Gurkewitz, S., Johnson, M.A. & Fisk, H.J. (1987): Biochemistry of oleoresinosis. *Plant Physiology*, **85**(4): 1123-1128.

Croteau, R. & Johnson, M.A. (1985): Biosynthesis of terpenoid wood extractives. *Biosynthesis and Biodegradation of Wood Components* (T. Higuchi, ed.). Academic Press, Orlando: 379-439.

Crowson, R.A. (1962): Observations on the beetle family Cupedidae, with descriptions of two new fossil forms and a key to the recent genera. *Annals & Magazine of Natural History, 13th Series*, **5**(49): 147-157, plts. 3-4.

Crowson, R.A. (1968): The natural classification of the families of Coleoptera: Addenda and corrigenda. *Entomologist's Monthly Magazine*, **103**: 209-214.

Crowson, R.A. (1974): Observations on Histeroidea, with descriptions of an apterous larviform male and of the internal anatomy of a male *Sphaerites*. *Journal of Entomology, Series B, Taxonomy*, **42**(2): 133-140.

Cymorek, S. (1961): Die in Mitteleuropa einheimischen und eingeschleppten Splintholzkäfer aus der Familie Lyctidae. *Entomologische Blätter*, **57**(2): 76-102.

Cymorek, S. (1963): Holzangriff durch Larven der Ampferblattwespe *Ametastegia glabrata* Fall. (Hym., Tenthredinidae). *Anzeiger für Schädlingskunde*, **36**(12): 193-196.

Cymorek, S. (1966): Experimente mit *Lyctus*. *Beihefte zu Material und Organismen*, (1): 391-413.

Cymorek, S. (1967): Über den Einfluß der Holzdichte auf die Entwicklung von Holzinsekten und Versuche darüber mit *Lyctus brunneus* (Steph.) in Preßholz. *Material und Organismen*, **2**(3): 195-205.

Cymorek, S. (1968): Adaptations in wood-boring insects: Examples of morphological, anatomical, physiological and behavioural features. *Record of the 18th Annual Convention of the British Wood Preservation Association*: 161-170.

Cymorek, S. (1976): Zur Immunität von Rotbuchenholz (*Fagus sylvatica* L.) gegenüber Befall durch *Lyctus brunneus* (Steph.) und *Lyctus africanus* Lesne (Col., Lyctidae). *Beihefte zu Material und Organismen*, (3): 441-446.

Cymorek, S. (1978): Über Wespen als Holzverderber: Schäden, Ursachen, Bekämpfung. *Praktische Schädlingsbekämpfer*, **30**(5): 53-61.

Cymorek, S. (1982): Schwarzer Getreidenager, ein Vorratsschädling als Holzverderber. *Holz-Zentralblatt*, **108**(137): 1953.

Cymorek, S. & Schmidt, H. (1976): Über das Nage- und Fraßverhalten der Splintholzkäfer (Lyctidae) unter Berücksichtigung ihrer Darmstruktur und Darmparasiten (Sporozoa). *Beihefte zu Material und Organismen*, (3): 429-440.

Da Costa, E.W.B., Rudman, P. & Gay, F.J. (1958): Investigations on the durability of *Tectona grandis*. *Empire Forestry Review*, **37**(3): 291-298.

Da Costa, E.W.B., Rudman, P. & Gay, F.J. (1961): Relationship of growth rate and related factors to durability in *Tectona grandis*. *Empire Forestry Review*, **40**(4): 308-319.

Dajoz, R. (1968): La digestion du bois par les insectes xylophages. *Anneé Biologique, 4. Sér.*, **7**(1/2): 1-38.

Dajoz, R. (1974): Les insectes xylophages et leur rôle dans la dégradation du bois mort. *Écologie Forestière: La Forêt: Son Climat, son Sol, ses Arbres, sa Faune* (P. Pesson, ed.). Gauthier-Villars, Paris: 257-307.

Dajoz, R. (1975): À propos des coléoptères Rhysodidae de la faune européenne. *L'Entomologiste*, **31**(1): 1-10.

Dajoz, R. (1998): Le feu et son influence sur les insectes forestiers: Mis au point bibliographique et présentation de trois cas observés dans l'ouest des États-Unis. *Bulletin de la Société Entomologique de France*, **103**(3): 299-312.

Damon, A. (2000): A review of the biology and control of the coffee berry borer, *Hypothenemus hampei* (Coleoptera: Scolytidae). *Bulletin of Entomological Research*, **90**(6): 453-465.

Dangerfield, J.M., McCarthy, T.S. & Ellery, W.N. (1998): The mound-building termite *Macrotermes michaelseni* as an ecosystem engineer. *Journal of Trorical Ecology*, **14**(4): 507-520.

Dangerfield, J.M. & Schuurman, G. (2000): Foraging by fungus-growing termites (Isoptera: Termitidae, Macrotermitinae) in the Okavango Delta, Botswana. *Journal of Tropical Ecology*, **16**(5): 717-731.

Danthanarayana, W. & Fernando, S.N. (1970a): A method of controlling termite colonies that live within plants. *International Pest Control*, **12**(1): 10-14.

Danthanarayana, W. & Fernando, S.N. (1970b): Biology and control of the live-wood termites of tea. *Tea Quarterly*, **41**: 34-52.

Darlington, J.P.E.C. (2012): Termites (Isoptera) as secondary occupants in mounds of *Macrotermes michaelseni* (Sjöstedt) in Kenya. *Insectes Sociaux*, **59**(2): 159-165.

Darlington, J.P.E.C., Zimmerman, P.R., Greenberg, J., Westberg, C. & Bakwin, P. (1997): Production of metabolic gases by nests of the termite *Macrotermes jeannelli* in Kenya. *Journal of Tropical Ecology*, **13**(4): 491-510.

Darvill, A., McNeil, M., Albersheim, P. & Delmer, D.P. (1980): The primary cell walls of flowering plants. *The Biochemistry of Plants, A Comprehensive Treatise, Volume 1: The Plant Cell* (N.E. Tolbert, ed.). Academic Press, New York: 91-162.

Dauterman, W.C. & Hodgson, E. (1978): Detoxication mechanisms in insects. *Biochemistry of Insects* (M. Rockstein, ed.). Academic Press, New York: 541-577.

Davis, R.W., Kamble, S.T. & Prabhakaran, S.K. (1995): Characterization of general esterases in workers of the eastern subterranean termite (Isoptera: Rhinotermitidae). *Journal of Economic Entomology*, **88**(3): 574-578.

Davis, T.S. & Hofstetter, R.W. (2011): Oleoresin chemistry mediates oviposition behavior and fecundity of a tree-killing bark beetle. *Journal of Chemical Ecology*, **37**(11): 1177-1183.

Davis, T.S. & Hofstetter, R.W. (2012): Plant secondary chemistry mediates the performance of a nutritional symbiont associated with a tree-killing herbivore. *Ecology*, **93**(2): 421-429.

Davis, T.S., Hofstetter, R.W., Foster, J.T., Foote, N.E. & Keim, P. (2011): Interactions between the yeast *Ogataea pini* and filamentous fungi associated with the western pine beetle. *Microbial Ecology*, **61**(3): 626-634.

Davison, A. & Blaxter, M. (2005): Ancient origin of glycosyl hydrolase family 9 cellulase genes. *Molecular Biology and Evolution*, **22**(5): 1273-1284.

Deblauwe, I. & Janssens, G.P.J. (2008): New insights in insect prey choice by chimpanzees and gorillas in southeast Cameroon: The role of nutritional value. *American Journal of Physical Anthropology*, **135**(1): 42-55.

Debris, M.M., Chararas, C. & Courtois, J.E. (1964): Répartition des enzymes hydrolysant les polysaccharides chez quelques insectes parasites des peupliers et un xylophage du cèdre. *Comptes Rendus des Séances de la Société de Biologie et de ses Filiales*, **158**(6): 1241-1243.

Dechmann, D.K.N., Kalko, E.K.V. & Kerth, G. (2004): Ecology of an exceptional roost: Energetic benefits could explain why the bat *Lophostoma silvicolum* roosts in active termite nests. *Evolutionary Ecology Research*, **6**(7): 1037-1050.

de Fine Licht, H.H., Boomsma, J.J. & Aanen, D.K. (2007): Asymmetric interaction specificity between two sympatric termites and their fungal symbionts. *Ecological Entomology*, **32**(1): 76-81.

DeFoliart, G.R. (1975): Insects as a source of protein. *Bulletin of the Entomological Society of America*, **21**(3): 161-163.

DeFoliart, G.R. (1995): Edible insects as minilivestock. *Biodiversity and Conservation*, **4**(3): 306-321.

Deglow, E.K. & Borden, J.H. (1998a): Green leaf volatiles disrupt and enhance response to aggregation pheromones by the ambrosia beetle, *Gnathotrichus sulcatus* (Coleoptera: Scolytidae). *Canadian Journal of Forest Research*, **28**(11): 1697-1705.

Deglow, E.K. & Borden, J.H. (1998b): Green leaf volatiles disrupt and enhance response by the ambrosia beetle, *Gnathotricus retusus* (Coleoptera: Scolytidae) to pheromone-baited traps. *Journal of the Entomological Society of British Columbia*, **95**: 9-15.

DeGraaf, R.M. & Shigo, A.L. (1985): Managing cavity trees for wildlife in the Northeast. *General Technical Report, NE, United States Department of Agriculture, Forest Service, Northeastern Forest Experiment Station*, (101): 0-21.

Dejean, A., Bolton, B. & Durand, J.L. (1997): *Cubitermes subarquatus* termitaries as shelters for soil fauna in African rainforests. *Journal of Natural History*, **31**(8): 1289-1302.

De Jong, M.C.M. & Grijpma, P. (1986): Competition between larvae of *Ips typographus*. *Entomologia Experimentalis et Applicata*, **41**(2): 121-133.

Dekker, R.F.H. & Richards, G.N. (1976): Hemicellulases: Their occurrence, purification, properties, and mode of action. *Advances in Carbohydrate Chemistry and Biochemistry*, **32**: 277-352.

Delalibera, I., Jr., Handelsman, J. & Raffa, K.F. (2005): Contrasts in cellulolytic activities of gut microorganisms between the wood borer, *Saperda vestita* (Coleoptera: Cerambycidae), and the bark beetles, *Ips pini* and *Dendroctonus frontalis* (Coleoptera: Curculionidae). *Environmental Entomology*, **34**(3): 541-547.

Delaplane, K.S. & La Fage, J.P. (1989): Preference for moist wood by the Formosan subterranean termite (Isoptera: Rhinotermitidae). *Journal of Economic Entomology*, **82**(1): 95-100.

Deligne, J. (1966): Caractères adaptatifs au régime alimentaire dans la mandibule des termites (insectes isoptères). *Comptes Rendus Hebdomadaires des Séances de l'Académie des Sciences, Série D*, **263**(18): 1323-1325.

Deligne, J., Quennedey, A. & Blum, M.S. (1981): The enemies and defense mechanisms of termites. *Social Insects, Vol. 2* (H.R. Hermann, ed.). Academic Press, New York: 1-76.

Deng, W., Lin, A., Yi, A., Wu, D., Feng, L., Hu, Y., Dong, Y. & Mo, J. (2011): Liquid chemicals for inhibiting the damage of *Odontotermes formosanus* and *Macrotermes barneyi* (Isoptera: Termitidae) to trees. *Sociobiology*, **58**(1): 31-35.

Dennis, C. (1972): Breakdown of cellulose by yeast species. *Journal of General Microbiology*, **71**(2): 409-411.

Deoras, P.J. (1949): Mound-forming termites and their control. *Current Science*, **18**(12): 445-446.

Derby, R.W. & Gates, D.M. (1966): The temperature of tree trunks: Calculated and observed. *American Journal of Botany*, **53**(6): 580-587.

Derksen, W. (1941): Die Succession der pterygoten Insekten im abgestorbenen Buchenholz. *Zeitschrift für Morphologie und Ökologie der Tiere*, **37**(4): 683-734.

Desai, M.S. & Brune, A. (2012): Bacteroidales ectosymbionts of gut flagellates shape the nitrogen-fixing community in dry-wood termites. *ISME Journal*, **6**(7): 1302-1313.

Desai, M., Strassert, J.F.H., Meuser, K., Hertel, H., Ikeda-Ohtsubo, W., Radek, R. & Brune, A. (2010): Strict cospeciation of devescovinid flagellates and Bacteroidales ectosymbionts in the gut of dry-wood termites (Kalotermitidae). *Environmental Microbiology*, **12**(8): 2120-2132.

Deschamps, P. (1945): Sur la digestion du bois par les larves de cérambycides (Note préliminaire). *Bulletin de la Société Entomologique de France*, **49**: 104-108.

de Seabra, A.F. (1907): Quelques observations sur le *Calotermes flavicollis* (Fab.) et le *Termes lucifagus*[sic] Rossi. *Bulletin de la Société Portugaise des Sciences Naturelles*, **1**(3): 122-123, errata.

Deshmukh, I. (1989): How important are termites in the production ecology of African savannas? *Sociobiology*, **15**(2): 155-168.

DeSouza, O., Araújo, A.P.A. & Reis, R., Jr. (2009): Trophic controls delaying foraging by termites: Reasons for the ground being brown? *Bulletin of Entomological Research*, **99**(6): 603-609.

de Souza, R.M., dos Anjos, N. & Mourão, S.A. (2009): *Apate terebrans* (Pallas) (Coleoptera: Bostrychidae) atacando árvores de nim no Brasil. *Neotropical Entomology*, **38**(3): 437-439.

Detmers, H.-B., Laborius, G.-A., Rudolph, D. & Schulz, F.A. (1993): Befall von Holz durch den grossen Kornbohrer *Prostephanus truncatus* (Horn) (Coleoptera: Bostrichidae). *Mitteilungen der Deutschen Gesellschaft für Allgemeine und Angewandte Entomologie*, **8**: 803-808.

de Visser, S.N., Freymann, B.P. & Schnyder, H. (2008): Trophic interactions among invertebrates in termitaria in the African savanna: A stable isotope approach. *Ecological Entomology*, **33**(6): 758-764.

Dhanarajan, G. (1978): Cannibalism and necrophagy in a subterranean termite [*Reticulitermes lucifugus* var. *santonensis*]. *Malayan Nature Journal*, **31**(4): 237-251.

Dhanarajan, G. (1980): A quantitative account of the behavioral repertoire of a subterranean termite (*Reticulitermes lucifugus* var *santonensis* Feytaud). *Malayan Nature Journal*, **33**(3/4): 157-173.

Dhawan, S. & Mishra, S.C. (2005): Influence of felling season and moon phase on natural resistance of bamboos against termite. *Indian Forester*, **131**(11): 1486-1492.

Diaye, D.N., Duponnois, R., Brauman, A. & Lepage, M. (2003): Impact of a soil feeding termite, *Cubitermes niokoloensis*, on the symbiotic microflora associated with a fallow leguminous plant *Crotalaria ochroleuca*. *Biology and Fertility of Soils*, **37**(5): 313-318.

Dicke, M. (1994): Local and systemic production of volatile herbivore-induced terpenoids: Their role in plant–carnivore mutualism. *Journal of Plant Physiology*, **143**(4/5): 465-472.

Dickens, J.C., Billings, R.F. & Payne, T.L. (1992): Green leaf volatiles interrupt aggregation pheromone response in bark beetles infesting southern pines. *Experientia*, **48**(5): 523-524.

Dietrichs, H.H. (1964): Das Verhalten von Kohlenhydraten bei der Holzverkernung. *Holzforschung*, **18**(1/2): 14-24.

Di Iorio, O.R. (1996): Cerambycidae y otros Coleoptera de Leguminosae cortadas por *Oncideres germari* (Lamiinae: Onciderini) en Argentina. *Revista de Biología Tropical*, **44**(2): 551-565.

丁 保福（Ding, B.-F.）・魏 建栄・趙 建興・楊 忠岐（2009）：光肩星天牛幼虫虫糞揮発物成分分析．環境昆虫学報（*Journal of Environmental Entomology*），**31**(3): 208-212.

Dixon, W.N. & Payne, T.L. (1980): Attraction of entomophagous and associate insects of the southern pine beetle to beetle- and host tree-produced volatiles. *Journal of the Georgia Entomological Society*, **15**(4): 378-389.

Dodds, K.J., Graber, C. & Stephen, F.M. (2001): Facultative intraguild predation by larval Cerambycidae (Coleoptera) on bark beetle larvae (Coleoptera: Scolytidae). *Environmental Entomology*, **30**(1): 17-22.

Dodelin, B., Pene, B. & André, J. (2005): L'alimentation des coléoptères saproxyliques et notes sur les contenus stomacaux de cinq espèces. *Bulletin Mensuel de la Société Linnéenne de Lyon*, **74**(10): 335-345, pl. 1.

Doerksen, A.H. & Mitchell, R.G. (1965): Effects of the balsam woolly aphid upon wood anatomy of some western true firs. *Forest Science*, **11**(2): 181-188.

土居修一・西本孝一（1986）：ナミダタケによる木造住宅の被害に関するケーススタディ．木材研究・資料，(22): 78-98.

Dolan, M.F. (2001): Speciation of termite gut protist: The role of bacterial symbionts. *International Microbiology*, **4**(4): 203-208.

Dolan, M.F., Weir, A.M., Melnitsky, H., Whiteside, J.H. & Margulis, L. (2004): Cysts and symbionts of *Staurojoenina assimilis* Kirby from *Neotermes*. *European Journal of Protistology*, **40**(4): 257-264.

Dolejšová, K., Krasulová, J., Kutalová, K. & Hanus, R. (2014): Chemical alarm in the termite *Termitogeton planus* (Rhinotermitidae). *Journal of Chemical Ecology*, **40**(11/12): 1269-1276.

Donley, D.E. (1983): Cultural control of the red oak borer (Coleoptera: Cerambycidae) in forest management units. *Journal of Economic Entomology*, **76**(4): 927-929.

Donovan, S.E., Eggleton, P. & Bignell, D.E. (2001b): Gut content analysis and a new feeding group classification of termites. *Ecological Entomology*, **26**(4): 356-366.

Donovan, S.E., Eggleton, P., Dubbin, W.E., Batchelder, M. & Dibog, L. (2001a): The effect of a soil-feeding termite, *Cubitermes fungifaber* (Isoptera: Termitidae) on soil properties: Termites may be an important source of soil microhabitat heterogeneity in tropical forests. *Pedobiologia*, **45**(1): 1-11.

Donovan, S.E., Purdy, K.J., Kane, M.D. & Eggleton, P. (2004): Comparison of Euryarchaea strains in the guts and food-soil of the soil-feeding termite *Cubitermes fungifaber* across different soil types. *Applied and Environmental Microbiology*, **70**(7): 3884-3892.

d'Orey, F.L.C. (1975): Contribution of termite mounds to locating hidden copper deposits. *Transactions of the Institution of Mining and Metallurgy, Section B, Applied Earth Science*, **84**: 150-151.

Douglas, A.E. (1989): Mycetocyte symbiosis in insects. *Biological Reviews of the Cambridge Philosophical Society*, **64**(4): 409-434.

Douglas, A.E. (2009): The microbial dimension in insect nutritional ecology. *Functional Ecology*, **23**(1): 38-47.

Dowd, P.F. (1989): *In situ* production of hydrolytic detoxifying enzymes by symbiotic yeasts in the cigarette beetle (Coleoptera: Anobiidae). *Journal of Economic Entomology*, **82**(2): 396-400.

Dowd, P.F. (1990): Detoxification of plant substances by insects. *CRC Handbook of Natural Pesticides, Volume VI: Insect Attractants and Repellents* (E.D. Morgan & N.B. Mandava, eds.). CRC Press, Boca Raton: 181-225.

Dowd, P.F. (1991): Symbiont-mediated detoxification in insect herbivores. *Microbial Mediation of Plant–Herbivore Interactions* (P. Barbosa, V.A. Krischik & C.G. Jones, eds.). John Wiley & Sons, New York: 411-440.

Dowd, P.F. (1992): Insect fungal symbionts: A promising source of detoxifying enzymes. *Journal of Industrial Microbiology*, **9**(3/4): 149-161.

Dowding, P. (1973): Effects of felling time and insecticide treatment on the interrelationships of fungi and arthropods in pine logs. *Oikos*, **24**(3): 422-429.

Dowding, P. (1984): The evolution of insect–fungus relationships in the primary invasion of forest timber. *Invertebrate–Microbial*

Interactions (J.M. Anderson, A.D.M. Rayner & D.W.H. Walton, eds.). Cambridge University Press: 133-153.

Dudley, T. & Anderson, N.H. (1982): A survey of invertebrates associated with wood debris in aquatic habitats. *Melanderia*, **39**: 1-21.

Dudley, T.L. & Anderson, N.H. (1987): The biology and life cycles of *Lipsothrix* spp. (Diptera: Tipulidae) inhabiting wood in western Oregon streams. *Freshwater Biology*, **17**(3): 437-451.

Dunn, J.P., Kimmerer, T.W. & Nordin, G.L. (1986): The role of host tree condition in attack of white oaks by the twolined chestnut borer, *Agrilus bilineatus* (Weber) (Coleoptera: Buprestidae). *Oecologia*, **70**(4): 596-600.

Dunn, J.P., Kimmerer, T.W. & Potter, D.A. (1987): Winter starch reserves of white oak as a predictor of attack by the twolined chestnut borer, *Agrilus bilineatus* (Weber) (Coleoptera: Buprestidae). *Oecologia*, **74**(3): 352-355.

Dunn, J.P. & Lorio, P.L., Jr. (1993): Modified water regimes affect photosynthesis, xylem water potential, cambial growth, and resistance of juvenile *Pinus taeda* L. to *Dendroctonus frontalis* (Coleoptera: Scolytidae). *Environmental Entomology*, **22**(5): 948-957.

Dunn, J.P. & Potter, D.A. (1991): Synergistic effects of oak volatiles with ethanol in the capture of saprophagous wood borers. *Journal of Entomological Science,* **26**(4): 425-429.

Dunn, J.P., Potter, D.A. & Kimmerer, T.W. (1990): Carbohydrate reserves, radial growth, and mechanisms of resistance of oak trees to phloem-boring insects. *Oecologia*, **83**(4): 458-468.

Duponnois, R., Paugy, M., Thioulouse, J., Masse, D. & Lepage, M. (2005): Functional diversity of soil microbial community, rock phosphate dissolution and growth of *Acacia seyal* as influenced by grass-, litter- and soil-feeding termite nest structure amendments. *Geoderma*, **124**(3/4): 349-361.

Dupont, S. & Pape, T. (2009): A review of termitophilous and other termite-associated scuttle flies worldwide (Diptera: Phoridae). *Terrestrial Arthropod Reviews*, **2**(1): 3-40.

Duringer, P., Schuster, M., Genise, J.F., Mackaye, H.T., Vignaud, P. & Brunet, M. (2007): New termite trace fossils: Galleries, nests and fungus combs from the Chad basin of Africa (Upper Miocene–Lower Pliocene). *Palaeogeography, Palaeoclimatology, Palaeoecology*, **251**(3/4): 323-353.

Duval, B.D. & Whitford, W.G. (2008): Resource regulation by a twig-girdling beetle has implications for desertification. *Ecological Entomology*, **33**(2): 161-166.

Dyer, E.D.A. & Chapman, J.A. (1965): Flight and attack of the ambrosia beetle, *Trypodendron lineatum* (Oliv.) in relation to felling date of logs. *Canadian Entomologist*, **97**(1): 42-57.

Ebert, A. & Brune, A. (1997): Hydrogen concentration profiles at the oxic–anoxic interface: A microsensor study of the hindgut of the wood-feeding lower termite *Reticulitermes flavipes* (Kollar). *Applied and Environmental Microbiology*, **63**(10): 4039-4046.

海老根翔六・金川 侃 (1981): 採種園におけるスギカミキリの被害. 林木の育種, 1981 特別号: 12-15.

Edde, P.A. & Phillips, T.W. (2006): Potential host affinities for the lesser grain borer, *Rhyzopertha dominica*: Behavioral responses to host odors and pheromones and reproductive ability on non-grain hosts. *Entomologia Experimentalis et Applicata*, **119**(3): 255-263.

Edel'man, N.M. & Malysheva, M.S. (1959): [The studies of the life-habits of *Scolytus intricatus* Ratz. (Coleoptera, Ipidae) in the oak-woods of the Salava forestry (Voronezh Region).] (in Russ. with Eng. summ.) *Entomologicheskoe Obozrenie*, **38**(2): 368-381.

Edmonds, R.L. & Eglitis, A. (1989): The role of the Douglas-fir beetle and wood borers in the decomposition of and nutrient release from Douglas-fir logs. *Canadian Journal of Forest Research*, **19**(7): 853-859.

Edwards, J.S. (1961): Observations on the biology of the immature stages of *Prionoplus reticularis* White (Col. Ceramb.). *Transactions of the Royal Society of New Zealand*, **88**(4): 727-731, pl. 60.

Egert, M., Wagner, B., Lemke, T., Brune, A. & Friedrich, M.W. (2003): Microbial community structure in midgut and hindgut of the humus-feeding larva of *Pachnoda ephippiata* (Coleoptera: Scarabaeidae). *Applied and Environmental Microbiology*, **69**(11): 6659-6668.

Egger, A. (1974): Beiträge zur Morphologie und Biologie von *Hylecoetus dermestoides* L. (Col., Lymexylonidae). *Anzeiger für Schädlingskunde, Pflanzen- und Umweltschutz Vereinigt mit Schädlingsbekämpfung*, **47**(1): 7-11.

Eggleton, P. (2000): Global patterns of termite diversity. *Termites: Evolution, Sociality, Symbioses, Ecology* (T. Abe, D.E. Bignell & M. Higashi, eds.). Kluwer Academic Publishers, Dordrecht: 25-51.

Eggleton, P. (2006): The termite gut habitat: its evolution and co-evolution. *Soil Biology, vol. 6: Intestinal Microorganisms of Termites and Other Invertebrates* (H. König & A. Varma, eds.). Springer, Berlin & Heidelberg: 373-404.

Eggleton, P. (2011): An introduction to termites: Biology, taxonomy and functional morphology. *Biology of Termites: A modern Synthesis* (D.E. Bignell, Y. Roisin & N. Lo, eds.). Springer: 1-26.

Eggleton, P., Beccaloni, G. & Inward, D. (2007): Response to Lo *et al.* *Biology Letters, The Royal Society*, **3**(5): 564-565.

Eggleton, P. & Bignell, D.E. (1997): Secondary occupation of epigeal termite (Isoptera) mounds by other termites in the Mbalmayo Forest Reserve, southern Cameroon, and its biological significance. *Journal of African Zoology*, **111**(6): 489-498.

Ehnström, B. (2001): Leaving dead wood for insects in boreal forests: Suggestions for the future. *Scandinavian Journal of Forest Research, Supplement*, (3): 91-98.

Eichler, W. (1940): Brotkäfer als Schädling, insbesondere als Holzzerstörer. *Mitteilungen der Gesellschaft für Vorratsschutz E.V.*, **16**: 46-48.

Eickwort, G.C. (1990): Associations of mites with social insects. *Annual Review of Entomology*, **35**: 469-488.

Eidmann, H.H. (1992): Impact of bark beetles on forests and forestry in Sweden. *Journal of Applied Entomology*, **114**(2): 193-200.

El Bakri, A., Eldein, N., Kambal, M.A., Thomas, R.J. & Wood, T.G. (1989): Effect of fungicide impregnated food on the viability of fungus combs and colonies of *Microtermes* sp. nr. *albopartitus* (Isoptera: Macrotermitinae). *Sociobiology*, **15**(2): 175-180.

Elkins, N.Z., Sabol, G.V., Ward, T.J. & Whitford, W.G. (1986): The influence of subterranean termites on the hydrological characteristics of a Chihuahuan desert ecosystem. *Oecologia*, **68**(4): 521-528.

Elkinton, J.S. & Wood, D.L. (1980): Feeding and boring behavior of the bark beetle *Ips paraconfusus* (Coleoptera: Scolytidae) on the bark of a host and non-host tree species. *Canadian Entomologist*, **112**(8): 797-809.

Elliott, H.J., Madden, J.L. & Bashford, R. (1983): The association of ethanol in the attack behaviour of the mountain pinhole borer *Platypus subgranosus* Schedl (Coleoptera: Curculionidae: Platypodinae). *Journal of the Australian Entomological Society*, **22**(4): 299-302.

Emerson, A.E. (1938): Termite nests: A study of the phylogeny of behavior. *Ecological Monographs*, **8**(2): 247-284.

Emerson, A.E. (1952): The biogeography of termites. *Bulletin of the American Museum of Natural History*, **99**(3): 217-225.

Emerson, A.E. (1955): Geographical origins and dispersions of termite genera. *Fieldiana: Zoology*, **37**: 465-521.

Emerson, A.E. & Simpson, R.C. (1929): Apparatus for the detection of substratum communication among termites. *Science*, **69**(1799): 648-649.

遠田暢男・五十嵐正俊・福山研二・野淵 輝（1989）：キイロコキクイムシを伝播者としたボーベリア菌によるマツノマダラカミキリの防除（予報）．第100回日本林学会大会発表論文集：579-580.

遠藤力也（2012）：森林甲虫と酵母．日本森林学会誌，**94**(6): 326-334.

Endoh, R., Suzuki, M., Okada, G., Takeuchi, Y. & Futai, K. (2011): Fungus symbionts colonizing the galleries of the ambrosia beetle *Platypus quercivorus*. *Microbial Ecology*, **62**(1): 106-120.

Engel, M.S. (2011): Family-group names for termites (Isoptera), redux. *ZooKeys*, (148): 171-184.

Engel, M.S., Grimaldi, D.A. & Krishna, K. (2007a): Primitive termites from the early Cretaceous of Asia (Isoptera). *Stuttgarter Beiträge zur Naturkunde, Serie B (Geologie und Paläontologie)*, (371): 1-32.

Engel, M.S., Grimaldi, D.A. & Krishna, K. (2007b): A synopsis of Baltic amber termites (Isoptera). *Stuttgarter Beiträge zur Naturkunde, Serie B (Geologie und Paläontologie)*, (372): 1-20.

Engel, M.S., Grimaldi, D.A. & Krishna, K. (2009): Termites (Isoptera): Their phylogeny, classification, and rise to ecological dominance. *American Museum Novitates*, (3650): 1-27.

Ergene, S. (1949): Spielen die Darmbakterien von *Calotermes flavicollis* bei der Assimilation des atmosphaerischen Stickstoffs eine Rolle? *Istanbul Universitesi Fen Fakultesi Mecmuasi, Seri B, Tabii Ilimler*, **14**(1): 49-70.

Erskine, R.B. (1965): Some factors influencing the susceptibility of timber to bostrychid attack. *Australian Forestry*, **29**(3): 192-198.

Erwin, T.R. (1982): Tropical forests: their richness in Coleoptera and other arthropod species. *Coleopterists Bulletin*, **36**(1): 74-75.

江崎逸夫（1991）：檜の根太を加害したキイロホソナガクチキムシ．家屋害虫，**13**(2): 66.

江崎功二郎（1997）：トチノキの幼齢木を加害するアオカミキリの加害形態．森林防疫，**46**(5): 93-95.

江崎功二郎・小谷二郎（2004）：アカマツ林およびアカガシ林のカミキリムシ群集．中部森林研究，(52): 103-106.

Esenther, G.R., Allen, T.C., Casida, J.E. & Shenefelt, R.D. (1961): Termite attractant from fungus-infected wood. *Science*, **134**(3471): 50.

Esser, R.P. (1969): *Rhadinaphelenchus cocophilus*, a potential foreign threat to Florida palms. *Nematology Circular, Florida Department of Agriculture, Division of Plant Industry*, (9): 1-2.

Eutick, M.L. Veivers, P., O'Brien, R.W. & Slaytor, M. (1978): Dependence of the higher termite, *Nasutitermes exitiosus* and the lower termite, *Coptotermes lacteus* on their gut flora. *Journal of Insect Physiology*, **24**(5): 363-368.

Evans, H.F., McNamara, D.G., Braasch, H., Chadoeuf, J. & Magnusson, C. (1996): Pest Risk Analysis (PRA) for the territories of the European Union (as PRA area) on *Bursaphelenchus xylophilus* and its vectors in the genus *Monochamus*. *Bulletin OEPP*, **26**(2): 199-249.

Evans, H.F., Moraal, L.G. & Pajares, J.A. (2004): Biology, ecology and economic importance of Buprestidae and Cerambycidae. *Bark and Wood Boring Insects in Living Trees in Europe, a Synthesis* (F. Lieutier, K.R. Day, A. Battisti, J.-C. Grégoire & H.F. Evans, eds.). Kluwer Academic Publishers, Dordrecht: 447-474.

Evans, T.A. (2011): Invasive termites. *Biology of Termites: A Modern Synthesis* (D.E. Bignell, Y. Roisin & N. Lo, eds.). Springer: 519-562.

Evans, T.A., Daws, T.Z., Ward, P.R. & Lo, N. (2011a): Ants and termites increase crop yield in a dry climate. *Nature Communications*, **2**(262): 1-7.

Evans, T.A., Inta, R. & Lai, J.C.S. (2011b): Foraging choice and replacement reproductives facilitate invasiveness in drywood termites. *Biological Invasions*, **13**(7): 1579-1587.

Evans, T.A., Inta, R., Lai, J.C.S. & Lenz, M. (2007): Foraging vibration signals attract foragers and identify food size in the drywood termite, *Cryptotermes secundus*. *Insectes Sociaux*, **54**(4): 374-382.

Evans, T.A., Inta, R., Lai, J.C.S., Prueger, S., Foo, N.W., Fu, E.W. & Lenz, M. (2009): Termites eavesdrop to avoid competitors. *Proceedings, Biological Sciences, The Royal Society, London*, **276**(1675): 4035-4041.

Evans, T.A., Lai, J.C.S., Toledano, E., McDowall, L., Rakotonarivo, S. & Lenz, M. (2005): Termites assess wood size by using vibration signals. *Proceedings of the National Academy of Sciences of the United States of America*, **102**(10): 3732-3737.

Evans, W.G. (1962): Notes on the biology and dispersal of *Melanophila* (Coleoptera: Buprestidae). *Pan-Pacific Entomologist*, **38**(1): 59-62.

Evans, W.G. (1966): Perception of infrared radiation from forest fires by *Melanophila acuminata* de Geer (Buprestidae, Coleoptera). *Ecology*, **47**(6): 1061-1065.

Evans, W.G. (1973): Fire beetles and forest fires. *Insect World Digest*, **1**: 14-18.

Everaerts, C., Grégoire, J.-C. & Merlin, J. (1988): The toxicity of Norway spruce monoterpenes to two bark beetle species and their associates. *Mechanisms of Woody Plant Defenses against Insects: Search for Pattern* (W.J. Mattson, J. Levieux & C. Bernard-Dagan, eds.). Springer-Verlag, New York: 335-344.

Ewart, D.M.G. (1991): Termites and forest management in Australia. *General Technical Report, PSW. United States Department of Agriculture, Forest Service, Pacific Southwest Research Station*, (128): 10-14.

Eyles, A., Davies, N.W. & Mohammed, C. (2003): Wound wood formation in *Eucalyptus globulus* and *Eucalyptus nitens*: Anatomy and chemistry. *Canadian Journal of Forest Research*, **33**(12): 2331-2339.

Eyles, A., Jones, W., Riedl, K., Cipollini, D., Schwartz, S., Chan, K., Herms, D.A. & Bonello, P. (2007): Comparative phloem chemistry of Manchurian (*Fraxinus mandshurica*) and two North American ash species (*Fraxinus americana* and *Fraxinus pennsylvanica*). *Journal of Chemical Ecology*, **33**(7): 1430-1448.

Fabre, J.H. (1921a): Le capricorne. *Souvenirs Entomologiques (Quatrième Série): Études sur l'Instinct et les Moeurs des Insectes*. Librairie Delagrave, Paris: 321-336, plts. 13-14.

Fabre, J.H. (1921b): Le problème du *Sirex*. *Souvenirs Entomologiques (Quatrième Série): Études sur l'Instinct et les Moeurs des Insectes*. Librairie Delagrave, Paris: 337-358, plts. 15-16.

Faccoli, M., Blaženec, M. & Schlyter, F. (2005): Feeding response to host and nonhost compounds by males and females of the spruce bark beetle *Ips typographus* in a tunneling microassay. *Journal of Chemical Ecology*, **31**(4): 745-759.

Faccoli, M. & Schlyter, F. (2007): Conifer phenolic resistance markers are bark beetle antifeedant semiochemicals. *Agricultural and Forest Entomology*, **9**(3): 237-245.

Fagan, W.F., Siemann, E., Mitter, C., Denno, R.F., Huberty, A.F., Woods, H.A. & Elser, J.J. (2002): Nitrogen in insects: Implications for trophic complexity and species diversification. *American Naturalist*, **160**(6): 784-802.

Fager, E.W. (1968): The community of invertebrates in decaying oak wood. *Journal of Animal Ecology*, **37**(1): 121-142, plt. 2.

Falck, R. (1930): Die Scheindestruktion des Koniferenholzes durch die Larven des Hausbockes (*Hylotrupes bajulus*). *Cellulosechemie*, **11**(5): 89-91.

Fan, J.-T., Miller, D.R., Zhang, L.-W. & Sun, J.-H. (2010): Effects of bark beetle pheromones on the attraction of *Monochamus alternatus* to pine volatiles. *Insect Science*, **17**(6): 553-556.

Fan, J.T. & Sun, J.H. (2006): Influences of host volatiles on feeding behaviour of the Japanese pine sawyer, *Monochamus alternatus*. *Journal of Applied Entomology*, **130**(4): 238-244.

Fan, J., Sun, J. & Shi, J. (2007): Attraction of the Japanese pine sawyer, *Monochamus alternatus*, to voratiles from stressed host in China. *Annals of Forest Science*, **64**(1): 67-71.

Fan, Y., Schal, C., Vargo, E.L. & Bagnères, A.-G. (2004): Characterization of termite lipophorin and its involvement in hydrocarbon transport. *Journal of Insect Physiology*, **50**(7): 609-620.

Fanshawe, D.B. (1968): The vegetation of Zambian termitaria. *Kirkia*, **6**(2): 169-179.

Farrell, B.D. (1998): "Inordinate fondness" explained: Why are there so many beetles? *Science*, **281**(5376): 555-559.

Farrell, B.D. & Mitter, C. (1998): The timing of insect/plant diversification: might *Tetraopes* (Coleoptera: Cerambycidae) and *Asclepias* (Asclepiadaceae) have co-evolved? *Biological Journal of the Linnean Society*, **63**(4): 553-577.

Farrell, B.D. & Sequeira, A.S. (2004): Evolutionary rates in the adaptive radiation of beetles on plants. *Evolution*, **58**(9): 1984-2001.

Farrell, B.D., Sequeira, A.S., O'Meara, B.C., Normark, B.B., Chung, J.H. & Jordal, B.H. (2001): The evolution of agriculture in beetles (Curculionidae: Scolytinae and Platypodinae). *Evolution*, **55**(10): 2011-2027.

Farris, K.L., Huss, M.J. & Zack, S. (2004): The role of foraging woodpeckers in the decomposition of ponderosa pine snags. *Condor*, **106**(1): 50-59.

Fatzinger, C.W., Siegfried, B.D., Wilkinson, R.C. & Nation, J.L. (1987): *Trans*-verbenol, turpentine, and ethanol as trap baits for the black turpentine beetle, *Dendroctonus terebrans*, and other forest Coleoptera in north Florida. *Journal of Entomological Science*, **22**(3): 201-209.

Faulet, B.M., Niamké, S., Gonnety, J.T. & Kouamé, L.P. (2006): Purification and biochemical characteristics of a new strictly specific endoxylanase from termite *Macrotermes subhyalinus* workers. *Bulletin of Insectology*, **59**(1): 17-26.

Fayt, P., Dufrêne, M., Branquart, E., Hastir, P., Pontégnie, C., Henin, J.-M. & Versteirt, V. (2006): Contrasting responses of saproxylic insects to focal habitat resources: The example of longhorn beetles and hoverflies in Belgian deciduous forests. *Journal of Insect Conservation*, **10**(2): 129-150.

Fayt, P., Machmer, M.M. & Steeger, C. (2005): Regulation of spruce bark beetles by woodpeckers: A literature review. *Forest Ecology and Management*, **206**: 1-14.

Fearn, S. (1996): Observations on the life history and habits of the stag beetle *Lamprima aurata* (Latreille) (Coleoptera: Lucanidae) in Tasmania. *Australian Entomologist*, **23**(4): 133-138.

Feller, I.C. (2002): The role of herbivory by wood-boring insects in mangrove ecosystems in Belize. *Oikos*, **97**(2): 167-176.

Feller, I.C. & Mathis, W.N. (1997): Primary herbivory by wood-boring insects along an architectural gradient of *Rhizophora mangle*. *Biotropica*, **29**(4): 440-451.

Feller, I.C. & McKee, K.L. (1999): Small gap creation in Belizean mangrove forests by a wood-boring insect. *Biotropica*, **31**(4): 607-617.

Felton, G.W. & Duffey, S.S. (1991): Reassessment of the role of gut alkalinity and detergency in insect herbivory. *Journal of Chemical Ecology*, **17**(9): 1821-1836.

Fengel, D. & Wegener, G. (1984): Lignin. *Wood: Chemistry, Ultrastructure, Reactions*. Walter de Gruyter, Berlin: 132-181.

Ferrar, P. & Watson, J.A.L. (1970): Termites (Isoptera) associated with dung in Australia. *Journal of the Australian Entomological Society*, **9**(2): 100-102.

Ferrell, G.T. (1983): Host resistance to the fir engraver, Scolytus ventralis (Coleoptera: Scolytidae): Frequencies of attacks contacting cortical resin blisters and canals of *Abies concolor*. *Canadian Entomologist*, **115**(10): 1421-1428.

Ferrell, G.T. & Parmeter, J.R., Jr. (1989): Interactions of root disease and bark beetles. *General Technical Report, PSW. United States Department of Agriculture, Forest Service, Pacific Southwest Forest and Range Experiment Station*, (116): 105-108.

Ferro, M.L., Gimmel, M.L., Harms, K.E. & Carlton, C.E. (2009): The beetle community of small oak twigs in Louisiana, with a literature review of Coleoptera from fine woody debris. *Coleopterists Bulletin*, **63**(3): 239-263.

Feytaud, J. (1924): Le termite de Saintonge. *Comptes Rendus Hebdomadaires des Séances de l'Académie des Sciences*, **178**: 241-244.

Fierke, M.K. & Stephen, F.M. (2008): Callus formation and bark moisture as potential physical defenses of northern red oak, *Quercus rubra*, against red oak borer, *Enaphalodes rufulus* (Coleoptera: Cerambycidae). *Canadian Entomologist*, **140**(2): 149-157.

Fierke, M.K. & Stephen, F.M. (2010): Dendroentomological evidence associated with an outbreak of the native wood-boring beetle *Enaphalodes rufulus*. *Canadian Journal of Forest Research*, **40**(4): 679-686.

Findlay, W.P.K. (1934): Studies in the physiology of wood-destroying fungi. I: The effect of nitrogen content upon the rate of decay of timber. *Annals of Botany*, **48**(189): 109-117.

Finnegan, R.J. (1957): Elm bark beetles in southwestern Ontario. *Canadian Entomologist*, **89**(6): 275-280.

Fischer, C. & Höll, W. (1992): Food reserves of Scots pine (*Pinus sylvestris* L.) II: Seasonal changes and radial distribution of carbohydrate and fat reserves in pine wood. *Trees*, **6**(3): 147-155.

Fish, R.H., Browne, L.E., Wood, D.L. & Hendry, L.B. (1979): Pheromone biosynthetic pathways: Conversions of deuterium labelled ipsdienol with sexual and enantioselectivity in *Ips paraconfusus* Lanier. *Tetrahedron Letters*, **20**(17): 1465-1468.

Fisher, R.C. (1941): Studies of the biology of the death-watch beetle, *Xestobium rufovillosum* de G. IV: The effect of type and extent of fungal decay in timber upon the rate of development of the insect. *Annals of Applied Biology*, **28**(3): 244-260.

Fisher, R.C. & Tasker, H.S. (1940): The detection of wood-boring insects by means of X-rays. *Annals of Applied Biology*, **27**(1): 92-100, plts. 4-5.

Fisher, W.S. (1950): A revision of the North American species of beetles belonging to the family Bostrichidae. *Miscellaneous Publication, United States Department of Agriculture*, (698): 1-157.

Fittkau, E.J. & Klinge, H. (1973): On biomass and trophic structure of the central Amazonian rain forest ecosystem. *Biotropica*, **5**(1): 2-14.

Flaherty, L., Quiring, D., Pureswaran, D. & Sweeney, J. (2013): Preference of an exotic wood borer for stressed trees is more attributable to pre-alighting than post-alighting behaviour. *Ecological Entomology*, **38**(6): 546-552.

Flaherty, L., Sweeney, J.D., Pureswaran, D. & Quiring, D.T. (2011): Influence of host tree condition on the performance of *Tetropium fuscum* (Coleoptera: Cerambycidae). *Environmental Entomology*, **40**(5): 1200-1209.

Flamm, R.O., Coulson, R.N., Beckley, P., Pulley, P.E. & Wagner, T.L. (1989): Maintenance of a phloem-inhabiting guild. *Environmental Entomology*, **18**(3): 381-387.

Flamm, R.O., Wagner, T.L., Cook, S.P., Pulley, P.E., Coulson, R.N. & McArdle, T.M. (1987): Host colonization by cohabiting *Dendroctonus frontalis*, *Ips avulsus*, and *I. calligraphus* (Coleoptera: Scolytidae). *Environmental Entomology*, **16**(2): 390-399.

Fleming, A.J., Lindeman, A.A., Carroll, A.L. & Yack, J.E. (2013): Acoustics of the mountain pine beetle (*Dendroctonus ponderosae*) (Curculionidae, Scolytinae): Sonic, ultrasonic, and vibration. *Canadian Journal of Zoology*, **91**(4): 235-244.

Fleming, P.A. & Loveridge, J.P. (2003): Miombo woodland termite mounds: Resource islands for small vertebrates? *Journal of Zoology*, **259**(2): 161-168.

Florane, C.B., Bland, J.M., Husseneder, C. & Raina, A.K. (2004): Diet-mediated inter-colonial aggression in the Formosan subterranean termite *Coptotermes formosanus*. *Journal of Chemical Ecology*, **30**(12): 2559-2574.

Fog, K. (1988): The effect of added nitrogen on the rate of decomposition of organic matter. *Biological Reviews of the Cambridge Philosophical Society*, **63**(3): 433-462.

Foit, J. (2010): Distribution of early-arriving saproxylic beetles on standing dead Scots pine trees. *Agricultural and Forest Entomology*, **12**(2): 133-141.

Foit, J. & Čermák, V. (2014): Colonization of disturbed Scots pine trees by bark- and wood-boring beetles. *Agricultural and Forest Entomology*, **16**(2): 184-195.

Foley, W.J. & Cork, S.J. (1992): Use of fibrous diets by small herbivores: How far can the rules be "bent"? *Trends in Ecology & Evolution*, **7**(5): 159-162.

Fontaine, A.R., Olsen, N., Ring, R.A. & Singla, C.L. (1991): Cuticular metal hardening of mouthparts and claws of some forest insects of British Columbia. *Journal of the Entomological Society of British Columbia*, **88**: 45-55.

Forcella, F. (1982): Why twig-girdling beetles girdle twigs. *Naturwissenschaften*, **69**(8): 398-400.

Forcella, F. (1984): Trees size and density affect twig-girdling intensity of *Oncideres cingulata* (Say) (Coleoptera: Cerambycidae). *Coleopterists Bulletin*, **38**(1): 37-42.

Ford, E.J. & Jackman, J.A. (1996): New larval host plant associations of tumbling flower beetles (Coleoptera: Mordellidae) in North America. *Coleopterists Bulletin*, **50**(4): 361-368.

Forschler, B.T. & Henderson, G. (1995): Subterranean termite behavioral reaction to water and survival of inundation: implications for field populations. *Environmental Entomology*, **24**(5): 1592-1597.

Fougerousse, M. (1957): Les piqûres des grumes de coupe fraîche en Afrique tropicale. *Bois et Forêts des Tropiques*, (55): 39-52.

Fougerousse, M. (1969): Some aspects of the preservation of wood raw material in tropical climates and their importance for developing countries. *Material und Organismen*, **4**(3): 255-282.

Fox, J.W., Wood, D.L. & Cane, J.H. (1991a): Interspecific pairing between two sibling *Ips* species (Coleoptera: Scolytidae). *Journal of Chemical Ecology*, **17**(7): 1421-1435.

Fox, J.W., Wood, D.L., Koehler, C.S. & O'Keefe, S.T. (1991b): Engraver beetles (Scolytidae: *Ips* species) as vectors of the pitch canker fungus, *Fusarium subglutinans*. *Canadian Entomologist*, **123**(6): 1355-1367.

Fox, R.C. (1975): A case of longevity of the brown prionid, *Orthosoma brunneum* (Forster) (Cerambycidae: Coleoptera). *Proceedings of the Entomological Society of Washington*, **77**(2): 237.

Fox-Dobbs, K., Doak, D.F., Brody, A.K. & Palmer, T.M. (2010): Termites create spatial structure and govern ecosystem function by affecting N_2 fixation in an East African savanna. *Ecology*, **91**(5): 1296-1307.

Fraenkel, G.S. (1959): The raison d'être of secondary plant substances. *Science*, **129**(3361): 1466-1470.

Franc, N. (2007): Standing or downed dead trees: Does it matter for saproxylic beetles in temperate oak-rich forest? *Canadian Journal of Forest Research*, **37**(12): 2494-2507.

Franceschi, V.R., Krokene, P., Christiansen, E. & Krekling, T. (2005): Anatomical and chemical defenses of conifer bark against bark beetles and other pests. *New Phytologist*, **167**(2): 353-375.

Francis, J.E. & Harland, B.M. (2006): Termite borings in early cretaceous fossil wood, Isle of Wright, UK. *Cretaceous Research*, **27**(6): 773-777.

Francke, W., Bartels, J., Meyer, H., Schröder, F., Kohnle, U., Baader, E. & Vité, J.P. (1995): Semiochemicals from bark beetles: New results, remarks, and reflections. *Journal of Chemical Ecology*, **21**(7): 1043-1063.

Francke-Grosmann, H. (1952a): Über Larvenentwicklung und Generationsverhältnisse bei *Hylecoetus dermestoides* L. (Coleoptera, Lymexylidae). *Transactions of the IXth International Congress of Entomology, Volume I*. Amsterdam: 735-741.

Francke-Grosmann, H. (1952b): Über die Ambrosiazucht der beiden Kiefernborkenkäfer *Myelophilus minor* Htg. und *Ips acuminatus* Gyll. *Meddelanden från Statens Skogsforskningsinstitut*, **41**(6): 1-52.

Francke-Grosmann, H. (1963): Some new aspects in forest entomology. *Annual Review of Entomology*, **8**: 415-438.

Francke-Grosmann, H. (1967): Ectosymbiosis in wood-inhabiting insects. *Symbiosis, Volume II: Associations of Invertebrates, Birds, Ruminants and Other Biota* (S.M. Henry, ed.). Academic Press: 141-205.

Franklin, R.T. (1970): Observations on the blue stain–southern pine beetle relationship. *Journal of the Georgia Entomological Society*, **5**(1): 53-57.

French, J.R.J. & Ahmed, B.M. (2010): The challenge of biomimetic design for carbon-neutral buildings using termite engineering. *Insect Science*, **17**(2): 154-162.

French, J.R.J., Robinson, P.J. & Ewart, D.M. (1986): Mound colonies of *Coptotermes lacteus* (Isoptera) eat cork in preference to sound wood. *Sociobiology*, **11**(3): 303-309.

French, J.R.J. & Roeper, R.A. (1973): Patterns of nitrogen utilization between the ambrosia beetle *Xyleborus dispar* and its symbiotic fungus. *Journal of Insect Physiology*, **19**(3): 593-605.

Freudenberg, K. (1965): Lignin: its constitution and formation from *p*-hydroxycinnamyl alcohols. *Science*, **148**(3670): 595-600.

Freymann, B.P., Buitenwerf, R., DeSouza, O. & Olff, H. (2008): The importance of termites (Isoptera) for the recycling of herbivore dung in tropical ecosystems: A review. *European Journal of Entomology*, **105**(2): 165-173.

Freymann, B.P., de Visser, S.N., Mayemba, E.P. & Olff, H. (2007): Termites of the genus *Odontotermes* are optionally keratophagous. *Ecotropica*, **13**(2): 143-147.

Frey-Wyssling, A. (1954): The fine structure of cellulose microfibrils. *Science*, **119**(3081): 80-82.

Frey-Wyssling, A. & Bosshard, H.H. (1959): Cytology of the ray cells in sapwood and heartwood. *Holzforschung*, **13**(5): 129-137.

Fröhlich, J., Koustiane, C., Kämpfer, P., Rosselló-Mora, R., Valens, M., Berchtold, M., Kuhnigk, T., Hertel, H., Maheshwari, D.K. & König, H. (2007): Occurrence of rhizobia in the gut of the higher termite *Nasutitermes nigriceps*. *Systematic and Applied Microbiology*, **30**(1): 68-74.

Fromm, J.H., Sautter, I., Matthies, D., Kremer, J., Schumacher, P. & Ganter, C. (2001): Xylem water content and wood density in spruce and oak trees detected by high-resolution computed tomography. *Plant Physiology*, **127**(2): 416-425.

Fuchs, A., Schreyer, A., Feuerbach, S. & Korb, J. (2004): A new technique for termite monitoring using computer tomography and endoscopy. *International Journal of Pest Management*, **50**(1): 63-66.

Fuchs, S. (1976): The response to vibrations of the substrate and reactions to the specific drumming in colonies of carpenter ants (*Camponotus*, Formicidae, Hymenoptera). *Behavioral Ecology and Sociobiology*, **1**(2): 155-184.

Führer, E. (1980): Zur Verwendbarkeit von Fungiziden als experimentaltechnische Hilfsmittel bei Untersuchungen an Borkenkäfern. *Anzeiger für Schädlingskunde, Pflanzenschutz, Umweltschutz*, **53**(3): 36-40.

藤井義久・今村祐嗣・柴田叡弌（1994）：スギカミキリの食害活動によるアコースティック・エミッション（AE）の検出．環動昆，**6**(3): 112-118.

Fujii, Y., Noguchi, M., Imamura, Y. & Tokoro, M. (1990): Using acoustic emission monitoring to detect termite activity in wood. *Forest Products Journal*, **40**(1): 34-36.

Fujimaki, R., Takeda, H. & Wiwatiwitaya, D. (2008): Fine root decomposition in tropical dry evergreen and dry deciduous forests in Thailand. *Journal of Forest Research*, **13**(6): 338-346.

藤下章男・岡田 剛・枯木熊人（1967）：シイタケほだ木の害虫防除に関する研究：害虫の種類と加害様式および生態的，化学的防除法の考察．研究報告，広島県立林業試験場，(2): 9-27.

Fujita, A. (2004): Lysozymes in insects: What role do they play in nitrogen metabolism? *Physiological Entomology*, **29**(4): 305-310.

Fujita, A., Hojo, M., Aoyagi, T., Hayashi, Y., Arakawa, G., Tokuda, G. & Watanabe, H. (2010): Details of the digestive system in the midgut of *Coptotermes formosanus* Shiraki. *Journal of Wood Science*, **56**(3): 222-226.

Fujita, A., Miura, T. & Matsumoto, T. (2008): Difference in cellulose digestive systems among castes in two termite lineages. *Physiological Entomology*, **33**(1): 73-82.

Fujita, A., Shimizu, I. & Abe, T. (2001): Distribution of lysozyme and protease, and amino acid concentration in the guts of a wood-feeding termite, *Reticulitermes speratus* (Kolbe): possible digestion of symbiont bacteria transferred by trophallaxis. *Physiological Entomology*, **26**(2): 116-123.

Fujiwara-Tsujii, N., Yasui, H. & Wakamura, S. (2013): Population differences in male responses to chemical mating cues in the white-spotted longicorn beetle, *Anoplophora malasiaca*. *Chemoecology*, **23**(2): 113-120.

Fujiwara-Tsujii, N., Yasui, H., Wakamura, S., Hashimoto, I. & Minamishima, M. (2012): The white-spotted longicorn beetles, *Anoplophora malasiaca* (Coleoptera: Cerambycidae), with a blueberry as host plant, utilizes host chemicals for male orientation. *Applied Entomology and Zoology*, **47**(2): 103-110.

深谷 緑・高梨琢磨（2010）：カミキリムシの多種感覚情報利用システム：振動という「曖昧」情報の重要性．日本音響学会聴覚研究会資料，**40**(4): 297-302.

深澤 遊（2013）：木材腐朽菌による材の腐朽型が枯死木に生息する生物群集に与える影響．日本生態学会誌，**63**(3): 311-325.

福田 彰（1941）：ナガヒラタムシ *Cupes clathratus* Solsky の生態的研究．台湾博物学会会報，**31**(217/218): 394-399.

福田秀志（2006）：キバチ：共生菌との複雑な関係．樹の中の虫の不思議な生活：穿孔性昆虫研究への招待（柴田叡弌・富樫一巳，編），東海大学出版会，秦野: 146-160.

Fukuda, H. & Hijii, N. (1997): Reproductive strategy of a woodwasp with no fungal symbionts, *Xeris spectrum* (Hymenoptera: Siricidae). *Oecologia*, **112**(4): 551-556.

Furniss, M.M. (1995): Biology of *Dendroctonus punctatus* (Coleoptera: Scolytidae). *Annals of the Entomological Society of America*, **88**(2): 173-182.

Furniss, M. (2006): Reorganization of forest pest control in Japan: An account of Robert Livingston Furniss' socio-entomological experiences during assignments in 1949 and 1950. *American Entomologist*, **52**(2): 76-83.

Furniss, R.L. (1939): Insects attacking forest products and shade trees in Washington and Oregon in 1937. *Proceedings of the Entomological Society of British Columbia*, **35**: 5-8.

Fürst von Lieven, A. & Sudhaus, W. (2008): Description of *Oigolaimella attenuata* n.sp. (Diplogastridae) associated with termites (*Reticulitermes*) and remarks on life cycle, giant spermatozoa, gut-inhabiting flagellates and other associates. *Nematology*, **10**(4): 501-523.

古川法子・吉村 剛・今村祐嗣（2009）：ヒラタキクイムシ類による家屋被害調査：加害種および発生地域の特定．木材保存，**35**(6): 260-264.

Furukawa, Y., Osono, T. & Takeda, H. (2009): Dynamics of physicochemical properties and occurrence of fungal fruit bodies during decomposition of coarse woody debris of *Fagus crenata*. *Journal of Forest Research*, **14**(1): 20-29.

古野鶴吉（1965）：ゴマフボクトウの生態および防除に関する研究（第1報）．茶業研究報告，(24): 69-73.

古野鶴吉（1966）：ゴマフボクトウの生態および防除に関する研究（第2報）．茶業研究報告，(25): 42-44.

Furuta, K. (1989): A comparison of endemic and epidemic populations of the spruce beetle (*Ips typographus japonicus* Niijima) in Hokkaido. *Journal of Applied Entomology*, **107**(3): 289-295.

Futai, K. (2003): Role of asymptomatic carrier trees in epidemic spread of pine wilt disease. *Journal of Forest Research*, **8**(4): 253-260.

Futai, K. & Takeuchi, Y. (2008): Field diagnosis of the asymptomatic carrier of pinewood nematode. *Pine Wilt Disease: A Worldwide Threat to Forest Ecosystems* (M.M. Mota & P. Vieira, eds.). Springer: 279-289.

Galford, J.R. (1975): Red oak borers become sterile when reared under continuous light. *USDA Forest Service Research Note, Northeastern Forest Experiment Station*, (205): 1-2.

Gallagher, N.T. & Jones, S.C. (2010): Moisture augmentation of food items by *Reticulitermes flavipes* (Isoptera: Rhinotermitidae). *Sociobiology*, **55**(3): 735-747.

Gallardo, P., Cárdenas, A.M. & Gaju, M. (2010): Occurrence of *Reticulitermes grassei* (Isoptera: Rhinotermitidae) on cork oaks in the southern Iberian Peninsula: Identification, description and incidence of the damage. *Sociobiology*, **56**(3): 675-687.

Galoux, A. (1947): Les multiplications d'insectes après les bris de neige dans les forêts résineuses. *Bulletin de la Société Royale Forestière de Belgique*, **54**: 433-449.

Gandhi, K.J.K., Gilmore, D.W., Katovich, S.A., Mattson, W.J., Spence, J.R. & Seybold, S.J. (2007): Physical effects of weather events on the abundance and diversity of insects in North American forests. *Environmental Reviews*, **15**(4): 113-152.

高 瑞桐（Gao, R.）・鄭世鍇（1998）：利用成虫取食習性防治3種楊樹天牛．北京林業大学学報（*Journal of Beijing Forestry University*），**20**(1): 43-48.

Gara, R.I., Littke, W.R. & Rhoades, D.F. (1993): Emission of ethanol and monoterpenes by fungal infected lodgepole pine trees. *Phytochemistry*, **34**(4): 987-990.

Garcia, C.M. & Morrell, J.J. (1999): Fungal associates of *Buprestis aurulenta* in western Oregon. *Canadian Journal of Forest Research*, **29**(4): 517-520.

Garcia-Vallvé, S., Romeu, A. & Palau, J. (2000): Horizontal gene transfer of glycosyl hydrolases of the rumen fungi. *Molecular Biology and Evolution*, **17**(3): 352-361.

Gardiner, L.M. (1957): Deterioration of fire-killed pine in Ontario and the causal wood-boring beetles. *Canadian Entomologist*, **89**(6): 241-263.

Gardner, J.C.M. (1945): A note on the insect borers of bamboos and their control. *Indian Forest Bulletin*, (125): 0-17, 3 plts.

Gardner, J.C.M. & Evans, J.O. (1953): Notes on *Oemida gahani* Distant (Cerambycidae). *East African Agricultural Journal of Kenya, Tanganyica, Uganda and Zanzibar*, **18**: 176-183.

Garnier-Sillam, E. (1989): The pedological role of fungus-growing termites (Termitidae: Macrotermitinae) in tropical environments, with special reference to *Macrotermes muelleri*. *Sociobiology*, **15**(2): 181-196.

Garnier-Sillam, E., Grech, I., Czaninski, Y., Tollier, M.-T. & Monties, B. (1992): Étude cytochimique ultrastructurale de la dégradation des lignines dans les résidus pariétaux de bois d'épicéa et de peuplier par le *Reticulitermes lucifugus* var.

santonensis (Rhinotermitidae, Isoptera). *Canadian Journal of Botany*, **70**(5): 933-941.

Garnier-Sillam, E., Toutain, F., Villemin, G. & Renoux, J. (1989): Études préliminaires des meules originales du termite xylophage *Sphaerotermes sphaerothorax* (Sjostedt). *Insectes Sociaux*, **36**(4): 293-312.

Gaston, K.J. (1991): The magnitude of global insect species richness. *Conservation Biology*, **5**(3): 283-296.

Gathorne-Hardy, F.J. & Jones, D.T. (2000): The recolonization of the Krakatau islands by termites (Isoptera), and their biogeographical origins. *Biological Journal of the Linnean Society*, **71**(2): 251-267.

Gaumer, G.C. & Gara, R.I. (1967): Effects of phloem temperature and moisture content on development of the southern pine beetle. *Contributions from Boyce Thompson Institute*, **23**(11): 373-377.

Gautam, B.K. & Henderson, G. (2011): Wood consumption by Formosan subterranean termites (Isoptera: Rhinotermitidae) as affected by wood moisture content and temperature. *Annals of the Entomological Society of America*, **104**(3): 459-464.

Gavrikov, V.L. & Vetrova, V.P. (1991): Effects of fir sawyer beetle on spatial structure of Siberian fir stands. *General Technical Report, NE. United States Department of Agriculture, Forest Service, Northeastern Forest Experiment Station*, (153): 385-388.

Gay, F.J. (1967): A world review of introduced species of termites. *Bulletin, Commonwealth Scientific and Industrial Research Organization, Australia*, (286): 1-88.

Gebhardt, H., Begerow, D. & Oberwinkler, F. (2004): Identification of the ambrosia fungus of *Xyleborus monographus* and *X. dryographus* (Coleoptera: Curculionidae, Scolytinae). *Mycological Progress*, **3**(2): 95-102.

Geib, S.M., del Mar Jimenez-Gasco, M., Carlson, J.E., Tien, M. & Hoover, K. (2009b): Effect of host tree species on cellulase activity and bacterial community composition in the gut of larval Asian longhorned beetle. *Environmental Entomology*, **38**(3): 686-699.

Geib, S.M., del Mar Jimenez-Gasco, M., Carlson, J.E., Tien, M., Jabbour, R. & Hoover, K. (2009a): Microbial community profiling to investigate transmission of bacteria between life stages of the wood-boring beetle, *Anoplophora glabripennis*. *Microbial Ecology*, **58**(1): 199-211.

Geib, S.M., Filley, T.R., Hatcher, P.G., Hoover, K., Carlson, J.E., del Mar Jimenez-Gasco, M., Nakagawa-Izumi, A., Sleighter, R.L. & Tien, M. (2008): Lignin degradation in wood-feeding insects. *Proceedings of the National Academy of Sciences of the United States of America*, **105**(35): 12932-12937.

Geib, S.M., Scully, E.D., del Mar Jimenez-Gasco, M., Carlson, J.E., Tien, M. & Hoover, K. (2012): Phylogenetic analysis of *Fusarium solani* associated with the Asian longhorned beetle, *Anoplophora glabripennis*. *Insects*, **3**(1): 141-160.

Geib, S.M., Tien, M. & Hoover, K. (2010): Identification of proteins involved in lignocellulose degradation using in gel zymogram analysis combined with mass spectroscopy-based peptide analysis of gut proteins from larval Asian longhorned beetles, *Anoplophora glabripennis*. *Insect Science*, **17**(3): 253-264.

Geis, K.-U. (1997): Zum Vorkommen von *Tarsostenus univittatus* (Rossi) (Col., Cleridae) in Südwest-Mitteleuropa und Beobachtungen seiner Lebensweise. *Mitteilungen des Entomologischen Vereins Stuttgart*, **32**: 87-89.

Geis, K.-U. (2014a): Dritter Massenbefall einer invasiven Art der Splintholzkäfer an Rotbuchenholz: *Lyctus cavicollis* Lec. erweitert in Mitteleuropa das Spektrum seiner Wirtsarten (Coleoptera: Bostricidae[sic], Lyctinae). *Mitteilungen des Entomologischen Vereins Stuttgart*, **49**: 91-92.

Geis, K.-U. (2014b): Invasive faunenfremde Arten der Bostrichidae (Coleoptera) in Europa: Mit Richtigstellungen und Anmerkungen zu den Ergebnissen des DAISIE-Projekts. *Mitteilungen des Internationalen Entomologischen Vereins*, **39**(3/4): 209-232.

Geissinger, O., Herlemann, D.P.R., Mörschel, E., Maier, U.G. & Brune, A. (2009): The ultramicrobacterium "*Elusimicrobium minutum*" gen. nov., sp. nov., the first cultivated representative of the Termite Group 1 Phylum. *Applied and Environmental Microbiology*, **75**(9): 2831-2840.

Geistlinger, N.J. & Taylor, D.W. (1962): A method of demonstrating the form of larval galleries of wood-boring insects. *Proceedings of the Entomological Society of British Columbia*, **59**: 50.

Geiszler, D.R. & Gara, R.I. (1978): Mountain pine beetle attack dynamics in lodgepole pine. *Theory and Practice of Mountain Pine Beetle Management in Lodgepole Pine Forests* (D.M. Baumgartner, ed.). Forest, Wildlife and Range Experiment Station, University of Idaho, Moscow: 182-187.

Geiszler, D.R., Gara, R.I., Driver, C.H., Gallucci, V.F. & Martin, R.E. (1980): Fire, fungi, and beetle influences on a lodgepole pine ecosystem of south-central Oregon. *Oecologia*, **46**(2): 239-243.

Genise, J.F. (2004): Ichnotaxonomy and ichnostratigraphy of chambered trace fossils in palaeosols attributed to coleopterans, ants and termites. *Special Publications, Geological Society, London*, (228): 419-453.

Genise, J.F. & Hazeldine, P.L. (1995): A new insect trace fossil in Jurassic wood from Patagonia, Argentina. *Ichnos*, **4**(1): 1-5.

源河正明（2012）：ヘクソカズラの虫えいに穿孔するコゲチャサビカミキリ幼虫．月刊むし，(492): 52.

Gerling, D., Velthuis, H.H.W. & Hefetz, A. (1989): Bionomics of the large carpenter bees of the genus *Xylocopa*. *Annual Review of Entomology*, **34**: 163-190.

Gerry, E. (1914): Tyloses: Their occurrence and practical significance in some American woods. *Journal of Agricultural Research*, **1**(6): 445-470, plts. 52-59.

Gershenzon, J. & Dudareva, N. (2007): The function of terpene natural products in the natural world. *Nature, Chemical Biology*, **3**(7): 408-414.

Ghesini, S. & Marini, M. (2012): New data on *Reticulitermes urbis* and *Reticulitermes lucifugus* in Italy: Are they both native species? *Bulletin of Insectology*, **65**(2): 301-310.

Ghesini, S., Puglia, G. & Marini, M. (2011): First report of *Coptotermes gestroi* in Italy and Europe. *Bulletin of Insectology*, **64**(1): 53-54.

Ghilarov, M.S. (1962): Termites of the USSR, their distribution and importance. *Termites in the Humid Tropics: Proceedings of the*

New Delhi Symposium. UNESCO, Paris: 131-135.

Gibbs, R.D. (1935): Studies of wood II: On the water content of certain Canadian trees and on changes in the water-gas system during seasoning and flotation. *Canadian Journal of Research*, **12**(6): 727-760.

Giblin-Davis, R.M. (1993): Interactions of nematodes with insects. *Nematode Interactions* (M.W. Khan, ed.). Chapman & Hall, London: 302-344.

Gibson, C.M. & Hunter, M.S. (2010): Extraordinarily widespread and fantastically complex: Comparative biology of endosymbiotic bacterial and fungal mutualists of insects. *Ecology Letters*, **13**(2): 223-234.

Gilbertson, R.L. (1984): Relationships between insects and wood-rotting Basidiomycetes. *Fungus–Insect Relationships: Perspectives in Ecology and Evolution* (Q. Wheeler & M. Blackwell, eds.). Columbia University Press, New York: 130-165.

Gillett, C.P.D.T., Crampton-Platt, A., Timmermans, M.J.T.N., Jordal, B.H., Emerson, B.C. & Vogler, A.P. (2014): Bulk *de novo* mitogenome assembly from pooled total DNA elucidates the phylogeny of weevils (Coleoptera: Curculionoidea). *Molecular Biology and Evolution*, **31**(8): 2223-2237.

Gillman, L.R., Jefferies, M.K. & Richards, G.N. (1972): Non-soil constituents of termite (*Coptotermes acinaciformis*) mounds. *Australian Journal of Biological Sciences*, **25**(5): 1005-1013.

Ginzel, M.D. & Hanks, L.M. (2005): Role of host plant volatiles in mate location for three species of longhorned beetles. *Journal of Chemical Ecology*, **31**(1): 213-217.

Girard, C. & Jouanin, L. (1999): Molecular cloning of cDNA encoding a range of digestive enzymes from a phytophagous beetle, *Phaedon cochleariae*. *Insect Biochemistry and Molecular Biology*, **29**(12): 1129-1142.

Girard, C. & Lamotte, M. (1990): L'entomofaune des termitières mortes de *Macrotermes*: Les traits généraux du peuplement. *Bulletin de la Société Zoologique de France*, **115**(4): 355-366.

Girardi, G.S., Giménez, R.A. & Braga, M.R. (2006): Occurrence of *Platypus mutatus* Chapuis (Coleoptera: Platypodidae) in a brazilwood experimental plantation in southeastern Brazil. *Neotropical Entomology*, **35**(6): 864-867.

Girling, M.A. & Greig, J. (1985): A first fossil record for *Scolytus scolytus* (F.) (elm bark beetle): Its occurrence in elm decline deposits from London and the implications for Neolithic elm disease. *Journal of Archaeological Science*, **12**(5): 347-351.

Girs, G.I. & Yanovsky, V.M. (1991): Effects of larch defenses on xylophagous insect guilds. *General Technical Report, NE. United States Department of Agriculture, Forest Service, Northeastern Forest Experiment Station*, (153): 378-384.

Gisler, R. (1967): Über Protozoen im Darm höherer Termiten (Fam. Termitidae) der Elfenbeinküste. *Archiv für Protistenkunde*, **110**: 77-178.

Gleeson, C.F. & Poulin, R. (1989): Gold exploration in Niger using soils and termitaria. *Journal of Geochemical Exploration*, **31**(3): 253-283.

Goheen, D.J. & Cobb, F.W., Jr. (1978): Occurrence of *Verticicladiella wagenerii* and its perfect state, *Ceratocystis wageneri* sp. nov., in insect galleries. *Phytopathology*, **68**(8): 1192-1195.

Goldberg, J. (1981): Transmission d'un "apprentissage" chez le termite lucifuge. *Comptes Rendus des Séances de l'Académie des Sciences, Série III, Sciences de la Vie*, **292**(18): 1077-1080.

Goldman, S.E., Cleveland, G.D. & Parker, J.A. (1978): Beetle response to slash pines treated with Paraquat to induce lightwood formation. *Environmental Entomology*, **7**(3): 372-374.

Goldman, S.E. & Franklin, R.T. (1977): Development and feeding habits of southern pine beetle larvae. *Annals of the Entomological Society of America*, **70**(1): 54-56.

Golichenkov, M.V., Kostina, N.V., Ul'yanova, T.A., Kuznetsova, T.A. & Umarov, M.M. (2006): Diazotrophs in the digestive tract of termite *Neotermes castaneus*. *Biology Bulletin*, **33**(5): 508-512.

Gong, C., Maun, C.M. & Tsao, G.T. (1981): Direct fermentation of cellulose to ethanol by a cellulolytic filamentous fungus, *Monilia sp. Biotechnology Letters*, **3**(2): 77-82.

Gontijo, T.A. & Domingos, D.J. (1991): Guild distribution of some termites from cerrado vegetation in south-east Brazil. *Journal of Tropical Ecology*, **7**(4): 523-529.

González, R. & Campos, M. (1996): The influence of ethylene on primary attraction of the olive beetle, *Phloeotribus scarabaeoides* (Bern.) (Col., Scolytidae). *Experientia*, **52**(7): 723-726.

Goodland, R.J.A. (1965): On termitaria in a savanna ecosystem. *Canadian Journal of Zoology*, **43**(4): 641-650.

Gosling, D.C.L. (1984): Flower records for anthophilous Cerambycidae in a southwestern Michigan woodland (Coleoptera). *Great Lakes Entomologist*, **17**(2): 79-82.

Gößwald, K. (1939): Richtlinien zur beschleunigten Heranzucht von Larven des Hausbocks *Hylotrupes bajulus* L. *Nachrichtenblatt für den Deutschen Pflanzenschutzdienst*, **19**(3): 17-19.

Gösswald, K. (1943): Richtlinien zur Zucht von Termiten. *Zeitschrift für Angewandte Entomologie*, **30**(2): 297-316.

Gösswald, K. (1962): On the methods of testing materials for termite resistance with particular consideration of the physiological and biological data of the test technique. *Termites in the Humid Tropics: Proceedings of the New Delhi Symposium*, UNESCO, Paris: 169-178, 2 plts.

Göthlin, E., Schroeder, L.M. & Lindelöw, Å. (2000): Attacks by Ips typographus and *Pityogenes chalcographus* on windthrown spruces (*Picea abies*) during the two years following a storm felling. *Scandinavian Journal of Forest Research*, **15**(5): 542-549.

後藤秀章 (2003)：日本に侵入した穿孔性甲虫類②：乾材害虫およびキクイムシ類. 森林科学, (38): 17-20.

Gouger, R.J., Yearian, W.C. & Wilkinson, R.C. (1975): Feeding and reproductive behavior of *Ips avulsus*. *Florida Entomologist*, **58**(4): 221-229.

Graber, J.R. & Breznak, J.A. (2005): Folate cross-feeding supports symbiotic homoacetogenic spirochetes. *Applied and Environmental Microbiology*, **71**(4): 1883-1889.

Grace, J.K. (1985): Three beetle families can wreak havoc in wood. *Pest Control*, **53(9)**: 52, 55, 57.

Grace, J.K. (1994): Protocol for testing effects of microbial pest control agents on nontarget subterranean termites (Isoptera: Rhinotermitidae). *Journal of Economic Entomology*, **87**(2): 269-274.

Grace, J.K., Goodell, B.S., Jones, W.E., Chandhoke, V. & Jellison, J. (1992): Evidence for inhibition of termite (Isoptera: Rhinotermitidae) feeding by extracellular metabolites of a wood decay fungus. *Proceedings of the Hawaiian Entomological Society*, **31**: 249-252.

Grace, J.K. & Yamamoto, R.T. (2009): Food utilization and fecal pellet production by drywood termites (Isoptera: Kalotermitidae). *Sociobiology*, **53**(3): 903-911.

Graf, I. & Hölldobler, B. (1964): Untersuchungen zur Frage der Holzverwertung als Nahrung bei holzzerstörenden Roßameisen (*Camponotus ligniperda* Latr. und *Camponotus herculeanus* L.) unter Berücksichtigung der Cellulase-Aktivität. *Zeitschrift für Angewandte Entomologie*, **55**(1): 77-80.

Graham, S.A. (1924): Temperature as a limiting factor in the life of subcortical insects. *Journal of Economic Entomology*, **17**(3): 377-383.

Graham, S.A. (1925): The felled tree trunk as an ecological unit. *Ecology*, **6**(4): 397-411.

Grandcolas, P. (1996): The phylogeny of cockroach families: A cladistic appraisal of morpho-anatomical data. *Canadian Journal of Zoology*, **74**(3): 508-527.

Grandcolas, P. & Deleporte, P. (1996): The origin of protistan symbionts in termites and cockroaches: A phylogenetic perspective. *Cladistics*, **12**(1): 93-98.

Grandcolas, P. & D'Haese, C. (2002): The origin of a "true" worker caste in termites: phylogenetic evidence is not decisive. *Journal of Evolutionary Biology*, **15**(5): 885-888.

Grassé, P.-P. (1959): La reconstruction du nid et les coordinations interindividuelles chez *Bellicositermes natalensis* et *Cubitermes* sp.: La théorie de la stigmergie: Essai d'interprétation du comportement des termites constructeurs. *Insectes Sociaux*, **6**(1): 41-83, plts. 1-7.

Grassé, P.-P. (1978): Sur la véritable nature et le rôle des meules à champignons construites par les termites Macrotermitinae (Isoptera Termitidae). *Comptes Rendus des Séances de l'Académie des Sciences, Série D, Sciences Naturelles*, **287**: 1223-1226.

Grassé, P.-P. & Chauvin, R. (1944): L'effet de groupe et la survie des neutres dans les société d'insectes. *Revue Scientifique*, **82**: 461-464.

Grassé, P.-P. & Noirot, Ch. (1945): La transmission des flagellés symbiotiques et les aliments des termites. *Bulletin Biologique de la France et de la Belgique*, **79**(4): 273-292.

Grassé, P.-P. & Noirot, Ch. (1958): Le meule des termites champignonnistes et sa signification symbiotique. *Annales des Sciences Naturelles. Sér. 11, Zoologie et Biologie Animale*, **20**: 113-129, plts. 1-2.

Grassé, P.-P. & Noirot, Ch. (1959): L'évolution de la symbiose chez les isoptères. *Experientia*, **15**(10): 365-372.

Graves, R.C. & Graves, A.C.F. (1968): The insects and other inhabitants of shelf fungi in the southern blue ridge region of western North Carolina. III: Isoptera, Lepidoptera, and ants. *Annals of the Entomological Society of America*, **61**(2): 383-385.

Gray, B. & Buchter, J. (1969): Termite eradication in Araucaria plantations in New Guinea. *Commonwealth Forestry Review*, **48**(3): 201-207.

Greaves, H. (1971): The bacterial factor in wood decay. *Wood Science and Technology*, **5**(1): 6-16.

Greaves, T. (1959): Termites as forest pests. *Australian Forestry*, **23**(2): 114-120, 2 plts.

Greaves, T. (1962): Studies of foraging galleries and the invasion of living trees by *Coptotermes acinaciformis* and *C. brunneus* (Isoptera). *Australian Journal of Zoology*, **10**(4): 630-651, 2 plts.

Greaves, T. (1964): Temperature studies of termite colonies in living trees. *Australian Journal of Zoology*, **12**(2): 250-262.

Greaves, T. (1965): The buffering effect of trees against fluctuating air temperature. *Australian Forestry*, **29**(3): 175-180.

Grebennikov, V.V., Gill, B.D. & Vigneault, R. (2010): *Trichoferus campestris* (Faldermann) (Coleoptera: Cerambycidae), as Asian wood-boring beetle recorded in North America. *Coleopterists Bulletin*, **64**(1): 13-20.

Grech-Mora, I., Fardeau, M.-L., Patel, B.K.C., Ollivier, B., Rimbault, A., Prensier, G., Garcia, J.-L. & Garnier-Sillam, E. (1996): Isolation and characterization of *Sporobacter termitidis* gen. nov., sp. nov., from the digestive tract of the wood-feeding termite *Nasutitermes lujae*. *International Journal of Systematic Bacteriology*, **46**(2): 512-518.

Green, M., Mansfield-Williams, H.D. & Pitman, A.J. (2004): Reduced hardness as an indicator of susceptibility of timbers to attack by *Euophryum confine* Broun. *International Biodeterioration & Biodegradation*, **53**(1): 33-36.

Greene, C.T. (1914): The cambium miner in river birch. *Journal of Agricultural Research*, **1**(6): 471-474, plts. 60-61.

Greene, C.T. (1917): Two new cambium miners (Diptera). *Journal of Agricultural Research*, **10**(6): 313, 316, 315, 314, 317-318, plt. 48.

Grégoire, J.-C. (1988): The greater European spruce beetle. *Dynamics of Forest Insect Populations: Patterns, Causes, Implication* (A.A. Berryman, ed.). Plenum, New York: 455-478.

Grégoire, J.-C., Braekman, J.-C. & Tondeur, A. (1982): Chemical communication between larvae of *Dendroctonus micans* Kug. (Coleoptera, Scolytidae). *Les Colloques de l'INRA*, (7): 253-257.

Gregory, R. & Wallner, W. (1979): Histological relationship of *Phytobia setosa* to *Acer saccharum*. *Canadian Journal of Botany*, **57**(4): 403-407.

Grehan, J.R. (1981): Morphological changes in the three-phase development of *Aenetus virescens* larvae (Lepidoptera: Hepialidae). *New Zealand Journal of Zoology*, **8**(4): 505-514.

Gries, G. (1992): Ratios of geometrical and optical isomers of pheromones: Irrelevant or important in scolytids? *Journal of Applied Entomology*, **114**(3): 240-243.

Gries, G., Leufvén, A., Lafontaine, J.P., Pierce, H.D., Jp., Borden, J.H., Vanderwel, D. & Oehlschlager, A.C. (1990): New metabolites of α-pinene produced by the mountain pine beetle, *Dendroctonus ponderosae* (Coleoptera: Scolytidae). *Insect Biochemistry*, **20**(4): 365-371.

Griffith, R., Giblin-Davis, R.M., Koshy, P.K. & Sosamma, V.K. (2005): Nematode parasites of coconut and other palms. *Plant Parasitic Nematodes in Subtropical and Tropical Agriculture, 2nd Edition* (M. Luc, R.A. Sikora & J. Bridge, eds.). CABI Publishing, Wallingford: 493-527.

Griffiths, B.S. & Cheshire, M.V. (1987): Digestion and excretion of nitrogen and carbohydrate by the cranefly larva *Tipula paludosa* (Diptera: Tipulidae). *Insect Biochemistry*, **17**(2): 277-282.

Griffiths, R.P., Harmon, M.E., Caldwell, B.A. & Carpenter, S.E. (1993): Acetylene reduction in conifer logs during early stages of decomposition. *Plant and Soil*, **148**(1): 53-61.

Grinbergs, J. (1962): Untersuchungen über Vorkommen und Funktion symbiontischer Mikroorganismen bei holzfressenden Insekten Chiles. *Archiv für Mikrobiologie*, **41**: 51-78.

Gripenberg, S., Mayhew, P.J., Parnell, M. & Roslin, T. (2010): A meta-analysis of preference–performance relationships in phytophagous insects. *Ecology Letters*, **13**(3): 383-393.

Grisebach, H. (1977): Biochemistry of lignification. *Naturwissenschaften*, **64**(12): 619-625.

Grosman, D.M. & Upton, W.W. (2006): Efficacy of systemic insecticides for protection of loblolly pine against southern pine engraver beetles (Coleoptera: Curculionidae: Scolytinae) and wood borers (Coleoptera: Cerambycidae). *Journal of Economic Entomology*, **99**(1): 94-101.

Grosmann, H. (1931): Beiträge zur Kenntnis der Lebensgemeinschaft zwischen Borkenkäfern und Pilzen. *Zeitschrift für Parasitenkunde*, **3**(1): 56-102.

Grove, S.J. (2002): Saproxylic insect ecology and the sustainable management of forests. *Annual Review of Ecology and Systematics*, **33**: 1-23.

Grove, S.J. & Stork, N.E. (2000): An inordinate fondness for beetles. *Invertebrate Taxonomy*, **14**(6): 733-739.

Grünwald, M. (1986): Ecological segregation of bark beetles (Coleoptera, Scolytidae) of spruce. *Journal of Applied Entomology*, **101**(2): 176-187.

Grünwald, S. & Höll, W. (2006): Holz als Nahrungsquelle für Insektenlarven: Der große Holzwurm als Modellfall. *Naturwissenschaftliche Rundschau*, **59**(2): 72-79.

Grünwald, S., Pilhofer, M. & Höll, W. (2010): Microbial associations in gut systems of wood- and bark-inhabiting longhorned beetles [Coleoptera: Cerambycidae]. *Systematic and Applied Microbiology*, **33**(1): 25-34.

Gu, J., Braasch, H., Burgermeister, W. & Zhang, J. (2006): Records of *Bursaphelenchus* spp. intercepted in imported packaging wood at Ningbo, China. *Forest Pathology*, **36**(5): 323-333.

Guan, Y.-Q., Chen, J., Tang, J., Yang, L. & Liu, J.-M. (2011): Immobilizing bifenthrin on wood for termite control. *International Biodeterioration and Biodegradation*, **65**(3): 389-395.

Guèye, N. & Lepage, M. (1988): Rôle des termites dans de jeunes plantations d'*Eucalyptus* du Cap-Vert (Sénégal). *Actes des Colloques Insectes Sociaux*, **4**: 345-352.

Gulmahamad, H. (1997): Naturally occurring infestations of drywood termites in books. *Pan-Pacific Entomologist*, **73**(4): 245-247.

Guo, L., Quilici, D.R., Chase, J. & Blomquist, G.J. (1991): Gut tract microorganisms supply the precursors for methyl-branched hydrocarbon biosynthesis in the termite, *Zootermopsis nevadensis*. *Insect Biochemistry*, **21**(3): 327-333.

Gusteleva, L.A. (1975): Biosynthesis of vitamins of the B group by yeasts symbiotic on xylophagous insects. *Microbiology (Mikrobiologiya)*, **44**(1): 36-38.

Gutowski, J.M. (1987): The role of Cerambycidae and Buprestidae (Coleoptera) in forest ecosystems and some remarks on their economic significance. *IVth Symposium on the Protection of Forest Ecosystems: The Role of Cambio- and Xylophagous Insects in Forest Ecosystems* (J. Dominik, ed.). Warsaw Agricultural University Press, Warsaw: 165-175.

Haack, R.A. (2001): Intercepted Scolytidae (Coleoptera) at U.S. ports of entry: 1985–2000. *Integrated Pest Management Reviews*, **6**(3/4): 253-282.

Haack, R.A. (2006): Exotic bark- and wood-boring Coleoptera in the United States: Recent establishments and interceptions. *Canadian Journal of Forest Research*, **36**(2): 269-288.

Haack, R.A. & Benjamin, D.M. (1982): The biology and ecology of the twolined chestnut borer, *Agrilus bilineatus* (Coleoptera: Buprestidae), on oaks, *Quercus* spp., in Wisconsin. *Canadian Entomologist*, **114**(5): 385-396.

Haack, R.A., Benjamin, D.M. & Haack, K.D. (1983): Buprestidae, Cerambycidae, and Scolytidae associated with successive stages of *Agrilus bilineatus* (Coleoptera: Buprestidae) infestation of oaks in Wisconsin. *Great Lakes Entomologist*, **16**(2): 47-55.

Haack, R.A., Blank, R.W., Fink, F.T. & Mattson, W.J. (1988): Ultrasonic acoustical emissions from sapwood of eastern white pine, northern red oak, red maple, and paper birch: Implications for bark- and wood-feeding insects. *Florida Entomologist*, **71**(4): 427-440.

Haack, R.A., Hérard, F., Sun, J. & Turgeon, J.J. (2010): Managing invasive populations of Asian longhorned beetle and citrus longhorned beetle: A worldwide perspective. *Annual Review of Entomology*, **55**: 521-546.

Haack, R.A., Law, K.R., Mastro, V.C., Ossenbruggen, H.S. & Raimo, B.J. (1997): New York's battle with the Asian long-horned beetle. *Journal of Forestry*, **95**(12): 11-15.

Haack, R.A. & Slansky, F., Jr. (1987): Nutritional ecology of wood-feeding Coleoptera, Lepidoptera and Hymenoptera. *Nutritional Ecology of Insects, Mites, Spiders, and Related Invertebrates* (F. Slansky, Jr. & J.G. Rodriguez, eds.). John Wiley & Sons: 449-486.

Haack, R.A., Wilkinson, R.C. & Foltz, J.L. (1987): Plasticity in life-history traits of the bark beetle *Ips calligraphus* as influenced by phloem thickness. *Oecologia*, **72**(1): 32-38.

Haanstad, J.O. & Norris, D.M. (1985): Microbial symbiotes of the ambrosia beetle *Xyloterinus politus*. *Microbial Ecology*, **11**(3):

267-276.

Haavik, L.J., Ayres, M.P., Stange, E.E. & Stephen, F.M. (2011): Phloem and xylem nitrogen variability in *Quercus rubra* attacked by *Enaphalodes rufulus*. *Canadian Entomologist*, **143**(4): 380-383.

Haavik, L.J. & Stephen, F.M. (2011): Factors that affect compartmentalization and wound closure of *Quercus rubra* infested with *Enaphalodes rufulus*. *Agricultural and Forest Entomology*, **13**(3): 291-300.

Hacke, U.G. & Sperry, J.S. (2001): Functional and ecological xylem anatomy. *Perspectives in Plant Ecology, Evolution and Systematics*, **4**(2): 97-115.

Hackstein, J.H.P. & Stumm, C.K. (1994): Methane production in terrestrial arthropods. *Proceedings of the National Academy of Sciences of the United States of America*, **91**(12): 5441-5445.

Haddad, C.R. & Dippenaar-Schoeman, A.S. (2002): The Influence of mound structure on the diversity of spiders (Araneae) inhabiting the abandoned mounds of the snouted harvester termite *Trinervitermes trinervoides*. *Journal of Arachnology*, **30**(2): 403-408.

Hafez, M. (1980): Highlights of the termite problem in Egypt. *Sociobiology*, **5**(2): 147-153.

Hagan, J.M. & Grove, S.L. (1999): Coarse woody debris. *Journal of Forestry*, **97**(1): 6-11.

Hall, G.M., Tittiger, C., Andrews, G.L., Mastick, G.S., Kuenzli, M., Luo, X., Seybold, S.J. & Blomquist, G.J. (2002a): Midgut tissue of male pine engraver, *Ips pini*, synthesizes monoterpenoid pheromone component ipsdienol *de novo*. *Naturwissenschaften*, **89**(2): 79-83.

Hall, G.M., Tittiger, C., Blomquist, G.J., Andrews, G.L., Mastick, G.S., Barkawi, L.S., Bengoa, C. & Seybold, S.J. (2002b): Male Jeffrey pine beetle, *Dendroctonus jeffreyi*, synthesizes the pheromone component frontalin in anterior midgut tissue. *Insect Biochemistry and Molecular Biology*, **32**(11): 1525-1532.

Hamilton, C., Lay, F. & Bulmer, M.S. (2011): Subterranean termite prophylactic secretions and external antifungal defenses. *Journal of Insect Physiology*, **57**(9): 1259-1266.

Hamilton, W.D. (1972): Altruism and related phenomena, mainly in social insects. *Annual Review of Ecology and Systematics*, **3**: 193-232.

Hamilton, W.D. (1978): Evolution and diversity under bark. *Symposia of the Royal Entomological Society of London*, **9**: 154-175.

Han, S.H. & Ndiaye, A.B. (1996): Dégâts causés par les termites (Isoptera) sur les arbres fruitiers dans la région de Dakar (Sénégal). *Actes des Colloques Insectes Sociaux*, **10**: 111-117.

Hanks, L.M. (1999): Influence of the larval host plant on reproductive strategies of cerambycid beetles. *Annual Review of Entomology*, **44**: 483-505.

Hanks, L.M., Millar, J.G., Moreira, J.A., Barbour, J.D., Lacey, E.S., McElfresh, J.S., Reuter, F.R. & Ray, A.M. (2007): Using generic pheromone lures to expedite identification of aggregation pheromones for the cerambycid beetles *Xylotrechus nauticus*, *Phymatodes lecontei*, and *Neoclytus modestus modestus*. *Journal of Chemical Ecology*, **33**(5): 889-907.

Hanks, L.M., Paine, T.D. & Millar, J.G. (1991): Mechanisms of resistance in *Eucalyptus* against larvae of the eucalyptus longhorned borer (Coleoptera: Cerambycidae). *Environmental Entomology*, **20**(6): 1583-1588.

Hanks, L.M., Paine, T.D., Millar, J.G., Campbell, C.D. & Schuch, U.K. (1999): Water relations of host trees and resistance to the phloem-boring beetle *Phoracantha semipunctata* F. (Coleoptera: Cerambycidae). *Oecologia*, **119**(3): 400-407.

Hanover, J.W. (1975): Physiology of tree resistance to insects. *Annual Review of Entomology*, **20**: 75-95.

Hanover, J.W. & Furniss, M.M. (1966): Monoterpene concentration in Douglas-fir in relation to geographic location and resistance to attack by the Douglas-fir beetle. *U.S. Forest Service Research Paper, NC*, (6): 23-28.

Hansen, L.D. & Akre, R.D. (1985): Biology of carpenter ants in Washington State (Hymenoptera: Formicidae: *Camponotus*). *Melanderia*, **43**: i-v, 1-61.

Hanson, J.B. & Benjamin, D.M. (1967): Biology of *Phytobia setosa*, a cambium miner of sugar maple. *Journal of Economic Entomology*, **60**(5): 1351-1355.

Hanula, J.L. (1996): Relationship of wood-feeding insects and coarse woody debris. *General Technical Report, SE. United States Department of Agriculture, Forest Service, Southeastern Forest Experiment Station*, (94): 55-81.

Hanula, J.L., Meeker, J.R., Miller, D.R. & Barnard, E.L. (2002): Association of wildfire with tree health and numbers of pine bark beetles, reproduction weevils and their associates in Florida. *Forest Ecology and Management*, **170**: 233-247.

Hapukotuwa, N.K. & Grace, J.K. (2012): *Coptotermes formosanus* and *Coptotermes gestroi* (Blattodea: Rhinotermitidae) exhibit quantitatively different tunneling patterns. *Psyche*, **2012(675356)**: 1-7.

Hara, A.H. & Beardsley, J.W., Jr. (1979): The biology of the black twig borer, *Xylosandrus compactus* (Eichhoff), in Hawaii. *Proceedings of the Hawaiian Entomological Society*, **23**(1): 55-70.

原 秀穂（2001）：林地に放置したアカエゾマツ丸太は乾燥するのか：ヤツバキクイムシの予防方法の確率［ママ］に向けて．森林保護，(281): 2-4.

原 秀穂・林 直孝（2002）：若いアカエゾマツ人工林における除間伐後のヤツバキクイムシ被害の発生状況．北海道林業試験場研究報告，(39): 69-74.

Hardy, J.W. (1963): Epigamic and reproductive behavior of the orange-fronted parakeet. *Condor*, **65**(3): 169-199.

Hardy, T. (1988): The condo eaters: The Formosan termite is slowly chewing through the structure of current pest control methods. *BioScience*, **38**(10): 662-664.

Haritos, V.S., Butty, J.S., Brennan, S.E., French, J.R.J. & Ahokas, J.T. (1996): Glutathione transferase and glutathione-binding proteins of termites: purification and characterisation. *Insect Biochemistry and Molecular Biology*, **26**(6): 617-625.

Haritos, V.S., French, J.R.J. & Ahokas, J.T. (1993): The metabolism and comparative elimination of polychlorinated biphenyl congeners in termites. *Chemosphere*, **26**(7): 1291-1299.

Harman, D.M. & Kranzler, G.A. (1969): Sound production in the white-pine weevil, *Pissodes strobi*, and the northern pine weevil, *P.*

approximatus. *Annals of the Entomological Society of America*, **62**(1): 134-136.
Harmon, M.E., Cromack, K., Jr. & Smith, B.G. (1987): Coarse woody debris in mixed-conifer forests, Sequoia National Park, California. *Canadian Journal of Forest Research*, **17**(10): 1265-1272.
Harmon, M.E., Sexton, J., Caldwell, B.A. & Carpenter, S.E. (1994): Fungal sporocarp mediated losses of Ca, Fe, K, Mg, Mn, N, P, and Zn from conifer logs in the early stages of decomposition. *Canadian Journal of Forest Research*, **24**(9): 1883-1893.
Harrington, T.C. (1993): Biology and taxonomy of fungi associated with bark beetles. *Beetle-Pathogen Interactions in Conifer Forests* (T.D. Schowalter & G.M. Filip, eds.). Academic Press, London: 37-58.
Harrington, T.C. (2005): Ecology and evolution of mycophagous bark beetles and their fungal partners. *Insect-Fungal Associations: Ecology and Evolution* (F.E. Vega & M. Blackwell, eds.). Oxford University Press, New York: 257-291.
Harrington, T.C., Fraedrich, S.W. & Aghayeva, D.N. (2008): *Raffaelea lauricola*, a new ambrosia beetle symbiont and pathogen on the Lauraceae. *Mycotaxon*, **104**: 399-404.
Harrington, T.C., Yun, H.Y., Lu, S.-S., Goto, H., Aghayeva, D.N. & Fraedrich, S.W. (2011): Isolations from the redbay ambrosia beetle, *Xyleborus glabratus*, confirm that the laurel wilt pathogen, *Raffaelea lauricola*, originated in Asia. *Mycologia*, **103**(5): 1028-1036.
Harris, J.A., Campbell, K.G. & Wright, G.M. (1976): Ecological studies on the horizontal borer *Austroplatypus incompertus* (Schedl) (Coleoptera: Platypodidae). *Journal of the Entomological Society of Australia (N.S.W.)*, **9**: 11-21.
Harris, W.V. & Sands, W.A. (1965): The social organisation of termite colonies. *Symposia of the Zoological Society of London*, (14): 113-131.
Hartenstein, R. (1982): Soil macroinvertebrates, aldehyde oxidase, catalase, cellulase and peroxidase. *Soil Biology and Biochemistry*, **14**(4): 387-391.
Harz, B. & Topp, W. (1999): Totholz im Wirtschaftswald: Eine Gefahrenquelle zur Massenvermehrung von Schadinsekten? *Forstwissenschaftliches Centralblatt*, **118**: 302-313.
Hasegawa, M., Takeda, M. & Karube, H. (2011): New species of the genus *Nobuosciades* (Coleoptera, Cerambycidae, Lamiinae) from the Ogasawara Island, Japan, with description of a new subgenus. *Elytra, New Series*, **1**(1): 109-117.
Haslberger, H. & Fengel, D. (1991): Versuche zur Wirksamkeit von Ligninabbauprodukten und löslichen Laubholz-Bestandteilen gegen Hausbockbefall von Bauholz: Zur Hemmwirkung von Fraktionen der Buchenholzextrakte auf die Larvenentwicklung in Kiefernholz. *Holz als Roh- und Werkstoff*, **49**(9): 333-339.
Hatcher, P.G. & Breger, I.A. (1981): Nuclear magnetic resonance studies of ancient buried wood I: Observations on the origin of coal to the brown coal stage. *Organic Geochemistry*, **3**(1/2): 49-55.
Haverty, M.I. & Nutting, W.L. (1975): Natural wood preferences of desert termites. *Annals of the Entomological Society of America*, **68**(3): 533-536.
Hay, C.J. (1974): Survival and mortality of red oak borer larvae on black, scarlet, and northern red oak in eastern Kentucky. *Annals of the Entomological Society of America*, **67**(6): 981-986.
Hayashi, N. (1966): A contribution to the knowledge of the larvae of Tenebrionidae occurring in Japan (Coleoptera: Cucujoidea). *Insecta Matsumurana, Supplement*, (1): 0-41, plts. 1-32.
林 長閑 (1974)：ニホンホホビロコメツキモドキの生態．昆虫と自然，**9**(7)：口絵，17．
林 長閑 (1979)：日本における始原亜目 Micromalthidae の発見：その生態と形態について．甲虫ニュース，(44)：1-4．
Hayes, A.J. & Tickell, R.F. (1984): Colonisation of coniferous stumps by cerambycid beetles (Coleoptera: Cerambycidae). *Scottish Forestry*, **38**: 17-32.
Hayes, C.J., Hofstetter, R.W., DeGomez, T.E. & Wagner, M.R. (2009): Effects of sunlight exposure and log size on pine engraver (Coleoptera: Curculionidae) reproduction in ponderosa pine slash in Northern Arizona, U.S.A. *Agricultural and Forest Entomology*, **11**(3): 341-350.
Hayes, R.A., Piggott, A.M., Smith, T.E. & Nahrung, H.F. (2014): *Corymbia* phloem phenolics, tannins and terpenoids: Interactions with a cerambycid borer. *Chemoecology*, **24**(3): 95-103.
He, S., Ivanova, N., Kirton, E., Allgaier, M., Bergin, C., Scheffrahn, R.H., Kyrpides, N.C., Warnecke, F., Tringe, S.G. & Hugenholtz, P. (2013): Comparative metagenomic and metatranscriptomic analysis of hindgut paunch microbiota in wood- and dung-feeding higher termites. *PLoS ONE*, **8(4-e61126)**: 1-14.
Heather, N.W. (1970): Susceptibility of two species of *Agathis* to attack by *Lyctus brunneus* (Steph.). *Research Notes, Queensland Department of Forestry*, (21): 0-6.
Heatwole, H. & Levins, R. (1972): Biogeography of the Puerto Rican Bank: Flotsam transport of terrestrial animals. *Ecology*, **53**(1): 112-117.
Hedges, J.I., Cowie, G.L., Ertel, J.R., Barbour, R.J. & Hatcher, P.G. (1985): Degradation of carbohydrates and lignins in buried woods. *Geochimica et Cosmochimica Acta*, **49**(3): 701-711.
Heering, H. (1956): Zur Biologie, Ökologie und zum Massenwechsel des Buchenprachtkäfers (*Agrilus viridis* L.). *Zeitschrift für Angewandte Entomologie*, {**38**(3): 249-287; **39**(1): 76-114}.
Heijari, J., Nerg, A.-M., Holopainen, J.K. & Kainulainen, P. (2010): Wood borer performance and wood characteristics of drought-stressed Scots pine seedlings. *Entomologia Experimentalis et Applicata*, **137**(2): 105-110.
Heijari, J., Nerg, A.-M., Kainulainen, P., Noldt, U., Levula, T., Raitio, H. & Holopainen, J.K. (2008): Effect of long-term forest fertilization on Scots pine xylem quality and wood borer performance. *Journal of Chemical Ecology*, **34**(1): 26-31.
Heikkenen, H.J. & Hrutfiord, B.F. (1965): *Dendroctonus pseudotsugae*: A hypothesis regarding its primary attractant. *Science*, **150**(3702): 1457-1459.
Heilmann-Clausen, J. (2001): A gradient analysis of communities of macrofungi and slime moulds on decaying beech logs. *Mycological Research*, **105**(5): 575-596.

Heilmann-Clausen, J. & Christensen, M. (2004): Does size matter? On the importance of various dead wood fractions for fungal diversity in Danish beech forests. *Forest Ecology and Management*, **201**(1): 105-117.

Heitz, E. (1927): Über intrazelluläre Symbiose bei holzfressenden Käferlarven I. *Zeitschrift für Morphologie und Ökologie der Tiere*, **7**(3): 279-305, plts.1-2.

Helbig, J. & Schulz, F.A. (1994): Untersuchungen zur Biologie von *Prostephanus truncatus* (Horn) (Col., Bostrichidae) auf Holz. *Journal of Applied Entomology*, **117**(4): 380-387.

Hellrigl, K.G. (1971): Die Bionomie der europäischen *Monochamus*-Arten (Coleopt., Cerambycid.) und ihre Bedeutung für die Forst- und Holzwirtschaft. *Redia, Serie 3*: **52**: 367-509.

Hellrigl, K. (1986): Zur Entwicklung, Färbung und Lebensweise von *Pedostrangalia revestita* (L.) (Coleopt., Cerambycidae). *Anzeiger für Schädlingskunde, Pflanzenschutz, Umweltschutz*, **59**(1): 14-17.

Hendee, E.C. (1933): The association of the termites, *Kalotermes minor*, *Reticulitermes hesperus* and *Zootermopsis angusticollis* with fungi. *University of California Publications in Zoology*, **39**: 111-133.

Hendee, E.C. (1934): The rôle of fungi in the diet of termites. *Science*, **80**(2075): 316.

Hendee, E.C. (1935): The role of fungi in the diet of the common damp-wood termite, *Zootermopsis angusticollis*. *Hilgardia*, **9**(10): 499-525.

Henderson, F.Y. (& Bennison, E.W.) (1943): The depletion of starch from the sapwood of the ash (*Fraxinus excelsior*) and its relation to attack by powder-post beetles (*Lyctus* spp.). *Annals of Applied Biology*, **30**(3): 201-208.

Henderson, G. & Dunaway, C. (1999): Keeping Formosan termites away from underground telephone lines. *Louisiana Agriculture*, **42**(1): 5-6.

Henderson, J.C. (1941): Studies of some amoebae from a termite of the genus *Cubitermes*. *University of California Publications in Zoology*, **43**: 357-377.

Hendry, L.B., Piatek, B., Browne, L.E., Wood, D.L., Byers, J.A., Fish, R.H. & Hicks, R.A. (1980): In vivo conversion of a labelled host plant chemical to pheromones of the bark beetle *Ips paraconfusus*. *Nature*, **284**(5755): 485.

Henry, H.A.L., Brizgys, K. & Field, C.B. (2008): Litter decomposition in a California annual grassland: Interactions between photodegradation and litter layer thickness. *Ecosystems*, **11**(4): 545-554.

Heo, S., Kwak, J., Oh, H.-W., Park, D.-S., Bae, K.S., Shin, D.H. & Park, H.-Y. (2006): Characterization of an extracellular xylanase in *Paenibacillus* sp. HY-8 isolated from an herbivorous longicorn beetle. *Journal of Microbiology and Biotechnology*, **16**(11): 1753-1759.

Hérard, F., Ciampitti, M., Maspero, M., Krehan, H., Benker, U., Boegel, C., Schrage, R., Bouhot-Delduc, L. & Bialooki, P. (2006): *Anoplophora* species in Europe: Infestations and management processes. *Bulletin OEPP*, **36**(3): 470-474.

Herlemann, D.P.R., Geissinger, O., Ikeda-Ohtsubo, W., Kunin, V., Sun, H., Lapidus, A., Hugenholtz, P. & Brune, A. (2009): Genomic analysis of "*Elusimicrobium minutum*", the first cultivated representative of the Phylum "Elusimicrobia" (Formerly Termite Group 1). *Applied and Environmental Microbiology*, **75**(9): 2841-2849.

Herms, D.A. & McCullough, D.G. (2014): Emerald ash borer invasion of North America: History, biology, ecology, impacts, and management. *Annual Review of Entomology*, **59**: 13-30.

Hertel, G.D., Williams, I.L. & Merkel, E.P. (1977): Insect attacks on and mortality of slash and longleaf pines treated with paraquat to induce lightwood formation. *USDA Forest Service Research Paper, SE*, (169): 0-13.

Hertel, H., Hanspach, A. & Plarre, R. (2011): Differences in alarm responses in drywood and subterranean termites (Isoptera: Kalotermitidae and Rhinotermitidae) to physical stimuli. *Journal of Insect Behavior*, **24**(2): 106-115.

Hespenheide, H.A. (1969): Larval feeding site of species of *Agrilus* (Coleoptera) using a common host plant. *Oikos*, **20**(2): 558-561.

Hespenheide, H.A. (1976): Patterns in the use of single plant hosts by wood-boring beetles. *Oikos*, **27**(1): 161-164.

Hesse, P.R. (1955): A chemical and physical study of the soils of termite mounds in East Africa. *Journal of Ecology*, **43**(2): 449-461.

Hewitt, C.G. (1917): Insect behaviour as a factor in applied entomology. *Journal of Economic Entomology*, **10**(1): 81-91, (91-94).

Heymons, R. & Heymons, H. (1934): *Passalus* und seine intestinale Flora. *Biologisches Centralblatt*, **54**: 40-51.

Hicke, J.A., Logan, J.A., Powell, J. & Ojima, D.S. (2006): Changing temperatures influence suitability for modeled mountain pine beetle (*Dendroctonus ponderosae*) outbreaks in the western United States. *Journal of Geophysical Research, G*, **111**(G02019): 1-12.

Hickin, N. (1977): Preservation and control of structural wood destroying insects. *Material und Organismen*, **12**(2): 97-110.

Higashi, M., Abe, T. & Burns, T.P. (1992): Carbon–nitrogen balance and termite ecology. *Proceedings, Biological Sciences, The Royal Society, London*, **249**(1326): 303-308.

東 巽（1941）：マダケの伐季と虫害に就て．日本林学会誌，23(6): 329-332.

Higgs, M.D. & Evans, D.A. (1978): Chemical mediators in the oviposition behaviour of the house longhorn beetle, *Hylotrupes bajulus*. *Experientia*, **34**(1): 46-47.

Highley, T.L. (1978): How moisture and pit aspiration affect decay of wood by white-rot and brown-rot fungi. *Material und Organismen*, **13**(3): 197-206.

Highley, T.L. & Kirk, T.K. (1979): Mechanisms of wood decay and the unique features of heartrots. *Phytopathology*, **69**(10): 1151-1157.

Higuchi, T. (1976): Biochemical aspects of lignification and heartwood formation. *Wood Research*, (59/60): 180-199.

Higuchi, T. (1982): Biodegradation of lignin: Biochemistry and potential applications. *Experientia*, **38**(2): 159-166.

Higuchi, T. (1990): Lignin biochemistry: Biosynthesis and biodegradation. *Wood Science and Technology*, **24**(1): 23-63.

Higuchi, T., Fukazawa, K. & Shimada, M. (1967): Biochemical studies on the heartwood formation. *Research Bulletins of the College Experiment Forests, Hokkaido University*, **25**(1): 167-193.

Higuchi, T., Onda, Y. & Fujimoto, Y. (1969): Biochemical aspects of heartwood formation with special reference to the site of biogenesis of heartwood compounds. *Wood Research*, (48): 15-30.

Hijii, N., Kajimura, H., Urano, T., Kinuura, H. & Itami, H. (1991): The mass mortality of oak trees induced by *Platypus quercivorus* (Murayama) and *Platypus calamus* Blandford (Coleoptera: Platypodidae): The density and spatial distribution of attack by the beetles. *Journal of the Japanese Forestry Society*, **73**(6): 471-476.

Hill, M.G., Borgemeister, C. & Nansen, C. (2002): Ecological studies on the larger grain borer, *Prostephanus truncatus* (Horn) (Col.: Bostrichidae) and their implications for integrated pest management. *Integrated Pest Management Reviews*, **7**(4): 201-221.

Hillerton, J.E., Robertson, B. & Vincent, J.F.V. (1984): The presence of zinc or manganese as the prodominant metal in the mandibles of adult, stored-product beetles. *Journal of Stored Products Research*, **20**(3): 133-137.

Hillerton, J.E. & Vincent, J.F.V. (1982): The specific location of zinc in insect mandibles. *Journal of Experimental Biology*, **101**(1): 333-336, pl.

Hillis, W.E. (1968): Chemical aspects of heartwood formation. *Wood Science and Technology*, **2**(4): 241-259.

Hillis, W.E., Humphreys, F.R., Bamber, R.K. & Carle, A. (1962): Factors influencing the formation of phloem and heartwood polyphenols, Part II: The availability of stored and translocated carbohydrate. *Holzforschung*, **16**(4): 114-121.

Hillis, W.E. & Inoue, T. (1968): The formation of polyphenols in trees IV: The polyphenols formed in *Pinus radiata* after *Sirex* attack. *Phytochemistry*, **7**(1): 13-22.

Hilszczański, J., Gibb, H., Hjältén, J., Atlegrim, O., Johansson, T., Pettersson, R.B., Ball, J.P. & Danell, K. (2005): Parasitoids (Hymenoptera, Ichneumonoidea) of saproxylic beetles are affected by forest successional stage and dead wood characteristics in boreal spruce forest. *Biological Conservation*, **126**(4): 456-464.

Himmi, S.K., Yoshimura, T., Yanase, Y., Oya, M., Torigoe, T. & Imazu, S. (2014): X-ray tomographic analysis of the initial structure of the royal chamber and the nest-founding behavior of the drywood termite *Incisitermes minor*. *Journal of Wood Science*, **60**(6): 453-460.

Hindwood, K.A. (1959): The nesting of birds in the nests of social insects. *Emu*, **59**(1): 1-36, plts. 1-7.

Hinze, B., Crailsheim, K. & Leuthold, R.H. (2002): Polyethism in food processing and social organisation in the nest of *Macrotermes bellicosus* (Isoptera, Termitidae). *Insectes Sociaux*, **49**(1): 31-37.

平野幸彦（2010）：*Minthea reticulata* Lesne の発見とナガシンクイムシ科チェックリスト．神奈川虫報，(172): 15-20.

平野幸彦（2012）：もっとも珍奇な日本産甲虫は何か．月刊むし，(496): 37-39.

広川享子・森 八郎（1964）：シロアリコロニー衰徴の原因について．日吉論文集，慶應義塾大学日吉研究室，(16): 73-86.

廣瀬博宣（2009）：浮き桟橋，クルーザーのシロアリ被害報告．しろあり，(151): 1-5.

Hochmair, H.H. & Scheffrahn, R.H. (2010): Spatial association of marine dockage with land-borne infestations of invasive termites (Isoptera: Rhinotermitidae: *Coptotermes*) in urban south Florida. *Journal of Economic Entomology*, **103**(4): 1338-1346.

Hodges, J.D., Barras, S.J. & Mauldin, J.K. (1968a): Free and protein-bound amino acids in inner bark of loblolly pine. *Forest Science*, **14**(3): 330-333.

Hodges, J.D., Barras, S.J. & Mauldin, J.K. (1968b): Amino acids in inner bark of loblolly pine, as affected by the southern pine beetle and associated microorganisms. *Canadian Journal of Botany*, **46**(12): 1467-1472.

Hodges, J.D., Elam, W.W., Watson, W.F. & Nebeker, T.E. (1979): Oleoresin characteristics and susceptibility of four southern pines to southern pine beetle (Coleoptera: Scolytidae) attacks. *Canadian Entomologist*, **111**(8): 889-896.

Hodges, J.D. & Lorio, P.L. (1968): Measurement of oleoresin exudation pressure in loblolly pine. *Forest Science*, **14**(1): 75-76.

Hodges, J.D. & Lorio, P.L. (1975): Moisture stress and composition of xylem oleoresin in loblolly pine. *Forest Science*, **21**(3): 283-290.

Hodges, J.D. & Pickard, L.S. (1971): Lightning in the ecology of the southern pine beetle, *Dendroctonus frontalis* (Coleoptera: Scolytidae). *Canadian Entomologist*, **103**(1): 44-51.

Hoffman, W.A. (1933): *Rhizopertha dominicana*[sic] as a library pest. *Journal of Economic Entomology*, **26**(1): 293-294.

Hoffmann, C.H. (1939): The biology and taxonomy of the Nearctic species of *Osmoderma* (Coleoptera, Scarabaeidae). *Annals of the Entomological Society of America*, **32**(3): 510-525.

Hoffmann, C.H. (1941): Biological observations on *Xylosandrus germanus* (Bldfd.). *Journal of Economic Entomology*, **34**(1): 38-42.

Hofstetter, R.W., Cronin, J.T., Klepzig, K.D., Moser, J.C. & Ayres, M.P. (2006): Antagonisms, mutualisms and commensalisms affect outbreak dynamics of the southern pine beetle. *Oecologia*, **147**(4): 679-691.

Hofstetter, R.W., Dempsey, T.D., Klepzig, K.D. & Ayres, M.P. (2007): Temperature-dependent effects on mutualistic, antagonistic, and commensalistic interactions among insects, fungi and mites. *Community Ecology*, **8**(1): 47-56.

Hofstetter, R.W., Mahfouz, J.B., Klepzig, K.D. & Ayres, M.P. (2005): Effects of tree phytochemistry on the interactions among endophloedic fungi associated with the southern pine beetle. *Journal of Chemical Ecology*, **31**(3): 539-560.

Hofstetter, R.W. & Moser, J.C. (2014): The role of mites in insect−fungus associations. *Annual Review of Entomology*, **59**: 537-557.

Holdaway, F.G. (1933): The composition of different regions of mounds of *Eutermes exitiosus* Hill. *Journal of the Council for Scientific and Industrial Reserach*, **6**: 160-165.

Holden, A.R. & Harris, J.M. (2013): Late Pleistocene coleopteran galleries in wood from the La Brea Tar Pits: Colonization of juniper by *Phloeosinus* Chapuis (Curculionidae: Scolytinae) and Buprestidae. *Coleopterists Bulletin*, **67**(2): 155-160.

Höll, W. (2000): Distribution, fluctuation and metabolism of food reserves in the wood of trees. *Cell and Molecular Biology of Wood Formation* (R.A. Savidge, J.R. Barnett & R. Napier, eds.). BIOS Scientific Publishers Limited, Oxford: 347-362.

Höll, W., Frommberger, M. & Straßl, C. (2002): Soluble carbohydrates in the nutrition of house longhorn beetle larvae, *Hylotrupes bajulus* (L.) (Col., Cerambycidae): From living sapwood to faeces. *Journal of Applied Entomology*, **126**(9): 463-469.

Höll, W. & Goller, I. (1982): Free sterols and steryl esters in the trunkwood of *Picea abies* (L.) Karst. *Zeitschrift für*

Pflanzenphysiologie, **106**(5): 409-418.

Holland, J.D. (2006): Cerambycidae larval host condition predicts trap efficiency. *Environmental Entomology*, **35**(6): 1647-1653.

Holland, J.D., Fahrig, L. & Cappuccino, N. (2005): Fecundity determines the extinction threshold in a Canadian assemblage of longhorned beetles (Coleoptera: Cerambycidae). *Journal of Insect Conservation*, **9**(2): 109-119.

Hölldobler, K. (1944): Über die forstlich wichtigen Ameisen des nordostkarelischen Urwaldes. *Zeitschrift für Angewandte Entomologie*, **30**(4): 587-622.

Hollingsworth, R.G., Blum, U. & Hain, F.P. (1991): The effect of adelgid-altered wood on sapwood conductance of fraser fir Christmas trees. *IAWA Bulletin, New Series*, **12**(3): 235-239.

Holt, J.A. (1998): Microbial activity in the mounds of some Australian termites. *Applied Soil Ecology*, **9**(1/3): 183-187.

Holt, J.A. & Lepage, M. (2000): Termites and soil properties. *Termites: Evolution, Sociality, Symbioses, Ecology* (T. Abe, D.E. Bignell & M. Higashi, eds.). Kluwer Academic Publishers, Dordrecht: 389-407.

Holub, S.M., Spears, J.D.H. & Lajtha, K. (2001): A reanalysis of nutrient dynamics in coniferous coarse woody debris. *Canadian Journal of Forest Research*, **31**(11): 1894-1902.

Holzinger, R., Sandoval-Soto, L., Rottenberger, S., Crutzen, P.J. & Kesselmeier, J. (2000): Emission of volatile organic compounds from *Quercus ilex* L. measured by proton transfer reaction mass spectrometry under different environmental conditions. *Journal of Geophysical Research, D*, **105**(16): 20573-20579.

Hongo, Y. (2006): Bark-carving behavior of the Japanese horned beetle *Trypoxylus dichotomus septentrionalis* (Coleoptera: Scarabaeidae). *Journal of Ethology*, **24**(3): 201-204.

Hongoh, Y. (2011): Toward the functional analysis of uncultivable, symbiotic microorganisms in the termite gut. *Cellular and Molecular Life Sciences*, **68**(8): 1311-1325.

Hongoh, Y., Deevong, P., Hattori, S., Inoue, T., Noda, S., Noparatnaraporn, N., Kudo, T. & Ohkuma, M. (2006): Phylogenetic diversity, localization, and cell morphologies of members of the candidate phylum TG3 and a subphylum in the phylum Fibrobacteres, recently discovered bacterial groups dominant in termite guts. *Applied and Environmental Microbiology*, **72**(10): 6780-6788.

Hongoh, Y., Sato, T., Noda, S., Ui, S., Kudo, T. & Ohkuma, M. (2007): *Candidatus* Symbiothrix dinenymphae: bristle-like Bacteroidales ectosymbionts of termite gut protists. *Environmental Microbiology*, **9**(10): 2631-2635.

Hongoh, Y., Sharma, V.K., Prakash, T., Noda, S., Taylor, T.D., Kudo, T., Sakaki, Y., Toyoda, A., Hattori, M., Ohkuma, M. (2008a): Complete genome of the uncultured Termite Group 1 bacteria in a single host protist cell. *Proceedings of the National Academy of Sciences of the United States of America*, **105**(14): 5555-5560.

Hongoh, Y., Sharma, V.K., Prakash, T., Noda, S., Toh, H., Taylor, T.D., Kudo, T., Sakaki, Y., Toyoda, A., Hattori, M. & Ohkuma, M. (2008b): Genome of an endosymbiont coupling N$_2$ fixation to cellulolysis within protist cells in termite gut. *Science*, **322**(5904): 1108-1109.

Hopf, H.S. (1937): Protein digestion of wood-boring insects. *Nature*, **139**(3511): 286-287.

Hopf, H.S. (1938): Investigations into the nutrition of the ash-bark beetle, *Hylesinus fraxini* Panz. *Annals of Applied Biology*, **25**(2): 390-405.

Hopkins, A.D. (1898): On the history and habits of the "wood engraver" ambrosia beetle, *Xyleborus xylographus* (Say), *Xyleborus saxeseni* (Ratz.), with brief descriptions of different stages. *Canadian Entomologist*, **30**(2): 21-29, plts. 2-3.

Hopkins, D.W., Chudek, J.A., Bignell, D.E., Frouz, J., Webster, E.A. & Lawson, T. (1998): Application of ^{13}C NMR to investigate the transformations and biodegradation of organic materials by wood- and soil-feeding termites, and a coprophagous litter-dwelling dipteran larva. *Biodegradation*, **9**(6): 423-431.

Hopping, G.R. (1961): Techniques for rearing *Ips* De Geer (Coleoptera: Scolytidae). *Canadian Entomologist*, **93**(11): 1050-1053.

Horn, W. (1931): How to collect cicindelids and their larvae in Hong Kong and vicinity. *Hong Kong Naturalist*, **2**(4): 258-261.

Hosking, G.P. & Hutcheson, J.A. (1979): Nutritional basis for feeding zone preference of *Arhopalus ferus* (Coleoptera: Cerambycidae). *New Zealand Journal of Forestry Science*, **9**(2): 185-192.

Houseman, R.M., Gold, R.E. & Pawson, B.M. (2001): Resource partitioning in two sympatric species of subterranean termites, *Reticulitermes flavipes* and *Reticulitermes hageni* (Isoptera: Rhinotermitidae). *Environmental Entomology*, **30**(4): 673-685.

Hovore, F.T. & Penrose, R.L. (1982): Notes on Cerambycidae co-inhabiting girdles of *Oncideres pustulata* LeConte (Coleoptera: Cerambycidae). *Southwestern Naturalist*, **27**(1): 23-27.

Howard, R.W. & Blomquist, G.J. (1982): Chemical ecology and biochemistry of insect hydrocarbons. *Annual Review of Entomology*, **27**: 149-172.

Howard, R.W., Mallette, E.J., Haverty, M.I. & Smythe, R.V. (1981): Laboratory evaluation of within-species, between-species, and parthenogenetic reproduction in *Reticulitermes flavipes* and *Reticulitermes virginicus*. *Psyche*, **88**(1/2): 75-87.

Howden, H.F. & Vogt, G.B. (1951): Insect communities of standing dead pine (*Pinus virginiana* Mill.). *Annals of the Entomological Society of America*, **44**(4): 581-595.

Howe, R.W. (1959): Studies on beetles of the family Ptinidae, XVII: Conclusions and additional remarks. *Bulletin of Entomological Research*, **50**(2): 287-326.

Howse, G.M. (1995): Forest insect pests in the Ontario region. *Forest Insect Pests in Canada* (J.A. Armstrong & W.G.H. Ives, eds.). Natural Resources Canada, Canadian Forest Service, Ottawa: 41-57.

Howse, P.E. (1964): The significance of the sound produced by the termite *Zootermopsis angusticollis* (Hagen). *Animal Behaviour*, **12**(2/3): 284-300.

Howse, P.E. (1965): On the significance of certain oscillatory movements of termites. *Insects Sociaux*, **12**(4): 335-345.

Hoyer-Tomiczek, U. & Sauseng, G. (2013): Sniffer dogs to find *Anoplophora* spp. infested plants. *Journal of Entomological and Acarological Research*, **45**(supplement 1): 10-12.

Hsiau, P.T.W. & Harrington, T.C. (2003): Phylogenetics and adaptations of basidiomycetous fungi fed upon by bark beetles (Coleoptera: Scolytidae). *Symbiosis*, **34**(2): 111-131.

Hu, J., Angeli, S., Schuetz, S., Luo, Y. & Hajek, A.E. (2009): Ecology and management of exotic and endemic Asian longhorned beetle *Anoplophora glabripennis*. *Agricultural and Forest Entomology*, **11**(4): 359-375.

Huang, S., Sheng, P. & Zhang, H. (2012): Isolation and identification of cellulolytic bacteria from the gut of *Holotrichia parallela* larvae (Coleoptera: Scarabaeidae). *International Journal of Molecular Sciences*, **13**(2): 2563-2577.

Huang, S.-W., Zhang, H.-Y., Marshall, S. & Jackson, T.A. (2010): The scarab gut: A potential bioreactor for bio-fuel production. *Insect Science*, **17**(3): 175-183.

黄 珍友（Huang, Z.）・戴 自栄・謝 杏楊・夏 伝国・楊 瑞海・張 瑞麟（1995）：湿度对栽頭堆砂白蟻 *Cryptotermes domesticus* (Haviland) 補充型形成及繁殖的影響．白蟻科技, **12**(2): 1-4.

Huber, D.P.W. & Borden, J.H. (2001): Angiosperm bark volatiles disrupt response of Douglas-fir beetle, *Dendroctonus pseudotsugae*, to attractant-baited traps. *Journal of Chemical Ecology*, **27**(2): 217-233.

Huber, D.P.W. & Borden, J.H. (2003): Comparative behavioural responses to *Dryocoetes confusus* Swaine, *Dendroctonus rufipennis* (Kirby), and *Dendroctonus ponderosae* Hopkins (Coleoptera: Scolytidae) to angiosperm tree bark volatiles. *Environmental Entomology*, **32**(4): 742-751.

Huber, D.P.W., Borden, J.H. & Stastny, M. (2001): Response of the pine engraver, *Ips pini* (Say) (Coleoptera: Scolytidae), to conophthorin and other angiosperm bark volatiles in the avoidance of non-hosts. *Agricultural and Forest Entomology*, **3**(3): 225-232.

Huber, D.P.W., Gries, R., Borden, J.H. & Pierce, H.D., Jr. (1999): Two pheromones of coniferophagous bark beetles found in the bark of nonhost angiosperms. *Journal of Chemical Ecology*, **25**(4): 805-816.

Huberty, A.F. & Denno, R.F. (2004): Plant water stress and its consequences for herbivorous insects: A new synthesis. *Ecology*, **85**(5): 1383-1398.

Hudgins, J.W., Krekling, T. & Franceschi, V.R. (2003): Distribution of calcium oxalate crystals in the secondary phloem of conifers: A constitutive defense mechanism? *New Phytologist*, **159**(3): 677-690.

Hudson, H.J. (1968): The ecology of fungi on plant remains above the soil. *New Phytologist*, **67**(4): 837-874.

Huger, A. (1956): Experimentelle Untersuchungen über die künstliche Symbiontenelimination bei Vorratsschädlingen: *Rhizopertha dominica* F. (Bostrychidae) und *Oryzaephilus surinamensis* L. (Cucujidae). *Zeitschrift für Morphologie und Ökologie der Tiere*, **44**(7): 626-701.

Hughes, P.R. (1973): *Dendroctonus*: Production of pheromones and related compounds in response to host monoterpenes. *Zeitschrift für Angewandte Entomologie*, **73**(3): 294-312.

Hughes, P.R. (1974): Myrcene: A precursor of pheromones in *Ips* beetles. *Journal of Insect Physiology*, **20**(7): 1271-1275.

Hughes, P.R. (1975): Pheromones of *Dendroctonus*: Origin of α-pinene oxidation products present in emergent adults. *Journal of Insect Physiology*, **21**(3): 687-691.

Hui, Y. & Xue-Song, D.* (1999): Impacts of *Tomicus minor* on distribution and reproduction of *Tomicus piniperda* (Col., Scolytidae) on the bark trunk of the living *Pinus yunnanensis* trees. *Journal of Applied Entomology*, **123**(6): 329-333. [* Ye, H. & Ding, X.-S. の誤記]

Hulcr, J., Adams, A.S., Raffa, K., Hofstetter, R.W., Klepzig, K.D. & Currie, C.R. (2011a): Presence and diversity of *Streptomyces* in *Dendroctonus* and sympatric bark beetle galleries across North America. *Microbial Ecology*, **61**(4): 759-768.

Hulcr, J. & Cognato, A.I. (2010): Repeated evolution of crop theft in fungus–farming ambrosia beetles. *Evolution*, **64**(11): 3205-3212.

Hulcr, J. & Dunn, R.R. (2011): The sudden emergence of pathogenicity in insect–fungus symbioses threatens naive forest ecosystems. *Proceedings, Biological Sciences, The Royal Society, London*, **278**(1720): 2866-2873.

Hulcr, J., Mann, R. & Stelinski, L.L. (2011b): The scent of a partner: Ambrosia beetles are attracted to volatiles from their fungal symbionts. *Journal of Chemical Ecology*, **37**(12): 1374-1377.

Hulcr, J., Mogia, M., Isua, B. & Novotny, V. (2007): Host specificity of ambrosia and bark beetles (Col., Curculionidae: Scolytinae and Platypodinae) in a New Guinea rainforest. *Ecological Entomology*, **32**(6): 762-772.

Hulme, M.A. & Shields, J.K. (1970): Biological control of decay fungi in wood by competition for non-structural carbohydrates. *Nature*, **227**(5255): 300-301.

Hungate, R.E. (1940): Nitrogen content of sound and decayed coniferous woods and its relation to loss in weight during decay. *Botanical Gazette*, **102**(2): 382-392.

Hungate, R.E. (1941): Experiments on the nitrogen economy of termites. *Annals of the Entomological Society of America*, **34**(2): 467-489.

Hungate, R.E. (1944): Termite growth and nitrogen utilization in laboratory cultures. *Proceedings and Transactions of the Texas Academy of Science*, **27**: 91-97.

Hunt, D.W.A. & Borden, J.H. (1989): Terpene alcohol pheromone production by *Dendroctonus ponderosae* and *Ips paraconfusus* (Coleoptera: Scolytidae) in the absence of readily culturable microorganisms. *Journal of Chemical Ecology*, **15**(5): 1433-1463.

Hunt, D.W.A. & Borden, J.H. (1990): Conversion of verbenols to verbenone by yeasts isolated from *Dendroctonus ponderosae* (Coleoptera: Scolytidae). *Journal of Chemical Ecology*, **16**(4): 1385-1397.

Hunt, T., Bergsten, J., Levkanicova, Z., Papadopoulou, A., St. John, O., Wild, R., Hammond, P.M., Ahrens, D., Balke, M., Caterino, M.S., Gómez-Zurita, J., Ribera, I., Barraclough, T.G., Bocakova, M., Bocak, L. & Vogler, A.P. (2007): A comprehensive phylogeny of beetles reveals the evolutionary origins of a superradiation. *Science*, **318**(5858): 1913-1916.

Hunter, J.M. (1993): Macroterme geophagy and pregnancy clays in southern Africa. *Journal of Cultural Geography*, **14**(1): 69-92.

Hussain, A.A. (1963): Notes on borers of date palms in Iraq. *Bulletin of Entomological Research*, **54**(2): 345-348, plts. 7-8.
Hyodo, F., Inoue, T., Azuma, J.-I., Tayasu, I. & Abe, T. (2000): Role of the mutualistic fungus in lignin degradation in the fungus-growing termite *Macrotermes gilvus* (Isoptera; Macrotermitinae). *Soil Biology and Biochemistry*, **32**(5): 653-658.
Hyodo, F., Tayasu, I., Inoue, T., Azuma, J.-I., Kudo, T. & Abe, T. (2003): Differential role of symbiotic fungi in lignin degradation and food provision for fungus-growing termites (Macrotermitinae: Isoptera). *Functional Ecology*, **17**(2): 186-193.
Hyodo, F., Tayasu, I. & Wada, E. (2006): Estimation of the longevity of C in terrestrial detrital food webs using radiocarbon (^{14}C): How old are diets in termites? *Functional Ecology*, **20**(2): 385-393.
Hyvärinen, E., Kouki, J. & Martikainen, P. (2006): Fire and green-tree retention in conservation of red-listed and rare deadwood-dependent beetles in Finnish boreal forests. *Conservation Biology*, **20**(6): 1711-1719.
Iablokoff, A.Kh.* (1943): Éthologie de quelques élatérides du Massif de Fontainebleau. *Mémoires du Muséum National d'Histoire Naturelle, Nouvelle Série*, **18**(3): 81-160, plts. 1-9. [* Kh.-Iablokoff, A. とも]
Iablokoff, A.Kh. (1953): Le rôle hygrométrique des arbres morts dans l'équilibre thermo-dynamique des forêts. *Revue Forestière Française*, **5**(1): 17-28.
Iablokov, A. (1940): Notes sur l'*Hendecatomus reticulatus* Herbst [Col. Bostrychidae]. *Revue Française d'Entomologie*, **7**: 34-35, plt. 1.
伊庭正樹（1993）：桑園におけるキボシカミキリの生態ならびに防除に関する研究．蚕糸・昆虫農業技術研究所研究報告，(8): 1-119.
Ibrahim, S.A., Henderson, G., Zhu, B.C.R., Fei, H. & Laine, R.A. (2004): Toxicity and behavioral effects of nootkatone, 1,10-dihydronootkatone, and tetrahydronootkatone to the Formosan subterranean termite (Isoptera: Rhinotermitidae). *Journal of Economic Entomology*, **97**(1): 102-111.
市川俊秀・上田恭一郎（2010）：ボクトウガ幼虫による樹液依存性節足動物の捕食：予備的観察．香川大学農学部学術報告，**62**(115): 39-58.
井田秀行・高橋勤（2010）：ナラ枯れは江戸時代にも発生していた．日本森林学会誌，**92**(2): 115-119.
五十嵐正俊（1981）：コウモリガとキマダラコウモリ．林業と薬剤，(76): 3-17.
Iida, T., Ohkuma, M., Ohtoko, K. & Kudo, T. (2000): Symbiotic spirochetes in the termite hindgut: Phylogenetic identification of ectosymbiotic spirochetes of oxymonad protists. *FEMS Microbiology Ecology*, **34**(1): 17-26.
飯嶋一浩（2014）：ムラサキツヤハナムグリの樹洞からの発見例とその保全．鰓角通信，(28): 69-75.
飯嶋一浩・岸真・松本昇也（2007）：東丹沢地域ブナ帯における樹洞性ハナムグリ類．丹沢大山総合調査学術報告書（丹沢大山総合調査団，編）．平岡環境科学研究所，相模原：241-245.
飯島倫明・桧垣宮都・芝本武夫（1978a）：ヒラタキクイムシの人工飼料飼育に関する研究（第2報）：人工飼料の調整と飼育法について．木材学会誌，**24**(3): 201-205.
飯島倫明・桧垣宮都・芝本武夫（1978b）：ヒラタキクイムシの人工飼料飼育に関する研究（第1報）：ヒラタキクイムシの食性にかかわる木材成分について．木材学会誌，**24**(3): 206-210.
Ikeda, K. (1979): Consumption and food utilization by individual larvae and the population of a wood borer *Phymatodes maaki* Kraatz (Coleoptera: Cerambycidae). *Oecologia*, **40**(3): 287-298.
池田清彦（1987）：日本産ルリクワガタ属のすみわけと分布．日本の昆虫群集：すみわけと多様性をめぐって（木元新作・武田博清，編）．東海大学出版会，東京：93-101,引用文献ページ 7-8.
Ikeda, T., Enda, N., Yamane, A., Oda, K. & Toyoda, K. (1980): Attractants for the Japanese pine sawyer, *Monochamus alternatus* Hope (Coleoptera: Cerambycidae). *Applied Entomology and Zoology*, **15**(3): 358-361.
Ikehara, S. (1966): Distribution of termites in the Ryukyu Archipelago. *Bulletin of Arts & Science Division, University of the Ryukyus, Mathematics and Sciences*（琉球大学文理学部紀要，理学篇），**9**: 49-179.
今井貴規（2012）：心材形成の化学．木材学会誌，**58**(1): 11-22.
今村博之・安江保民（1983）：木材の抽出成分．木材利用の化学：付，抽出成分・pH 一覧表（今村博之・岡本一・後藤輝男・安江保民・横田徳郎・善本知考，編）．共立出版，東京：324-399.
今村祐嗣・足立昭男・藤井義久（1998）：ヒラタキクイムシ被害材から検出されるアコースティック・エミッション（AE）について．環動昆，**9**(3): 98-100.
Imamura, Y. & Nishimoto, K. (1986): Resistance of acetylated wood to attack by subterranean termites. *Wood Research*, (72): 37-44.
Indrayani, Y., Yoshimura, T., Fujii, Y., Yanase, Y., Okahisa, Y. & Imamura, Y. (2004): Survey on the infestation of houses by *Incisitermes minor* (Hagen) in Kansai and Hokuriku areas. *Japanese Journal of Environmental Entomology and Zoology*（環動昆），**15**(4): 261-268.
Inoue, T., Kitade, O., Yoshimura, T. & Yamaoka, I. (2000): Symbiotic associations with protists. *Termites: Evolution, Sociality, Symbioses, Ecology* (T. Abe, D.E. Bignell & M. Higashi, eds.). Kluwer Academic Publishers, Dordrecht: 275-288.
Inoue, T., Murashima, K., Azuma, J.-I., Sugimoto, A. & Slaytor, M. (1997): Cellulose and xylan utilization in the lower termite *Reticulitermes speratus*. *Journal of Insect Physiology*, **43**(3): 235-242.
井上元則（Inouye, M.）（1954）：北海道の原生林におけるキクイムシの寄生と針葉樹の辺材水分との関係．林業試験場研究報告，(68): 167-180.
Inouye, M. (1963): Details of bark beetle control in the storm-swept areas in the natural forest of Hokkaido, Japan. *Zeitschrift für Angewandte Entomologie*, **51**(2): 160-164.
井上元則（Inouye, M.）・小泉力・高井正利（1954）：トドマツに寄生するキクイムシの越冬について（予報）．日本林学会誌，**36**(5): 127-129.
Inta, R., Lai, J.C.S., Fu, E.W. & Evans, T.A. (2007): Termites live in a material world: Exploration of their ability to differentiate between food sources. *Journal of the Royal Society Interface*, **4**(15): 735-744.
Inward, D., Beccaloni, G. & Eggleton, P. (2007a): Death of an order: A comprehensive molecular phylogenetic study confirms that

termites are eusocial cockroaches. *Biology Letters, The Royal Society*, **3**(3): 331-335.
Inward, D.J.G., Vogler, A.P. & Eggleton, P. (2007b): A comprehensive phylogenetic analysis of termites (Isoptera) illuminates key aspects of their evolutionary biology. *Molecular Phylogenetics and Evolution*, **44**(3): 953-967.
Irmler, U., Heller, K. & Warning, J. (1996): Age and tree species as factors influencing the populations of insects living in dead wood (Coleoptera, Diptera: Sciaridae, Mycetophilidae). *Pedobiologia*, **40**(2): 134-148.
石浜宜夫・深沢和三・大谷 諄（1993）：北海道産広葉樹材のピスフレックの発生と形成層潜孔虫．北海道大学農学部演習林研究報告，**50**(1): 161-177.
石谷栄次（2004）：千葉県のキャラボク植栽地に発生したニセビロウドカミキリの被害．森林防疫，**53**(7): 138-141.
Ishikawa, Y., Koshikawa, S. & Miura, T. (2007): Differences in mechanosensory hairs among castes of the damp-wood termite *Hodotermopsis sjostedti* (Isotera: Termopsidae). *Sociobiology*, **50**(3): 895-907.
磯野昌弘・趙 暁明・宝 山・孫 普・郎 杏茄・李 徳家・劉 益寧・趙 軍（1999）：中国・西北地方におけるポプラの主要害虫，ツヤハダゴマダラカミキリの被害と生態．森林防疫，**48**(6): 107-116.
Itakura, S., Kankawa, T., Nishiguchi, H., Tanaka, T., Tanaka, H. & Enoki, A. (2008): The waste of edible mushrooms (*Hypsizigus marmoreus*) affects differentiations and oviposition of the termite *Reticulitermes speratus* (Isoptera: Rhinotermitidae). *Sociobiology*, **52**(1): 67-80.
Itakura, S., Okuda, J., Utagawa, K., Tanaka, H. & Enoki, A. (2006): Nutritional value of two subterranean termite species, *Coptotermes formosanus* Shiraki and *Reticulitermes speratus* (Kolbe) (Isoptera: Rhinotermitidae). *Japanese Journal of Environmental Entomology and Zoology*（環動昆），**17**(3): 107-115.
Itakura, S., Tanaka, H. & Enoki, A. (1997): Distribution of cellulases, glucose and related substances in the body of *Coptotermes formosanus*. *Material und Organismen*, **31**(1): 17-29.
Itami, J.K. & Craig, T.P. (1989): Life history of *Styloxus bicolor* (Coleoptera: Cerambycidae) on *Juniperus monosperma* in Northern Arizona. *Annals of the Entomological Society of America*, **82**(5): 582-587.
Ito, K. (1998): Spatial extent of traumatic resin duct induction in Japanese cedar, *Cryptomeria japonica* D. Don, following damage by the cryptomeria bark borer, *Semanotus japonicus* (Coleoptera: Cerambycidae). *Applied Entomology and Zoology*, **33**(4): 561-566.
伊藤進一郎・窪野高徳・佐橋憲生・山田利博（1998）：ナラ類集団枯損被害に関連する菌類．日本林学会誌，**80**(3): 170-175.
伊藤孝美（1985）：スギカミキリ産卵に影響を及ぼす樹皮の形状．第36回日本林学会関西支部大会講演集：225-228.
伊藤嘉昭（1982）：社会生態学入門：動物の繁殖戦略と社会行動．東京大学出版会，東京．6+211pp.
Ivarsson, P. & Birgersson, G. (1995): Regulation and biosynthesis of pheromone components in the double spined bark beetle *Ips duplicatus* (Coleoptera: Scolytidae). *Journal of Insect Physiology*, **41**(10): 843-849.
Ivarsson, P., Schlyter, F. & Birgersson, G. (1993): Demonstration of de novo pheromone biosynthesis in *Ips duplicatus* (Coleoptera: Scolytidae): Inhibition of ipsdienol and *E*-myrcenol production by compactin. *Insect Biochemistry and Molecular Biology*, **23**(6): 655-662.
Iwabuchi, K. (1982): Mating behavior of *Xylotrechus pyrrhoderus* Bates (Coleoptera: Cerambycidae) I: Behavioral sequences and existence of the male sex pheromone. *Applied Entomology and Zoology*, **17**(4): 494-500.
岩崎 厚・森本 桂（1970）：マツノマダラカミキリの産卵対象木．日本林学会九州支部研究論文集，(24): 187-188.
Iwata, R. (1988a): Mass culture method and biology of the wood-boring beetle, *Lyctus brunneus* (Stephens) (Coleoptera, Lyctidae). *Acta Coleopterologica Japonica, Hiratsuka*, (1): 1-133.
岩田隆太郎（1988b）：日本産ヒラタキクイムシ科の分類および各種の分布と生態特性について．家屋害虫，(35/36): 45-54.
岩田隆太郎（1990）：ヒラタキクイムシの生態と飼育（1）：生態．家屋害虫，**12**(2): 143-149.
岩田隆太郎（1992a）：北海道におけるヒゲブトハナカミキリの一採集例．月刊むし，(252): 38.
岩田隆太郎（1992b）：ヒラタキクイムシの生態と飼育（2）：飼育法．家屋害虫，**14**(1): 28-41.
岩田隆太郎（1995）：神奈川県真鶴町灯明山産イヌビワ枯木からのカミキリムシおよびシバンムシの脱出記録，およびその考察．神奈川虫報，(109): 5-6.
岩田隆太郎（1997）：乾材の害虫．木材科学講座12：保存・耐久性（屋我嗣良・河内進策・今村祐嗣，編）．海青社，大津：87-94.
岩田隆太郎（2000）：シロアリ巣内の随伴動物とその研究の応用的意義．しろあり，(121): 20-23.
岩田隆太郎（2002）：森林昆虫学の可能性：多様性保全に向けて．森林資源科学入門（大平勇吉・他，編著）．日本林業調査会，東京：111-121.
岩田隆太郎（2003）：昆虫産業的素材としてのカミキリムシ：その生理・生態学的側面．昆虫と自然，**38**(11): 25-29.
岩田隆太郎（2005）：日本産ナガシンクイムシ科ヒラタキクイムシ亜科7種の分布の性格付け：自然分布種か移入種か．甲虫ニュース，(149): 9-12.
岩田隆太郎（2006）：日本のシロアリ研究の最前線．家屋害虫，**28**(1): 1-27.
岩田隆太郎（2007）：木質昆虫学ことはじめ．改訂：森林資源科学入門（日本大学森林資源科学科，編）．日本林業調査会，東京：319-330.
Iwata, R., Aoki, M., Nozaki, T. & Yamaguchi, M. (1998a): Some notes on the biology of a hardwood-log-boring beetle, *Rosalia batesi* Harold (Coleoptera: Cerambycidae), with special reference to its occurrences in a building and a suburban lumberyard. *Japanese Journal of Environmental Entomology and Zoology*（環動昆），**9**(3): 83-97.
Iwata, R., Araya, K. & Johki, Y. (1992): The community of arthropods with spherical postures, including *Madrasostes kazumai* (Coleoptera: Ceratocanthidae), found from the abandoned part of a nest of *Coptotermes formosanus* (Isoptera: Rhinotermitidae) in Tokara-Nakanoshima Island, Japan. *Sociobiology*, **20**(3): 233-244.
Iwata, R., Azuma, J.-i. & Nishimoto, K. (1986): Studies on the autecology of *Lyctus brunneus* (Stephens) (Coleoptera, Lyctidae) VII: Chemical investigations of the nutrient composition of foods. *Wood Research*, (72): 45-51.

Iwata, R., Geis, K.-U. & Hirano, Y. (2000): *Stephanopachys sachalinensis* (Matsumura) (Coleoptera, Bostrychidae) found infesting coniferous bark in Kanagawa Prefecture, Japan. *Elytra*, **28**(2): 387-389.

Iwata, R., Hirayama, Y., Shimura, H. & Ueda, M. (2004): Twig foraging and soil-borrowing behaviors in larvae of *Dinoptera minuta* (Gebler) (Coleoptera: Cerambycidae). *Coleopterists Bulletin*, **58**(3): 399-408.

岩田隆太郎・児玉純一（2007）：シロアリによる樹木の被害．環動昆，**18**(2): 55-66.

Iwata, R., Maro, T., Yonezawa, Y., Yahagi, T. & Fujikawa, Y. (2007): Period of adult activity and response to wood moisture content as major segregating factors in the coexistence of two conifer longhorn beetles, *Callidiellum rufipenne* and *Semanotus bifasciatus* (Coleoptera: Cerambycidae). *European Journal of Entomology*, **104**(2): 341-345.

岩田隆太郎・直海俊一郎（1998）：日本産シロアリ巣内の甲虫相．昆蟲ニューシリーズ，**1**(2): 69-82.

岩田隆太郎・西本孝一（1980）：ヒラタキクイムシの個体生態学的研究 I：ヒラタキクイムシのマス・カルチャー．木材研究・資料，(15): 34-44.

Iwata, R. & Nishimoto, K. (1981): Observations on the external morphology and the surface structure of *Lyctus brunneus* (Stephens) (Coleoptera, Lyctidae) by scanning electron microscopy I: Larvae and pupae. *Kontyû*, **49**(4): 542-557.

Iwata, R. & Nishimoto, K. (1982): Studies on the autecology of *Lyctus brunneus* (Stephens) IV: Investigations on the composition of artificial diets for *Lyctus brunneus* (Stephens) (Col., Lyctidae). *Material und Organismen*, **17**(1): 51-66.

Iwata, R. & Nishimoto, K. (1983): Studies on the autecology of *Lyctus brunneus* (Stephens) V: Artificial diets in relationship to beetle supply. *Mokuzai Gakkaishi*, **29**(4): 336-343.

Iwata, R., Sakakibara, Y. & Yamada, F. (1998b): Boring activity on coniferous tree branches by *Xylotrechus villioni* (Villard) larvae (Coleoptera: Cerambycidae). *Journal of Forest Research*, **3**(4): 247-249.

Iwata, R. & Yamada, F. (1990): Notes on the biology of *Hesperophanes campestris* (Faldermann) (Col., Cerambycidae), a drywood borer in Japan. *Material und Organismen*, **25**(4): 305-313.

Iwata, R., Yamada, F., Katô, H., Makihara, H., Araya, K., Ashida, H. & Takeda, M. (1997): Nature of galleries, durability of boring scars, and density of *Xylotrechus villioni* (Villard) larvae (Coleoptera: Cerambycidae), on coniferous tree trunks. *Pan-Pacific Entomologist*, **73**(4): 213-224.

岩田隆太郎・山田房男・八木正道・北山 昭・木下富夫・細川浩司・北山健二・岩淵喜久男・槇原 寛（1990）：針葉樹一次穿孔性害虫オオトラカミキリの研究（I）：生態の概要．第101回日本林学会大会発表論文集：525-528.

Iwata, R., Yoshikawa, T. Monden, A. Kikuchi, T. & Yamane, A. (1999): Grooming and some other inter-individual behavioral actions in *Reticulitermes speratus* (Kolbe) (Isoptera: Rhinotermitidae), with reference to the frequency of each action among castes and stages. *Sociobiology*, **34**(1): 45-64.

Jacklyn, P.M. (1992): "Magnetic" termite mound surfaces are oriented to suit wind and shade conditions. *Oecologia*, **91**(3): 385-395.

Jacklyn, P.M. & Munro, U. (2002): Evidence for the use of magnetic cues in mound construction by the termite *Amitermes meridionalis* (Isoptera: Termitinae). *Australian Journal of Zoology*, **50**(4): 357-368.

Jackson, H.B., Baum, K.A. & Cronin, J.T. (2012): From logs to landscapes: Determining the scale of ecological processes affecting the incidence of a saproxylic beetle. *Ecological Entomology*, **37**(3): 233-243.

Jacobi, W.R., Koski, R.D., Harrington, T.C. & Witcosky, J.J. (2007): Association of *Ophiostoma novo-ulmi* with *Scolytus schevyrewi* (Scolytidae) in Colorado. *Plant Disease*, **91**(3): 245-247.

Jacobs, K., Bergdahl, D.R., Wingfield, M.J., Halik, S., Seifert, K.A., Bright, D.E. & Wingfield, B.D. (2004): *Leptographium wingfieldii* introduced into North America and found associated with exotic *Tomicus piniperda* and native bark beetles. *Mycological Research*, **108**(4): 411-418.

Jacobs, K. & Kirisits, T. (2003): *Ophiostoma kryptum* sp. nov. from *Larix decidua* and *Picea abies* in Europe, similar to *O. minus*. *Mycological Research*, **107**(10): 1231-1242.

Jacobs, K., Seifert, K.A., Harrison, K.J. & Kirisits, T. (2003): Identity and phylogenetic relationships of ophiostomatoid fungi associated with invasive and native *Tetropium* species (Coleoptera: Cerambycidae) in Atlantic Canada. *Canadian Journal of Botany*, **81**(4): 316-329.

Jaffe, K., Ramos, C. & Issa, S. (1995): Trophic interactions between ants and termites that share common nests. *Annals of the Entomological Society of America*, **88**(3): 328-333.

Jakuš, R. (1998a): Patch level variation on bark beetle attack (Col., Scolytidae) on snapped and uprooted trees in Norway spruce primeval natural forest in endemic conditions: Species distribution. *Journal of Applied Entomology*, **122**(1): 65-70.

Jakuš, R. (1998b): Patch level variation on bark beetle attack (Col., Scolytidae) on snapped and uprooted trees in Norway spruce primeval natural forest in endemic conditions: Effects of host and insolation. *Journal of Applied Entomology*, **122**(4): 409-421.

James, W.L. (1961): Effects of temperature and moisture content on internal friction and speed of sound in Douglas fir. *Forest Products Journal*, **11**(9): 383-390.

Jameson, M.L. & Swoboda, K.A. (2005): Synopsis of scarab beetle tribe Valgini (Coleoptera: Scarabaeidae: Cetoniinae) in the New World. *Annals of the Entomological Society of America*, **98**(5): 658-672.

Janković, M., Ivanović, J. & Marinković, D. (1966): Some characteristics of the larval midgut amylase of members of the family Cerambycidae during the first decomposition phase of a deciduous trunk. *Archives of Biological Sciences*, **18**(1): 45-50.

Jankowiak, R. & Kolařík, M. (2010): Diversity and pathogenicity of ophiostomatoid fungi associated with *Tetropium* species colonizing *Picea abies* in Poland. *Folia Microbiologica*, **55**(2): 145-154.

Jankowiak, R. & Rossa, R. (2007): Filamentous fungi associated with *Monochamus galloprovincialis* and *Acanthocinus aedilis* (Coleoptera: Cerambycidae) in Scots pine. *Polish Botanical Journal*, **52**(2): 143-149.

Janzen, D.H. (1976): Why tropical trees have rotten cores. *Biotropica*, **8**(2): 110.

Janzow, M.P. & Judd, T.M. (2015): The termite *Reticulitermes flavipes* (Rhinotermitidae: Isoptera) can acquire micronutrients from soil. *Environmental Entomology*, **44**(3): 814-820.

Jayasimha, P. & Henderson, G. (2007a): Suppression of growth of a brown rot fungus, *Gloeophyllum trabeum*, by Formosan subterranean termites (Isoptera: Rhinotermitidae). *Annals of the Entomological Society of America*, **100**(4): 506-511.

Jayasimha, P. & Henderson, G. (2007b): Fungi isolated from integument and guts of *Coptotermes formosanus* and their antagonistic effect on *Gleophyllum*[sic] *trabeum*. *Annals of the Entomological Society of America*, **100**(5): 703-710.

Jefferies, D. & Fairhurst, C.P. (1982): Stridulatory organs of the elm bark beetle *Scolytus multistriatus* Marsham and *Scolytus scolytus* Fabricius. *Journal of Natural History*, **16**(5): 759-762.

Jeffries, T.W. (1990): Biodegradation of lignin–carbohydrate complexes. *Biodegradation*, **1**(2/3): 163-176.

Jendek, E. & Grebennikov, V.V. (2009): *Agrilus sulcicollis* (Coleoptera: Buprestidae), a new alien species in North America. *Canadian Entomologist*, **141**(3): 236-245.

Jenkins, T.M., Jones, S.C., Lee, C.-Y., Forschler, B.T., Chen, Z., Lopez-Martinez, G., Gallagher, N.T., Brown, G., Neal, M., Thistleton, B. & Keinschmidt, S. (2007): Phylogeography illuminates maternal origins of exotic *Coptotermes gestroi* (Isoptera: Rhinotermitidae). *Molecular Phylogenetics and Evolution*, **42**(3): 612-621.

Jennings, J.T. & Austin, A.D. (2011): Novel use of a micro-computed tomography scanner to trace larvae of wood boring insects. *Australian Journal of Entomology*, **50**(2): 160-163.

Jepson, F.P. (1926): Some preliminary notes on tea termites. *Tropical Agriculturists*, **67**(2): 67-79, plts. 1-5.

Jepson, F.P. (1933): Dry-wood-inhabiting termites as a possible factor in the etiology of sprue. *Ceylon Journal of Science, Section D, Medical Science*, **3**: 3-46, plts. 1-16.

Ji, R. & Brune, A. (2001): Transformation and mineralization of ^{14}C-labeled cellulose, peptidoglycan, and protein by the soil-feeding termite *Cubitermes orthognathus*. *Biology and Fertility of Soils*, **33**(2): 166-174.

Ji, R. & Brune, A. (2006): Nitrogen mineralization, ammonia accumulation, and emission of gaseous NH_3 by soil-feeding termites. *Biogeochemistry*, **78**(3): 267-283.

Ji, R., Kappler, A. & Brune, A. (2000): Transformation and mineralization of synthetic ^{14}C-labeled humic model compounds by soil-feeding termites. *Soil Biology and Biochemistry*, **32**(8/9): 1281-1291.

姜 莉（Jiang, L.）・魏 建栄・喬 魯芹・盧 希平（2010）: 利用固相微萃取技術分析銹色粒肩天牛幼虫虫糞所含的揮発性成分. 環境昆虫学報（*Journal of Environmental Entomology*），**32**(3): 357-362.

蒋 書楠（Jiang, Sn.）・殷 幼平・王 中康（1996）: 幾種天牛繊維素酶的来源（Studies on the cellulase's resource in some species of longicorn borers (Coleoptera: Cerambycidae)）. 林業科学（*Scientia Silvae Sinicae*），**32**(5): 441-446.

金 風（Jin, F.）・秬 保中・劉 曙雯・田 鈴・高 潔（2008）: 桑天牛刻槽産卵分泌物的組成成分. 南京林業大学学報, 自然科学版（*Journal of Nanjing Forestry University, Natural Sciences Edition*），**32**(2): 83-86.

Jin, Y., Li, Jq., Li, Jg., Luo, Y. & Teale, S.A. (2004): Olfactory response of *Anoplophora glabripennis* to volatile compounds from ash-leaf maple (*Acer negundo*) under drought stress. *Scientia Silvae Sinicae*（林業科学），**40**(1): 99-105.

Jin, Z., Katsumata, K.S., Lam, T.B.T. & Iiyama, K. (2006): Covalent linkages between cellulose and lignin in cell walls of coniferous and nonconiferous woods. *Biopolymers*, **83**(2): 103-110.

Joachim, A.W.R. & Kandiah, S. (1940): Studies on Ceylon soils. XIV: A comparison of soils from termite mounds and adjacent land. *Tropical Agriculturist, Agricultural Journal of Ceylon*, **95**: 333-338, plts. 1-2.

Johansson, T., Gibb, H., Hilszczański, J., Pettersson, R.B., Hjältén, J., Atlegrim, O., Ball, J.P. & Danell, K. (2006): Conservation-oriented manipulations of coarse woody debris affect its value as habitat for spruce-infesting bark an ambrosia beetles (Coleoptera: Scolytinae) in northern Sweden. *Canadian Journal of Forerst Research*, **36**(1): 174-185.

Johjima, T., Taprab, Y., Noparatnaraporn, N., Kudo, T. & Ohkuma, M. (2006): Large-scale identification of transcripts expressed in a symbiotic fungus (*Termitomyces*) during plant biomass degradation. *Applied Microbiology and Biotechnology*, **73**(1): 195-203.

Johki, Y., Araya, K. & Kon, M. (1998): Further notes on the microhabitat of *Taeniocerus pygmaeus* (Coleoptera, Passalidae). *Elytra*, **26**(1): 141-143.

Johki, Y. & Hidaka, T. (1987): Group feeding in larvae of the albizia borer, *Xystrocera festiva*. *Journal of Ethology*, **5**(1): 89-91.

Johki, Y. & Kon, M. (1987): Morpho-ecological analysis on the relationship between habitat and body shape in adult passalid beetles (Coleoptera: Passalidae). *Memoirs of the Faculty of Science, Kyoto University (Series of Biology)*, **12**(2): 119-128.

Johnson, M.A. & Croteau, R. (1987): Biochemistry of conifer resistance to bark beetles and their fungal symbionts. *ACS Symposium Series*, (325): 76-92.

Johnson, N.E. & Shea, K.R. (1963): White fir defects associated with attacks by the fir engraver. *Forest Research Note, Weyerhaeuser Company*, (54): 1-8.

Johnson, N.E. & Zingg, J.G. (1969): Transpirational drying of Douglas-fir: Effect of log moisture content and insect attack. *Journal of Forestry*, **67**(11): 816-819.

Johnson, P.C. (1966): Attractiveness of lightning-struck ponderosa pine trees to *Dendroctonus brevicomis* (Coleoptera: Scolytidae). *Annals of the Entomological Society of America*, **59**(3): 615.

Johnson, S.N. & Gregory, P.J. (2006): Chemically-mediated host-plant location and selection by root-feeding insects. *Physiological Entomology*, **31**(1): 1-13.

Johnson, T.A. & Williamson, R.C. (2007): Potential management strategies for the linden borer (Coleoptera: Cerambycidae) in urban landscapes and nurseries. *Journal of Economic Entomology*, **100**(4): 1328-1334.

Johnston, M.L. & Wheeler, D.E. (2007): The role of storage proteins in colony-founding in termites. *Insectes Sociaux*, **54**(4): 383-387.

Jones, C.G., Lawton, J.H. & Shachak, M. (1994): Organisms as ecosystem engineers. *Oikos*, **69**(3): 373-386.

Jones, C.G., Lawton, J.H. & Shachak, M. (1997): Positive and negative effects of organisms as physical ecosystem engineers. *Ecology*, **78**(7): 1946-1957.

Jones, D.T. & Eggleton, P. (2011): Global biogeography of termites: A compilation of sources. *Biology of Termites: A Modern Synthesis* (D.E. Bignell, Y. Roisin & N. Lo, eds.). Springer: 477-498.

Jones, D.T., Susilo, F.X., Bignell, D.E., Hardiwinoto, S., Gillison, A.N. & Eggleton, P. (2003): Termite assemblage collapse along a land-use intensification gradient in lowland central Sumatra, Indonesia. *Journal of Applied Ecology*, **40**(2): 380-391.

Jones, J.B., Jr. (1991): Plant tissue analysis in micronutrients. *Micronutrients in Agriculture, Second Edition* (J.J. Mortvedt, F.R. Cox, L.M. Shuman & R.M. Welch, eds.). Soil Science Society of America, Madison: 477-521.

Jones, S.R. & Ritchie, P.D. (1937): Radiographic detection of *Lyctus* larvae *in situ*. *Technical Studies in the Field of the Fine Arts*, **5**(3): 179-181.

Jones, T. (1959): The major insect pests of timber and lumber in West Africa. *Technical Bulletin, West African Timber Borer Research Unit, London*, (1): 1-20, plts. [1]-[10].

Jonsell, M., Hansson, J. & Wedmo, L. (2007): Diversity of saproxylic beetle species in logging residues in Sweden: Comparisons between tree species and diameters. *Biological Conservation*, **138**(1/2): 89-99.

Jonsell, M., Weslien, J. & Ehnström, B. (1998): Substrate requirements of red-listed saproxylic invertebrates in Sweden. *Biodiversity and Conservation*, **7**(6): 749-764.

Jönsson, A.M., Appelberg, G., Harding, S. & Bärring, L. (2009): Spatio-temporal impact of climate change on the activity and voltinism of the spruce bark beetle, *Ips typographus*. *Global Change Biology*, **15**(2): 486-499.

Jönsson, N., Méndez, M. & Ranius, T. (2004): Nutrient richness of wood mould in tree hollows with the scarabaeid beetle *Osmoderma eremita*. *Animal Biodiversity and Conservation*, **27**(2): 79-82.

Jordal, B.H., Beaver, R.A., Normark, B.B. & Farrell, B.D. (2002): Extraordinary sex ratios and the evolution of male neoteny in sib-mating *Ozopemon* beetles. *Biological Journal of the Linnean Society*, **75**(3): 353-360.

Jordal, B.H. & Kirkendall, L.R. (1998): Ecological relationships of a guild of tropical beetles breeding in *Cecropia* petioles in Costa Rica. *Journal of Tropical Ecology*, **14**(2): 153-176.

Jordal, B.H., Normark, B.B. & Farrel, B.D. (2000): Evolutionary radiation of an inbreeding haplodiploid beelte lineage (Curculionidae, Scolytinae). *Biological Journal of the Linnean Society*, **71**(3): 483-499.

Jordal, B.H., Sequeira, AS. & Cognato, A.I. (2011): The age and phylogeny of wood boring weevils and the origin of subsociality. *Molecular Phylogenetics and Evolution*, **59**(3): 708-724.

Jordal, B.H., Smith, S.M. & Cognato, A.I. (2014): Classification of weevils as a data-driven science: Leaving opinion behind. *ZooKeys*, (439): 1-18.

Joseph, G.S., Cumming, G.S., Cumming, D.H.M., Mahlangu, Z., Altwegg, R. & Seymour, C.L. (2011): Large termitaria act as refugia for tall trees, deadwood and cavity-using birds in a miombo woodland. *Landscape Ecology*, **26**(3): 439-448.

Joseph, K.V. (1958): Preliminary studies on the seasonal variation in starch content of bamboos in Kerala State and its relation to beetle borer infestation. *Journal of the Bombay Natural History Society*, **55**(2): 221-227.

Jouquet, P., Traoré, S., Choosai, C., Hartmann, C. & Bignell, D. (2011): Influence of termites on ecosystem functioning: Ecosystem services provided by termites. *European Journal of Soil Biology*, **47**(4): 215-222.

Judd, T.M. & Corbin, C.C. (2009): Effect of cellulose concentration on the feeding preferences of the termite *Reticulitermes flavipes* (Isoptera: Rhinotermitidae). *Sociobiology*, **53**(3): 775-784.

Judd, T.M. & Fasnacht, M.P. (2007): Distribution of micronutrients in social insects: a test in the termite *Reticulitermes flavipes* (Isoptera: Rhinotermitidae) and the ant *Myrmica punctiventris* (Hymenoptera: Formicidae). *Annals of the Entomological Society of America*, **100**(6): 893-899.

Juergens, N. (2013): The biological underpinnings of Namib Desert fairy circles. *Science*, **339**(6127): 1618-1621.

Jurgensen, M.F., Larsen, M.J., Spano, S.D., Harvey, A.E. & Gale, M.R. (1984): Nitrogen fixation associated with increased wood decay in douglas-fir residue. *Forest Science*, **30**(4): 1038-1044.

Jurgensen, M.F., Larsen, M.J., Wolosiewicz, M. & Harvey, A.E. (1989): A comparison of dinitrogen fixation rates in wood litter decayed by white-rot and brown-rot fungi. *Plant and Soil*, **115**(1): 117-122.

Jurzitza, G. (1959): Physiologische Untersuchungen an Cerambycidensymbionten: Ein Beitrag zur Kenntnis der Symbiose holzfressender Insektenarten. *Archiv für Mikrobiologie*, **33**(4): 305-332.

Jurzitza, G. (1969): Aufzuchtversuche an *Lasioderma serricorne* F. in Drogen- und Holzpulvern im Hinblick auf die Rolle der hefeartigen Symbionten. *Zeitschrift für Naturforschung, Teil B*, **24**(6): 760-763.

Jurzitza, G. (1976): Die Aufzucht von *Lasioderma serricorne* F. in holzhaltigen Vitaminmangeldiäten: Ein Beitrag zur Bedeutung der Endosymbionten holzzerstörender Insekten als Vitaminquellen für ihre Wirte. *Beihefte zu Material und Organismen*, (3): 499-505.

Juutinen, P. (1955): Zur Biologie und forstlichen Bedeutung der Fichtenböcke (*Tetropium* Kirby) in Finnland. *Acta Entomologica Fennica*, **11**: 1-112.

Käärik, A. (1975): Succession of microorganisms during wood decay. *Biological Transformation* (W. Liese, ed.). Springer-Verlag: 39-51.

加辺正明（1955）：日本産キクイムシ類の喰痕の研究．前橋営林局．3+153pp.

Kabir, A.K.M.F. & Giese, R.L. (1966a): The Columbian timber beetle, *Corthylus columbianus* (Coleoptera: Scolytidae) I: Biology of the beetle. *Annals of the Entomological Society of America*, **59**(5): 883-894.

Kabir, A.K.M.F. & Giese, R.L. (1966b): The Columbian timber beetle, *Corthylus columbianus* (Coleoptera: Scolytidae) II: Fungi and staining associated with the beetle in soft maple. *Annals of the Entomological Society of America*, **59**(5): 894-902.

Kagezi, G.H., Kaib, M., Nyeko, P. & Brandl, R. (2010): Termites (Isoptera) as food in the Luhya Community (Western Kenya).

Sociobiology, **55**(3): 831-845.

Kaib, M. (1999): Termites. *Pheromones of Non-Lepidopteran Insects Associated with Agricultural Plants* (J. Hardie & A.K. Minks, eds.). CABI Publishing, Wallingford: 329-353.

Kaiser, P. (1953): *Anoplotermes pacificus*, eine mit Pflanzenwurzeln vergesellschaftet lebende Termite. *Mitteilungen aus dem Hamburgischen Zoologischen Museum und Institut*, **52**: 77-92.

Kajimura, H. (2000): Discovery of mycangia and mucus in adult female xiphydriid woodwasps (Hymenoptera: Xiphydriidae) in Japan. *Annals of the Entomological Society of America*, **93**(2): 312-317.

Kalshoven, L.G.E. (1953a): Important outbreaks of insect pests in the forests of Indonesia. *Transactions of the IXth International Congress of Entomology, Volume II*, Amsterdam: 229-234.

Kalshoven, L.G.E. (1953b): Survival of *Neotermes* colonies in infested teak trunks after girdling or felling of the trees (second communication). *Tectona*, **43**: 59-74.

Kalshoven, L.G.E. (1958): Observations on the black termites, *Hospitalitermes* spp., of Java and Sumatra. *Insectes Sociaux*, **5**(1): 9-30.

Kalshoven, L.G.E. (1959): Observations on the nests of initial colonies of *Neotermes tectonae* Damm. in teak trees. *Insectes Sociaux*, **6**(3): 231-242.

Kalshoven, L.G.E. (1960): A form of commensalism occurring in *Xyleborus* species? (Studies on the biology of Indonesian Scolytoidea, Nr. 6). *Entomologische Berichten*, **20**(6): 118-120.

Kalshoven, L.G.E. (1962): Note on the habit of *Xyleborus destruens* Bldf., the near-primary borer of teak trees on Java. *Entomologische Berichten*, **22**: 7-18.

Kalshoven, L.G.E. (1963): Notes on the biology of Indonesian Bostrychidae (Col.). *Entomologische Berichten*, **23**: 242-257.

Kalshoven, L.G.E. (1964): The occurrence of *Xyleborus perforans* (Woll.) and *X. similis* in Java (Coleoptera, Scolytidae). *Beaufortia*, **11**(141): 131-142.

鎌田直人（2008）：カシノナガキクイムシからみたブナ科樹木萎凋枯死被害（ナラ枯れ）研究の最前線．樹木医学研究，**12**(2): 61-66.

Kamata, N., Esaki, K., Kato, K., Igeta, Y. & Wada, K. (2002): Potential impact of global warming on deciduous oak dieback caused by ambrosia fungus *Raffaelea* sp. carried by ambrosia beetle *Platypus quercivorus* (Coleoptera: Platypodidae) in Japan. *Bulletin of Entomological Research*, **92**(2): 119-126.

鎌田直人・後藤秀章・小村良太郎・久保 守・御影雅幸・村本健一郎（2006）：沿海州・韓国で最近起こったナラ枯れと今後のナラ枯れ研究の展望について．中部森林研究，(54): 235-238.

Kambara, K. & Takematsu, Y. (2009): Field habitat selection of two coexisting species of *Reticulitermes*, *R. speratus* and *R. kanmonensis* (Isoptera: Rhinotermitidae). *Sociobiology*, **54**(1): 65-75.

亀澤 洋（2013）：甲虫の生息場所としての「乾燥した樹洞」について．さやばね，ニューシリーズ，(11): 4-14.

上条一昭・鈴木重孝（1973）：トドマツを加害するオオトラカミキリ．北海道林業試験場報告，(11): 113-119, 図版 1-4.

Kaneko, R., Ohkubo, K., Nakagawa-Izumi, A. & Doi, S. (2012): Composition of intake sugars and emission of gases from paper sludges by *Coptotermes formosanus* Shiraki. *Environmental Technology*, **33**(1): 1-8.

Kaneko, T. & Takagi, K. (1966): Biology of some scolytid ambrosia beetles attacking tea plants VI: A comparative study of two ambrosia fungi associated with *Xyleborus compactus* Eichhoff and *Xyleborus germanus* Blanford (Coleoptera: Scolytidae). *Applied Entomology and Zoology*, **1**(4): 173-176.

Kangas, E. (1940): Über die Larve und die Lebensweise von *Nothorrhina muricata* Dalm. (Col., Cerambycidae). *Suomen Hyönteistieteellinen Aikakauskirja*, **6**(3): 71-77.

Kangas, E. (1950): Die Primärität und Sekundärität als Eigenschaften der Schädlinge. *Proceedings, Eighth International Congress of Entomology, Stockholm*: 792-798.

神崎菜摘（2006）：*Bursaphelenchus* 属線虫の分類と系統．日本森林学会誌，**88**(5): 392-406.

神崎菜摘・小坂 肇（2009）：線虫とキクイムシの関係：キクイムシ関連線虫研究の現状と今後の課題．日本森林学会誌，**91**(6): 446-460.

神崎菜摘・竹本周平（2012）：*Bursaphelenchus* 属線虫の植物病原性と媒介者の生活史特性の関連．日本森林学会誌，**94**(6): 299-306.

Kärvemo, S. & Schroeder, L.M. (2010): A comparison of outbreak dynamics of the spruce bark beetle in Sweden and the mountain pine beetle in Canada (Curculionidae: Scolytinae). *Entomologisk Tidskrift*, **131**(3): 215-224.

Kaspari, M., Yanoviak, S.P., Dudley, R., Yuan, M. & Clay, N.A. (2009): Sodium shortage as a constraint on the carbon cycle in an inland tropical rainforest. *Proceedings of the National Academy of Sciences of the United States of America*, **106**(46): 19405-19409.

Kato, K. (2005): Factors enabling *Epinotia granitalis* (Lepidoptera: Tortricidae) overwintered larvae to escape from oleoresin mortality in *Cryptomeria japonica* trees in comparison with *Semanotus japonicus* (Coleoptera, Cerambycidae). *Journal of Forest Research*, **10**(3): 205-210.

Kato, K. (2009): Negative effect of *Epinotia granitalis* (Lepidoptera: Tortricidae) feeding on the survival of *Semanotus japonicus* (Coleoptera: Cerambycidae) larvae. *Journal of Economic Entomology*, **102**(2): 629-636.

加藤賢隆・江崎功二郎・井下田 寛・鎌田直人（2002）：カシノナガキクイムシのブナ科樹種 4 種における繁殖成功度の比較 II：過去の穿孔履歴が繁殖成功度に与える影響について．中部森林研究，(50): 79-80.

加藤 徹（2007）：巻枯らし間伐木から発生する昆虫：巻枯らし時期による違い．中部森林研究，(55): 53-56.

Katsumata, K.S., Jin, Z., Hori, K. & Iiyama, K. (2007): Structural changes in lignin of tropical woods during digestion by termite, *Cryptotermes brevis*. *Journal of Wood Science*, **53**(5): 419-426.

Katsumata, N., Yoshimura, T., Tsunoda, K. & Imamura, Y. (2007): Resistance of gamma-irradiated sapwood of *Cryptomeria japonica* to biological attacks. *Journal of Wood Science*, **53**(4): 320-323.

Kaufman, M.G. & King, R.H. (1987): Colonization of wood substrates by the aquatic xylophage *Xylotopus par* (Diptera: Chironomidae) and a description of its life history. *Canadian Journal of Zoology*, **65**(9): 2280-2286.

川畑克巳・古城元夫（1971）：松穿孔虫の寄生条件に関する試験．業務報告，鹿児島県林業試験場，(19): 1-9.

川上裕司・岩田隆太郎（2003）：ヒゲナガヒラタカミキリ *Europoda antennata* Saunders の台湾産輸入家具からの発生．家屋害虫，**25**(2): 91-96.

Ke, J., Laskar, D.D. & Chen, S. (2011c): Biodegradation of hardwood lignocellulosics by the western poplar clearwing borer, *Paranthrene robiniae* (Hy. Edwards). *Biomacromolecules*, **12**(5): 1610-1620.

Ke, J., Laskar, D.D., Gao, D. & Chen, S. (2012): Advanced biorefinery in lower termite: Effect of combined pretreatment during the chewing process. *Biotechnology for Biofuels*, **5(11)**: 1-14.

Ke, J., Laskar, D.D., Singh, D. & Chen, S. (2011b): *In situ* lignocellulosic unlocking mechanism for carbohydrate hydrolysis in termites: Crucial lignin modification. *Biotechnology for Biofuels*, **4(17)**: 1-12.

Ke, J., Singh, D. & Chen, S. (2011a): Aromatic compound degradation by the wood-feeding termite *Coptotermes formosanus* (Shiraki). *International Biodeterioration & Biodegradation*, **65**(6): 744-756.

Ke, J., Sun, J.-Z., Nguyen, H.D., Singh, D., Lee, K.C., Beyenal, H. & Chen, S.-L. (2010): In-situ oxygen profiling and lignin modification in guts of wood-feeding termites. *Insect Science*, **17**(3): 277-290.

Keegstra, K., Talmadge, K.W., Bauer, W.D. & Albersheim, P. (1973): The structure of plant cell walls III: A model of the walls of suspension-cultured sycamore cells based on the interconnections of the macromolecular components. *Plant Physiology*, **51**(1): 188-196.

Kelner-Pillault, S. (1974): Étude écologique de peuplement entomologique des terreaux d'arbres creux (châtaigniers et saules). *Bulletin d'Écologie*, **5**(1): 123-156.

Kelsey, J.M. (1958): Symbiosis and *Anobium punctatum* de Geer. *Proceedings of the Royal Entomological Society of London, Series A, General Entomology*, **33**(1/3): 21-24.

Kelsey, R.G. (1994a): Ethanol synthesis in Douglas-fir logs felled in November, January, and March and its relationship to ambrosia beetle attack. *Canadian Journal of Forest Research*, **24**(10): 2096-2104.

Kelsey, R.G. (1994b): Ethanol and ambrosia beetles in Douglas fir logs with and without branches. *Journal of Chemical Ecology*, **20**(12): 3307-3319.

Kelsey, R.G. (1996): Anaerobic induced ethanol synthesis in the stems of greenhouse-grown conifer seedlings. *Trees*, **10**(3): 183-188.

Kelsey, R.G. (2001): Chemical indicators of stress in trees: Their ecological significance and implication for forestry in eastern Oregon and Washington. *Northwest Science*, **75(Special Issue)**: 70-76.

Kelsey, R.G., Gallego, D., Sánchez-García, F.J. & Pajares, J.A. (2014): Ethanol accumulation during severe drought may signal tree vulnerability to detection and attack by bark beetles. *Canadian Journal of Forest Research*, **44**(6): 554-561.

Kent, D.S & Simpson, J.A. (1992): Eusociality in the beetle *Austroplatypus incompertus* (Coleoptera: Curculionidae). *Naturwissenschaften*, **79**(2): 86-87.

Kerrigan, J. & Rogers, J.D. (2003): Microfungi associated with the wood-boring beetles *Saperda calcarata* (poplar borer) and *Cryptorhynchus lapathi* (poplar and willow borer). *Mycotaxon*, **86**: 1-18.

Kessler, K.J., Jr. (1974): An apparent symbiosis between *Fusarium* fungi and ambrosia beetles causes canker on black walnut stems. *Plant Disease Reporter*, **58**(11): 1044-1047.

Khalsa, H.G., Nigam, B.S. & Agarwal, P.N. (1965): Resistance of coniferous timbers to *Lyctus* attack. *Indian Journal of Entomology*, **27**(4): 377-388.

Khamraev, A.S., Lebedeva, N.I., Zhuginisov, T.I., Abdullaev, I.I., Rakhmatullaev, A. & Raina, A.K. (2007): Food preferences of the Turkestan termite *Anacanthotermes turkestanicus* (Isopteta: Hodotermitidae). *Sociobiology*, **50**(2): 469-478.

Khan, T.N. & Maiti, P.K. (1982): The bionomics of the round-head borer, *Olenecamptus bilobus* (Fabricius) (Coleoptera: Cerambycidae). *Proceedings of the Zoological Society, Calcutta*, **33**(1/2): 71-85.

木川りか・鳥越俊行・今津節生・本田光子・原田正彦・小峰幸夫・川野邊 渉（2009）：X線CTスキャナによる虫損部材の調査．保存科学，(48): 223-231.

Kijidani, Y., Sakai, N., Kimura, K., Fujisawa, Y., Hiraoka, Y., Matsumura, J. & Koga, S. (2012): Termite resistance and color of heartwood of hinoki (*Chamaecyparis obtusa*) trees in 5 half-sib families in a progeny test stand in Kyushu, Japan. *Journal of Wood Science*, **58**(6): 471-478.

Kim, K.-H., Choi, Y.-J., Seo, S.-T. & Shin, H.-D. (2009): *Raffaelea quercus-mongolicae* sp. nov. associated with *Platypus koryoensis* on oak in Korea. *Mycotaxon*, **110**: 189-197.

Kim, N., Choo, Y.M., Lee, K.S., Hong, S.J., Seol, K.Y., Je, Y.H., Sohn, H.D. & Jin, B.R. (2008): Molecular cloning and characterization of a glycosyl hydrolase family 9 cellulase distributed throughout the digestive tract of the cricket *Teleogryllus emma*. *Comparative Biochemistry and Physiology B*, **150**(4): 368-376.

Kimmerer, T.W. & Kozlowski, T.T. (1982): Ethylene, ethane, acetaldehyde, and ethanol production by plants under stress. *Plant Physiology*, **69**(4): 840-847.

Kimmerer, T.W. & Stringer, M.A. (1988): Alcohol dehydrogenase and ethanol in the stems of trees. *Plant Physiology*, **87**(3): 693-697.

King, A.J., Cragg, S.M., Li, Y., Dymond, J., Guille, M.J., Bowles, D.J., Bruce, N.C., Graham, I.A. & McQueen-Mason, S.J. (2010): Molecular insight into lignocellulose digestion by a marine isopod in the absence of gut microbes. *Proceedings of the National Academy of Sciences of the United States of America*, **107**(12): 5345-5350.

King, B., Henderson, W.J. & Murphy, M.E. (1980): A bacterial contribution to wood nitrogen. *International Biodeterioration*

Bulletin, **16**(3): 79-84.

King, B., Oxley, T.A. & Long, K.D. (1974): Soluble nitrogen in wood and its redistribution on drying. *Material und Organismen*, **9**(4): 241-254.

King, B. & Waite, J. (1979): Translocation of nitrogen to wood by fungi. *International Biodeterioration Bulletin*, **15**(1): 29-36.

King, C.B.R. (1937): *Neotermes militaris*. *Tea Quarterly*, **10**(2): 195-205, 3 plts.

King, E.W. (1972): Rainfall and epidemics of the southern pine beetle. *Environmental Entomology*, **1**(3): 279-285.

King, J.H.P., Mahadi, N.M., Bong, C.F.J., Ong, K.H. & Hassan, O. (2014): Bacterial microbiome of *Coptotermes curvignathus* (Isoptera: Rhinotermitidae) reflects the coevolution of species and dietary pattern. *Insect Science*, **21**(5): 584-596.

King, J.N., Alfaro, R.I., Lopez, M.G. & van Akker, L. (2011): Resistance of Sitka spruce (*Picea sitchensis* (Bong.) Carr.) to white pine weevil (*Pissodes strobi* Peck): Characterizing the bark defence mechanisms of resistant populations. *Forestry*, **84**(1): 83-91.

King, J.R., Warren, R.J. & Bradford, M.A. (2013): Social insects dominate eastern US temperate hardwood forest macroinvertebrate communities in warmer regions. *PLoS ONE*, **8(10-e75843)**: 1-11.

Kinghorn, J.M. (1955): Chemical control of the mountain pine beetle and Douglas-fir beetle. *Journal of Economic Entomology*, **48**(5): 501-504.

金城一彦・堂福康海・屋我嗣良（1988）：ヒノキ（*Chamaecyparis obtusa* Endl.）の殺蟻成分について．木材学会誌，**34**(5): 451-455.

Kinn, D.N. (1986): Incidence of the pinewood nematode in a southern pine beetle infestation in central Louisiana. *Journal of Entomological Science*, **21**(2): 114-117.

Kinn, D.N. & Linit, M.J. (1989): A key to phoretic mites commonly found on long-horned beetles emerging from southern pines. *Research Note, SO, United States Department of Agriculture, Forest Service, Southern Forest Experiment Station*, (357): 1-8.

Kinn, D.N. & Linit, M.J. (1992): Temporal relationship between southern pine beetle (Coleoptera: Scolytidae) and pinewood nematode infestations in southern pines. *Journal of Entomological Science*, **27**(3): 194-201.

Kinn, D.N. & Miller, M.C. (1981): A phloem sandwich unit for observing bark beetles, associated predators, and parasites. *U.S. Forest Service Research Note, SO*, (269): 1-3.

衣浦晴生（1994）：ナラ類の集団枯損とカシノナガキクイムシの生態．林業と薬剤，（130）：11-20.

Kinuura, H. (1995): Symbiotic fungi associated with ambrosia beetles. *Japan Agricultural Research Quarterly*, **29**(1): 57-63.

Kinuura, H. & Kobayashi, M. (2006): Death of *Quercus crispula* by inoculation with adult *Platypus quercivorus* (Coleoptera: Platypodidae). *Applied Entomology and Zoology*, **41**(1): 123-128.

衣浦晴生・高畑義啓・宮下俊一郎（2008）：カシノナガキクイムシから分離された菌類．林業と薬剤，(185): 1-6.

Kirby, H., Jr. (1927): Studies on some amoebae from the termite *Mirotermes*, with notes on some other Protozoa from the Termitidae. *Quarterly Journal of Microscopical Science, N.S.*, **71**: 189-222, plts. 22-26.

Kirby, H., Jr. (1932): Protozoa in termites of the genus *Amitermes*. *Parasitology*, **24**(3): 289-304, plts. 14-15.

Kirby, H., Jr. (1941): Organisms living on and in protozoa. *Protozoa in Biological Research* (G.N. Calkins & F.M. Summers, eds.). Columbia University Press, New York: 1009-1113.

Kirby, H. (1949): Systematic differentiation and evolution of flagellates in termites. *Revista de la Sociedad Mexicana de Historia Natural*, **10**: 57-79.

Kirby, R. (2006): Actinomycetes and lignin degradation. *Advances in Applied Microbiology*, **58**: 125-168.

Kirchmair, I., Schmidt, M., Zizka, G., Erpenbach, A. & Hahn, K. (2012): Biodiversity islands in the savanna: Analysis of the phytodiversity on termite mounds in northern Benin. *Flora et Vegetatio Sudano-Sambesica*, **15**: 3-14.

Kirchner, W.H., Broecker, I., & Tautz, J. (1994): Vibrational communication in the damp-wood termite *Zootermopsis nevadensis*. *Physiological Entomology*, **19**(3): 187-190.

Kirejtshuk, A.G., Azar, D., Beaver, R.A., Mandelshtam, M.Yu. & Nel, A. (2009): The most ancient bark beetle known: A new tribe, genus and species from Lebanese amber (Coleoptera, Curculionidae, Scolytinae). *Systematic Entomology*, **34**(1): 101-112.

Kirk, T.K., Connors, W.J. & Zeikus, J.G. (1976): Requirement for a growth substrate during lignin decomposition by two wood-rotting fungi. *Applied and Environmental Microbiology*, **32**(1): 192-194.

Kirk, T.K. & Highley, T.L. (1973): Quantitative changes in structural components of conifer woods during decay by white- and brown-rot fungi. *Phytopathology*, **63**(11): 1338-1342.

Kirk, T.K. & Moore, W.E. (1972): Removing lignin from wood with white-rot fungi and digestibility of resulting wood. *Wood and Fiber*, **4**: 72-79.

Kirkendall, L.R. (1983): The evolution of mating systems in bark and ambrosia beetles (Coleoptera: Scolytidae and Platypodidae). *Zoological Journal of the Linnean Society*, **77**(4): 293-352.

Kirkendall, L.R. & Faccoli, M. (2010): Bark beetles and pinhole borers (Curculionidae, Scolytinae, Platypodinae) alien to Europe. *ZooKeys*, (56): 227-251.

Kirkendall, L.R., Kent, D.S. & Raffa, K.F. (1997): Interactions among males, females and offspring in bark and ambrosia beetles: The significance of living in tunnels for the evolution of social behavior. *The Evolution of Social Behavior in Insects and Arachnids* (J.C. Choe & B.J. Crespi, eds.). Cambridge University Press, Cambridge: 181-215.

Kirkendall, L.R. & Ødegaard, F. (2007): Ongoing invasions of old-growth tropical forests: Establishment of three incestuous beetle species in southern Central America (Curculionidae: Scolytinae). *Zootaxa*, (1588): 53-62.

Kirker, G.T., Wagner, T.L. & Diehl, S.V. (2012): Relationship between wood-inhabiting fungi and *Reticulitermes* spp. in four forest habitats of northeastern Mississippi. *International Biodeterioration & Biodegradation*, **72**: 18-25.

Kirkpatrick, T.W. & Simmonds, N.W. (1958): Bamboo borers and the moon. *Tropical Agriculture, Trinidad*, **35**(4): 299-301.

Kirton, L.G., Brown, V.K. & Azmi, M. (1999a): Do forest-floor wood residues in plantations increase the incidence of termite attack? Tesing current theory. *Journal of Tropical Forest Science*, **11**(1): 218-239.

Kirton, L.G., Brown, V.K. & Azmi, M. (1999b): The pest status of the termite *Coptotermes curvignathus* in *Acacia mangium* plantations: Incidence, mode of attack and inherent predisposing factors. *Journal of Tropical Forest Science*, **11**(4): 822-831.

Kishi, Y. (1995): The pine wood nematode and the Japanese pine sawyer (Forest Pests in Japan, (1)). Thomas Company, Tokyo. 11+302pp.

貴島恒夫（1966）：チロースの生成について（総説）．木材研究，(37): 1-5.

Kistner, D.H. (1969): The biology of termitophiles. *Biology of Termites, Volume 1* (K. Krishna & F.M. Weesner, eds.). Academic Press, New York: 525-557.

Kistner, D.H. (1982): The social insects' bestiary. *Social Insects, Vol. 3* (H.R. Hermann, ed.), Academic Press, New York: 1-244.

Kistner, D.H. (1985): A new genus and species of termitophilous Aleocharinae from mainland China associated with *Coptotermes formosanus* and its zoogeographic significance (Coleoptera: Staphylinidae). *Sociobiology*, **10**(1): 93-104.

Kistner, D.H. (1990): The integration of forein insects into termite societies or why do termites tolerate forein insects in their societies? *Sociobiology*, **17**(1): 191-215.

Klass, K.-D. & Meier, R. (2006): A phylogenetic analysis of Dictyoptera (Insecta) based on morphological characters. *Entomologische Abhandlungen*, **63**: 3-50.

Klass, K.-D., Nalepa, C. & Lo, N. (2008): Wood-feeding cockroaches as models for termite evolution (Insecta: Dictyoptera): *Cryptocercus* vs. *Parasphaeria boleiriana*. *Molecular Phylogenetics and Evolution*, **46**(3): 809-817.

Kleespies, R.G., Nansen, C., Adouhoun, T. & Huger, A.M. (2001): Ultrastructure of bacteriomes and their sensitivity to ambient temperatures in *Prostephanus truncatus* (Horn). *Biocontrol Science and Technology*, **11**(2): 217-232.

Klemm, D., Schmauder, H.-P. & Heinze, T. (2002): Cellulose. *Polysaccharides from Eukaryotes* (Biopolymers, Vol. 6: Polysaccharides II) (E.J. Vandamme, S. De Baets & A. Steinbüchel, eds.). Wiley-VCH, Weinheim: 275-319.

Klepzig, K.D., Moser, J.C., Lombardero, M.J., Ayres, M.P., Hofstetter, R.W. & Walkinshaw, C.J. (2001b): Mutualism and antagonism: Ecological interactions among bark beetles, mites and fungi. *Biotic Interactions in Plant–Pathogen Associations* (M.J. Jeger & N.J. Spence, eds.). CABI Publishing: 237-267.

Klepzig, K.D., Moser, J.C., Lombardero, F.J., Hofstetter, R.W. & Ayres, M.P. (2001a): Symbiosis and competition: Complex interactions among beetles, fungi and mites. *Symbiosis*, **30**(2/3): 83-96.

Kletečka, Z. (1996): The xylophagus[sic] beetles (Insecta, Coleoptera) community and its succession on Scotch elm (*Ulmus glabra*) branches. *Biológia, Bratislava*, **51**(2): 143-152.

Klingström, A. & Oksbjerg, E. (1963): Nitrogen source in fungal decomposition of wood. *Nature*, **197**(4862): 97.

Kloft, W. & Hölldobler, B. (1964): Untersuchungen zur forstlichen Bedeutung der holzzerstörenden Roßameisen unter Verwendung der Tracer-Methode. *Anzeiger für Schädlingskunde*, **37**(11): 163-169.

Knížek, M. & Beaver, R. (2004): Taxonomy and systematics of bark and ambrosia beetles. *Bark and Wood Boring Insects in Living Trees in Europe, a Synthesis* (F. Lieutier, K.R. Day, A. Battisti, J.-C. Grégoire & H.F. Evans, eds.). Kluwer Academic Publishers, Dordrecht: 41-54.

Ko, J.-H. & Morimoto, K. (1985): Loss of tree vigor and role of boring insects in red pine stands heavily infested by the pine needle gall midge in Korea. *Esakia*, (23): 151-158.

Kobayashi, F. (1985): Occurrence and control of wood-injuring insect damage in Japanese cedar and cypress plantations. *Zeitschrift für Angewandte Entomologie*, **99**(1): 94-105.

Kobayashi, F., Yamane, A. & Ikeda, T. (1984): The Japanese pine sawyer beetle as the vector of pine wilt disease. *Annual Review of Entomology*, **29**: 115-135.

小林一三・柴田叡弌（1985）：スギカミキリの被害と防除（わかりやすい林業研究解説シリーズ 77）．林業科学技術振興所，東京．2+88pp.

小林一三・山田栄一（1982）：スギカミキリ．スギ・ヒノキの穿孔性害虫：その生態と防除序説（小林富士雄，編）．創文，東京：11-57.

小林正秀（2006）：ブナ科樹木萎凋病を媒介するカシノナガキクイムシ．樹の中の虫の不思議な生活：穿孔性昆虫研究への招待（柴田叡弌・富樫一巳，編）．東海大学出版会，秦野：189-210.

小林正秀・萩田 実（2000）：ナラ類集団枯損の発生過程とカシノナガキクイムシの捕獲．森林応用研究，**9**(1): 133-140.

小林正秀・村上幸一郎（2008）：ブナ科樹木萎凋病の防除の実際：京都市東山での事例から．森林科学，(52): 46-49.

小林正秀・野崎 愛（2007）：マツノマダラカミキリの放虫によるマツ枯れの再現．森林防疫，**56**(6): 211-223.

小林正秀・野崎 愛・衣浦晴生（2004）：樹液がカシノナガキクイムシの繁殖に及ぼす影響．森林応用研究，**13**(2): 155-159.

小林正秀・野崎 愛・衣浦晴生（2008）：カシノナガキクイムシの接種によるブナ科樹木萎凋病の再現．森林防疫，**57**(1): 20-32.

小林正秀・上田明良（2005）：カシノナガキクイムシとその共生菌が関与するブナ科樹木の萎凋枯死：被害発生要因の解明を目指して．日本森林学会誌，**87**(5): 435-450.

小林正秀・上田明良・野崎 愛（2000）：倒木がナラ類集団枯損発生に与える影響．森林応用研究，**9**(2): 87-92.

小林正秀・上田明良・野崎 愛（2003）：カシノナガキクイムシの飛来・穿入・繁殖に及ぼす餌木の含水率の影響．日本林学会誌，**85**(2): 100-107.

小林享夫・佐々木克彦・遠田暢男（1978）：冬期のマツ枯損に関与するキバチ（*Sirex*）－糸状菌（*Amylostereum*）相互の関係．日本林学会誌，**60**(11): 405-411.

Koch, A. (1936): Symbiosestudien I: Die Symbiose des Splintkäfers, *Lyctus linearis* Goeze. *Zeitschrift für Morphologie und Ökologie der Tiere*, **32**(1): 92-136.

小高信彦（2013）：木材腐朽プロセスと樹洞を巡る生物間相互作用：樹洞営巣網の構築に向けて．日本生態学会誌，**63**(3): 349-360.

Kogan, M. & Ortman, E. (1978): Antixenosis: A new term proposed to define Painter's "nonpreference" modality of resistance. *Bulletin of the Entomological Society of America*, **24**(2): 175-176.
小原二郎（1954）：木材の老化に関する研究，第VII報：ヒノキ材の組成分の変化．西京大学学術報告・農学，(6): 175-182.
小原二郎（1955）：木材の老化に関する研究（第15報）：ケヤキ材の組成分の変化．木材学会誌，**1**(1): 21-24.
小原二郎・岡本　一（1955）：木材の老化に関する研究（第XIV報）：古材繊維素の粘度の変化．日本林学会誌，**37**(11): 499-501.
Köhler, T., Dietrich, C., Scheffrahn, R.H. & Brune, A. (2012): High-resolution analysis of gut environment and bacterial microbiota reveals functional compartmentation of the gut in wood-feeding higher termites (*Nasutitermes* spp.). *Applied and Environmental Microbiology*, **78**(13): 4691-4701.
小泉　力（1990）：カラマツヤツバキクイムシ（マツノオオキクイムシ，カツマツオオキクイムシ［ママ］）．林業と薬剤，(111): 1-10.
小島啓史（1993）：クワガタムシの繁殖飼育について．月刊むし，(268): 2-9.
小島圭三（1955）：ハイイロヤハズカミキリの幼虫の齢期の決定．高知大学学術研究報告，**3**(33): 1-6.
小島圭三（1960）：日本産カミキリムシ類の生態学的研究：成虫の産卵と幼虫の食性．げんせい，(10): 21-46, plts.1-2.
小島圭三・中村慎吾（2011）：日本産カミキリムシ食樹総目録（改訂増補版）．比婆科学教育振興会，庄原．10+508pp.
小島俊文（1929）：シロスヂカミキリの習性．応用動物学雑誌，**1**(1): 43-45.
Kok, L.T. (1979): Lipids of ambrosia fungi and the life of mutualistic beetles. *Insect-Fungus Symbiosis: Nutrition, Mutualism, and Commensalism* (L.R. Batra, ed.). Allanheld, Osmun & Co., Montclair: 33-52.
国分　拓（2010）：ヤノマミ．日本放送出版協会（NHK出版）．東京．319pp.
小峰幸夫・木川りか・原田正彦・藤井義久・藤原裕子・川野邊　渉（2009）：日光山輪王寺本堂におけるオオナガシバンムシ *Priobium cylindricum* による被害事例について．保存科学，(48): 207-213.
Kon, M., Araya, K. & Johki, Y. (2002): Relationship between microhabitat and relative body thickness in adult beetles of the Oriental passalid genera *Aceraius*, *Macrolinus* and *Ophrygonius* (Coleoptera, Passalidae). *Special Bulletin of the Japanese Society of Coleopterology*, (5): 297-304.
Kon, M. & Johki, Y. (1987): A new type of microhabitat, the interface between the log and the ground, observed in the passalid beetle of Borneo *Taeniocerus bicanthatus* (Coleoptera: Passalidae). *Journal of Ethology*, **5**(2): 197-198.
近藤民雄（1975）：心材形成の化学．化学と生物，**13**(11): 691-697.
近藤民雄（1982）：木化と心材形成：樹が生きつづける仕組み．九州大学農学部演習林報告，(52): 131-141.
近藤芳五郎・行政豊彦（1983）：砂地クロマツ林におけるマツクイムシ被害に関する知見（II）：その発生と寄生について．砂丘研究，**30**(2): 257-261.
近藤芳五郎・行政豊彦（1984）：砂地クロマツ林におけるマツクイムシ被害に関する知見（III）：シラホシゾウ属の干渉．砂丘研究，**31**(2): 81-86.
Konemann, C.E., Kard, B.M. & Payton, M.E. (2014): Palatability of field-collected eastern redcedar, *Juniperus virginiana* L., components to subterranean termites (Isoptera: Rhinotermitidae). *Journal of the Kansas Entomological Society*, **87**(3): 269-279.
König, H., Fröhlich, J. & Hertel, H. (2006): Diversity and lignocellulolytic activities of cultured microorganisms. *Soil Biology, vol. 6: Intestinal Microorganisms of Termites and Other Invertebrates* (H. König & A. Varma, eds.). Springer: 271-301.
Korb, J. (2003): Thermoregulation and ventilation of termite mounds. *Naturwissenschaften*, **90**(5): 212-219.
Korb, J. (2007): Workers of a drywood termite do not work. *Frontiers in Zoology*, **4**(7): 1-7.
Korb, J. & Linsenmair, K.E. (2001): Resource availability and distribution patterns, indicators of competition between *Macrotermes bellicosus* and other macro-detritivores in the Comoé National Park, Côte d'Ivoire. *African Journal of Ecology*, **39**(3): 257-265.
Korb, J. & Schmidinger, S. (2004): Help or disperse? Cooperation in termites influenced by food conditions. *Behavioral Ecology and Sociobiology*, **56**(1): 89-95.
Korb, J., Weil, T., Hoffmann, K., Foster, K.R. & Rehli, M. (2009): A gene necessary for reproductive suppression in termites. *Science*, **324**(5928): 758.
Kovoor, J. (1964): Modifications chimiques provoquées par un termitidé (*Microcerotermes edentatus*, Was.) dans du bois de peuplier sain ou partiellement dégradé par des champignons. *Bulletin Biologique de la France et de la Belgique*, **98**(3): 491-510.
Koyama, M., Iwata, R., Yamane, A., Katase, T. & Ueda, S. (2003): Nutrient intake in the third instar larvae of *Anomala cuprea* and *Protaetia orientalis submarmorea* (Coleoptera: Scarabaeidae) from a mixture of cow dung and wood chips: Results from stable isotope analyses of nitrogen and carbon. *Applied Entomology and Zoology*, **38**(3): 305-311.
Козаржевская, Э.Ф. & Мамаев, Б.М. (Kozarzhevskaja, E.F. & Mamajev, B.M.) (1962): Сукцессия насекомых и других беспозвоночных в древесине ели и их роль в разрушении валежа и порубочных остатков. (Succession of insects and other invertebrates in spruce wood and their role in the decomposition of windfallen trees and felling residues.) *Известия Академии Наук СССР, Серия Биологическая* (*Izvestija Akademii Nauk SSSR, Serija Biologicheskaja*), **1962**(2): 449-454.
Kozlowski, T.T. & Winget, C.H. (1963): Patterns of water movement in forest trees. *Botanical Gazette*, **124**(4): 301-311.
Kraus, E.J. (& Hopkins, A.D.) (1911): Technical papers on miscellaneous forest insects III: A revision of the powder-post beetles of the family Lyctidae of the United States and Europe. *Technical Series, U.S. Department of Agriculture, Bureau of Entomology*, (20): 111-138.
Krauße-Opatz, B., Köhler, U. & Schopf, R. (1995): Zum energetischen Status von *Ips typographus* L. (Col., Scolytidae) während Jungkäferentwicklung, Überwinterung, Dispersion und Eiablage. *Journal of Applied Entomology*, **119**(3): 185-194.
Krishna, K. & Grimaldi, D. (1991): A new fossil species from Dominican amber of the living Australian termite genus *Mastotermes* (Isopteta: Mastotermitidae). *American Museum Novitates*, (3021): 1-10.

Krishna, K., Grimaldi, D.A., Krishna, V. & Engel, M.S. (2013): Treatise on the Isoptera of the world. *Bulletin of the American Museum of Natural History*, (377): 0-2704.

Krivosheina, M.G. (2004): A contribution to the biology of flower flies of the genus *Temnostoma* (Diptera, Syrphidae) with description of larvae of four species. *Entomological Review*, **84**(8): 949-956.［原典（ロシア語）：Зоологический Журнал, **82**(1): 44-51. (2003)］

Krivosheina, N.P. (1991): Relations between wood-inhabiting insects and fungi. *General Technical Report, NE. United States Department of Agriculture, Forest Service, Northeastern Forest Experiment Station*, (153): 335-346.

Krogerus, R. (1927): Beobachtungen über die Succession einiger Insektenbiocoenosen in Fichtenstümpfen. *Notulae Entomologicae*, **7**(4): 121-126.

久保輝一郎・片岡須美子・喜入 久・中島敏夫・柳生孝賢・山本政一（1944）：木材の物理的並に化学的研究（第5〜9報）．工業化学雑誌，**47**(11/12): 929-940.

Kubono, T. & Ito, S.-i. (2002): *Raffaelea quercivora* sp. nov. associated with mass mortality of Japanese oak, and the ambrosia beetle (*Platypus quercivorus*). *Mycoscience*, **43**: 255-260.

工藤周二（1997）：青森県津軽地方のリンゴカミキリ属の生態．月刊むし，(320): 23-33.

工藤周二（2000）：青森県津軽地方におけるシロスジカミキリの生態．月刊むし，(347): 5-7.

Kudo, T. (2009): Termite–microbe symbiotic system and its efficient degradation of lignocellulose. *Bioscience, Biotechnology, and Biochemistry*, **73**(12): 2561-2567.

Kühne, H. (1965): Papierzerstörung durch Rüsselkäfer. *Material und Organismen*, **1**(2): 157-160.

Kühne, H. (1972): Entwicklungsablauf und -stadien von *Micromalthus debilis* LeConte (Col., Micromalthidae) aus einer Laboratoriums-Population. *Zeitschrift für Angewandte Entomologie*, **72**(2): 157-168.

Kühne, H. & Becker, L. (1976): Zur Biologie und Ökologie von *Micromalthus debilis* LeConte (Col., Micromalthidae). *Beihefte zu Material und Organismen*, (3): 447-461.

Kühnholz, S., Borden, J.H. & Uzunovic, A. (2001): Secondary ambrosia beetles in apparently healthy trees: Adaptations, potential causes and suggested research. *Integrated Pest Management Reviews*, **6**(3/4): 209-219.

Kukor, J.J., Cowan, D.P. & Martin, M.M. (1988): The role of ingested fungal enzymes in cellulose digestion in the larvae of cerambycid beetles. *Physiological Zoology*, **61**(4): 364-371.

Kukor, J.J. & Martin, M.M. (1983): Acquisition of digestive enzymes by siricid woodwasps from their fungal symbiont. *Science*, **220**(4602): 1161-1163.

Kukor, J.J. & Martin, M.M. (1986a): Cellulose digestion in *Monochamus marmorator* Kby. (Coleoptera: Cerambycidae): Role of acquired fungal enzymes. *Journal of Chemical Ecology*, **12**(5): 1057-1070.

Kukor, J.J. & Martin, M.M. (1986b): The transformation of *Saperda calcarata* (Coleoptera: Cerambycidae) into a cellulose digester through the inclusion of fungal enzymes in its diet. *Oecologia*, **71**(1): 138-141.

Kulman, H.M. (1964a): Defects in black cherry caused by barkbeetles and agromizid[sic] cambium miners. *Forest Science*, **10**(3): 258-266.

Kulman, H.M. (1964b): Pitch defects in red pine associated with unsuccessful attacks by *Ips* spp. *Journal of Forestry*, **62**(5): 322-325.

蔵之内利和・望月 淳・鈴木一隆・小島啓史・五箇公一（2011）：ヒラタクワガタ（*Dorcus titanus pilifer*）幼虫発育による飼育材中の窒素・炭素量の変化．昆蟲（ニューシリーズ），**14**(4): 276-280.

Kuranouchi, T., Nakamura, T., Shimamura, S., Kojima, H., Goka, K., Okabe, K. & Mochizuki, A. (2006): Nitrogen fixation in the stag beetle, *Dorcus* (*Macrodorcus*) *rectus* (Motschulsky) (Col., Lucanidae). *Journal of Applied Entomology*, **130**(9/10): 471-472.

Kurir, A. von (1972): Zweiter Beitrag zur Bionomie des Sägehörnigen Bohrkäfers (*Hylecoetus dermestoides* L.) (Col.- Lymexylonidae). *Holzforschung und Holzverwertung*, **24**(6): 127-135.

Kuroda, K. (2001): Responses of *Quercus* sapwood to infection with the pathogenic fungus of a new wilt disease vectored by the ambrosia beetle *Platypus quercivorus*. *Journal of Wood Science*, **47**(6): 425-429.

黒田慶子・山田利博（1996）：ナラ類の集団枯損にみられる辺材の変色と通水機能の低下．日本林学会誌，**78**(1): 84-88.

黒田祐一（1984）：1本の木より19種のカミキリ．月刊むし，(166): 43-44.

Kurtböke, D.I. & French, J.R.J. (2008): Actinobacterial resources from termite guts for regional bioindustries. *Microbiology Australia*, **29**(1): 42-44.

Kurz, W.A., Dymond, C.C., Stinson, G., Rampley, G.J., Neilson, E.T., Carroll, A.L., Ebata, T. & Safranyik, L. (2008): Mountain pine beetle and forest carbon feedback to climate change. *Nature*, **452**(7190): 987-990.

日下部良康（1991）：ベニバハナカミキリの洞採集：東京都心部の場合．月刊むし，(242): 24-27.

日下部良康（2006）：オオトラカミキリ飼育の楽しみ：産めよ増やせよ皮算用．月刊むし，(427): 19-22.

Kuschel, G. (1966): A cossonine genus with bark-beetle habits, with remarks on relationships and biogeography (Coleoptera Curculionidae). *New Zealand Journal of Science*, **9**(1): 3-29.

Kuschel, G., Leschen, R.A.B. & Zimmerman, E.C. (2000): Platypodidae under scrutiny. *Invertebrate Taxonomy*, **14**(6): 771-805.

Labandeira, C.C., LePage, B.A. & Johnson, A.H. (2001): A *Dendroctonus* bark engraving (Coleoptera: Scolytidae) from a middle Eocene *Larix* (Coniferales: Pinaceae): Early or delayed colonization? *American Journal of Botany*, **88**(11): 2026-2039.

LaBonte, J.R., Mudge, A.D. & Johnson, K.J.R. (2005): Nonindigenous woodboring Coleoptera (Cerambycidae, Curculionidae: Scolytinae) new to Oregon and Washington, 1999-2002: Consequences of the intracontinental movement of raw wood products and solid wood packing materials. *Proceedings of the Entomological Society of Washington*, **107**(3): 554-564.

Lacey, M.J., Lenz, M. & Evans, T.A. (2010): Cryoprotection in dampwood termites (Termopsidae, Isoptera). *Journal of Insect Physiology*, **56**(1): 1-7.

Laidlaw, R.A. & Smith, G.A. (1965): The proteins of the timber of Scots Pine (*Pinus sylvestris*). *Holzforschung*, **19**(5): 129-134.

Laiho, R. & Prescott, C.E. (2004): Decay and nutrient dynamics of coarse woody debris in northern coniferous forests: A synthesis. *Canadian Journal of Forest Research*, **34**(4): 763-777.

Laing, F. (1919): Insects damaging lead. *Entomologist's Monthly Magazine*, **55**(667): 278-279.

Laker, M.C., Hewitt, P.H., Nel, A. & Hunt, R.P. (1982): Effects of the termite *Trinervitermes trinervoides* Sjöstedt on the organic carbon and nitrogen content and particle size distribution of soils. *Revue d'Écologie et de Biologie du Sol*, **19**(1): 27-39.

Laks, P.E. (1988): Wood preservation as trees do it. *Proceedings of the American Wood-Preservers' Association*, **84**: 147-155.

Lambert, M.J. (1981): Inorganic constituents in wood and bark of New South Wales forest tree species. *Research Note, Forestry Commision of New South Wales*, (45): 1-43.

Lambert, R.L., Lang, G.E. & Reiners, W.A. (1980): Loss of mass and chemical change in decaying boles of a subalpine balsam fir forest. *Ecology*, **61**(6): 1460-1473.

Lang, G.E. & Knight, D.H. (1979): Decay rates for boles of tropical trees in Panama. *Biotropica*, **11**(4): 316-317.

Langor, D.W., Hammond, H.E.J., Spence, J.R., Jacobs, J. & Cobb, T.P. (2008): Saproxylic insect assemblages in Canadian forests: Diversity, ecology, and conservation. *Canadian Entomologist*, **140**(4): 453-474.

Langor, D.W. & Raske, A.G. (1987): Reproduction and development of the eastern larch beetle, *Dendroctonus simplex* LeConte (Coleoptera: Scolytidae), in Newfoundland. *Canadian Entomologist*, **119**(11): 985-992.

Långström, B. (1983a): Life cycles and shoot-feeding of the pine shoot beetles. *Studia Forestalia Suecica*, (163): 1-29.

Långström, B. (1983b): Within-tree development of *Tomicus minor* (Hart.) (Col., Scolytidae) in wind-thrown Scots pine. *Acta Entomologica Fennica*, **42**: 42-46.

Långström, B. (1984): Windthrown Scots pines as brood material for *Tomicus piniperda* and *T. minor*. *Silva Fennica*, **18**(2): 187-198.

Långström, B., Hellqvist, C., Ericsson, A. & Gref, R. (1992): Induced defence reaction in Scots pine following stem attacks by *Tomicus piniperda*. *Ecography*, **15**(3): 318-327.

Lanier, G.N. (1967): *Ips plastographus* (Coleoptera: Scolytidae) tunnelling in sapwood of lodgepole pine in California. *Canadian Entomologist*, **99**(12): 1334-1335.

Lanne, B.S., Ivarsson, P., Johnsson, P., Bergström, G. & Wassgren, A.-B. (1989): Biosynthesis of 2-methyl-3-buten-2-ol, a pheromone component of *Ips typographus* (Coleoptera: Scolytidae). *Insect Biochemistry*, **19**(2): 163-167.

Larkin, P.A. & Elbourn, C.A. (1964): Some observation on the fauna of dead wood in live oak tree. *Oikos*, **15**(1): 79-92.

Larroche, D. & Grimaud, M. (1988): Recherches sur les passalides africains III: Evolution de la teneur en phosphore du bois en décomposition suite à son ulitisation comme substrat alimentaire par des passalides. *Actes des Colloques Insectes Sociaux*, (4): 103-110.

Larsen, M.J., Jurgensen, M.F. & Harvey, A.E. (1978): N_2 fixation associated with wood decayed by some common fungi in western Montata. *Canadian Journal of Forest Research*, **8**(3): 341-345.

Larson, K.A. & Harman, D.M. (2003): Subcortical cavity dimension and inquilines of the larval locust borer (Coleoptera: Cerambycidae). *Proceedings of the Entomological Society of Washington*, **105**(1): 108-119.

Lasker, R. & Giese, A.C. (1956): Cellulose digestion by the silverfish *Ctenolepisma lineata*. *Journal of Experimental Biology*, **33**(3): 542-553.

Laugsand, A.E., Olberg, S. & Reiråskag, C. (2008): Notes on species of Cerambycidae (Coleoptera) in Norway. *Norwegian Journal of Entomology*, **55**(1): 1-6.

Lavelle, P., Bignell, D., Lepage, M., Wolters, V., Roger, P., Ineson, P., Heal, O.W. & Dhillion, S. (1997): Soil function in a changing world: The role of invertebrate ecosystem engineers. *European Journal of Soil Biology*, **33**(4): 159-193.

Lavelle, P., Blanchart, E., Martin, A., Martin, S., Spain, A., Toutain, F., Barois, I. & Schaefer, R. (1993): A hierarchical model for decomposition in terrestrial ecosystems: Application to soils of the humid tropics. *Biotropica*, **25**(2): 130-150.

Lavette, P. (1969): Sur la vêture schizophytique des flagellés symbiotes de termites. *Comptes Rendus Hebdomadaires des Séances de l'Académie des Sciences, Série D, Sciences Naturelles*, **268**: 2585-2587, plts. 1-2.

Lawrence, J.F. (1981): The occurrence of *Syndesus cornutus* (F.) in structural timber (Coleoptera: Lucanidae). *Journal of the Australian Entomological Society*, **20**(2): 171-172.

Lawson, D.L. & Klug, M.J. (1989): Microbial fermentation in the hindguts of two stream detrivores. *Journal of the North American Benthological Society*, **8**(1): 85-91.

Leach, J.G. & Granovsky, A.A. (1938): Nitrogen in the nutrition of termites. *Science*, **87**(2247): 66-67.

Leach, J.G., Hodson, A.C., Chilton, St. J.P. & Christensen, C.M. (1940): Observations on two ambrosia beetles and their associated fungi. *Phytopathology*, **30**(3): 227-236.

Leach, J.G., Orr, L.W. & Christensen, C. (1934): The interrelationships of bark beetles and blue-staining fungi in felled Norway pine timber. *Journal of Agricultural Research*, **49**(4): 315-341.

Leach, J.G., Orr, L.W. & Christensen, C. (1937): Further studies on the interrelationship of insects and fungi in the deterioration of felled Norway pine logs. *Journal of Agricultural Research*, **55**(2): 129-140.

Leadbetter, J. K., Schmidt, T.M., Graber, J.R., and Breznak J.A. (1999): Acetogenesis from H_2 plus CO_2 by spirochetes from termite guts. *Science*, **283**(5402): 686-689.

Leather, S.R., Baumgart, E.A., Evans, H.F. & Quicke, D.L.J. (2014): Seeing the trees for the wood: Beech (*Fagus sylvatica*) decay fungal volatiles influence the structure of saproxylic beetle communities. *Insect Conservation and Diversity*, **7**(4): 314-326.

Lebrun, D., Rouland, C. & Chararas, C. (1990): Influence de la défaunation sur la nutrition et la survie de *Kalotermes flavicollis*. *Material und Organismen*, **25**(1): 1-14.

LeCato, G.L. (1978): Functional response of red flour beetles to density of cigarette beetles and the role of predation in population regulation. *Environmental Entomology*, **7**(1): 77-80.

Lee, C.J., Baxt, A., Castillo, S. & Berkov, A. (2014): Stratification in French Guiana: Cerambycid beetles go up when rains come down. *Biotropica*, **46**(3): 302-311.

Lee, K.E. & Wood, T.G. (1971): Physical and chemical effects on soils of some Australian termites, and their pedological significance. *Pedobiologia*, **11**(5): 376-409.

Lee, M.J., Paul, J.S, Messer, A.C. & Zinder, S.H. (1987): Association of methanogenic bacteria with flagellated protozoa from a termite hindgut. *Current Microbiology*, **15**(6): 337-341.

Lee, S.-H., Bardunias, P. & Su, N.-Y. (2006): Food encounter rates of simulated termite tunnels with variable food size/distribution pattern and tunnel branch length. *Journal of Theoretical Biology*, **243**(4): 493-500.

Lee, S.-H., Bardunias, P. & Su, N.-Y. (2008): Rounding a corner of a bent termite tunnel and tunnel traffic efficiency. *Behavioural Processes*, **77**(1): 135-138.

Lee, S.J., Kim, S.R., Yoon, H.J., Kim, I., Lee, K.S., Je, Y.H., Lee, S.M., Seo, S.J., Sohn, H.D. & Jin, B.R. (2004): cDNA cloning, expression, and enzymatic activity of a cellulase from the mulberry longicorn beetle, *Apriona germari*. *Comparative Biochemistry and Physiology, B*, **139**(1): 107-116.

Lee, S.J., Lee, K.S., Kim, S.R., Gui, Z.Z., Kim, Y.S., Yoon, H.J., Kim, I., Kang, P.D., Sohn, H.D. & Jin, B.R. (2005): A novel cellulase gene from the mulberry longicorn beetle, *Apriona germari*: Gene structure, expression, and enzymatic activity. *Comparative Biochemistry and Physiology, B*, **140**(4): 551-560.

Leist, E. (1902): Über Kannibalismus bei Borkenkäfern. *Allgemeine Zeitschrift für Entomologie*, **7**: 25-26.

Leite, G.L.D., Veloso, R.V.S., Zanuncio, J.C., Alves, S.M., Amorim, C.A.D. & Souza, O.F.F. (2011): Factors affecting *Constrictotermes cyphergaster* (Isoptera: Termitidae) nesting on *Caryocar brasiliense* trees in the Brazilian savanna. *Sociobiology*, **57**(1): 165-180.

Lelis, A.T. (1995): A nest of *Coptotermes havilandi* (Isoptera, Rhinotermitidae) off ground level, found in the 20th story of a building in the city of São Paulo, Brazil. *Sociobiology*, **26**(3): 241-245.

Leluan, M., Leluan, G. & Chararas, C. (1987): Caractéristiques physiologiques de l'arbre-hôte et installation de différents insectes secondaires (Scolytidae et Cerambycidae). *Comptes Rendus de l'Académie des Sciences. Série III, Sciences de la Vie*, **305**(11): 423-426.

Lenz, M. (2009): Laboratory bioassays with subterranean termite (Isoptera): The importance of termite biology. *Sociobiology*, **53**(2B): 573-595.

Lenz, M., Amburgey, T.L., Dai, Z.-R., Mauldin, J.K., Preston, A.F., Rudolph, D. & Williams, E.R. (1991): Interlaboratory studies on termite–wood decay fungi associations II: Response of termites to *Gloeophyllum trabeum* grown on different species of wood (Isoptera: Mastotermitidae, Termopsidae, Rhinotermitidae, Termitidae). *Sociobiology*, **18**(2): 203-254.

Lenz, M., Kard, B., Creffield, J.W., Evans, T.A., Brown, K.S., Freytag, E.D., Zhong, J.-H., Lee, C.-Y., Yeoh, B.-H., Yoshimura, T., Tsunoda, K., Vongkaluang, C., Sornnuwat, Y., Roland, T.A., Sr. & de Santi, M.P. (2013): Ability of field populations of *Coptotermes* spp., *Reticulitermes flavipes*, and *Mastotermes darwiniensis* (Isoptera: Rhinotermitidae; Mastotermitidae) to damage plastic cable sheathings. *Journal of Economic Entomology*, **106**(3): 1395-1403.

Lenz, M., Lee, C.-Y., Lacey, M.J., Yoshimura, T. & Tsunoda, K. (2011): The potential and limits of termites (Isoptera) as decomposers of waste paper products. *Journal of Economic Entomology*, **104**(1): 232-242.

Leopold, B. (1952): Studies on lignin XIV: The composition of Douglas fir wood digested by the West Indian dry-wood termites (*Cryptotermes brevis* Walker). *Svensk Papperstidning*, **55**(20): 784-786.

Lepage, M., Abbadie, L. & Mariotti, A. (1993): Food habits of sympatric termite species (Isoptera: Macrotermitinae) as determined by stable carbon isotope analysis in Guinean savanna (Lamto, Côte d'Ivoire). *Journal of Tropical Ecology*, **9**(3): 303-311.

Lesel, M., Lesel, R., Chararas, C. & Larroche, D. (1987): Quelques caractéristiques du métabolisme de la flore bactérienne digestive de divers Passalidae xylophages. *Bulletin Scientifique et Technique du Département d'Hydraulique, l'Institut National de la Recherche Agronomique*, **22**: 94-101.

Lesne, P. (1907): Un Lyctus africain nouveau [Col.]. *Bulletin de la Société Entomologique de France*, **12**: 302-303.

Lesne, P. (1911): Les variations du régime alimentaire chez les coléoptères xylophages de la famille des bostrychides: Parallélisme du régime chez les bostrychides et les scolytides adultes. *Comptes Rendus Hebdomadaires des Séances de l'Académie des Sciences*, **152**: 625-628.

Lesne, P. (1924): Les coléoptères bostrychides de l'Afrique tropicale française. *Encyclopédie Entomologique*, **3**: 1-301.

Lesne, P. (1932): Les formes d'adaptation au commensalisme chez les lyctites. *Livre du Centenaire*. Société Entomologique de France, Paris: 619-627.

Lesne, P. (1940): Quelques remarques sur le *Rhizopertha dominica* F. [Col. Bostrychidae]. *Revue Française d'Entomologie*, **7**(4): 145-151.

Leufvén, A., Bergström, G. & Falsen, E. (1984): Interconversion of verbenols and verbenone by identified yeasts isolated from the spruce bark beetle *Ips typographus*. *Journal of Chemical Ecology*, **10**(9): 1349-1361.

Leufvén, A., Bergström, G. & Falsen, E. (1988): Oxygenated monoterpenes produced by yeasts, isolated from *Ips typographus* (Coleoptera: Scolytidae) and grown in phloem medium. *Journal of Chemical Ecology*, **14**(1): 353-362.

Leuschner, W.A. (1980): Impacts of the southern pine beetle. *Technical Bulletin, United States Department of Agriculture*, (1631): 137-151.

Levi, M.P., Merrill, W. & Cowling, E.B. (1968): Role of nitrogen in wood deterioration. VI: Mycelial fractions and model nitrogen compounds as substrates for growth of *Polyporus versicolor* and other wood-destroying and wood-inhabiting fungi. *Phytopathology*, **58**(5): 626-634.

Levy, J.F., Millbank, J.W., Dwyer, G. & Baines, E.F. (1974): The role of bacteria in wood decay. *Record of the Annual Convention of*

the British Wood Preservation Association, London, 1974: 3-13.
Lewis, V.R. (1997): Alternative control strategies for termites. *Journal of Agricultural Entomology*, **14**(3): 291-307.
Lewis, V.R. (2003): IPM for drywood termites (Isoptera: Kalotermitidae). *Journal of Entomological Science*, **38**(2): 181-199.
Lewis, V.R. & Haverty, M.I. (1996): Evaluation of six techniques for control of the Western drywood termite (Isoptera: Kalotermitidae) in stuctures. *Journal of Economic Entomology*, **89**(4): 922-934.
Lewis, V.R., Power, A.B. & Haverty, M.I. (2000): Laboratory evaluation of microwaves for control of the western drywood termite. *Forest Products Journal*, **50**(5): 79-87.
李 棟 (Li, D.)・田 偉金・黎 明・陳 麗玲・毛 偉光・黄 建平・劉 瑞橋・李 華・張 頌声（2004a）：談談白蟻与人類的密切関係. 昆虫知識（*Entomological Knowledge*），**41**(5): 487-494.
李 棟 (Li, D.)・田 偉金・黎 明・陳 麗玲・蒙 啓枝・毛 偉光・麗 志平・黄 建平（2004b）：論白蟻管涌（漏）与水利管涌的区別和処理. 昆虫学報（*Acta Entomologica Sinica*），**47**(5): 645-651.
李 棟 (Li, D.)・庄 天勇・田 偉金・黎 明・陳 麗玲・黄 建平・羅 偉権・宋 剣武（2001）：白蟻管漏的成因及其治理. 昆虫知識（*Entomological Knowledge*），**38**(3): 182-185, 1 plt.
李 会平 (Li, H.)・黄 大庄・王 志剛・楊 敏生・閻 海霞（2004）：楊樹形態特征，組織結構与光肩星天牛危害的関係. 東北林業大学学報（*Journal of Northeast Forestry University*），**32**(6): 111-112.
Li, H.-F. & Su, N.-Y. (2008): Sand displacement during tunnel excavation by the Formosan subterranean termite (Isoptera: Rhinotermitidae). *Annals of the Entomological Soceity of America*, **101**(2): 456-462.
Li, L., Fröhlich, J., Pfeiffer, P. & König, H. (2003): Termite gut symbiotic Archaezoa are becoming living metabolic fossils. *Eukaryotic Cell*, **2**(5): 1091-1098.
李 慶 (Li, Q.) （1990）：纖維素醋同工醋在天牛科分類中的地位及作用 [The taxonomic significance of C_x-cellulase in Cerambycidae]. 西南農業大学学報（*Journal of Southwest Agricultural University*），**12**(1): 22-26.
李 慶 (Li, Q.) （1991）：天牛消化纖維素的機制研究 [Study on the mechanism of digestion of cellulose by longhorn beetles (Coleoptera: Cerambycidae)]. 林業科学（*Scientia Silvae Sinicae*），**27**(4): 417-424.
李 慶 (Li, Q.) （1996）：天牛科纖維素酶同工酶研究 [Study on isozymes of C_x-cellulase in Cerambycidae]. 林業科学（*Scientia Silvae Sinicae*），**32**(2): 140-143.
李 棟 (Li, T.)・石 錦祥・張 鑑発・陳 業華（1989）：海南土白蟻生物学特性的進一歩研究. 昆虫学報（*Acta Entomologica Sinica*），**32**(3): 311-316.
Li, X. & Brune, A. (2005): Selective digestion of the peptide and polysaccharide components of synthetic humic acids by the humivorous larva of *Pachnoda ephippiata* (Coleoptera: Scarabaeidae). *Soil Biology and Biochemistry*, **37**(8): 1476-1483.
Li, X.-J., Yan, X.-F., Luo, Y.-Q., Tian, G.-F., Nian, Y.-J. & Zhang, T.-L. (2010): Cellulase activity and its relationship with host selection in the Asian longhorned beetle, *Anoplophora glabripennis* (Coleoptera: Cerambycidae). *Acta Entomologica Sinica* （昆虫学報），**53**(10): 1179-1183.
Li, X.-j., Yan, X.-f., Luo, Y.-q., Tian, G.-f. & Sun, H. (2008): Cellulase in *Anoplophora glabripennis* adults emerging from different host tree species. *Forestry Studies in China*, **10**(1): 27-31.
Li, Z.-Q., Zeng, W.-H., Zhong, J.-H., Liu, B.-R., Li, Q.-J. & Xiao, W.-L. (2012): Cellulase activity in higher and lower wood-feeding termites. *Sociobiology*, **59**(4): 1157-1166.
Lichtwardt, R.W., White, M.M., Cafaro, M.J. & Misra, J.K. (1999): Fungi associated with passalid beetles and their mites. *Mycologia*, **91**(4): 694-702.
Lieutier, F. (1975): Humidité et dessèchement en milieu sou-cortical: Conséquences pour la faune associée. *Annales de Zoologie, Écologie Animale*, **7**(2): 171-183.
Lieutier, F. (2002): Mechanisms of resistance in conifers and bark beetle attack strategies. *Mechanisms and Deployment of Resistance in Trees to Insects* (M.R. Wagner, K.M. Clancy, F. Lieutier & T.D. Paine, eds.). Kluwer Academic Publishers, Dordrecht: 31-77.
Lieutier, F. (2004): Host resistance to bark beetles and its variations. *Bark and Wood Boring Insects in Living Trees in Europe, a Synthesis* (F. Lieutier, K.R. Day, A. Battisti, J.-C. Grégoire & H.F. Evans, eds.). Kluwer Academic Publishers, Dordrecht: 135-180.
Lieutier, F., Yart, A. & Salle, A. (2009): Stimulation of tree defenses by ophiostomatoid fungi can explain attack success of bark beetles on conifers. *Annals of Forest Science*, **66**(801): 1-22.
Lieutier, F., Ye, H. & Yart, A. (2003): Shoot damage by *Tomicus* sp. (Coleoptera: Scolytidae) and effect on *Pinus yunnanensis* resistance to subsequent reproductive attack in the stem. *Agricultural and Forest Entomology*, **5**(3): 227-233.
Light, D.M., Birch, M.C. & Paine, T.D. (1983): Laboratory study of intraspecific and interspecific competition within and between two sympatric bark beetle species, *Ips pini* and *I. paraconfusus*. *Zeitschrift für Angewandte Entomologie*, **96**(3): 233-241.
Light, S.F. (1934): Dry-wood termites, their classification and distribution. *Termites and Termite Control* (C. Kofoid et al., eds.). University of California Press, Berkeley: 206-209.
Light, S.F. (1937): Contributions to the biology and taxonomy of *Kalotermes (Paraneotermes) simplicicornis* Banks (Isoptera). *University of California Publications in Entomology*, **6**(16): 423-463.
Light, S.F. & Zimmerman, E.C. (1936): Termites of southeastern Polynesia. *Occasional Papers, Bernice Pauahi Bishop Museum*, **12**(12): 3-12.
Lilburn, T.G., Kim, K.S., Ostrom, N.E., Byzek, K.R., Leadbetter, J.R. & Breznak, J.A. (2001): Nitrogen fixation by symbiotic and free-living spirochetea. *Science*, **292**(5526): 2495-2498.
Limper, U., Knopf, B. & König, H. (2008): Production of methyl mercury in the gut of the Australian termite *Mastotermes darwiniensis*. *Journal of Applied Entomology*, **132**(2): 168-176.
Linck, O. (1949): Fossile Bohrgänge (*Anobichnium simile* n.g. n.sp.) an einem Keuperholz. *Neues Jahrbuch für Mineralogie, Geologie*

Lindelöw, Å., Risberg, B. & Sjödin, K. (1992): Attraction during flight of scolytids and other bark- and wood-dwelling beetles to volatiles from fresh and stored spruce wood. *Canadian Journal of Forest Research*, **22**(2): 224-228.

Lindgren, B.S., Hoover, S.E.R., MacIsaac, A.M., Keeling, C.I. & Slessor, K.N. (2000): Lineatin enantiomer preference, flight periods, and effect of pheromone concentration and trap length on three sympatric species of *Trypodendron* (Coleoptera: Scolytidae). *Canadian Entomologist*, **132**(6): 877-887.

Lindgren, B.S. & MacIsaac, A.M. (2002): A preliminary study of ant diversity and of ant dependence on dead wood in central interior British Columbia. *General Technical Report, PSW. United States Department of Agriculture, Forest Service, Pacific Southwest Forest and Range Experiment Station*, (181): 111-119.

Lindgren, B.S. & Raffa, K.F. (2013): Evolution of tree killing in bark beetles (Coleoptera: Curculionidae): Trade-offs between the maddening crowds and a sticky situation. *Canadian Entomologist*, **145**(5): 471-495.

Lindhe, A., Åsenblad, N. & Toresson, H.-G. (2004): Cut logs and high stumps of spruce, birch, aspen and oak: Nine years of saproxylic fungi succession. *Biological Conservation*, **119**(4): 443-454.

Lindquist, E.E. (1970): Relationships between mites and insects in forest habitats. *Canadian Entomologist*, **102**(8): 978-984.

Linit, M.J. (1988): Nematode–vector relationships in the pine wilt disease system. *Journal of Nematology*, **20**(2): 227-235.

Linit, M. & Akbulut, S. (2003): Pine wood nematode phoresis: The impact on *Monochamus carolinensis* life functions. *Nematology Monographs and Perspectives*, **1**: 227-237.

Linsley, E.G. (1938): Longevity in the Cerambycidae. *Pan-Pacific Entomologist*, **14**(4): 177.

Linsley, E.G. (1940): Notes on *Oncideres* twig girdlers. *Journal of Economic Entomology*, **33**(3): 561-563.

Linsley, E.G. (1943): Delayed emergence of *Buprestis aurulenta* from structural timbers. *Journal of Economic Entomology*, **36**(2): 348-349.

Linsley, E.G. (1958): The role of Cerambycidae in forest, urban and agricultural environments. *Pan-Pacific Entomologist*, **34**(3): 105-124.

Linsley, E.G. (1959): Ecology of Cerambycidae. *Annual Review of Entomology*, **4**: 99-138.

Linsley, E.G. (1961): The Cerambycidae of North America, Part I: Introduction. *University of California Publications in Entomology*, **18**: 1-135.

Linsley, E.G. & Chemsak, J.A. (1997): The Cerambycidae of North America, Part VIII: Bibliography, index, and host plant index. *University of California Publications in Entomology*, **117**: i-ix, 1-534.

Little, N.S., Blount, N.A., Londo, A.J., Kitchens, S.C., Schultz, T.P., McConnell, T.E. & Riggins, J.J. (2012b): Preference of Formosan subterranean termites for blue-stained southern yellow pine sapwood. *Journal of Economic Entomology*, **105**(5): 1640-1644.

Little, N.S., Riggins, J.J., Schultz, T.P., Londo, A.J. & Ulyshen, M.D. (2012a): Feeding preference of native subterranean termites (Isoptera: Rhinotermitidae: *Reticulitermes*) for wood containing bark beetle pheromones and blue-stain fungi. *Journal of Insect Behavior*, **25**(2): 197-206.

Liu, H., Bauer, L.S., Gao, R., Zhao, T., Petrice, T.R. & Haack, R.A. (2003): Exploratory survey for the emerald ash borer, *Agrilus planipennis* (Coleoptera: Buprestidae), and its natural enemies in China. *Great Lakes Entomologist*, **36**(3/4): 191-204.

Liu, N., Yan, X., Zhang, M., Xie, L., Wang, Q., Huang, Y., Zhou, X., Wang, S. & Zhou, Z. (2011): Microbiome of fungus-growing termites: A new reservoir for lignocellulase genes. *Applied and Environmental Microbiology*, **77**(1): 48-56.

Lloyd, M. (1963): Numerical observations on movements of animals between beech litter and fallen branches. *Journal of Animal Ecology*, **32**(1): 157-163.

Lo, N., Tokuda, G., Watanabe, H., Rose, H., Slaytor, M., Maekawa, K., Bandi, C. & Noda, H. (2000): Evidence from multiple gene sequences indicates that termites evolved from wood-feeding cockroaches. *Current Biology*, **10**(13): 801-804.

Lo, N., Watanabe, H. & Sugimura, M. (2003): Evidence for the presence of a cellulase gene in the last common ancestor of bilaterian animals. *Proceedings, Biological Sciences, The Royal Society, London*, **270**(**Suppl. 1**): 69-72.

Lobo, J. & Castillo, M.L. (1997): The relationship between ecological capacity and morphometry in a Neotropical community of Passalidae (Coleoptera). *Coleopterists Bulletin*, **51**(2): 147-153.

Lobry de Bruyn, L.A. & Conacher, A.J. (1990): The role of termites and ants in soil modification: A review. *Australian Journal of Soil Research*, **28**(1): 55-93.

Logan, J.A. & Powell, J.A. (2001): Ghost forests, global warming, and the mountain pine beetle (Coleoptera: Scolytidae). *American Entomologist*, **47**(3): 160-173.

Logan, J.W.M. (1992): Termites (Isoptera): a pest or resource for small farmers in Africa? *Tropical Science*, **32**(1): 71-79.

Lohou, C., Burban, G., Clément, J.-L., Jequel, M. & Leca, J.-L. (1997): Protection des arbres d'alignement contre les termites souterrains: L'expérience menée à Paris. *Phytoma, La Défense des Végétaux*, (492): 42-44.

Long, K.D. (1978): Redistribution of simple sugars during drying of wood. *Wood Science*, **11**(1): 10-12.

Longrich, N.R. & Currie, P.J. (2009): *Albertonykus borealis*, a new alvarezsaur (Dinosauria: Theropoda) from the early Maastrichtian of Alberta, Canada: Implications for the systematics and ecology of the Alvarezsauridae. *Cretaceous Research*, **30**(1): 239-252.

López, M.F., Cano-Ramírez, C., Shibayama, M. & Zúñiga, G. (2011): α-Pinene and myrcene induce ultrastructural changes in the midgut of *Dendroctonus valens* (Coleoptera: Curculionidae: Scolytinae). *Annals of the Entomological Society of America*, **104**(3): 553-561.

Lorio, P.L., Jr. (1986): Growth–differentiation balance: A basis for understanding southern pine beetle–tree interactions. *Forest Ecology and Management*, **14**(4): 259-273.

Lorio, P.L., Jr. (1993): Environmental stress and whole-tree physiology. *Beetle–Pathogen Interactions in Conifer Forests* (T.C.

Schowalter & G.M. Filip, eds.). Academic Press, London: 81-101.

Lorio, P.L. & Hodges, J.D. (1968): Oleoresin exudation pressure and relative water content of inner bark as indicators of moisture stress in loblolly pines. *Forest Science*, **14**(4): 392-398.

Loveridge, J.P. & Moe, S.R. (2004): Termitaria as browsing hotspots for African megaherbivores in miombo woodland. *Journal of Tropical Ecology*, **20**(3): 337-343.

Löyttyniemi, K. & Hiltunen, R. (1976): Effect of nitrogen fertilization and volatile oil content of pine logs on the primary orientation of scolytids. *Metsäntutkimuslaitoksen Julkaisuja*, **88**(6): 1-19.

Lu, W., Wang, Q., Tian, M.Y., He, X.Z., Zeng, X.L. & Zhong, Y.X. (2007): Mate location and recognition in *Glenea cantor* (Fabr.) (Coleoptera: Cerambycidae: Lamiinae): Roles of host plant health, female sex pheromone, and vision. *Environmental Entomology*, **36**(4): 864-870.

Lu, W., Wang, Q., Tian, M.Y., Xu, J. & Qin, A.Z. (2011a): Phenology and laboratory rearing procedures of an Asian longicorn beetle, *Glenea cantor* (Coleoptera: Cerambycidae: Lamiinae). *Journal of Economic Entomology*, **104**(2): 509-516.

Lu, W., Wang, Q., Tian, M.Y., Xu, J., Qin, A.Z., He, L., Jia, B. & Cai, J.J. (2011b): Host selection and colonization strategies with evidence for a female-produced oviposition attractant in a longhorn beetle. *Environmental Entomology*, **40**(6): 1487-1493.

Lubin, Y.D. & Montgomery, G.G. (1981): Defenses of *Nasutitermes* termites (Isoptera, Termitidae) against *Tamandua* anteater (Edentata, Myrmecophagidae). *Biotropica*, **13**(1): 66-76.

Lucas, P.W., Turner, I.M., Dominy, N.J. & Yamashita, N. (2000): Mechanical defences to herbivory. *Annals of Botany*, **86**(5): 913-920.

Luchetti, A., Marini, M. & Mantovani, B. (2007): Filling the European gap: Biosystematics of the eusocial system *Reticulitermes* (Isoptera, Rhinotermitidae) in the Balkanic Peninsula and Aegean area. *Molecular Phylogenetics and Evolution*, **45**(1): 377-383.

Ludwig, S.W., Lazarus, L., McCullough, D.G., Hoover, K., Montero, S. & Sellmer, J.C. (2002): Methods to evaluate host tree suitability to the Asian longhorned beetle, *Anoplophora glabripennis*. *Journal of Environmental Horticulture*, **20**(3): 175-180.

Lund, A.E. (1959): Subterranean termites and fungi: Mutualism or environmental association. *Forest Products Journal*, **9**(9): 320-321.

Lund, A.E. (1960): Are fungi beneficial to the termite diet? Termites and their attack on sound wood. *Pest Control*, **28**(6): 40, 42, 44.

Lund, A.E. (1963): Subterranean termites and fungi: Theoretical interactions. *Pest Control*, **31**(10): 78.

Lund, A.E. (1966): Subterranean termites and fungal-bacterial relationships. *Beihefte zu Material und Organismen*, (1): 497-502.

Lundell, T.K., Mäkelä, M.R. & Hildén, K. (2010): Lignin-modifying enzymes in filamentous basidiomycetes: Ecological, functional and phylogenetic review. *Journal of Basic Microbiology*, **50**(1): 5-20.

Lupi, D., Jucker, C. & Colombo, M. (2013): Distribution and biology of the yellow-spotted longicorn beetle *Psacothea hilaris hilaris* (Pascoe) in Italy. *Bulletin OEPP*, **43**(2): 316-322.

Lüscher, M. (1961): Air-conditioned termite nests. *Scientific American*, **205**(4): 138-145.

Luxton, M. (1972): Studies on the oribatid mites of a Danish beech wood soil I: Nutritional biology. *Pedobiologia*, **12**(6): 434-463.

Lyal, C.H.C. & King, T. (1996): Elytro-tergal stridulation in weevils (Insecta: Coleoptera: Curculionoidea). *Journal of Natural History*, **30**(5): 703-773.

Lynch, A.M. (1984): The pales weevil, *Hylobius pales* (Herbst): a synthesis of the literature. *Journal of the Georgia Entomological Society*, **19(3-Suppl.)**: 1-34.

Lysenko, O. (1959): Report on diagnosis of bacteria isolated from insects (1954-1958). *Entomophaga*, **4**(1): 15-22.

Ma, R.-Y., Hao, S.-G., Kong, W.-N., Sun, J.-H. & Kang, L. (2006): Cold hardiness as a factor for assessing the potential distribution of the Japanese pine sawyer *Monochamus alternatus* (Coleoptera: Cerambycidae) in China. *Annals of Forest Science*, **63**(5): 449-456.

町田龍一郎（1995）：シミ．家屋害虫事典（日本家屋害虫学会，編）．井上書院，東京：102-104.

MacKay, W.P., Blizzard, J.H., Miller, J.J. & Whitford, W.G. (1985): Analysis of above-ground gallery construction by the subterranean termite *Gnathamitermes tubiformans* (Isoptera: Termitidae). *Environmental Entomology*, **14**(4): 470-474.

MacLeod, A., Evans, H.F. & Baker, R.H.A. (2002): An analysis of pest risk from an Asian longhorn beetle (*Anoplophora glabripennis*) to hardwood trees in the European community. *Crop Protection*, **21**(8): 635-645.

Madden, J.L. (1974): Oviposition behaviour of the woodwasp, *Sirex noctilio* F. *Australian Journal of Zoology*, **22**(3): 341-351.

Madden, J.L. (1977): Physiological reactions of *Pinus radiata* to attack by woodwasp, *Sirex noctilio* F. (Hymenoptera: Siricidae). *Bulletin of Entomological Research*, **67**(3): 405-426.

Madden, J.L. & Coutts, M.P. (1979): The role of fungi in the biology and ecology of woodwasps (Hymenoptera: Siricidae). *Insect-Fungus Symbiosis: Nutrition, Mutualism, and Commensalism* (L.R. Batra, ed.). Allanheld, Osmun & Co., Montclair: 165-174.

Maehara, N. (2008): Interactions of pine wood nematodes, wood-inhabiting fungi, and vector beetles. *Pine Wilt Disease* (B.G. Zhao *et al.*, eds.). Springer, Tokyo: 286-298, plt. 30.

前原紀敏（2012）：マツ材線虫病にみる病原体と伝播昆虫，それらを取り巻く菌類の関係．日本森林学会誌，**94**(6): 283-291.

Maeto, K., Sato, S. & Miyata, H. (2002): Species diversity of longicorn beetles in humid warm-temperate forests: The impact of forest management practices on old-growth forest species in southwestern Japan. *Biodiversity and Conservation*, **11**(11): 1919-1937.

Magel, E.A. (2000): Biochemistry and physiology of heartwood formation. *Cell and Molecular Biology of Wood Formation* (R.

Savidge, J. Barnett & R. Napier, eds.). BIOS Scientific Publishers, Oxford: 363-376.

Magoulick, D.D. (1998): Effect of wood hardness, condition, texture and substrate type on community structure of stream invertebrates. *American Midland Naturalist*, **139**(2): 187-200.

Mahaney, W.C., Hancock, R.G.V., Aufreiter, S. & Huffman, M.A. (1996): Geochemistry and clay mineralogy of termite mound soil and the role of geophagy in chimpanzees of the Mahale Mountains, Tanzania. *Primates*, **37**(2): 121-134.

Mahaney, W.C., Zippin, J., Milner, M.W., Sanmugadas, K., Hancock, R.G.V., Aufreiter, S., Campbell, S., Huffman, M.A., Wink, M., Malloch, D. & Kalm, V. (1999): Chemistry, mineralogy and microbiology of termite mound soil eaten by the chimpanzees of the Mahale Mountains, Western Tanzania. *Journal of Tropical Ecology*, **15**(5): 565-588.

Maher, B.A. (1998): Magnetite biomeralization in termites. *Proceedings, Biological Sciences, The Royal Society, London*, **265**(1397): 733-737.

Maier, C.T. (2007): Distribution and hosts of *Callidiellum rufipenne* (Coleoptera: Cerambycidae), an Asian cedar borer established in the eastern United States. *Journal of Economic Entomology*, **100**(4): 1291-1297.

槇原 寛（1986）：ジンサンバンムシ［ママ］のカラスザンショウ枯枝への加害．木材保存，**12**(1): 21-22.

槇原 寛（1987）：スギノアカネトラカミキリの被害と防除（わかりやすい林業研究解説シリーズ 84）．林業科学技術振興所, 東京. 3+65pp.

槇原 寛（1994）：カミキリムシ類．森林昆虫：総論・各論（小林富士雄・竹谷昭彦，編著）．養賢堂，東京：35-47, 51-52.

槇原［槇原］寛（2003a）：クロタマムシの家屋よりの発生事例．森林防疫，**52**(1): 9-10.

槇原 寛（2003b）：日本に侵入した穿孔性甲虫類①：カミキリムシ．森林科学, (38): 10-16.

槇原 寛（2010）：カミキリムシで森林環境の自然度をはかる．森林科学, (58): 44.

槇原 寛・井上重紀（1986）：45才のクロトラカミキリ．月刊むし, (190): 27.

槇原 寛・中村充博・鈴木祥悟・庄司次男（1993）：カラマツ生立木中に生息するムネアカオオアリの現存量とクマゲラによる捕食．日本林学会論文集, (104): 655-656.

牧野俊一（1999）：樹皮と森林害虫のかかわり．林業技術, (688): 22-23.

Makino, S., Goto, H., Hasegawa, M., Okabe, K., Tanaka, H., Inoue, T. & Okochi, I. (2007): Degradation of longicorn beetle (Coleoptera, Cerambycidae, Disteniidae) fauna caused by conversion from broad-leaved to man-made conifer stands of *Cryptomeria japonica* (Taxodiaceae) in central Japan. *Ecological Research*, **22**(3): 372-381.

Maksimović, M. & Motal, Z. (1981): Investigation of the numbers of maternal and larval galleries made by elm bark beetles (Col., Scolytidae) in trap logs. *Zeitschrift für Angewandte Entomologie*, **91**(3): 262-272.

Malaisse, F. (1978): High termitaria. *Monographiae Biologicae*, **31**: 1281-1300.

Malaret, L. & Ngoru, F.N. (1989): Ethno-ecology: A tool for community based pest management farmer knowledge of termites in Machakos District, Kenya. *Sociobiology*, **15**(2): 197-211.

Maldague, M. (1959): Analyses de sols et matériaux de termitières du Congo Belge. *Insectes Sociaux*, **6**(4): 343-359.

Maloy, T.P. & Wilsey, R.B. (1930): X-raying trees: Experiments may open the window to inner tree life. *American Forests and Forest Life*, **36**(2): 79-82.

Mamajev, B.M. (1971): The significance of dead wood as an environment in insect evolution. *XIIIth International Congress of Entomology, Moscow, 1968, Proceedings, Volume 1* (G.Ya. Bei-Bienko, ed). Nauka, Leningrad: 269.

Mankin, R.W., Mizrach, A., Hetzroni, A., Levsky, S., Nakache, Y. & Soroker, V. (2008b): Temporal and spectral features of sounds of wood-boring beetle larvae: Identifiable patterns of activity enable improved discrimination from background noise. *Florida Entomologist*, **91**(2): 241-248.

Mankin, R.W., Osbrink, W.L., Oi, F.M. & Anderson, J.B. (2002): Acoustic detection of termite infestations in urban areas. *Journal of Economic Entomology*, **95**(5): 981-988.

Mankin, R.W., Smith, M.T., Tropp, J.M., Atkinson, E.B. & Jong, D.Y. (2008a): Detection of *Anoplophora glabripennis* (Coleoptera: Cerambycidae) larvae in different host trees and tissues by automated analyses of sound-impulse frequency and temporal patterns. *Journal of Economic Entomology*, **101**(3): 838-849.

Mann, J.S. & Crowson, R.A. (1983): On the occurrence of mid-gut caeca, and organs of symbiont transmission, in leaf-beetles (Coleoptera: Chrysomelidae). *Coleopterists Bulletin*, **37**(1): 1-15.

Mansour, K. (1934a): On the intracellular micro-organisms of some bostrychid beetles. *Quarterly Journal of Microscopical Science*, **77**: 243-253, plts.15-16.

Mansour, K. (1934b): On the so-called symbiotic relationship between coleopterous insects and intracellular micro-organisms. *Quarterly Journal of Microscopical Science*, **77**: 255-271, plts.17-18.

Mansour, K. & Mansour-Bek, J.J. (1933): Zur Frage der Holzverdauung durch Insektenlarven. *Proceedings of the Section of Science, Koninklijke Akademie van Wetenschappen te Amsterdam*, **36**: 795-799.

Mansour, K. & Mansour-Bek, J.J. (1937): On the cellulase and other enzymes of the larvae of *Stromatium fulvum* Villers (family Cerambycidae). *Enzymologia*, **4**: 1-6.

Marchán, F.J. (1946): The lignin, ash and protein content of some neotropical woods. *Caribbean Forester*, **7**: 135-138.

Margulis, L. & Hinkle, G. (1992): Large symbiotic spirochetes: *Clevelandina, Cristispira, Diplocalyx, Hollandina*, and *Pillotina*. *The Prokaryotes, Second Edition: A Handbook on the Biology of Bacteria: Ecophysiology, Isolation, Identification, Applications* (A. Balows, H.G. Trüper, M. Dworkin, W. Harder & K.-H. Schleifer, eds.), Volume IV. Springer-Verlag, New York: 3965-3978.

Marin, M., Preisig, O., Wingfield, B.D., Kirisits, T., Yamaoka, Y. & Wingfield, M.J. (2005): Phenotypic and DNA sequence data comparisons reveal three discrete species in the *Ceratocystis polonica* species complex. *Mycological Research*, **109**(10): 1137-1148.

Marinoni, R., Ganho, N.G. & Ribeiro-Costa, C.S. (2002): Feeding habits of *Nyssodrysina lignaria* (Bates) (Coleoptera:

Cerambycidae: Lamiinae). *Proceedings of the Entomological Society of Washington*, **104**(3): 817-819.
Martikainen, P., Siitonen, J., Kaila, L., Punttila, P. & Rauh, J. (1999): Bark beetles (Coleoptera, Scolytidae) and associated beetle species in mature managed and old-growth boreal forests in southern Finland. *Forest Ecology and Management*, **116**: 233-245.
Martin, D., Bohlmann, J., Gershenzon, J., Francke, W. & Seybold, S.J. (2003): A novel sex-specific and inducible monoterpene synthase activity associated with a pine bark beetle, the pine engraver, *Ips pini*. *Naturwissenschaften*, **90**(4): 173-179.
Martin, M.M. (1979): Biochemical implications of insect mycophagy. *Biological Reviews of the Cambridge Philosophical Society*, **54**(1): 1-21.
Martin, M.M. (1983): Cellulose digestion in insects. *Comparative Biochemistry and Physiology, Part A*, **75**(3): 313-324.
Martin, M.M. (1987): Invertebrate-Microbial Interactions: Ingested Fungal Enzymes in Arthropod Biology. Comstock Publishing Associates, Ithaca & London, 12+148pp.
Martin, M.M. (1991): The evolution of cellulose digestion in insects. *Philosophical Transactions, Biological Sciences, The Royal Society*, **333**(1267): 281-288.
Martin, M.M. (1992): The evolution of insect-fungus associations: from contact to stable symbiosis. *American Zoologist*, **32**(4): 593-605.
Martin, M.M., Kukor, J.J., Martin, J.S., Lawson, D.L. & Merritt, R.W. (1981a): Digestive enzymes of larvae of three species of caddisflies (Trichoptera). *Insect Biochemistry*, **11**(5): 501-505.
Martin, M.M. & Martin, J.S. (1978): Cellulose digestion in the midgut of the fungus-growing termite *Macrotermes natalensis*: The role of acquired digestive enzymes. *Science*, **199**(4336): 1453-1455.
Martin, M.M., Martin, J.S., Kukor, J.J. & Merritt, R.W. (1980): The digestion of protein and carbohydrate by the stream detrivore, *Tipula abdominalis* (Diptera, Tipulidae). *Oecologia*, **46**(3): 360-364.
Martin, M.M., Martin, J.S., Kukor, J.J. & Merritt, R.W. (1981b): The digestive enzymes of detritus-feeding stonefly nymphs (Plecoptera: Pteronarcyidae). *Canadian Journal of Zoology*, **59**(10): 1947-1951.
Martínez-Delclòs, X. & Martinell, J. (1995): The oldest known record of social insects. *Journal of Paleontology*, **69**(3): 594-599.
Martius, C. (1997a): Decomposition of wood. *Ecological Studies*, **126**: 267-276.
Martius, C. (1997b): The termites. *Ecological Studies*, **126**: 361-371.
Martius, C., Fearnside, P.M., Bandeira, A.G. & Wassmann, R. (1996): Deforestation and methane release from termites in Amazonia. *Chemosphere*, **33**(3): 517-536.
Maruyama, M. & Iwata, R. (2002): Two new termitophiles of the tribe Termitohospitini (Coleoptera: Staphylinidae: Aleocharinae) associated with *Coptotermes formosanus* (Isoptera: Rhinotermitidae). *Canadian Entomologist*, **134**(4): 419-432.
Maruyama, M., Kanao, T. & Iwata, R. (2012): Discovery of two aleocharine staphylinid species (Coleoptera) associated with *Coptotermes formosanus* (Isoptera: Rhinotermitidae) from central Japan, with a review of the possible natural distribution of *C. formosanus* in Japan and surrounding countries. *Sociobiology*, **59**(3): 605-616.
Marvaldi, A.E., Sequeira, A.S., O'Brien, C.W. & Farrell, B.D. (2002): Molecular and morphological phylogenetics of weevils (Coleoptera, Curculionoidea): Do niche shifts accompany diversification? *Systematic Biology*, **51**(5): 761-785.
政田栄治（2001）：日本産タマムシ科の食性．月刊むし，(359): 2-8.
Masai, E., Katayama, Y. & Fukuda, M. (2007): Genetic and biochemical investigations on bacterial catabolic pathways for lignin-derived aromatic compounds. *Bioscience, Biotechnology, and Biochemistry*, **71**(1): 1-15.
Mason, C.G.W. (1952): Some notes on the incidence and control of wood-boring insects in New Zealand. *New Zealand Science Review*, **10**(7): 103-106.
Mason, R.R. (1969): A simple technique for measuring oleoresin exudation flow in pines. *Forest Science*, **15**(1): 56-57.
Massey, C.L. (1974): Biology and taxonomy of nematode parasites and associates of bark beetles in the United States. *Agriculture Handbook, United States Department of Agriculture*, (446): i-v, 1-233.
升屋勇人・山岡裕一（2009）：菌類とキクイムシの関係．日本森林学会誌，**91**(6): 433-445.
升屋勇人・山岡裕一（2012）：キクイムシの加害様式と随伴菌の病原性との関係．日本森林学会誌，**94**(6): 316-325.
Masuya, H., Yamaoka, Y., Kaneko, S. & Yamaura, Y. (2009): Ophiostomatoid fungi isolated from Japanese red pine and their relationships with bark beetles. *Mycoscience*, **50**(3): 212-223.
Mathen, K., Kurian, C. & Mathew, J. (1964): Field control of termites infesting germinating nuts in coconut nursery. *Indian Coconut Journal*, **17**: 127-136, plts. 1-2.
Mathew, G. (1987): Insect borers of commercially important stored timber in the state of Kerala, India. *Journal of Stored Products Research*, **23**(4): 185-190.
Mathew, G.M., Ju, Y.-M., Lai, C.-Y., Mathew, D.C. & Chen, C. (2012): Microbial community analysis in the termite gut and fungus comb of *Odontotermes formosanus*: The implication of *Bacillus* as mutualists. *FEMS Microbiology Ecology*, **79**(2): 504-517.
Mathiesen, A. (1950): Über einige mit Borkenkäfern assoziierte Bläuepilze in Schweden. *Oikos*, **2**(2): 275-308.
Mathiesen-Käärik, A. (1953): Eine Übersicht über die gewöhnlichsten mit Borkenkäfern assoziierten Bläuepilze in Schweden und einige für Schweden neue Bläuepilze. *Meddelanden från Statens Skogsforskningsinstitut*, **43**(4): 1-74.
Mathur, R.N. (1962): Enemies of termites. *Termites in the Humid Tropics: Proceedings of the New Delhi Symposium*. UNESCO, Paris: 137-139.
Matsui, T., Tokuda, G. & Shinzato, N. (2009): Termites as functional gene resources. *Recent Patents on Biotechnology*, **3**(1): 10-18.
松本栄次・池田　宏・新藤静夫（1991）：タンザニア中部におけるシロアリの水文地形学的役割．地形，**12**(3): 219-234.
Matsumoto, K., Irianto, R.S.B. & Kitajima, H. (2000): Biology of the Japanese green-lined albizzia longicorn, *Xystrocera globosa* (Coleoptera: Cerambycidae). *Entomological Science*, **3**(1): 33-42.

Matsumura, F., Coppel, H.C. & Tai, A. (1968): Isolation and identification of termite trail-following pheromone. *Nature*, **219**(5157): 963-964.

Matsumura, F., Tai, A. & Coppel, H.C. (1969): Termite trail-following substance, isolation and purification from *Reticulitermes virginicus* and fungus-infected wood. *Journal of Economic Entomology*, **62**(3): 599-603.

Matsuo, H. & Nishimoto, K. (1974): Response of the termite *Coptotermes formosanus* (Shiraki) to extract fractions from fungus-infected wood and fungus mycelium. *Material und Organismen*, **9**(3): 225-238.

Matsuoka, S.M., Handel, C.M. & Ruthrauff, D.R. (2001): Densities of breeding birds and changes in vegetation in an Alaskan boreal forest following a massive disturbance by spruce beetles. *Canadian Journal of Zoology*, **79**(9): 1678-1690.

Matsuura, K. (2001): Nestmate recognition mediated by intestinal bacteria in a termite, *Reticulitermes speratus*. *Oikos*, **92**(1): 20-26.

Matsuura, K. (2003): Symbionts affecting termite behavior. *Insect Symbiosis* (K. Bourtzis & T.A. Miller, eds.). CRC Press Inc., Boca Raton: 131-143.

Matsuura, K. & Matsunaga, T. (2015): Antifungal activity of a termite queen pheromone against egg-mimicking termite ball fungi. *Ecological Research*, **30**(1): 93-100.

Matsuura, K., Tanaka, C. & Nishida, T. (2000): Symbiosis of a termite and a sclerotium-forming fungus: Sclerotia mimic termite eggs. *Ecological Research*, **15**(4): 405-414.

Matsuura, K. & Yashiro, T. (2009): The cuckoo fungus "termite ball" mimicking termite eggs: A novel insect–fungal association. *Fungi from Different Environments* (J.K. Misra & S.K. Deshmukh, eds.). Science Publishers, Enfield: 242-255.

Matsuura, K. & Yashiro, T. (2010): Parallel evolution of termite-egg mimicry by sclerotium-forming fungi in distant termite groups. *Biological Journal of the Linnean Society*, **100**(3): 531-537.

Matsuura, K., Yashiro, T., Shimizu, K., Tatsumi, S. & Tamura, T. (2009): Cuckoo fungus mimics termite eggs by producing the cellulose-digesting enzyme β-glucosidase. *Current Biology*, **19**(1): 30-36.

Mattanovich, J., Ehrenhöfer, M., Schafellner, C., Tausz, M. & Führer, E. (2001): The role of sulphur compounds for breeding success of *Ips typographus* (Col., Scolytidae) on Norway spruce (*Picea abies* [L.] Karst.). *Journal of Applied Entomology*, **125**(8): 425-431.

Mattéotti, C., Bauwens, J., Brasseur, C., Tarayre, C., Thonart, P., Destain, J., Francis, F., Haubruge, E., De Pauw, E., Portetelle, D. & Vandenbol, M. (2012): Identification and characterization of a new xylanase from Gram-positive bacteria isolated from termite gut (*Reticulitermes santonensis*). *Protein Expression and Purification*, **83**(2): 117-127.

Mattson, W.J. & Haack, R.A. (1987): The role of drought in outbreaks of plant-eating insects. *BioScience*, **37**(2): 110-118.

Mauldin, J.K. (1977): Cellulose catabolism and lipid synthesis by normally and abnormally faunated termites, *Reticulitermes flavipes*. *Insect biochemistry*, **7**(1): 27-31.

Mauldin, J.K., Lambremont, E.N. & Graves, J.B. (1971): Principal lipid classes and fatty acids synthesized during growth and development of the beetle *Lyctus planicollis*. *Insect Biochemistry*, **1**(3): 316-326.

Mauldin, J.K. & Rich, N.M. (1975): Rearing two subterranean termites, *Reticulitermes flavipes* and *Coptotermes formosanus*, on artificial diets. *Annals of the Entomological Society of America*, **68**(3): 454-456.

Mauldin, J.K. & Rich, N.M. (1980): Effect of chlortetracycline and other antibiotics on protozoan numbers in the eastern subterranean termite. *Journal of Economic Entomology*, **73**(1): 123-128.

Maxwell-Lefroy, H. (1924): The treatment of the death-watch beetle in timber roofs. *Journal of the Royal Society of Arts*, **72**(3720): 260-266, (266-270).

McCambridge, W.F. & Knight, F.B. (1972): Factors affecting spruce beetles during a small outbreak. *Ecology*, **53**(5): 830-839.

McCarthy, T.S., Ellery, W.N. & Dangerfield, J.M. (1998): The role of biota in the initiation and growth of islands on the floodplain of the Okavango allluvial fan, Botswana. *Earth Surface Processes and Landforms*, **23**(4): 291-316.

McCullough, D.G., Werner, R.A. & Neumann, D. (1998): Fire and insects in northern and boreal forest ecosystems of North America. *Annual Review of Entomology*, **43**: 107-127.

McCullough, H.A. (1948): Plant succession on fallen logs in a virgin spruce–fir forest. *Ecology*, **29**(4): 508-513.

McFee, W.W. & Stone, E.L. (1966): The persistence of decaying wood in the humus layers of northern forests. *Proceedings, Soil Science Society of America*, **30**(4): 513-516.

McGrew, W.C., Tutin, C.E.G. & Baldwin, P.J. (1979): Chimpanzees, tools, and termites: Cross-cultural comparisons of Senegal, Tanzania, and Rio Muni. *Man (N. S.)*, **14**(2): 185-214.

McKellar, R.C., Wolfe, A.P., Muehlenbachs, K., Tappert, R., Engel, M.S., Cheng, T. & Sánchez-Azofeifa, G.A. (2011): Insect outbreaks produce distinctive carbon isotope signatures in defensive resins and fossiliferous ambers. *Proceedings, Biological Sciences, The Royal Society, London*, **278**(1722): 3219-3224.

McKern, J.A., Szalanski, A.L. & Austin, J.W. (2006): First record of *Reticulitermes flavipes* and *Reticulitermes hageni* in Oregon (Isoptera: Rhinotermitidae). *Florida Entomologist*, **89**(4): 541-542.

McKie, B.G.L. & Cranston, P.S. (1998): Keystone coleopterans? Colonization by wood-feeding elmids of experimentally immersed woods in south-eastern Australia. *Marine & Freshwater Research*, **49**(1): 79-88.

McLachlan, A.J. (1970): Submerged trees as a substrate for benthic fauna in the recently created lake Kariba (Central Africa). *Journal of Applied Ecology*, **7**(2): 253-266.

McLean, J.A. (1985): Ambrosia beetles: A multimillion dollar degrade problem of sawlogs in coastal British Columbia. *Forestry Chronicle*, **61**(4): 295-298.

McLeod, G., Gries, R., von Reuß, S.H., Rahe, J.E., McIntosh, R., König, W.A. & Gries, G. (2005): The pathogen causing Dutch elm disease makes host trees attract insect vectors. *Proceedings, Biological Sciences, The Royal Society, London*, **272**(1580): 2499-2503.

McMahan, E.A. (1966): Studies of termite wood-feeding preferences. *Proceedings of the Hawaiian Entomological Society*, **19**(2): 239-250.

McMahan, E.A. (1969): Feeding relationships and radioisotope techniques. *Biology of Termites, Volume 1* (K. Krishna & F.M. Weesner, eds.). Academic Press, New York: 387-406.

McMahan, E.A. (1986): Beneficial aspects of termites. *Economic Impact and Control of Social Insects* (S.B. Vinson, ed.). Praeger Publishers, New York: 144-164.

McManamy, K., Koehler, P.G., Branscome, D. & Pereira, R.M. (2008): Wood moisture content affects the survival of eastern subterranean termites (Isoptera: Rhinotermitidae), under saturated relative humidity conditions. *Sociobiology*, **52**(1): 145-156.

McMullen, L.H. & Atkins, M.D. (1961): Intraspecific competition as a factor in the natural control of the Douglas-fir beetle. *Forest Science*, **7**(3): 197-203.

McNee, W.R., Wood, D.L. & Storer, A.J. (2000): Pre-emergence feeding in bark beetles (Coleoptera: Scolytidae). *Environmental Entomology*, **29**(3): 495-501.

Melnikova, N.I. (1964): Biological significance of the air holes in egg tunnels of *Scolytus ratzeburgi* Jans. (Coleoptera, Ipidae). *Entomological Review*, **43**(1): 16-23.

Mer, É. (1893): Moyen de préserver les bois de la vermoulure. *Comptes Rendus Hebdomadaires des Séances de l'Académie des Sciences*, **117**(21): 694-696.

Mercer, C.W.L. (1992): Insects as food in Papua New Guinea. *Proceedings of the Seminar Held at La Union, Philippines, November 1992: 'Invertebrates (Minilivestock) Farming'* (J. Hardouin & C. Stievenart, eds.). Tropical Animal Production Unit, Institute of Tropical Medicine, Antwerp: 157-162.

Merrill, W. & Cowling, E.B. (1966): Role of nitrogen in wood deterioration: Amounts and distribution of nitrogen in tree stems. *Canadian Journal of Botany*, **44**(11): 1555-1580.

Merrill, W. & Shigo, A.L. (1979): An expanded concept of tree decay. *Phytopathology*, **69**(11): 1158-1160.

Messenger, M.T. & Su, N.-Y. (2005): Colony characteristics and seasonal activity of the Formosan subterranean termite (Isoptera: Rhinotermitidae) in Louis Armstrong Park, New Orleans, Louisiana. *Journal of Entomological Science*, **40**(3): 268-279.

Messer, A.C. (1984): *Chalicodoma pluto*: The world's largest bee rediscovered living communally in termite nests (Hymenoptera: Megachilidae). *Journal of the Kansas Entomological Society*, **57**(1): 165-168.

Meurer-Grimes, B. & Tavakilian, G. (1997): Chemistry of cerambycid host plants, Part I: Survey of Leguminosae: A study in adaptive radiation. *Botanical Review*, **63**(4): 356-394.

Meyer, H.J. & Norris, D.M. (1967): Vanillin and syringaldehyde as attractants for *Scolytus multistriatus* (Coleoptera: Scolytidae). *Annals of the Entomological Society of America*, **60**(4): 858-859.

Meyer, H.J. & Norris, D.M. (1974): Lignin intermediates and simple phenolics as feeding stimulants for *Scolytus multistriatus*. *Journal of Insect Physiology*, **20**(10): 2015-2021.

Mguni, S. (2006): Iconography of termites' nests and termites: Symbolic nuances of formlings in southern African San rock art. *Cambridge Archaeological Journal*, **16**(1): 53-71.

Michael, R.R. & Rudinsky, J.A. (1972): Sound production in Scolytidae: Specificity in male *Dendroctonus* beetles. *Journal of Insect Physiology*, **18**(11): 2189-2201.

Michaels, K. & Bornemissza, G. (1999): Effects of clearfell harvesting on lucanid beetles (Coleoptera: Lucanidae) in wet and dry sclerophyll forests in Tasmania. *Journal of Insect Conservation*, **3**(2): 85-95.

Micó, E., Juárez, M., Sánchez, A. & Galante, E. (2011): Action of the saproxylic scarab larva *Cetonia aurataeformis* (Coleoptera: Scarabaeoidea: Cetoniidae) on woody substrates. *Journal of Natural History*, **45**(41/42): 2527-2542.

Micó, E., Morón, M.Á., Šípek, P. & Galante, E. (2008): Larval morphology enhances phylogenetic reconstruction in Cetoniidae (Coleoptera: Scarabaeoidea) and allows the interpretation of the evolution of larval feeding habits. *Systematic Entomology*, **33**(1): 128-144.

Mielke, J.L. (1950): Rate of deterioration of beetle-killed Engelmann spruce. *Journal of Forestry*, **48**(12): 882-888.

Milewski, A.V. & Diamond, R.E. (2000): Why are very large herbivores absent from Australia? A new theory of micronutrients. *Journal of Biogeography*, **27**(4): 957-978.

Mill, A.E. (1981): Amazon termite myths: Legends and folklore of the Indians and Caboclos. *Antenna*, **6**: 214-217.

Mill, A.E. (1984): Termitarium cohabitation in Amazônia. *Tropical Rain-Forest: The Leeds Symposium* (A.C. Chadwick & S.L. Sutton, eds.). Leeds Philosophical and Literary Society, Leeds: 129-137.

Millar, J.G., Hanks, L.M., Moreira, J.A., Barbour, J.D. & Lacey, E.S. (2009): Pheromone chemistry of cerambycid beetles. *Chemical Ecology of Wood-Boring Insects* (K. Nakamuta & J.G. Millar, eds.). Forestry and Forest Products Research Institute, Tsukuba: 52-79.

Millbank, J.W. (1969): Nitrogen fixation in moulds and yeasts: A reappraisal. *Archiv für Mikrobiologie*, **68**(1): 32-39.

Miller, D. (1952): The insect people of the Maori. *Journal of the Polynesian Society*, **61**(1/2): 1-61.

Miller, D.R. (2006): Ethanol and (−)-α-pinene: Attractant kairomones for some large wood-boring beetles in southeastern USA. *Journal of Chemical Ecology*, **32**(4): 779-794.

Miller, D.R. & Asaro, C. (2005): Ipsenol and ipsdienol attract *Monochamus titillator* (Coleoptera: Cerambycidae) and associated large pine woodborers in southeastern United States. *Journal of Economic Entomology*, **98**(6): 2033-2040.

Miller, D.R., Asaro, C., Crowe, C.M. & Duerr, D.A. (2011): Bark beetle pheromones and pine volatiles: Attractant kairomone lure blend for longhorn beetles (Cerambycidae) in pine stands of the southeastern United States. *Journal of Economic Entomology*, **104**(4): 1245-1257.

Miller, D.R. & Rabaglia, R.J. (2009): Ethanol and (−)-α-pinene: Attractant kairomones for bark and ambrosia beetles in the southeastern US. *Journal of Chemical Ecology*, **35**(4): 435-448.

Miller, L.R. (1994): *Amitermes arboreus* Roisin in Australia, with notes on its biology (Isoptera: Termitidae). *Journal of the Australian Entomological Society*, **33**(4): 305-308.

Miller, M.C. (1985): The effect of *Monochamus titillator* (F.) (Col., Cerambycidae) foraging on the emergence of *Ips calligraphus* (Germ.) (Col., Scolytidae) insect associates. *Zeitschrift für Angewandte Entomologie*, **100**(2): 189-197.

Miller, M.C. (1986): Survival of within-tree *Ips calligraphus* (Col.: Scolytidae): Effect of insect associates. *Entomophaga*, **31**(1): 39-48.

Miller, P.L. (1971): A note on stridulation in some cerambycid beetles and its possible relation to ventilation. *Journal of Entomology, Series A*, **46**(1): 63-68.

Miller, R.H. & Berryman, A.A. (1986): Carbohydrate allocation and mountain pine beetle attack in girdled lodgepole pines. *Canadian Journal of Forest Research*, **16**(5): 1036-1040.

Miller, W.C. (1931): The alimentary canal of *Meracantha contracta* Beauv. (Tenebrionidae). *Ohio Journal of Science*, **31**(3): 143-156.

Milligan, R.H. (1982): *Platypus* pinhole borer affects sprinkler storage of logs in New Zealand. *New Zealand Journal of Forestry*, **27**(2): 236-241.

Mills, A.J., Milewski, A., Fey, M.V., Groengroeft, A. & Petersen, A. (2009): Fungus culturing, nutrient mining and geophagy: A geochemical investigation of *Macrotermes* and *Trinervitermes* mounds in southern Africa. *Journal of Zoology*, **278**(1): 24-35.

Mishra, S.C. (1980): Studies on deterioration of wood by insects VI: Digestibility and digestion of major wood components by the termite *Neotermes bosei* Snyder (Isoptera: Kalotermitidae). *Material und Organismen*, **14**(4): 269-277.

Mishra, S.C. (1983): The role of some wood feeding coleopterous larvae in the decomposition process. *Insect Interrelations in Forest and Agro Ecosystems* (P.K. Sen-Sarma, S.K. Kulshrestha & S.K. Sangal, eds.). Jugal Kishore, Dehra Dun: 255-262.

Mishra, S.C. (1987): Origin, distribution and evolutionary trends of chitinase in the gut of termites (Insecta: Isoptera). *Annals of Entomology*, **5**(1): 13-15.

Mishra, S.C. (1990): Enzymatic spectrum for carbohydrate digestion in the gut of the larvae of *Macrotoma crenata* Fabr. (Coleoptera: Cerambycidae) and its significance. *Annals of Entomology*, **8**(1): 11-14.

Mishra, S.C. (1991): Carbohydrases in the gut of the termite *Coptotermes heimi* (Wasm.) (Rhinotermitidae), their origin, distribution and evolutionary significance. *Annals of Entomology*, **9**(1): 41-46.

Mishra, S.C. & Sen-Sarma, P.K. (1979a): Studies of deterioration of wood by insects III: Chemical composition of faecal matter, nest material and fungus comb of some Indian termites. *Material und Organismen*, **14**(1): 1-14.

Mishra, S.C. & Sen-Sarma, P.K. (1979b): Studies of deterioration of wood by insects V: Influence of temperature and relative humidity on wood consumption and digestibility in *Neotermes bosei* Snyder (Insecta: Isoptera: Kalotermitidae). *Material und Organismen*, **14**(4): 279-286.

Mishra, S.C. & Sen-Sarma, P.K. (1981): Chitinase activity in the digestive tract of termite (Isoptera). *Material und Organismen*, **16**(2): 157-160.

Mishra, S.C. & Sen-Sarma, P.K. (1985): Carbohydrases in xylophagous coleopterous larvae (Cerambycidae and Scarabaeidae) and their evolutionary significance. *Material und Organismen*, **20**(3): 221-230.

Mishra, S.C. & Sen-Sarma, P.K. (1986): Certain digestive enzymes (carbohydrases, proteinases, chitinase, lignase) and the transit of food material in the digestive tract of larvae of *Stromatium barbatum* Fab. (Coleoptera: Cerambycidae), a dry wood borer. *Indian Journal of Entomology*, **48**(3): 339-345.

Mishra, S.C. & Sen-Sarma, P.K. (1987): pH trends in the gut of xylophagous insects and their adaptive significance. *Material und Organismen*, **22**(4): 311-319.

Mishra, S.C. & Sen-Sarma, P.K. (1988): Digestion of food in scarabaeid larvae *Holotrichia insularis* Brenske and *Anomala marginipennis* Ar. (Insecta: Coleoptera: Scarabaeidae). *Proceedings of the National Academy of Sciences, India, Sect. B*, **58**(1): 23-31.

Mishra, S.C., Sen-Sarma, P.K. & Singh, R. (1985): Chemical changes in wood during the digestive process in larvae of *Hoplocerambyx spinicornis* (Newm.) (Insecta: Coleoptera: Cerambycidae). *Material und Organismen*, **20**(1): 53-64.

Mishra, S.C. & Singh, P. (1977): Studies of deterioration of wood by insects I: Chemical analysis of the excrements of some xylophagous coleopterous larvae in relation to digestion. *Material und Organismen*, **12**(3): 189-199.

Mishra, S.C. & Singh, P. (1978a): Studies of deterioration of wood by insects II: Digestibility and digestion of major wood components by the larvae of *Stromatium barbatum* Fabr. (Coleoptera: Cerambycidae). *Material und Organismen*, **13**(1): 59-68.

Mishra, S.C. & Singh, P. (1978b): Polysaccharide digestive enzymes in the larvae of *Stromatium barbatum* (Fabr.), a dry wood borer (Coleoptera: Cerambycidae). *Material und Organismen*, **13**(2): 115-122.

Mitchell, J.D. (2002): Termites as pests of crops, forestry, rangeland and structures in southern Africa and their control. *Sociobiology*, **40**(1): 47-69.

Mitchell, R.G. & Preisler, H.K. (1998): Fall rate of lodgepole pine killed by the mountain pine beetle in central Oregon. *Western Journal of Applied Forestry*, **13**(1): 23-26.

Mittapalli, O., Bai, X., Mamidala, P., Rajarapu, S.P., Bonello, P. & Herms, D.A. (2010): Tissue-specific transcriptomics of the exotic invasive insect pest emerald ash borer (*Agrilus planipennis*). *PLoS ONE*, **5(10-e13708)**: 1-12.

宮本秀雄（1956）：昆虫による鉛被ケーブルの被害．施設（日本電信電話公社施設局），**8**(5): 142-148.

Miyata, R., Noda, N., Tamaki, H., Kinjyo, K., Aoyagi, H., Uchiyama, H. & Tanaka, H. (2007): Phylogenetic relationship of symbiotic archaea in the gut of the higher termite *Nasutitermes takasagoensis* fed with various carbon sources. *Microbes and Environments*, **22**(2): 157-164.

水野 好（1962）：モミを加害するキクイムシ類の生態（1）：成虫の穿孔・産卵活動．日本生態学会誌, **12**(1): 40-41.

水沼哲郎（1984）：ヤンバルテナガコガネの生態．ヤンバルテナガコガネ *Cheirotonus jambar*. 朝日出版社，東京：28-35.

Mo, J., Yang, T., Song, X. & Cheng, J. (2004): Cellulase activity in five species of important termites in China. *Applied Entomology and Zoology*, **39**(4): 635-641.

Mobæk, R., Narmo, A.K. & Moe, S.R. (2005): Termitaria are focal feeding sites for large ungulates in Lake Mburo National Park, Uganda. *Journal of Zoology*, **267**(1): 97-102.

Modder, W.W.D. (1975): Feeding and growth of *Acrotelsa collaris* (Fabricius) (Thysanura, Lepismatidae) on different types of paper. *Journal of Stored Products Research*, **11**(2): 71-74.

Moe, S.R., Mobæk, R. & Narmo, A.K. (2009): Mound building termites contribute to savanna vegetation heterogeneity. *Plant Ecology*, **202**(1): 31-40.

Moeck, H.A. (1970): Ethanol as the primary attractant for the ambrosia beetle *Trypodendron lineatum* (Coleoptera: Scolytidae). *Canadian Entomologist*, **102**(8): 985-995.

Moeck, H.A., Wood, D.L. & Lindahl, K.Q., Jr. (1981): Host selection behavior of bark beetles (Coleoptera: Scolytidae) attacking *Pinus ponderosa*, with special emphasis on the western pine beetle, *Dendroctonus brevicomis*. *Journal of Chemical Ecology*, **7**(1): 49-83.

Moeed, A. & Meads, M.J. (1983): Invertebrate fauna of four tree species in Orongorongo Valley, New Zealand, as revealed by trunk traps. *New Zealand Journal of Ecology*, **6**: 39-53.

Moein, S.I. & Rust, M.K. (1992): The effect of wood degradation by fungi on the feeding and survival of the West Indian drywood termite, *Cryptotermes brevis* (Isoptera: Kalotermitidae). *Sociobiology*, **20**(1): 29-39.

Monk, D.C. (1976): The distribution of cellulase in freshwater invertebrates of different feeding habits. *Freshwater Biology*, **6**(5): 471-475.

Montgomery, M.E. & Wargo, P.M. (1983): Ethanol and other host-derived volatiles as attractants to beetles that bore into hardwoods. *Journal of Chemical Ecology*, **9**(2): 181-190.

文 日成（Moon, Y.S.）・李 祥明・朴 持斗・呂 運鴻（1995）：[Distribution and control of the pine wood nematode, *Bursaphelenchus xylophilus* and its vector Japanese pine sawyer, *Monochamus alternatus*.] 山林科学論文集，大韓民国山林庁林業研究院 (51): 119-126. (韓国語＋英文要旨)

Moore, B.P. (1969): Biochemical studies of termites. *Biology of Termites, Volume 1* (K. Krishna & F.M. Weesner, eds.), Academic Press, New York: 407-432.

Moore, J.M. & Picker, M.D. (1991): Heuweltjies (earth mounds) in the Clanwilliam district, Cape Province, South Africa: 4000-year-old termite nests. *Oecologia*, **86**(3): 424-432.

Mora, P., Lattaud, C. & Rouland, C. (1998): Recherche d'enzymes intervenant dans la dégradation de la lignine chez plusieurs espèces de termites à regimes alimentaires différents. *Actes des Colloques Insectes Sociaux*, **11**: 77-80.

Morales-Jiménez, J., Vera-Ponce de León, A., García-Domínguez, A., Martínez-Romero, E., Zúñiga, G. & Hernández-Rodríguez, C. (2013): Nitrogen-fixing and uricolytic bacteria associated with the gut of *Dendroctonus rhizophagus* and *Dendroctonus valens* (Curculionidae: Scolytinae). *Microbial Ecology*, **66**(1): 200-210.

Morales-Jiménez, J., Zúñiga, G., Ramírez-Saad, H.C. & Hernández-Rodríguez, C. (2012): Gut-associated bacteria throughout the life cycle of the bark beetle *Dendroctonus rhizophagus* Thomas and Bright (Curculionidae: Scolytinae) and their cellulolytic activities. *Microbial Ecology*, **64**(1): 268-278.

Morales-Jiménez, J., Zúñiga, G., Villa-Tanaca, L. & Hernández-Rodríguez, C. (2009): Bacterial community and nitrogen fixation in the red turpentine beetle, *Dendroctonus valens* LeConte (Coleoptera: Curculionidae: Scolytinae). *Microbial Ecology*, **58**(4): 879-891.

Morales-Ramos, J.A. & Rojas, M.G. (2003): Nutritional ecology of the Formosan subterranean termite (Isoptera: Rhinotermitidae): Growth and survival of incipient colonies feeding on preferred wood species. *Journal of Economic Entomology*, **96**(1): 106-116.

Morales-Ramos, J.A., Rojas, M.G. & Hennon, P.E. (2003): Black-staining fungus effects on the natural resistance properties of Alaskan yellow cedar to the Formosan subterranean termite (Isoptera: Rhinotermitidae). *Environmental Entomology*, **32**(5): 1234-1241.

Moretti, M. & Barbalat, S. (2004): The effects of wildfires on wood-eating beetles in deciduous forests on the southern slope of the Swiss Alps. *Forest Ecology and Management*, **187**(1): 85-103.

Morewood, W.D., Hoover, K., Neiner, P.R., McNeil, J.R. & Sellmer, J.C. (2004): Host tree resistance against the polyphagous wood-boring beetle *Anoplophora glabripennis*. *Entomologia Experimentalis et Applicata*, **110**(1): 79-86.

Morgan, F.D. (1968): Bionomics of Siricidae. *Annual Review of Entomology*, **13**: 239-256.

Morgan, F.D. & Stewart, N.C. (1966): The biology and behaviour of the woodwasp *Sirex noctilio* F. in New Zealand. *Transactions of the Royal Society of New Zealand, Zoology*, **7**(14): 195-204.

森 八郎（1976）：わが国に生息するヒラタキクイムシ科 Lyctidae の害虫とヒラタキクイムシの mass culture について．木材保存, (5): 11-23.

Mori, Hi. & Chiba, S. (2009): Sociality improves larval growth in the stag beetle *Figulus binodulus* (Coleoptera: Lucanidae). *European Journal of Entomology*, **106**(3): 379-383.

森 徹（1935）：虫害木材の強度試験．建築世界, **29**(1): 資料 6-13.

森本 桂（1964）：オトシブミの産卵習性と進化．インセクトジャーナル, (1): 15-21.

森本 桂（1980）：ササコクゾウムシの仲間について．家屋害虫, (7/8): 65-67.

森本 桂（1983a）：キクイゾウムシ類概説 I：キクイサビゾウムシ類．家屋害虫, (15/16): 29-36.

森本 桂 (1983b)：キクイゾウムシ類概説 II：キクイゾウムシ亜科 (1). 家屋害虫, (17/18): 35-41.
森本 桂 (1985)：キクイゾウムシ類概説 III：キクイゾウムシ亜科 (2). 家屋害虫, (23/24): 19-28.
森本 桂 (2000)：日本へ侵入したアメリカオオシロアリ属 Zootermopsis について. しろあり, (122): 3-8.
森本 桂 (2008)：ミツギリゾウムシ科研究入門 (1)：概説と日本産の種. 月刊むし, (443): 4-16.
森本 桂・岩崎 厚 (1972)：マツノザイセンチュウ伝搬者としてのマツノマダラカミキリの役割. 日本林学会誌, **54**(6): 177-183.
Morimoto, K. & Kojima, H. (2003): Morphologic characters of the weevil head and phylogenetic implications (Coleoptera, Curculionoidea). *Esakia*, (43): 133-169.
森本 桂・真宮靖治 (1977)：マツ属の材線虫病とその防除（わかりやすい林業研究解説シリーズ 58）. 日本林業技術協会, 東京. 65pp.
Morimoto, K. & Miyakawa, S. (1995): The Family Curculionidae of Japan VIII: Subfamily Acicnemidinae. *Esakia*, (35): 17-62.
森田剛成・原 敬和・見世大作・軸丸祥大 (2012)：アイノキクイムシが介在したイチジク株枯病の激害化事例. 関西病虫害研究会報, (54): 29-34.
森田涼平・松村雅史・德田 岳・岩田隆太郎 (2015)：沖縄県および本州のカミキリムシの年多化性の可能性について. 関東森林研究, **66**(1): 21-24.
Moser, J.C. (1975): Mite predators of the southern pine beetle. *Annals of the Entomological Society of America*, **68**(6): 1113-1116.
Moser, J.C., Konrad, H., Blomquist, S.R. & Kirisits, T. (2010): Do mites phoretic on elm bark beetles contribute to the transmission of Dutch elm disease? *Naturwissenschaften*, **97**(2): 219-227.
Moser, J.C., Konrad, H., Kirisits, T. & Carta, L.K. (2005): Phoretic mites and nematode associates of *Scolytus multistriatus* and *S. pygmaeus* (Coleoptera: Scolytidae) in Austria. *Agricultural and Forest Entomology*, **7**(2): 169-177.
Mota, M.M., Bonifácio, L., Bravo, M.A., Naves, P., Penas, A.C., Pires, J., Sousa, E. & Vieira, P. (2003): Discovery of pine wood nematode in Portugal and in Europe. *Nematology Monographs & Perspectives*, **1**: 1-5.
Möttönen, V., Heräjärvi, H., Koivunen, H. & Lindblad, J. (2004): Influence of felling season, drying method and within-tree location on the Brinell hardness and equilibrium moisture content of wood from 27–35-year-old *Betula pendula*. *Scandinavian Journal of Forest Research*, **19**(3): 241-249.
Moungsrimuangdee, B., O-hara, N., Tanaka, M. & Yamamoto, F. (2011): Ethylene production from xylem and tylose formation in earlywood vessels of ambrosia beetle-attacked stems in *Quercus serrata* trees. *Tree and Forest Health*（樹木医学研究）, **15**(3): 89-96.
Mozaina, K., Cantrell, C.L., Mims, A.B., Lax, A.R., Tellez, M.R. & Osbrink, W.L.A. (2008): Activity of 1,4-benzoquinones against Formosan subterranean termites (*Coptotermes formosanus*). *Journal of Agricultural and Food Chemistry*, **56**(11): 4021-4026.
Mueller, U.G. & Gerardo, N. (2002): Fungus-farming insects: Multiple origins and diverse evolutionary histories. *Proceedings of the National Academy of Sciences of the United States of America*, **99**(24): 15247-15249.
Mueller, U.G., Gerardo, N.M., Aanen, D.K., Six, D.L. & Schultz, T.R. (2005): The evolution of agriculture in insects. *Annual Review of Ecology, Evolution and Systematics*, **36**: 563-595, plts. 1-3.
Muilenburg, V.L., Goggin, F.L., Hebert, S.L., Jia, L. & Stephen, F.M. (2008): Ant predation on red oak borer confirmed by field observation and molecular gut-content analysis. *Agricultural and Forest Entomology*, **10**(3): 205-213.
Müller, J., Bußler, H., Goßner, M., Rettelbach, T. & Duelli, P. (2008): The European spruce bark beetle *Ips typographus* in a national park: From pest to keystone species. *Biodiversity and Conservation*, **17**(12): 2979-3001.
Müller, M.M., Varama, M., Heinonen, J. & Hallaksela, A.-M. (2002): Influence of insects on the diversity of fungi in decaying spruce wood in managed and natural forests. *Forest Ecology and Management*, **166**: 165-181.
Müller, W. (1934): Untersuchungen über die Symbiose von Tieren mit Pilzen und Bakterien, III. Mitteilung: Über die Pilzsymbiose holzfressender Insektenlarven. *Archiv für Mikrobiologie*, **5**(1): 84-147.
Mullick, D.B. (1977): The non-specific nature of defense in bark and wood during wounding, insect and pathogen attack. *Recent Advances in Phytochemistry*, **11**: 395-441, plts. 1-4.
Mulock, P. & Christiansen, E. (1986): The threshold of successful attack by *Ips typographus* on *Picea abies*: A field experiment. *Forest Ecology and Management*, **14**(2): 125-132.
Muona, J. (1993): Review of the phylogeny, classification and biology of the family Eucnemidae (Coleoptera). *Entomologica Scandinavica, Supplement*, (44): 1-133.
Muona, J. & Teräväinen, M. (2008): Notes on the biology and morphology of false click-beetle larvae (Coleoptera: Eucnemidae). *Coleopterists Bulletin*, **62**(4): 475-479.
村上構三 (1986)：ヨツスジカミキリの幼虫, 蛹の形態及び若干の生態について. げんせい, (49): 17-21.
村上構三 (1987) タイワンメダカカミキリの幼生期の生態について. げんせい, (52): 19-25.
村上美佐男 (1960)：クワカミキリ *Apriona rugicollis* Chevrolat の食害生態と防除について. 蚕糸試験場彙報, (77): 25-40.
Murphy, E.C. & Lehnhausen, W.A. (1998): Density and foraging ecology of woodpeckers following a stand-replacement fire. *Journal of Wildlife Management*, **62**(4): 1359-1372.
Mustaparta, H. (1974): Response of the pine weevil, *Hylobius abietis* L. (Col.: Curculionidae), to bark beetle pheromones. *Journal of Comparative Physiology*, **88**(4): 395-398.
Myre, R. & Camiré, C. (1994): The establishment of stem nutrient distribution zones of European larch and tamarack using principal component analysis. *Trees*, **9**(1): 26-34.
永幡嘉之 (2008)：木の葉を食べるカミキリムシ：トホシカミキリ族の生態. 高桑正敏の解体虫書（藤田 宏, 編）. 華飲み会, 小田原: 130-145.
Nagnan, P. & Clément, J.L. (1990): Terpenes from the maritime pine *Pinus pinaster*: Toxins for subterranean termites of the genus

Reticulitermes (Isoptera: Rhinotermitidae)? *Biochemical Systematics and Ecology*, **18**(1): 13-16.

Nair, K.S.S. & Varma, R.V. (1985): Some ecological aspects of the termite problem in young eucalypt plantations in Kerala, India. *Forest Ecology and Management*, **12**(3/4): 287-303.

中田了五 (2014):樹木の wetwood:現象と定義. 木材学会誌, **60**(2): 63-79.

中島 茂・清水 薫 (1959):イエシロアリの杉林加害の生態. 宮崎大学農学部研究時報, **4**(2): 261-266.

中村慎吾・小島圭三・山岡睦宏 (1964):広島県北部におけるルリカミキリの生態. 比和科学博物館研究報告, (7): 7-10, plt. 1.

Nakamura-Matori, K. (2008): Vector−host tree relationships and the abiotic environment. *Pine Wilt Disease* (B.G. Zhao *et al.*, eds.). Springer: 144-161, plt. 25.

中牟田 潔・Chen, X.・北島 博・中西友章・吉松慎一 (2007):日本産ボクトウガ科 *Cossus* 属3種の生態. 森林防疫, **56**(1): 5-9.

Nakashima, K., Watanabe, H., Saitoh, H., Tokuda, G. & Azuma, J.-I. (2002): Dual cellulose-digesting system of the wood-feeding termite, *Coptotermes formosanus* Shiraki. *Insect Biochemistry and Molecular Biology*, **32**(7): 777-784.

中島敏夫 (1957):図説:林業害虫としてのコガネムシ類. 林野庁指導部研究普及科, 東京. 5+2+74pp.

中島敏夫 (1999):図説:養菌性キクイムシ類の生態を探る:ブナ材の中のこの小さな住人たち. 学会出版センター, 東京. 10+5+93pp.

Nakayama, T., Yoshimura, T. & Imamura, Y. (2005): Feeding activities of *Coptotermes formosanus* Shiraki and *Reticulitermes speratus* (Kolbe) as affected by moisture content of wood. *Journal of Wood Science*, **51**(1): 60-65.

Nalepa, C.A. (1991): Ancestral transfer of symbionts between cockroaches and termites: An unlikely scenario. *Proceedings, Biological Sciences, The Royal Society, London*, **246**(1316): 185-189.

Nalepa, C.A. (1994): Nourishment and the origin of termite eusociality. *Nourishment and Evolution in Insect Societies* (J.H. Hunt & C.A. Nalepa, eds.). Westview Press, Boulder: 57-104.

Nalepa, C.A. (2010): Altricial development in subsocial cockroach ancestors: Foundation for the evolution of phenotypic plasticity in termites. *Evolution & Development*, **12**(1): 95-105.

Nalepa, C.A. (2011): Body size and termite evolution. *Evolutionary Biology*, **38**(3): 243-257.

Nalepa, C.A. & Bandi, C. (2000): Characterizing the ancestors: Paedomorphosis and termite evolution. *Termites: Evolution, Sociality, Symbioses, Ecology* (T. Abe, D.E. Bignell & M. Higashi, eds.). Kluwer Academic Publishers, Dordrecht: 53-75.

Nalepa, C.A., Bignell, D.E. & Bandi, C. (2001): Detrivory, coprophagy, and the evolution of digestive mutualisms in Dictyoptera. *Insectes Sociaux*, **48**(3): 194-201.

Nalepa, C.A. & Jones, S.C. (1991): Evolution of monogamy in termites. *Biological Reviews of the Cambridge Philosophical Society*, **66**(1): 83-97.

Nang'ayo, F.L.O., Hill, M.G., Chandi, E.A., Chiro, C.T., Nzeve, D.N. & Obiero, J. (1993): The natural environment as a reservoir for the larger grain borer *Prostephanus truncatus* (Horn) (Coleoptera: Bostrichidae) in Kenya. *African Crop Science Journal*, **1**(1): 39-47.

Nang'ayo, F.L.O., Hill, M.G. & Wright, D.J. (2002): Potential hosts of *Prostephanus truncatus* (Coleoptera: Bostrichidae) among native and agroforestry trees in Kenya. *Bulletin of Entomological Research*, **92**(6): 499-506.

南光浩毅・河村嘉一郎・原田 浩 (1984):スギ二次師部の軸方向樹脂道の構造. 木材学会誌, **30**(1): 1-8.

Napp, D.S. (1994): Phylogenetic relationships among the subfamilies of Cerambycidae (Coleoptera−Chrysomeloidea). *Revista Brasileira de Entomologia*, **38**(2): 265-419.

Narayanamurti, D. (1962): Termites and composit wood products. *Termites in the Humid Tropics: Proceedings of the New Delhi Symposium*. UNESCO, Paris: 185-197, 3 plts.

Nardi, G. & Mifsud, D. (2015): The Bostrichidae of the Maltese Islands (Coleoptera). *ZooKeys*, (481): 69-108.

Nardi, J.B., Bee, C.M., Miller, L.A., Nguyen, N.H., Suh, S.-O. & Blackwell, M. (2006): Communities of microbes that inhabit the changing hindgut landscape of a subsocial beetle. *Arthropod Structure & Development*, **35**(1): 57-68.

Nardi, J.B., Mackie, R.I. & Dawson, J.O. (2002): Could microbial symbionts of arthropod guts contribute significantly to nitrogen fixation in terrestrial ecosystems? *Journal of Insect Physiology*, **48**(8): 751-763.

Nardon, P. & Grenier, A.M. (1989): Endocytobiosis in Coleoptera: Biological, biochemical, and genetic aspects. *Insect Endocytobiosis: Morphology, Physiology, Genetics, Evolution* (W. Schwemmler & G. Gassner, eds.). CRC Press, Boca Raton: 175-216.

Nardon, P., Lefèvre, C., Delobel, B., Charles, H. & Heddi, A. (2002): Occurrence of endosymbiosis in Dryophthoridae weevils: Cytological insights into bacterial symbiotic structures. *Symbiosis*, **33**(3): 227-241.

Ndiaye, D., Lensi, R., Lepage, M. & Brauman, A. (2004): The effect of the soil-feeding termite *Cubitermes niokoloensis* on soil microbial activity in a semi-arid savanna in West Africa. *Plant and Soil*, **259**: 277-286.

Nebeker, T.E., Hodges, J.D. & Blanche, C.A. (1993): Host response to bark beetle and pathogen colonization. *Beetle−Pathogen Interactions in Conifer Forests* (T.D. Schowalter & G.M. Filip, eds.). Academic Press, London: 157-173.

Neely, D. (1970): Healing of wounds on trees. *Journal of the American Society for Horticultural Science*, **95**(5): 536-540.

Negrón, J.F., Shepperd, W.D., Mata, S.A., Popp, J.B., Asherin, L.A., Schoettle, A.W., Schmid, J.M. & Leatherman, D.A. (2001): Solar treatments for reducing survival of mountain pine beetle in infested ponderosa and lodgepole pine logs. *Research Paper, RMRS, United States Department of Agriculture, Forest Service, Rocky Mountain Research Station*, (30): 0-11.

Negrón, J.F. & Wilson, J.L. (2003): Attributes associated with probability of infestation by the piñon ips, *Ips confusus* (Coleoptera: Scolytidae), in piñon pine, *Pinus edulis*. *Western North American Naturalist*, **63**(4): 440-451.

Negrón, J.F., Witcosky, J.J., Cain, R.J., LaBonte, J.R., Duerr, D.A., II, McElwey, S.J., Lee, J.C. & Seybold, S.J. (2005): The banded elm bark beetle: A new threat to elms in North America. *American Entomologist*, **51**(2): 84-94.

Nehme, M.E., Keena, M.A., Zhang, A., Baker, T.C., Xu, Z. & Hoover, K. (2010): Evaluating the use of male-produced pheromone components and plant volatiles in two trap designs to monitor *Anoplophora glabripennis*. *Environmental Entomology*, **39**(1): 169-176.

Nel, J.J.C. & Hewitt, P.H. (1969): A study of the food eaten by a field population of the harvester termite, *Hodotermes mossambicus* (Hagen) and its relation to population density. *Journal of the Entomological Society of Southern Africa*, **32**(1): 123-131.

Nelson, R.M. (1934): Effect of bluestain fungi on southern pines attacked by bark beetles. *Phytopathologische Zeitschrift*, **7**(4): 327-353.

Neoh, K.-B., Yeap, B.-K., Tsunoda, K., Yoshimura, T. & Lee, C.-Y. (2012): Do termites avoid carcasses? Behavioral responses depend on the nature of the carcasses. *PLoS ONE*, **7(4-e36375)**: 1-11.

Nerg, A.-M., Heijari, J., Noldt, U., Viitanen, H., Vuorinen, M., Kainulainen, P. & Holopainen, J.K. (2004): Significance of wood terpenoids in the resistance of Scots pine provenances against the old house borer, *Hylotrupes bajulus*, and brown-rot fungus, *Coniophora puteana*. *Journal of Chemical Ecology*, **30**(1): 125-141.

Neuhauser, E.F. & Hartenstein, R. (1978): Phenolic content and palatability of leaves and wood to soil isopods and diplopods. *Pedobiologia*, **18**(2): 99-109.

Neumann, F.G. & Harris, J.A. (1974): Pinhole borers in green timber. *Australian Forestry*, **37**(2): 132-141.

Nevill, R.J. & Alexander, S.A. (1992): Transmission of *Leptographium procerum* to eastern white pine by *Hylobius pales* and *Pissodes nemorensis* (Coleoptera: Curculionidae). *Plant Disease*, **76**(3): 307-310.

Newman, J.F. (1946): A study of the digestive enzymes of the larval gut of *Dinoderus ocellaris* (St.). *Indian Journal of Entomology*, **7**(1/2): 13-19.

Newton, M. & Holt, H.A. (1971): Scolytid and buprestid mortality in ponderosa pines injected with organic arsenicals. *Journal of Economic Entomology*, **64**(4): 952-958.

Ngugi, D.K. & Brune, A. (2012): Nitrate reduction, nitrous oxide formation, and anaerobic ammonia oxidation to nitrite in the gut of soil-feeding termites (*Cubitermes* and *Ophiotermes* spp.). *Environmental Microbiology*, **14**(4): 860-871.

Ngugi, D.K., Ji, R. & Brune, A. (2011): Nitrogen mineralization, denitrification, and nitrate ammonification by soil-feeding termites: A ^{15}N-based approach. *Biogeochemistry*, **103**: 355-369.

Nguyen, N.H., Suh, S.-O., Marshall, C.J. & Blackwell, M. (2006): Morphological and ecological similarities: Wood-boring beetles associated with novel xylose-fermenting yeasts, *Spathaspora passalidarum* gen. sp. nov. and *Candida jeffriesii* sp. nov. *Mycological Research*, **110**(10): 1232-1241.

Ni, J. & Tokuda, G. (2013): Lignocellulose-degrading enzymes from termites and their symbiotic microbiota. *Biotechnology Advances*, **31**(6): 838-850.

Nielsen, D.G. (1981): Studying biology and control of borers attacking woody plants. *Bulletin of the Entomological Society of America*, **27**(4): 251-259.

Nielsen, D.G., Muilenburg, V.L. & Herms, D.A. (2011): Interspecific variation in resistance of Asian, European, and North American birches (*Betula* spp.) to bronze birch borer (Coleoptera: Buprestidae). *Environmental Entomology*, **40**(3): 648-653.

Nielsen, E.S., Robinson, G.S. & Wagner, D.L. (2000): Ghost-moths of the world: A global inventory and bibliography of the Exoporia (Mnesarchaeoidea and Hepialoidea) (Lepidoptera). *Journal of Natural History*, **34**(6): 823-878.

Nielsen, J.C. (1903): Zur Lebensgeschichte des Haselbockkäfers (*Oberea linearis* Fabr.). *Zoologische Jahrbücher, Abtheilung für Systematik, Geographie und Biologie der Thiere*, **18**(4/5): 659-664, plt. 29.

新里達也 (1980)：ケブカヒラタカミキリ採集案内. 月刊むし, (114): 24-26.

Nijholt, W.W. & Shönherr*, J. (1976): Chemical response behavior of scolytids in West Germany and western Canada. *Bi-monthly Research Notes, Canadian Forestry Service*, (32): 31-32. [* error to Schönherr]

西口親雄 (1968)：マツ苗にたいするマツキボシゾウムシの寄生力に関する研究. 北海道林業試験場報告, (6): 90-102.

西本孝一・今村祐嗣・足立昭男・佐藤 惺 (1985)：産地別ヒノキの耐朽・耐蟻性. 木材研究・資料, (20): 104-118.

西村正史 (1973)：スギの肥大成長からみたスギ林へのスギカミキリの定着時期. 日本林学会誌, **73**(4): 251-257.

Nobre, T. & Aanen, D.K. (2012): Fungiculture or termite husbandry? The ruminant hypothesis. *Insects*, **3**(1): 307-323.

Nobuchi, A. (1969): A comparative morphological study of the proventriculus in the adult of the superfamily Scolytoidea (Coleoptera). *Bulletin of the Government Forest Experiment Station, Tokyo*, (224): 39-110, plts. 1-17.

Nobuchi, A. (1972): The biology of Japanese Scolytidae and Platypodidae (Coleoptera). *Review of Plant Protection Research*, **5**: 61-75.

野淵 輝 (1979)：加圧注入直後の材に穿入するザイノキクイムシ類. 木材保存, (15): 11-13.

野淵 輝 (1981)：イチゴのクラウンとクリの実を加害するクリノミキクイムシ. 日本応用動物昆虫学会誌, **24**(4): 294-296.

野淵 輝 (1982)：木材を加害したカツオブシムシ. 木材保存, (21): 36-39.

野淵 輝 (1984a)：解説, 樹木の主要カミキリムシ (8)：シロスジカミキリ. 森林防疫, **33**(6): 110-111.

野淵 輝 (1984b)：チビタケナガシンクイムシの広葉樹材への加害例. 第95回日本林学会大会発表論文集：483-484.

野淵 輝 (1989)：キイロコキクイムシを運搬者とした天敵微生物によるマツ枯損防止の試み. 森林防疫, **38**(8): 133-138.

野淵 輝 (1990)：乾材から脱出するキクイムシ類. 家屋害虫, **12**(2): 114-118.

野淵 輝・槙原 寛 (1987)：穿孔虫の移動分散. 昆虫と自然, **22**(2): 2-10.

Nobuchi, T. & Harada, H. (1968): Electron microscopy of the cytological structure of the ray parenchyma cells associated with heartwood formation of sugi (*Cryptomeria japonica* D.Don.). *Mokuzai Gakkaishi*, **14**(4): 197-202.

Nobuchi, T., Kuroda, K., Iwata, R. & Harada, H. (1982): Cytological study of the seasonal features of heartwood formation of sugi (*Cryptomeria japonica* D.Don.). *Mokuzai Gakkaishi*, **28**(11): 669-676.

Noda, S., Kitade, O., Inoue, T., Kawai, M., Kanuka, M., Hiroshima, K., Hongoh, Y., Constantino, R., Uys, V., Zhong, J., Kudo, T. & Ohkuma, M. (2007): Cospeciation in the triplex symbiosis of termite gut protists (*Pseudotrichonympha* spp.), their

hosts, and their bacterial endosymbionts. *Molecular Ecology*, **16**(6): 1257-1266.
Noda, S., Ohkuma, M. & Kudo, T. (2002): Nitrogen fixation genes expressed in the symbiotic microbial community in the gut of the termite *Coptotermes formosanus*. *Microbes and Environments*, **17**(3): 139-143.
Noel, A.R.A. (1968): The effects of girdling, with special reference to trees in south central Africa. *Kirkia*, **6**(2): 181-196.
Noel, A.R.A. (1970): The girdled tree. *Botanical Review*, **36**(2): 162-195.
Noguchi, M., Sugihara, H. & Matsuyoshi, R. (1965): Wood cutting with a pendulum dynamometer [V]: Effect of moisture content. *Wood Research*, (34): 45-53.
Noirot, Ch. (1959): Les nids de *Globitermes sulphureus* Haviland au Cambodge. *Insectes Sociaux*, **6**(3): 259-268.
Noirot, Ch. (1970): The nests of termites. *Biology of Termites, Volume 2* (K. Krishna & F.M. Weesner, eds.). Academic Press, New York: 73-125.
Noirot, C. (1990): Sexual castes and reproductive strategies in termites. *Social Insects: An Evolutionary Approach to Castes and Reproduction* (W. Engels, ed.). Springer-Verlag, Berlin, Heidelberg: 5-35.
Noirot, Ch. (1992): From wood- to humus-feeding: An important trend in termite evolution. *Biology and Evolution of Social Insects* (J. Billen, ed.). Leuven University Press, Leuven: 107-119.
Noirot, Ch. & Noirot-Timothée, C. (1959): *Termitophrya* gen. nov., nouveau type d'infusoire cilié commensal de certains termites. *Comptes Rendus Hebdomadaires des Séances de l'Académie des Sciences*, **249**: 775-777.
Noirot, Ch. & Noirot-Timothée, C. (1977): Fine structure of the rectum in termites (Isoptera): a comparative study. *Tissue and Cell*, **9**(4): 693-710.
Nord, J.C. & Knight, F.B. (1972): The importance of *Saperda inornata* and *Oberea schaumii* (Coleoptera: Cerambycidae) galleries as infection courts of *Hypoxylon pruinatum* in trembling aspen, *Populus tremuloides*. *Great Lakes Entomologist*, **5**(3): 87-92.
Nordenhem, H. & Nordlander, G. (1994): Olfactory oriented migration through soil by root-living *Hylobius abietis* (L.) larvae (Col., Curculionidae). *Journal of Applied Entomology*, **117**(5): 457-462.
Nordin, A., Uggla, C. & Näsholm, T. (2001): Nitrogen forms in bark, wood and foliage of nitrogen-fertilized *Pinus sylvestris*. *Tree Physiology*, **21**(1): 59-64.
Nördlinger, H. (1869): Achtjährige Dauer der Entwicklung einer Bockkäfer-Larve (*Cerambyx* [*Hesperophanes*] *sericeoides* Nrdl.). *Kritische Blätter für Forst- und Jagdwissenschaft*, **51**(2): 262-263.
Norkrans, B. (1967): Cellulose and cellulolysis. *Advances in Applied Microbiology*, **9**: 91-130.
Norman, A.G. (1936): The destruction of oak by the death-watch beetle. *Biochemical Journal*, **30**(7): 1135-1137.
Normark, B.B., Jordal, B.H. & Farrell, B.D. (1999): Origin of a haplodiploid beetle lineage. *Proceedings, Biological Sciences, The Royal Society, London*, **266**(1435): 2253-2259.
Norris, D.M. (1966): The complex of fungi essential to the growth and development of *Xyleborus sharpi* in wood. *Beihefte zu Material und Organismen*, (1): 523-529.
Norris, D.M. (1970): Quinol stimulation and quinone deterrency of gustation by *Scolytus multistriatus* (Coleoptera: Scolytidae). *Annals of the Entomological Society of America*, **63**(2): 476-478.
Norris, D.M. & Baker, J.M. (1969): Nutrition of *Xyleborus ferrugineus* I: Ethanol in diets as a tunneling (feeding) stimulant. *Annals of the Entomological Society of America*, **62**(3): 592-594.
Nunes, L., Bignell, D.E., Lo, N. & Eggleton, P. (1997): On the respiratory quotient (RQ) of termites (Insecta: Isoptera). *Journal of Insect Physiology*, **43**(8): 749-758.
Nuorteva, M. (1962): Über die Nützlichkeit der Zimmerbocklarven (*Acanthocinus aedilis* L.) im Walde. *XI. Internationaler Kongreß für Entomologie, Verhandlungen, Band II*: 171-173.
Nuorteva, M. (1964): Über den Einfluss der Menge des Brutmaterials auf die Vermehrlichkeit und die natürlichen Feinde des Grossen Waldgärtners, *Blastophagus piniperda* L. (Col., Scolytidae). *Annales Entomologici Fennici*, **30**(1): 1-17.
Nuorteva, M., Patomäki, J. & Saari, L. (1981): Large poplar longhorn, *Saperda carcharias* (L.), as food for white-backed woodpecker, *Dendrocopos leucotos* (Bechst.). *Silva Fennica*, **15**(2): 208-221.
Nutting, W.L. (1956): Reciprocal protozoan transfaunations between the roach, *Cryptocercus*, and the termite, *Zootermopsis*. *Biological Bulletin*, **110**(1): 83-90.
Nutting, W.L. (1965): Observations on the nesting site and biology of the Arizona damp-wood termite *Zootermopsis laticeps* (Banks) (Hodotermitidae). *Psyche*, **72**(1): 113-125.
Nutting, W.L. (1966): Distribution and biology of the primitive dry-wood termite *Pterotermes occidentis* (Walker) (Kalotermitidae). *Psyche*, **73**(3): 165-179.
Nyamapfene, K.W. (1986): The use of termite mounds in Zimbabwe peasant agriculture. *Tropical Agriculture*, **63**(3): 191-192.
小穴久仁・垣内信子・江崎功二郎・笠井美和・光永 徹・伊藤進一郎・御影雅幸・鎌田直人（2003）：カシノナガキクイムシの穿孔によるミズナラの壊死変色部と健全材との成分の比較．中部森林研究，(51): 189-190.
Oberprieler, R.G., Marvaldi, A.E. & Anderson, R.S. (2007): Weevils, weevils, weevils everywhere. *Zootaxa*, (1668): 491-520.
O'Brien, G.W., Veivers, P.C., McEwen, S.E., Slaytor, M. & O'Brien, R.W. (1979): The origin and distribution of cellulase in the termites, *Nasutitermes exitiosus* and *Coptotermes lacteus*. *Insect Biochemistry*, **9**(6): 619-625.
O'Brien, R.W. & Slaytor, M. (1982): Role of microorganisms in the metabolism of termites. *Australian Journal of Biological Sciences*, **35**(3): 239-262.
越智鬼志夫（1981）：四国地方におけるマスダクロホシタマムシの生態と被害．森林防疫，**30**(7): 108-112.
小田久五（1967）：松くい虫の加害対象木とその判定法について．森林防疫ニュース，**16**(12): 263-266.
Ødegaard, F. (2000): The relative importance of trees versus lianas as hosts for phytophagous beetles (Coleoptera) in tropical forests. *Journal of Biogeography*, **27**(2): 283-296.
Odelson, D.A. & Breznak, J.A. (1985): Cellulase and other polymer-hydrolyzing activities of *Trichomitopsis termopsidis*, a symbiotic

protozoan from termites. *Applied and Environmental Microbiology*, **49**(3): 622-626.

Oevering, P., Matthews, B.J., Cragg, S.M. & Pitman, A.J. (2001): Invertebrate biodeterioration of marine timbers above mean sea level along the coastlines of England and Wales. *International Biodeterioration & Biodegradation*, **47**(3): 175-181.

大橋章博・野平照雄（1997）：ケヤキ造林地に発生したクワカミキリ被害の実態．中部森林研究，(45): 175-176.

Ohashi, H., Matsumiya, I. & Yasue, M. (1988): Fluctuation of extractives in the withering process of *Cercidiphyllum japonicum* sapwood. *Research Bulletin of the Faculty of Agriculture, Gifu University*（岐阜大学農学部研究報告），(53): 315-326.

Ohashi, H., Imai, T., Yoshida, K. & Yasue, M. (1990): Characterization of physiological functions of sapwood: Fluctuation of extractives in the withering process of Japanese cedar sapwood. *Holzforschung*, **44**(2): 79-86.

大林延夫（1992）：世界のカミキリムシ．日本産カミキリムシ検索図説（大林延夫・佐藤正孝・小島圭三，編）．東海大学出版会，東京: 4-6.

Ohgushi, R.-i. (1967): On an outbreak of the citrus flat-headed borer, *Agrilus auriventris* E. Saunders in Nagasaki Prefecture. *Research in Population Ecology*, **9**(1): 62-74.

大平仁夫（1962）：日本産コメツキムシ科幼虫の棲息場所と若干の食性について．ニュー・エントモロジスト，**11**(3): 1-6.

Ohkuma, M. (2003): Termite symbiotic systems: efficient bio-recycling of lignocellulose. *Applied Microbiology and Biotechnology*, **61**(1): 1-9.

Ohkuma, M. (2008): Symbioses of flagellates and prokaryotes in the gut of lower termites. *Trends in Microbiology*, **16**(7): 345-352.

Ohkuma, M. & Brune, A. (2011): Diversity, structure, and evolution of the termite gut microbial community. *Biology of Termites: A Modern Synthesis* (D.E. Bignell, Y. Roisin & N. Lo, eds.). Springer: 413-438.

Ohkuma, M. & Kudo, T. (1996): Phylogenetic diversity of the intestinal bacterial community in the termite *Reticulitermes speratus*. *Applied and Environmental Microbiology*, **62**(2): 461-468.

Ohkuma, M., Maeda, Y., Johjima, T. & Kudo, T. (2001b): Lignin degradation and roles of white rot fungi: Study on an efficient symbiotic system in fungus-growing termires and its application to biodegradation. *RIKEN Review*, (42): 39-42.

Ohkuma, M., Noda, S., Hongoh, Y. & Kudo, T. (2001a): Coevolution of symbiotic systems of termites and their gut microorganisms. *RIKEN Review*, (41): 73-74.

Ohkuma, M., Noda, S., Hongoh, Y., Nalepa, C.A. & Inoue, T. (2009): Inheritance and diversification of symbiotic trichonymphid flagellates from a common ancestor of termites and the cockroach *Cryptocercus*. *Proceedings, Biological Sciences, The Royal Society, London*, **276**(1655): 239-245.

Ohmart, C.P. (1989): Why are there so few tree-killing bark beetles associated with angiosperms? *Oikos*, **54**(2): 242-245.

Ohmart, C.P. & Edwards, P.B. (1991): Insect herbivory on *Eucalyptus*. *Annual Review of Entomology*, **36**: 637-657.

大村和香子・片岡 厚・木口 実（2009）：イエシロアリの走光性に及ぼす波長の影響．環動昆，**20**(4): 185-190.

大村和香子・片岡 厚・木口 実（2011）：ヤマトシロアリの走光性に及ぼす波長の影響．環動昆，**22**(4): 185-190.

Ohmura, W., Matsunaga, H., Yoshimura, T., Suzuki, Y. & Imaseki, H. (2007): Zinc distribution on the mandible cutting edges of two drywood termites, *Incisitermes minor* and *Cryptotermes domesticus* (Isotera: Kalotermitidae). *Sociobiology*, **50**(3): 1035-1040.

大村和香子・桃原郁夫・木口 実・吉村 剛・竹松葉子・源済英樹・野村 崇・金田利之・三枝道生・前田恵史・谷川 充（2011）：異なる劣化環境下における日本産および外国産樹種の耐蟻性能．木材学会誌，**57**(1): 26-33.

Ohmura, W., Suzuki, Y., Imaseki, H., Ishikawa, T., Iso, H., Yoshimura, T. & Takemetsu*, Y. (2007): PIXE analysis on predominant elemental accumulation on the mandible of various termites. *International Journal of PIXE*, **17**(3/4): 113-118. [* error to Takematsu]

Ohmura, W., Takanashi, T. & Suzuki, Y. (2009): Behavioral analysis of tremulation and tapping of termites. *Sociobiology*, **54**(1): 269-274.

大村和香子・所 雅彦（2003）：海外より日本に侵入したシロアリ類．森林科学，(38): 7-9.

Ohsawa, M. (2004): Species richness of Cerambycidae in larch plantations and natural broad-leaved forests of the central mountainous region of Japan. *Forest Ecology and Management*, **189**: 375-385.

Ohsawa, M. (2008): Different effects of coarse woody material on the species diversity of three saproxylic beetle families (Cerambycidae, Melandryidae, and Curculionidae). *Ecological Research*, **23**(1): 11-20.

Ohtani, Y., Hazama, M. & Sameshima, K. (1997): Crucial chemical factors of the termiticidal activity of hinoki wood (*Chamaecyparis obtusa*) III: Contribution of α-terpinyl acetate to the termiticidal activity of hinoki wood. *Mokuzai Gakkaishi*, **43**(12): 1022-1029.

Ohya, E. & Kinuura, H. (2001): Close range sound communications of the oak platypodid beetle *Platypus quercivorus* (Murayama) (Coleoptera: Platypodidae). *Applied Entomology and Zoology*, **36**(3): 317-321.

岡部貴美子（2009）：キクイムシ関連ダニの系統と生態．日本森林学会誌，**91**(6): 461-468.

岡田充弘・中村克典（2008）：オオゾウムシ *Sipalinus gigas* (Fabricius)のアカマツ製材面への加害．日本森林学会誌，**90**(5): 306-308.

Okada, N., Katayama, Y., Nobuchi, T., Ishimaru, Y. & Aoki, A. (1993a): Trace elements in the stems of trees V: Comparisons of radial distributions among softwood stems. *Mokuzai Gakkaishi*, **39**(10): 1111-1118.

Okada, N., Katayama, Y., Nobuchi, T., Ishimaru, Y. & Aoki, A. (1993b): Trace elements in the stems of trees VI: Comparisons of radial distributions among hardwood stems. *Mokuzai Gakkaishi*, **39**(10): 1119-1127.

Okahisa, Y., Yoshimura, T., Imamura, Y., Fujiwara, Y. & Fujii, Y. (2005): Potential of termite attack against moso bamboo (*Phyllostachys pubescens* Mazel) in correlation with surface characteristics. *Japanese Journal of Environmental Entomology and Zoology*（環動昆），**16**(2): 85-89.

奥田清貴（1983）：スギカミキリ幼虫の加害とスギの状態．森林防疫，**32**(1): 8-11.

奥田素男（1969）：マツノマダラカミキリの休眠性．森林防疫，**18**(11): 204-205.

奥田宜生（1984）：静岡市周辺におけるヒラヤマコブハナカミキリの生態について．駿河の昆虫，(128): 3713-3720.
奥村敏夫（2014）：珍種の害虫調査事例．*Agreeable*，(30): 14-16.
奥谷禎一（1980）：建造物とハチ類．家屋害虫，(5/6): 60-63.
O'Leary, K., Hurley, J.E., Mackay, W. & Sweeney, J. (2003): Radial growth rate and susceptibility of *Picea rubens* Sarg. to *Tetropium fuscum* (Fabr.). *United States Department of Agriculture, Forest Service, General Technical Report, NE*, (311): 107-114.
Olien, W.C., Smith, B.J. & Hegwood, C.P., Jr. (1993): Grape root borer: A review of the life cycle and strategies for integrated control. *HortScience*, **28**(12): 1154-1156.
Oliveira, J.F.S., de Carvalho, J.P., de Souza, R.F.X.B. & Simão, M.M. (1976): The nutritional value of four species of insects consumed in Angola. *Ecology of Food and Nutrition*, **5**: 91-97.
Olson, C.A. (1991): Dinapate wrighti Horn, the giant palm borer (Coleoptera: Bostrichidae), reported from Arizona infesting *Phoenix dactylifera* L. *Coleopterists Bulletin*, **45**(3): 272-273.
大森一男（1958）：スギ林の幹材の奇病「ハチカミ」の害について：スギの幹材に現われる被害の概況について（第1報）．林業試験場試験研究報告，鳥取県林業試験場，(3): 73-84.
大長光 純・金子周平（1990）：福岡県におけるハラアカコブカミキリの発生消長と防除に関する研究．林業試験場時報，福岡県林業試験場，(37): 0-58.
Oppert, C., Klingeman, W.E., Willis, J.D., Oppert, B. & Jurat-Fuentes, J.L. (2010): Prospecting for cellulolytic activity in insect digestive fluids. *Comparative Biochemistry and Physiology, B*, **155**(2): 145-154.
Örlander, G., Nordlander, G., Wallertz, K. & Nordenhem, H. (2000): Feeding in the crowns of Scots pine trees by the pine weevil *Hylobius abietis*. *Scandinavian Journal of Forest Research*, **15**(2): 194-201.
Osbrink, W.L.A., Cornelius, M.L. & Lax, A.R. (2008): Effects of flooding on field populations of Formosan subterranean termites (Isoptera: Rhinotermitidae) in New Orleans, Louisiana. *Journal of Economic Entomology*, **101**(4): 1367-1372.
Osbrink, W.L.A. & Lax, A.R. (2002): Termite gallery characterization in living trees using digital resistograph technology. *Proceedings of the 4th International Conference on Urban Pests, Charleston* (S.C. Jones, J. Zhai & W.H. Robinson, eds.). Pocahontas Press, Inc., Blacksburg: 251-257.
Oshima, M. (1923): White ants injurious to wooden structures and methods of preventing their ravages. *Proceedings of the Pan-Pacific Science Congress, Australia, 1923, Volume 1* (G. Lightfoot, ed.): 332-341.
Osmaston, H.A. (1951): The termite and its uses for food. *Uganda Journal*, **15**: 80-83, plt.
Oso, B.A. (1975): Mushrooms and the Yoruba people on Nigeria. *Mycologia*, **67**(2): 311-319.
Osono, T. (2007): Ecology of ligninolytic fungi associated with leaf litter decomposition. *Ecological Research*, **22**(6): 955-974.
大谷吉雄（1979）：沖縄石垣島で採集したオオシロアリタケ．日本菌学会会報，**20**(2): 195-202.
O'Toole, D.V., Robinson, P.A. & Myerscough, M.R. (1999): Self-organized criticality in termite architecture: A Role for crowding in ensuring ordered nest expansion. *Journal of Theoretical Biology*, **198**(3): 305-327.
大塚哲郎・川上裕司（2012）：超音波を用いた木材中の虫害痕の探知と駆除への応用．都市有害生物管理，**2**(2): 91-97.
Ovington, J.D. (1957): The volatile matter, organic carbon and nitrogen contents of tree species grown in close stands. *New Phytologist*, **56**(1): 1-11, Table page.
Owen, D.R., Lindahl, K.Q., Wood, D.L. & Parmeter, J.R., Jr. (1987): Pathogenicity of fungi isolated from *Dendroctonus valens*, *D. brevicomis*, and *D. ponderosae* to ponderosa pine seedlings. *Phytopathology*, **77**(4): 631-636.
Owen, D.R., Wood, D.L. & Parmeter, J.R., Jr. (2005): Association between *Dendroctonus valens* and black stain root disease on ponderosa pine in the Sierra Nevada of California. *Canadian Entomologist*, **137**(3): 367-375.
Owens, C.B., Su, N.-Y., Husseneder, C., Riegel, C. & Brown, K.S. (2012): Molecular genetic evidence of Formosan subterranean termite (Isoptera: Rhinotermitidae) colony survivorship after prolonged inundation. *Journal of Economic Entomology*, **105**(2): 518-522.
Oyarzun, S.E., Crawshaw, G.J. & Valdes, E.V. (1996): Nutrition of the tamandua I: Nutrient composition of termites (*Nasutitermes* spp.) and stomach contents from wild tamanduas (*Tamandua tetradactyla*). *Zoo Biology*, **15**(5): 509-524.
Paim, U. & Beckel, W.E. (1960): A practical method for rearing *Monochamus scutellatus* (Say) and *M. notatus* (Drury) (Coleoptera: Cerambycidae). *Canadian Entomologist*, **92**(11): 875-878.
Paim, U. & Beckel, W.E. (1963): Seasonal oxygen and carbon dioxide content of decaying wood as a component of the microenvironment of *Orthosoma brunneum* (Forster) (Coleoptera: Cerambycidae). *Canadian Journal of Zoology*, **41**(6): 1133-1147.
Paim, U. & Beckel, W.E. (1964a): The carbon dioxide related behavior of the adults of *Orthosoma brunneum* (Forster) (Coleoptera, Cerambycidae). *Canadian Journal of Zoology*, **42**(2): 295-304.
Paim, U. & Beckel, W.E. (1964b): The behavior of the larvae of *Orthosoma brunneum* (Forster) (Coleoptera, Cerambycidae) in relation to gases found in the logs inhabited by the larvae. *Canadian Journal of Zoology*, **42**(3): 327-353.
Paine, T.D. (2002): Host tree resistance to wood-boring insects. *Mechanisms and Deployment of Resistance in Trees to Insects* (M.R. Wagner, K.M. Clancy, F. Lieutier & T.D. Paine, eds.). Kluwer Academic Publishers, Dordrecht: 131-136.
Paine, T.D. & Baker, F.A. (1993): Abiotic and biotic predisposition. *Beetle−Pathogen Interactions in Conifer Forests* (T.D. Schowalter & G.M. Filip, eds.). Academic Press, London: 61-79.
Paine, T.D., Birch, M.C. & Švihra, P. (1981): Niche breadth and resource partitioning by four sympatric species. *Oecologia*, **48**(1): 1-6.
Paine, T.D., Millar, J.G. & Hanks, L.M. (1995): Integrated program protects trees from eucalyptus longhorned borer. *California Agriculture*, **49**(1): 34-37.
Paine, T.D., Millar, J.G., Paine, E.O. & Hanks, L.M. (2001): Influence of host log age and refuge from natural enemies on colonization and survival of *Phoracantha semipunctata*. *Entomologia Experimentalis et Applicata*, **98**(2): 157-163.

Paine, T.D., Raffa, K.E. & Harrington, T.C. (1997): Interactions among scolytid bark beetles, their associated fungi, and live host conifers. *Annual Review of Entomology*, **42**: 179-206.

Paine, T.D. & Stephen, F.M. (1987): Fungi associated with the southern pine beetle: Avoidance of induced defense response in loblolly pine. *Oecologia*, **74**(3): 377-379.

Paiva, M.R., Mateus, E. & Farrall, M.H. (1993): Chemical ecology of *Phoracantha semipunctata* (Col., Cerambycidade[sic]): Potential role in Eucalyptus pest management. *IOBC/WPRS Bulletin*, **16**(10): 72-77.

Pajares, J.A., Álvarez, G., Ibeas, F., Gallego, D., Hall, D.R. & Farman, D.I. (2010): Identification and field activity of a male-produced aggregation pheromone in the pine sawyer beetle, *Monochamus galloprovincialis*. *Journal of Chemical Ecology*, **36**(6): 570-583.

Palanti, S., Pizzo, B., Feci, E., Fiorentino, L. & Torniai, A.M. (2010): Nutritional requirements for larval development of the dry wood borer *Trichoferus holosericeus* (Rossi) in laboratory cultures. *Journal of Pest Science*, **83**(2): 157-164.

Palm, T. (1959): Die Holz- und Rinden-Käfer der süd- und mittelschwedischen Laubbäume. *Opuscula Entomologica Supplementum*, **16**: 1-421.

Pande, Y.D. & Berthet, P. (1973): Studies on the food and feeding habits of soil Oribatei in a black pine plantation. *Oecologia*, **12**(4): 413-426.

Paoletti, M.G., Buscardo, E., Vanderjagt, D.J., Pastuszyn, A., Pizzoferrato, L., Huang, Y.-S., Chuang, L.-T., Glew, R.H., Millson, M. & Cerda, H. (2003): Nutrient content of termites (*Syntermes* soldiers) consumed by Makiritare Amerindians of the Alto Orinoco of Venezuela. *Ecology of Food and Nutrition*, **42**(2): 177-191.

Papp, R.P. & Samuelson, G.A. (1981): Life history and ecology of *Plagithmysus bilineatus*, an endemic Hawaiian borer associated with ohia lehua (Myrtaceae). *Annals of the Entomological Society of America*, **74**(4): 387-391.

Park, D.-S., Oh, H.-W., Bae, K.S., Kim, H., Heo, S.-Y., Kim, N., Seol, K.-Y. & Park, H.-Y. (2007a): [Screening of bacteria producing lipase from insect gut: Isolation and characterization of a strain, *Burkholderia* sp. HY-10 producing lipase.] 韓国応用昆虫学会誌 (*Korean Journal of Applied Entomology*), **46**(1): 131-139. [韓国語＋英文要旨]

Park, D.-S., Oh, H.-W., Jeong, W.-J., Kim, H., Park, H.-Y. & Bae, K.-S. (2007b): A culture-based study of the bacterial communities within the guts of nine longicorn beetle species and their exo-enzyme producing properties for degrading xylan and pectin. *Journal of Microbiology*, **45**(5): 394-401.

Park, O., Auerbach, S. & Corley, G. (1950): The tree-hole habitat with emphasis on the pselaphid beetle fauna. *Bulletin of the Chicago Academy of Sciences*, **9**(2): 19-57.

Park, Y.I. & Raina, A.K. (2005): Light sensitivity in workers and soldiers of the Formosan subterranean termite, *Coptotermes formosanus* (Isoptera: Rhinotermitidae). *Sociobiology*, **45**(2): 367-376.

Parker, K.G., Hagmann, L.E., Collins, D.L., Tyler, L.J., Dietrich, H. & Ozard, W.E. (1948): The association of *Hylurgopinus rufipes* with the Dutch elm disease pathogen. *Journal of Agricultural Research*, **76**(7/8): 175-183.

Parkerson, R.H. & Whitmore, F.W. (1972): A correlation of stem sugars, starch, and lipid with wood formation in eastern white pine. *Forest Science*, **18**(3): 178-183.

Parkin, E.A. (1936): A study of the food relations of the *Lyctus* powder-post beetles. *Annals of Applied Biology*, **23**(2): 369-400, pl.16.

Parkin, E.A. (1940): The digestive enzymes of some wood-boring beetle larvae. *Journal of Experimental Biology*, **17**(4): 364-377.

Parkin, E.A. (1941): Symbiosis in larval Siricidæ (Hymenoptera). *Nature*, **147**(3724): 329.

Parkin, E.A. (1943): The moisture content of timber in relation to attack by *Lyctus* powder-post beetles. *Annals of Applied Biology*, **30**(2): 136-142.

Paro, C.M., Arab, A. & Vasconcellos, J., neto (2011): The host-plant range of twig-girdling beetles (Coleoptera: Cerambycidae: Lamiinae: Onciderini) of the Atlantic rainforest in southeastern Brazil. *Journal of Natural History*, **45**(27/28): 1649-1665.

Pasti, M.B. & Belli, M.L. (1985): Cellulolytic activity of Actinomycetes isolated from termites (Termitidae) gut. *FEMS Microbiology Letters*, **26**(1): 107-112.

Pasti, M.B., Pometto, A.L., III, Nuti, M.P. & Crawford, D.L. (1990): Lignin-solubilizing ability of Actinomycetes isolated from termite (Termitidae) gut. *Applied and Environmental Microbiology*, **56**(7): 2213-2218.

Pathak, A.N. & Lehri, L.K. (1959): Studies on termite nests I: Chemical, physical and biological characteristics of a termitarium in relation to its surroundings. *Journal of the Indian Society of Soil Science*, **7**(2): 87-90.

Paton, R. & Creffield, J.W. (1987): The tolerance of some timber insect pests to atmospheres of carbon dioxide and carbon dioxide in air. *International Pest Control*, **29**(1): 10-12.

Patricolo, E., Villa, L. & Arizzi, M. (2002): TEM observations on symbionts of *Joenia annectens* (Flagellata Hypermastigida). *Journal of Natural History*, **35**(4): 471-480.

Patterson, J.E. (1930): Control of the mountain pine beetle in lodgepole pine by the use of solar heat. *Technical Bulletin, United States Department of Agriculture*, (195): 1-19.

Pauchet, Y., Kirsch, R., Giraud, S., Vogel, H. & Heckel, D.G. (2014): Identification and characterization of plant cell wall degrading enzymes from three glycoside hydrolase families in the cerambycid beetle *Apriona japonica*. *Insect Biochemistry and Molecular Biology*, **49**: 1-13.

Pauchet, Y., Wilkinson, P., Chauhan, R. & ffrench-Constant*, R.H. (2010): Diversity of beetle genes encoding novel plant cell wall degrading enzymes. *PLoS ONE*, **5(12-e15635)**: 1-8. [* 小文字で始まる特殊名字]

Paul, J., Sarkar, A. & Varma, A. (1986): In vitro studies of cellulose digesting properties of *Staphylococcus saprophyticus* isolated from termite gut. *Current Science*, **55**(15): 710-714.

Paulino, H.F., neto, Romero, G.Q. & Vasconcellos, J., neto (2005): Interactions between *Oncideres humeralis* Thomson (Coleoptera:

Cerambycidae) and Melastomataceae: Host-plant selection and patterns of host use in South-East Brazil. *Neotropical Entomology*, **34**(1): 7-14.

Pavlović, R., Grujić, M., Dojnov, B., Vujčić, M., Nenadović, V., Ivanović, J. & Vujčić, Z. (2012): Influence of nutrient substrates on the expression of cellulases in *Cerambyx cerdo* L. (Coleoptera: Cerambycidae) larvae. *Archives of Biological Sciences*, **64**(2): 757-765.

Payne, N.M. (1931): Food requirements for the pupation of two coleopterous larvae, *Synchroa punctata* Newm. and *Dendroides canadensis* Lec. (Melandryidae, Pyrochroidae). *Entomological News*, **42**: 13-15.

Peake, F.G.G. (1953): On a bostrychid wood-borer in the Sudan. *Bulletin of Entomological Research*, **44**(2): 317-325.

Pearce, M.J. (1987): Seals, tombs, mummies and tunnelling in the drywood termite *Cryptotermes* (Isoptera: Kalotermitidae). *Sociobiology*, **13**(3): 217-226.

Pearce, R.B. (1996): Antimicrobial defenses in the wood of living trees. *New Phytologist*, **132**(2): 203-233.

Pechacek, P. & Kristin, A. (2004): Comparative diets of adult and young three-toed woodpeckers in a European alpine forest community. *Journal of Wildlife Management*, **68**(3): 683-693.

Pechuman, L.L. (1938): A preliminary study of the biology of *Scolytus sulcatus* LeC. *Journal of Economic Entomology*, **31**(4): 537-543.

Peklo, J. (1946): Symbiosis of *Azotobacter* with insects. *Nature*, **158**(4022): 795-796.

Peklo, J. & Satava, J. (1949): Fixation of free nitrogen by bark beetles. *Nature*, **163**(4139): 336-337.

Peleg, B. & Norris, D.M. (1972): Bacterial symbiote activation of insect parthenogenetic reproduction. *Nature, New Biology*, **236**(65): 111-112.

Pellens, R., D'Haese, C.A., Bellés, X., Piulachs, M.-D., Legendre, F., Wheeler, W.C. & Grandcolas, P. (2007): The evolutionary transition from subsocial to eusocial behaviour in Dictyoptera: Phylogenetic evidence for modification of the "shift-in-dependent-care" hypothesis with a new subsocial cockroach. *Molecular Phylogenetics and Evolution*, **43**(2): 616-626.

Peltonen, M. (1999): Windthrows and dead-standing trees as bark beetle breeding material at forest-clearcut edge. *Scandinavian Journal of Forest Research*, **14**(6): 505-511.

Pemberton, C.E. (1928): Nematodes associated with termites in Hawaii, Borneo and Celebes. *Proceedings of the Hawaiian Entomological Society*, **7**(1): 148-150.

Peña, J. & Grace, J. (1986): Water relations and ultrasound emissions of *Pinus sylvestris* L. before, during and after a period of water stress. *New Phytologist*, **103**(3): 515-524.

Penas, A.C., Bravo, M.A., Naves, P., Bonifácio, L., Sousa, E. & Mota, M. (2006): Species of *Bursaphelenchus* Fuchs, 1937 (Nematoda: Parasitaphelenchidae) and other nematode genera associated with insects from *Pinus pinaster* in Portugal. *Annals of Applied Biology*, **148**(2): 121-131.

Pence, R.J. (1956): The tolerance of the drywood termite, *Kalotermes minor* Hagen, to desiccation. *Journal of Economic Entomology*, **49**(4): 553-554.

Pereira, C.R.D., Anderson, N.H. & Dudley, T. (1982): Gut content analysis of aquatic insects from wood substrates. *Melanderia*, **39**: 23-33.

Peris, D., Delclòs, X., Soriano, C. & Perrichot, V. (2014): The earliest occurrence and remarkable stasis of the family Bostrichidae (Coleoptera: Polyphaga) in Cretaceous Charentes amber. *Palaeontologia Electronica*, **17(1-14A)**: 1-8.

Perna, A., Jost, C., Couturier, E., Valverde, S., Douady, S. & Theraulaz, G. (2008b): The structure of gallery networks in the nests of termite *Cubitermes* spp. revealed by X-ray tomography. *Naturwissenschaften*, **95**(9): 877-884.

Perna, A., Jost, C., Valverde, S., Gautrais, J., Theraulaz, G. & Kuntz, P. (2008a): The topological fortress of termites. *Lecture Notes in Computer Science*, (5151): 165-173.

Pershing, J.C. & Linit, M.J. (1986): Biology of *Monochamus carolinensis* (Coleoptera: Cerambycidae) on Scotch pine in Missouri. *Journal of the Kansas Entomological Society*, **59**(4): 706-711.

Peters, B.C., Creffield, J.W. & Eldridge, R.H. (2002): Lyctine (Coleoptera: Bostrichidae) pests of timber in Australia: A literature review and susceptibility testing protocol. *Australian Forestry*, **65**(2): 107-119.

Peters, B.C. & Fitzgerald, C.J. (2004): Field exposure of *Pinus* heartwoods to subterranean termite damage (Isoptera: Rhinotermitidae, Mastotermitidae). *Australian Forestry*, **67**(2): 75-81.

Peterson, C.J. (2010): Review of termite forest ecology and opportunities to investigate the relationship of termites to fire. *Sociobiology*, **56**(2): 313-352.

Peterson, C.J. & Gerard, P.D. (2008): Two new termite (Isoptera: Rhinotermitidae) feeding indexes for woods of varying palatability. *Midsouth Entomologist*, **1**(1): 11-16.

Peterson, C.J., Gerard, P.D. & Wagner, T.L. (2008): Charring does not affect wood infestation by subterranean termites. *Entomologia Experimentalis et Applicata*, **126**(1): 78-84.

Pettersen, R.C. (1984): The chemical composition of wood. *Advances in Chemistry Series*, **207**: 57-126.

Pettersson, E.M. (2001): Volatile attractants for three pteromalid parasitoids attacking concealed spruce bark beetles. *Chemoecology*, **11**(2): 89-95.

Pettersson, E.M., Birgersson, G. & Witzgall, P. (2001): Synthetic attractants for the bark beetle parasitoid *Coeloides bostrichorum* Giraud (Hymenoptera: Braconidae). *Naturwissenschaften*, **88**(2): 88-91.

Pew, J.C. & Weyna, P. (1962): Fine grinding, enzyme digestion, and the lignin–cellulose bond in wood. *Tappi*, **45**(3): 247-256.

Phelps, R.J., Struthers, J.K. & Mayo, S.J.L. (1975): Investigations into the nutritive value of *Macrotermes falciger* (Isoptera: Termitidae). *Zoologica Africana*, **10**(2): 123-132.

Philips, T.K. (2000): Phylogenetic analysis of the New World Ptininae (Coleoptera: Bostrichoidea). *Systematic Entomology*, **25**(2): 235-262.

Phillips, E.C. & Kilambi, R.V. (1994): Use of coarse woddy debris by Diptera in Ozark streams, Arkansas. *Journal of the North American Benthological Society*, **13**(2): 151-159.

Phillips, M.A. & Croteau, R.B. (1999): Resin-based defenses in conifers. *Trends in Plant Science*, **4**(5): 184-190.

Phillips, T.W. (1990): Attraction of *Hylobius pales* (Herbst) (Coleoptera: Curculionidae) to pheromones of bark beetles (Coleoptera: Scolytidae). *Canadian Entomologist*, **122**(5/6): 423-427.

Piavaux, A. & Desière, M. (1974): β-glycanases du tube digestif de deux coléoptères lamellicornes: *Geotrupes stercorarius* (L.) (Geotrupidae) et *Oryctes nasicornis* (L.) (Scarabaeidae). *Bulletin d'Écologie*, **5**(1): 1-6.

Piechowski, B. & Mannesmann, R. (1988): Cellulolytische Leistungen einiger Bakterien-Arten aus Termitengärkammern. *Zeitschrift für Angewandte Zoologie*, **75**: 441-453.

Pimentel, C.S., Ayres, M.P., Vallery, E., Young, C. & Streett, D.A. (2014): Geographical variation in seasonality and life history of pine sawyer beetles *Monochamus* spp.: Its relationship with phoresy by the pinewood nematode *Bursaphelenchus xylophilus*. *Agricultural and Forest Entomology*, **16**(2): 196-206.

Pinzon, O.P., Houseman, R.M. & Starbuck, C.J. (2006): Feeding, weight change, survival, and aggregation of *Reticulitermes flavipes* (Kollar) (Isoptera: Rhinotermitidae) in seven varieties of differentially-aged mulch. *Journal of Environmental Horticulture*, **24**(1): 1-5.

Piskorski, R., Hanus, R., Vašíčková, S., Cvačka, J., Šobotník, J., Svatoš, A. & Valterová, I. (2007): Nitroalkenes and sesquiterpene hydrocarbons from the frontal gland of three *Prorhinotermes* termite species. *Journal of Chemical Ecology*, **33**(9): 1787-1794.

Pitman, A.J., Jones, E.B.G., Jones, M.A. & Oevering, P. (2003): An overview of the biology of the wharf borer beetle (*Nacerdes melanura* L., Oedemeridae) a pest of wood in marine structures. *Biofouling*, **19(suppl.)**: 239-248.

Pittman, G.W., Brumbley, S.M., Allsopp, P.G. & O'Neill, S.L. (2008): "Endomicrobia" and other bacteria associated with the hindgut of *Dermolepida albohirtum* larvae. *Applied and Environmental Microbiology*, **74**(3): 762-767.

Plaza, T.G.D., Carrijo, T.F. & Cancello, E.M. (2014): Nest plasticity of *Cornitermes silvestrii* (Isoptera, Termitidae, Syntermitinae) in response to flood pulse in the Pantanal, Mato Grosso, Brazil. *Revista Brasileira de Entomologia*, **58**(1): 66-70.

Pochon, J. (1939): Flore bactérienne cellulolytique du tube digestif de larves xylophages. *Comptes Rendus Hebdomadaires des Séances de l'Académie des Science*, **208**: 1684-1686.

Poinar, G.O., Jr. (2009): Description of an early Cretaceous termite (Isoptera: Kalotermitidae) and its associated intestinal protozoa, with comments on their co-evolution. *Parasites & Vectors*, **2(1-12)**: 1-17.

Poland, T.M. & Borden, J.H. (1994): Attack dynamics of *Ips pini* (Say) and *Pityogenes knechteli* (Swaine) (Col., Scolytidae) in windthrown lodgepole pine trees. *Journal of Applied Entomology*, **117**(5): 434-443.

Poland, T.M., Borden, J.H., Stock, A.J. & Chong, L.J. (1998b): Green leaf volatiles disrupt responses by the spruce beetle, *Dendroctonus rufipennis*, and the western pine beetle, *Dendroctonus brevicomis* (Coleoptera: Scolytidae) to attrantant-baited traps. *Journal of the Entomological Society of British Columbia*, **95**: 17-24.

Poland, T.M. & Haack, R.A. (2000): Pine shoot beetle, *Tomicus piniperda* (Col., Scolytidae), responses to common green leaf volatiles. *Journal of Applied Entomology*, **124**(2): 63-69.

Poland, T.M., Haack, R.A. & Petrice, T.R. (1998a): Chicago joins New York in battle with the Asian longhorned beetle. *Newsletter of the Michigan Entomological Society*, **43**(4): 15-17.

Poland, T.M., Haack, R.A., Petrice, T.R., Miller, D.L., Bauer, L.S. & Gao, R. (2006): Field evaluations of systemic insecticides for control of *Anoplophora glabripennis* (Coleoptera: Cerambycidae) in China. *Journal of Economic Entomology*, **99**(2): 383-392.

Poland, T.M. & McCullough, D.G. (2006): Emerald ash borer: Invasion of the urban forest and the threat to North America's ash resource. *Journal of Forestry*, **104**(3): 118-124.

Polk, K.L. & Ueckert, D.N. (1973): Biology and ecology of a mesquite twig girdler, *Oncideres rhodosticta*, in west Texas. *Annals of the Entomological Society of America*, **66**(2): 411-417.

Pollock, D.A. (1988): A technique for rearing subcortical Coleoptera larvae. *Coleopterists Bulletin*, **42**(4): 311-312.

Pollock, D.A. & Normark, B.B. (2002): The life cycle of *Micromalthus debilis* LeConte (1878) (Coleoptera: Archostemata: Micromalthidae): Historical review and evolutionary perspective. *Journal of Zoological Systematics and Evolutionary Research*, **40**(2): 105-112.

Положенцев, П. (Polozhentzev, P.) (1929): К биологии *Spondylis buprestoides* L. (Zur Biologie von *Spondylis buprestoides* L.) Русское Энтомологическое Обозрение (*Revue Russe d'Entomologie*), **23**(1/2): 48-59.

Pomerantz, C. (1955): The fabulous and destructive carpenter ant. *Pest Control*, **23**(10): 9-10, 14, 64, 66, 68, 70-71.

Ponomarenko, A.G. (2003): Ecological evolution of beetles (Insecta: Coleoptera). *Acta Zoologica Cracoviensia*, **46(suppl.)**: 319-328.

Pook, E.W., Costin, A.B. & Moore, C.W.E. (1966): Water stress in native vegetation during the drought of 1965. *Australian Journal of Botany*, **14**(1): 257-267, plts. 1-3.

Popp, M.P. & Johnson, J.D. (1990): The role of ethylene in the host response of slash pine to beetle-vectored fungi. *British Society for Plant Growth Regulation Monograph*, (20): 185-193.

Popp, M.P., Johnson, J.D. & Lesney, M.S. (1995): Changes in ethylene production and monoterpene concentration in slash pine and loblolly pine following inoculation with bark beetle vectored fungi. *Tree Physiology*, **15**(12): 807-812.

Postner, M. (1954): Zur Biologie und Bekämpfung des kleinen Pappelbockes *Saperda populnea* L. (Cerambycidae). *Zeitschrift für Angewandte Entomologie*, **36**(2): 156-177.

Postner, M. (1955): Ungewöhnliche Schäden durch Holzwespen (Siricidae, Hym.). *Anzeiger für Schädlingskunde*, **28**(7): 103-104.

Potrikus, C.J. & Breznak, J.A. (1981): Gut bacteria recycle uric acid nitrogen in termites: A strategy for nutrient conservation.

Proceedings of the National Academy of Sciences of the United States of America, **78**(7): 4601-4605.

Potter, C. (1935): The biology and distribution of *Rhizopertha dominica* (Fab.). *Transactions of the Royal Entomological Society of London*, **83**(4): 449-482.

Powell, J.M. (1967): A study of habitat temperatures of the bark beetle *Dendroctonus ponderosae* Hopkins in lodgepole pine. *Agricultural Meteorology*, **4**: 189-201.

Pranter, W. (1960): Untersuchungen über die Ernährungsphysiologie von *Bostrychus capucinus* L. (Coleopt., Fam. Bostrychidae). *Zeitschrift für Angewandte Zoologie*, **47**(4): 385-430.

Prasad, E.A.V. & Narayana, A.C. (1981): Magnetic orientation in termite mounds. *Current Science*, **50**(13): 588-589.

Prasad, E.A.V. & Saradhi, D.V. (1984): Termite mounds in geochemical prospecting. *Current Science*, **53**(12): 649-651.

Preiss, F.J. & Catts, E.P. (1968): The mechanical breakdown of hardwood in the laboratory by *Popilius disjunctus* (Coleoptera: Passalidae). *Journal of the Kansas Entomological Society*, **41**(2): 240-242.

Preston, A.F., Erbisch, F.H., Kramm, K.R. & Lund, A.E. (1982): Developments in the use of biological control for wood preservation. *Proceedings, Annual Meeting of the American Wood-Preservers' Association*, **78**: 53-61.

Preston, C.M. & Schmidt, M.W.I. (2006): Black (pyrogenic) carbon: A synthesis of current knowledge and uncertainties with special consideration of boreal regions. *Biogeosciences*, **3**(4): 397-420.

Preston, R.D. (1979): Polysaccharide conformation and cell wall function. *Annual Review of Plant Physiology*, **30**: 55-78.

Prestwich, G.D. (1984): Defense mechanisms of termites. *Annual Review of Entomology*, **29**: 201-232.

Prestwich, G.D., Bentley, B.L. & Carpenter, E.J. (1980): Nitrogen sources for Neotropical nasute termites: Fixation and selective foraging. *Oecologia*, **46**(3): 397-401.

Pricer, J.L. (1908): The life history of the carpenter ant. *Biological Bulletin of the Marine Biological Laboratory*, **14**(3): 177-218.

Přikryl, Z.B., Turčáni, M. & Horák, J. (2012): Sharing the same space: Foraging behaviour of saproxylic beetles in relation to dietary components of morphologically similar larvae. *Ecological Entomology*, **37**(2): 117-123.

Prillinger, H., Messner, R., König, H., Bauer, R., Lopandic, K., Molnar, O., Dangel, P., Weigang, F., Kirisits, T., Nakase, T. & Siegler, L. (1996): Yeasts associated with termites: A phenotypic and genotypic characterization and use of coevolution for dating evolutionary radiations in Asco- and Basidiomycetes. *Systematic and Applied Microbiology*, **19**(2): 265-283.

Pringle, J.A. (1938): A contribution to the knowledge of *Micromalthus debilis* LeC. (Coleoptera). *Transactions of the Royal Entomological Society of London*, **87**(12): 271-286, plt. 1.

Prins, R.A. & Kreulen, D.A. (1991): Comparative aspects of plant cell wall digestion in insects. *Animal Feed Science and Technology*, **32**(1/3): 101-118.

Prosoroff, S.S. (1931): Der Bockkäfer *Monochamus quadrimaculatus* Motsch. als Schädling der sibirischen Tanne, *Abies sibirica* Led. *Zeitschrift für Angewandte Entomologie*, **17**(1): 182-184.

Purdy, K.J. (2007): The distribution and diversity of Euryarchaeota in termite guts. *Advances in Applied Microbiology*, **62**: 63-80.

Puritch, G.S. & Johnson, R.P.C. (1971): Effects of infestation by the balsam woolly aphid, *Adelges piceae* (Ratz.) on the ultrastructure of bordered-pit membranes of grand fir, *Abies grandis* (Doug.) Lindl. *Journal of Experimental Botany*, **22**(73): 953-958, plts. 1-4.

Putchkov, A.V. & Dolin, V.G. (2005): Description of the larva of the tiger beetle *Pogonostoma majunganum* (Coleoptera, Cicindelidae). *Vestnik Zoologii*, **39**(1): 35-38.

Putz, F.E. & Chan, H.T. (1986): Tree growth, dynamics, and productivity in a mature mangrove forest in Malaysia. *Forest Ecology and Management*, **17**(2/3): 211-230.

Radek, R. (1999): Flagellates, bacteria, and fungi associated with termites: diversity and function in nutrition: A review. *Ecotropica*, **5**(2): 183-196.

Rademacher, P., Bauch, J. & Shigo, A.L. (1984): Characteristics of xylem formed after wounding in *Acer*, *Betula*, and *Fagus*. *IAWA Bulletin, New Series*, **5**(2): 141-151.

Raffa, K.F. (1989): Genetic engineering of trees to enhance resistance to insects. *BioScience*, **39**(8): 524-534.

Raffa, K.F. (2001): Mixed messages across multiple trophic levels: The ecology of bark beetle chemical communication systems. *Chemoecology*, **11**(2): 49-65.

Raffa, K.F., Aukema, B.H., Bentz, B.J., Carroll, A.L., Hicke, J.A., Turner, M.G. & Romme, W.H. (2008): Cross-scale drivers of natural disturbances prone to anthropogenic amplification: The dynamics of bark beetle eruptions. *BioScience*, **58**(6): 501-517.

Raffa, K.F. & Berryman, A.A. (1983): The role of host plant resistance in the colonization behavior and ecology of bark beetles (Coleoptera: Scolytidae). *Ecological Monographs*, **53**(1): 27-49.

Raffa, K.F. & Berryman, A.A. (1987): Interacting selective pressures in conifer–bark beetle systems: A basis for reciprocal adaptations? *American Naturalist*, **129**(2): 234-262.

Raffa, K.F., Phillips, T.W. & Salom, S.M. (1993): Strategies and mechanisms of host colonization by bark beetles. *Beetle–Pathogen Interactions in Conifer Forests* (T.D. Schowalter & G.M. Filip, eds.). Academic Press, London: 103-128.

Raina, A., Park, Y.I. & Gelman, D. (2008): Molting in workers of the Formosan subterranean termite *Coptotermes formosanus*. *Journal of Insect Physiology*, **54**(1): 155-161.

Raina, A.K., Park, Y.I. & Lax, A. (2004): Defaunation leads to cannibalism in primary reproductives of the Formosan subterranean termite, *Coptotermes formosanus* (Isoptera: Rhinotermitidae). *Annals of the Entomological Society of America*, **97**(4): 753-756.

Ramírez-Martínez, M., de Alba-Avila, A. & Ramírez-Zurbía, R. (1994): Discovery of the larger grain borer in a tropical deciduous forest in Mexico. *Journal of Applied Entomology*, **118**(4): 354-360.

Ranaweera, D.J.W. (1962): Termites on Ceylon tea estates. *Tea Quarterly*, **33**(2): 88-103, 6 plts.

Ranger, C.M., Reding, M.E., Gandhi, K.J.K., Oliver, J.B., Schultz, P.B., Cañas, L. & Herms, D.A. (2011): Species dependent influence of (−)-α-pinene on attraction of ambrosia beetles (Coleoptera: Curculionidae: Scolytinae) to ethanol-baited traps in nursery agroecosystems. *Journal of Economic Entomology*, **104**(2): 574-579.

Ranger, C.M, Reding, M.E., Persad, A.B. & Herms, D.A. (2010): Ability of stress-related volatiles to attract and induce attacks by *Xylosandrus germanus* and other ambrosia beetles. *Agricultural and Forest Entomology*, **12**(2): 177-185.

Ranger, C.M., Reding, M.E., Schultz, P.B. & Oliver, J.B. (2013): Influence of flood-stress on ambrosia beetle host-selection and implications for their management in a changing climate. *Agricultural and Forest Entomology*, **15**(1): 56-64.

Ranius, T. & Jansson, N. (2000): The influence of forest regrowth, original canopy cover and tree size on saproxylic beetles associated with old oaks. *Biological Conservation*, **95**(1): 85-94.

Ranius, T., Niklasson, M. & Berg, N. (2009): Development of tree hollows in pedunculate oak (*Quercus robur*). *Forest Ecology and Management*, **257**(1): 303-310.

Ranius, T. & Nilsson, S.G. (1997): Habitat of *Osmoderma eremita* Scop. (Coleoptera: Scarabaeidae), a beetle living in hollow trees. *Journal of Insect Conservation*, **1**(4): 193-204.

Rankin, L.J. & Borden, J.H. (1991): Competitive interactions between the mountain pine beetle and the pine engraver in lodgepole pine. *Canadian Journal of Forest Research*, **21**(7): 1029-1036.

Ransom-Jones, E., Jones, D.L., McCarthy, A.J. & McDonald, J.E. (2012): The Fibrobacteres: An important phyllum of cellulose-degrading bacteria. *Microbial Ecology*, **63**(2): 267-281.

Rasmussen, S. (1958): On the response of *Hylotrupes* larvae to doses of cholesterol and other sterols. *Oikos*, **9**(2): 211-220.

Rasmussen, S. (1967): *Hylotrupes* (Col., Cerambycidae) in dead trees on Fårön, a Swedish island. *Entomologiske Meddelelser*, **35**: 223-226.

Rauh, J. & Schmitt, M. (1991): Methodik und Ergebnisse der Totholzforschung in Naturwaldreservaten. *Forstwissenschaftliches Centralblatt*, **110**: 114-127.

Raychoudhury, R., Sen, R., Cai, Y., Sun, Y., Lietze, V.-U., Boucias, D.G. & Scharf, M.E. (2013): Comparative metatranscriptomic signatures of wood and paper feeding in the gut of the termite *Reticulitermes flavipes* (Isoptera: Rhinotermitidae). *Insect Molecular Biology*, **22**(2): 155-171.

Raymond, F.L. & Reid, J. (1961): Dieback of balsam fir in Ontario. *Canadian Journal of Botany*, **39**(2): 233-251.

Rayner, A.D.M. & Todd, N.K. (1979): Population and community structure and dynamics of fungi in decaying wood. *Advances in Botanical Research*, **7**: 333-420, plts. 1.

Reay, S.D., Thwaites, J.M., Farrell, R.L. & Walsh, P.J. (2001): The role of the bark beetle, *Hylastes ater* (Coleoptera: Scolytidae), as a sapstain fungi vector to *Pinus radiata* seedlings: A crisis for the New Zealand forestry industry? *Integrated Pest Management Reviews*, **6**(3/4): 283-291.

Rebek, E.J., Herms, D.A. & Smitley, D.R. (2008): Interspecific variation in resistance to emerald ash borer (Coleoptera: Buprestidae) among North American and Asian ash (*Fraxinus* spp.). *Environmental Entomology*, **37**(1): 242-246.

Reddy, C.A. (1984): Physiology and biochemistry of lignin degradation. *Current Perspectives in Microbial Ecology* (M.J. Klug & C.A. Reddy, eds.). American Society for Microbiology, Washington, D.C.: 558-571.

Reddy, G.V.P., Fettköther, R., Noldt, U. & Dettner, K. (2005): Enhancement of attraction and trap catches of the old-house borer, *Hylotrupes bajulus* (Coleoptera: Cerambycidae), by combination of male sex pheromone and monoterpenes. *Pest Management Science*, **61**(7): 699-704.

Redfern, D.B., Stoakley, J.T. & Steele, H. (1987): Dieback and death of larch caused by *Ceratocystis laricicola* sp. nov. following attack by *Ips cembrae*. *Plant Pathology*, **36**(4): 467-480.

Redford, K.H. (1982): Prey attraction as a possible function of bioluminescence in the larvae of *Pyrearinus termitilluminans* (Coleoptera: Elateridae). *Revista Brasileira de Zoologia*, **1**(1): 31-34.

Redford, K.H. (1984): The termitaria of *Cornitermes cumulans* (Isoptera: Termitidae) and their role in determining a potential keystone species. *Biotropica*, **16**(2): 112-119.

Redford, K.H. (1987): Ants and termites as food: Patterns of mammalian myrmecophagy. *Current Mammalogy*, **1**: 349-399.

Redford, K.H. & Dorea, J.G. (1984): The nutritional value of invertebrates with emphasis on ants and termites as food for mammals. *Journal of Zoology*, **203**(3): 385-395.

Rees, C.J.C. (1986): Skeletal economy in certain herbivorous beetles as an adaptation to a poor dietary supply of nitrogen. *Ecological Entomology*, **11**(2): 221-228.

Rees, D.P. (1991): The effect of *Teretriosoma nigrescens* Lewis (Coleoptera: Histeridae) on three species of storage Bostrichidae infesting shelled maize. *Journal of Stored Products Research*, **27**(1): 83-86.

Reeve, J.D., Anderson, F.E. & Kelly, S.T. (2012): Ancestral state reconstruction for *Dendroctonus* bark beetles: Evolution of a tree killer. *Environmental Entomology*, **41**(3): 723-730.

Reeve, J.D., Ayres, M.P. & Lorio, P.L., Jr. (1995): Host suitability, predation, and bark beetle population dynamics. *Population Dynamics: New Approaches and Synthesis* (N. Cappuccino & P.W. Price, eds.). Academic Press, San Diego: 339-357.

Reid, M.L. & Glubish, S.S. (2001): Tree size and growth history predict breeding densities of Douglas-fir beetles in fallen trees. *Canadian Entomologist*, **133**(5): 697-704.

Reid, M.L. & Robb, T. (1999): Death of vigorous trees benefits bark beetles. *Oecologia*, **120**(4): 555-562.

Reid, N.M., Addison, S.L., Macdonald, L.J. & Lloyd-Jones, G. (2011): Biodiversity of active and inactive bacteria in the gut flora of wood-feeding huhu beetle larvae (*Prionoplus reticularis*). *Applied and Environmental Microbiology*, **77**(19): 7000-7006.

Reid, R.W. (1957): The bark beetle complex associated with lodgepole pine slash in Alberta, Part IV: Distribution, population densities, and effects of several environmental factors. *Canadian Entomologist*, **89**(10): 437-447.

Reid, R.W. (1961): Moisture changes in lodgepole pine before and after attack by the mountain pine beetle. *Forestry Chronicle*,

37(4): 368-375, 403.

Reid, R.W. (1962): Biology of the mountain pine beetle, *Dendroctonus monticolae* Hopkins, in the East Kootenay Region of British Columbia, II: Behaviour in the host, fecundity, and internal changes in the female. *Canadian Entomologist*, **94**(6): 605-613.

Reid, R.W., Whitney, H.S. & Watson, J.A. (1967): Reactions of lodgepole pine to attack by *Dendroctonus ponderosae* Hopkins and blue stain fungi. *Canadian Journal of Botany*, **45**(7): 1115-1126, plts. 1-4.

Reinhard, J., Lacey, M.J., Ibarra, F., Schroeder, F.C., Kaib, M. & Lenz, M. (2002): Hydroquinone: A general phagostimulating pheromone in termites. *Journal of Chemical Ecology*, **28**(1): 1-14.

Reinhard, J., Quintana, A., Sreng, L. & Clément, J.-L. (2003): Chemical signals inducing attraction and alarm in European *Reticulitermes* termites (Isoptera, Rhinotermitidae). *Sociobiology*, **42**(3): 675-691.

Rejzek, M. & Vlásak, J. (2000): Larval nutrition and female oviposition preferences of *Necydalis ulmi* Chevrolat, 1838 (Coleoptera: Cerambycidae). *Biocosme Mésogéen, Nice*, **16**(1/2): 55-66.

Renwick, J.A.A., Hughes, P.R. & Krull, I.S. (1976a): Selective production of *cis*- and *trans*-verbenol from (−)- and (+)-α-pinene by a bark beetle. *Science*, **191**(4223): 199-201.

Renwick, J.A.A., Hughes, P.R., Pitman, G.B. & Vité, J.P. (1976b): Oxidation products of terpenes identified from *Dendroctonus* and *Ips* bark beetles. *Journal of Insect Physiology*, **22**(5): 725-727.

Renwick, J.A.A. & Vité, J.P. (1970): Systems of chemical communication in *Dendroctonus*. *Contributions from Boyce Thompson Institute*, **24**(13): 283-292.

Rexrode, C.O. & Jones, T.W. (1970): Oak bark beetles: Important vectors of oak wilt. *Journal of Forestry*, **68**(5): 294-297.

Reyes-Castillo, P. & Halffter, G. (1983): La structure sociale chez les Passalidae. *Bulletin de la Société Entomologique de France*, **88**(7/8): 619-635.

Reyes-Castillo, P. & Jarman, M. (1980): Some notes on larval stridulation in Neotropical Passalidae (Coleoptera: Lamellicornia). *Coleopterists Bulletin*, **34**(3): 263-270.

Reyes-Castillo, P. & Jarman, M. (1982): Disturbance sounds of adult passalid beetles (Coleoptera: Passalidae): Structural and functional aspects. *Annals of the Entomological Society of America*, **76**(1): 6-22.

Reynolds, V., Lloyd, A.W., Babweteera, F. & English, C.J. (2009): Decaying *Raphia farinifera* palm trees provide a source of sodium for wild chimpanzees in the Budongo Forest, Uganda. *PLoS ONE*, **4(7-e6194)**: 1-5.

Rice, M.E. (1989): Branch girdling and oviposition biology of *Oncideres pustulatus* (Coleoptera: Cerambycidae) on *Acacia farnesiana*. *Annals of the Entomological Society of America*, **82**(2): 181-186.

Richard, G. (1969): Nervous system and sense organs. *Biology of Termites, Volume 1* (K. Krishna & F.M. Weesner, eds.). Academic Press, New York: 161-192.

Richardson, D.P., Messer, A.C., Greenberg, S., Hagedorn, H.H. & Meinwald, J. (1989): Defensive sesquiterpenoids from a dipterocarp (*Dipterocarpus kerrii*). *Journal of Chemical Ecology*, **15**(2): 731-747.

Richardson, M.L., Mitchell, R.F., Reagel, P.F. & Hanks, L.M. (2010): Causes and consequences of cannibalism in noncarnivorous insects. *Annual Review of Entomology*, **55**: 39-53.

Richmond, H.A. & Lejeune, R.R. (1945): The deterioration of fire-killed white spruce by wood-boring insects in northern Saskatchewan. *Forestry Chronicle*, **21**(3): 168-192.

Richmond, J.A. & Thomas, H.A. (1975): *Hylobius pales*: Effect of dietary sterols on development and on sterol content of somatic tissue. *Annals of the Entomological Society of America*, **68**(2): 329-332.

Rickli, M. & Leuthold, R.H. (1988): Homing in harvester termites: Evidence of magnetic orientation. *Ethology*, **77**(3): 209-216.

Riggins, J.J., Little, N.S. & Eckhardt, L.G. (2014): Correlation between infection by ophiostomatoid fungi and the presence of subterranean termites in loblolly pine (*Pinus taeda* L.) roots. *Agricultural and Forest Entomology*, **16**(3): 260-264.

Ripper, W. (1930): Zur Frage des Celluloseabbaus bei der Holzverdauung xylophager Insektenlarven. *Zeitschrift für Vergleichende Physiologie*, **13**(2): 314-333.

Ritcher, P.O. (1945): North American Cetoniinae with descriptions of larvae and keys to genera and species (Coleoptera: Scarabaeidae). *Bulletin, Kentucky Agricultural Experiment Station, University of Kentucky*, (476): 1-39.

Ritcher, P.O. (1958): Biology of Scarabaeidae. *Annual Review of Entomology*, **3**: 311-334.

Rivera, F.N., González, E., Gómez, Z., López, N., Hernández-Rodríguez, C., Berkov, A. & Zúñiga, G. (2009): Gut-associated yeast in bark beetles of the genus *Dendroctonus* Erichson (Coleoptera: Curculionidae: Scolytinae). *Biological Journal of the Linnean Society*, **98**(2): 325-342.

Rivnay, E. (1946): Physiological and ecological studies of the species of *Capnodis* in Palestine (Col., Buprestidae) II: Studies on the larvae. *Bulletin of Entomological Research*, **36**(1): 103-119.

Rizzi, A., Crotti, E., Borruso, L., Jucker, C., Lupi, D., Colombo, M. & Daffonchio, D. (2013): Characterization of the bacterial community associated with larvae and adults of *Anoplophora chinensis* collected in Italy by culture and culture-independent methods. *BioMed Research International*, **2013(420287)**: 1-12.

Roberts, D.R. (1973): Inducing lightwood in pine trees by paraquat treatment. *USDA Forest Service Research Note, SE, U.S. Department of Agriculture, Forest Service, Southeastern Forest Experiment Station*, (191): 1-4.

Roberts, H. (1960): *Trachyostus ghanaensis* Schedl, (Col., Platypodidae) an ambrosia beetle attacking wawa, *Triplochiton scleroxylon* K. Schum. *Technical Bulletin, West African Timber Borer Research Unit, London*, (3): 1-17, plts. [1]-[6].

Roberts, H. (1961): *Analeptes trifasciata* F. a longhorn borer that attacks members of the Bombacaceae in N. Ghana. *Fourth Report of the West African Timber Borer Research Unit, London*: 61-66, plts. 1-2.

Roberts, H. (1968): Notes on the biology of ambrosia beetles of the genus *Trachyostus* Schedl (Coleoptera: Platypodidae) in West Africa. *Bulletin of Entomological Research*, **58**(2): 325-352.

Robins, G.L. & Reid, M.L. (1997): Effects of density on the reproductive success of pine engravers: Is aggregation in dead trees beneficial? *Ecological Entomology*, **22**(3): 329-334.

Rodríguez, M.E. (1985): *Passalus interstitialis* Pascoe (Coleoptera: Passalidae) y su papel en el inicio de la decomposición de la madera en el bosque de la Estación Ecológica Sierra del Rosario, Cuba, I: Actividad en condiciones naturales. *Ciencias Biológicas*, **13**: 29-37.

Rodríguez, M.E. & Zorrilla, M.A. (1986): *Passalus interstitialis* Pascoe (Coleoptera: Passalidae) y su papel en el inicio de la decomposición de la madera en el bosque de la Estación Ecológica Sierra del Rosario, Cuba, II: Actividad en condiciones de laboratorio. *Ciencias Biológicas*, **16**: 69-75.

Roff, J.W. & Dobie, J. (1968): Beating the beetles: A lumberman technical report: Water sprinklers check biological deterioration in stored logs. *British Columbia Lumberman*, **52**(6): 60-63, 70-71.

Rogers, A.F. (1938): Fossil termite pellets in opalized wood from Santa Maria, California. *American Journal of Science, Fifth Series*, **36**: 389-392.

Rogers, C.E. (1977): Bionomics of *Oncideres cingulata* (Coleoptera: Cerambycidae) on mesquite. *Journal of the Kansas Entomological Society*, **50**(2): 222-228.

Rogers, L.K.R., French, J.R.J. & Elgar, M.A. (1999): Suppression of plant growth on the mounds of the termite *Coptotermes lacteus* Froggatt (Isoptera, Rhinotermitidae). *Insectes Sociaux*, **46**(4): 366-371.

Rogers, T.E. & Doran-Peterson, J. (2010): Analysis of cellulolytic and hemicellulolytic enzyme activity within the *Tipula abdominalis* (Diptera: Tipulidae) larval gut and characterization of *Crocebacterium ilecola* gen. nov., sp. nov., isolated from the *Tipula abdominalis* larval hindgut. *Insect Science*, **17**(3): 291-302.

Rohde, M., Waldmann, R. & Lunderstädt, J. (1996): Induced defence reaction in the phloem of spruce (*Picea abies*) and larch (*Larix decidua*) after attack by *Ips typographus* and *Ips cembrae*. *Forest Ecology and Management*, **86**: 51-59.

Röhrig, A., Kirchner, W.H. & Leuthold, R.H. (1999): Vibrational alarm communication in the African fungus-growing termite genus *Macrotermes* (Isoptera, Termitidae). *Insectes Sociaux*, **46**(1): 71-77.

Roisin, Y. (2000): Diversity and evolution of caste patterns. *Termites: Evolution, Sociality, Symbioses, Ecology* (T. Abe, D.E. Bignell & M. Higashi, eds.). Kluwer Academic Publishers, Dordrecht: 95-119.

Roisin, Y., Dejean, A., Corbara, B., Orivel, J., Samaniego, M. & Leponce, M. (2006): Vertical stratification of the termite assemblage in a neotropical rainforest. *Oecologia*, **149**(2): 301-311.

Rollins, F., Jones, K.G., Krokene, P., Solheim, H. & Blackwell, M. (2001): Phylogeny of asexual fungi associated with bark and ambrosia beetles. *Mycologia*, **93**(5): 991-996.

Rolstad, J., Majewski, P., Rolstad, E. (1998): Black woodpecker use of habitats and feeding substrates in a managed Scandinavian forest. *Journal of Wildlife Management*, **62**(1): 11-23.

Romero, G.Q., Vasconcellos, J., neto & Paulino, H.F., neto (2005): The effects of the wood-boring *Oncideres humeralis* (Coleoptera, Cerambycidae) on the number and size structure of its host-plants in south-east Brazil. *Journal of Tropical Ecology*, **21**(2): 233-236.

Romme, W.H., Knight, D.H. & Yavitt, J.B. (1986): Mountain pine beetle outbreaks in the Rocky Mountains: Regulators of primary productivity? *American Naturalist*, **127**(4): 484-494.

Roonwal, M.L. (1954): Biology and ecology of Oriental termites (Isoptera), No. 2: On ecological adjustment in nature between two species of termites, *Coptotermes heimi* (Wasm.) and *Odontotermes redemanni* (Wasm.) in Madhya Pradesh, India. *Journal of the Bombay Natural History Society*, **52**(2/3): 463-467, plt. 1.

Roonwal, M.L. (1955): Termites ruining a township. *Zeitschrift für Angewandte Entomologie*, **38**(1): 103-104.

Roonwal, M.L. (1978): The biology, ecology and control of the sal heartwood borer, *Hoplocerambyx spinicornis*: A review of recent work. *Indian Journal of Forestry*, **1**(2): 107-120, plts. 1-3.

Roose-Amsaleg, C., Brygoo, Y. & Harry, M. (2004): Ascomycete diversity in soil-feeding termite nests and soils from a tropical rainforest. *Environmental Microbiology*, **6**(5): 462-469.

Rosa, C.S., Marins, A. & DeSouza, O. (2008): Interactions between beetle larvae and their termites hosts (Coleoptera; Isoptera; Nasutitermitinae). *Sociobiology*, **51**(1): 191-197.

Rosel, A. (1962): Laboratory breeding of *Lyctus brunneus* (Steph.). *Pest Technology*, **4**: 78-82.

Rosengaus, R.B., Moustakas, J.E., Calleri, D.V. & Traniello, J.F.A. (2003): Nesting ecology and cuticular microbial loads in dampwood (*Zootermopsis angusticollis*) and drywood termites (*Incisitermes minor, I. schwarzi, Cryptotermes cavifrons*). *Journal of Insect Science*, **3**(31): 1-6.

Rosner, S. & Führer, E. (2002): The significance of lenticels for successful *Pityogenes chalcographus* (Coleoptera: Scolytidae) invasion of Norway spruce trees [*Picea abies* (Pinaceae)]. *Trees*, **16**(7): 497-503.

Ross, D.W., Hostetler, B.B. & Johansen, J. (2006): Douglas-fir beetle response to artificial creation of down wood in the Oregon coast range. *Western Journal of Applied Forestry*, **21**(3): 117-122.

Rossell, S.E., Abbot, E.G.M. & Levy, J.F. (1973): Bacteria and wood: A review of the literature relating to the presence, action and interaction of bacteria in wood. *Journal of the Institute of Wood Science*, **6**(2): 28-35.

Rotheray, G.E. (1991): Larval stages of 17 rare and poorly known British hoverflies (Diptera: Syrphidae). *Journal of Natural History*, **25**(4): 945-969.

Rotheray, G.E., Hancock, G., Hewitt, S., Horsfield, D., MacGowan, I., Robertson, D. & Watt, K. (2001): The biodiversity and conservation of saproxylic Diptera in Scotland. *Journal of Insect Conservation*, **5**(2): 77-85.

Rothman, J.M., Van Soest, P.J. & Pell, A.N. (2006): Decaying wood is a sodium source for mountain gorillas. *Biology Letters*, **2**(3): 321-324.

Rothwell, G.W. & Scott, A.C. (1983): Coprolites within Marattiaceous fern stems (*Psaronius magnificus*) from the Upper

Pennsylvanian of the Appalachian Basin, U.S.A. *Palaeogeography, Palaeoclimatology, Palaeoecology*, **41**(3/4): 227-232.

Rouland, C., Chararas, C. & Renoux, J. (1986): Étude comparée des osidases de trois espèces de termites africains à régime alimentaire différent. *Comptes Rendus de l'Académie des Sciences, Série III, Science de la Vie*, **302**(9): 341-345.

Rouland, C. & Lenoir-Labé, F. (1998): Microflore intestinale symbiotique des insectes xylophages: Mythe ou réalité? *Cahiers Agricultures*, **7**(1): 37-47.

Rouland-Lefèvre, C. (2000): Symbiosis with fungi. *Termites: Evolution, Sociality, Symbioses, Ecology* (T. Abe, D.E. Bignell & M. Higashi, eds.). Kluwer Academic Publishers, Dordrecht: 289-306.

Rouland-Lefèvre, C. & Mora, P. (2002): Control of *Ancistrotermes guineensis* Silvestri (Termitidae: Macrotermitinae), a pest of sugarcane in Chad. *International Journal of Pest Management*, **48**(1): 81-86.

Rubin, E.M. (2008): Genomics of cellulosic biofuels. *Nature*, **454**(7206): 841-845.

Rückamp, D., Amelung, W., Theisz, N., Bandeira, A.G. & Martius, C. (2010): Phosphorus forms in Brazilian termite nests and soils: Relevance of feeding guild and ecosystems. *Geoderma*, **155**(3/4): 269-279.

Rudinsky, J.A. & Michael, R.R. (1972): Sound production in Scolytidae: Chemostimulus of sonic signal by the Douglas-fir beetle. *Science*, **175**(4028): 1386-1390.

Rudinsky, J.A. & Michael, R.R. (1973): Sound production in Scolytidae: Stridulation by female *Dendroctonus* beetles. *Journal of Insect Physiology*, **19**(3): 689-705.

Rudinsky, J.A., Morgan, M., Libbey, L.M. & Michael, R.R. (1973): Sound production in Scolytidae: 3-Methyl-2-cyclohexen-1-one released by the female Douglas fir beetle in response to male sonic signals. *Environmental Entomology*, **2**(4): 505-509.

Rudinsky, J.A., Vallo, V. & Ryker, L.C. (1978): Sound production in Scolytidae: Attraction and stridulation of *Scolytus mali* (Col., Scolytidae). *Zeitschrift für Angewandte Entomologie*, **86**(4): 381-391.

Rudinsky, J.A. & Vité, J.P. (1959): Certain ecological and phylogenetic aspects of the pattern of water conduction in conifers. *Forest Science*, **5**(3): 259-266.

Rudman, P. (1966): The causes of variations in the natural durability of wood: Inherent factors and ageing and their effects on resistance to biological attack. *Beihefte zu Material und Organismen*, (1): 151-162.

Rudman, P., Da Costa, E.W.B. & Gay, F.J. (1967): Wood quality in plus trees of teak (*Tectona grandis* L.F.): An assessment of decay and termite resistance. *Silvae Genetica*, **16**: 102-105.

Rudman, P. & Gay, F.J. (1963): The causes of natural durability in timber, Pt. X: The deterrent properties of some three-ringed carboxylic and heterocyclic substances to the subterranean termite *Nasutitermes exitiosus* (Hill). *Holzforschung*, **17**(1): 21-25.

Rudman, P. & Gay, F.J. (1967): The causes of natural durability in timber, Pt. XX: The causes of variation in the termite resistance of jarrah (*Eucalyptus marginata* Sm.). *Holzforschung*, **21**(1): 21-23.

Rudolph, D., Glocke, B. & Rathenow, S. (1990): On the role of different humidity parameters for the survival, distribution and ecology of various termite species. *Sociobiology*, **17**(1): 129-140.

Ruelle, J.E. (1970): A revision of the termites of the genus *Macrotermes* from the Ethiopian region (Isoptera: Termitidae). *Bulletin of the British Museum (Natural History), Entomology*, **24**(9): 365-444.

Ruggiero, R.G. & Fay, J.M. (1994): Utilization of termitarium soils by elephants and its ecological implications. *African Journal of Ecology*, **32**(3): 222-232.

Rühm, W. (1956): Die Nematoden der Ipiden. *Parasitologische Schriftenreihe*, (6): i-v, 1-438.

Rühm, W. (1977): Rüsselkäfer (Araucariini, Cossoninae, Col.) mit einer Borkenkäfern (Scolytoidea) ähnlichen Brutbiologie an der *Araucaria araucana* (Mol.) Koch in Chile. *Zeitschrift für Angewandte Entomologie*, **84**(3): 283-295.

Rumbold, C.T. (1931): Two blue-staining fungi associated with bark-beetle infestation of pines. *Journal of Agricultural Research*, **43**(10): 847-873.

Rupf, T. & Roisin, Y. (2008): Coming out of the woods: Do termites need a specialized worker caste to search for new food sources? *Naturwissenschaften*, **95**(9): 811-819.

Russell, C.E. & Berryman, A.A. (1976): Host resistance to the fir engraver beetle, 1: Monoterpene composition of *Abies grandis* pitch blisters and fungus-infected wounds. *Canadian Journal of Botany*, **54**(1/2): 14-18.

Rust, M.E., Reierson, D.A. & Scheffrahn, R.H. (1979): Comparative habits, host utilization and xeric adaptations of the southwestern drywood termites, *Incisitermes fruticavus* Rust and *Incisitermes minor* (Hagen) (Isoptera: Kalotermitidae). *Sociobiology*, **4**(2): 239-256.

Rutherford, T.A. & Webster, J.M. (1987): Distribution of pine wilt disease with respect to temperature in North America, Japan, and Europe. *Canadian Journal of Forest Research*, **17**(9): 1050-1059.

Ryall, K.L. & Smith, S.M. (1997): Intraspecific larval competition and brood production in *Tomicus piniperda* (L.) (Col., Curculionidae, Scolytinae). *Proceedings of the Entomological Society of Ontario*, **128**: 19-26.

Ryan, K. & Hurley, B.P. (2012): Life history and biology of *Sirex noctilio*. *The Sirex Woodwasp and its Fungal Symbiont: Research and Management of a Worldwide Invasive Pest* (B. Slippers, P. de Groot & M.J. Wingfield, eds.). Springer: 15-30.

Ryker, L.C. (1988): Acoustic studies of *Dendroctonus* bark beetles. *Florida Entomologist*, **71**(4): 447-461.

Rykiel, E.J., Jr., Coulson, R.N., Sharpe, P.J.H., Allen, T.F.H. & Flamm, R.O. (1988): Disturbance propagation by bark beetles as an episodic landscape phenomenon. *Landscape Ecology*, **1**(3): 129-139.

Sá, R.A., Argolo, A.C.C., Napoleão, T.H., Gomes,F.S., Santos, N.D.L., Melo, C.M.L., Albuquerque, A.C., Xavier, H.S., Coelho, L.C.B.B., Bieber, L.W. & Paiva, P.M.G. (2009): Antioxidant, *Fusarium* growth inhibition and *Nasutitermes corniger* repellent activities of secondary metabolites from *Myracrodruon urundeuva* heartwood. *International Biodeterioration & Biodegradation*, **63**(4): 470-477.

Sabbatini Peverieri, G., Bertini, G., Furlan, P., Cortini, G. & Roversi, P.F. (2012): *Anoplophora chinensis* (Forster) (Coleoptera Cerambycidae) in the outbreak site in Rome (Italy): Experiences in dating exit holes. *Redia*, **95**: 89-92.

Sabbatini Peverieri, G. & Roversi, P.F. (2010): Feeding and oviposition of *Anoplophora chinensis* on ornamental and forest trees. *Phytoparasitica*, **38**(5): 421-428.

Sacchi, L., Nalepa, C.A., Bigliardi, E., Corona, S., Grigolo, A., Laudani, U. & Bandi, C. (1998): Ultrastructural studies of the fat body and bacterial endosymbionts of *Cryptocercus punctulatus* Scudder (Blattaria: Cryptocercidae). *Symbiosis*, **25**(2): 251-269.

Saeki, I., Sumimoto, M. & Kondo, T. (1971): The role of essential oil in resistance of coniferous woods to termite attack. *Holzforschung*, **25**(2): 57-60.

Safranyik, L., Linton, D.A. & Shore, T.L. (2000): Temporal and vertical distribution of bark beetles (Coleoptera: Scolytidae) captured in barrier traps at baited and unbaited lodgepole pines the year following attack by the mountain pine beetle. *Canadian Entomologist*, **132**(6): 799-810.

Safranyik, L. & Moeck, H.A. (1995): Wood borers. *Forest Insect Pests in Canada* (J.A. Armstrong & W.G.H. Ives, eds.). Canadian Forest Service, Natural Resources Canada, Ottawa: 171-177.

Saha, B.C. (2003): Hemicellulose bioconversion. *Journal of Industrial Microbiology & Biotechnology*, **30**(5): 279-291.

Saint-Germain, M., Buddle, C.M. & Drapeau, P. (2010): Substrate selection by saprophagous wood-borer larvae within highly variable hosts. *Entomologia Experimentalis et Applicata*, **134**(3): 227-233.

Saint-Germain, M., Drapeau, P. & Buddle, C.M. (2007a): Host-use patterns of saproxylic phloeophagous and xylophagous Coleoptera adults and larvae along the decay gradient in standing dead black spruce and aspen. *Ecography*, **30**(6): 737-748.

Saint-Germain, M., Drapeau, P. & Buddle, C.M. (2007b): Occurrence patterns of aspen-feeding wood-borers (Coleoptera: Cerambycidae) along the wood decay gradient: Active selection for specific host types or neutral mechanisms? *Ecological Entomology*, **32**(6): 712-721.

斉藤正一・市原 優・衣浦晴生・猪野正明（2008）：集合フェロモン剤および共力剤の併用によるカシノナガキクイムシの誘引．東北森林科学会誌，**13**(2): 1-4.

斎藤幸恵・信田 聡・太田正光・山本博一・多井忠嗣・大村和香子・槇原 寛・能城修一・後藤 治（2008）：古材の劣化調査：福勝寺本堂（重要文化財）垂木用材の食害と材質．木材学会誌，**54**(5): 255-262.

Sajap, A.S. (1999): Detection of foraging activity of *Coptotermes curvignathus* (Isoptera: Rhinotermitidae) in an *Hevea brasiliensis* plantation in Malaysia. *Sociobiology*, **33**(2): 137-143.

Sakai, H., Minamisawa, A. & Takagi, K. (1990): Effect of moisture content on ultrasonic velocity and attenuation in woods. *Ultrasonics*, **28**(6): 382-385.

酒井春江・高木堅志郎（1993）：木材の超音波伝搬特性と含水機構．木材学会誌，**39**(7): 757-762.

酒井雅博（1982）：ノウタニシバンムシについて．家屋害虫，(13/14): 55-59.

酒井雅博（1995）：シバンムシ．家屋害虫事典（日本家屋害虫学会，編）．井上書院，東京：266-279.

Sakai, Mi. & Yamasaki, T. (1988): The attraction of minor constituents, present in the volatile oil from Paraquat-induced lightwood, for *Monochamus alternatus* Hope (Coleoptera: Cerambycidae). *Mokuzai Gakkaishi*, **34**(3): 246-250.

Sako, A., Mills, A.J. & Roychoudhury, A.N. (2009): Rare earth and trace element geochemistry of termite mounds in central and northeastern Namibia: Mechanisms for micro-nutrient accumulation. *Geoderma*, **153**(1/2): 217-230.

Saliba, L.J. (1977): Observations on the biology of *Cerambyx dux* Faldermann in the Maltese Islands. *Bulletin of Entomological Research*, **67**(1): 107-117.

Sall, S.N., Brauman, A., Fall, S., Rouland, C., Miambi, E. & Chotte, J.-L. (2002): Variation in the distribution of monosaccharides in soil fractions in the mounds of termites with different feeding habits (Senegal). *Biology and Fertility of Soils*, **36**(3): 232-239.

Sami, A.J. & Shakoori, A.R. (2008): Biochemical characterization of endo-1,4-β-D-glucanase activity of a green insect pest *Aulacophora foveicollis* (Lucas). *Life Science Journal*, **5**(2): 30-36.

Samšiňák, K. (1961): Die termitophilen Acari aus China. *Časopis Československé Společnosti Entomologické*, **58**(2): 193-207.

Samšiňák, K. (1964): Termitophile Milben aus der VR China 1: Mesostigmata. *Entomologische Abhandlungen, Staatliches Museum für Tierkunde in Dresden*, **32**(3): 33-52.

Sánchez-Galván, I.R., Quinto, J., Micó, E., Galante, E. & Marcos-García, M.A. (2014): Facilitation among saproxylic insects inhabiting tree hollows in a Mediterranean forest: The case of cetonids (Coleoptera: Cetoniidae) and syrphids (Diptera: Syrphidae). *Environmental Entomology*, **43**(2): 336-343.

Sandermann, W. & Dietrichs, H.H. (1957): Untersuchungen über termitenresistente Hölzer. *Holz als Roh- und Werkstoff*, **15**(7): 281-297.

Sanders, C.J. (1964): The biology of carpenter ants in New Brunswick. *Canadian Entomologist*, **96**(6): 894-909.

Sanderson, M.G. (1996): Biomass of termites and their emissions of methane and carbon dioxide: A global database. *Global Biogeochemical Cycles*, **10**(4): 543-557.

Sands, W.A. (1961): Foraging behaviour and feeding habits in five species of *Trinervitermes* in west Africa. *Entomologia Experimentalis et Applicata*, **4**(4): 277-288.

Sands, W.A. (1962): The evaluation of insecticides as soil and mound poisons against termites in agriculture and forestry in West Africa. *Bulletin of Entomological Research*, **53**(1): 179-192.

Sands, W.A. (1969): The association of termites and fungi. *Biology of Termites, Volume 1* (K. Krishna, K. & F.M. Weesner, eds.). Academic Press, New York: 495-524.

Sands, W.A. (1973): Termites as pests of tropical food crops. *PANS*, **19**(2): 167-177.

Sands, W.A. (1977): The role of termites in tropical agriculture. *Outlook on Agriculture*, **9**(3): 136-143.

佐野 明（1992）：ニホンキバチ．林業と薬剤，(122): 17-24.

Santamour, F.S., Jr. (1965): Insect-induced crystallization of white pine resins I: White-pine weevil. *U.S. Forest Service Research Note, NE, Northeastern Forest Experiment Station, Forest Service, U.S. Dept. of Agriculture*, (38): 1-8.

Saran, R.K. & Rust, M.K. (2005): Feeding, uptake, and utilization of carbohydrates by western subterranean termite (Isoptera: Rhinotermitidae). *Journal of Economic Entomology*, **98**(4): 1284-1293.

Saranpää, P. & Höll, W. (1989): Soluble carbohydrates of *Pinus sylvestris* L. sapwood and heartwood. *Trees*, **3**(3): 138-143.

Sartwell, C. & Stevens, R.E. (1975): Mountain pine beetle in ponderosa pine: Prospects for silvicultural control in second-growth stands. *Journal of Forestry*, **73**(3): 136-140.

Sasakawa, M. & Yoshiyasu, Y. (1983): Stridulatory organs of the Japanese pine beetles (Coleoptera, Scolytidae). *Kontyû*, **51**(4): 493-501.

Sasaki, T. (1982): Enzymatic saccharification of rice hull cellulose. *Japan Agricultural Research Quarterly*, **16**(2): 144-150.

佐藤重穂・松本剛史・奥田史郎（2007）：マスダクロホシタマムシによるヒノキ枯損被害．林業と薬剤，(182): 22-26.

Sauvard, D. (2004): General biology of bark beetles. *Bark and Wood Boring Insects in Living Trees in Europe, a Synthesis* (F. Lieutier, K.R. Day, A. Battisti, J.-C. Grégoire & H.F. Evans, eds.). Kluwer Academic Publishers, Dordrecht: 63-88.

Savely, H.E., Jr. (1939): Ecological relations of certain animals in dead pine and oak logs. *Ecological Monographs*, **9**(3): 321-385.

Sawaya, M.P. (1955): Observaçóes sôbre *Catorama herbarium* Gorh. (besouro bibliófago) e respectiva symbiose. *Arquivos de Zoologia do Estado de São Paulo*, **8**: 305-331, plts. 1-4.

Saxena, S., Bahadur, J. & Varma, A. (1993): Cellulose and hemicellulose degrading bacteria from termite gut and mound soils of India. *Indian Journal of Microbiology*, **33**(1): 55-60.

Sbrenna, G., Sbrenna Micciarelli, A., Leis, M. & Pavan, G. (1992): Vibratory movements and sound production in *Kalotermes flavicollis* (Isoptera: Kalotermitidae). *Biology and Evolution of Social Insects* (J. Billen, ed.). Leuven University Press, Leuven: 233-238.

Schäfer, A., Konrad, R., Kuhnigk, T., Kämpfer, P., Hertel, H. & König, H. (1996): Hemicellulose-degrading bacteria and yeasts from the termite gut. *Journal of Applied Bacteriology*, **80**(5): 471-478.

Schanderl, H. (1942): Über die Assimilation des elementaren Stickstoffs der Luft durch die Hefesymbionten von *Rhagium inquisitor* L. *Zeitschrift für Morphologie und Ökologie der Tiere*, **38**(3): 526-533.

Scharf, M.E. & Boucias, D.G. (2010): Potential of termite-based biomass pre-treatment strategies for use in bioethanol production. *International Pest Control*, **52**(1): 26-32.

Scharf, M.E., Karl, Z.J., Sethi, A. & Boucias, D.G. (2011): Multiple levels of synergistic collaboration in termite lignocellulose digestion. *PLoS ONE*, **6(7-e21709)**: 1-7.

Scharf, M.E., Kovaleva, E.S., Jadhao, S., Campbell, J.H., Buchman, G.W. & Boucias, D.G. (2010): Functional and translational analyses of a beta-glucosidase gene (glycosyl hydrolase family 1) isolated from the gut of the lower termite *Reticulitermes flavipes*. *Insect Biochemistry and Molecular Biology*, **40**(8): 611-620.

Scharf, M.E. & Tartar, A. (2008): Termite digestomes as sources for novel lignocellulases. *Biofuels, Bioproducts and Biorefining*, **2**(6): 540-552.

Schedl, K.E. (1958): Breeding habits of arboricole insects in Central Africa. *Proceedings of the Tenth International Congress of Entomology, Montreal, 1956, Vol. 1* (E.C. Becker, ed.). Mortimer, Ottawa: 183-197.

Schedl, K.E. (1978): Evolutionszentren bei den Scolytoidea. *Entomologische Abhandlungen*, **41**(9): 311-323.

Scheffrahn, R.H. (1991): Allelochemical resistance of wood to termites. *Sociobiology*, **19**(1): 257-281.

Scheffrahn, R.H. (2011): Distribution, diversity, mesonotal morphology, gallery architecture, and queen physogastry of the termite genus *Calcaritermes* (Isoptera, Kalotermitidae). *ZooKeys*, (148): 41-53.

Scheffrahn, R.H. & Crowe, W. (2011): Ship-borne termite (Isoptera) border interceptions in Australia and onboard infestations in Florida, 1986–2009. *Florida Entomologist*, **94**(1): 57-63.

Scheffrahn, R.H., Jones, S.C., Křeček, J., Chase, J.A., Mangold, J.R. & Su, N.-Y. (2003): Taxonomy, distribution, and notes on the termites (Isoptera: Kalotermitidae, Rhinotermitidae, Termitidae) of Puerto Rico and the U.S. Virgin Islands. *Annals of the Entomological Society of America*, **96**(3): 181-201.

Scheffrahn, R.H., Křeček, J., Maharajh, B., Su, N.-Y., Chase, J.A., Mangold, J.R., Szalanski, A.L., Austin, J.W. & Nixon, J. (2004): Establishment of the African termite, *Coptotermes sjostedti* (Isoptera: Rhinotermitidae), on the Island of Guadeloupe, French West Indies. *Annals of the Entomological Society of America*, **97**(5): 872-876.

Scheffrahn, R.H., Křeček, J., Ripa, R. & Luppichini, P. (2008): Endemic origin and vast anthropogenic dispersal of the West Indian drywood termite. *Biological Invasions*, **11**(4): 787-799.

Scheffrahn, R.H. & Rust, M.K. (1983): Drywood termite feeding deterrents in sugar pine and antitermitic activity of related compounds. *Journal of Chemical Ecology*, **9**(1): 39-55.

Scheinert, W. (1933): Symbiose und Embryonalentwicklung bei Rüsselkäfern. *Zeitschrift für Morphologie und Ökologie der Tiere*, **27**(1): 76-128.

Schiegg, K. (2001): Saproxylic insect diversity of beech: Lims are richer than trunks. *Forest Ecology and Management*, **149**: 295-304.

Schimitschek, E. (1953): *Stephanopachys substriatus* Payk., (Bostrychidae) als Zerstörer von Fichtengerbrinde. *Anzeiger für Schädlingskunde*, **26**(8): 119-121.

Schirp, A., Farrell, R.L., Kreber, B. & Singh, A.P. (2003): Advances in understanding the ability of sapstaining fungi to produce cell wall-degrading enzymes. *Wood and Fiber Science*, **35**(3): 434-444.

Schloss, P.D., Delalibera, I., Jr., Handelsman, J. & Raffa, K.F. (2006): Bacteria associated with the guts of two wood-boring beetles:

Anoplophora glabripennis and *Saperda vestita* (Cerambycidae). *Environmental Entomology*, **35**(3): 625-629.

Schlottke, E. (1945): Über die Verdauungsfermente im Holz fressender Käferlarven. *Zoologische Jahrbücher, Abteilung für Allgemeine Zoologie und Physiologie der Tiere*, **61**: 88-140.

Schlyter, F. & Anderbrant, O. (1993): Competition and niche separation between two bark beetles: Existence and mechanisms. *Oikos*, **68**(3): 437-447.

Schlyter, F. & Löfqvist, J. (1990): Colonization pattern in the pine shoot beetle, *Tomicus piniperda*: Effects of host declination, structure and presence of conspecifics. *Entomologia Experimentalis et Applicata*, **54**(2): 163-172.

Schmid, J.M., Mata, S.A. & Schmidt, R.A. (1992): Bark temperature patterns in mountain pine beetle susceptible stands of lodgepole pine in the central Rockies. *Canadian Journal of Forest Research*, **22**(11): 1669-1675.

Schmidt, H. (1951): Die Bestimmung der technisch schädlichen Käfer des Holzes und die dazu benötigten optischen Hilfsmittel wie Lupe und Mikroskop. *Handbuch der Mikroskopie in der Technik, Band V, Teil 2* (H. Freund, ed.). Umschau Verlag, Frankfurt am Main: 847-891.

Schmidt, H. (1957): Insekten als Papierschädlinge und ihre Bekämpfung. *Das Papier*, **11**(13/14): 309-311.

Schmitz, R.F. (1972): Behavior of *Ips pini* during mating, oviposition, and larval development (Coleoptera: Scolytidae). *Canadian Entomologist*, **104**(11): 1723-1728.

Schneider, K., Migge, S., Norton, R.A., Scheu, S., Langel, R., Reineking, A. & Maraun, M. (2004): Trophic niche differentiation in soil microarthropods (Oribatida, Acari): Evidence from stable isotope ratios ($^{15}N/^{14}N$). *Soil Biology & Biochemistry*, **36**(11): 1769-1774.

Schoeller, E.N., Husseneder, C. & Allison, J.D. (2012): Molecular evidence of facultative intraguild predation by *Monochamus titilator* larvae (Coleoptera: Cerambycidae) on members of the southern pine beetle guild. *Naturwissenschaften*, **99**(11): 913-924.

Schoeman, P.S., van Hamburg, H. v. & Pasques, B.P. (1998): The morphology and phenology of the white coffee stem borer, *Monochamus leuconotus* (Pascoe) (Coleoptera: Cerambycidae), a pest of arabica coffee. *African Entomology*, **6**(1): 83-89.

Scholtz, C.H. & Chown, S.L. (1995): The evolution of habitat use and diet in the Scarabaeoidea: A phylogenetic approach. *Biology, Phylogeny, and Classification of Coleoptera: Papers Celebrating the 80th Birthday of Roy A. Crowson* (J. Pakaluk & S.A. Ślipiński, eds). Muzeum i Instytut Zoologii PAN, Warszawa: 355-374.

Schomann, H. (1937): Die Symbiose der Bockkäfer. *Zeitschrift für Morphologie und Ökologie der Tiere*, **32**(3): 542-612.

Schowalter, T.D. (1992): Heterogeneity of decomposition and nutrient dynamics of oak (*Quercus*) logs during the first 2 years of decomposition. *Canadian Journal of Forest Research*, **22**(2): 161-166.

Schowalter, T.D., Caldwell, B.A., Carpenter, S.E., Griffith, R.P., Harmon, M.E., Ingham, E.R., Kelsey, R.G., Lattin, J.D. & Moldenke, A.R. (1992): Decomposition of fallen trees: Effects of initial conditions and heterotroph colonization rates. *Tropical Ecosystems: Ecology and Management* (K.P. Singh & J.S. Singh, eds.). Wiley Eastern Ltd., New Delhi: 373-383.

Schowalter, T.D., Coulson, R.N. & Crossley, D.A., Jr. (1981): Role of southern pine beetle and fire in maintenance of structure and function of the southeastern coniferous forest. *Environmental Entomology*, **10**(6): 821-825.

Schowalter, T.D. & Morrell, J.J. (2002): Nutritional quality of Douglas-fir wood: Effect of vertical and horizontal position on nutrient levels. *Wood and Fiber Science*, **34**(1): 158-164.

Schowalter, T.D., Zhang, Y.L. & Sabin, T.E. (1998): Decomposition and nutrient dynamics of oak *Quercus* spp. logs after five years of decomposition. *Ecography*, **21**(1): 3-10.

Schroeder, L.M. (1997): Oviposition behavior and reproductive success of the cerambycid *Acanthocinus aedilis* in the presence and absence of the bark beetle *Tomicus piniperda*. *Entomologia Experimentalis et Applicata*, **82**(1): 9-17.

Schroeder, L.M. & Eidmann, H.H. (1987): Gallery initiation by *Tomicus piniperda* (Coleoptera: Scolytidae) on Scots pine trees baited with host volatiles. *Journal of Chemical Ecology*, **13**(7): 1591-1599.

Schroeder, L.M. & Eidmann, H.H. (1993): Attacks of bark- and wood-boring Coleoptera on snow-broken conifers over a two-year period. *Scandinavian Journal of Forest Research*, **8**(2): 257-265.

Schroeder, L.M. & Lindelöw, Å. (1989): Attraction of scolytids and associated beetles by different absolute amounts and proportions of α-pinene and ethanol. *Journal of Chemical Ecology*, **15**(3): 807-817.

Schroeder, L.M. & Lindelöw, Å. (2002): Attacks on living spruce trees by the bark beetle *Ips typographus* (Col. Scolytidae) following a storm-felling: A comparison between stands with and without removal of wind-felled trees. *Agricultural and Forest Entomology*, **4**(1): 47-56.

Schroeder, L.M. & Weslien, J. (1994): Interactions between the phloem-feeding species *Tomicus piniperda* (Col.: Scolytidae) and *Acanthocinus aedilis* (Col.: Cerambycidae), and the predator *Thanasimus formicarius* (Col.: Cleridae) with special reference to brood production. *Entomophaga*, **39**(2): 149-157.

Schroeder, L.M., Weslien, J., Lindelöw, Å. & Lindhe, A. (1999): Attacks by bark- and wood-boring Coleoptera on mechanically created high stumps of Norway spruce in two years following cutting. *Forest Ecology and Management*, **123**(1): 21-30.

Schuch, K. (1937a): Beiträge zur Ernährungsphysiologie der Larve des Hausbockkäfers (*Hylotrupes bajulus* L.). *Zeitschrift für Angewandte Entomologie*, **23**(4): 547-558.

Schuch, K. (1937b): Experimentelle Untersuchungen über den Nahrungswert von Kiefern- und Fichtenholz für die Larve des Hausbockkäfers (*Hylotrupes bajulus* L.). *Zeitschrift für Pflanzenkrankheiten (Pflanzenpathologie) und Pflanzenschutz*, **47**: 572-585.

Schulte, U., Spänhoff, B. & Meyer, E.I. (2003): Ingestion and utilization of wood by the larvae of two Trichoptera species, *Lasiocephala basalis* (Lepidostomatidae) and *Lype phaeopa* (Psychomyiidae). *Archiv für Hydrobiologie*, **158**(2): 169-183.

Schultz, J.E. & Breznak, J.A. (1979): Cross-feeding of lactate between *Streptococcus lactis* and *Bacteroides* sp. isolated from termite hindguts. *Applied and Environmental Microbiology*, **37**(6): 1206-1210.

Schultze-Dewitz, G. (1960a): Form und Intensität des Termitenangriffes an Hölzern verschiedener Struktur und Rohdichte, Erste Mitteilung: Prüfungen an getrennten Früh- und Spätholz. *Holz als Roh- und Werkstoff*, **18**(10): 365-367.

Schultze-Dewitz, G. (1960b): Form und Intensität des Termitenangriffes an Hölzern verschiedener Struktur und Rohdichte, Dritte Mitteilung: Einfluß der Rohdichte des Holzes auf den Termitenangriff. *Holz als Roh- und Werkstoff*, **18**(12): 445-446.

Schurr-Michel, E. (1950): Ein Bostrychide, *Stephanopachys substriatus* Payk. als Gerbrindenschädling. *Zeitschrift für Angewandte Entomologie*, **32**(2): 285-288.

Schuster, J.C. (1983): Acoustical signals of passalid beetles: complex repertoires. *Florida Entomologist*, **66**(4): 486-496.

Schuster, J.C. & Schuster, L.B. (1985): Social behavior in passalid beetles (Coleoptera: Passalidae): cooperative brood care. *Florida Entomologist*, **68**(2): 266-272.

Schuster, J.C. & Schuster, L.B. (1997): The evolution of social behavior in Passalidae. *The Evolution of Social Behavior in Insects and Arachnids* (J.C. Choe & B.J. Crespi, eds.). Cambridge University Press, Cambridge: 260-269.

Schuster, R. (1956): Der Anteil der Oribatiden an den Zersetzungsvorgängen im Boden. *Zeitschrift für Morphologie und Ökologie der Tiere*, **45**(1): 1-33.

Schuurman, G. (2005): Decomposition rates and termite assemblage composition in semiarid Africa. *Ecology*, **86**(5): 1236-1249.

Schwarz, L. & Reusch, A. (1940): Darstellung und Raumgröße von Hausbockkäferlarvenfraßgängen. *Anzeiger für Schädlingskunde*, **16**(11): 121-124.

Schwarze, F.W.M.R., Lonsdale, D. & Fink, S. (1997): An overview of wood degradation patterns and their implications for tree hazard assessment. *Arboricultural Journal*, **21**(1): 1-32.

Scott, A.C., Stephenson, J. & Chaloner, W.G. (1992): Interaction and coevolution of plants and arthropods during the Palaeozoic and Mesozoic. *Philosophical Transactions, Biological Sciences, The Royal Society*, **335**(1274): 129-165.

Scott, J.J., Oh, D.-C., Yuceer, M.C., Klepzig, K.D., Clardy, J. & Currie, C.R. (2008): Bacterial protection of beetle–fungus mutualism. *Science*, **322**(5898): 63.

Scrivener, A.M., Watanabe, H. & Noda, H. (1997): Diet and carbohydrate digestion in the yellow-spotted longicorn beetle *Psacothea hilaris*. *Journal of Insect Physiology*, **43**(11): 1039-1052.

Scrivener, A.M., Watanabe, H. & Noda, H. (1998): Properties of digestive carbohydrase activities secreted by two cockroaches, *Panesthia cribrata* and *Periplaneta americana*. *Comparative Biochemistry and Physiology, B*, **119**(2): 273-282.

Scully, E.D., Geib, S.M., Hoover, K., Tien, M., Tringe, S.G., Barry, K.W., del Rio, T.G., Chovatia, M., Herr, J.R. & Carlson, J.E. (2013b): Metagenomic profiling reveals lignocellulose degrading system in a microbial community associated with a wood-feeding beetle. *PLoS ONE*, **8(9-e73827)**: 1-22.

Scully, E.D., Hoover, K., Carlson, J., Tien, M. & Geib, S.M. (2012): Proteomic analysis of *Fusarium solani* isolated from the Asian longhorned beetle, *Anoplophora glabripennis*. *PLoS ONE*, **7(4-e32990)**: 1-15.

Scully, E.D., Hoover, K., Carlson, J.E., Tien, M. & Geib, S.M. (2013a): Midgut transcriptome profiling of *Anoplophora glabripennis*, a lignocellulose degrading cerambycid beetle. *BMC Genomics*, **14(1-850)**: 1-26.

Scurfield, G. & Nicholls, P.W. (1970): Amino-acid composition of wood protein. *Journal of Experimental Botany*, **21**(69): 857-868.

Seastedt, T.R., Reddy, M.V. & Cline, S.P. (1989): Microarthropods in decaying wood from temperate coniferous and deciduous forests. *Pedobiologia*, **33**(2): 69-77.

Seidler, R.J., Aho, P.E., Raju, P.N. & Evans, H.J. (1972): Nitrogen fixation by bacterial isolates from decay in living white fir trees [*Abies concolor* (Gord. and Glend.) Lindl.]. *Journal of General Microbiology*, **73**(2): 413-416.

Seifert, K. (1962): Die chemische Veränderung der Holzzellwand-Komponenten unter dem Einfluß pflanzlicher und tierischer Schädlinge, 3. Mittteilung: Über die Verdauung der Holzsubstanz durch die Larven des Hausbockkäfers (*Hylotrupes bajulus* L.) und des gewöhnlichen Nagekäfers (*Anobium punctatum* De Geer). *Holzforschung*, **16**(5): 148-154.

Seifert, K. & Becker, G. (1965): Der chemische Abbau von Laub- und Nadelholzarten durch verschiedene Termiten. *Holzforschung*, **19**(4): 105-111.

Sekamatte, B., Latigo, M. & Russell-Smith, A. (2001): The potential of protein- and sugar-based baits to enhance predatory ant activity and reduce termite damage to maize in Uganda. *Crop Protection*, **20**(8): 653-662.

Selander, J. & Jansson, A. (1977): Sound production associated with mating behaviour of the large pine weevil, *Hylobius abietis* (Coleoptera, Curculionidae). *Annales Entomologici Fennici*, **43**(2): 66-75.

Sellenschlo, U. (1988): Termiten in Hamburg. *Anzeiger für Schädlingskunde Pflanzenschutz Umweltschutz*, **61**(6): 105-108.

Sellin, A. (1991): Variation in sapwood thickness of *Picea abies* in Estonia depending on the tree age. *Scandinavian Journal of Forest Research*, **6**: 463-469.

Семёнова, Л.М. & Данилевский, М.Л. (Semenova, L.M. & Danilevsky, M.L.) (1977): Строение пищеварительной системы личинок жуков-дровосеков (Coleoptera, Cerambycidae). *Зоологический Журнал* (*Zoologicheskij Zhurnal*), **56**(8): 1168-1174.

Sennepin, A. (1998): Comportement carnivore chez les termites: du cannibalisme à la prédation. *Actes de Colloques Insectes Sociaux*, **11**: 9-17.

Sen-Sarma, P.K. & Thakur, M.L. (1983): Insect pests of *Eucalyptus* and their control. *Indian Forester*, **109**(12): 864-881, plt. 1.

Сердюкова, И.Р. (Serdjukova, I.R.) (1993): Изучение пищеварительных ферментов личинок некоторых точильщиков (Coleoptera, Anobiidae). *Зоологический Журнал* (*Zoologicheskii Zhurnal*), **72**(6): 43-51.

Sethi, A., Xue, Q.G., La Peyre, J.F., Delatte, J. & Husseneder, C. (2011): Dual origin of gut proteases in Formosan subterranean termites (*Coptotermes formosanus* Shiraki) (Isoptera: Rhinotermitidae). *Comparative Biochemistry and Physiology, Part A*, **159**(3): 261-267.

Seybold, S.J., Huber, D.P.W., Lee, J.C., Graves, A.D. & Bohlmann, J. (2006): Pine monoterpenes and pine bark beetles: A marriage of convenience for defense and chemical communication. *Phytochemistry Reviews*, **5**(1): 143-178.

Seybold, S.J., Quilici, D.R., Tillman, J.A., Vanderwel, D., Wood, D.L. & Blomquist, G.J. (1995): *De novo* biosynthesis of the aggregation pheromone components ipsenol and ipsdienol by the pine bark beetle *Ips paraconfusus* Lanier and *Ips pini* (Say) (Coleoptera: Scolytidae). *Proceedings of the National Academy of Sciences of the United States of America*, **92**(18): 8393-8397.

Seybold, S.J. & Tittiger, C. (2003): Biochemistry and molecular biology of *de novo* isoprenoid pheromone production in the Scolytidae. *Annual Review of Entomology*, **48**: 425-453.

Shain, L. & Hillis, W.E. (1972): Ethylene production in *Pinus radiata* in response to *Sirex–Amylostereum* attack. *Phytopathology*, **62**(12): 1407-1409.

Shain, L. & Hillis, W.E. (1973): Ethylene production in xylem of *Pinus radiata* in relation to heartwood formation. *Canadian Journal of Botany*, **51**(7): 1331-1335.

Shanbhag, R.R. & Sundararaj, R. (2013): Physical and chemical properties of some imported woods and their degradation by termites. *Journal of Insect Science*, **13(63)**: 1-8.

Sharp, R.F. (1974): Some nitrogen considerations of wood ecology and preservation. *Canadian Journal of Microbiology*, **20**(3): 321-328.

Sharp, R.F. & Millbank, J.W. (1973): Nitrogen fixation in deteriorating wood. *Experientia*, **29**(7): 895-896.

Shaw, M.W. (1961): The golden buprestid *Buprestis aurulenta* L. (Col., Buprestidae) in Britain. *Entomologist's Monthly Magazine*, **97**: 97-98.

Shelford, R. (1907): The larva of *Collyris emarginatus*, Dej. *Transactions of the Entomological Society of London*, **55**(1): 83-90, plt. 3.

Shellman-Reeve, J.S. (1994): Limited nutrients in a dampwood termite: Nest preference, competition and cooperative nest defence. *Journal of Animal Ecology*, **63**(4): 921-932.

Shellman-Reeve, J.S. (1997): The spectrum of eusociality in termites. *The Evolution of Social Behavior in Insects and Arachnids* (J.C. Choe & B.J. Crespi, eds.). Cambridge University Press, Cambridge: 52-93.

Shelton, T.G. & Appel, A.G. (2000): Cyclic carbon dioxide release in the dampwood termite, *Zootermopsis nevadensis* (Haagen). *Comparative Biochemistry and Physiology, Part A*, **126**(4): 539-545.

Shelton, T.G. & Appel, A.G. (2001): Carbon dioxide release in *Coptotermes formosanus* Shiraki and *Reticulitermes flavipes* (Kollar): Effects of caste, mass, and movement. *Journal of Insect Physiology*, **47**(3): 213-224.

Shi, Z.-H. & Sun, J.-H. (2010): Quantitative variation and biosynthesis of hindgut volatiles associated with the red turpentine beetle, *Dendroctonus valens* LeConte, at different attack phases. *Bulletin of Entomological Research*, **100**(3): 273-277.

施 振華（Shi, Zh.）・岑 克国（Cen, Kg.）・譚 淑清（1982）：家天牛的研究．昆虫学報（*Acta Entomologica Sinica*），**25**(1): 35-41.

Shibata, E. (1987): Oviposition schedules, survivorship curves, and mortality factors within trees of two cerambycid beetles (Coleoptera: Cerambycidae), the Japanese pine sawyer, *Monochamus alternatus* Hope, and sugi bark borer, *Semanotus japonicus* Lacordaire. *Researches on Population Ecology*, **29**(2): 347-367.

Shibata, E. (1995): Reproductive strategy of the sugi bark borer, *Semanotus japonicus* (Coleoptera: Cerambycidae) on Japanese cedar, *Cryptomeria japonica*. *Researches on Population Ecology*, **37**(2): 229-237.

Shibata, E. (2000): Bark borer *Semanotus japonicus* (Col., Cerambycidae) utilization of Japanese cedar *Cryptomeria japonica*: A delicate balance between a primary and secondary insect. *Journal of Applied Entomology*, **124**(7/8): 279-285.

柴田叡弌（2002）：スギカミキリのスギ樹幹利用様式．日本生態学会誌，**52**(1): 59-62.

Shifrine, M. & Phaff, H.J. (1956): The association of yeasts with certain bark beetles. *Mycologia*, **48**(1): 41-55.

Shigo, A.L. (1967): Successions of organisms in discoloration and decay of wood. *International Review of Forest Research*, **2**: 237-299.

Shigo, A.L. (1972): Successions of microorganisms and patterns of discoloration and decay after wounding in red oak and white oak. *Phytopathology*, **62**(2): 256-259.

Shigo, A.L. (1982): Tree health. *Journal of Arboriculture*, **8**(12): 311-316.

Shigo, A.L. (1984): Compartmentalization: A conceptual framework for understanding how trees grow and defend themselves. *Annual Review of Phytopathology*, **22**: 189-214.

Shigo, A.L. & Hillis, W.E. (1973): Heartwood, discolored wood, and microorganisms in living trees. *Annual Review of Phytopathology*, **11**: 197-222.

Shigo, A.L. & Shigo, A. (1974): Detection of discoloration and decay in living trees and utility poles. *USDA Forest Service Research Paper, NE*, (294): cover page, 0-12.

島地 謙・須藤彰司・原田 浩（1976）：木材の組織．森北出版，東京．8+291pp.

Shimizu, K. (1991): Chemistry of hemicelluloses. *Wood and Cellulosic Chemistry* (D.N.-S. Hon & N. Shiraishi, eds.). Marcel Dekker, Inc., New York & Basel: 177-214.

Shinozaki, K., Yoda, K., Hozumi, K. & Kira, T. (1964): A quantitative analysis of plant form, the pipe model theory I: Basic analyses. *Japanese Journal of Ecology*, **14**(3): 97-105.

新谷喜紀（2004）：キボシカミキリの西日本型と東日本型．休眠の昆虫学：季節適応の謎（田中誠二・檜垣守男・小滝豊美，編）．東海大学出版会，秦野：117-128.

Shintani, Y., Ishikawa, Y. & Tatsuki, S. (1996): Larval diapause in the yellow-spotted longicorn beetle, *Psacothea hilaris* (Pascoe) (Coleoptera: Cerambycidae). *Applied Entomology and Zoology*, **31**(4): 489-494.

Shintani, Y., Munyiri, F.N. & Ishikawa, Y. (2003): Change in significance of feeding during larval development in the yellow-spotted longicorn beetle, *Psacothea hilaris*. *Journal of Insect Physiology*, **49**(10): 975-981.

Shintani, Y. & Numata, H. (2010): Photoperiodic response of larvae of the yellow-spotted longicorn beetle *Psacothea hilaris* after removal of the stemmata. *Journal of Insect Physiology*, **56**(9): 1125-1129.

Shortle, W.S., Shigo, A.L., Berry, P. & Abusamra, J. (1977): Electrical resistance in tree cambium zone: Relationship to rates of growth and wound closure. *Forest Science*, **23**(3): 326-329.

Shrimpton, D.M. (1978): Resistance of lodgepole pine to mountain pine beetle infestation. *Theory and Practice of Mountain pine Beetle Management in Lodgepole Pine Forests* (D.M. Baumgartner, ed.). Washington State University, Cooperative Extension Service, Pullman: 64-76.

Siegert, N.W., McCullough, D.G., Liebhold, A.M. & Telewski, F.W. (2014): Dendrochronological reconstruction of the epicentre and early spread of emerald ash borer in North America. *Diversity and Distributions*, **20**(7): 847-858.

Sigleo, A.C. (1978): Degraded lignin compounds identified in silicified wood 200 million years old. *Science*, **200**(4345): 1054-1056.

Siitonen, J. (2001): Forest management, coarse woody debris and saproxylic organisms: Fennoscandian boreal forests as an example. *Ecological Bulletins*, (49): 11-41.

Sileshi, G.W., Nyeko, P., Nkunika, P.O.Y., Sekamatte, B.M., Akinnifesi, F.K. & Ajayi, O.C. (2009): Integrating ethno-ecological and scientific knowledge of termites for sustainable termite management and human welfare in Africa. *Ecology and Society*, **14(1-48)**: 1-21.

Silk, P.J., Lemay, M.A., LeClair, G., Sweeney, J. & MaGee, D. (2010): Behavioral and electrophysiological responses of *Tetropium fuscum* (Coleoptera: Cerambycidae) to pheromone and spruce volatiles. *Environmental Entomology*, **39**(6): 1997-2005.

Silva, C.R., Dos Anjos, N., Zanuncio, J.C. & Serrão, J.E. (2013): Damage to books caused by *Tricorynus herbarius* (Gorham) (Coleoptera: Anobiidae). *Coleopterists Bulletin*, **67**(2): 175-178.

Simandl, J. (1993): The spacial pattern, diversity and niche partitioning in xylophagous beetles (Coleoptera) associated with *Frangula alnus* Mill. *Acta Oecologica*, **14**(2): 161-171.

Simandl, J. & Klečka, Z. (1987): Community of xylophagous beetles (Coleoptera) on *Sarothamnus scoparius* in Czechoslovakia. *Acta Entomologica Bohemoslovaca*, **84**(5): 321-329, plts 1-2.

Simeone, J.B. (1965): The frass of northeastern United States powder posting beetles. *Proceedings, XIIth International Congress of Entomology, London, 1964*: 707-708.

Simpson, W.T. (1983): Drying wood: A review: Part I. *Drying Technology*, **2**(2): 235-264.

Sittichaya, W., Beaver, R.A., Liu, L.-Y. & Ngampongsai, A. (2009): An illustrated key to powder post beetles (Coleoptera, Bostrichidae) associated with rubberwood in Thailand, with new records and a checklist of species found in southern Thailand. *ZooKeys*, (26): 33-51.

Sittichaya, W., Ngampongsai, A., Permkam, S. & Puangsin, B. (2012): Feeding preferences and reproduction of the false powder post beetle, *Sinoxylon anale* Lesne, on two clones of the Para rubber tree. *Kasetsart Journal, Natural Sciences*, **46**: 181-189.

Sivapalan, P. & Senaratne, K.A.D.W. (1977): Some aspects of the biology of the tea termite, *Glyptotermes dilatatus*. *PANS*, **23**(1): 9-12.

Sivapalan, P., Senaratne, K.A.D.W. & Karunaratne, A.A.C. (1977): Obervations on the occurrence and behaviour of live-wood termites (*Glyptotermes dilatatus*) in low-country tea fields. *PANS*, **23**(1): 5-8.

Six, D.L. (2012): Ecological and evolutionary determinants of bark beetle: Fungus symbioses. *Insects*, **3**(1): 339-366.

Six, D.L. (2013): The bark beetle holobiont: Why microbes matter. *Journal of Chemical Ecology*, **39**(7): 989-1002.

Six, D.L. & Klepzig, K.D. (2004): *Dendroctonus* bark beetles as model systems for studies on symbiosis. *Symbiosis*, **37**(1/3): 207-232.

Six, D.L. & Wingfield, M.J. (2011): The role of phytopathogenicity in bark beetle–fungus symbioses: A challenge to the classic paradigm. *Annual Review of Entomology*, **56**: 255-272.

Skelly, J.M. & Kearby, W.H. (1969): A new technique to observe the activity of cambium miners. *Annals of the Entomological Society of America*, **62**(4): 932-933.

Skrodenytė-Arbačiauskienė, V., Radžiutė, S., Stunženas, V. & Būda, V. (2012): *Erwinia typographi* sp. nov., isolated from bark beetle (*Ips typographus*) gut. *International Journal of Systematic and Evolutionary Microbiology*, **62**(4): 942-948.

Sláma, K. & Williams, C.M. (1965): Juvenile hormone activity for the bug *Pyrrhocoris apterus*. *Proceedings of the National Academy of Sciences of the United States of America*, **54**(2): 411-414.

Slaytor, M. (2000): Energy metabolism in the termite and its gut microbiota. *Termites: Evolution, Sociality, Symbioses, Ecology* (T. Abe, D.E. Bignell & M. Higashi, eds.). Kluwer Academic Publishers, Dordrecht: 307-332.

Slaytor, M. & Chappell, D.J. (1994): Nitrogen metabolism in termites. *Comparative Biochemistry and Physiology, B*, **107**(1): 1-10.

Smith, A.B.T., Hawks, D.C. & Heraty, J.M. (2006): An overview of the classification and evolution of the major scarab beetle clades (Coleoptera: Scarabaeoidea) based on preliminary molecular analyses. *Coleopterists Society Monographs, Patricia Vaurie Series*, (5): 35-46.

Smith, D.B. & Sears, M.K. (1982): Mandibular structure and feeding habits of three morphologically similar coleopterous larvae: *Cucujus clavipes* (Cucujidae), *Dendroides canadensis* (Pyrochroidea), and *Pytho depressus* (Salpingidae). *Canadian Entomologist*, **114**(2): 173-175.

Smith, D.N. (1962): Prolonged larval development in *Buprestis aurulenta* L. (Coleoptera: Buprestidae): A review with new cases. *Canadian Entomologist*, **94**(6): 586-593.

Smith, J.A. & Koehler, P.G. (2007): Changes in *Reticulitermes flavipes* (Isoptera: Rhinotermitidae) gut xylanolytic activities in response to dietary xylan content. *Annals of the Entomological Society of America*, **100**(4): 568-573.

Smith, J.A., Scharf, M.E., Pereira, R.M. & Koehler, P.G. (2009a): Comparison of gut carbohydrolase activity patterns in *Reticulitermes flavipes* and *Coptotermes formosanus* (Isoptera: Rhinotermitidae) workers and soldiers. *Sociobiology*, **53**(1): 113-124.

Smith, J.A., Scharf, M.E., Pereira, R.M. & Koehler, P.G. (2009b): pH optimization of gut cellulase and xylanase activities from the eastern subterranean termite, *Reticulitermes flavipes* (Isoptera: Rhinotermitidae). *Sociobiology*, **54**(1): 199-210.

Smith, J.L. & Rust, M.K. (1994): Temperature preferences of the western subterranean termite, *Reticulitermes hesperus* Banks. *Journal of Arid Environments*, **28**(4): 313-323.

Smith, M.T., Turgeon, J.J., de Groot, P. & Gasman, B. (2009): Asian longhorned beetle *Anoplophora glabripennis* (Motschulsky): Lessons learned and opportunities to improve the process of eradication and management. *American Entomologist*, **55**(1): 21-25.

Smith, R.H. (1955): The effect of wood moisture content on the emergence of southern *Lyctus* beetle. *Journal of Economic Entomology*, **48**(6): 770-771.

Smith, R.H. (1961): The fumigant toxicity of three pine resins to *Dendroctonus brevicomis* and *D. jeffreyi*. *Journal of Economic Entomology*, **54**(2): 365-369.

Smith, R.H. (1963): Toxicity of pine resin vapors to three species of *Dendroctonus* bark beetles. *Journal of Economic Entomology*, **56**(5): 827-831.

Smith, S.M., Beattie, A.J., Kent, D.S. & Stow, A.J. (2009): Ploidy of the eusocial beetle *Austroplatypus incompertus* (Schedl) (Coleoptera, Curculionidae) and implications for the evolution of eusociality. *Insectes Sociaux*, **56**(3): 285-288.

Smith, W.H. (1990): Forest dieback/decline: A regional response to excessive air pollution exposure. *Air Pollution and Forests: Interactions between Air Contaminants and Forest Ecosystems, Second Edition*. Springer-Verlag, New York: 501-524.

Smitley, D.R., Doccola, J.J. & Cox, D.L. (2010): Multiple-year protection of ash trees from emerald ash borer with a single trunk injection of emamectin benzoate, and single-year protection with an imidacloprid basal drench. *Arboriculture & Urban Forestry*, **36**(5): 206-211.

Snyder, T.E. (1916): Termites, or "white ants," in the United States: Their damage, and methods of prevention. *Bulletin, United States Department of Agriculture*, (333): 1-32, plts. 1-15.

Snyder, T.E. (1924): Tests of methods of protecting woods against termites or white ants: A progress report. *Department Bulletin, United States Department of Agriculture*, (1231): 1-16, plts. 1-2.

Snyder, T.E. (1927): Defects in timber caused by insects. *Department Bulletin, United States Department of Agriculture*, (1490): 1-46.

Snyder, T.E. (1956): Annotated, subject-heading bibliography of termites 1350 B.C. to A.D. 1954. *Smithsonian Miscellaneous Collections*, **130**: 0-305.

Snyder, T.E. & Zetek, J. (1924): Damage by termites in the Canal Zone and Panama and how to prevent it. *Department Bulletin, United States Department of Agriculture*, (1232): 1-25, plts. 1-10.

Šobotník, J., Hanus, R., Kalinová, B., Piskorski, R., Cvačka, J., Bourguignon, T. & Roisin, Y. (2008): (E,E)-α-farnesene, an alarm pheromone of the termite *Prorhinotermes canalifrons*. *Journal of Chemical Ecology*, **34**(4): 478-486.

Šobotník, J., Jirošová, A. & Hanus, R. (2010): Chemical warfare in termites. *Journal of Insect Physiology*, **56**(9): 1012-1021.

Sogbesan, A.O. & Ugwumba, A.A.A. (2008): Nutritional values of some non-conventional animal protein feedstuffs used as fishmeal supplement in aquaculture practices in Nigeria. *Turkish Journal of Fisheries and Aquatic Sciences*, **8**(1): 159-164.

Solheim, H. (1992): Fungal succession in sapwood of Norway spruce infested by the bark beetle *Ips typographus*. *European Journal of Forest Pathology*, **22**(2/3): 136-148.

Sollins, P., Cline, S.P., Verhoeven, T., Sachs, D. & Spycher, G. (1987): Patterns of log decay in old-growth Douglas-fir forests. *Canadian Journal of Forest Research*, **17**(12): 1585-1595.

Solomon, J.D. (1977): Frass characteristics for identifying insect borers (Lepidoptera: Cossidae and Sesiidae; Coleoptera: Cerambycidae) in living hardwoods. *Canadian Entomologist*, **109**(2): 295-303.

Solomon, J.D. & Donley, D.E. (1983): Bionomics and control of the white oak borer. *Research Paper, SO, United States Department of Agriculture, Forest Service, Southern Forest Experiment Station*, (198): 0-5.

Son, Y. (2001): Non-symbiotic nitrogen fixation in forest ecosystems. *Ecological Research*, **16**(2): 183-196.

Soné, K., Mori, T. & Ide, M. (1998): Life history of the oak borer, *Platypus quercivorus* (Murayama) (Coleoptera: Platypodidae). *Applied Entomology and Zoology*, **33**(1): 67-75.

曽根晃一・森 健・井手正道・瀬戸口正和・山之内清竜（1995）：X線断層撮影法（CTスキャン）のカシノナガキクイムシの坑道調査への応用．日本応用動物昆虫学会誌, **39**(4): 341-344.

宋 紅敏（Song, H.-M.）・徐 汝梅（2006）：松墨天牛的全球潜在分布区分析．昆虫知識（*Chinese Bulletin of Entomology*）, **43**(4): 図版, 535-539.

Soo Hoo, C.F. & Dudzinski, A. (1967): Digestion by the larva of the pruinose scarab, *Sericesthis geminata*. *Entomologia Experimentalis et Applicata*, **10**: 7-15.

Soper, R.S. & Olson, R.E. (1963): Survey of biota associated with *Monochamus* (Coleoptera: Cerambycidae) in Maine. *Canadian Entomologist*, **95**(1): 83-95.

Spain, A.V. & McIvor, J.G. (1988): The nature of herbaceous vegetation associated with termitaria in north-eastern Australia. *Journal of Ecology*, **76**(1): 181-191.

Spanton, S.G. & Prestwich, G.D. (1981): Chemical self-defense by termite workers: Prevention of autotoxication in two rhinotermitids. *Science*, **214**(4527): 1363-1365.

Spears, B.M. & Ueckert, D.N. (1976): Survival and food consumption by the desert termite *Gnathamitermes tubiformans* in relation to dietary nitrogen source and levels. *Environmental Entomology*, **5**(5): 1022-1025.

Spears, B.M., Ueckert, D.N. & Whigham, T.L. (1975): Desert termite control in a shortgrass prairie: Effect on soil physical properties. *Environmental Entomology*, **4**(6): 899-904.

Speck, U., Becker, G. & Lenz, M. (1971): Ernährungsphysiologische Untersuchungen an Termiten nach selektiver medikamentöser

Ausschaltung der Darmsymbionten. *Zeitschrift für Angewandte Zoologie*, **58**: 475-491.

Speight, M.C.D. (1989): Saproxylic invertebrates and their conservation. *Nature and Environment Series, Council of Europe*, (42): 1-79.

Spencer, G.J. (1930): Insects emerging from prepared timber in buildings. *Proceedings of the Entomological Society of British Columbia*, **27**: 6-10.

Spencer, G.J. (1958): The insects attacking structural timbers and furniture in homes in coastal British Columbia. *Proceedings of the Entomological Society of British Columbia*, **55**: 8-13.

Speyer, E.R. (1923): Notes upon the habits of Ceylonese ambrosia-beetles. *Bulletin of Entomological Research*, **14**(1): 11-23, plts. 1-6.

Spicer, R. (2005): Senescence in secondary xylem: Heartwood formation as an active developmental program. *Vascular Transport in Plants* (N.M. Holbrook & M.A. Zwieniecki, eds.). Elsevier Academic Press: 457-475.

Spiller, D. (1951): Digestion of alpha-cellulose by larvæ of *Anobium punctatum* De Geer. *Nature*, **168**(4266): 209-210.

Springhetti, A. & Amorelli, M. (1981): Behaviour of *Kalotermes flavicollis* Fabr. pseudergates (Isoptera) toward insects of other species. *Bollettino dell'Istituto di Entomologia della Università degli Studi di Bologna*, **36**: 133-139.

Srivastava, L.M. (1966): Histochemical studies on lignin. *Tappi*, **49**(4): 173-183.

Stanaway, M.A., Zalucki, M.P., Gillespie, P.S., Rodriguez, C.M. & Maynard, G.V. (2001): Pest risk assessment of insects in sea cargo containers. *Australian Journal of Entomology*, **40**(2): 180-192.

Stark, R.W. (1982): Generalized ecology and life cycle of bark beetles. *Bark Beetles in North American Conifers: A System for the Study of Evolutionary Biology* (J.B. Mitton & K.B. Sturgeon, eds.). University of Texas Press, Austin: 21-45.

Starzyk, J.R. & Witkowski, Z. (1986): Dependence of the sex ratio of cerambycid beetles (Col., Cerambycidae) on the size of their host trees. *Journal of Applied Entomology*, **101**(2): 140-146.

Steedman, R.J. & Anderson, N.H. (1985): Life history and ecological role of the xylophagous aquatic beetle, *Lara avara* LeConte (Dryopoidea: Elmidae). *Freshwater Biology*, **15**(5): 535-546.

Steele, C.L., Lewinsohn, E. & Croteau, R. (1995): Induced oleoresin biosynthesis in grand fir as a defense against bark beetles. *Proceedings of the National Academy of Sciences of the United States of America*, **92**(10): 4164-4168.

Steilberg, W.T. (1934): Termites as a factor in earthquake damage. *Termites and Termite Control* (C. Kofoid et al., eds.). University of California Press, Berkeley: 756-765.

Stein, J.D. & Haraguchi, J.E. (1984): Meridic diet for rearing of the host specific tropical wood-borer *Plagithmysus bilineatus* (Coleoptera: Cerambycidae). *Pan-Pacific Entomologist*, **60**(2): 94-96.

Steiner, G. & Buhrer, E.M. (1934): *Aphelenchoides xylophilus*, n. sp., a nematode associated with blue-stain and other fungi in timber. *Journal of Agricultural Research*, **48**(10): 949-951.

Stephen, F.M., Berisford, C.W., Dahlsten, D.L., Fenn, P. & Moser, J.C. (1993): Invertebrate and microbial associates. *Beetle–Pathogen Interactions in Conifer Forests* (T.D. Schowalter & G.M. Filip, eds.). Academic Press, London: 129-153.

Stephen, F.M. & Paine, T.D. (1985): Seasonal patterns of host tree resistance to fungal associates of the southern pine beetle. *Zeitschrift für Angewandte Entomologie*, **99**(2): 113-122.

Stephen, F.M., Salisbury, V.B. & Oliveria, F.L. (2001): Red oak borer, *Enaphalodes rufulus* (Coleoptera: Cerambycidae), in the Ozark Mountains of Arkansas, U.S.A.: An unexpected and remarkable forest disturbance. *Integrated Pest Management Reviews*, **6**(3/4): 247-252.

Steward, R.C. (1982): Comparison of the behavioural and physiological responses to humidity of five species of dry-wood termites, *Cryptotermes* species. *Physiological Entomology*, **7**(1): 71-82.

Steward, R.C. (1983): The effects of humidity, temperature and acclimation on the feeding, water balance and reproduction of dry-wood termites (*Cryptotermes*). *Entomologia Experimentalis et Applicata*, **33**(2): 135-144.

Stewart, A.D., Anand, R.R., Laird, J.S., Verrall, M., Ryan, C.G., de Jonge, M.D., Paterson, D. & Howard, D.L. (2011): Distribution of metals in the termite *Tumulitermes tumuli* (Froggatt): Two types of Malpighian tubule concretion host Zn and Ca mutually exclusively. *PLoS ONE*, **6(11-e27578)**: 1-7.

St. George, R.A. (1924): Egg and first-stage larva of *Tarsostenus univittatus* (Rossi), a beetle predacious on powder-post beetles. *Journal of Agricultural Research*, **29**(1): 49-51.

St. George, R.A. (1929): Weather, a factor in outbreaks of the hickory bark beetle. *Journal of Economic Entomology*, **22**(3): 537-580.

St. George, R.A. (1930): Drought-affected and injured trees attractive to bark beetles. *Journal of Economic Entomology*, **23**(5): 825-828.

Stillwell, M.A. (1960): Decay associated with woodwasps in balsam fir weakened by insect attack. *Forest Science*, **6**(3): 225-231.

Stillwell, M.A. (1964): The fungus associated with woodwasps occurring in beech in New Brunswick. *Canadian Journal of Botany*, **42**(4): 495-496, plt. 1.

Stingl, U., Maass, A., Radek, R. & Brune, A. (2004): Symbionts of the gut flagellate *Staurojoenina* sp. from *Neotermes cubanus* represent a novel, termite-associated lineage of Bacteroidales: Description of "*Candidatus* Vestibaculum illigatum". *Microbiology (London)*, **150**(7): 2229-2235.

Stingl, U., Radek, R., Yang, H. & Brune, A. (2005): "Endomicrobia": Cytoplasmic symbionts of termite gut protozoa form a separate phylum of prokaryotes. *Applied and Environmental Microbiology*, **71**(3): 1473-1479.

Storer, A.J., Wainhouse, D. & Speight, M.R. (1997): The effect of larval aggregation behaviour on larval growth of the spruce bark beetle *Dendroctonus micans*. *Ecological Entomology*, **22**(1): 109-115.

Storer, A.J., Wood, D.L. & Gordon, T.R. (2004): Twig beetles, *Pityophthorus* spp. (Coleoptera: Scolytidae), as vectors of the pitch canker pathogen in California. *Canadian Entomologist*, **136**(5): 685-693.

Stoszek, K.J. & Rudinsky, J.A. (1967): Injury of Douglas-fir trees by maturation feeding of the Douglas-fir hylesinus, *Pseudohylesinus nebulosus* (Coleoptera: Scolytidae). *Canadian Entomologist*, **99**(3): 310-311.

Strebler, G. (1979): Les activités glycosidasiques de *Pachnoda marginata* Drury (coléoptère Scarabaeidae). *Bulletin de la Société Zoologique de France*, **104**(1): 73-77.

Striganova, B.R. (1967): Morphological adaptations of the head and mandibles of some coleopterous larvae burrowing solid substrates. *Beiträge zur Entomologie*, **17**(5/8): 639-649.

Struble, G.R. (1957): The fir engraver: A serious enemy of western true firs. *Production Research Report, United States Department of Agriculture, Forest Service*, (11): 0-18.

Stuart, A.M. (1976): Some aspects of communication in termites. *Proceedings of XVth International Congress of Entomology, Washington, 19-27 August, 1976*: 400-405.

Sturgeon, K.B. (1979): Monoterpene variation in ponderosa pine xylem resin related to western pine beetle predation. *Evolution*, **33**(3): 803-814.

Sturgeon, K.B. & Mitton, J.B. (1982): Evolution of bark beetle communities. *Bark Beetles in North American Conifers: A System for the Study of Evolutionary Biology* (J.B. Mitton & K.B. Sturgeon, eds.). University of Texas Press, Austin: 350-384.

Su, N.-Y. (2003): Overview of the global distribution and control of the Formosan subterranean termite. *Sociobiology*, **41**(1): 7-16.

Su, N.-Y. & Scheffrahn, R.H. (1990): Economically important termites in the United States and their control. *Sociobiology*, **17**(1): 77-94.

Su, N.-Y., Scheffrahn, R.H. & Ban, P.M. (1989): Method to monitor initiation of aerial infestations by alates of the Formosan subterranean termite (Isoptera: Rhinotermitidae) in high-rise buildings. *Journal of Economic Entomology*, **82**(6): 1643-1645.

Su, N.-Y. & Tamashiro, M. (1987): An overview of the Formosan subterranean termite (Isoptera: Rhinotermitidae) in the world. *Research Extension Series, Hawaii Institute of Tropical Agriculture and Human Resources*, (83): 3-15.

Su, N.-Y., Thomas, J.D. & Scheffrahn, R.H. (1998): Elimination of subterranean termite populations from the Statue of Liberty National Monument using a bait matrix containing an insect growth regulator, hexaflumuron. *Journal of the American Institute for Conservation*, **37**(3): 282-292.

Subekti, N. & Yoshimura, T. (2009): α-Amylase activities of saliva from three subterranean termites: *Macrotermes gilvus* Hagen, *Coptotermes formosanus* Shiraki, and *Reticulitermes speratus* (Kolbe). *Japanese Journal of Environmental Entomology and Zoology*（環動昆）, **20**(4): 191-194.

Sueyoshi, M., Goto, H., Sato, H., Hattori, T., Kotaka, N. & Saito, K. (2009): Clusiidae (Diptera) from log emergence traps in the Yambaru, a subtropical forest in Japan. *Entomological Science*, **12**(1): 98-106.

杉本美華（2010）：木に潜るガ，ヒモミノガ（ミノガ科）．昆虫と自然, **45**(14): 13-16.

Sugimura, M., Watanabe, H., Lo, N. & Saito, H. (2003): Purification, characterization, cDNA cloning and nucleotide sequencing of a cellulase from the yellow-spotted longicorn beetle, *Psacothea hilaris*. *EJB, the FEBS Journal*, **270**(16): 3455-3460.

Sugiura, S., Yamaura, Y. & Makihara, H. (2008): Biological invasion into the nested assemblage of tree–beetle associations on the oceanic Ogasawara Islands. *Biological Invasions*, **10**(7): 1061-1071.

Suh, S.-O., Marshall, C.J., McHugh, J.V. & Blackwell, M. (2003): Wood ingestion by passalid beetles in the presence of xylose-fermenting gut yeasts. *Molecular Ecology*, **12**(11): 3137-3145.

Suh, S.-O., McHugh, J.V., Pollock, D.D. & Blackwell, M. (2005a): The beetle gut: A hyperdiverse sourse of novel yeasts. *Mycological Research*, **109**(3): 261-265.

Suh, S.-O., Nguyen, N.H. & Blackwell, M. (2005b): Nine new *Candida* species near *C. membranifaciens* isolated from insects. *Mycological Research*, **109**(9): 1045-1056.

Sumimoto, M., Shiraga, M. & Kondo, T. (1975): Ethane in pine needles preventing the feeding of the beetle, *Monochamus alternatus*. *Journal of Insect Physiology*, **21**(4): 713-722.

Sun, J., Lu, M., Gillette, N.E. & Wingfield, M.J. (2013): Red turpentine beetle: Innocuous native becomes invasive tree killer in China. *Annual Review of Entomology*, **58**: 293-311.

Sun, J.-Z. (2007): Landscape mulches and termite nutritional ecology: Growth and survival of incipient colonies of *Coptotermes formosanus* (Isoptera: Rhinotermitidae). *Journal of Economic Entomology*, **100**(2): 517-525.

索 風梅（Suo, F.-m.）・林 長春・王 浩杰・丁 中文・徐 天森（2004）：松墨天牛繊維素酶的研究 I：繊維素酶性質研究．林業科学研究（*Forest Research*）, **17**(5): 583-589.

鈴木知之（2011）：トラハナムグリ族の幼生期の生態．月刊むし, (489): 30-36.

Švácha, P. & Danilevsky, M.L. (1987): Cerambycoid larvae of Europe and Soviet Union (Coleoptera, Cerambycoidea): Part I. *Acta Universitatis Carolinae, Biologica*, **30**: 1-176.

Svacha, P. & Lawrence, J.F. (2014a): Vesperidae Mulsant, 1839. *Handbook of Zoology: Arthropoda: Insecta: Coleoptera, Beetles, Volume 3: Morphology and Systematics (Phytophaga)* (R.A.B. Leschen & R.G. Beutel, eds.). De Gruyter, Berlin: 16-49.

Svacha, P. & Lawrence, J.F. (2014b): Oxypeltidae Lacordaire, 1868. *Handbook of Zoology: Arthropoda: Insecta: Coleoptera, Beetles, Volume 3: Morphology and Systematics (Phytophaga)* (R.A.B. Leschen & R.G. Beutel, eds.). De Gruyter, Berlin: 49-60.

Svacha, P. & Lawrence, J.F. (2014c): Disteniidae J. Thomson, 1861. *Handbook of Zoology: Arthropoda: Insecta: Coleoptera, Beetles, Volume 3: Morphology and Systematics (Phytophaga)* (R.A.B. Leschen & R.G. Beutel, eds.). De Gruyter, Berlin: 60-76.

Svacha, P. & Lawrence, J.F. (2014d): Cerambycidae Latreille, 1802. *Handbook of Zoology: Arthropoda: Insecta: Coleoptera, Beetles, Volume 3: Morphology and Systematics (Phytophaga)* (R.A.B. Leschen & R.G. Beutel, eds.). De Gruyter, Berlin: 77-177.

Švihra, P. & Kelly, M. (2004): Importance of oak ambrosia beetles in predisposing coast live oak trees to wood decay. *Journal of Arboriculture*, **30**(6): 371-376.

Sweeney, J., de Groot, P., Macdonald, L., Smith, S., Cocquempot, C., Kenis, M. & Gutowski, J.M. (2004): Host volatile attractants and traps for detection of *Tetropium fuscum* (F.), *Tetropium castaneum* L., and other longhorned beetles (Coleoptera: Cerambycidae). *Environmental Entomology*, **33**(4): 844-854.

Sweeney, J., Gutowski, J.M., Price, J. & de Groot, P. (2006): Effect of semiochemical release rate, killing agent, and trap design on detection of *Tetropium fuscum* (F.) and other longhorn beetles (Coleoptera: Cerambycidae). *Environmental Entomology*, **35**(3): 645-654.

Sweeney, J.D., Silk, P.J., Gutowski, J.M., Wu, J., Lemay, M.A., Mayo, P.D. & Magee, D.I. (2010): Effect of chirality, release rate, and host volatiles on response of *Tetropium fuscum* (F.), *Tetropium cinnamopterum* Kirby, and *Tetropium castaneum* (L.) to the aggregation pheromone, fuscumol. *Journal of Chemical Ecology*, **36**(12): 1309-1321.

Swift, M.J. (1973): The estimation of mycelial biomass by determination of the hexosamine content of wood tissue decayed by fungi. *Soil Biology and Biochemistry*, **5**(3): 321-332.

Swift, M.J. (1977a): The ecology of wood decomposition. *Science Progress*, **64**: 175-199.

Swift, M.J. (1977b): The roles of fungi and animals in the immobilisation and release of nutrient elements from decomposing branch-wood. *Ecological Bulletins*, (25): 193-202.

Swift, M.J. & Boddy, L. (1984): Animal–microbial interactions in wood decomposition. *Invertebrate–Microbial Interactions* (J.M. Anderson, A.D.M. Rayner & D.W.H. Walton, eds.). Cambridge University Press: 89-131.

Swift, M.J., Boddy, L. & Healey, I.N. (1984): Wood decomposition in an abandoned beech and oak coppiced woodland in SE England II: The standing crop of wood on the forest floor with particular reference to its invasion by *Tipula flavolineata* and other animals. *Holarctic Ecology*, **7**(2): 218-228.

Swingle, M.C. (1931): Hydrogen ion concentration within the digestive tract of certain insects. *Annals of the Entomological Society of America*, **24**(3): 489-495.

Syamani, F.A., Subiyanto, B. & Massijaya, M.Y. (2011): Termite resistant properties of sisal fiberboards. *Insects*, **2**(4): 462-468.

Tabata, M., Miyata, H. & Maeto, K. (2012): Siricid woodwasps and their fungal symbionts in Asia, specifically those occurring in Japan. *The Sirex Woodwasp and its Fungal Symbiont: Research and Management of a Worldwide Invasive Pest* (B. Slippers, P. de Groot & M.J. Wingfield, eds.). Springer: 95-102.

Taechapoempol, K., Sreethawong, T., Rangsunvigit, P., Namprohm, W., Thamprajamchit, B., Rengpipat, S. & Chavadej, S. (2011): Cellulase-producing bacteria from Thai higher termites, *Microcerotermes* sp.: Enzymatic activities and ionic liquid tolerance. *Applied Biochemistry and Biotechnology*, **164**(2): 204-219.

高原 光・伊藤孝美・竹岡政治（1988）：約3,000年前のスギカミキリ被害材と当時の森林環境．日本林学会誌，**70**(4): 143-150.

Takahashi, K. (2010): Succession in mycomycete communities on dead *Pinus densiflora* wood in a secondary forest in southwestern Japan. *Ecological Research*, **25**(5): 995-1006.

Takakuwa, M. (1981): A revisional study of Japanese Longicornia I: Genus *Epania* Pascoe (Molorchini). *Elytra*, **9**(1): 1-10.

高桑正敏（2007）：雑木林におけるシロスジカミキリと好樹液性昆虫はなぜ衰退したか？ 神奈川県立博物館研究報告（自然科学），(36): 75-90.

高桑正敏（2013）：日本の昆虫における外来種問題（4）：分布情報と地域の目録作成をめぐって．月刊むし，(503): 31-37.

Takamura, K. (2001): Effects of termite exclusion on decay of heavy and light hardwood in a tropical rain forest of Peninsular Malaysia. *Journal of Tropical Ecology*, **17**(4): 541-548.

竹谷昭彦（1979）：九州地域の森林害虫の実態．林業と薬剤，(67): 1-7.

竹谷昭彦・吉田成章・讃井孝義（1982）：スギザイノタマバエ．スギ・ヒノキの穿孔性害虫：その生態と防除序説（小林富士雄，編）．創文，東京: 101-149.

滝沢幸雄・斉藤 諦・井戸規雄（1982）：スギノアカネトラカミキリ．スギ・ヒノキの穿孔性害虫：その生態と防除序説（小林富士雄，編）．創文，東京: 59-100.

Talbot, P.H.B. (1977): The *Sirex-Amylostereum-Pinus* association. *Annual Review of Phytopathology*, **15**: 41-54.

Tamm, S.L. (1982): Flagellated ectosymbiotic bacteria propel a eucaryotic cell. *Journal of Cell Biology*, **94**(3): 697-709.

Tanahashi, M., Kubota, K., Matsushita, N. & Togashi, K. (2010): Discovery of mycangia and the associated xylose-fermenting yeasts in stag beetles (Coleoptera: Lucanidae). *Naturwissenschaften*, **97**(3): 311-317.

Tanahashi, M., Matsushita, N. & Togashi, K. (2009): Are stag beetles fungivorous? *Journal of Insect Physiology*, **55**(11): 983-988.

Tanahashi, M. & Togashi, K. (2009): Interference competition and cannibalism by *Dorcus rectus* (Motschulsky) (Coleoptera: Lucanidae) larvae in the laboratory and field. *Coleopterists Bulletin*, **63**(3): 301-310.

Tanaka, H., Aoyagi, H., Shiina, S., Doudou, Y., Yoshimura, T., Nakamura, R. & Uchiyama, H. (2006): Influence of the diet components on the symbiotic microorganisms community in hindgut of *Coptotermes formosanus* Shiraki. *Applied Microbiology and Biotechnology*, **71**(6): 907-917, 970.

唐 艷龍(Tang, Y.)・楊 忠岐・姜 静・王 小芸・呂 軍・高 純(2011)：栗山天牛幼虫和蛹在遼東櫟樹幹上的分布規律．林業科学(*Scientia Silvae Sinicae*), **47**(3): 117-123.

Tarno, H., Qi, H., Endoh, R., Kobayashi, M., Goto, H. & Futai, K. (2011): Types of frass produced by the ambrosia beetle *Platypus quercivorus* during gallery construction, and host suitability of five tree species for the beetle. *Journal of Forest Research*, **16**(1): 68-75.

Tartar, A., Wheeler, M.M., Zhou, X., Coy, M.R., Boucias, D.G. & Scharf, M.E. (2009): Parallel metatranscriptome analyses of host and symbiont gene expression in the gut of the termite *Reticulitermes flavipes*. *Biotechnology for Biofuels*, **2(25)**: 1-19.

Tarver, M.R., Schmelz, E.A., Rocca, J.R. & Scharf, M.E. (2009): Effects of soldier-derived terpenes on soldier caste differentiation in the termite *Reticulitermes flavipes*. *Journal of Chemical Ecology*, **35**(2): 256-264.

Tarver, M.R., Schmelz, E.A. & Scharf, M.E. (2011): Soldier caste influences on candidate primer pheromone levels and juvenile hormone-dependent caste differentiation in workers of the termite *Reticulitermes flavipes*. *Journal of Insect Physiology*,

57(6): 771-777.

Tatun, N., Wangsantitham, O., Tungjitwitayakul, J. & Sakurai, S. (2014): Trehalase activity in fungus-growing termite, *Odontotermes feae* (Isoptera: Termitideae[sic]) and inhibitory effect of validamycin. *Journal of Economic Entomology*, **107**(3): 1224-1232.

Tavakilian, G., Berkov, A., Meurer-Grimes, B. & Mori, S. (1997): Neotropical tree species and their faunas of xylophagous longicorns (Coleoptera: Cerambycidae) in French Guiana. *Botanical Review*, **63**(4): 303-355.

Tayasu, I., Sugimoto, A., Wada, E. & Abe, T. (1994): Xylophagous termites depending on atmospheric nitrogen. *Naturwissenschaften*, **81**(5): 229-231.

Taylor, A.M., Gartner, B.L. & Morrell, J.J. (2002): Heartwood formation and natural durability: A review. *Wood and Fiber Science*, **34**(4): 587-611.

Taylor, E.C. (1982): Role of aerobic microbial populations in cellulose digestion by desert millipedes. *Applied and Environmental Microbiology*, **44**(2): 281-291.

Taylor, E.C. (1985): Cellulose digestion in a leaf eating insect, the Mexican bean beetle, *Epilachna varivestis*. *Insect Biochemistry*, **15**(2): 315-320.

Teale, S.A., Wickham, J.D., Zhang, F., Su, J., Chen, Y., Xiao, W., Hanks, L.M. & Millar, J.G. (2011): A male-produced aggregation pheromone of *Monochamus alternatus* (Coleoptera: Cerambycidae), a major vector of pine wood nematode. *Journal of Economic Entomology*, **104**(5): 1592-1598.

ten Have, R. & Teunissen, P.J.M. (2001): Oxidative mechanisms involved in lignin degradation by white-rot fungi. *Chemical Reviews*, **101**(11): 3397-3413.

寺島典二（2013）：植物の進化に伴うリグニン超分子構造の多様化．木材学会誌, **59**(2): 65-80.

Terashima, N., Kitano, K., Kojima, M., Yoshida, M., Yamamoto, H. & Westermark, U. (2009): Nanostructural assembly of cellulose, hemicellulose, and lignin in the middle layer of secondary wall of ginkgo tracheid. *Journal of Wood Science*, **55**(6): 409-416.

Terra, W.R. (1988): Physiology and biochemistry of insect digestion: an evolutionary perspective. *Brazilian Journal of Medical and Biological Research*, **21**(4): 675-734.

Terra, W.R. & Ferreira, C. (1994): Insect digestive enzymes: Properties, compartmentalization and function. *Comparative Biochemistry and Physiology, B*, **109**(1): 1-62.

Teskey, H.J. (1976): Diptera larvae associated with trees in North America. *Memoirs of the Entomological Society of Canada*, (100): 0-53.

Thayer, D.W. (1978): Carboxymethylcellulase produced by facultative bacteria from the hind-gut of the termite *Reticulitermes hesperus*. *Journal of General Microbiology*, **106**(1): 13-18.

Theraulaz, G. & Bonabeau, E. (1999): A brief history of stigmergy. *Artificial Life*, **5**(2): 97-116.

Tho, Y.P. (1982): Gap formation by the termite *Microcerotermes dubius* in lowland forests of Peninsular Malaysia. *Malaysian Forester*, **45**(2): 184-192.

Tholl, D. (2006): Terpene synthases and the regulation, diversity and biological roles of terpene metabolism. *Current Opinion in Plant Biology*, **9**(3): 297-304.

Thomas, A.M. & White, M.G. (1959): The sterilization of insect-infested wood by high-frequency heating. *Wood*, {**24**(10): 407-410; **24**(11): 449-451; **24**(12): 487-488}.

Thomas, A.V. & Browne, F.G. (1950): Notes on air-seasoning of timber in Malaya. *Malayan Forester*, **13**(4): 214-223.

Thomas, J.B. (1966): A comparative study of gastric caeca in adult and larval stages of bark beetles (Coleoptera: Scolytidae). *Proceedings of the Entomological Society of Ontario*, **97**: 71-90.

Thomas, R.J. (1987): Factors affecting the distribution and activity of fungi in the nests of Macrotermitinae. *Soil Biology and Biochemistry*, **19**(3): 343-349.

Thompson, B.M., Bodart, J., McEwen, C. & Gruner, D.S. (2014): Adaptations for symbiont-mediated external digestion in *Sirex noctilio* (Hymenoptera: Siricidae). *Annals of the Entomological Society of America*, **107**(2): 453-460.

Thompson, B.M., Grebenok, R.J., Behmer, S.T. & Gruner, D.S. (2013): Microbial symbionts shape the sterol profile of the xylem-feeding woodwasp, *Sirex noctilio*. *Journal of Chemical Ecology*, **39**(1): 129-139.

Thompson, G.J., Kitade, O., Lo, N. & Crozier, R.H. (2000a): Phylogenetic evidence for a single, ancestral origin of a 'true' worker caste in termites. *Journal of Evolutionary Biology*, **13**(6): 869-881.

Thompson, G.J., Miller, L.R., Lenz, M. & Crozier, R.H. (2000b): Phylogenetic analysis and trait evolution in Australian lineages of drywood termites (Isoptera: Kalotermitidae). *Molecular Phylogenetics and Evolution*, **17**(3): 419-429.

Thompson, J.N. (1988): Evolutionary ecology of the relationship between oviposition preference and performance of offspring in phytophagous insects. *Entomologia Experimentalis et Applicata*, **47**(1): 3-14.

Thompson, N.S. (1983): Hemicellulose as a biomass resource. *Wood and Agricultural Residues: Research on Use for Feed, Fuels, and Chemicals* (E.J. Soltes, ed.). Academic Press, New York: 101-119.

Thompson, R.T. (1992): Observations on the morphology and classification of weevils (Coleoptera, Curculionoidea) with a key to major groups. *Journal of Natural History*, **26**(4): 835-891.

Thornber, J.P. & Northcote, D.H. (1961a): Changes in the chemical composition of a cambial cell during its differentiation into xylem and phloem tissue in trees, 1: Main components. *Biochemical Journal*, **81**(3): 449-455.

Thornber, J.P. & Northcote, D.H. (1961b): Changes in the chemical composition of a cambial cell during its differentiation into xylem and phloem tissue in trees, 2: Carbohydrate constituents of each main components. *Biochemical Journal*, **81**(3): 455-464.

Thorne, B.L. (1982): Termite–termite interactions: Workers as an agonistic caste. *Psyche,* **89**(1/2): 133-150.

Thorne, B.L. (1990): A case for ancestral transfer of symbionts between cockroaches and termites. *Proceedings, Biological Sciences, The Royal Society, London*, **241**(1300): 37-41.

Thorne, B.L. (1991): Ancestral transfer of symbionts between cockroaches and termites: An alternative hypothesis. *Proceedings, Biological Sciences, The Royal Society, London*, **246**(1317): 191-195.

Thorne, B.L., Grimaldi, D.A. & Krishna, K. (2000): Early fossil history of the termites. *Termites: Evolution, Sociality, Symbioses, Ecology* (T. Abe, D.E. Bignell & M. Higashi, eds.). Kluwer Academic Publishers, Dordrecht: 77-93.

Thorne, B.L. & Haverty, M.I. (1991): A review of intercolony, intraspecific, and interspecific agonism in termites. *Sociobiology*, **19**(1): 115-145.

Thorne, B.L., Haverty, M.I. & Benzing, D.H. (1996): Associations between termites and bromeliads in two dry tropical habitats. *Biotropica*, **28**(4b): 781-785.

Thorne, B.L. & Kimsey, R.B. (1983): Attraction of Neotropical termites to carrion. *Biotropica*, **15**(4): 295-296.

Thuillier, A., Courtois, J.É. & Chararas, C. (1967): Les osidases de *Candida brumptii*, levure intra-cellulaire isolée d'un insecte xylophage: *Hylobius abietis* L. *Biochemica Applicata*, **14**: 1-12.

田 潤民 (Tian, R.)・張 玉鳳 (2006): 光肩星天牛卵管分泌物対樹体卵室作用機制研究. 内蒙古林業科技 (*Journal of Inner Mongolia Forestry Science & Technology*), **32**(4): 20-24.

Tian, W.-J., Ke, Y.-L., Zhuang, T.-Y., Wang, C.-X., Li, M., Liu, R.-Q., Mao, W.-G., Zhang, S.-S. & Li, D. (2008): A review of the research on dike-infesting termites in China. *Sociobiology*, **52**(3): 751-760.

Tihon, L. (1946): À propos des termites au point du vue alimentaire. *Bulletin Agricole du Congo Belge*, **37**: 865-868.

Tilles, D.A., Sjödin, K., Nordlander, G. & Eidmann, H.H. (1986): Synergism between ethanol and conifer host volatiles as attractants for the pine weevil, *Hylobius abietis* (L.) (Coleoptera: Curculionidae). *Journal of Economic Entomology*, **79**(4): 970-973.

Tillman, J.A., Holbrook, G.L., Dallara, P.L., Schal, C., Wood, D.L., Blomquist, G.J. & Seybold, S.J. (1998): Endocrine regulation of *de novo* aggregation pheromone biosynthesis in the pine engraver, *Ips pini* (Say) (Coleoptera: Scolytidae). *Insect Biochemistry and Molecular Biology*, **28**(9): 705-715.

Tippett, J.T. (1986): Formation and fate of kino veins in Eucalyptus L'Hérit. *IAWA Bulletin, New Series*, **7**(2): 137-143.

Tittiger, C., Keeling, C.I. & Blomquist, G.J. (2005): Some insights into the remarkable metabolism of the bark beetle midgut. *Recent Advances in Phytochemistry*, **39**: 57-78.

Todaka, N., Inoue, T., Saita, K., Ohkuma, M., Nalepa, C.A., Lenz, M., Kudo, T. & Moriya, S. (2010): Phylogenetic analysis of cellulolytic enzyme genes from representative lineages of termites and a related cockroach. *PLoS ONE*, **5(1-e8636)**: 1-10.

富樫一次 (1984): 新築家屋の柱より脱出したキバチ. 家屋害虫, (19/20): 29.

Togashi, K., Appleby, J.E. & Malek, R.B. (2005): Host tree effect on the pupal chamber size of *Monochamus carolinensis* (Coleoptera: Cerambycidae). *Applied Entomology and Zoology*, **40**(3): 467-474.

Togashi, K., Kasuga, H., Yamashita, H. & Iguchi, K. (2008): Effect of host tree species on larval body size and pupal-chamber tunnel of *Monochamus alternatus* (Coleoptera: Cerambycidae). *Applied Entomology and Zoology*, **43**(2): 235-240.

Toki, W. & Kubota, K. (2010): Molecular phylogeny based on mitochondrial genes and evolution of host plant use in the long-horned beetle tribe Lamiini (Coleoptera: Cerambycidae) in Japan. *Environmental Entomology*, **39**(4): 1336-1343.

Toki, W., Takahashi, Y. & Togashi, K. (2013): Fungal garden making inside bamboos by a non-social fungus-growing beetle. *PLoS ONE*, **8(11-e79515)**: 1-9.

Toki, W., Tanahashi, M., Togashi, K. & Fukatsu, T. (2012): Fungal farming in a non-social beetle. *PLoS ONE*, **7(7-e41893)**: 1-7.

所 雅彦・岡田充弘・斉藤正一・大橋章博・衣浦晴生・猪野正明・吉濱 健 (2014): カシノナガキクイムシ誘引物質の探索. 森林防疫, **63**(6): 225-231.

Tokuda, G., Lo, N. & Watanabe, H. (2005): Marked variations in patterns of cellulase activity against crystalline- vs. carboxymethyl-cellulose in the digestive systems of diverse, wood-feeding termites. *Physiological Entomology*, **30**(4): 372-380.

Tokuda, G., Lo, N., Watanabe, H., Arakawa, G., Matsumoto, T. & Noda, H. (2004): Major alteration of the expression site of endogenous cellulases in members of an apical termite lineage. *Molecular Ecology*, **13**(10): 3219-3228.

Tokuda, G. & Watanabe, H. (2007): Hidden cellulases in termites: Revision of an old hypothesis. *Biology Letters, The Royal Society*, **3**(3): 336-339.

Tokuda, G., Watanabe, H. & Lo, N. (2007): Does correlation of cellulase gene expression and cellulolytic activity in the gut of termite suggest synergistic collaboration of cellulases? *Gene*, **401**(1/2): 131-134.

Tokura, M., Ohkuma, M. & Kudo, T. (2000): Molecular phylogeny of methanogens associated with flagellated protists in the gut and with the gut epithelium of termites. *FEMS Microbiology Ecology*, **33**(3): 233-240.

Tomimura, Y. (1993): Chemical characteristics of rubberwood damaged by *Sinoxylon conigern*[sic] Gerstäcker. *Bulletin of the Forestry and Forest Products Research Institute*, (365): 33-43.

Tongway, D.J., Ludwig, J.A. & Whitford, W.G. (1989): Mulga log mounds: Fertile patches in the semi-arid woodlands of eastern Australia. *Australian Journal of Ecology*, **14**(3): 263-268.

Torgersen, T.R. & Bull, E.L. (1995): Down logs as habitat for forest-dwelling ants: The primary prey of pileated woodpeckers in northeastern Oregon. *Northwest Science*, **69**(4): 294-303.

Torres, J.A. (1994): Wood decomposition of *Cyrilla racemiflora* in a tropical montane forest. *Biotropica*, **26**(2): 124-140.

Tóth, L. (1952): The role of nitrogen-active microorganisms in the nitrogen metabolism of insects. *Tijdschrift voor Entomologie*, **95**: 43-62.

Tracey, M.V. & Youatt, G. (1958): Cellulase and chitinase in two species of Australian termites. *Enzymologia*, **19**(2): 70-72.

Trägårdh, I. (1929): Investigations of the fauna of a dying tree. *Fourth International Congress of Entomology, Ithaca, August 1928, Volume II: Transactions* (K. Jordan & W. Horn, eds.): 773-780.
Trägårdh, I. (1930a): Some aspects in the biology of longicorn beetles. *Bulletin of Entomological Research*, **21**(1): 1-8.
Trägårdh, I. (1930b): Studies on the galleries of the bark-beetles. *Bulletin of Entomological Research*, **21**(4): 469-480.
Trägårdh, I. (1938): Untersuchungen über die Verbreitung und das Auftreten der holzzerstörenden Insekten in öffentlichen Gebäuden in Schweden. *Zeitschrift für Pflanzenkrankheiten (Pflanzenpathologie) und Pflanzenschutz*, **48**(6): 295-302.
Traoré, S., Nygård, R., Guinko, S. & Lepage, M. (2008b): Impact of *Macrotermes termitaria* as a source of heterogeneity on tree diversity and structure in Sudanian savannah under controlled grazing and annual prescribed fire (Burkina Faso). *Forest Ecology and Management*, **255**(7): 2337-2346.
Traoré, S., Tigabu, M., Ouédraogo, S.J., Boussim, J.I., Guinko, S. & Lepage, M.G. (2008a): *Macrotermes* mounds as sites for tree regeneration in a Sudanian woodland (Burkina Faso). *Plant Ecology*, **198**(2): 285-295.
Trapp, S. & Croteau, R. (2001): Defensive resin biosynthesis in conifers. *Annual Review of Plant Physiology and Plant Molecular Biology*, **52**: 689-724, plts. 1-2.
Traugott, M., Benefer, C.M., Blackshaw, R.P., van Herk, W.G. & Vernon, R.S. (2015): Biology, ecology, and control of elaterid beetles in agricultural land. *Annual Review of Entomology*, **60**: 313-334.
Traugott, M., Schallhart, N., Kaufmann, R. & Juen, A. (2008): The feeding ecology of elaterid larvae in central European arable land: New perspectives based on naturally occurring stable isotopes. *Soil Biology & Biochemistry*, **40**(2): 342-349.
Treves, D.S. & Martin, M.M. (1994): Cellulose digestion in primitive hexapods: Effect of ingested antibiotics on gut microbial populations and gut cellulase levels in the firebrat, *Thermobia domestica* (Zygentoma, Lepismatidae). *Journal of Chemical Ecology*, **20**(8): 2003-2020.
Troll, C. (1953): Savannentypen und das Problem der Primärsavannen. *Proceedings of the Seventh International Botanical Congress: Stockholm July 12-20, 1950* (H. Osvald & E. Aberg, eds.). Almqvist & Wiksells, Stockholm: 670-674.
Trotter, H. & Beeson, C.F.C. (1933): The liability of solid bamboo lance staves to attack by borers. *Indian Forester*, **59**(11): 709-712.
Tsunoda, K., Rosenblat, G. & Dohi, K. (2010): Laboratory evaluation of the resistance of plastics to the subterranean termite *Coptotermes formosanus* (Blattodea: Rhinotermitidae). *International Biodeterioration & Biodegradation*, **64**(3): 232-237.
Tuomikoski, R. (1957): Beobachtungen über einige Sciariden (Dipt.), deren Larven in faulem Holz oder unter der Rinde abgestorbener Bäume leben. *Suomen Hyönteistieteellinen Aikakauskirja*, **23**(1): 3-35.
Turner, J.S. (2001): On the mound of *Macrotermes michaelseni* as an organ of respiratory gas exchange. *Physiological and Biochemical Zoology*, **74**(6): 798-822.
Turner, J.S. & Soar, R.C. (2008): Beyond biomimicry: What termites can tell us about realizing the living building. *Proceedings of the 1st International Conference on Industrialised, Integrated, Intelligent Construction (13CON)* (T. Hassan & J. Ye, eds.). Loughborough University, Leicestershire: 221-237.
内田登一・中島敏夫（1961）：北海道の風倒木地帯に於けるヤツバキクイ *Ips typographus* Linné の異常発生に関する2・3の考察．北海道大学農学部演習林研究報告，**21**(1): 149-168, plts. 1-6.
上田明良（2006）：大規模風倒後のヤツバキクイムシ類による生立木被害とその予防法：2004年18号台風とこれまでの台風の比較．日本森林学会北海道支部論文集，(54): 156-159.
上田明良・藤田和幸・浦野忠久（2000）：各種誘引剤を用いた甲虫類の捕獲調査：エタノールの協力剤としての効果．森林応用研究，**9**(1): 121-125.
上田明良・水野孝彦・梶村 恒（2009）：キクイムシの生態：食性と繁殖様式に関する研究の現状と展望．日本森林学会誌，**91**(6): 469-478.
Ueda, M. & Shibata, E. (2005): Water status of hinoki cypress, *Chamaecyparis obtusa*, attacked by secondary woodboring insects after typhoon strike. *Journal of Forest Research*, **10**(3): 243-246.
Ueda, M. & Shibata, E. (2007): Host selection of small cedar longicorn beetle, *Callidiellum rufipenne* (Coleoptera: Cerambycidae), on Japanese cedar, *Cryptomeria japonica*, in terms of bark water content of host trees. *Journal of Forest Research*, **12**(4): 320-324.
上田正文・和田 博（1995）：マイクロ波による材内穿孔性虫類の殺虫．奈良県林試木材加工資料，(24): 23-25.
植月充孝・細川 努・植木忠二（1980）：スギカミキリの人工飼育（I）：餌木による飼育．日本林学会関西支部第31回大会講演集：263-265.
Ueyama, A. (1966): Studies on the succession of higher fungi on felled beech logs (*Fagus crenata*) in Japan. *Beihefte zu Material und Organismen*, (1): 325-332.
Uju, G.C., Baines, E.F. & Levy, J.F. (1981): Nitrogen uptake by wick action in wood in soil contact. *Journal of the Institute of Wood Science*, **9**(1): 23-26.
Ullmann, T. (1932): Über die Einwirkung der Fermente einiger Wirbellosen auf polymere Kohlenhydrate. *Zeitschrift für Vergleichende Physiologie*, **17**(3): 520-536.
Ulyshen, M.D. & Hanula, J.L. (2010): Patterns of saproxylic beetle succession in loblolly pine. *Agricultural and Forest Entomology*, **12**(2): 187-194.
Unno, A. (2004): The effect of the fungus *Phellinus hartigii* on woodpecker habitat quality in Hokkaido, Japan. *Ornithological Science*, **3**(2): 159-161.
Upadhyay, H.P. (1993): Classification of the ophiostomatoid fungi. *Ceratocystis and Ophiostoma: Taxonomy, Ecology, and Pathogenicity* (M.J. Wingfield, K.A. Seifert & J.F. Webber, eds.). American Phytopathological Society, St. Paul: 7-13.
Urano, T. & Hijii, N. (1995): Resource utilization and sex allocation in response to host size in two ectoparasitoid wasps on subcortical beetles. *Entomologia Experimentalis et Applicata*, **74**(1): 23-35.

Usher, M.B. (1975): Studies on a wood-feeding termite community in Ghana, West Africa. *Biotropica*, **7**(4): 217-233.

Usher, M.B. & Parr, T.W. (1977): Are there successional changes in arthropod decomposer communities? *Journal of Environmental Management*, **5**: 151-160.

Utsumi, S. & Ohgushi, T. (2007): Plant regrowth response to a stem-boring insect: A swift moth–willow system. *Population Ecology*, **49**(3): 241-248.

Väisänen, R., Biström, O. & Heliövaara, K. (1993): Sub-cortical Coleoptera in dead pines and spruces: Is primeval species composition maintained in managed forest? *Biodiversity and Conservation*, **2**(2): 95-113.

Valarini, P.J. & Tokeshi, H. (1980): *Ceratocystis fimbriata*: Agente causal da "seca da figueira" e seu controle. *Summa Phytopathologica*, **6**(3/4): 102-106.

Valenzuela-Gonzalez, J.E. (1992): Adult-juvenile alimentary relationships in Passalidae (Coleoptera). *Folia Entomológia Mexicana*, (85): 25-38.

Valiev, A., Ogel, Z.B. & Klepzig, K.D. (2009): Analysis of cellulase and polyphenol oxidase production by southern pine beetle associated fungi. *Symbiosis*, **49**(1): 37-42.

Välimäki, S. & Heliövaara, K. (2007): Hybrid aspen is not preferred by the larger poplar borer. *Arthropod–Plant Interactions*, **1**(4): 205-211.

Valkama, H., Räty, M. & Niemelä, P. (1997): Catches of *Ips duplicatus* and other non-target Coleoptera by *Ips typographus* pheromone trapping. *Entomologica Fennica*, **8**(3): 153-159.

Valles, S.M. & Woodson, W.D. (2002): Insecticide susceptibility and detoxication enzyme activities among *Coptotermes formosanus* Shiraki workers sampled from different locations in New Orleans. *Comparative Biochemistry and Physiology, Toxicology & Pharmacology*, **131**(4): 469-476.

van Buijtenen, J.P. & Santamour, F.S., Jr. (1972): Resin crystallization related to weevil resistance in white pine (*Pinus strobus*). *Canadian Entomologist*, **104**(2): 215-219.

van der Gaag, D.J., Sinatra, G., Roversi, P.F., Loomans, A., Hérard, F. & Vukadin, A. (2010): Evaluation of eradication measures against *Anoplophora chinensis* in early stage infestations in Europe. *Bulletin OEPP*, **40**(2): 176-187.

van der Walt, J.P. (1966): *Pichia acaciae* sp. n. *Antonie van Leeuwenhoek*, **32**: 159-161.

van der Walt, J.P. & Nakase, T. (1973): *Candida homilentoma*, a new yeast from South African insect sources. *Antonie van Leeuwenhoek*, **39**: 449-453.

Vargo, E.L. & Husseneder, C. (2009): Biology of subterranean termites: Insights from molecular studies of *Reticulitermes* and *Coptotermes*. *Annual Review of Entomology*, **54**: 379-403.

Vargo, E.L., Husseneder, C. & Grace, J.K. (2003): Colony and population genetic structure of the Formosan subterranean termite, *Coptotermes formosanus*, in Japan. *Molecular Ecology*, **12**(10): 2599-2608.

Vasanthakumar, A., Delalibera, I., Jr., Handelsman, J., Klepzig, K.D., Schloss, P.D. & Raffa, K.F. (2006): Characterization of gut-associated bacteria in larvae and adults of the southern pine beetle, *Dendroctonus frontalis* Zimmermann. *Environmental Entomology*, **35**(6): 1710-1717.

Vasanthakumar, A., Handelsman, J., Schloss, P.D., Bauer, L.S. & Raffa, K.F. (2008): Gut microbiota of an invasive subcortical beetle, *Agrilus planipennis* Fairmaire, across various life stage. *Environmental Entomology*, **37**(5): 1344-1353.

Vázquez-Arista, M., Smith, R.H., Martínez-Gallardo, N.A. & Blanco-Labra, A. (1999): Enzymatic differences in the digestive system of the adult and larva of *Prostephanus truncatus* (Horn) (Coleoptera: Bostrichidae). *Journal of Stored Products Research*, **35**(2): 167-174.

Vazquez-Arista, M., Smith, R.H., Olalde-Portugal, V., Hinojosa, R.E., Hernandez-Delgadillo, R. & Blanco-Labra, A. (1997): Cellulolytic bacteria in the digestive system of *Prostephanus truncatus* (Coleoptera: Bostrichidae). *Journal of Economic Entomology*, **90**(5): 1371-1376.

Veal, D.A. & Lynch, J.M. (1984): Biochemistry of cellulose breakdown by mixed cultures. *Biochemical Society Transactions*, **12**(6): 1142-1144.

Veblen, T.T., Hadley, K.S., Reid, M.S. & Rebertus, A.J. (1991a): The response of subalpine forests to spruce beetle outbreak in Colorado. *Ecology*, **72**(1): 213-231.

Veblen, T.T., Hadley, K.S., Reid, M.S. & Rebertus, A.J. (1991b): Methods of detecting past spruce outbreaks in Rocky Mountain subalpine forests. *Canadian Journal of Forest Research*, **21**(2): 242-254.

Veeranna, G. & Basalingappa, S. (1981): Foraging behaviour of the termite, *Odontotermes wallonensis* Wasmann (Isoptera: Termitidae). *Indian Zoologist*, **5**(1/2): 5-9.

Vega, F.E. & Dowd, P.F. (2005): The role of yeasts as insect endosymbionts. *Insect-Fungal Associations: Ecology and Evolution* (F.E. Vega & M. Blackwell, eds.). Oxford University Press, New York: 211-243.

Veivers, P.C., Mühlemann, R., Slaytor, M., Leuthold, R.H. & Bignell, D.E. (1991): Digestion, diet and polyethism in two fungus-growing termites: *Macrotermes subhyalinus* Rambur and *M. michaelseni* Sjøstedt. *Journal of Insect Physiology*, **37**(9): 675-682.

Veivers, P.C., O'Brien, R.W. & Slaytor, M. (1983): Selective defaunation of *Mastotermes darwiniensis* and its effect on cellulose and starch metabolism. *Insect Biochemistry*, **13**(1): 95-101.

Verma, M., Sharma, S. & Prasad, R. (2009): Biological alternatives for termite control: A review. *International Biodeterioration & Biodegradation*, **63**(8): 959-972.

Victorsson, J. (2012): Semi-field experiments investigating facilitation: Arrival order decides the interrelationship between two saproxylic beetle species. *Ecological Entomology*, **37**(5): 395-401.

Victorsson, J. & Wikars, L.-O. (1996): Sound production and cannibalism in larvae of the pine-sawyer beetle *Monochamus sutor* L. (Coleoptera: Cerambycidae). *Entomologisk Tidskrift*, **117**(1/2): 29-33.

Viedma, M.G. de, Notario, A., Baragaño, J.R.I., Rodero, M. & Iglesias, C. (1983): Cría artificial de coleópteros lignícolas. *Revista de la Real Academia de Ciencias Exactas, Físicas y Naturales de Madrid*, **77**(4): 767-772.

Vincent, J.F.V. & King, M.J. (1995): The mechanism of drilling by wood wasp ovipositors. *Biomimetics*, **3**(4): 187-201.

Visintin, B. (1947): L'amido come fattore alimentare del *Calotermes flavicollis*. *Rendiconti, Istituto Superiore di Sanità*, **10**: 290-300.

Visser, A.A, Ros, V.I.D., de Beer, Z.W., Debets, A.J.M., Hartog, E., Kuyper, T.W., Læssøe, T., Slippers, B. & Aanen, D.K. (2009): Levels of specificity of *Xylaria* species associated with fungus-growing termites: A phylogenetic approach. *Molecular Ecology*, **18**(3): 553-567.

Visser, J.H. (1986): Host odor perception in phytophagous insects. *Annual Review of Entomology*, **31**: 121-144.

Vité, J.P. (1961): The influence of water supply on oleoresin exudation pressure and resistance to bark beetle attack in *Pinus ponderosa*. *Contributions from Boyce Thompson Institute*, **21**(2): 37-66.

Vité, J.P., Bakke, A. & Renwick, J.A.A. (1972): Pheromones in *Ips* (Coleoptera: Scolytidae): occurrence and production. *Canadian Entomologist*, **104**(12): 1967-1975.

Vité, J.P. & Pitman, G.B. (1968): Bark beetle aggregation: Effects of feeding on the release of pheromones in *Dendroctonus* and *Ips*. *Nature*, **218**(5136): 169-170.

Vité, J.P. & Rudinsky, J.A. (1962): Investigations on the resistance of conifers to bark beetle infestation. *XI. Internationaler Kongress für Entomologie, Wien 1960, Verhandlungen, Band 2*: 219-225.

Vité, J.P., Volz, H.A., Paiva, M.R. & Bakke, A. (1986): Semiochemicals in host selection and colonization of pine trees by the pine shoot beetle *Tomicus piniperda*. *Naturwissenschaften*, **73**(1): 39-40.

Vité, J.P. & Wood, D.L. (1961): A study on the applicability of the measurement of oleoresin exudation pressure in determining susceptibility of second growth ponderosa pine to bark beetle infestation. *Contributions from Boyce Thompson Institute*, **21**(2): 67-78.

Vlieghe, K., Picker, M., Ross-Gillespie, V. & Erni, B. (2015): Herbivory by subterranean termite colonies and the development of fairy circles in SW Namibia. *Ecological Entomology*, **40**(1): 42-49.

Volz, H.-A. (1988): Monoterpenes governing host selection in the bark beetles *Hylurgops palliatus* and *Tomicus piniperda*. *Entomologia Experimentalis et Applicata*, **47**(1): 31-35.

Vongkaluang, C., Moore, H.B. & Farrier, M.H. (1982): Mortality and activity of first-instar larvae of the old house borer, *Hylotrupes bajulus* (L.) (Coleoptera: Cerambycidae), at low wood moisture. *Material und Organismen*, **17**(3): 233-240.

von Hagen, W. (1938): Contribution to the biology of *Nasutitermes* (*sensu stricto*). *Proceedings of the Zoological Society of London, Ser. A*, **108**: 39-49, plts. 1-5.

Vrkoč, J., Křeček, J. & Hrdý, I. (1978): Monoterpenic alarm pheromones in two *Nasutitermes* species. *Acta Entomologica Bohemoslovaca*, **75**(1): 1-8.

Vrkoč, J. & Ubik, K. (1974): 1-Nitro-trans-1-pentadecene as the defensive compound of termites. *Tetrahedron Letters*, **15**(15): 1463-1464.

Vrydagh, J.-M. (1951): Faune entomologique des bois au Congo belge: Les insectes bostrychides (première note). *Bulletin Agricole du Congo Belge*, **42**(1): 65-90.

Vu, A.T., Nguyen, N.C. & Leadbetter, J.R. (2004): Iron reduction in the metal-rich guts of wood-feeding termites. *Geobiology*, **2**(4): 239-247.

Wada, N., Sunairi, M., Anzai, H., Iwata, R., Yamane, A. & Nakajima, M. (2014): Glycolytic activities in the larval digestive tract of *Trypoxylus dichotomus* (Coleoptera: Scarabaeidae). *Insects*, **5**(2): 351-363.

Wagner, T.L., Fargo, W.S., Flamm, R.O., Coulson, R.N. & Pulley, P.E. (1987): Development and mortality of *Ips calligraphus* (Coleoptera: Scolytidae) at constant temperature. *Environmental Entomology*, **16**(2): 484-496.

Wagner, T.L., Flamm, R.O. & Coulson, R.N. (1985): Strategies for cohabitation among the southern pine bark beetle species: Comparisons of life-process biologies. *General Technical Report, SO, United States Department of Agriculture, Forest Service, Southern Forest Experiment Station*, (56): 87-101.

Wagner, T.L., Gagne, J.A., Doraiswamy, P.C., Coulson, R.N. & Brown, K.W. (1979): Development time and mortality of *Dendroctonus frontalis* in relation to changes in tree moisture and xylem water potential. *Environmental Entomology*, **8**(6): 1129-1138.

Wainhouse, D., Cross, D.J. & Howell, R.S. (1990): The role of lignin as a defence against the spruce bark beetle *Dendroctonus micans*: Effect on larvae and adults. *Oecologia*, **85**(2): 257-265.

Wainhouse, D., Rose, D.R. & Peace, A.J. (1997): The influence of preformed defences on the dynamic wound response in spruce bark. *Functional Ecology*, **11**(5): 564-572.

Wälchli, O. (1962): Papierschädlinge in Bibliotheken und Archiven. *Textil-Rundschau*, **17**(2): 63-76.

Wälchli, O. (1972): Mottenlarven als Holzschädlinge. *Zeitschrift für Angewandte Entomologie*, **72**(2): 169-176.

Walczyńska, A. (2007): Energy budget of wood-feeding larvae of *Corymbia rubra* (Coleoptera: Cerambycidae). *European Journal of Entomology*, **104**(2): 181-185. [errata: **105**(5): 952 (2008).]

Walczyńska, A. (2009): Bioenergetic strategy of a xylem-feeder. *Journal of Insect Physiology*, **55**(12): 1107-1117.

Walczyńska, A. (2010): Is wood safe for its inhabitants? *Bulletin of Entomological Research*, **100**(4): 461-465.

Walczyńska, A., Danko, M. & Kozlowski, J. (2010): The considerable adult size variability in wood feeders is optimal. *Ecological Entomology*, **35**(1): 16-24.

Walker, M.V. (1938): Evidence of Triassic insects in the Petrified Forest National Monument, Arizona. *Proceedings of the United States National Museum*, **85**(3033): 137-141, plts. 1-4.

Wallace, H.R. (1953): The ecology of the insect fauna of pine stumps. *Journal of Animal Ecology*, **22**(1): 154-171.

Wallace, H.R. (1954): Notes on the biology of *Arhopalus ferus* Mulsant (Coleoptera: Cerambycidae). *Proceedings, Series A, General*

Entomology, Royal Entomological Society of London, **29**(7/9): 99-113.
Wallenmaier, T. (1989): Wood-boring insects. *Plant Protection and Quarantine, Volume II: Selected Pests and Pathogens of Quarantine Significance* (R.P. Kahn, ed.). CRC Press, Inc., Boca Raton: 99-108.
Waller, D.A. (1988): Host selection in subterranean termites: Factors affecting choice (Isopteta: Rhinotermitidae). *Sociobiology*, **14**(1): 5-13.
Waller, D.A. (1996): Ampicillin, tetracycline and urea as protozoicides for symbionts of *Reticulitermes flavipes* and *R. virginicus* (Isoptera: Rhinotermitidae). *Bulletin of Entomological Research*, **86**(1): 77-81.
Waller, D.A. (2007): Termite resource partitioning related to log diameter. *Northeastern Naturalist*, **14**(1): 139-144.
Waller, D.A. & La Fage, J.P. (1987a): Nutritional ecology of termites. *Nutritional Ecology of Insects, Mites, Spiders, and Related Invertebrates* (F. Slansky, Jr. & J.G. Rodriguez, eds.). John Wiley & Sons, Inc.: 487-532.
Waller, D.A. & La Fage, J.P. (1987b): Food quality and foraging response by the subterranean termite *Coptotermes formosanus* Shiraki (Isoptera: Rhinotermitidae). *Bulletin of Entomological Research*, **77**(3): 417-424.
Waller, D.A., La Fage, J.P., Gilbertson, R.L. & Blackwell, M. (1987): Wood-decay fungi associated with subterranean termites (Rhinotermitidae) in Louisiana. *Proceedings of the Entomological Society of Washington*, **89**(3): 417-424.
Wallertz, K., Nordlander, G. & Örlander, G. (2006): Feeding on roots in the humus layer by adult pine weevil, *Hylobius abietis*. *Agricultural and Forest Entomology*, **8**(4): 273-279.
Wallin, K.F. & Raffa, K.F. (2001): Effects of folivory on subcortical plant defenses: Can defense theories predict interguild processes? *Ecology*, **82**(5): 1387-1400.
Wallin, K.F. & Raffa, K.F. (2004): Feedback between individual host selection behavior and population dynamics in an eruptive herbivore. *Ecological Monographs*, **74**(1): 101-116.
王 穿才（Wang, C.）(2008)：黄翅大白蟻生物学習性及防治技術. 中国森林病虫, **27**(6): 15-17, 26.
Wang, C. & Henderson, G. (2013): Evidence of Formosan subterranean termite group size and associated bacteria in the suppression of entomopathogenic bacteria, *Bacillus thuringiensis* subspecies *israelensis* and *thuringiensis*. *Annals of the Entomological Society of America*, **106**(4): 454-462.
Wang, C. & Powell, J. (2001): Survey of termites in the Delta Experimental Forest of Mississippi. *Florida Entomologist*, **84**(2): 222-226.
Wang, C., Powell, J.E. & O'Connor, B.M. (2002): Mites and nematodes associated with three subterranean termite species (Isoptera: Rhinotermitidae). *Florida Entomologist*, **85**(3): 499-506.
王 健敏（Wang, J.-m.）・陳 暁鳴・馮 穎・段 兆堯 (2007)：両種蛀干昆虫消化酶組成和活性比較. 林業科学研究 (*Forest Research*), **20**(2): 170-175.
王 景濤（Wang, J.-t.）・孫 立偉・劉 鉄鐸・張 立烟 (2007)：桃紅頸天牛発生特点及防治措施研究. 河北農業科学 (*Journal of Hebei Agricultural Sciences*), **11**(2): 41-43, 79.
Wang, Q. (1995): Australian longicorn beetles plague our eucalypts. *Australian Horticulture*, **93**(1): 34-37.
王 瑞勤（Wang, R.）・李 風蘭・黄 一平・周 章義 (1993)：I-69 楊和大官楊対光肩星天牛抗性的研究. 北京林業大学学報 (*Journal of Beijing Forestry University*), **15**(1): 85-91, plt. 1
Wang, S.-Y. & Wang, H.-L. (1999): Effects of moisture content and specific gravity on static bending properties and hardness of six wood species. *Journal of Wood Science*, **45**(2): 127-133.
Wang, Z., Mao, G., Lu, Y. & Mo, J. (2011): Biology and ecology of *Termitomyces* fungus in China. *Sociobiology*, **57**(3): 621-631.
Ware, J.L., Grimaldi, D.A. & Engel, M.S. (2010): The effects of fossil placement and calibration on divergence times and rates: An example from the termites (Insecta: Isoptera). *Arthropod Structure & Development*, **39**(2/3): 204-219.
Ware, V.L. & Stephen, F.M. (2006): Facultative intraguild predation of red oak borer larvae (Coleoptera: Cerambycidae). *Environmental Entomology*, **35**(2): 443-447.
Wargo, P.M. (1975): Estimating starch content in roots of deciduous trees: A visual technique. *USDA Forest Service Research Paper, NE*, (313): 1-9.
Wargo, P.M. (1996): Consequences of environmental stress on oak: Predisposition to pathogens. *Annales des Sciences Forestières*, **53**(2/3): 359-368.
Wargo, P.M. & Skutt, H.R. (1975): Resistance to pulsed electric current: An indicator of stress in forest trees. *Canadian Journal of Forest Research*, **5**(4): 557-561.
Waring, G.L. & Cobb, N.S. (1992): The impact of plant stress on herbivore population dynamics. *Insect-Plant Interactions, Volume 4* (E. Bernays, ed.). CRC Press, Boca Raton: 167-226.
Warnecke, F., Luginbühl, P., Ivanova, N., Ghassemian, M., Richardson, T.H., Stege, J.T., Cayouette, M., McHardy, A.C., Djordjevic, G., Aboushadi, N., Sorek, R., Tringe, S.G., Podar, M., Martin, H.G., Kunin, V., Dalevi, D., Madejska, J., Kirton, E., Platt, D., Szeto, E., Salamov, A., Barry, K., Mikhailova, N., Kyrpides, N.C., Matson, E.G., Ottesen, E.A., Zhang, X., Hernández, M., Murillo, C., Acosta, L.G., Rigoutsos, I., Tamayo, G., Green, B.D., Chang, C., Rubin, E.M., Mathur, E.J., Robertson, D.E., Hugenholtz, P. & Leadbetter, J.R. (2007): Metagenomic and functional analysis of hindgut microbiota of a wood-feeding higher termite. *Nature*, **450**(7169): 560-565.
Watanabe, H., Noda, H., Tokuda, G. & Lo, N. (1998): A cellulase gene of termite origin. *Nature*, **394**(6691): 330-331.
Watanabe, H., Takase, A., Tokuda, G., Yamada, A. & Lo, N. (2006): Symbiotic "Archaezoa" of the primitive termite *Mastotermes darwiniensis* still play a role in cellulase production. *Eukaryotic Cell*, **5**(9): 1571-1576.
Watanabe, H. & Tokuda, G. (2001): Animal cellulases. *Cellular and Molecular Life Sciences*, **58**(9): 1167-1178.
Watanabe, H. & Tokuda, G. (2010): Cellulolytic systems in insects. *Annual Review of Entomology*, **55**: 609-632.
Watkinson, S., Bebber, D., Darrah, P., Fricker, M., Tlalka, M. & Boddy, L. (2006): The role of wood decay fungi in the carbon and nitrogen dynamics of the forest floor. *Fungi in Biogeochemical Cycles* (*British Mycological Society Symposium Series, Vol. 24*)

(G.M. Gadd, ed.). Cambridge University Press, Cambridge: 151-181.

Watson, J.A.L. (1969): *Schedorhinotermes derosus*, a harvester termite in Northern Australia (Isoptera: Rhinotermitidae). *Insectes Sociaux*, **16**(3): 173-178.

Watson, J.A.L. & Abbey, H.M. (1986): The effects of termites (Isoptera) on bone: Some archeological implications. *Sociobiology*, **11**(3): 245-254.

Watson, J.P. (1962): The soil below a termite mound. *Journal of Soil Science*, **13**(1): 46-51, plt. 1.

Watson, J.P. (1967): A termite mound in an Iron Age burial ground in Rhodesia. *Journal of Ecology*, **55**(3): 663-669, plt. 11.

Watson, J.P. (1972): The distribution of gold in termite mounds and soils at a gold anomaly in Kalahari sand. *Soil Science*, **113**(5): 317-321.

Webb, J.W. & Franklin, R.T. (1978): Influence of phloem moisture on brood development of the southern pine beetle (Coleoptera: Scolytidae). *Environmental Entomology*, **7**(3): 405-410.

Webb, S. (1945): Australian ambrosia fungi. *Proceedings of the Royal Society of Victoria, New Series*, **57**(1/2): 57-78, plt. 4.

Webber, J.F. (1990): Relative effectiveness of *Scolytus scolytus*, *S. multistriatus* and *S. kirschi* as vectors of Dutch elm disease. *European Journal of Forest Pathology*, **20**(3): 184-192.

Webber, J.F. (2004): Experimental studies on factors influencing the transmission of Dutch elm disease. *Investigación Agraria, Sistemas y Recursos Forestales*, **13**(1): 197-205.

Webber, J.F. & Brasier, C.M. (1984): The transmission of Dutch elm disease: A study of the processes involved. *Invertebrate−Microbial Interactions* (J.M. Anderson, A.D.M. Rayner & D.W.H. Walton, eds.). Cambridge University Press: 271-306.

Webber, J.F. & Gibbs, J.N. (1989): Insect dissemination of fungal pathogens of trees. *Insect−Fungus Interactions* (N. Wilding, N.M. Collins, P.M. Hammonds & J.F. Webber, eds.). Academic Press, San Diego: 161-193.

Weber, B.C. & McPherson, J.E. (1983): World list of host plants of *Xylosandrus germanus* (Blandford) (Coleoptera: Scolytidae). *Coleopterists Bulletin*, **37**(2): 114-134.

Weber, M., Foglietti, M.J. & Percheron, F. (1983): Séparation des enzymes cellulolytiques des larves d'un insecte xylophage (*Phoracantha semipunctata*) par chromatographie d'affinité sur cellulose réticulée. *Comptes Rendus des Séances de la Société de Biologie et de ses Filiales*, **177**(5/6): 581-584.

Webster, F.M. (1904): Studies of the life history, habits, and taxonomic relations of a new species of *Oberea* (*Oberea ulmicola* Chittenden). *Bulletin of the Illiois State Laboratory of Natural History*, **7**(1): 1-14, plts. 1-2.

Weedon, J.T., Cornwell, W.K., Cornelissen, J.H.C., Zanne, A.E., Wirth, C. & Coomes, D.A. (2009): Global meta-analysis of wood decomposition rates: A role for trait variation among tree species? *Ecology Letters*, **12**(1): 45-56.

Weesner, F.M. (1970): Termites of the Nearctic Region. *Biology of Termites, Volume 2* (K. Krishna & F.M. Weesner, eds.). Academic Press, New York: 477-525.

Wegensteiner, R. (2004): Pathogens in bark beetles. *Bark and Wood Boring Insects in Living Trees in Europe, a Synthesis* (F. Lieutier, K.R. Day, A. Battisti, J.-C. Grégoire & H.F. Evans, eds.). Kluwer Academic Publishers, Dordrecht: 291-313.

Wei, Y.D., Lee, K.S., Gui, Z.Z., Yoon, H.J., Kim, I., Zhang, G.Z., Guo, X., Sohn, H.D. & Jin, B.R. (2006a): Molecular cloning, expression, and enzymatic activity of a novel endogenous cellulase from the mulberry longicorn beetle, *Apriona germari*. *Comparative Biochemistry and Physiology, B*, **145**(2): 220-229.

Wei, Y.D., Lee, K.S., Gui, Z.Z., Yoon, H.J., Kim, I., Je, Y.H., Lee, S.M., Zhang, G.Z., Guo, X., Sohn, H.D. & Jin, B.R. (2006b): *N*-linked glycosylation of a beetle (*Apriona germari*) cellulase Ag-EGase II is necessary for enzymatic activity. *Insect Biochemistry and Molecular Biology*, **36**(6): 435-441.

Wei, Y.D., Lee, S.J., Lee, K.S., Gui, Z.Z., Yoon, H.J., Kim, I., Je, Y.H., Guo, X., Sohn, H.D. & Jin, B.R. (2005): *N*-glycosylation is necessary for enzymatic activity of a beetle (*Apriona germari*) cellulase. *Biochemical and Biophysical Research Communications*, **329**(1): 331-336.

魏 子涵（Wei, Z.-H.）・尹 新明・安 世恒・蘇 麗娟・李 京・張 鴻飛（2014）：基于核糖体 DNA 聯合序列的天牛総科高階元分子系統学研究. 昆虫学報（*Acta Entomologica Sinica*），**57**(6): 710-720.

Weidner, H. (1970): Einbürgerungsmöglichkeiten für die von Menschen eingeschleppten Insekten, erläutert an einigen Beispielen aus Nordwestdeutschland. *Entomologische Zeitschrift*, **80**(12): 101-112.

Weidner, H. (1982): Nach Hamburg eingeschleppte Cerambycidae (Coleoptera). *Anzeiger für Schädlingskunde Pflanzenschutz Umweltschutz*, **55**(8): 113-118.

Weir, J.S. (1972): Spatial distribution of elephants in an African national park in relation to environmental sodium. *Oikos*, **23**(1): 1-13.

Wenzel, M., Schönig, I., Berchtold, M., Kämpfer, P. & König, H. (2002): Aerobic and facultatively anaerobic cellulolytic bacteria from the gut of the termite *Zootermopsis angusticollis*. *Journal of Applied Microbiology*, **92**(1): 32-40.

Wenzel, M., Radek, R., Brugerolle, G. & König, H. (2003): Identification of the ectosymbiotic bacteria of *Mixotricha paradoxa* involved in movement symbiosis. *European Journal of Protistology*, **39**(1): 11-23.

Wermelinger, B., Rigling, A., Schneider Mathis, D. & Dobbertin, M. (2008): Assessing the role of bark- and wood-boring insects in the decline of Scots pine (*Pinus sylvestris*) in the Swiss Rhone valley. *Ecological Entomology*, **33**(2): 239-249.

Werner, E. (1926): Die Ernährung der larve von *Potosia cuprea* Fbr. (*Cetonia floricola* Hbst.): Ein Beitrag zum Problem der Celluloseverdauung bei Insectenlarven. *Zeitschrift für Morphologie und Ökologie der Tiere*, **6**(1): 150-206.

Werner, P.A. & Prior, L.D. (2007): Tree-piping termites and growth and survival of host trees in savanna woodland of north Australia. *Journal of Tropical Ecology*, **23**(6): 611-622.

Werner, P.A., Prior, L.D. & Forner, J. (2008): Growth and survival of termite-piped *Eucalyptus tetrodonta* and *E. miniata* in northern Australia: Implications for harvest of trees for didgeridoos. *Forest Ecology and Management*, **256**(3): 328-334.

Wettstein, O. (1951): Über eine Zucht von *Tetropium fuscum*. *Mitteilungen der Forstlichen Bundesversuchsanstalt, Mariabrunn*, **47**:

42-69.

Wharton, D.R.A., Wharton, M.L. & Lola, J.E. (1965): Cellulase in the cockroach, with special reference to *Periplaneta americana* (L.). *Journal of Insect Physiology*, **11**(7): 947-959.

Wheeler, M.M., Zhou, X., Scharf, M.E. & Oi, F.M. (2007): Molecular and biochemical markers for monitoring dynamic shifts of cellulolytic protozoa in *Reticulitermes flavipes*. *Insect Biochemistry and Molecular Biology*, **37**(12): 1366-1374.

Wheeler, W.M. (1936): Ecological relations of ponerine and other ants to termites. *Proceedings of the American Academy of Arts and Sciences*, **71**(3): 177-243.

White, M.G. (1962a): Effects of nutrient impregnation of pine sapwood on the growth of larvae of the hold-house borer (*Hylotrupes bajulus* (L.)). *Journal of Economic Entomology*, **55**(5): 722-724.

White, M.G. (1962b): The effect of blue stain in Scots pine (*Pinus sylvestris* L.) on growth of larvae of the house longhorn beetle (*Hylotrupes bajulus* L.). *Journal of the Institute of Wood Science*, (9): 27-31.

White, P.R., Birch, M.C., Church, S., Jay, C., Rowe, E. & Keenlyside, J.J. (1993): Intraspecific variability in the tapping behavior of the deathwatch beetle, *Xestobium rufovillosum* (Coleoptera: Anobiidae). *Journal of Insect Behavior*, **6**(5): 549-562.

White, T.C.R. (1984): The abundance of invertebrate herbivores in relation to the availability of nitrogen in stressed food plants. *Oecologia*, **63**(1): 90-105.

Whitney, H.S. (1971): Association of *Dendroctonus ponderosae* (Coleoptera: Scolytidae) with blue stain fungi and yeasts during brood development in lodgepole pine. *Canadian Entomologist*, **103**(11): 1495-1503.

Whitney, H.S. (1982): Relationships between bark beetles and symbiotic organisms. *Bark Beetles in North American Conifers: A System for the Study of Evolutionary Biology* (J.B. Mitton & K.B. Sturgeon, eds.). University of Texas Press, Austin: 183-211.

Wichmann, H.E. (1957): Unbekannte Wege der Termiten-Einschleppung. *Anzeiger für Schädlingskunde*, **30**(11): 183-185.

Wickman, B.E. (1964): Freshly scorched pines attract large numbers of *Arhopalus asperatus* adults. *Pan-Pacific Entomologist*, **40**(1): 59-60.

Wickman, B.E. (1968): The biology of the fir tree borer, *Semanotus litigiosus* (Coleoptera: Cerambycidae), in California. *Canadian Entomologist*, **100**(2): 208-220.

Wiedemann, J.F. (1930): Die Zelluloseverdauung bei Lamellicornierlarven. *Zeitschrift für Morphologie und Ökologie der Tiere*, **19**(1): 228-258.

Wier, A., Dolan, M., Grimaldi, D., Guerrero, R., Wagensberg, J. & Margulis, L. (2002): Spirochete and protist symbionts of a termite (*Mastotermes electrodominicus*) in Miocene amber. *Proceedings of the National Academy of Sciences of the United States of America*, **99**(3): 1410-1413.

Wilcke, W., Amelung, W., Martius, C., Garcia, M.V.B. & Zech, W. (2000): Biological sources of polycyclic aromatic hydrocarbons (PAHs) in the Amazonian rain forest. *Journal of Plant Nutrition and Soil Science*, **163**(1): 27-30.

Wikars, L.-O. (1992): Skogsbränder och insekter. *Entomologisk Tidskrift*, **113**(4): 1-11.

Wikars, L.-O. (2002): Dependence on fire in wood-living insects: An experiment with burned and unburned spruce and birch logs. *Journal of Insect Conservation*, **6**(1): 1-12.

Wilkinson, R.C. (1979): Oleoresin crystallization in eastern white pine: Relationships with chemical components of cortical oleoresin and resistance to the white-pine weevil. *Forest Service Research Paper, NE, Northeastern Forest Experiment Station, Forest Service, U.S. Department of Agriculture*, (438): 0-10.

Wilkinson, W. (1962): Dispersal of alates and establishment of new colonies in *Cryptotermes havilandi* (Sjöstedt) (Isoptera, Kalotermitidae). *Bulletin of Entomological Research*, **53**(2): 265-286, plts. 2-3.

Wilkinson, W. (1965a): Termites in forest plantations. *Proceedings, XIIth International Congress of Entomology, London, 1964*: 669-670.

Wilkinson, W. (1965b): The principles of termite control in forestry. *East African Agricultural and Forestry Journal*, **31**: 212-217.

Williams, M.R. & Faunt, K. (1997): Factors affecting the abundance of hollows in logs in jarrah forest of south-western Australia. *Forest Ecology and Management*, **95**(2): 153-160.

Williams, R.M.C. (1977): The ecology and physiology of structural wood destroying Isoptera. *Material und Organismen*, **12**(2): 111-140.

Williams, W. & Norton, A. (2012): Native stem-boring beetles (Coleoptera: Bostrichidae) extensively and frequently feed on invasive *Tamarix*. *Southwestern Naturalist*, **57**(1): 108-111.

Willis, J.D., Oppert, B., Oppert, C., Klingeman, W.E. & Jurat-Fuentes, J.L. (2011): Identification, cloning, and expression of a GHF9 cellulase from *Tribolium castaneum* (Coleoptera: Tenebrionidae). *Journal of Insect Physiology*, **57**(2): 300-306.

Wilson, S.E. (1933): Changes in the cell contents of wood (xylem parenchyma) and their relationships to the respiration of wood and its resistance to *Lyctus* attack and to fungal invasion. *Annals of Applied Biology*, **20**(4): 661-690.

Wilson, S.E. (1935): The fate of reserve materials in the felled tree. *Forestry*, **9**(2): 96-105, plts. 9-10.

Wingfield, M.J. (1983a): Transmission of pine wood nematode to cut timber and girdled trees. *Plant Disease*, **67**(1): 35-37.

Wingfield, M.J. (1983b): Association of *Verticicladiella procera* and *Leptographium terrebrantis*[sic] with insects in the Lake States. *Canadian Journal of Forest Research*, **13**(6): 1238-1245.

Wingfield, M.J. (1987): A comparison of the mycophagous and the phytophagous phases of the pine wood nematode. *Pathogenicity of the Pine Wood Nematode* (M.J. Wingfield, ed.). APS Press, St. Paul: 81-90.

Witcosky, J.J. & Hansen, E.M. (1985): Root-colonizing insects recovered from Douglas-fir in various stages of decline due to black-stain root disease. *Phytopathology*, **75**(4): 399-402.

Wolcott, G.N. (1946): Factors in the natural resistance of woods to termite attack. *Caribbean Forester*, **7**: 121-134.

Wolcott, G.N. (1957): Inherent natural resistance of woods to the attack of the West Indian dry-wood termite, *Cryptotermes brevis*

Walker. *Journal of Agriculture of the University of Puerto Rico*, **41**: 259-311.
Wong, B.L., Baggett, K.L. & Rye, A.H. (2003): Seasonal patterns of reserve and soluble carbohydrates in mature sugar maple (*Acer saccharum*). *Canadian Journal of Botany*, **81**(8): 780-788.
Wong, N. & Lee, C.-Y. (2010): Influence of different substrate moistures on wood consumption and movement patterns of *Microcerotermes crassus* and *Coptotermes gestroi* (Blattodea: Termitidae, Rhinotermitidae). *Journal of Economic Entomology*, **103**(2): 437-442.
Wood, D.L. (1962): Experiments on the interrelationship between oleoresin exudation pressure in *Pinus ponderosa* and attack by *Ips confusus* (Lec.) (Coleoptera: Scolytidae). *Canadian Entomologist*, **94**(5): 473-477.
Wood, D.L. (1963): Studies on host selection by *Ips confusus* (LeConte) (Coleoptera: Scolytidae) with special reference to Hopkins' host selection principle. *University of California Publications in Entomology*, **27**(3): 241-282.
Wood, D.L. (1982): The role of pheromones, kairomones, and allomones in the host selection and colonization behavior of bark beetles. *Annual Review of Entomology*, **27**: 411-446.
Wood, G.A., Hasenpusch, J. & Storey, R.I. (1996): The life history of *Phalacrognathus muelleri* (Macleay) (Coleoptera: Lucanidae). *Australian Entomologist*, **23**(2): 37-48.
Wood, S.L. (1973): On the taxonomic status of Platypodidae and Scolytidae (Coleoptera). *Great Basin Naturalist*, **33**(2): 77-90.
Wood, T.G. (1996): The agricultural importance of termites in the tropics. *Agricultural Zoology Reviews*, **7**: 117-155.
Wood, T.G. & Thomas, R.J. (1989): The mutualistic association between Macrotermitinae and *Termitomyces*. *Insect–Fungus Interactions* (N. Wilding et al., eds.). Academic Press, London: 69-92.
Wood, W.F., Truckenbrodt, W. & Meinwald, J. (1975): Chemistry of the defensive secretion from the African termite *Odontotermes badius*. *Annals of the Entomological Society of America*, **68**(2): 359-360.
Woodrow, R.J., Grace, J.K., Nelson, L.J. & Haverty, M.I. (2000): Modification of cuticular hydrocarbons of *Cryptotermes brevis* (Isoptera: Kalotermitidae) in response to temperature and relative humidity. *Environmental Entomology*, **29**(6): 1100-1107.
Woolley, T.A. (1960): Some interesting aspects of oribatid ecology (Acarina). *Annals of the Entomological Society of America*, **53**(2): 251-253.
Wright, L.C., Berryman, A.A. & Gurusiddaiah, S. (1979): Host resistance to the fir engraver beetle, *Scolytus ventralis* (Coleoptera: Scolytidae) 4: Effect of defoliation on wound monoterpene and inner bark carbohydrate concentrations. *Canadian Entomologist*, **111**(11): 1255-1262.
Wu, J. & Wong, H.R. (1987): Colonization of lodgepole pine stumps by ants (Hymenoptera: Formicidae). *Canadian Entomologist*, **119**(4): 397-398.
Wylie, F.R. & Peters, B.C. (1993): Insect pest problems of eucalypt plantations in Australia 1: Queensland. *Australian Forestry*, **56**(4): 358-362.
Wylie, F.R., Walsh, G.L. & Yule, R.A. (1987): Insect damage to aboriginal relics at burial and rock-art sites near Carnarvon in central Queensland. *Journal of the Australian Entomological Society*, **26**(4): 335-345.
Xie, L., Zhang, L., Zhong, Y., Liu, N., Long, Y., Wang, S., Zhou, X., Zhou, Z., Huang, Y. & Wang, Q. (2012): Profiling the metatranscriptome of the protistan community in *Coptotermes formosanus* with emphasis on the lignocellulolytic system. *Genomics*, **99**(4): 246-255.
Xu, P., Shi, M. & Chen, X.-x. (2009): Positive selection on termicins in one termite species, *Macrotermes barneyi* (Isoptera: Termitidae). *Sociobiology*, **53**(3): 739-753.
Yaghi, N. (1924): Application of the Röntgen tube to detection of boring insects. *Journal of Economic Entomology*, **17**(6): 662-663, plt. 13.
山上 明 (1982)：ケヤキ枯枝内甲虫群集の生態学的研究. 東海大学文明研究所紀要, (3): 64-55 (逆ページネーション).
山口博昭・小泉 力 (1959)：ヤツバキクイ (*Ips typographus* L. f. *japonicus* Nijima) の繁殖, 行動, 分散に関する研究 I：寄生密度と繁殖の関係. 年報, 農林省林業試験場北海道支場, **1956**: 39-47.
山口岳広 (2007)：木材腐朽菌と立木の木材腐朽. グリーン・エージ, (400): 4-8.
Yaman, M. & Radek, R. (2008): Pathogens and parasites of adults of the great spruce bark beetle, *Dendroctonus micans* (Kugelann) (Coleoptera: Curculionidae, Scolytinae) from Turkey. *Journal of Pest Science*, **81**(2): 91-97.
Yamane, A. (1981): The Japanese pine sawyer, *Monochamus alternatus* Hope (Coleoptera: Cerambycidae): Bionomics and control. *Review of Plant Protection Research*, **14**: 1-25.
山根明臣・日塔正俊・芝本武夫 (1963)：穿孔虫類の食性について第1報：ambrosia beetle (*Xyloterus signatus*) 幼虫の消化酵素. 第73回日本林学会大会講演集：265-268.
山根明臣・日塔正俊・芝本武夫 (1964a)：穿孔虫類の食性について（第2報）：ニセマツノシラホシゾウムシ (*Shirahoshizo rufescens* Roelofs) 幼虫の炭水化物加水分解酵素. 第74回日本林学会大会講演集：345-348.
山根明臣・日塔正俊・芝本武夫 (1964b)：穿孔虫類の食性について（第3報）：ヒゲナガゴマフカミキリ (*Apalimna liturata* Bates) 幼虫の炭水化物加水分解酵素. 第74回日本林学会大会講演集：348-350.
山根明臣・日塔正俊・芝本武夫 (1965)：穿孔虫類の食性について（第4報）：カミキリムシの一種 (*Apalimna liturata* Bates) 幼虫の消化酵素. 第75回日本林学会大会講演集：433-435.
山野勝次 (1976)：PVC被覆ケーブルにおけるシロアリの食痕. しろあり, (26): 2-11.
山野勝次 (1992)：丹生都比売神社で発生したオオハナカミキリの被害と防除対策. 文化財の虫害, (24): 11-19.
山岡郁雄・長谷芳美 (1975)：ヤマトシロアリ *Reticulitermes speratus* (Kolbe) におけるセルロース消化系I：働き蟻体内における2種のセルラーゼの生産部位とその生理的意義. 動物学雑誌, **84**(1): 23-29.
Yamaoka, Y., Masuya, H., Ohtaka, N., Goto, H., Kaneko, S. & Kuroda, Y. (2004): *Ophiostoma* species associated with bark beetles infesting three *Abies* species in Nikko, Japan. *Journal of Forest Reseach*, **9**(1): 67-74.

Yamaoka, Y., Takahashi, I. & Iguchi, K. (2000): Virulence of ophiostomatoid fungi associated with the spruce bark beetle *Ips typographus* f. *japonicus* in Yezo spruce. *Journal of Forest Reseach*, **5**(2): 87-94.

Yamaoka, Y., Wingfield, M.J., Ohsawa, M. & Kuroda, Y. (1998): Ophiostomatoid fungi associated with *Ips cembrae* in Japan and their pathogenicity to Japanese larch. *Mycoscience*, **39**(4): 367-378.

Yamazaki, K. & Takakura, K. (2003): *Pterolophia granulata* (Motschulsky) (Coleoptera: Cerambycidae) as a pod borer. *Coleopterists Bulletin*, **57**(3): 344.

Yamazaki, K. & Takakura, K. (2011): A tortricid moth of *Cydia* sp. (Lepidoptera: Tortricidae) boring into thorns of *Gleditsia japonica* Miq. (Fabaceae) in Japan. *Journal of Asia-Pacific Entomology*, **14**(2): 179-181.

Yamin, M.A. (1979): Flagellates of the orders Trichomonadida Kirby, Oxymonadida Grassé, and Hypermastigida Grassi & Foà reported from lower termites (Isoptera families Mastotermitidae, Kalotermitidae, Hodotermitidae, Termopsidae, Rhinotermitidae, and Serritermitidae) and from the wood-feeding roach *Cryptocercus* (Dictyoptera: Cryptocercidae). *Sociobiology*, **4**(1): 1-119.

厳 善春（Yan, S.-C.）・李 金国・温 愛亭・程 紅・徐 偉・張 玉宝（2006）：青楊脊虎天牛の危害与楊樹氨基酸組成和含量的相関性. 昆虫学報（*Acta Entomologica Sinica*），**49**(1): 93-99.

閻 曄輝（Yan, Y.）・黄 大庄・閻 浚傑（1996）：樹木氨基酸組成与光肩星天牛為害程度関係的初歩研究. 河北林学院学報（*Journal of Hebei Forestry College*），**11**(3/4): 259-262.

Yan, Z., Sun, J., Owen, D. & Zhang, Z. (2005): The red turpentine beetle, *Dendroctonus valens* LeConte (Scolytidae): An exotic invasive pest of pine in China. *Biodiversity and Conservation*, **14**(7): 1735-1760.

Yanase, Y., Miura, M., Fujii, Y., Okumura, S. & Yoshimura, T. (2013): Evaluation of the concentrations of hydrogen and methane emitted by termite using a semiconductor gas sensor. *Journal of Wood Science*, **59**(3): 243-248.

Yang, B. & Wang, Q. (1989): Distribution of the pinewood nematode in China and susceptibility of some Chinese and exotic pines to the nematode. *Canadian Journal of Forest Research*, **19**(12): 1527-1530.

Yang, H., Schmitt-Wagner, D., Stingl, U. & Brune, A. (2005): Niche heterogeneity determines bacterial community structure in the termite gut (*Reticulitermes santonensis*). *Environmental Microbiology*, **7**(7): 916-932.

Yang, H., Yang, W., Liang, X.-Y., Yang, M.-F., Yang, C.-P., Zhu, T.-H. & Wu, X.-L. (2011): The EAG and behavioral responses of *Batocera horsfieldi* (Coleoptera: Cerambycidae) to the composition of volatiles. *Journal of the Kansas Entomological Society*, **84**(3): 217-231.

矢野晴隆・上田恵介（2005）：リュウキュウアカショウビンによる発泡スチロール製人工営巣木の利用. 日本鳥学会誌, **54**(1): 49-52.

矢野宗幹（1930）：ラワン材の虫害に就て. 建築雑誌, **44**(534): 1181-1191.

Yapi, D.Y.A., Gnakri, D., Niamke, S.L. & Kouame, L.P. (2009): Purification and biochemical characterization of a specific β-glucosidase from the digestive fluid of larvae of the palm weevil, *Rhynchophorus palmarum*. *Journal of Insect Science*, **9**(4): 1-13.

Yashiro, T. & Matsuura, K. (2007): Distribution and phylogenetic analysis of termite egg-mimicking fungi "termite balls" in *Reticulitermes* termites. *Annals of the Entomological Society of America*, **100**(4): 532-538.

Yasui, H. (2009): Chemical communication in mate location and recognition in the white-spotted longicorn beetle, *Anoplophora malasiaca* (Coleoptera: Cerambycidae). *Applied Entomology and Zoology*, **44**(2): 183-194.

Yasui, H., Akino, T., Fukaya, M., Wakamura, S. & Ono, H. (2008): Sesquiterpene hydrocarbons: Kairomones with a releaser effect in the sexual communication of the white-spotted longicorn beetle, *Anoplophora malasiaca* (Thomson) (Coleoptera: Cerambycidae). *Chemoecology*, **18**(4): 233-242.

Yasui, H. & Fujiwara-Tsujii, N. (2013): The effects of foods consumed after adult eclosion on the mate-searching behavior and feeding preferences of the white-spotted longicorn beetle *Anoplophora malasiaca* (Coleoptera: Cerambycidae). *Applied Entomology and Zoology*, **48**(2): 181-188.

Yasui, H., Fujiwara-Tsujii, N. & Wakamura, S. (2011): Volatile attractant phytochemicals for a population of white-spotted longicorn beetles *Anoplophora malasiaca* (Thomson) (Coleoptera: Cerambycidae) fed on willow differ from attractants for a population fed on citrus. *Chemoecology*, **21**(2): 51-58.

Yatsenko-Khmélévsky, A.A. & Konnchevska, H.L. (1935): La transformation de l'amidon dans le bois des hêtres abattus. *Revue Générale de Botanique*, **47**: 552-563.

Yearian, W.C., Gouger, R.J. & Wilkinson, R.C. (1972): Effects of the bluestain fungus, *Ceratocystis ips*, on development of *Ips* bark beetles in pine bolts. *Annals of the Entomological Society of America*, **65**(2): 481-487.

Yee, M., Grove, S.J., Richardson, A.M.M. & Mohammed, C.L. (2006): Brown rot in inner heartwood: Why large logs support characteristic saproxylic beetle assemblages of conservation concern. *General Technical Report, SRS, United States Department of Agriculture, Forest Service, Southern Research Station*, (93): 42-56.

Yılmaz, H., Sezen, K., Katı, H. & Demırbağ, Z. (2006): The first study on the bacterial flora of the European spruce bark beetle, *Dendroctonus micans* (Coleoptera: Scolytidae). *Biologia, Bratislava*, **61**(6): 679-686.

殷 幼平 (Yin, Yp.)・曹 月青 (Cao, Y.)・何 正波・董 亜敏 (2000)：桑粒肩天牛3種繊維素消化酶的分布 [Origin and distribution of three digestive enzymes in the brown mulberry longhorn borer *Apriona germari* (Hope) (Coleoptera: Cerambycidae)]. 林業科学（*Scientia Silvae Sinicae*），**36**(6): 82-85.

殷 幼平 (Yin, Yp.)・程 驚秋 (Cheng, Jq.)・蒋 書楠 (1996)：桑粒肩天牛繊維素酶的性質研究 (Study on the kinetic properties of cellulase in *Apriona germari* Hope (Coleoptera: Cerambycidae)). 林業科学（*Scientia Silvae Sinicae*），**32**(5): 454-459.

殷 幼平 (Yin, Yp.)・王 中康 (Wang, Z.)・曹 月青・何 正波 (2004)：桑粒肩天牛幼虫内切-β-1,4-葡聚糖酶的純化及性質 [Purification and properties of endo-β-1,4-glucanase from larvae of *Apriona germari*]. 林業科学（*Scientia Silvae Sinicae*），**40**(2): 103-106.

余語昌資 (1959): 風害後4年目の穿孔虫被害の状況. 林業試験場北海道支場年報, **1958**: 143-146.

Yokoe, Y. (1964): Cellulase activity in the termite, *Leucotermes speratus*, with new evidence in support of a cellulase produced by the termite itself. *Scientfic Papers of the College of General Education, The University of Tokyo*, **14**: 115-120.

横溝康志（1977）：ヒノキノキクイムシの後食による被害. 森林防疫, **26**(3): 38-39.

吉田正義・渡辺一雄・岡嶋秀樹（1965*）：ハラジロカツオブシムシによる木材の被害と防除に関する基礎的研究. 静岡大学農学部研究報告, (14): 145-155.［*1964と誤記］

吉田成章・讃井孝義（1979）：スギザイノタマバエの生態と防除の展望. 森林防疫, **28**(8): 137-142.

吉井幸子・坂本昌夫（1991）：キボシカミキリの成育と樹勢維持による防除技術. 千葉県蚕業センター研究報告, (14): 1-32.

Yoshikawa, K. (1987a): A study of the subcortical insect community in pine trees, II: Vertical distribution. *Applied Entomology and Zoology*, **22**(2): 195-206.

Yoshikawa, K. (1987b): A study of the subcortical insect community in pine trees, III: Species correlation. *Applied Entomology and Zoology*, **22**(2): 207-215.

Yoshimoto, J. & Nishida, T. (2007): Boring effect of carpenterworms (Lepidoptera: Cossidae) on sap exudation of the oak, *Quercus acutissima*. *Applied Entomology and Zoology*, **42**(3): 403-410.

Yoshimoto, J. & Nishida, T. (2008): Plant-mediated indirect effects of carpenterworms on the insect communities attracted to fermented tree sap. *Population Ecology*, **50**(1): 25-34.

善本知孝・森田慎一（1985）：モウソウチク材の熱水抽出成分に関する研究：伐採季節による遊離糖分の変動について. 東京大学農学部演習林報告, (74): 9-15.

吉村 剛（1995）：阪神大震災における破損木造住宅の腐朽及びシロアリ被害に関する一考察. 木材保存, **21**(4): 189-191.

Yoshimura, T., Azuma, J.-i., Tsunoda, K. & Takahashi, M. (1993): Cellulose metabolism of the symbiotic protozoa in termite, *Coptotermes formosanus* Shiraki (Isoptera: Rhinotermitidae) I: Effect of degree of polymerization of cellulose. *Mokuzai Gakkaishi*, **39**(2): 221-226.

Yoshimura, T., Fujino, T., Itoh, T., Tsunoda, K. & Takahashi, M. (1996): Ingestion and decomposition of wood and cellulose by the protozoa in the hindgut of *Coptotermes formosanus* Shiraki (Isoptera: Rhinotermitidae) as evidenced by polarizing and transmission electron microscopy. *Holzforschung*, **50**(2): 99-104.

Yoshimura, T., Kagemori, N., Kawai, S., Sera, K. & Futatsugawa, S. (2002): Trace elements in termites by PIXE analysis. *Nuclear Instruments and Methods in Physics Research, Section B, Beam Interactions with Materials and Atoms*, **189**: 450-453.

吉村 剛・川口聖真・青柳秀紀（2009）：シロアリとエネルギー. 環動昆, **20**(4): 153-163.

Ytsma, G. (1988): Stridulation in *Platypus apicalis*, *P. caviceps*, and *P. gracilis* (Col., Platypodidae). *Journal of Applied Entomology*, **105**(3): 256-261.

Yu, P. & Yang, X. (1994): Biological studies on *Temnaspis nankinea* (Pic) (Chrysomelidae: Megalopodinae). *Series Entomologica*, **50**: 527-531.

Yuasa, Ha.（湯淺八郎）(1928)：On the advantage of the X-ray examination of certain classes of materials and insects subject to the plant quarantine regulations. *Proceedings of the Third Pan-Pacific Science Congress, Tokyo, 1926, Volume 1* (The National Research Council of Japan, ed.): 1141.

湯淺啓温（ひろはる）（1933）：本邦産タマムシ科幼虫の構造並に其の生活史. 農事試験場彙報, **2**(2): 263-282, plts. 17-20.

湯川淳一（1977）：ヒメリンゴカミキリの生活：シロダモタマバエとの関係. インセクタリゥム, **14**(7): 152-155.

Yuki, M., Moriya, S., Inoue, T. & Kudo, T. (2008): Transcriptome analysis of the digestive organs of *Hodotermopsis sjostedti*, a lower termite that hosts mutualistic microorganisms in its hindgut. *Zoological Science*, **25**(4): 401-406.

Yule, R.A. & Kennedy, M.J. (1978): Control of borers in mine timbers. *Queensland Government Mining Journal*, **79**: 357-360.

Zachariassen, K.E., Li, N.G., Laugsand, A.E., Kristiansen, E. & Pedersen, S.A. (2008): Is the strategy for cold hardiness in insects determined by their water balance? A study on two closely related families of beetles: Cerambycidae and Chrysomelidae. *Journal of Comparative Physiology, B*, **178**(8): 977-984.

Zacharuk, R.Y. (1963): Comparative food preferences of soil-, sand-, and wood-inhabiting wireworms (Coleoptera, Elateridae). *Bulletin of Entomological Research*, **54**(2): 161-165.

Zadražil, F., Grinbergs, J. & Gonzalez, A. (1982): "Palo podrido": Decomposed wood used as feed. *European Journal of Applied Microbiology and Biotechnology*, **15**(3): 167-171.

Zagatti, P., Lempérière, G. & Malosse, C. (1997): Monoterpenes emitted by the pine weevil, *Hylobius abietis* (L.) feeding on Scots pine, *Pinus sylvestris* L. *Physiological Entomology*, **22**(4): 394-400.

Zas, R., Sampedro, L., Prada, E., Lombardero, M.J. & Fernández-López, J. (2006): Fertilization increases *Hylobius abietis* L. damage in *Pinus pinaster* Ait. seedlings. *Forest Ecology and Management*, **222**: 137-144.

Zchori-Fein, E., Borad, C. & Harari, A.R. (2006): Oogenesis in the date stone beetle, *Coccotrypes dactyliperda*, depends on symbiotic bacteria. *Physiological Entomology*, **31**(2): 164-169.

Zethner-Møller, O. & Rudinsky, J.A. (1967): On the biology of *Hylastes nigrinus* (Coleoptera: Scolytidae) in western Oregon. *Canadian Entomologist*, **99**(9): 897-911.

Zhang, D., Lax., A.R., Raina, A.K. & Bland, J.M. (2009): Differential cellulolytic activity of native-form and C-terminal tagged-form cellulase derived from *Coptotermes formosanus* and expressed in *E. coli*. *Insect Biochemistry and Molecular Biology*, **39**(8): 516-522.

Zhang, J., Scrivener, A.M., Slaytor, M. & Rose, H.A. (1993): Diet and carbohydrase activities in three cockroaches, *Calolampra elegans* Roth and Princis, *Geoscapheus dilatatus* Saussure and *Panesthia cribrata* Saussure. *Comparative Biochemistry and Physiology, Part A*, **104**(1): 155-161.

Zhang, N., Suh, S.-O. & Blackwell, M. (2003): Microorganisms in the gut of beetles: Evidence from molecular cloning. *Journal of Invertebrate Pathology*, **84**(3): 226-233.

Zhang, Q.-H. & Schlyter, F. (2004): Olfactory recognition and behavioural avoidance of angiosperm nonhost volatiles by conifer-inhabiting bark beetles. *Agricultural and Forest Entomology*, **6**(1): 1-19.

Zhao, C., Rickards, R.W. & Trowell, S.C. (2004): Antibiotics from Australian terrestrial invertebrates, Part 1: Antibacterial trinervitadienes from the termite *Nasutitermes triodiae*. *Tetrahedron*, **60**(47): 10753-10759.

趙 傑 (Zhao, J.) (2005)：一種值得注意的害虫：日本双棘長蠹．植物檢疫 (*Plant Quarantine*), **19**(4): 222-224.

Zhong, H. & Schowalter, T.D. (1989): Conifer bole utilization by wood-boring beetles in western Oregon. *Canadian Journal of Forest Research*, **19**(8): 943-947.

周 嘉熹 (Zhou, J.)・張 克斌・逯 玉中 (1984)：黃斑星天牛成虫行為及其机制的探討．林業科学 (*Scientia Silvae Sinicae*), **20**(4): 372-379.

Zhou, Jp., Huang, H., Meng, K., Shi, P., Wang, Y., Luo, H., Yang, P., Bai, Y. & Yao, B. (2010): Cloning of a new xylanase gene from *Streptomyces* sp. TN119 using a modified thermal asymmetric interlaced-PCR specific for GC-rich genes and biochemical characterization. *Applied Biochemistry and Biotechnology*, **160**(5): 1277-1292.

Zhou, Jp., Huang, H., Meng, K., Shi, P., Wang, Y., Luo, H., Yang, P., Bai, Y., Zhou, Z. & Yao, B. (2009): Molecular and biochemical characterization of a novel xylanase from the symbiotic *Sphingobacterium* sp. TN19. *Applied Microbiology and Biotechnology*, **85**(2): 323-333.

Zhou, X., Smith, J.A., Oi, F.M., Koehler, P.G., Bennett, G.W. & Scharf, M.E. (2007): Correlation of cellulase gene expression and cellulolytic activity throughout the gut of the termite *Reticulitermes flavipes*. *Gene*, **395**(1/2): 29-39.

Zhou, Z. & Zhang, B. (1989): A sideritic *Protocupressinoxylon* with insect borings and frass from the middle Jurassic, Henan, China. *Review of Palaeobotany and Palynology*, **59**: 133-143.

Zhu, B.C.R., Henderson, G. & Laine, R.A. (2005): Screening method for inhibitors against Formosan subterranean termite β-glucosidases *in vivo*. *Journal of Economic Entomology*, **98**(1): 41-46.

Zhuge, P.-P., Luo, S.-L., Wang, M.-Q. & Zhang, G. (2010): Electrophysiological responses of *Batocera horsfieldi* (Hope) adults to plant volatiles. *Journal of Applied Entomology*, **134**(7): 600-607.

Ziesmann, J. (1996): The physiology of an olfactory sensillum of the termite *Schedorhinotermes lamanianus*: carbon dioxide as a modulator of olfactory sensitivity. *Journal of Comparative Physiology, A*, **179**(1): 123-133.

Zimmermann, M.H. (1963): How sap moves in trees. *Scientific American*, **208**(3): 132-138, 140-142.

Zimmermann, M.H. & Milburn, J.A. (1982): Transport and storage of water. *Physiological Plant Ecology II: Water Relations and Carbon Assimilation* (*Encyclopedia of Plant Physiology, New Series, v. 12B*) (O.L. Lange, P.S. Nobel, C.B. Osmond & H. Ziegler, eds.). Springer-Verlag, Berlin / Heidelberg: 135-151.

Zimmermann, W. (1990): Degradation of lignin by bacteria. *Journal of Biotechnology*, **13**(2/3): 119-130.

Zinkler, D., Götze, M. & Fabian, K. (1986): Cellulose digestion in "primitive insects" (Apterygota) and oribatid mites. *Zoologische Beiträge, Neue Folge*, **30**: 17-28.

Zorović, M. & Čokl, A. (2015): Laser vibrometry as a diagnostic tool for detecting wood-boring beetle larvae. *Journal of Pest Science*, **88**(1): 107-112.

Zorzenon, F.J. & Campos, A.E. de C. (2014): Methodology for internal damage percentage assessment by subterranean termites in urban trees. *Sociobiology*, **61**(4): 78-81.

Zucker, W.V. (1983): Tannins: Does structure determine function? An ecological perspective. *American Naturalist*, **121**(3): 335-365.

Zverlov, V.V., Höll, W. & Schwarz, W.H. (2003): Enzymes for digestion of cellulose and other polysaccharides in the gut of longhorn beetle larvae, *Rhagium inquisitor* L. (Col., Cerambycidae). *International Biodeterioration & Biodegradation*, **51**(3): 175-179.

索 引

記号

α-Proteobacteria 275
β-1,3-グルカナーゼ 16
β-1,4-グルコシダーゼ 275
γ-Proteobacteria 275, 282
$\delta^{15}N$ 値 185

A

Acalolepta sejuncta 124
Acanthocinus 160
Acanthocinus aedilis 144, 164, 266, 270
Acanthocinus orientalis 266
Acinetobacter 275
Adephaga 83
AE 43, 233
Aegus 292
Aegus chelifer 370
Aegus laevicollis subnitidus 184
Aeolesthes holosericea 161
aerial infestation 196
Aesalus 279
Aesalus asiaticus 292
Agrilus 85, 113, 143, 261, 367
Agrilus anxius 110, 367
Agrilus auriventris 119, 209
Agrilus auroguttatus 366
Agrilus bilineatus 33, 118
Agrilus liragus 111
Agrilus planipennis planipennis 27, 33, 48, 86, 129, 140, 146, 175, 180, 280, 367
Agrilus sulcicollis 175
Agrilus viridis 47
Ahamitermes 337
Ahmaditermes 248
Akimerus 300
Allotraeus 234
Alobates 293
Alosterna tabacicolor 223
Ambrosiella 302, 304
Ambrosiella hartigii 183
Amitermes 358
Amitermes arboreus 238
Amitermes laurensis 332, 333
Amitermes meridionalis 333
Ampedus 86, 293
Amphicerus bicaudatus 119
Amylostereum 52, 298, 311
Amylostereum areolatum 297
Amylostereum chailletii 299
Anacanthotermes 332
Anacanthotermes ochraceus 322
Anacanthotermes turkestanicus 346
Anaglyptus subfasciatus 49, 57, 76, 121, 122, 132, 268, 299, 362
Analeptes trifasciata 122, 215, 216
Ancistrotermes guineensis 294
Anobium punctatum 11, 156, 170, 180, 182, 196, 291, 300, 317, 342
Anomala marginipennis 172
Anomala polita 172
Anoplophora chinensis 163, 265, 366
Anoplophora glabripennis 9, 21, 48, 77, 106, 109, 114, 118, 120, 123, 127, 149, 163, 164, 185, 247, 251, 265, 275, 287, 320, 366, 372
Anoplophora horsfieldi 163
Anoplophora malasiaca 118, 154, 163, 228, 248, 265, 276, 366
Anoplophora nobilis 216
Anoplotermes 134, 326
Antaxia corinthia 175
Anthophylax attenuatus 180
Apate 31
Apate monachus 277
Apate terebrans 119
Apriona germari 127, 163, 232, 247, 275
Apriona japonica 118, 128, 164
Apriona swainsoni 48
Araucarius 91, 270
Archostemata 83
Arhopalus coreanus 266
Arhopalus ferus 182
Arhopalus syriacus 161, 301
Aromia bungii 162, 226
Aromia moschata moschata 300
Aspergillus flavus 286
Asthenopus curtus 68
Atractocerus 88
Aulonocneminae 85
Austroplatypus incompertus 46, 335
Austroplatypus tuberculosus 335
Azobacteroides pseudotrichonymphae 329
Azotobacter zoogloeae 183

B

Bacchisa dioica 164
Bacillus 281
Bacteroidales 182, 326, 329
Bacteroides 326
Batocera 315
Batocera horsfieldi 127, 142, 163, 164, 229, 275
Batocera lineolata 24, 118, 216, 218
Batocera rubus 123
Beauveria 36
Beauveria bassiana 258
Bellamira scalaris 176
Bjerkandera adusta 293
Bostrichus capucinus 169
Bostrychoplites cornutus 169
Bostrychoplites zickeli 277
Buprestis aurulenta 295, 318
Bursaphelenchus 266
Bursaphelenchus cocophilus 296, 311
Bursaphelenchus mucronatus 310
Bursaphelenchus xylophilus 5, 77, 215, 290, 296, 310

C

C_1-セルラーゼ 13, 247, 357
Calcaritermes 286
Callidiellum rufipenne 32, 271, 367
Callidium 153
Callidium antennatum 178
Callidium villosum 162
Callidium violaceum 317
Camponotus 97, 138, 234, 237, 243, 271

Candida　20, 183, 290, 299
Candida temnochilae　300
Capnodis　25
Capnodis milliaris　174, 280
Carphoborus minimus　166
Carphoborus pini　166
Cellulomonas　275
cellulosome　248
Cephalotoma　202
Cerambyx cerdo　161, 164, 197, 215, 216
Ceratocystiopsis　207, 289
Ceratocystiopsis ranaculosus　289
Ceratocystis　210, 290, 296, 304, 311
Ceratocystis fagacearum　297
Ceratocystis ficicola　298
Ceratocystis fimbriata　297
Ceratocystis fujiensis　297
Ceratocystis laricicola　296
Ceratostomella　286
Ceruchus　279
Ceruchus lignarius　183, 292
Ceruchus ligunarius　171
Cetonia aurata　173, 184, 309
Cetonia aurataeformis　173, 218
Chalcophora mariana　174
Chalicodoma pluto　338
Cheirotonus jambar　269
Chermes piceae　244
Chlorophorus annularis　162, 343
Choristoneura　78
Chrysobothris　128, 133, 143, 178, 224
CMC　12
Cnestus murayamai　201
Cnestus mutilatus　222, 343
C／N比　27, 74, 181, 184, 188, 237, 239, 267, 278, 283, 328, 331
Coccobacterium　328
Coccotrypes　278
CODIT理論　51, 216
Coelostethus quadrulus　35
Collyris　94
Coniophora cerebella　286
Conophthorus　92
Constrictotermes cyphergaster　138
Coptops aedificator　164
Coptotermes　66, 82, 131, 136, 143, 231, 238, 294, 337, 352
Coptotermes acinaciformis　133, 134, 238
Coptotermes brunneus　134
Coptotermes curvignathus　132, 133, 134
Coptotermes formosanus　35, 49, 66, 131, 192, 196, 230, 232, 244, 248, 252, 282, 285, 294, 307, 320, 329, 337, 343, 358, 368, 370
Coptotermes frenchi　133, 134
Coptotermes gestroi　66, 143, 193, 244, 358
Coptotermes lacteus　332
Coptotermes niger　138, 296
Cornitermes　338
Cornitermes cumulans　339
Cornitermes silvestrii　134
Corthylus columbianus　118, 302
Cossonus　293
Cossus jezoensis　94, 218

Costelytra zealandica　348
Cryphalus fulvus　258
Cryptocercus　80, 194, 308
Cryptocercus punctulatus　182, 234, 281
Cryptocercus relictus　293
Cryptorhynchus lapathi　216
Cryptotermes　151, 233
Cryptotermes brevis　152, 153, 156, 252, 286, 364
Cryptotermes domesticus　201, 245
Cryptotermes secundus　230
Ctenolepisma lineata　342
CTスキャン　42
Cubitermes　239, 326, 330, 338
Cubitermitinae　82, 239
Cupes　83
CWD　2, 64, 132, 157, 211, 263, 269, 284
CWS　31
C_x-セルラーゼ　13, 176, 247, 299
Cylindrotermes　60

D

Debaryomyces　301
Deladenus　311
Demonax transilis　271
Dendroctonus　29, 121, 124, 125, 140, 142, 151, 153, 204, 212, 214, 219, 225, 288, 301, 311, 319, 351, 356, 359, 372
Dendroctonus adjunctus　204
Dendroctonus armandi　166
Dendroctonus brevicomis　125, 153, 204, 222
Dendroctonus frontalis　31, 36, 59, 78, 104, 110, 114, 148, 166, 183, 198, 204, 207, 212, 214, 224, 246, 271, 277, 289
Dendroctonus mexicanus　204
Dendroctonus micans　21, 117, 166, 196, 205, 278, 303, 319, 365
Dendroctonus parallelocollis　204
Dendroctonus ponderosae　33, 35, 44, 113, 133, 148, 167, 194, 204, 207, 209, 211, 213, 214, 235, 278, 289, 356, 362, 374, 375
Dendroctonus pseudotsugae　147, 150, 204
Dendroctonus punctatus　117
Dendroctonus rhizophagus　166, 183, 277
Dendroctonus rufipennis　65, 204, 209, 213, 215, 277, 290, 311, 374
Dendroctonus terebrans　183
Dendroctonus valens　117, 166, 183, 277, 278, 298, 364
dendroentomology　46
Dendrolaelaps　207
Dermestes haemorrhoidalis　39
Dermestes maculatus　39
Dermolepida albohirtum　280
Dialeges pauper　300
Dicerca　85
Dicronorrhina micans　309
Didimus africanus　198
Didimus parastictus　198
Dinapate wrightii　345
Dinoderus　31, 318, 344
Dinoderus minutus　25, 129, 169
Dinoderus ocellaris　169
Diplopoda　98
Dohrnia　293

Dorcus hopei 269
Dorcus hopei binodulosus 279
Dorcus parallelopipedus 171
Dorcus striatipennis 300
Dorcus titanus pilifer 184
Dorcus titanus sakishimanus 300
Doubledaya bucculenta 88, 306
Dromaeolus striatus 146
drying 37
Dryocoetes 142, 205
Dryophthorus 293

E
Eccoptogaster rugulosus 183
Ektaphelenchus obtusus 290
Elaphidinoides 217
Elaphidion mimeticum 217
Elaphidion mucronatum 162
Elateroides 88
Elusimicrobia 279, 328
Elusimicrobiales 279
Emerson–Kistnerの原理 371
Enaphalodes 160
Enaphalodes rufulus 51, 97, 112, 218, 232, 236, 295
Endecatomus 87
Endoclyta excrescens 121, 201
Endomicrobia 329
Endrosis sarcitrella 95
Enneaphyllus aeneipennis 293
Enoploderes bicolor 270
Enterobacter aerogenes 183
Enterobacter agglomerans 183
Enterobyus 278
Entomocorticium 166, 183, 207, 289
Epania dilaticornis kumatai 262
Epilachna varivestis 14
Epinotia granitalis 44, 95, 120
Ergates faber 160, 286, 301
Erionomus platypleura 198
Ernobius mollis 61, 170, 291, 317
Erwinia 278
Eudicella gralli 309
Eudicella smithi 309
Euophryum 342
Euophryum confine 73, 291
Eupromus ruber 118, 178
Euwallacea interjectus 298
Exocentrus punctipennis 265

F
Figulus binodulus 335
Foraminitermitinae 82
Formica 97
FSP 31
Fusarium 298
Fusarium aquaeductuum 286
Fusarium circinatum 297
Fusarium solani 176, 247, 287
FWD 66

G
Gametis historio 173
Ganoderma 20

Ganoderma applanatum 253, 292
Gastrallus immarginatus 342
GHF 15
Glenea cantor 212, 262
Glenea centroguttata 127
Gloeophyllum trabeum 285
GLV 142
Gnathamitermes tubiformans 188
Gnatocerus 26
Gnorimus variabilis 184, 218, 269
Goes tigrinus 109, 216, 217, 295
Gracilia minuta 162
Graphisurus fasciatus 176

H
Hadrobregmus pertinax 171
Hanksの法則 203, 319
Hemilophini 153
Hemisodorcus 171
Heterobasidion annosum 298
Heterobostrychus 318
Heterobostrychus brunneus 169
Heteroplectron californicum 98
Heterotermes indicola 322
Hirticlytus comosus 121
Hodotermes mossambicus 345
Hodotermopsis sjostedti 240, 327, 358
Hofmannophila pseudospretella 95
Holotrichia insularis 172
Holotrichia parallela 280
Hopkinsの宿主選択の法則 153
Hoplocerambyx spinicornis 109, 156, 161, 165, 185, 197, 251
Hospitalitermes 349
Hybotidae 96
Hylastes 54, 68, 205, 268, 298
Hylastes ater 166
Hylastes nigrinus 79
Hylecoetus 88
Hylesinus fraxini 166, 183
Hylobius 128, 165, 234, 297
Hylobius abietis 168, 201, 222, 228, 251, 305
Hylobius pales 28, 128
Hylotrupes bajulus 24, 31, 116, 141, 148, 150, 154, 156, 159, 160, 162, 178, 185, 191, 196, 198, 251, 275, 286, 317, 363, 367
Hylurgopinus rufipes 246, 297
Hylurgops 268, 301
Hylurgops palliatus 221
Hyperoscelididae 95
Hyphantria cunea 53
Hypotermes obscuripes 331
Hypothenemus hampei 167
Hypoxylon pruinatum 297

I
Incisitermes minor 238, 239, 245, 369
Inonotus cuticularis 287
Inonotus nidus-pici 287
Inonotus obliquus 87
Ips 117, 124, 125, 142, 143, 204, 219, 288, 297, 301, 311, 351, 359, 372
Ips acuminatus 165

Ips amitinus 165, 183
Ips avulsus 183, 207, 288
Ips calligraphus 219
Ips cembrae 165, 296
Ips confusus 123, 142, 153, 374
Ips grandicollis 44, 183, 288
Ips paraconfusus 141, 142
Ips pini 147, 167, 277, 288, 289
Ips plastographus 60
Ips sexdentatus 165
Ips subelongatus 209, 297
Ips typographus 183
Ips typographus japonicus 33, 209, 211, 296
Ips typographus typographus 27, 71, 113, 141, 165, 194, 204, 210, 213, 258, 278, 374
Isotomus speciosus 162

J
Japanophilus 371
JHA 342
Jugositermes 358

K
Kalotermes flavicollis 191, 246, 328
Klebsiella 275
Konoa granulata 145
K戦略 73

L
Lamprodila vivata 119, 122, 129, 362
Lara avara 68, 93
Lasioderma serricorne 26, 155, 198, 346
Lasius 97
Lasius japonicus 97
Lasius niger 97
LCC 21, 255
Leidyomyces attenuatus 293
Leptographium 138, 289
Leptographium procerum 297
Leptographium terebrantis 297
Leptographium wingfieldii 297
Leptura 161
Limoniidae 96, 305
Linda atricornis 164
Lucanus maculifemoratus 200
Lyctoderma 202
Lyctopsis 202
Lyctus 129, 168
Lyctus africanus 115, 365
Lyctus brunneus 28, 31, 115, 116, 130, 156, 159, 200, 233, 236, 237, 318, 334, 363, 365
Lyctus linearis 277
Lyctus planicollis 28, 31, 168

M
Macrodorcas rectus 84, 171, 183, 287, 293, 300
Macroleptura thoracica 65
Macrolobium 33
Macrotermes 136, 192, 253, 294, 315, 330, 345
Macrotermes barneyi 138, 286
Macrotermes bellicosus 144, 337
Macrotermes falciger 333
Macrotermes gilvus 16

Macrotermes michaelseni 176, 332, 338
Macrotermes muelleri 340
Macrotermes natalensis 176
Macrotermes subhyalinus 176, 196, 330, 332, 337
Macrotoma crenata 160
Macrotoma palmata 160
Madrasostes kazumai 337
Mastotermes darwiniensis 83, 229, 282, 325
Megacyllene caryae 127
Megacyllene robiniae 217
Megaplatypus mutatus 266
Megarhyssa nortoni 198
Melanophila 67, 224
Melanophila picta 174
Melittomma 88
Melittomma insulare 345
Meracantha contracta 88
Metschnikowia 303
Microcerotermes dubius 333
Microcerotermes edentatus 253
Microhodotermes viator 346
Micromalthus debilis 84, 236, 280, 293
Microtermes 294
Microtermes traegardhi 308
Mimectatina meridiana ohirai 47
Moechotypa diphysis 275, 366, 368
Monocercomonoides 348
Monochamus 49, 59, 77, 126, 143, 160, 219, 220, 272, 297
Monochamus alternatus 5, 77, 128, 133, 163, 164, 215, 220, 232, 235, 248, 258, 276, 290, 296, 310
Monochamus carolinensis 219
Monochamus galloprovincialis 112, 297
Monochamus leuconotus 49, 128
Monochamus marmorator 78, 164, 176
Monochamus scutellatus 42, 78, 128, 226
Monochamus sutor 226
Monochamus urussovii 128, 301
Monochmaus titillator 219
Monothrum scutellare 38
mudgut 238
mycangia 304
Myelophilus 205

N
Nacerdes melanura 89
Nadezhdiella cantori 161
Nasutitermes 143, 152, 232, 324
Nasutitermes carnarvonensis 192
Nasutitermes corniger 369
Nasutitermes nigriceps 328
Nasutitermes takasagoensis 294
Nasutitermes triodiae 106
Necydalis major aino 65
Necydalis ulmi 287
Nematoda 310
Neocerambyx raddei 118, 216, 226
Neoclytus acumitatus 162
Neolucanus insulicola insulicola 184
Neotermes bosei 193, 256
Neotermes castaneus 240
Neotermes cubanus 326
Neotermes intracaulis 339

Neotermes koshunensis　197
Neotermes tectonae　286
Nicobium hirtum　171, 291
nifD 遺伝子　183
Niphona　164
Nothorhina muricata　59, 121
Notriolus　93
N／P 比　74

O

Oberea fuscipennis　164
Oberea hebescens　54
Oberea japonica　54
Oberea linearis　275
Odontotaenius disjunctus　67, 84, 171, 278, 293, 300, 302, 309
Odontotermes　135, 137, 192, 195, 294, 330
Odontotermes distans　193
Odontotermes formosanus　138, 281, 323
Odontotermes obesus　331
Odontotermes redemanni　143
Odontotermes wallonensis　138
Oedemera　89
Oemida gahani　132
Olenecamptus bilobus　262
Olenecamptus obsoletus　164
Olenecamptus octopustulatus　164
Oncideres　122, 194, 215, 227, 346
Oncideres albomarginata chamela　164
Oncideres cingulata　216
Oncideres germari　216
Oncideres humeralis　216
Oncideres rhodosticta　121
Onychorerus albitarsis　150
Ophiostoma　207, 287, 289, 297, 304, 311
Ophiostoma europhioides　296
Ophiostoma ips　223
Ophiostoma minus　289
Ophiostoma novo-ulmi　207, 246, 297
Ophiostoma penicillatum　296
Ophiostoma polonicum　113, 210, 259
Ophiostoma ulmi　297
Ophiostoma wageneri　298
Orthosoma　160
Orthosoma brunneum　160, 176, 231
Orthotomicus erosus　165
Oryctes nasicornis　172, 174, 279, 309
Osmoderma　269
Osmoderma eremita　173, 184, 218, 270, 279, 309
Oxymirus cursor　161, 300
Ozopemon　212

P

Pachnoda　239
Pachnoda ephippiata　279, 309
Pachnoda marginata　173, 279, 309
Pachnoda savignyi　309
Pachnoda sinuata　194
Paenibacillus　275
Palame　301
Palimna liturata　164
palo podrido　20, 253
paper factor　342

Parabasalina　309
Paraglenea fortunei　164
Parandra brunnea　176
Parandra cribrata　191
Paraneotermes simplicicornis　152, 230
Paranthrene robiniae　94
Parasphaeria boleiriana　308
Parastasia brevipes　172
Passalus interstitialis　278
Passalus punctiger　184, 279
Pedostrangalia revestita　270
Penicillium funiculosum　176, 286
Pentalobus barbatus　171, 198
Pentalobus palinii　198
Pentarthrum　342
Periboeum　300
Periboeum pubescens　276
Pericapritermes　358
Periplaneta americana　14
Peritrichia　358
Phaedon cochleariae　14
Phaenops cyanea　119
Phaeolus schweinitzii　214
Phalacrognathus muelleri　292
Phalera flavescens　53
Philaophora aurantiaca　286
Phloeosinus　356
Phloeosinus bicolor　154, 166, 167
Phloeosinus cedri acatayi　166
Phloeosinus rudis　79, 235
Phloeotribus scarabaeoides　223
Phoracantha acanthocera　118, 120, 122
Phoracantha semipunctata　109, 122, 141, 162, 216, 300
Phoracantha solida　48
Phrenapates bennetti　88
Phyllophaga　172
Phymatodes maaki　178, 185
Phymatodes testaceus　162
Phytobia setosa　60
Phytoecia rufiventris　164
Phytoecini　153
Pichia　290, 300, 302
Pidonia　300
Pissodes　144, 234, 298
Pissodes nemorensis　297
Pissodes nitidus　32
Pissodes notatus　168
Pissodes strobi　44
Pityogenes　205, 301
Pityogenes calcaratus　165
Pityogenes chalcographus　183, 288
Pityokteines sparsus　78
Pityophthorus　297
Plagionotus arcuatus　226, 301
Plagionotus detritus　162
Plagithmysus bilineatus　150, 217
Planicapritermes　60
Platycerus　143, 279
Platycerus acuticollis　183, 292
Platypus apicalis　126
Platypus calamus　144, 335
Platypus cylindrus　167, 304
Platypus koryoensis　77, 297

Platypus mutatus　167
Platypus quercivorus　5, 33, 42, 46, 51, 76, 102, 118, 124, 125, 144, 167, 209, 212, 217, 221, 223, 297, 302, 304, 335, 366, 375
Platyscapulus auricomus　33
Pogonocherus perroudi　164
Pogonostoma　94
Polygraphus　205
Polygraphus gracilis　33
Polygraphus jezoensis　33
Polygraphus proximus　33, 79
Polymastrix　348
Polymitarcyidae　68
Polyphaga　83
Poria contigua　286
Poria vaporaria　286
powder-posting　24
Prinoxystus robiniae　113
Priobium cylindricum　35, 42, 145, 291
Prionoplus reticularis　226, 275, 314
Prionoxystus robiniae　295
Prionus insularis　275
Prionus laticollis　54, 68
Prismognathus　279
Prismognathus angularis　300
Procubitermes　239
Prorhinotermes　194, 229
Prorhinotermes canalifrons　106
Prosopocoilus pseudodissimilis　300
Prostephanus truncatus　26, 31, 73, 130, 170, 200, 215, 277, 317, 347
Prostomis　293
Protaetia cataphracta　269
Protaetia cuprea　173, 197, 279, 309
Psacothea hilaris　77, 113, 118, 163, 216, 226, 236, 262, 275, 315, 367
Psammotermes allocerus　333, 346
Psammotermes fuscofemoralis　322
Pselactus spadix　32
Pseudacanthotermes　332
Pseudips　297
Pseudohylesinus nebulosus　79
Pseudolucanus capreolus　171
Pseudopityophthorus　297
Pseudotrichonympha grassii　308, 329
Ptilinus cercidiphylli　88, 145, 291
Pyrearinus termitilluminans　14, 338
Pyrrhidium sanguineum　185

R

Raffaelea lauricola　297
Raffaelea quercivora　5, 51, 223, 302, 366
Raffaelea quercus-mongolicae　297
Ragium inquisitor　301
Rahnella aquatilis　183
Resseliella odai　40, 76
Reticulitermes　16, 82, 131, 143, 152, 188, 197, 238, 254, 271, 284, 294, 307, 324, 334, 337, 346, 352
Reticulitermes flaviceps　368
Reticulitermes flavipes　28, 52, 106, 137, 155, 189, 192, 196, 230, 233, 248, 252, 271, 358, 368
Reticulitermes grassei　138
Reticulitermes kanmonensis　368
Reticulitermes lucifugus　368
Reticulitermes speratus　22, 175, 193, 248, 271, 281, 294, 322, 325, 327, 329, 358
Reticulitermes urbis　368
Rhadinaphelenchus cocophilus　138, 296
Rhagium　160, 268, 301
Rhagium bifasciatum　116
Rhagium inquisitor　144, 161, 185, 275, 301
Rhagium sycophanta　275
Rhizopertha dominica　347
Rhynchophorus palmarum　168, 277, 296, 311
Rhyncolus　268
Rhyzopertha dominica　26, 130, 277, 317
Rickettsia　278
Ropica dorsalis　262
Rosalia　61
Rosalia batesi　161, 187, 276
RQ値　253
r 戦略　73, 261

S

S_1 層　252
S_2 層　22, 252
Sagra femorata　47
Saperda calcarata　176, 216
Saperda carcharias　48, 164, 274
Saperda inornata　47
Saperda interrupta　127
Saperda populnea　47, 244
Saperda similis　270
Saperda vestita　275, 372
Saphanini　300
saproxylic insects　70
Schedorhinotermes derosus　346
Schedorhinotermes lamanianus　231
Schwarzerium quadricolle　120
Schwarzerium viridicyaneum　120
Scobicia chevrieri　277
Scolytus　125, 167, 204, 210, 288, 301
Scolytus intricatus　166, 297
Scolytus multistriatus　21, 166, 212, 214, 241, 297, 372
Scolytus pygmaeus　214, 297
Scolytus ratzeburgii　33, 246
Scolytus schevyrewi　297
Scolytus scolytus　214, 297, 356
Scolytus sulcatus　235
Scolytus ventralis　106, 113, 205, 210, 217, 296
seasoning　37
Semanotus bifasciatus　164
Semanotus japonicus　44, 47, 53, 76, 118, 147, 159, 180, 233, 244, 299, 356
Semanotus litigiosus　32
Semanotus sinoauster　162, 164
Sericesthis geminata　172
Serpula lacrymans　189, 283
Serratia　275
Serropalpus　287
Shirahoshizo　165, 266
Shirahoshizo rufescens　168
Sinophilus　371
Sinophilus xiai　371
Sinoxylon　31
Sinoxylon anale　169

索引　481

Sinoxylon ceratoniae 277
Sinoxylon conigerum 256
Sinoxylon japonicum 119, 129
Sinoxylon senegalense 129
Sipalinus gigas 32, 61, 91
Sirex 298
Sirex cyaneus 177, 299
Sirex gigas 342
Sirex nitobei 297
Sirex noctilio 29, 34, 40, 52, 103, 126, 185, 198, 223, 282, 297, 298
Smodicum cucujiforme 160
Speculitermes cyclops 193
Sphaerotermes sphaerothorax 282, 340
Sphaerotermitinae 82
Sphingomonas paucimobilis 20
Spondylis buprestoides 54, 68
Staganacarus magnus 98
Staphylococcus 278
Stegobium paniceum 39, 346
Stenhomalus taiwanus 262
Stenocorus 300
Stenygrinum quadrinotatum 146
Stephanopachys 87, 169, 356
Stephanopachys substriatus 169
Stereum chailletii 246
Stereum sanguinolentum 246
Stictoleptura rubra 34, 161, 178, 223, 275, 301
Stictoleptura succedanea 275
Streptococcus lactis 326
Streptomyces 277, 282
Stromatium 161
Stromatium barbatum 165, 251
Stromatium longicorne 186
Strongylium 88
Styloxus bicolor 120
supraspecies 207, 305
Syndesus 292, 293
Syntermitinae 82

T
Taeniocerus pygmaeus 337
Tamandua 106
Tarsonemus 207
Tarsostenus univittatus 93
Teleogryllus emma 14
Temnostoma 96
Tenebroides mauritanicus 39
Termes 326
Termite Group I 279, 328
Termitogeton 203
Termitogeton umbilicatus 203
Termitomyces 16, 136, 281, 293, 303, 323, 332, 339
Tetraopini 153
Tetropium 143, 156
Tetropium castaneum 275, 301
Tetropium fuscum 106, 123, 147, 161, 287, 298
Tetropium gracilicorne 123
Thanasimus 213
Thermobia domestica 342
Tillomorphini 300
Tipula flavolineata 96
Tipula paludosa 96, 157

Tomicus 140, 205
Tomicus armandii 54
Tomicus minor 78, 143, 288
Tomicus piniperda 54, 78, 113, 143, 166, 221, 248, 266, 297
Torulopsis 183, 299
Toxotus 300
Toxotus cursor 293
Trachyostus 61
Trachyostus ghanaensis 135, 147, 167, 335
Trametes trabea 253
Tribolium 87
Tribolium castaneum 14, 26
Trichoderma harzianum 281
Trichoderma viride 286
Trichoferus campestris 73, 161, 367
Trichoferus holosericeus 113, 161
Trichomesiini 300
Trichonympha agilis 329
Trichouropoda 207
Tricondyla 94
Tricorynus herbarius 342, 346
Trinervitermes 346
Trinervitermes trinervius 339
Trinervitermes trinervoides 331
Trogoxylon parallelopipedum 31
Trypodendron lineatum 116, 211, 278
Trypodendron signatum 167
Trypoxylus dichotomus 173, 218
Tumulitermes tumuli 197

U
Uloma 88, 293
Urocerus 298
Urocerus japonicus 103, 127, 135, 299
Uzucha humeralis 95

V
Varanus niloticus 339
Verres sternbergianus 300
Vesperus 300
Veturius platyrhinus 300
Vitacea polistiformis 201

W
Wolbachia pipientis 276

X
Xeris spectrum 246
Xestobium rufovillosum 35, 73, 87, 156, 170, 200, 235, 291
Xylaria 293, 340
Xyleborinus saxeseni 126, 335
Xyleborus celsus 38
Xyleborus dispar 183, 278
Xyleborus dryographus 304
Xyleborus ferrugineus 222, 278, 297
Xyleborus glabratus 297
Xyleborus monographus 304
Xyleborus saxeseni 126
Xyleborus sharpi 153
Xylergates 301
Xylergates pulcher 275
Xylocopa 39, 97, 343

Xylopachygaster 96
Xylopinus 293
Xylosandrus 305
Xylosandrus compactus 45, 102, 153, 304
Xylosandrus crassiusculus 54, 367
Xylosandrus germanus 126, 298, 304
Xylotrechus 59
Xylotrechus altaicus 301
Xylotrechus pantherinus 270
Xylotrechus quadrimaculalus 120
Xylotrechus rusticus 162, 226
Xylotrechus smei 160, 162
Xylotrechus villioni 53, 118, 120, 202
Xylotrupes gideon 173
Xystrocera globosa 14, 161, 262
X線 41

Z

Zootermopsis 188, 242, 247, 308
Zootermopsis angusticollis 252
Zootermopsis nevadensis 188, 230, 281, 369
Zotalemimon procerum 164
Zygowillia 301

あ

アイソザイム 164
アイヌホソコバネカミキリ 65
アイノキクイムシ 298
アオカミキリ 120
アオスジカミキリ 14, 161, 262
アオナガタマムシ基亜種 27, 33, 48, 86, 129, 140, 146, 175, 180, 280, 367
青葉揮発性成分 142, 225
アカエゾキクイムシ 33
アカコメツキ属 86, 293
アカネカミキリ 178, 185
アカハナカミキリ 275
アカバナキバガ科 94
アカハネムシ科 89
アケボノゾウムシ科 90
アコースティックエミッション 43, 233
アゴブトシロアリ亜科 82, 239
亜酸化窒素 195, 239
アシエダトビケラ科 68, 98
アジドベンゾイルオキシキトサン 373
アシナガバエ科 289
アシブトヒラタキクイムシ 31
亜社会性 62, 84, 85, 88, 212, 308, 335
アセチル化木材 341
アセチレン還元能 183
アセチレン法 183
アセトアルデヒド 220
圧縮アテ材 11, 16, 27, 244
アテ材 11, 372
アトコブゴミムシダマシ科 87
アドホック的な防御手段 52
アナアキゾウムシ亜科 21, 91, 168, 222, 234
アナアキゾウムシ属 128, 222
アナアキゾウムシ族 91
アブ科 95
アフラトキシン 286
アフリカゾウ 339
アフリカヒラタキクイムシ 115, 365
安部・東の理論 257
アミノ酸 159, 301, 327, 329
アミメナガシンクイ亜科 87
アミメナガシンクイムシ属 87
アミラーゼ 130, 160, 308
アミロース 116
アミロプラスト 267
アミロペクチン 116
アメーバ 324, 326, 353, 358
アメリカオオシロアリ属 188
アメリカカンザイシロアリ 238, 239, 245, 361, 369
アメリカシロヒトリ 53
アメリカヒラタキクイムシ 28, 31, 168
アラニン 194
アラビノース 15, 112, 186
アリ 232
アリ科 97
アリクイ 243
アリヅカムシ 269
アリルエーテル結合 249
アルギニン 159, 292
アルマジロ 339
アロメトリー 84
アロメトリー的制約 341

アロモン　206, 225, 285, 295
アンカー　201
暗褐色物質　253
安定同位体　185
アンブロシア菌　102, 207, 213, 302, 304
アンブロシア甲虫　61, 92, 102, 152, 168, 204, 288, 289, 303, 334, 335, 375
アンモニア　191, 195, 239

い
イエカミキリ　186
イエシバンムシ　11, 156, 170, 180, 182, 196, 291, 300, 317, 342
イエシロアリ　35, 49, 52, 66, 131, 133, 136, 192, 196, 230, 232, 244, 248, 252, 282, 285, 294, 307, 320, 329, 337, 343, 358, 361, 368, 370
イエシロアリ属　82, 131, 136, 143, 231, 238, 294, 337
イエバエ科　95
硫黄　28
維管束真菌症関連食材性昆虫　298
移行帯　7
イソプレン　106
イソロイシン　159
板目　6
イチジクカミキリ　123
一次性　56, 102, 117
一次性後食　128
一次糞　137
一次壁　29
一次誘引　223
萎凋病　297
イッシキキモンカミキリ　127
イツホシシロカミキリ　262
遺伝子組換え技術　378
遺伝子資源　314
遺伝子デザイン　378
イヌリナーゼ　358
異方性　74
胃盲嚢　278
イレコダニ科　98

う
ウスキイロキクイムシ　201
渦巻き状の食坑道　120
運搬共生　311

え
栄養価　315
栄養系バイオマス　10, 50, 64, 74, 160, 226
栄養・代謝共生　274
エクソ-グルカナーゼ　13, 247, 290, 357
エクソ-β-1,4-グルカナーゼ　13, 275
エグリゴミムシダマシ属　88
エゾキクイムシ　33
エゾマツオオキクイムシ　21, 117, 166, 196, 205, 303, 319, 365
枝打ち　362
エタノール　126, 220, 343
エダモグリガ科　94
エタン　220
エチオピア区　363
エチレン　50, 51, 220, 223
エピセリウム細胞　159, 328

嚥下　38
エンド-キシラナーゼ　275, 280, 325
エンド-グルカナーゼ　13, 128, 175, 176, 247, 290, 357
エンド-β-1,4-グルカナーゼ　13, 240, 275, 315
エントモミメティックス　231, 314
エンボリズム　8
エンマコオロギ　14
縁毛類　358

お
オウシュウイエカミキリ　24, 28, 31, 116, 141, 148, 150, 154, 156, 159, 160, 162, 178, 185, 191, 196, 198, 251, 275, 286, 317, 361, 363, 367
オウシュウオオチャイロハナムグリ　173, 184, 218, 270, 279, 309
王対　324
大顎　196
オオアリクイ　315
オオアリ属　97, 138, 234, 237, 243, 271
オオカシカミキリ　161, 164, 197, 215, 216
オオキノコムシ科　88
オオクロコガネ　280
オオクワガタ　269, 279
オオゴキブリ科　80, 308
オオシロアリ　240, 327, 358
オオシロアリ科　81, 143, 229, 303, 320, 351, 353, 369, 370
オオゾウムシ　32, 61, 91
オオチャイロハナムグリ属　269
オオツノカナブン　309
オオトラカミキリ　53, 118, 120, 202
オオナガシバンムシ　35, 42, 145, 291
オオハナカミキリ　145
おが屑内容物　270
オサゾウムシ亜科　91, 168, 277, 293, 296, 311
オトシブミ科　346
オドリバエ科　95
オナガキバチ　246
オニクワガタ　300
オニクワガタ属　279
オフィオストマトイド菌類　259
オリゴ糖　17, 156
オレオレジン　48, 104, 114, 124, 222
音速　36

か
階級　81, 324
階級分化　324
階級分化フェロモン　192
外骨格体制　182
外樹皮　8, 72, 169, 195
外樹皮穿孔性　59
解繊　342
カイメンタケ　214
海洋性分布　369
外来種　364
カイロモン　142, 206, 220, 224
家屋害虫　317, 319, 320, 322
カオペクテート　332
化学物質感受性感覚子　231
ガガンボ　255
ガガンボ科　68, 95
ガガンボ属　254

ガガンボ類　189
カキノフタトゲナガシンクイ　119, 129
獲得酵素説　176
獲得毒素　150
蜉蝣目　98
果実食性　347
カシノナガキクイムシ　5, 33, 42, 46, 51, 76, 102, 118, 124, 125, 144, 167, 209, 212, 217, 221, 223, 297, 302, 304, 335, 366, 375
果樹害虫　268
過熟樹　270
囓り音　233, 236
カシワノキクイムシ　167
カースト　81, 324
硬さ　23, 73
カタモンメンガタハナムグリ　194
カッコウムシ科　93, 213, 222
褐色腐朽菌　20, 57, 190, 237, 249
褐色腐朽材　57, 64, 183, 284, 292
カツラクシヒゲツツシバンムシ　88, 145, 291
カディネナール　106
カディネン　106, 192
カディノール　151
仮導管　6
下等シロアリ　324
カドマルカツオブシムシ　39
カートン　241, 294, 331
カバノアナタケ　87
カブトムシ　173, 218
カブトムシ亜科　85, 172, 351
過変態　94, 200
カミキリ亜科　60, 90, 127, 160, 203, 226, 272, 274, 295, 300, 351, 359
カミキリムシ　76, 111, 160, 212, 224, 230, 233, 265, 270, 274, 286, 343, 347
カミキリムシ科　67, 90, 139, 155, 158, 176, 193, 200, 203, 249, 250, 299, 314, 320, 343, 350, 351, 355, 363, 365, 370
カミキリモドキ科　89, 293
紙類　342
可溶性糖類　10, 23, 111, 156, 160, 186, 259, 263, 268, 284, 285, 289, 308, 343
可溶性遊離糖類　146
ガラクツロン酸　15
ガラクトグルコマンナン　15
ガラクトシダーゼ　163
ガラクトース　15, 112, 186
カラシナハムシ　14
カラマツヤツバキクイムシ　209, 296
カリウム　195
カルス　46, 108
カルス形成　46, 52, 132, 320
カルボキシメチルセルロース　12
枯木依存性昆虫　70
枯木依存性種　83
カレキゾウムシ族　91
カレン　107
カワウソタケ属　287
カワゲラ目　98
カワゲラ類　68
カワラタケ　287
環境指標　316
環境創造者　330

環境創造性　323
環孔材　7
乾材害虫　31, 187, 268, 315, 317, 320, 364
乾材シロアリ　35, 42, 57, 82, 151, 197, 201, 230, 233, 238, 245, 253, 285, 315, 320, 329, 342, 368
感受性　40
癌腫病　298
環状剥皮　53, 180, 194, 216
含水率　30, 111, 121, 126, 139, 244, 305
乾燥耐性　295
乾燥地帯　320
乾燥腐朽材　35
間伐　362
カンフェン　107
カンモンシロアリ　368
乾量基準含水率　30

き

キアシシロアリ　368
キアブモドキ科　95
キイロコキクイムシ　258
キイロゴマダラカミキリ　216
キカワムシ科　89
気乾材　31
擬含水率　30
キクイゾウ亜科　342
キクイゾウムシ亜科　91, 293
キクイゾウムシ類　91
キクイムシ　258, 270, 356
キクイムシ亜科　92, 193, 201, 204, 219, 234, 248, 260, 266, 277, 303, 311, 314, 319, 334, 335, 343, 347, 350, 351, 355, 361, 363, 365
キクスイカミキリ　164
キゴキブリ科　80, 192, 303
キゴキブリ属　80
キゴキブリ類　308
基準物質　156
擬職蟻　324
キシラナーゼ　160, 161, 299, 303, 358
キシラン　15, 154, 300, 301, 307
キシロシダーゼ　163
キシロース　15, 112, 150, 293, 300
キシロビオース　358
擬心材　44, 51, 147, 231, 244, 299
寄生蠅類　70
寄生蜂　108, 198
寄生蜂類　70
季節的棲み分け　140
季節変動　344
キチナーゼ　193, 284
キチリメンタケ　285
キチン　182
キチン質　178, 182
キツツキ　242
キツツキ科　341
キツツキ類　216
蟻土　236
キトサン　182
擬年輪　5
キノ　46, 104
キノコシロアリ亜科　82, 136, 192, 212, 239, 280, 323, 345, 358, 363
キノコシロアリ属　136, 253, 294

索引　485

キノコシロアリ類　292, 293, 303
キノコバエ科　95
キノ道　46, 104
キバガ科　94
キバチ　230, 343
キバチ亜科　97
キバチ科　97, 282, 298, 305, 306, 311, 342
キバチ類　34, 177, 265
揮発性脂肪酸　173
揮発性性フェロモン　203
揮発性テルペン類　105
擬木化　50
キボシカミキリ　77, 113, 118, 163, 216, 226, 236, 262, 275, 315, 367
キボシゾウムシ族　91
キボシマダラカミキリ　44, 47, 244
キモグリバエ科　95
ギャップ形成　333
キャビテーション　235
吸湿　30
球虫類　309
休眠　235
休眠性　261
強アルカリ性　171, 174, 254
狭食性　63, 149, 261
共進化　151, 152, 155
共生原核生物　326
共生原生生物　192, 307, 326
共生細菌　207
共生性微生物連合体　302
共生青変菌　288
共生微生物セルロース消化説　302
共生メタン産生菌　328
曲率半径　140
キンイロハナムグリ　173, 309
菌園　136
菌器　274, 290
菌食性相　310
菌蕈亜門　299
金属鉱脈　332

く
グアヤシル核　252, 256
空気窒素固定　182, 188, 274, 275, 278, 283, 296, 301, 328, 330
空気窒素固定性細菌　189, 295, 328
空調機能　231
空洞化　45
クスノオオキクイムシ　222, 343
クダトビケラ科　68
朽木　263
クチキカ科　95, 305
朽木性　57
クチキバエ科　95
クチキムシ亜科　89, 269
クビアカツヤカミキリ　162, 226
クビナガキバチ科　42, 97
クビナガハンミョウ属　94
クブレアツヤハナムグリ　173, 197, 279, 309
クマバチ属　39, 97, 343
クマリルアルコール骨格　19
クモ　242
クモゾウムシ亜科　347

クモゾウムシ族　91
グリコシド・ヒドロラーゼ・ファミリー　15
グルカナーゼ　137, 161, 342
グルクロン酸　15
グルコシダーゼ　13, 128, 161, 176, 247, 294, 342, 357
グルコース　15, 112, 146, 186, 343
グルコマンナン　15
グルタチオントランスフェラーゼ　155
グルタミン　292
グループ効果　205, 208, 324
グルーミング　241, 334
グレガリナ類　309, 358
クロカミキリ　54, 68
クロカミキリ亜科　90, 161, 274, 300, 351
クロカミキリ族　300
クロツヤバエ科　95
クロツヤムシ　302
クロツヤムシ科　84, 171, 184, 193, 198, 202, 234, 278, 293, 300, 309, 334, 337, 351, 358
クロバネキノコバエ科　95, 293
クワガタムシ　234
クワガタムシ科　60, 63, 84, 144, 154, 171, 183, 193, 262, 279, 292, 293, 300, 335, 351
クワガタムシ類　34
クワガタモドキ科　93
クワカミキリ　118, 120, 128, 164
クワヤマトラカミキリ　162, 226
燻蒸　238

け
ケアリ属　97
警戒警報　233
警戒フェロモン　106
珪化木　18
景観生態系エンジニア　333
経肛門性食物交換　359
形成層　5, 8, 72, 186, 251
経卵感染　274
結晶領域　12
解毒　141, 274
解毒酵素　152, 155, 362
ケブカシバンムシ　171, 291
ケブカトラカミキリ　121
ケブカヒラタカミキリ　59, 121
ケブトヒラタキクイムシ　361
原核生物　274
嫌気の条件　329
嫌気的発酵作用　302
原形質　178, 179
原生生物　247, 358
原生生物由来セルラーゼ　307
原生林　228
建築物害虫　317

こ
コアリクイ　106
抗蟻性　151, 155
抗蟻成分　149
好気的プロセス　302
後期入植　264
コウグンシロアリ属　349
コウシュンシロアリ　197
後食　127, 310

広食性　63, 149, 261
抗生物質　281
構造水　74
後腸　158
後腸膨張部　254, 329
高等シロアリ　82, 324
好白蟻性球形菌核菌　294
好白蟻性昆虫　338
好白蟻性ダニ　338
好白蟻巣性　85
好白蟻巣性昆虫　337
好白蟻巣性鳥類　339
高分子ポリフェノール　17
酵母菌　190, 207, 250, 283, 288, 299, 324
酵母様共生菌　299
鉱脈探査　332
コウモリ　339
コウモリガ　121, 201, 343
コウモリガ科　94
コガネコバチ科　71, 289
コガネムシ科　85, 172, 184, 239, 251, 255, 279, 348, 358
コガネムシ科食葉群　54, 135
コガネムシ上科　171, 254, 348, 351, 355
古乾材　264
呼吸商　253
コクゾウムシ族　343
黒炭　350
コクヌスト　39
コクヌスト科　222
コクヌストモドキ　14, 26
コクヌストモドキ属　87
コクワガタ　84, 171, 183, 287, 293, 300
固形ペレット　245
コゲチャサビカミキリ　47
古細菌　239, 274, 325, 327
枯死木　263
古書　342
枯草食性　345
個体間相互行動　241, 334
コナナガシンクイ　26, 130, 277, 317, 347
コニフェリルアルコール骨格　19
コノフソリン　225
琥珀　356
琥珀酸アルミニウム　197
コフキコガネ亜科　85, 172, 348, 351
コフキサルノコシカケ　292
コブゴミムシダマシ科　93
古文書　342
ゴマダラカミキリ　118, 154, 163, 228, 248, 265, 276, 366
コマユバチ科　71
ゴミムシダマシ科　88, 293
ゴム状物質　267
コメツキ亜科　86
コメツキダマシ科　40, 86, 200, 287
コメツキムシ科　40, 86, 338
コメツキモドキ　345
コメツキモドキ亜科　88, 306
ゴール　47
コルク形成層　8
コルク層　8
コルリクワガタ　183, 292
コロニー　241

昆虫体表面寄生性　238
昆虫模倣技術　231
コンパートメント化　51
梱包材　266

さ
細菌　20, 207, 250, 274, 358
細菌園　282
細菌類　258
材質形成　44
材質劣化　127, 244, 269
材質劣化害虫　40
材質劣化現象　45
材内師部　227
材入　59, 72, 186
栽培共生菌　294
細胞外共生菌　327
細胞間層　16
細胞浸透圧　126
細胞内共生　274, 275, 282, 318, 327
細胞内容物　195, 198
細胞壁　178
細胞壁飽和限界　31
採穂園　123
サキシマヒラタクワガタ　300
サクキクイムシ　54, 367
酢酸　327
酢酸生成　328
酢酸テルピニル　151
酢酸ボルニル　107
サクセスキクイムシ　126, 335
ササラダニ　269
ササラダニ亜目　98
サソリカミキリ　150
サッカロミケス亜門　299
サッカロミケス目　299
殺樹性　92, 117, 359
殺樹性キクイムシ　208
サツマヒメコバネカミキリ　262
里山　228
サバンナ　320, 330
サビカミキリ　266
サルノコシカケ　285
酸加水分解不可残渣　253
散孔材　7
三次壁　29
三畳紀　353
酸素濃度　329
産卵マーク　279
産卵密度調整フェロモン　232

し
シイノコキクイムシ　45, 102, 153, 304
ジェネラリスト　62, 150, 257
磁気感知器官　333
磁気生物学　333
時期的棲み分け　143
軸方向柔細胞　6
始原亜目　83
自己分解　190
脂質　165, 194, 327
磁石シロアリ　333
糸状菌　207, 258, 286

索引　487

糸状菌類　190
自然分布域　363, 371
自然林　228
持続可能性　214
シゾサッカロミケス綱　299
死体処理　191
湿材害虫　268
湿材シロアリ　81, 188, 192, 315
質的防御物質　48
ジテルペン　106, 207
ジテルペン類　104
シナピルアルコール骨格　19
子嚢菌門　299
シバンムシ　170, 201, 233
シバンムシ科　87, 155, 158, 235, 299, 300, 320, 342, 346, 356, 361
師部　8, 72
脂肪　23
脂肪酸類　112
脂肪樹　11
脂肪体　210, 276, 282
自前消化酵素　176
自前セルラーゼ　248, 307, 324, 357
シミ科　342
シミ目　159
社会的免疫　238
ジャーキング　234
シャクガ科　155
ジャコウカミキリ基亜種　300
ジャワフタトゲナガシンクイ　256
シュウカクシロアリ科　83, 346, 353
重合度　248
集合フェロモン　124, 142, 204, 206, 212, 219, 224
柔細胞　178, 179, 216, 244, 344
シュウ酸　292
シュウ酸カルシウム　45, 148
自由生活性生活環　311
樹液　52, 108, 320
種間競争　208
種間シノモン　224
樹冠部　320
縮合型タンニン類　147
樹脂　52, 56, 104, 114, 124, 356
樹脂固化速度　107
種子食性　347
樹脂滲出　46, 288
樹脂滲出圧　107, 205
樹洞　35, 133, 269
樹洞学　269
樹洞形成　269
樹洞性昆虫　269
樹洞性ダニ　269
種特異性　153, 262
種内競争　208
ジュバビオン　342
樹皮　8, 139
樹皮下穿孔性　8, 49, 59, 72, 183, 186, 204, 219, 232, 248, 250, 260, 311, 319, 363
樹皮下穿孔性キクイムシ　9, 16, 21, 22, 30, 44, 46, 52, 60, 65, 76, 78, 92, 104, 113, 117, 123, 133, 140, 147, 159, 187, 198, 204, 212, 220, 221, 224, 225, 228, 234, 246, 248, 258, 287, 295, 296, 297, 299, 301, 304, 305, 309, 311, 319, 334, 359, 362, 364, 372, 374
樹皮下穿孔性キクイムシ亜科　165, 244, 277
樹木害虫　319
主要アンブロシア菌　304
ジュラ紀　353
馴化　154
準乾材害虫　32, 186
準食材性昆虫　71
準木質　341
傷害樹脂道　44, 120, 244
傷害部形成材　47
消化共生性微生物　302
ショウジョウバエ科　95
焦点樹　209
常備的な防御手段　52
常備防御機構　104, 147
障壁ゾーン形成　52
女王物質　295
初期入植　264
食害　38
職蟻　229, 324
食菌性アンブロシア昆虫　96, 305
食材・食菌性アンブロシア昆虫　306
食材性昆虫　40, 70
食材性昆虫の家畜飼料化　378
植食性相　310
食炭性　350
食竹性　343
食肉亜目　83
植物検疫　366
植物保護学　378
食糞群　348
食糞性　348
食葉群　85, 351
食葉性昆虫　53
書籍害虫　342
触角電図法　229
地雷宿主樹　120
シラフヨツボシヒゲナガカミキリ　128, 301
シリカ結晶　149
シリンギル　252
シリンギル核　252, 256
シロアリ　139, 175, 207, 212, 252, 280, 311, 350, 351, 353, 363, 364
シロアリ亜科　82, 239, 280, 363
シロアリ科　82, 314, 323, 349, 351, 357, 363
シロアリ学　324
シロアリ下目　81
シロアリ共生系　324, 326
シロアリ共生工学　255, 329
シロアリ植物　339
シロアリセメント　336
シロオビカッコウムシ　93
シロスジカミキリ　24, 118, 216, 218
シロスジカミキリ属　314
新乾材　264
真菌類　283, 340
芯腐れ状態　131
人工飼料　156
心材　6, 72, 131, 179, 264
心材空洞化　134
心材形成　7, 18, 231, 244
心材成分　23, 146

心材の空洞化　244
心材部　187
心材腐朽　45, 51
心材物質　23, 48
ジンサンシバンムシ　39, 346
真社会性　62, 81, 324
新条髄芯穿孔性　54, 61
靱性　23
真性細菌　274, 325
真正鞭毛虫門　307, 324
振動　233
新熱帯区　363
森林害虫　319
森林昆虫学　378
森林保護学　378

す

髄　61, 72, 179, 186, 346
推移系列ユニット　259
衰弱木　57, 260
髄穿孔性　61
水素結合　29
水中デトリタス食性　68
垂直伝播　276, 307
随伴柔組織　8
水分ストレス　108, 123
水分ポテンシャル　107, 148
水平伝播　249, 315
水平伝播説　308
末口　30
スガ科　95
スカシバガ科　94, 201
スギカミキリ　44, 47, 53, 76, 118, 147, 159, 180, 233, 244, 299, 356
スギカミキリ族　144
スギザイノタマバエ　40, 76
スギノアカネトラカミキリ　49, 57, 76, 121, 122, 132, 135, 268, 299, 362
スクロース　112, 160, 166, 186
スジクワガタ　300
スジコガネ亜科　85, 172, 280, 348, 351
スズメガ科　254
スズメバチ科　98
スタキオース　112, 186
スチルベン　23
スティグメルジー説　336
ステロール　274
ステロール類　28, 198, 289, 299
ストロブ酸　105
スナシロアリ属　333
スピロヘータ　182, 245, 326, 328, 353
スブルー　329
スペシャリスト　62, 150, 257
スベリン　9, 50, 147
スミスサスマタカナブン　309
棲み分け　142, 153

せ

セアカハナカミキリ　65
生活環長　361
生痕化石　355
生痕タクソン　355
生痕分類学　355
製材工場　317
性成熟　127
生前処理木材　372
生態系エンジニア　212, 217, 270, 330, 374
生態生化学　15
生態的シフト現象　144
成虫食性　63
性比　236
性フェロモン　142, 206, 284
性フェロモンの共力剤　141
生物学的防除法　361
生物多様性　269
生物地理学的起源　320, 371
生物防除　361
青変菌　138, 190, 205, 258, 259, 271, 283, 286, 311
赤外線　350
赤外線感知器官　224
石細胞　21, 104
襀翅目　98
石炭　20, 355
石炭紀　353
石炭質　18
セスキテルペン　48, 104, 106, 246
セスジキクイムシ　21, 212, 214, 241, 297, 372
セスジシミ　342
セスジムシ科　84
切削抵抗　36
摂食回避　103
摂食害への忍耐　103
摂食刺激フェロモン　241
摂食中毒惹起　103
絶対的真社会性　324
セパレート型　62, 136, 229, 230, 294, 309, 325, 334, 369
セミオケミカル　228
ゼラチン層　11
セルラーゼ　13, 128, 160, 194, 240, 247, 275, 314, 315, 324, 342
セルラーゼ複合　13
セルロース　11, 12, 156, 247, 301, 307
セルロース・フィブリル　12
セルロースミクロフィブリル　22
セロビアーゼ　13, 176, 247
セロビオース　13, 300, 301
セロビオヒドロラーゼ　13, 247
遷移　268, 293
前胃　203, 213
遷移現象　140, 143, 258
繊維飽和点　31, 111
遷移ユニット　259
遷移ユニット超越　32, 186, 265, 287, 317, 320, 378
線形動物門　310
穿孔　38
前社会性　62
染色体　335
染色体半倍数性　278
全身処理　372
全身的誘導抵抗性　104
全身薬剤処理法　372
センチコガネ科　348
線虫　184, 214, 272, 296, 310, 353
前腸　158
前提性　270
前適応　155, 176, 357

穿入孔　226
繊毛虫類　358

そ

素因　205
総合防除　99, 238
草根食性　346
早材　5, 148
双翅目　144, 293
草本　345
ゾウムシ　187
ゾウムシ科　16, 91, 128, 155, 159, 293
ソシオゲノミックス　324
粗大木質残滓　2, 64, 132, 157, 211, 263, 269, 284
ソ嚢　203

た

耐塩性　370
体外消化　14, 40
体外消化管　172
耐候操作　145
ダイコクコガネ亜科　348
ダイコクシロアリ　201, 245
第三紀　355
ダイジェストーム　255
代謝生化学　323
体長のバラツキ　227
大発生モード　208, 211
体表面炭化水素　225, 281
体表面炭化水素組成　241, 245
第四紀　353
タイリクフタホシサビカミキリ　262
タイワンシロアリ　138, 281, 323
タイワンシロアリ属　137, 294
タイワンメダカカミキリ　262
唾液腺　158, 307, 358
タカサゴシロアリ　294
多機能フェロモン　224
タケトラカミキリ　162, 343
タケナガシンクイ亜科　31, 39, 86, 129, 169, 317, 361
タケナガシンクイ属　31, 318, 344
多孔質性　74
多重共生　305
多食亜目　83
立枯れ木　65
脱キチン質化　81
脱出孔　226
脱メチル化　251
脱リグニン　18
脱リグニン処理　342
ダニ　207, 214
タバコシバンムシ　26, 155, 198, 346
タフリナ菌亜門　299
多変態系　84
ターマイトボール　294
卵認知フェロモン　13
タマバエ科　95
タマムシ　233
タマムシ亜科　85, 174
タマムシ科　16, 85, 128, 158, 174, 193, 200, 224, 251, 261, 265, 280, 302, 318, 320, 343, 350, 355, 365
多様性指数　262
ダルマメンガタハナムグリ　309

単為生殖性・寄生性生活環　311
単一サイト営巣者　229
単位パイプ系　6
単眼　236
炭酸カルシウム　197
短日化　235
単食性　63, 149
弾性　74
断続的ガス交換　230
炭素固定　375
炭素バランス説　114
炭素放射性同位体　348
単糖類　186
タンニン　124, 155, 169, 254, 301
タンニン・タンパク質複合体　253
タンパク質　10, 27, 116, 159, 178, 237, 289, 343
タンパク質の移動現象　181
タンパク質分解酵素　307
タンパク質分解酵素阻害剤　48

ち

地衣食性　349
チェリフェルネブトクワガタ　370
地下性シロアリ　82
地球温暖化　328, 374
地球環境化学　324
地球史　353
竹材　169, 343
地磁気　333
治水害虫　323
窒素含有量　178
窒素固定　315
窒素分移送　189
チビクワガタ　335
チビタケナガシンクイ　25, 129, 169
チビナガヒラタムシ　84, 236, 280, 293
チビナガヒラタムシ科　84
チャイロホソヒラタカミキリ　162
チャワンタケ亜門　299
中央サイト営巣者　229
中間型　62, 325, 334, 369
中間層　29
抽出成分　23, 48, 50, 51, 52, 64, 139, 140, 146, 149, 246, 262, 285, 320
中腸　158, 254
超音波　42
チョウバエ科　95
鳥類　242
貯穀物害虫　317
貯蔵タンパク質　230
貯蔵物質　11
貯木場　317
チロシン　254
チロース　50, 267
チロソイド　10

つ

通信用ケーブル　343
月の満ち欠け　344
ツツクワガタ属　292
ツツシンクイ科　88, 305, 345, 356
ツマグロカミキリモドキ　89
ツヤナシトドマツカミキリ　123

ツヤハダクワガタ　171, 183, 292
ツヤハダクワガタ属　279
ツヤハダゴマダラカミキリ　9, 21, 48, 77, 106, 109, 114, 118, 120, 123, 127, 149, 163, 164, 185, 247, 251, 265, 275, 287, 320, 366, 372
ツヤプリシン　147
蔓性植物　139, 341

て
庭園害虫　268
低温暴露　262
抵抗性　310
抵抗性発現　361
ディジリドゥ　135
低分子ポリフェノール類　23, 48, 113, 146, 210
テクトキノン類　151
鉄砲虫　90, 314
デバヒラタムシ科　293
テルペノイド　23
テルペンチン　104
テルペン類　23, 48, 146, 210, 301
テルミシン　286
電気抵抗値　56, 108, 195
テングシロアリ亜科　136, 192, 239, 328, 346, 363
デンプン　7, 24, 111, 115, 146, 160, 168, 186, 267, 343
デンプン樹　11

と
導管　6
導管の分布様式　7
導管要素　6
等脚目　98
闘争行動　242
同巣個体　241
同巣個体認識　281
同巣性認識　242
頭部ドラミング　234
倒木　65
東洋区　363
トカラマンマルコガネ　337
トゲアシモグリバエ科　95
トゲヒゲトラカミキリ　271
土壌改良　323, 330
土壌動物　59
土食性　232, 239, 254, 325, 347, 351, 358, 359
土食性シロアリ　331, 347
トドマツカミキリ　275, 301
トドマツカミキリ属　143, 156
トドマツキクイムシ　79
トドマツノキクイムシ　33
トビイロカミキリ属　234
トビイロケアリ　97
飛び腐れ　76, 122, 268
トビケラ目　98
トビケラ類　68
トビムシ　269
トホシカミキリ族　153
トホシカミキリムシ族　127
共喰い　191, 192, 334
トラカミキリ属　59
トラカミキリ族　187, 226, 318
トラップツリー法　372
トラハナムグリ亜科　85, 173, 293

トラハナムグリ族　293
トリアシルグリセロール　112
トリネルビタン　106
トリバガ科　94
トリプトファン　159
トレオニン　159
トレハラーゼ　294
トレハロース　294
ドロバチ科　98
トロファラクシス　193, 241, 334
トロポロン　147
度を超した偏愛　83

な
内樹皮　9, 72, 104, 181, 186, 232, 260
内樹皮穿孔性　59
ナイルオオトカゲ　339
ナガキクイムシ　135, 167, 287, 305, 356
ナガキクイムシ亜科　33, 92, 165, 234, 265, 266, 335, 363, 365
ナガキマワリ属　88
ナガクチキムシ科　89, 265, 293
ナガシンクイ亜科　169
ナガシンクイムシ　343
ナガシンクイムシ亜科　129
ナガシンクイムシ科　24, 61, 86, 129, 158, 159, 168, 201, 236, 277, 302, 316, 317, 320, 343, 345, 347, 356
ナガタマムシ亜科　85, 175
ナガタマムシ属　33, 113, 85, 143, 261, 367
ナガハナアブ属　96
ナガヒラタムシ科　83, 293, 355
ナガヒラタムシ属　83
ナトリウム　341
ナフタレン　232
生丸太　260
ナミダタケ　35, 189, 283
ナラ枯れ　365, 375
ナラ菌　5
ナラヒラタキクイムシ　277
ナラ類枯損　297
ナラ類病害性菌　297
難消化性　74
軟腐朽菌　20, 57, 176, 249, 285
軟腐朽材　57, 183, 285, 292
ナンヨウミヤマカミキリ　109, 156, 161, 165, 185, 197, 251

に
二酸化炭素　230
ニジイロクワガタ　292
ニシインドカンザイシロアリ　152, 153, 156, 252, 286, 364
二次性　56, 102
二次性穿孔虫　138
二次成分　150
二次的樹脂滲出　211
二次糞　137
二次壁外層　29
二次壁中層　29
二次壁内層　29
二次林　228
ニセケバエ科　95
ニセビロウドカミキリ　124
ニセマツノザイセンチュウ　310

索引　491

ニセマツノシラホシゾウムシ　168
日照条件　139
ニッチ構築者　215, 217, 339
二糖類　186
ニトベキバチ　297
ニトロアルケン　194
ニトロゲナーゼ　240
ニホンキバチ　103, 127, 135, 299
ニホンホホビロコメツキモドキ　88, 306
尿酸　185, 191
尿酸再利用　183
尿素再利用　182, 275
ニレの立枯れ病　21, 297
ニンフ　324

ぬ
ヌカカ科　95

ね
根切り虫　135, 348
熱伝導度　238
熱変性乾材　265
ネバダオオシロアリ　188, 230, 281, 369
ネブトクワガタ　184
ネブトクワガタ属　292
ネマタンギア　290, 311
年1化性　261
粘菌　259
年多化性　261
粘土状蟻土　49
燃料系バイオマス　10, 74, 226
年輪解析昆虫学　46

の
ノクティリオキバチ　29, 34, 40, 52, 103, 126, 185, 198, 223, 282, 297, 298
ノコギリカミキリ　275
ノコギリカミキリ亜科　16, 90, 160, 203, 231, 274, 293, 300, 359
ノコギリシロアリ科　83
ノートカトン　105
ノミバエ科　338

は
バイオエタノール　11, 255, 314, 329
排気穴　246
倍脚綱　98
排湿　30
倍数性　335
排泄物摂食　191
パイプモデル　6
排糞口　199
ハギキクイムシ　297
ハキリバチ科　338
白亜紀　353
白色腐朽菌　20, 57, 171, 189, 190, 249, 284
白色腐朽材　57, 183, 284, 292
バクテリオサイト　276, 277
バクテリオーム　277
剝皮　186
バークビートル　92
ハグロハバチ亜科　98
ハチカミ　44, 76, 244

爬虫類　339
発音器　235
発生の恣意性　145
ハナアブ科　67, 95, 305
ハナカミキリ亜科　60, 63, 90, 127, 161, 269, 272, 274, 287, 293, 300, 351, 359
ハナノミ科　89
ハナノミダマシ科　93
ハナバエ科　95
ハナムグリ亜科　85, 173, 189, 218, 279, 309, 348, 351
ハネオレバエ科　95
ハネカクシ科　155, 338
ハネフリバエ科　95
ハバチ科　98
ハマキガ科　94, 341
ハムシ科　93, 155
ハモグリバエ科　45, 95, 244
ハラアカコブカミキリ　275, 366, 368
パラコート　222, 372
ハラジロカツオブシムシ　39
ハラタケ綱　299
ハラタケ目　299
ハリアリ亜科　98
針金虫　86
バリン　159
パルプ　342
半環孔材　7
パンゲア大陸　363
晩材　5, 148
半子嚢菌綱　299
反集合フェロモン　208, 224
汎食性　63, 149
反芻亜目　341
ハンノキキクイムシ　126, 298, 304
半倍数性　236, 335
ハンミョウ科　94

ひ
被圧木　56
被害　38
被害性　41
ヒカリコメツキ　14, 338
非揮発性テルペン類　105
非休眠性　261
非均一性　74
非蕈蕈性菌類　190, 258, 259, 285
ヒゲナガカミキリ属　59, 77, 125, 143, 220, 262, 272, 297, 310
ヒゲナガカミキリ族　63, 127, 310
ヒゲナガゴマフカミキリ　164
ヒゲナガゾウムシ科　91, 343
ヒゲブトハナムグリ科　85
非晶領域　12
ヒスチジン　159
ヒステレシス　31
ヒストリオコアオハナムグリ　173
ピスフレック　45, 60, 244
肥大成長　46
ビタミン　274
ビタミンB類　301
ビタミン類　195, 198
必須アミノ酸　159
引張アテ材　11, 16, 28

ヒドロキシクマリン類　146
ヒドロキシヘキサノン　142
ヒドロキノン　241
ピネン　141, 150, 221
ヒノキカワモグリガ　44, 95, 120
ヒノキノキクイムシ　79, 235
ピノレジノール　146
非培養法　274
ビーバー類　341
微胞子虫類　309
ヒポキシロン胴枯病　297
ヒメカブトムシ　173
ヒメシラフヒゲナガカミキリ　226
ヒメスギカミキリ　32, 271, 367
ヒメゾウムシ亜科　91
ヒメドロムシ科　68, 93
ヒメリンゴカミキリ　54
皮目　9
ヒモミノガ属　95
ビャクシンカミキリ　164
病原性菌類　296
病原性随伴青変菌　296
ヒョウホンムシ科　39, 93
日和見的　119, 362
ヒラアシキバチ亜科　97
ヒラタキクイムシ　24, 28, 31, 115, 116, 130, 156, 159, 186, 199, 200, 230, 233, 236, 237, 256, 291, 309, 318, 334, 363, 365
ヒラタキクイムシ亜科　61, 87, 129, 168, 318, 344, 361, 363, 365, 367
ヒラタキクイムシ属　129, 168
ヒラタキクイムシ無害性　116
ヒラタクワガタ　184
ヒラタドロムシ科　93
ヒラタハナムグリ亜科　85, 337, 351
ヒラタムシ科　93
ヒラタモグリガ科　45, 94, 244
ヒラヤマコブハナカミキリ　270
非流動性　73
ピレスロイド系殺虫剤　373
便乗性ダニ　207, 298
ピンホール　304
ピンホールボーラー　92, 304

ふ

ファイトアレキシン　147
ファイバースコープ　42
ファシリテーション　144
ファルネセン　106
フィトンチッド　107, 147
封入物質　246
フェアリー・サークル　332, 346
フェニルアラニン　159, 254
フェニルプロパン　19, 254
フェニルプロパン構造　17
フェニルプロパン単位　21, 249
フェノール系物質　20
フェモラータオオモモブトハムシ　47
不完全変態　81
腐朽菌由来セルラーゼ　176
腐朽材　243
腐朽材穿孔性　49
複眼　236

副次アンブロシア菌　304
複数サイト営巣者　229
フコシダーゼ　163
腐植　239, 264
腐植食性　239
腐食性　49
付随菌　184, 304
フタオタマムシ属　85
ブタノール　110
富窒素化　263
物理的防除法　361
フトオビメンガタハナムグリ　279, 309
フトカミキリ亜科　16, 90, 127, 204, 228, 272, 274, 287, 295, 297, 300, 310, 347, 351, 359
フーフーカミキリ　226, 275, 314
部分的単為生殖　84
フミン質　18
腐葉土状木粉　184
フライトウィンドウトラップ　67
フラクタル性　51
フラグモーシス　201
フラス　24, 43, 167, 199, 264
プラスチック　343
フラボノイド　23
フラボノイド配糖体　155
フルクトース　112, 146, 186, 308
フルホンシバンムシ　342
フレーク　270
プロアントシアニジン類　147
プロピル側鎖　251
プロリン　194
フロンタリン　206
分解者　319
文化財害虫　87
分業　137
糞虫　348
分布拡張　231

へ

兵蟻　240, 324
平常モード　208
ヘキサナール　225
ヘキセナール　229
ヘキソース　15
ペクチン　16
ペクチン酸　16
ペクチン質　16, 19
ペーパースラッジ　342
ヘミセルラーゼ　16
ヘミセルロース　11, 15, 156, 247
ヘミセルロースの分解　307
ヘミセルロース分解性細菌　325
ヘミテルペン　206
ヘリグロアオカミキリ　127
ベルベノール　206
ベルベノン　225
ペルム紀　353
ペレット状糞　329
変形菌門　259
辺材　6, 72, 179
辺材最外層　181
辺材最外部　186
辺材穿孔性　59

索引　493

変色部 51
ベンゾキノン 241
ペントース 15
鞭毛虫 279, 309, 348, 353, 357

ほ

防御戦術 340
防御物質 48, 103
放射孔材 7
放射柔細胞 6
放射性同位体 266
硼素系薬剤 126
放置丸太 263
ホクチチビハナカミキリ 223
ボクトウガ 94, 217, 218
ボクトウガ科 94, 271, 295
母孔 234
ホシベニカミキリ 118, 178
補充生殖虫 324
補償性 358
捕食寄生者 70
捕食性天敵 242
ホストレース 154
ホソアメイロカミキリ 162
ホソカミキリ亜科 90, 276
ホソカミキリムシ亜科 351
ホソコバネカミキリ亜科 90, 300
ホソナガクチキ属 287
ホソヒラタムシ科 87
哺乳綱 243
ポリガラクツロナーゼ 163, 175
ポリフェノール類 48, 52
ポリペプチド性抗菌物質 286
ホロセルロース 11, 247
ホンドヒゲナガモモブトカミキリ 266

ま

マイクロ波 238
マグソコガネ亜科 85, 348
摩砕 247
マスアタック 204, 319
マスダクロホシタマムシ 119, 122, 129, 362
マダラクワガタ 292
マダラクワガタ属 279
マダラシミ 342
マツキボシゾウムシ 32
松くい虫 77, 296
マツザイシバンムシ 61, 170, 291, 317
マツ材線虫病 77
マッドガット 337
マツノキクイムシ 78, 113, 143, 166, 221, 248, 266, 297
マツノクロキクイムシ 79, 166
マツノコキクイムシ 78, 143, 288
マツノザイセンチュウ 5, 77, 215, 290, 296, 310
マツノマダラカミキリ 5, 77, 128, 133, 163, 164, 215, 220, 232, 235, 247, 258, 276, 290, 296, 310, 361
マツノムツバキクイムシ 165
マツ類集団枯損 77, 296
マドガ科 94
豆莢 347
マルクビカミキリ族 300
マルクビケマダラカミキリ 73, 161, 367
マルズヤセバエ科 95

丸太害虫 268, 319
マルトース 160
マルハキバガ科 95
マルピーギ氏管 197
マレーズトラップ 67
マンナーゼ 358
マンナン 15
マンノシダーゼ 163, 358
マンノース 15, 112
マンマルコガネ科 85, 337

み

ミカンギア 104, 183, 210, 300, 304
ミカンナガタマムシ 119, 209
ミズアブ科 95, 305
ミスジサスマタカナブン 309
ミセトーム 274, 277, 301
ミゾガシラシロアリ科 82, 131, 280, 303, 323, 346, 351, 359, 363
道しるべフェロモン 284
ミツギリゾウムシ科 90, 270
密度効果 208
密度調節フェロモン 121, 212, 251
ミツバチ科 97
ミネラル 10, 195
ミノガ科 95
ミヤマカミキリ 118, 216, 226
ミヤマクワガタ 200
ミルセン 107, 141

む

ムウロロール 151
無害性 41
ムカシシロアリ 83, 229, 282, 325
ムカシシロアリ科 83, 280, 303, 327, 353
ムキヒゲホソカタムシ科 93
虫瘤 44, 47, 94, 244
ムシヒキアブ科 95
ムツボシタマムシ属 128, 133, 143, 224
ムラサキアオカミキリ 120
ムラサキツヤハナムグリ 269

め

メイガ科 94
メガバイオマス循環 379
メタン産生 280, 327
メタン産生菌 325
メタン産生細菌 185, 191, 239, 327
メタン生産 174, 182, 327
メタン生産微生物 280
メタン放出 185, 375
メチオニン 159
メチル-D-グルクロン酸 15
メチルビオローゲン 222
メトキシル基 19
メトキシル基転移酵素 19
メバロン酸 116
メバロン酸経路 124, 206
メムシガ科 94
メリビオース 112
免疫性 40
メンガタハナムグリ 173, 279, 309

も

毛翅目　98
木化　18, 237, 251
木材穿孔性昆虫　40
木材穿孔虫　70
木材糖化　314, 329, 376
木材の絶対年齢　266
木材の微粉砕　341
木材腐朽菌　131, 223, 237, 242, 263, 283, 284, 292
木材保存　323
木材保存学　378
木質　10
木質依存性菌類　263
木質依存性昆虫　40, 70
木質依存性鳥類　243
木質材料　341
木質生態系　272
木質での昆虫の遷移　259
木質の推移系列　259
木質バイオマス　247
木繊維　6
木造船　368
木炭　350
木部　5, 7, 72
木部細胞のオントジェニー　112
木部穿孔性　49, 60, 232
木部穿孔養菌性　92, 152, 158, 184, 204, 260, 289, 303, 334, 343, 363, 365
木部穿孔養菌性キクイムシ　32, 38, 45, 54, 66, 76, 93, 102, 111, 116, 117, 126, 142, 183, 211, 220, 222, 224, 225, 236, 263, 278, 287, 297, 302, 304, 305, 347, 375
木部穿孔養菌性キクイムシ亜科　165, 167
木部穿孔養菌性種　61, 335
モグリチビガ科　94
元口　30
モノテルペン　48, 104, 106, 124, 125, 141, 142, 149, 150, 155, 206, 207, 221, 246, 301
モンクロシャチホコ　53

や

ヤエヤマノコギリクワガタ　300
ヤエヤママルバネクワガタ　184
野外発生　364
ヤガ科　95, 155
ヤケイロタケ　293
ヤシオサゾウムシ　168, 277
ヤスデ綱　98
ヤツバキクイムシ　33, 209, 211, 296
ヤツバキクイムシ欧州産基亜種　27, 71, 113, 141, 165, 194, 204, 210, 213, 258, 278, 374
ヤツバキクイムシ属　143, 372
ヤツボシシロカミキリ　164
ヤナギシリジロゾウムシ　216
ヤナギナガタマムシ　47
ヤノマミ族　192
ヤマアリ亜科　97
ヤマアリ属　97
山火事　224
ヤマトシロアリ　22, 175, 193, 248, 271, 281, 294, 322, 325, 327, 329, 358, 361
ヤマトシロアリ属　16, 82, 131, 133, 143, 152, 238, 254, 271, 284, 294, 307, 324, 334, 337, 346

ヤンバルテナガコガネ　269

ゆ

有縁壁孔　19
有機塩素系殺虫剤　361
有機窒素　10, 27, 112, 122, 159, 178, 194, 239, 263
有機窒素濃度　180
有機燐系殺虫剤　361
有翅虫　324
有蹄類　339
誘導防御機構　104, 147, 211
遊離アミノ酸　289
遊離オリゴ糖類　186
遊離水　74
ユスリカ科　68, 95

よ

幼形進化　359
用材　31, 264
葉酸　326
幼若ホルモン　206
幼若ホルモン類似物質　342
幼樹　135
ヨウ素・デンプン反応　26, 168
幼体成熟　359
幼体成熟型　212
葉柄　347
ヨシブエナガキクイムシ　144, 335
ヨツボシカミキリ　146
ヨーロッパサイカブト　172, 279, 309

ら

ライトウッド　222, 372
ラクターゼ　358
ラッカーゼ　252
ラフィノース　112, 186
ラミーカミキリ　164
ラムノース　15
卵殻　301
卵室　110
ランダム攻撃　223
卵認知フェロモン　294

り

罹患部隔離作用　56, 104, 132
リグナーゼ　249
リグナン類　146
リグニン　11, 18, 37, 125, 156, 247
リグニン・セルロース複合体　22
リグニン・炭水化物複合体　21, 255
リグニン沈着　18, 251
リグニン分解　255
リグニン分解能　294
リグノセルロース　11, 22, 74, 247
リジン　159
リター分解菌　250
リター分解性　59
リチゾーム　294
立体的レプリカ　43
リノール酸　28
リパーゼ　275
リポフォリン　281
リボフラビン　236

索引　495

量的防御物質　48
履歴現象　31
燐　198, 263, 331
林業害虫　268
林業的害虫防除　362
リンゴカミキリ　54
林産害虫　319, 320
林産昆虫学　75, 378
林木育種　373

る
ルリクワガタ属　143, 279
ルリタマムシ亜科　85, 174
ルリヒラタカミキリ　317
ルリボシカミキリ　161, 187, 276
ルリボシカミキリ属　61

れ
レアアース　332

霊長類　341
レイビシロアリ科　35, 82, 132, 196, 197, 201, 229, 233, 285, 303, 320, 327, 342, 351, 353, 359, 363, 368, 370
レクチン　146
レーザードップラー振動計　42
レジストグラフ法　42

ろ
ロイシン　159
漏脂胴枯病菌　297
ロジン　104

わ
ワモンゴキブリ　14
ワラジムシ目　98
ワンピース型　62, 229, 230, 309, 325, 369

著者略歴

岩田 隆太郎（いわた りゅうたろう）
日本大学 生物資源科学部 森林資源科学科 教授
1954年10月　大阪市に生まれる
1978年3月　　京都大学農学部 卒業
1986年10月　京都大学大学院農学研究科 博士後期過程 修了，農学博士
住友化学工業（株），日本大学農獣医学部林学科を経て，日本大学生物資源科学部森林資源科学科に勤務，2004年より現職
主著：京都の昆虫．京都新聞社（1991）（分担執筆）
　　　日本産カミキリムシ検索図説（大林延夫・他 編）．東海大学出版会（1992）（分担執筆）
　　　カフェ・タケミツ：私の武満音楽．海鳴社（1992）
　　　家屋害虫事典（日本家屋害虫学会編）．井上書院（1995）（分担執筆）
　　　木材科学講座 12．保存・耐久性（屋我嗣良・他 編）．海青社（1997）（分担執筆）
　　　他

Ryûtarô IWATA
Professor, Department of Forest Science and Resources, College of Bioresource Sciences, Nihon University
Date and place of birth: Oct./1954, Osaka, JAPAN
Graduated from the Faculty of Agriculture, Kyoto University, Mar./1978
Doctor of Agriculture, Kyoto University, Nov./1986

木質昆虫学序説
（もくしつこんちゅうがくじょせつ）

2015年12月10日　初版発行

著　者　　岩田　隆太郎
発行者　　五十川　直行
発行所　　一般財団法人 九州大学出版会
　　　　　〒814-0001　福岡市早良区百道浜 3-8-34
　　　　　　　　　九州大学産学官連携イノベーションプラザ 305
　　　　　電話　092-833-9150
　　　　　URL　http://kup.or.jp/
　　　　　　　　　　　　　編集・制作／本郷尚子
　　　　　　　　　　　　　印刷・製本／シナノ書籍印刷㈱

© Ryûtarô IWATA, 2015　　　　　　　　ISBN978-4-7985-0170-3